全国高等学校建筑学学科专业指导委员会推荐教学参考书

设计绘图 [第三版]

DESIGN DRAWING

[Third Edition]

[美] 程大锦 | Francis Dai-Kam Ching
史蒂芬 · 保罗 · 尤洛谢克 | Steven Paul Juroszek 著
王展 译

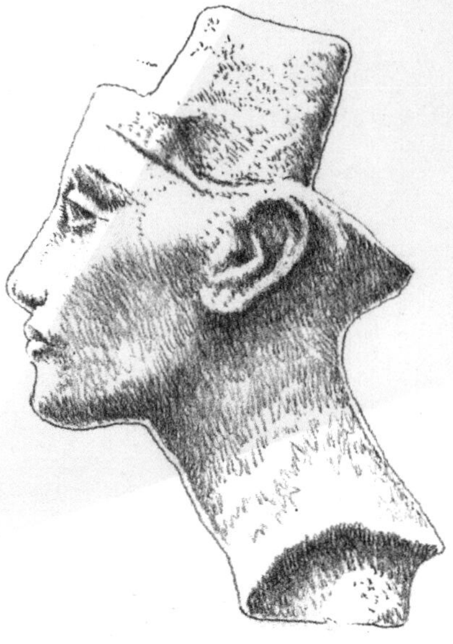

WILEY
天津大学出版社
TIANJIN UNIVERSITY PRESS

设计绘图 [第三版] | SHEJI HUITU [DI–SAN BAN]

图书在版编目（CIP）数据
设计绘图：第三版 /（美）程大锦，（美）史蒂芬·保罗·尤洛谢克著；王展译，-- 天津：天津大学出版社，2025. 3. -- ISBN 978-7-5618-7900-9

Ⅰ. TU204.11

中国国家版本馆CIP数据核字第2024PG6283号

出版发行	天津大学出版社
地　　址	天津市卫津路92号天津大学内（邮编：300072）
电　　话	发行部：022-27403647
网　　址	www.tjupress.com.cn
印　　刷	廊坊市瑞德印刷有限公司
经　　销	全国各地新华书店
开　　本	889mm×1194mm　1/16
印　　张	27.75
字　　数	821千
版　　次	2025年3月第1版
印　　次	2025年3月第1次
定　　价	148.00元

DESIGN DRAWING

Preface to Chinese Edition

As always, I am extremely grateful to Liu Daxin of the Tianjin University Press for offering me the opportunity to address architecture and design students and faculty in the People's Republic of China through his publication of my works. Special thanks go to Mr. Wang Zhan, for his expert and sympathetic translation of my text.

Following on *Architecture: Form, Space and Order*, *Interior Design Illustrated*, *Drawing: A Creative Process*, *Architectural Graphics* and *Building Structures Illustrated: Patterns, Systems, and Design*, this Chinese edition of *Design Drawing* embodies the same approach that I have taken in all of my works—outlining the fundamental elements of an essential subject in architectural education and illustrating the principles and concepts that govern their use in practice. In this particular case, we are concerned with how we can communicate the three-dimensional reality of architectural constructions on a two-dimensional surface through representational means, whether these drawings are done by hand or executed on a computer.

I am privileged and honored to be able to offer this text, and I hope it not only teaches but also inspires the reader to achieve the highest success in their future endeavors.

Francis Dai-Kam Ching

Professor Emeritus

University of Washington

Seattle, Washington

USA

设计绘图

中文版序言

我一如既往地非常感谢天津大学出版社刘大馨编辑给自己提供这样的机会，得以再次向中国建筑和设计专业的师生们出版我的作品。特别感谢王展先生对于书稿文字专业、精准的翻译。

继《建筑：形式、空间和秩序》《图解室内设计》《绘图：一个创意的过程》《建筑绘图》和《图解建筑结构：模式、系统和设计》之后，这本中文版的《设计绘图》继续遵循了以往我所有著述中业已采用的相同方法，在建筑教育中揭示本质性主题的基础要素，以图解形式阐释统御实践用途的原则与概念。在此种情况下，我们关心的是：如何能够在一个二维表面上，徒手画出或是利用计算机绘制等表现手段表达建筑构筑物的三维实体——无论这些图纸是徒手画出，还是计算机绘制的。

我为能奉献此书深感荣幸，并且希望它不仅能传授知识，也可以激发读者通过自己未来的努力，实现最大的成就。

程大锦

华盛顿大学荣誉教授

华盛顿州，西雅图

美国

Papal Audience 11am 9/27

目 录

CONTENTS

这本手册最初是华盛顿大学建筑系开设的“设计绘图”系列课程的阅读材料。其后续发展很大程度上来自大量的讨论、建议，以及一群业务娴熟又颇具奉献精神的教师的贡献——凯瑟琳·巴雷特（Catherine Barrett）、辛西娅·艾斯曼（Cynthia Esselman）、凯文·凯恩（Kevin Kane）、安妮塔·莱曼（Anita Lehmann）、艾伦·马斯金（Alan Maskin）、本·夏普（Ben Sharpe）、朱迪丝·斯温（Judith Swain）、卡罗尔·托马斯（Carol Thomas）、马克·沃尔夫（Mark Wolfe）和盖尔·王（Gail Wong）。特别感谢的是戴楠青（Nan-ching Tai），他贡献了价值不可估量的专业知识。

这段文字同时立此存照，记录下众多学生长期和热情地检验教学材料的成果，以及为此做出的努力与成就，还有关键的反馈。

最后，我想感谢那些定期在设计交流委员会参加会议的教师。他们热情且无私地分享自己关于教学和绘图的思想。他们的真知灼见孕育了成书的过程并提升了本书的格局。

本书第一版受到了格拉汉姆美术高等研究基金会（the Graham Foundation for Advanced Studies in the Fine Arts）的部分资助。

本书是一本综合性的绘图手册，为建筑学、室内设计和相关设计专业的学生所作。对绘图/绘画的指导通常都是由简及繁，从初学者如何绘制特定对象，比如景观和人形，到高级的如何艺术地论述绘图专题。有些指导关注某种特定的媒介，比如铅笔或墨水钢笔；也有些基于特定的技法，比如透视图的绘制。此外，对绘图/绘画的讨论往往局限于学习如何通过观察来绘图。本书则以“绘图是设计过程的核心”作为前提，并因此关注如何以绘图作为媒介，想象和交流设计思路。

本书肇始于对设计过程的概述，涉及观察、想象和表现。余下的内容分为三个部分。第一部分：通过观察绘图，介绍了组成绘图语汇的图形元素——线、形状、色调、形体和空间。这部分主要还停留在徒手绘图领域，因为直接的实践检验是我们学习观察、理解和表现这些元素最好的方法。

第二部分：绘图系统，描述了表现三维物体和空间的规范系统，它们组成了设计绘图的语言。无论我们使用何种绘图媒介和技法，每个系统都代表一种独特的方式，观察和描绘我们直接体验的视觉世界，或者我们在设计中想象的未来世界。

第三部分：通过想象绘图，讨论了我们在试探性地思考时遇到的问题，如何激励设计过程，如何通过绘图深化设计思路，以及如何用最灵巧的方式组织设计方案的汇报演示。无论在学校还是业界，只有在这个场景下，数字绘图和建模工具才具有主要的优势。

每个章节都有一系列简短的练习用于训练技巧，并提示如何在更大的项目中检验我们对理念的理解与应用。就像其他任何学科一样，绘图需要毅力和持续的练习，才能熟练掌握。这本手册中的信息不是被动地接受，而是需要主动地学习，并参与到绘图过程中去。

本书重点还保留在手绘上，因为这是我们表达自己视觉思考和认知的最直接、最直观的方式。通过绘图的触觉属性，把我们的视觉思考和认知直接反映出来，我们可以训练出对空间理念的理解，以及在三维空间中思考和想象的关键能力。

然而，我们不能忽略电脑技术的优势，它显著改变了建筑绘图和设计的流程。当下的图形软件包括二维绘图软件和三维表面-实体建模软件，可以辅助建筑的设计和表现——小到住宅，大到复杂的综合体结构。因此我们必须承认，在建筑图纸的制作过程中，数字工具提供了独特的机会与挑战。本书第二版在第一版的基础上，根据手头工作的适宜性，增加了关于数字图形技法的讨论和实例，而这次的第三版则进一步强化了这方面的内容，并提供了更多实例，解释设计过程中纯数字化以及复合化的绘图过程。

无论一幅图纸是通过手绘还是借助电脑绘制的，对于建筑设计思路交流效率的评判标准都是一样的，就好像对书面语言而言，拼写的规则、语法和重音都是一样的，无论传统的手写还是用电子打字机录入，或者运用键盘输入的文字处理软件。

引言
Introduction

绘图是表达事物的手段，或者说技巧——通过在平面上创造线，来表达一件物体、一个场景，或者一个理念。这个定义隐喻了，绘图之中的图形不只是涂画和涂色。绘图本来是以线为主，但也可以包含其他图形元素，比如点和笔刷的涂抹——其实也可以理解为线。不论一幅图形以何种形式存在，它都是我们组织和表达视觉思考和认知的主要手段。因此，我们认为绘图不只是艺术的表达，更是归纳和解决设计问题的实用工具。

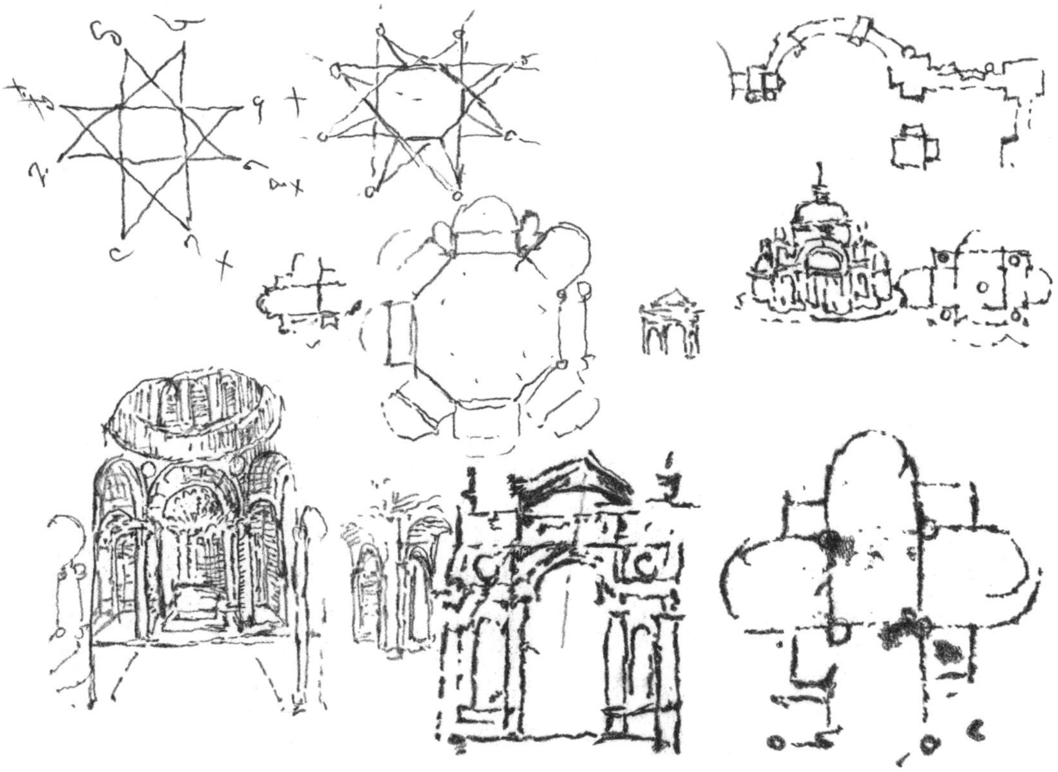

“设计绘图”这个词语让我们想到汇报演示或者表现图，用以说服观众，理解设计方案的优点；同时我们熟悉的还有工程制图，通过图形来解释生产或建设项目。然而设计师还会在其他方面使用绘图手段和成果。在设计工作中，绘图的角色拓展从记录现状、制订思路到推测和规划未来。纵观设计过程，我们通过绘图来深化设计理念，从概念到方案，再到建成的现实。

学习如何绘图以及有效地利用绘图作为设计工具，必须掌握一定的基本功，比如绘制线条和赋予色调。投入足够的时间和精力，任何人都可以掌握这些技巧。然而娴熟的技巧并没有很大价值，除非你在掌握技巧的同时，理解其中的认知原理。即使现在数字绘图工具革新并丰富了传统绘图手段，让我们能够把理念送上电脑屏幕并开发成三维模型，绘图本身依然是洞见现象和视觉思考的认知手段。

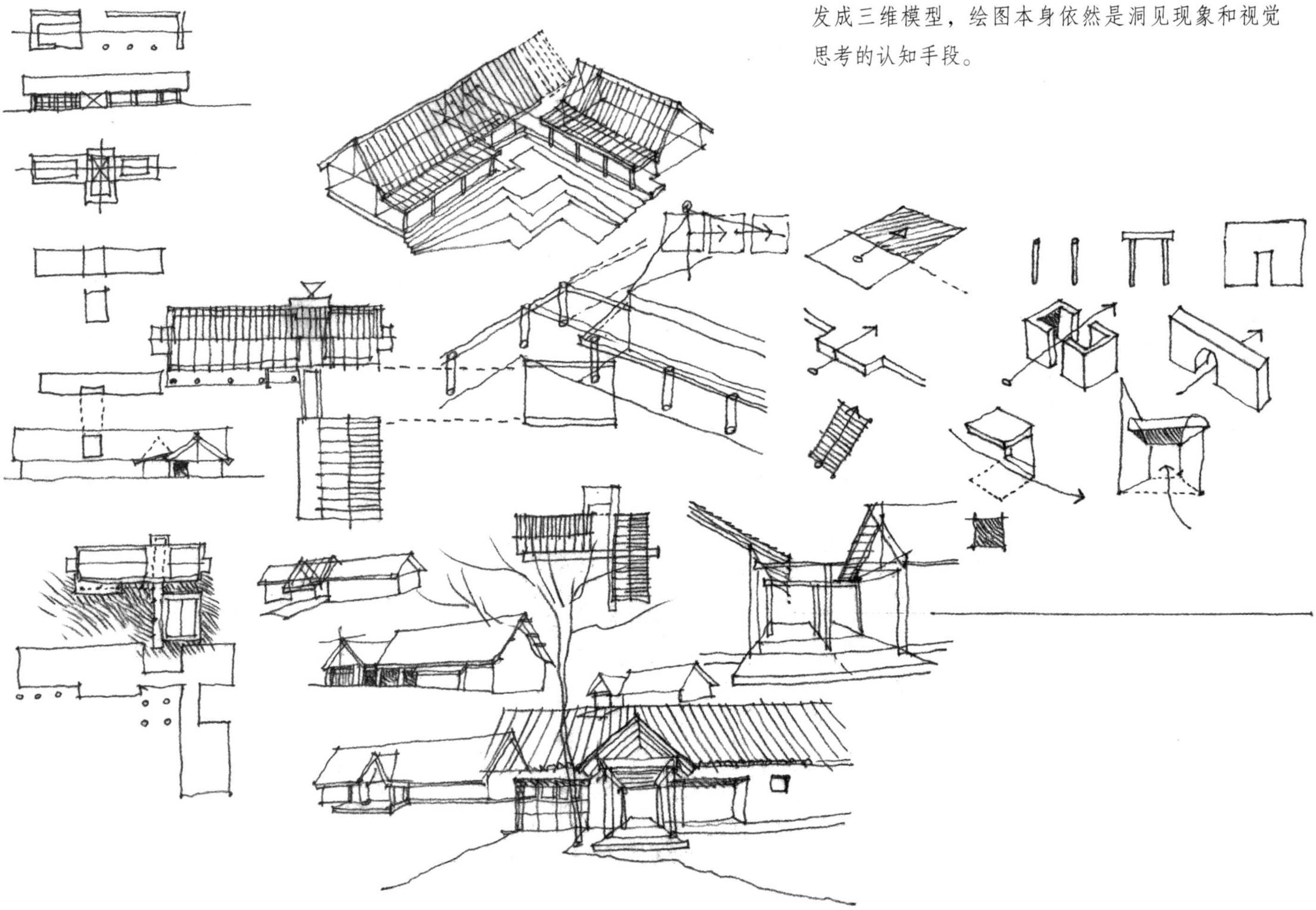

所有绘图的核心都是观察、想象和表达图形的互动过程。观察建立起我们睁眼所见的外部现实的影像，并引发我们探索世界。当我们闭眼时，思维之眼[责编注]揭示出内在现实——对过去事件的视觉记忆和对未来想象的投影。之后，我们在纸上绘出图形，通过绘图来表达和沟通我们的思想与理念。

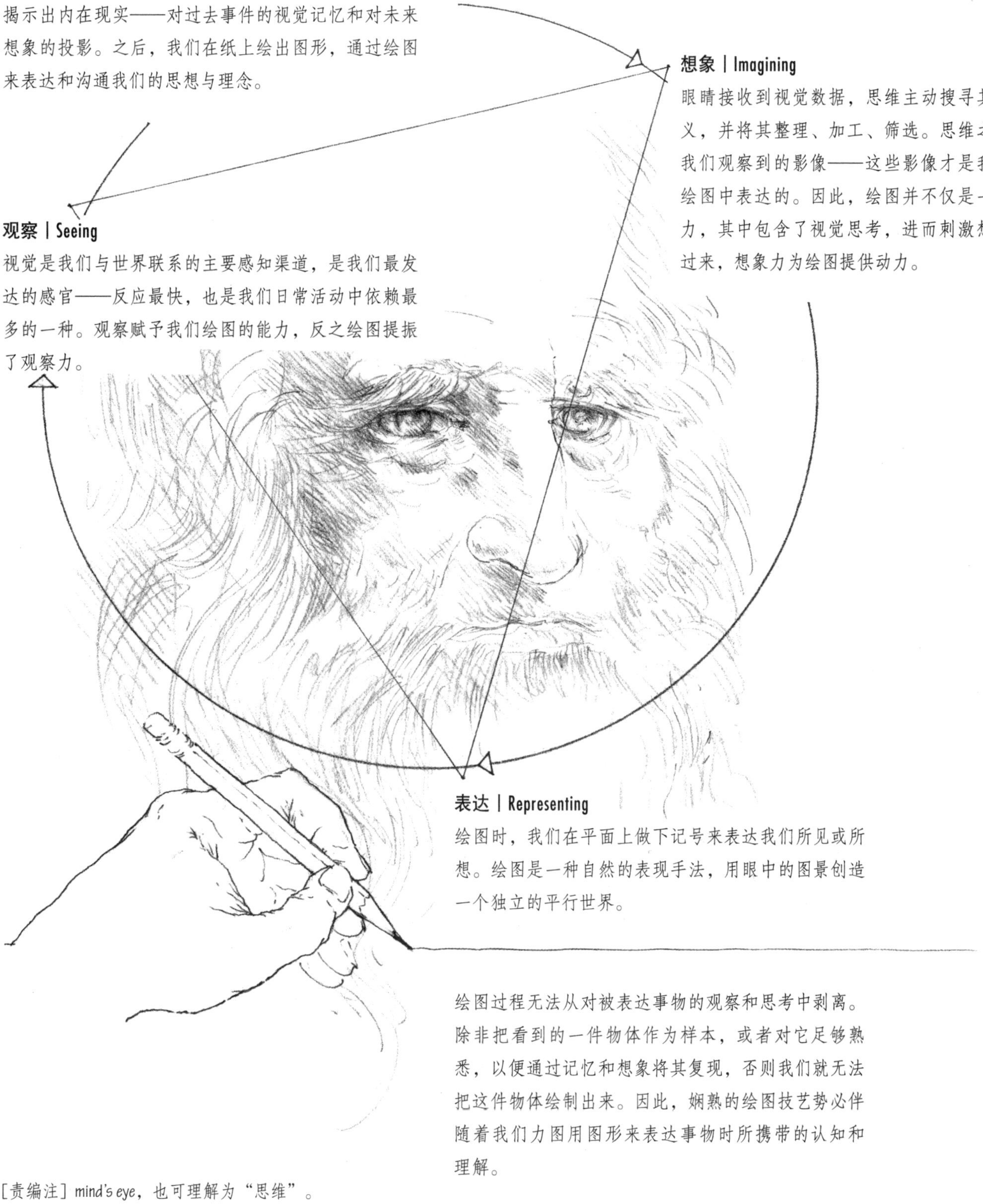

想象 | Imagining

眼睛接收到视觉数据，思维主动搜寻其结构和意义，并将其整理、加工、筛选。思维之眼创造出我们观察到的影像——这些影像才是我们尝试在绘图中表达的。因此，绘图并不仅是一种动手能力，其中包含了视觉思考，进而刺激想象力；反过来，想象力为绘图提供动力。

观察 | Seeing

视觉是我们与世界联系的主要感知渠道，是我们最发达的感官——反应最快，也是我们日常活动中依赖最多的一种。观察赋予我们绘图的能力，反之绘图提振了观察力。

表达 | Representing

绘图时，我们在平面上做下记号来表达我们所见或所想。绘图是一种自然的表现手法，用眼中的图景创造一个独立的平行世界。

绘图过程无法从对被表达事物的观察和思考中剥离。除非把看到的一件物体作为样本，或者对它足够熟悉，以便通过记忆和想象将其复现，否则我们就无法把这件物体绘制出来。因此，娴熟的绘图技艺势必伴随着我们力图用图形来表达事物时所携带的认知和理解。

[责编注] mind's eye，也可理解为“思维”。

观察是一个动态的、创造性的过程。观察可以为我们的视觉世界中动态的、不断变化的影像创造静态的、全方位的认知。这个快速而精细的过程分为三个步骤，借此创造我们观察到的影像。

- 接收：我们的眼睛接收到光的能量信号——从光源直接接收或者经过受光面的反射。眼睛的光学结构形成了一个上下颠倒的像，投射在作为大脑延伸的一系列神经细胞——视网膜上。这些感光细胞把电磁能量转化成电化学信号，并对光信号的强度做出逐点判定。

- 提取：思维从输入的信号中提取基本视觉特征。输入信号——主要是明与暗组成的图案——被视网膜上的其他神经细胞进一步处理后传递给视神经，经过短暂停留后抵达大脑的视觉皮层。在这里有细胞提取视觉输入信号的具体特征：边缘的位置和走向，动作、体量和颜色。

- 推断：在这些被提取出的特征的基础上，我们对世界做出推断。在视网膜上只有非常小的区域可以分辨精致的细节。因此我们的眼睛必须连续扫描物体和周边环境，才能看到全貌。当我们看一件事物时，我们实际看到的其实是快速、连续且相互联系的一系列视觉影像。即便眼睛在不断扫描，我们也能感知一幅静态的影像。因此我们的视觉系统不仅仅是在被动和机械地接受视觉刺激，记录物理特征，还主动地将对光的感官印象转化为有意义的形式。

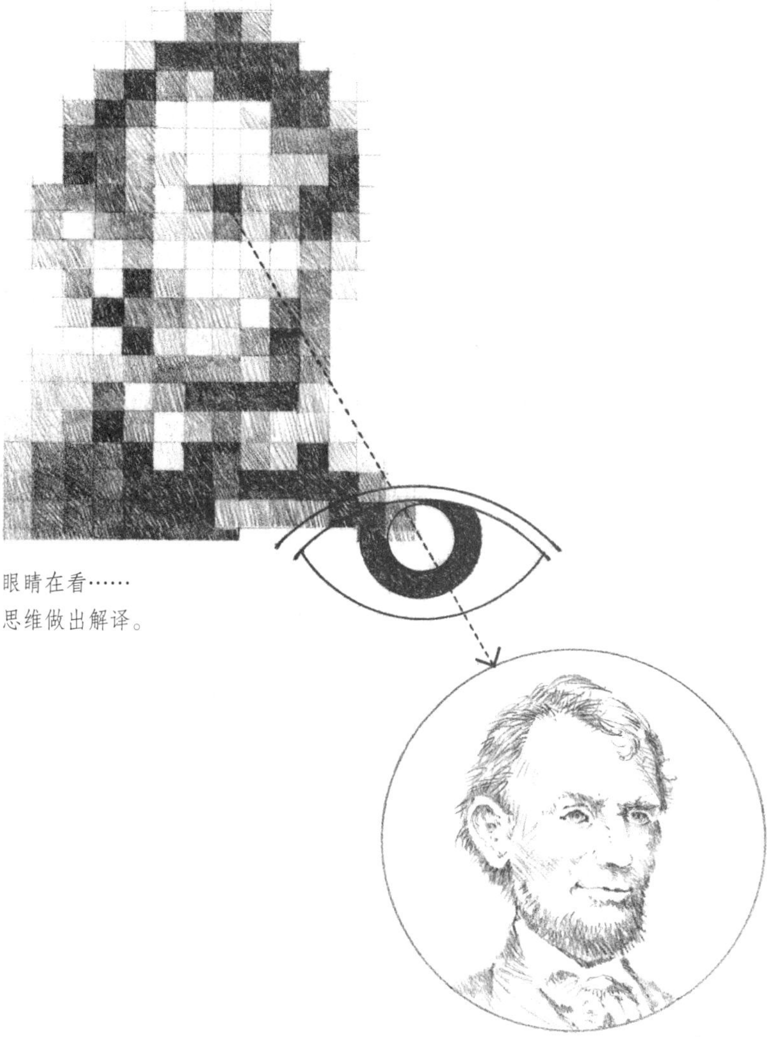

眼睛在看……
思维做出解译。

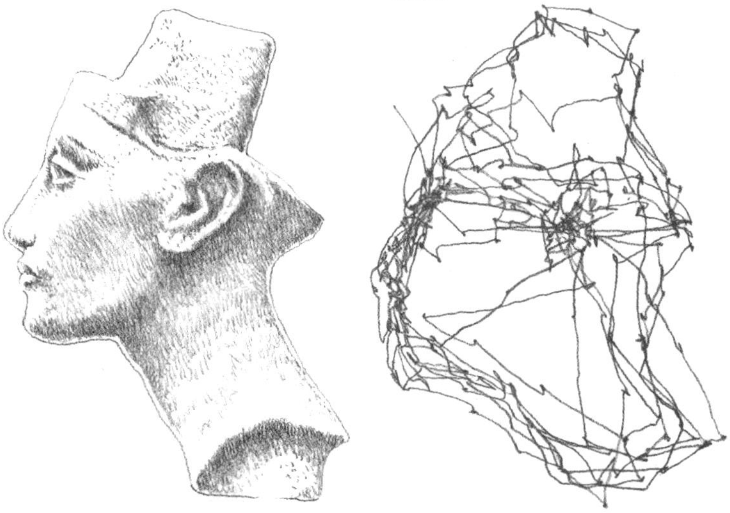

娜芙蒂蒂王后胸像 | Bust of Queen Nefertiti

观看人像时目光移动的轨迹，莫斯科信息传递问题研究院（Institute for Problems of Information Transmission in Moscow）的阿尔弗雷德·卢基扬诺维奇·雅尔布斯（Alfred Lukyanovich Yarbus）的研究成果。

观察是一种活跃的、搜寻图案的过程。思维之眼利用从视网膜影像提取的输入信号作为基础，对我们面对的事物做出合理猜测。对于思维而言，推断是简单的。思维之眼主动地搜寻与我们对世界的认识相吻合的特征——它在寻找结论，寻找它所接收图案中的意义和解释。我们可以把最简单的视觉数据骨架完善成影像，在其中注入必要但实际并不存在的信息。比如，我们可能看不懂这幅明与暗组成的残缺图案，但是一旦被识别出来，就不会再被忽视。

因此，视觉认知来自思维之眼的创造。思维看不到的东西，眼睛也看不到。我们脑中的图片不仅来自视网膜影像，也受到我们观察时带入的兴趣、知识和经验影响。我们所处的文化环境也会改变我们的认知，教给我们如何诠释我们经历的视觉场景。

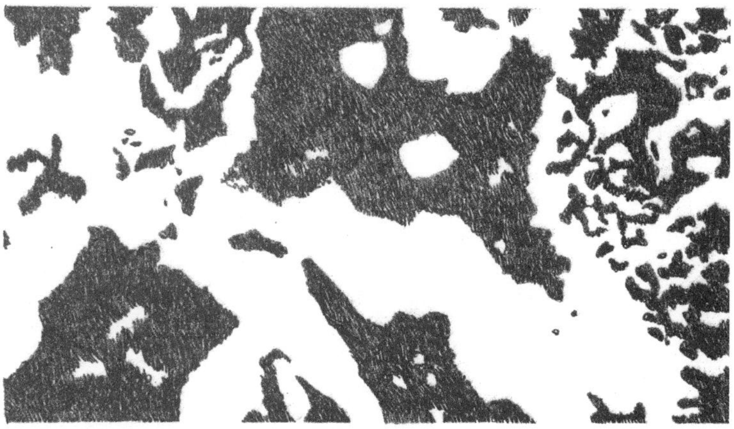

在这幅错觉绘画中，我们可以看到一个年轻女人的侧脸，或者一位老妇人的头像。绘画由心理学家埃德温·加里格斯·波林（Edwin Garrigues Boring）在1930年设计。

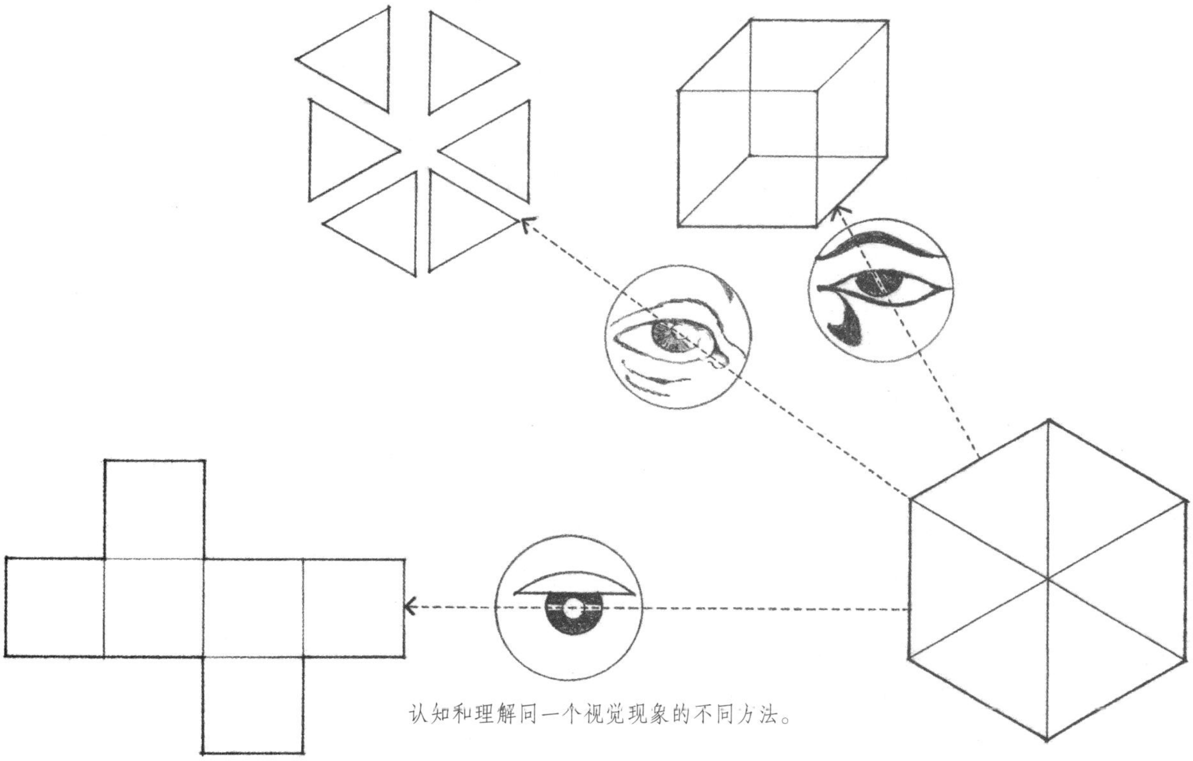

认知和理解同一个视觉现象的不同方法。

观察促进绘图 | Seeing Facilitates Drawing

绘制我们观察到的事物，包括临摹大师作品，一直以来都是艺术家和设计师的基本功练习。通过观察绘图是开发眼-脑-手协调性的经典方式。通过绘图，直接体验和检索我们所见的世界，让我们对视觉的作用方式更加敏感。这种领悟反过来也有助于我们绘图。

绘图提振观察力 | Drawing Invigorates Seeing

我们通常不会看到我们能看到的全部。先入为主的观念——期待或者相信——经常左右我们的观察。因为熟悉，我们容易忽略每天面对或者使用的事物。这些认知偏见让我们的生活简单而且安全。我们不需要对每一个视觉刺激都像第一次看到它一样投入全部精力，而是可以筛选出那些当下所需的信息。这种快捷的视觉模式形成了我们印象中的刻板画面和老套场景。

给刻板的视觉形象打上标签，除了避免认知混乱，还可以防止我们把熟悉的事物每次都重看一遍。视觉环境比我们通常一瞥所看到的丰富和充实得多。为了更充分地利用我们的视觉能力——看到符号之外的事物——我们必须学习为了绘图而观察事物的方法。

绘图鼓励我们全面关注并体验视觉现象的整幅场景，并且关注最平常事物的独特之处。除了培育出对视觉环境的更高层次和更精确的认识，绘图还会加深我们对环境的理解，强化我们的视觉记忆。在通过想象绘图时，我们回忆过往的认知并基于这些记忆来绘图。

我们的认知并不局限于当前和当下的所见。在感官认知——看到、摸到或者闻到的同时，通常就能对应出影像。即使没有任何感官刺激，我们也具备回忆和重塑影像的思维能力。在被提示时，你可以不费吹灰之力地想象出相应的事物。比如，当你阅读下面这些文字时，可以轻易地想象出它们的形象：

- 地点，比如一间儿童卧室、你居住的街道或者小说中描绘的一处场景；
- 物体，比如一个三角形或正方形、一个飘浮在空中的气球或是爷爷的钟表；
- 人物，比如一位好朋友、亲戚或者电视新闻播音员；
- 活动，比如打开一扇门、骑自行车或者投掷棒球；
- 动作，比如一个立方体在空中旋转、一个球沿斜面滚下，或者一只鸟开始飞行。

作为对这些语言提示的回应，我们的思维之眼想象出图像。我们在使用视觉思考。

视觉思考——通过影像来思考——遍及一切人类活动。它是日常生活不可分割的一部分。我们在各种场景中使用视觉思考：沿街道开车，寻找一个地址；为晚餐聚会布置餐桌，或者在下棋时思考招数。当我们在夜空中寻找星座、利用一系列图纸拼搭一个柜子，或是设计一座建筑时，我们的思想呈现出视觉形态。在所有这些活动中，我们把看到的影像和思维之眼呈现的影像拿来配对。

我们脑中的影像不局限于我们当下所见。我们的思维有能力把影像跨越时间和空间进行塑造、剖析和重组。我们可以在事后把记忆中的物体、地点和事件具象化；我们也可以预见未来——通过想象具象化未来的一种可能。因此，想象力让我们同时拥有对历史和未来的感知。想象力在过去、现在和未来之间建立联系——搭建起视觉的桥梁。

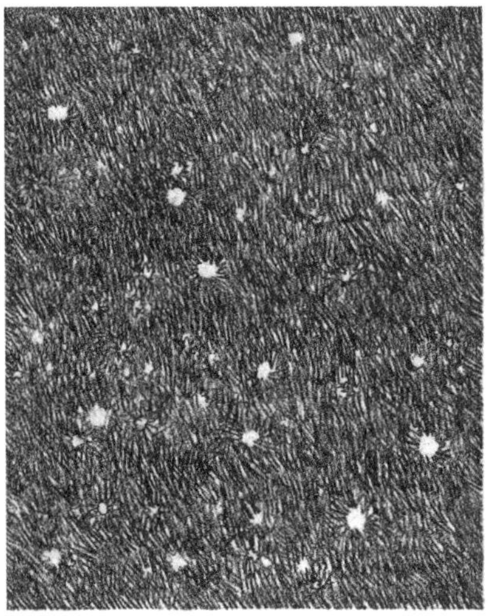

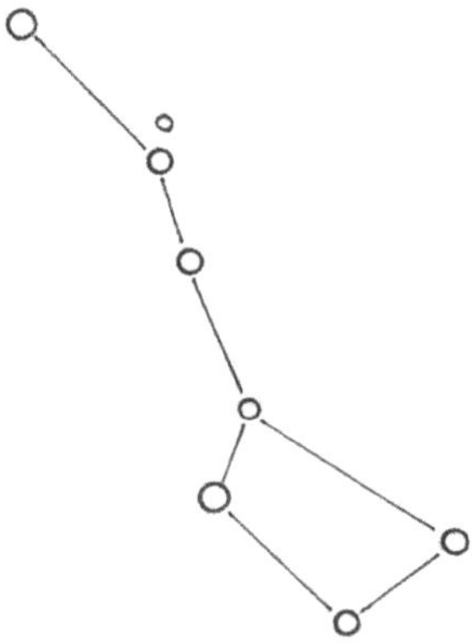

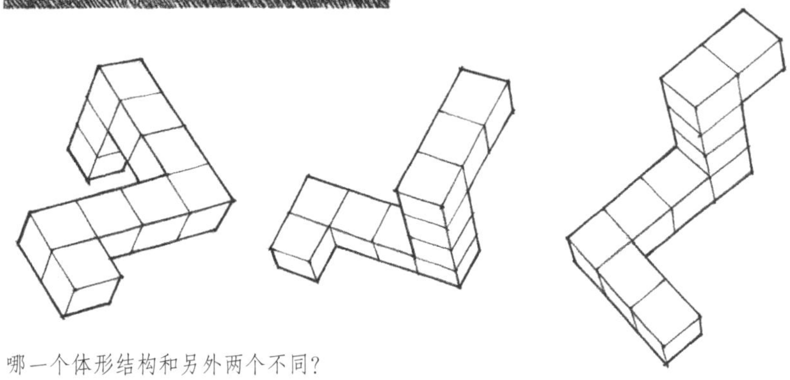

哪一个体形结构和另外两个不同？

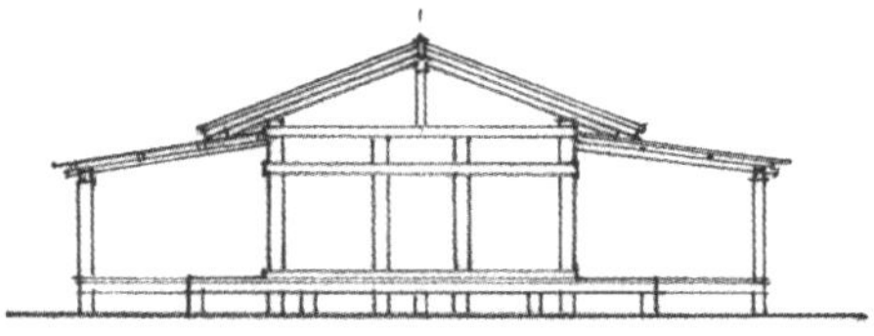

回忆过去：一座8世纪的日本建筑

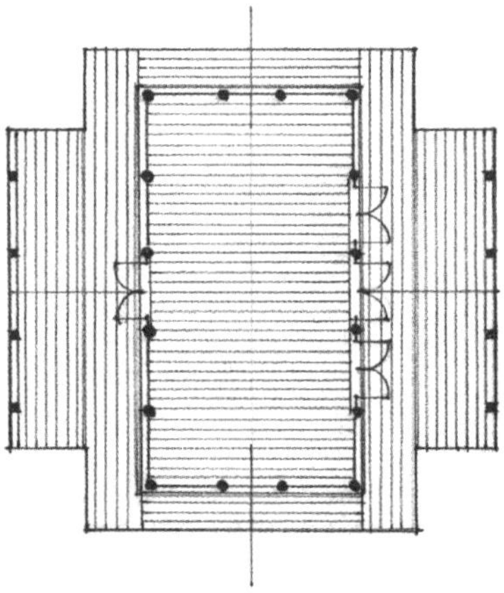

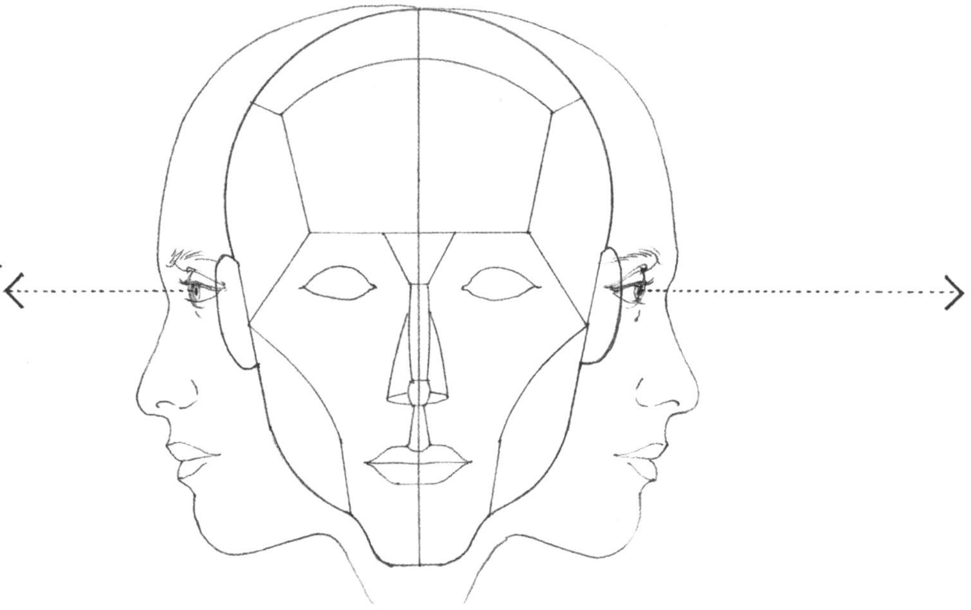

想象力启迪绘图 | Imagination Inspires Drawing

思维之眼唤起的影像通常是模糊、骨感的，并且总是难以捉摸。即便生动而清晰，也可能稍纵即逝。如果不通过绘图把它们记录下来，就很容易丢失在意识的洪流中，被其他意识取代。因此绘图是视觉思考的自然和必要的延伸。意识中的图像引导我们的眼和手，在纸上绘出图形。反过来这些图形也即刻影响着我们脑中的影像，更多的思路随之进入我们的思想并融入想象和绘图的过程。

绘图激发想象力 | Drawing Stimulates the Imagination

绘图作为一种媒介，和思考过程相互影响。在纸面上勾画草图让我们能够剖析并厘清思路，就像我们通过文字建立和组织一个想法。把思想具体化和具象化，让我们能够对它做出进一步的处理——我们可以分析它，从新的视角观察它，从新的途径整合它，甚至把它转换成新的想法。此时此刻，设计绘图从想象力中涌现，又进一步激发了想象力。

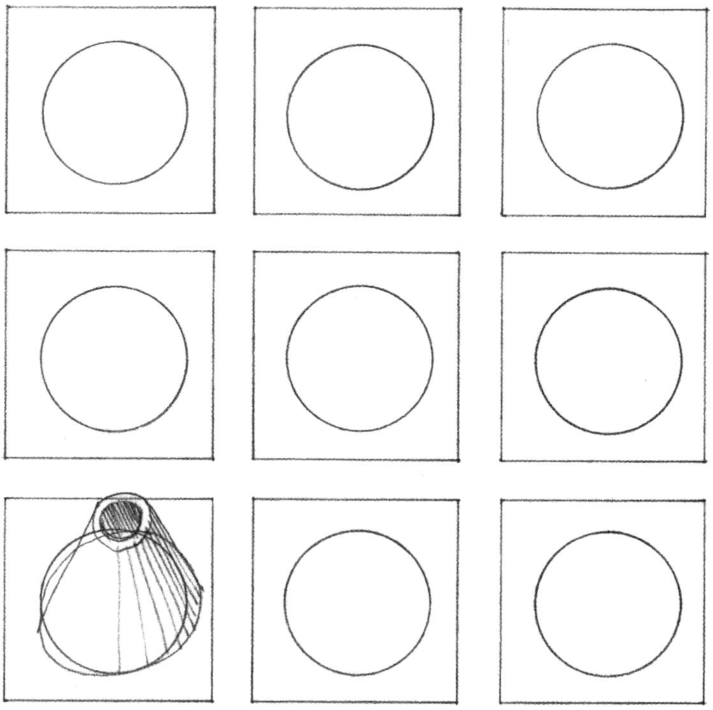

想象一下你如何只画简单几条线，把这些圆形转化成其他事物。

这种形式的绘图在设计的创造和深化阶段都是必要的。艺术家思索一幅绘画的不同构图，舞蹈编导编排舞台上的舞蹈动作，建筑师组织一栋建筑的复杂空间形式——这些全都用到绘图，人们将其作为一种探索手段，想象出各种可能性，借此预测未来。

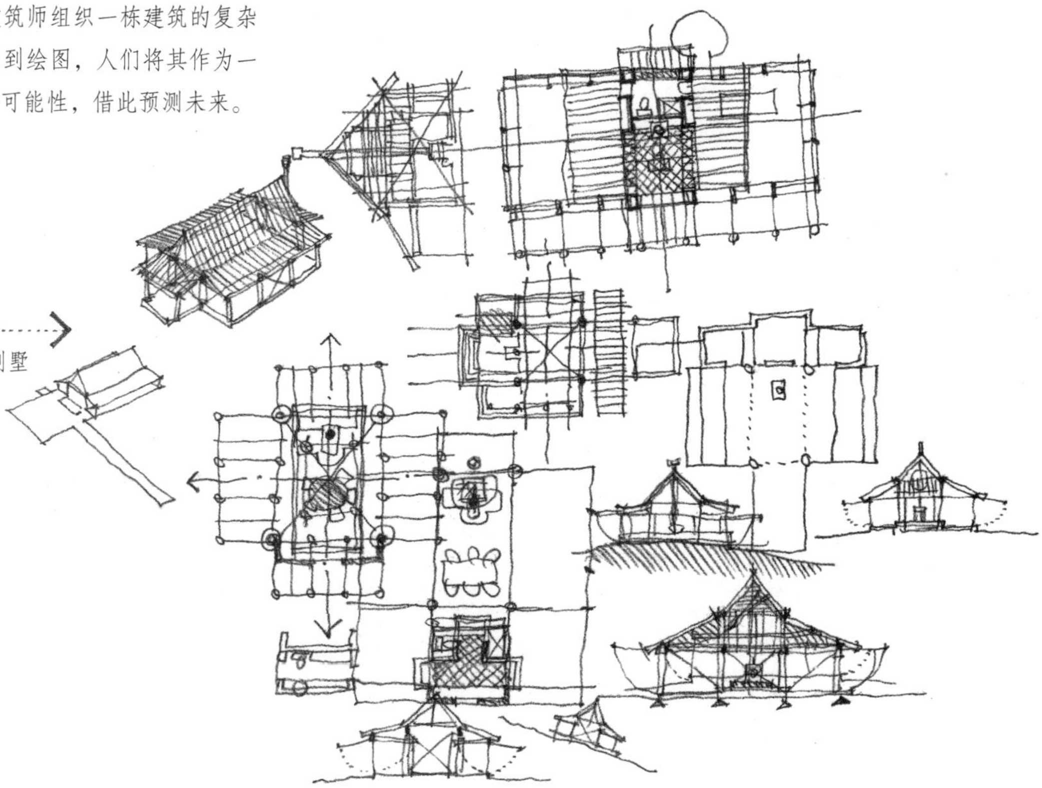

想象未来：一个周末度假别墅

绘图无法复制现实。它只能描绘出我们感知的外在现实和思维之眼创造的内在想象。在绘图过程中，我们创造出一个独立的现实，与我们的经历平行。

我们的认知是完整的——包含我们持有的、所经历现象的全部信息。然而，一幅图纸只能表达有限的一部分信息。在通过观察绘图时，我们引导自己关注特定的方面，有意或无意地忽视其他方面。对于媒介和技法的选择也会影响我们在绘图中想表达的信息。

我们还可以根据对某个主题的了解，围绕它进行绘图——表达出不同于眼睛能看到的意义。比如，在通过想象绘图时，我们不被束缚于视觉现实所反映的感性画面，而是可以绘制出脑海中所呈现的理性画面。感性画面和理性画面都是表达信息的合理手段。它们代表了观察和绘图的两种互补的表达手段。其间的选择取决于绘图的目的，以及我们对于这个主题想要表达哪些信息。

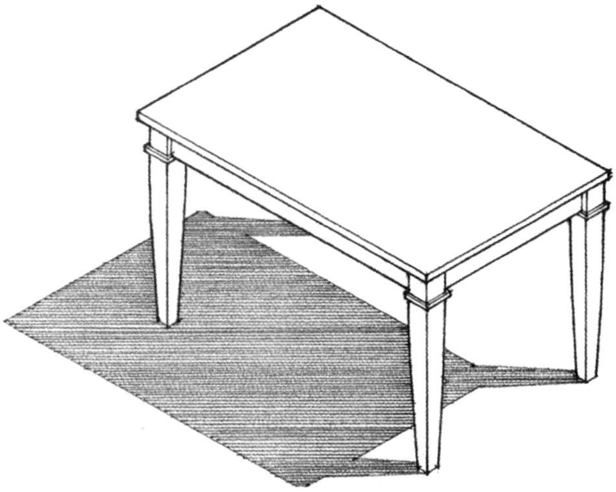

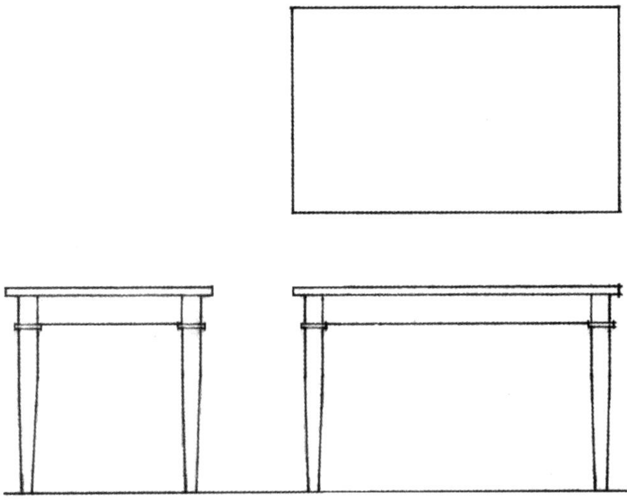

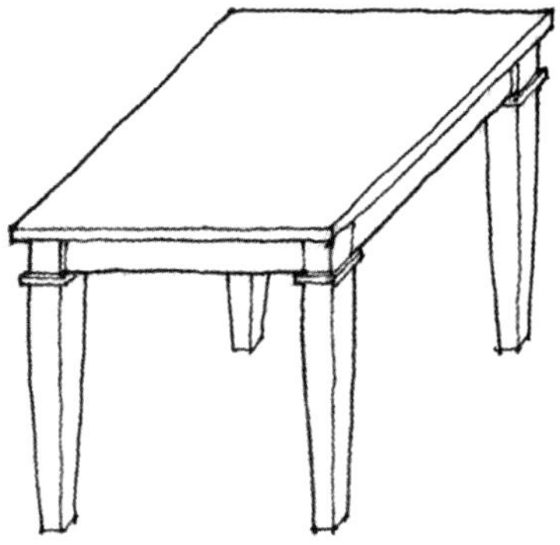

表达同一个客观现实的不同方法。

视觉交流 | Visual Communication

绘图交流信息是因为它刺激了观者的某一部分意识。绘图必须先抓住观者的眼球，才能交流信息或给予指导。只有吸引住观者，绘图才能引导他们想象并做出回应。

绘图本来就携带着丰富的信息。一幅图在一瞥之下能够揭示的信息，用文字描绘可能很困难。但是如果从另一个角度思考，我们也可以从同一幅图中解读出不同的信息。即便是最追求现实的绘图也要依靠解读。因此，我们通过绘图来传递视觉信息时，必须让图纸能被他人理解。图纸越抽象，就越需要依靠惯例和文字来传递信息。

常见的视觉交流形式是分析图（或图表）——一种简化的绘图形式，表达流程或动作、厘清一系列关系，或是描述变化或成长的趋势。还有另一个例子，我们会在汇报演示中使用一系列图纸来展示设计方案，让他人审查和评价。其他更为实用的图形沟通形式还包括设计模式、工程图纸以及技术图解。这些可视化的说明书指导其他人来实现设计方案，或是将一种理念变为现实。

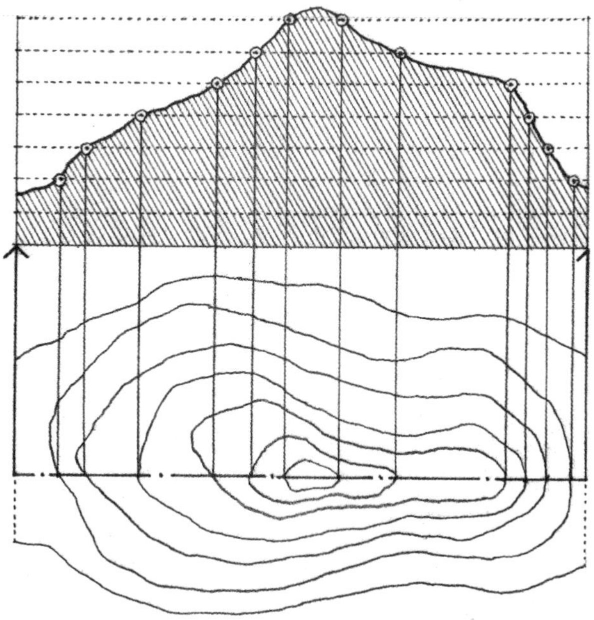

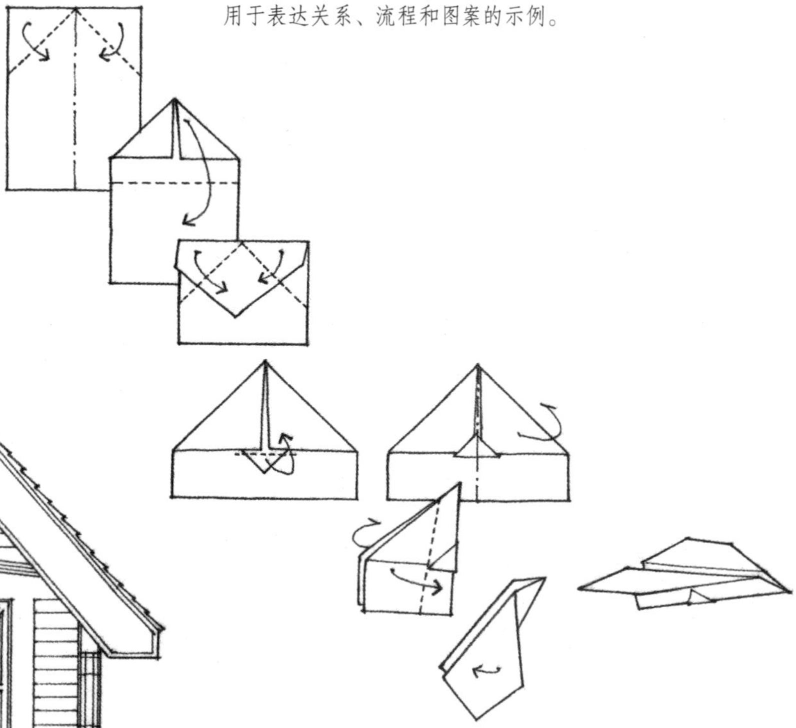

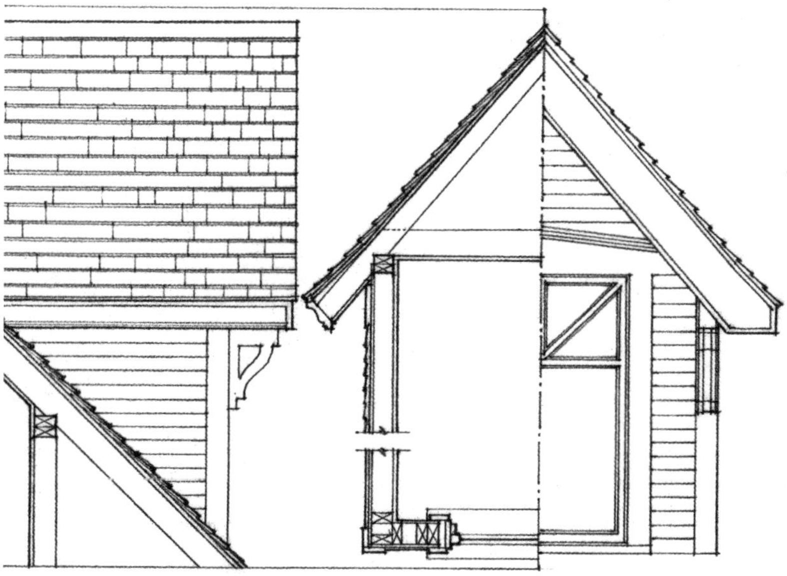

用于表达关系、流程和图案的示例。

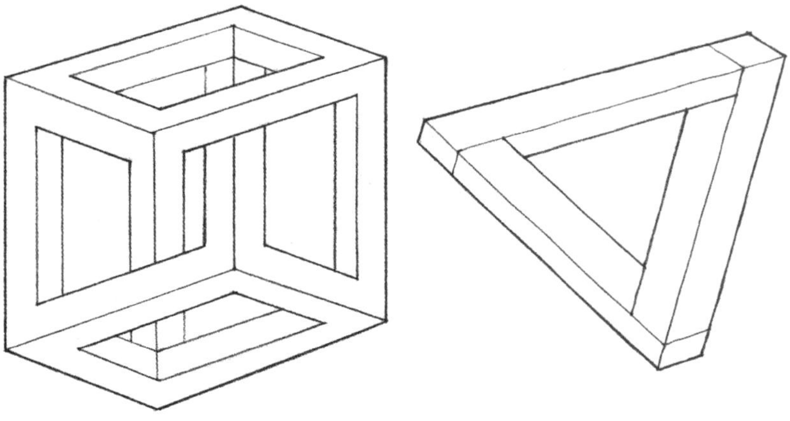

纸面上成立的事物在现实中可能并不成立。

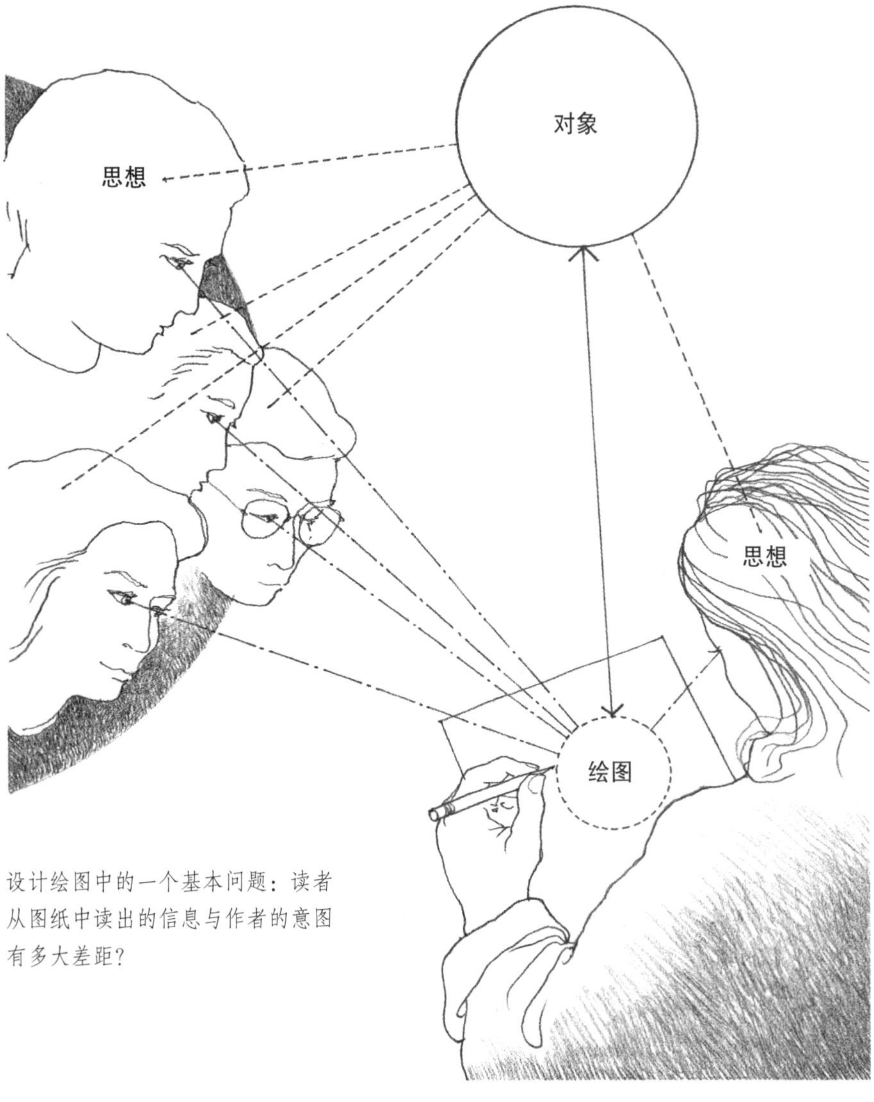

设计绘图中的一个基本问题：读者从图纸中读出的信息与作者的意图有多大差距？

读图 | Reading Drawings

我们能够读懂非我们所作，或是我们没有能力绘制的图纸，反之却不然。要想绘制一幅图纸，我们首先要能够解读我们所做的图形标记，并理解其他人对此所做的解读。学习如何绘图的一个必要环节是学习如何读图——不仅是我们看到的图纸，也包括我们自己绘制的图纸。

有能力读图，意味着我们理解其主题和图面表达的关系。比如，任何图纸，不论是电脑绘制的还是手绘的，都可能被不恰当地建造，或是误解其中的三维关系。我们应当能够看出一幅图纸何时表达了现实中不成立的信息，即便有时候其中的图形让我们产生相反的错觉。

为了更好地自我批评，改进我们的图纸，我们应当养成从他人角度阅读图纸的习惯。我们很容易骗过自己的眼睛，相信自己绘制的图纸确切表达了我们希望表达的信息。同时，我们也很容易看出别人绘制图纸中的问题，因为我们带有新鲜的眼光。上下颠倒、拉长距离或者通过镜子的反射进行观看，都能让我们用新的角度看一幅图纸。视角的突变让我们能够看出由于自己先入为主而忽视的问题。即使看上去微不足道的小漏洞，只要它混淆了图纸表达的信息或意义，就可能带来严重的不良后果。

通过观察绘图

Drawing from Observation

“学习绘图实际上是学习看——正确地看——其中的意义远超单纯用眼睛去看。我所说的‘看’是用尽全部五感，让它们同时穿越眼眸。”

基蒙·尼克莱代斯（Kimon Nicolaïdes）
《自然画法》[译注]（*The Natural Way to Draw*）

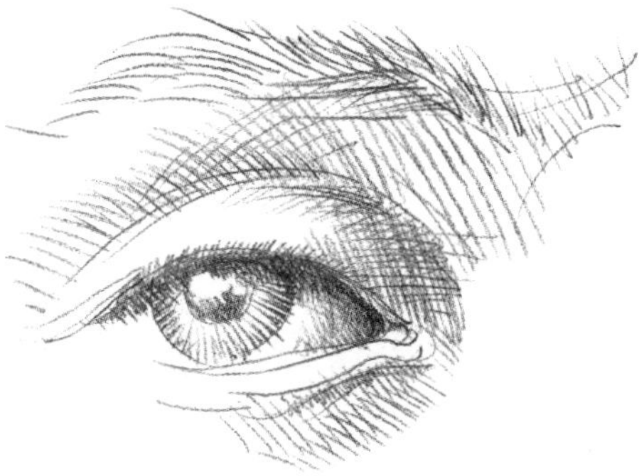

[译注]《自然画法》又译作《素描进阶教程——尼克莱代斯教学法》，上海人民美术出版社2004年出版。

即便抛开感知这个客观属性，眼睛依旧是我们从世界中收集信息的最重要感官——我们能够穿过空间，追寻物体的边缘、扫描表面、感受材质肌理以及探索空间。在直接回应感官现象时，绘图所具有的触觉和运动知觉属性让我们当下的感觉更加敏锐，过去的记忆更加广阔，未来的设计更富于想象力。

1

线与形 Line and Shape

点不具有维度和尺度。只有成为可见的圆点，这个点才能在空间中找到位置。当一个点在面上移动时，它的轨迹成为线——这是绘图的核心元素。我们主要依靠线来描摹我们看到的物体边缘与轮廓。在勾画这些边缘和轮廓时，线条开始定义形状，形成图面元素，在我们的视野中建立起形体并组织构图。

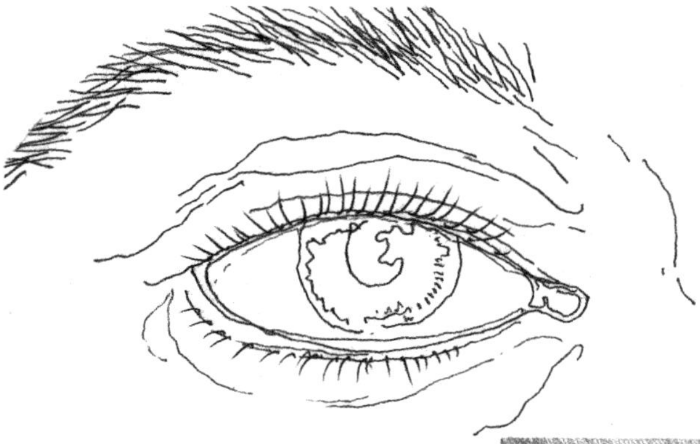

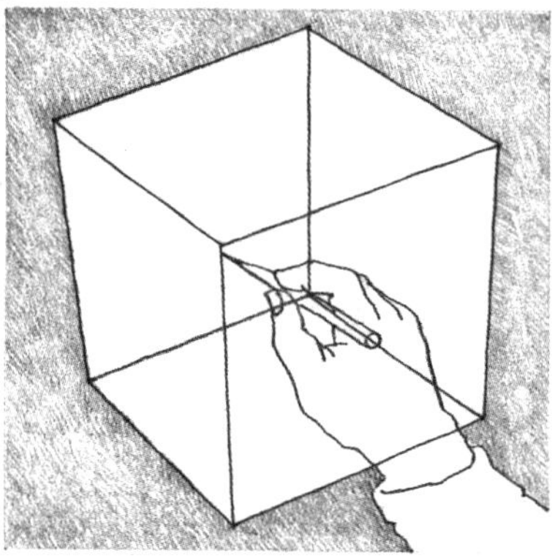

从概念上讲，线是一维元素，只在长度上具有连续的范围，没有宽度或厚度。这样的线在物质世界中并不存在。我们实际认为的线，是一个细的实体，比如一股电线；狭窄的凹陷——比如折痕；或者色彩、色调的突变——比如物体与阴影的交界。我们的视觉把这些都识别成线。线是我们认识世界的关键手段，它同样也是在绘图中表达我们认知的基本工具。

在绘图时，我们拖曳画具的尖端，划过纸面，形成一条线。作为图形元素，这条线是二维表面上的一维轨迹。同时，它是我们勾勒和描绘三维形体的最自然有效的方式。就像我们在视觉中把各种事物识别成线一样，我们绘制这些线条来重塑空间形体的存在感。并且，作为观察者，我们随时把这些绘出的线条识别成空间形体的边界或其组成部分的边缘。

在后面的章节中，我们将探索线的用法——表现形体的明暗、材质肌理和内部结构。现在，我们关注用线描绘边缘和轮廓——最常用的图面表现形式。

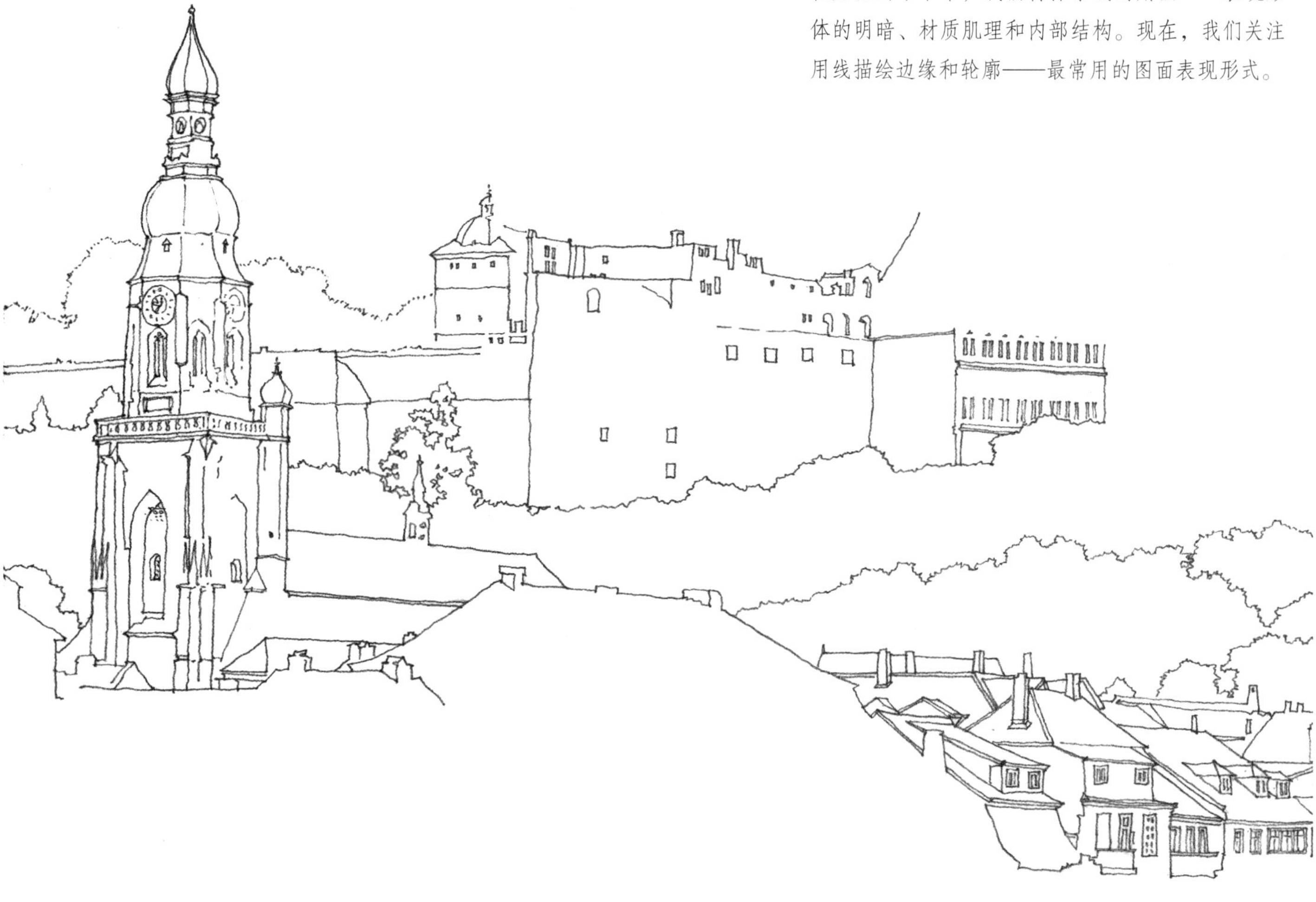

轮廓主宰我们对视觉世界的认知。思维从眼睛接收到的明暗肌理中提取轮廓。我们的视觉系统搜索明暗区域的交界，并沿着交界点假想一条线。这些边缘有的是清晰的，也有的随着色彩、色调的变化消失在背景中。但是，出于辨识物体的需要，思维可以沿着边缘假想出一条连续的线。在观察过程中，思维强化了这些边缘并把它们视为轮廓。

在区分不同物体时，轮廓是最明显的。这些轮廓构成了我们视野中的物体影像。它们勾勒出物体，并且定义物体与背景之间的外部边界。在圈定和定义物体边缘的同时，轮廓还描绘了物体的形状。

除了描绘二维平面中的剪影，轮廓还能表现更多的内容：

· 一些轮廓在平面的折叠或断开处转入其内部；
· 另一些由重叠或突出的部位形成；
· 还有一些描绘了形体内在的空洞或阴影。

在观察和绘图时，我们追寻这些轮廓，因为它们显著标示了空间形体的三维属性。

轮廓绘图是通过观察绘图的一种训练方式。主要目的是开发视觉对表面和形体属性的敏锐度和感知力。轮廓绘图的过程摒弃了我们通常表现事物的符号化和抽象化过程。反之，它迫使我们聚精会神，仔细观察，用视觉和触觉体会被绘制的物体。

我们进行轮廓绘图的目标是在眼与手之间找到一种精确的呼应，眼睛追寻形体的边缘，手绘出线条表现这些边缘。当眼睛缓慢地追寻物体轮廓时，手用相同的、缓慢而谨慎的步调移动绘图工具，表现形体的每一处凹陷或起伏。这是一个一丝不苟且有条不紊的过程，一个细节接着一个细节、一个部位接着一个部位、一个形体接着一个形体地处理。

这个过程既是视觉的，也是触觉的。在绘图时，想象手中的铅笔或钢笔与你绘制的物体实际接触。不要重描或是擦掉线条。最重要的是，缓慢而仔细地绘图。要克制冲动，手的移动不要超过眼睛观察的速度，而是要与眼睛同步移动，体察你在物体中看到的每一个轮廓的形状，不要考虑或担心物体的特征。

轮廓绘图最好是用一支削尖的软铅笔或者细尖钢笔，可以绘出锐利的单线。这么做可以提升视觉敏锐度，同时培养出与之相应的精确的感觉。

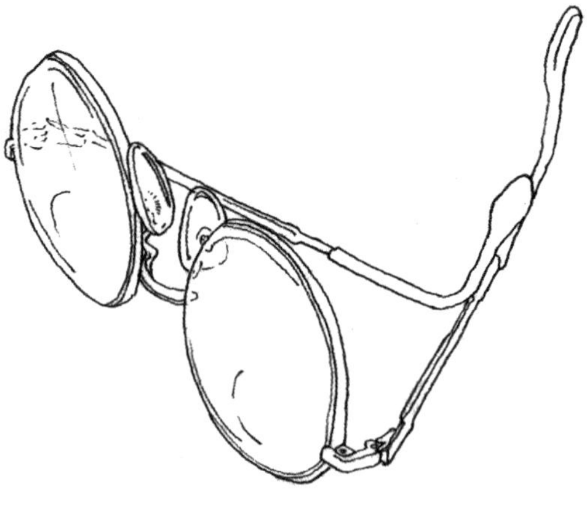

盲绘轮廓是指在轮廓绘图时只看物体，不看我们绘图的表面和绘出的图形。转动身体离开纸面，全神贯注于被绘制的物体。你的眼睛应该保持在物体上，同时手在纸面上尝试记录你所看到的东西。

把目光聚焦到物体轮廓上一个明确的点，然后把笔尖落在纸上，想象笔尖实际碰触了物体上你正在看的那个点。缓慢并且努力地用眼睛追寻这条轮廓，关注每一个微小的起伏或弯曲。随着眼睛的移动，笔也以同样精细的步调在纸上移动，记录下你看到的轮廓中的每一处变化。

继续绘制你看到的每一条边缘，一点点地，缓慢而均匀。随着继续扫视你所绘制的物体，你可能需要周期性地暂停，但是不要让这些停顿太过明显。尽量在你看到轮廓上某点的瞬间就记录下它。让你的眼睛、头脑和手对感知到的每一个关键事件都同步做出反应。

在这种绘图模式中，经常会形成扭曲或夸张的比例关系。绘图的成果并不一定要看上去像哪个物体，而是用来记录和表达你对于其中的线条、形状和体量的细致感受。

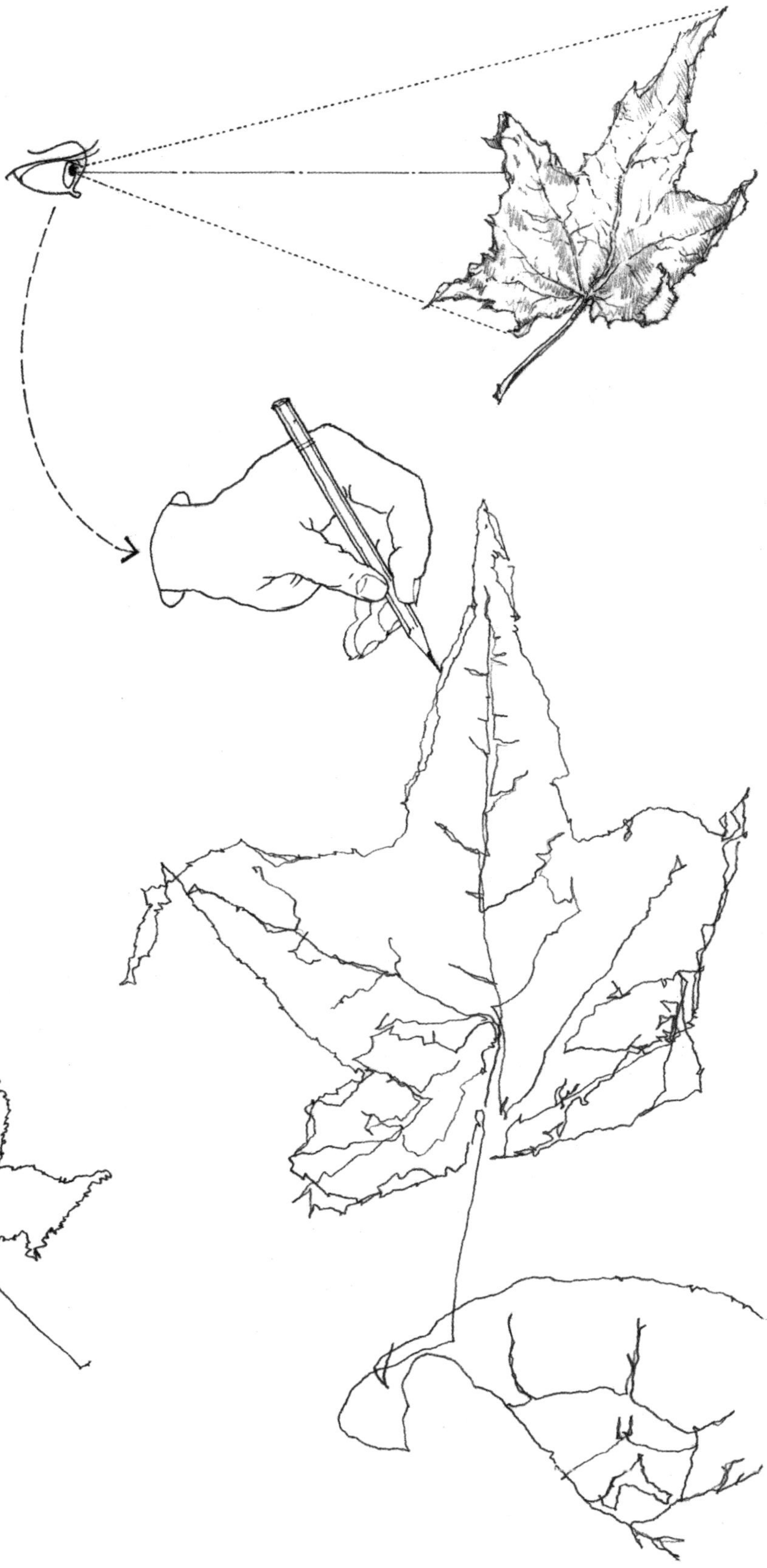

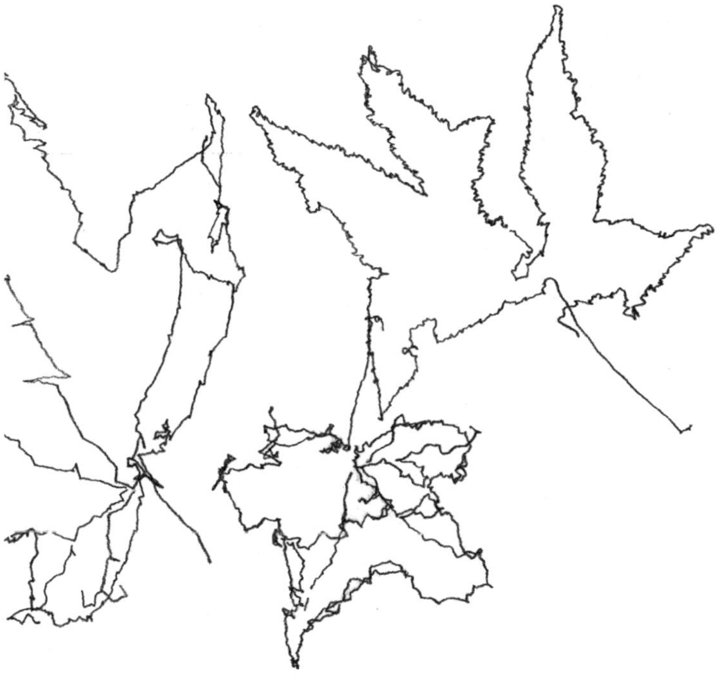

在修正轮廓绘图中，我们一开始和盲绘轮廓一样。但是为了核对大小、长度和角度之间的关系，我们允许自己在特定的间隙看一眼手中的绘图。

开始时和盲绘轮廓一样，在被绘制物体的某条轮廓上选一个合适的点，把笔尖落在纸上并想象它正和物体上对应的点接触，核对轮廓线和想象中横、纵轴的关系。随着眼睛在空间中追寻轮廓，用同样缓慢而精细的步调细致地绘出轮廓。

一条轮廓接着另一条地绘制，或沿着、或穿过、或绕过形体的边缘和表面。通过手的相应动作来反映每一处表面变化。在特定的点——比如平面的断开处，或是沿轮廓的折叠处——轮廓线可能会消失在转弯处或者被另一条轮廓打断。在这些节点，看看绘制出的图形并重新调整你的笔，与之前绘出的轮廓边缘找齐，保持恰当的精确度和尺度。就只简单一瞥，完成调整，然后继续绘图。眼睛依旧保持在被绘制的物体上。

我们越关注我们看到的事物，就越能察觉其形体的细节——材料的厚度、弯曲或转角的形式以及与其他材质交会的方式。当我们面对无数的细节时，就必须判断它们之间的相对重要性，只绘制那些对于理解和表现形体绝对必要的轮廓。尽量“经济”地运用线条。

不要担心整体比例。通过更多的经验和不断的训练，我们最终能学会快速检视物体的每一条轮廓，在思维之眼中形成线条的影像，把线假想在绘图面上，然后描摹投影出的轨迹。

真正的轮廓绘图只采用单一的线宽，但是多样的线宽让绘图具有更强的表现力。加粗一条线可以表示强调、表达纵深或者表现阴影。定义轮廓使用的线条特征，可以描绘形体的属性——物质特征、表面肌理以及视觉权重。

练习 1.1

选取一个轮廓有趣的物体，比如你自己的手、一双运动鞋或者一片落叶。把所有的注意力集中在物体轮廓上，做一系列轮廓盲绘练习。盲绘轮廓训练视觉敏锐度和对轮廓的感知能力，以及手–眼–脑的协调性。

练习 1.2

找一个朋友配合。用你的右手绘制朋友左眼的轮廓，然后用你的左手绘制朋友右眼的轮廓。对比你惯用手和非惯用手绘制的图形。非惯用手绘图会强制你的绘图速度慢下来，并且对看到的轮廓更加敏感。这个练习也可以改成对着镜子绘制自己的双眼。

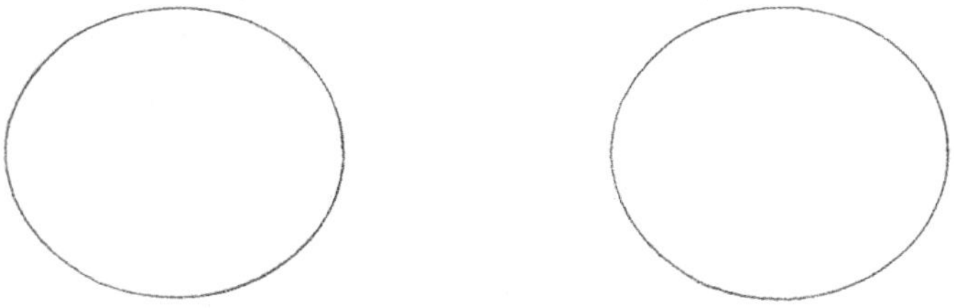

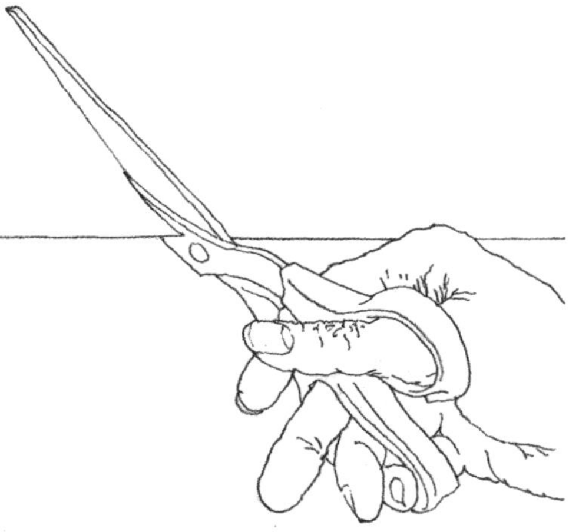

练习 1.3

用不同形式的物体摆成一组静物，比如花和工具、水果和瓶子、树叶和手包。对这组静物做一系列修正轮廓绘图练习。尽量不去命名或辨识你绘制的物体，这会让你偏向符号化的绘图。反之，关注细节，去感受并记录你看到的边缘和轮廓的不同特征。

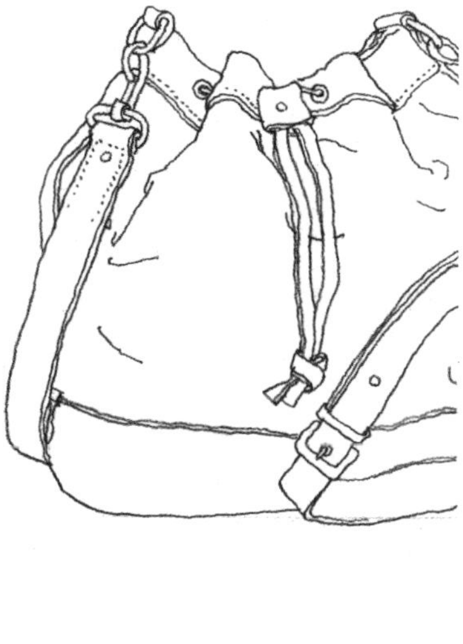

在剖切轮廓绘图中，我们绘制的不是看到的线条，而是想象中刻画在物体表面上的曲线。剖切轮廓不是描绘形体的空间边缘，而是强调形体表面在空间中的转折和起伏。

通过剖切轮廓绘图，我们探索并表现物体的体积属性——特别是当形体并非由平面构成，或者具有生物属性的时候。剖切轮廓随着表面的峰、谷起伏：当表面凹陷时，剖切轮廓线也会凹陷；当表面凸起时，剖切轮廓线也会凸起。

为了更好地表现物体表面的空间转折和起伏，想象将其形体按等距离平行切片，然后按照切开的侧面轮廓绘图。伴随着这一系列紧密排列的剖切轮廓线，物体的形体跃然而出。

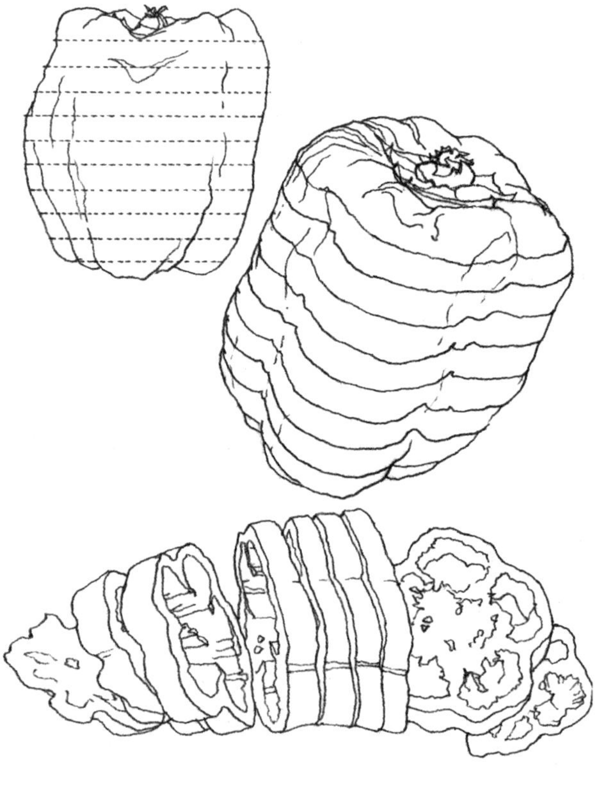

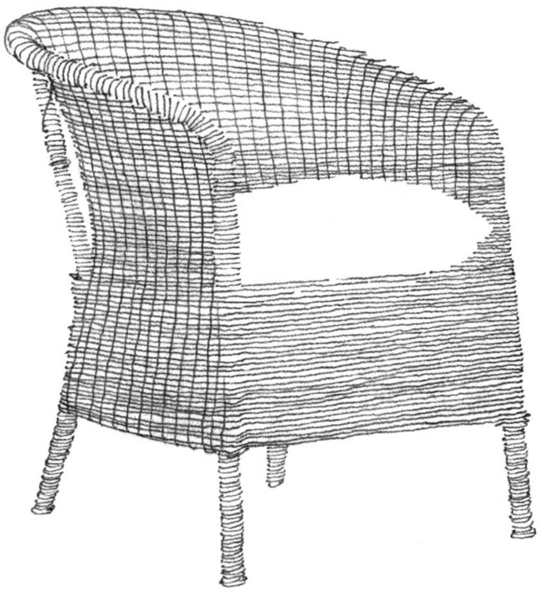

在视觉空间中，我们因色彩和色相发生可辨识的变化而看到线。在轮廓绘图中，我们用可见的线条来表现这些因物体边缘和空间发生对比而产生的线。轮廓线标示了一个区域或体积的开始，当然也是另一个的结束。对物体之间边界线的认知和绘制，指导我们对形状的识别和描绘。

形状是一个形象或形体的外部轮廓特征，或者表面构造。作为绘图或者设计中的一种视觉概念，形状特指一个被自身边界所围合、从一个更大范围中切出的二维区域。我们看到的一切——我们视野中的一切区域，只要被轮廓线所包围，或者被对比明显的色彩或色调所包围和限定，都具有形状的属性。我们就是利用形状来组织和辨识所见之物的。

形状不能独立存在。只有和其他形状或者周围的空间产生关系时才会被看到。如果一条线以轮廓的形式，在其一侧定义一个形状，那么它同时在另一侧分割出空间。因此，当我们绘制线条时，必须不仅关注起点和终点，而且还有它移动的方式以及它在途中刻画和塑造的形状。

在认知的开端，我们把视野的一部分当作实体的、明确的物体——从缺乏特征的背景中突出出来。格式塔心理学家用“图底关系”（figure-ground）来描述认知的这种特质。图底关系是为我们视觉世界带来秩序的一种基本概念：如果没有这种把图形从基底中分离的过程，我们看到的都会像是隔着迷雾一般。当图形具有某些特点时，它就从背景中凸显出来。

包围主体图形的轮廓线看上去属于这个图形，而非属于周围的背景。

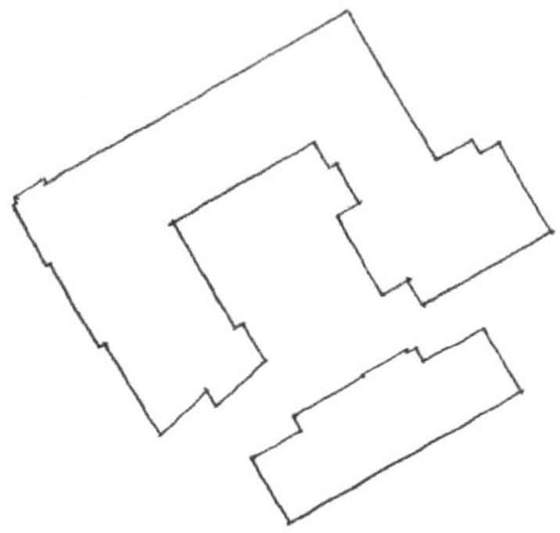

主体图形看上去是独立且完整的物体，而背景不是。

主体图形看上去突出于前方，连续的背景向后退去。

主体图形具有比背景更加浓重或实在的色彩或色调。

主体图形看上去更近，背景看上去更远。

主体图形主宰了这个区域，并且作为视觉影像更易于记忆。

现实中的视觉环境是一个连续的图底关系序列。视野中没有一片是确定无用的。当我们关注一件事物时，它就成为主体。当我们盯住拥挤书桌上的某一本书时，它就成为主体，而书桌上的其他物体都消失于背景中。如果我们把注意力转换到另一本书、一沓纸，或者一个台灯上，它们每一件都可以成为主体，突出于作为背景的书桌。如果我们拓宽视野，书桌整体也可以成为背景墙面上的主体，甚至墙也可以成为房间内其他几个面上的主体。

如果一个图形相对于背景清晰可见，我们认为它拥有“正形”（positive shape）。相比之下，这个图形周围不成形的背景被认为拥有“负形”（negative shape）。主体图形的正形更容易突出，并且相对完整和坚实；它们的背景则显得退后，并且相对不完整和不成形。

我们习惯于看到物体的形状，而非它们之间空隙的形状。尽管我们通常认为空隙中没有物体，但是空隙与它所分隔或者包裹的物体共享边缘。作为主体的正形和作为背景的不成形空间共享相同的边界，并且共同形成一个不可分割的整体——对立而统一。

在绘图时，负形同样也和正形共享定义其边缘的轮廓线。绘图的格式与构图同样包括了正形与负形，它们彼此嵌合在一起，就像拼图的碎片。无论观察还是绘图，我们都必须把负形的重要性提升到与正形相同的程度，把它们视作图形关系中同等重要的搭档。因为负形并不总是像正形一样容易识别，我们必须努力才能看到它们。

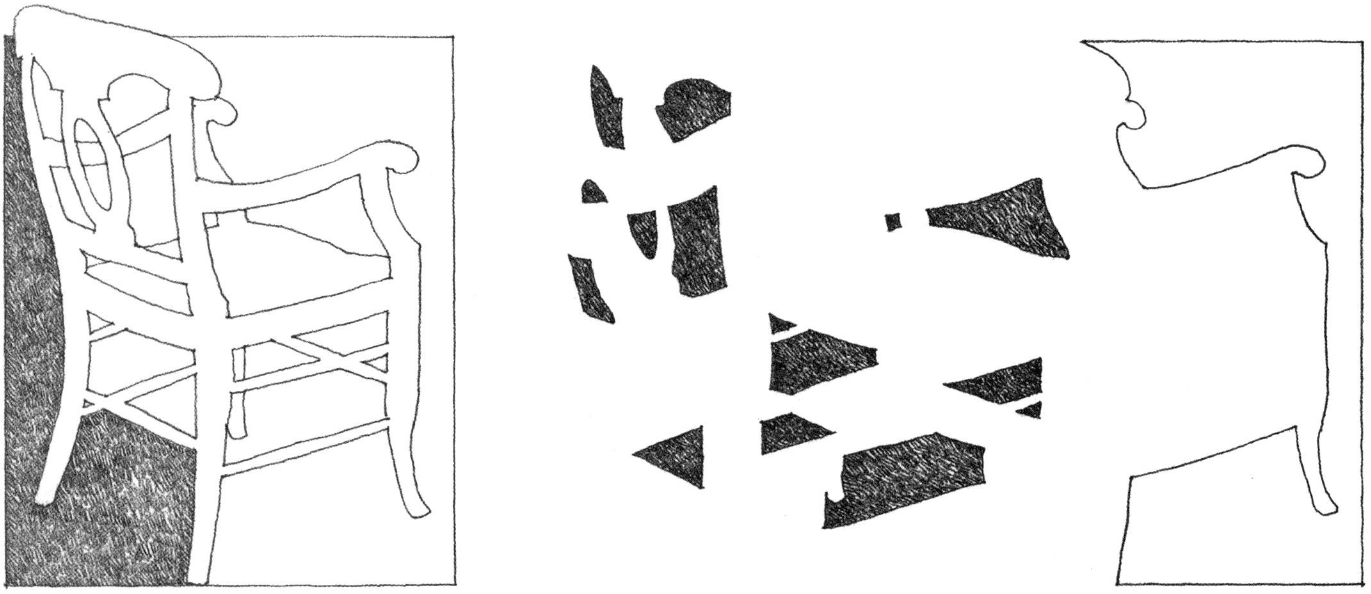

练习 1.4

按照下方的参照线，一条线接着一条线地绘制字母的形状。绘制上下颠倒的图形迫使我们减少关注它们的含义，转而更多地关注我们看到的轮廓和空隙的形状。

练习 1.5

把一些曲别针放在一张纸上，让它们相互重叠，创造出一组有趣的空间。用一只削尖的软铅笔或者细尖黑色钢笔，专心绘制你在曲别针之间空隙中看到的纸面形状。进行同样的负形绘制练习——可以利用其他小物件的组合，比如树叶、钥匙或者银器，只要是它们带有缺口的、锯齿状的或者其他复杂的轮廓。

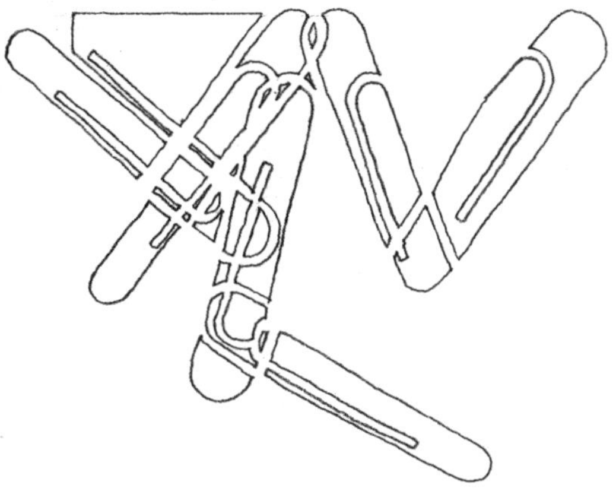

练习 1.6

将一些形体上有空洞的椅子组合在一起。让它们互相交叠，创造出有趣的空间形态。用一只削尖的软铅笔或者细尖黑色钢笔，专心绘制出这些交叠的椅子创造出的负空间的形状。

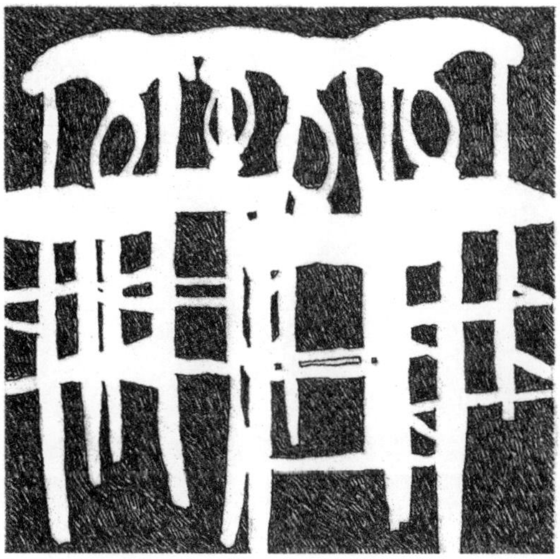

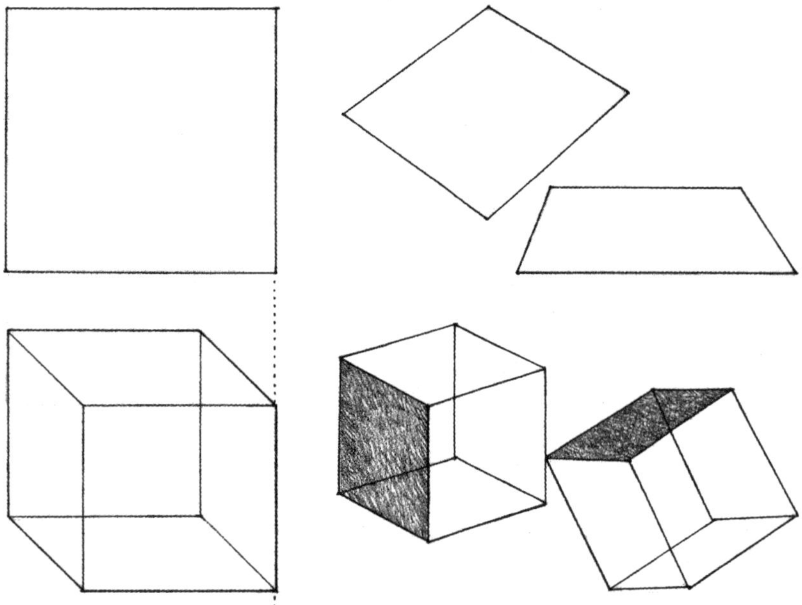

· 客观现实　　· 视觉现实

我们感知的物体形状注定会因为观察距离和角度而发生变化。可能是简单的大小变化，也可能是更为复杂的体形关系变化。尽管如此，我们还是可以识别视野中的事物——即便它们发生变化或移动。这个现象被称为“形状恒定性”（shape constancy），它让我们能够超越我们体验的感官现象，领会物体的结构特征。

然而，我们对物体的理解经常会干扰我们绘图，影响我们眼中物体的形状。比如，我们倾向于绘制透视缩减的形状来表现我们正在从上方或者侧方观察它。尽管一个圆形的桌面显示出椭圆的形状，我们可能更愿意把它画成正圆。尽管正方体所有的面在视野中都不是正方形，我们仍可能会把一个或者更多的面画成正方形。

为了避免把图形绘制成先入为主的形象，我们需要仔细地观察正形与负形之间紧密衔接又错综复杂的特征。当我们绘制正形的边缘时，也应当意识到我们同时在创造负形。专注于这些负形可以让我们避免有意识地思考正形所表达的意义，并更自由地把它们绘制成二维图形。听起来很矛盾的是，暂时把形体压扁成二维形状，让我们可以更精确地记录眼前的三维影像。

我们绘制的图像常常是我们预知的物体形象与我们看到的视觉影像的折中产物。

目测法

目测法是一种借助工具用眼睛测量的方法。历史上一个著名的案例是阿尔布雷特·丢勒（Albrecht Dürer）的透明网格工具，他透过这个工具观察绘画对象。网格让丢勒可以把对象中的点或线的元素投影到绘画平面上。

与之类似但更便于携带的工具，是在一张8.5英寸×11英寸[责编注]大小的黑色或者深灰色的卡纸中央整齐地切下3英寸×4英寸的长方形，制成一个取景器。然后在切开的窗口中用两条黑色的细线建立横、纵方向的中线，并用胶带固定。这个取景器帮助我们取景并测量轮廓的位置和方向。更重要的是，透过长方形的窗口用单眼观察，可以有效地把视觉影像平面化，让我们更清晰地意识到物体的正形与空间的负形之间的统一。

我们还可以用笔杆作为目测工具。把铅笔或者钢笔举在一臂长之外，与我们的视平面平行，并与视线垂直。我们可以用它来测量线条的相对长度和角度。

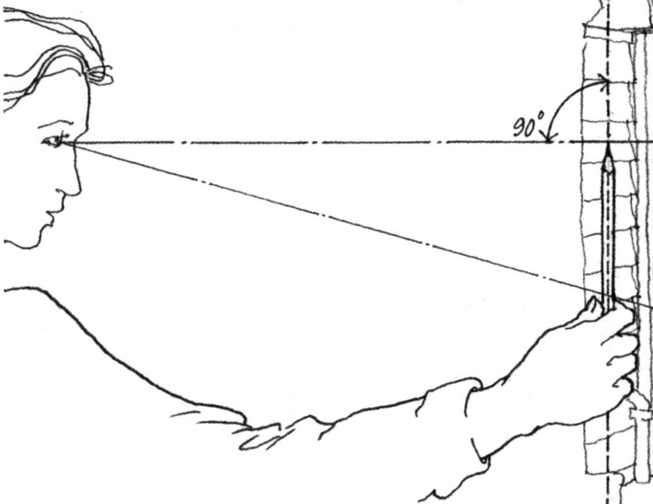

[责编注] 1英寸≈2.54厘米。本书系美国建筑学者撰写，所以书中部分计量单位采用了英制单位。

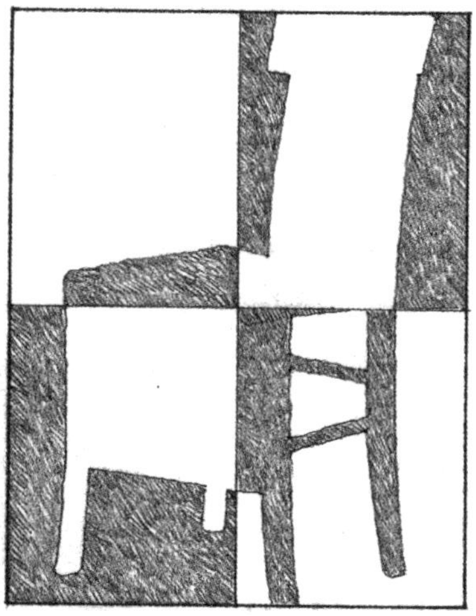

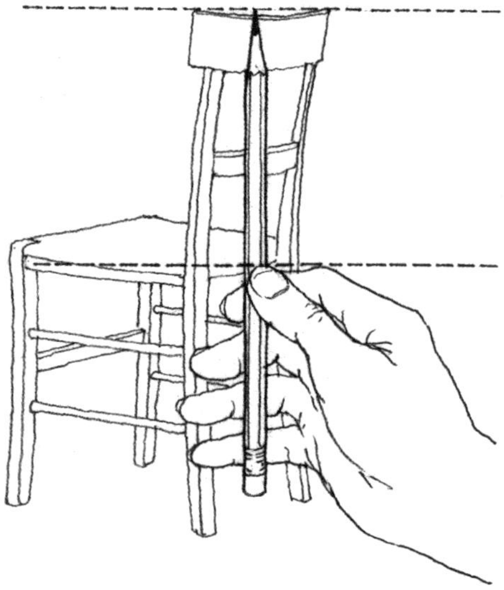

我们可以用取景器或者笔杆来测量和比较我们观察和绘制物体的相对关系——包括点、长度、角度和对齐方式。

用取景器的十字准星寻找图像的中点是很简单的。把图像分成两半有助于在纸面上布置图像，并且让我们更敏锐地认识形状。为了找到形状或一组形状的中点，我们先用笔杆估计中点的位置，再复查两半是否相等。

在测量长度时，把笔尖和我们看到的线段一端对齐，再用拇指标记另一端对齐的位置。然后把笔对准另一条线，用之前的标记作为长度单位，测量另一条线的相对长度。通常我们会用短线段作为测量单位，其他较长的线段可以用它的倍数来表示。

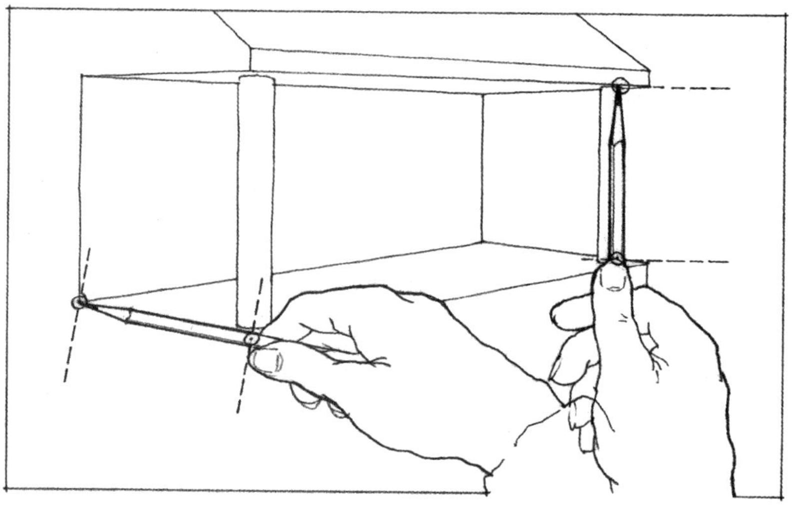

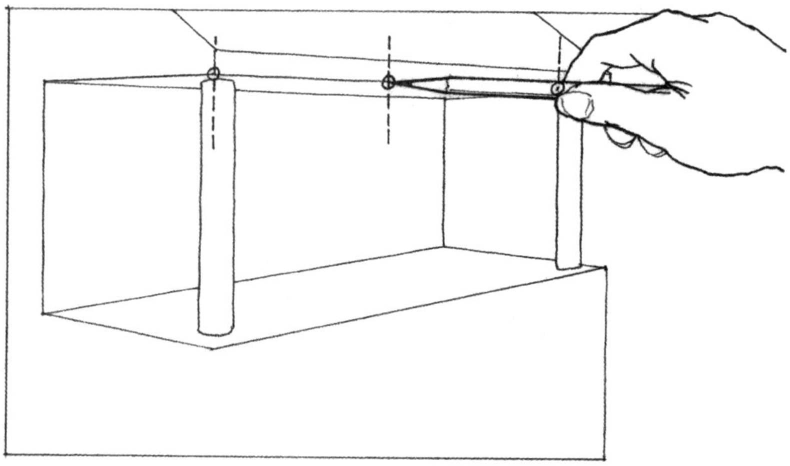

在测量线的斜率和角度时，我们可以利用水平和竖直的线。这些参考线可以是取景器的边缘或者准星，也可以是举在一臂长处的水平或竖直的铅笔或钢笔。我们把倾斜线段的一端对齐水平或者竖直的参考线，然后目测它在两条参考线之间的角度。之后我们把测量出的角度转移到绘图上。绘图面的边缘和参考线相对应，可以作为水平和竖直的基准。

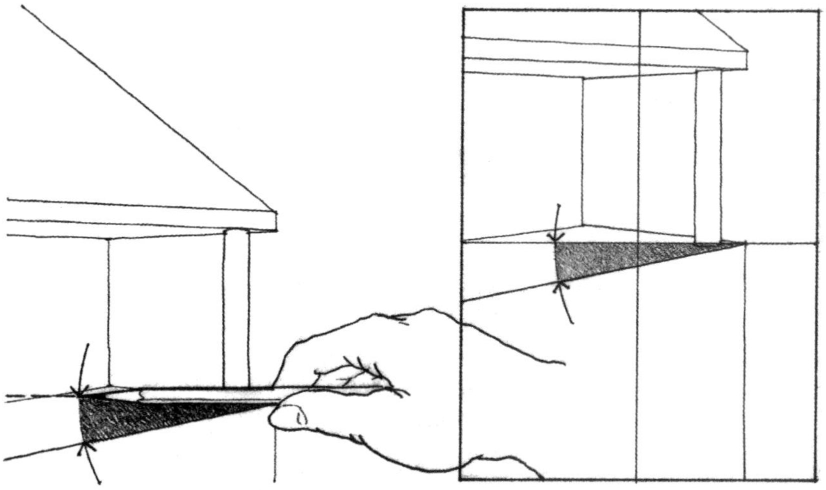

相同的参考线还可以用来观察图像中的点与其他点之间的横、纵对齐关系。用这种方式检查对齐关系可以有效控制正形与负形之间的比例和相互关系。

通过训练和经验积累，我们可以学会不借助外部工具——包括取景器或者铅笔——的目测技法。我们能够学会仅凭肉眼测量形体的尺寸和相互关系。为了如此，我们必须做到在思维之眼中拿起一根可见的测量杆，对准形体的某个侧面。然后我们可以把这个杆投影到我们绘制的其他部位或侧面上。重要的是，当我们做出视觉判断时，要把任何先入为主的假设和我们实际看到的事物做出对比。如果是凭借想象或记忆绘图，必须根据我们想要传达的信息，检验绘出的图形。

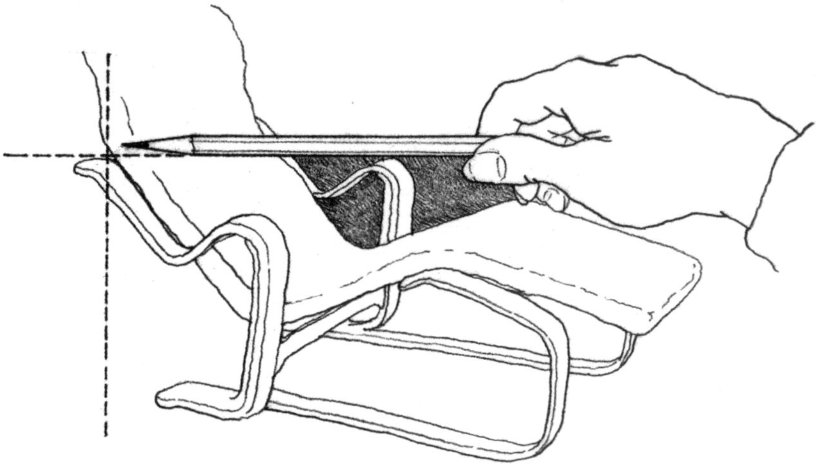

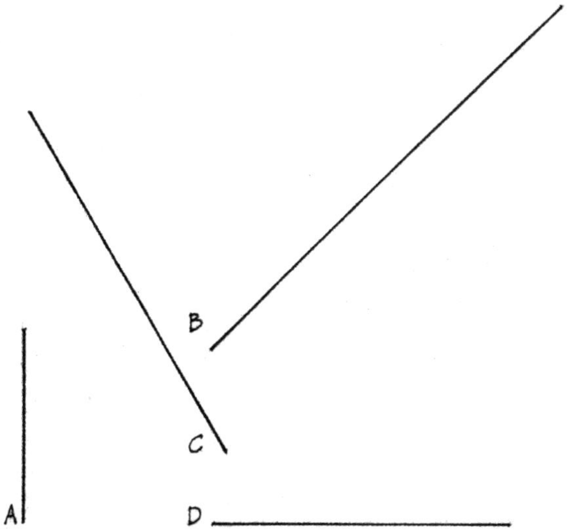

如果线段A的长度是一个单位，线段B有多少个单位长度？线段C和D呢？

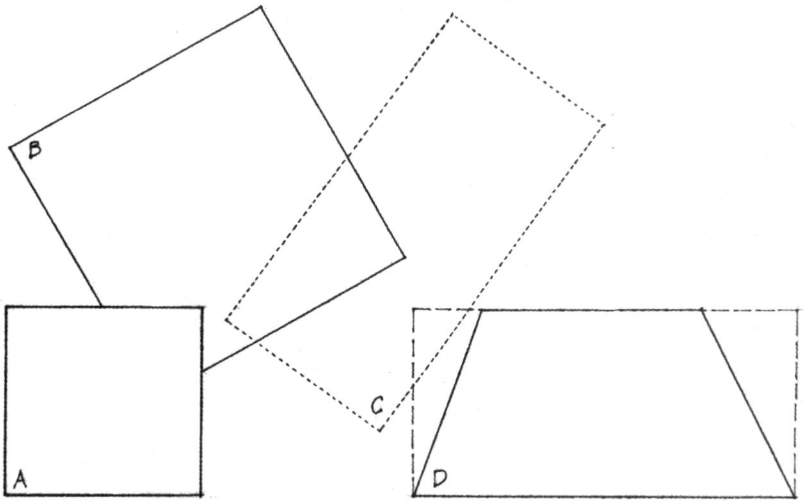

如果A是正方形，矩形B是什么比例？长方形C呢？能够容纳四边形D的长方形呢？

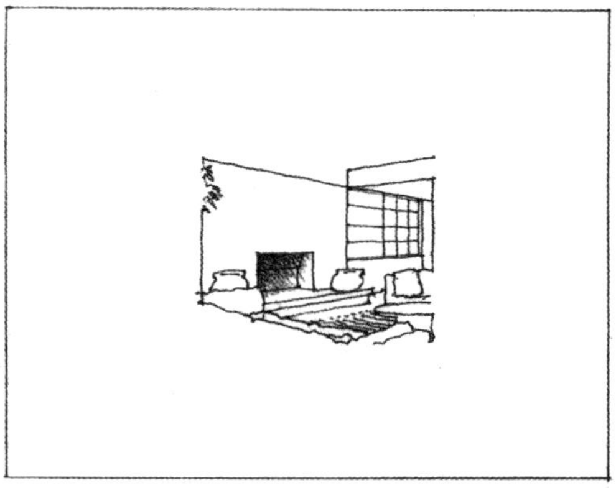

在绘图或者设计中，构图基本上就是排布形状。当我们在纸面上绘图时，要决定图像的大小、位置和方向——这些和纸面的尺寸、形状和边缘都有关系。我们还必须决定我们看到的或者想象中要包含哪些事物，又要忽略掉哪些。这些决定既影响正形与负形之间图底关系的形成，也影响我们对这种图底关系的理解。

当一个图形孤立地漂浮在空旷空间的海洋中，会强化它的存在感。这种图底关系易于识别。图形作为正形明显突出，背后是空旷的、弥散的、无形的背景。

当一个图形塞满背景，或者在一定范围内和其他图形重叠，它开始把周围的空间组织成容易识别的形状，形成一种更具互动性和综合性的图底关系。读者的视线会在正形与负形之间移动，因此产生视觉张力，引起人的兴趣。

当图形和背景都具有正形特征，或者当我们把交叠的形状表现得透明时，图底关系就变得含糊不清。最开始我们会把特定的形状视为主体图形。之后，随着视角或者理解的变化，我们可能会把之前的背景形状视为正形。这种正形与负形之间的含糊关系在有些情形下是可取的，有时也具有干扰性。这取决于绘图的目的。任何含糊不清的图底关系都应当是有意为之的，而非意外。

练习 1.7

布置一组静物，用取景器研究不同的构图方式。改变观察距离，构建一种孤立图形与无形背景的构图、一种不同形状之间互动的图底关系以及一种含糊不清的图底关系。

练习 1.8

对户外景观做出相同的框景研究，构建一个小场景、一种不同形状之间互动的图底关系以及一种含糊不清的图底关系。

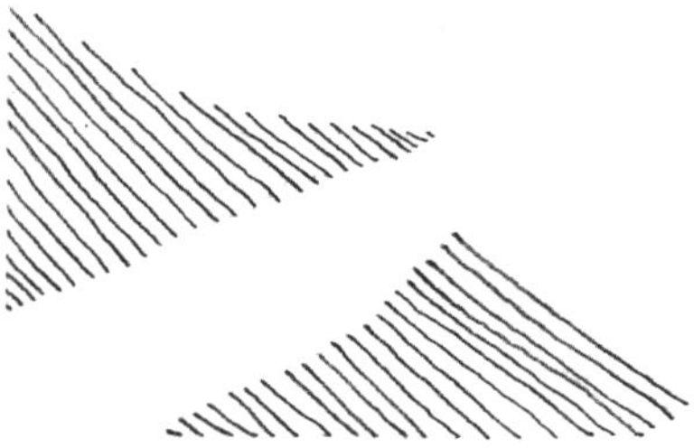

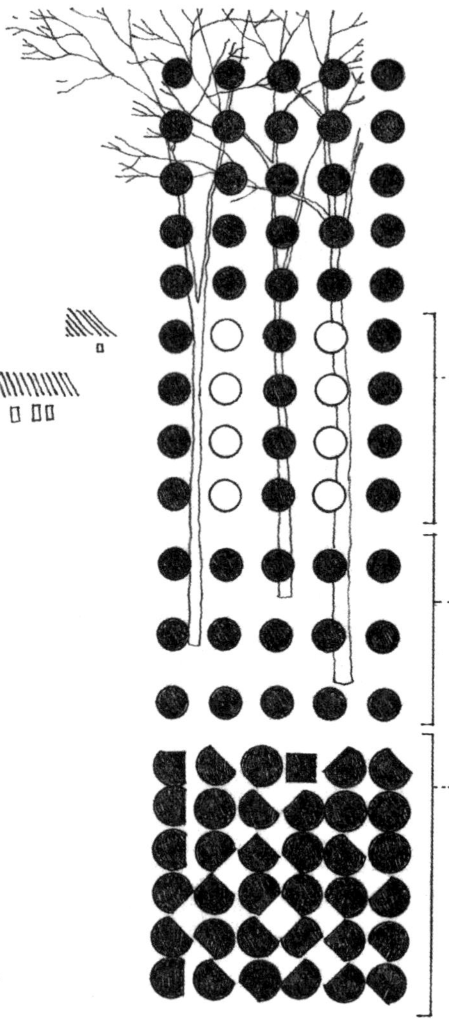

搜寻图案 | A Search for Pattern

我们看到和绘出的东西通常由一系列复杂的线与形组成。其中图底关系的图案可能不止一个，而是相互交织的一系列。我们如何让这种复杂的视域变得有意义——我们看到的不是相互独立的形状，而是它们之间相互关联的图案样式。根据格式塔认知理论，我们倾向于简化我们看到的事物，把复杂的外部刺激整合成更简单、整体化的图案。这个分组（grouping）过程会遵循特定的原则进行。

相似性
我们倾向于将具有相同视觉特征的物体分组，包括相似的形状、大小、色彩、细节、排列形式或者方向。

邻近性
我们倾向于将距离相互接近的元素分组，从而排除距离较远的元素。

连续性
我们倾向于将处于同一条线或者同一个方向上的连续元素分组。

这些认知的倾向性让我们能够看到一组图形元素之间的相互关系。如果这些相互关系构成一个相对规则的图案，它们就能从一个复杂的组合转变成更简单、更容易理解的整体。因此，分组原则让我们在绘图中更好地同时表现统一、多样和视觉的丰富性。

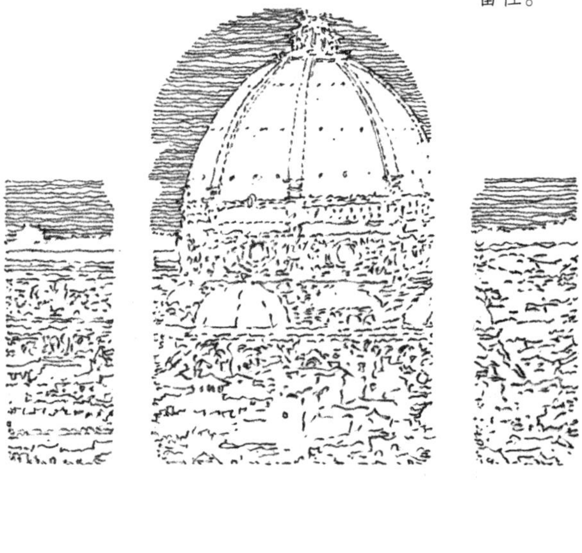

搜寻稳定 | A Search for Stability

闭合指的是我们倾向于把一个开放或者不连续的图形看作完整和稳定的形状。看到由点构成的图案时，虚构的线会自动把点联结成一个规则稳定的形状。与此类似的还有通过虚构的线把部分隐藏的形状补充为一个完整的规则形状。不完整的图形被补充完整时，更倾向于成为简单、规则的形体。

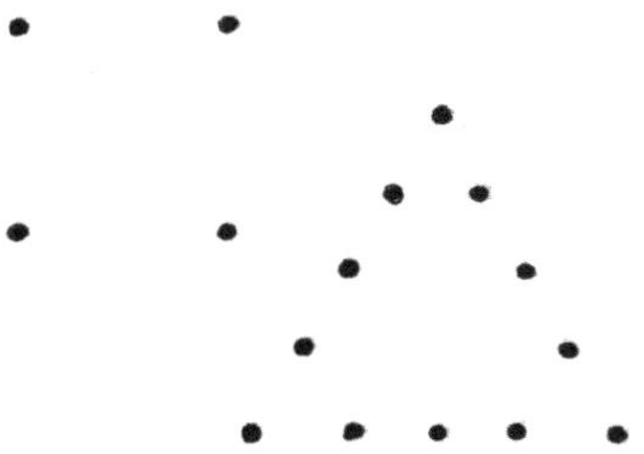

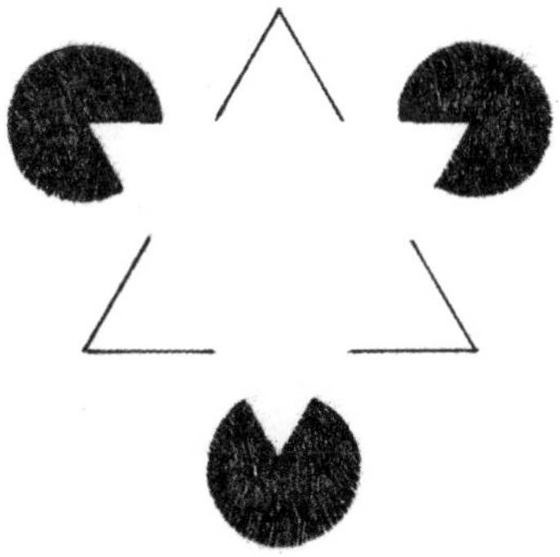

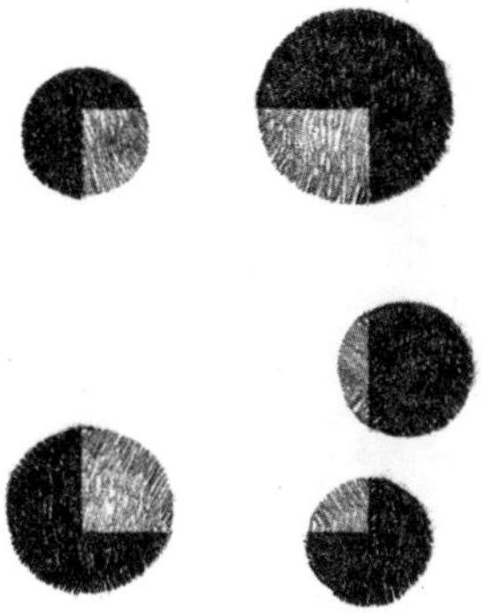

有些情况下，即使一条线实际上并不存在，思维之眼也会让形状变得规则与可见。这些看得到但不存在的线是虚构的，没有任何实体基础。我们在完全均质的视域中看到它们，可能是直线，也可能是曲线。它们看似确定了实体的形状，但实际的图形也可能是透明的。在任何情况下，我们倾向于看到那些最简单、最规则的，并且能够将我们看到的形状补充完整的线条结构。

闭合的原则让绘图的读者能够在意识中把中断的线条和形状补充完整。因此，我们可以利用认知的这种特质，在绘图中暗示一些形状，而不用将它们真正绘制出来。这种方式可以让线条的使用更加经济，让绘图更加高效。

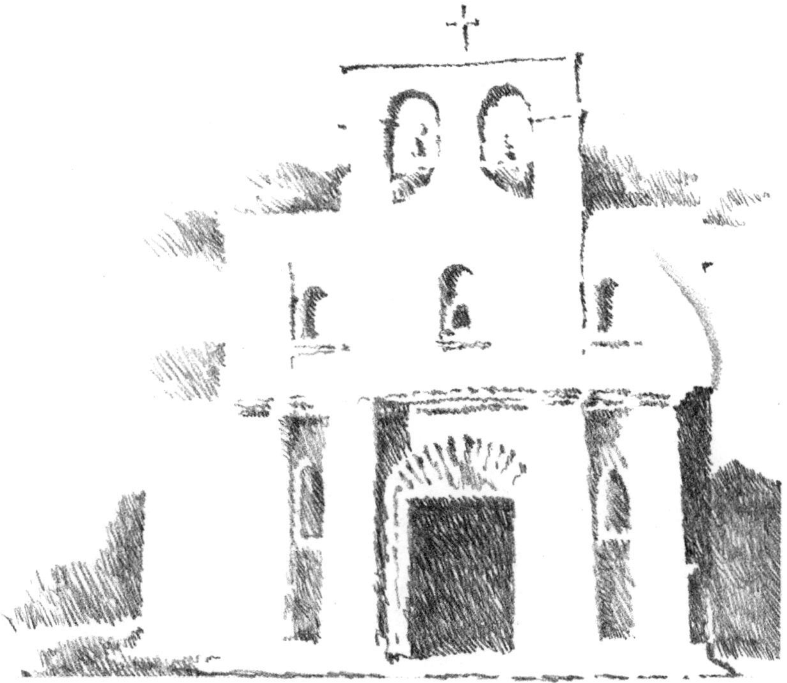

你能从这个明暗交织的图案中看到些什么？

搜寻意义 | A Search for Meaning

分组的相似性、邻近性和连续性等原则，对于表现含义没有任何影响。这些原则帮助我们组织最抽象的图案。然而，思维之眼持续不断地从我们看到的事物中搜寻意义，因此我们同时也倾向于把形状分组为熟悉的影像。

仅仅是看到一个明显不成形的形状，有时候也会想到一个成熟、有趣的，并且经过思维整理的具体图像。在搜寻意义的过程中，思维之眼不断想象出熟悉的影像，并把它们投影到看不出形状的图案上，直到找到说得通的匹配方案。思维之眼尽力把残缺的图案补充完整，或是在大型图案中找到嵌入其中的、有意义的局部。这个过程参照的是已知的，或者期望看到的内容。一旦看到并且理解后，就很难忽视掉那个影像。

思维为你面对的事物匹配意义的过程经常是难以预测的。因此我们必须时刻意识到，其他人从我们绘图中看到的，可能与我们预期的不同。

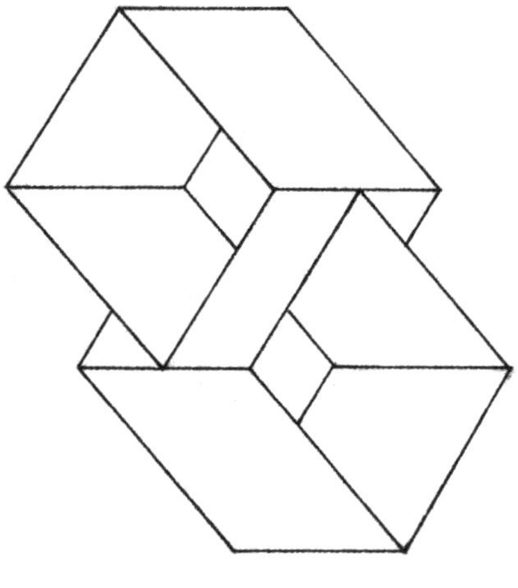

绘图自身不会说话。这幅图画可能让观者想到哪些含义？

练习 1.9

锻炼你思维的倾向，为不熟悉或者模棱两可的图像赋予意义。从这片墨迹中，你能看出多少种不同的含义？

练习 1.10

七巧板是一种中国的拼图玩具。把一个正方形切成五个三角形、一个正方形和一个长菱形，从而可以拼出千变万化的图形。按照图样制作一副七巧板，沿着粗实线剪开。你能用它拼出下面给出的图形范例吗？还能拼出多少种可以辨识的图案？

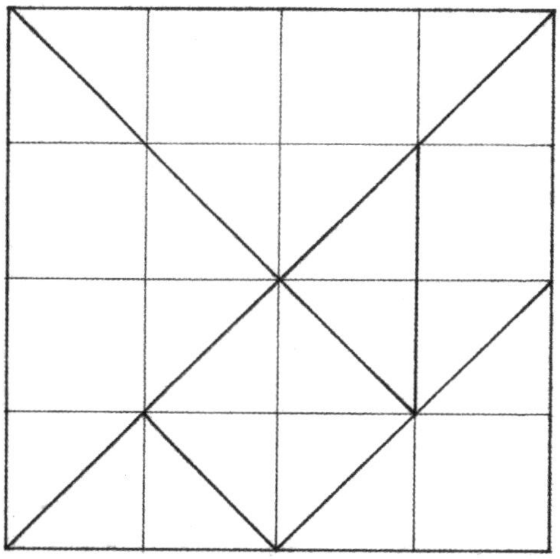

“……当你看着一面污渍点点的墙时，你会发现它好像是多变的风景，由山川、河流、岩石、树木所装点……再一次，你可能看到战争和军事行动中的人员，又或者奇怪的面孔、服装，甚至无数各种各样的物体，而你可以把它们简化成完整又熟知的形式。这些东西稀里糊涂地出现在墙上，就好像你可能会从刺耳的钟声里，听出任何你愿意想象的姓名或词语。”

——列奥纳多·达·芬奇（Leonardo da Vinci）

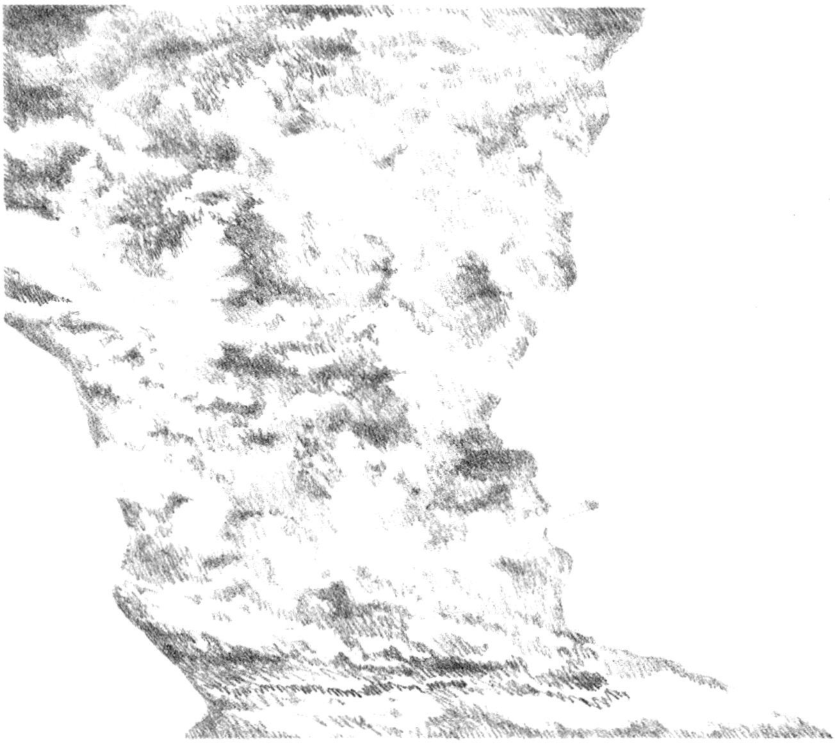

2

色调与肌理

Tone and Texture

虽然线是描绘轮廓和形状的基本元素，但是线不能完全表现面和体量的特定视觉效果。即使我们改变线的宽度来表现表面的转折或者形体的交叠，其效果仍不够明显。为了强调形状并塑造形体的表面，我们依靠色调的渲染。通过色调的互动，我们能够表达光线、体块和空间的生动效果。通过线条和色调的组合，我们构造出具有触感的外观，并称之为“肌理”。

视觉来自视网膜神经细胞感受的刺激——由光线的强度和色彩产生的图案信号。我们的视觉系统处理这些明暗交织的图案，从中得到周围环境的具体特征，比如边缘、轮廓、尺寸、动作以及色彩。这个过程让我们形成对空间中各个物体的认知。

我们看到的明暗交织的图案产生于光线同我们身边物体表面的相互作用。光能从被照射的表面反射，创造了亮的区域；没有光的地方则形成相对暗的区域，或者因为物体表面被从光源移开，或者因为不透明的物体遮挡了光源。

就像看到明暗交织的图案是我们感知物体的基础，表现色调是描绘物体明暗、表达光在形体上产生的效果，以及明确形体的空间关系所必需的。在表现色调并用它塑造形体、表达光线效果之前，我们必须理解色彩与色调之间的关系。

色彩是一种光的现象，也是一种因人而异的视觉感受——包括物体的色相、饱和度、明度以及光源的色相、光密度和亮度。我们把某种色彩的明度或亮度称为“色调”或“色调值”。在色彩的各种特性中，色调是观察和绘图中最为关键的一种。

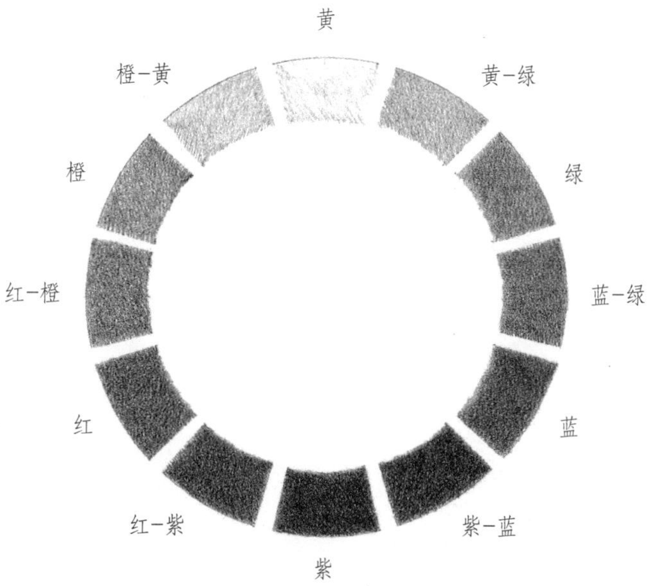

- 某些颜色（色相）比其他颜色反射更多的光，所以我们感受到它们比其他颜色更亮或者更浅。
- 同一种色相也会有色调变化。比如，天蓝和靛蓝同属一种色相，但是前者的色调比后者更浅。
- 光照亮一种色彩并让它可见，其方式会影响色彩的表观色调。高光照射的彩色表面，相比于暗面或者阴影中的同种色相，看起来会更亮。
- 周围区域的色相或者色调也会影响我们对色彩或色调的认知。

任何色彩都具有色调，但通常也很难辨识。如果我们眯起眼睛看一个物体或者场景，我们对色相的认知就会降低，明暗色调的图案开始显现。用这种方式观察不同色彩的色调，并将其转换成适当的灰度色调，是用铅笔、钢笔这些传统媒介进行绘图的基本功。

用铅笔或者钢笔这些传统媒介在浅色表面上划出深色印记，有这样几种技巧来创造色调。

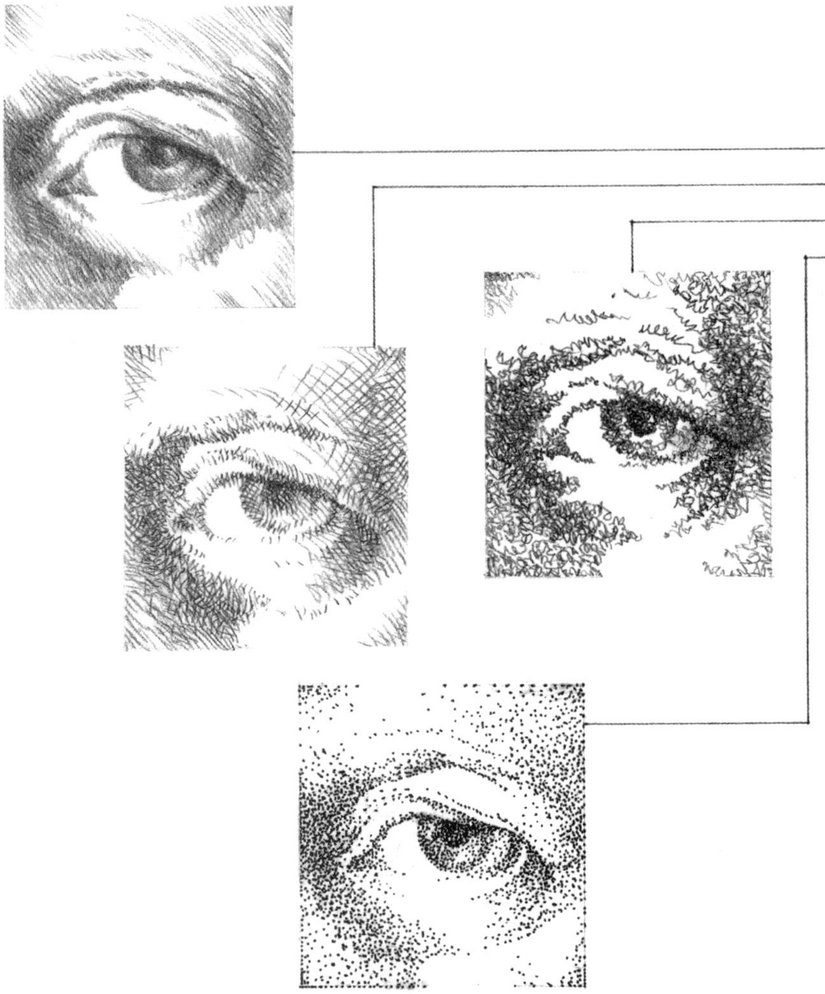

这些阴影表现技法都需要逐步或者一层层叠加线条或点。每种技法的视觉效果因为笔触、工具以及绘图面的材质肌理不同而不同。不论哪种阴影表现技法，我们都必须充分认识到它们能表现的色调效果。

色调的表达主要依靠绘图面上从浅到深区域的相对比例，所以这些技法中最重要的特征就是线条和点的密度和间隔。第二重要的特征包括视觉肌理、颗粒感和笔触方向。在渲染最深的色调时，我们必须很谨慎，不能忘记纸面的留白。用不透明的处理手法完全遮盖住纸面会让绘图失去深度和活力。

间距

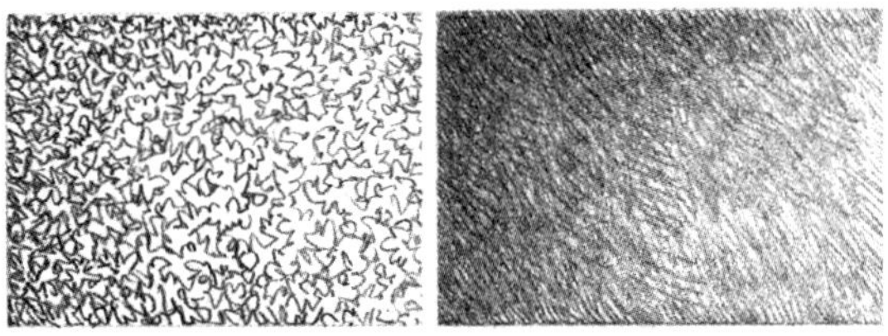
肌理

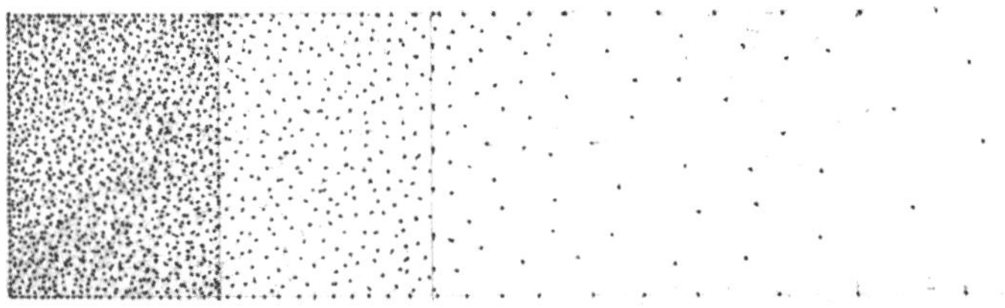
密度

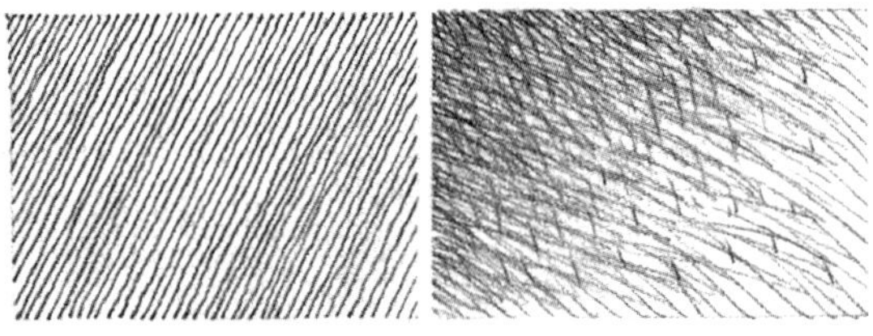
方向

影线 | Hatching

影线是一系列近乎平行的线条组成的。笔触可长可短，可以是机械般精确控制的，也可以是徒手自由绘制的；可以用铅笔或钢笔在光滑或粗糙的纸面绘制。当间距很小时，这些线条褪去它们个体的属性并融合成一种色调。因此，我们主要依靠线条的间距和密度来控制色调的明暗。尽管加粗线条可以进一步加深最重的色调，但是用太粗的线条会让材质变得过分粗糙和沉重。

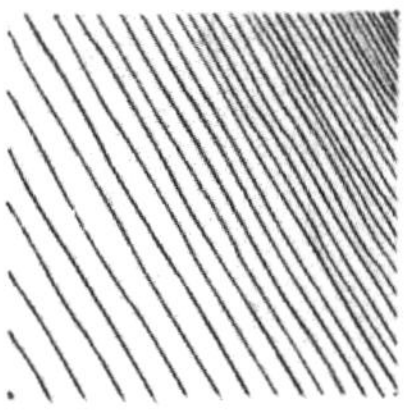

为了用铅笔表现一系列的色调范围，我们可以改变铅芯的硬度，或者改变我们绘制时的力度。小心不要用太硬的铅笔或者太用力按压笔尖，这样会让绘图面凹陷变形。

和铅笔线条不同，墨线的色调是均匀不变的。我们在绘制影线时只能控制间距和密度。当然，如果用一支软尖钢笔，我们可以通过改变压力来细微地改变线条粗细。

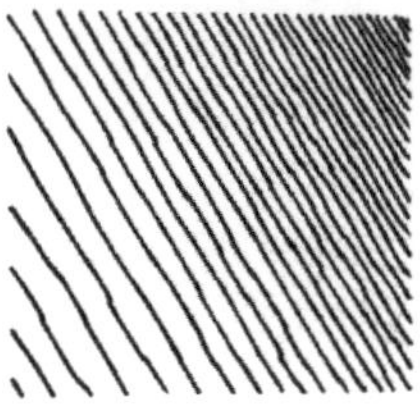

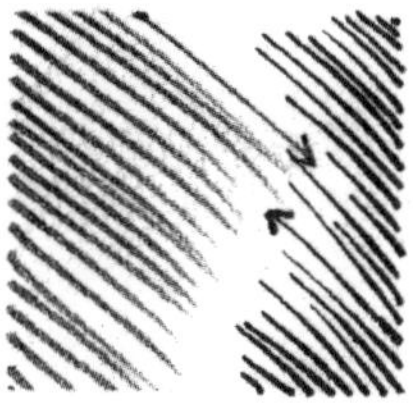

在徒手绘制影线的技法中，最灵活的一种是用较短的、快速的、斜向的笔触。为了描绘出精确的边缘，用轻微的压力明确地绘出每根线条的起始端。让线条的尾端羽化可以描绘有弧度的曲面、材质的渐变，或者光影的微妙关系。在一个较大的范围铺开色调时，可以柔化边缘并随机交叠每一组线条，以此避免拼接的效果。

用轻微的角度变化层层叠加线条，我们可以累加起线条的密度，从而在区域内加深色调。在这种情况下，保持笔触的对角线方向可以避免影线与底层图形混淆，并在构图中统一不同的色调区域。

影线的方向也可以追随形体的轮廓，借此强调表面的朝向。然而，要记住方向本身并不会影响色调。结合肌理与轮廓，这些成组的线条能够进一步表达材料的特征，比如木材的颗粒、石材的纹理以及织物的编织感。

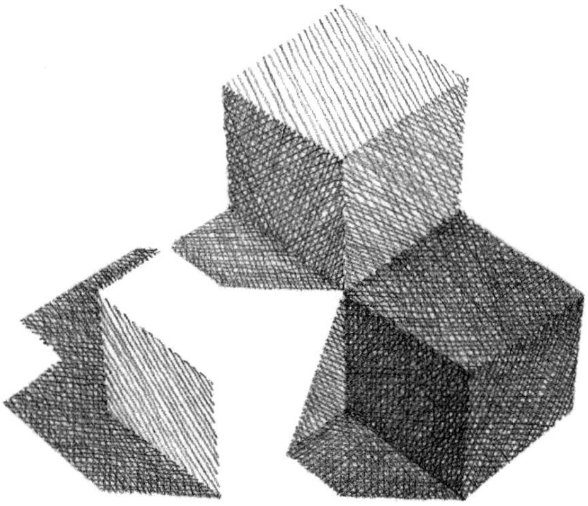

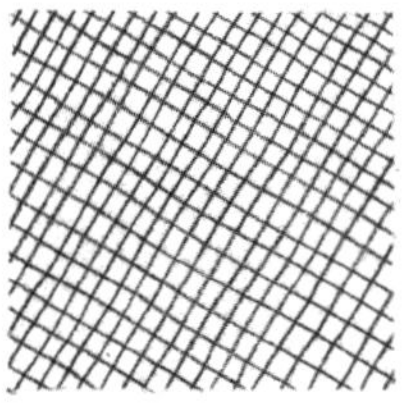

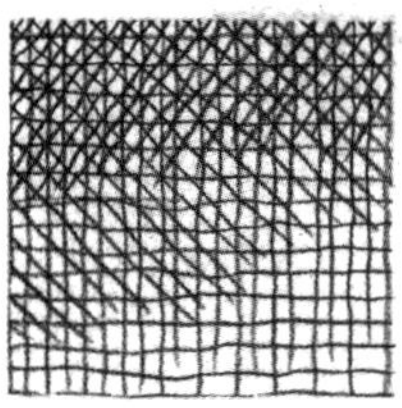

交叉影线 | Crosshatching

交叉影线用两组或者更多的平行线来创造色调。和影线一样，笔触可长可短，可以是机械般精确控制的，也可以是徒手自由绘制的；可以用铅笔或者钢笔在光滑或粗糙的纸面绘制。

最简单的交叉影线由两组相互垂直的平行线构成。尽管这样形成的编织感适合于描绘某些肌理或材质，这种图案样式可能会造成一种僵硬、枯燥、机械的感觉，尤其当线条规整笔直且间距较大时。

交叠三组或三层以上的影线可以更灵活地表现更多样的色调和表面材质。影线方向多样的特点也使得它可以更轻易地表现表面的朝向和弧度。

在实践中，我们经常把影线和交叉影线当作同一种技术来使用，用单一方向的影线表现绘图中较浅的色调，用交叉影线表现较深的色调。

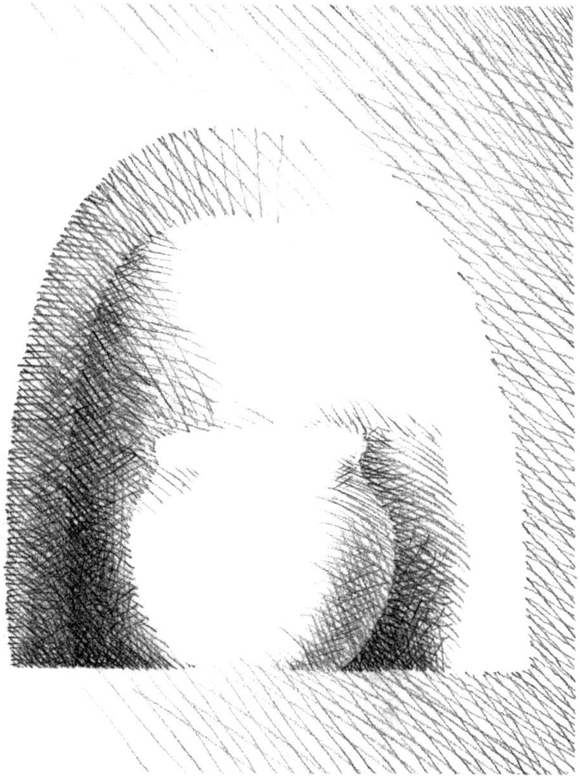

涂鸦法 | Scribbling

涂鸦法是一种将杂乱的、多方向的线条交织在一起来表现阴影的技法。这种徒手表现的特点让我们在描绘色调和材质时拥有巨大的灵活性。我们可以改变笔触的形状、密度和方向，表现出非常宽泛的色调、材质和视觉效果。

笔触可以是断开的或者连续的、直线的或者曲线的、锯齿状的或者波浪形的。通过笔触的交织，我们表现出一种结构更加紧密的色调。通过控制一个主导方向，我们创造出一种能够统一不同区域、不同阴影色调的肌理。

和影线一样，我们必须同时关注笔触的尺度和密度，并意识到它们所表达的表面肌理、图案和材质属性。

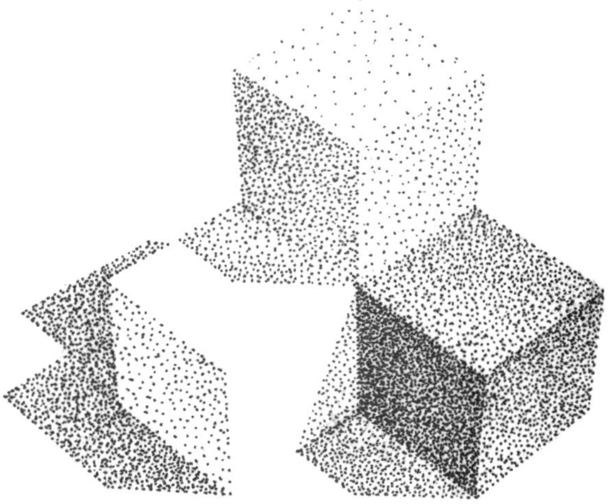

点画法 | Stippling

点画法是用非常细小的圆点来呈现阴影的技法。使用细尖钢笔和光滑的绘图表面时效果最好。

点画法是一种缓慢且非常费时的技法，它需要极大的耐心和细致，以控制点的大小和间距。依靠密度来控制色调。要抵住诱惑，避免通过扩大点的尺寸来加深色调。如果点的尺度相对于点画的区域过大，肌理就会变得粗糙。

点画法被用于在纯粹的色调绘图中表现色调——纯粹的色调绘图指的是仅仅依靠色调来表达边缘和轮廓。我们在画得很浅的形状上，对需要添加色调的区域进行点画。首先在全部阴影区域铺开均匀间距的点，形成最浅的色调。然后进一步点画以创造第二层色调。之后用相同的方式继续进行点画，直到表现出最深的色调。

在纯粹的色调绘图中，不存在实际的线来表现轮廓或者形状。所以我们必须依靠一系列的点来描绘空间的边缘，并明确形体的轮廓。我们用间距紧密的点来表示锋利、明确的边缘；用相对松散的点来表示柔和、圆滑的轮廓。

数字填色 | Digital Fills

在使用钢笔或者铅笔表现色调的手绘技法之外，还有数字工具可以为形状或物体的某个区域赋予色彩或色调。数字填色的主要形式有两种：实色填充和渐变填充。实色填充给形状赋予一种固定的色彩或色调，渐变填充则在形状上表现从一种色彩或色调到另一种的变化。

渐变填充可以是线性变化的或是沿圆形径向变化的。通过调整渐变起止点的位置和数值，我们可以全面且精细地调节填色的各种效果。

与手绘的影线技法类似，数字笔触也可用于描绘色调或肌理。笔刷、铅笔或者钢笔线条的形式以及线条的宽度、透明度，决定了绘出色调的密度和肌理。

当填色被应用到形状或物体上之后，我们仍然可以减淡或加深它。通过调节透明度，叠加更多浅色或深色的透明图层，或者使用减淡和加深工具，修改光栅图像。

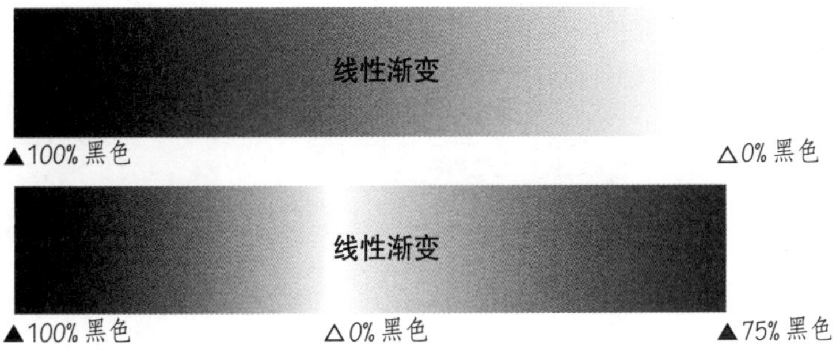

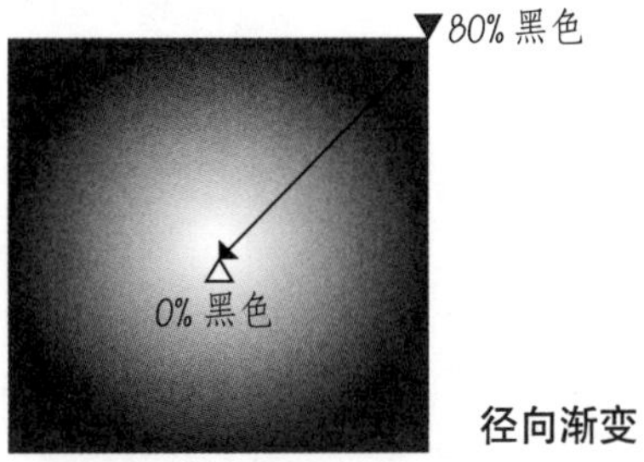

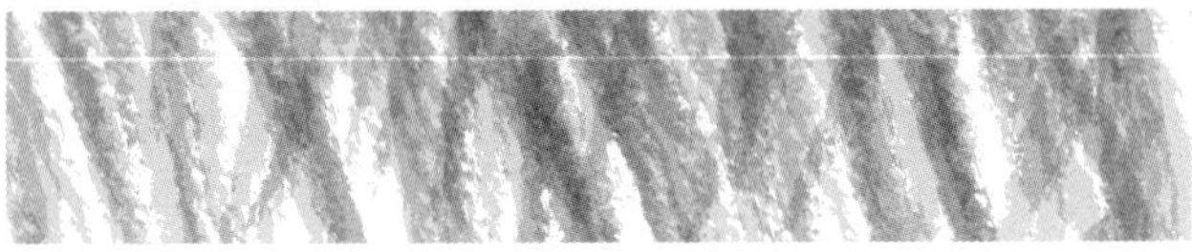

在数字笔触上应用蒙版创建边界。

用材质刷施加了减淡和加深效果的物体表面。

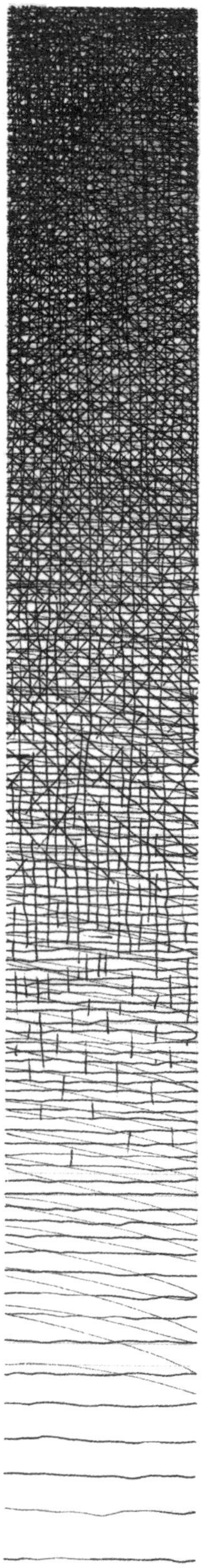

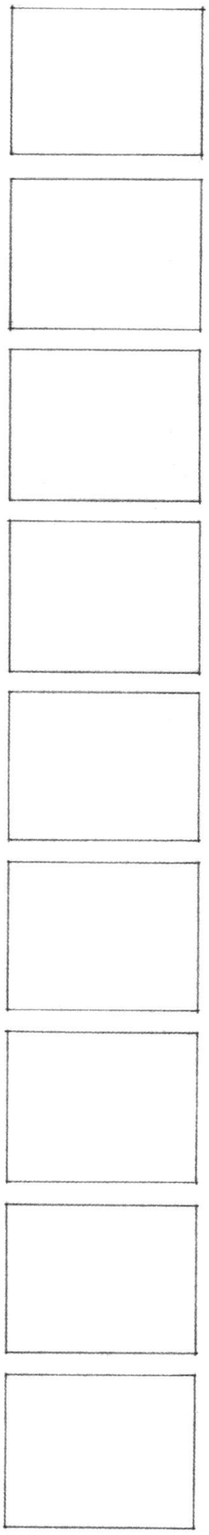

白色代表着能够表现的最浅色调，黑色代表最深的。在它们之间存在着一系列不同深度的灰色。我们熟悉的一种表现灰度系列的形式是把白色到黑色划分成10等分的梯级。

当开始观察色调的相互关系时，我们必须学习用多种媒介和技法来表现相应的色调。这样来看，制作两个灰度尺——一个分级变化的，另一个连续渐变的——是有助益且值得去做的。以此探索前面几页介绍的各种阴影技法。此外，尝试在彩色表面上表现灰度的可能性——用黑色铅笔来表现比表面更深的色调，用白色铅笔表现更浅的。

在每次尝试后，从一定距离以外仔细审视你制作的色调序列，检查黑、白两端中间是否有色调的跳跃或者重复。通过严格的训练，我们应该能够掌握对色调的控制力。这种控制力对于在绘图中表达期望的色调，并维持所需的色调对比，都是必要的。

塑造（形体）指的是在二维绘图表面上，通过阴影技法来表现体积、体量和纵深的技术。用色调表达阴影，把一幅简单的轮廓绘图拓展到三维领域，表现空间中的形体关系。

利用深浅不一的色调来塑造形体，可以描绘表面的特征——平面或是曲面、光滑或是粗糙。浅色区域从深色背景中显现，如同大地上隆起的小丘；深色区域则好像从绘图表面陷入深处。明暗的渐变出现在圆柱、圆锥和有机（生物）形体的表面上；而色调的突变表现了立方体、四棱锥和其他棱柱体中不同表面交会产生的棱角。

因为界定边缘可以帮助我们认识形状，我们也会看向边缘，进而认识到三维形体表面的结构。在表现两个具有不同色调的形状交会的边缘或边界时，我们必须谨慎地处理它们的特征。娴熟地处理色调区域的边缘对于明确表达物体和表面的性质和体量至关重要。

硬边缘描绘的是形体中锐利的断裂或者形体与背景相隔较远时形成的轮廓线。我们用突然和剧烈的色调变化来表现硬边缘。软边缘表现的是不明确或者模糊的背景图形，比如柔和的曲面或者圆角的形体，又或者低对比度的区域。我们用色调的渐变或者不清晰的色调对比来表现软边缘。

硬边缘

软边缘

软、硬边缘组合

练习 2.1

用一支软铅笔表现色调，把图中圆形、三角形和六边形的二维图形转化成三维的球体、圆锥体和立方体。尝试使用影线、交叉影线和涂鸦法来实现期望的色调范围。

练习 2.2

重复上一个练习，但是这次用一支黑色细尖钢笔，尝试使用影线、交叉影线和点画法来实现期望的色调范围。

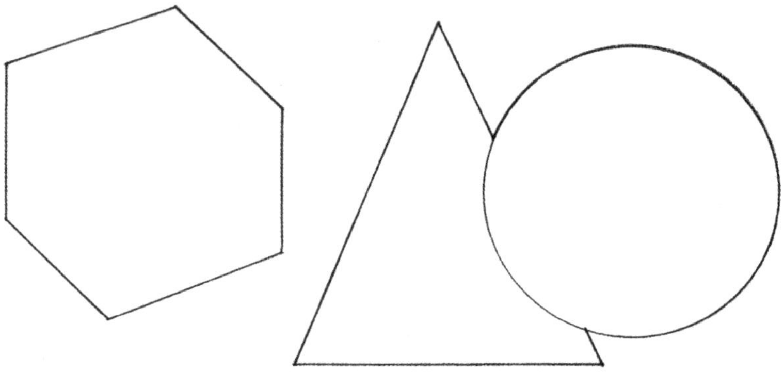

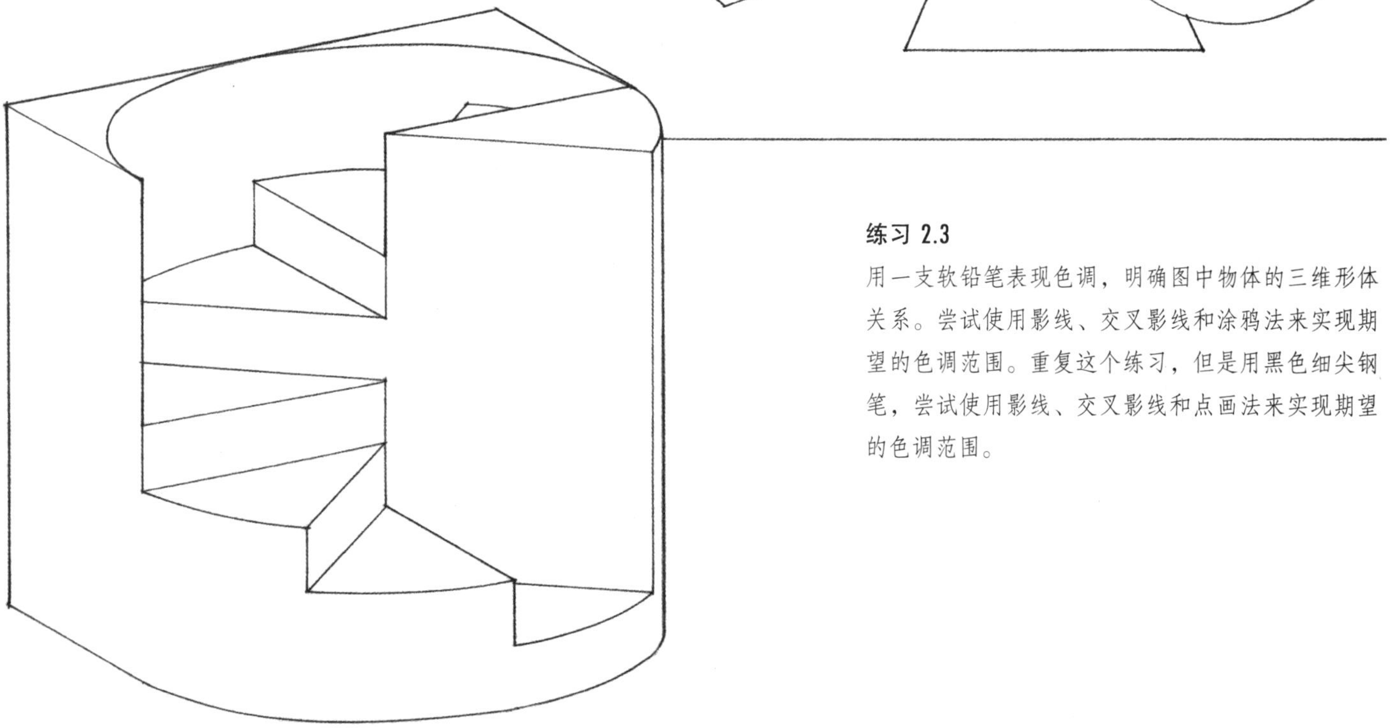

练习 2.3

用一支软铅笔表现色调，明确图中物体的三维形体关系。尝试使用影线、交叉影线和涂鸦法来实现期望的色调范围。重复这个练习，但是用黑色细尖钢笔，尝试使用影线、交叉影线和点画法来实现期望的色调范围。

练习 2.4

扫描或者重制图中的三个立方体，尝试使用数字填充和渐变效果来区分每个立方体的不同表面，并进一步区分暗面和阴影。调整填充的透明度或者使用减淡和加深工具来调节每个形状的色调。在需要时使用选择和蒙版工具来明确每个形状的边缘。

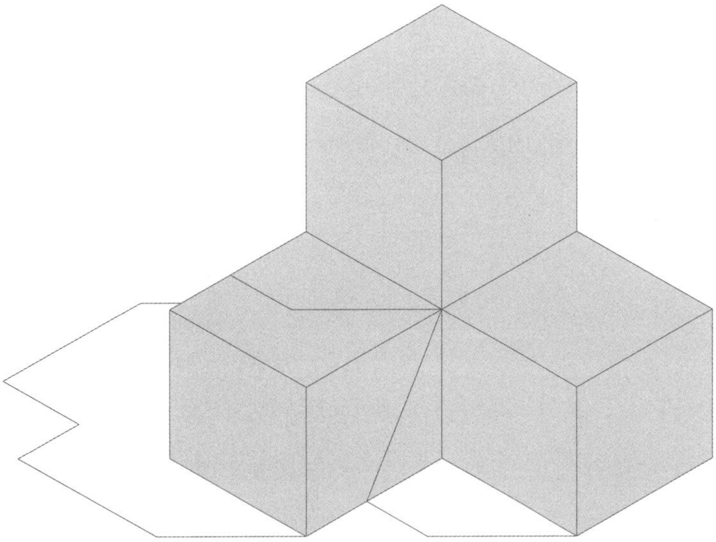

练习 2.5

扫描这幅透视图并重复上一个练习。这次去描绘日光和阴影在空间中造成变化的效果。

色调可以在平面上表现深度，光线则用来更加传神地描绘我们周边的形体和空间的三维属性。光是一种辐射能，照亮我们的世界，让我们看见空间中的三维形体。我们并不直接看到光线，而是看到光线产生的效果。光线落到物体表面上，并反射回来，形成亮面、暗面及阴影，让我们拥有对物体三维属性的感官线索。色调是暗面和阴影在图像中的“化身”，而且它们只能通过“没有光”来表现“光”。在表现明暗交织的图案时，我们为形体注入质量和体积，并创造空间纵深的感受。

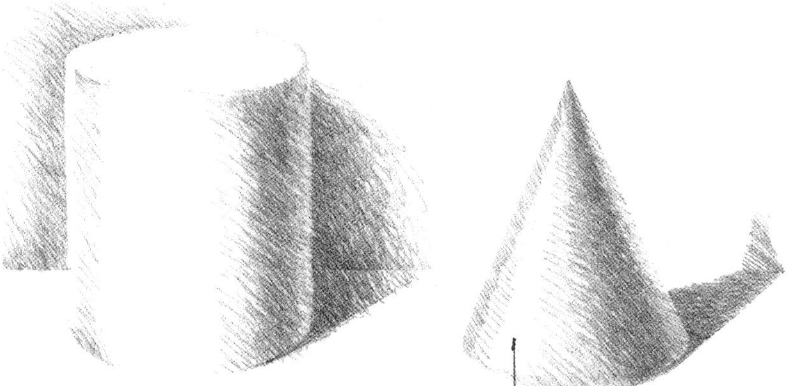

在几乎所有我们看到的物体中，都包含一种或多种基本几何形体的组合——立方体、四棱锥、球体、圆锥及圆柱。当我们理解，光线都以一种理性且恒定的规律照亮这些基本体块时，我们就可以更好地表现光线照在更复杂对象上的效果。当光线遇到一个物体，它会创造一个亮面、一个暗面，并投下阴影。在这种明暗交织的图案中，我们可以分辨以下要素：

浅的色调出现在任何表面面向光源的部分。

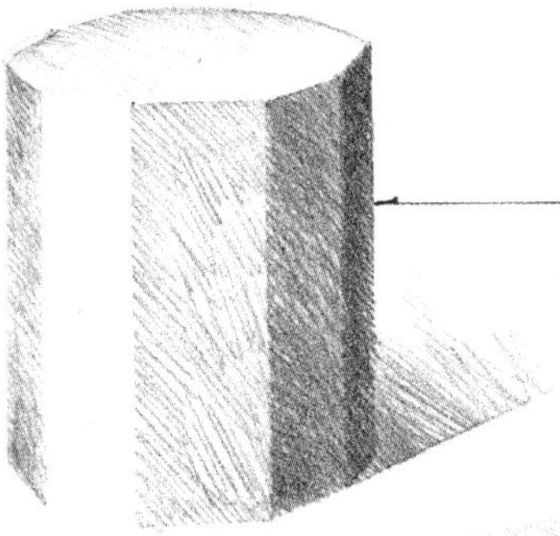

当表面偏离光源，色调产生变化；在平面与光的方向成切向时会出现中间色调。

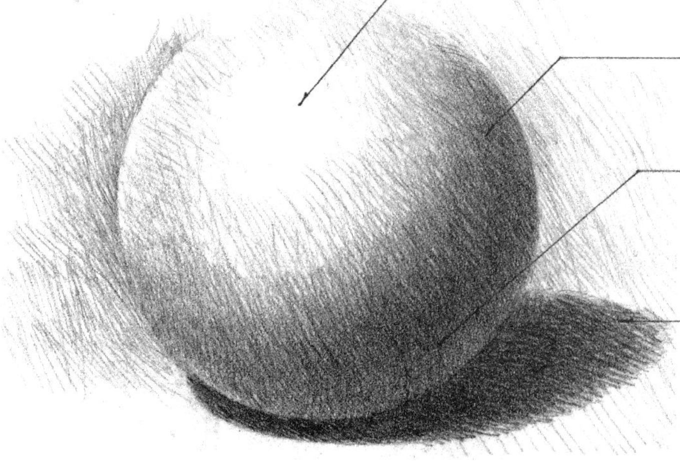

在光滑的表面直面光源或者反射光源时，高光区域会形成亮斑。

暗面指的是平面偏离光源时形成的相对深的色调。

反光区域——光线从附近的表面反射回来——会在一部分的暗面或阴影上提亮色调。

阴影是在一个本该被光照亮的表面上，被另一个物体或者它的一部分遮挡，从而形成的深色区域。

在塑造形体时，我们应该首先考虑表面的固有色调。固有色调指的是表面本身材质颜色的深浅，是表面的固定属性，与光线无关。然而，当光线照亮表面，光的特征会影响固有色调。比如，本来较浅的颜色在暗面中会显得比那些被照亮的深色更深。在表现色调时，我们应当尝试“串联”这种固有色调、亮面和暗面之间的互动。

固有色调 + 明暗图案

= 色调图案

一定要记住，我们对色调的理解和它周围的环境息息相关。根据同时对比法则（the law of simultaneous contrast），一种色彩或色调形成的刺激会引发观察者对其补色的感知，并且即时投影到另一种并列放置的色彩或色调上。比如，当两种色调差异明显的色彩并列放置，浅色会让深色看上去更深，深色也会让浅色看上去更浅。同理，当一种色调被置于一个更深的色调之上时，就会显得比放在浅色调之上更浅。

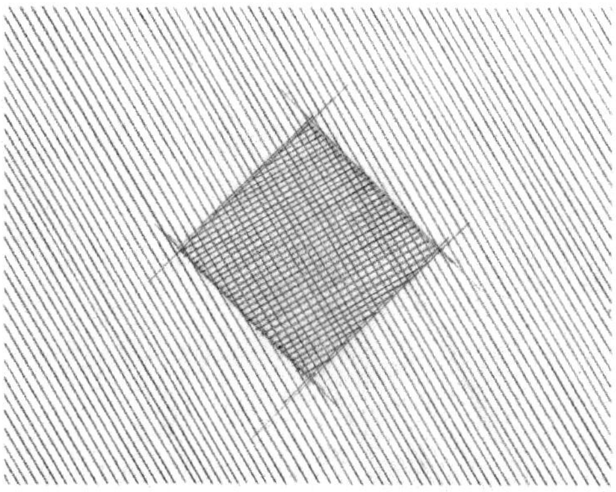

高亮光

漫射光

为了表现光线效果，我们必须能够理解光源的属性、光源与它照亮物体之间的关系以及形体自身的三维属性。

暗面和阴影的清晰度和色调是我们判断光源属性的线索。

· 高亮光形成强烈的明暗对比和锐利的阴影。
· 漫射光在被照亮的表面和阴影之间造成较弱的色调对比。

阴影揭示出物体在空间中的相对位置。

· 阴影将物体锚固在它坐落的表面上。
· 阴影显示形体和受影面之间的距离。
· 阴影显示受影面的形状。

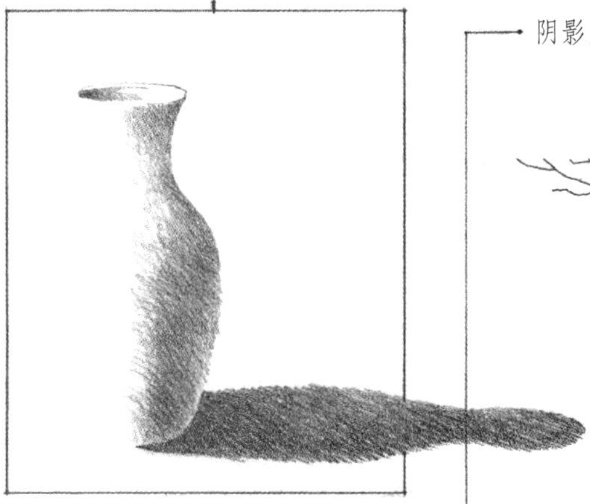

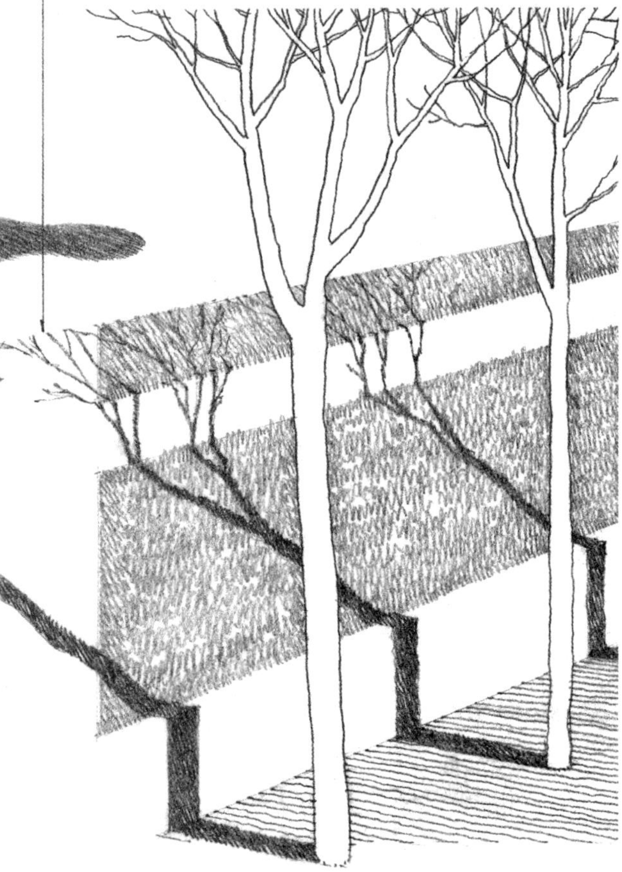

即使形体不被观察者看到，阴影也能展示出它们的形状。

阴影的形状和路径揭示了光源的位置和光线的方向。

- 阴影向着远离光源的方向退去。
- 正面光在物体背后形成深厚的阴影，远离观察者。
- 顶部照明形成的阴影短浅，甚至被压在物体之下。
- 侧面光让物体的一侧成为暗面，并在光源的反方向形成阴影。
- 45°光，从观察者的肩膀上方照射，可以造成强烈的体积感，并揭示物体表面的材质肌理。
- 背面光把厚重的阴影投向观察者，并强化物体的剪影效果。

正面光

顶光

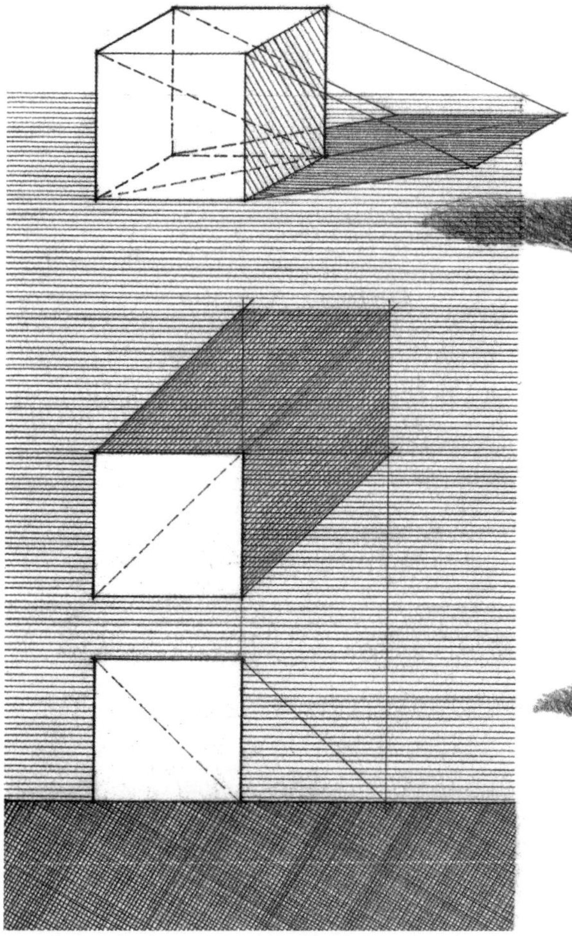

侧面光

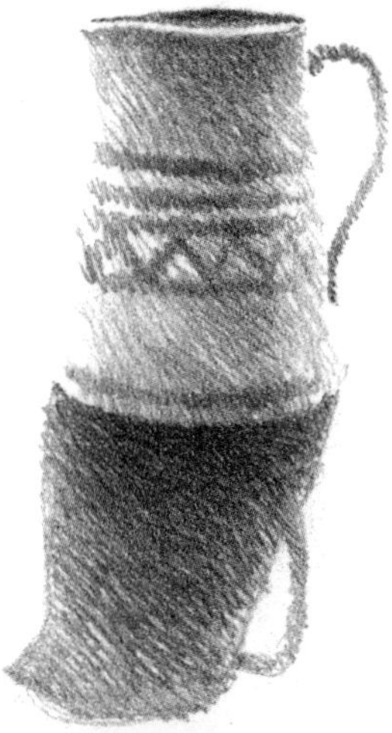

背面光

45°光

建筑制图中表现暗面与阴影的正规形式，参见第6章“多视角绘图”。

暗面和阴影通常并非是不透光的，也不是色调均匀的。我们应当避免在大范围施以密实的暗色调，那样会遮盖细节并妨碍我们观察表面的形体结构。反之，对暗面和阴影施以适合于形体结构的透明笔触，我们就可以透过这些笔触看清表面的材质和固有色彩。

暗面在其边缘或转折处转变成阴影。为了重现形体占据空间的三维质感，我们应当细分暗面和被阴影遮盖的表面之间的色调。暗面通常比阴影中的表面色调更浅，但是这种色调关系应当通过仔细观察来确定。

阴影通常在与暗面接触的地方最深，越靠近阴影的边缘就变得越浅。阴影的边界在高亮光下锐利，在漫射光下柔和。不论哪种情况，我们都应当用色调的对比来明确阴影的边缘，而不是画一条线。

暗面和阴影的区域几乎不会是色调均匀的。光线会从附近的表面反射回来，照亮暗面或者阴影中的表面。在描绘反射光的效果变化时，我们会调节暗面和阴影的色调。然而，反射光的效果应当用一种微妙的方式表现，不能混淆暗面或者阴影中表面的本来特征。

练习 2.6

在靠近窗户或者台灯下的水平台面上布置一组静物，让物体的阴影清晰锐利。眯起眼睛，仔细观察暗面和阴影的形状和色调。拿一支软铅笔，用你自己选择的形体塑造技法来表现观察到的色调。

练习 2.7

重复上一个练习，但是用细尖的黑色钢笔来表现暗面和阴影。

练习 2.8

在窗边或者台灯下另外布置一组静物。这次不用黑色铅笔或钢笔渲染深色调，而是用白色铅笔在黑色的美术纸上绘制浅色调。

明暗图案的分区（mapping）填色是塑造形体最简单的方法。分区填色需要把我们在物体或者场景中观察到的各个亮面、暗面和阴影区域拆解成明确的形状。决策必须果断。当某处暗面或者阴影不够清晰时，我们必须给它强加边界。通过这个过程，我们创造了一个各个形状相互嵌合的“地图”。以它为起点，我们开始后续的细化工作。

分区填色需要把我们看到的众多色调变化简化成几个。我们先把色调区间分成两个大类——明与暗；或者三个部分——明、中度、暗。在每个大类下面，色调可以变化来表现表面的特征，但是在整张图的层面上，色调的分区应当保持清晰。通过眯起眼睛观察会让这个过程简单一些。还有一种方式是透过彩色玻璃或胶片观看，这会减少场景中色彩的数量，从而简化我们看到的色调。

色调图案 VALUE PATTERN

色调的图案确立起一个基础架构，把经过形体塑造的绘图维系在一起，让它统一而有力。如果色调图案支离破碎，整个构图就会逻辑混乱——无论多么仔细地渲染，或者每个绘图元素都表现得多么娴熟。用小样草图来研究色调图案的不同形式是一种有效的手段，并且可以通过它为绘图确定合适的策略来完善色调的区间范围、位置和比例。

一旦确定了整体的色调图案，我们就从浅到深开始表现。我们永远都能加深一种色调，但是一旦加深，就很难退回浅色。这里还有一些额外的要点，在绘图和塑造形体时要谨记：

- 一层层地渲染色调。不要从绘图的一部分到另一部分依次绘制色调，这么做会让绘图支离破碎并妨碍我们观察形体。先对色调进行粗略地分组，然后再在组内渲染细小的、更具体的色调。每一处加深色调都要用额外一层渲染来实现。持续地层层叠加色调，直到完成最深的色调。
- 表现颗粒感。维持笔触的固定方向使不同的色调区域统一在一起，并为绘图灌输一种整体感。
- 维持色调的区分度——从硬边缘的锐利对比到软边缘的模糊对比。
- 留白高光区域。不丢掉高亮区域是非常重要的。尽管在铅笔绘图中可以用橡皮擦来恢复高亮区域，但是在钢笔墨线绘图时没有这个机会。

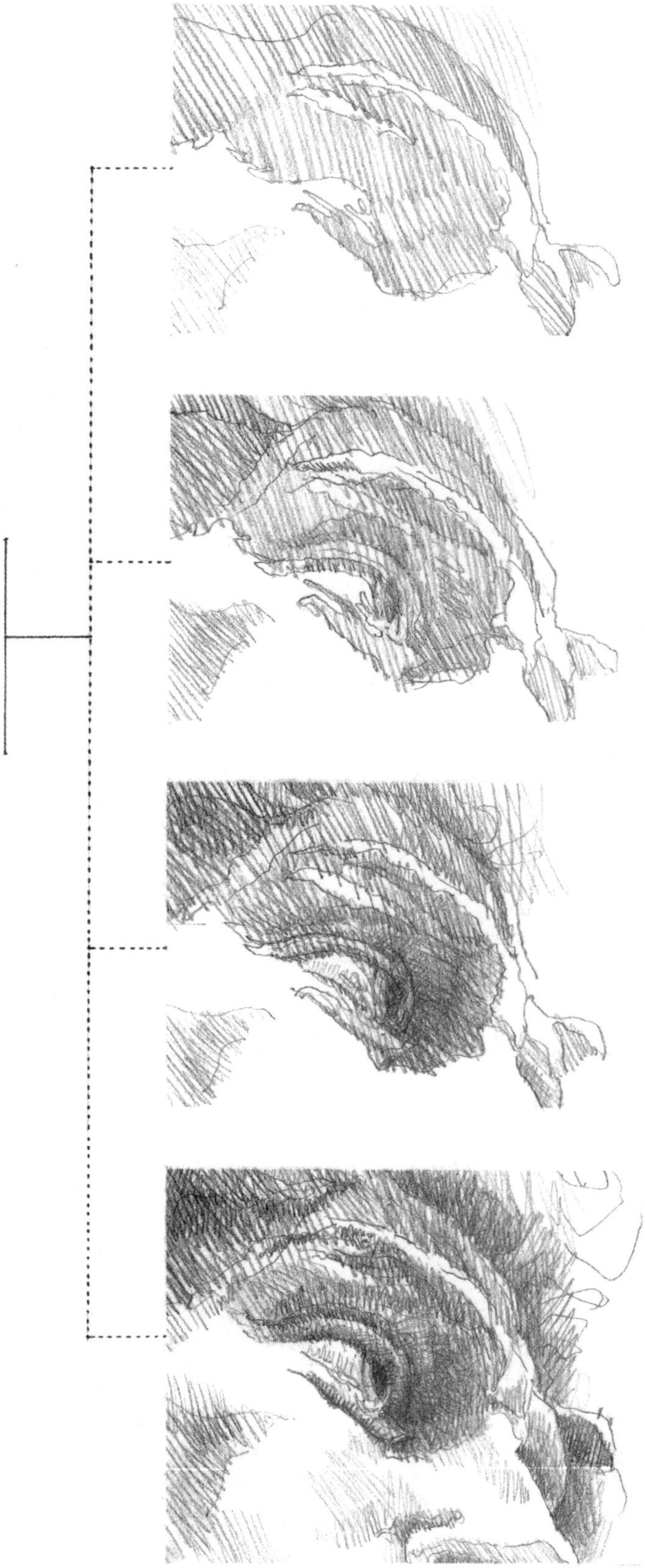

我们在绘图中使用的色调区间影响构图的重量感、和谐度和氛围感。色调的锐利对比可以生动地定义色调的形状，并引人注意。宽泛的色调区间，配以中间色调来表达从明到暗的变化，可以在视觉上丰富并且有活力。但是太过宽泛的色调区间会打破构图的整体性与和谐度。相互关联紧凑的色调可以创造一种更加宁静、细腻和矜持的效果。

紧凑的色调区间

宽泛的色调区间

高对比度

浅色调和深色调之间的比例确定了绘图的主色调，或者叫“调子”（key）。

以浅色调为主导，或者高调子（high key）表达了一种精致、高雅和光线明亮的感觉。

中间范围的色调，或者中间调子（middle key）赋予了一种和谐、平衡的感觉。然而，如果没有一些积极的对比，中间调子的绘图也可能变得平淡而无生气。

另一方面，适度的深色调，或者低调子（low key）的忧郁气质拥有沉静的效果，并展现出力量和稳定的感觉。

当一幅绘图的主色调是中间色调，它可能会适于画在灰色或者彩色的表面上，因为这样就自动铺垫了一个中间的色调。表面的色彩可以作为一种有效的衬托，便于黑色铅笔表现深色调，白色铅笔表现浅色调。

练习 2.9

在窗台上或者台灯下布置一组静物，让亮面、暗面和阴影呈现出清晰的图案。只用纸面的白色和另外两种色调——一种浅色、一种中等灰度——完成一幅分区填色构图。

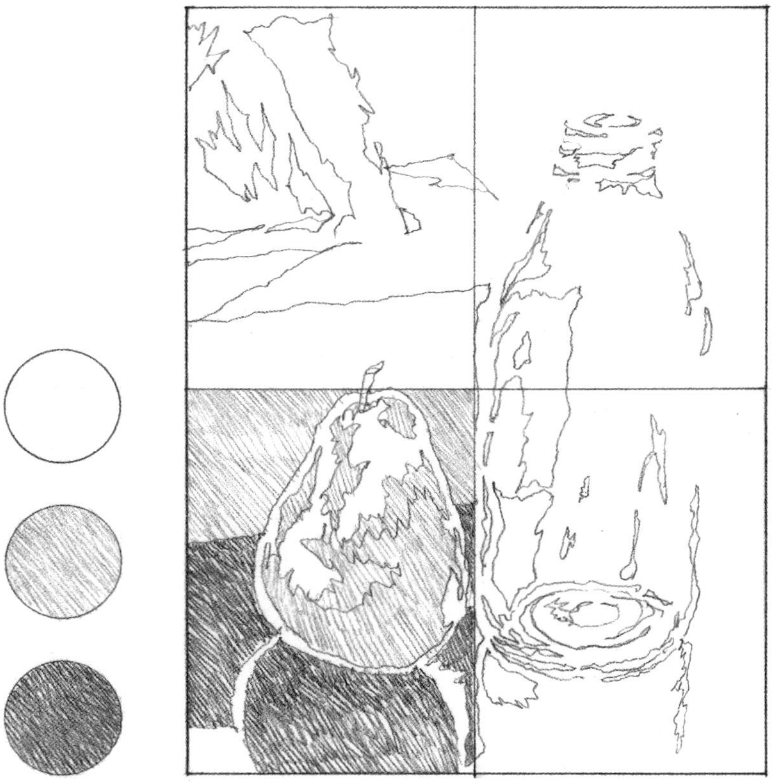

练习 2.10

找一处户外景观，兼有近景和远景元素。用取景器框定你视野的范围，然后完成一幅色调图案，描绘出你从户外景观中观察到的形状和色调。

练习 2.11

重复上两个练习，但是进一步绘制每一张图，在每个色调区域内施加更多的中间色调。

实体肌理

视觉肌理

当我们用影线或点画法来表现色调的时候，我们同时创造了材质和肌理。就好比当我们开始用线条表现材料的属性时，同时就创造了色调。我们应该时刻记住色调和肌理之间的关系，无论光滑的还是粗糙的、坚硬的还是柔软的、抛光的还是哑光的。在多数情况下，表达光影效果以及塑造空间中的形体，色调都比肌理更关键。

我们用“材质/肌理”（texture）这样的词语时，最常见的是描述表面相对光滑或者粗糙。它们也可以用来描述我们熟悉材料的表面特征，比如石材的雕琢效果、木材的颗粒感或者织物的编织纹理。这是通过触摸来感受的触觉肌理。

视觉肌理指的是表面的结构特征，区别于色彩和形体。视觉肌理可以通过绘图来感受或感知。一切触觉肌理都会同时创造视觉肌理。而视觉肌理既可能是真实的，也可能是虚幻的。

我们的视觉和触觉感知紧密纠缠在一起。当我们从一个表面上读出视觉肌理，经常会反映出很明确的触感，而不需要实际接触它。视觉肌理引起了对过去经历的回忆。当我们的手拂过材料表面时，我们记住了这种材料的触感。我们身体的这种反应来自过去感受过的、相似材料的肌理特征。

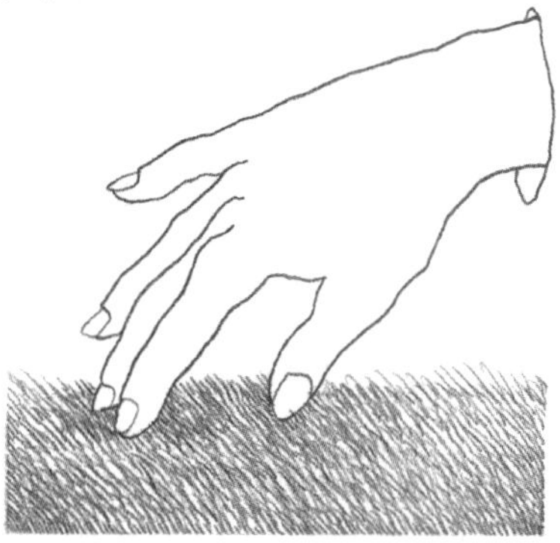

我们绘制色调的笔触和点的尺寸，相对于施以色调的区域以及相对于整幅构图的大小，在本质上表达了表面的视觉肌理。

视觉肌理还可能由绘图媒介和绘图表面的相互作用决定。在粗糙的表面上绘图，会阻断墨水或石墨在表面上的沉积。轻轻绘制的线条只会在绘图表面的凸起处留下痕迹，而增加压力时，会强行让绘图媒介接触凹陷区域。其结果是，绘图表面的实体肌理赋予绘图本身一种视觉肌理和颗粒感。

在色调区域上施加肌理属性的另一种方法是拓印法。拓印法指的是把纸铺在颗粒状的、坑洼的或者其他粗糙肌理的表面，然后用石墨或炭笔在上面摩擦，借此得到肌理效果的技术。用这种方式取得带有肌理的色调，对于避免过度渲染深色调特别有效。过度渲染深色调会导致绘图失去新鲜和自然的感觉。

小尺寸的笔触和点

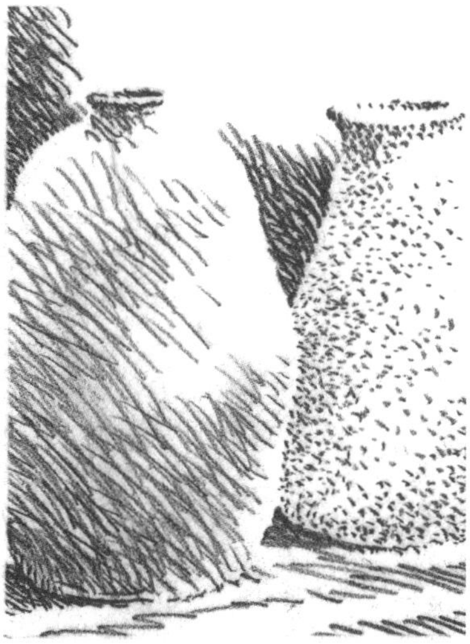

大尺寸的笔触和点

平滑的笔触

不规则的笔触

拓印

光滑的绘图表面

粗糙的绘图表面

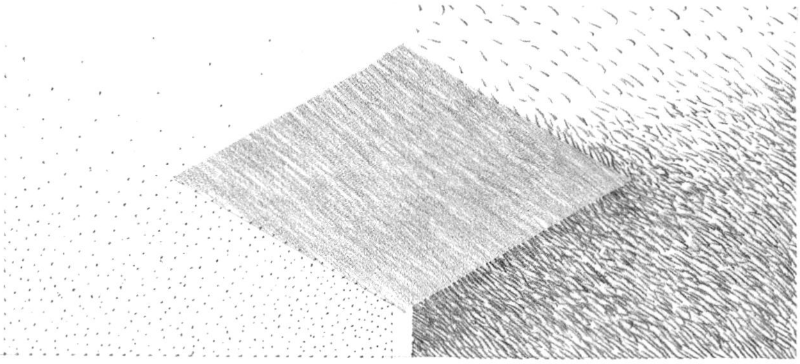

对比

尺寸和距离

光线

影响因素 | Modifying Factors

对比、尺度、距离和光线是我们在认知材质肌理及其所属表面时重要的影响因素。在绘图中表现材质肌理，应该考虑下面的因素。

对比会影响材质肌理的表现效果，是强烈的还是细微的。一种肌理在均匀且光滑的背景前，跟并排放在相似的肌理旁边相比，会更加显眼。当出现在更加粗糙背景之前时，其肌理会显得细腻，尺寸更小。

绘图的相对尺度决定我们把某种肌理认为是草的叶片、麦田，还是原野图案的拼缀床罩。材质肌理的相对尺度还影响空间中平面的位置和表观形状。有方向性的肌理会强调平面的长或宽。粗糙的肌理会让平面显得更近，尺寸更小，并增加它的视觉权重。总的来说，肌理会倾向于在视觉上充满它们所在的空间。

一切材料都有一定程度的肌理。肌理的尺寸越细致，表面看起来越光滑。即使是粗糙的肌理，当从远处观察时，会显得相对光滑。只有在凑近观看时，肌理的粗糙感才变得明显。

光线影响我们对肌理的认知，反过来，也会影响它照亮的肌理。光滑、闪耀的表面会反射耀眼的光，在聚焦之下显得锐利，并吸引我们的注意。拥有哑光肌理的表面会不均匀地吸收和散射光线，并因此显得比相同颜色的光滑表面更加暗淡。粗糙的表面如果被光直接照射，会在自身表面上投下清晰的阴影图案，并展示出它的肌理特征。漫射光会弱化实体肌理，甚至模糊肌理的三维结构。

练习 2.12

选取两个或者更多具有明显不同材质肌理的物体。可能的选择包括纸袋和玻璃瓶，放在织物上的鸡蛋、勺子或者叉子，又或者陶碗里的各种水果。把这些物体放置在窗台上或者台灯下，用光线强调它们不同的材质肌理。用任何一种形体塑造技法来描绘这些对比明显的材质肌理。

练习 2.13

重复上面的练习，但是这一次移动到距离其中一条重叠的边缘非常近的位置。聚焦于这条边缘，并描绘其两侧不同材质交会时被放大的表面肌理。

练习 2.14

重复几次上面的练习，尝试用铅笔和钢笔作为媒介，并分别在光滑和粗糙表面上绘图。

3

形体与结构

Form and Structure

“一切图像形式都始于一个点开始移动……点的移动……呈现出线条——第一个维度。当线平移形成平面，我们就获得了一个二维元素。在从平面到空间的移动中，面与面的交锋形成（三维的）体……总结就是动能让点形成线，线形成面，面再形成一个空间的维度。”

——保罗·克利（Paul Klee）
《思考之眼》（*The Thinking Eye*）

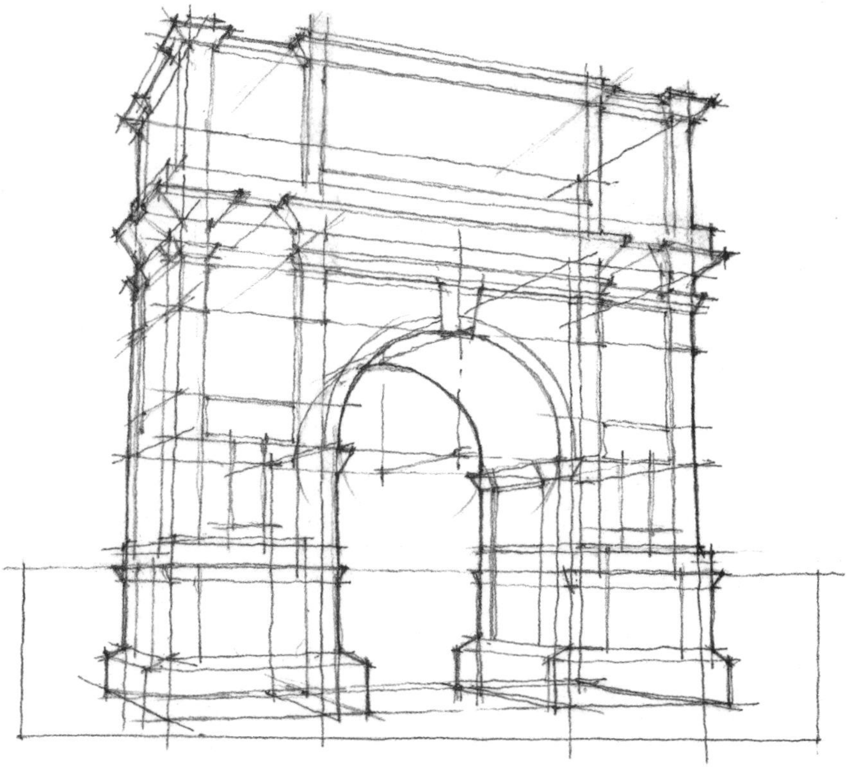

形状（shape）、形象（figure）和形体（form）有着相近的含义。它们都指的是由物体可见的轮廓所确定的、明确的、可识别的外观。形象是形状或形体中具有特征的外在表现。形状可以指形象中具有特征的轮廓线或者形体的平面构造。形体则是一个比形状和形象更加笼统的词语，它既包括内在结构，也包括外在表现，并且包括一种三维空间的质量或者体积感。形体这个词语还包含了将整体统一起来的理念。

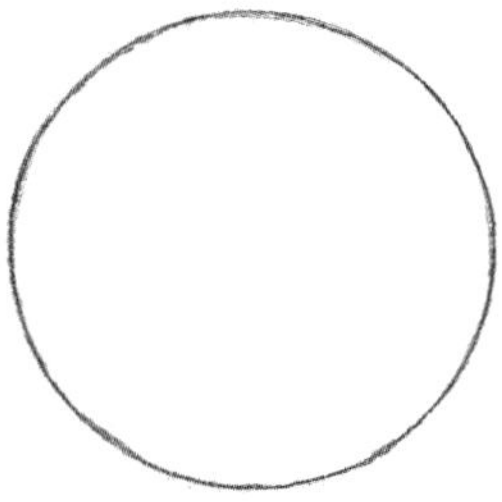

形象

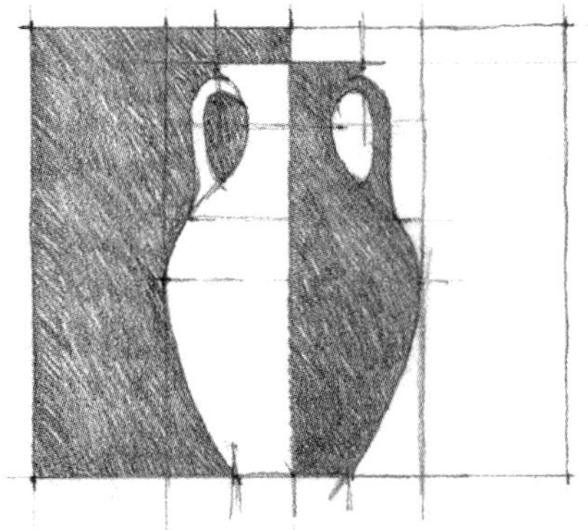

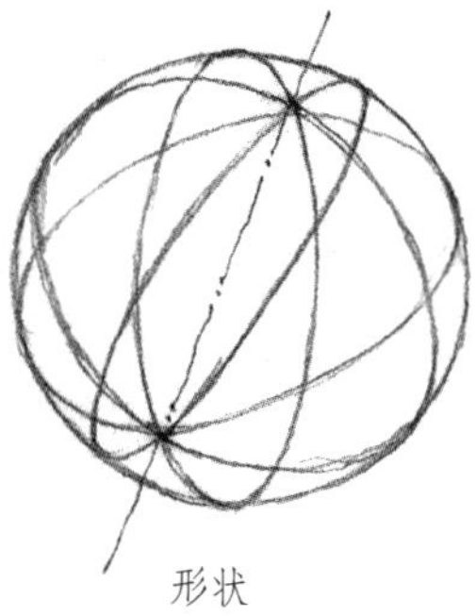

形状

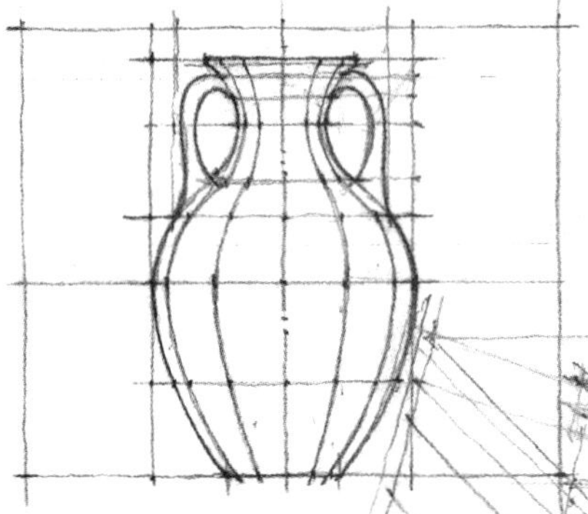

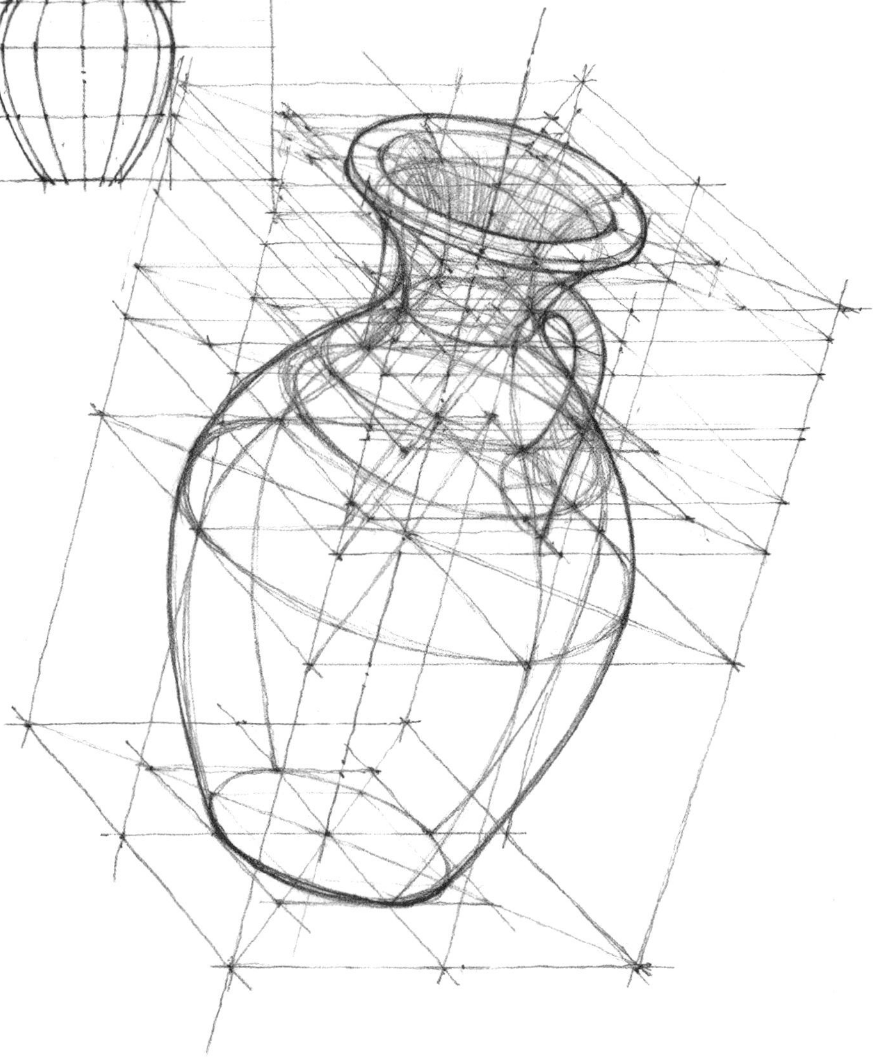

形体

体积指物体或者空间领域的三维界限。从概念上讲，体积被平面包围，有宽度、高度和纵深三个维度。在绘图中，我们试图在二维表面上虚构出三维体积的质量和空间感。

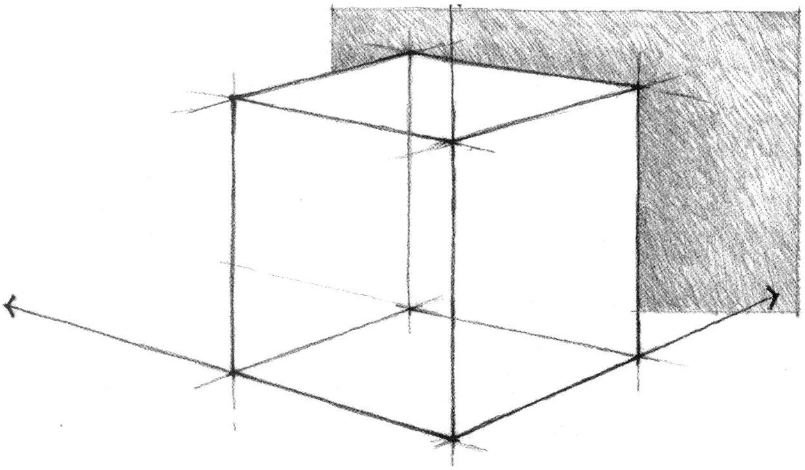

一切物体都在空间中占据体积。即使是纤细的线性物体，也占据空间。我们可以拿起一个小物件并在手中转动。每一次转动都展现出小物件的一个不同形状，因为物件和眼睛的相对关系发生了变化。从不同角度和距离观察物体时，我们的视觉把不同的形状组合成三维的形体。

如果绘图只展示一个固定角度和距离的视野，就只能表现我们认知的一个瞬间。如果是一幅前视图，只展示宽度和高度，那么物体的影像就是扁平的。如果改变视角，展示出物体的三个相邻侧面，就显示出第三个维度——纵深，并且明确了它的形体。关注平面的形状有助于理解它们如何组合，进而表现物体或空间的三维形体。

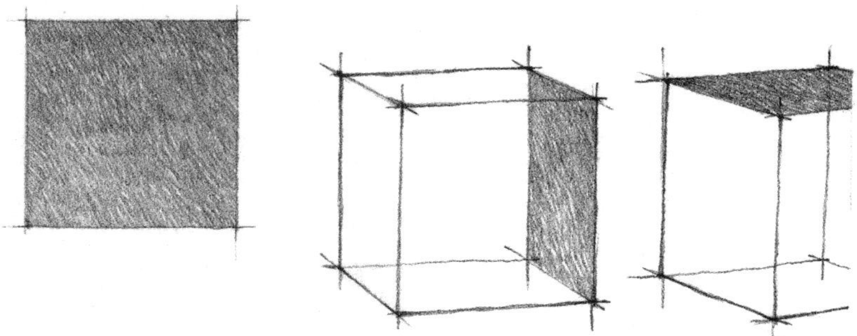

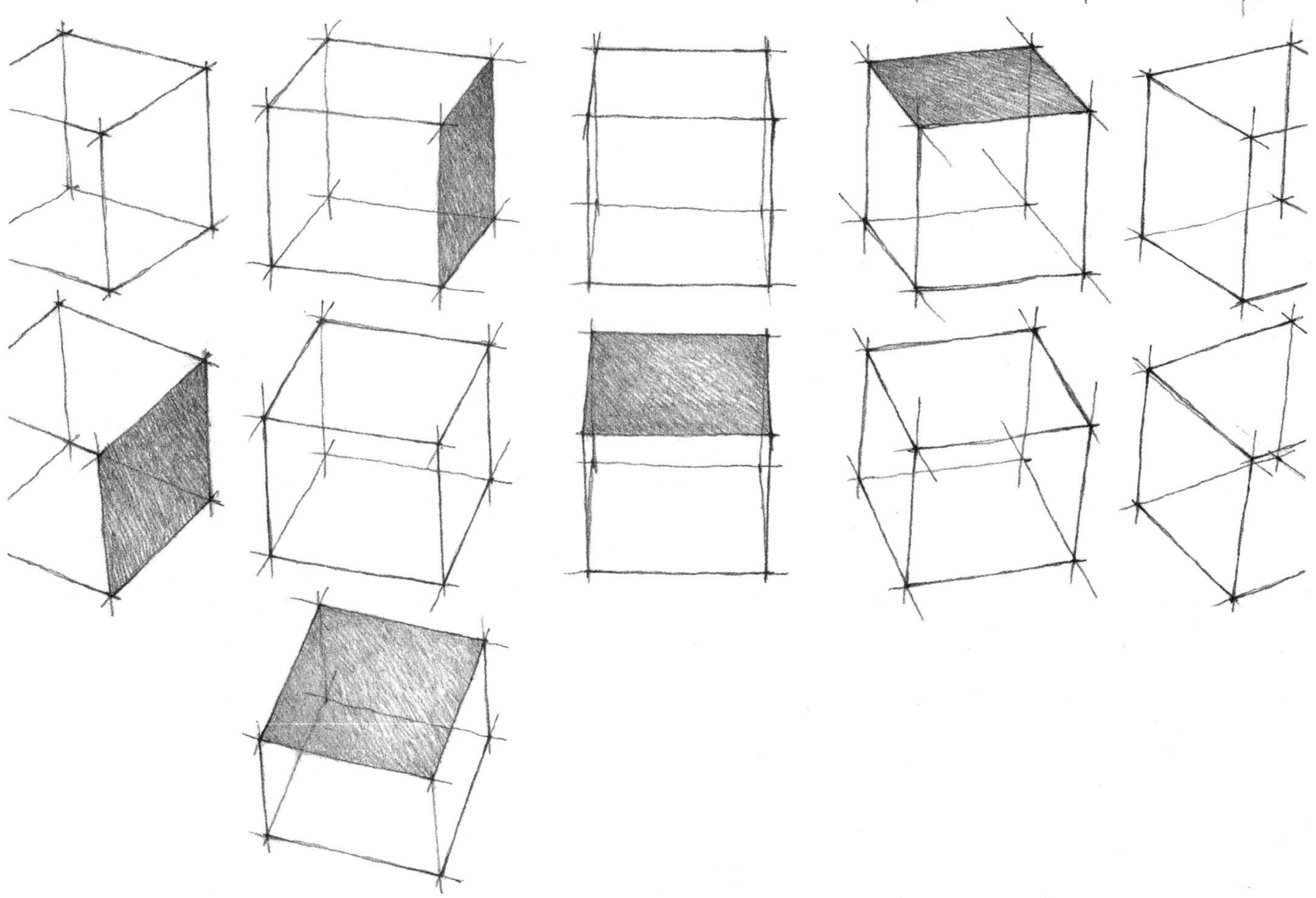

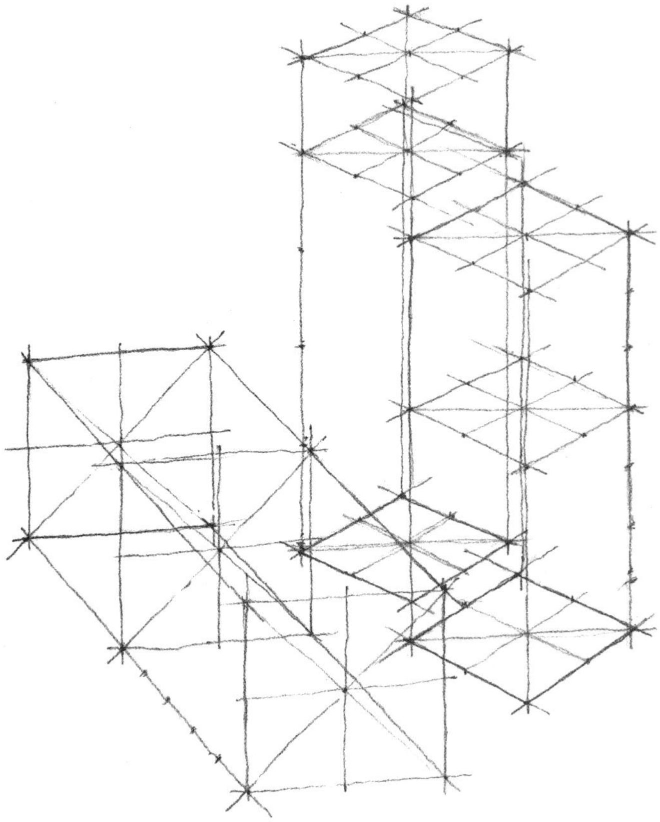

绘图可以描绘物体外在的表面构造，也可以阐释其内在的结构特征或者说明它的各部分在空间中的布局和接合方式。在解析绘图中，我们试图融合这两种思路。

和轮廓绘图不同，我们不再逐个部位地绘制。解析绘图的次序是从整体到局部，最后是细节。削弱对形体局部和细节的描绘，服从整体结构，可以避免零碎的思路——那会导致比例关系的错误和整体性的缺失。

在开始解析绘图时，我们用削尖的软铅笔绘制轻巧且自由的线条。我们用尝试和探索的态度，推敲并为形体建立一个透明的体积框架。想象一个透明的盒子，各面接触到物体的前后左右及两侧面。这个假想的容器描绘了物体的三维边界及尺寸关系。想象物体的外包体积有助于我们绘制三维形体。

这些线条属于解析线，不仅用来构建外表面的形象，还用来阐释物体的结构和其中暗含的几何关系。我们把这些初始的线条称作“规线”（regulating line），因为它们用于梳理形体的相互关系，并且控制各基本部位的位置、尺寸和比例关系。在推敲物体的外包形状和体积时，我们用规线来确定点的位置、测量尺寸和距离、寻找中心点、表现法向和切向联系，以及确立对齐和偏移的关系。

先绘制近似的线条有助于我们的眼睛寻找正确的线条。近似线条代表着有待确认或是需要调整的视觉判断。我们不要擦掉这些已经绘制的线条。必要时，我们重新绘制一条线，校正基本形状，并且检查各部分之间的比例关系。即使对于最后绘制的线条也应当努力做出改进。

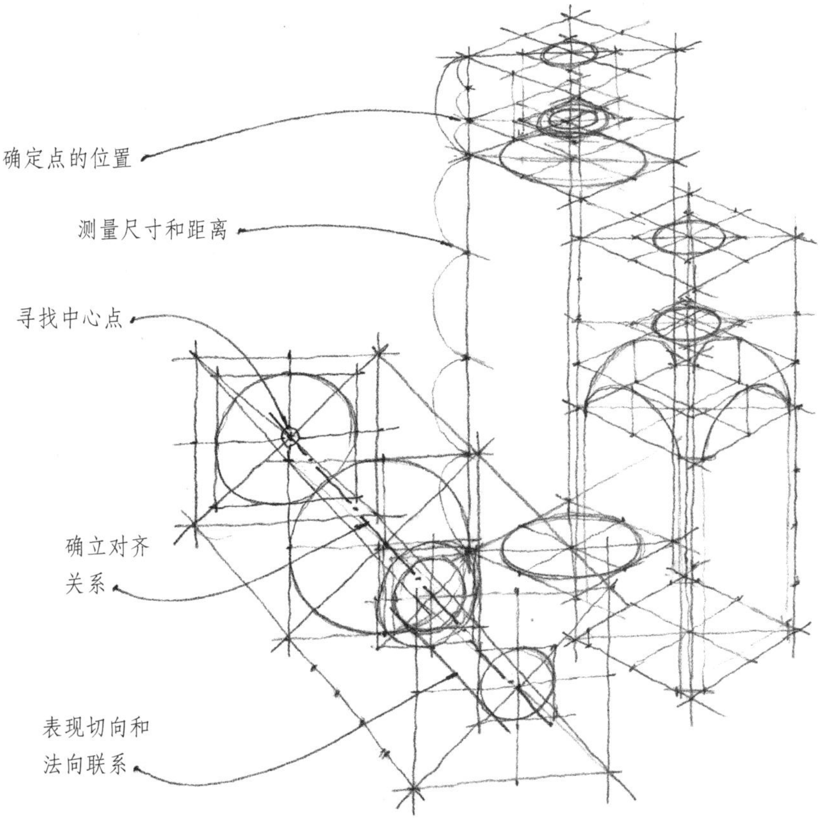

因为规线有表现构造的属性，所以不受物体客观边界的限制。它们可以穿过形体并穿过空间延伸，联系、组织或测量一个或一组物体中的不同部分。在梳理形体和空间关系时，它们建立起平面或空间框架，便于我们的绘图各就各位。就好比雕塑家在骨架上敷贴黏土。

同时绘制物体上可见与不可见的部分，让我们更容易测量角度、控制比例，并且看出形状的外观。这样形成的透明效果也让形体占据的体积感更有说服力。这种方式可以避免因为过于关注表面而忽略体积，以及因此导致的图面扁平，缺少立体感。

经过一连串的擦除和加深，我们逐渐构建起最终轮廓和轮廓线条的密度和权重——尤其在交点、连接点和转折点等关键节点处。让所有的线条保持可见，可以在最终的绘图中强化图像纵深，并显示它形成和发展的作图过程。

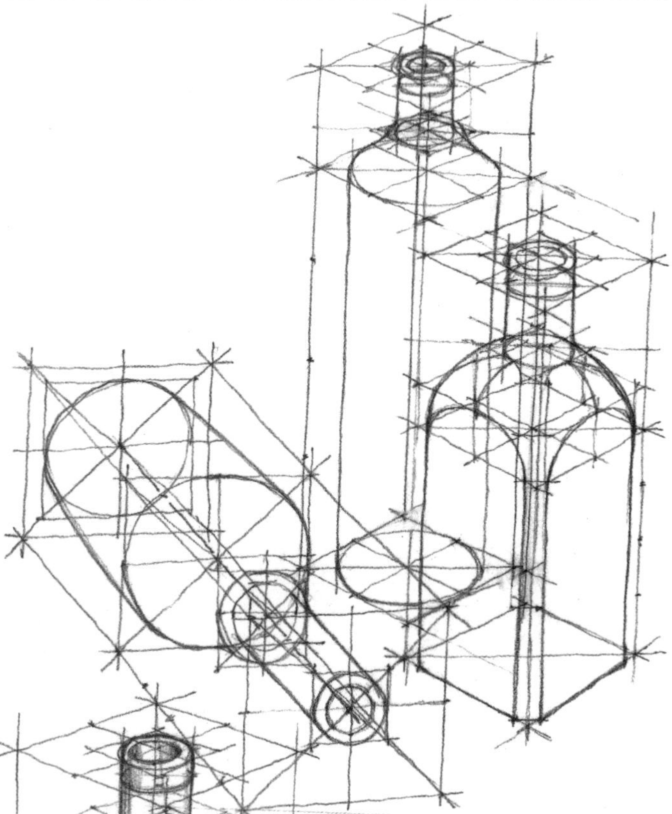

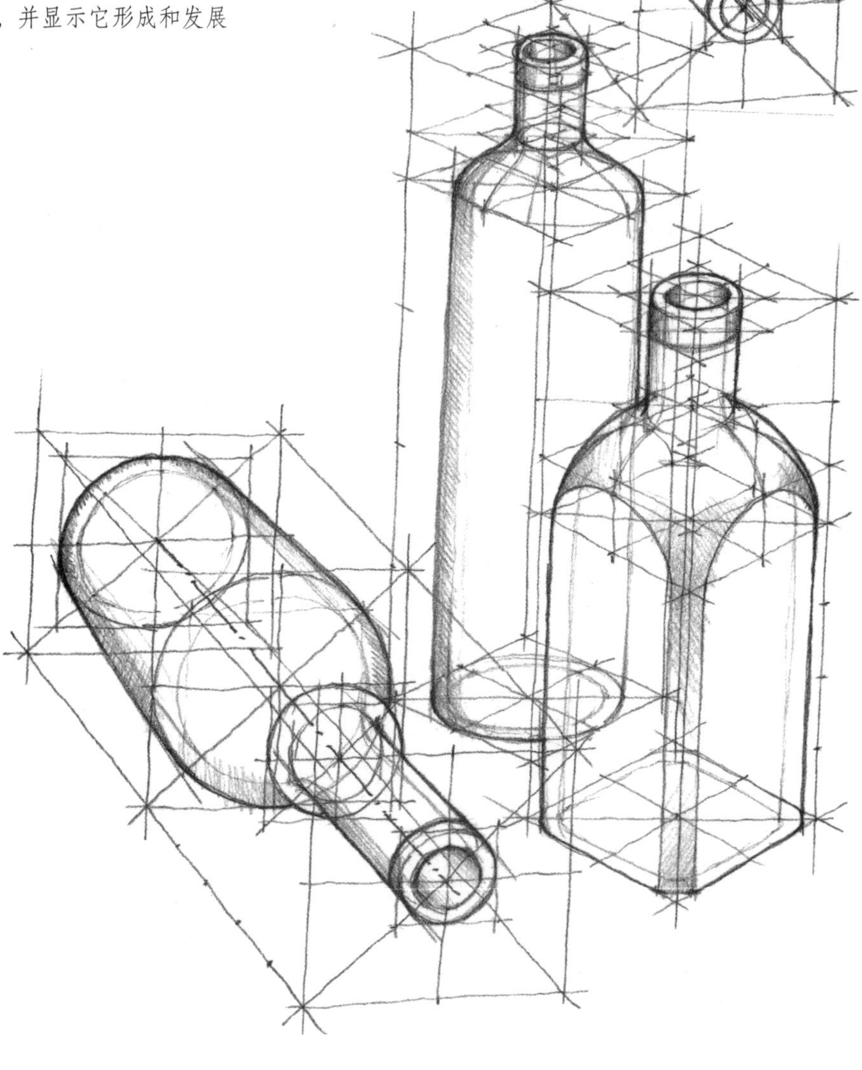

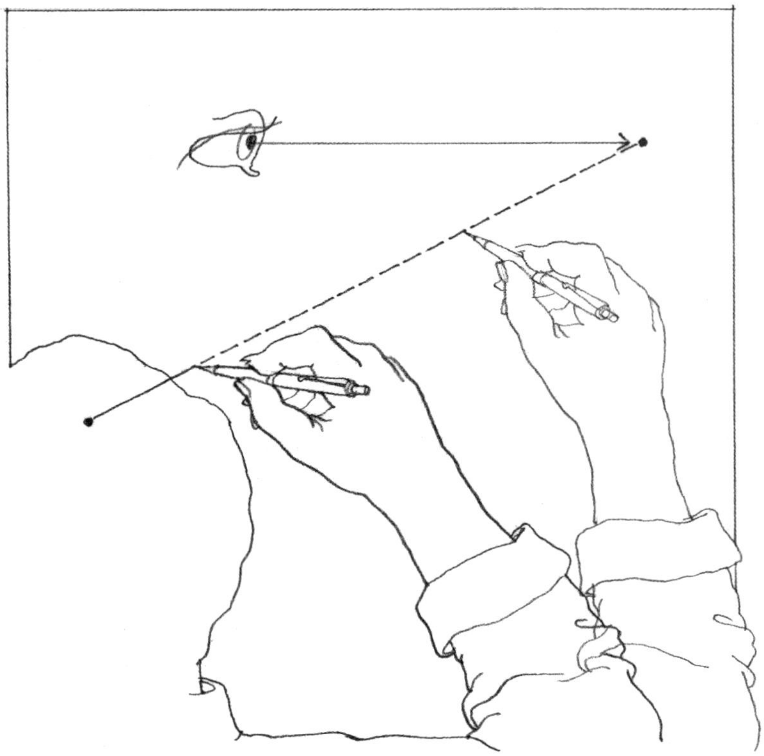

在用轻线条勾画构造线时，轻轻拿住钢笔或铅笔。握笔太紧会让人紧张，破坏手绘线条的流畅感。要试图透过笔尖感受绘图表面。

在实际绘制一条线之前，用点来标记想要绘制线条的起点和终点，借此演练眼-脑-手的配合。绘制线条时要拖拽铅笔，不能逆向推行。对于右利手，这意味着从左向右、从上向下地绘制线条；对于左利手，从右向左、从上向下。严格保持眼睛看向线条走向的方位，而非已经绘出的部分。避免用短而不确定的笔触绘制潦草的线条，相反，要缓慢而连续地绘制。

绘制短线或者用到较大力量时，用手腕或手指驱动手来完成必要的动作。绘制长线条时，用手肘的挥动自然地带动整条前臂和手，保持手腕和手指的动作最小。只有在接近线条末端时，才开始手腕和手指的动作，以控制线条的终点所在。

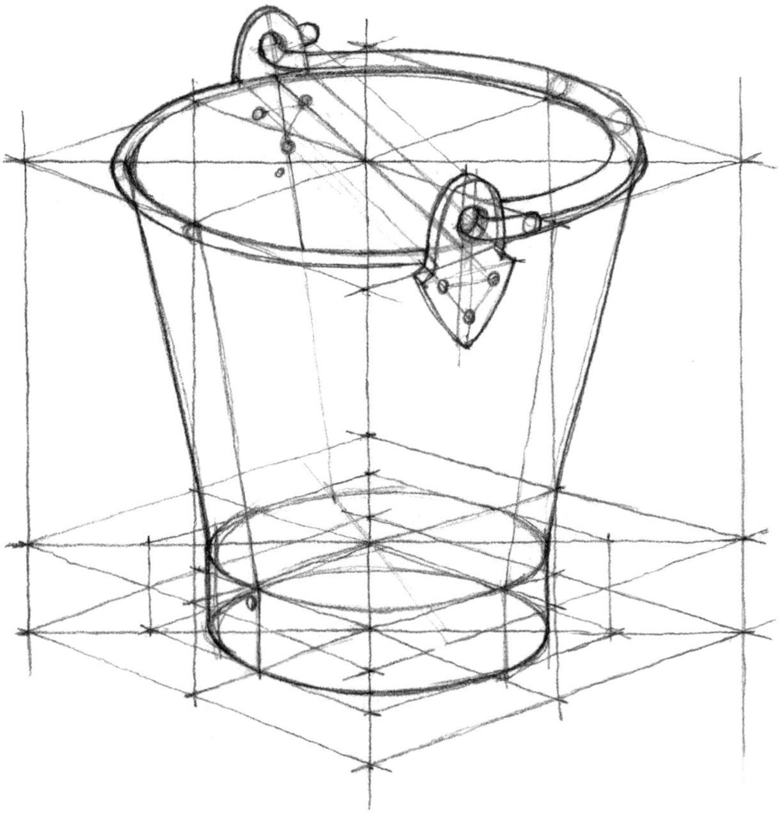

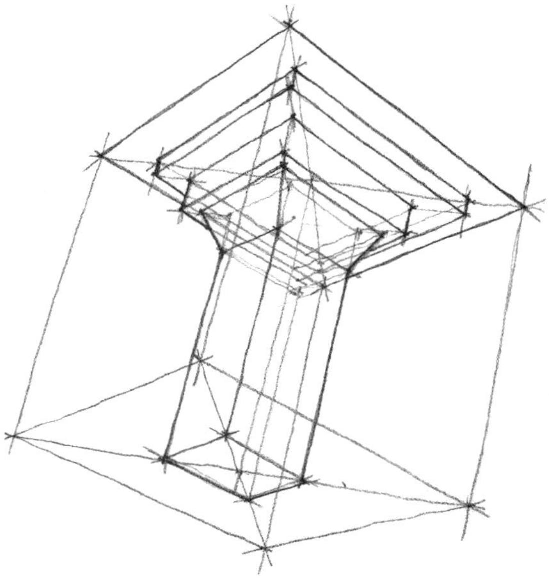

练习 3.1

利用解析绘图法，练习从不同视角绘制正方体。

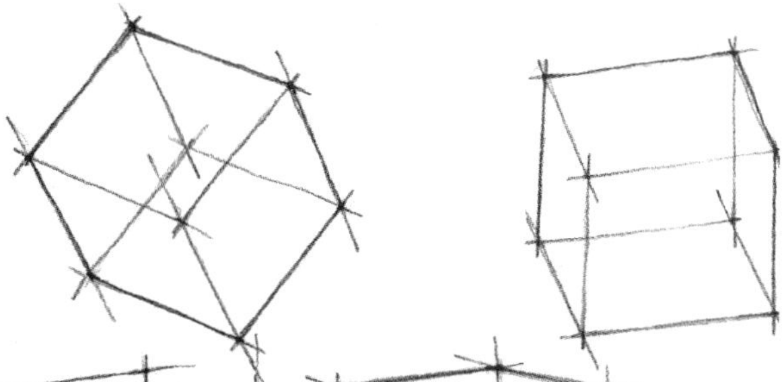

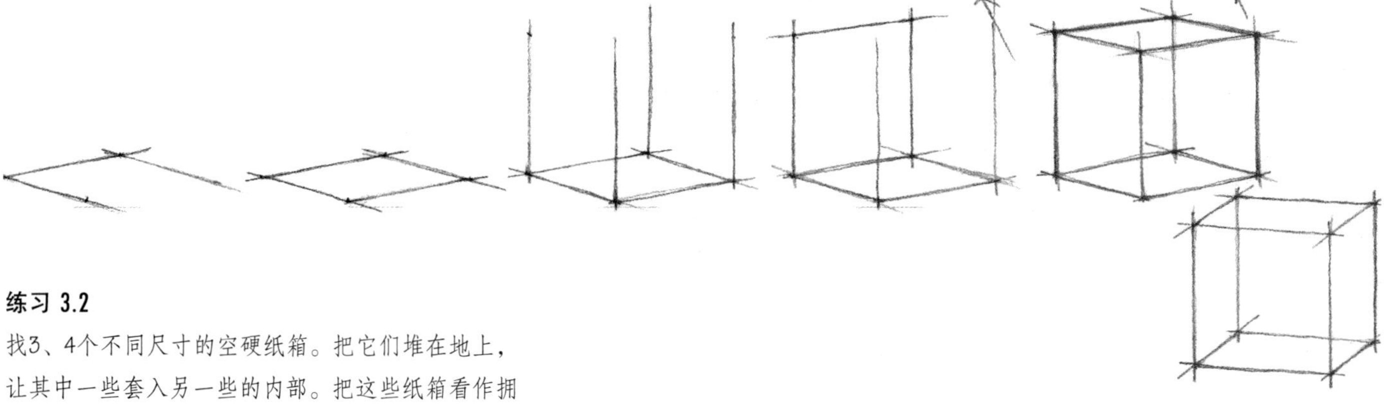

练习 3.2

找3、4个不同尺寸的空硬纸箱。把它们堆在地上，让其中一些套入另一些的内部。把这些纸箱看作拥有光滑长方形表面和笔直边缘的几何形体。用解析绘图法描绘这些纸箱的几何形体。

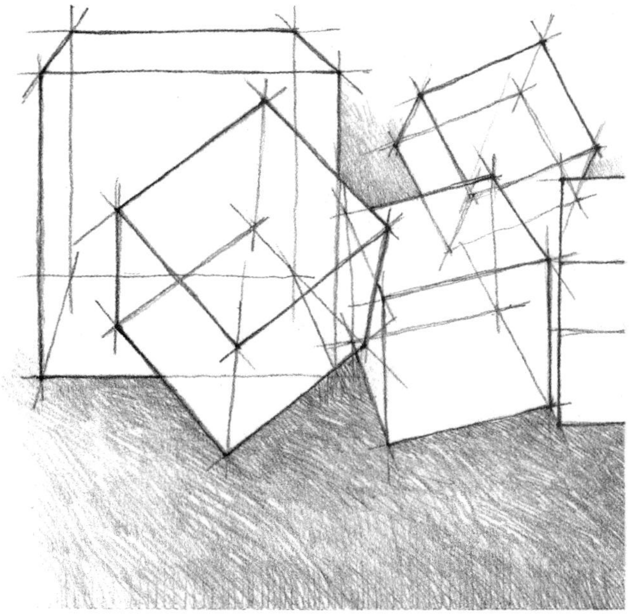

练习 3.3

找两个玻璃瓶，其中一个有着瘦长的圆柱体瓶身，另一个有着正方形或其他多边形的横切面。把这两个瓶子摆放成一个站立、另一个躺倒的样子。用解析绘图法描绘瓶子的几何形体。特别注意重要的轴线和比例关系。

在我们观察和绘图时，对物体独特的视觉特征越来越敏感，但是不应该忽略图像的整体。绘图中的任何元素都不能独立于整个构图之外。各个部分在视觉冲击力、功能和含义上都相互依赖。为了保证各物件保持相互适宜的位置和关系，我们必须关注比例——要既见树木，又见森林，不能管中窥豹，时见一斑。

比例是一个部分相对于另一个部分，或者相对于整体的关系，从重要性、数量和等级方面，都应当是对等的、适合的，或者和谐的。比例关系本质上是一种比值，是同一个整体中的两个部分之间，或者一个部分与整体之间的相互联系。在观察中，我们应当关注比例关系，它约束我们对尺寸和形状的认知。

尽管经常用数学语言来描述，实际上比例关系到构图中各部分之间任何恒定的视觉联系。它可以是有效提升整体性和协调性的设计工具。我们对物体客观尺寸的认知常常是不精确的。透视变形、观察距离，甚至文化偏见都可能曲解我们的认知。

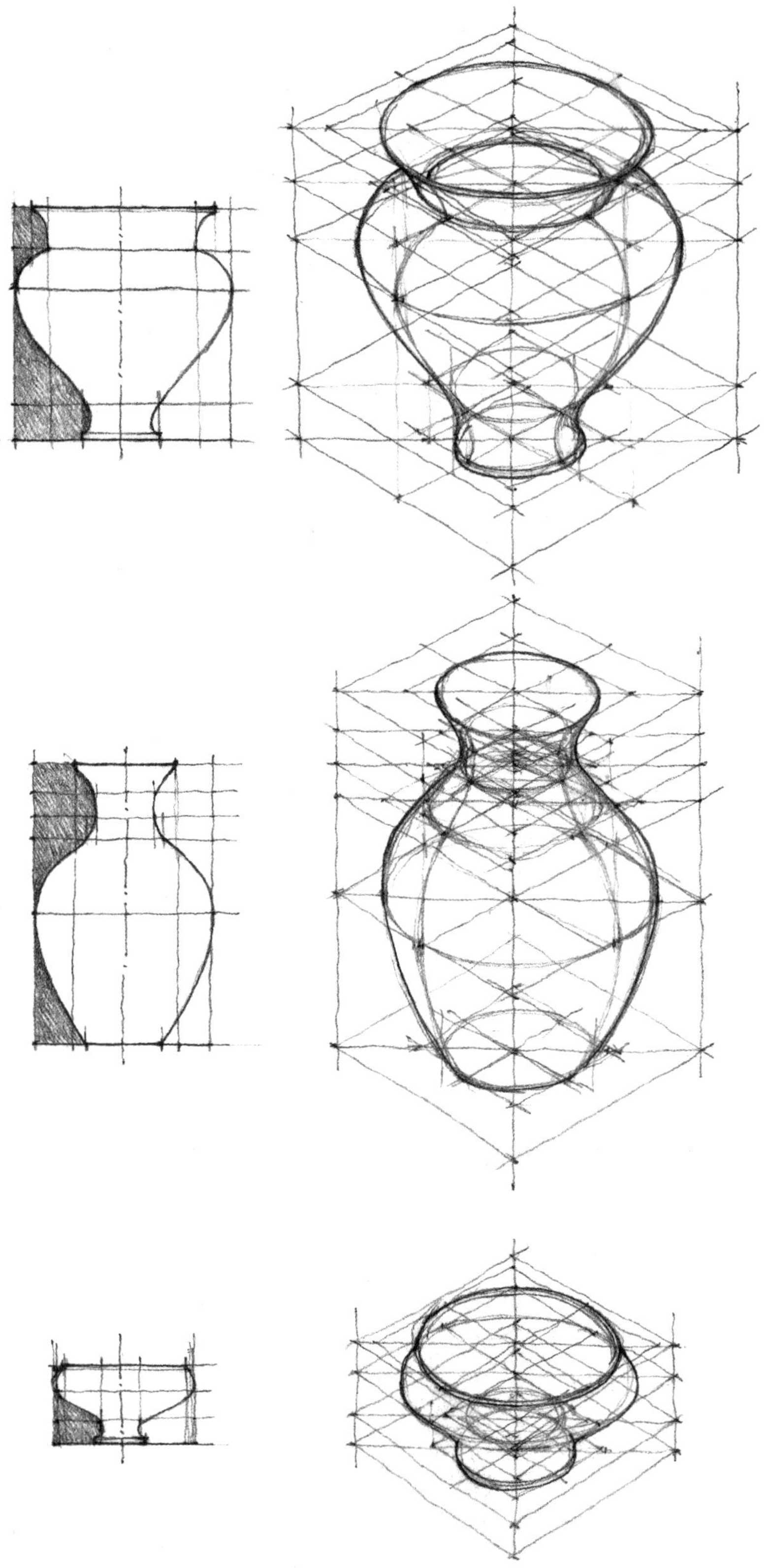

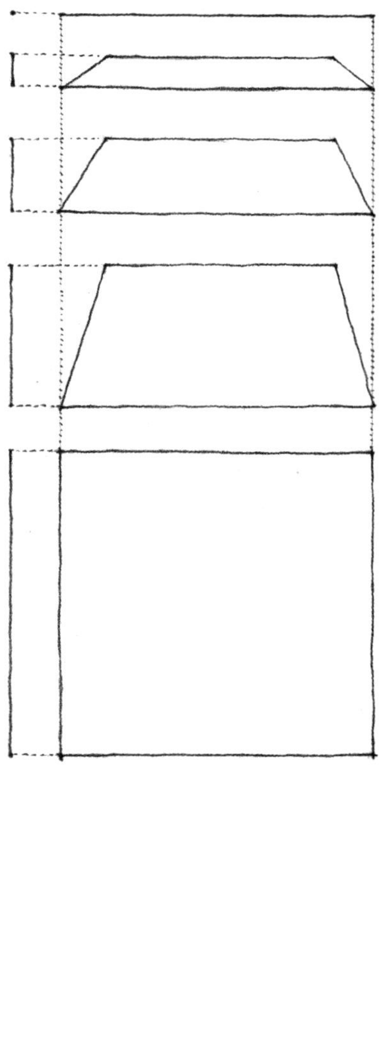

主要来说，比例是一种批判性的视觉判断。从这个角度看，各维度之间的显著差异是非常重要的。归根结底，只有我们感觉某种元素或特征被表现得既不太多，也不太少的时候，才会感觉这个情况下的比例是正确的。

下面是一些在绘图中测量和应用比例时，需要记住的关键点：

- 物体的表观尺寸会受周围环境中其他物体相对尺寸的影响。
- 在处理形体的体积时，我们必须同时关注三个维度的比例关系。
- 在绘图时用语言表达比例可以提醒自己适宜的比值。
- 小心不要为了迁就你使用的版式或者纸张而改变物体的形状。
- 在绘制复杂形状时，寻找你了解的形状，比如正方形。
- 即使细微的比例变化也可能对图像的视觉特征和审美品质有显著影响。漫画家在创造人物形象时，首先要故意曲解比例。
- 如果两个长方形的对角线相互平行或垂直，这意味着两个形状拥有相近的比例。

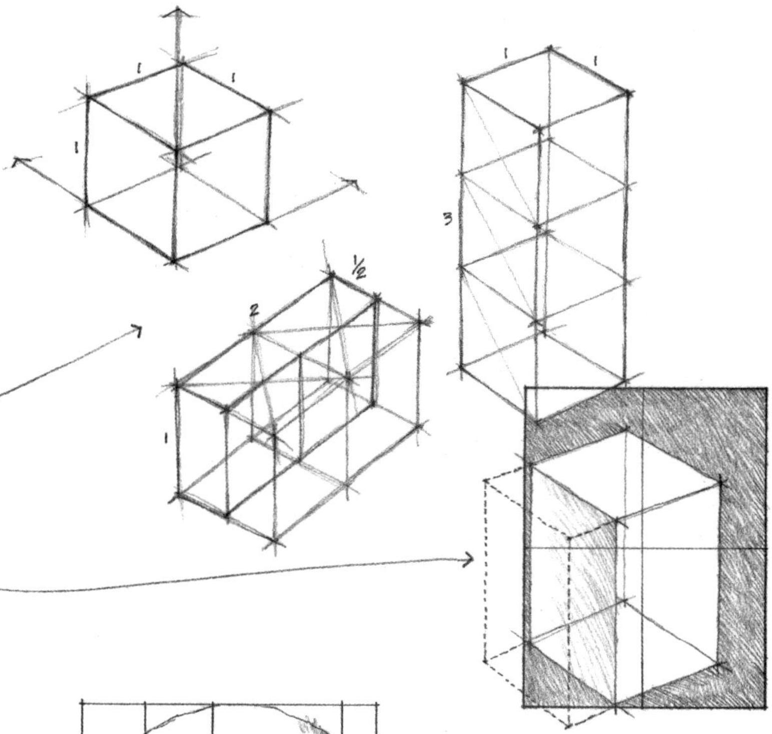

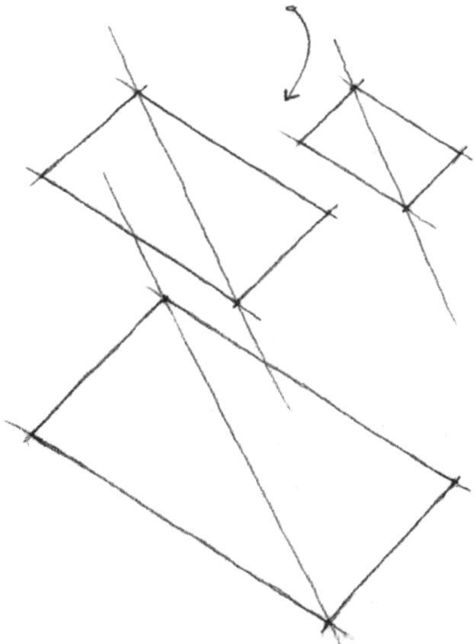

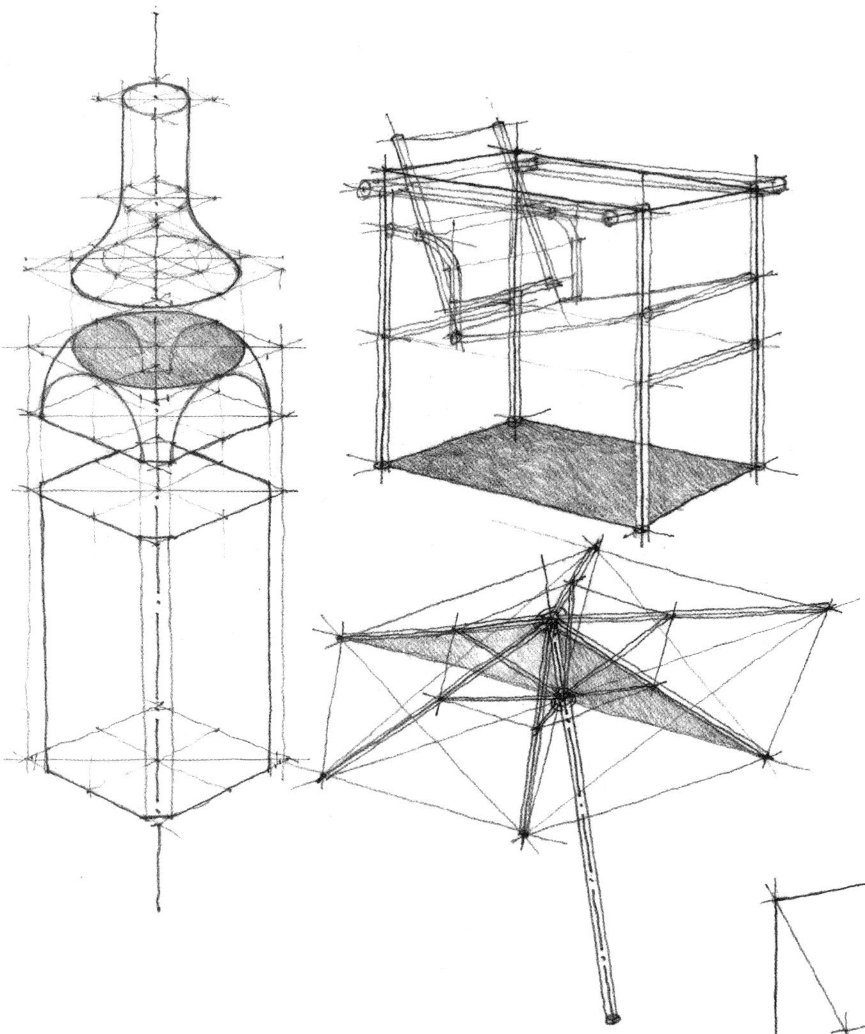

在解析绘图法中，我们从几何学入手，可以把很多熟悉的物体简化成基本几何形体。如果我们把看到的物体拆解成规则的几何体，或者一组几何体的排列组合，就可以更容易地绘制它。我们可以用加法重新组织形体，或者用减法转换形体。最终形成的结构可以作为一个框架，用来完善和细化形体并解构空间。

正方体是一种适合上手的三维空间的基本单位。从正方体开始，我们可以用几何学的法则推衍出其他基本几何体，比如棱锥、圆柱和圆锥。熟练绘制这些简单形体是绘制其他各种衍生构造的先决条件。当我们理解一个形体的体积属性后，就能更轻易地调整它、改变它，或者换从其他视点观察它。

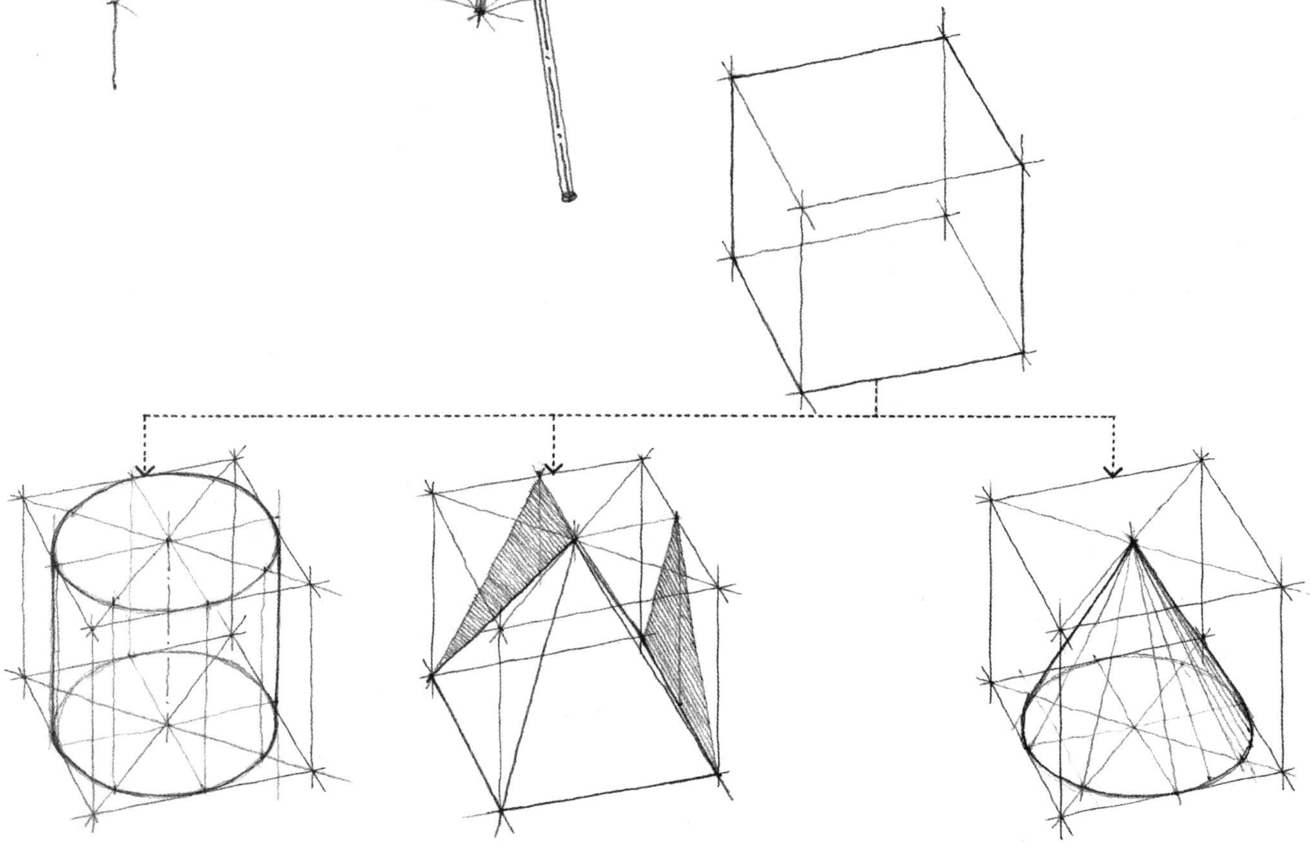

练习 3.4

用解析绘图法把每一个正方体改变为棱锥或棱柱体。

练习 3.5

用解析绘图法复制每一个立方体并把它们改变为圆锥、圆柱或者其他相近的、以圆形为基础的形体。

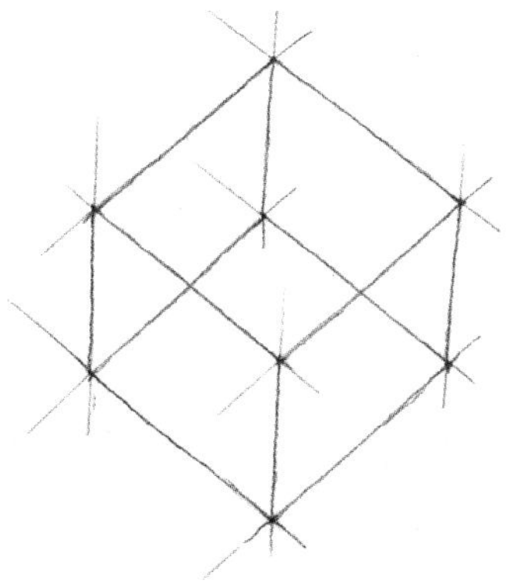

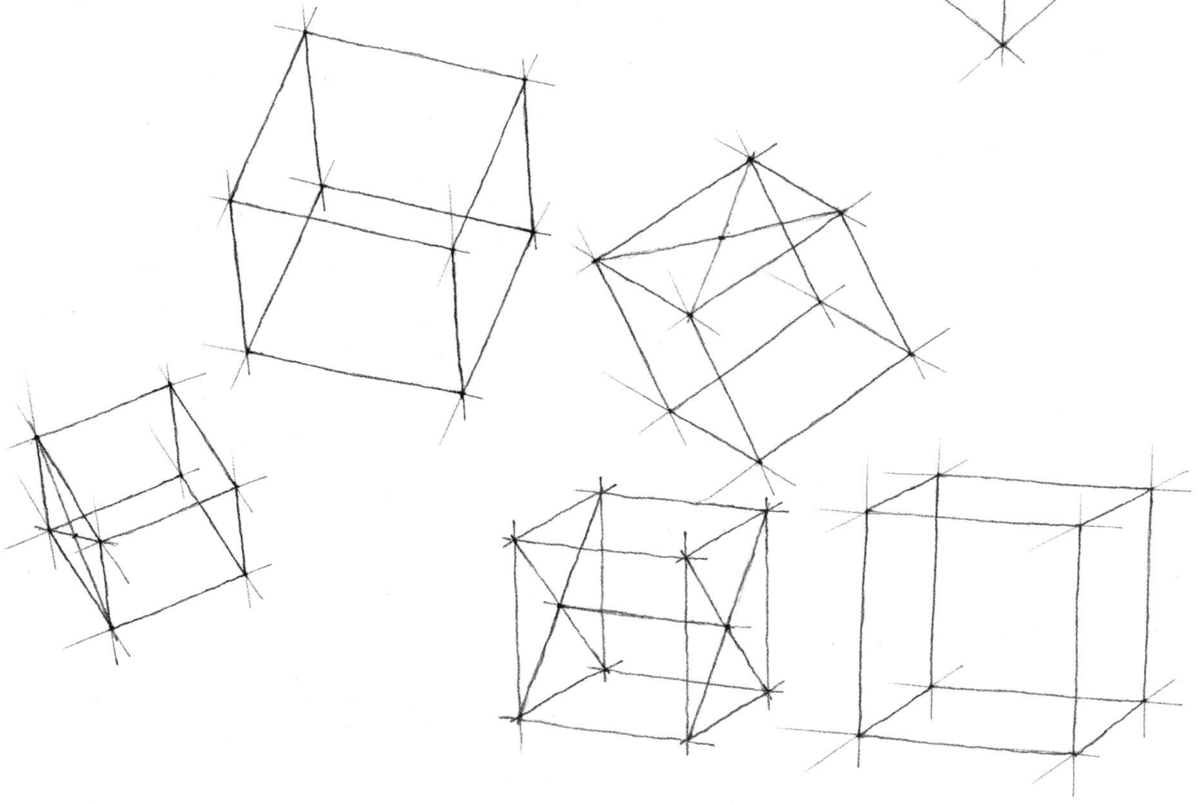

练习 3.6

在前两个练习获得的几何形体基础上，把这些形体改变为你熟悉的物件。

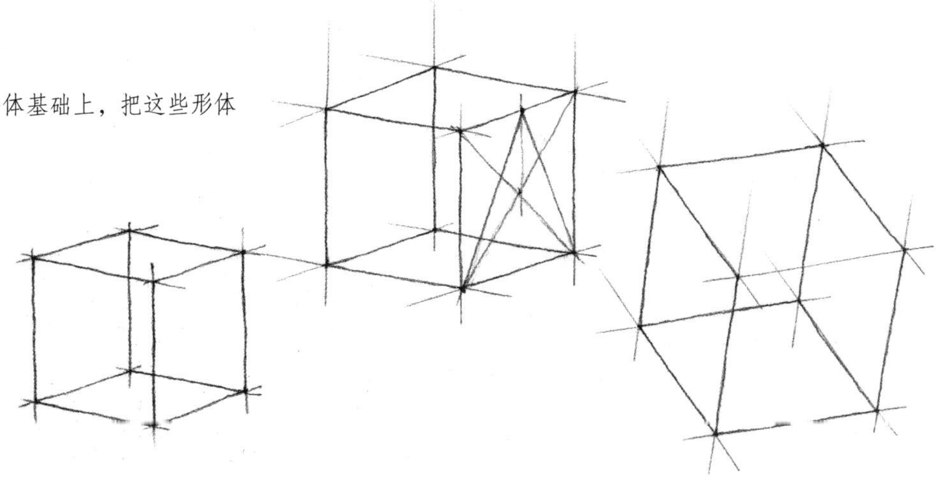

加法形体 | Additive Forms

我们可以在水平、竖直或者绘图的纵深方向延续正方体。一系列正方体或者其他衍生形体可以相互连接、伸长或沿着轴向或切向伸长，形成集中的、线性的、对称的或者成群的构造形式。

我们还可以把正方体的底面沿两个维度延续成网格，在它之上我们可以探索形状和尺寸的关系。网格由点、线和形状组成。点是一种细微的位置标记。线表示竖直或者水平方向，并且控制各元素的间隔。形状定义区域，并且和位置相比，更加强调空间。

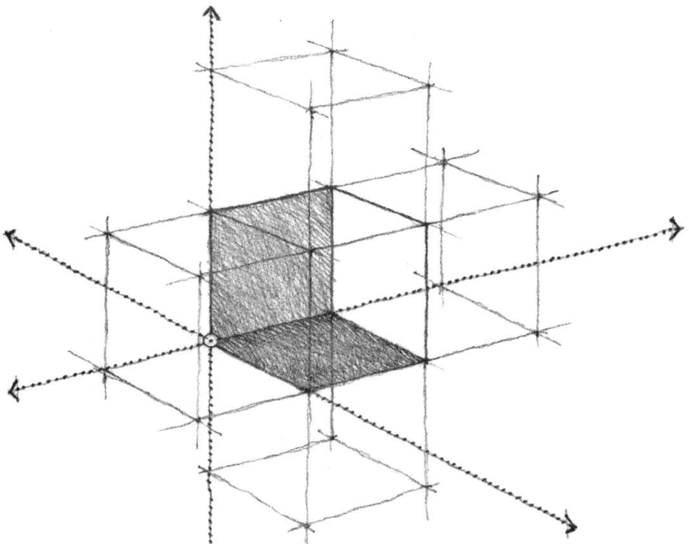

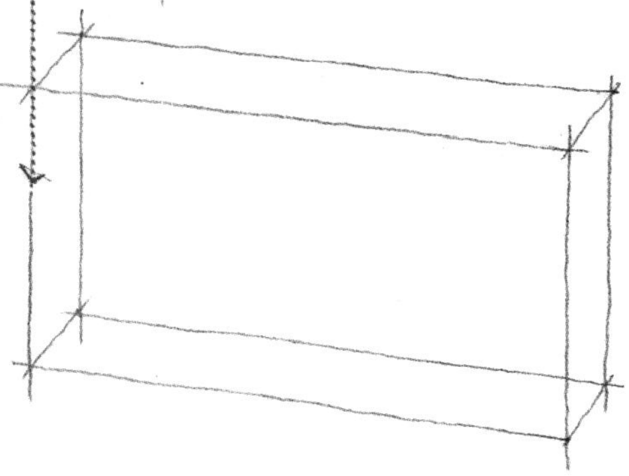

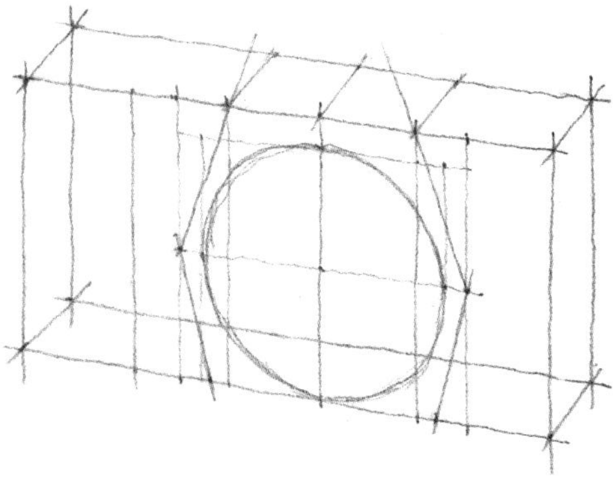

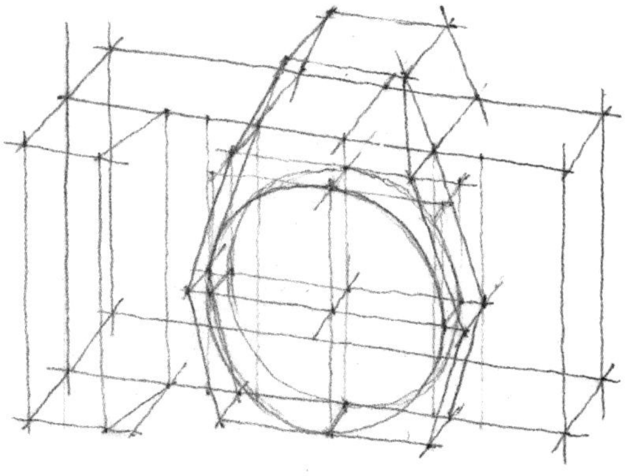

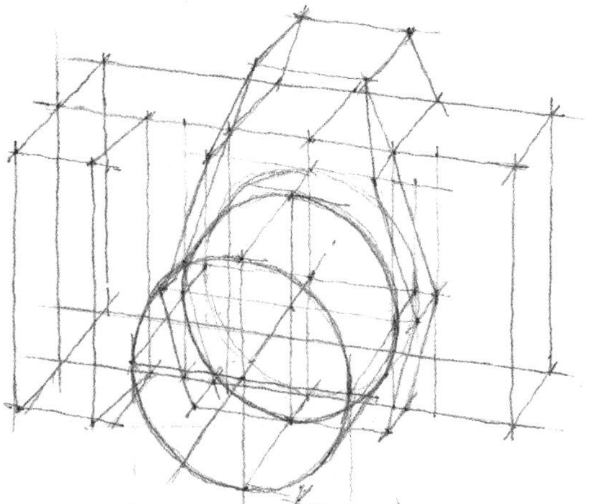

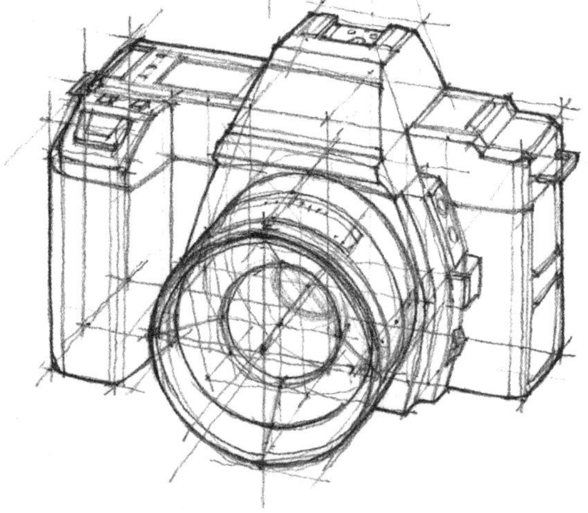

减法形体 | Subtractive Forms

从一个简单、规则的形体入手，我们可以有选择地去除或者切下其中的一部分，从而创造新的形体。在这个减法的过程中，我们利用物体和空间的虚实关系作为指导来绘制比例，并深化各部分。这个过程就好像雕塑家在一块石料上投射出心中的影像，然后系统地切除石料，直到心中的影像显露出来。

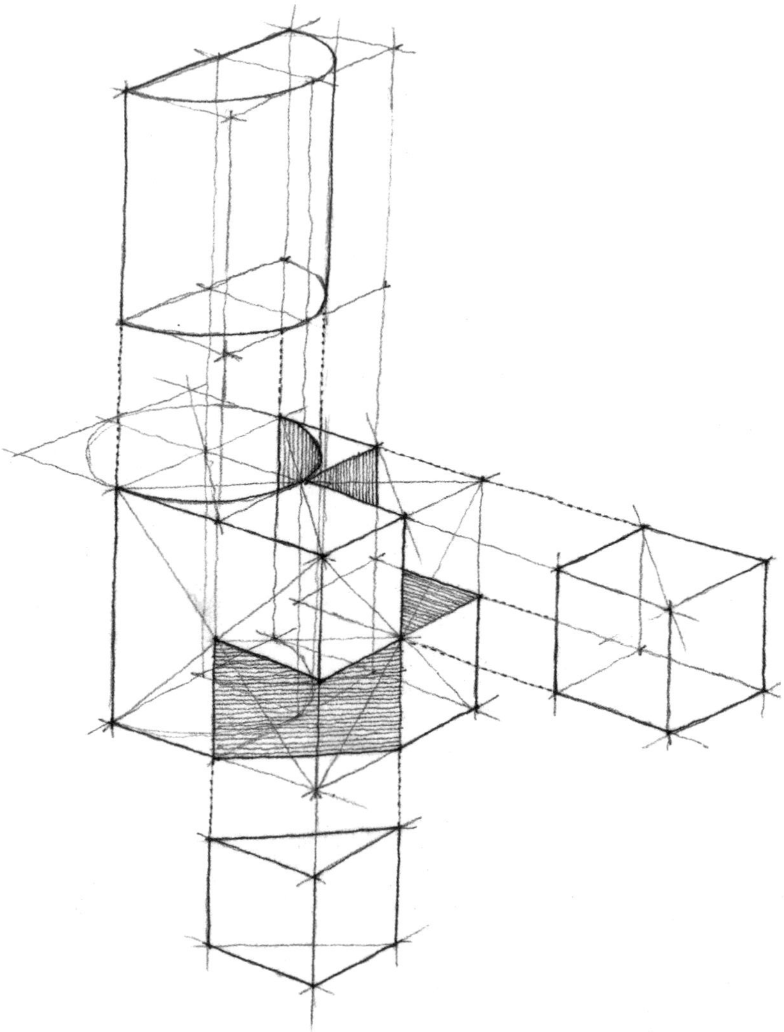

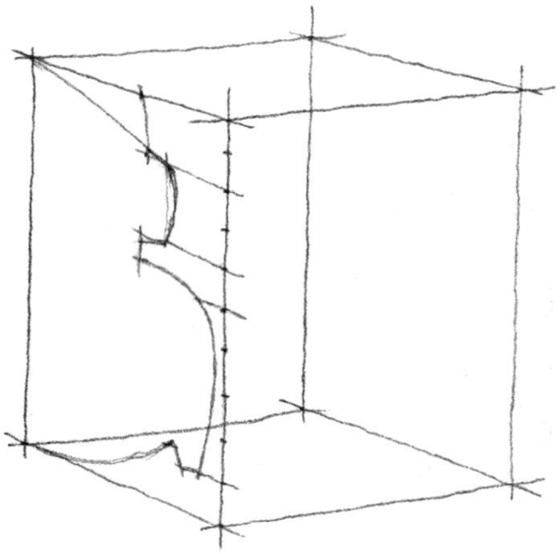

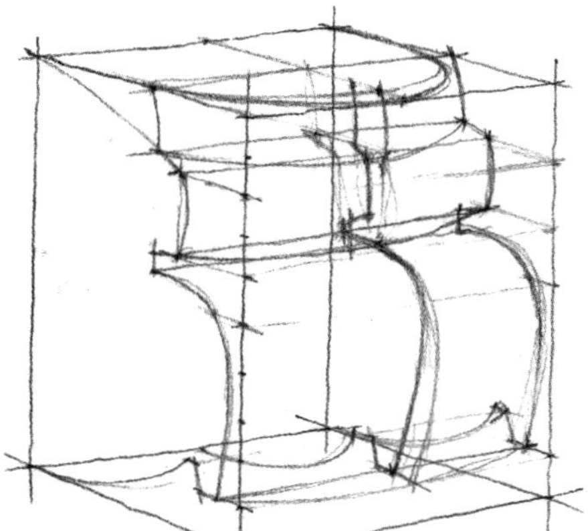

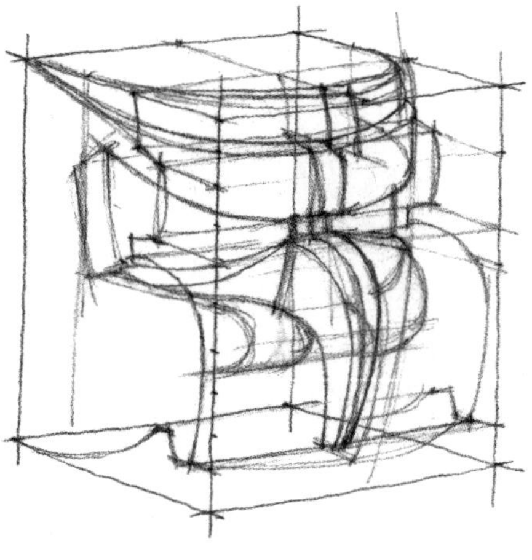

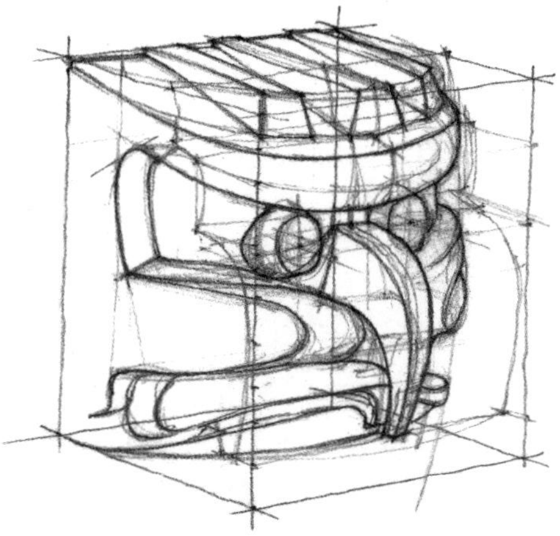

复杂形体 | Complex Forms

在绘制复杂的形体组合时，我们可以同时使用加法和减法的造型手段。最终形成的形体和空间构造通常是结构形式的产物——可能是客观存在的，也可能是视觉认知的，或者是概念上的。在搜寻结构形式的过程中，我们必须首先组建框架，然后才能填充并细化图像。

在绘制复杂形体时，记住下面这些要点：

- 谨慎关注交叠的形体，以及构造中的负空间。
- 用加重的线条区分交叠的形体。
- 细节服从整体。
- 用松散零落的线条表示曲面形体中的过渡表面。
- 用剖面轮廓来研究形状复杂的形体。这些假想的切片会强化绘图的三维效果，并展示物体的体积。

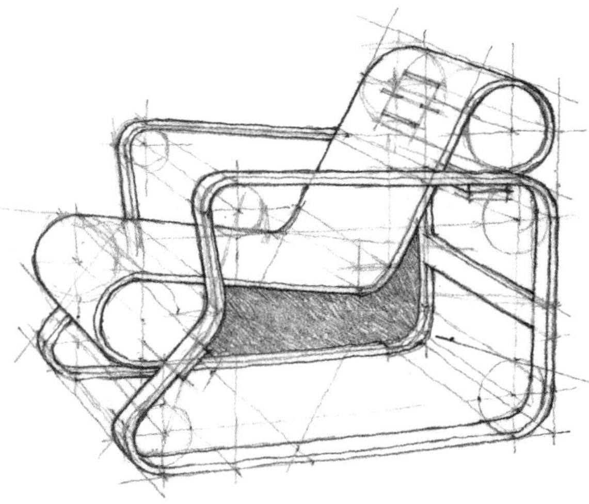

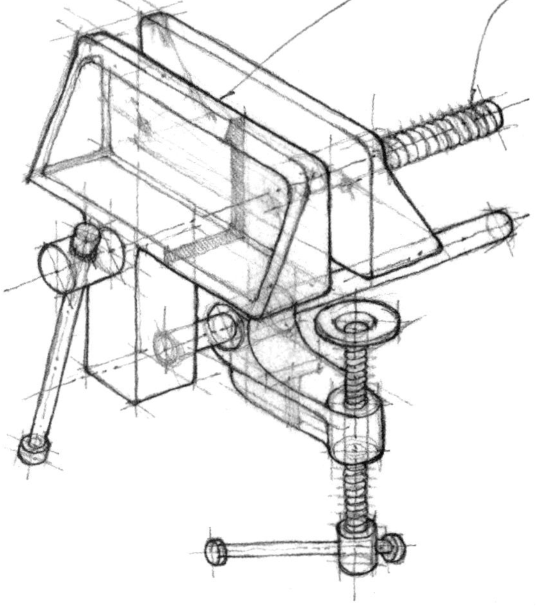

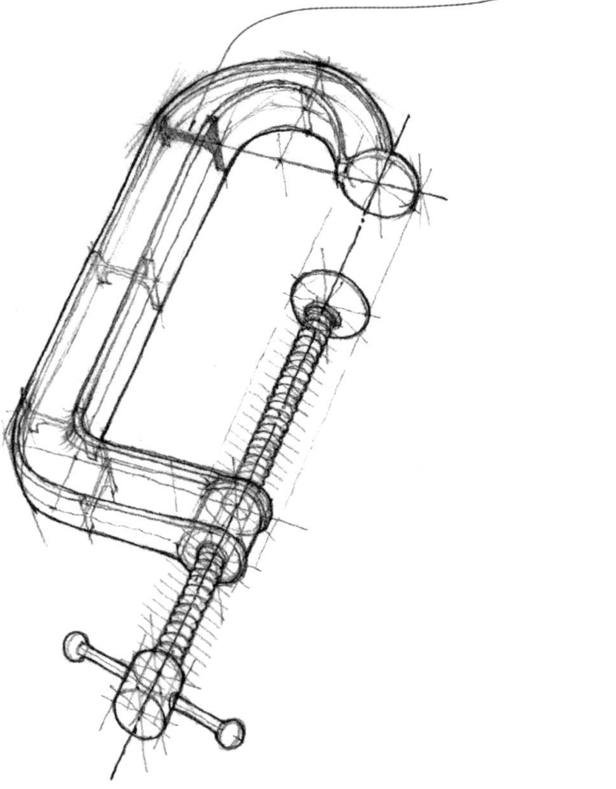

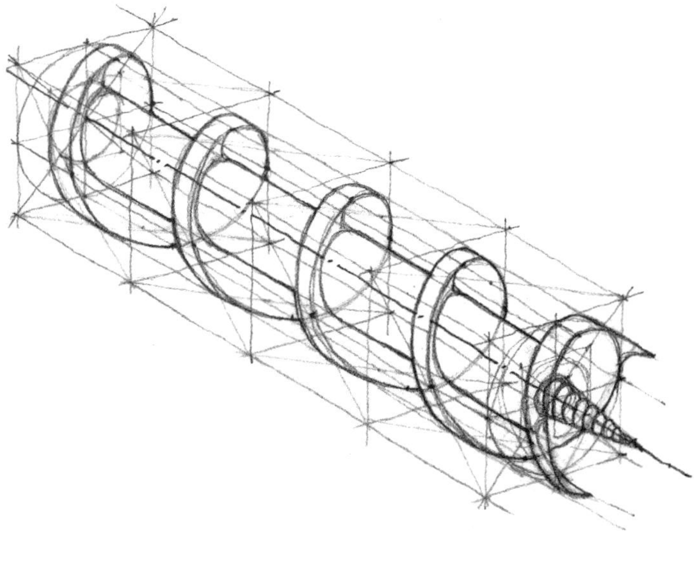

练习 3.7

沿水平、竖直和绘图的纵深方向延续每个正方体。把其中一个或两个改变为椅子。

练习 3.8

改变一个或两个立方体，切下其中的一部分，并拼到原立方体的其他位置上。

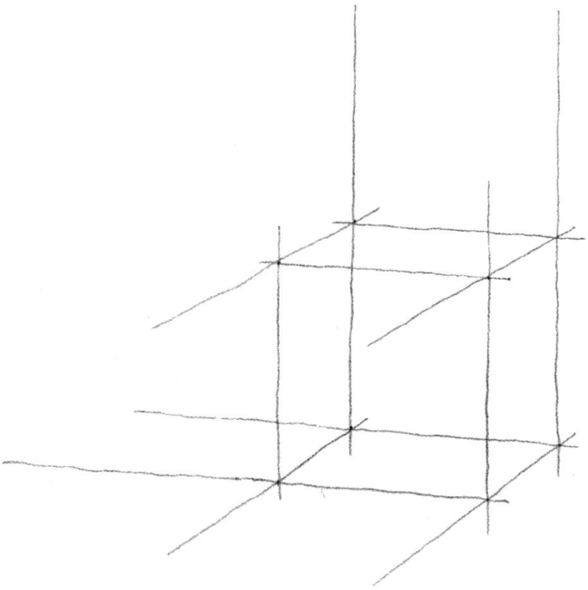

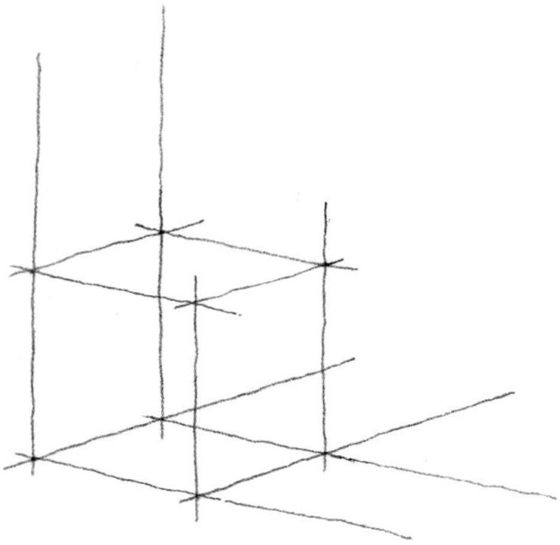

练习 3.9

选一件有着清晰几何构造的小工具或者厨具。仔细研究其中各组成部分之间的几何和比例关系。用解析绘图法从两个不同视角绘制这件工具。

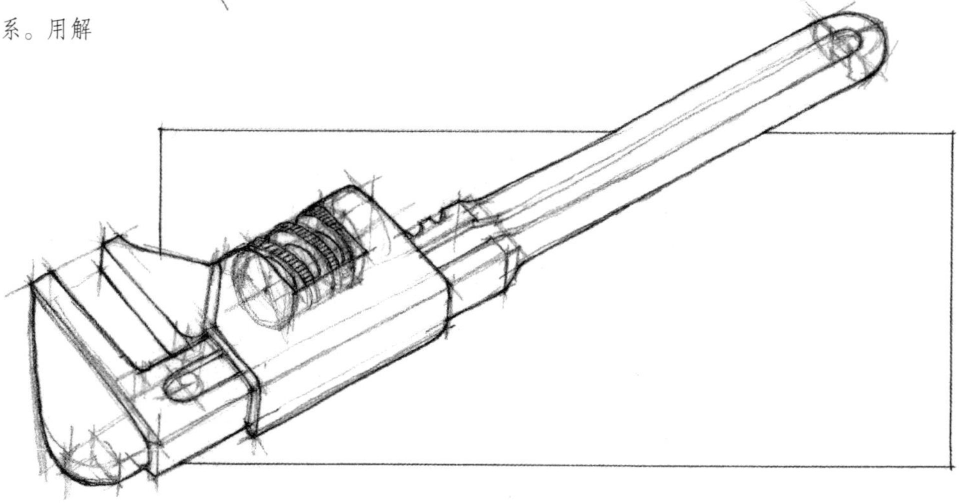

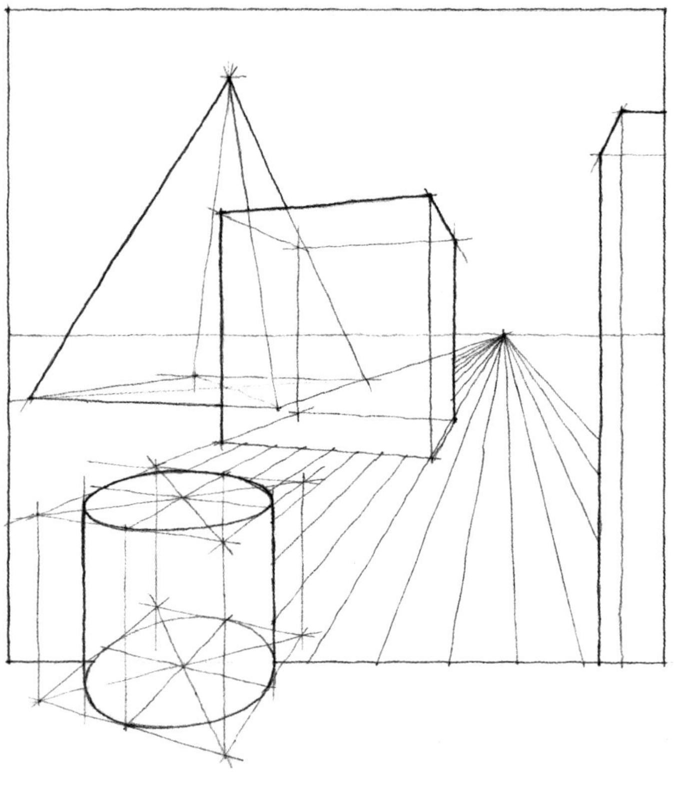

4

空间与纵深

Space and Depth

在我们生活的世界中，物体和空间都是三维的。实体占据空间、定义空间的边界，并且给空间以形体。反过来，空间包裹我们看到的物体，并让我们的视野有了色彩。绘图中的一个最基本难题是如何通过描绘线条、形状和色调，在扁平的二维表面上表达三维空间中存在的物体。

物体不仅在空间中占据一定的体积，它们还与空间中的其他物体以及周围环境产生关联。就好像形象和背景在二维表面上共同组成对立统一的整体，实体物质和空间体量共同构成我们身处的三维现实。在环境设计中，从几个不同的尺度上审视就可以发现这种实体物质和空间体量的共生关系。

- 在物体尺度上，虚实关系存在于实体物质的形体与它占据或内含空间的体积之间。

- 在房间尺度上，虚实关系发生在被墙面、天花板和地板所圈定的空间与这个空间中所包含的物体形体之间。
- 在建筑尺度上，我们感受的虚实关系来自墙体、天花板和地板的布局与它们所定义的空间形式和肌理之间。
- 在城市尺度上，虚实关系发生于建筑形体与它周围的空间环境之间，有些建筑延续当地现有的空间结构，有些成为其他建筑的背景，有些定义城市空间，也有些好像空中的物体一般独立存在。

图面空间指的是通过各种图形表达手段，在二维表面上描绘出的空间或纵深的假象。图面空间可能是扁平的、深邃的或者含糊的。但是无论如何，都是虚构的。即便如此，线条、形状、色调和笔触在绘图表面上通过特定方式排列，依然可以触发我们视觉系统中对于三维世界的认知。如果我们理解自己如何从视野中认识三维形体和空间，我们就可以利用这些信息使绘制出的物体影像看起来是平面的或是立体的。我们可以把图像投射到观众的近前，或者让它后退到绘图的深处。我们可以在二维的表面上构建和阐释物体间的三维关系。

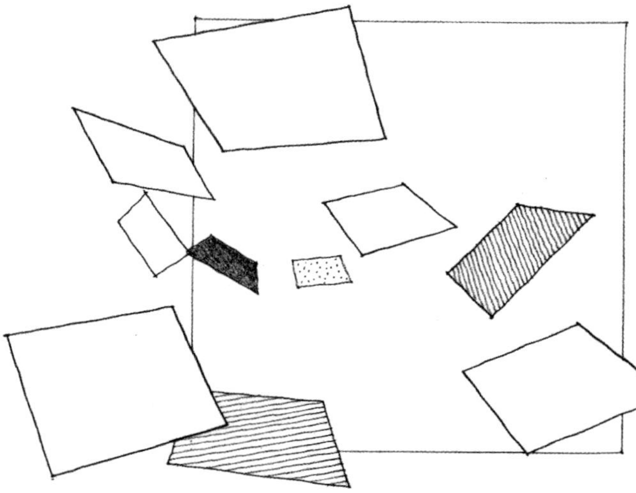

在《视觉世界的知觉》（*The Perception of the Visual World*）一书中，心理学家詹姆斯·杰罗姆·吉布森（James Jerome Gibson）定义了13种不同的透视变化。吉布森用“透视”（perspective）一词来描述不同的“感知层次”（sensory shifts）——一种视觉印象，和我们对连续表面上的纵深感知相伴。在这13种透视变化中，有9种对于在绘图中制造空间和纵深的假象特别有效：

- 轮廓的连续性
- 尺寸透视
- 在视野中的竖直位置
- 线性透视
- 大气透视
- 透视模糊
- 材质透视
- 材质肌理或线条间隔的递变
- 明暗关系的渐变

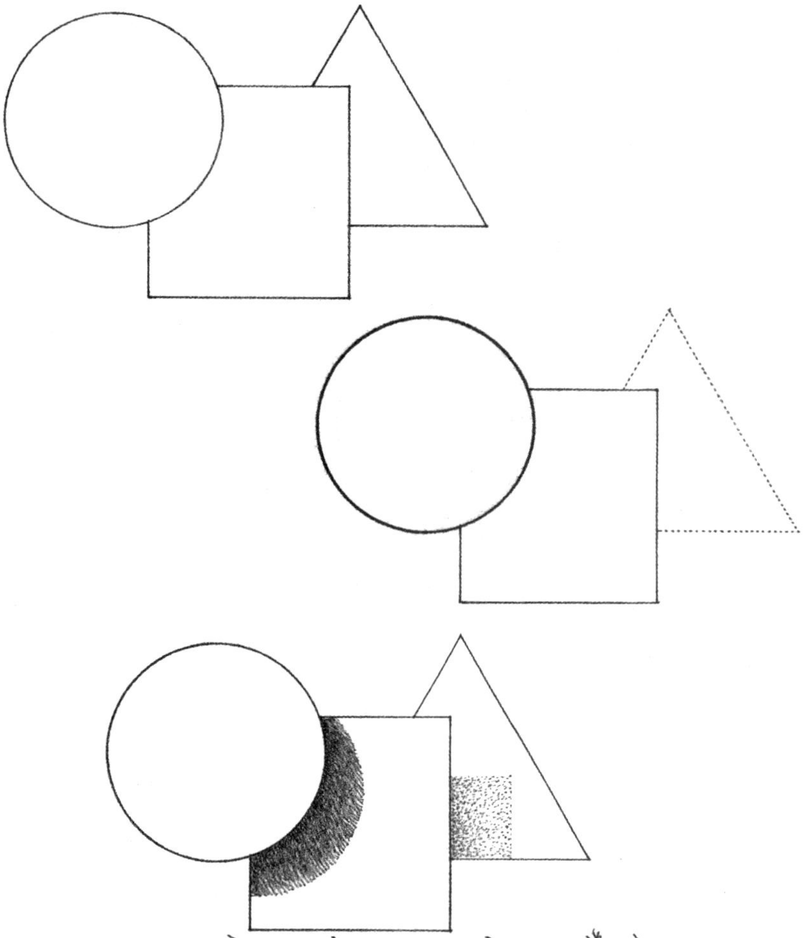

轮廓的连续性 | Continuity of Outline

物体轮廓的连续性帮助我们明确它和视野中其他物体的纵深关系。拥有连续轮廓线的形状在视觉上打断或遮挡在它后方物体的轮廓线。因此我们倾向于认为具有完整轮廓线的形状在前方，并且遮挡住在它后方形状的一部分。因为这个视觉现象的本质是近处的物体突出或者重叠在远处的物体之上，我们也经常把这种纵深线索简单地称为“重叠”（overlap）。

当独立存在时，“重叠”只会创造出较浅的空间间隔。然而，如果我们结合使用重叠和其他纵深线索，比如大气透视、材质肌理的递变或者视野中向上位移，就可以创造更显著的空间间隔感。

举个例子，我们可以在纯线条绘图中改变线条宽度，借此强化形状重叠的空间效果。更深和更粗的轮廓线会显得突出于更轻和更细的轮廓线的前方。

同样，在重叠边缘的两侧应用材质肌理的变化或者色调的剧烈对比，也可以强化两个重叠形状之间的空间感。

尺寸透视 | Size Perspective

尺寸透视指的是物体的表观尺寸在它远离我们的时候会缩小的现象。我们认知的尺寸差异建立在被称作“尺寸恒定性”（size constancy）或者“物体恒定性”（object constancy）的现象之上。这个现象让我们认为具有相同色彩和材质肌理的一类物体，也具有相同的尺寸。如果我们认为或者知道两件物体拥有相同的尺寸，但是它们看上去尺寸不同，那么较大的一个会显得比较小的那个更近。

在通过尺寸差异来估计绘图中的比例和纵深时，我们必须把视觉判断建立在熟知尺寸的物体之上，比如人物形象；或者建立在视野中尺寸相似的物体之上，比如同样一系列的窗户、桌子或者路灯杆。

考虑这个例子：当我们观察两个人的时候，会自然地假设他们有相近的高度和相似的比例。如果在同一张照片或绘图中，我们看到一个人明显大于另一个，我们会把它归结为较小的人距离更远。要不然，就一个是小孩，另一个是成人。

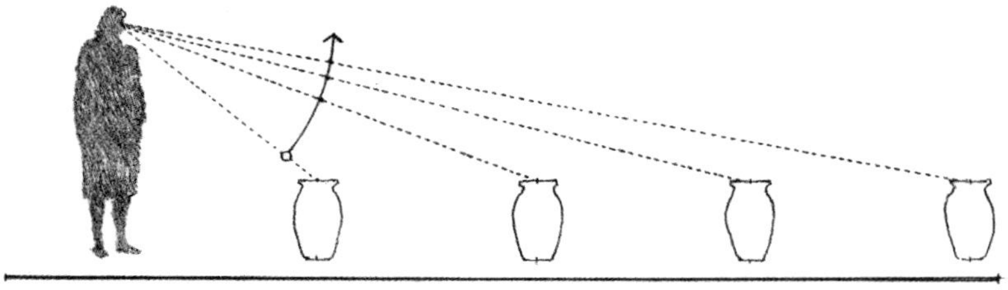

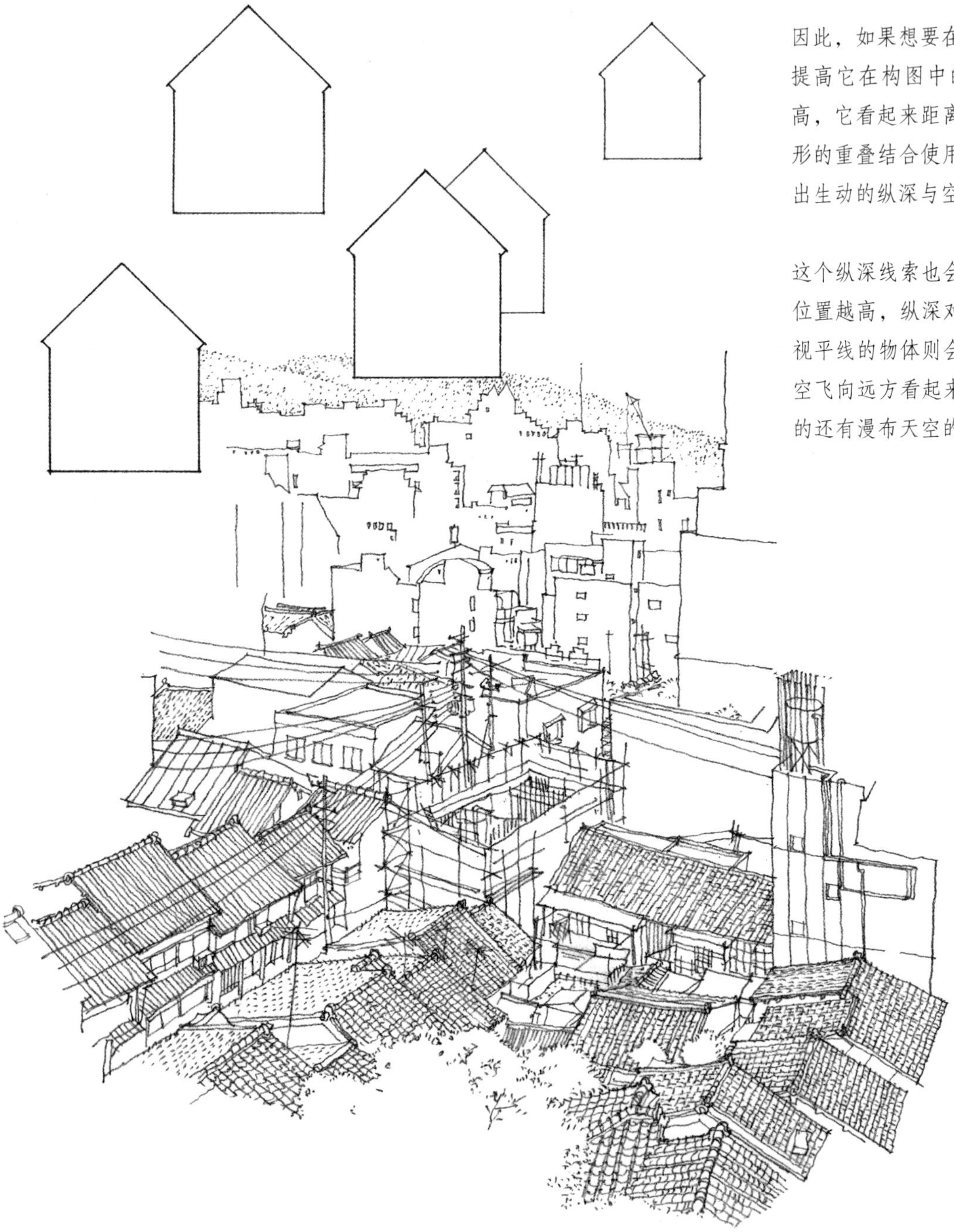

在视野中的竖直位置 | Vertical Location in the Visual Field

物体在视野中的竖直位置是它与观测者之间距离的一条线索。通常情况下人向下看到近处的物体，向上看更远处的物体。

想象自己站在水平的地面上。地平面不断后退至远方，看上去在向上移动，靠近地平线。我们向下看才能看到脚边的物体。视线跟随物体向远处移动，就必须在视野中逐渐抬高。

因此，如果想要在绘图中表现远处的事物，我们会提高它在构图中的位置。物体在图面中的位置越高，它看起来距离越远。这样，将尺寸的差异和图形的重叠结合使用，就形成了一系列的图像，表达出生动的纵深与空间感。

这个纵深线索也会自然地反映在线性透视中。视点位置越高，纵深对图面的影响就越明显。对于高于视平线的物体则会呈现相反的效果。一架飞机在高空飞向远方看起来会是向着地平线下落；同样情况的还有漫布天空的云朵。

练习 4.1

分析下面这幅照片中“重叠”的实例，指出哪些物体距离更近，哪些距离更远。用一张草图纸铺在照片上，绘出你发现的实例。

练习 4.2

重复上面的练习，这一次寻找尺寸透视的实例并指出哪些物体距离更近，哪些距离更远。

练习 4.3

重复练习4.1，这一次寻找竖直位置的实例并指出哪些物体距离更近，哪些距离更远。

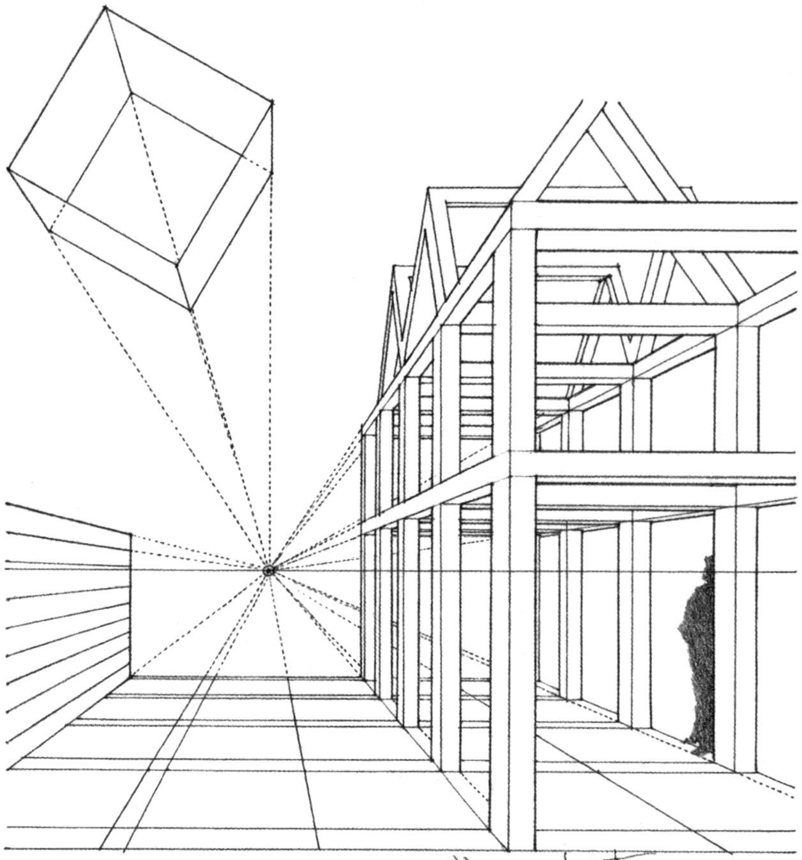

线性透视 | Linear Perspective

线性透视指一种由透视投影法衍生出的特殊的绘图系统。作为一种纵深线索，线性透视依赖于它主要的图面特征——平行线延伸到无穷远处时，在视觉上会聚于共同的灭点。

这种会聚的图面效果在几乎所有照片或透视图中都可以看到。有一个尽人皆知的景象，就是铁轨延伸向地平线时逐渐相互靠近。我们确实很容易发现墙面、窗户、扶手或者铺装图案中的线条相互平行又会聚于一点，这些都会在绘图中引发一种强烈的纵深感。

线性透视的法则包含了尺寸缩减和间隔消失的现象，它们同时也造成了材质和尺寸透视。实际上，线性透视中平行线会聚的现象经常被用于控制材质和尺寸透视的图面效果。

关于这种绘图系统和图面效果更详细的讨论，见第8章。

练习 4.4

分析下面这张照片中平行线会聚的实例。复印这张照片，并在上面铺一大张草图纸。按照线性透视的法则，绘出空间中相互平行，又会聚于一点的线条。延长它们直到交会于各自的灭点。记住图中有两组主要的平行线，其中一组会聚于左侧，另一组会聚于右侧。连结各灭点，应当在图中形成一条水平线，就是观察者的视平线。

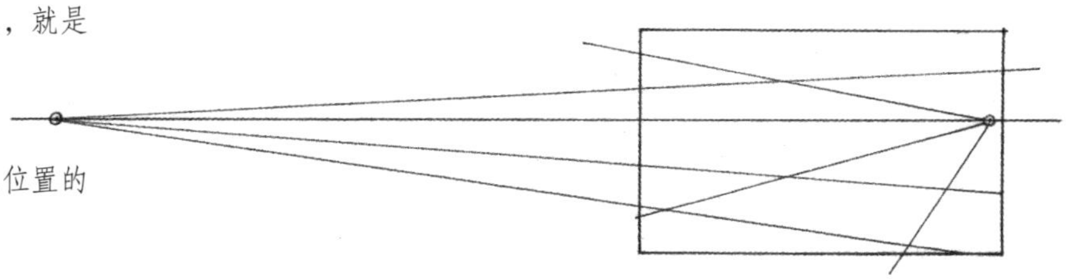

你能在照片中找到多少重叠、尺寸透视和竖直位置的纵深线索实例？

练习 4.5

找一个窗户，面对着展示出空间中平行线的场景。你能在其中观察到多少组会聚的平行线？

把一张醋酸纤维面料贴在玻璃上。聚焦场景中的一个点，保持头部稳定，并维持视线的高度。闭上一只眼，用能在醋酸面料上显色的笔绘制出你观察到的各组平行线，并延长它们，看它们是否交会于共同的灭点。

大气透视[责编注] | Atmospheric Perspective

大气透视指随着与观测者的距离增加，物体的色相、色调和对比度逐步归零的现象。在我们的视野中靠近前景的物体一般具有饱和的色彩和锐利的色调对比。当它们向远处移动，色彩会变得更浅、更暗淡，色调对比也更模糊。在背景中，我们基本上只能看到灰色调的形状和几乎消失的色相。

这些色彩和清晰度的表观变化归因于观察者和物体之间大气中的尘埃颗粒和污染物。这种迷雾般的效果遮蔽了远处形体的色彩和特征。因为大气透视表现的是物体和观测者之间距离与空气质量的共同影响，它还被称作“空气透视”（aerial perspective）。这个词语中的“空气”（aerial）不应当与线性透视中提到的“空中视点”（aerial point of view）混淆。

表现大气透视的图形技法包含适度的色彩和色相变化。

物体后移：
- 降低色彩饱和度
- 提亮色调
- 柔化对比度

物体前移：
- 提高色彩饱和度
- 加深色调
- 锐化对比度

[责编注] 大气透视或者空气透视，是表现画面深度的重要手段。产生空气透视的主要原因是由于空气中存在烟雾、尘埃、水气等介质，这些介质对光线有扩散作用，其中蓝色光（其光波较短）更容易被扩散。因此，本来无色透明的大气就被染成了淡蓝色，这就是产生空气透视现象的原因。距离越远，介质越厚，扩散光线作用越显著，空气透视现象越显著。

透视模糊 | Perspective of Blur

透视模糊指的是在我们聚焦的景深平面以外的任何物体，其形体和轮廓会模糊不清。这种纵深线索反映的是现实中我们通常把“视野清晰”与“近处”挂钩，把“轮廓模糊”与“远处”联系在一起。

当我们聚焦于视野中的一件物体时，它周围存在一个距离区间，我们可以看清其中边缘锐利的图像。在这个景深范围内，我们看到清晰的边缘、轮廓和物体的细部。在这个区间之外，物体的形状和形体就显得不那么清晰和分明。这种视觉现象与大气透视的图面效果关系紧密，并经常同时使用。

在绘图中识别透视模糊，关键在于前景元素中锐利的边缘、轮廓和背景中模糊不清的形状之间的对比。透视模糊在图像中的表现是远处的物体上渐隐或者模糊的边缘和轮廓。在绘图中，我们可以用细线或者虚线、点划线来描绘这些聚焦范围之外的形状边缘或者形体轮廓。

材质透视 | Texture Perspective

材质透视指的是表面材质在纵深方向延伸时逐步提高肌理的密度。我们从渐远的表面上感受到的材质渐变体现在尺寸的不断缩减和其中组成元素的间隔逐步消失。

考虑这个例子：当我们观察近前的一面砖墙时，可以分辨出每一块砖和灰缝的厚度。随着砖墙的表面在透视图中延伸向远方，砖块尺寸逐渐缩小，灰缝看上去也变成了单纯的线条。如果砖墙继续延伸向更远处，砖砌的表面就变得更密，并融合成一种色调。

描绘材质透视这种视觉现象的图形技法，需要调整构成表面材质或图案的图形元素——线条或是色调形状——让它们的尺寸、比例和间隔逐渐减小。从前景中区分每一个构成单元，到中景中描绘一种材质图案，最后在背景中渲染一种色调。尽量做到平滑渐变，并且注意不要让最终形成的色调与大气透视的原则相冲突。

练习 4.6

绘制下面照片中的场景。用大气透视作为线索来表现从前景的廊道走向中间的大门，再到门外空间的纵深感。

练习 4.7

重新绘制照片中的场景。这一次聚焦中景，利用透视模糊来引发场景的纵深感。

练习 4.8

分析照片中材质透视的实例。此外，你能在照片中找到尺寸透视和重叠关系的实例吗？第三次绘制这个场景，在图中用这些纵深线索来表现空间和纵深的错觉。

材质肌理或线条间隔的递变 | Shift of Texture or Linear Spacing

材质肌理或者线条间隔的明显变化表达了前景和背景之间的空间距离。变化程度取决于两者间实际存在的距离——离我们近的物体或者表面，以及远离我们的另一个。

考虑这个实例：当一棵树离我们很近时，我们看到树上的每一片叶子，但是当距离远时，就把树冠上的枝叶看作叶片叠加而成的肌理。更远处的树木则被简化成色调团块。叶片尺寸、肌理和间隔的突变标示出显著的纵深差距。

任何材质肌理的变化都和材质透视相关。如果我们把一个向纵深展开的平面从后向前折叠，那么本来逐渐提高的肌理密度就变成一种材质肌理的突变。前景的图案会重叠在较小的背景图案之上，与之形成对比。

同样，任何线条间隔的变化和尺寸透视也都相关。等距离排列的物体边缘在退向远方时，其间隔逐渐缩小。间隔距离的突变会带来前景元素与背景元素之间存在距离的跳跃感。

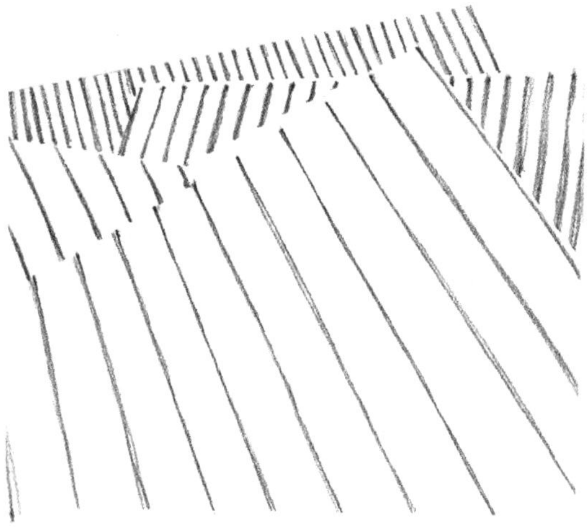

明暗关系的渐变 | Transition between Light and Shade

亮度的突变会引发悬空边缘（spatial edge）[译注]或者轮廓从背景面上突出，形成空间间隔的感觉。这种纵深线索意味着绘图中存在重叠的形状，以及色调的对比。

任何色调对比的交界线都可能成为纵深线索，强化重叠感和大气透视的图面效果。重叠形状之间的空间间隔越大，明暗色调之间的对比就越锐利。色调的突变表示转角或者悬空边缘的轮廓，亮度的渐变则带来曲面和圆角的感觉。

在塑造三维形体时，我们依靠明显的色调区间来描绘和区分亮面、暗面和阴影。如此形成的亮度变化可以在多视角绘图、平行投影绘图和透视图中强化纵深感。更多关于这些绘图系统对于建筑图学中暗面和阴影的表现，参见第6、7、8章中相应的段落。

[译注] 本章讨论图面中各元素的关系时，将空间中的三维形体压缩成二维平面中的线条与色块进行理解。图面上的边缘（edge）区分两个相邻的形体或色块，当边缘的两侧在纵深方向相连续时，该边缘表现空间中的棱或平面上的线；当边缘两侧在纵深方向有落差时，该边缘被称作“悬空边缘”。

练习 4.9

观察下面照片中哪里出现了材质肌理的递变。绘制这个场景，利用这个线索来表达墙面与观察者逐步远离的纵深感。

练习 4.10

重新绘制照片中的场景。这一次忽略形体的色彩和材质肌理，仅仅记录你看到的暗面和阴影的形状和色调。为了表达重叠形体的悬空边缘，可以强化亮度或色调变化处的对比交界线。

每一幅绘图都需要时间来逐步完善。知道从哪里开始、如何展开以及何时终止，在绘图过程中都是至关重要的。无论我们通过观察还是想象绘图，都应当研究一种策略来科学安排绘图的次序。

用系统性的手段构建绘图是一个很重要的概念。我们应当循序渐进，从零开始构建绘图。在绘图过程中的每一次迭代或每一个周期中，都应当首先解决主要部分之间的关系，然后解决每一部分内部的关系，最后重新调整主要部位之间的关系。

如果用太多的精力和时间去完成绘图的某一部分，再依次完成后面的部分，就很容易造成每个部分与构图其他区域之间关系的失调。绘图整体层面上的完成度，或者欠缺度保持一致，对于维持图面统一、平衡以及重点突出都很重要。

下面这些流程指出了一种观察和绘图的方法。绘图的构建过程包含以下阶段：

- 建立构图与结构
- 分层叠加色调和肌理
- 添加有意义的细节

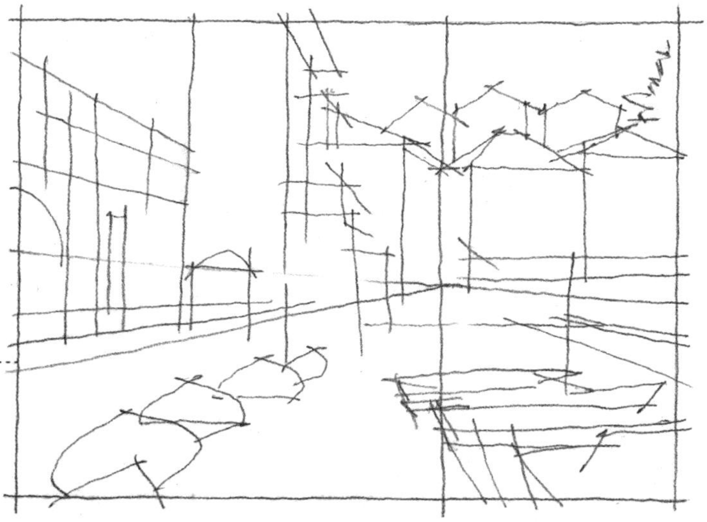

从视野中，我们通常会拣选自己感兴趣的事物。既然我们的认知是片面的，我们就应当在绘图时同样有选择性。我们框景及构图的方式、通过绘图技法强调的内容，可以告诉他人什么内容吸引了我们的注意力，以及我们关注哪种视觉特征。通过这种方式，绘图能够以经济有效的方式自然地表达我们的感受。

从场景中取景需要我们把自己置于空间中的一个特定点，并决定如何在视野中框景。为了表达出观察者在场景中的感觉，而非置身事外，我们必须建立三重图面区域：前景、中景和背景。三者不能同等重要：其中之一应当作为主导，以强化图面空间。

在描绘物体或场景的某个特定侧面时，就需要一个更近的视点，这样绘图的尺寸可以适应我们对色调、肌理和光线的渲染。

练习 4.11

在下面的照片中探索不同的取景方式。取景框的形状和方向以及框内元素的位置会相互作用并影响图面空间和构图。比较竖向或者叫肖像版式（portrait format）和横向或者叫景观版式（landscape format）之间不同的空间效果。如果换成正方形的版式，又会对效果造成什么影响？

练习 4.12

探索不同的方式来裁剪下面这幅照片。比较一个广泛的，或者远景视角，以及一个近景视角——聚焦于场景中某个特定的侧面或者特征。

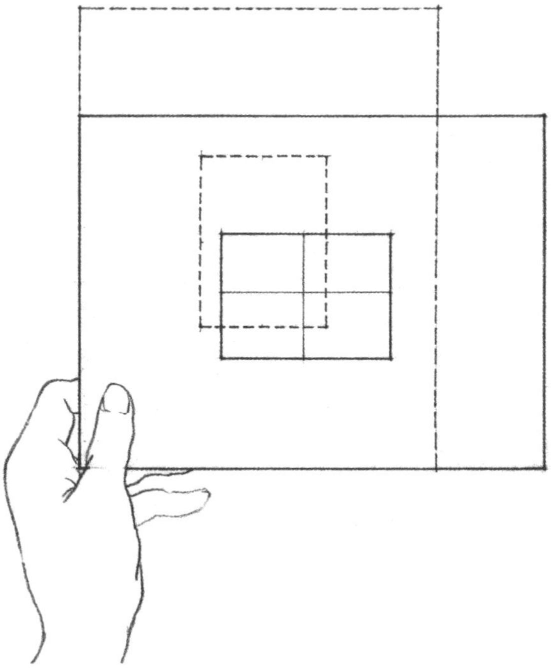

如果没有一个有凝聚力的结构来支撑和黏合，绘图的各部分就会分崩离析。在完成取景后，我们利用解析绘图法来确定结构框架，从规线开始检查并确定主体元素的位置、形状和比例。在我们绘制这些最初的线条时，就形成了一个带有试探性的结构骨架，约束并指引后续的观测。我们在这个框架中继续绘制新的认知成果，并根据新的认知反馈调整框架。让这个结构保持可见，它可以理清图面关系，并为后续的工作预备底图。

我们在较小的物体中很少看出尺寸的透视缩减。眼睛认为竖直的线条都是相互平行并且与地面垂直的，这与视觉现实不符。然而，在绘制小尺寸的物体时，我们还是会把竖向的边缘认定为竖直的。

在绘制环境——户外空间或者房间室内时，我们在空间中某个固定的位置看眼前的场景。因此，绘图结构必须满足线性透视法则。在这里我们主要关注的是线性透视的图面效果——透视缩减以及平行线的会聚。我们的思维在诠释看到的事物时，会根据我们对事物的理解，形成一种客观现实。而在绘制透视图时，我们试图描绘的是视觉现实的表观形式。这两者通常相互矛盾，而思维往往胜出一筹。

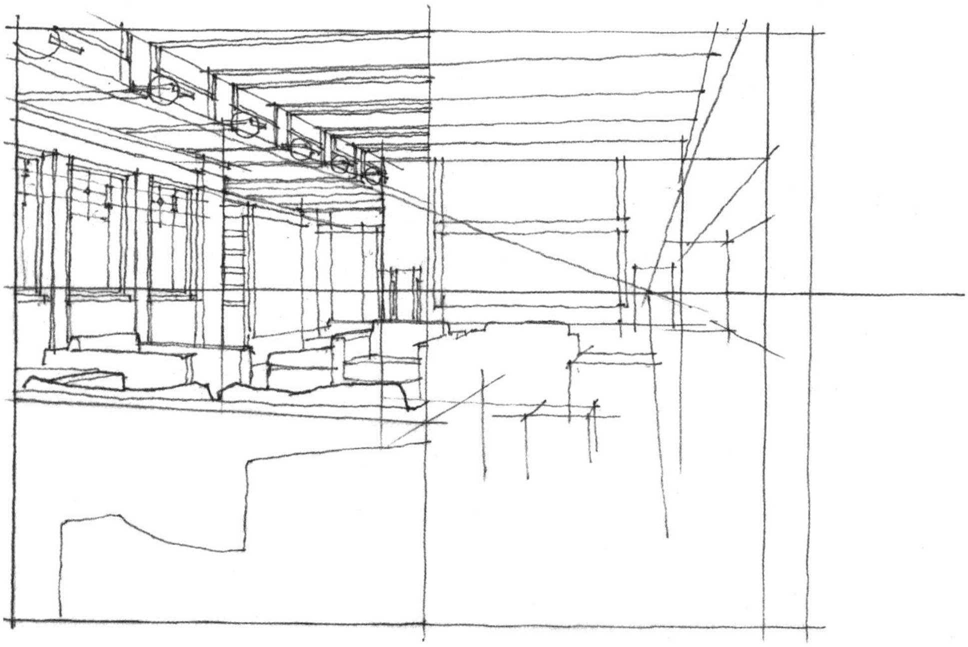

首先绘制在你面前的竖直平面上看到的形状。这个平面可以是房间的墙壁、建筑立面，或者由两个竖直构件——比如两座建筑的拐角——确定的假想平面。利用第2章描述的目测技法来确保平面的形状具有恰当的比例。

接下来，确定你的视平线和这个平面的相对位置。聚焦于一个特定的点，穿过它绘制一条水平线，或者叫视平线或地平线。记住，当物体逐渐远离你所在的位置时，高于视平线的水平元素向下倾斜，趋向地平线；低于视平线的元素则向上倾斜。在前景、中景和背景中绘制人形，以建立竖向的尺度。

用目测技法测量穿过刚才建立的竖直平面，并向远方延伸的水平边缘斜率。延伸这些线来确定它们的灭点。如果它们的灭点超出了绘图页面的范围，就绘出这个纵深方向立面的前后两个竖直边缘，然后判断近处的边缘在视平线以上和以下部分的比例关系，并在远处的边缘上划分相同的比例。利用刚才确定的点来确定透视图中的斜线。这些向纵深方向延伸的线条连同视平线一起，作为视觉标尺，引导其他会聚于同一点的线条。

为了保证纵深方向的平面具有正确的透视缩减，你必须能够把它们从现在的状态压平成二维形状，并且正确地判断它们的宽度与纵深之间的比例关系。

记住在绘制这些规线的时候使用连续的线条，为绘图建立起一个空间框架。当你绘制时，比较并确保透视布局中的每一部分都和其他部分具有适宜的关系。回忆下面这些纵深线索，会有助于控制你在透视图中看到的形状：

- 重叠
- 尺寸透视
- 视野中的竖向位置

关于这种绘图系统以及平行线会聚、透视缩减的图面效果的进一步讨论，见第8章。

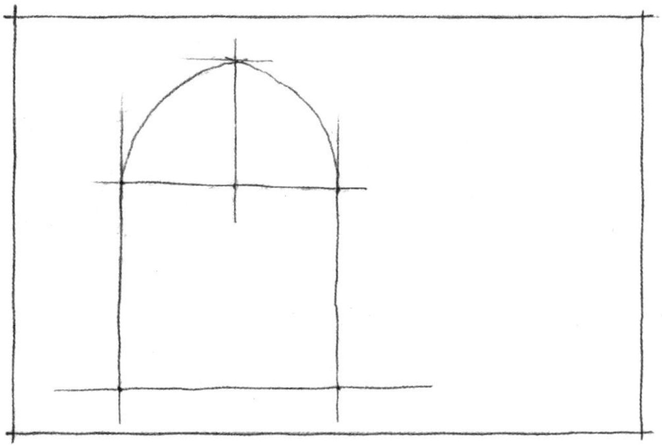

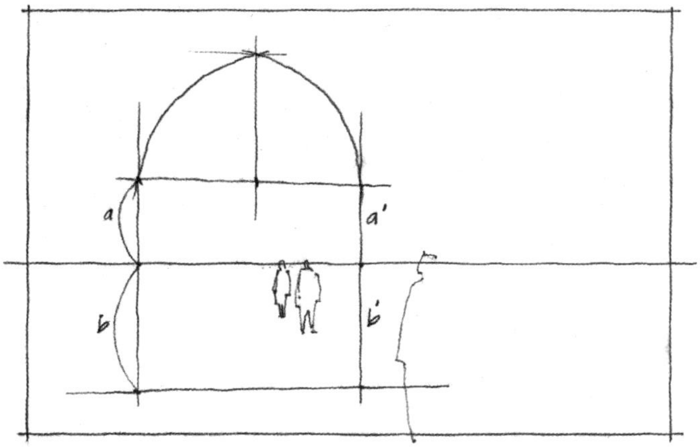

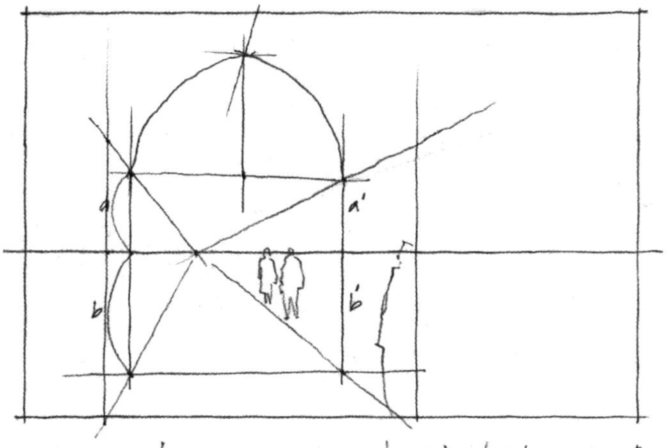

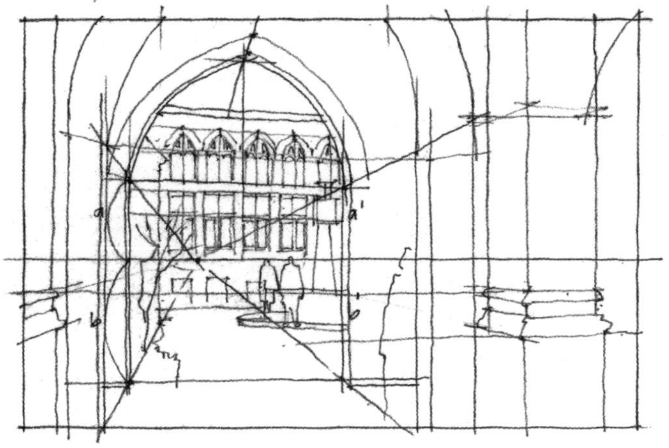

练习 4.13

用解析绘图法构建下面照片中场景的底层结构。不要添加色调或者细节。从一系列“5分钟素描草图”开始，暂时不要做出更复杂的绘图。

练习 4.14

找一处户外或者室内空间，展示出清晰的几何结构和平行线会聚的线性透视特征。用解析绘图法构建场景的底层结构。不要添加色调或者细节。从一系列“5分钟素描草图”开始，暂时不要做出更复杂的绘图。

“尺度”指的是表观尺寸——物体看上去相对于其他物体，多大或者多小。因此，在测量尺度时，我们必须找到已知尺寸的物体作为参考。

视觉尺度 | Visual Scale

视觉尺度指某件物体和周围其他物体相比较时，看上去有多大。因此，一件物体的尺度通常是我们做出的判断，依据的是附近或者周边元素的已知尺寸。比如，一个桌子在房间中，可能尺度合适，也可能不合适，这取决于空间的相对尺寸和比例。在绘图中，我们可以通过控制一个元素和其他元素的相对尺度来强调或削弱它的重要性。

根据绘制事物的不同尺度，我们对于它是重要还是琐碎的评判会影响我们测量的内容，以及所需的精度。物体与整体的比例关系，同它的尺度一样，都和周围其他物体相关。但是，所需的精度实际上取决于我们是否关注其中的差异。这些差异是否足够重要，我们能看到它们吗？

我们谈论的是相对尺寸，而非绝对的米、英尺或者英寸[责编注]。因此，如果某件物体有$3\frac{29}{32}$英寸厚，这个尺寸可能不足以决定我们认为它是薄还是厚。我们是否认为它薄，实际上取决于我们拿什么标准来衡量它。换句话说，如果说它薄，那么一定有另一件物体很厚。如果说某件物体短，那么我们一定在拿它和一件长的物体比较。

这面墙有多大？

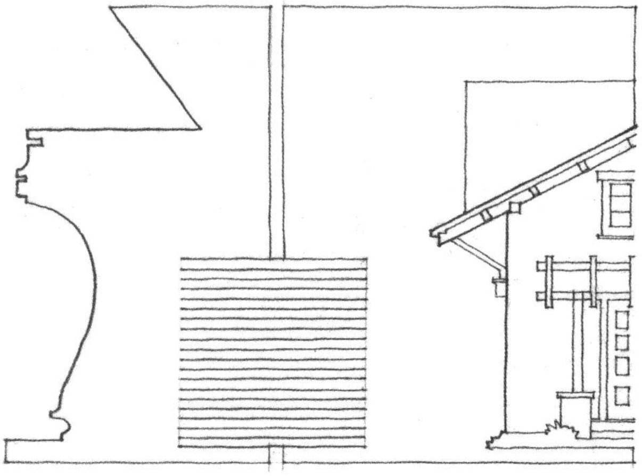

这个正方形有多大？

[责编注] 1英尺≈30.48厘米。

人的尺度指的是物体给我们感觉的大小。如果室内空间或者其中某些设计元素的尺寸让我们感觉太小，我们可以说它们欠缺人的尺度。另一方面，如果空间并没有让我们显得矮小，或者其中的元素让我们感到舒适——尺寸与我们对臂展、净高和移动的需求相匹配，那么我们可以说它们具有人的尺度。

在我们看到和绘出的事物中，我们通常用人形来明确其他事物的大小。这种对照建立在我们对自己身体尺寸的熟识之上。对照之下，我们可能感觉自己很大或者很小，又或者让我们感觉对照物显得很大或者很小。其他常用的尺度对照元素是我们经常使用的，并且符合人体尺度的物件，比如椅子和桌子。

人形带来尺寸和尺度的感觉，家具陈列则定义了一个区域的用途。因此，在记录一个场景或是研究设计理念时，必须按合理尺度绘制，将人和他们使用的家具陈设能包括在内。更多关于绘制人形的内容见第11章。

在线性透视中，如果人们站立或行走的水平面和你站立的面相同，他们的头部都会在接近你视平线的高度。

练习 4.15

绘制一系列正方体。通过在旁边绘制不同大小的人形，改变正方体的相对尺度。然后把每一个立方体转化成和它旁边人形尺度适宜的物体：比如椅子、房间，或者建筑。

练习 4.16

走访两处有人使用的公共空间，其中一处尺度相对较小，另一处有着更大、更宏伟的尺度。绘制每个空间中的人物，注意它们的相对高度以及在空间中的位置。用人形作为测量工具，构建空间的结构和尺度。在尺寸和比例关系之外，还有哪些特点会影响每处空间让你感受到的尺度？

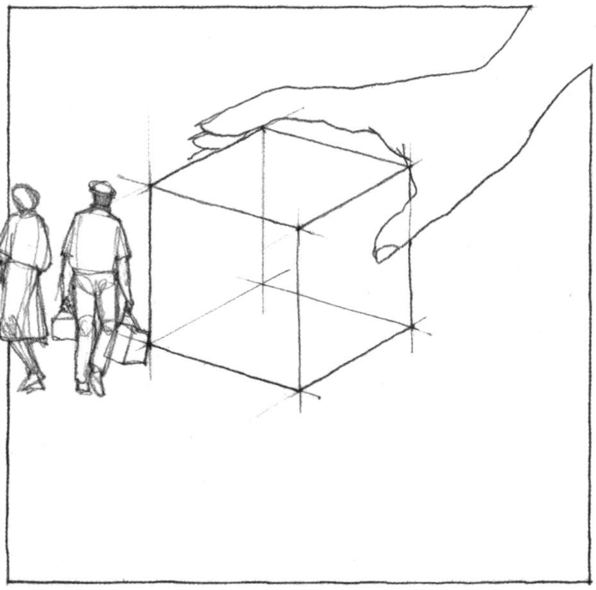

在组织和构建绘图的结构时，我们创造出线的框架。在这个框架上，我们施以色调，表现场景的明暗区域、确定空间中的平面、塑造形体、描绘表面色彩和肌理，并表现空间纵深。

我们应当从浅到深地完成分区填色，并一层层地按形状叠加色调。如果一个区域太亮，我们总是可以加深它。而一旦一个区域被加深太重，变得很“脏”，就很难被纠正过来。绘图的生动和新鲜感是脆弱的，很容易损坏。

在渲染色调时，时刻牢记这些纵深的线索：

- 大气透视
- 材质透视
- 透视模糊

练习 4.17

遵照练习4.13和4.14指出的流程为下面照片中的场景构建底层结构。在这个框架之上施以色调来表现空间中的平面、塑造形体并表现空间纵深。谨慎关注形状、图案和色调的区间；先在大范围施以相近的色调，再在每个区域内叠加更深的色调。用大约5分钟来建立结构，再用5分钟来渲染色调。

练习 4.18

找一处适宜的户外或者室内的公共空间。用取景器组织构图并重复上面一个练习。做一系列10分钟的“结构-色调”素描草图练习，暂时不要做出更复杂的绘图。

绘图构建过程的最后一个步骤是添加细节，帮助我们识别物体或场景中的各种元素。通过这些细节，我们感受并表明对象的固有特征或者场所的独特性。绘图中的细小部位和细节在被纳入整体时，应当能够进一步诠释整体。

细节只有被纳入合理的结构中才有意义。结构提供了一个框架，明确特定的区域或者特征，有待更丰富的细节和更精致的表现。另一方面，绘图中需要缺少细节甚至没有细节的区域，从而形成对比。在对比之下，具有细节的区域才会自然地获得更多关注。

记住要有取舍。我们没有必要去追求表现同照片一样逼真的现实。我们不可能在绘图中包含一切细节。在试图表现形体与空间的一些特征时，我们有必要做出一些加工。并且，这通常意味着容许一定程度的残缺。绘图中的一些残缺可以吸引观众参与进来，把它补充完整。即使是我们对视觉现实的感知也通常是不完整的——它会因为我们观看时带来的成见，或者暂时的需要或担忧，而被加工修改。

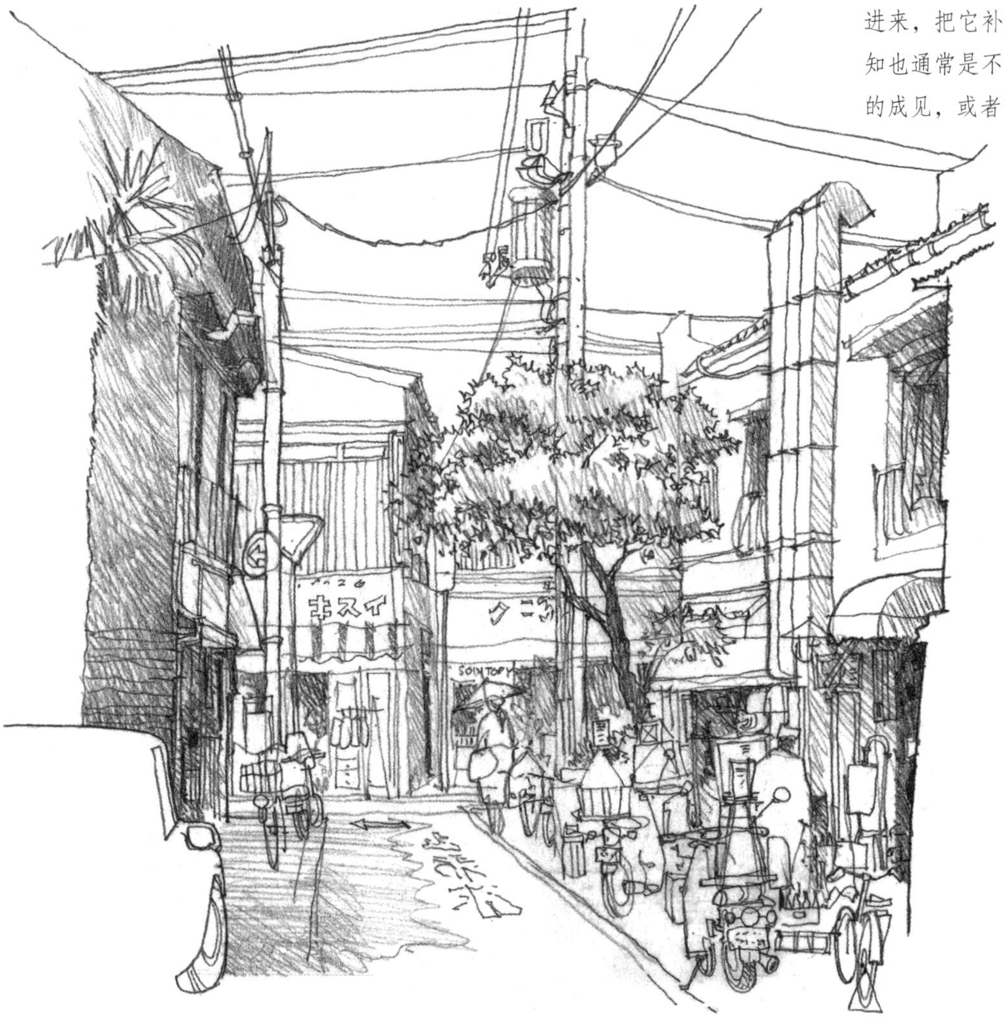

练习 4.19

遵照练习4.13和4.17指出的流程，为下面照片中的场景构建底层结构和色调图案。这一次，在其中添加有助于识别和明确前景物体的细节。加深必要的色调以强调悬空边缘和表现空间纵深。用大约10分钟建立结构并施以色调，再用5分钟添加重要的细节。

练习 4.20

找一处合适的户外或者室内公共空间。用取景器组织构图并构建一幅图画——建立结构、叠加色调，然后添加细节。做一系列15分钟的素描草图练习，暂时不要展开更复杂的绘图。

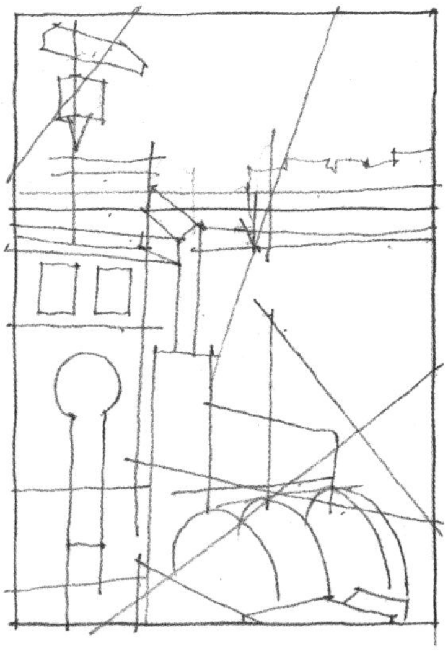

尽管在本章的一些示例和练习中，以照片为基础是有必要的，但是我们必须清楚，按照照片绘图和在现场绘图——通过直接观察——的体验相差甚远。相机从三维环境中收集信息，压缩到二维胶片或传感器中。根据镜头的焦距和通光量，照相机把光学数据转换成二维序列。当被投射到二维的媒介时——纸张、电脑屏幕或者投影幕布上——形状的透视缩减、线条的方向以及其他图面关系，都变得容易分辨。所以，我们应当理解，按照照片绘图对于教学活动非常有效，而在现场绘图时会更加困难。

在通过直接观察绘图时，我们依靠自己的视觉系统来诠释眼睛接收到的三维信息，同时试图在二维表面上描绘这个场景。然而，我们的眼睛不会看到思维没有准备看到的事物。我们通常看到的是我们期望看到的，还会忽略掉场景中同等甚至更加重要的部分。我们更容易注意到那些我们个人感兴趣的事物，并忽略其他内容。我们有可能注意到独立的元素，而忽略掉它们之间的联系。

最重要的是，在绘制透视图时，我们对事物的了解（客观尺寸、形状和比例）和它在现实生活中的样貌（视觉外观）经常相互矛盾，并因此造成两种现实之间的妥协。最终我们绘制出的可能不是我们看到的，而是思维之眼中呈现的形象。这时，因为试图解决客观现实与视觉现实之间的冲突，可能驱使我们扭曲透视效果，比如平行线的会聚和透视缩减。为了真正看到透视关系，我们可能必须暂时停止识别我们绘制的对象，或是为对象命名，这样我们才能看到眼前纯粹的视觉现象。更多关于透视图图面效果的内容，见第244～247页。

尽管存在这些困难，在现场反复练习绘制草图也有裨益。以深思熟虑为本质，以安静专注为路径，回应观察而来的印象，有感而发——绘图的过程因此衔接起眼睛和思维，聚精会神于当下，继而创造出生动的视觉记忆，以在日后回味。

为场景构图建立结构，叠加色调以表达光线、表面肌理和材质的特征，再添加重要细节——第100～109页描述的这个过程为学习循序渐进地构建起一幅绘图建立了坚实的基础。然而，在实践中，通过观察绘图有不止一种方式可以选择。

在测量和取景时，我们从哪里开始绘制呢？这是一个常见的问题。它的答案是：这取决于你如何看待你所绘制的对象。开始绘图的方式无所谓正确与否。我们可以从场景中某个主导的竖向边缘或平面开始；也可以从空间的某个剖面开始，比如当顺着一条街道看过去时。我们可以从某个独特的轮廓线开始，比如步道的走向、某个清晰的屋顶轮廓，或者天空的形状。我们可以选择从内向外地绘制，或者从某个独特的形状开始绘制，又或者从外侧边缘向内绘制。然而，第二步几乎总是建立起场景中的地平线和人的尺度。最重要的是，在这个过程中，随着我们从结构走向色调再到细节，我们应当不断地检查点、线、面之间的二维图面关系。

在现场绘图是一种独一无二的人类活动，但是仍停留在徒手绘图的范畴。数字工具和技术还没有发达到足以提供等同的便捷和灵活性，当然最重要的是它无法复现钢笔或铅笔在日记和草图本上留下的效果。在徒手绘图时，图画自然地带有作者的个性和视角。就好像我们各自的笔迹都是独特且容易辨认的，每个人的草图也是一样，并且不止展现线条、色调和场景中的笔触特征。我们的草图还会展现我们如何观察、关注何物以及我们选择强调的特定方面。

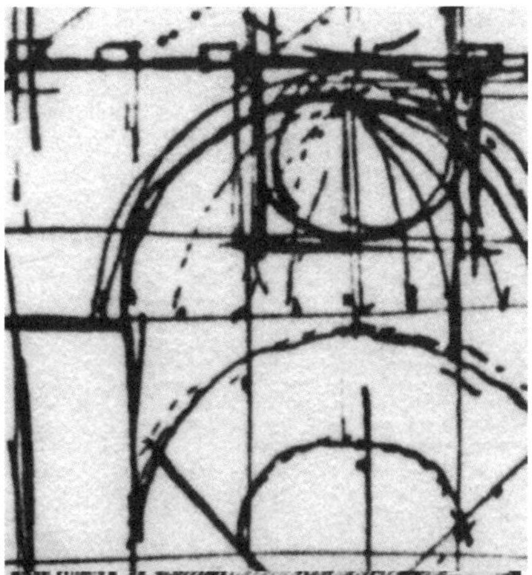

就算两个人并肩站立，看向同一个方向，感受相同的视觉现象，我们也可能看到不同的事物。我们各自看到了什么，取决于各自对视觉数据的回应和诠释。我们在观察时带入的信息会限制我们的认知，它也会限制我们绘图，因为绘图是建立在认知基础之上的。绘图的过程就好比一场对话，我们无法精确了解它的走向。尽管在开始时，我们在脑中可能存有客观印象，但是草图在跃然纸上的同时就有了自己的生命，而我们应该对生成的图像所展现的可能性保持开放的态度。

留存一本日记，尤其在旅行中，是值得努力去做的。不论你选择如何称呼这些钉在一起的日志集——草图本、记事本或者影像日记——它们都是在提供一种长久并且有时间顺序的实体感受。在实际用途上，它们还可以作为一个图像和文字的储藏库，提醒我们自己曾经去过哪儿，看到过什么，经历过什么。

我们为收集这些记录感到愉快，同时也应该珍视完成它们的过程。日记的任何一页都不是无价之宝，也没有必要每一页都做到完美。在记录我们的经历、反思和发现的过程中，不仅使我们和周围环境之间的联系变得更加敏锐、更加紧密，我们还拓展了自己的视觉记忆，激发了自己的想象力。

在这一页和后面几页中，列举了一些到访地点和经历的实例，它们描绘了各种不同的主题。

Five Rathas
45min.

Imperial Heavenly Vault of the Temple of Heaven
8.30.93

Süleymaniye Mosque, Istanbul

MUSEO
DE ARTE
PARQUEADERO
PARE

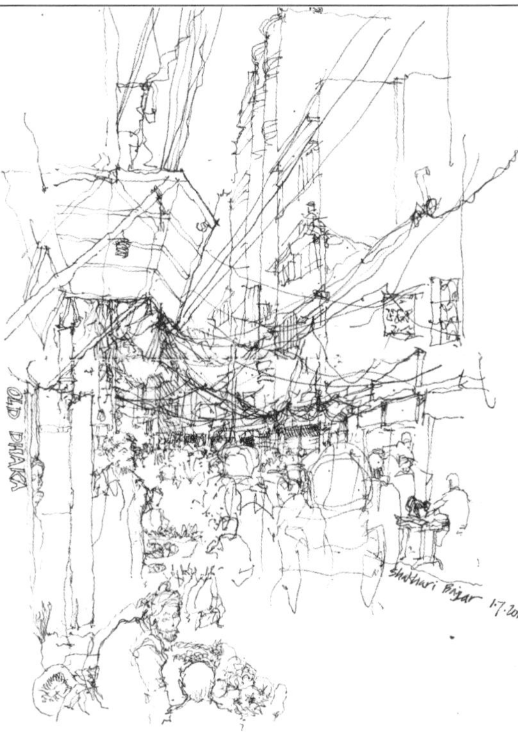
OLD DHAKA
Shakhari Bazar
1.7.2016

在绘图和草图等图像之外，我们日记中的页面还可以包含其他元素来辅助留存记忆。我们可以在页面上粘贴剪报和纪念卡，可以绘制我们旅行中穿过城镇和乡村的地图，还可以写下笔记来补充我们绘制的图像。

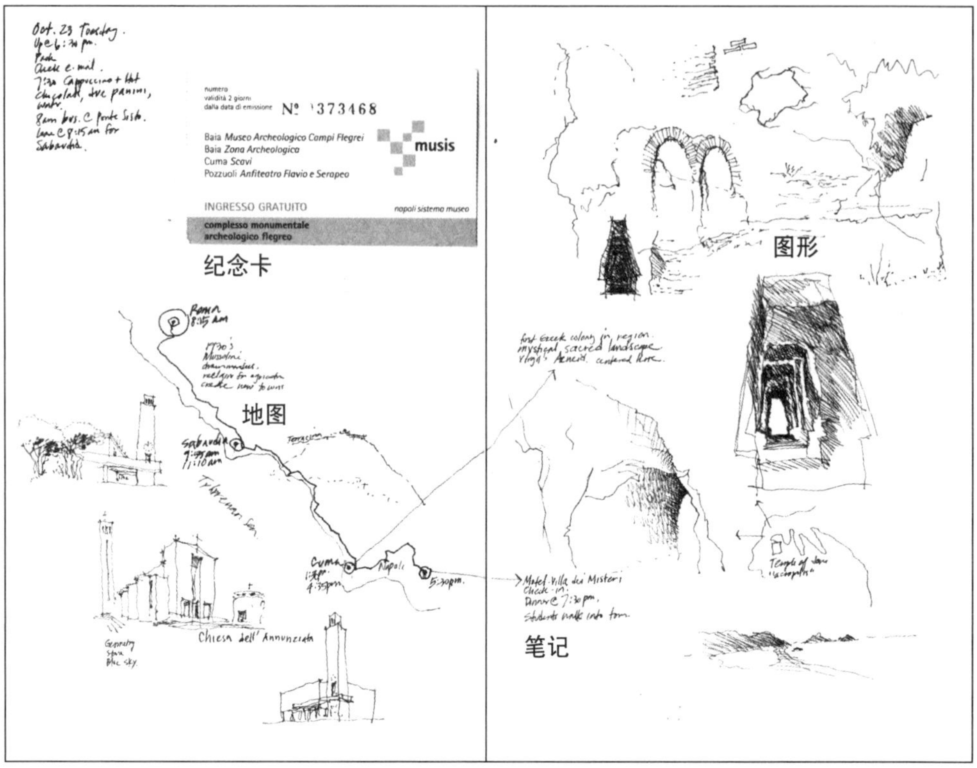

完成日记或者草图本的每一页构图，都好像绘制草图本身一样，是一种即兴之作。我们在事先可能计划了如何在页面上组织绘图并记录文字，但是也要在完成每个部分的过程中，对计划的改变保持一个开放的态度。

记住，在页面中添加这些元素，是构图中的一种权衡。比如，我们可能会发现，完成一幅绘图后，它的尺寸、形状和比例与我们原本计划的不一样，这种情况经常发生。经过谨慎地考量这幅绘图的视觉形状和权重，我们可以重新权衡页面布局，并通过放置下一个元素——无论图形还是文字——来赋予它更强的动感。随着更多元素被添加上去，我们持续面对这种为页面重新构图的机会。

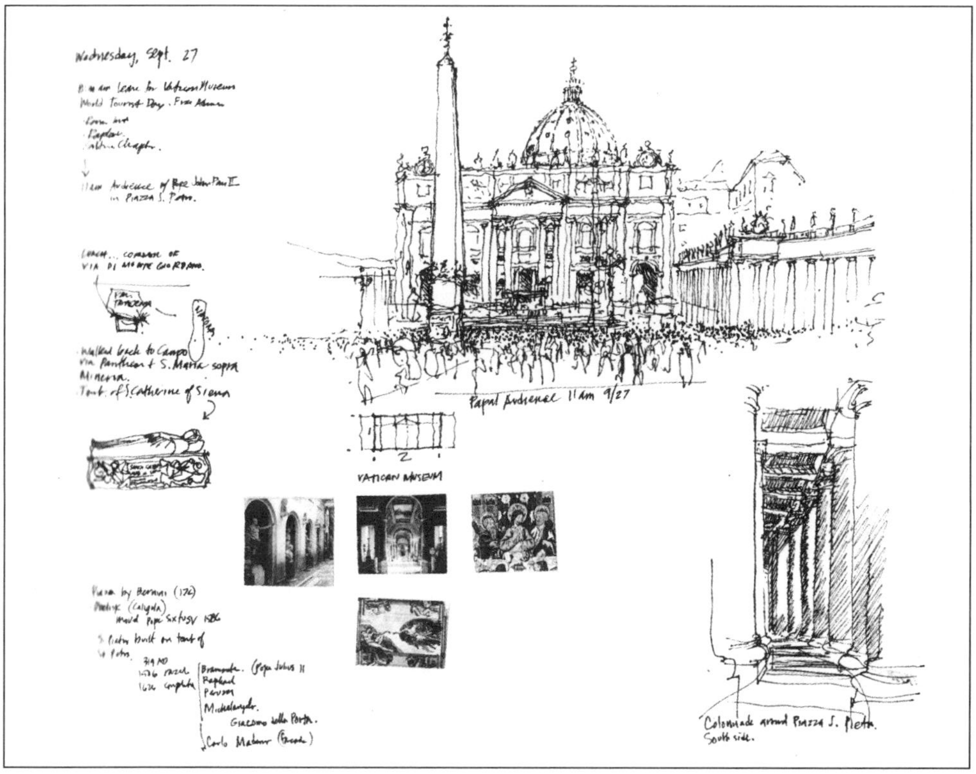

有时候，最终的成果纯属意外，但是令人欣喜。这里就有个这样的例子：左边是之前绘制的、从意大利瓦伦纳（Varenna）开往科莫（Como）的游船甲板视角；它和之后绘制的、更开阔的科莫大教堂场景交织在一起。

在通过观察绘图时，我们不必把自己限制在旅行明信片上出现的那种经典的透视视角，虽然它们确实非常吸引人去模仿。

除了简单记录我们面对的视觉图像外，我们还可以利用绘图作为获得认知、洞察力甚至灵感的手段。绘图刺激思维，可以让裸眼看不到、照相机镜头也捕捉不到的侧面浮现出来。我们可以想象——通过思维之眼——把现有的建筑拆解，以更好地研究其中各个部分，理解它们之间的关系、设计的组织以及工程的组合方式。我们可以利用绘图过程来破译并理解我们身处建筑中的二维平面、剖面关系以及三维体量特征。我们可以绘制分析图来描述移动的路径、解释宜人的空间比例关系，或者阐释城市建设中引人入胜的虚实关系。我们甚至可以尝试去描绘那些一上来就能吸引我们注意的气味、声音或者触觉特征。

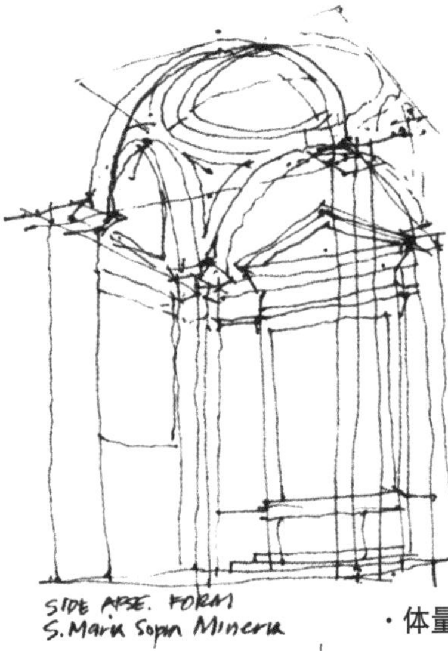

·体量研究

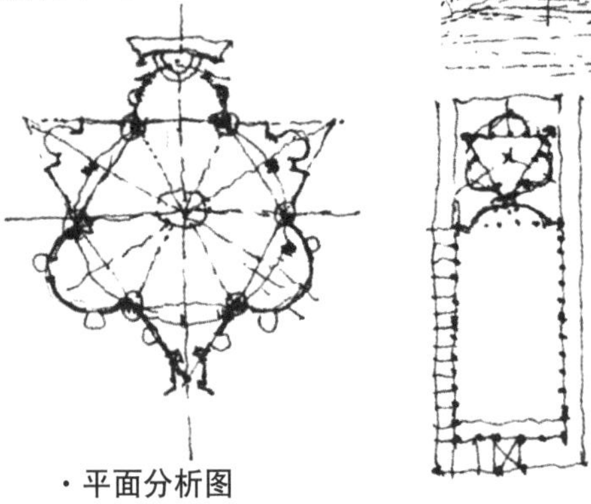

·平面分析图

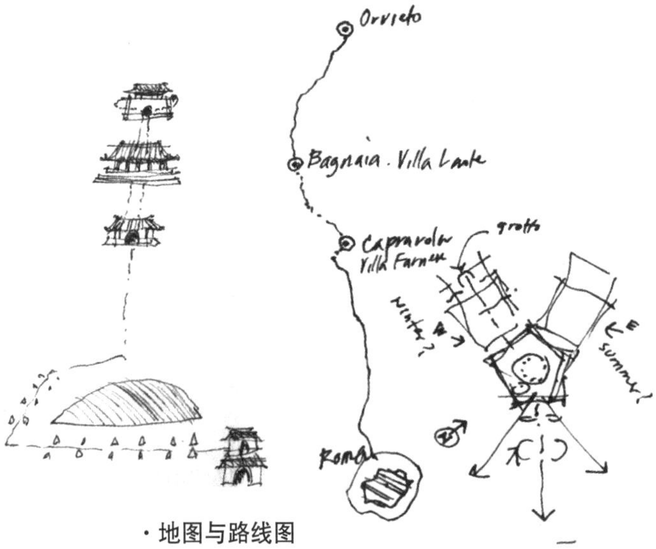

·地图与路线图

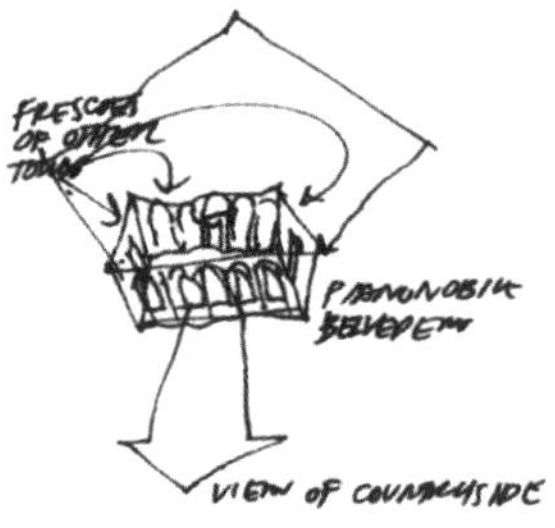

·周边关系研究

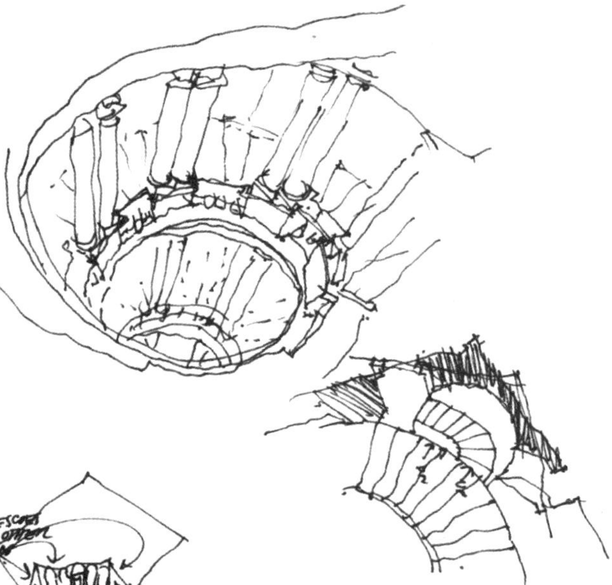

·细节研究

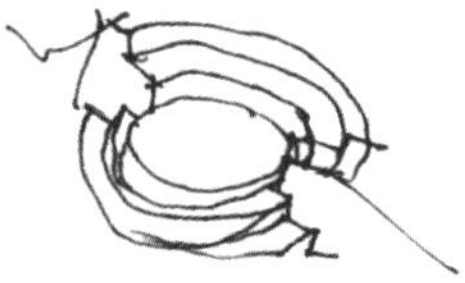

替代透视图的其他选择

通过这种方式，我们可以利用绘图过程，在纸上把事情研究清楚。既用笔思考，也用脑思考。最终，通过观察绘图以及由它带动的视觉思考，为后续的设计工作打下一个坚实的基础，其中融合了设计绘图语言中必要的练习（第二部分：绘图系统），并且在设计过程中被广为使用（第三部分：通过想象绘图）。

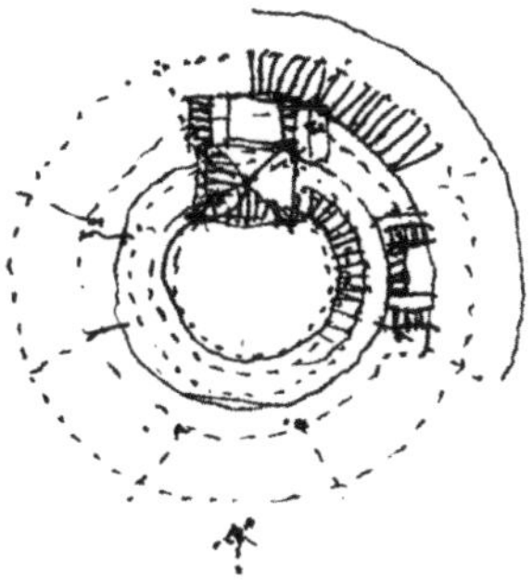

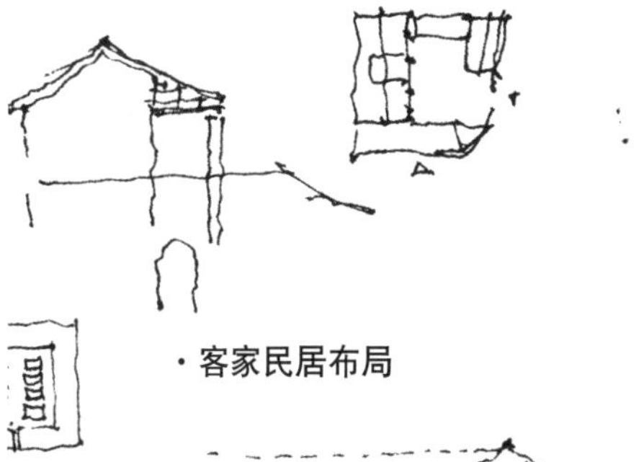

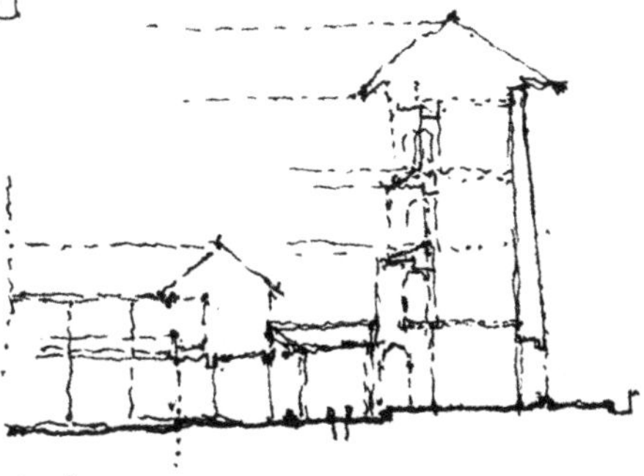

·客家民居布局

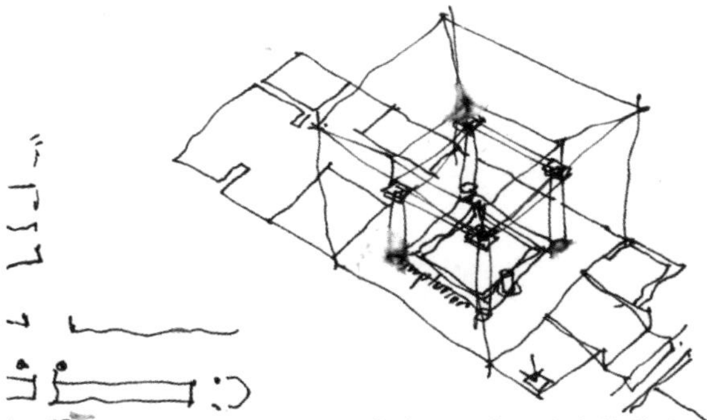

·古代罗马房屋院内的蓄水池

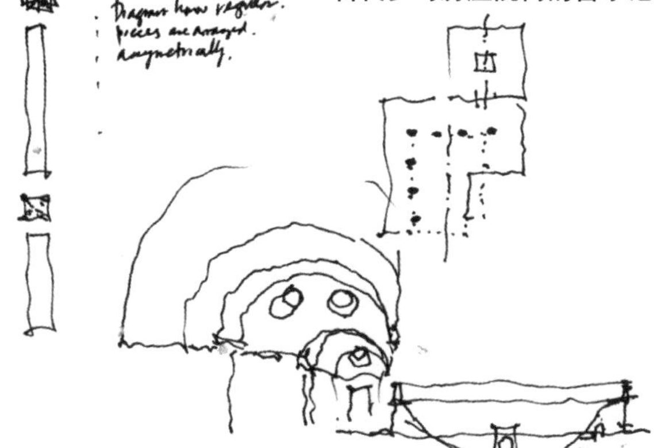

从过去的工作中学习，激励我们未来的奋斗。

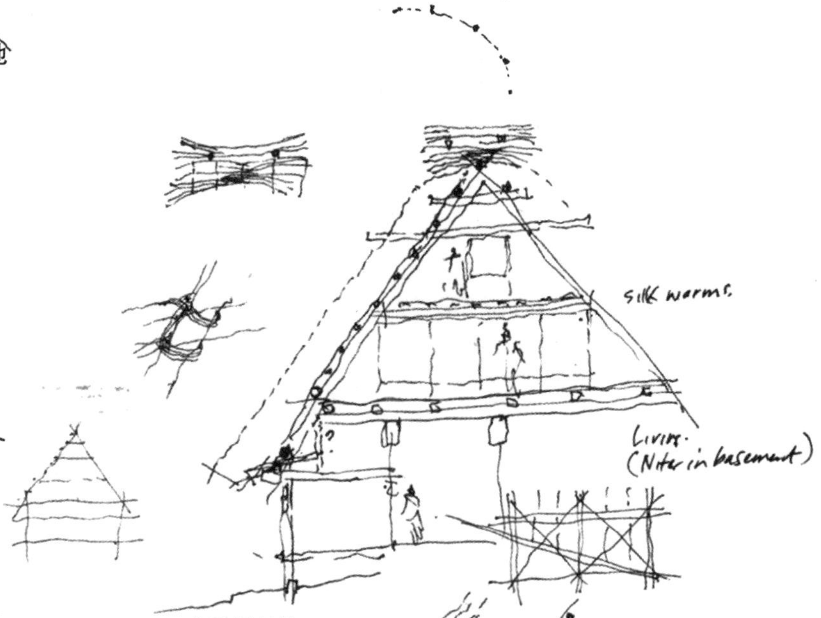

·日本民居结构

绘图系统
Drawing Systems

绘图的一个核心问题是如何在只有两个维度的表面上表现三维现实中的多个侧面。在人类历史的进程中，各种实证方法层出不穷，表现了空间纵深及其中的物体。我们今天称之为“正投影”的表现形式出现在埃及神庙的墙上和希腊陶罐彩绘上。在印度、中国和日本的艺术作品中还有无数斜投影的例子。我们甚至在罗马壁画中发现了线性透视的迹象。

今天，这些视觉表现系统构成了一种正规的设计绘图语言，并且遵循一套固定的理论、原则和习惯。我们把这些表现模式明确归类成不同类型的绘图系统。我们把它们称为“系统”（systems）以区别于绘图“技法”（drawing techniques）——后者描述的是我们如何在纸面或者电脑屏幕上留下印迹。

在设计中，绘图系统给出了不同的方式，帮助我们思考和表现我们眼前看到的，或是思维之眼中想象的事物。每一种绘图系统都包含一套思维模式，指导我们对设计问题进行探究。在选择某种绘图系统，而不是其他系统来传递视觉信息时，我们同时做出有意和无意的选择，决定我们感知到的或者想象出的事物中，哪些侧面可以被表达，或者应当被表达。对绘图系统的选择，不仅是一个“揭示什么”的问题，同时也是“隐藏什么”的问题。

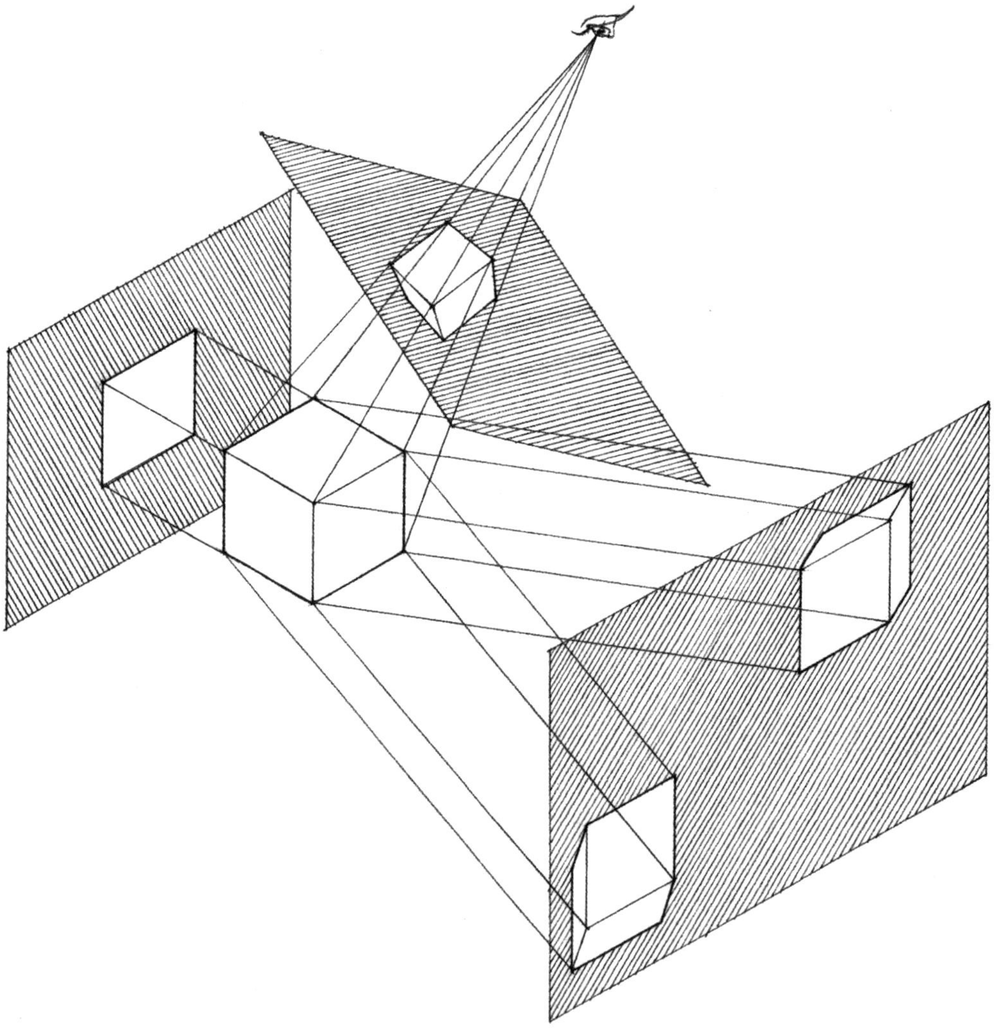

5

图面系统
Pictorial Systems

我们在归类绘图系统时，既按照投影方式，也考虑其呈现的图面效果。投影指的是在平面上表现三维物体的过程或者技术。投影时通过物体上所有的点做出直线——称为“投影线”（projectors），并延伸到像平面（the picture plane）——一个被设定为和绘图表面等大的假想透明平面。我们也把像平面称为“投影面”（plane of projection）。

投影系统主要有三种类型——正投影、斜投影和透视投影。投影线之间的关系，以及它们与像平面交会的角度，让每个投影系统区别于另外两个。我们应该认识到每个投影系统的特征，并理解每个系统下指导绘图形式的原则。这些原则确定了一种通行的语言，让我们能够阅读和理解其他人的绘图。

除了作为交流工具的用途之外，投影绘图既要求，也促进我们学习在三维空间中进行思考。在构建投影的过程中，我们在三维空间的领域中穿行，寻找顶点、确定线条的长度和方向，并描绘平面的形状和范围。因此，投影绘图引入了笛卡儿坐标系和画法几何的原则。

当我们铺开几种主要的投影系统时，会发现它们所呈现的同一种物体看上去各不相同。最简便的方法是研究每一个投影系统在表现同一个正方体时图面形式的相似和差异——因为正方体有相互垂直的线和面。

根据外观的相似性，我们主要区分三种图面系统——多视角绘图、平行投影绘图和透视图。多视角绘图通过一系列截然不同又彼此关联的二维视图来表现三维对象。平行投影和透视图则在单幅图像中同时表现三维结构两个以上的侧面。两者之间的主要图面区别是，在平行投影绘图中平行线依然平行；而在透视图中，平行线会聚于一点。

多视角绘图、平行投影绘图和透视图给了设计师一个可以选择的区间。我们不仅应该知道如何构建每种绘图形式，还应该理解每种投影系统带来的独特图面效果。没有哪种绘图系统优于其他系统；每套系统都有其固有的图面特征，并且会影响我们图面表达的思考方式以及他人从图中读出的内容。每套系统也在对象和观察者之间定义了一种独特的联系，并描绘对象的不同侧面。绘图系统每揭示出一个侧面，其他的侧面就同时被隐藏起来。于是，对绘图系统的选择应当适合对象的特征和交流的需要。

投影系统 | Projection System

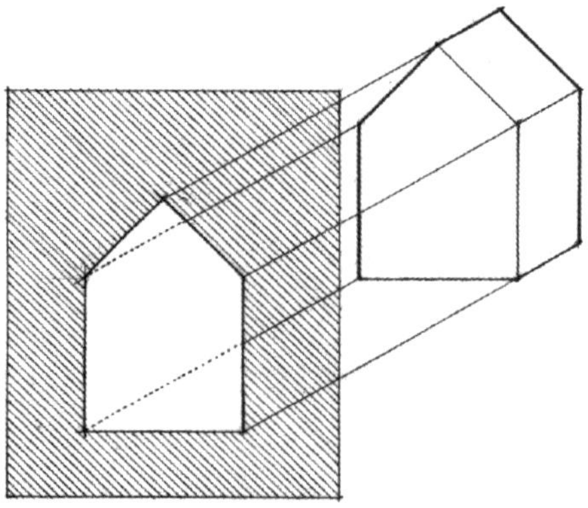

正投影 | Orthographic Projection

投影线相互平行，并且垂直于像平面；见第6章。

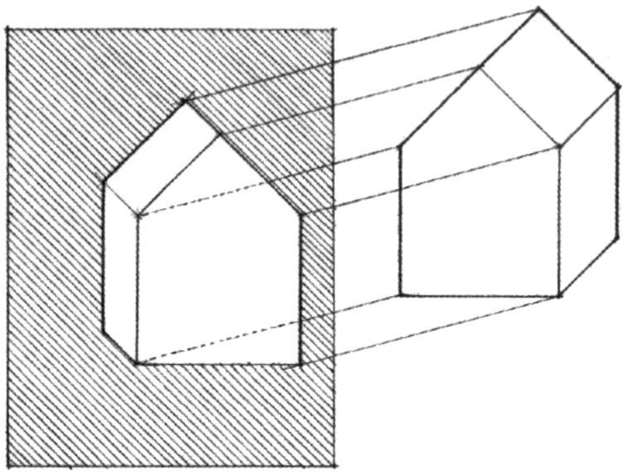

斜投影 | Oblique Projection

投影线相互平行，与像平面斜交；见第7章。

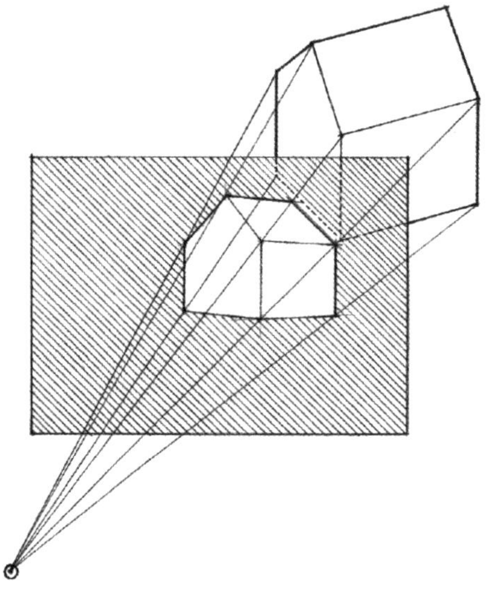

透视投影 | Perspective Projection

投影线会聚于一点，即观察者的视点；见第8章。

[译注] 本书在图面系统分类时采用了不同于国内建筑和工程制图体系的方式。在国内工程制图体系中，把投影线与任意坐标轴都不平行的投影方式统称为“轴测投影”，其中包括投影线与受影面垂直的正轴测投影以及投影线与受影面不垂直的斜轴测投影。进而根据三个轴方向的伸缩系数是否相等，细分为正等轴测图、正二轴测图、正三轴测图、斜等轴测图、斜二轴测图和斜三轴测图。

通常，我们用Paraline Drawing对应“轴测图”，在绝大多数情况下这是没有问题的。但是，如果默认如此，Axonometric Projection和Oblique Projection则恰好对应“正轴测投影”和“斜轴测投影”，而本书第127页中的下一级分类却无法支持这个对应关系：

Isometric所示的是正等轴测图无疑；

Dimetric的文字说明通常会被理解成正二轴测图。但是，示意图中所示则是在正二轴测图的基础上，调整了第三轴的伸缩系数，以斜轴测投影完成的斜等轴测图。此处译文依然使用“正二轴测图”，是为了避免冗长的文字说明，就冒昧地把“调整了伸缩系数”这个图面效果视而不见了；

投影系统 |
Projection System

图面系统 |
Pictorial System

多视角绘图 |
Multiview Drawings

正投影 |
Orthographic Projection

平面图，剖面图，立面图 |
Plan, section, elevation
长方体的主要表面在每个视图中都和像平面平行。

正等轴测图 | Isometric
三条主轴与像平面成相等的交角。

轴测投影 |
Axonometric Projection
见第7章。

正二轴测图 | Dimetric
三条主轴中的两条与像平面成相等的交角。

正三轴测图 | Trimetric
三条主轴与像平面成不同的交角。

平行投影绘图 |
Paraline Drawings

斜投影 |
Oblique Projection

斜立面图 | Elevation Oblique
长方体的主要竖直表面与像平面平行。

斜平面图 | Plan Oblique
长方体的主要水平表面与像平面平行。

透视图 |
Perspective Drawings

透视投影 |
Perspective Projection

一点透视图 | 1-point Perspective
一条水平轴线与像平面垂直，另一条水平轴线和竖直轴线与像平面平行。

两点透视图 | 2-point Perspective
两条水平轴线都和像平面斜交；竖直轴线保持与像平面平行。

三点透视图 | 3-point Perspective
长方体的三条主要轴线都与像平面斜交。

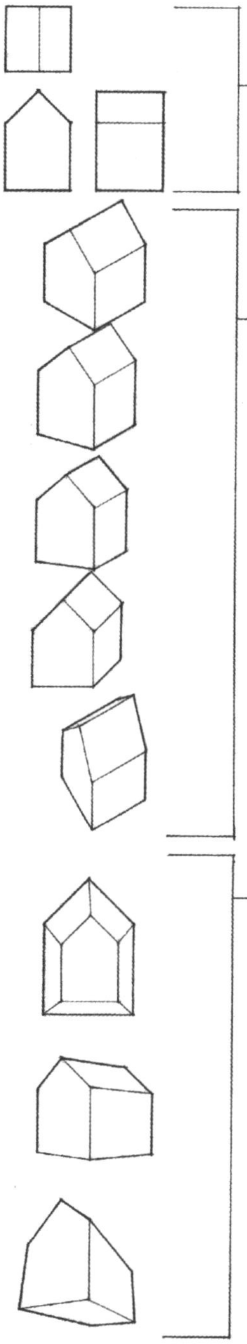

Trimetric的文字说明通常会被理解成“正三轴测图”。但是，示意图中所示则是在正三轴测图的基础上，分别调整三轴的伸缩系数，以斜轴测投影完成的斜等轴测图。此处译文依然使用“正三轴测图”，翻译原则与上一个名词同理；
Elevation Oblique所示的是像平面与立面平行，纵深轴伸缩系数不同于立面两轴的斜二轴测图；
Plan Oblique所示的是像平面与底面平行，竖直轴伸缩系数不同于水平两轴的斜二轴测图。
因此，为了优先保证图面系统/制图系统的科学性，本书没有把习惯性的分类方法和习惯的制图名词套用到文中。这样的弊端是增添了很多让人疑惑的名词。但是，这些名词对于表达本书作者程大锦先生对设计绘图/制图的理解，是最不会造成歧义的，可以更好地向读者传达作者的意图。
这些名词对本书的影响主要集中在本页及第7章。

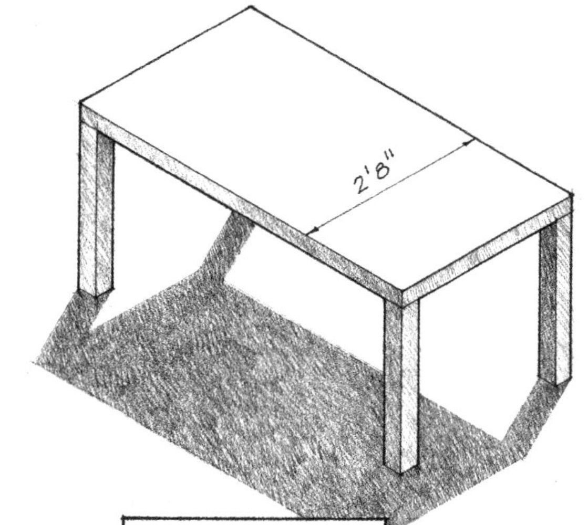

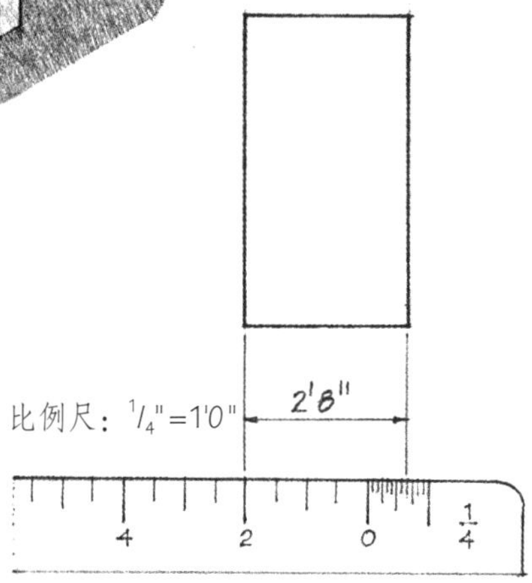

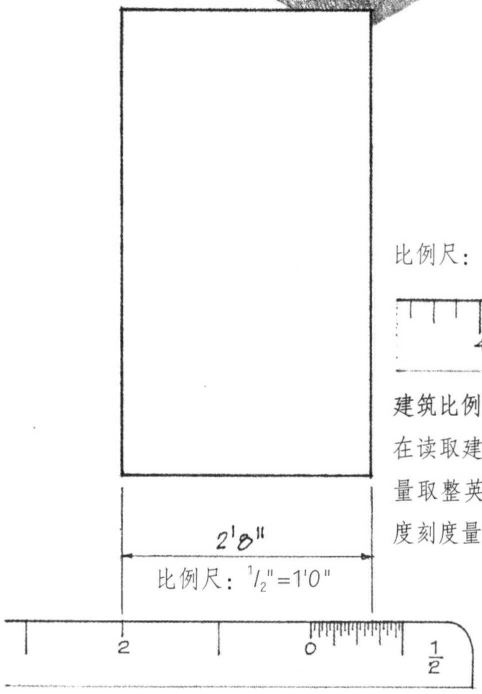

建筑比例尺

在读取建筑比例尺数值时，用整数刻度量取整英尺的部分，用1英尺以内的分度刻度量取不足1英尺的余量。

机械尺寸指的是根据标准测量系统，对物体的实体尺寸做出的测算。比如，我们可以说，一个桌子在美国惯用系统下有5英尺长，32英寸宽，29英寸高。如果我们熟悉这个系统和相近尺寸的物体，就可以想象出这张桌子有多大。然而，在国际度量系统下，同一个桌子会记作1524毫米长，813毫米宽，737毫米高。

我们用来表现这张桌子，或者任何其他设计的图纸，都必须落到绘图面的边界以内。因为设计的物体或者工程项目通常都比绘图面要大得多，所以我们必须缩小图纸尺寸以适应绘图面。我们把绘图尺寸缩小的比例称作“绘图比例（尺）”。

为了做出精确的设计表现，我们用到比例测量系统。当我们说一幅绘图是按比例绘制的时候，表示正常尺寸物体或工程项目的实际尺寸会成一个固定的比例。比如，当我们按照1/4英寸=1英尺绘图时，图中每1/4英寸都代表物体或工程项目实际尺寸中的1英尺。在大比例的绘图中，尺寸缩减的变化量较小；而在小比例的绘图中，尺寸缩减很明显。

建筑比例尺 | Architect's Scales

“比例尺”这个词也可以指我们在精确测量时使用的工具。建筑比例尺有一套或者多套标有刻度和数字的空格，每一套都满足几分之几英寸表示1英尺的比例关系。三棱比例尺有6个边，通长都是以1/16英寸为刻度单位，以及其他建筑刻度比例，分别为3/32、3/16、1/8、1/4、1/2、3/8、3/4、1或1 1/2英寸表示1英尺。平面斜角比例尺有两个面、4条刻度或者4个面、8条刻度。比例尺应该有精确的刻度和不易磨损的标记。

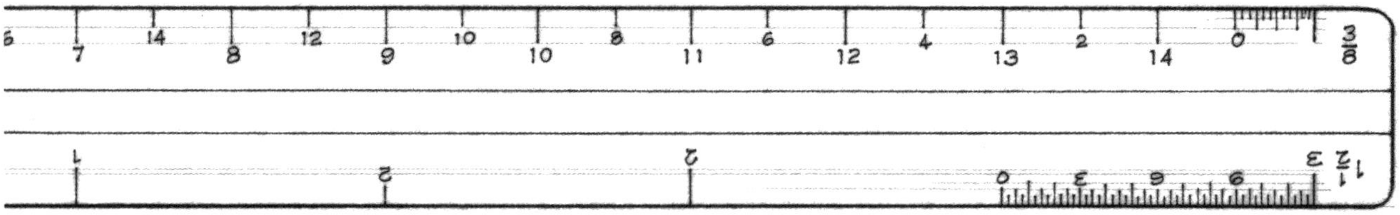

- 绘图比例越大，就能够，也应当包含越多信息。
- 比例尺永远不应该被当作尺子来绘制直线。

工程比例尺 | Engineer's Scales

工程比例尺有一套或多套标有刻度和数字的空格，每一套都把1英尺进行10、20、30、40、50或者60等分。

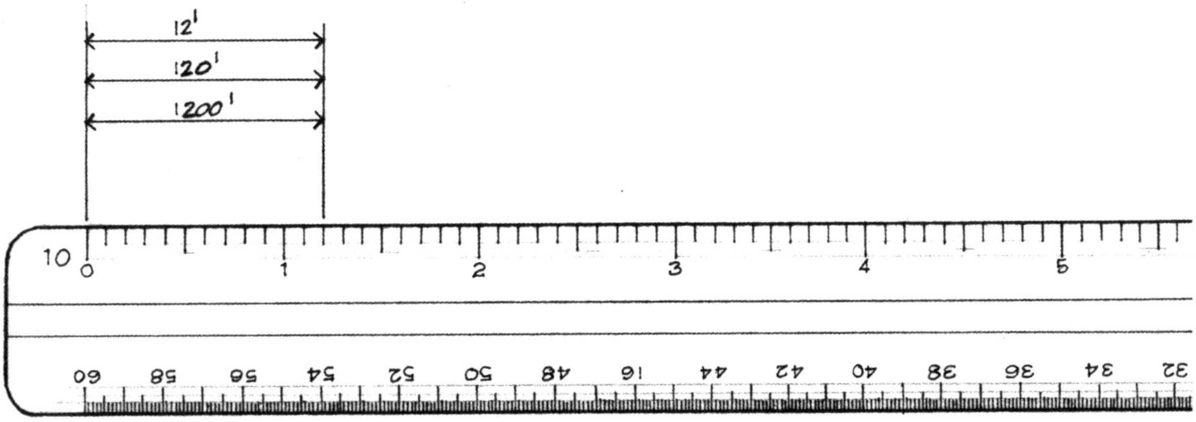

公制比例尺 | Metric Scales

公制比例尺包含一套或多套标有刻度和数字的空格，每一套都表示1毫米与多少毫米之间确定的比例关系。

- 常见的公制比例尺包含以下比例：1:5、1:50、1:500、1:10、1:100、1:1000、1:20和1:200。

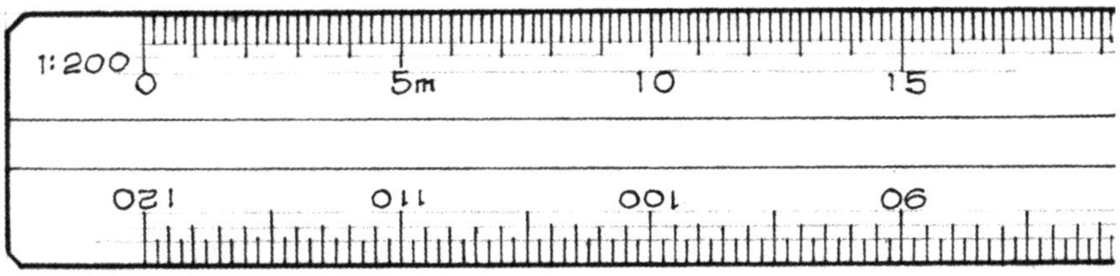

数字比例尺 | Digital Scale

在传统绘图中，我们用真实世界的单位思考，再用比例尺将绘图缩小到易于操作的尺寸。在数字绘图中，我们直接输入真实世界的单位。但是我们应该小心区分在屏幕上看到的图像尺寸和打印输出的图纸尺寸——前者可以无关真实尺寸，独立缩放。

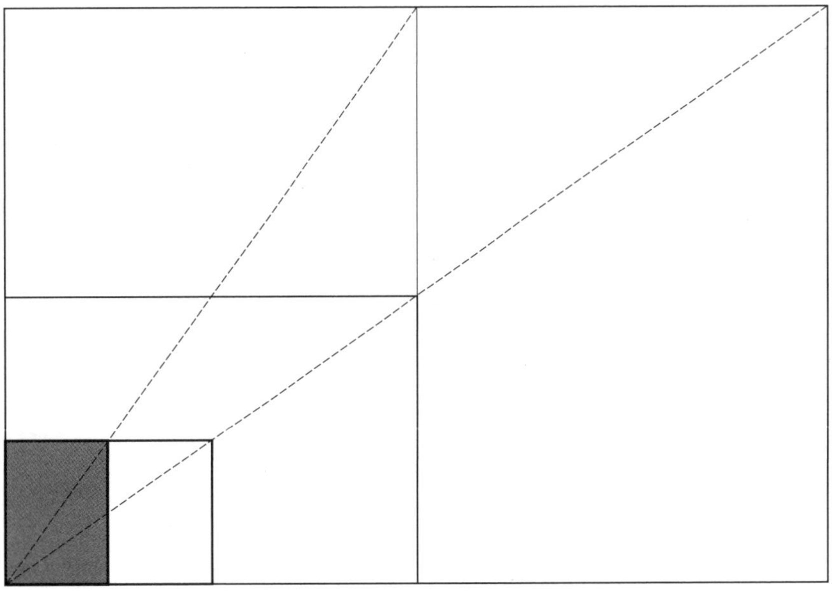

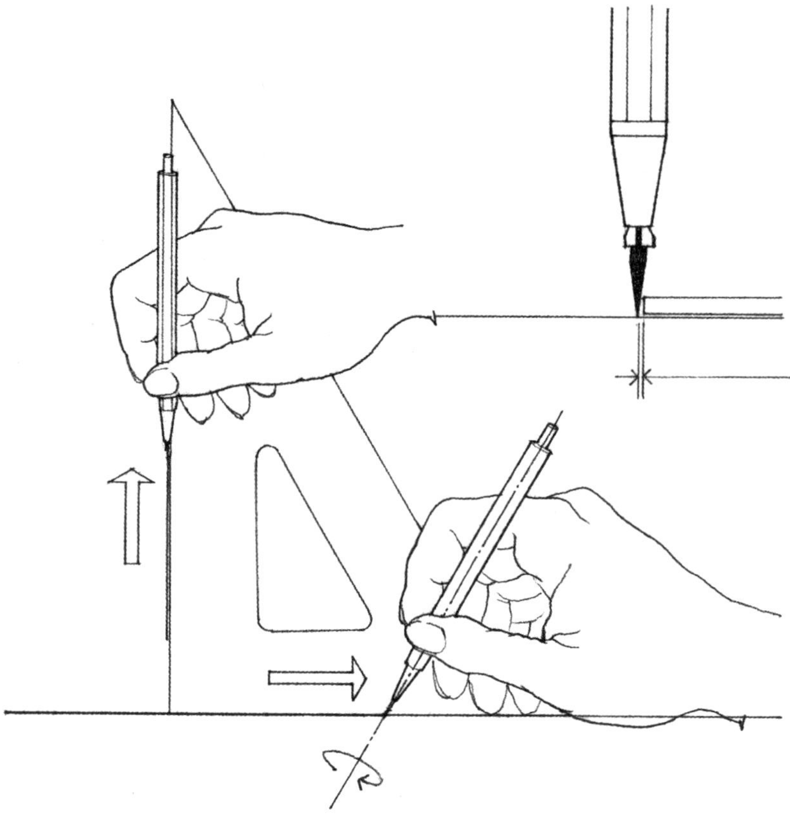

如果设计沟通对于清晰度、准确性和精确度都有严格的要求，就必须用制图工具绘制线条。制图的线条应当在粗细和深浅上统一，有清晰的端点，并且和其他线条干净利落地交会。

当手绘制图时，我们用丁字尺、平行尺或者三角板的直边引导，拖动铅笔或钢笔的笔尖绘制线条的方向。在手绘制图时，记住以下要点：

- 永远用直边绘图，在边缘和笔尖之间留下一个很窄的空隙。
- 保持钢笔或铅笔的笔杆在与绘图表面垂直的竖直平面内，让笔杆向移动的方向倾斜。当使用钢笔时，保持大约80°的倾斜角；使用铅笔时，保持45°～60°的倾斜角。
- 永远向着绘制线条的方向拖拽钢笔或者铅笔。不要逆向推行笔尖，那样会损伤笔尖和绘图表面。
- 当用铅笔绘制草图时，保持笔头尖锐很重要，既不能太钝，也不能太圆。为了保持笔头尖锐和统一的粗细，尝试在绘制线条时用拇指和食指旋转笔杆。

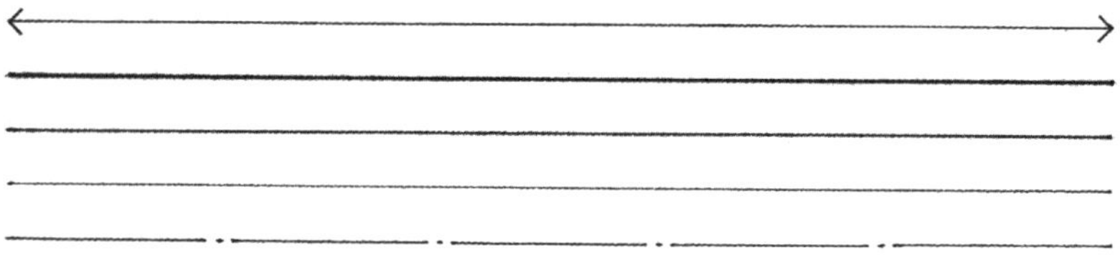

- 尽量保持干脆紧绷的线条。物体的每一条线都应当精确地开始和结束。在每一根线条开始和结束时稍微向反方向绘制并施加一点额外的压力，可以让每一条线更加确定地开始和结束。
- 用稳定的速度绘制，并且尽量保持线条有统一的粗细和深浅。手绘的线条应当看起来好像在两点之间绷紧。

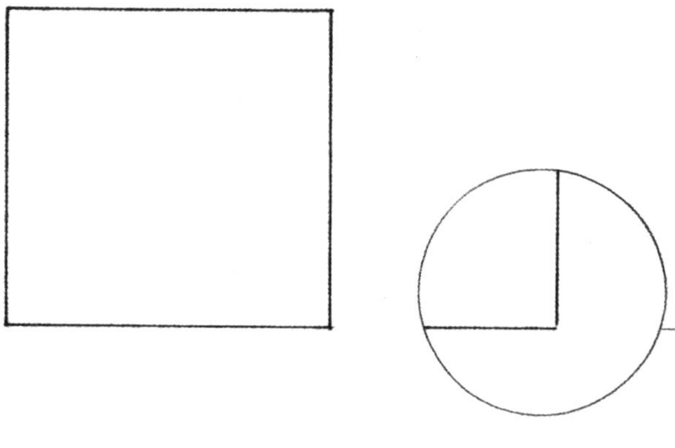

- 用轻微的重叠来表示拐角。
- 避免夸张重叠的长度——其长度由绘图比例决定。
- 如果线条没有清晰地交会，拐角会显得圆钝。

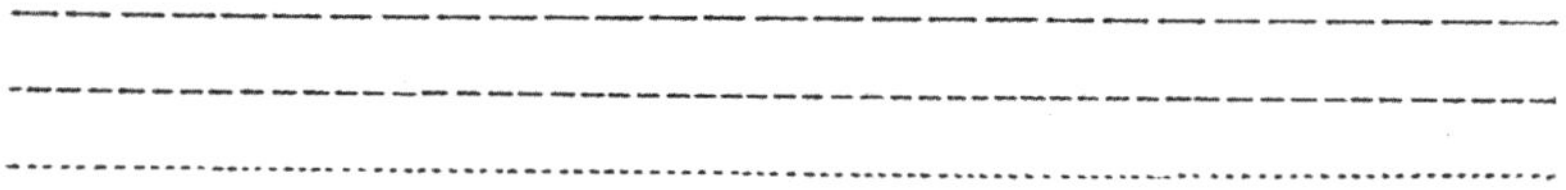

与传统手绘工具有类似效果的是二维矢量绘图程序，因为其中包含了一系列的图元——一种软件代码，基于数学公式绘制图形元素，比如点、直线、曲线及各种形状。利用这些图元可以创造出更复杂的图形元素。

- 直线段可以通过点击两个端点来创造。
- 线条的宽度可以在菜单中选择，或者直接通过指定绝对单位宽度（毫米、几分之几英寸，或者多少个点，这里一个点等于$^{1}/_{72}$英寸）。
- 在使用数字绘图程序时，我们从电脑屏幕上看到的效果不一定能反映打印输出的样式。数字绘图中我们只有在看到实际打印输出的成果后才能评判线条质量和粗细。

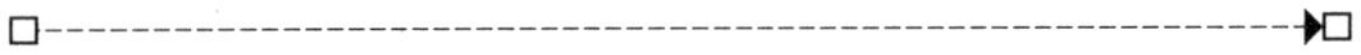

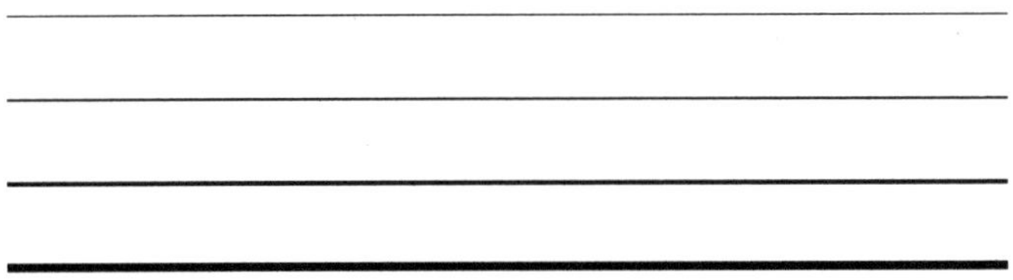

线型 | Line Types

所有的线条在绘图中都有自己的意义。在绘图时，你必须明白每一条线代表什么，是平面的边缘、材质的变化，或者只是参考线。下面这些线型，无论在手绘还是电脑绘图中，都有通行用法，遵照惯例让建筑绘图更容易解读：

- 实线描绘物体的形体，比如平面的边缘或者两个平面的交线。实线之间不同的线宽区分出它们在表现纵深时的不同意义。

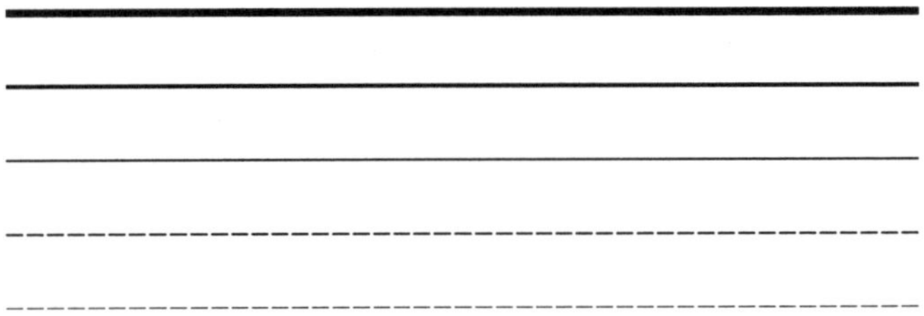

- 虚线表示图形元素被隐藏或者从视野中移除。虚线应当相对统一长度，并且密集排列，从而在视觉上更加连续。
- 当虚线在拐角处交会，虚线应当连续地通过拐角。要在数字绘图程序中做到这一点，也许需要调整虚线长度以及线段之间的空隙或间隔。

- 拐角处的空隙会柔化拐角。

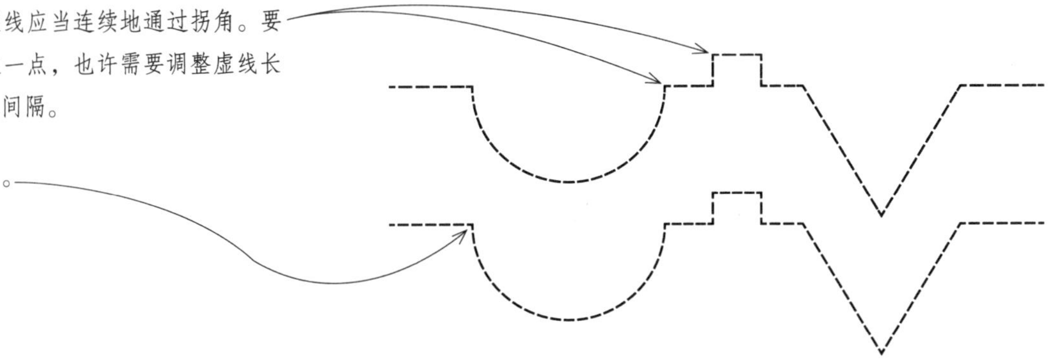

- 中心线（点划线）：细且较长的线段被一段短线或点分隔，表示对称物体或者构造的对称轴。
- 网格线是一系列成矩形或者放射状的细实线或点划线，用于定位或者控制平面上的各元素。
- 宗地红线（双点划线）：细且较长的线段被两段短线或点分隔，表示在法律上明确并记录的宗地边界。

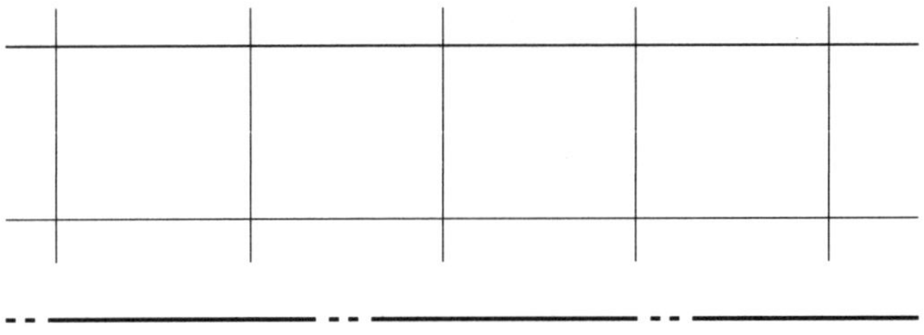

理论上，所有线条都应当深浅统一，便于阅读和复印。因此线条的轻重主要在于宽度或者粗细。墨线都是统一的黑色，只是在宽度上有所变化，但是铅笔线条可以分别改变宽度和色调值，这取决于铅芯的硬度、绘图表面的颗粒密度以及绘图时的速度和压力。尽量让铅笔线条统一深浅，只通过改变它们的粗细来区分线宽。

粗线 | Heavy

- 粗实线用于描绘平面图中的外轮廓和剖面图中的剖切线（见第156和188页），以及悬空边缘（见第133页）。
- 使用H、F、HB或B铅芯；如果用很大力量去绘制一条粗线，说明你用的铅芯太硬。
- 用卡钳式铅笔或者0.3毫米、0.5毫米的自动铅笔绘制一系列紧密排列的线条；不要使用0.7毫米或0.9毫米的铅笔来绘制粗线。

中线 | Medium

- 中等粗细的实线表示平面的边缘或者交线。
- 使用H、F或HB铅芯。

细线 | Light

- 细实线表示材质、色彩或肌理发生变化，但物体的形体并没有改变。
- 使用2H、H或F铅芯。

极细线 | Very Light

- 极细的实线用来布图，建立组织性网格，并指出表面纹理。
- 使用4H、2H、H或F铅芯。

- 可以看到的线条粗细程度和粗细对比应该与图纸的大小和尺度成比例。

数字线宽 | Digital Line Weights

- 手绘草图的一个优点是我们随时可以看到绘图的成果。当使用计算机辅助制图（CAD）软件绘图时，我们可以从菜单中选择线宽或者用绝对单位指定笔刷宽度（毫米、几分之几英寸或者多少个点，这里一个点等于$^{1}/_{72}$英寸）。无论哪种方式，我们在显示器上看到的都可能和打印输出的图形不同。因此我们总是需要做一次测试打印，来确定图纸中线宽的区间和对比是否合适。然而，注意，如果确实有必要在绘图中改变线宽，使用数字绘图通常比手绘更容易。

端点形式 | Cap Conditions

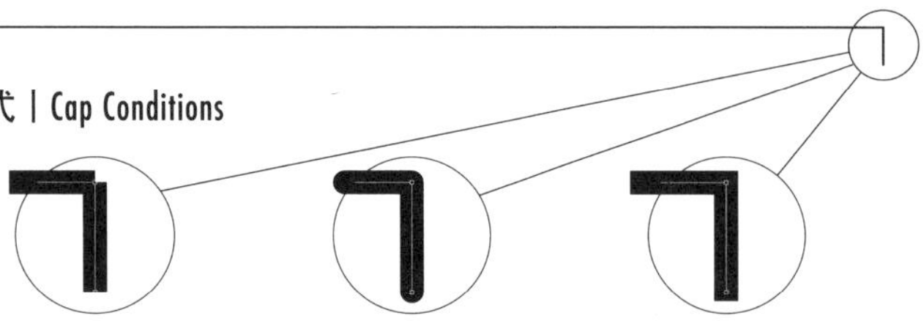

平头端点（Butt cap）形成平切端头的线条。

圆头端点（Round cap）形成半圆形端头的线条。

矩形端点（Projecting cap）形成的线条为平切，但是突出一半线宽长度的端头。

在所有绘图系统中，物体中的线确定形状和形体，进而形成我们正在设计的物质实体或者工程项目。我们把眼睛能看到的线绘制成连续的实线。然而，根据我们观看的视点，物体中的线表示的轮廓可能会显示为悬空边缘、两个可见平面的交线，或者仅仅是材质或色彩的变化。为了表达和沟通这种区别，我们建立起线宽的梯级序列。

悬空边缘 | Spatial Edges

物体中最重要的线是那些表现物质实体与空间间隙分界的边缘。这些轮廓确定物体的形状和轮廓，并在不同物体在空间中重叠时区分它们。我们一般用最粗的线条来描绘这些悬空的边缘。

平面转角 | Planar Corners

物体中第二等重要的线是位于三维体积外轮廓以内的那些轮廓线。这些内部轮廓线表现三维体积的表面结构。为了区分这些内部边缘和形体的外部轮廓，我们使用一些介于粗线和细线之间的线宽。

表面线条 | Surface Lines

物体中的第三类线，仅仅表示在面或体的表面上，色彩、色调或者肌理发生了可见的变化。为了表示这些色调或肌理对比的线条，我们使用最细线宽的范围区间。如果我们能做到的最细实线也不能表现足够浅的色调，也可以使用虚线，以维持线宽的梯级序列。

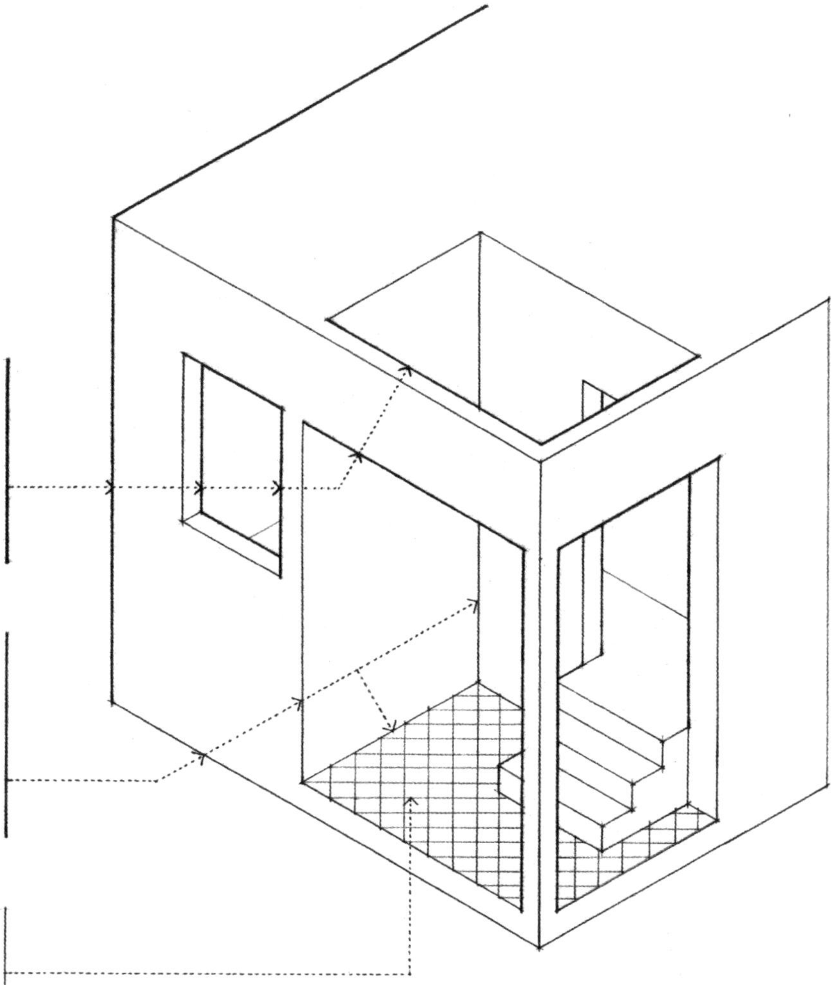

隐藏线 | Hidden Lines

隐藏线显示那些在特定视图中，被物体的其他部位遮挡住的边缘。隐藏线由一系列排列紧密的短线或圆点组成。

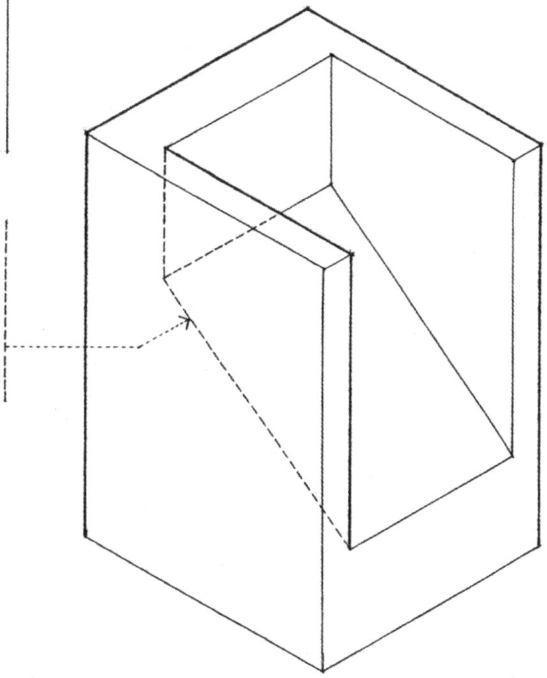

理解如何绘制常见的几何形状并能够在手绘制图时完成确定的绘图流程，是有实用价值的。

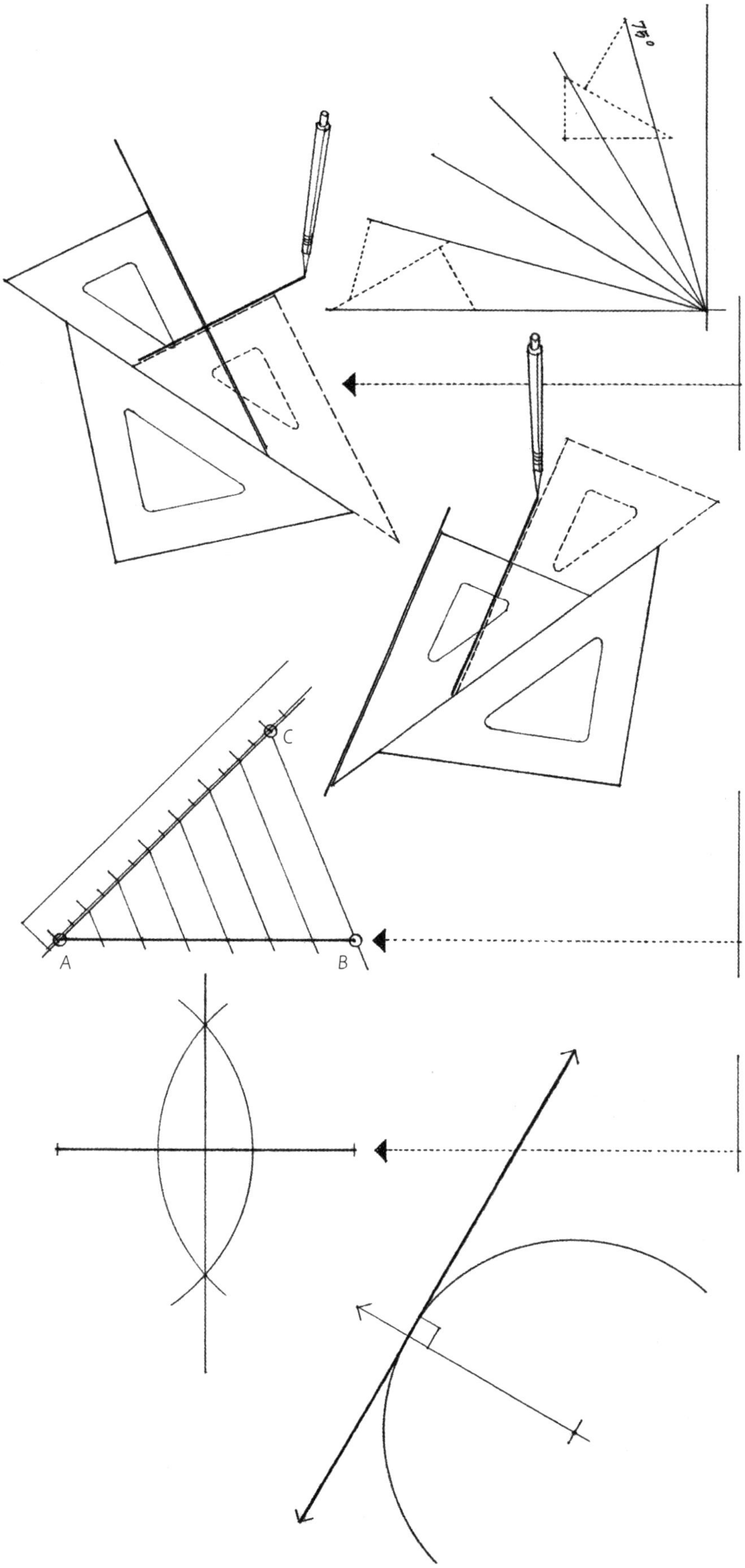

成一定角度的斜线 | Angled Lines

我们可以用标准的45°-45°和30°-60°三角板来绘制15°~90°、以15°为公差的斜线。有时单独使用三角板，有时组合使用。

绘制垂线 | Drawing a Perpendicular

我们可以用一对三角板绘制任何线条的垂线。首先把两个三角板的斜边对在一起，并把上方三角板的一个直角边与已知直线对齐。然后固定下方三角板的位置并滑动上方的三角板，直到垂直的直角边移动到合适的位置。

绘制一系列平行线 | Drawing a Series of Parallel Lines

我们可以用一对三角板绘制一系列已知直线的平行线。首先把两个三角板的斜边对在一起，并把上方三角板较长的直角边与已知直线对齐。然后固定第二个三角板的位置，并滑动第一个三角板到平行线需要的位置。

分割一条线段 | Subdividing a Line

把线段AB划分成相等的若干段，需要过A点绘制第二条线，和已知直线成10°~90°的角度。用比例尺沿着第二条线标记所需数量的等分点，并连结BC。然后用一对三角板绘制一系列平行线，将等分点转移到线段AB上。

等分一条线段 | Bisecting a Line

等分一条线段时，需要用圆规在线段的两个端点分别绘制圆弧。然后绘制一条穿过圆弧之间两个交点的线。这条线不仅等分第一条线段，还与它垂直。

绘制圆弧的切线 | Drawing a Tangent to a Circular Arc

绘制圆或者圆弧的切线，首先连结圆心和切点，绘制圆或圆弧的半径。然后通过切点绘制垂直于半径的线。

数字绘图程序让我们能够尝试绘图思路，并轻易撤销操作，直到思路可行为止。我们在屏幕上排布和研究设计方案，可以打印出来，也可以保存文件，之后继续修改。比例和布局的问题可以放到以后，因为这些问题可以在创建最终图像时按需要进行调整。在手绘制图时，绘图的成果立等可见，但是比例和布局难以调整。

数字参考线 | Digital Guides

绘图程序通常包含一些命令来控制点和线的移动，捕捉到精确的平行、竖直或者对角线的方向。网格和参考线以及捕捉命令，进一步辅助我们精确绘制线条和形状。

- 平行线可以通过复制已知直线，沿着确定的方向和距离移动来绘制。
- 垂线可以通过将已知直线旋转90°绘制出来。
- 斜线可以通过旋转已知直线到所需的角度来绘制。
- 智能参考线是可以被设定为绘制30°、45°、60°或者任何指定角度的直线。

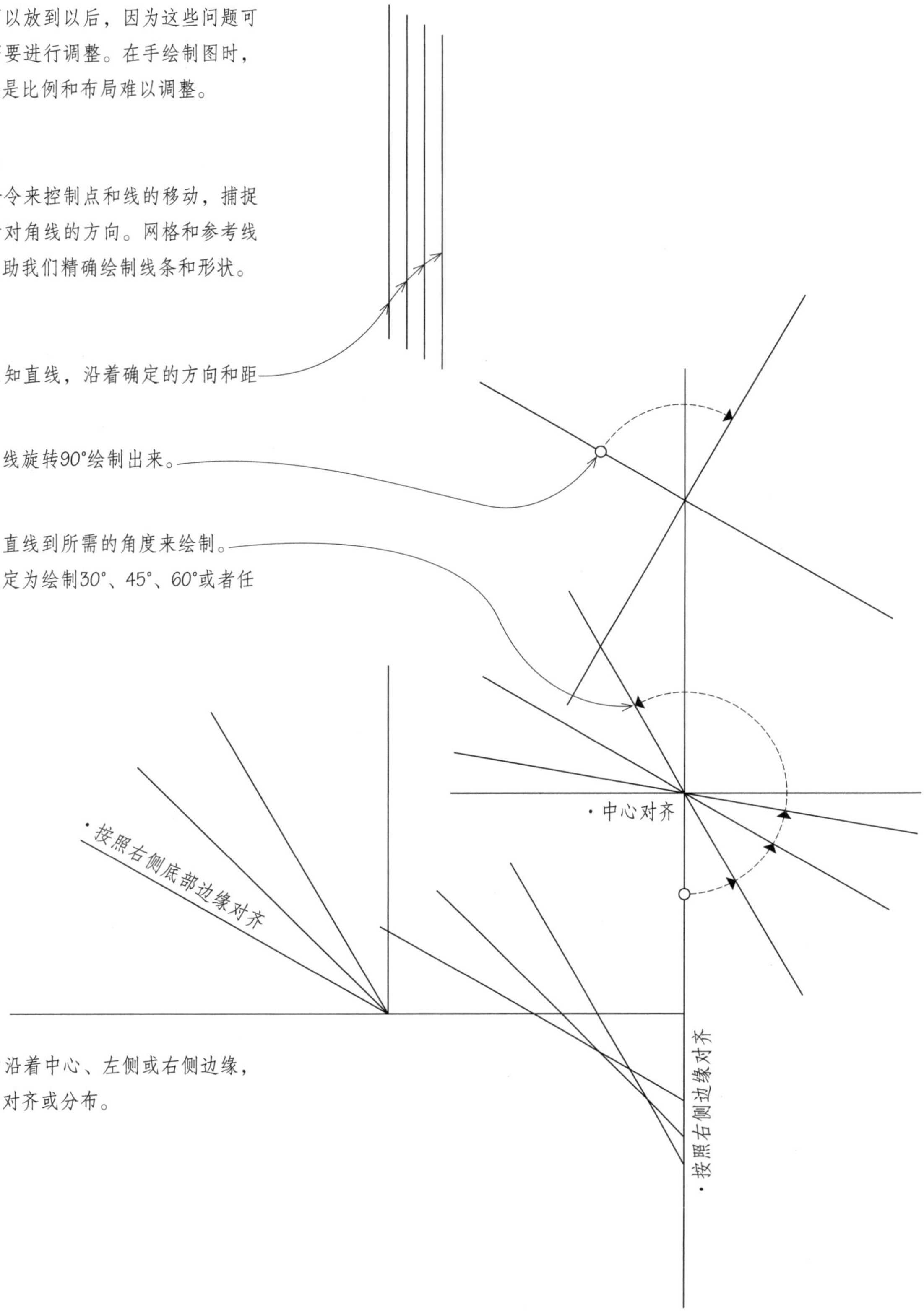

- 参考线还可以被设定为沿着中心、左侧或右侧边缘，或者线段的顶部或底部对齐或分布。

数字扩增 | Digital Multiplication

在数字绘图程序中可以轻松地为线条或形状创建副本，并移动和放置它们。

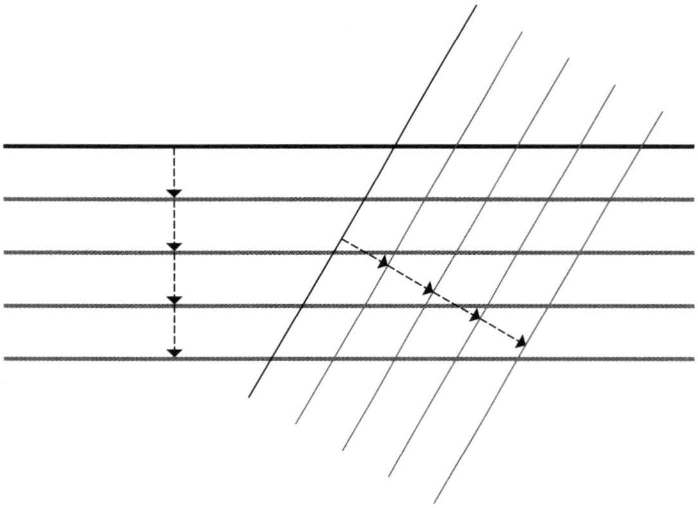

· 我们可以复制并移动任何线条或形状到指定的距离和方向，并且可以多次重复这个过程，直到达到我们需要数量的等距离分布的线条或形状。

数字分割 | Digital Subdivision

我们可以用与手绘相似的方法分割一条线段，也可以在一条线段的两端点之间平均分布线条和形状。无论是手绘还是在数字绘图程序中，分割过程从总体到细节，从整体到细部的流程保持不变。

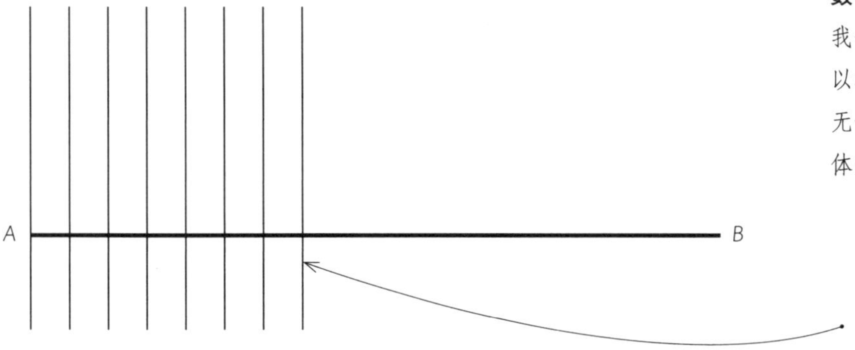

· 已知线段AB，通过A点绘制任意角度的线段，并复制这条线段直到所需的分段数。

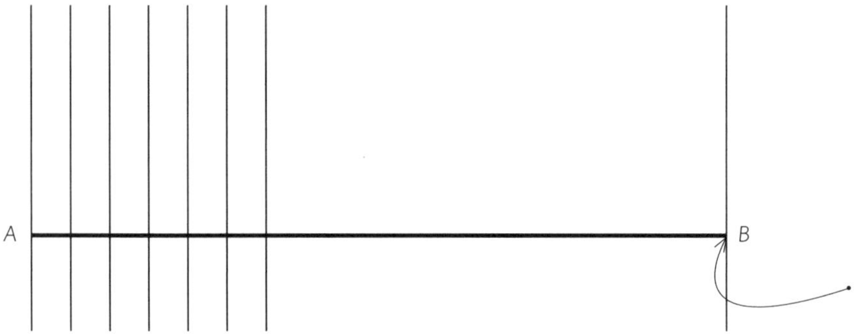

· 移动最后一条线段到B点。

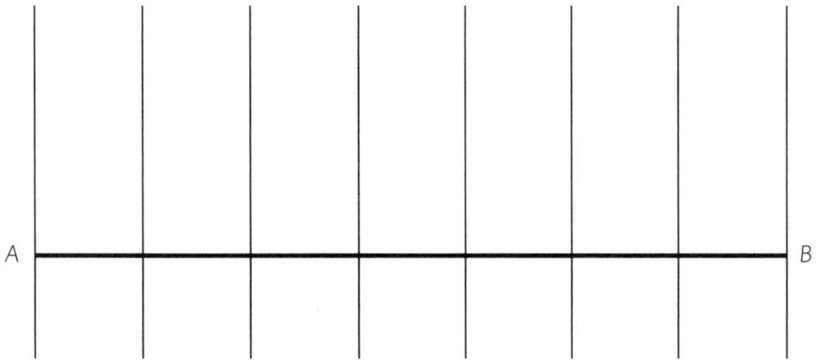

· 选中所有的线段并将它们平均分布，以创建所需数量的等分点。

数字形状 | Digital Shapes

二维矢量绘图和计算机辅助制图（CAD）程序包含几何形状、建筑装饰、设施及用户自定义元素的数字模板。无论是实体还是数字的模板，它们的目的是一致的——为绘制重复的图形节约时间。

数字形状包括两种外观属性：描边和填充。
- 描边是定义形状边界的路径。
- 填充是形状边界以内的区域，可以留空，也可以填充色彩、图案或渐变色。

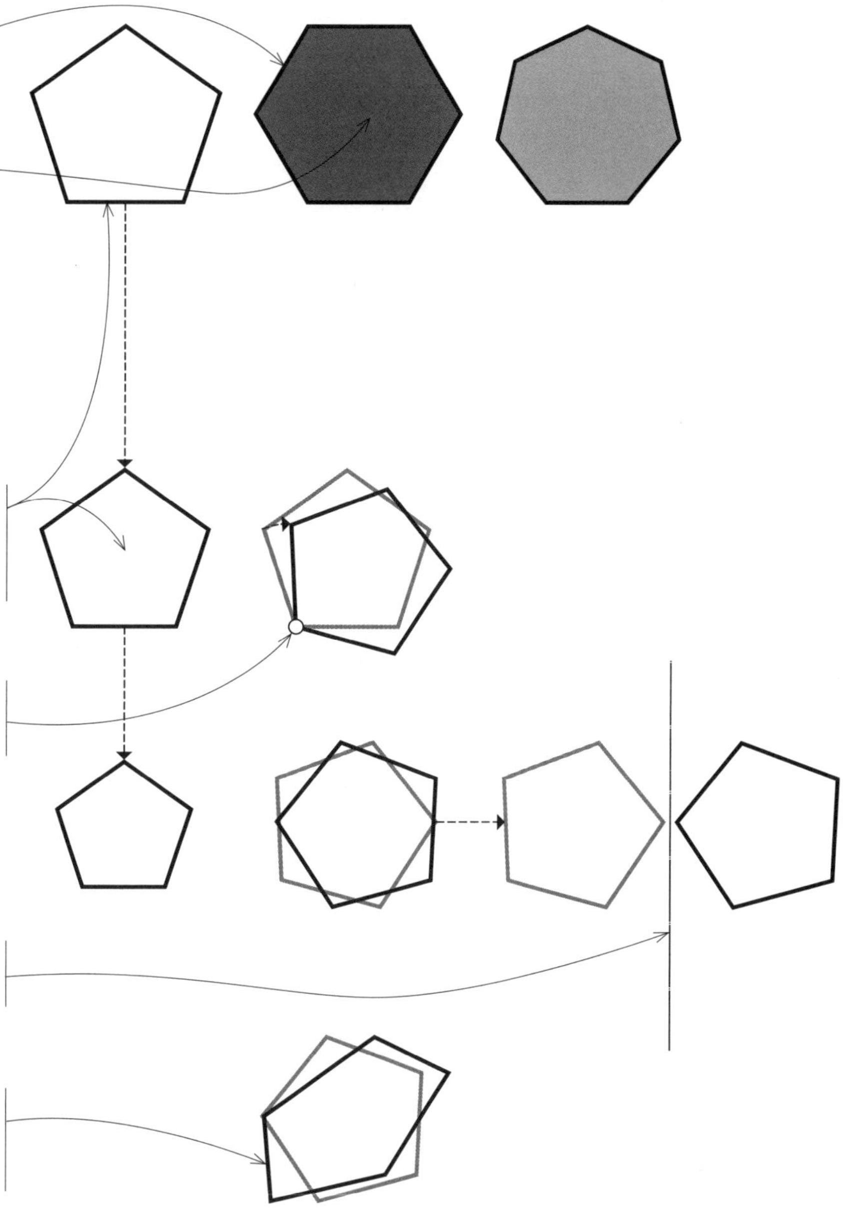

数字变换 | Digital Transformations

在创建数字形状后可以变形，包括缩放、旋转、镜像或剪切变形。矢量形状可以轻松调整，因为软件程式中内置的是它们的基础几何描述。

- 矢量图形可以被水平、竖直或双方向缩小或者放大，而不会降低图像质量。因为矢量图形和分辨率相互独立，它们可以任何比例按照最高质量输出。
- 矢量图形可以围绕任意点旋转任意角度。
- 矢量图形可以按任意轴线做镜像。
- 矢量图形可以沿着水平的、竖直的轴线，或者与水平的、竖直的轴线以任意角度进行剪切变形或者扭转。

所有这些变形都可以重复多次，直到完成所需的图形。

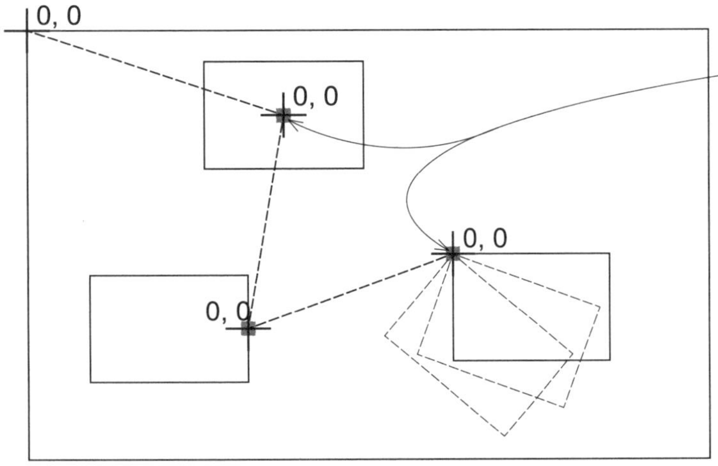

原点 | Origin Point

在数字绘图区域中，二维程序以（0,0）、三维程序以（0,0,0）作为默认原点。原点是所有X、Y、Z度量系统的起点。原点可以被移动到绘图区域的不同位置，这样可以更快、也更精确地放置对象。

参考点 | Reference Point

对象、线和图像都有一个参考点，可用于确定它们相对于原点的位置。参考点还可以作为旋转或者缩放的基点。默认的参考点是形状或者其边界框的中心。也可以手动设置其他参考点，比如形状或者边界框的角点或者边的中点。

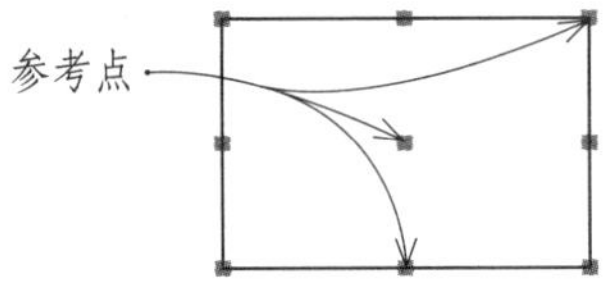

群组 | Grouping

群组可以让多条线、形状、图像和文字组合成单一对象。只要选择群组中的一个对象，就选取了整个群组，这样便可以快速选取、移动或变形。多个群组同样也可以组合在一起。要修改群组中的单个对象，需要孤立群组，通常可以双击群组或子群组来编辑单个对象。

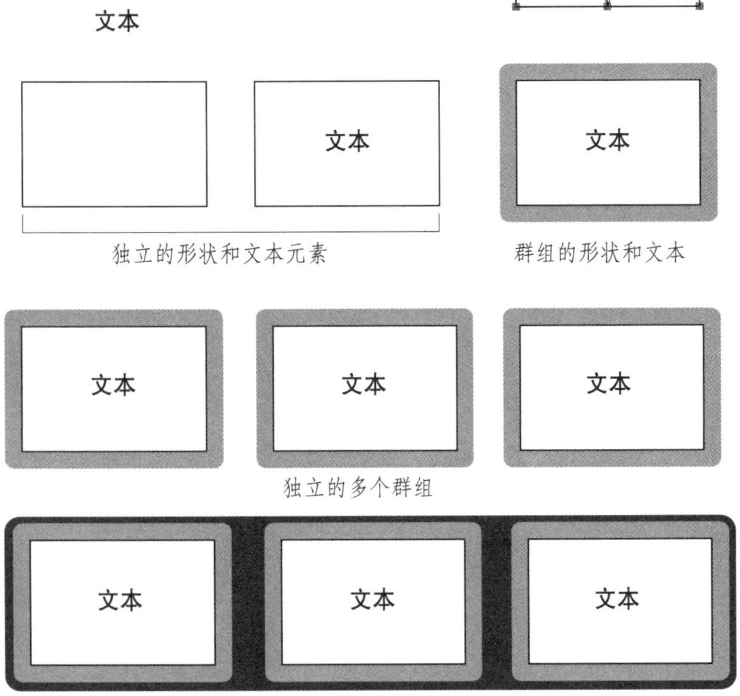

群组中包含子群组

锚点 | Anchor Point

在现有矢量路径中可以添加锚点，使新增加的路径段落可以被移动或修改。同样，矢量路径中的现有锚点可以被删去，重新生成路径，连结被删除锚点两侧剩下的锚点。

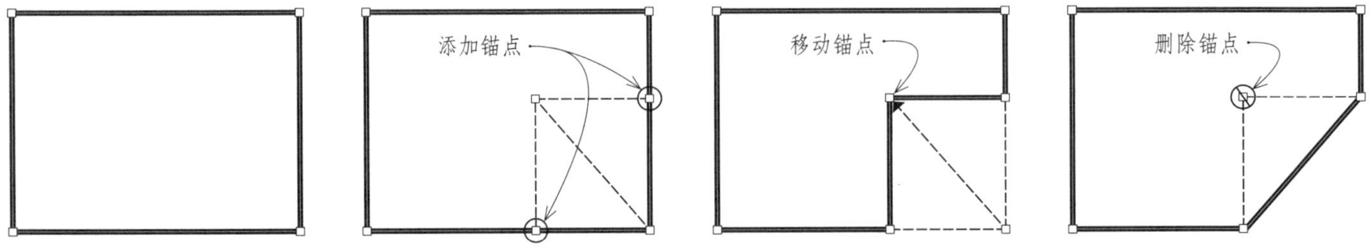

修剪 | Trim

对象可以被修剪或者切分，改变它们原有的形状。修剪的命令会在矢量路径中创建新的锚点，使原对象中的一部分被变形或删除。

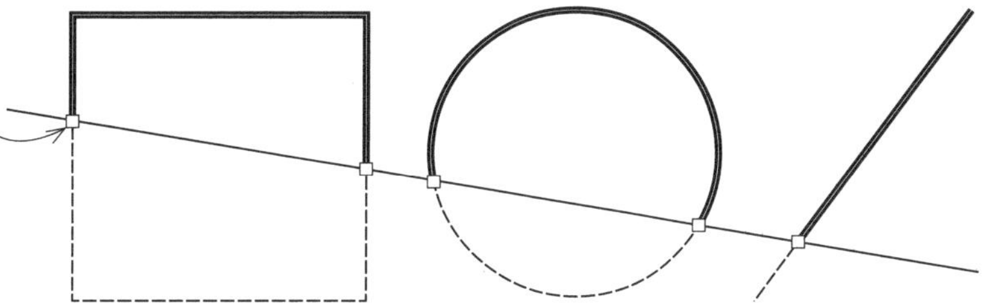

缩放 | Scale

对象的尺寸可以在单一方向改变，包括X、Y、Z方向；也可以在两个方向改变，包括XY、XZ和YZ方向；还可以在三个方向，X、Y、Z同时改变。这使得我们可以灵活地探索多种理念和选项。

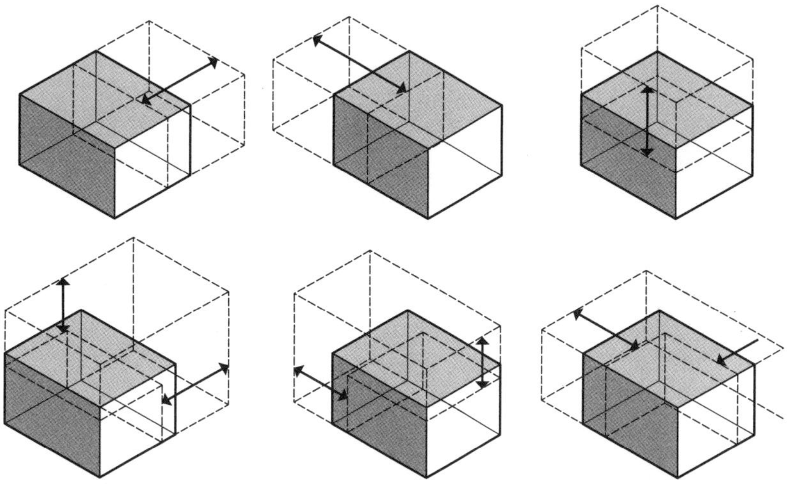

阵列 | Array

通过阵列命令，可以创建原对象的多个副本。阵列可以呈现矩形布局，并可以改变对象之间水平和竖直的间隔；也可以围绕一个确定的点呈现极坐标（圆弧形）布局。在三维绘图程序中，矩形阵列可以在Z方向复制对象。

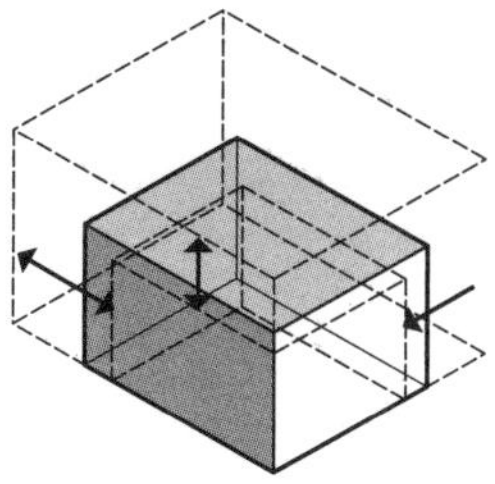

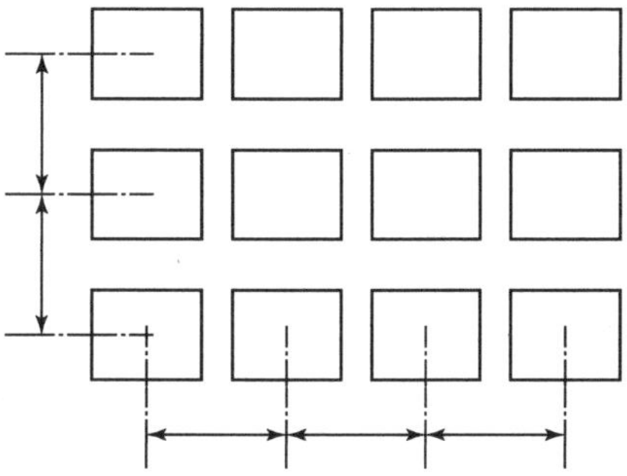

矩形阵列

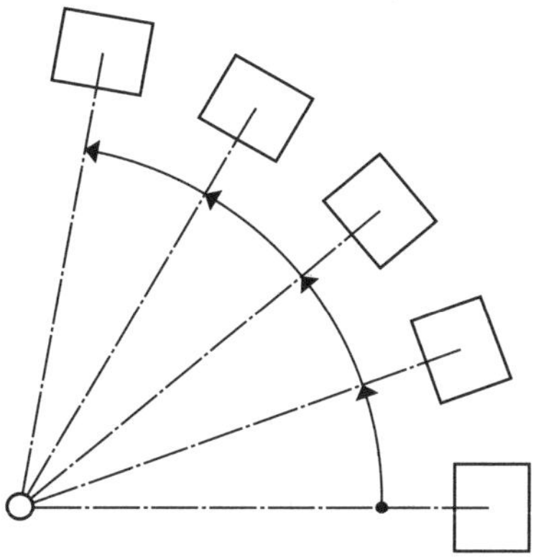

极坐标阵列

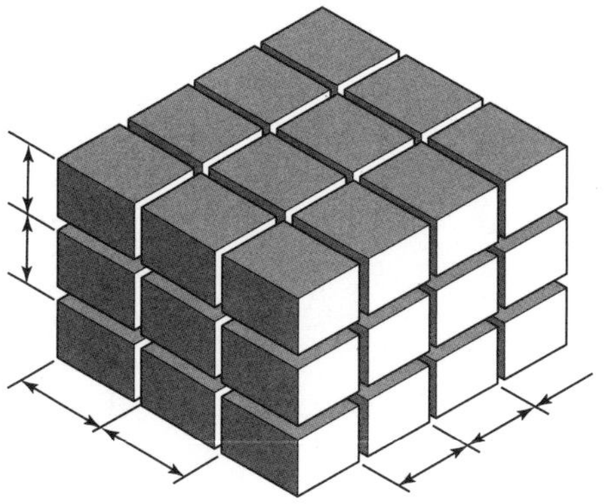

三维阵列

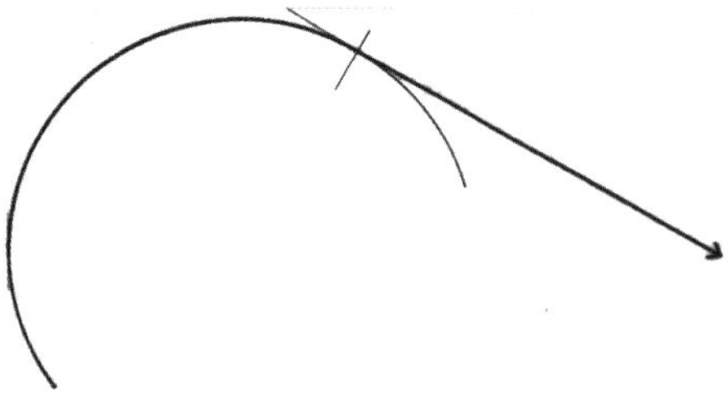

曲线 | Curved Lines

- 为了避免绘制的切线和圆或者曲线段不匹配，应当先绘制曲线元素。
- 之后绘制圆或者圆弧的切线。
- 在绘制圆和圆弧时，要小心保持钢笔或铅笔的线宽与绘图的其他部分相匹配。

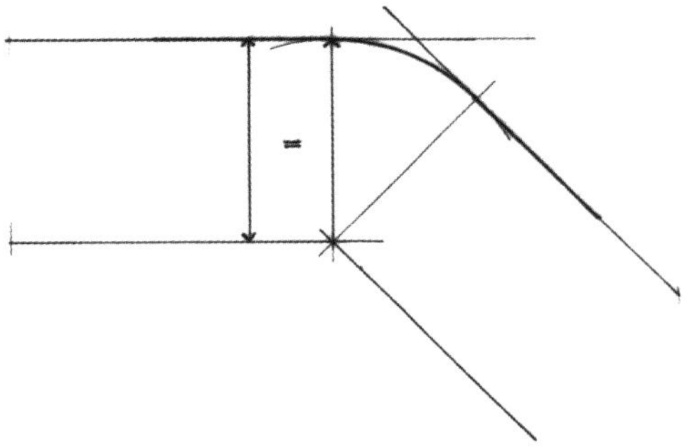

- 在两条已知直线段之间绘制确定半径的弧形倒角，应当先绘制与已知直线段平行、距离等于所需倒角半径的线段。
- 绘制的平行线的交点就是所需倒角的圆心。

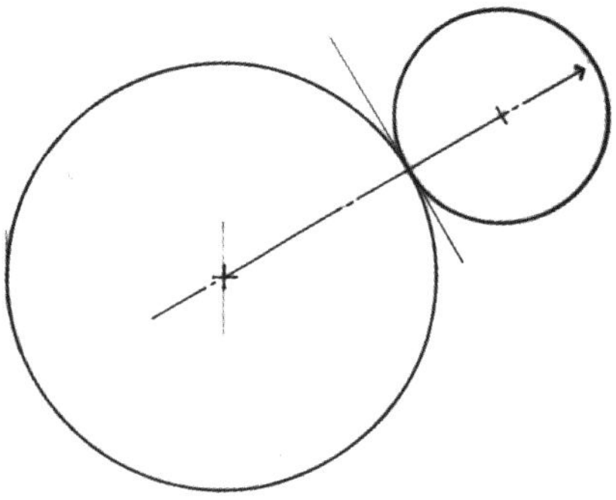

- 绘制两个相切的圆时，先绘制一条直线，穿过一个圆的圆心和它周长上既定的切点。
- 另一个圆的圆心一定会落在这条直线上。

贝塞尔曲线 | Bézier Curves

贝塞尔曲线指的是一类由数学公式生成的曲线，由法国工程师皮埃尔·贝塞尔（Pierre Bézier）为计算机辅助设计和制造（CAD/CAM）而开发。

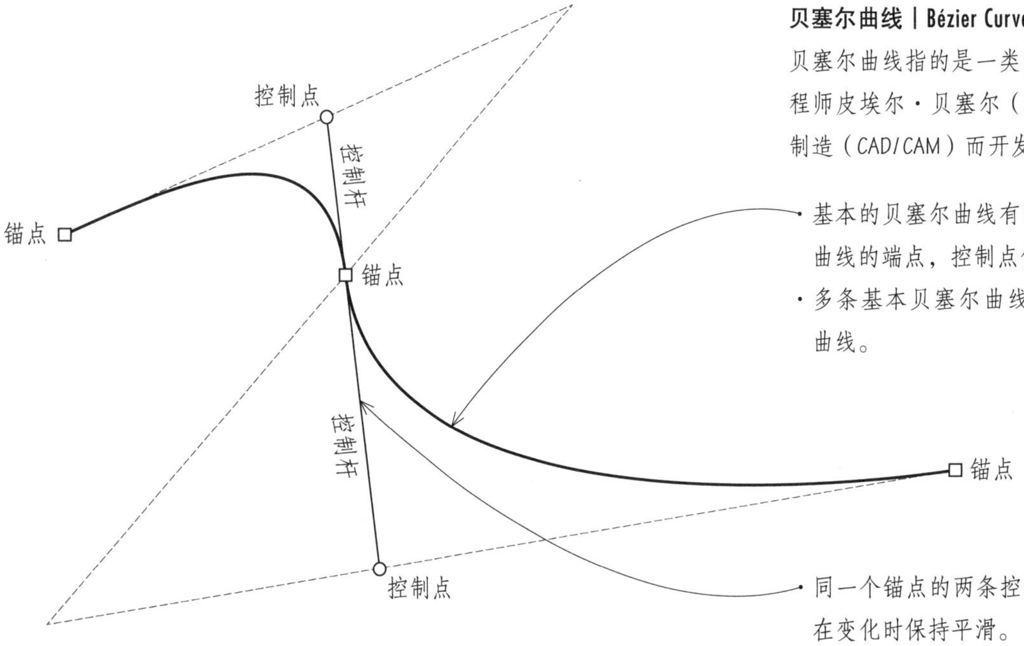

- 基本的贝塞尔曲线有两个锚点和两个控制点。锚点确定曲线的端点，控制点位于曲线外侧，控制路径的曲率。
- 多条基本贝塞尔曲线可以组合在一起，形成更复杂的曲线。
- 同一个锚点的两条控制杆的共线关系，使得路径的曲率在变化时保持平滑。

练习 5.1

用一支自动铅笔、一把制图三角板和一把丁字尺或平行尺，绘制三个正方形，边长分别为1英寸、$2^{1}/_{2}$英寸和$4^{3}/_{4}$英寸。图中线条的深浅和粗细是否保持一致？线条交会的拐角是否干脆利落？重复两次这个练习，一次使用钢笔，另一次使用二维绘图程序。

练习 5.2

用一支自动铅笔、一把制图三角板和一把丁字尺或平行尺，以两倍的大小绘制这个图形。使用建筑比例尺计算，分别按照以下比例确定图中最大矩形的整体尺寸：$^{1}/_{8}$英寸=1英尺，$^{1}/_{4}$英寸=1英尺，$^{3}/_{4}$英寸=1英尺，1英寸=1英尺，$1^{1}/_{2}$英寸=1英尺。

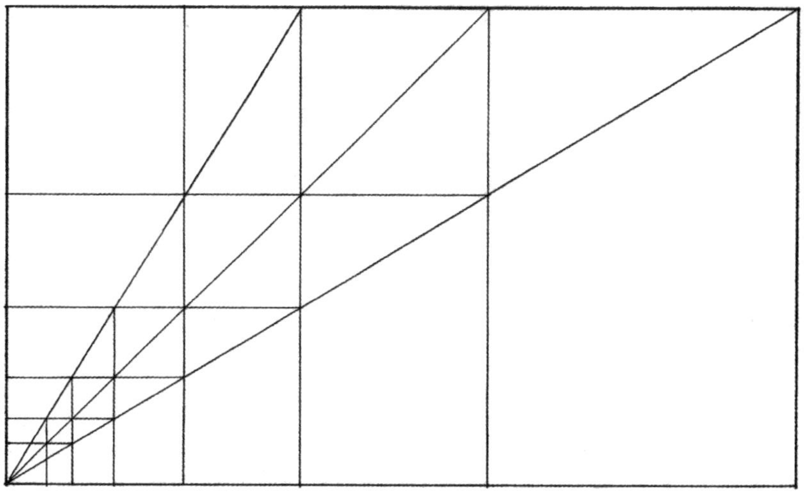

练习 5.3

用一支圆规绘制直径6英寸的圆。按照右图所示绘制五边形。在五边形以内，绘制一系列递减的五角星。

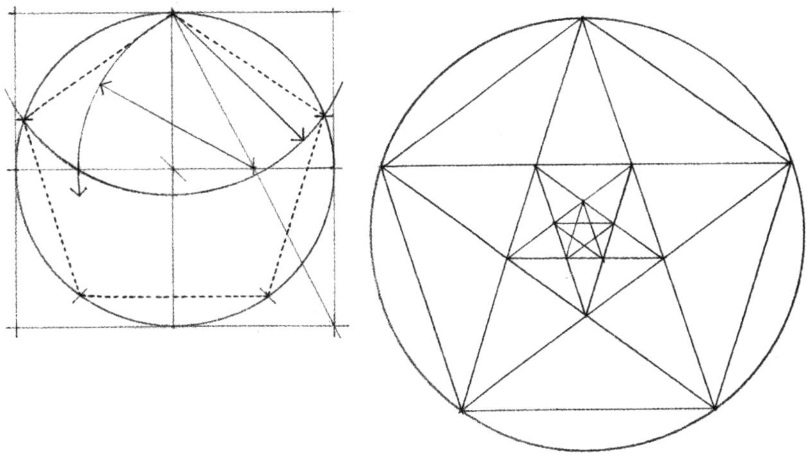

练习 5.4

绘制一个长、短边的比例为黄金分割率的矩形。首先绘制边长2英寸的正方形ABCD。绘制两条对角线，找到正方形的中心。通过中心点绘制竖直直线与正方形的底边DC交于中点E。以E为圆心，EB为半径，向下绘制圆弧与正方形底边的延长线相交。然后绘制矩形AFGD。AD与DG的比例就是黄金分割率，大约是0.618:1。使用二维绘图程序重复这个练习。

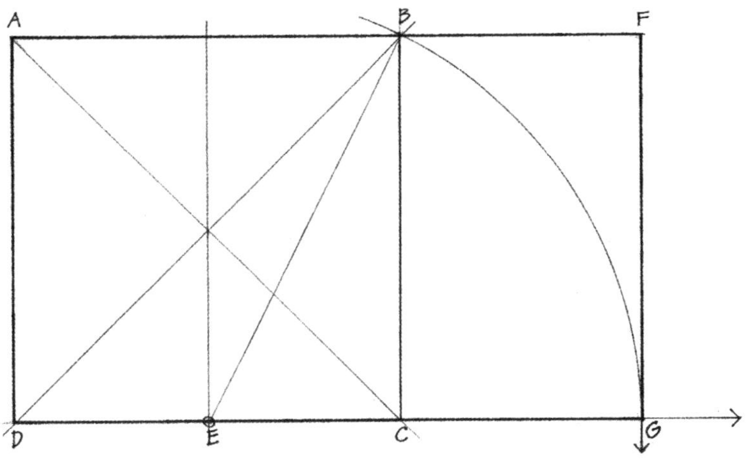

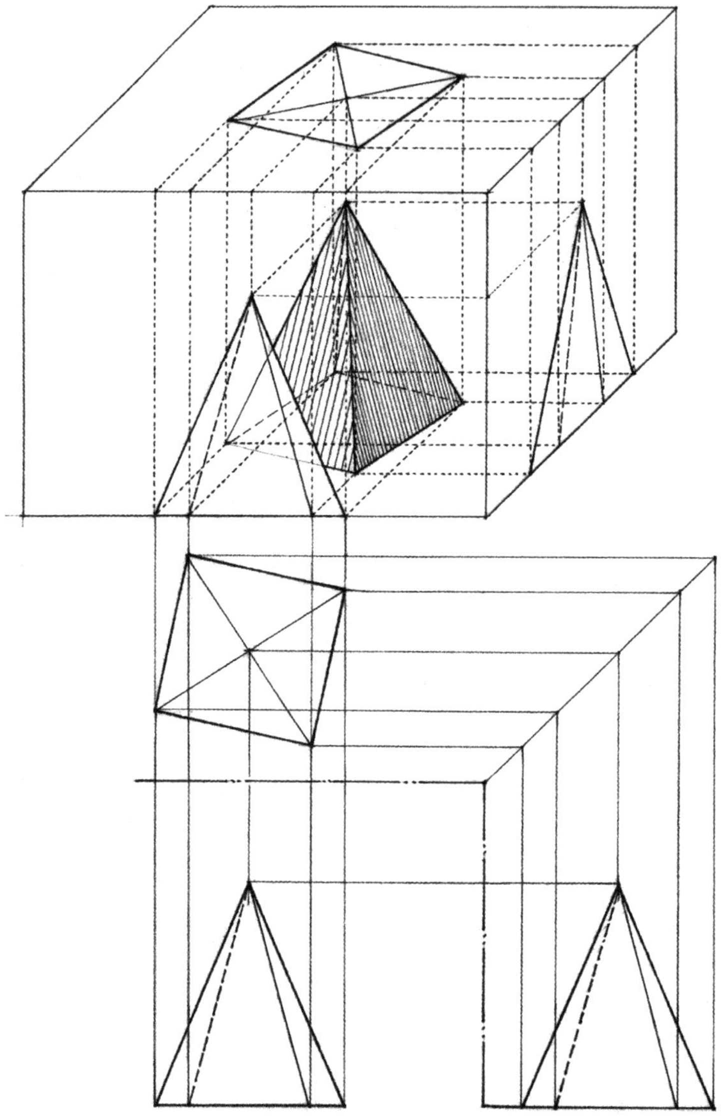

6
多视角绘图
Multiview Drawings

多视角绘图包含被我们称为“平面图、立面图和剖面图”的绘图形式。每一种都是物体或者工程项目在某一个方向的正投影。这些正投影视图在感官上是抽象的，因为它们不符合视觉的现实情况。它们是一种概念的表现形式，基于我们对事物的理解，而非我们从空间中的某点观察事物的情形——在正投影视图中不存在具体的观察者，如果一定说有，那么观察者的眼睛位于无穷远的位置。

在正投影中，相互平行的投影线与像平面垂直。因此，对于任何平行于像平面的特征元素，它们的正投影会保留真实的大小、形状和空间关系。这就是多视角绘图最主要的优点——能够精确地确定点的位置、测量线的长度和角度，或者描绘面的形状和边界。

在设计过程中，多视角绘图构建起二维平面领域，在其中我们可以研究物体构造的形式肌理和尺度关系，或者为设计赋予理性的秩序。多视角绘图能够控制尺寸、定位和空间关系，这让它在设计的描述、制作和建造过程中，都被有效地用于沟通必要的图形信息。

另一方面，单独一幅多视角绘图只能显示物体或工程项目的一部分信息。纵深不明确是它的固有特征，因为第三个维度被压缩到像平面内部。从单独一张平面、剖面或立面图中，我们能读到的任何纵深信息都只能由线宽和对比度的梯级序列表现。尽管我们可以从中推测纵深关系，但只有在看到另一个视图时才能明确。因此我们需要一系列区别明确而又相互关联的视图来全面描绘形体或构造的三维特征——于是有了“多视角”的称谓。

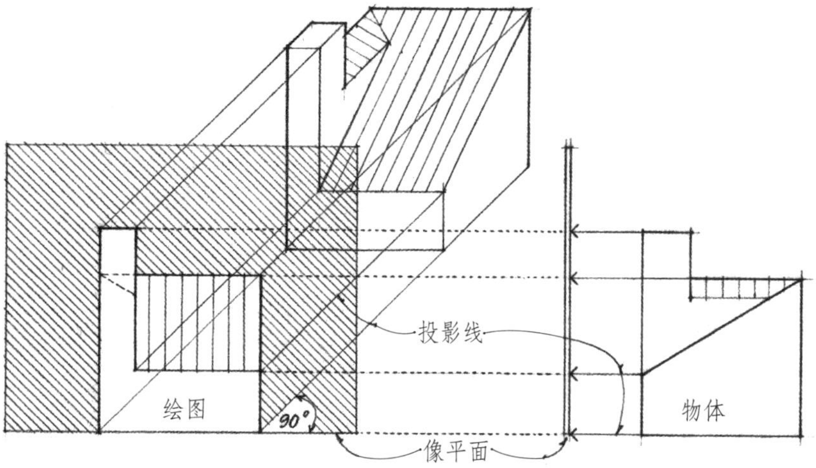

正投影是一种用垂直于像平面的投影线表现物体的投影系统。构建正投影时，我们通过物体上不同的点绘制相互平行的投影线，与像平面垂直相交。然后我们按照正确的顺序连结投影点，在像平面上得到物体的影像。我们把像平面上的这个影像称作“正投影视图”。

单独一幅正投影视图不足以完整描绘三维物体。我们需要一系列相互关联的正投影视图。正投影视图之间的关系有两种规范惯例：第一象限投影法（first-angle projection）和第三象限投影法（third-angle projection）。为了理解两者间的区别，想象三个相互垂直的像平面——一个水平的、两个竖直的。正垂面和水平面相交形成4个二面角，从正面上部的象限开始，沿顺时针方向标1到4号。

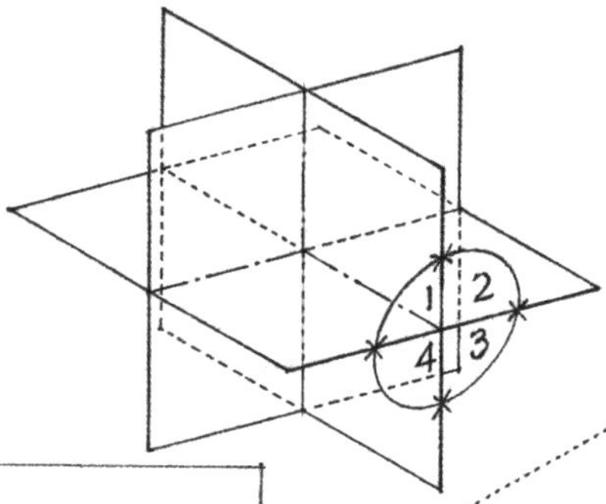

第一象限投影法 | First-angle Projection

加斯帕尔·蒙日（Gaspard Monge），一位负责设计防御工事的法国物理学家和军事工程师，在18世纪发明了第一象限投影法。在第一象限投影法中，我们把物体放在第一象限，并将物体的影像像影子一样投射在像平面的内侧。物体靠近观察者的侧面穿过物体投射到像平面上。

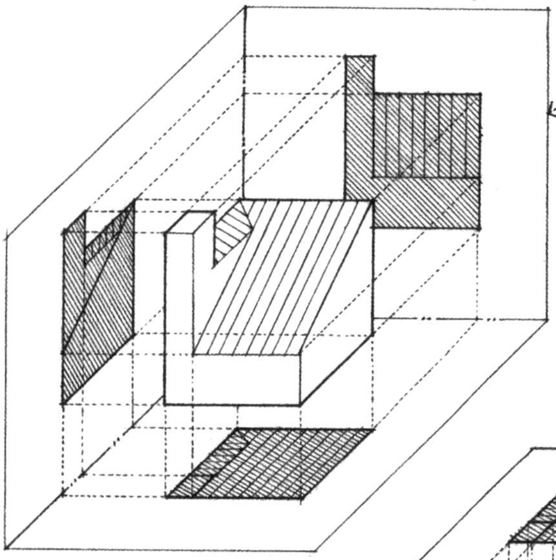

第三象限投影法 | Third-angle Projection

如果我们把物体放在第三象限，其结果就是第三象限投影法。因为像平面位于物体和观察者之间，我们把物体的影像向前投射到像平面上。因此我们是透过透明像平面的外表面观看和绘制物体的。

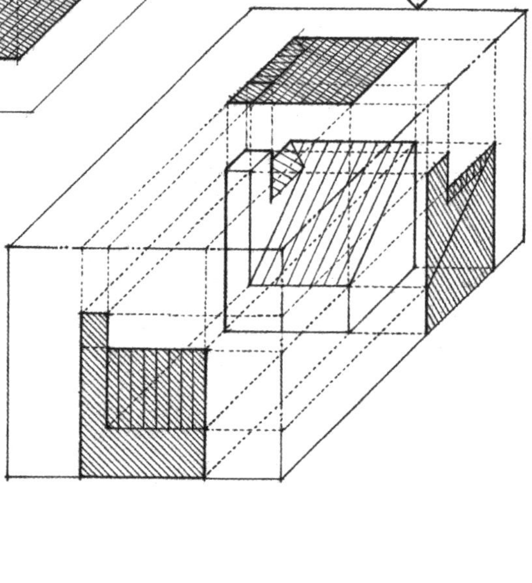

如果我们用透明像平面组成的盒子包住物体，我们可以为这些主要的像平面，以及通过正投影投向它们的影像命名。每一个正投影视图代表一个不同的朝向和我们观察物体的一个特定的有利点。每一个视图也在设计开发和沟通中扮演一个明确的角色。

基本平面 | Principal Planes

基本平面是一系列相互垂直的像平面，接受物体的正投影影像。

水平面 | Horizontal Plane

水平的基本平面，通过正投影接受物体的平面图或顶视图。

正垂面 | Frontal Plane

竖直的基本平面，通过正投影接受物体的立面图或前视图。

侧垂面 | Profile Plane

竖直的基本平面，通过正投影接受物体的侧视图或端视图。

折线 | Fold Line

表示两个相互垂直的像平面相交的轨迹。

交线 | Trace

表示两个平面相交的线。

基本视图 | Principal Views

基本的正投影视图包括平面图、立面图和剖面图。

平面图 | Plan

一种基本视图，显示物体被正投影到水平的像平面上；也称“顶视图”（top view）。在建筑制图中，不同类型、差异分明的平面图表示不同种类的建筑或场地水平投影。

立面图 | Elevation

一种基本视图，显示物体被正投影到竖直的像平面上。立面图可能是前视图、侧视图或者后视图。这取决于我们如何面对物体，或者如何评价它各个表面之间的相对重要性。在建筑制图中，我们用指南针的方向，或者用场地的一些明确特征来标记立面图。

剖面图 | Section

假设物体被一个平面剖切而形成的正投影视图。

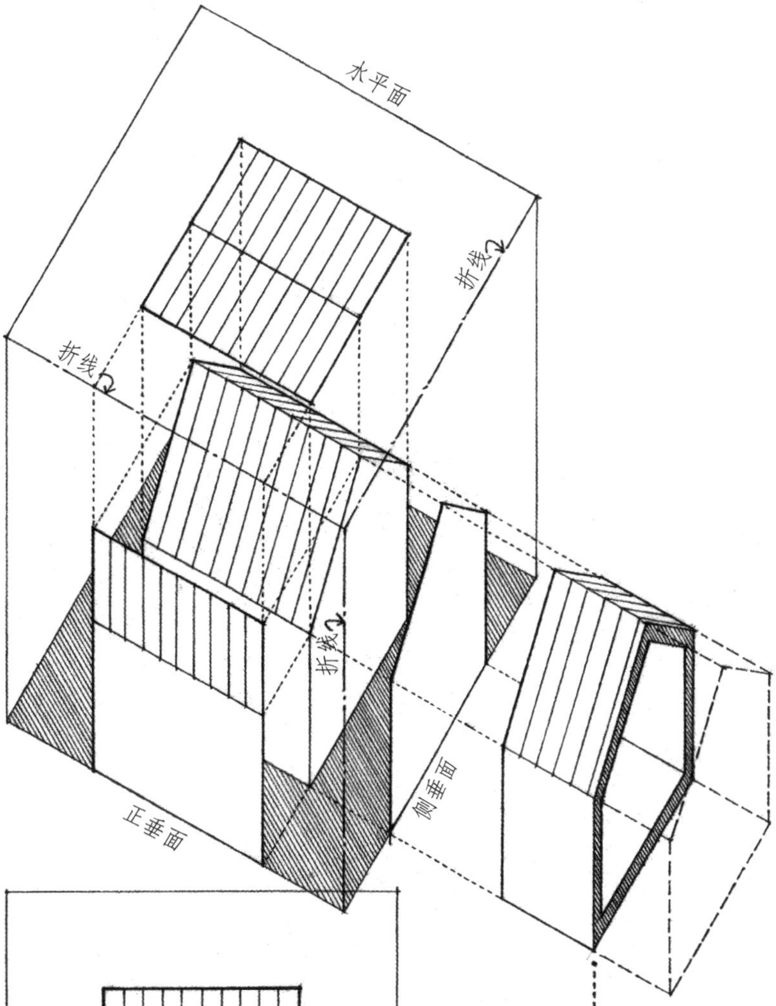

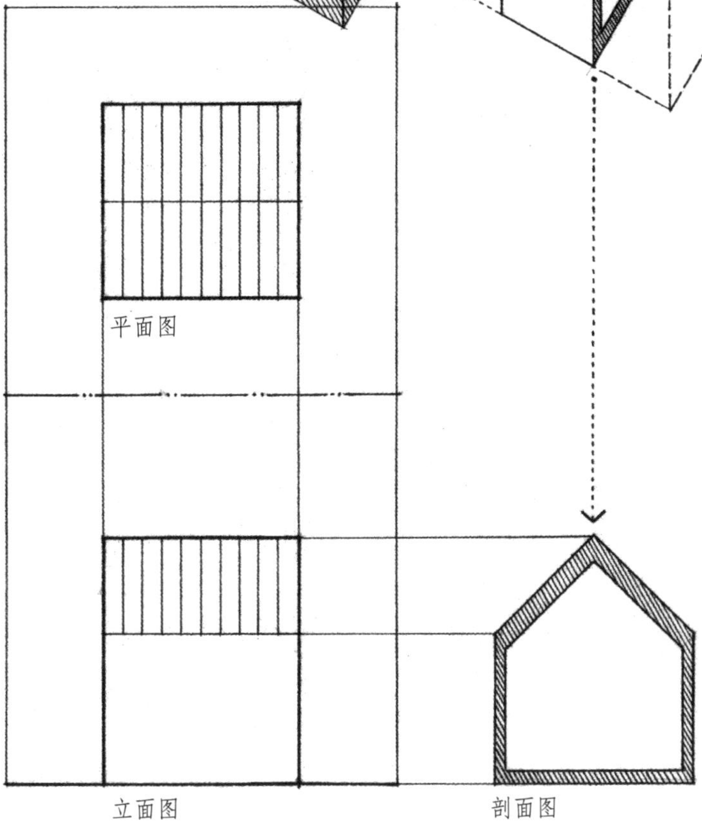

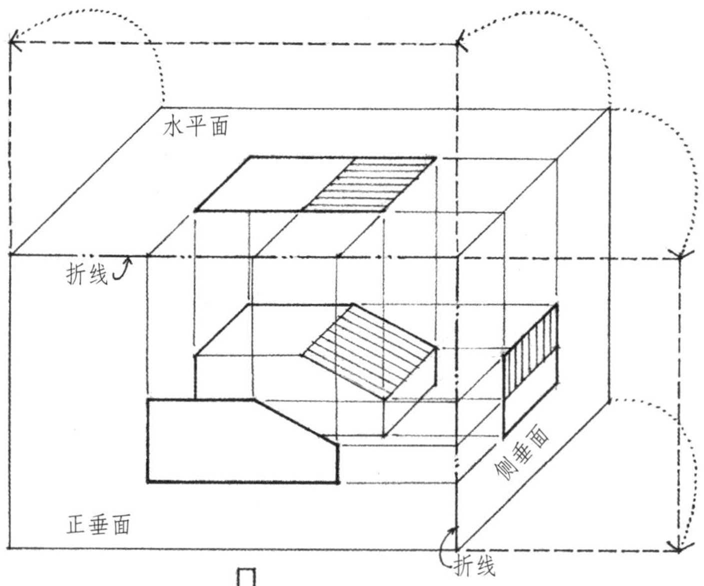

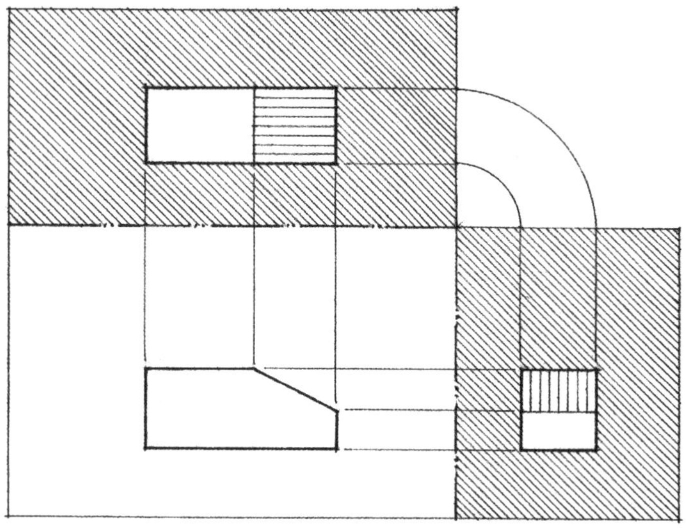

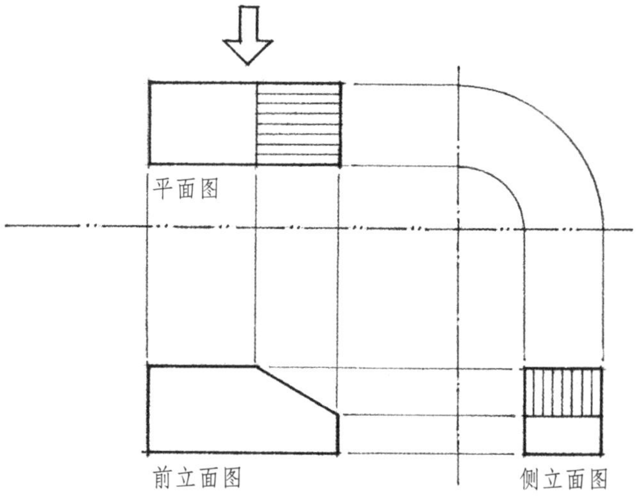

排列视图 | Arranging Views

为了让一系列正投影视图所描绘的三维整体更容易阅读和理解，我们要用有秩序和逻辑的方式排列这些视图。平面图和立面图最常见的排列方式是把第三象限投影法中像平面的透明盒子展开。

当每个视图被投影后，我们沿折线旋转这些视图到同一个平面，即绘图表面。顶视图或平面图向上旋转到前视图或立面图的正上方，和前视图竖直对齐；侧面图旋转后和前视图水平对齐。这样得到的成果是一套连贯的正投影视图，由折线分隔。

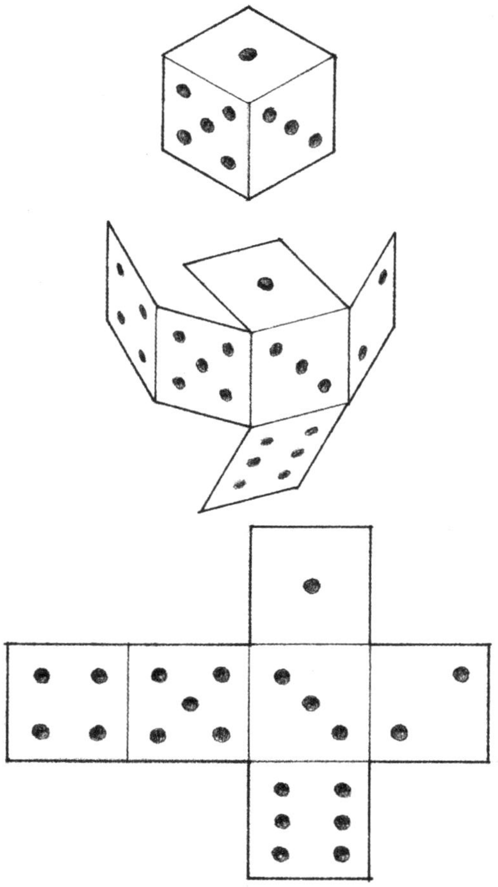

视图的数量 | Number of Views

为了完整描绘物体的三维形体，所必需的正投影视图数量会根据物体几何特征和复杂性变化。

对称的情况通常会让一个或更多视图不再必要。比如，一个轴对称，或者叫两边对称的形体或构造有两个面的图形互为镜像。因此，其中一个面的视图就变得多余，可以忽略掉。同理，在中心对称的形体或构造中，如果一个立面图就可以表现多个立面图中相同的信息，其他立面图就没有必要了。然而，如果实际并不存在对称的情况，那么忽略一个视图就会造成歧义。

多数物体需要最少三个相关联的视图来描绘它们的形体。复杂的形体或构造也许需要4个或者更多的关联视图，尤其是那些有着很多斜面的物体。

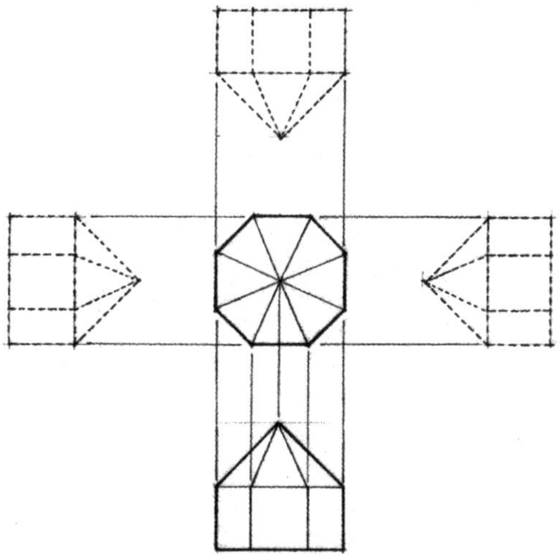

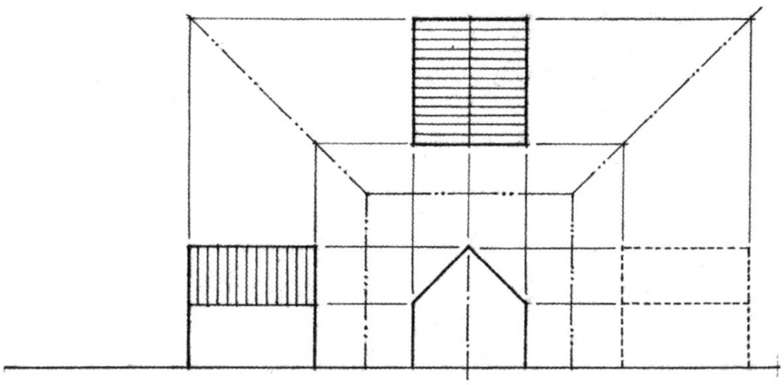

辅助视图 | Auxiliary Views

物体或者工程项目的每一个斜面，都需要一个辅助视图来描绘真实的尺寸和形状。我们插入一个平行于斜面的辅助像平面，并添加一条折线代表它的边缘视图，借此构建一个辅助视图。

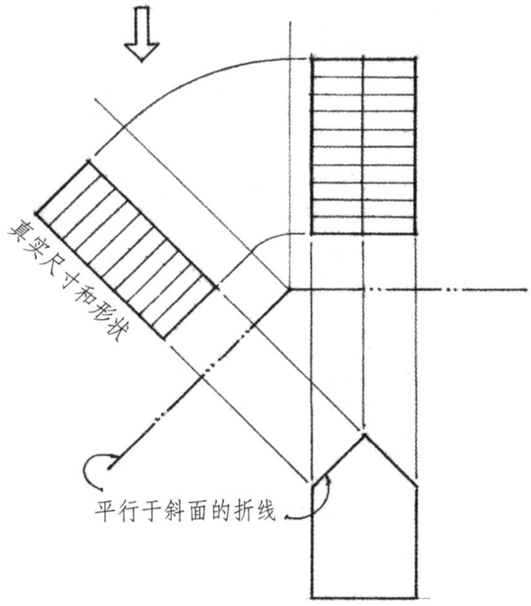

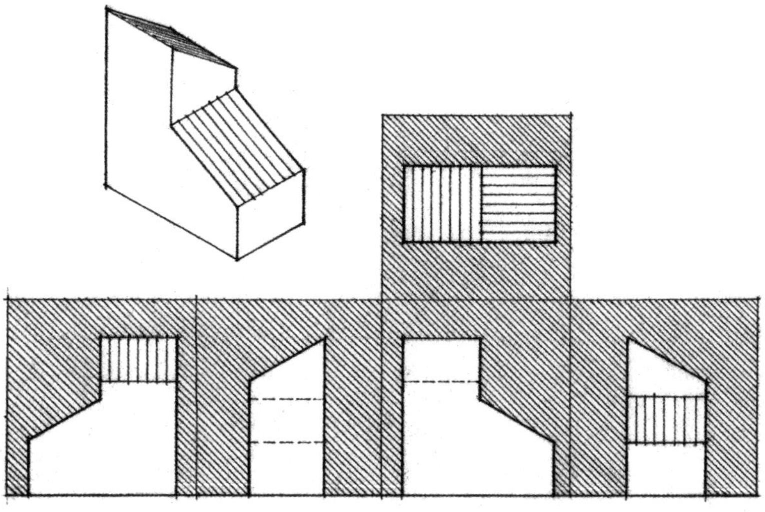

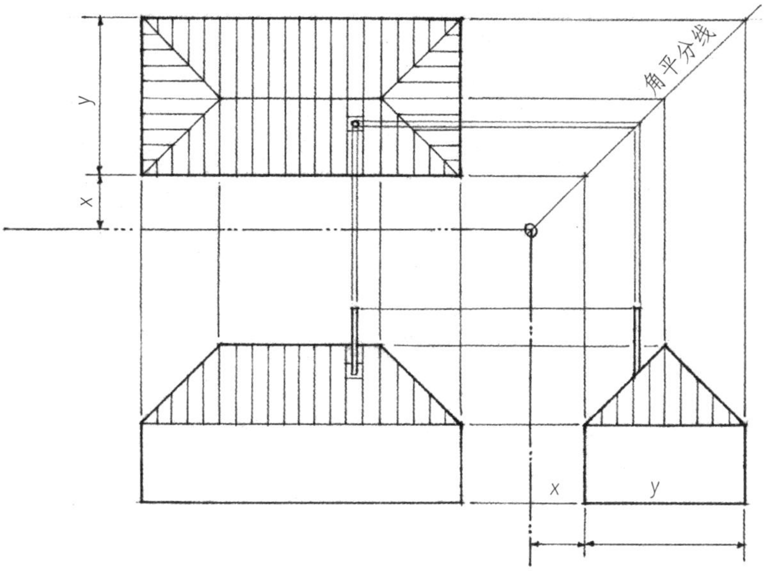

构建视图丨Constructing Views

只要有可能，就让相关联的正投影视图相互对齐，这样点和尺寸就可以很容易地从一个视图誊抄到另一个。对齐的关系不仅有助于构建视图，还让图纸中相互关联的一系列信息更容易理解。比如，在平面图绘制完成后，我们可以迅速地把横向尺寸竖向誊抄到绘图表面下方的立面图中。同样地，我们可以把竖向的高度尺寸，从一幅立面图横向投影到其他相邻的立面图中。

把点投影到相邻的视图中时，绘制的投影线永远要垂直于共用折线。同一个点在每个视图中与折线的距离，只要折线同属于另一个相关联的视图，就都相等[译注]。因此，我们可以从折线的交点绘制角平分线，把顶视图中的距离誊抄到侧视图中。还有一种方式是以折线的交点为圆心，绘制一系列四分之一圆弧。

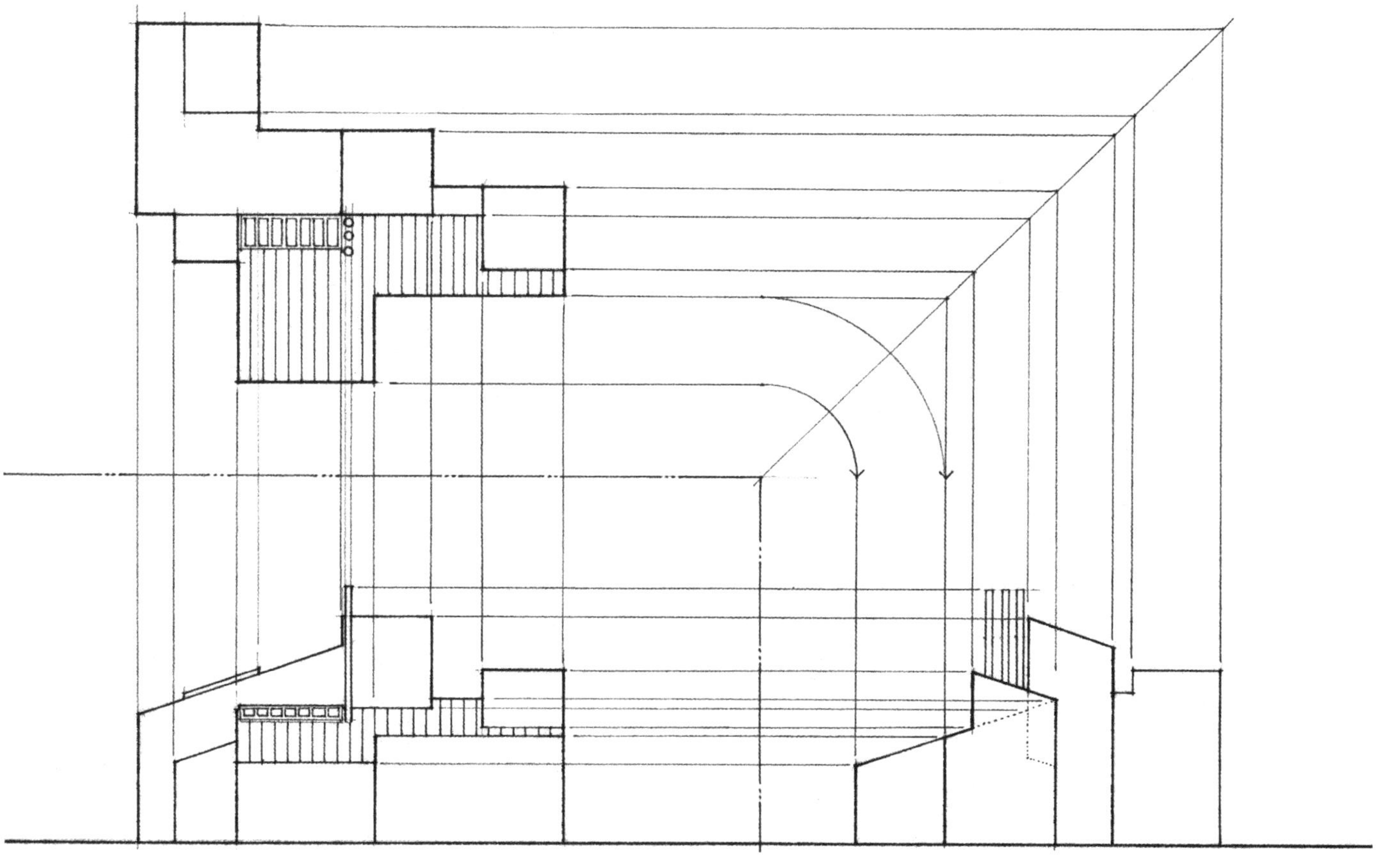

[译注] 如本页左上图中所示，顶视图中下侧屋檐上的点到下方折线的距离为x。在侧视图中，同一点到其左侧折线的距离也为x，因为这两条折线同属于正视图——距离x表现的是三维空间中的点与正视图投影面的垂直距离，分别以竖向和横向距离表现在顶视图和侧视图中，而此时，正视图投影面恰好表现为边缘视图，即折线。

原则和技法 | Principles and Techniques

任何线或面，在平行于像平面时，正投影都保持真实尺寸，无论绘图比例尺如何。

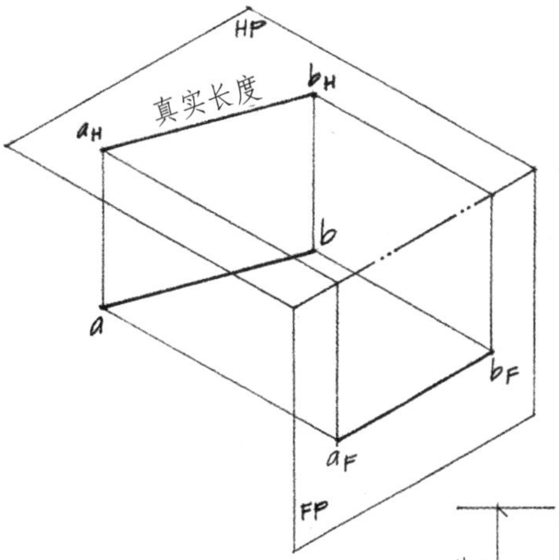

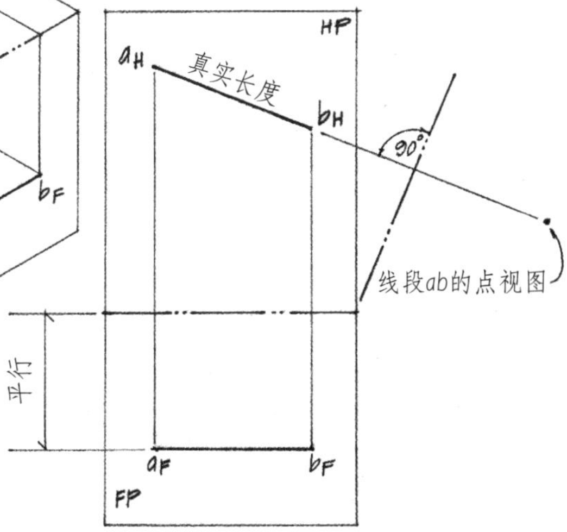

- 为了确定线的真实长度，建立与它平行的折线并把它的端点投影到折线的另一侧。
- 任何一条线在垂直于像平面时，正投影都是一个点。要展示一条线的点视图，首先需要一个显示它真实长度的视图。然后建立一条与真实长度线条垂直的折线，再把线投影到折线另一侧。

- 任何平面在垂直于像平面时，正投影都是一条直线。如果平面中的一条线在视图中显示为一个点，那么这个平面在同一视图中显示为一条线。因此，要展示一个平面的边缘视图，首先找到平面中真实长度线条的点视图，再把可以确定平面的点投影到同一视图中。
- 要获取一个平面的真实尺寸和形状，首先建立和它的边缘视图垂直的折线，再把可以确定平面的点投影到折线的另一侧。

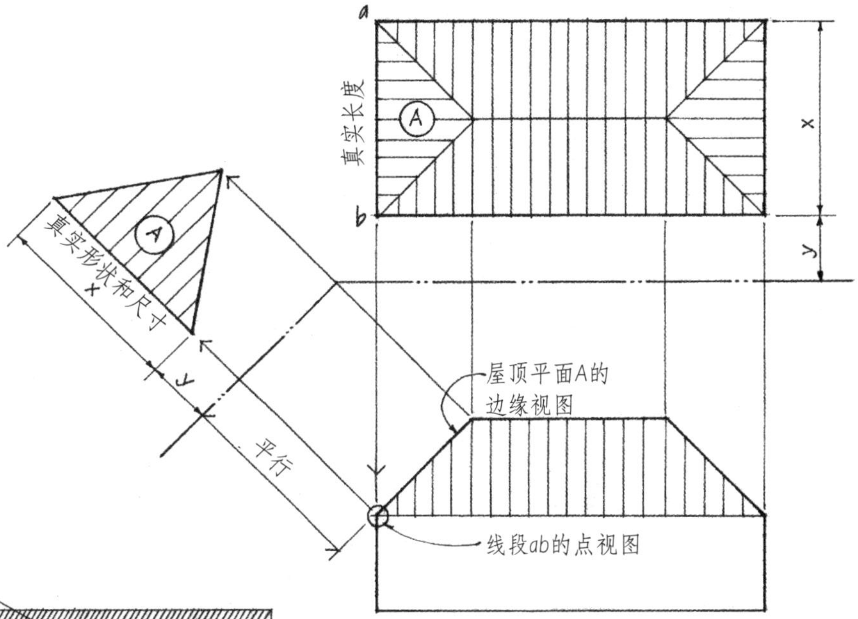

- 如果空间中两条以上的线相互平行，它们的正投影在所有视图中都相互平行。
- 一个元素在同一视图中的尺寸保持不变，无论它距离像平面有多远。

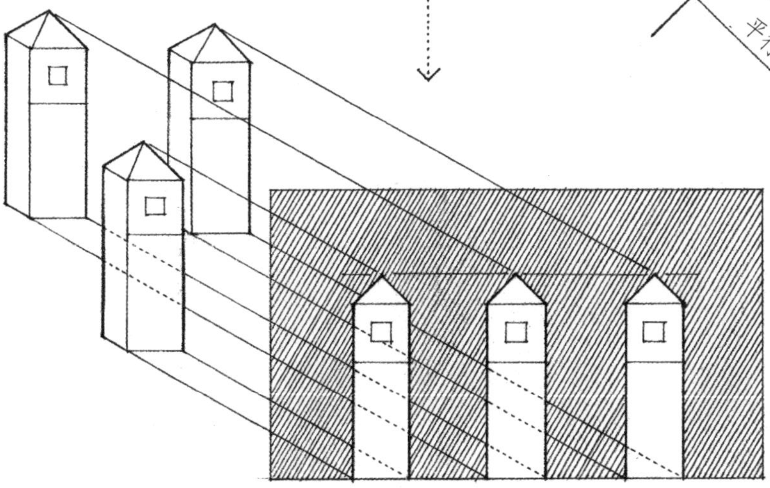

原则和技巧 | Principles and Techniques

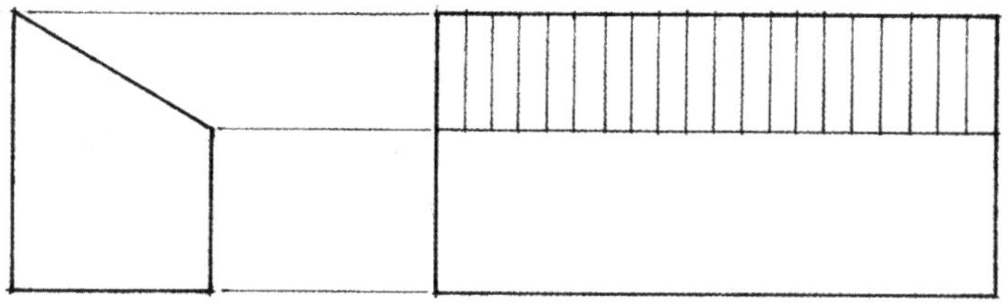

· 任何线或平面，在倾斜于像平面时，正投影总是被透视缩短。倾斜的线或平面会出现透视缩短现象，在绘制这样的视图时，必须有一个视图显示出这条线的真实长度或者平面的边缘视图。

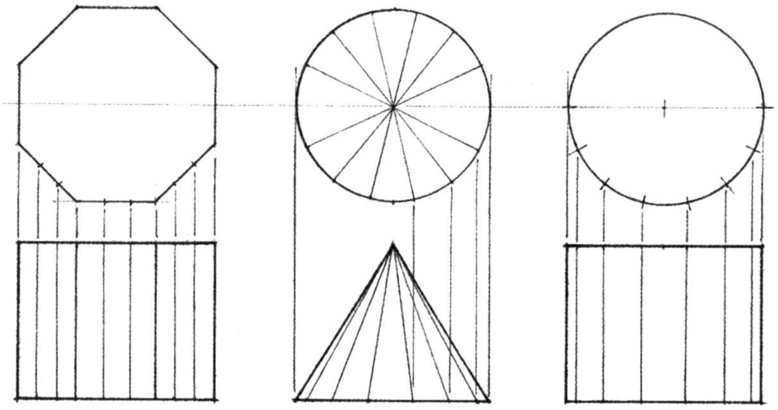

· 为了确定曲线的正投影，首先绘制能够显示曲线真实形状或轮廓的视图。然后在这个轮廓上确定等距离的点，并把它们投影到相关联的视图中。点的划分越细致，视图就表现得越平滑、精确。

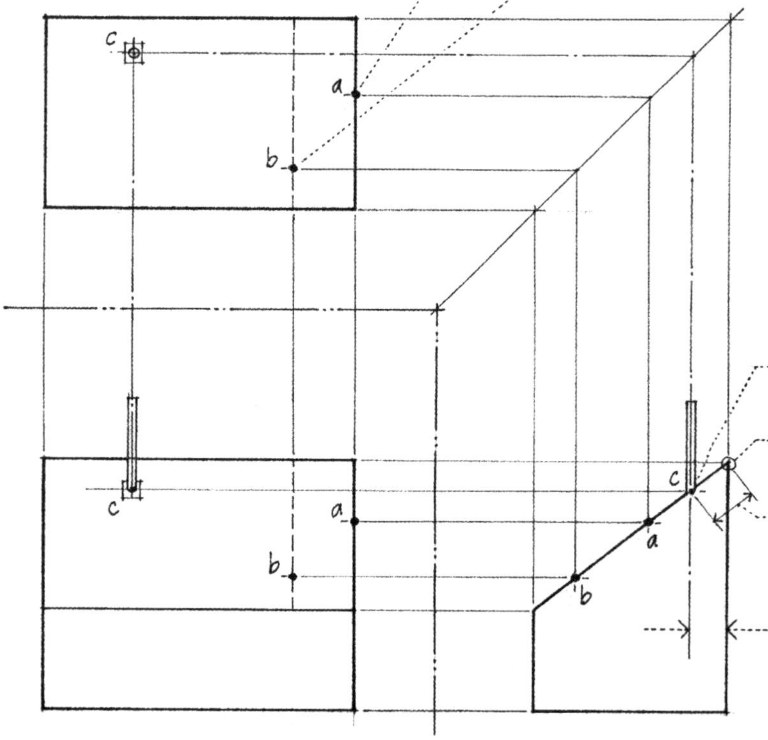

· 把一条线上的点从一个视图中投影到相邻视图中的相同位置，需要把这个点投影到折线的另一侧，直到投影线与相邻视图中该点所在的线相交。

· 把一个平面上的点从一个视图投影到另一个，首先在平面中构建一条通过点的线，然后把这条线从一个视图投影到另一个，再把点从线投影到线。

· 一条线与一个平面的交点显示在平面的边缘视图中。

· 两个不平行平面之间的交线出现在其中一个平面被显示为边缘的视图中。

· 点与直线间的最短距离出现在直线显示为一个点的视图中。这两个点之间的连线就是垂直距离。

· 点与平面间的最短距离出现在平面被显示为一条边缘的视图中。最短距离就是点与平面的边缘视图之间的垂直距离。

原则和技巧 | Principles and Techniques

· 两条线之间的真实角度出现在两条线在同一视图中同时显示真实长度的时候。如果两条相交的直线成直角，那么这个90°的角在其中一条线显示为真实长度时就会保持真实角度。

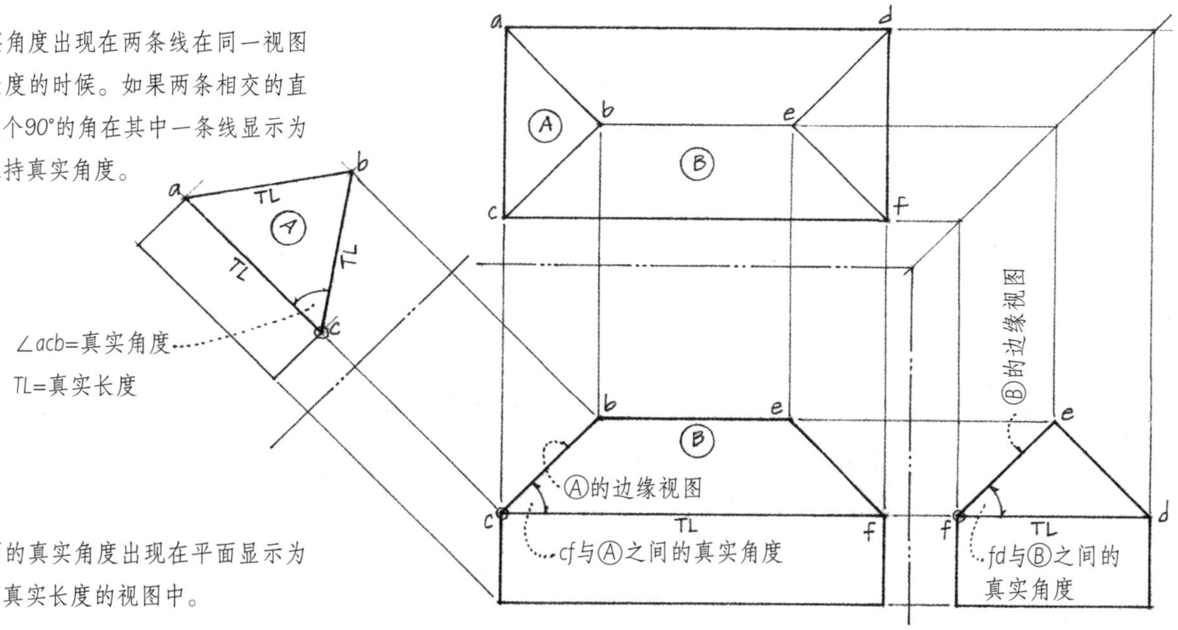

· 一条线与一个平面的真实角度出现在平面显示为边缘视图、线显示真实长度的视图中。

· 两个平面之间的真实角度出现在它们的交线显示为一个点的视图中。

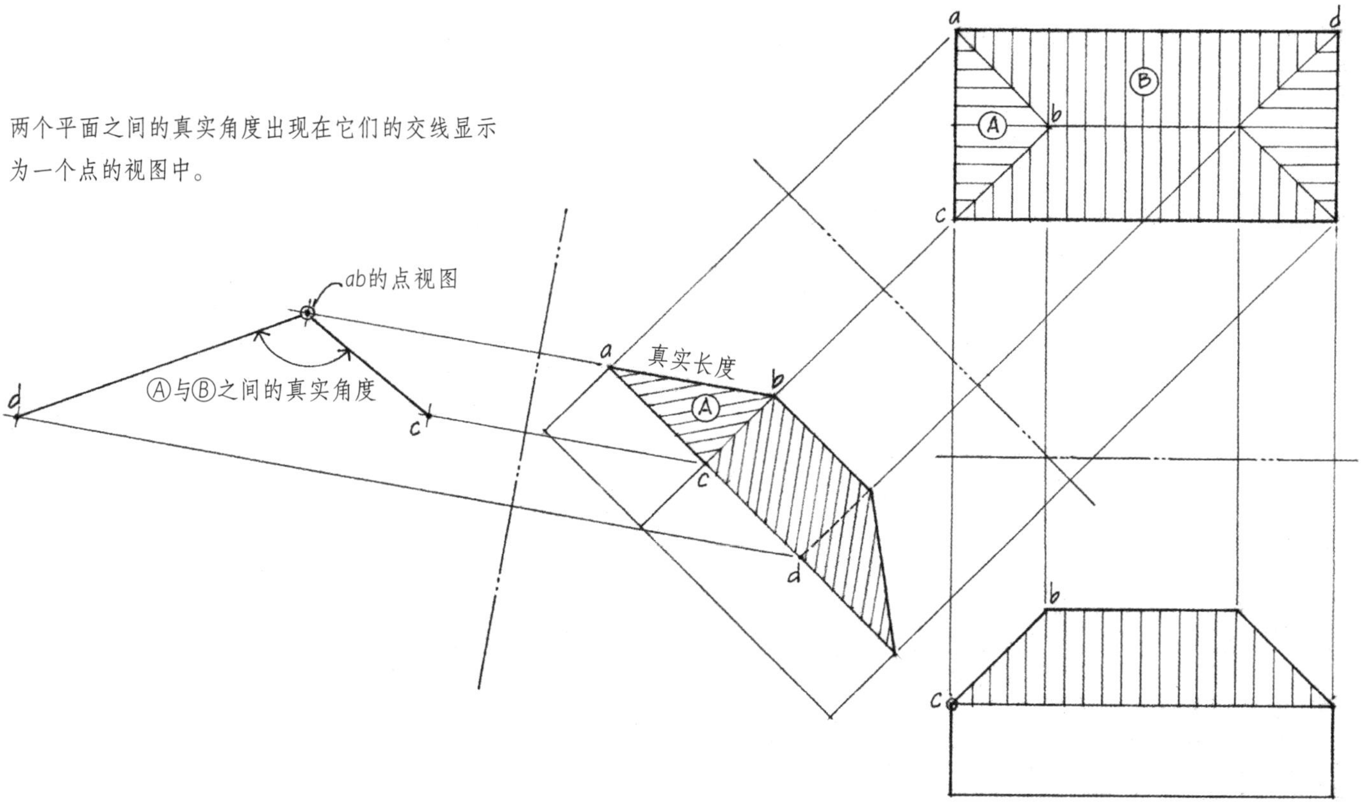

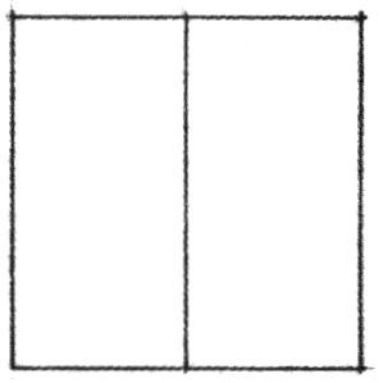

顶视图

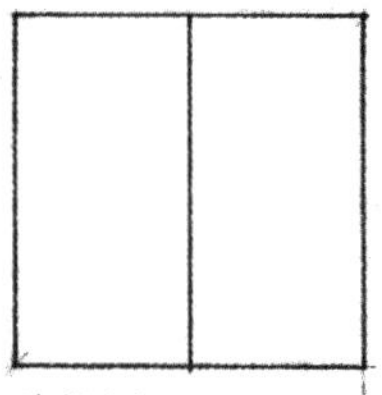

前视图

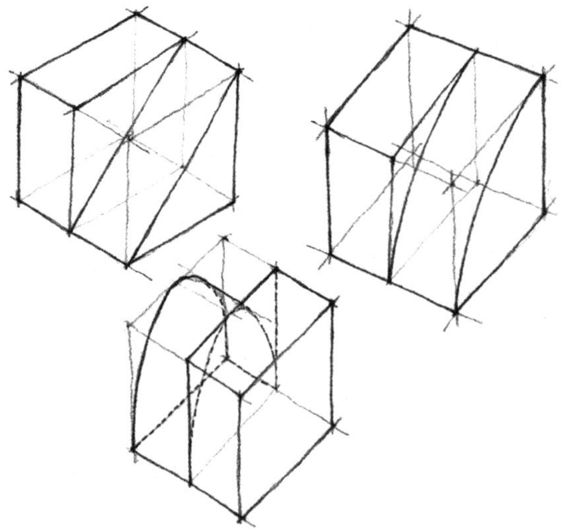

顶视图和前视图可以指代若干种不同的物体。上面的立体视图展示了三种可能性。除此之外你还能想象出多少种？

多视角绘图用一系列相互关联但又不完整的视图来表现三维现实。正投影平面、立面和剖面图没有用我们通常看世界的方式表现它。即使用视觉上的纵深线索来修饰，这些视图本质上依然是一套概念性的表现系统，比一般图形更加抽象。因此，学习绘制平面、立面和剖面图，还需要学习如何阅读和理解多视角绘图的图形语言。使用多视角绘图来思考、决策和交流设计决策的人，必须理解每一个视图之间的关联，才能去描绘三维的物体或空间。通过阅读本节内容，我们应当能够把一系列不完整和碎片化的视图组合起来，在思维之眼中重塑对整体的理解。同样，面对一个三维构造，我们应当能够构建起一系列多视角绘图来表现整体。

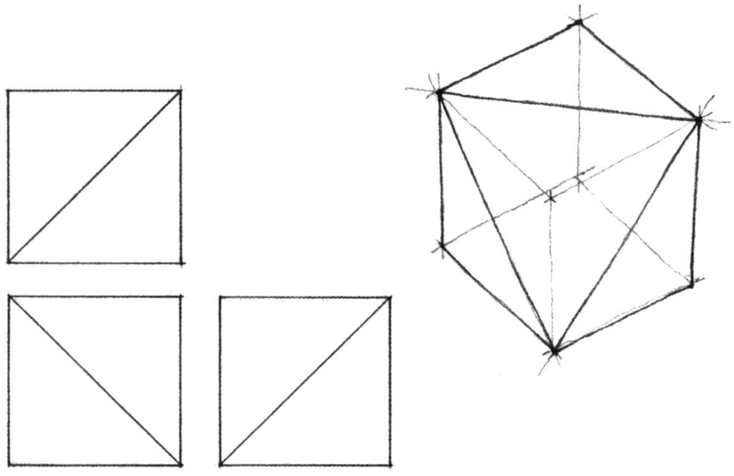

练习 6.1

从一系列多视角绘图中看出它们表现的三维形体或物件，需要通过想象来试错。把可能的结果绘制在纸上，会帮助我们解决这个问题。为了体验这个过程，尝试绘制草图，表现以下正投影视图所描绘物体的立体视图。

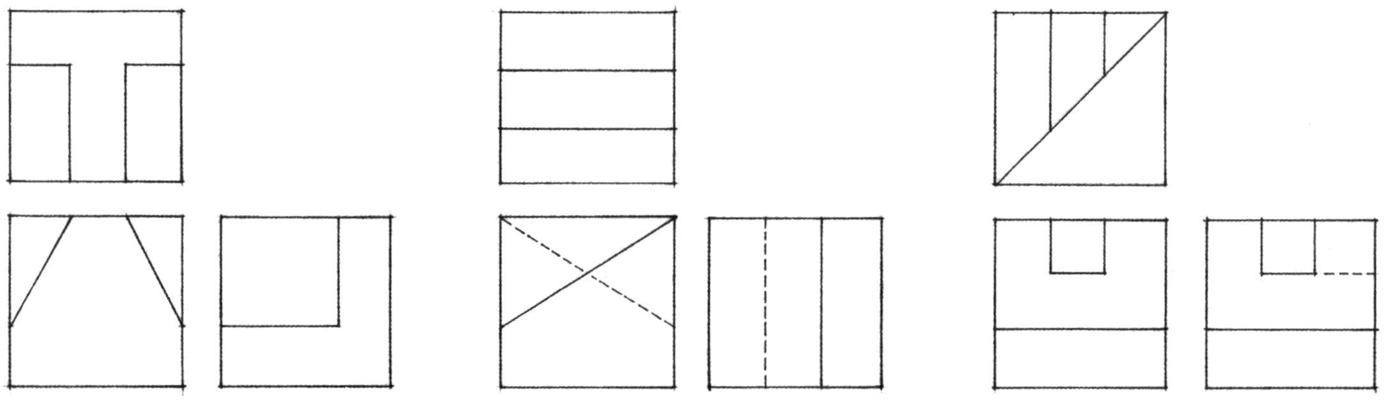

练习 6.2

为每一对正投影视图补充第三个视图，并绘制它们所描绘物体的立体视图。

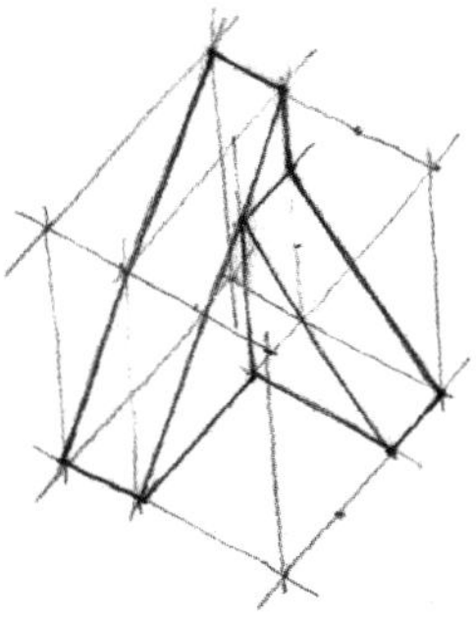

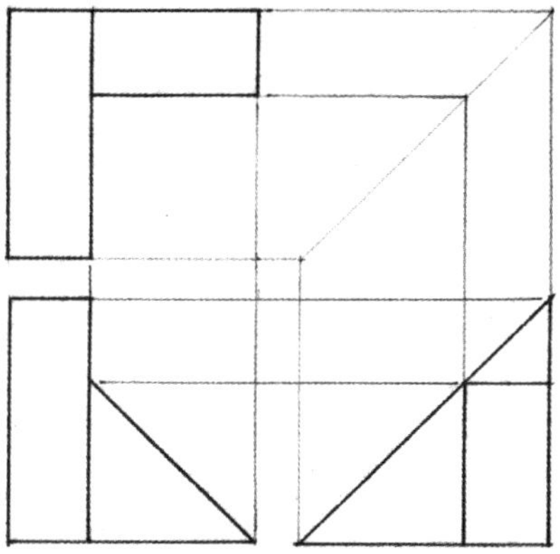

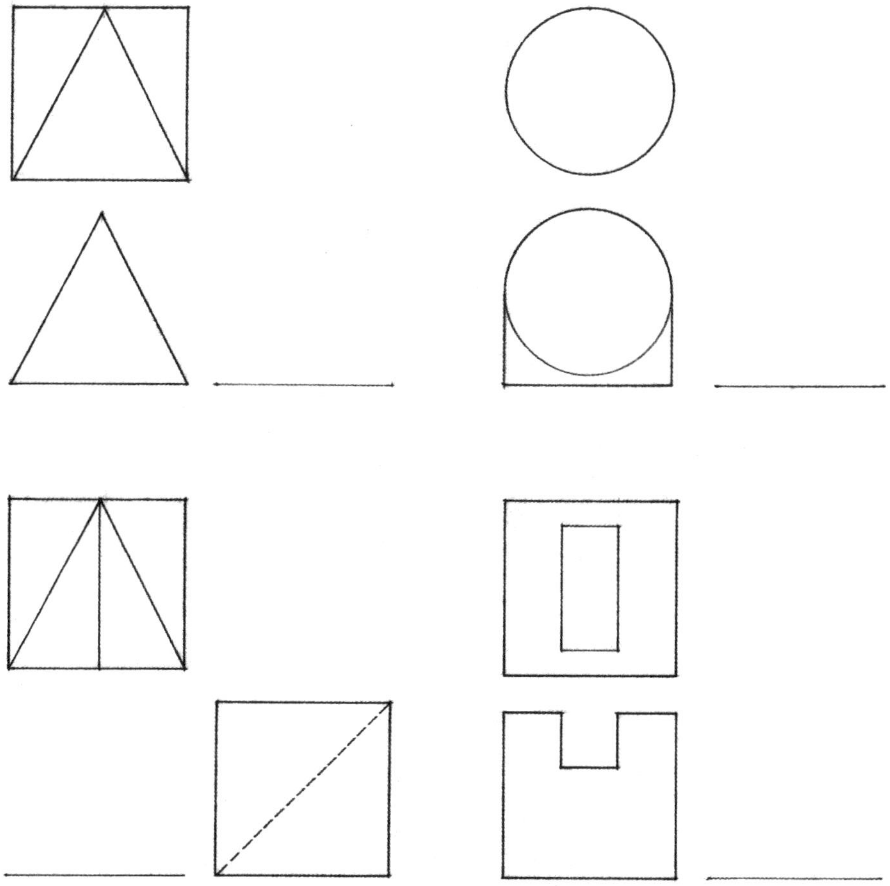

练习 6.3

研究每一组正投影视图并呈现它们所描绘的物体。如果它们都是用第三象限投影法绘制的，那么哪一组视图中出现了不一致或者不合逻辑的地方？

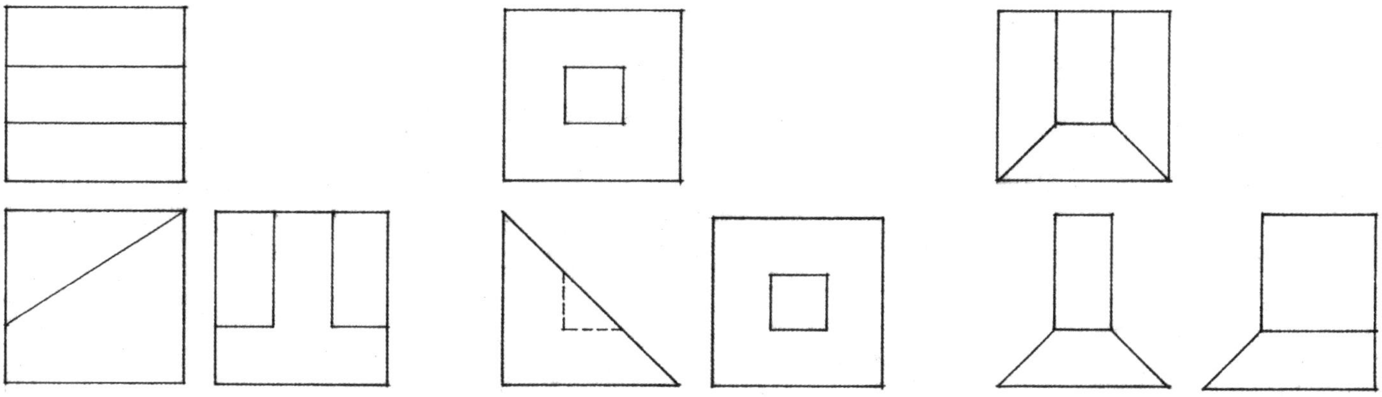

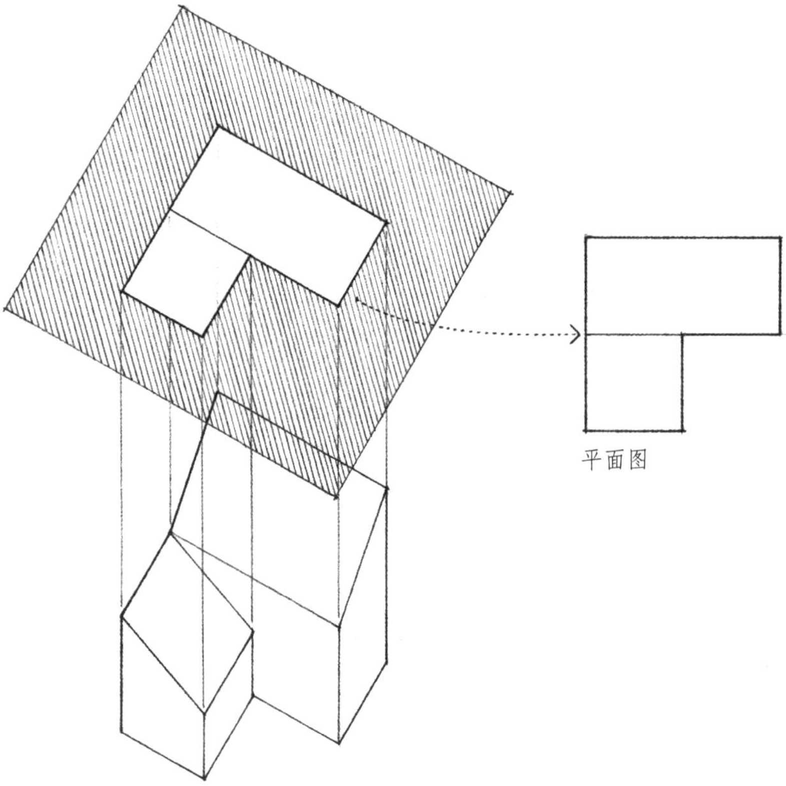

平面图是在水平像平面上绘制的正投影视图，通常都是按比例绘制的。平面图表现了从上向下俯瞰物体、建筑或场景的视角。所有平行于像平面的平面会保持它们的真实尺寸、形状和比例关系。

平面图把物体的三维细节压缩到水平的二维平面中。它们描绘长度和宽度，但没有高度。这种对于水平方向的强调既是平面图的优势，也是它的局限。讽刺的是，尽管平面图本质上是抽象思维的产物，虽然相对于复杂的线性透视而言更容易绘制，却不容易阅读和理解。平面图描绘了一种空中视角，除了通过思维之眼外，我们少有机会看到。

通过剔除一些影响因素，平面图强化了我们在水平方向看到或者想象出的布局和肌理。它们可能是功能、形式、室内、室外空间之间的联系，或者是较大整体中一些局部之间的联系。通过这种方式，平面图与我们头脑中的世界图景相匹配，为我们的思想和理念创造了一个展示空间。

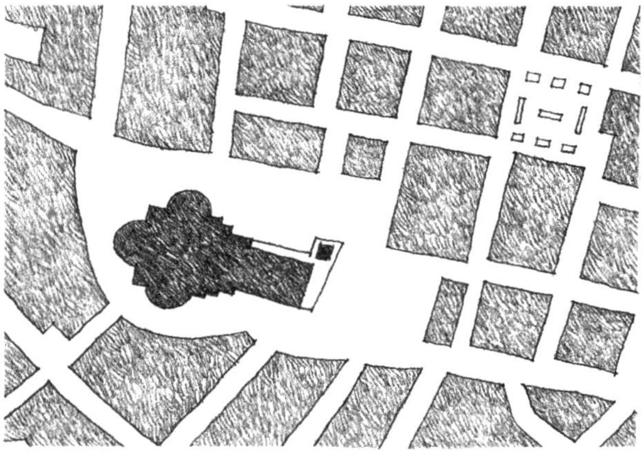

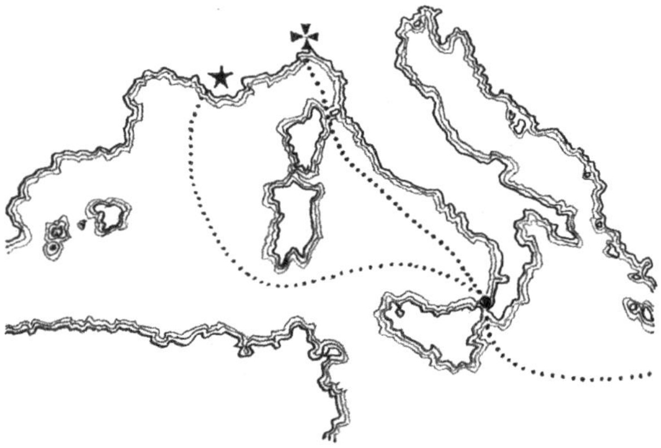

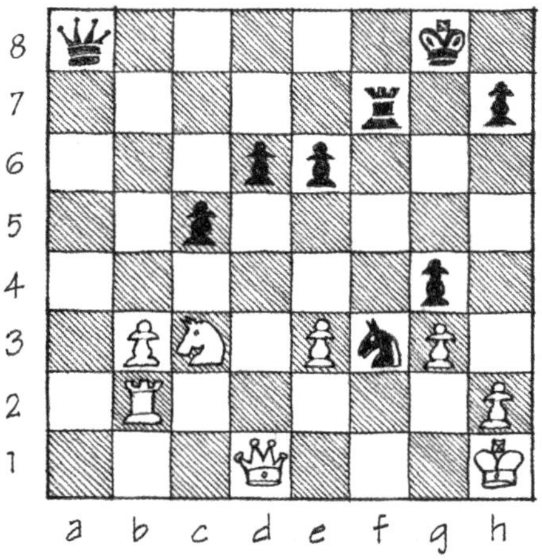

查尔斯·布莱德利棋局（Charles Bradley's Twist）：黑方先行，三步获胜。

楼层平面图表现了一栋建筑被假想的平面截切时的水平剖面图。在水平面切断建筑结构后，我们移除上半部分。楼层平面图就是剩余部分的正投影。

楼层平面图揭开了建筑的室内空间，展现了一种不可能实际出现的视图。它们揭示出我们在建筑中走动时不容易发现的水平方向的联系和图案样式。在水平的像平面上，楼层平面图能够揭示墙和柱的布置、空间的形状和尺寸、门窗开洞的布局以及各空间之间、室内与室外之间的联系。

平面图所在的水平面截切建筑中的墙、柱和其他竖直构件，并穿过所有门窗开洞。剖切面通常在楼面以上4英尺高，但是根据建筑设计的特征，这个高度可以调整。在剖切面以下，我们看到地板、台面、桌面以及其他类似的水平表面。

阅读楼层平面图的关键在于有能力区分实体和空间，并精确分辨实体和空间交界的位置。因此在楼层平面图中，重要的是通过图形手段强调被剖切到的物体，并区分被截切的物体和在剖切面以下被看到的物体。为了表现竖向的维度以及其中的空间体积，我们必须用到线宽的梯级序列和一系列的不同色调。我们使用的技法取决于楼层平面图的比例、绘图媒介以及区分实体与空间所需的对比度。

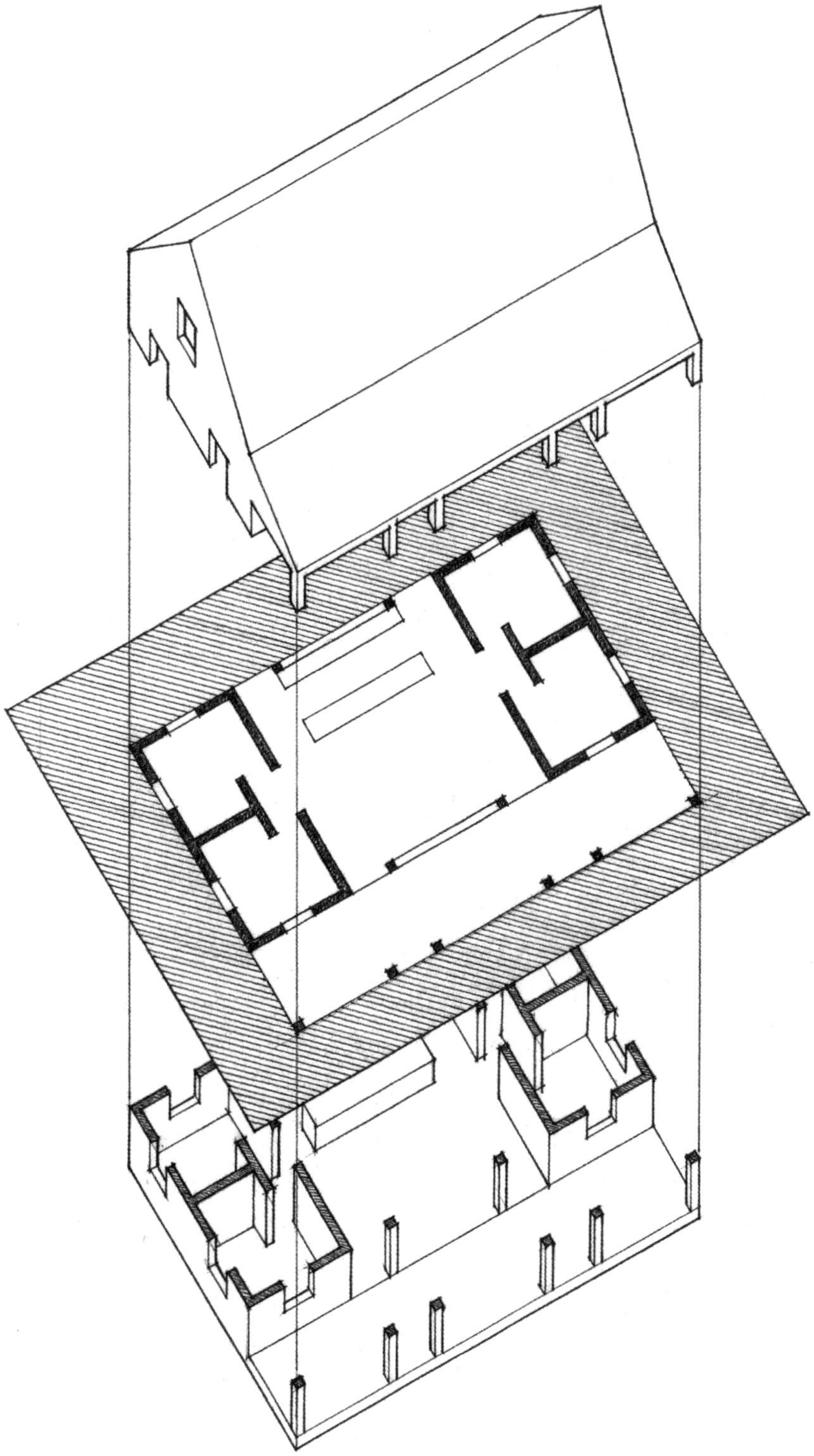

剖切线 | The Plan Cut

这些图纸展示了我们可以如何使用不同线宽来强调楼层平面图中被截切的竖向构件，以及怎样推测剖切面以下各种元素的纵深关系。

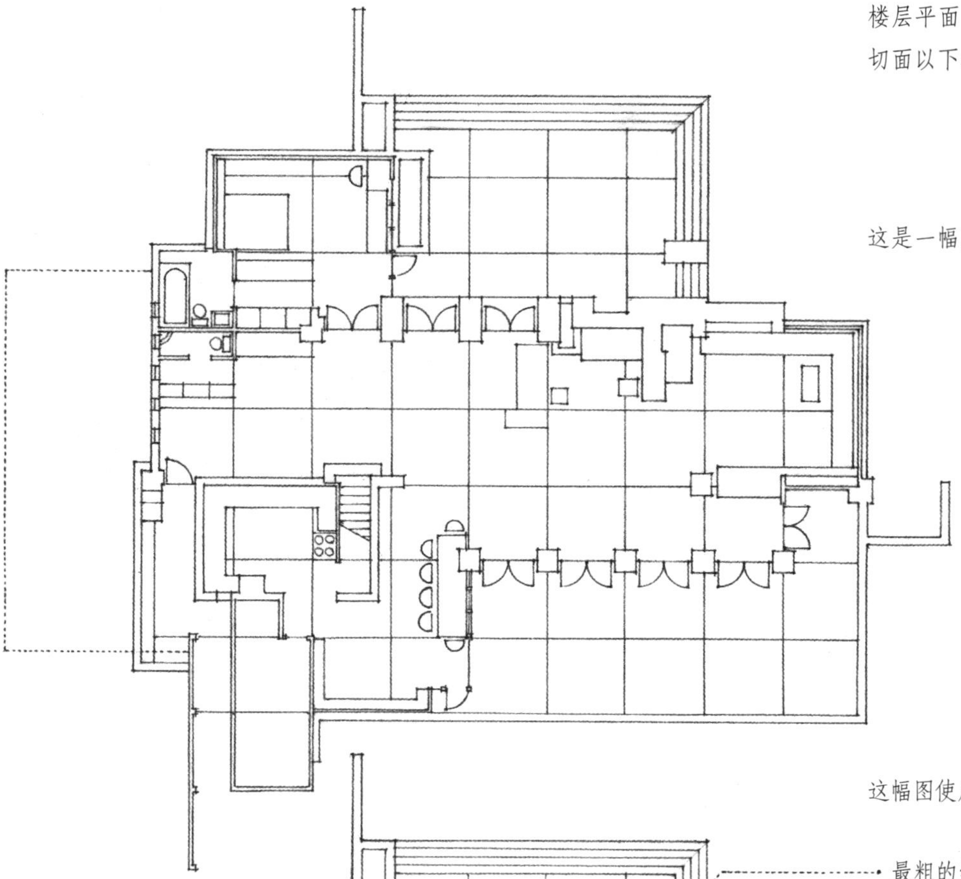

这是一幅用单一线宽绘制的楼层平面图。

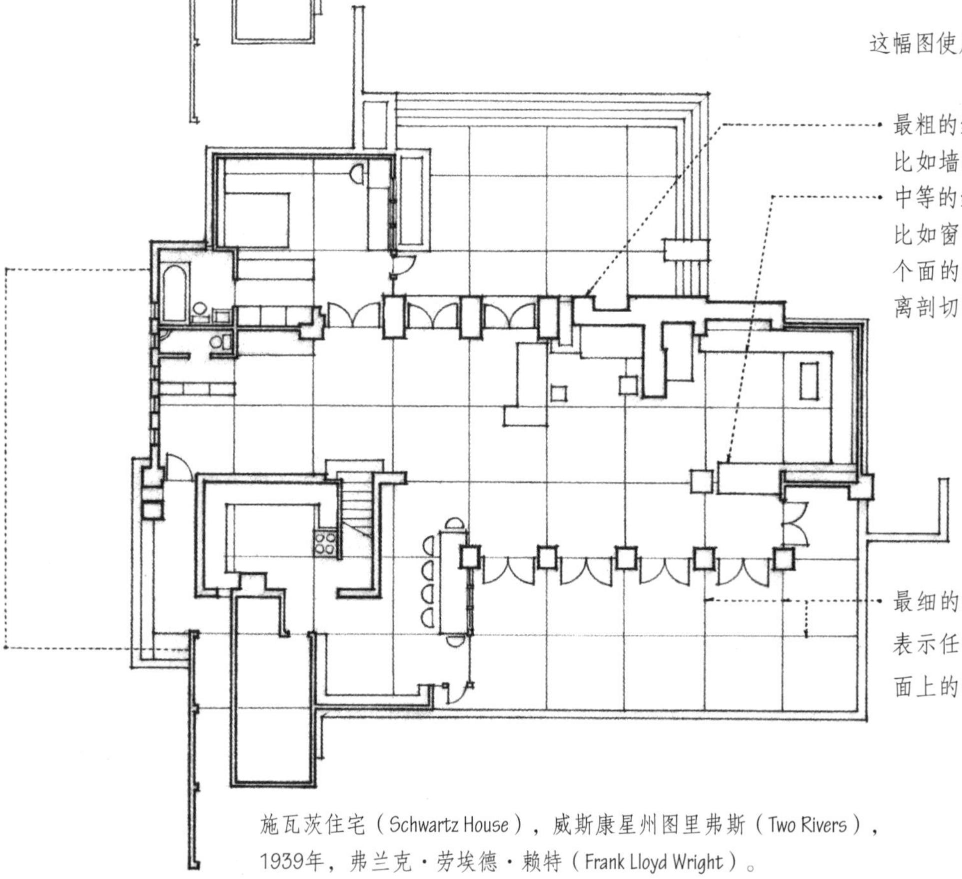

这幅图使用了一系列不同等级的线宽来表现纵深。

- 最粗的线宽用于勾勒平面图中被剖切构件的轮廓，比如墙和柱。
- 中等的线宽用于勾画剖切面以下的水平表面边缘，比如窗台、台面和扶手。水平表面距离下方另一个面的落差越大，使用的线宽越粗；水平表面距离剖切面越远，使用的线宽越细。
- 最细的线宽用于表现表面上的线条。这些线条不表示任何形体变化，只表现地板或者其他水平表面上的视觉图案或材质肌理。

施瓦茨住宅（Schwartz House），威斯康星州图里弗斯（Two Rivers），1939年，弗兰克·劳埃德·赖特（Frank Lloyd Wright）。

练习 6.4

右侧的立体视图被剖切在楼面以上大约4英尺的标高上。用$^1/_4$英寸=1英尺的比例尺绘制楼层平面图。首先使用单一的细线宽。然后用不同等级的线宽来表现各元素的纵深关系。用最粗的线宽勾勒平面剖切线，用中等线宽描绘剖切面以下的水平表面边缘，用最细的线宽表示表面上的线条。

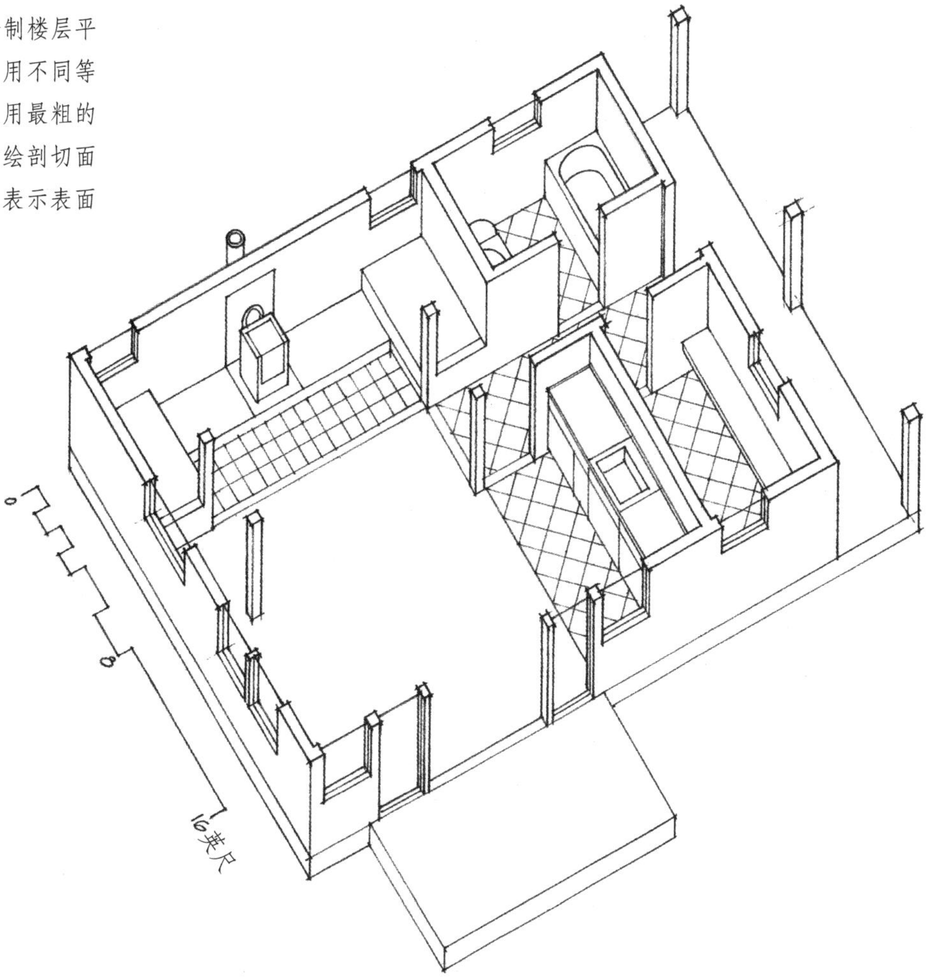

练习 6.5

右图是西雅图大学的圣依纳爵教堂（St. Ignatius Chapel），于1994年由斯蒂文·霍尔（Steven Holl）设计。用两倍的比例尺绘制这个平面图。沿用上一个练习指出的流程。首先使用单一的细线宽。然后用不同等级的线宽来表现楼层平面图中各元素的纵深关系。如果对于某个部位是否被剖切到抱有疑问，在草图纸上绘制各种可能性，并尝试去想象哪种情形在三维空间中更为合理。

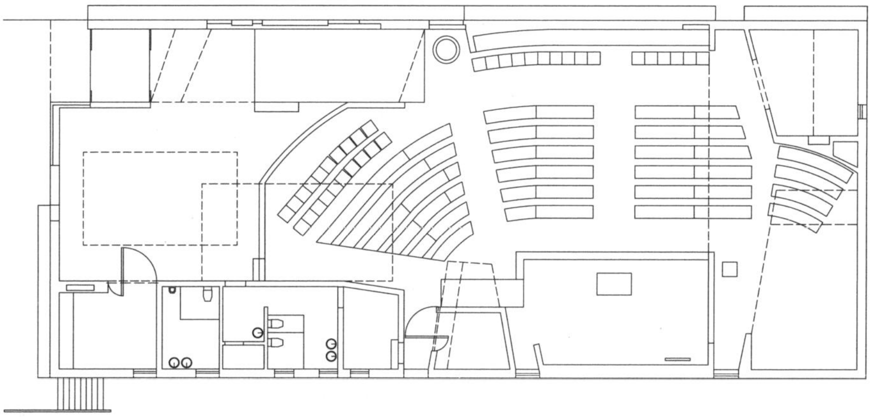

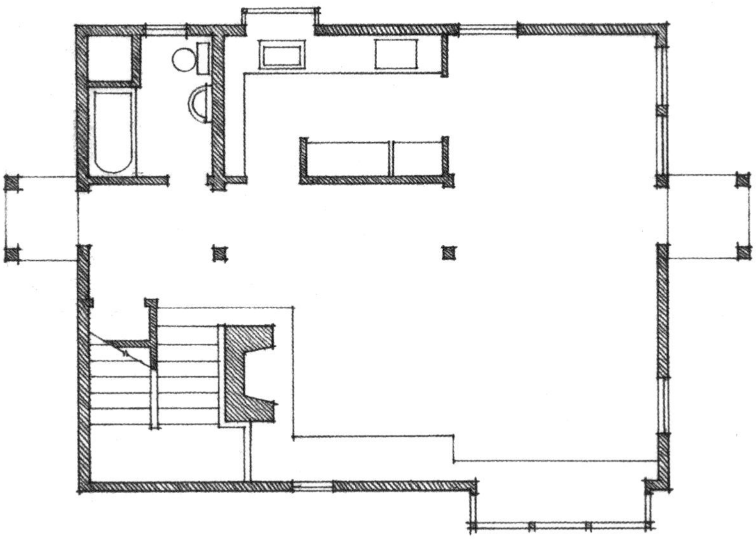

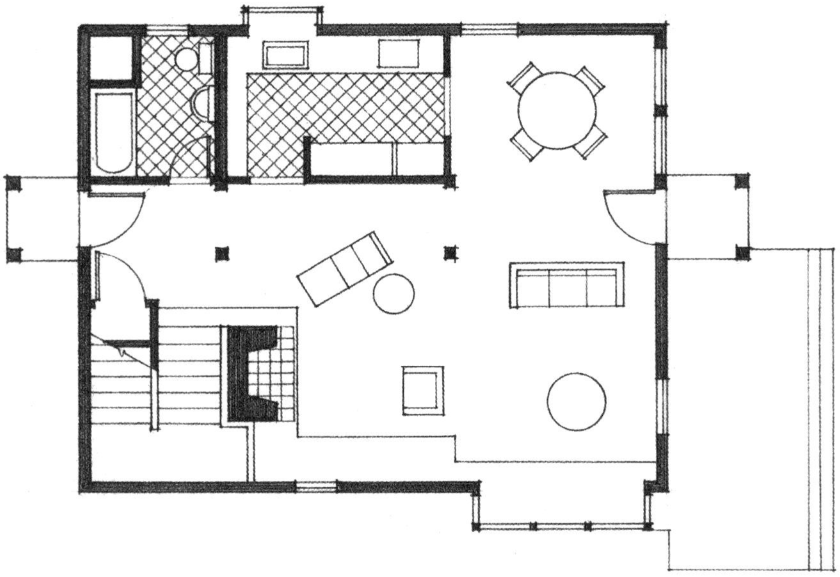

墙体填色 | Poché [译注]

在线条-色调或者纯色调绘图中，我们用色调来强化楼层平面图中被剖切构件的形状，与楼层平面图中的空间范围形成对比。我们把这种加深墙体、柱子和其他实体的技法称作Poché。

在小比例的平面图中，通常会涂黑被剖切的构件来突出它们。如果在绘图区域中只需要相对温和的对比度，就可以使用一种中等灰度的色调来填涂被剖切的构件。这在大比例的平面图中尤为重要，因为大面积的黑色会带来过大的视觉权重，造成太强烈的对比。然而，如果平面图中的元素，比如地板纹理和家具，在绘图区域中形成了一种色调，那么有可能需要深灰色甚至黑色的色调才能形成实体和空间之间所需的对比度。

墙体填色造成一种虚与实——包含与被包含——之间的图底关系。我们倾向于把楼层平面图中被剖切的构件认为是主体图形，它们围合的空间是背景。为了让空间形状受到关注并成为主体，我们可以逆转通常使用的图案配色，不在浅色表面上绘制深色标记，而是在深色表面上绘制浅色标记。

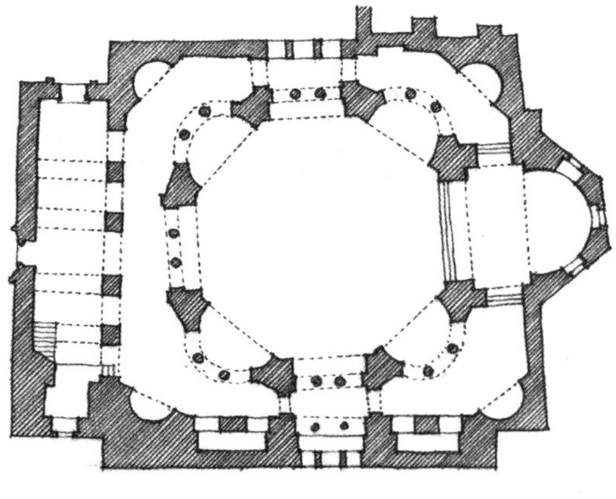

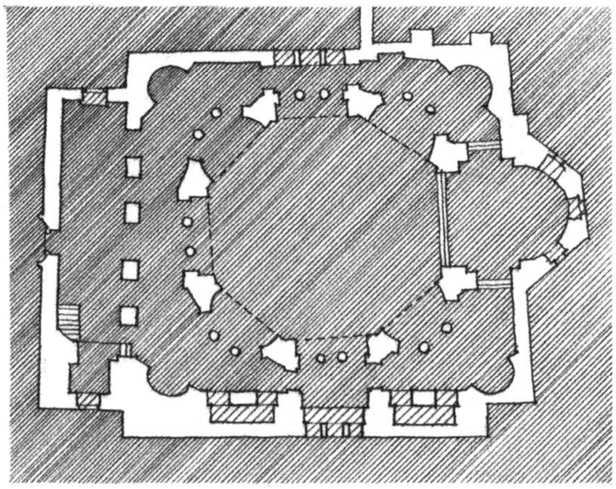

圣瑟古斯和圣巴楚斯教堂（SS. Sergius and Bacchus），君士坦丁堡（伊斯坦布尔），公元527—530年。

[译注] Poché原指将墙体填上深色，后引申为厚重墙体、交通空间中暗藏的附属空间等含义；本书中仅作为一种制图技法提出和使用，采用“墙体填色”直观表达。

练习 6.6

右侧展示了费舍尔住宅（Fisher House）的首层平面图。费舍尔住宅位于宾夕法尼亚州哈特伯勒（Hatboro），于1960年由路易斯·康（Louis Kahn）设计。用$^{1}/_{4}$英寸=1英尺的比例尺绘制楼层平面图，并用粗线勾勒平面图中被剖切的构件。重新绘制一次楼层平面图，并把被剖切构件的形状填上深色调。对比两幅楼层平面图的区别。在哪幅图中被剖切的构件和它们定义的空间都显得更加突出？

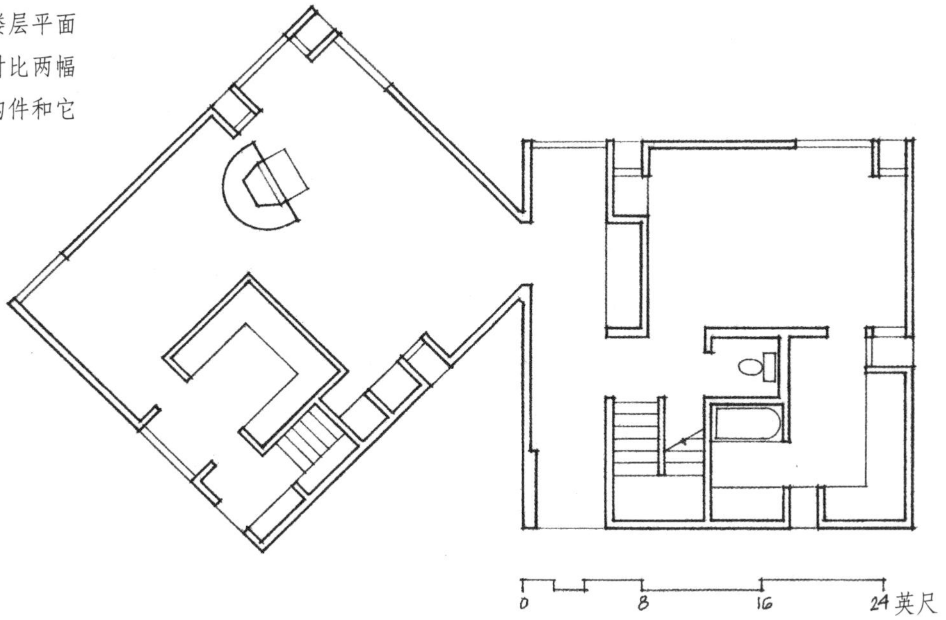

练习 6.7

把每一幅楼层平面图都绘制两份。在第一份图纸中，为被剖切构件的形状填色。在第二份图纸中，逆转深浅图案，为被剖切构件所定义的空间形状填上颜色。比较两份图纸，在哪一份楼层平面图中，被围合的空间形状更为突出、更容易阅读？

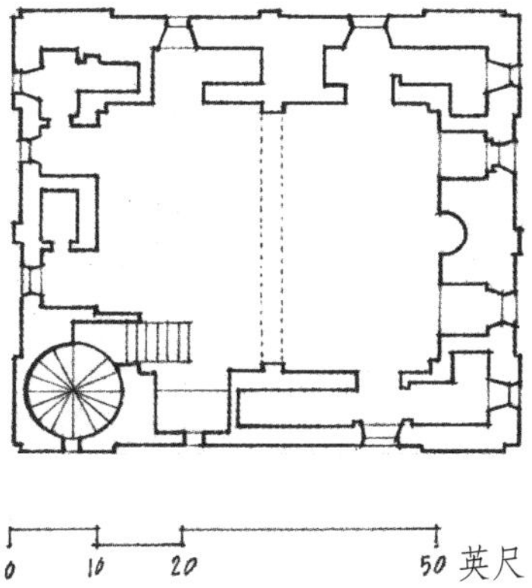

赫丁汉堡（Hedingham），一座位于英格兰埃塞克斯郡的仿罗马式城堡。

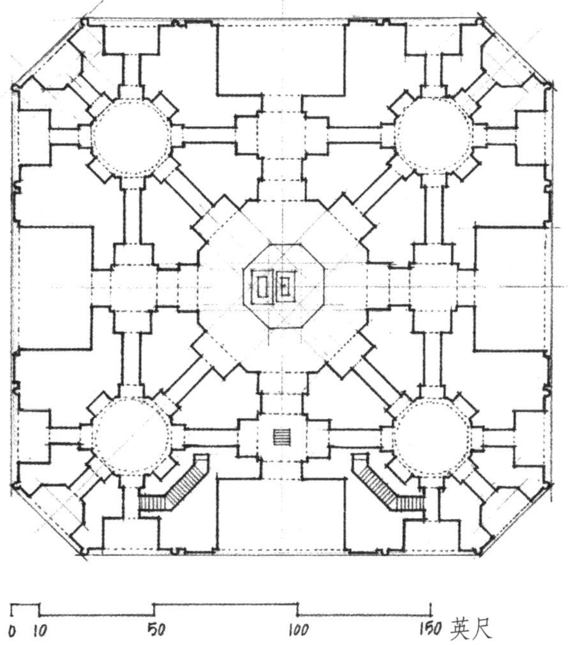

泰姬陵（Taj Mahal）地面层平面图，位于印度阿格拉的穆塔兹·玛哈尔（Mumtaz Mahal）的陵墓，1632—1654年。

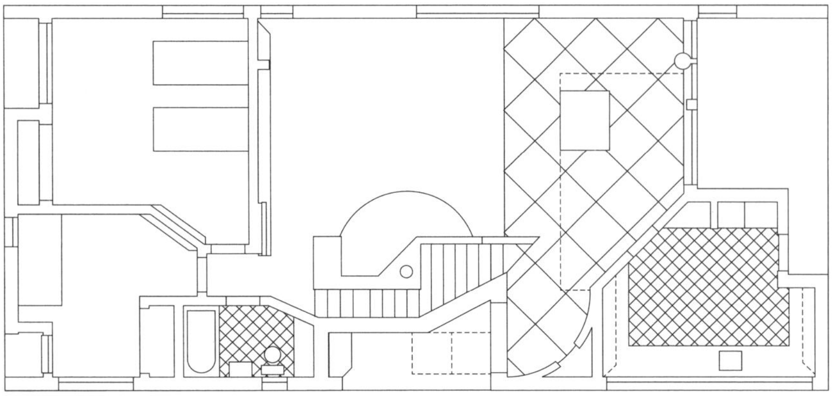

首层平面图，梵娜·文丘里住宅（“母亲之家”，Vanna Venturi House），
宾夕法尼亚州费城，罗伯特·文丘里（Robert Venturi），1962年。

数字楼层平面图 | Digital Floor Plans

在使用绘图软件或者计算机辅助制图（CAD）软件绘制楼层平面图时，区分实体与空间依然很重要。和手绘绘图时一样，我们应当使用一系列不同等级的线宽来区分被剖切构件的轮廓和剖切面以下的可见构件。

- 这幅楼层平面图完全使用相同的线宽。第一眼看上去，很难分清平面图中哪些部分被剖切到。

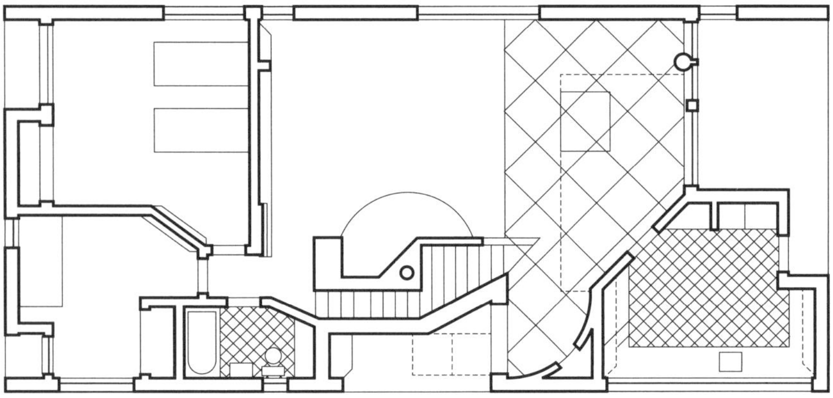

- 这幅楼层平面图用最粗的线宽勾勒出被剖切构件的轮廓；用中等线宽描画了剖切面以下、楼面以上的水平表面；并用最细的线宽表现了表面上的线条。

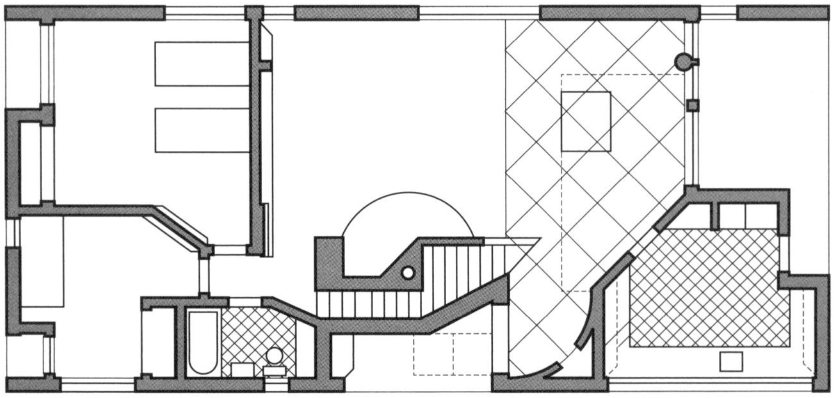

- 这幅楼层平面图用色调填涂了被剖切构件的形状，强调了它们和楼层平面图中空间范围的对比。

在使用绘图软件或者计算机辅助制图（CAD）软件绘制楼层平面图时，避免过度使用色彩、材质和图案去强化图纸的画面感。最需要强调的依然应当是剖切线和剖切面以下各构件的纵深关系。

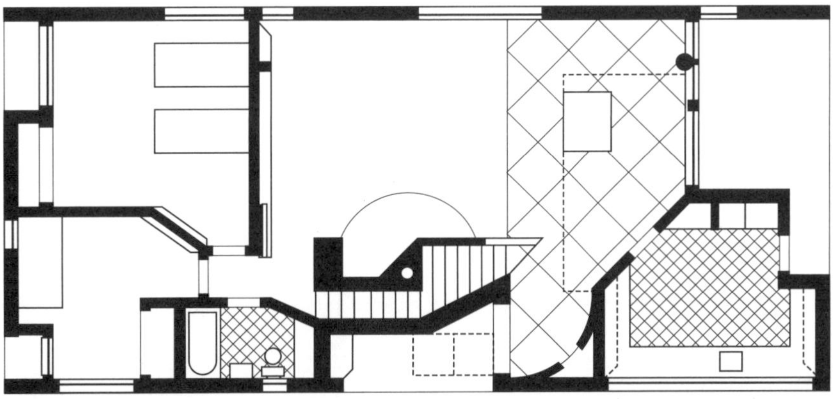

· 在楼层平面图，特别是小比例的图纸中，可能必须用深灰色或黑色的色调才能形成所需的对比度。

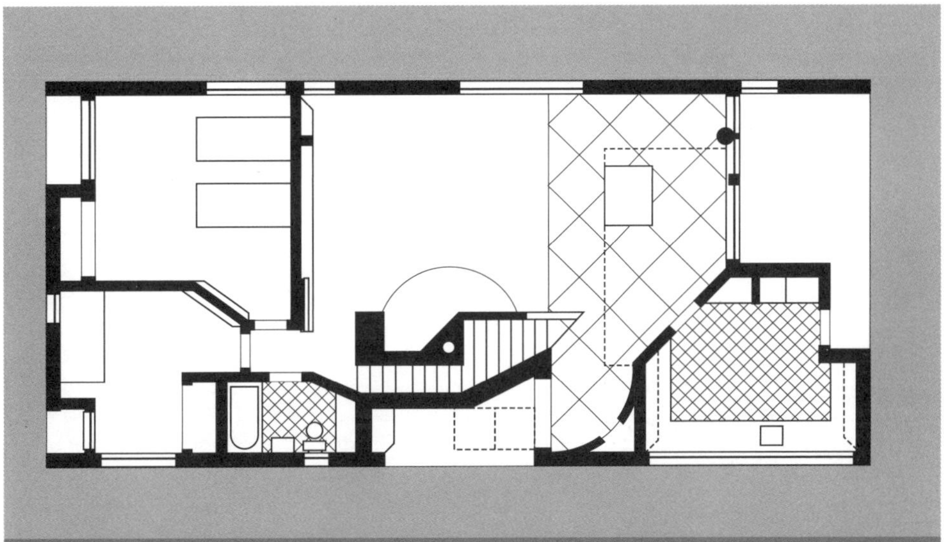

· 数字绘图程序的一个优点是可以轻松地在大面积上施以色调。在为楼层平面图和背景制造对比时就非常有用。

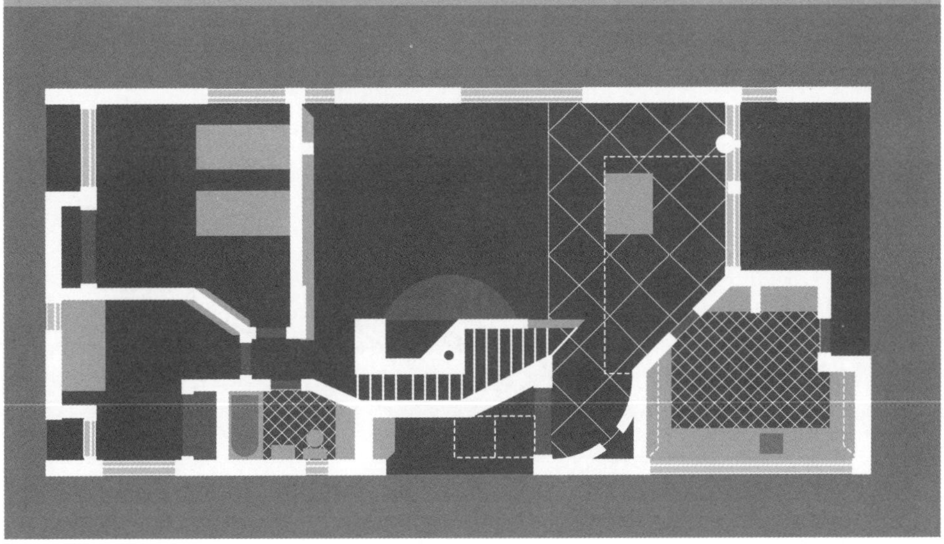

· 最后的案例展示了色调反转时的效果。图中被剖切的构件被指定为最浅的色调，而空间被涂上了一些更深的色调。

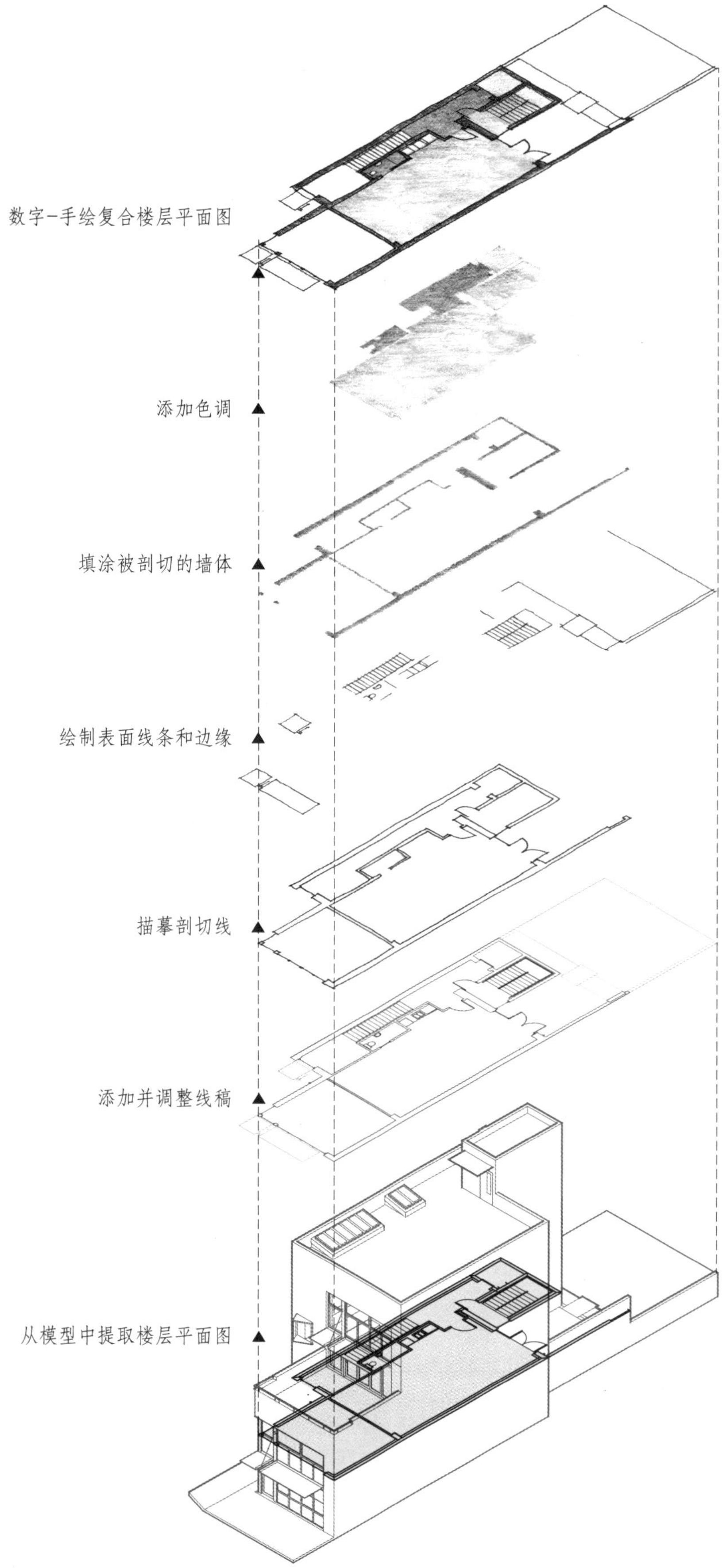

复合楼层平面图 | Hybrid Floor Plans

复合楼层平面图是手绘和数字绘图技术结合的成果。制作复合绘图最好的方法需要在数字和手绘的工作环境之间多次往复。

绘制一幅复合楼层平面图从数字绘图开始。首先在三维模型中制造一个水平的剖面。在这个剖面图中可以添加所需的更多信息，比如家具陈设、地板和其他水平表面上的线条，以及上方构件的投影虚线。

把这幅数字楼层平面图以合适的比例打印出来作为底图，用于徒手或者用直尺描摹。如果需要的话，楼层平面图可以打印在水彩画纸或者其他高品质的绘图纸上，继续添加更多样的干、湿颜料。之后，可以在描摹出的楼层平面图上，用各种不同的手绘技术来表现墙体填色、色调和背景。

平面图中的元素可以在每个步骤中单独手绘并扫描，供后续处理，也可以在完成手绘图后整体扫描，重返数字绘图环境。无论哪种方式，都可以在手绘图之上的图层中添加照片拼贴、渐变或者实色填涂等手段。返回数字绘图环境后，我们还可以在上方图层中添加文字，把图纸组织成汇报用表现图的展板，这样就完成了数字-手绘-数字的复合工作流程。

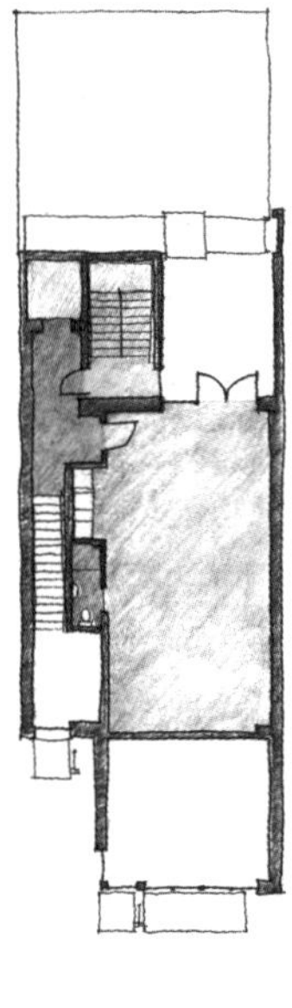

相反地，绘制一幅复合楼层平面图也可以从手绘楼层平面图开始，扫描并转移到数字绘图环境中。在扫描的楼层平面图中，可以用数字填色为墙体和背景填上实色或渐变色，也可以拼贴照片作为背景和材质，或者调整线宽来强调剖切线。

把不同的元素放在不同的图层中——剖切线、次要线条、墙体填色、家具陈设、等高线、树木、铺装以及其他环境特征——可以灵活调整每个图层的透明度、亮度和对比度。

再次打印出来后，我们可以用手绘技法为完成的数字楼层平面图添加最后一层肌理或色调——完成手绘-数字-手绘的工作流程。

无论通过哪种流程来完成复合楼层平面图，正确使用线宽、色调以及绘图精度对于图纸的最终品质依然至关重要。

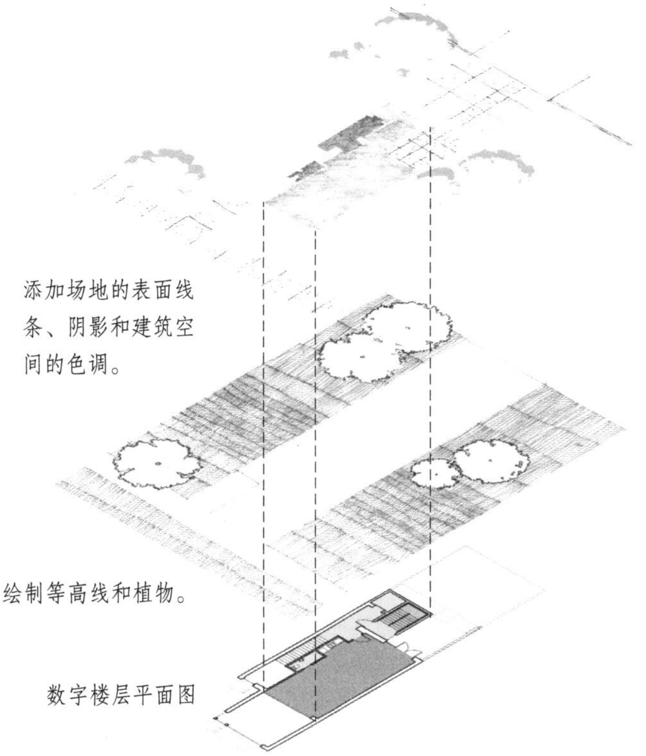

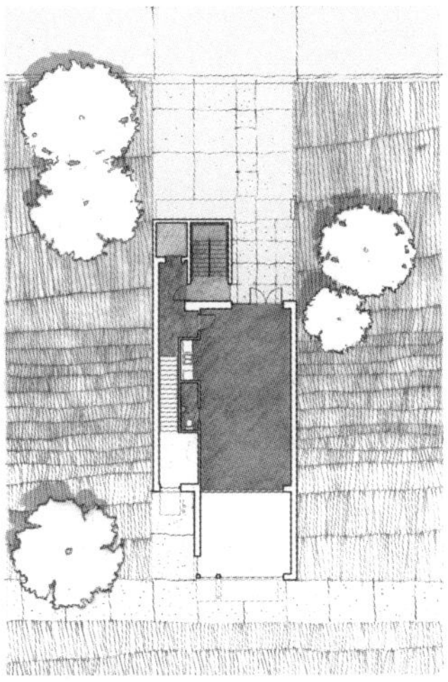
数字楼层平面图与手绘环境

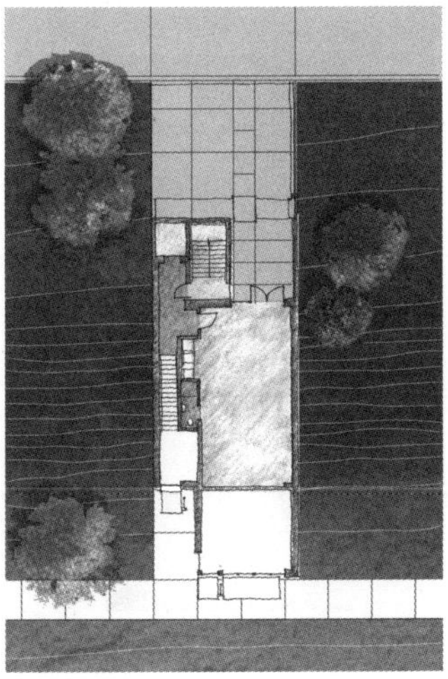
手绘楼层平面图与数字环境

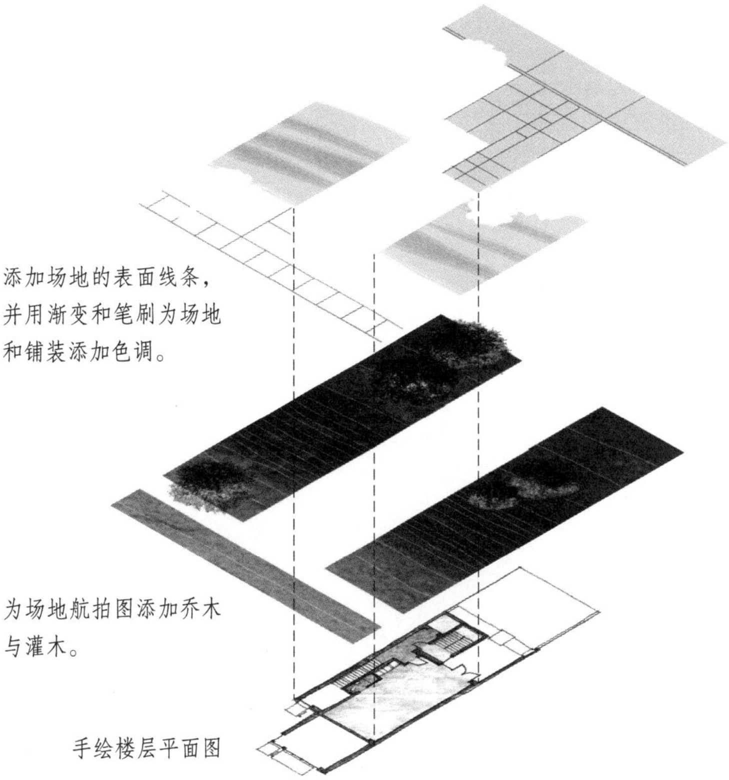

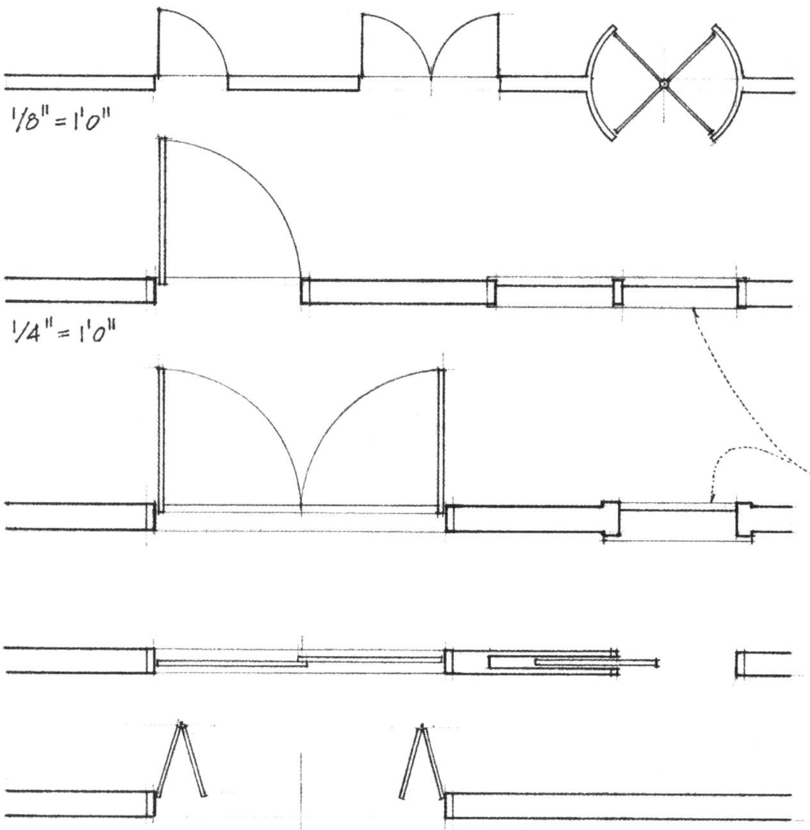

门窗 | Doors and Windows

我们不能在平面图中展现门的外形，这部分信息只能依靠立面图来展现。平面图中表现的是门洞的位置和宽度，以及在有限程度上表现门框和门的打开方式——平开门、推拉门或折叠门。比如，我们通常绘制垂直于墙面的门扇，并用细线绘制四分之一圆来标示平开门。

我们在平面图中也不能表现窗户的外形。楼层平面图显示的是窗洞的位置和宽度，并在有限程度上显示窗框和窗棂。但是在平面图中应当包含剖切面以下的窗台——窗台会跨越玻璃窗扇和窗框。

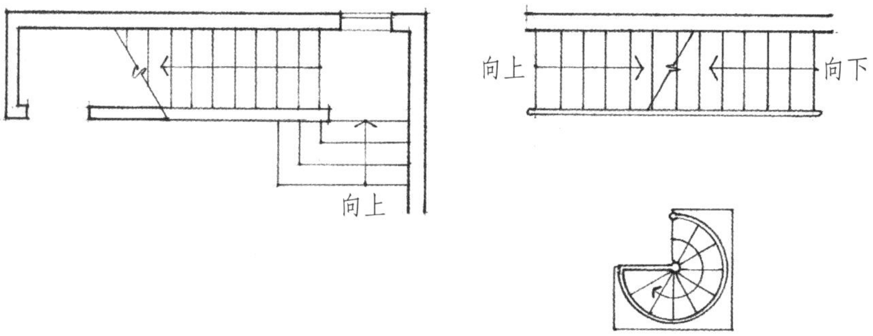

楼梯 | Stairs

平面图可以表现楼梯的梯段——包括水平的踏步和平台——但不包括踏步的竖向高度。行走的路线在梯段穿过剖切面时终止。我们用一条斜线标明剖切关系，更清晰地区别于表示踏步的平行线。用箭头表示从楼层平面出发的上行或下行方向。我们可以用虚线补全楼梯井开洞在剖切面以上的部分。

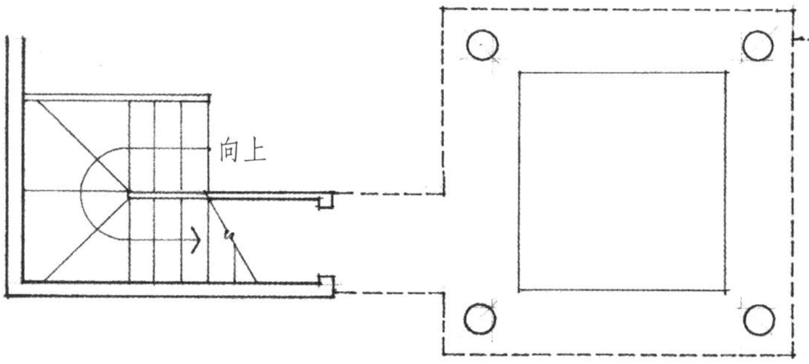

剖切面以上或以下的构件 | Elements above or below Plan Cut

虚线表示剖切面以上的主体建筑特征，比如阁楼、吊顶、暴露的梁、天窗或者悬挑结构。虚线也可用来展现被其他不透明构件遮挡的特征。通常的习惯是用长虚线表示被移除的或者剖切面以上的构件；用短虚线或者点线表示剖切面以下被遮挡的构件。

绘图比例尺 | Drawing Scale

我们通常用$^{1}/_{8}$英寸=1英尺或$^{1}/_{4}$英寸=1英尺的比例尺绘制楼层平面图。我们可以用更小的比例尺绘制更大的建筑或建筑群，也可以用更大的比例尺绘制单独房间的平面图。房间平面图在研究和表现细节丰富的空间时尤其有效，比如厨房、卫生间和楼梯井。更大的比例可以容纳更丰富的细节，比如地板面层、陈设和装修。

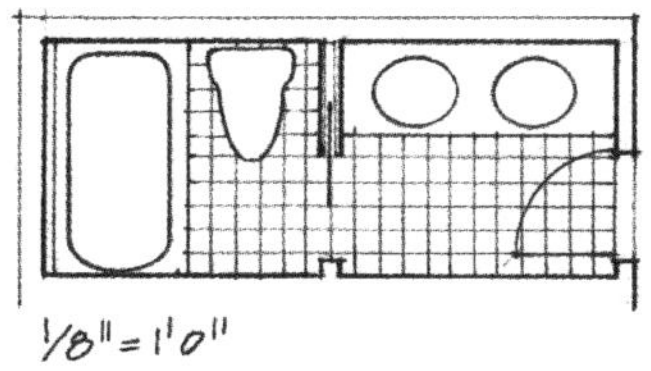

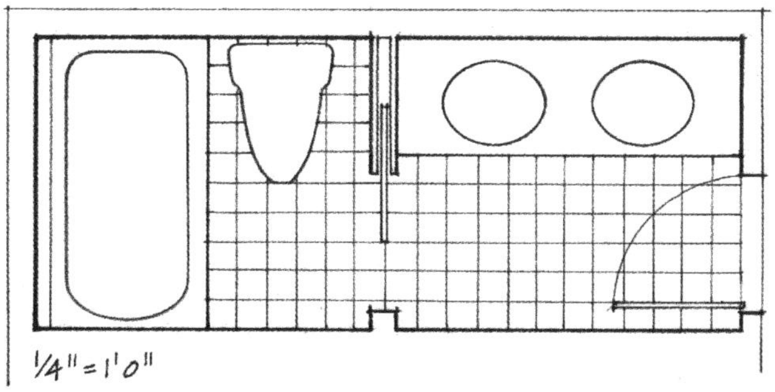

楼层平面图的比例尺越大，就有越多的细节可以被包括进去。对细节的关注在绘制建筑材料的厚度和建筑配件被剖切的部分时最为关键。特别需要关注墙体和门的厚度、墙面管线接头、转角形式和楼梯的细部。因此，对建筑建造过程的整体了解对于绘制大比例楼层平面图非常有益。

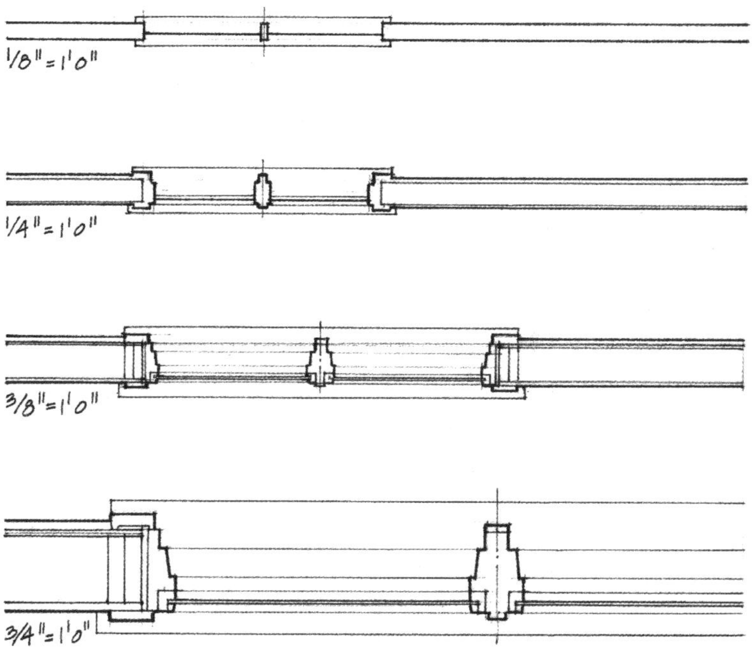

当绘图尺寸太大，无法置入一张图纸，或者并不需要完整的绘图来表述所需信息时，我们可以裁剪一张绘图。为了标示绘图的一部分被切掉或者移除，我们使用折断线——折断线用短小的之字形笔画把较长的线段连结起来。

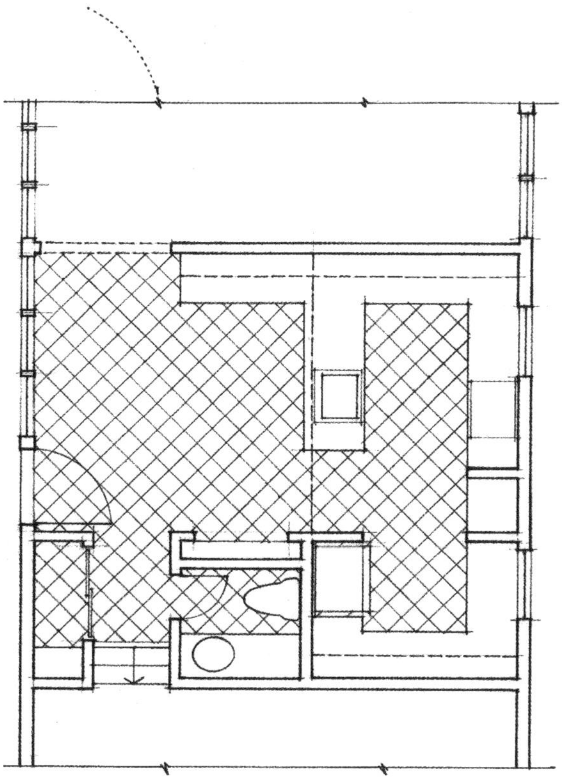

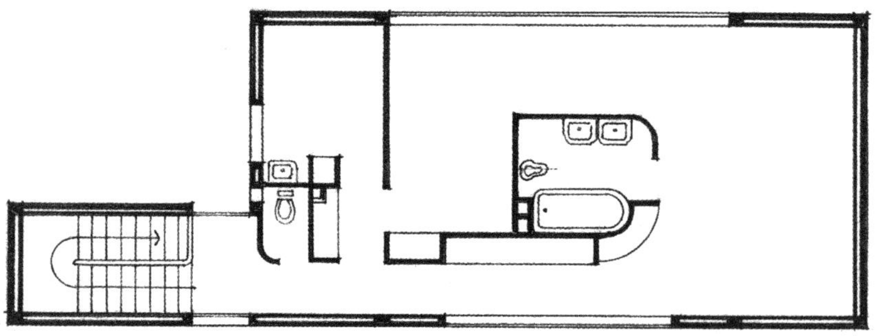

二层

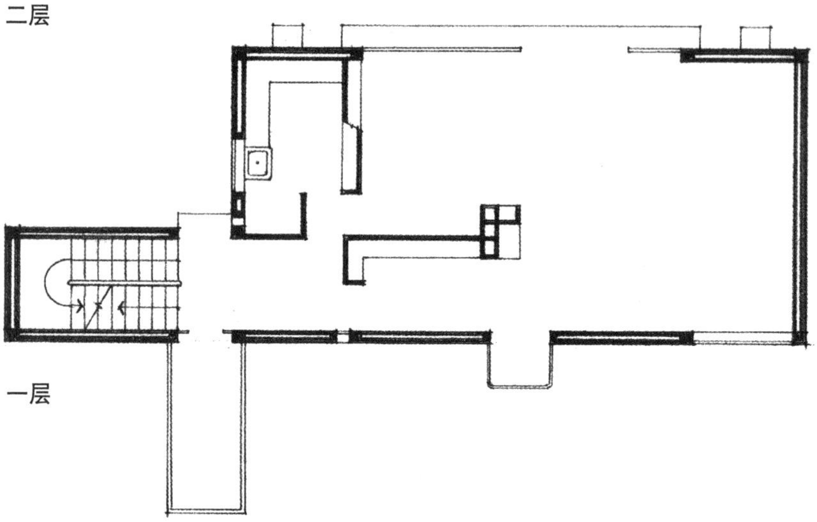

一层

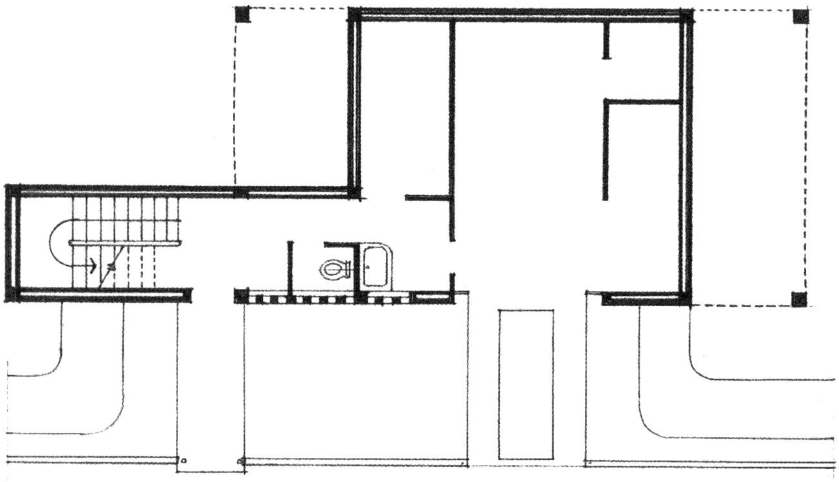

地面层

沃克雷松别墅（Villa at Vaucresson），法国，1922年，勒·柯布西耶（Le Corbusier）。

朝向 | Orientation

为了让读者辨别周围环境的朝向，我们在楼层平面图中放置指北针。通常的习惯是把楼层平面图在图纸上设置成北面向上的方向。

如果建筑的主轴线比正北方向偏东或偏西小于45°，我们就可以用“假定北方”（assumed north）来命名建筑立面图，从而避免诸如“北-东北方向立面图”“南-西南方向立面图”等烦琐的文字。

在可能的时候，让房间平面图的入口朝向图纸下方，这样我们可以想象从下向上进入房间。然而，在指示房间平面图在建筑楼层平面图中的位置时，要优先让两幅平面图朝向相同的方向。

图纸排列 | Arrangement

在布置一栋多层建筑的各层平面图时，要么纵向排列各层平面图，竖直对齐，要么横向排列。纵向排列应当让底层在最下方，并逐层上升到最高层。横向排列一般应当按照从左到右的阅读方向从低层到高层排列。

用这两种方式对齐一系列楼层平面图，让阅读和理解各构件之间的竖向关系变得更容易。这些构件可能出现在建筑的两层或者更多层中，也可能穿过多个楼层。为了强化这种感觉，把窄长的建筑尽量沿长边对齐排列。

首层或地面层的平面图通常会延伸到室外，以包含周边的空间和特征，比如院落、景观和花园结构。

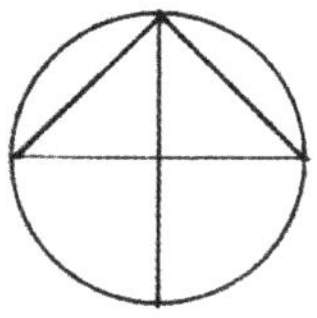

假定北方

天花平面图把确定房屋空间的墙体和柱子水平切断。当水平面切开房间后，我们翻转上半部分，从而在水平的像平面上得到它的正投影。其结果是一幅与楼层平面图成镜像的天花平面图。

通常我们以和楼层平面图相同的比例尺绘制天花平面图。和绘制楼层平面图时一样，我们必须要勾画出所有向上碰触到天花板的竖直构件的轮廓。

镜像天花平面图 | Reflected Ceiling Plans

为了让天花平面图和楼层平面图有相同的朝向，我们绘制镜像天花平面图。镜像天花平面图表现的是我们把一个巨大的镜子放在地板上，向下看到的天花板的镜像。

天花平面图可能是最不常见的平面图形式。只有在我们想要展现天花板的信息时才必须绘制，比如需要表现天花板的形式和材料、灯具的位置和类型、暴露的结构构件和机械管网，或者天窗等开洞的时候。

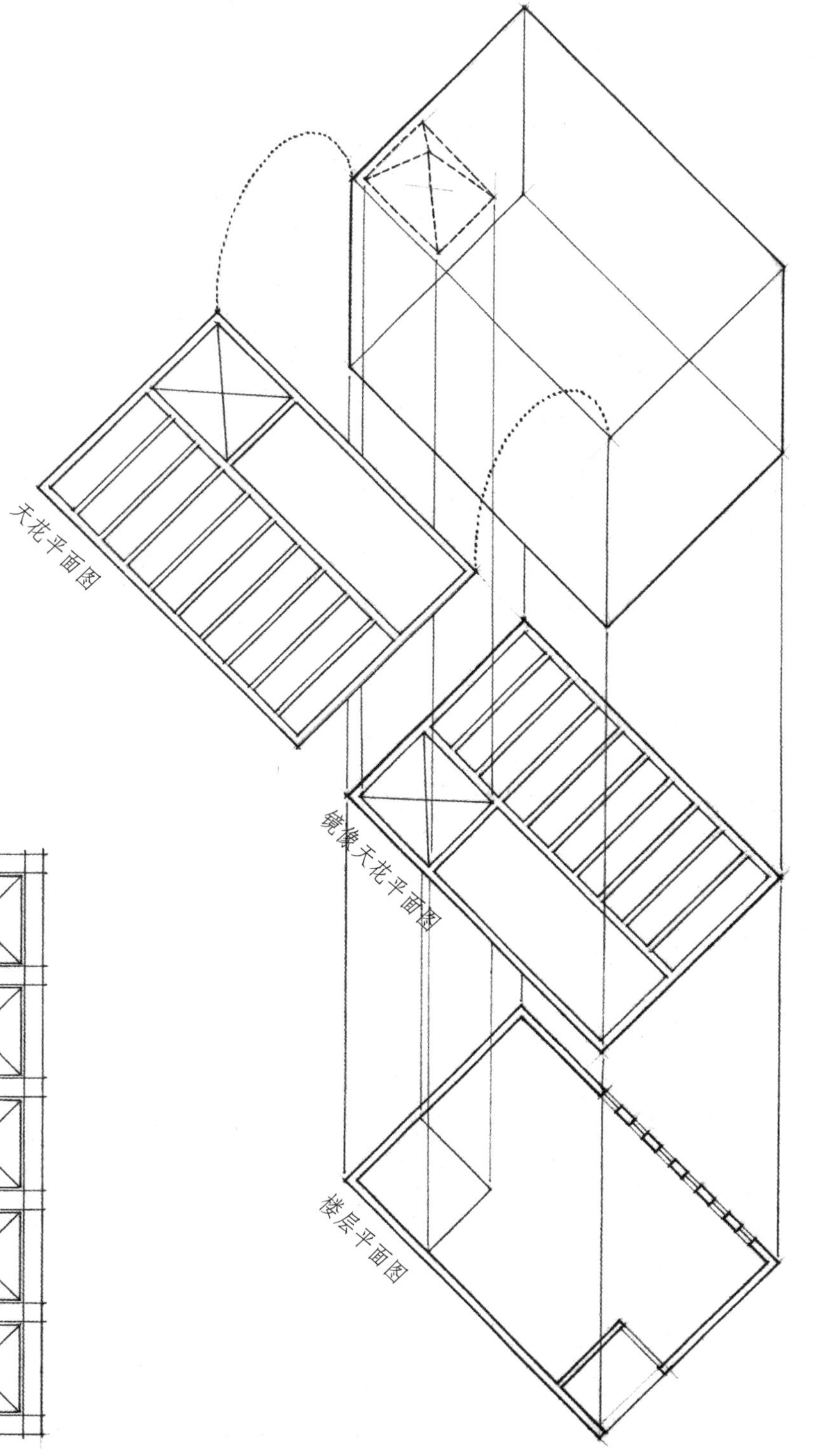

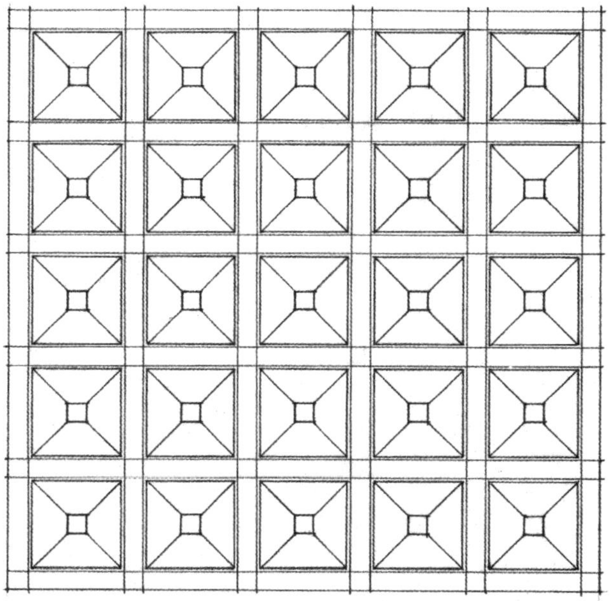

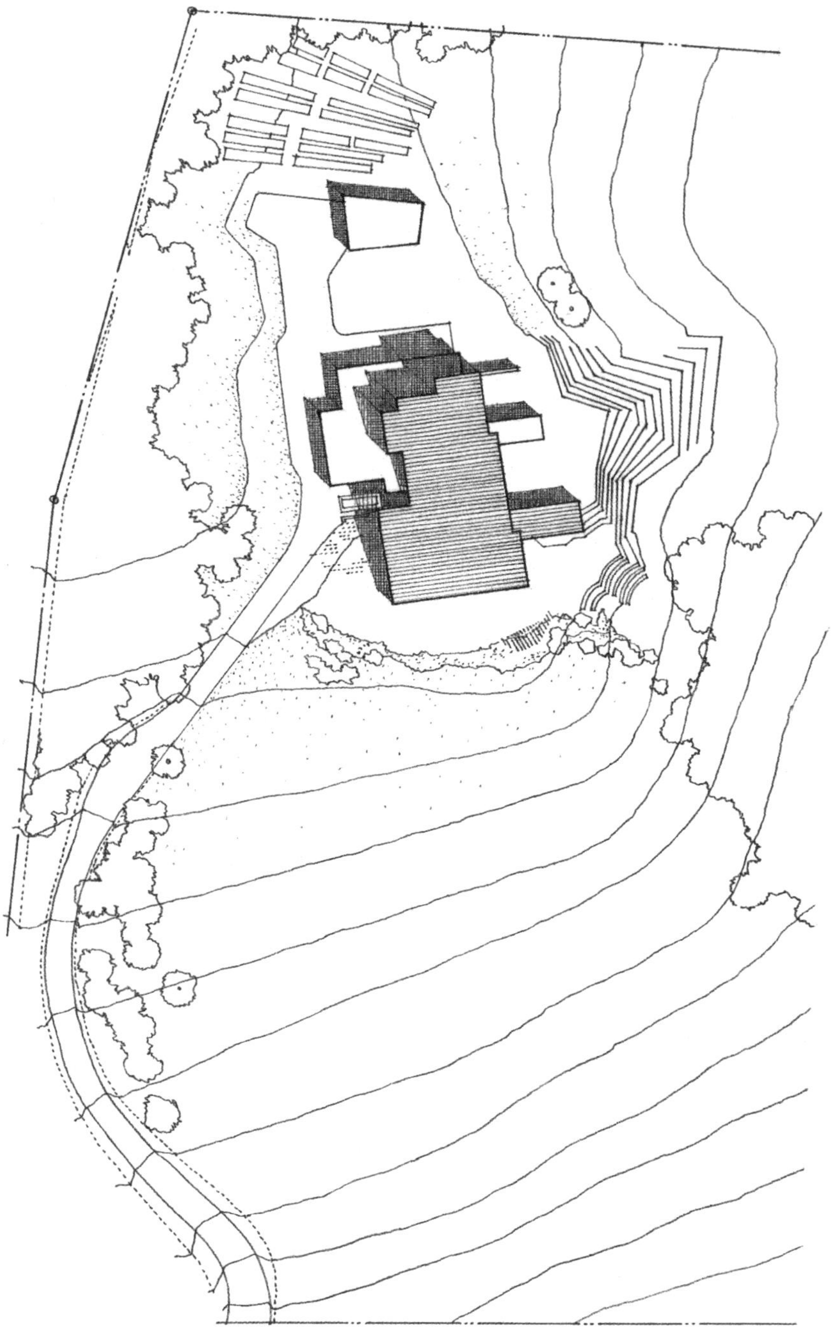

场地平面图，卡雷住宅（Carré House），法国巴黎郊区吉约讷河畔的巴佐什（Bazoches-sur-Guyonne），1952—1956年，阿尔瓦·阿尔托（Alvar Aalto）。

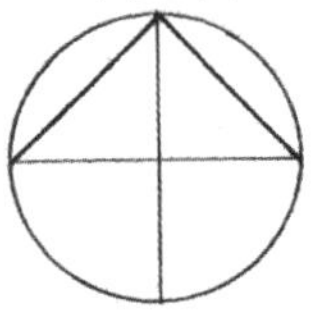

场地平面图描绘了建筑或建筑群在地块中的位置和朝向，以及建筑和周围环境的关系。无论周围的环境是城市还是乡村，场地平面图都应当描绘以下信息：

- 法律上定义的场地边界，用双点划线标记——较长的线段被两段短线或两个圆点分开；
- 场地的实际地貌和等高线；
- 场地的自然特征，比如树木、景观构造和水体；
- 现有的或设计的场地建设工程，比如墙体、庭院和道路；以及
- 会影响到规划建筑的现有建筑结构。

此外，场地平面图可以包含：

- 法规控制条件，比如分区规划、退线要求及道路控制线；
- 现有的或设计的场地市政公用设施；
- 人行和车行的入口和流线；以及
- 显著的环境影响或特征。

绘图比例尺 | Scale

为了缩小场地平面图的实际尺寸，并且平衡它和其他图纸在汇报中的权重，我们绘制场地平面图的比例尺通常小于建筑的平面、立面和剖面图。根据场地尺寸和可供使用的图纸空间，我们可以用1英寸=20英尺或40英尺的工程比例尺，或者$^1/_{16}$英寸=1英尺、$^1/_{32}$英寸=1英尺的建筑比例尺。如果要表现更多细节，并且空间也允许的情况下，我们可以用$^1/_8$英寸=1英尺或者$^1/_4$英寸=1英尺的建筑比例尺。在使用较大比例尺时，场地平面图可以包含建筑的首层或者地面层的平面图。这种表现方法在展示建筑室内、外空间关系时尤为适用。

朝向 | Orientation

为了让场地平面图和楼层平面图之间关系清楚，它们应当在整个汇报演示中朝向相同的方向。

屋顶平面图 | Roof Plans

场地平面图通常包含屋顶平面图或者设计的建筑、建筑群的顶视图。屋顶平面图描绘了屋顶的形式、体量和材料，或者屋顶特征构件的布局，比如天窗、露台和设备外罩，这让屋顶平面图非常有用。

根据绘图比例尺，对屋顶材料的描绘可以包含视觉肌理和色调。我们必须仔细考虑这些图形元素，在场地平面图中规划它们使用的色调范围和图案。这种表现方式既可以把人的注意力引向建筑的平面形状，也可以引向建筑周围的户外空间特征。

表现纵深 | Conveying Depth

有两种方式可以实现建筑形体和周围环境之间所需的色调对比。第一种方式是在浅色背景上，把建筑渲染为较深的主体对象。如果在描绘屋顶材料时，不可避免地在屋顶渲染出一种色调和肌理，与周围环境又必须形成对比时，这种方式尤为适用。

第二种方式将建筑定义为浅色的形状，而背景较深。在表现建筑形体投下的阴影，或者在景观元素为周边环境赋予基础色调的时候，就必须用到这种技法。

为了强化地表的三维效果，我们可以使用一系列成梯级的色调值，按照等高线的高程上升或下降排列。创造这种色调值最简单的方式是使用和等高线垂直的影线。

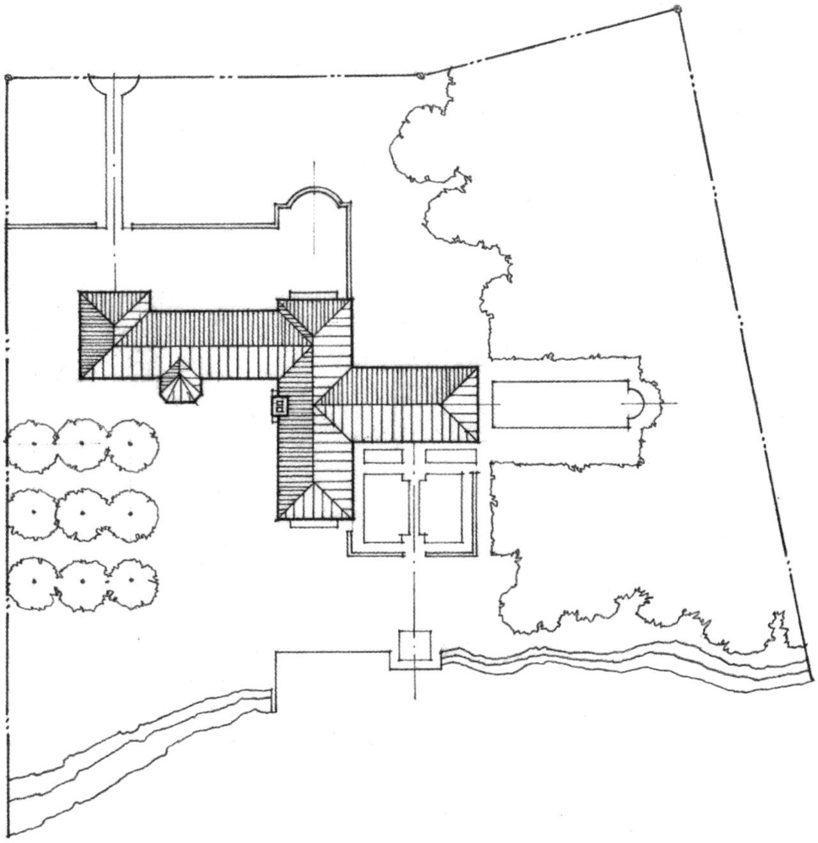

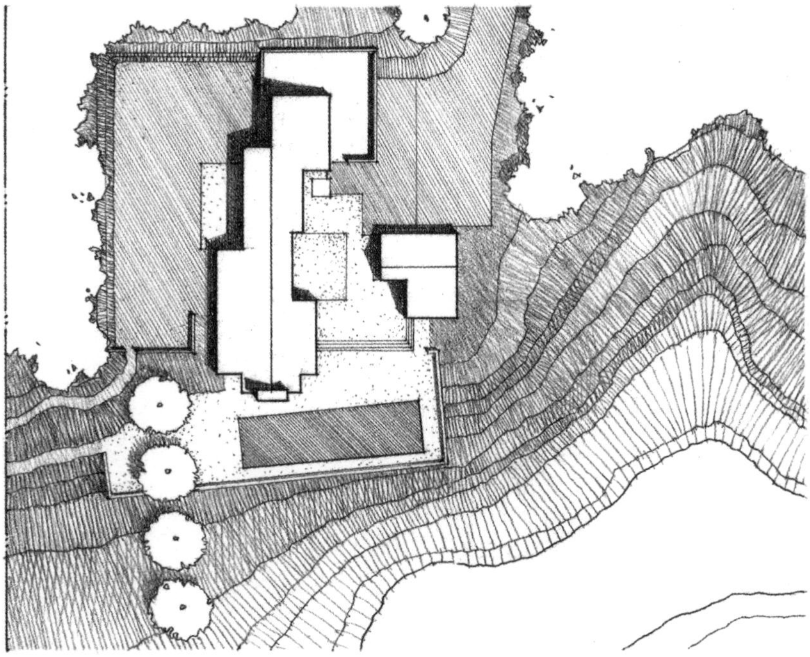

场地等高线 | Site Contours

建筑设计对它所在环境的回应包含了对于场地实体特征的考量，特别是对地形表面的构造和形态。一系列场地剖面图可以有效表现这些信息。然而，在场地平面图中，很难描绘地面起伏的竖向特征。等高线就是我们用来传递这部分信息时惯用的图形手段。

一种具象化等高线的方式是想象以相等的间隔水平切断地形，每一个切片的轮廓都由一条等高线表现。每一条等高线的轨迹都显示地形在那个高程的形状。等高线永远是连续并且互不相交的。它们只在切断竖直表面时相互重合。

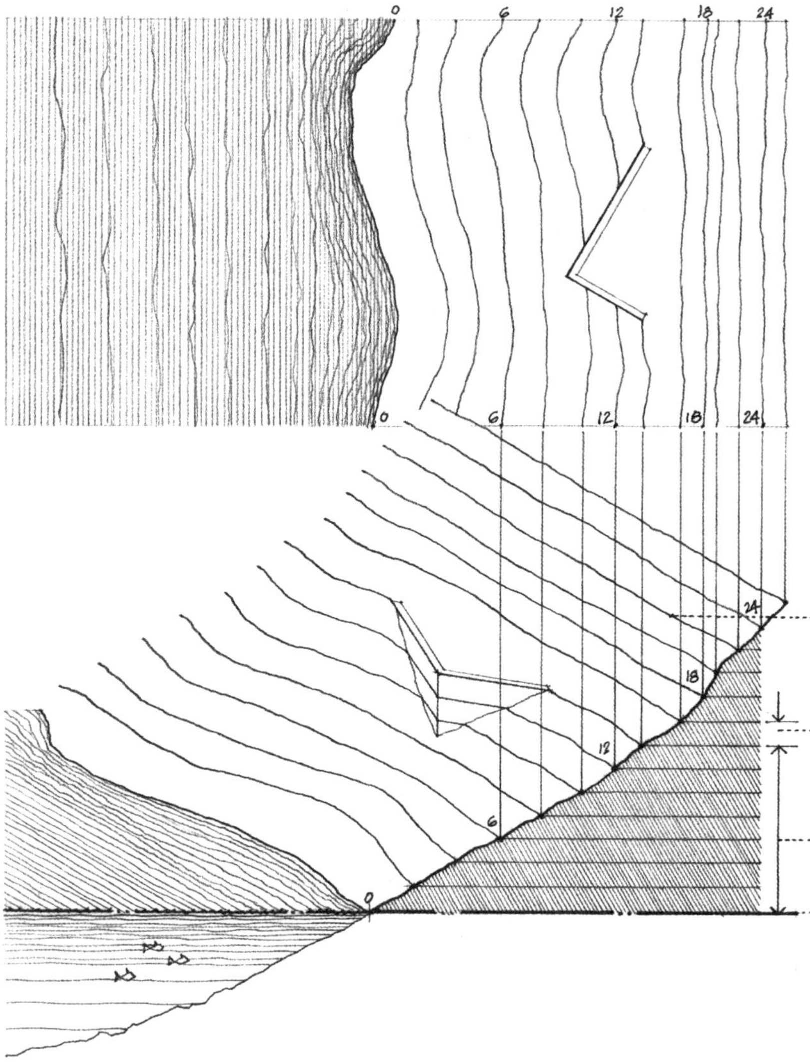

等高线 | Contour Line
一条假象的线，连结地面上高程相同的点。

等高线间距 | Contour Interval
在地形图或场地平面图上，两条相邻等高线之间的高程差距。

高程 | Elevation
一个点高于或低于基准面的竖直距离。

基准 | Datum
作为测量高程数据基准的任何一个水准面、线或点。

等高线间距由绘图比例尺、场地尺寸和地形特征决定。面积越大、坡度越陡，等高线间距就越大。在大型或者坡度较陡的场地中，可以使用10英尺、25英尺或者50英尺的间距；在小型场地并且坡度较缓时，可以使用5英尺、2英尺或者1英尺的间距。

在场地平面图中，等高线间的水平距离是表现地面坡度的指标。我们可以通过辨认这种水平间隔来判断场地的地形特征。

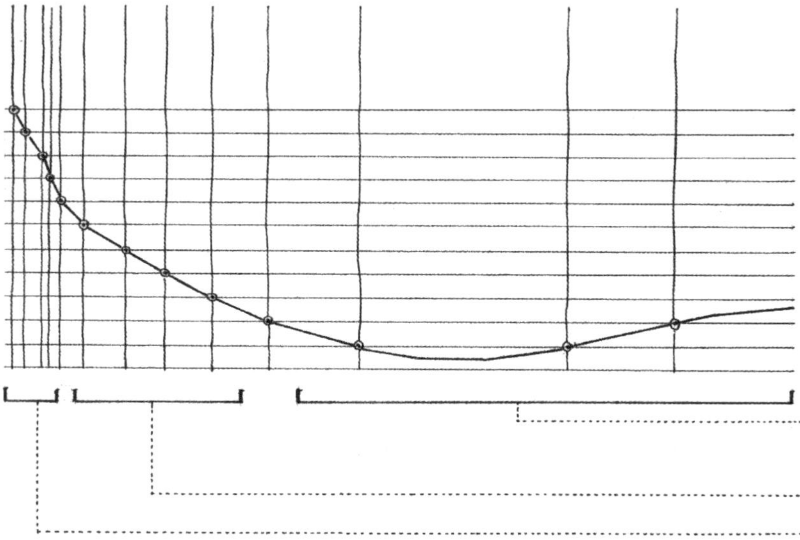

间距很远的等高线表明相对平缓或柔和的坡面。

等间距的等高线表明稳定的坡度。

间隔紧密的等高线表明相对剧烈的高程爬升。

练习 6.8

复制两份海洋牧场集合住宅的场地平面图，并制作两种配色方案来提升建筑形体、围合空间及周边空间的辨识度。在第一种配色方案中，在浅色背景上，把建筑渲染为较深的主体对象。在第二种配色方案中，把建筑定义为浅色的主体对象，和周边的深色地形形成对比。

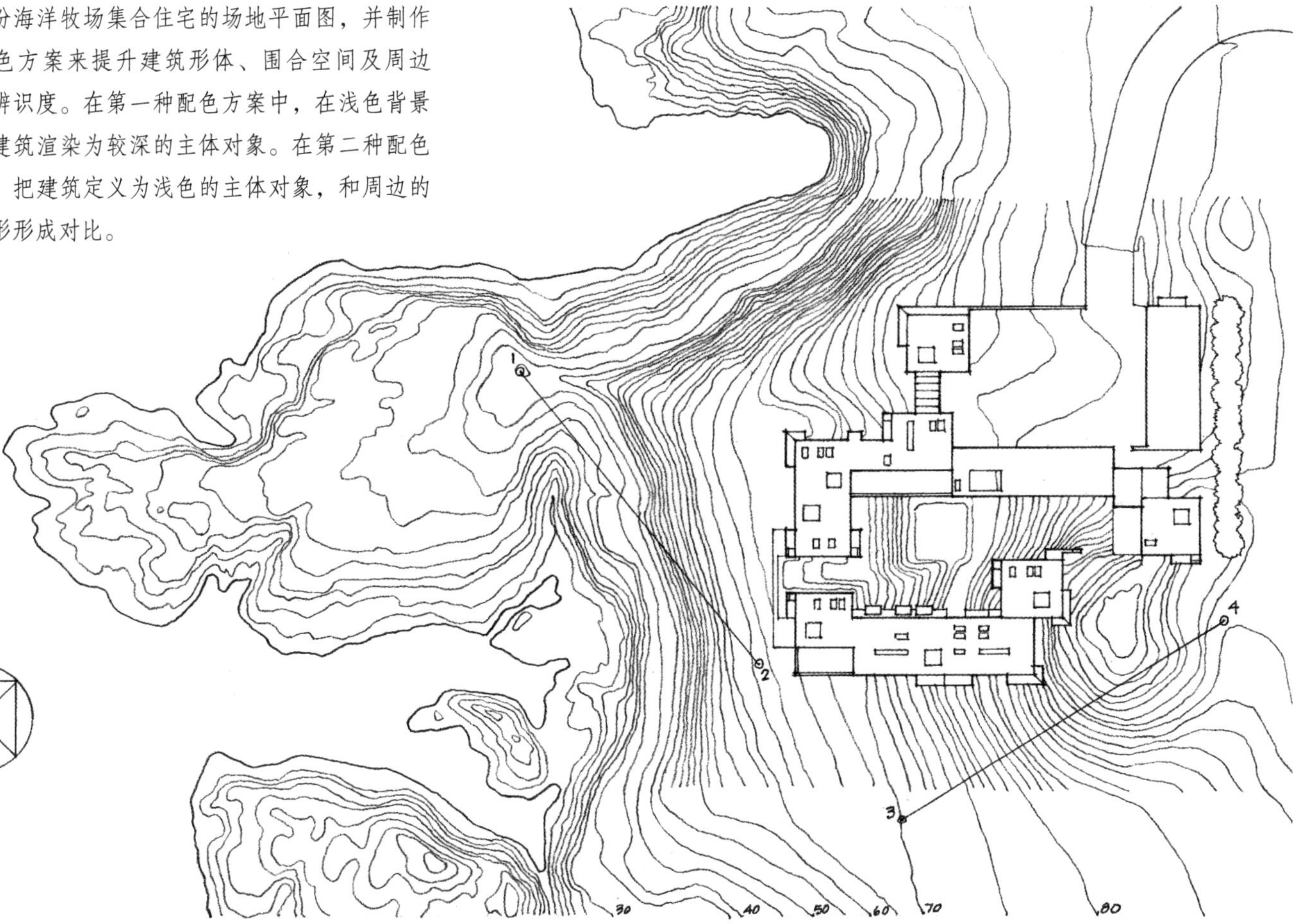

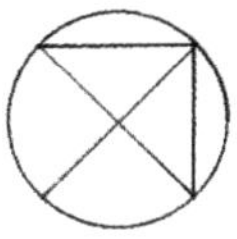

海洋牧场集合住宅（Sea Ranch Condominium），1963—1965年，加利福尼亚州海洋牧场（Sea Ranch），穆尔、林顿、特恩布尔、惠特克设计公司（MLTW/Moore，Lyndon，Turnbull，Whitaker）。

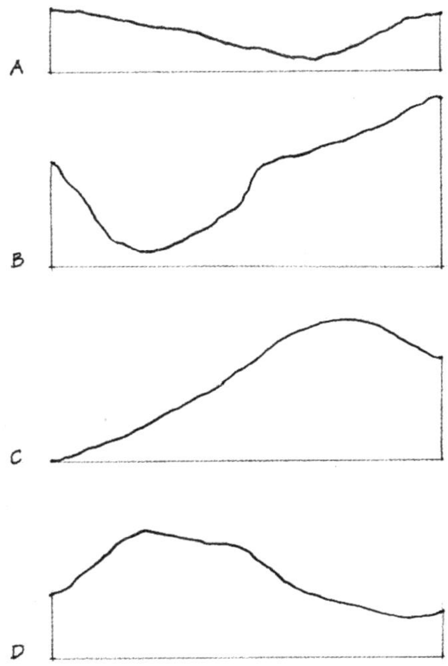

练习 6.9

哪一条曲线符合海洋牧场集合住宅的场地平面图中点1到点2的地形剖面？（A）（B）（C）（D）

练习 6.10

哪一条曲线符合海洋牧场集合住宅的场地平面图中点3到点4的地形剖面？（A）（B）（C）（D）

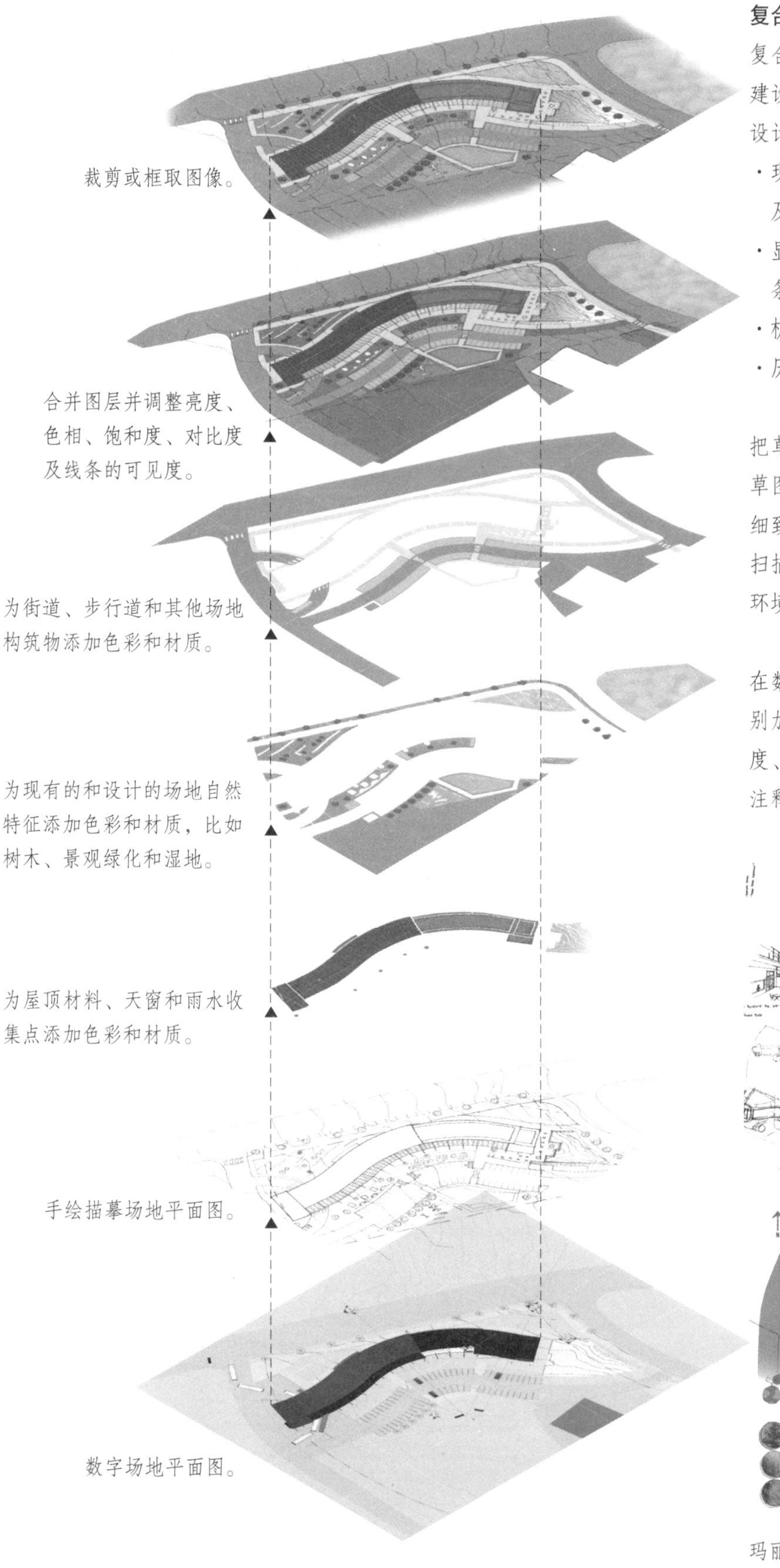

复合场地平面图 | Hybrid Site Plans

复合场地平面图结合数字模型、地形和航拍照片，在建设场地和周边城乡环境的尺度上创造出底图，探讨设计问题。这些问题包括：

- 现有地形地貌和场地的自然特征，比如树木、水体及步行道、铺装等场地设施；
- 显著的外来环境影响，比如可能的景观视野、日照条件和风环境；
- 机动车、自行车和行人的入口和交通流线；以及
- 历史、文化和周边环境对场地的影响。

把草图纸铺在数字底图上，可以快速并探索性地绘制草图，以整理和研究相关问题，并逐步深化，形成更细致的设计绘图。在最终的场地设计完成后，可以去扫描手绘的场地平面图。工作程序再次回到数字工作环境。

在数字工作环境中，填色、渐变和更多的线条可以分别加入不同图层，从而更加灵活地控制每一层的透明度、亮度及对比度。之后，复合场地平面图可以结合注释、图表，最终打印出来并合成汇报演示图板。

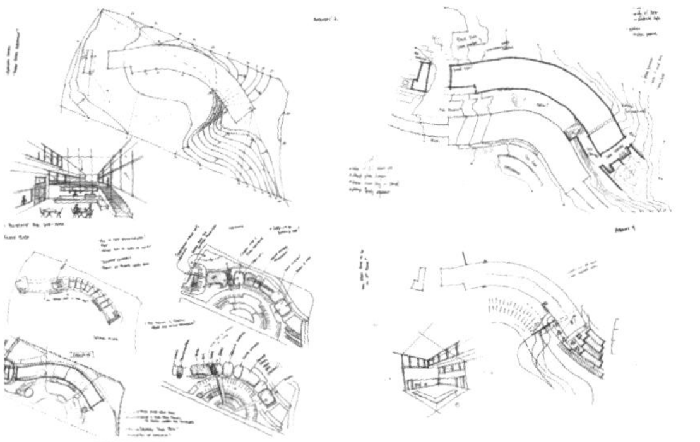

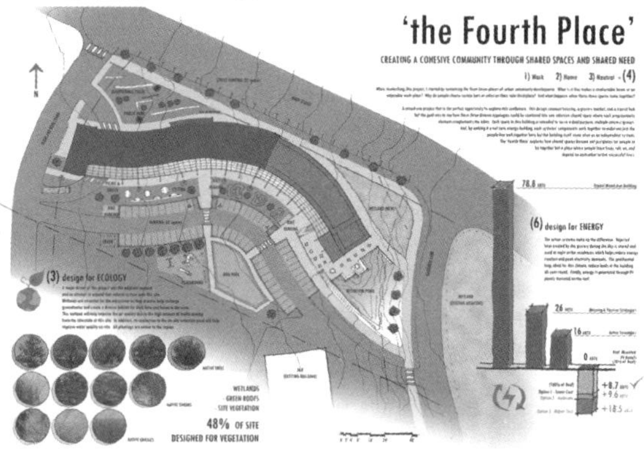

玛丽·德姆罗（Mary Demro）的原作图纸

数字场地信息 | Digital Site Information

在场地的数字实体模型或者表皮模型建好后，我们可以用设定好的竖向间隔对数字模型进行水平剖切，创建一系列的地形等高线。这些等高线可以进行调整并压平，形成二维的场地等高线图。

相关的数字场地信息的线上资源很多，包括市政府的地理信息系统（GIS，Geographic Information Systems）文件和开放访问的地图数据。后者可以提供多种信息，比如航拍照片；场地等高线；建筑基底轮廓、高度和用途；市政公用设施和交通基础设施；以及公园和休闲空间。包括城市服务、交通流量、气候条件和人口统计等更多数据可以在很多城市研究网站上访问到。

在场地平面图中使用这一类图像时，重要的是把下载的信息仅仅视作基础图像，并根据汇报演示和表现图的整体绘图语言对它们做出修改和调整。

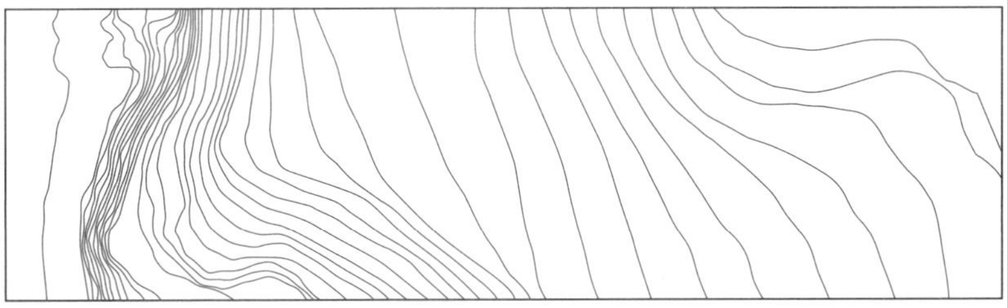

被压平的等高线，用作二维场地平面图的底图或表现图。

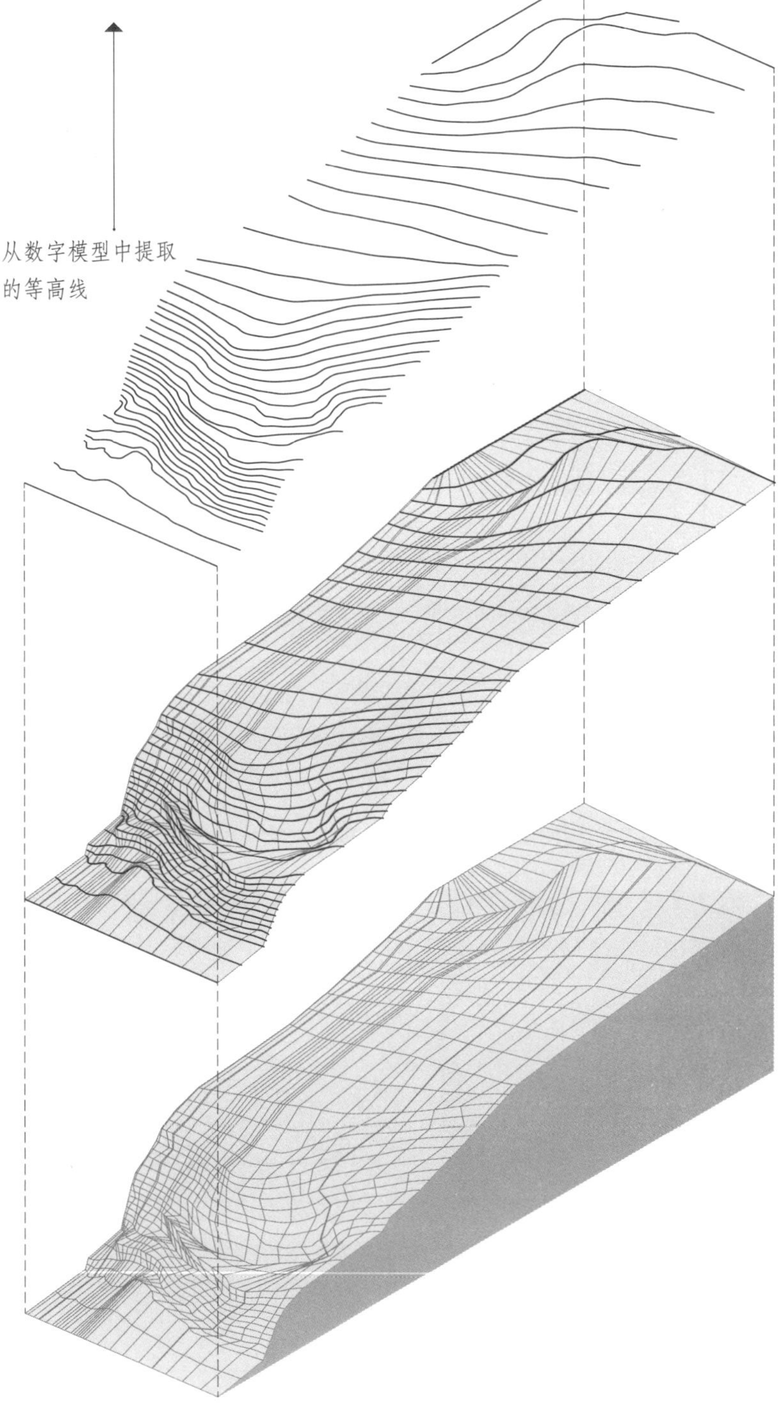

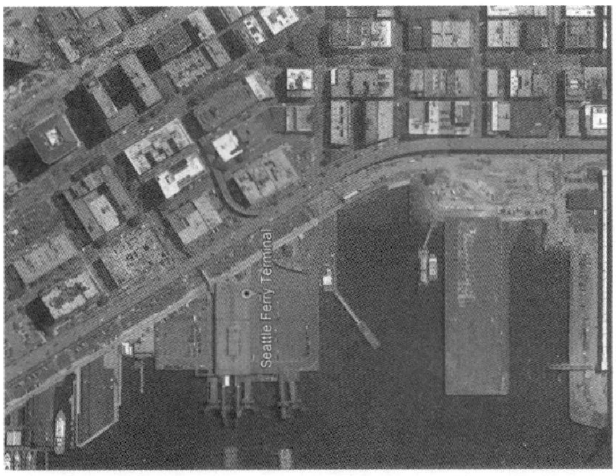

原始场地平面影像

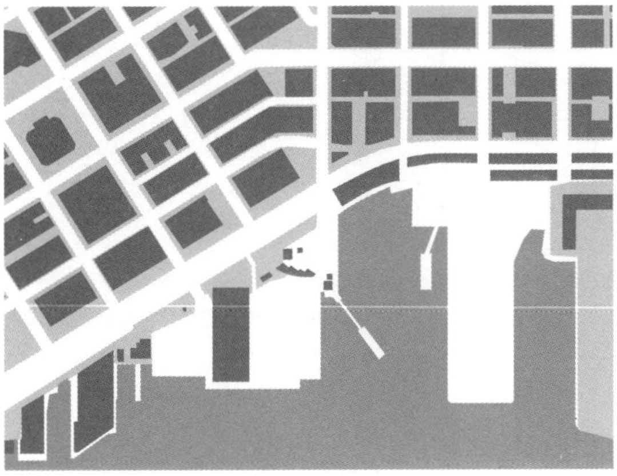

调整后的场地平面图，以维持汇报的一致性。

立面图把物体或工程项目正投影到平行于它一个侧面的竖直像平面上。和其他正投影一样，所有和像平面平行的面都保持真实尺寸、形状和比例。相反，任何曲面或斜面，在像平面上的正投影都出现透视缩短。

立面图把物体上三个维度的复杂问题压缩到两个维度——高度，以及宽度或长度中的一个。与平面图不同，立面图模仿了我们站立的姿态并展示了水平的视角；与剖面图不同，它不涉及对所描绘物体的剖切。相反，立面图展示了物体的外观，与我们正常看到的样貌相似。尽管相比于平面图和剖面图，立面图展示的竖直表面更接近于我们感知的现实，立面图仍然不能表现平面逐渐远离观察者时尺寸缩减的效果。当我们在立面图中绘制物体和表面时，必须依靠图形线索来表现纵深、弧度和斜度。

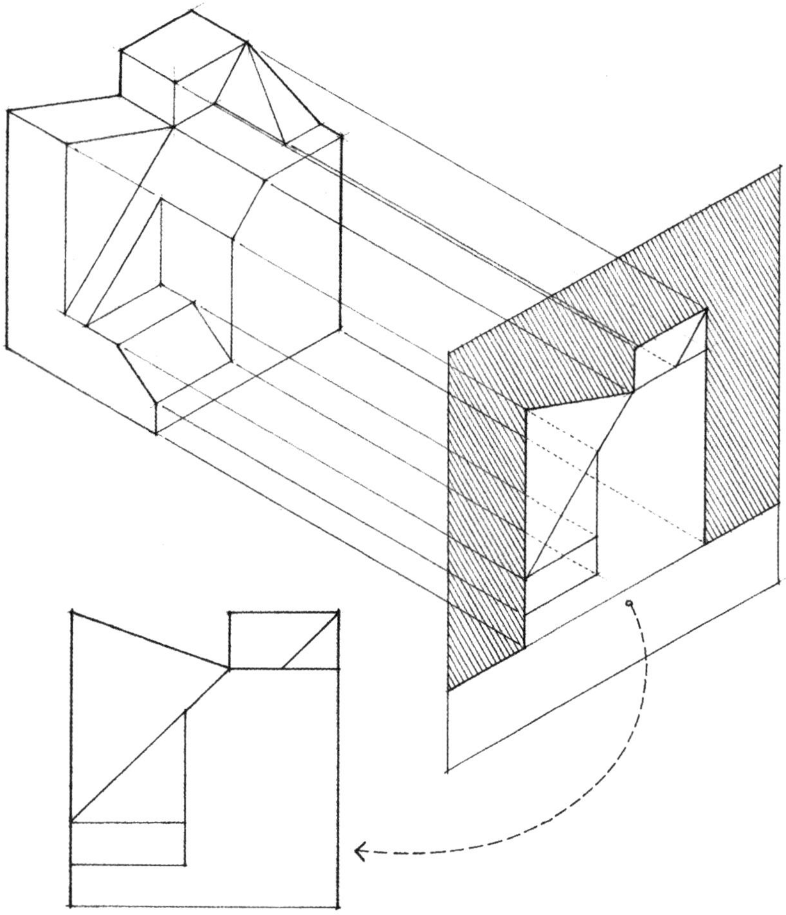

立面图

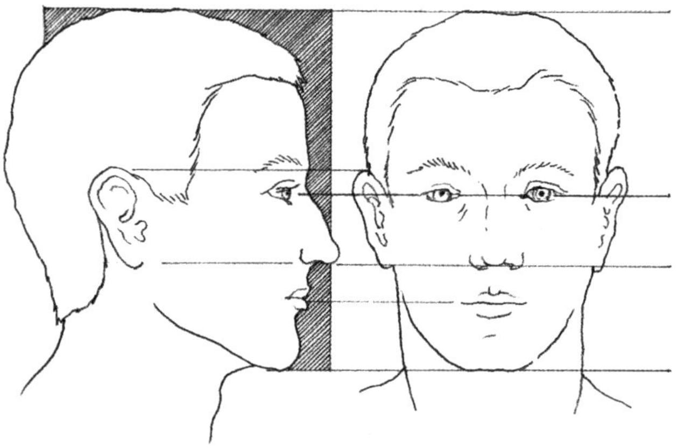

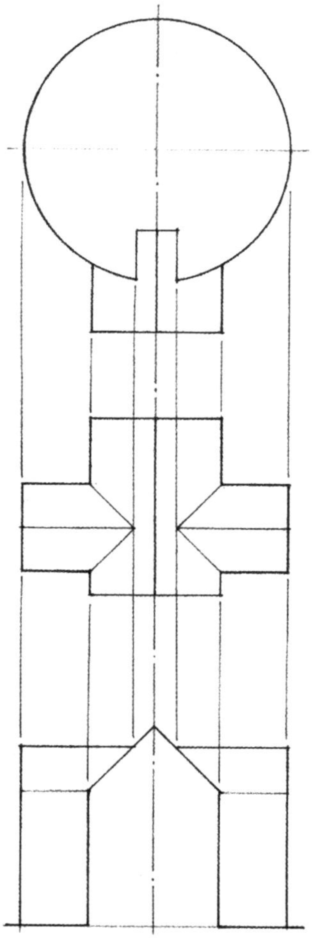

建筑立面图把建筑在水平视角的图像正投影到竖直的像平面上。我们通常让像平面和建筑的一个主要立面平行。

建筑立面图表现建筑的外观，通过投影把它压缩到一个平面中。因此，建筑立面图强调建筑中平行于像平面的竖直外表面，并且确定了它在空间中的轮廓。我们用建筑立面图展现建筑的体形、体量和尺寸，建筑材料的图案和肌理，以及门窗开洞的位置、形式和尺寸。

为了显示建筑和地平面的关系，建筑立面图永远应该包含建筑结构坐落的地基剖切面。这个竖直的剖切面通常位于建筑近前一段距离。距离远近取决于我们希望展示建筑前面的什么信息，以及这部分周边环境的信息会如何混淆建筑的形体和特征。

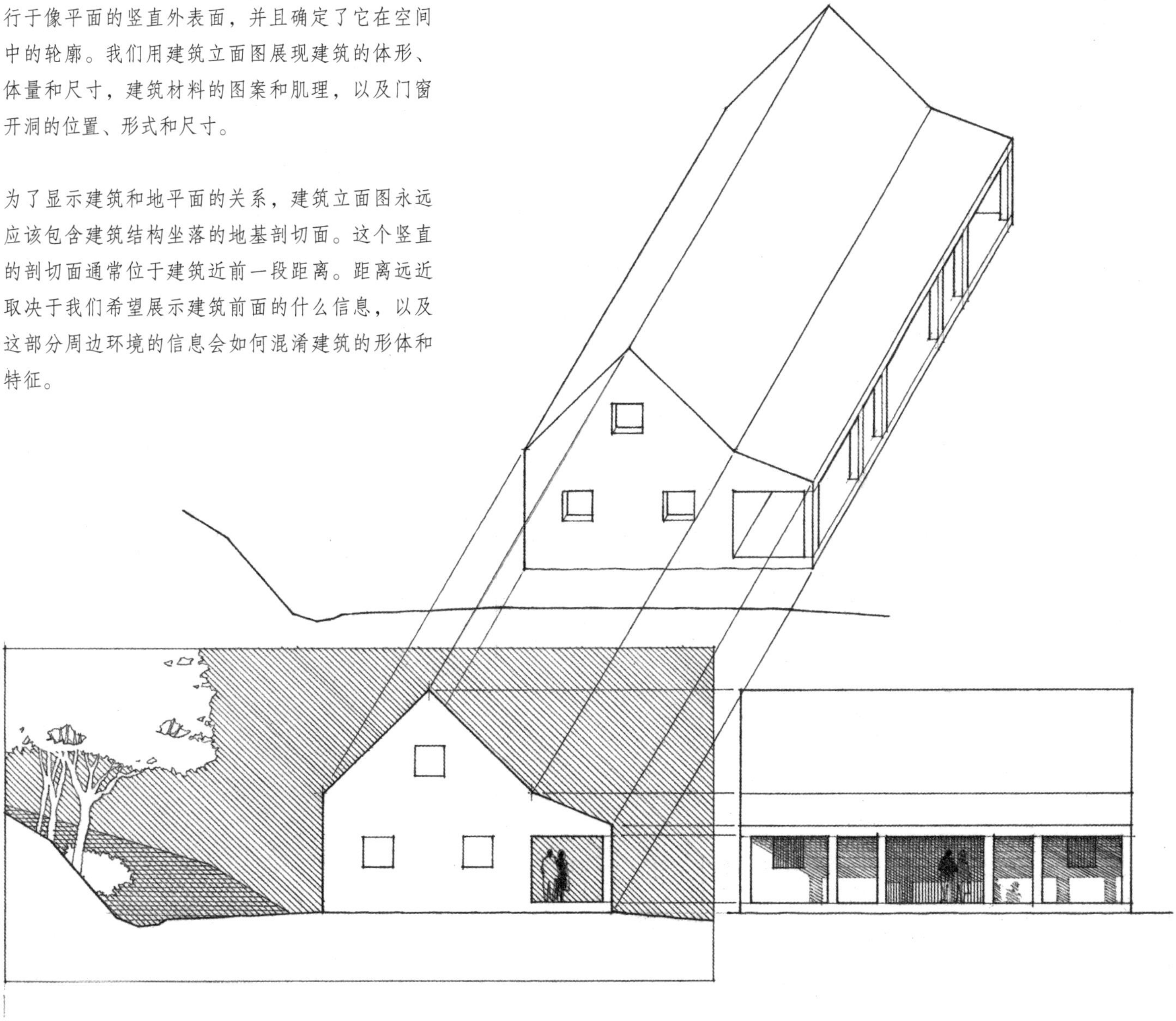

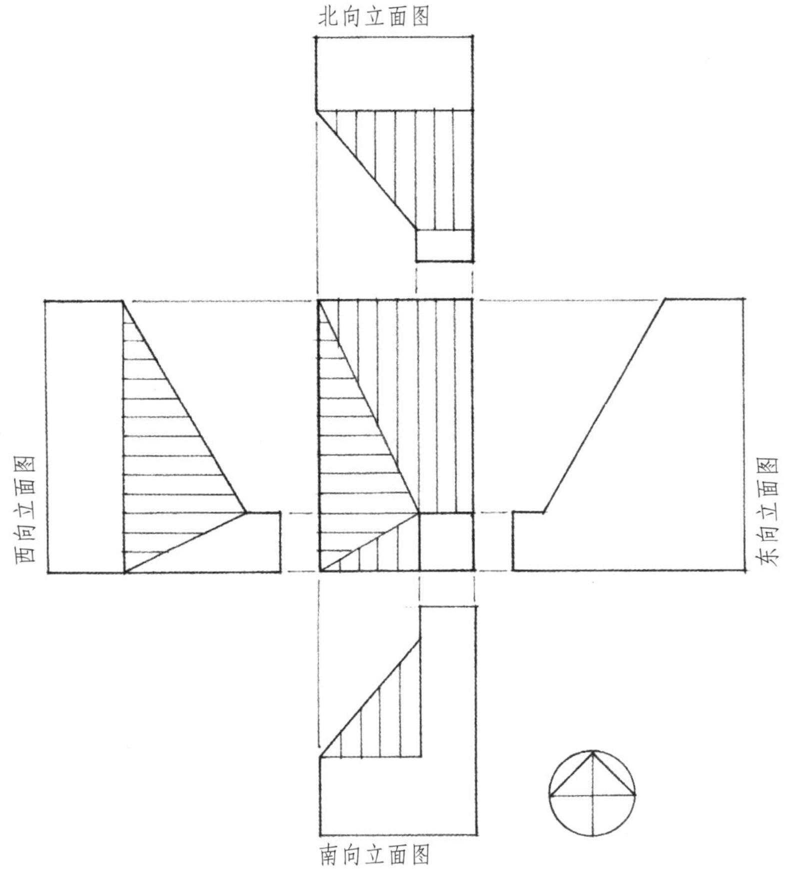

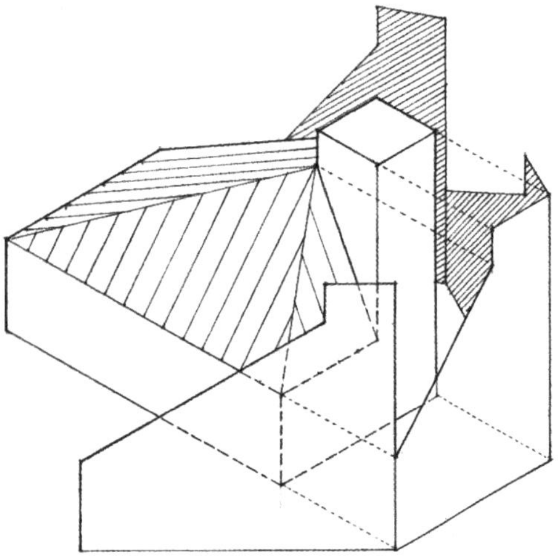

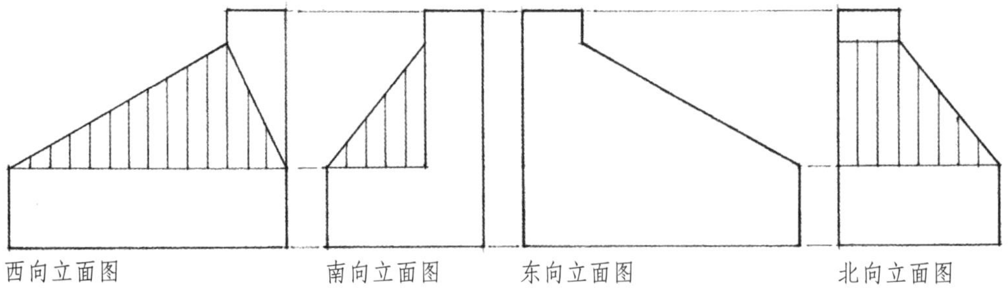

图纸排列 | Arrangement

在我们绕着建筑移动时，随着自身空间位置的变化，会看到一系列相关联的立面图。我们可以把这些视图有逻辑地联系起来，把它们所在的竖直像平面像盒子一样展开。它们可以形成一系列水平排列的图纸，或者围绕一幅正常的平面图排列，成为一张组合图纸。

立面图可以展示物体周围环境，以及空间中多个形体之间的关系，但是立面图不会展示物体内部的任何信息。于是，在绘制对称的形体或工程项目时，我们可以把立面图与剖面图结合起来。

朝向 | Orientation

为了让读者明确方向，我们为每一幅立面图做出标记——或者根据它和假定正立面的关系，或者根据它面向的指南针方位，或者根据从哪种周边环境可以看到这个立面。如果一幅立面图被投影在物体正对的像平面时，可以称为“正视图”（front view）；被投影在侧面的画面平面时称为“侧视图”（side view），这取决于我们自己如何面对这个物体，或者如何评价它各立面的重要性。

然而，在建筑图学中，指南针显示的建筑绝对朝向是一个很重要的问题，尤其在研究和沟通日照和其他气候因素对于设计的影响时。因此，我们最惯常的做法是根据立面朝向的绝对方位来命名建筑立面图：比如，北向立面图指的是朝向北方的立面图。如果立面与指南针的基本方位差距小于45°，可以用“假定北方”这种称呼来避免冗长的图名。

当建筑与某个特殊的或者重要的场地特征产生了联系，我们可以根据这个特征来命名建筑立面图：比如，街道立面图指的是面向街道的立面图。

绘图比例尺 | Drawing Scale

我们通常用和配套的楼层平面图相同的比例尺绘制建筑立面图——$^1/_8$英寸=1英尺或$^1/_4$英寸=1英尺。我们可以用较小的比例尺来绘制大型建筑和建筑群，或者用较大的比例尺绘制单个房间的室内立面图。室内立面图在研究和表达细节丰富的空间时尤为有效——比如厨房、卫生间和楼梯。

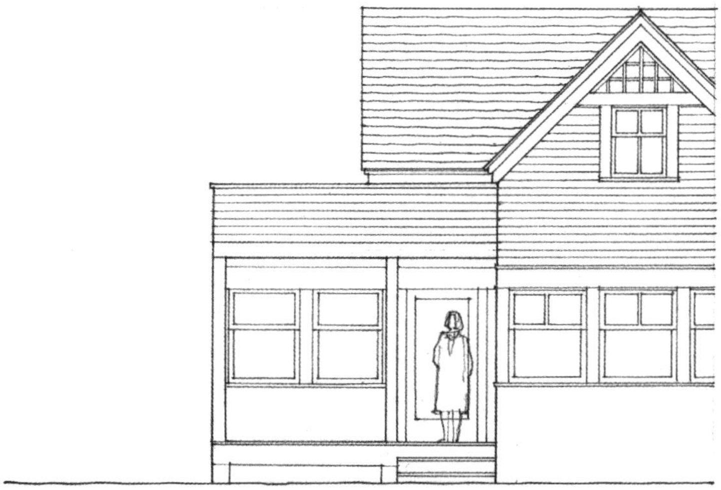

立面图的比例尺越大，我们就需要加入更多的细节。这种对细节的关注在绘制墙体表面、门窗和屋面的外观时最为关键。尤其要谨慎地关注材料的图案和肌理、框架和节点的厚度、平面露出的边缘，以及平面构造的转角形式。因此，对建筑建造过程的整体了解对于绘制大比例尺建筑立面图非常有益。

同往常一样，在立面图中加入人形有助于构建尺度感，并提醒我们设计中活动和用途的组织逻辑。

表现纵深 | Conveying Depth

在正投影中，垂直于像平面的平面显示为一条线，因此在建筑立面图中本来不存在纵深线索。无论它们在空间中的距离如何，所有平行于像平面的线条和平面保留它们的真实尺寸。为了表现纵深感，我们必须使用不同等级的线宽或者色调。我们用到的技法取决于建筑立面图的比例尺、绘图媒介以及为了表现材料的图案与肌理所用的绘图技法。

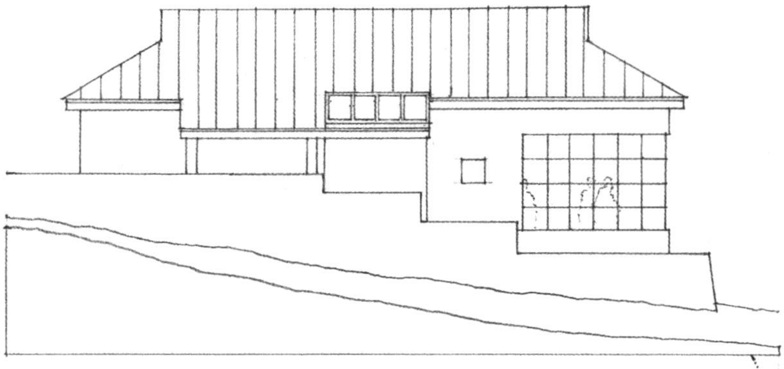

这一系列绘图反映了在建筑立面图中表现纵深感的不同方法。

- 这幅建筑立面图用单一的线宽绘制。
- 这幅图用线宽的梯级序列表现纵深。
- 最粗的线宽用于绘制建筑近前被剖切的地面。向临近的空间延长这条曲线，描绘出场地的地形特征。
- 稍细的线宽用于勾画距离投影面最近的平面；逐步用更细、更轻的线条来表明平面与像平面距离的增加。
- 最细的线宽表现表面线条。这些线条不表示任何形体的变化。它们只表现表面上可见的图案和肌理。

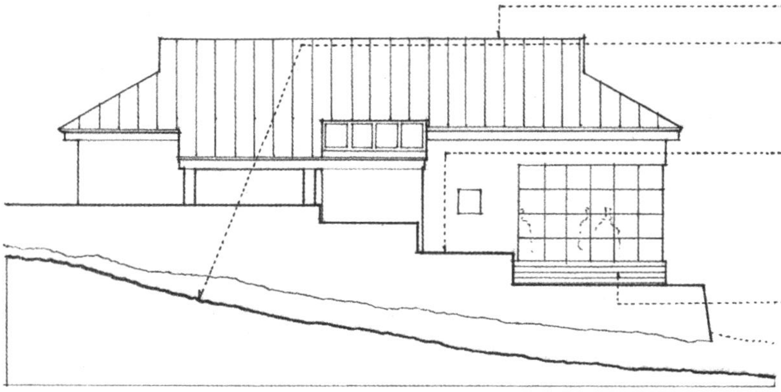

我们在建筑立面图中用色调渲染阴影，并构建三个图面区域：前景是剖切面和建筑立面之间的空间，中景是建筑自身占据的空间，背景是天空、景观以及建筑背后的各种结构。

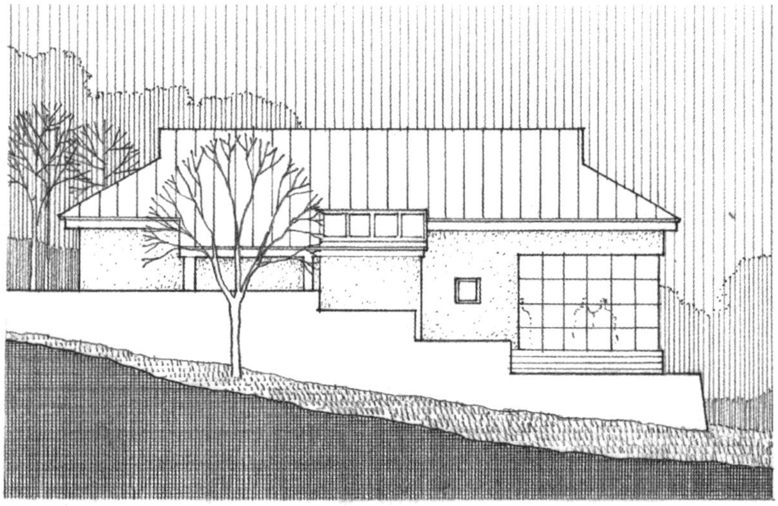

- 首先确定建筑所使用的色调区间；然后确定前景与背景形成对比的色调。
- 可以前置深色的平面，并随着距离增加逐步减淡，也可以反过来处理。
- 利用明暗面转换的纵深线索，通过锐利的色调对比来表现元素向前突出，或者降低对比度让图面区域退入背景中。
- 利用大气透视的纵深线索：更清晰地描绘前景中的表面材质和肌理，模糊背景中更远处的表面轮廓和边缘。
- 细节的锐度和清晰度把读者的注意力吸引到建筑中最靠近像平面的部分。

空间纵深线索 | Spatial Depth Cues

上一页的例子表现了在建筑立面图中如何使用不同的线宽和色调来传递空间纵深感。下面这一系列图纸表现了一些更独立和抽象的方式，通过视觉线索强化正投影视图中的纵深感。

· 轮廓线的连续性：我们倾向于认为有着连续轮廓线的形状位于其他形状之前，而其他形状的轮廓被它打断。这种视觉现象表现为近处的物体重叠于或者突出于远处物体之前，于是我们通常把这种纵深线索简单地称为“重叠”（overlaps）。

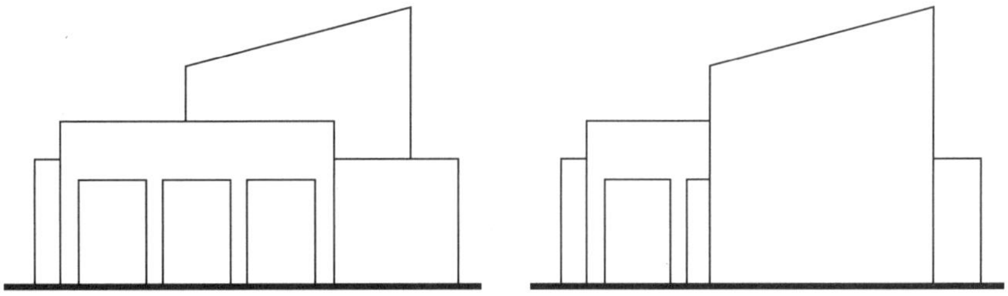

· 单独存在时，重叠的关系只能表现比较短浅的空间间隔感。然而，如果我们把重叠与其他纵深线索相结合，就可以获得更明显的空间间隔和纵深感，比如，在纯线条绘图中调整线宽。更深、更粗的轮廓线更为突出，并且看上去位于更浅、更细的轮廓线前面。

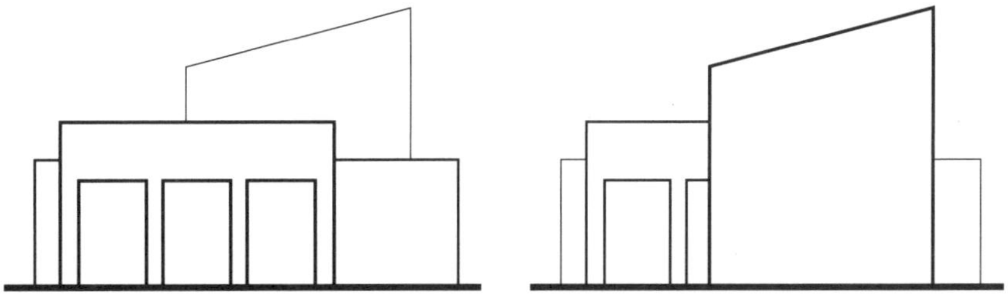

· 大气透视：随着与观察者距离的增加，色彩、色调和对比度逐渐淡化。在视野中距离我们很近的前景物体通常具有更高饱和度的色彩以及更锐利的对比色调。当它们逐渐远离，色彩变得更浅、更柔和，色调对比更模糊。在背景中，我们主要看到不同形状上灰蒙蒙的色调和暗淡的色彩。

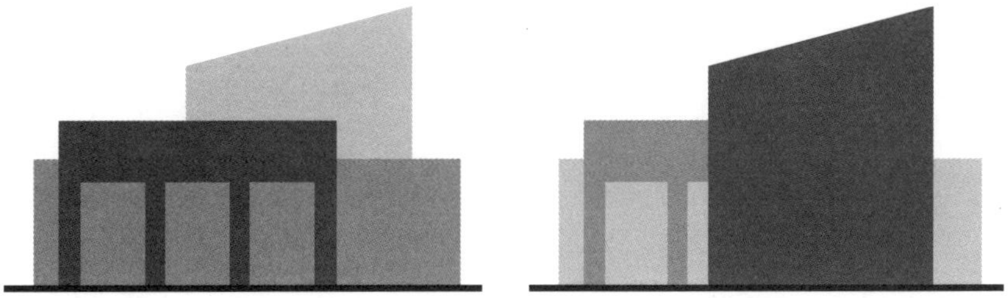

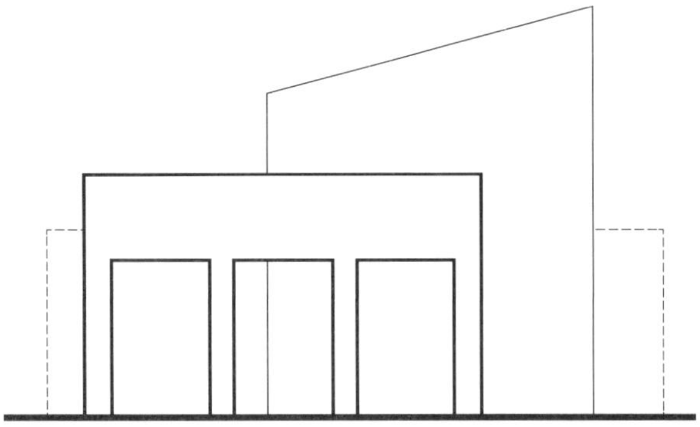

· 透视模糊：这种纵深线索来自我们通常把“视野清晰”和“距离近”联系在一起，把“轮廓模糊”和“距离远”联系在一起。透视模糊在图面上表现为远处物体上逐渐消失或者模糊的边缘和轮廓线。我们可以用很轻的线条或者虚线、点线来描绘那些超出绘图聚焦范围之外的形状边缘和形体轮廓。

· 材质透视：表面上材质肌理的密度随着距离增加而提高。描绘材质透视的视觉效果，用到的绘图技法是，逐渐缩小表面材质肌理和图案的尺寸和间隔，无论材质用到何种图形元素，点、线，还是色调形状。具体做法包括，前景明确肌理图案的基本单位，中景勾画材质肌理，背景渲染为一种色调。

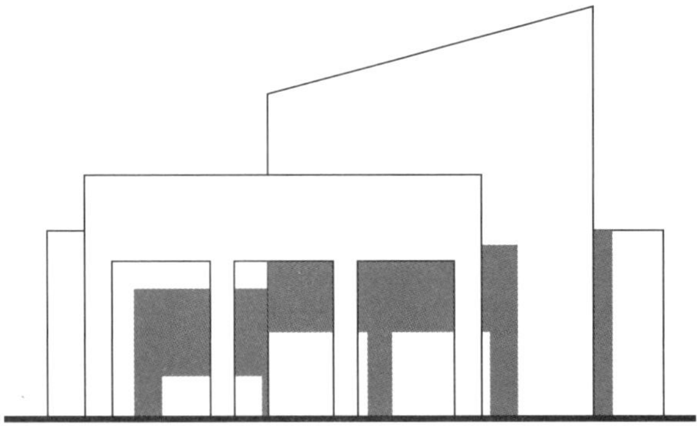

· 明暗面：任何亮度的突变都会刺激读者对悬空边缘的感受，或者让轮廓从背景面上分离，产生一段空间间隔。这种纵深线索意味着绘图中必须包含形状重叠和色调对比的情形。关于建筑学的暗面和阴影的更多信息，见第198～205页。

· 关于纵深线索的更多信息，见第86～98页。

复合建筑立面图 | Hybrid Building Elevations

复合建筑立面图依靠多层次的图形元素来传递纵深感——这是建筑视图可读性的关键。如果从数字工作环境起步，那么手绘描摹一幅打印出的立面图可以为建筑图像带来一种草图的质感。如果从手绘立面图起步，那么我们可以把它扫描输入二维绘图程序，并利用矢量线条与锚点重建这幅建筑的立面图。

为窗户添加色调和色彩，从而表现窗洞的图案形式时，我们可以使用透明笔刷，或者用天空、环境的图案来表现玻璃的反射效果。要想传递出更复杂的纵深感，可以在窗户中添加人物剪影或者其他室内元素。和反射效果一样，这些元素应当是不明显的，不至于将人们的注意力从清晰表现的建筑形体、比例和材质等建筑立面图的主旨上分散。

复合立面图1：数字色调、阴影和景观素材，上覆手绘的线条、窗户和墙体色调、天空和地面肌理，以及人形。

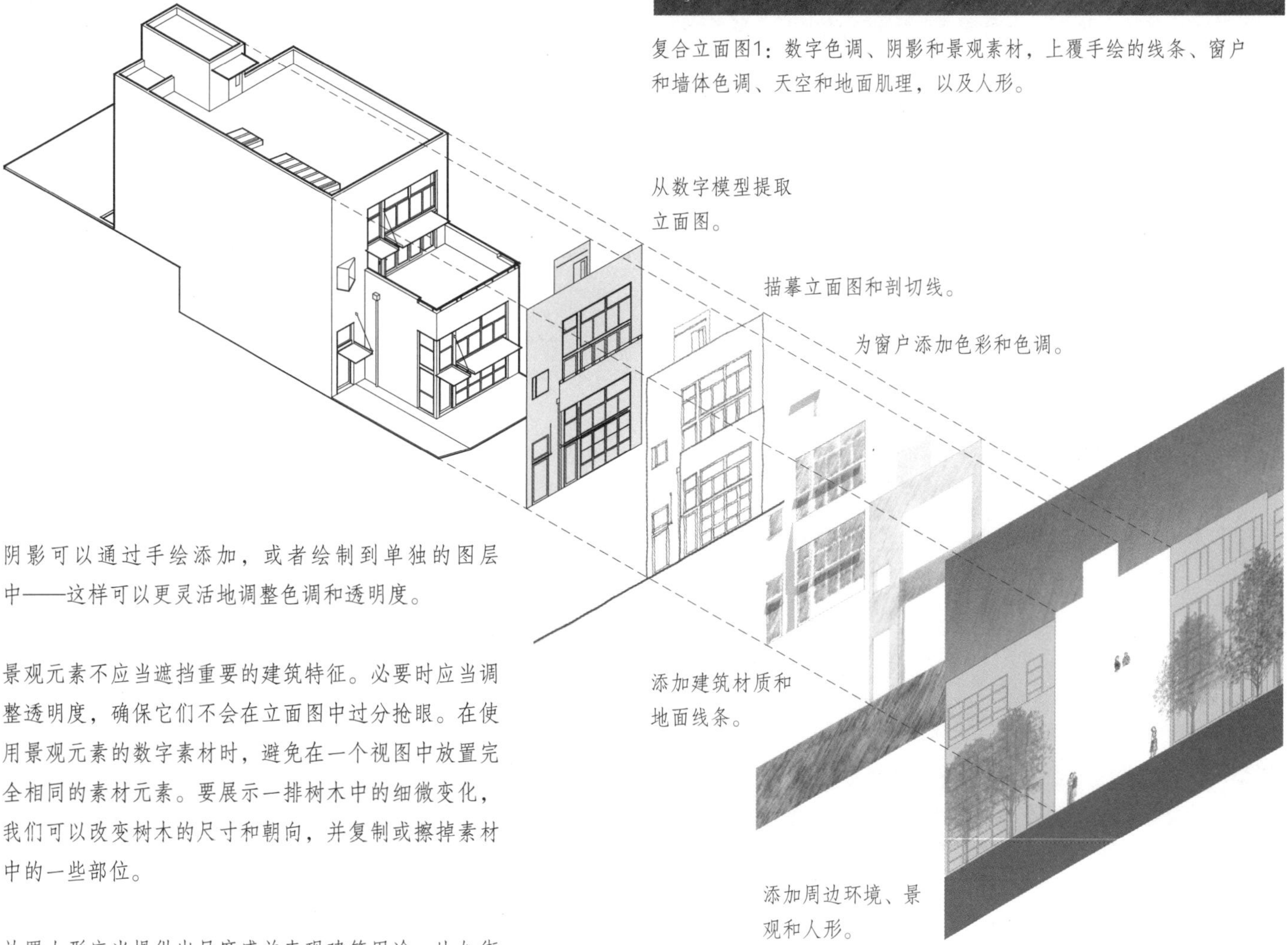

阴影可以通过手绘添加，或者绘制到单独的图层中——这样可以更灵活地调整色调和透明度。

景观元素不应当遮挡重要的建筑特征。必要时应当调整透明度，确保它们不会在立面图中过分抢眼。在使用景观元素的数字素材时，避免在一个视图中放置完全相同的素材元素。要展示一排树木中的细微变化，我们可以改变树木的尺寸和朝向，并复制或擦掉素材中的一些部位。

放置人形应当提供出尺度感并表现建筑用途，比如街道层面的商业活动和上层的户外平台。

针对现有周边环境通常绘制较少的细节，以保持读者对建筑设计的关注。同样，如果绘制天空，也应该首先建立一种和建筑形成对比的背景，再渲染出细节深度，以及与立面图其他部分相适应的真实天空效果。太过真实的天空图像会让立面图过于强势。

记住，立面图依然是一种剖面视图，因此应当清晰地表现出对地面的剖切，要么用粗线绘制地面剖切线，要么将地面填上深色，这样可以为建筑及整幅图纸构建一个坚实的基础。

复合立面图2：数字色调、阴影和景观素材，上覆手绘的窗户和墙体色调、天空和地面肌理，以及人形。没有线条。

复合立面图3：数字线条、色调、阴影和景观素材，上覆手绘的窗户和墙体色调、天空和地面肌理，以及人形。

复合立面图4：数字色调、阴影和景观素材，上覆手绘的天空和地面肌理，以及人形。没有建筑线条。

练习 6.11

用1/8英寸=1英尺的比例尺绘制下方立体视图中建筑的南立面图和东立面图。用线宽的梯级序列建立纵深感并表现出哪个构件突出于其他构件之上。

练习 6.12

利用练习6.11中完成的绘图，探索如何通过图案肌理和色调对比来突出建筑轮廓，并构建三个图面区域：前景、中景和背景。

练习 6.13

在一张草图纸上用相同的比例尺再次绘制上述建筑立面图。探索如何通过图案肌理和色调对比来表现建筑自身构件如何突出于其他构件之前。

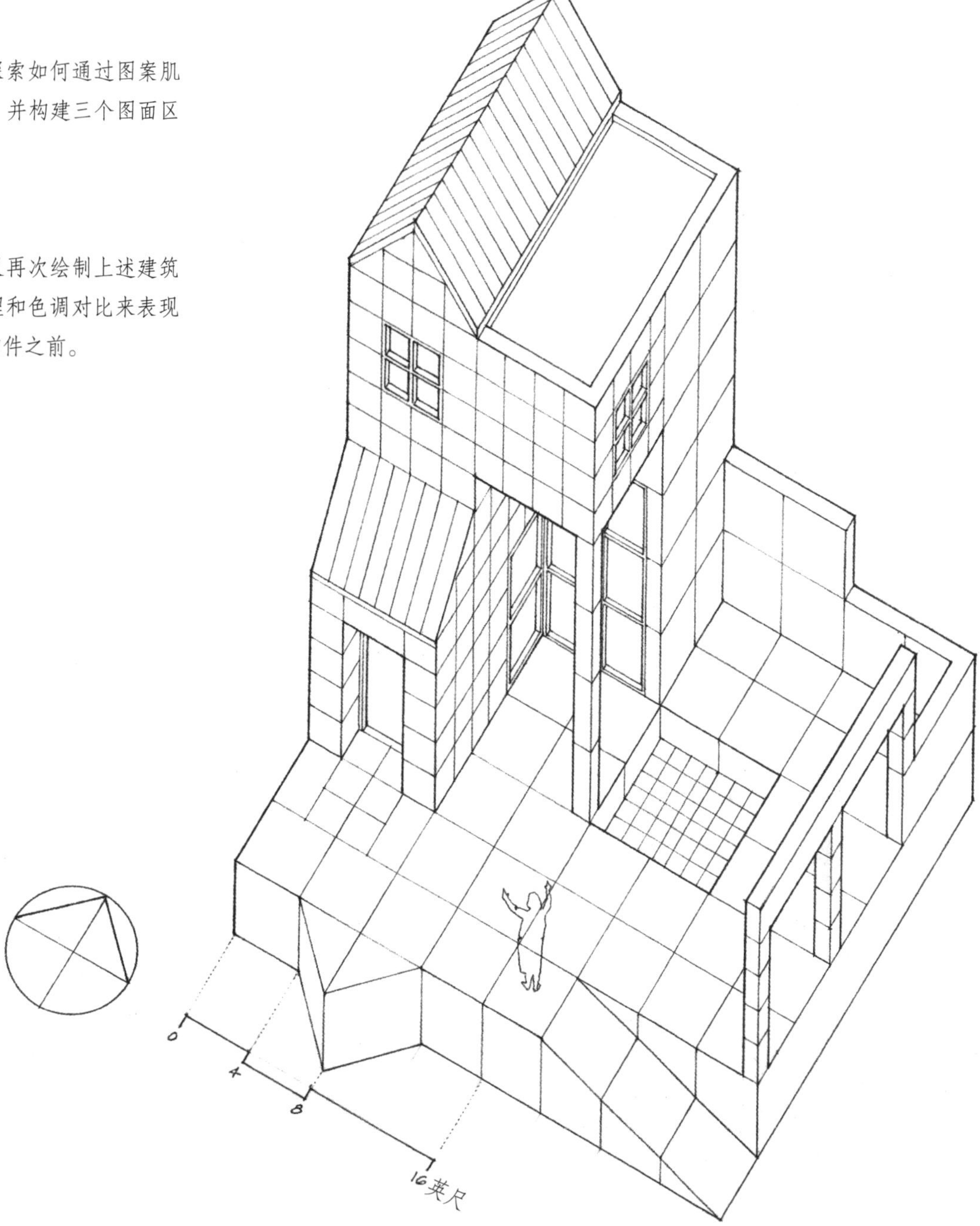

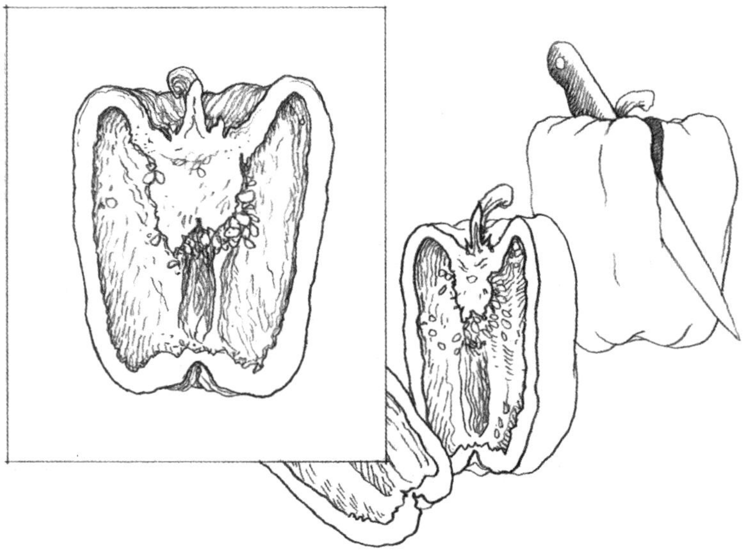

剖面图假设物体被一个平面截切，并在平面上留下正投影。剖面图把物体剖开，展示它的内部材质、结构或者组合方式。理论上说，剖切面可以是任何朝向的，但是为了和楼层平面图——另一种包含剖切过程的图纸——相区别，我们通常假定剖面图中的剖切面是竖直的、视角是水平的。和其他正投影视图一样，任何与像平面平行的面保持它们的真实尺寸、形状和比例。

剖面图把物体上三个维度的复杂问题压缩到两个维度——高度，以及宽度或长度中的一个。我们通常用剖面图来研究和传递建筑建造过程的细节，以及家具和橱柜的组合方式。然而，在建筑图学中，研究和展示建筑的楼面、墙体和屋顶结构之间至关重要的虚实关系、建筑竖向尺度以及被围合空间的联系时，剖面图是最重要的一种图纸。

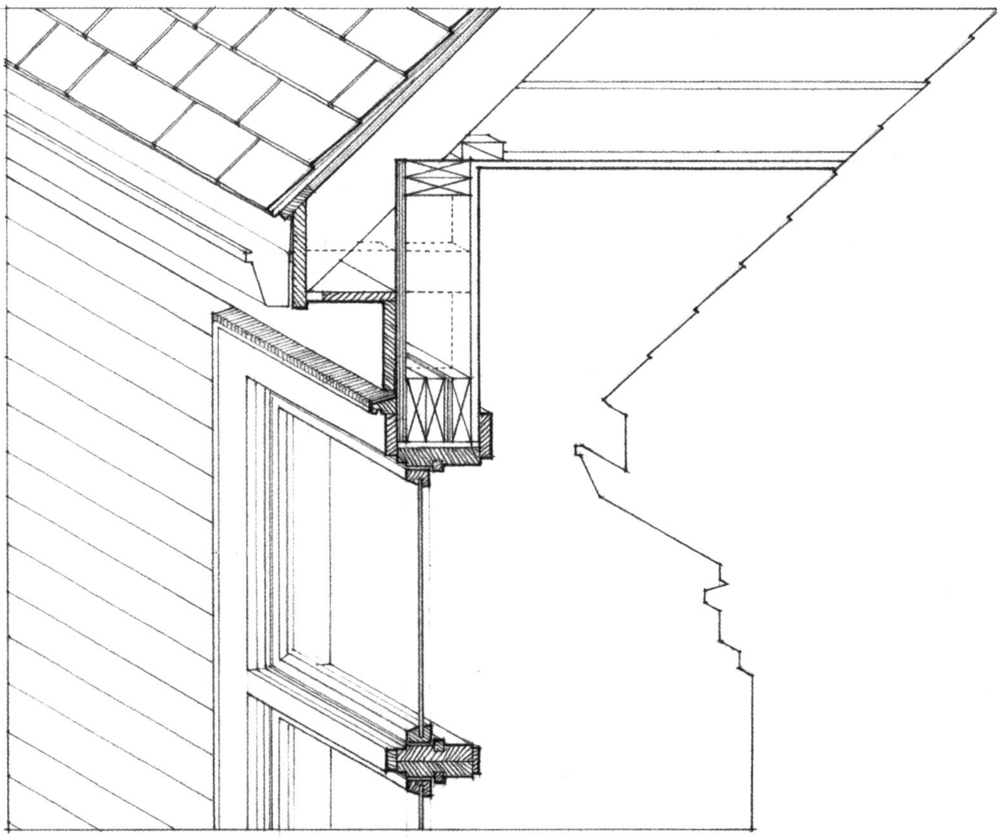

建筑剖面图表现了建筑的竖直剖面。在一个竖直的平面剖开建筑后，我们移除其中一部分。建筑剖面图就是剩下的一部分在平行于剖切面的竖直像平面上的正投影。

建筑剖面图结合了平面图的抽象特征和立面图的具象特征。在截切建筑的墙体、楼面和屋顶结构以及门窗开洞时，我们剖开建筑的室内空间并展示支撑、跨度、围合的布置情况，以及空间的竖向布局。在竖直的像平面上，建筑剖面图可以揭示室内空间的竖向尺度、形状和尺寸，门窗开洞对这些空间的影响，以及室内各空间、室内外空间之间的竖向联系。透过剖切面，我们看到室内墙体的立面，以及位于墙体近前、剖切面背后的物体和场景。

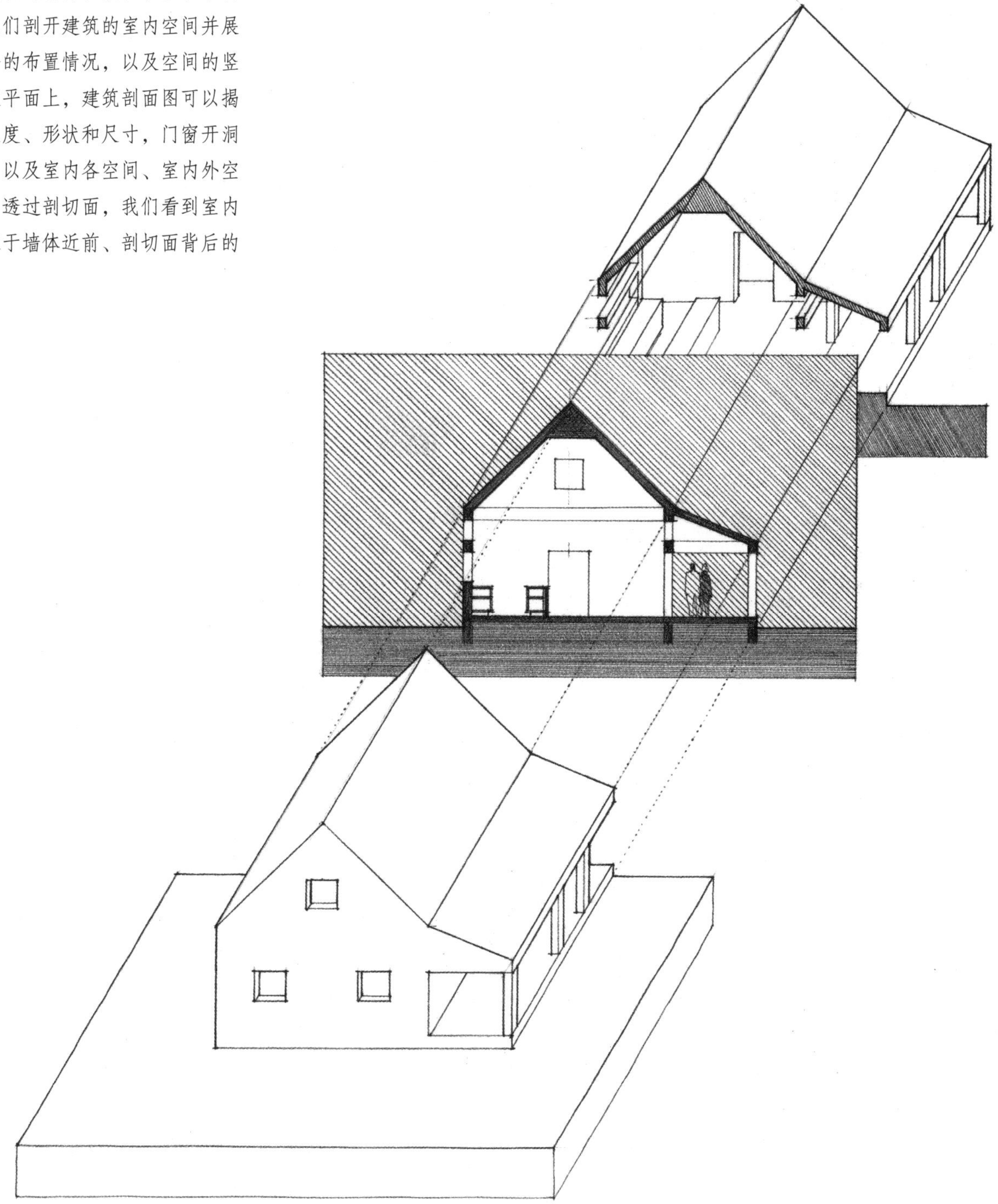

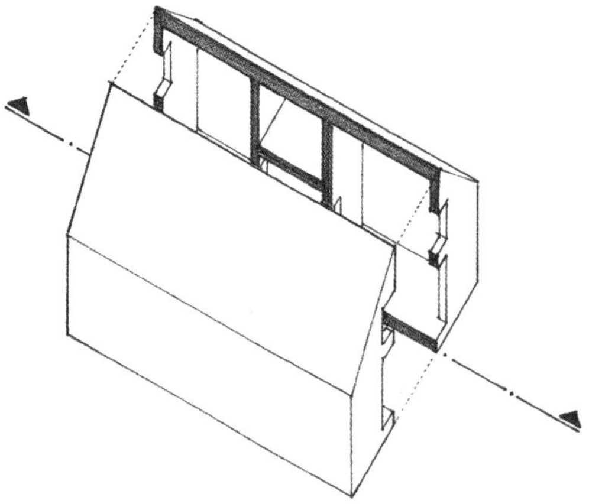

确定剖切位置 | Locating the Section Cut

对于有着对称平面布局的建筑，合理的剖切位置是沿对称轴方向。在其他所有情况下，建筑剖面图都应当剖切在最重要的空间并看向能够展示空间主要特征的方向。为了避免混淆，我们通常沿着一个平行于主要墙体的、连续的竖直平面做出剖切。只有在确实需要时才让剖切面做出转折和偏移。

更具体地说，建筑剖面图应当在建筑的关键特征处剖切，比如重要的门窗开洞、天窗、主体标高变化以及特殊的竖向交通形式的位置。永远不要在柱子或栏杆处做出竖向剖切，因为这种剖面图会显示为连续的墙面。

横向剖面图沿物体的短边方向剖切，纵向剖面图沿着长边剖切。任何情况下，都必须精确标明剖切面的位置和视线方向。

我们通过在配套的楼层平面图中做出标记来标明剖面图的位置和方向。惯用的符号是一条点划线——长线段被短线段或点分隔。没有必要让剖切标记贯穿整个楼层平面图，除非剖切线做出了多次偏移。更常见的是，我们用两条短线在楼层平面图中标记剖切面的起止位置，并在每条短线的端点处用一个箭头指示视线方向。

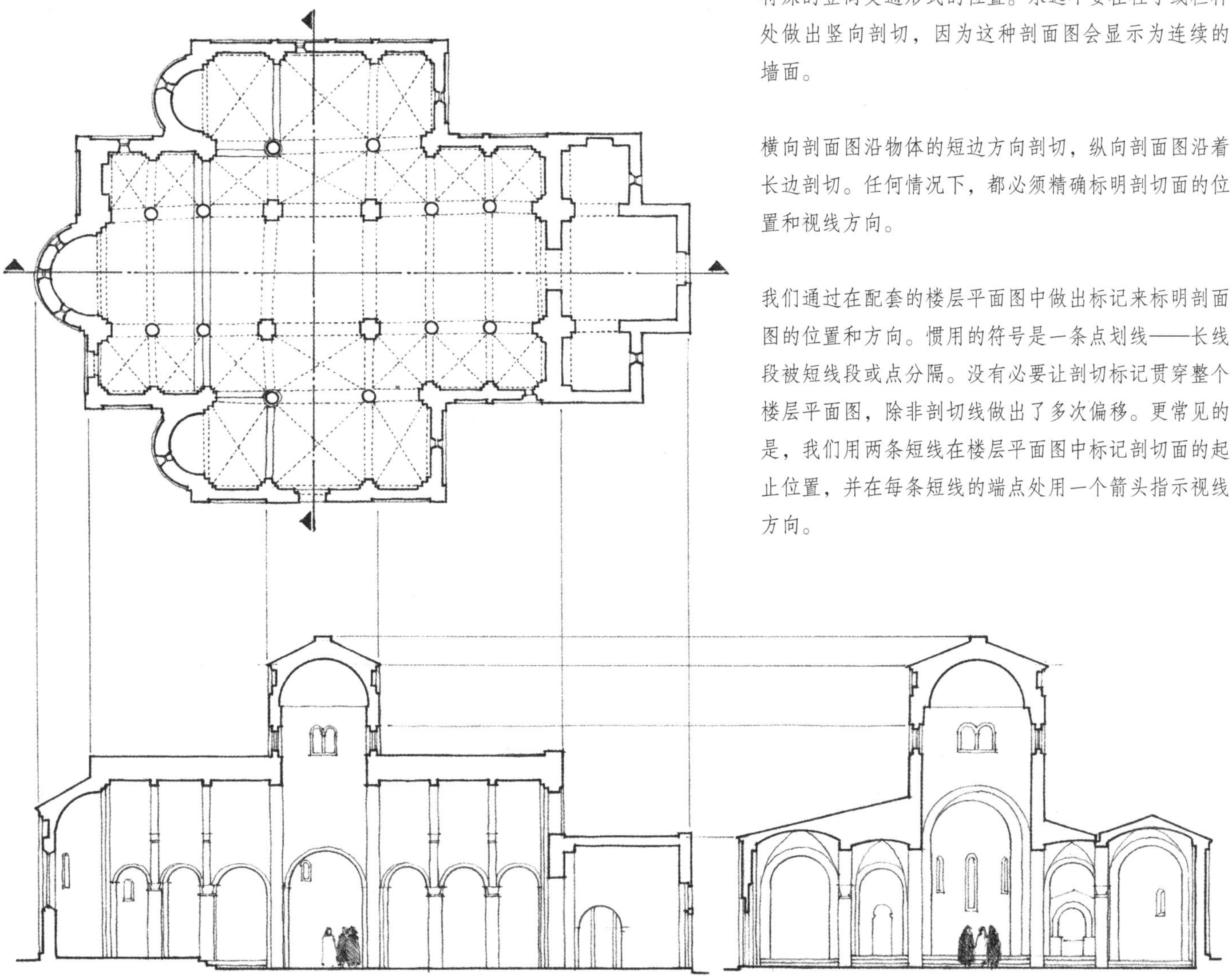

纵向剖面图

横向剖面图

圣母玛利亚修道院教堂（Abbey Church of S. Maria），意大利波多诺伏（Portonovo），12世纪。

室内立面图 | Interior Elevations

室内立面图是建筑室内某处重要墙体的正投影。虽然通常包含在建筑剖面图中，但是它们也可以单独出现来展示房间内部特征，比如门廊、预制的装潢和设施。这时，不同于描绘剖切面的轮廓，我们转而强调室内墙面的边线。

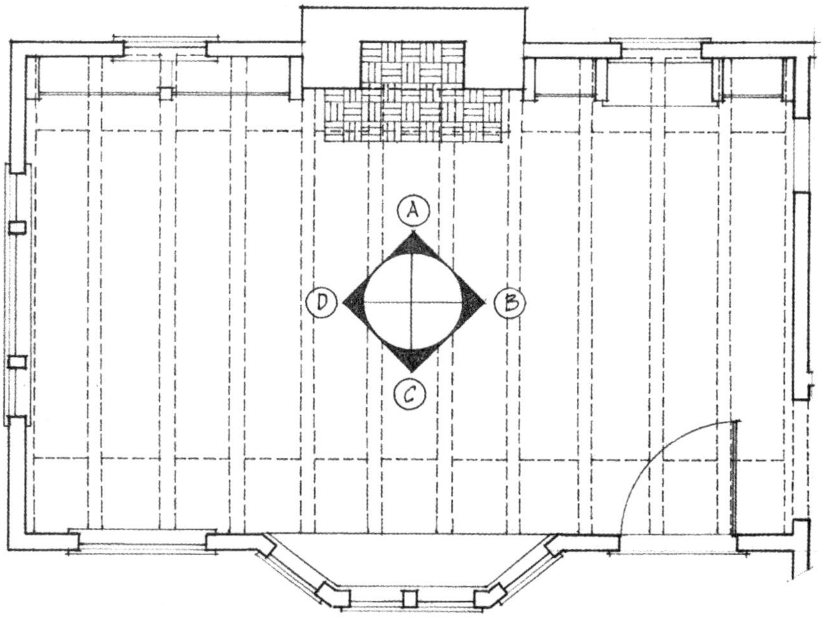

比例尺 | Scale

我们通常以和配套的楼层平面图相同的比例尺绘制室内立面图——$^1/_8$英寸=1英尺，或者$^1/_4$英寸=1英尺。如果要展示更多的细节，我们也可以使用$^1/_2$英寸=1英尺的比例尺。

朝向 | Orientation

为了让读者辨别朝向，我们用面向墙面的指南针方位来命名室内立面图。另一种方式是在房间的楼层平面图中插入一个指南针，并标注每幅室内立面图的名称。

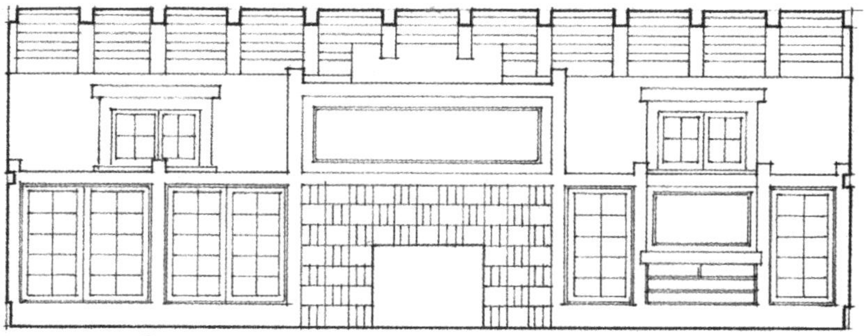

立面图 A

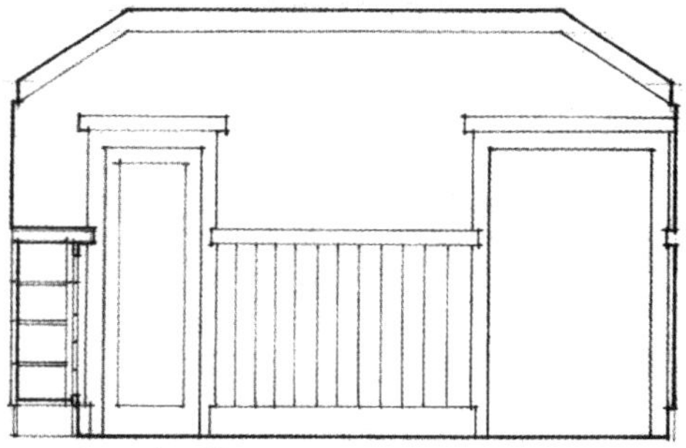

立面图 B

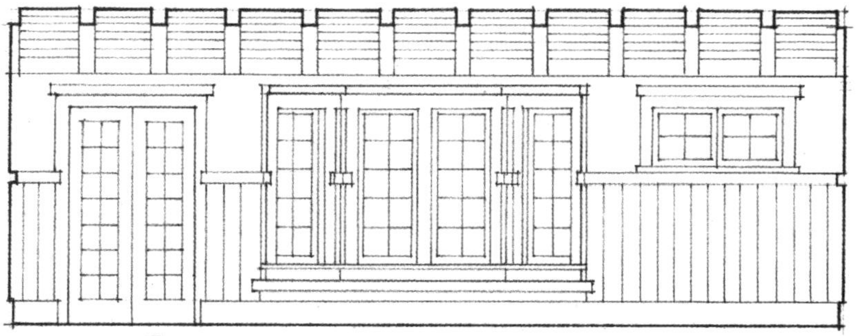

立面图 C

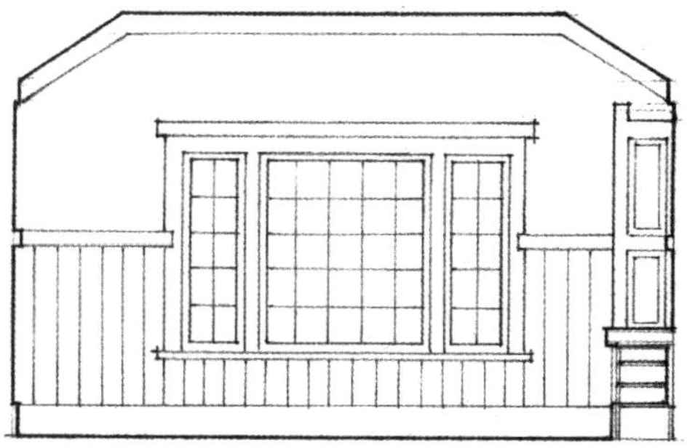

立面图 D

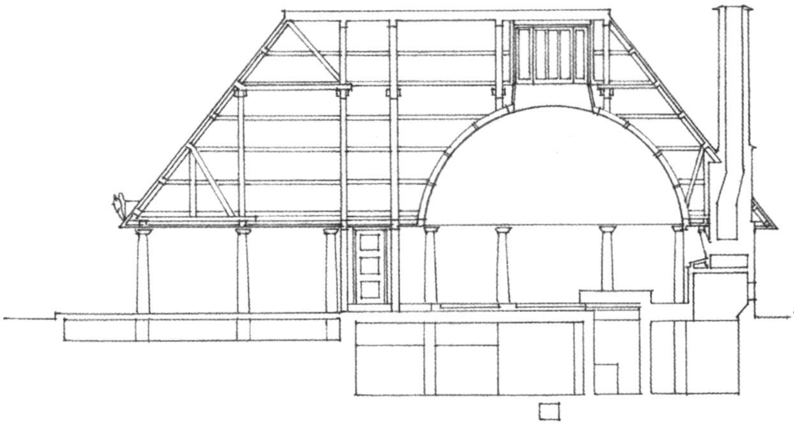

剖切面 | The Section Cut

和楼层平面图一样，在建筑剖面图中区分实体与空间，并精确分辨实体与空间的分界至关重要。为了表现纵深感以及空间体积的存在感，我们必须使用不同等级的线宽和色调。用到的技法取决于建筑剖面图的比例尺、绘图媒介以及实体与空间所需的对比度。

这一系列图纸展现了在用线条绘制的建筑剖面图中，强调实体材质被剖切时的不同方式。

这是一幅只用单一线宽绘制的建筑剖面图。

这幅图纸用线宽的梯级序列表达纵深。

最粗的线宽用于勾勒被剖切材质的形状，它们距离观察者最近。

中等的线宽勾画剖切面背后的竖向表面边缘。用逐渐减小的线宽来描绘距离剖切面越来越远的边缘。

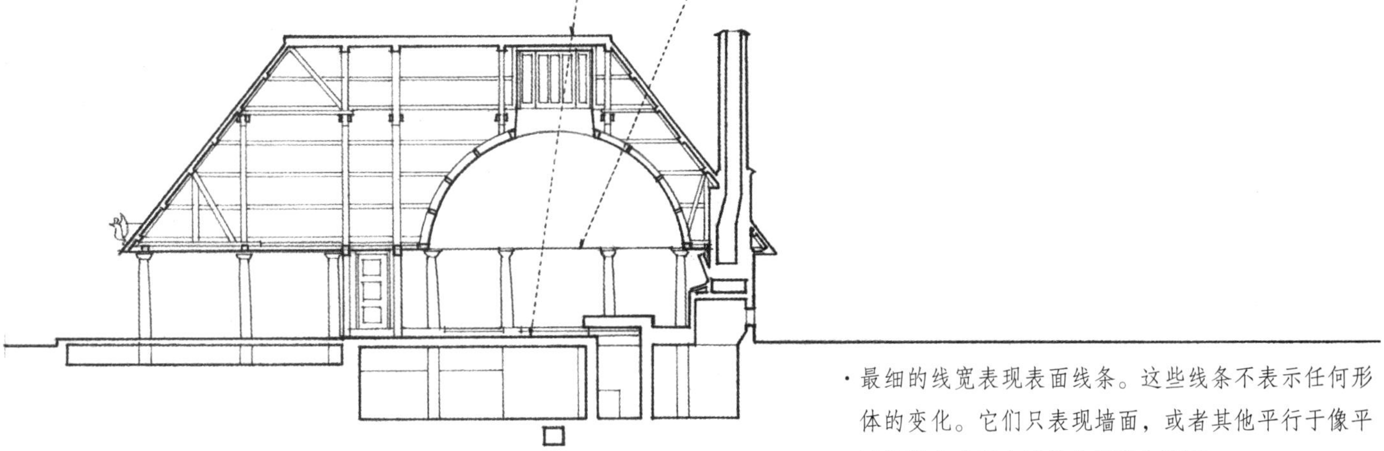

最细的线宽表现表面线条。这些线条不表示任何形体的变化。它们只表现墙面，或者其他平行于像平面的竖向表面上可见的图案和肌理。

林地礼拜堂（Woodland Chapel），瑞典斯德哥尔摩，1918—1920年，艾瑞克·冈纳·阿斯普兰德（Erik Gunnar Asplund）。

填色 | Poché

在线条-色调或者纯色调绘制的建筑剖面图中，我们用一种和周围空间形成对比的色调来强调被剖切构件的形状。这么做的目的是在实体与空间——围合与被围合——之间形成一种清晰的图底关系。

通常的做法是在小比例尺的建筑剖面图中涂黑楼板、墙体和屋顶等被剖切的构件。如果在绘图区域中需要呈现一种柔和的对比度，就用一种中等灰度的色调来表现这些被剖切的构件。这对于大比例尺的剖面图特别重要，因为大面积的黑色会带来过大的视觉权重或者形成太强烈的对比。然而，如果竖向构件，比如墙体的布局和材质，在绘图区域已经形成了一种色调，那么可能必须使用深灰色或者黑色的色调才能在虚实之间形成所需的对比度。在这种色调体系中，我们用逐渐减淡的色调来表现构件逐渐向第三个维度退去。

第二种模式颠倒了色调体系，把被剖切的构件渲染成白色的形体，从深色的空间中突出。颠倒通常的深浅图案关系，可以强调被围合空间的形象。然而，要确保在被剖切的构件之间仍然有足够的色调对比来区分它们。必要时用粗线勾画被剖切构件的轮廓，并用逐渐加深的色调来表现构件逐渐向第三个维度退去。

记住，在建筑和场地剖面图中，地面同样被剖切到。因此被剖切构件的色调应当延伸到地基以下。如果我们在建筑剖面图中表现建筑基础，在绘制地面以下的墙体和基础时，应当注意它们和周围地基是一个整体。在表现基础和地基时，应当表现出竖直的剖切平面同时穿过基础和周围土地。

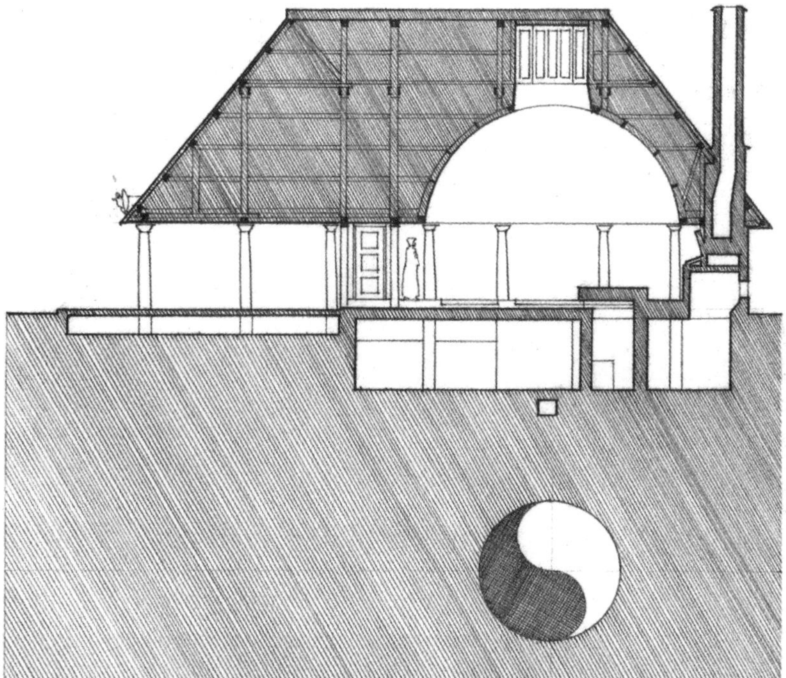

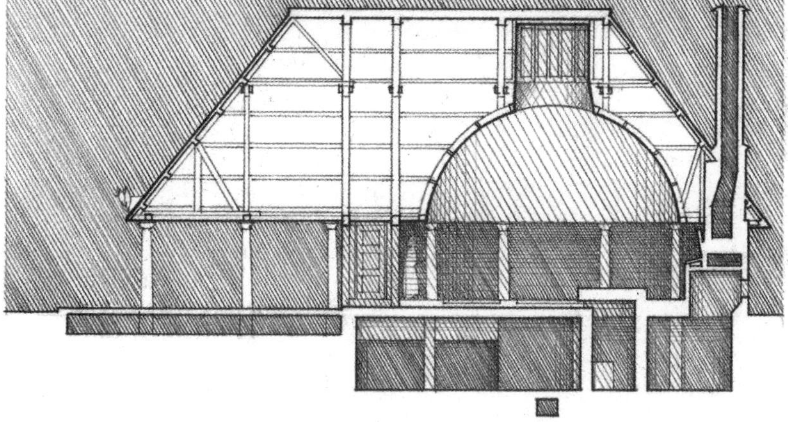

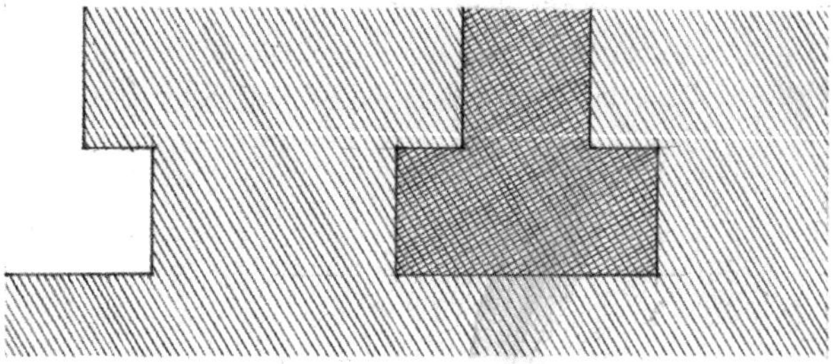

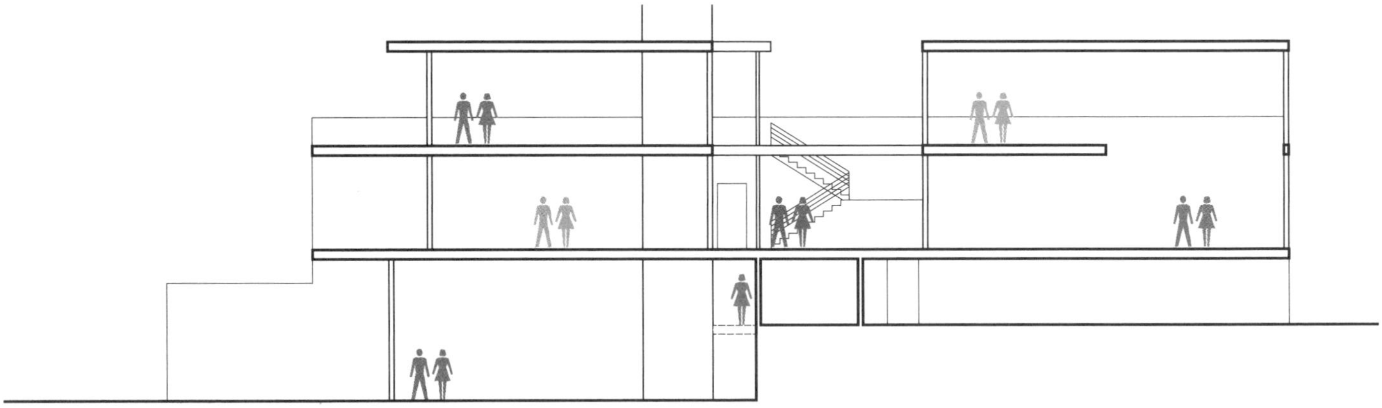

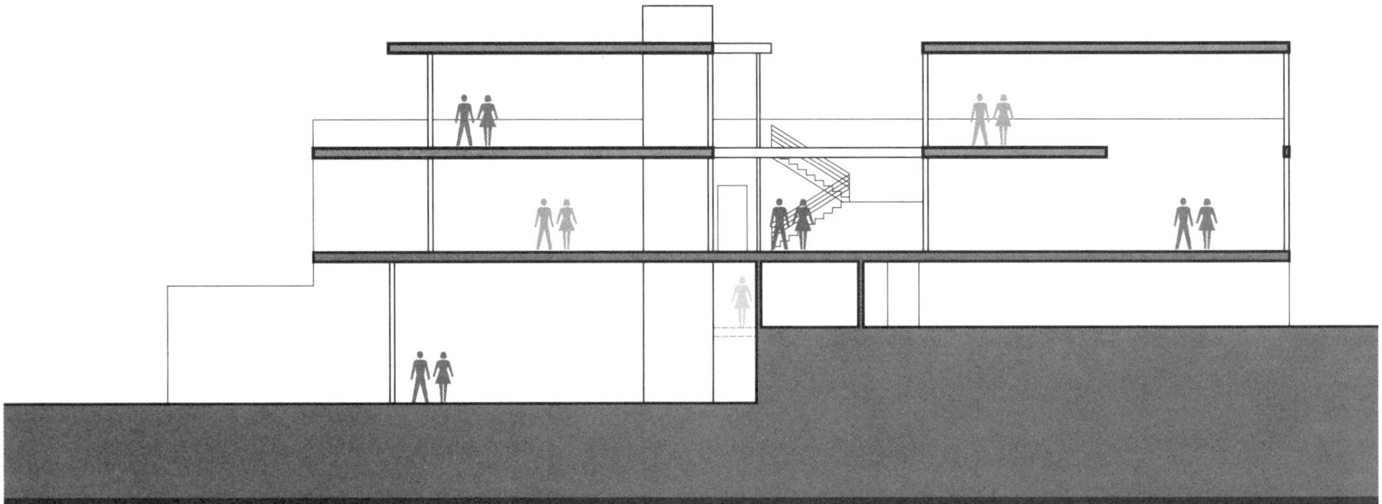

数字建筑剖面图 | Digital Building Sections

这些实例表现了使用绘图软件来区分剖面图中的实体与空间关系的方法。上一页中的三幅图纸和本页上图使用矢量绘图程序创建了不同的色调体系，而本页下图用光栅图像来表现场地特征，并作为背景与白色的剖切面形成对比。

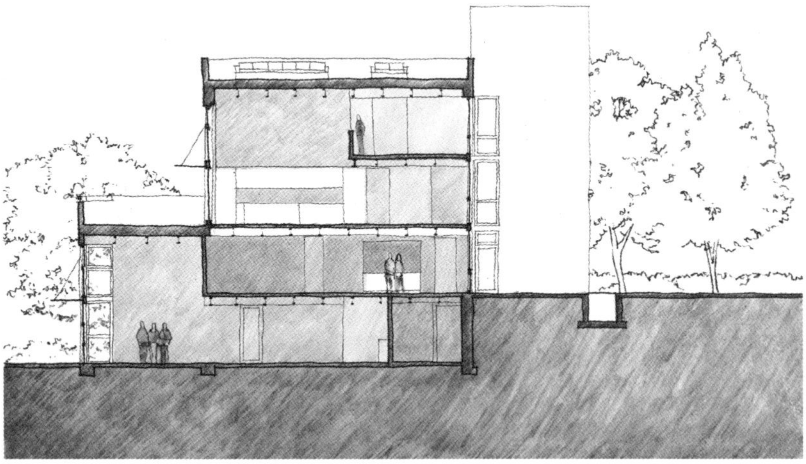

复合建筑剖面图 | Hybrid Building Sections

复合建筑剖面图由手绘和数字绘图组合而成，技法和流程在手绘和数字工作环境之间来回往复。

复合绘图的流程可以从数字模型中提取剖面视图开始。这幅二维图纸会包含建筑体量的剖切，但也需要添加额外的信息，比如剖切面背后的室内各楼层。通常，在这幅二维图纸中需要擦掉多余和重复的线条。

用适当的比例尺打印出这幅数字剖面图，可以作为剖面图的线稿，以便手绘描摹。把它绘制或打印在水彩画纸或者其他高品质绘图纸上，则可以在手绘过程中使用不同的绘图媒介。

在手绘图中，我们可以使用不同的方式来为墙体填色、添加色调以及绘制周边环境。手绘的元素可以分别完成并分步扫描以便后续处理，或者在手绘图完成后整体扫描，回到数字绘图环境。无论哪种流程，都可以在手绘图之上添加照片拼贴、渐变色或者实色填充的图层。

回到数字绘图环境后，我们还可以在图纸上添加文字图层并将图纸组合到汇报演示的版面中，从而完成数字–手绘–数字的复合工作流程。

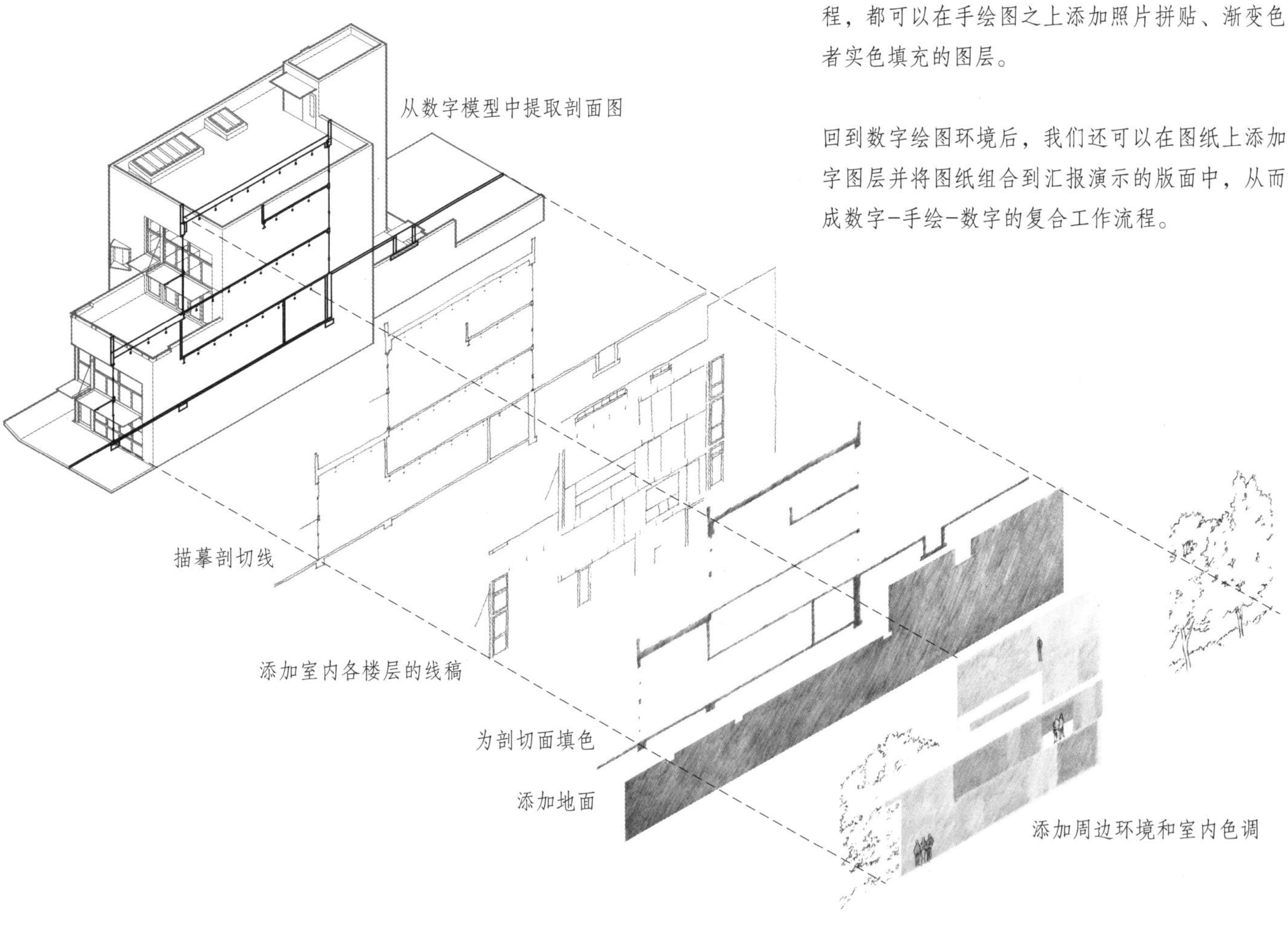

绘制复合剖面图的流程还可以从手绘开始，然后扫描并转换到数字绘图环境中。我们可以用数字填色和渐变效果来表现墙体和地面的填色、为材质和周边环境添加影像贴图，以及调整线宽来强调剖切面。

把不同的元素放置在不同的图层——线条、剖切线、墙体填色、室内各楼层、树木和人形——可以更灵活地在最终的绘图中分别调整各层透明度、亮度及对比度。

扫描手绘图并回到数字绘图环境，可以在复合剖面图中结合更宽泛的手绘和数字元素。当打印出来后，我们还可以用手绘的技法，在数字影像上叠加最后一层肌理或色调。无论用哪种转换绘图环境的流程来完成复合绘图，正确使用线宽与色调、恰当的环境景物和绘图精度依然是保证最终绘图质量的关键——就和所有建筑图纸一样。

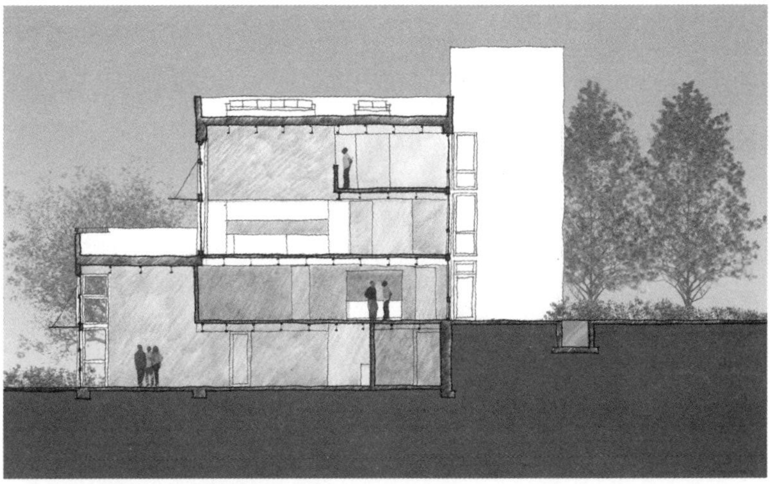

手绘建筑剖面图与数字周边环境。

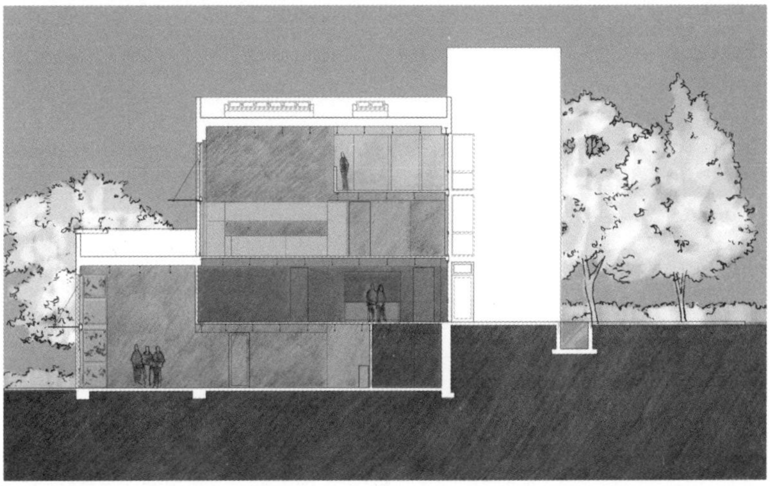

数字建筑剖面图与手绘周边环境。

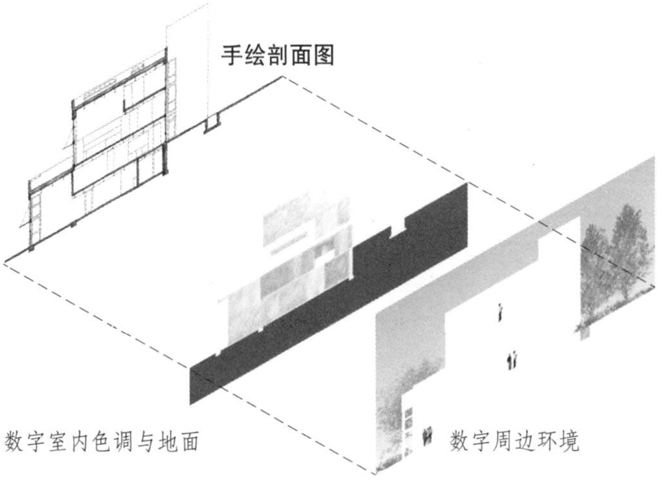

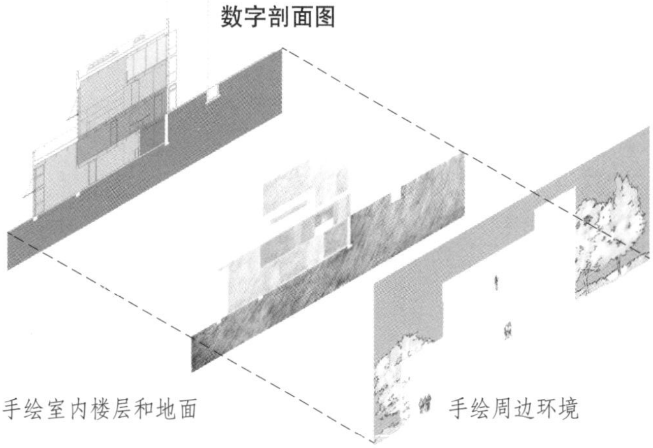

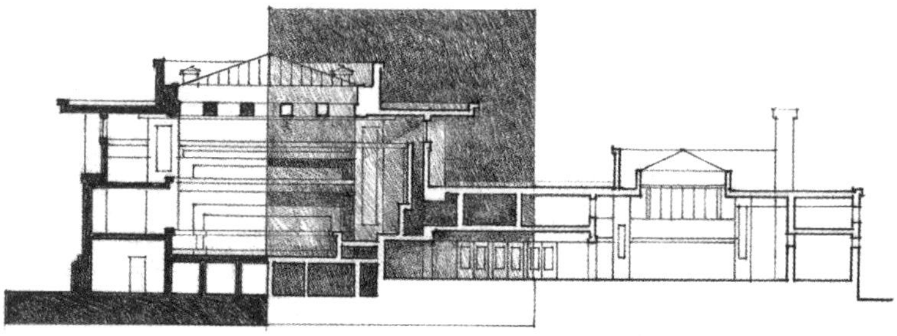

练习 6.14

复制两份下方的联合教堂纵向剖面图。在第一幅图纸中，为被剖切的构件填色。在第二幅图纸中，颠倒深浅图案关系，表现被剖切构件所围合的空间形状。对比两幅剖面图。哪幅图中被围合空间的形状更明显，或者更容易阅读？

联合教堂（Unity Temple），美国伊利诺伊州橡树园（Oak Park），1906年，弗兰克·劳埃德·赖特。

绘图比例尺 | Drawing Scale

我们通常用和配套的楼层平面图相同的比例尺绘制建筑剖面图——1/8英寸=1英尺或1/4英寸=1英尺。我们可以用较小的比例尺来绘制大型建筑和建筑群，或者用较大的比例尺绘制单个房间的剖面图或室内立面图。房间剖面图在研究和呈现细节丰富的空间时尤为有效——比如厨房、卫生间和楼梯。

剖面图的比例尺越大，我们就需要加入更多的细节。这种对细节的关注在绘制剖面图中建筑材料的厚度和组合方式时最为关键。尤其要谨慎地关注墙体厚度、转角形式和楼梯细部。因此，对建筑建造过程的整体了解对于绘制大比例剖面图非常有益。

和往常一样，在剖面图中加入人形有助于构建尺度感，并提醒我们设计中活动和用途的组织逻辑。

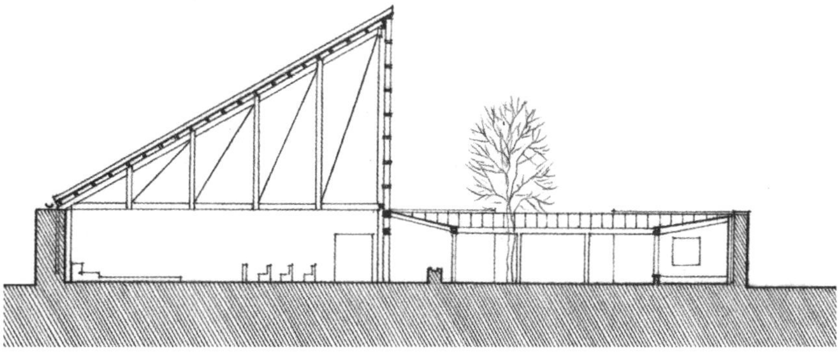

德国温克尔穆萨姆（Winkelmoosalm）的山地教堂（Mountain Church），1975年，约瑟夫·维德曼（Josef Wiedemann）。

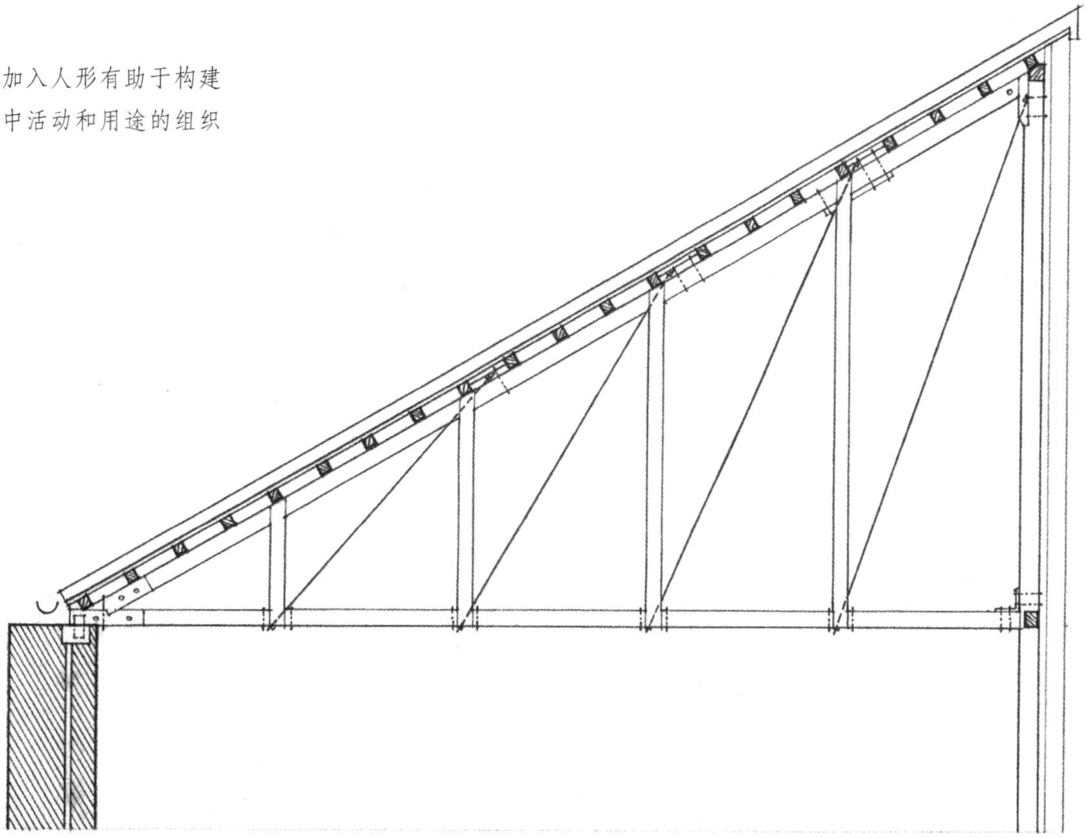

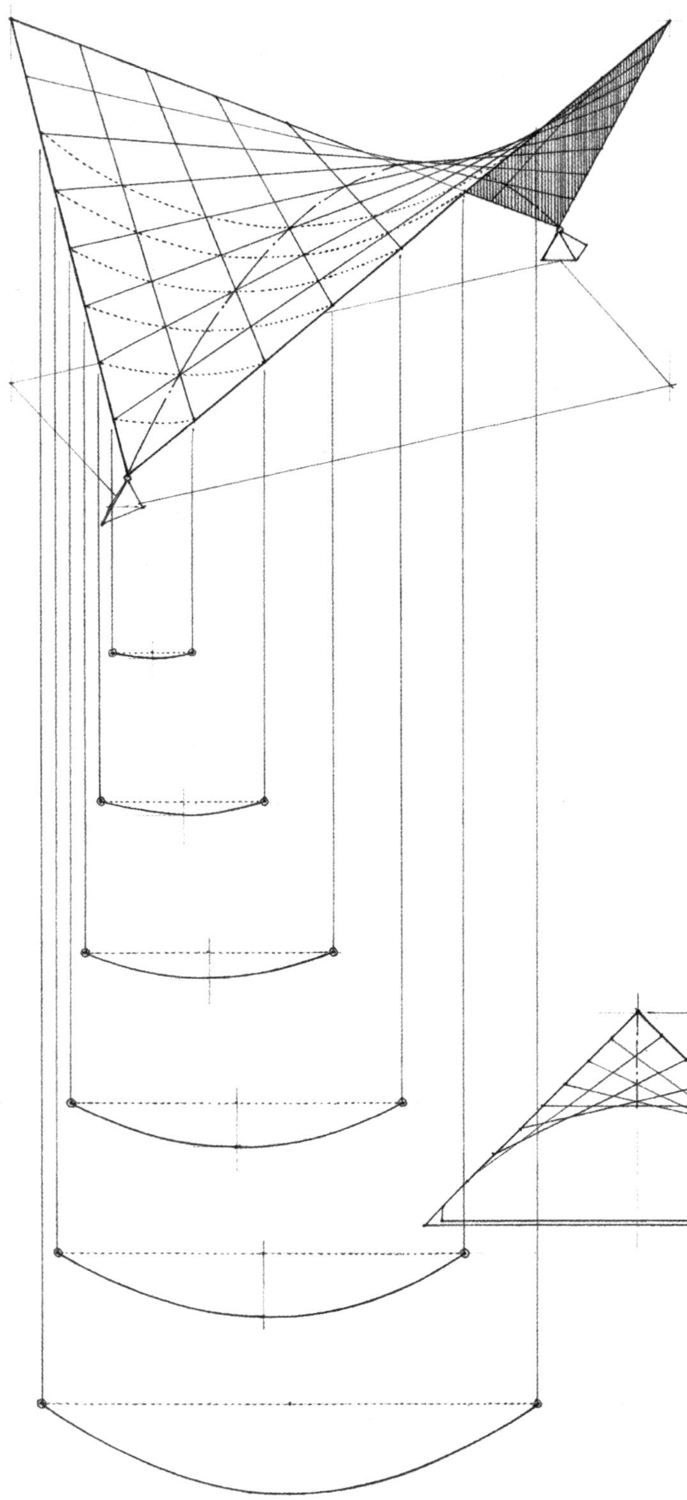

多重剖面图 | Multiple Sections

和单一的剖面图相比，一组按顺序排列的剖切面通常可以更好地揭示出复杂或者不规则形体的变化。排布一组剖面图时，要么竖直排列，要么沿着斜立面图中平行的对角线排列。这样的排列方式让水平关系更容易阅读和理解。

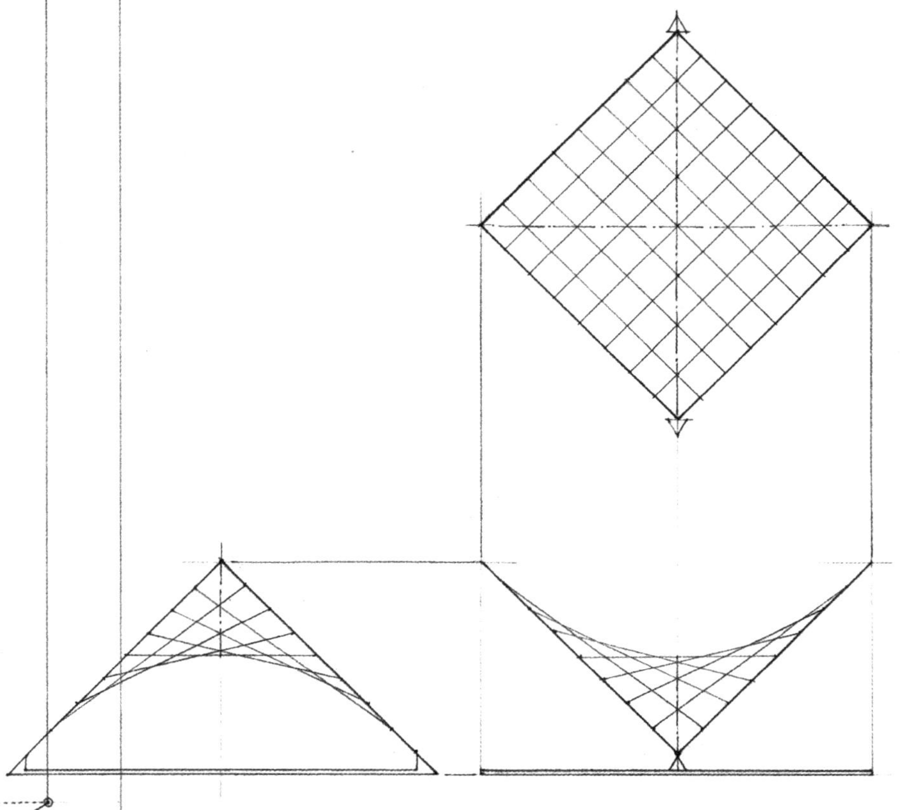

剖面图通常会向外延伸，包含建筑场地和周边环境的情况。这种剖面图特别适合描绘规划建筑和外围地平面之间的关系，展示规划建筑是从大地中升起、坐落于大地上、悬浮于半空还是埋藏在地下。此外，剖面图可以高效地表现建筑内部空间和周遭户外空间之间的联系。

在可能的时候，特别是在城市环境中，建筑剖面图应当包含临近的建筑和构造，它们要么被剖切面同时截切到，要么位于剖切面背后，表现为立面图。

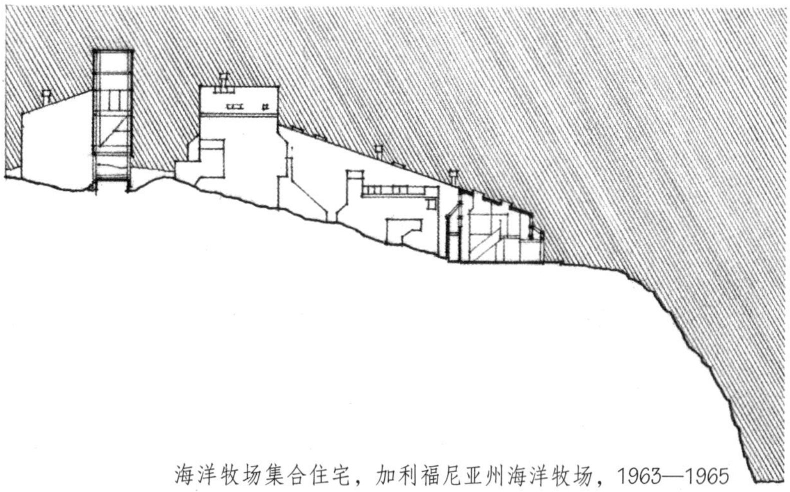

海洋牧场集合住宅，加利福尼亚州海洋牧场，1963—1965年，穆尔、林顿、特恩布尔、惠特克设计公司。

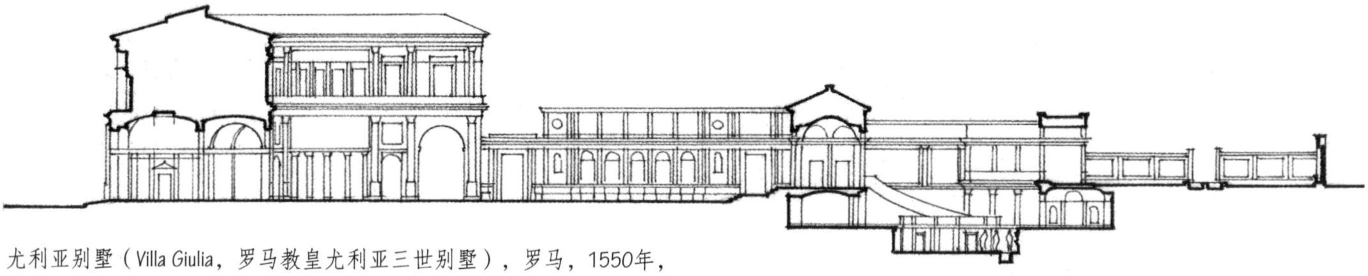

尤利亚别墅（Villa Giulia，罗马教皇尤利亚三世别墅），罗马，1550年，贾科莫·巴罗兹·达·维尼奥拉（Giacomo Barozzi da Vignola）。

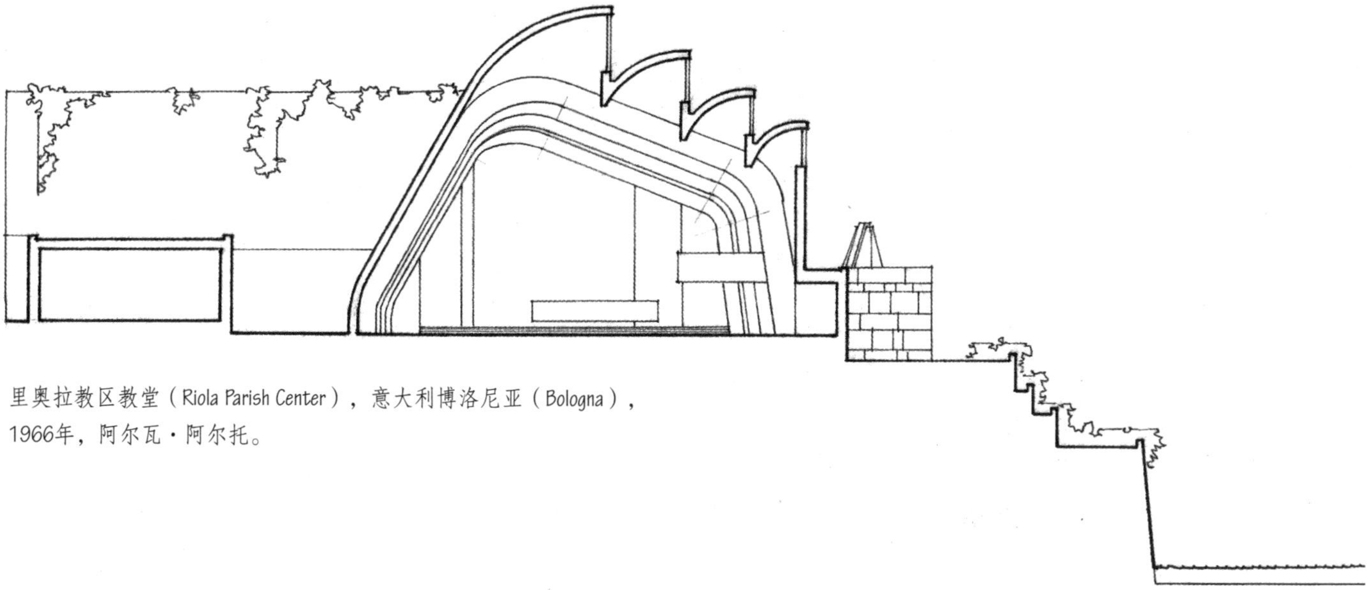

里奥拉教区教堂（Riola Parish Center），意大利博洛尼亚（Bologna），1966年，阿尔瓦·阿尔托。

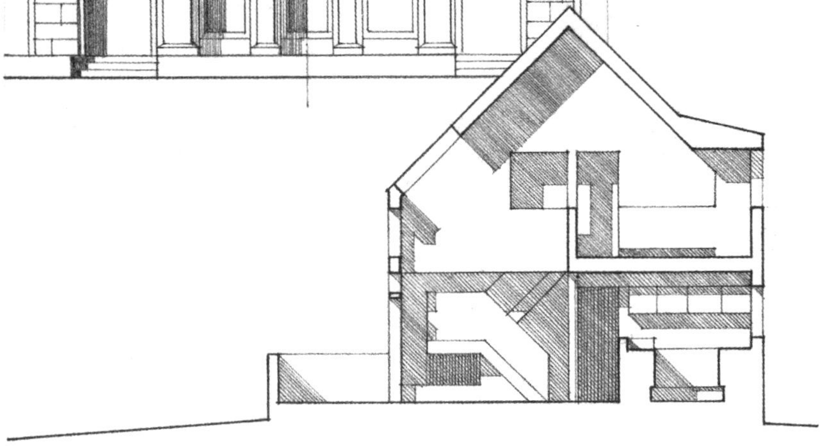

暗面和阴影需要利用投影绘图技法来确定暗面的位置和物体表面接受投影的范围。对暗面和阴影的表现对于克服多视角绘图扁平的弱点、强化图面纵深感尤为有效。

在立面图中，暗面和阴影能够明确建筑形体中的突出物、悬挑和凹陷部位的相对深度，塑造受影面的肌理和凹凸效果。

在建筑剖面图中，我们在剖切面背后的立面上看到的阴影长度，可以表现出被剖切构件从立面上突出的距离。

在场地平面图中，暗面和阴影表现了建筑实体和构件的相对高度，同时显示出接受阴影的地面的地形特征。

在楼层平面图中，被剖切的竖向构件和空间中的物体投下阴影，会显示出它们距离地板或地面的相对高度。

对暗面和阴影的理解至关重要，不仅是为了展示设计方案，也是为了研究和评价设计本身。光线、暗面和阴影的互动可以塑造设计中的表面，描绘设计如何处理体量，并且显示细部的纵深和特征。凭借不同的色调渲染技法，暗面和阴影还可以描绘出光线的生动质感，照亮形体，活跃空间氛围。

基本要素 | Basic Elements

光源 | Light Source

光源可以是太阳或者电灯，让事物能被看到。在研究建筑的暗面和阴影时，我们通常默认光源就是太阳。

光线 | Light Ray

从光源发出的光沿着线或者狭窄的光束传导。从太阳发出的光线经过9300万英里（约1.5亿千米）的旅行达到地球表面。太阳足够大，距离也足够远，因此它发出的光线可以被认为是平行光。另一方面，人造光源较小，并且与被照射物体的距离很近，所以发出放射状的光线。

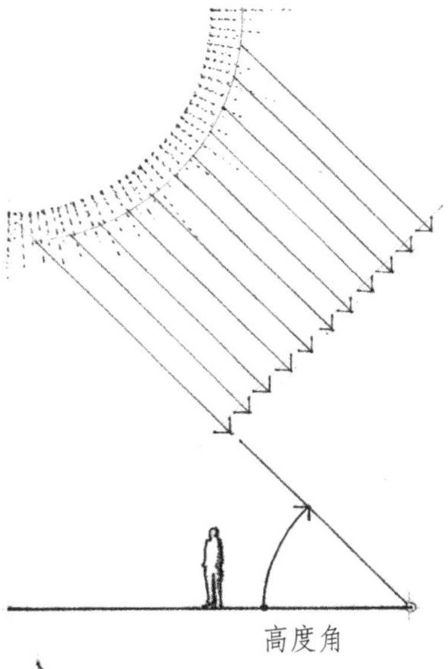

日照角度 | Sun Angle

日光的角度，用方向角和高度角来量测。

方向角 | Bearing

从南、北极或南、北磁极开始测量，用偏东或偏西的角度表现的水平方向。

方位角 | Azimuth

从标准北向开始顺时针测量的水平偏转角。

高度角 | Altitude

水平面以上的天体，与水平面的竖向夹角。

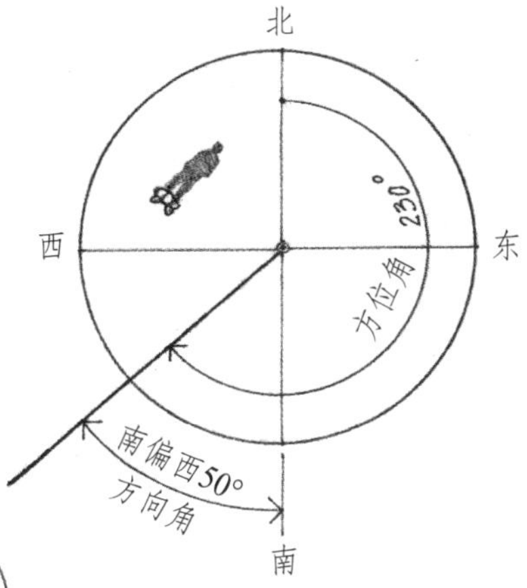

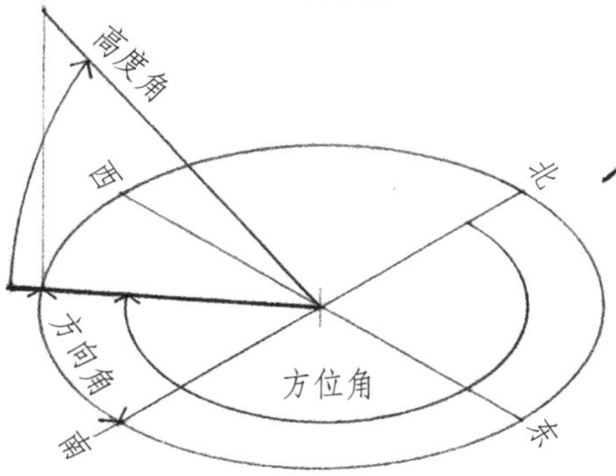

暗面 | Shade

物体上侧向或背向假想光源，因此相对暗淡的区域。

阴影 | Shadow

表面上一块相对暗淡的形状，是由于不透明的物体，或者物体的一部分遮挡了假想光源，打断了光线。

明暗交界线 | Shade Line

物体上区分亮面和暗面的界线。明暗交界线又称“投影边缘”（casting edge）。

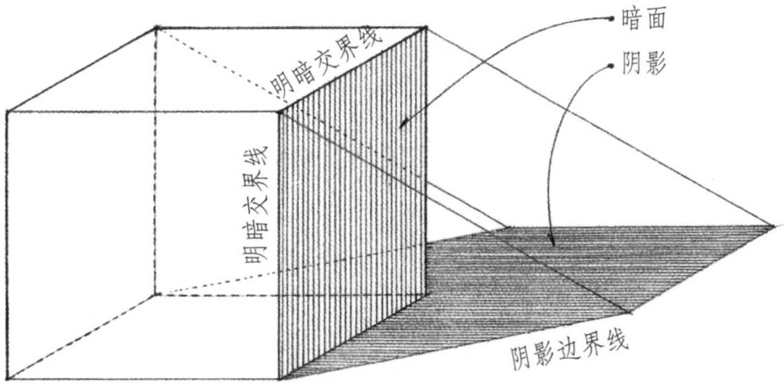

影平面 | Shadow Plane

穿过一条直线段上各相邻点的光线组成的平面区域。

阴影边界线 | Shadow Line

明暗交界线在受影面上投下的阴影。

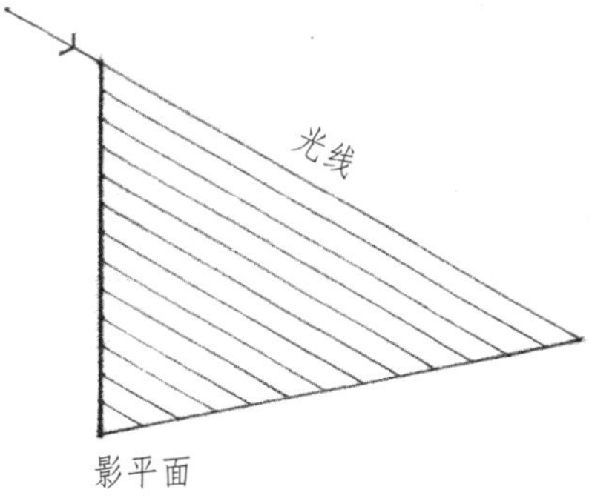

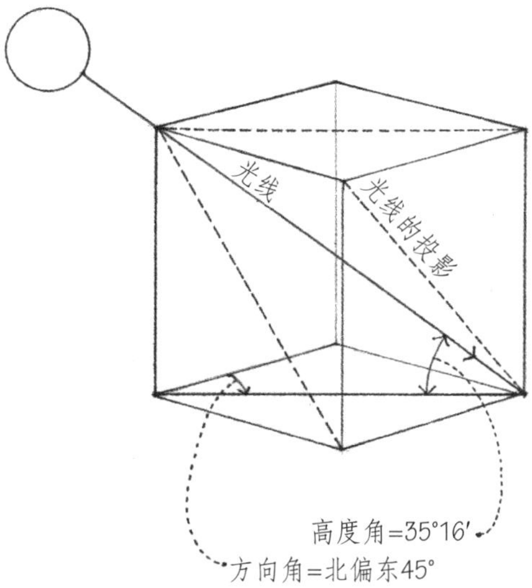

在多视角绘图中，我们默认的惯常日照方向平行于立方体的对角线——从左上角指向右下角。虽然这条对角线的真实高度角是35°16′，但是在平面图和立面图中，它的方向都是45°，恰好是正方形的对角线。这个惯例使得阴影在宽度和深度方向的长度等于投下阴影的突出物的长度。

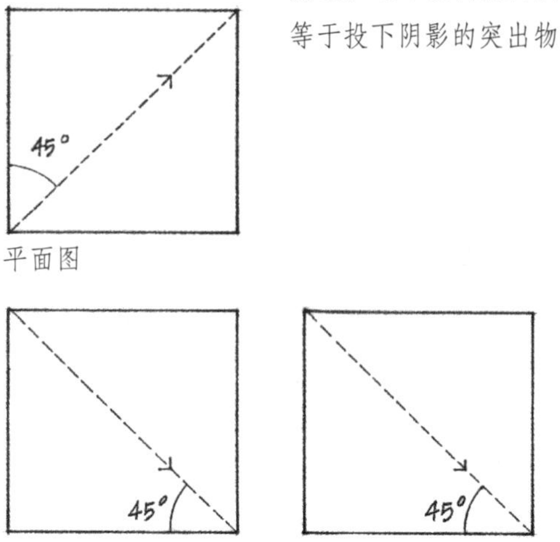

平面图 前视图 侧视图

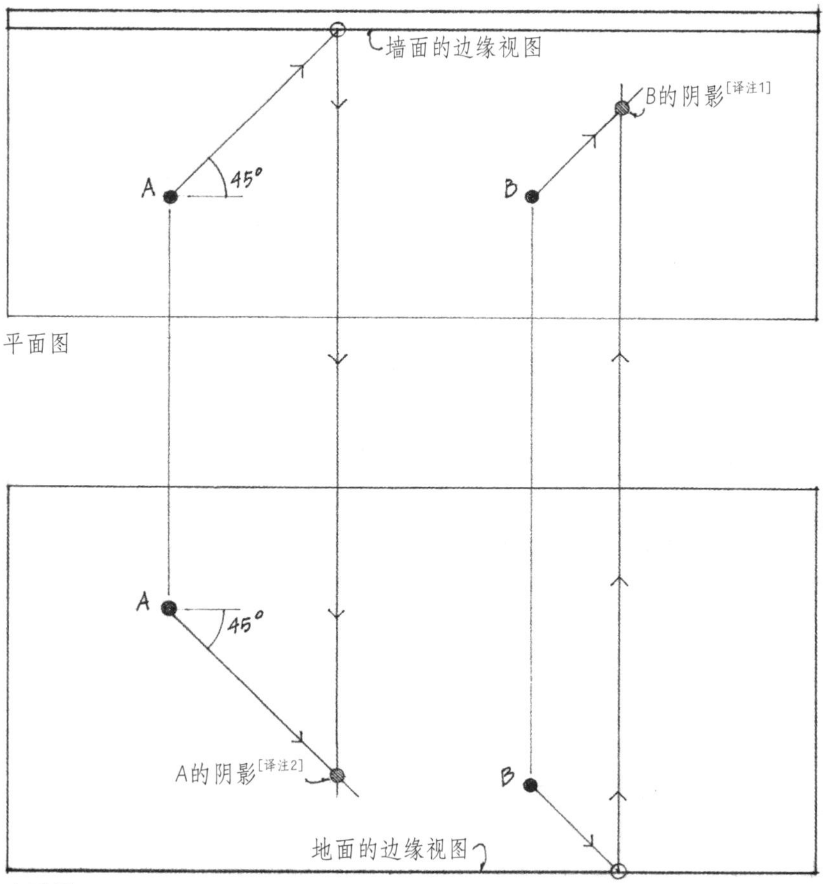

平面图

立面图

点的阴影 | Shadow of a Point

- 穿过点的光线被一个表面阻挡时，形成了点的阴影。

在多视角绘图中测算暗面与阴影，一般需要两个相关联的视图——平面图和立面图，或者两幅相关联的立面图——并且需要在两个视图之间来回传递信息。

画法流程是，首先在两个视图中，分别穿过投影边缘上的点绘制45°角的光线。在受影面显示为边缘的视图中，延长光线直到与受影面相交。把交点投影到另一幅关联视图中——投影辅助线与关联视图中光线的交点，就是点的阴影的位置。

[译注1] B点在地面上影子的水平投影。
[译注2] A点在墙面上影子的水平投影。

线的阴影 | Shadow of a Line

- 一条直线的阴影是它的影平面与受影面的交线。三角形投影面的斜边恰好是光线的方向，它的底边反映出光线的方向角。
- 直线在平坦表面上的阴影是它两个端点的阴影连线。
- 线段与表面相交时，其阴影开始于线与表面的交点。
- 竖直的线段在水平表面上的阴影指向光线的方向角。
- 直线与平面平行时，其阴影与自身平行。当受影面是曲面，而线段平行于曲面上的直线时，也是如此。

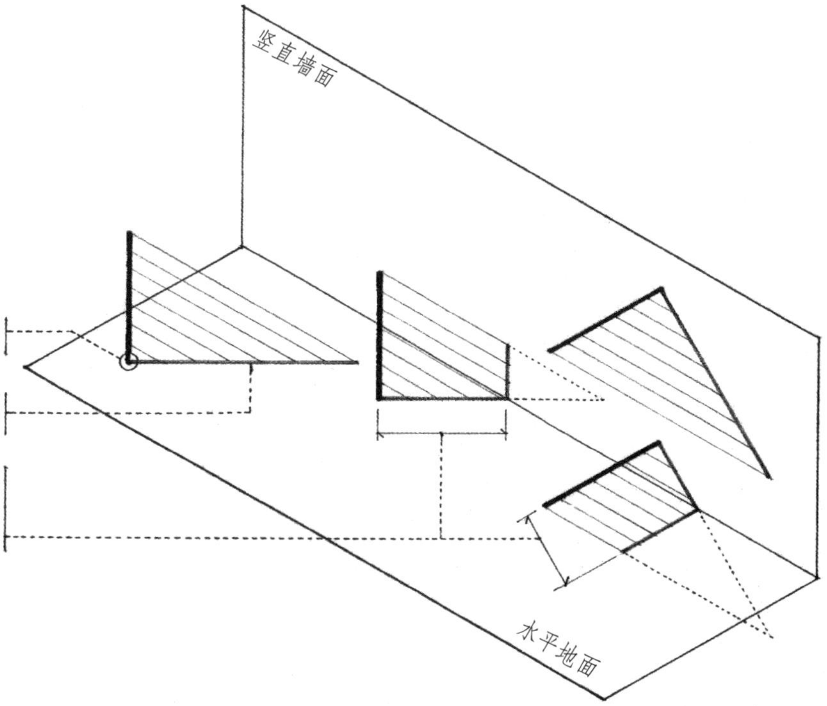

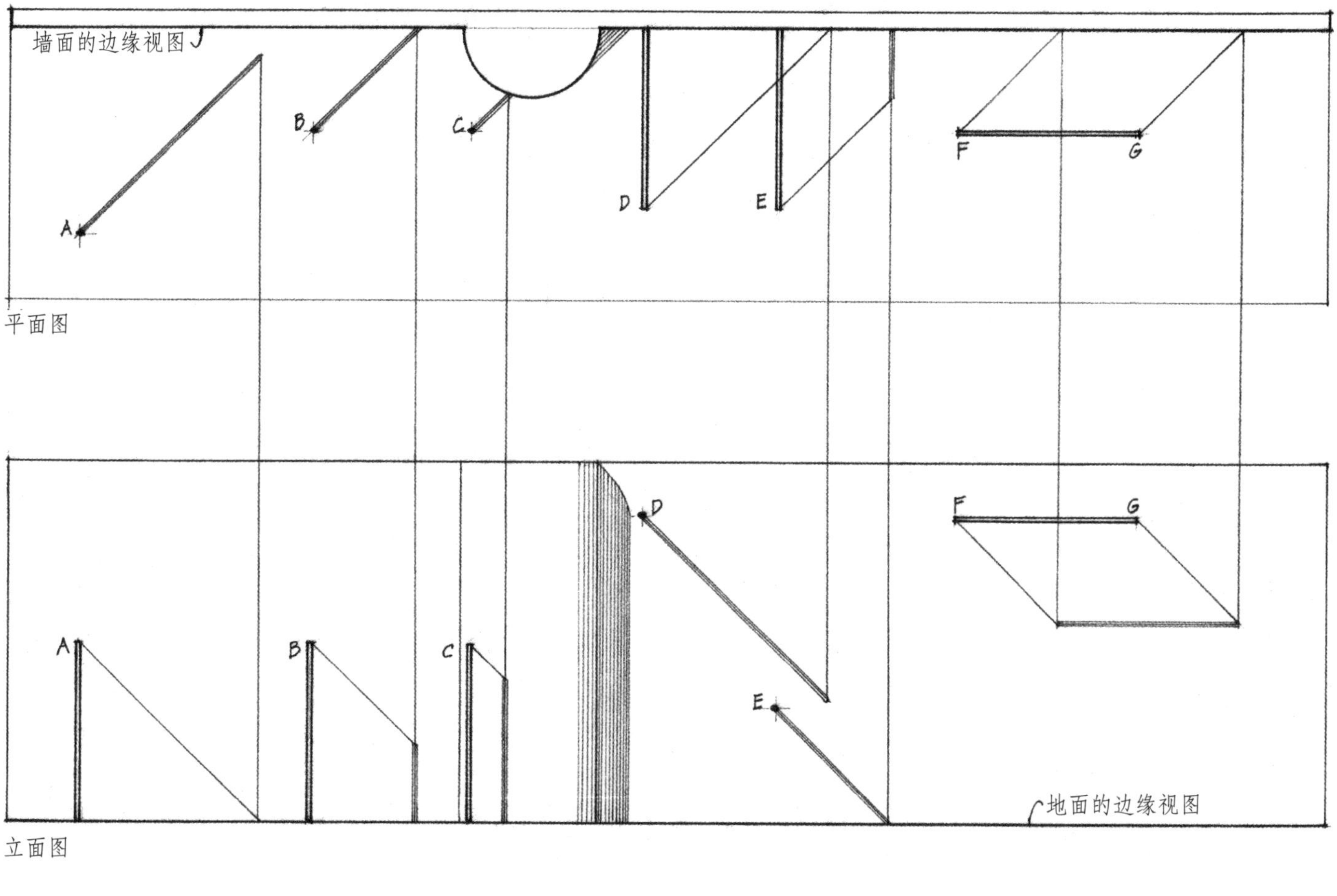

- 曲线或不规则形状的阴影是其上各相邻点的阴影连线。

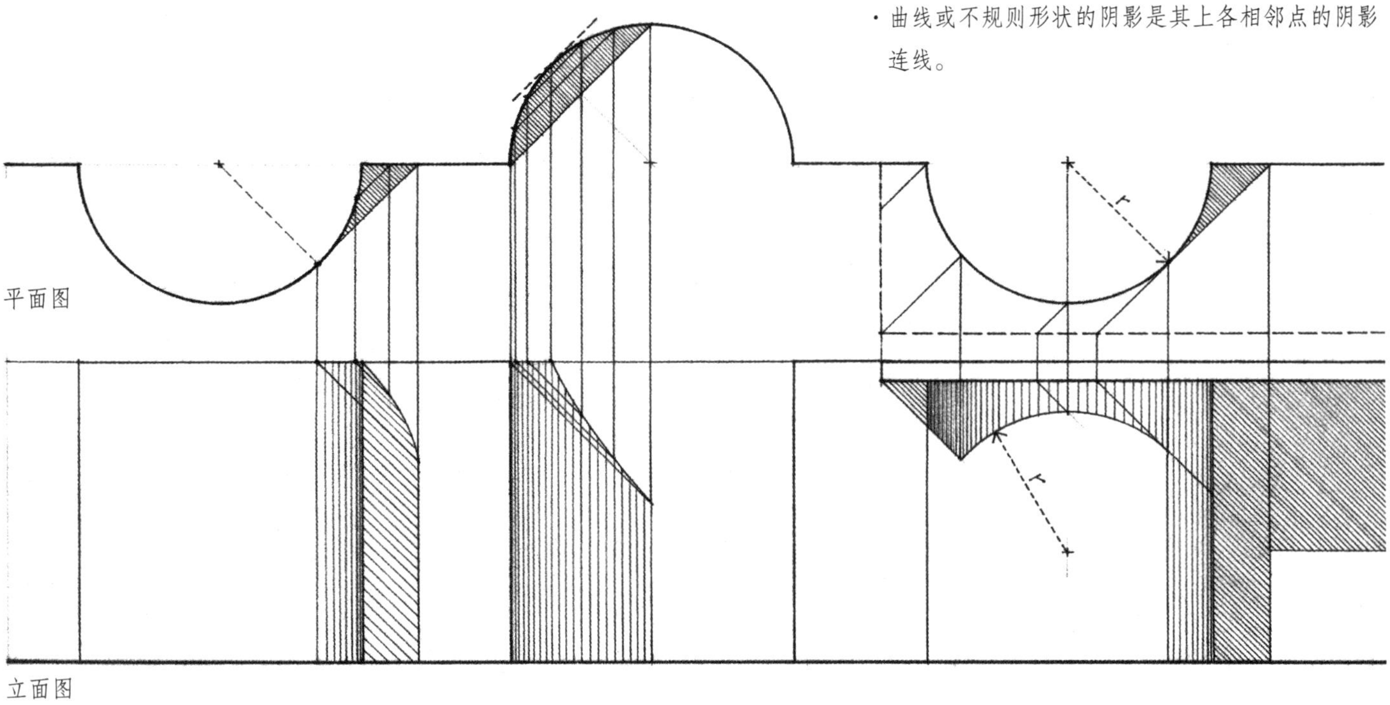

平面的阴影 | Shadow of a Plane

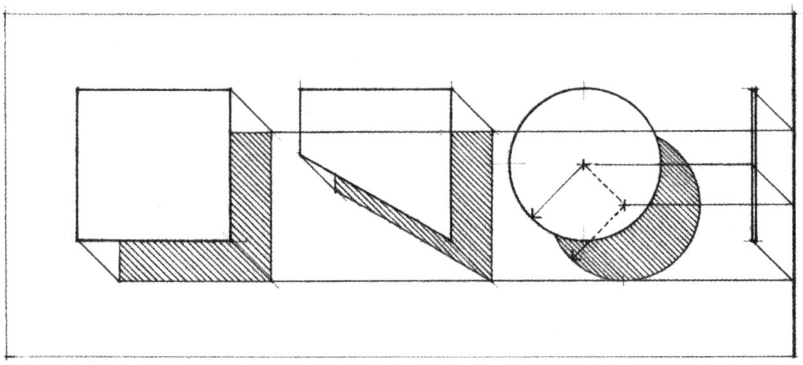

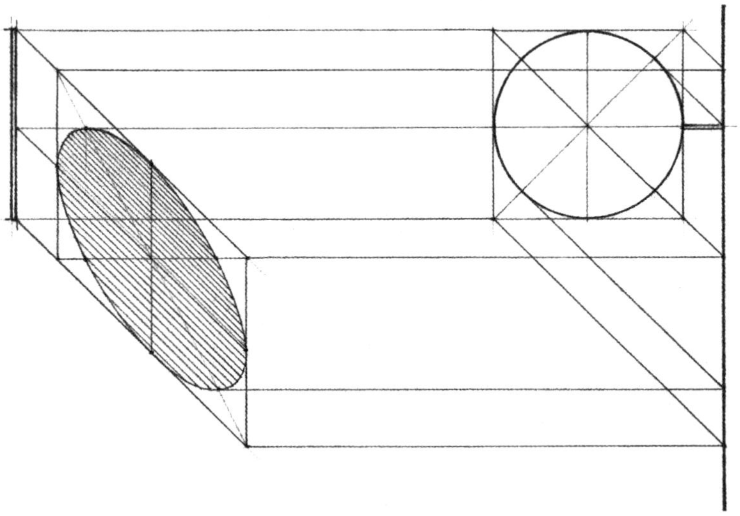

- 平面形状投在与之平行平面上的阴影与形状自身的尺寸和形状完全相同。
- 多边形在平面上的阴影由其上各条明暗交界线的阴影围合而成。
- 圆形的阴影是穿过圆上各相邻点的圆柱形光线与受影面的交集。阴影的形状是椭圆形的，因为圆柱体被倾斜于轴线的平面剖切时，截面是椭圆形的。要确定圆的阴影，最便捷的方法是先确定圆的外切正方形或者外切八边形的阴影，再在其中内切得到圆的椭圆形阴影。

三维实体的阴影 | Shadow of a Solid

- 三维实体的阴影由其上各条明暗交界线的阴影围合而成。通常情况下，最好先确定形体上重要点的阴影，比如直线的端点和曲线的切点。
- 复杂的形体组合所投下的阴影是其中每个最简单几何构造的阴影的总和。
- 阴影边界线在遇到转角、边缘或者连续表面上其他类型的中断时会改变方向。

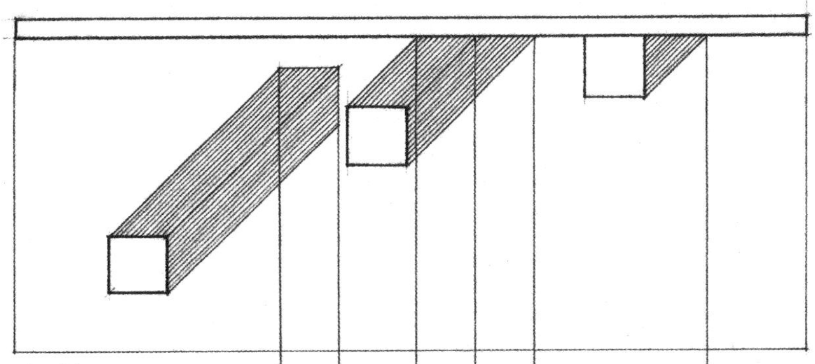

平面图

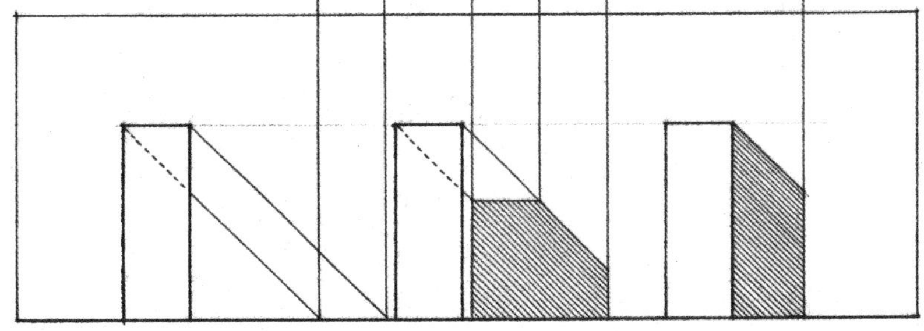

立面图

- 平行线在同一个平面或平行的平面上投下的阴影依然是平行的。

有时候我们必须构建额外的立面图，才能找出光线穿过物体的角点，与受影面相交的位置。

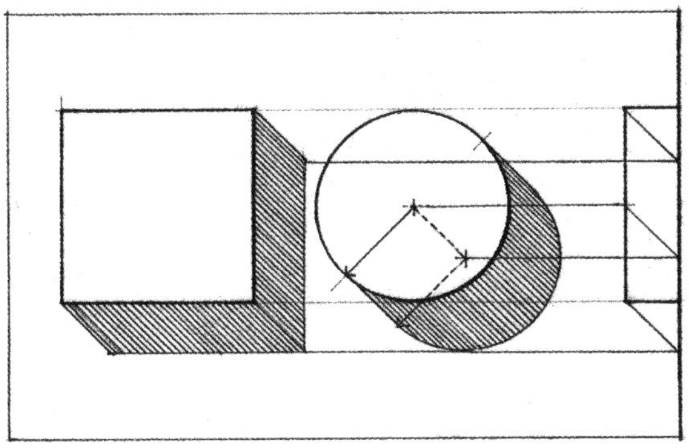

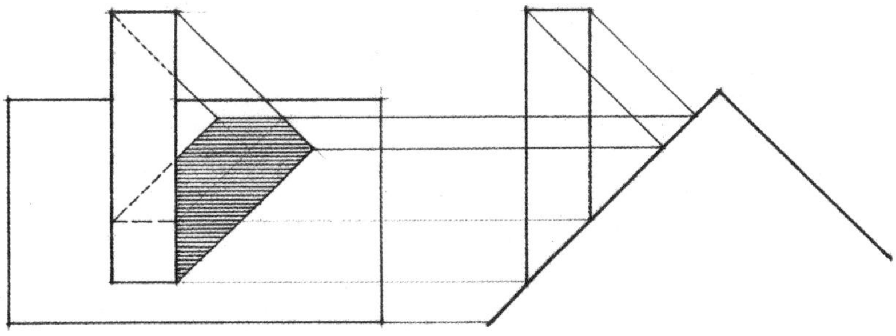

前视图　　侧视图

除了之前所述的一般原则外，下面这些原则只适用于在多视角绘图中的暗面和阴影：

- 竖直的明暗交界线在平面图中表现为一个点。它的阴影穿过该点，指向光线的方向角。
- 当观察者看向一条直线段的端点时，线段看上去是一个点，线段的阴影也显示为直线，无论受影面的形状如何。

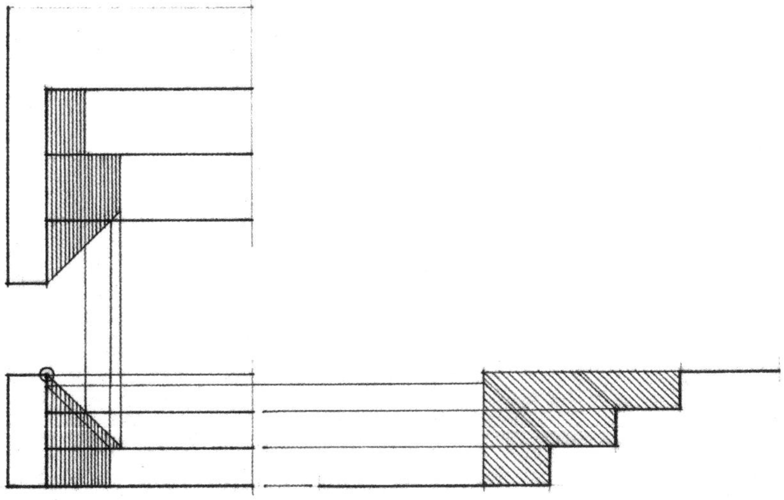

本页展示的是一些典型建筑元素投下阴影的实例。记住以下两个基本原则：

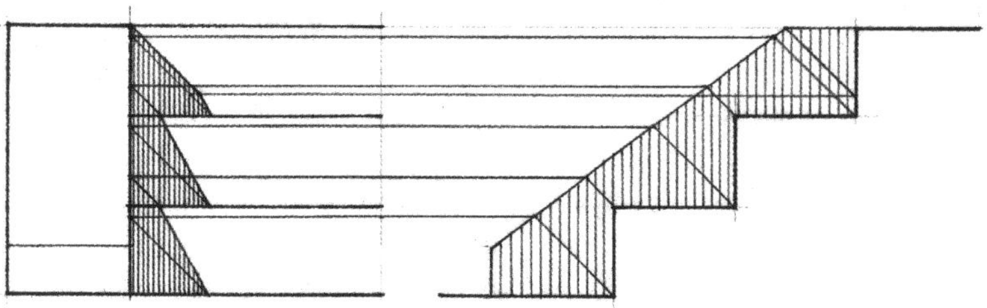

- 物体在光线下的每一个部分都一定会投下阴影。它的推论是，任何不在光线下的点都不会投下阴影，因为没有光线照射到它。
- 只有在被照亮的表面上，才能看到投下的阴影。阴影永远不会被投在暗面上，也不会存在于其他阴影以内。

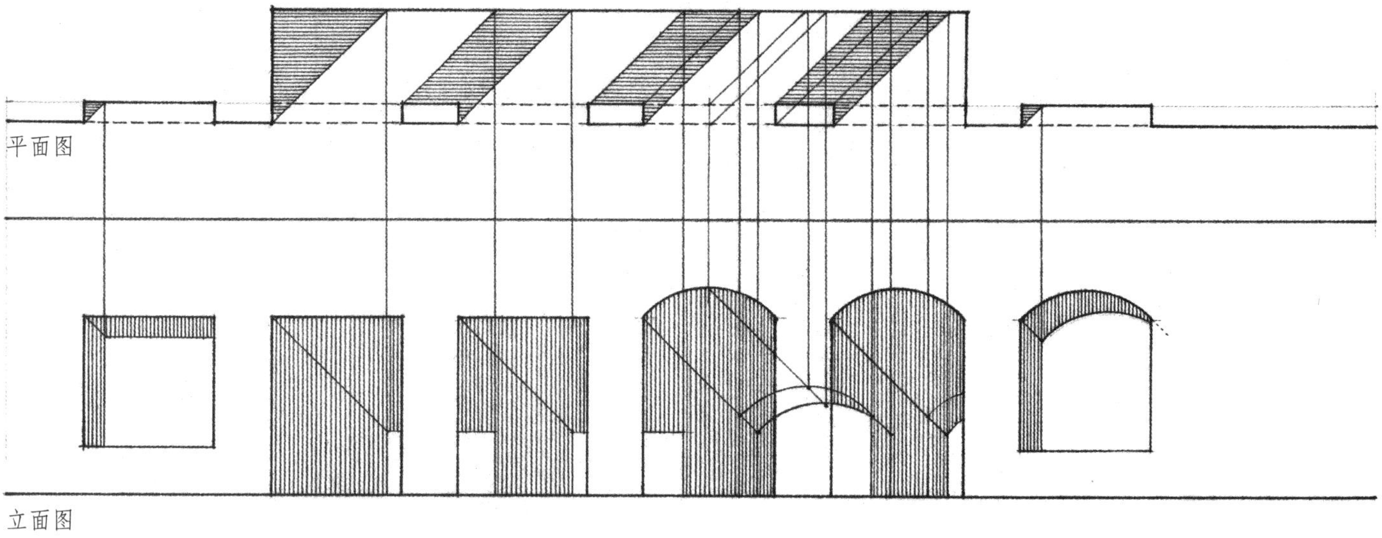

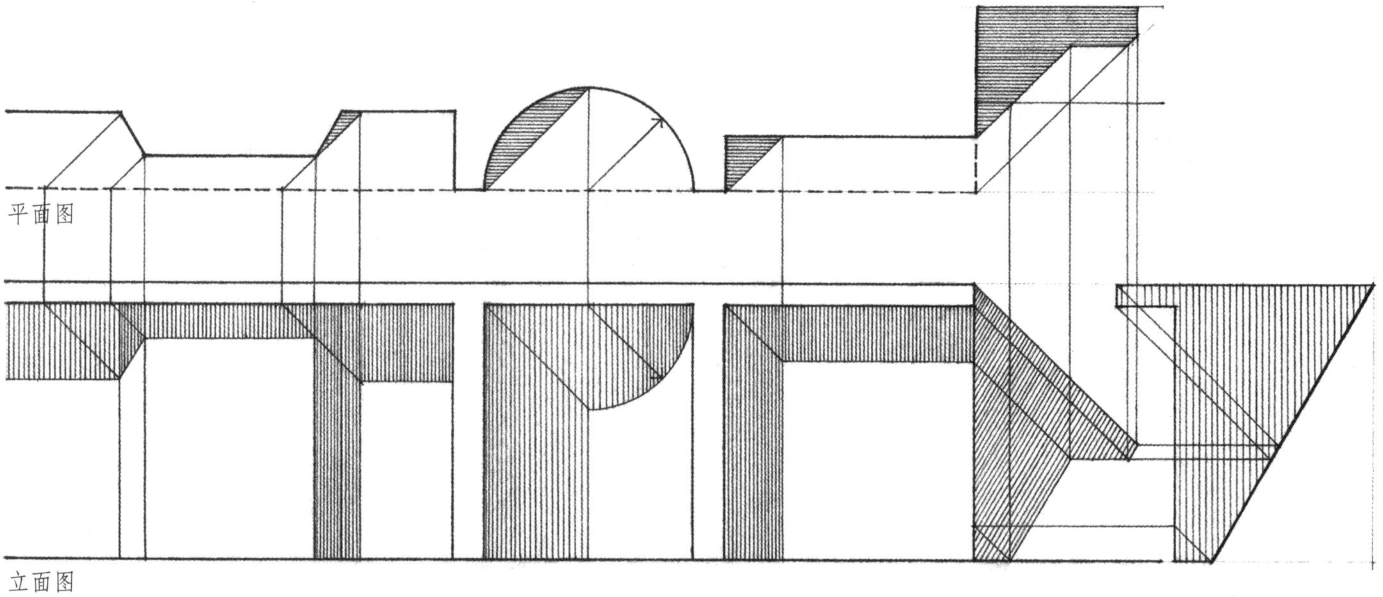

练习 6.15

按照多视角绘图中惯常使用的光线方向，确定右侧和下方图中的两个建筑形体各表面中的暗面，并在平面图和立面图中表现它们投下的阴影。

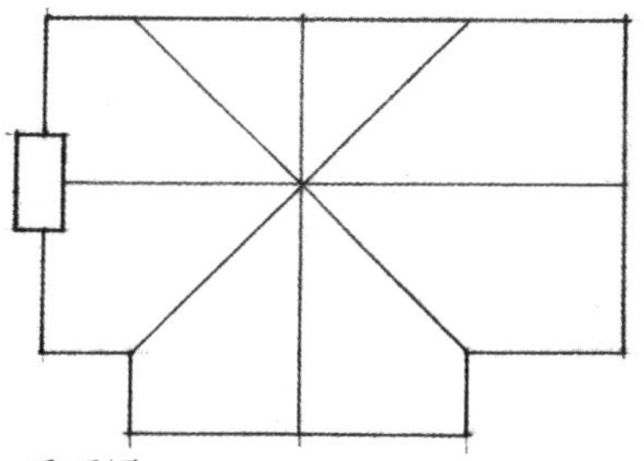

平面图

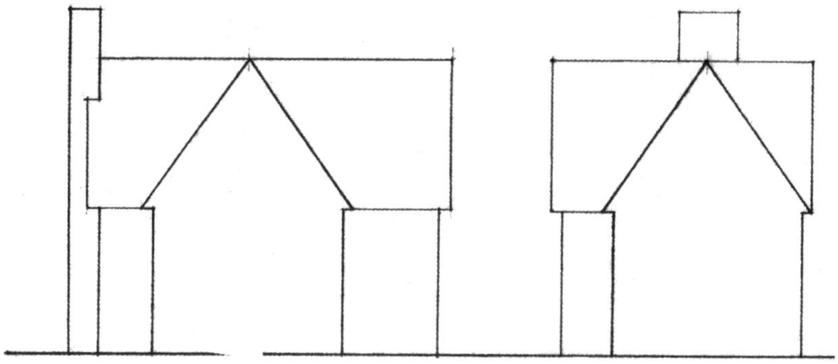

正立面图　　侧立面图

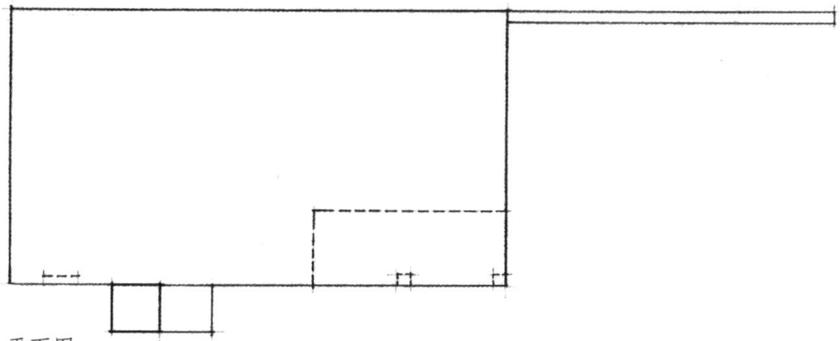

平面图

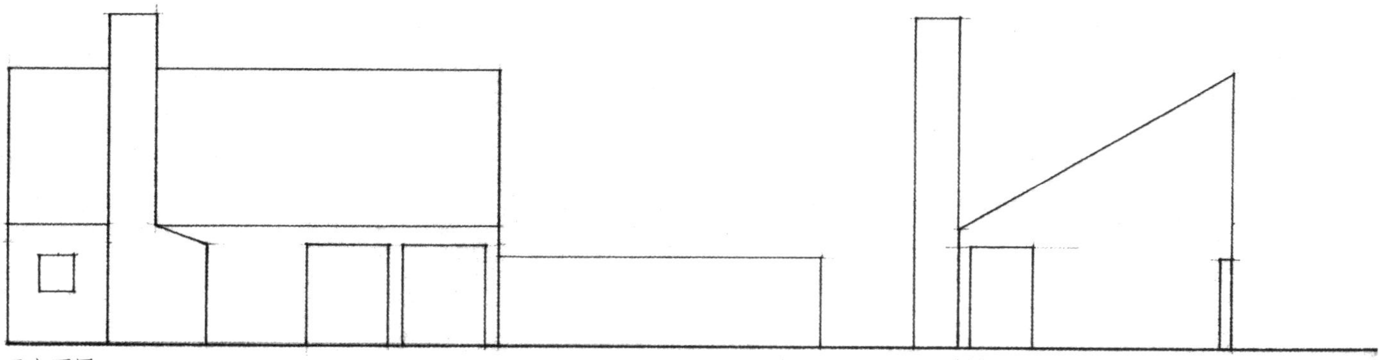

正立面图　　侧立面图

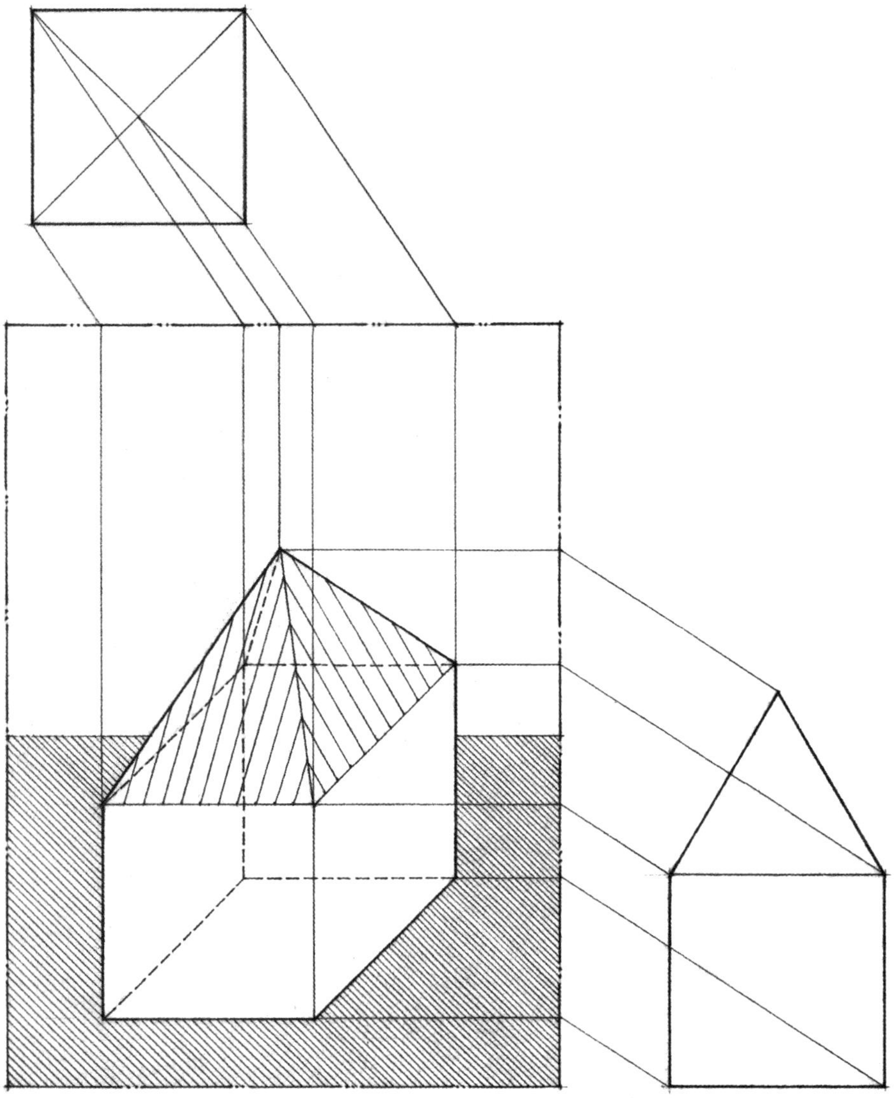

7

平行投影绘图

Paraline Drawings

平行投影绘图包含正投影的一个子类别——正轴测投影[译注]，比如正等轴测投影、正二轴测投影、正三轴测投影——以及全部的斜投影分类。每一种投影法的视角有些许不同，并强调了对象的不同侧面。然而从整体上看，它们都结合了正投影多视角绘图精确、成比例的特征，以及线性透视的画面感。

平行投影绘图能在一幅图像中表现出物体和空间关系的三维特征。因此它也被称作“单视角绘图”（single-view drawing），从而区别于成组的多幅相关联视图——平面图、剖面图、立面图。它区别于另一种单视角绘图——线性透视图的地方，在于下面这些图面效果。相互平行的线条，无论在对象中的方向如何，都在绘图中保持平行关系。它们不会像在线性透视中一样交会于灭点——因此我们称之为“平行投影”。此外，与三条主轴平行的线性长度都可以按照固定的比例绘制。

得益于其具有较强画面感并且易于绘制的特性，平行投影绘图适用于设计前期以三维形式表现正在形成的新思路。它可以融合平面、立面和剖面图，也可以表现三维空间的图案和构造。我们可以剖切对象或者把其中一部分绘制成透明的，从而透过它们观察内部；也可以展开对象，从而表现对象各部分之间的空间关系。平行投影绘图甚至可以作为鸟瞰图的一种更加理性的替代品。

然而，平行投影视图无法表现人眼视角，也缺乏线性透视的美观。它们所呈现的要么是从空中俯瞰物体或场景，要么是从下向上的虫眼视角。无论俯视还是仰视，这种绘图系统都可以无限延伸，形成一种没有边界、也没有固定视点的视野——与透视图不同，后者的视野范围被视角大小牢牢圈定。平行投影视图展现的视野来自无限多的一系列视点，而非空间中确定的某点。观察者可以拉近镜头，聚焦绘图的一个部分；也可以推远镜头，获得更广阔的视野。

[译注]“正轴测投影”（axonometric projection）见第126页[译注]。

构建平行投影绘图 | Constructing Paraline Drawings

在构建和表现平行投影绘图时要记住，当空间中竖直的线条在图面上同样竖直时，平行投影视图最容易被人读懂。指导构建平行投影绘图的基本原则是空间中的平行线在图面中依然平行。因此全部的平行投影绘图，都可以按照下面三种基本方法来构建。

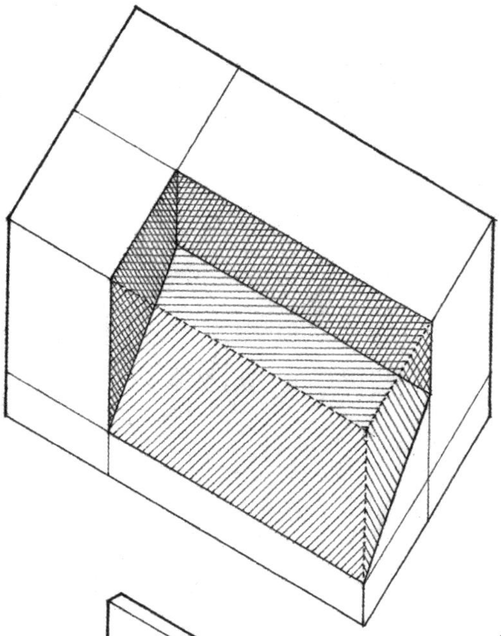

第一种方法是削除法，适用于相对简单的形体。这种方法首先要绘制一个长方体的平行投影视图，包住对象的完整体量，之后再通过减法削除长方体的材料，显露出对象的形体。

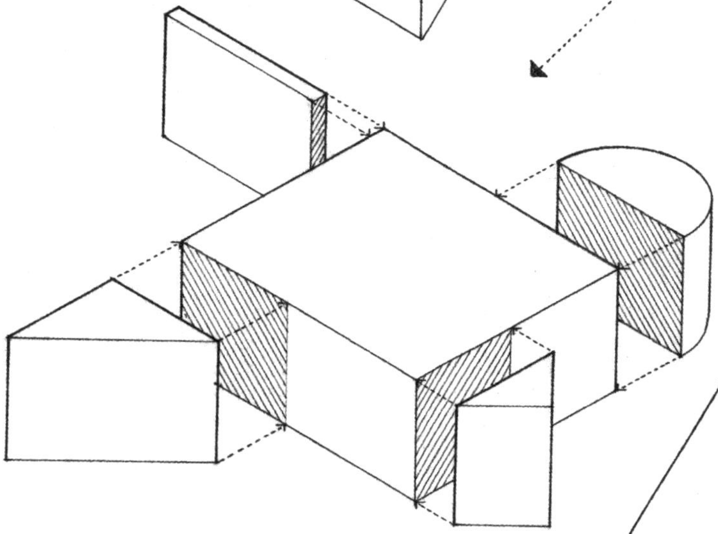

第二种方法适用于由离散形体组合而成的构造，过程和削除法相反。首先绘制主体形体的平行投影视图，然后逐个添加附属的形体。

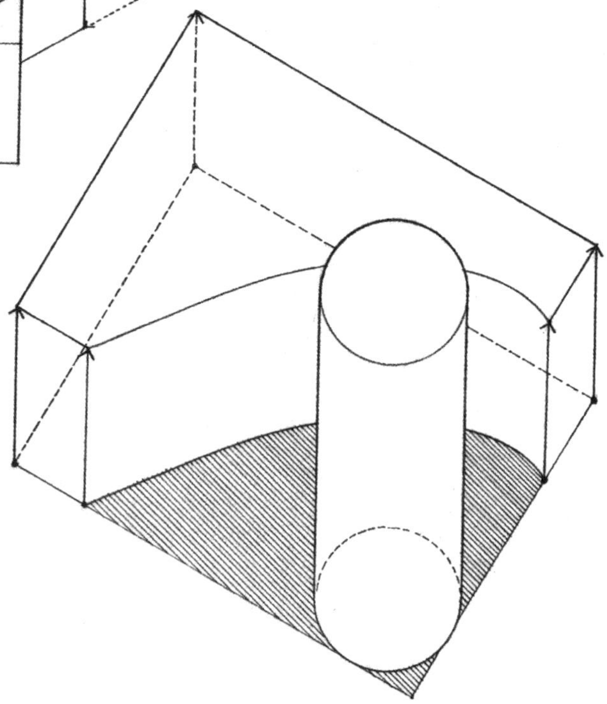

第三种方法适用于不规则形体。首先绘制对象的一个水平面的平行投影视图，或者竖直剖切面的轮廓。然后我们可以竖向延伸出形体，或者向绘图的纵深方向延伸。

轴向线 | Axial Lines

轴向线指平行于三条主轴之一的线。无论我们采用哪种方式构建平行投影绘图，都可以沿轴向线方向测量尺寸或者按比例尺绘制长度。轴向线会自然形成一个四边形的坐标网。我们可以用它来找出三维空间中的任意点。

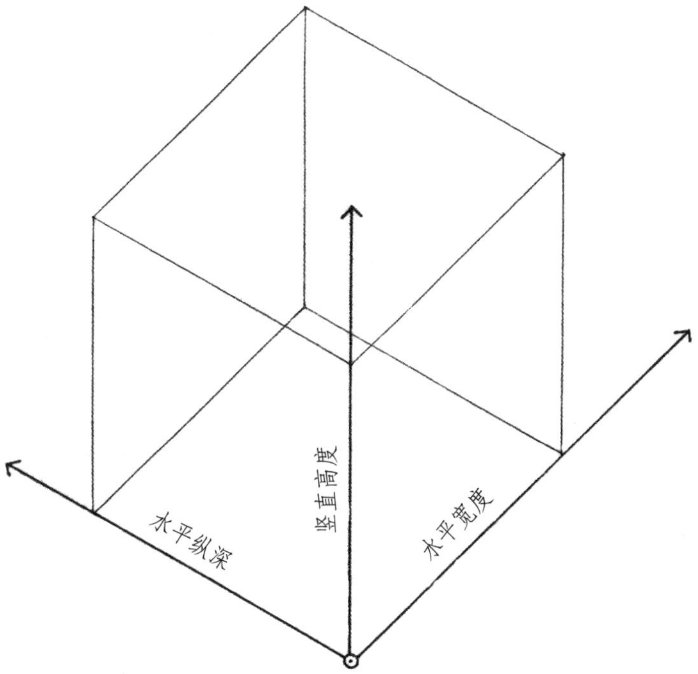

非轴向线 | Nonaxial Lines

非轴向线指与三条主轴中任何一条都不平行的线。我们不能沿着这些线量测尺寸，也不能按比例尺绘制它们。如果要绘制非轴向线，我们必须通过轴线坐标首先找到它端点的位置，然后连结两个端点。然而，当我们绘制出一条非轴向线后，就可以直接绘制任何平行于它的线条，因为对象中的平行线在绘图中依然平行。

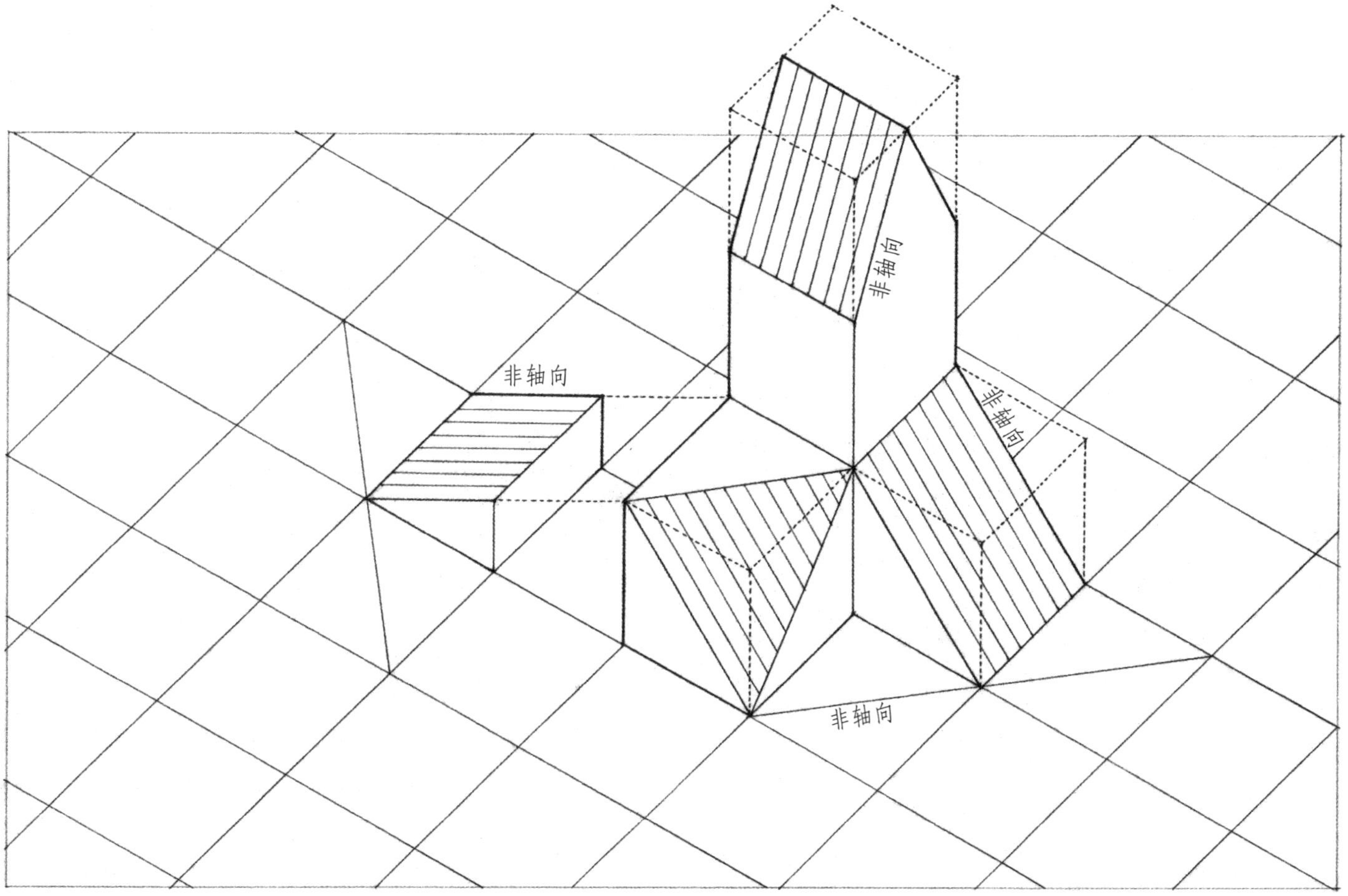

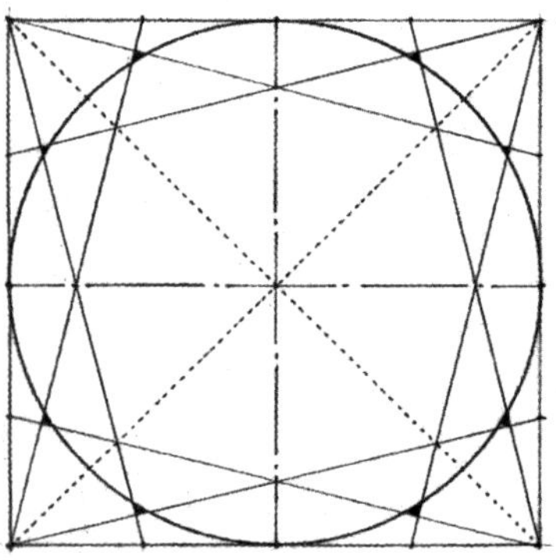

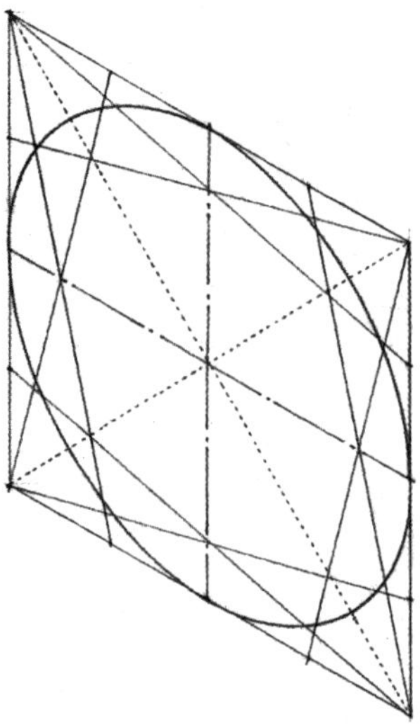

圆 | Circles

任何倾斜于像平面的圆显示为椭圆。在平行投影绘图中绘制倾斜的圆时，我们必须首先绘制圆的外切正方形。然后可以用下面两种方法在正方形内部绘制圆形。

- 如果我们可以把正方形（的边）四等分，并绘制斜线，就可以得到圆周上的8个点。
- 四圆心法用到两种不同半径，并需要使用圆规或者圆形模板。首先绘制圆外切正方形的平行投影视图。从这个菱形各边的中点引出垂线，直到它们相交。以这4个交点为圆心，垂线长为半径，在垂足之间绘制出两组半径分别为r_1和r_2的圆弧。

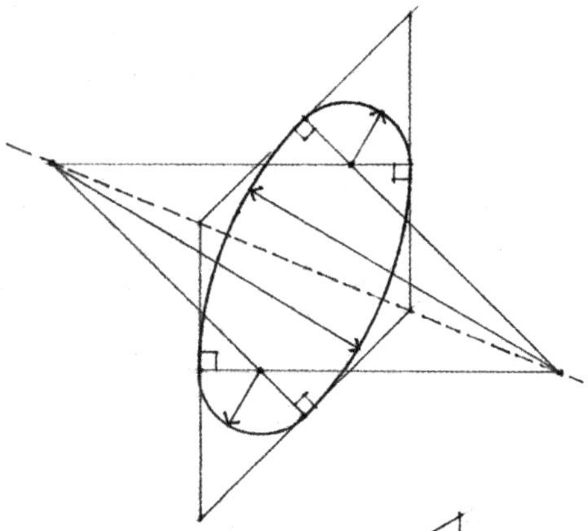

曲线 | Curves

我们可以通过偏移尺寸找出曲线或曲面上关键点的位置，并通过这些点绘制出任何曲线或曲面。

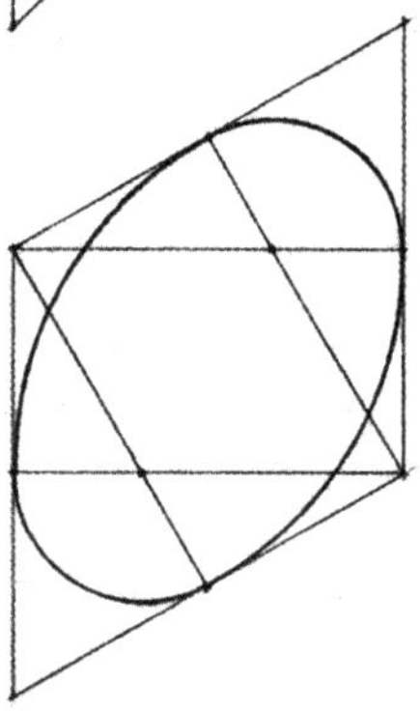

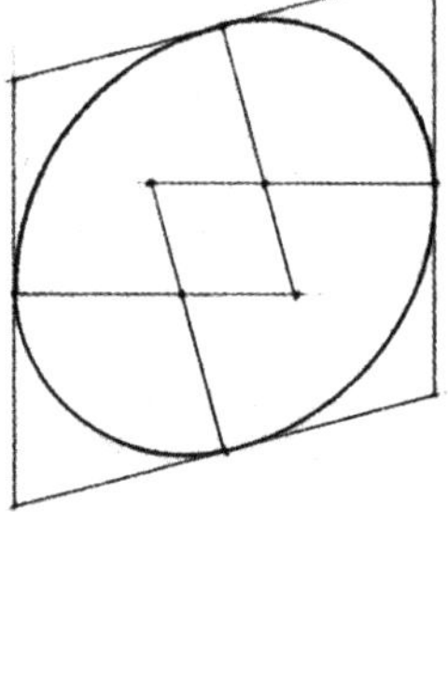

自由形状 | Freeform Shapes

要在平行投影绘图中绘制自由形状，首先在形状的平面或立面图中构建一个方格网。这个方格网可以是均匀的，也可以根据形状的关键点改变密度。形状越复杂，方格网就应该划分得越细。在平行投影视图中构建相同的方格网。然后，找出自由形状和方格网的各交点并将它们投影到平行投影视图中的方格网中。最终，我们在平行投影视图中连结这些交点。

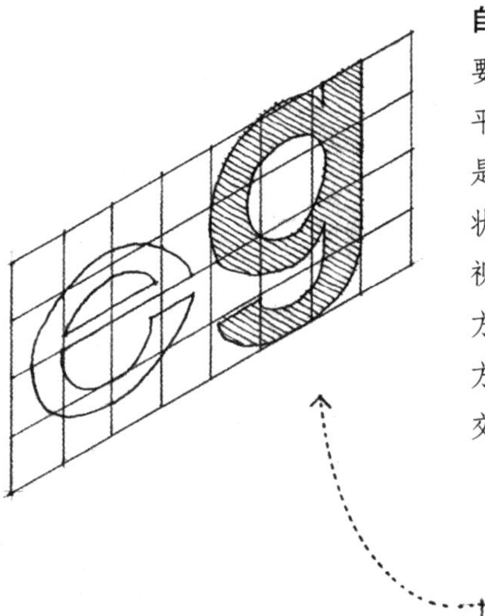

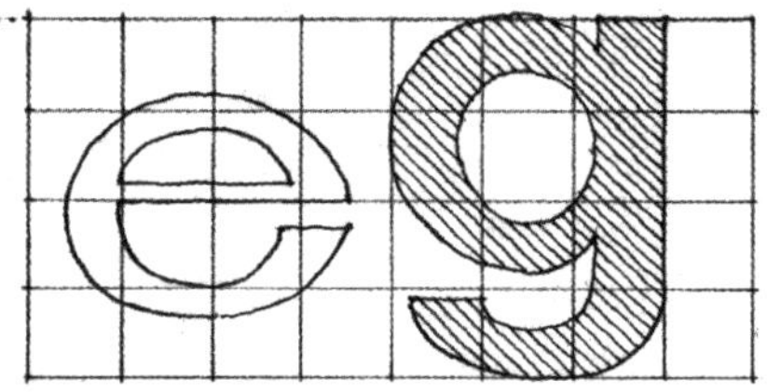

练习 7.1

以图中的三个正方体为引导，在平行投影视图中绘制一个圆柱体、一个圆锥体和一个棱锥体。

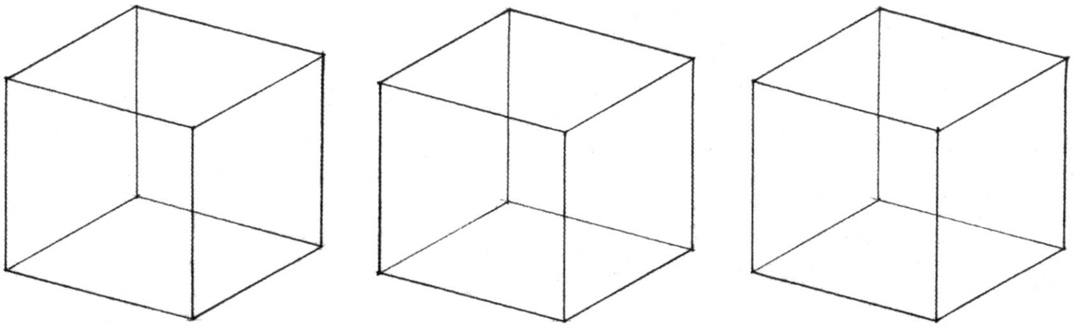

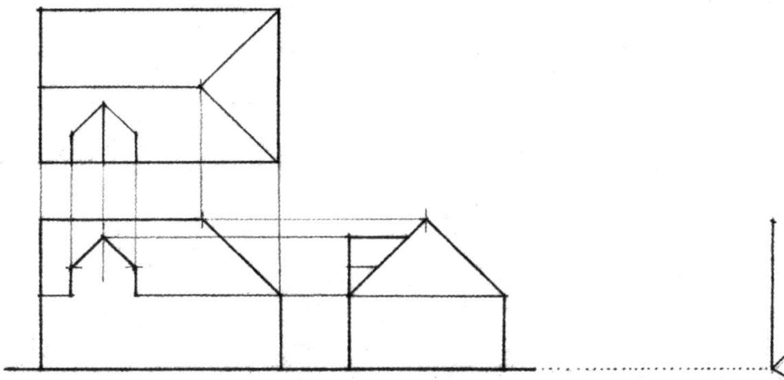

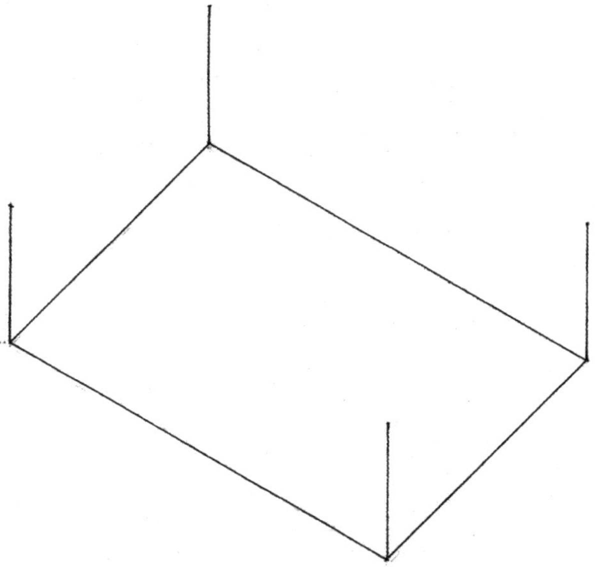

练习 7.2

在平行投影视图中绘制上方多视角绘图描绘的形体。使用给出的主轴，但是把尺寸加倍。

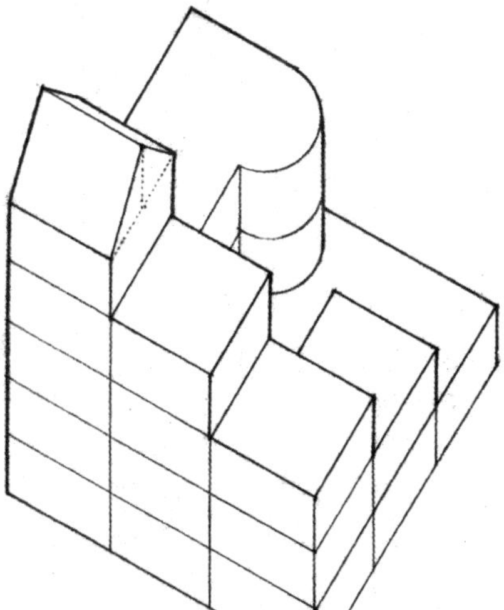

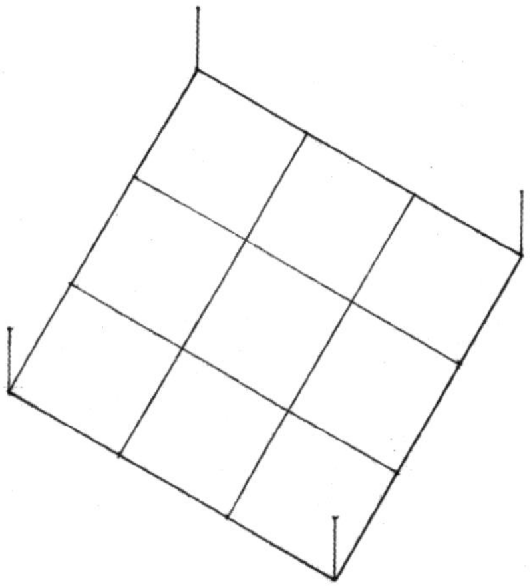

练习 7.3

使用与上一个练习相同的主轴，绘制图中所示形体相反方向的平行投影视图。

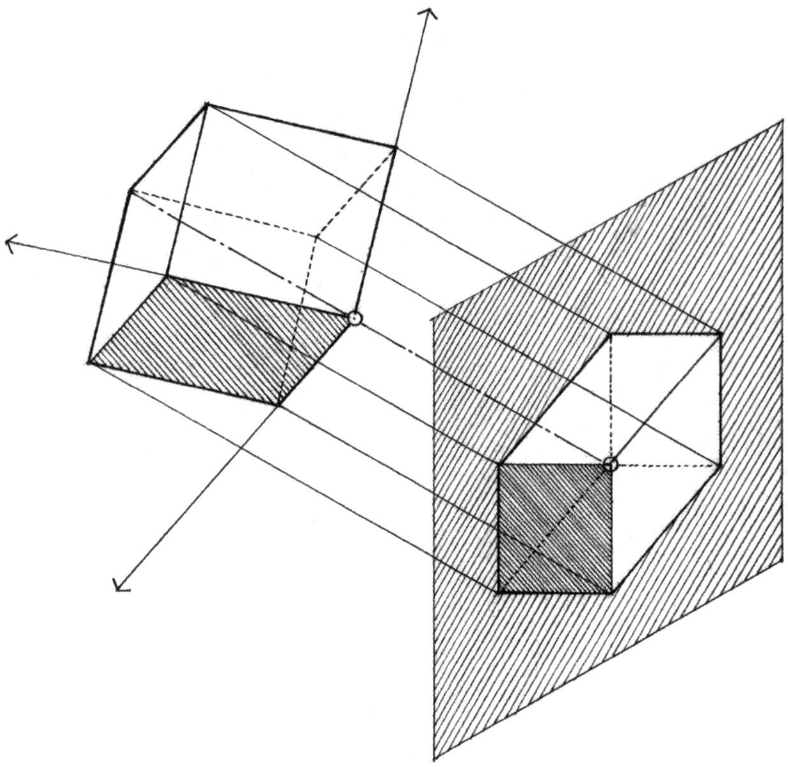

轴测图（axonometric）=轴（axono）+测量（metric），或者直接写作axis-measurement。axonometric这个名词在使用中，常常指代平行投影中的斜投影绘图，甚至全部的平行投影绘图。然而，严格来讲，轴测投影是一种正投影，其中各条投影线相互平行，并垂直于像平面。“多视角正投影绘图”和“单视角轴测图”之间的区别仅仅是物体相对于像平面的朝向不同。

（正）轴测投影 | Axonometric Projection

（正）轴测投影是一种正投影：三维物体倾斜于像平面，于是三条主轴都发生了透视缩短。（正）轴测投影包括正等轴测、正二轴测和正三轴测投影。它们的区别在于对象的三条主轴与像平面的交角不同。

在轴测投影和轴测投影绘图之间有一个显著的差别。在真正的轴测投影中，三条主轴和像平面的交角不同，于是出现了不同程度的透视缩短。然而，在轴测图中，我们在至少一条轴线方向按照真实长度和比例绘制。因此轴测图会比相应的轴测投影略微大出一点。

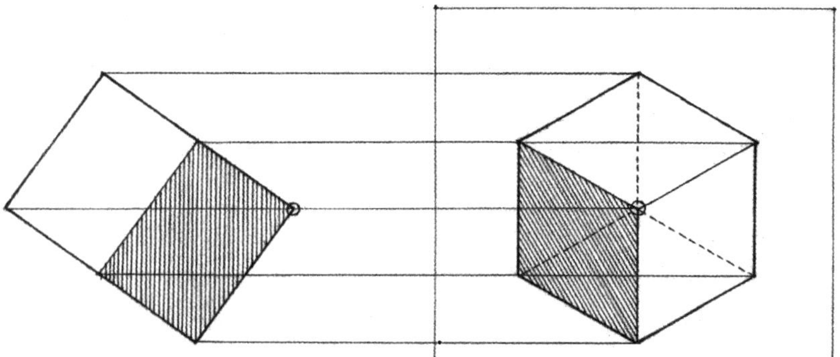

正等轴测投影

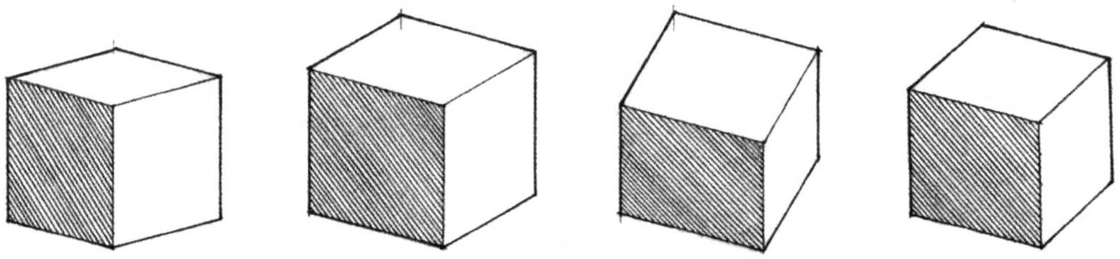

正二轴测投影　正二轴测投影　正二轴测投影　正三轴测投影

正等轴测投影是轴测投影的一种。三维物体倾斜于像平面，并且三条主轴与像平面的交角相等，于是等比例发生透视缩短。

为了更好地想象这种情形，我们可以通过以下方法构建一个正方体的正等轴测投影。

- 在正方体的平面或立面图中构建一条平行于其正方体对角线的折线。
- 将正方体投影到新形成的辅助视图中。
- 在辅助视图中构建第二条折线，与图中的体对角线垂直。
- 把正方体投影到第二个辅助视图中。

通过构建正方体的正等轴测投影，我们发现它的三条主轴在像平面中以120°的夹角张开，并且各主轴都显示为真实长度的0.816。正方体的对角线则垂直于像平面，被视作一个点。三个可见的表面在形状和比例上都相同。

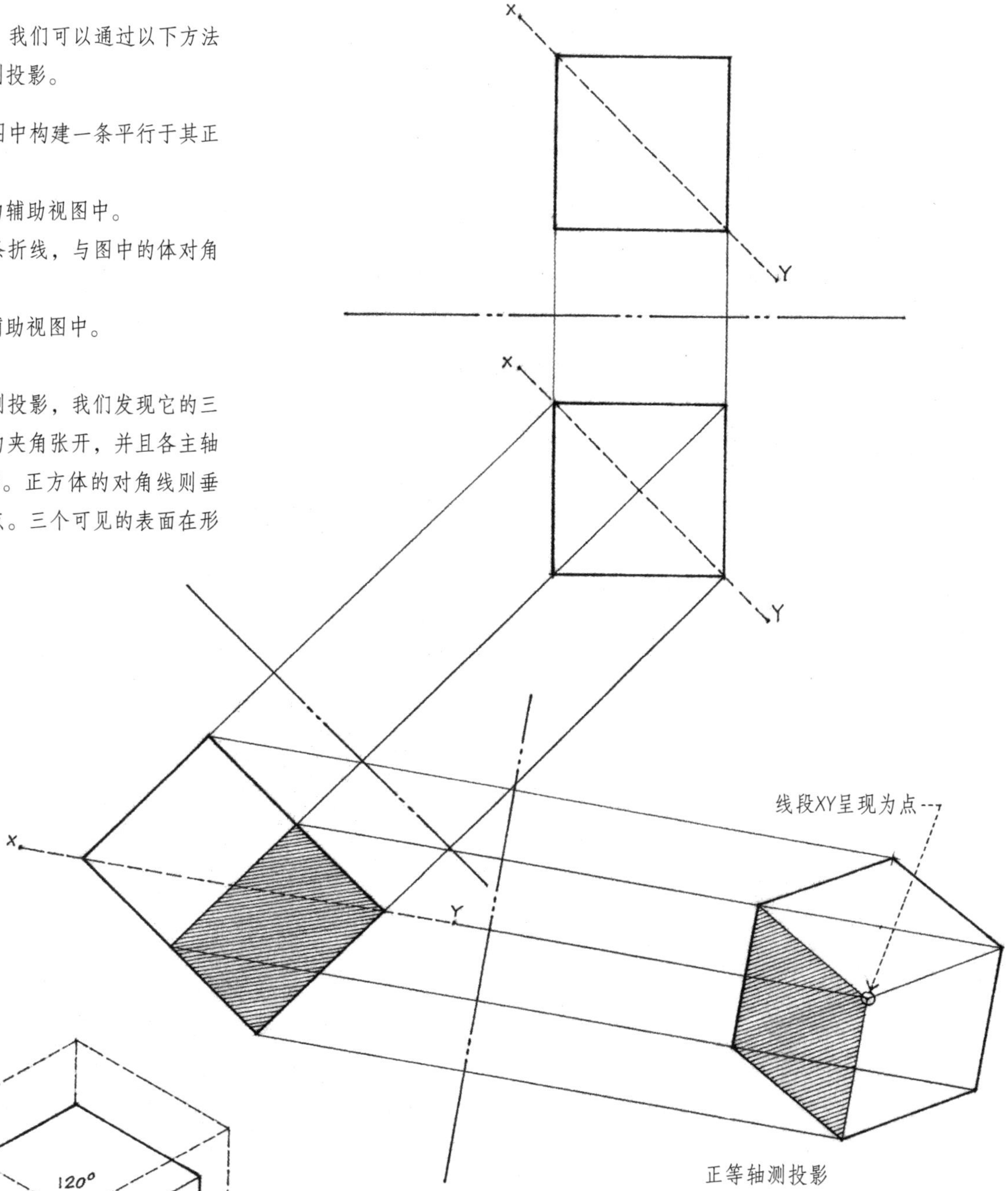

正等轴测投影

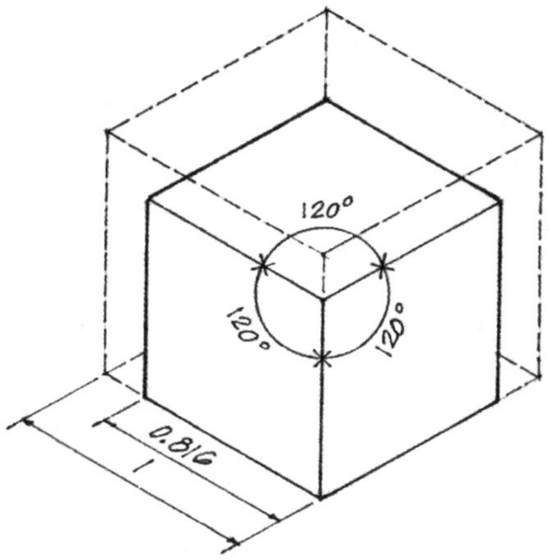

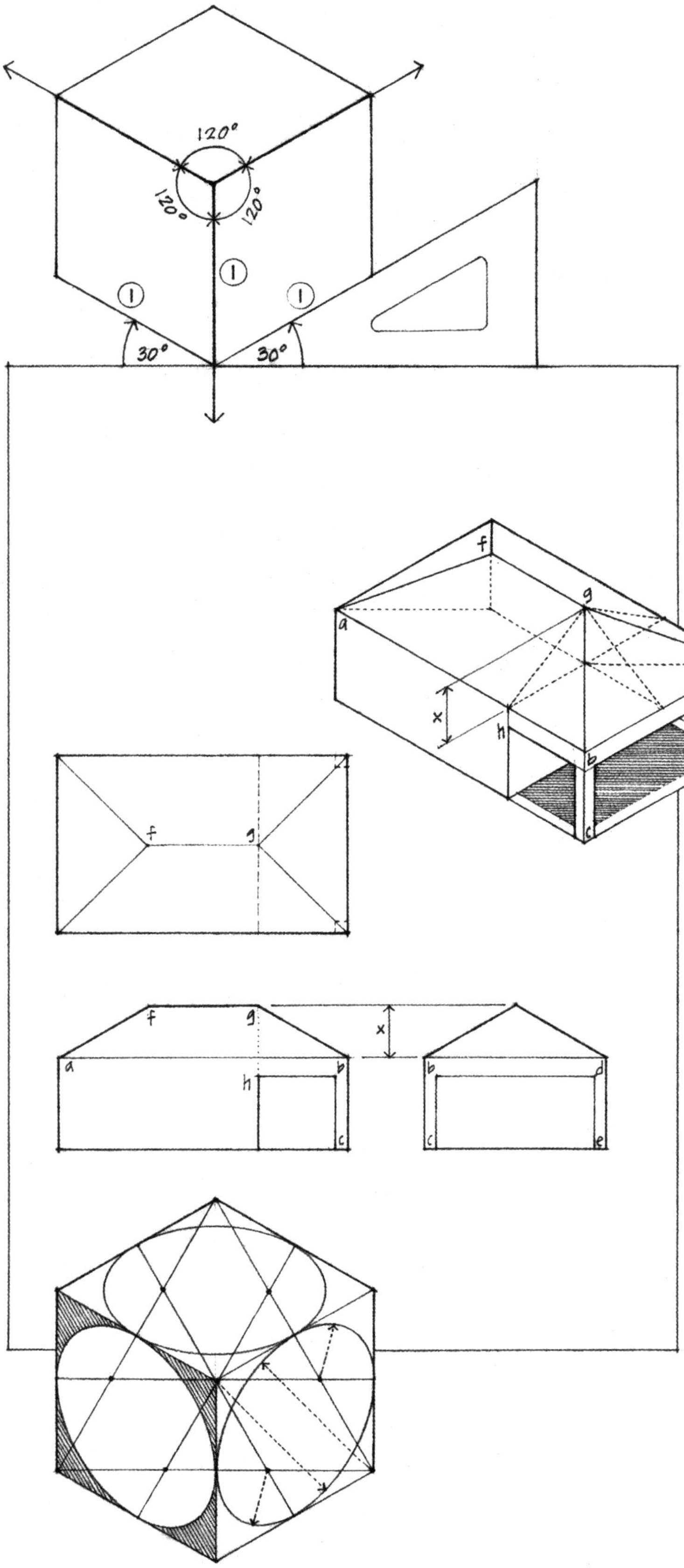

相对于通过平面图、立面图和多个辅助视图来构建正等轴测投影，更常见的是用一种更直接的手段来绘制正等轴测图。首先，我们构建起三条主轴的方向。因为它们在像平面中的夹角为120°，所以如果我们把其中一轴竖直绘制，则另外两轴与绘图表面上的水平线成30°角。

为了节约时间，我们忽略掉主轴方向应有的透视缩短，直接以真实长度和比例绘制所有平行于三条主轴的线条。因此，正等轴测图总是比同一物体的正等轴测投影略微大一些。

正等轴测图比斜平面图的视角略低，并且给予三对主要平面相同的视觉权重。它保留了物体的相对比例，并且不带有斜视图中必然的扭曲。然而，正等轴测图中的形体以正方形为基础，可能造成视觉错误并导致歧义。这种含混来源于前景和背景线条的位置重合，所以在这样的情况下，正二轴测图或者斜投影图会是更好的选择。

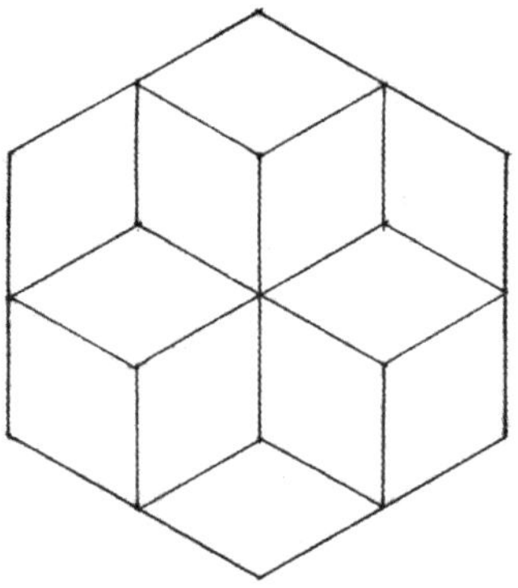

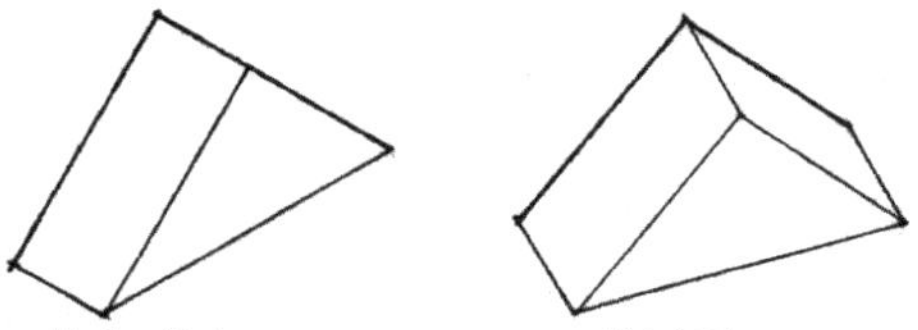

正等轴测图　　正二轴测图

练习 7.4

为右侧斜投影视图所展示的构造绘制正等轴测图。

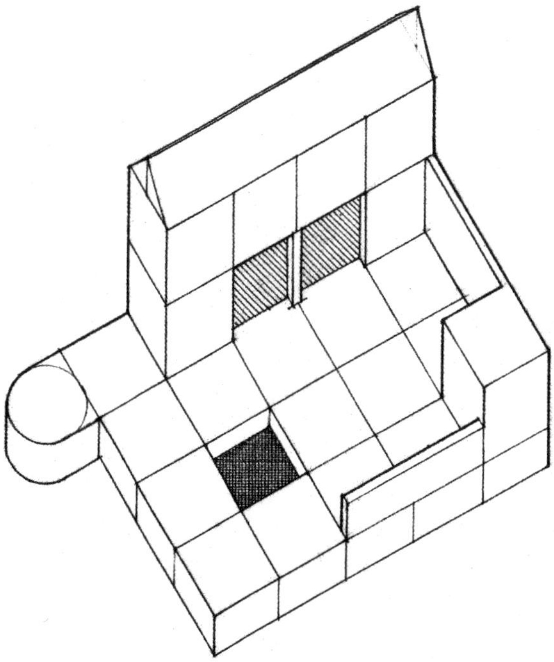

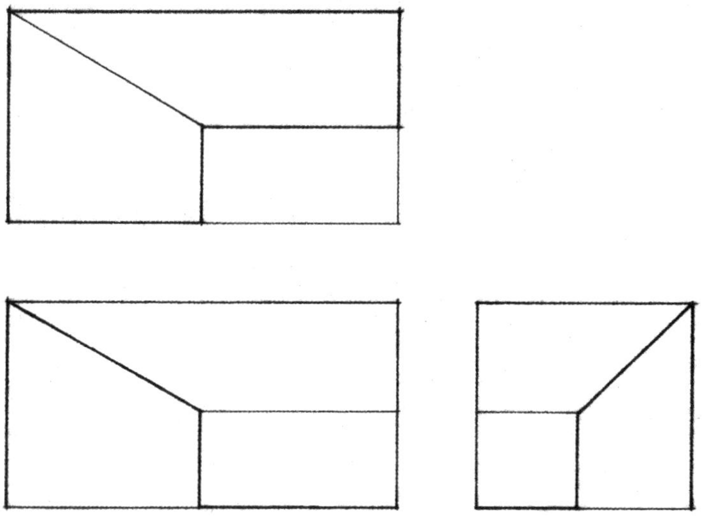

练习 7.5

为上方多视角绘图描绘的结构绘制正等轴测图。

练习 7.6

以图中所示的视角绘制物体的正等轴测图。

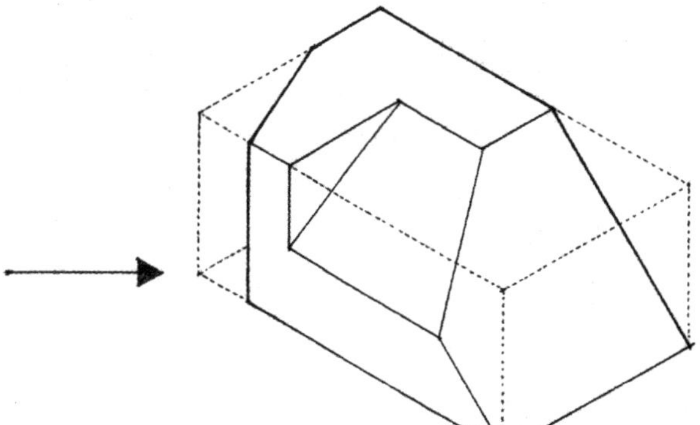

正二轴测投影是轴测投影的一种。三维物体倾斜于像平面，物体的两条主轴等比例发生透视缩短，而第三条轴的投影比前两条更长或者更短。

为了更好地想象这种情形，我们通过以下方法构建一个正方体的正二轴测投影。

- 在正方体的平面或立面图中构建一条平行于体对角线的折线。
- 将正方体投影到新形成的辅助视图中。
- 在辅助视图中构建第二条折线，与图中的体对角线不垂直。
- 把正方体投影到第二个辅助视图中。

通过构建正方体的正二轴测投影，我们发现这种视图的视角和图面效果有无数种可能性。随着正方体围绕水平轴线旋转，会出现一系列对称的视图。随着正方体围绕竖直轴线旋转，又会出现一系列不对称的视图。根据正方体相对于像平面的不同朝向，正二轴测图可以强调其中一组平面，弱化另外两组，也可以同时强调其中两组，而弱化第三组。

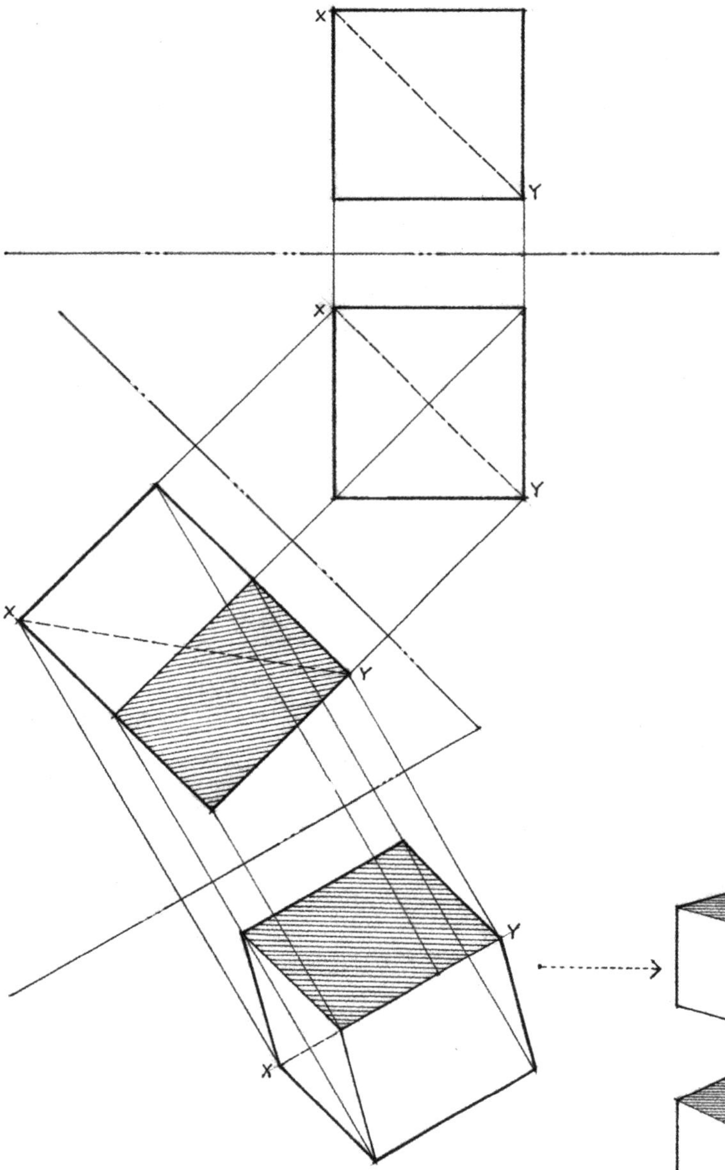

正二轴测投影

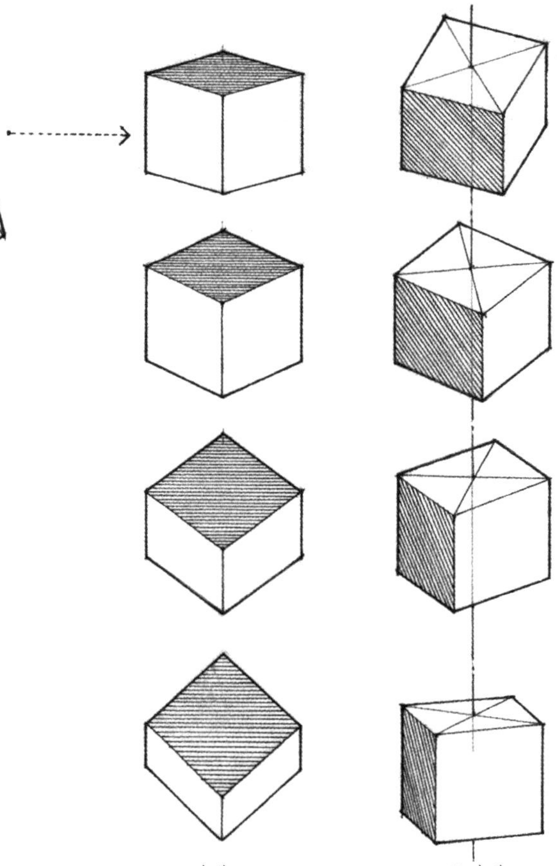

对称　　不对称

正二轴测绘图是通过正二轴测投影形成的平行投影绘图。图中平行于两条主轴的线条按照真实长度和比例绘制，平行于第三条主轴的线条则被拉长或者缩短。

与正等轴测图相同，我们通常用一种直接的手段来构建正二轴测图。我们首先确定三条主轴的方向。假设其中一条主轴保持竖直，我们可以用几种不同方式布置另外两条水平主轴的角度。这些角度和正二轴测投影的真实结果不一致，但是在我们使用30°/60°和45°/45°的三角板绘图时，这些角度非常便利。

于是我们可以绘制平行于三条主轴的线条长度。三条主轴中的两条和像平面的交角相同，于是我们以相同的比例绘制平行于这两条主轴的线段。而平行于第三条主轴的线段则适当地使用更大或更小的比例。每一幅正二轴测图中圆圈内的分数，是我们绘制三条主轴时采用的比例。

因为使用两种不同的比例和角度，正二轴测图绘制起来比正等轴测图更难一点。然而另一方面，正二轴测图可以灵活地选择视点，在图面效果上胜过正等轴测图。正二轴测图可以强调一组或两组主要平面，并且更清楚地描绘45°角的线条和表面。

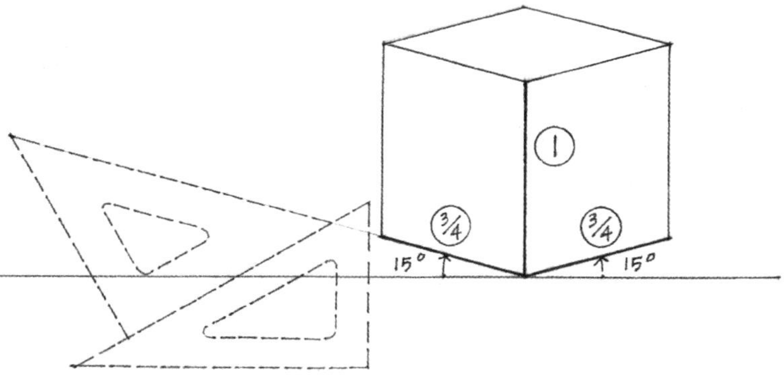

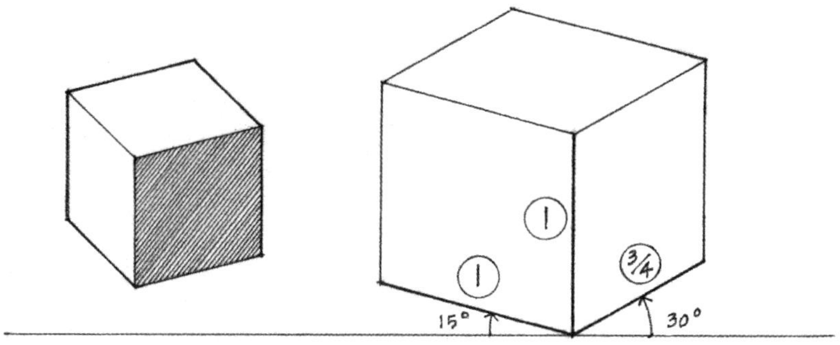

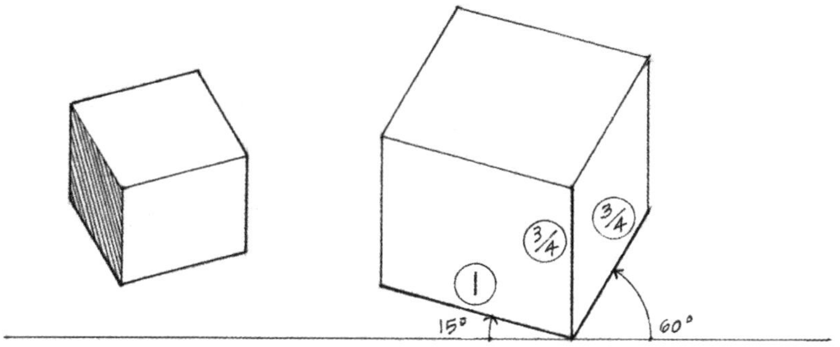

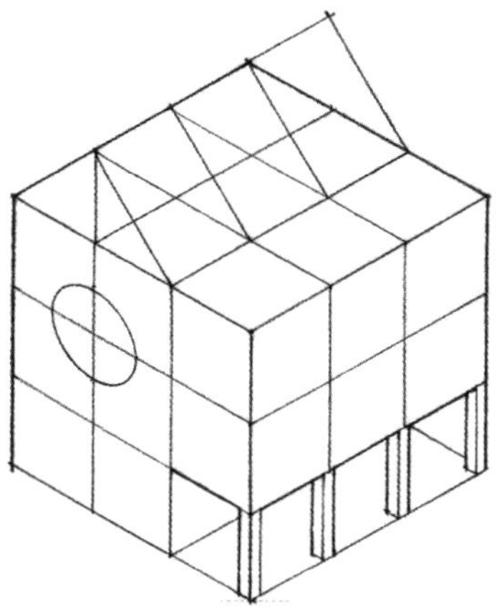

正等轴测图

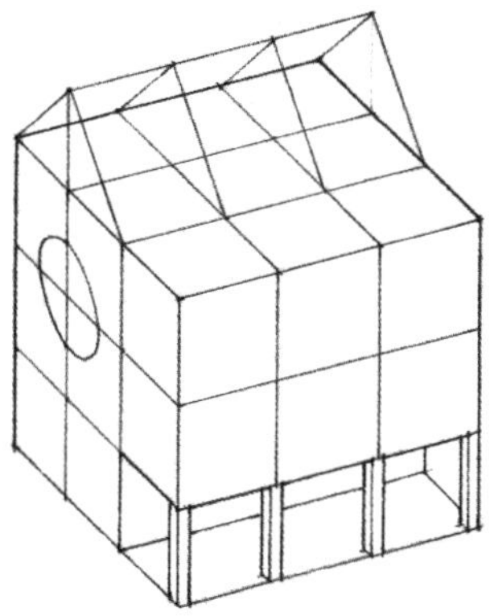

正二轴测图

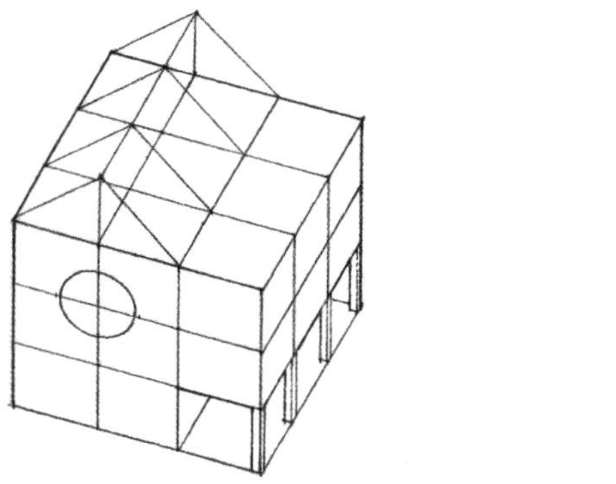

正二轴测图

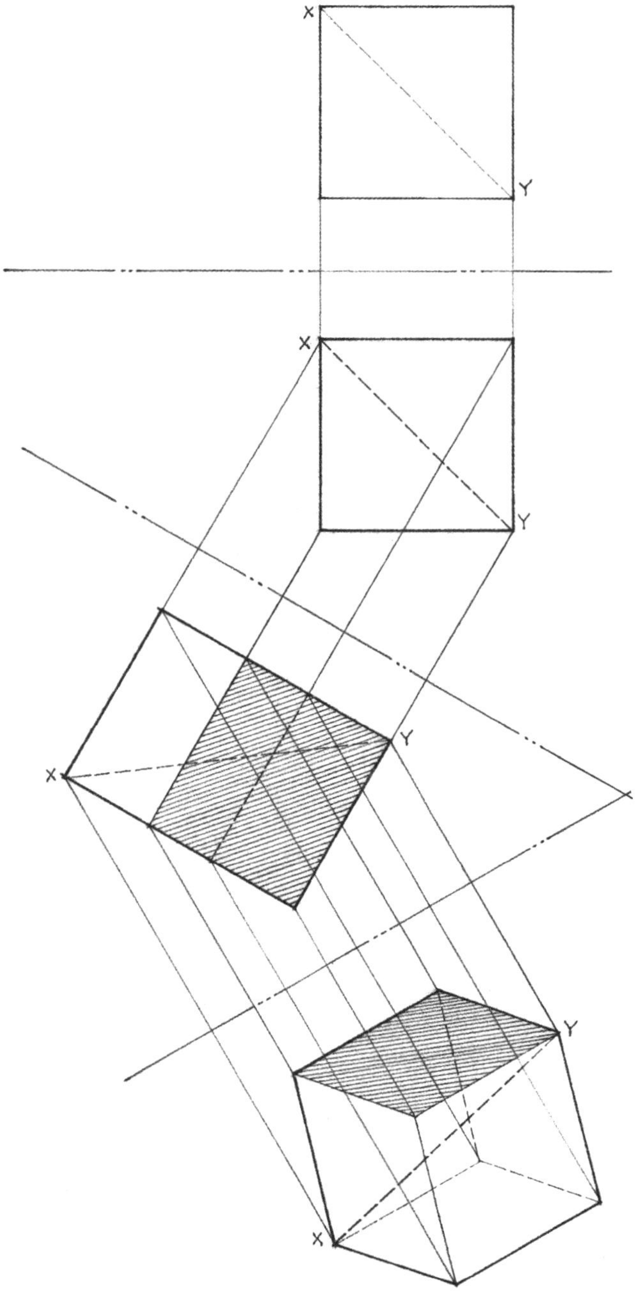

正三轴测投影

正三轴测投影也是轴测投影的一种。三维物体倾斜于像平面，物体的三条主轴透视缩短的比例各不相同。

正三轴测图 | Trimetric Drawings

正三轴测绘图是通过正三轴测投影形成的平行投影绘图。三条主轴以不同比例发生透视缩短，因此在图中需以不同比例绘制。正三轴测图会自然地强调一组主要平面而弱化另外两组。我们很少使用正三轴测图，因为它们所展示的内容并不“值得”费力完成复杂的绘制过程。正等轴测图和正二轴测图绘制起来更简单，并且能够满足大多数的制图目标。

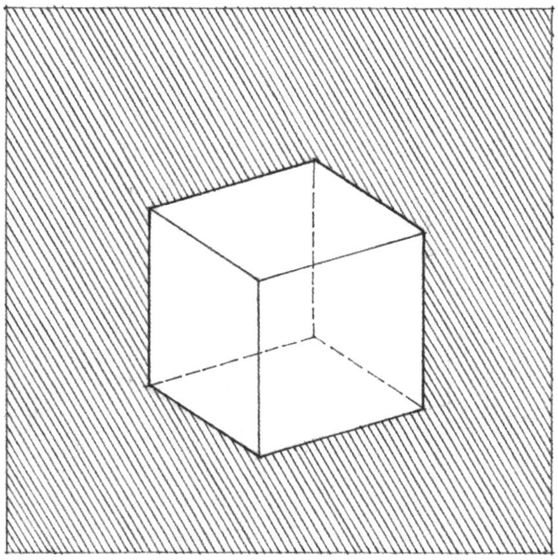

斜投影是三大投影绘图法中的一种。斜投影生成的图像，在图面效果分类中属于平行投影绘图，但是它与通过正投影生成的正等轴测图和正二轴测图有明确的区别。在斜投影中，物体上的一个主要表面或者一组主要平面平行于像平面，这和正投影多视角绘图相同。但是物体的影像被投射到像平面时，投影线相互平行但与像平面的夹角不等于90°。

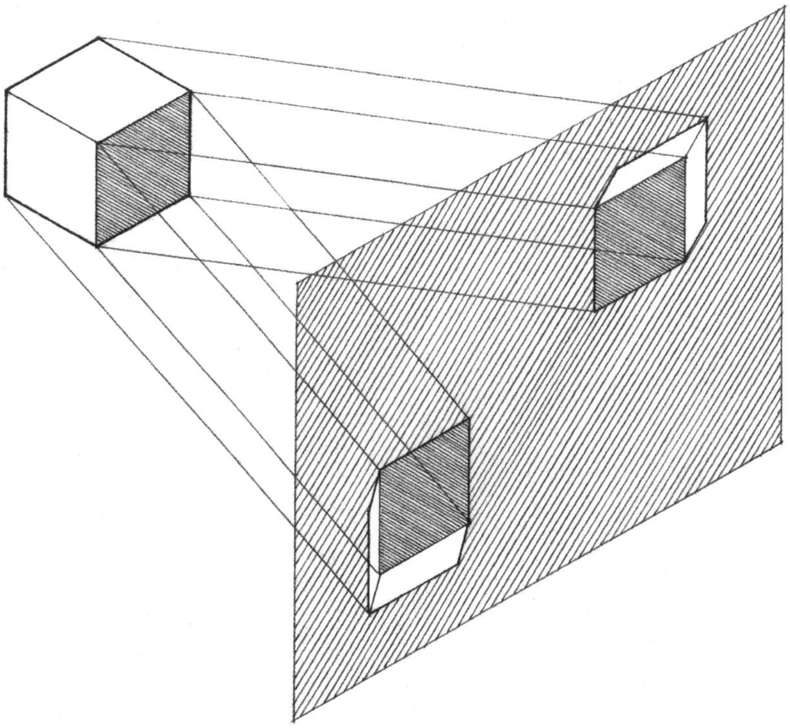

在斜投影绘图中，平行于像平面的平面显示为真实形状。在这个正面视图的基础上，附带有顶视图和侧视图，被投向绘图的纵深方向。这让一个三维的影像扭曲，表现出我们理解事物的样子，而非我们看到的样子。这种视图所描绘的客观现实更贴近于思维之眼中的图像，而非视网膜上呈现的线性透视影像。它表现出世界在思维中的映射，把平面图和立面图整合成一体并表现出来。

斜投影视图易于构建，这让它很有吸引力。如果我们让物体的一个主要表面平行于像平面，它会保持真实形状，让我们更轻易地绘制。因此，斜投影视图在表现一个具有曲线的、不规则的或者复杂的表面时尤为合适。

尽管斜投影可以展现三维物体的体量感，并形成很强的空间感，但是线条的构图仍然是平面上扁平的图案。这注定会造成视觉错误，并因此在阅读斜投影绘图时出现歧义。

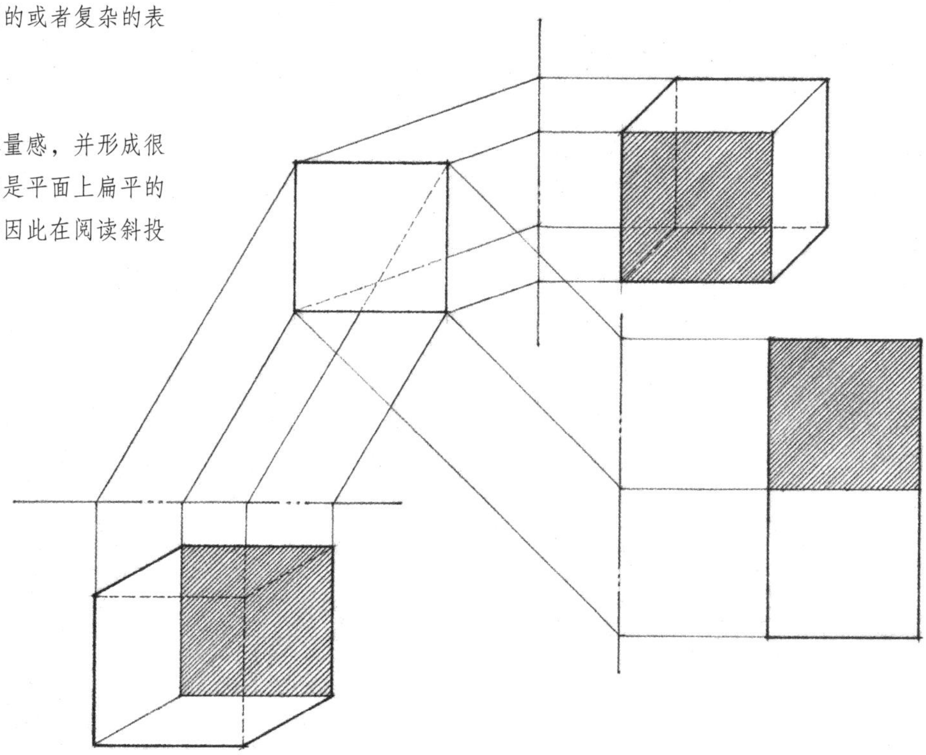

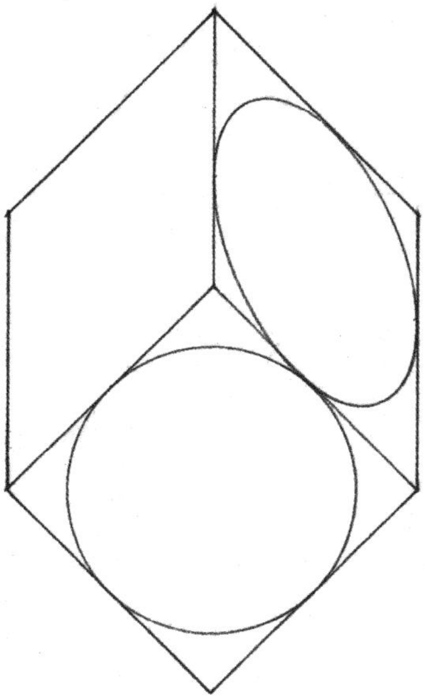

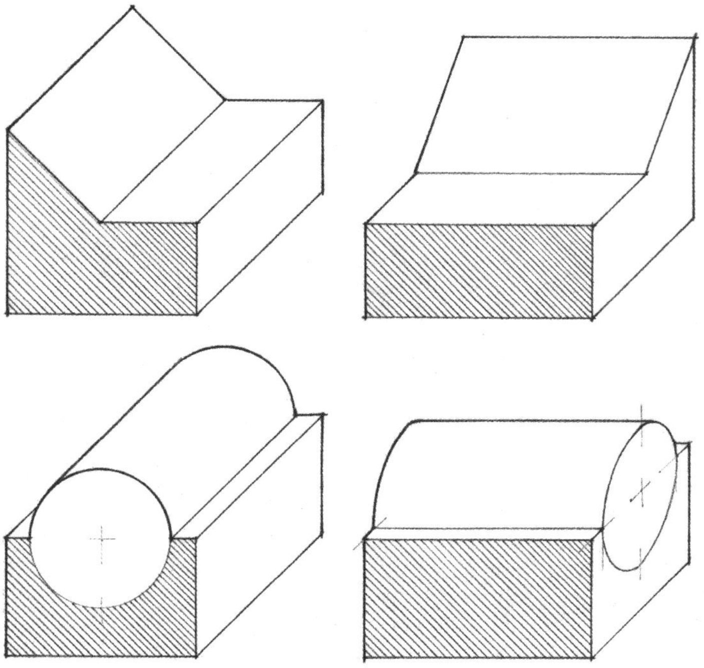

斜投影在像平面上呈现三维物体时，从物体延伸出的投影线相互平行但和像平面不垂直。我们通常让物体的一个主要表面平行于像平面，这样就可以用真实的尺寸来绘制这个表面，表现出它的确切形状和比例。然后我们可以从绘制这个表面的正投影开始构建斜投影绘图。

以下两条规则可以让影像的扭曲变形最小，并且更容易构建斜投影绘图。

- 让物体的长边平行于像平面，这样就可以把影像的扭曲变形规避到绘图的纵深方向。
- 让物体最复杂或者最具有代表性特征的表面朝向像平面，这样可以展示出这个表面的真实形状，同时简化绘图过程。当我们绘制出这个表面的真实形状后，只需绘制一系列平行于纵深方向轴线的线条，就可以把它向第三个维度拉伸或延长。

纵深方向的线条 | Direction of Receding Lines

斜投影绘图自然会强调平行于像平面的一组平面，而垂直于像平面的平面在绘图中通常发生透视缩短。纵深方向平面的表观尺寸和形状取决于垂直于像平面、指向绘图纵深方向的主轴在图面上的角度。通过改变这个角度，我们可以强调其中一组纵深方向的平面并弱化另一组，或者赋予它们相同的权重。

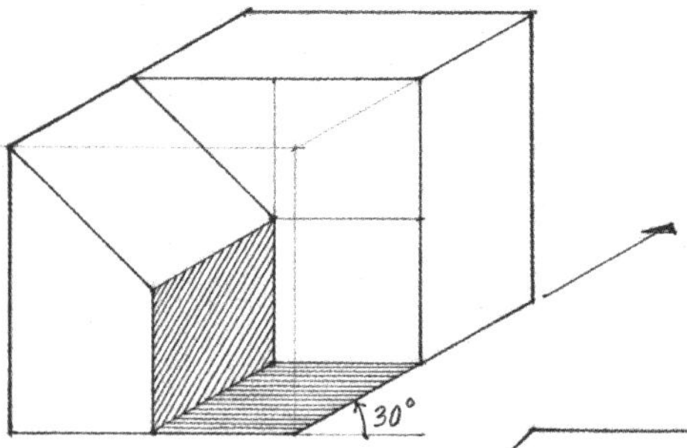

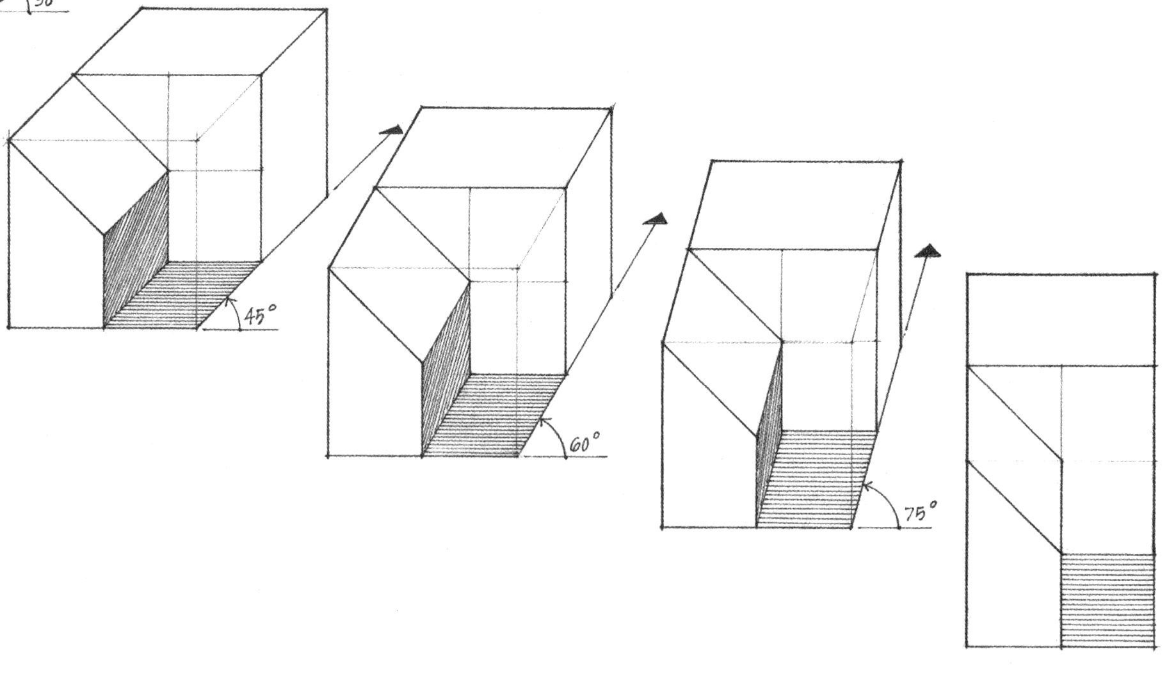

纵深方向线条的长度 | Length of Receding Lines

斜投影线与像平面的交角决定图中纵深方向的轴向线长度。如果投影线与像平面成45°角，纵深方向的线条会被投影出它们的真实长度。而在其他角度，投影会导致纵深方向的线条看上去比真实长度更长或更短。在实际操作中，我们可以用真实长度来绘制斜投影图中纵深方向的线条，也可以缩短它们的尺寸，来弱化影像的扭曲变形。

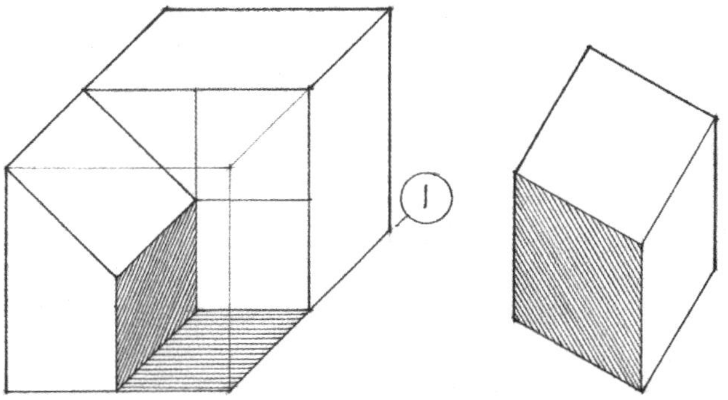

骑士投影（一种特殊的斜等轴测投影）| Cavalier Projection

“骑士”的名字来自这种绘图过去曾用于绘制防御工事。在骑士投影中，投影线与像平面成45°角。因此在我们绘制纵深方向的轴向线条时，可以使用和平行于像平面的线条相同的比例。

尽管使用同一比例绘制全部三条主轴，极大地简化了斜投影绘图过程，但是纵深方向的线条有时候看起来太长。为了规避影像的扭曲变形，我们可以用固定的比例缩短这些纵深方向的线条，通常绘制为它们真实尺寸的$^{2}/_{3}$～$^{3}/_{4}$。

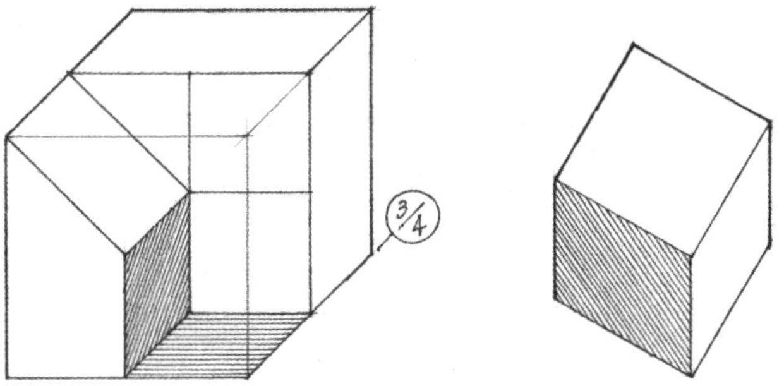

橱柜投影（一种特殊的斜二轴测投影）| Cabinet Projection

“橱柜”的名字来自这种投影法在家具制造业中的应用。在橱柜投影中，三维物体上平行于像平面的线条在图中绘制为原尺寸，而纵深方向的线条绘制为一半尺寸。橱柜投影图有一种主要的图面缺陷——纵深方向的线条有时候看上去太短。

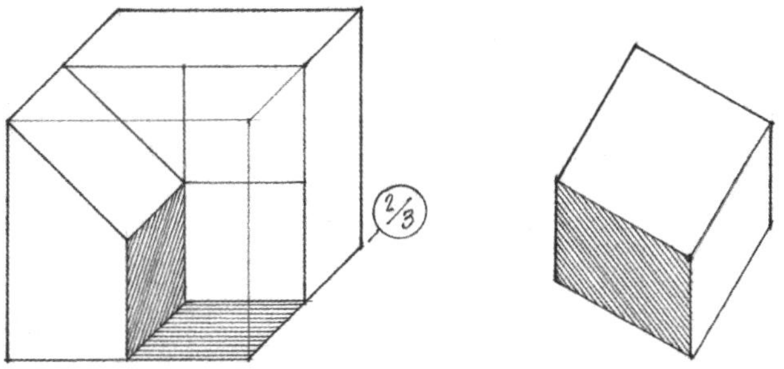

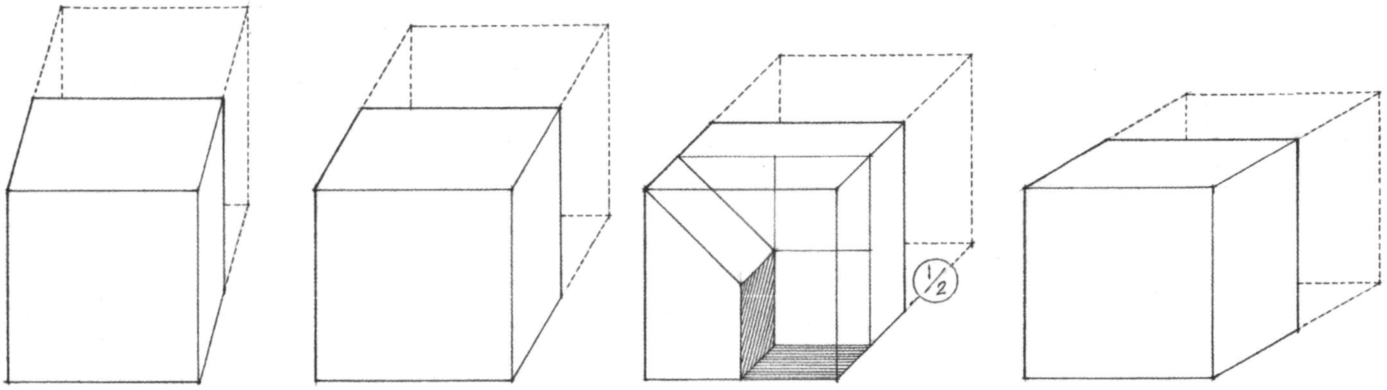

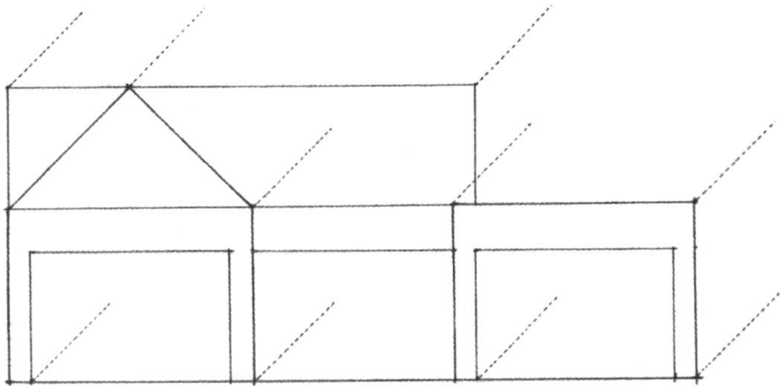

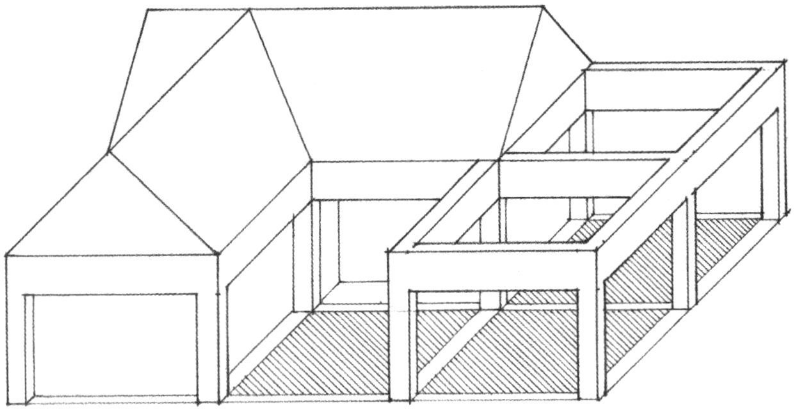

在建筑制图中，两种主要的斜投影图是斜立面图和斜平面图。前两页中大多数图例都属于斜立面图。

斜立面图是让一个主要的立面平行于像平面，并因此展示出它的真实形状和尺寸。然后我们可以从这个主要立面直接开始构建斜立面图。这个立面应当是对象上最长、最有标志性，或者最复杂的立面。

从立面图中的关键点出发，我们以合适的角度延伸纵深方向的线。在使用三角板制图时，我们通常以30°、45°或60°绘制纵深方向的线。在徒手绘图时，我们不需要这么精确，但是一旦确定了纵深方向线条的角度，就应当让它保持一致。

记住我们绘制纵深方向线条的角度会改变纵深方向平面的表观尺寸和形状。通过改变这个角度，会不同程度地强调纵深方向水平和竖直的平面。在任何情况下，首要强调的都是平行于像平面的竖直立面。

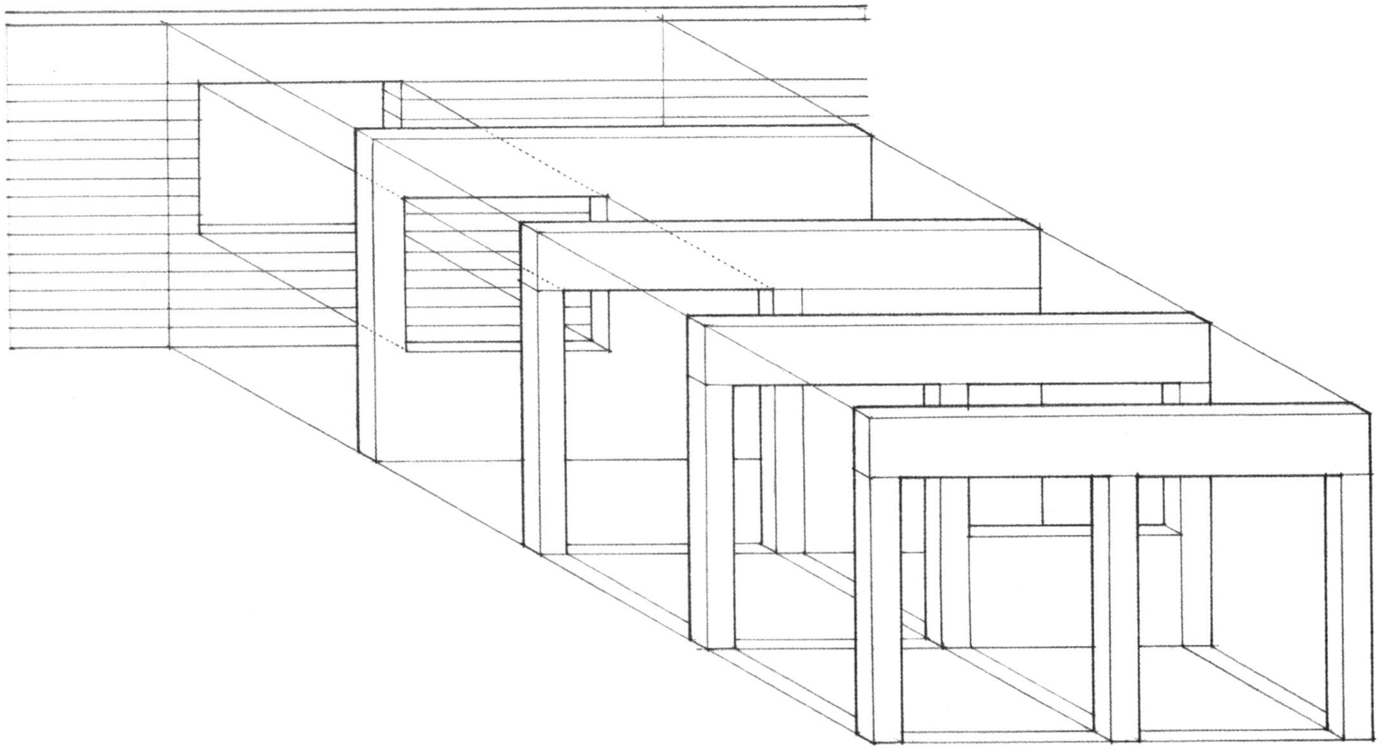

练习 7.7

为下方多视角绘图描绘的建筑形体绘制两组斜立面图。在第一组中，以原尺寸绘制平行于纵深轴的线，但是改变它们的方向——首先以与水平方向成30°角绘制，然后以与水平方向成45°角绘制，最后以与水平方向成60°角绘制。

在第二组中，以与水平方向成45°角绘制纵深轴，但是改变它们的比例——把平行于纵深轴的线条首先绘制为四分之三尺寸，然后是三分之二尺寸，最后是二分之一尺寸。

对比这些斜立面图的图面效果。有没有哪些斜立面图显得太深？有没有哪些显得太浅？在这些斜立面图中，哪些纵深方向的平面被加以强调？

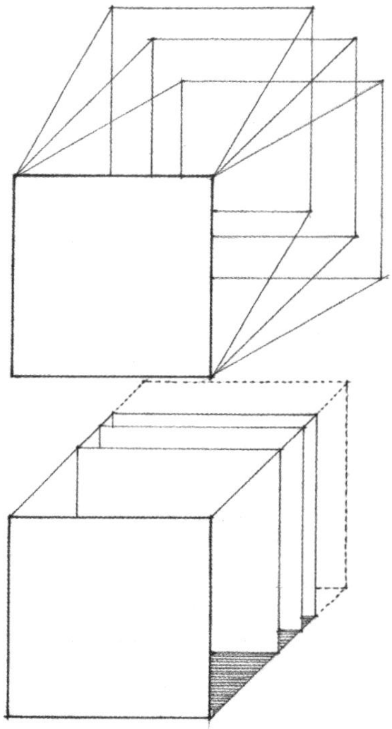

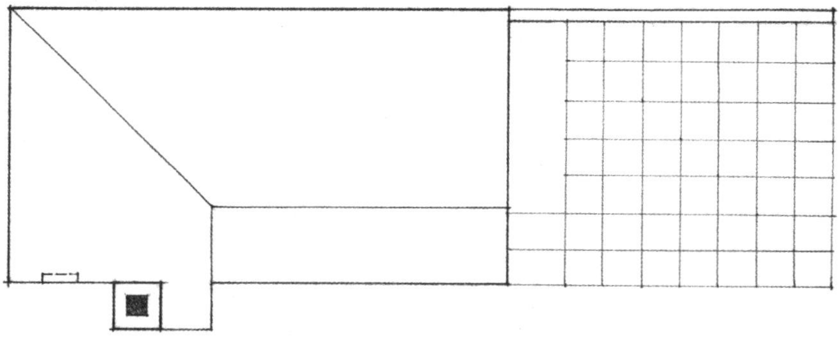

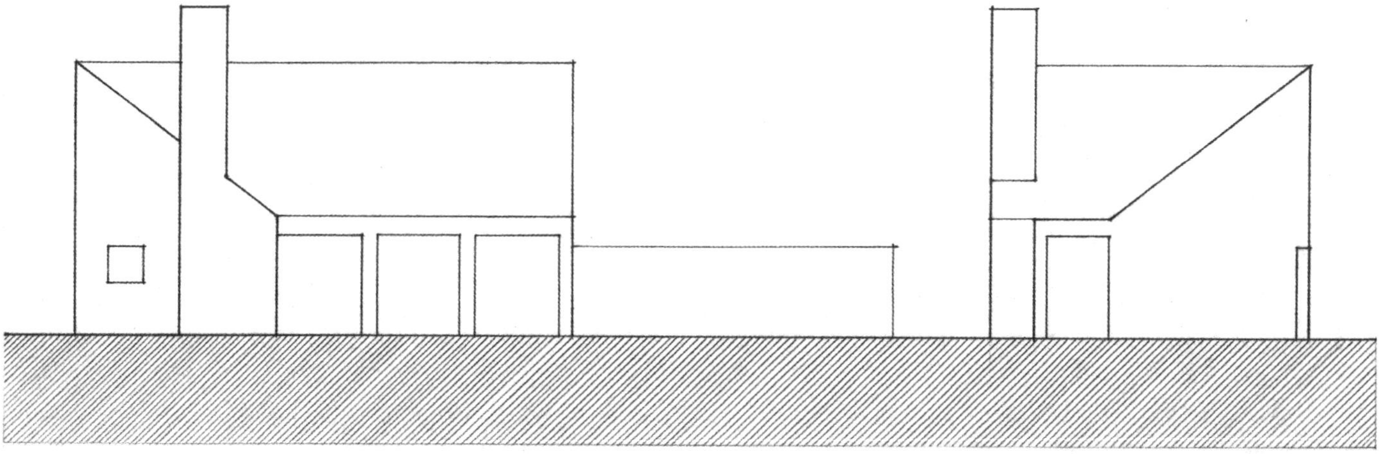

斜平面图中的水平面，或者说平面图，平行于像平面。因此水平面显示出真实形状和尺寸。我们通常会旋转平面图，让两组竖直平面在斜视图中同时显现。在旋转平面图时，会形成宽泛的一系列视角，其中两组竖直平面被赋予不同程度的权重。在任何情况下，斜平面图都有着比正等轴测图更高的视点，可以观察对象的内部构造，而首先要强调的依然是水平的平面。

在使用三角板绘图时，我们在绘图表面上以30°、45°或60°旋转平面图。在徒手绘图时，不需要如此精确，但是一旦我们确定了旋转角度，就要保持一致。应该记住，我们采用的角度会决定竖直平面的表观尺寸和形状。

当平面被旋转到适当角度后，我们在绘图表面上以竖直方向绘制纵深方向的线。我们可以用与平面图相同的比例绘制竖直线条，如果它们的长度看上去太过夸张，也可以缩短它们。

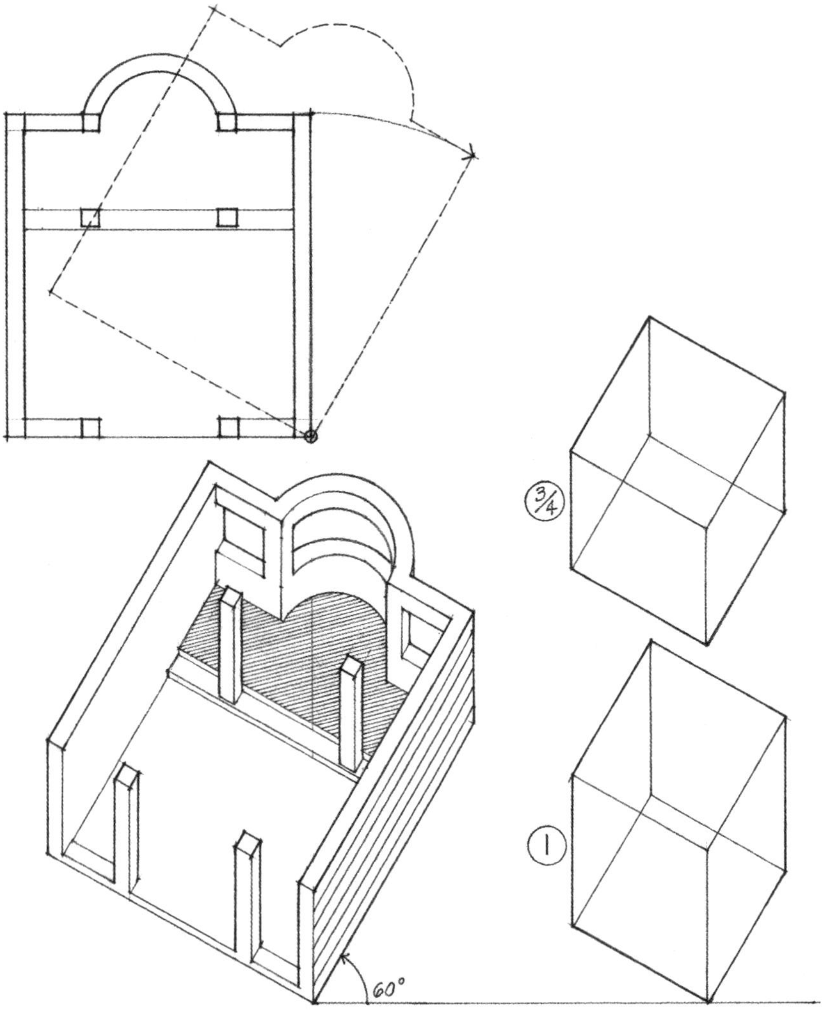

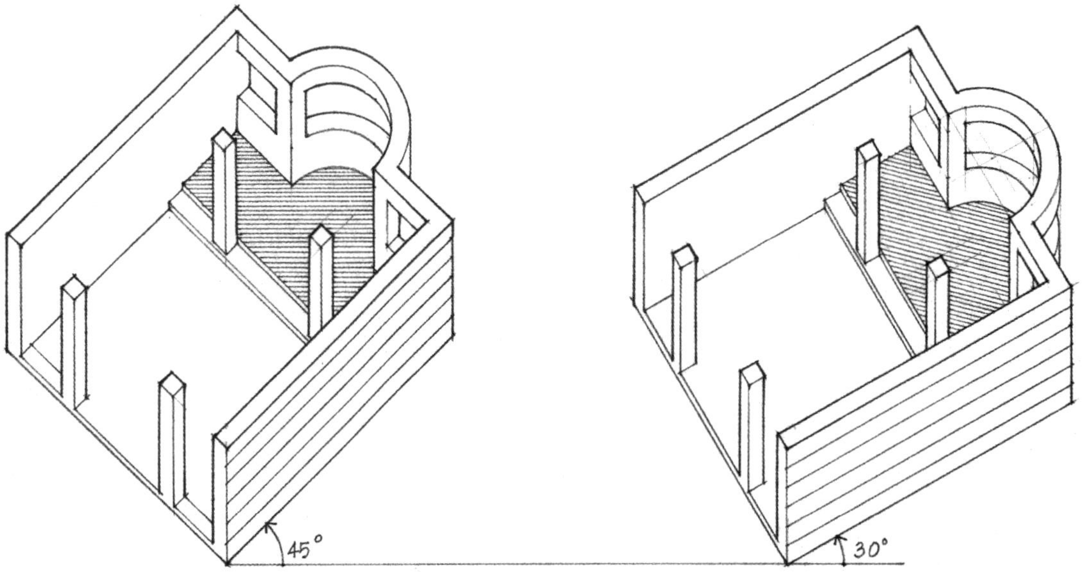

练习 7.8

为本页多视角绘图描绘的建筑形体绘制三组斜平面图。在第一组中，以原比例绘制平行于竖直轴的线，首先把平面图围绕A点逆时针旋转30°，然后围绕A点逆时针旋转45°，最后围绕A点逆时针旋转60°。

在第二组和第三组中，用同样的顺序旋转平面图，但是在绘制平行于竖直轴的线时，分别采用四分之三和二分之一的尺寸比例。

对比这些斜平面图的图面效果。有没有哪些斜平面图显得太高？有没有哪些显得太扁？在这些斜平面图中，哪些竖向的平面被加以强调？

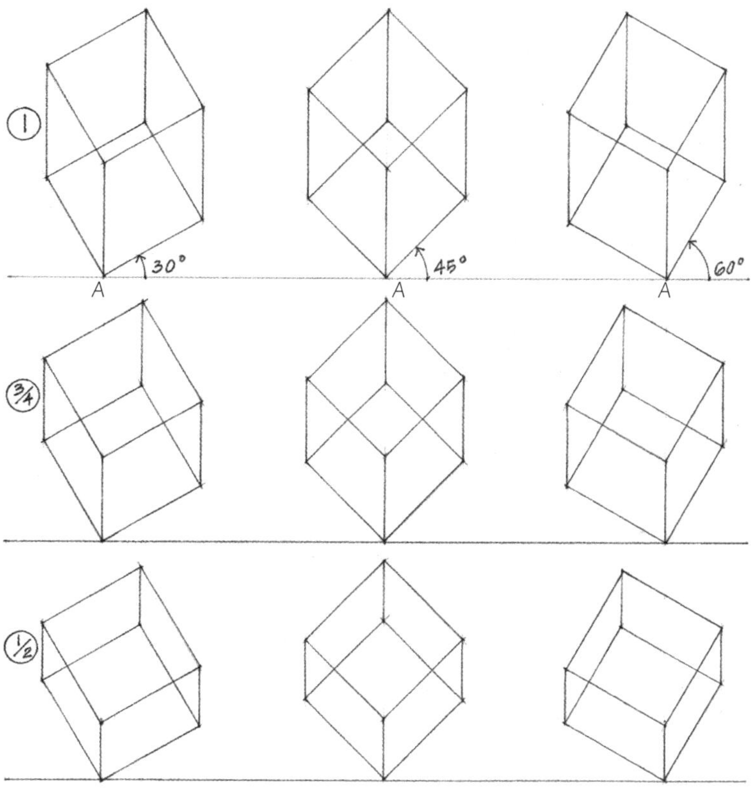

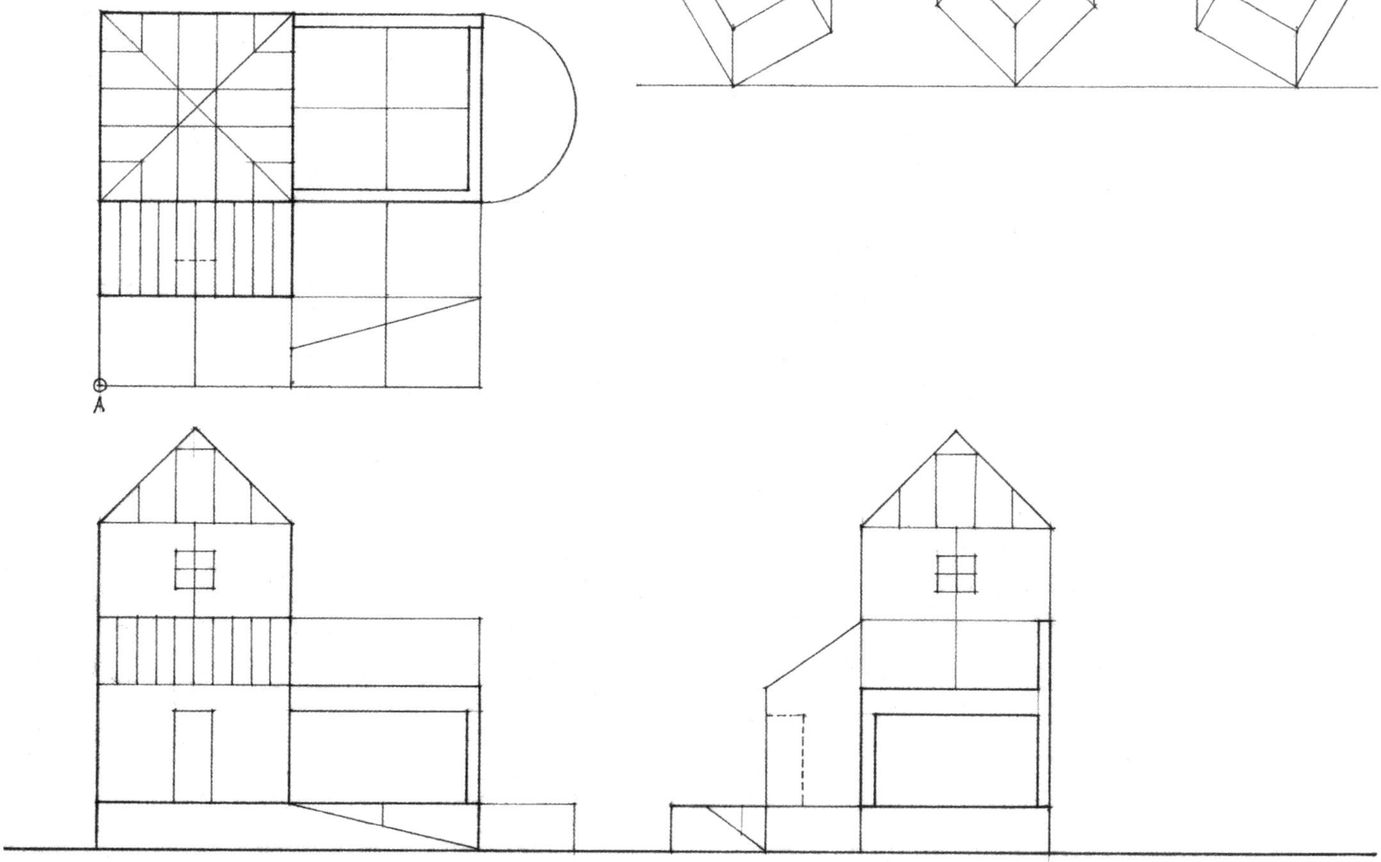

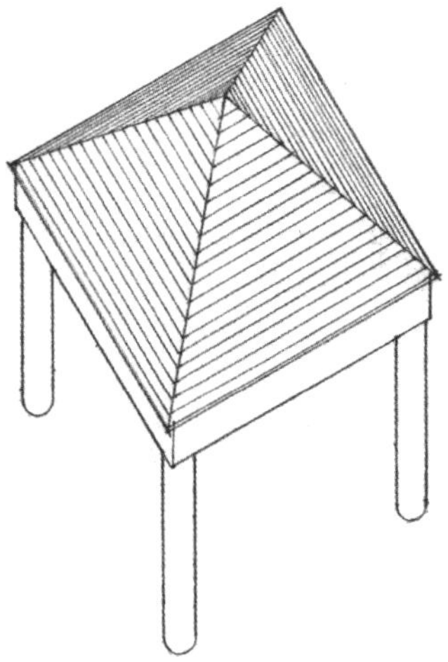

俯视

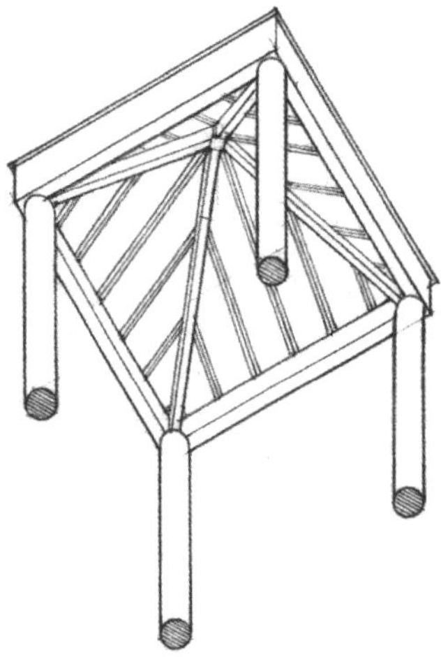

仰视

平行投影视图 | Paraline Views

尽管平行投影绘图表现对象时，总是从空中俯瞰的视角或者仰视的虫眼视角，我们可以通过使用下面介绍的一些方式构建平行投影视图，来展示比设计的外部形体和构造更多的内容。这些技法让我们能看到更多的内部空间构造或者复杂构造中被遮挡的部分。我们把这些技法归类为透明视图、剖切视图和分解视图。

透明视图（幻影视图）| Phantom Views

透明视图是指图中一部分或者更多部分被透明处理，从而展示出视野中本该被遮挡的内部信息。这种方式有效地为我们揭示了内部空间或内部构造，而无需移除任何围合平面或构件。因此我们可以同时看到整体构造以及它内部的结构和排布。

我们用假想的幻影线来表现的内容包括透明化的部分、移动构件的其他可能位置、缺失构件本该出现的位置，以及某些重复出现的细节或特征。幻影线是一条双点划线，长线段被两个短线或点分隔。在实际操作中，幻影线也可以用虚线、点线甚至极细的实线来表示。图面表现应当包括透明部分的厚度或体积及其边界内的任何细节。

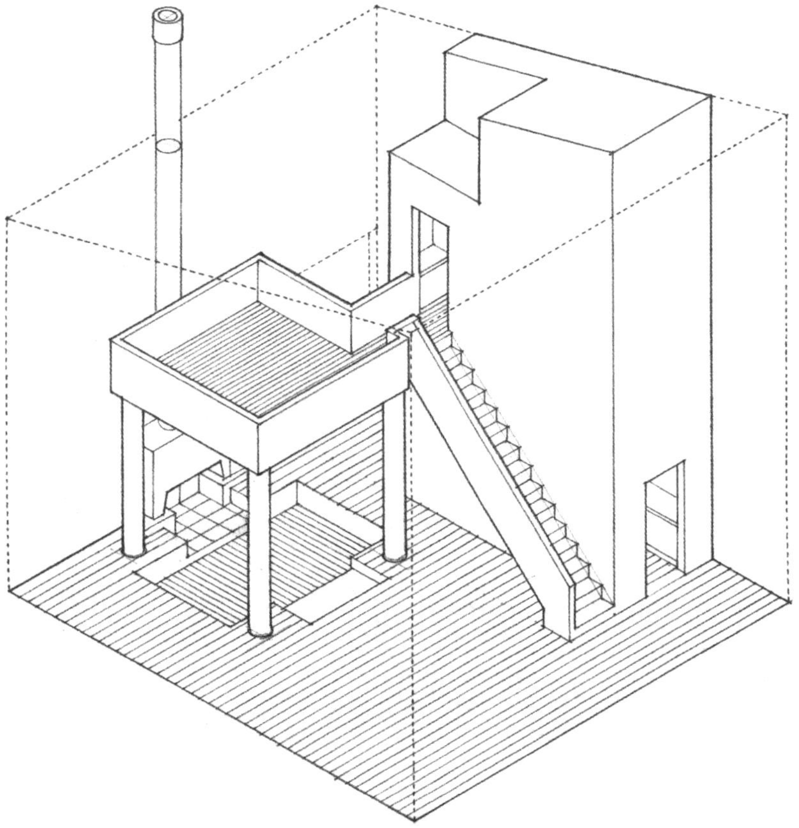

5号公寓单元（Condominium Unit No.5），加利福尼亚州海洋牧场，1963—1965年，穆尔、林顿、特恩布尔、惠特克设计公司。

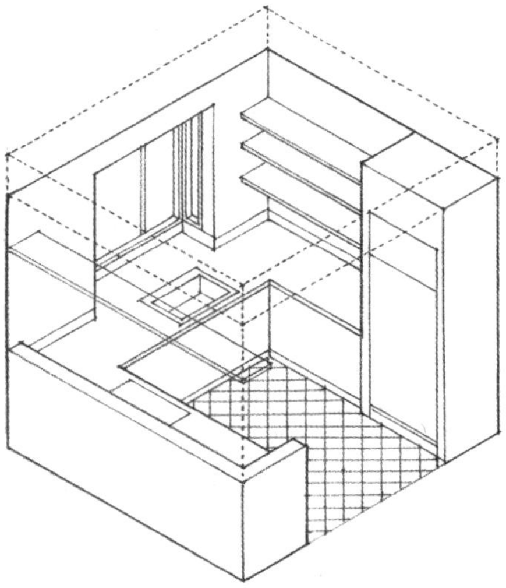

剖切视图 | Cutaway Views

剖切视图是移除绘制对象外表的一部分或是一层，从而显示出内部空间或内部构造。这种方式还可以有效阐释内部空间与外部环境的关系。

构建剖切视图最简单的做法是移除构造或者建筑外部或围护结构的一层。比如，移除屋顶、天花板或者墙体，让我们能够向下看到内部空间。移除地板让我们能够向上看到内部。

有时候我们可以从构造的中心切开，移除更大的一部分。比如，当构造展现出轴对称的形式，我们可以沿着轴线切开，移除其中一部分，仅表现建筑基底或者平面图。与之相似的是，对于中心对称的构造，我们可以在构建剖切视图时从中心切开并移除四分之一或者近似于蛋糕一角的扇形部分。

如果要揭示更复杂的构造，剖切路径可能需要在三维途径上转折和偏移。这时，剖切轨迹应当能清晰地显示对象内部构造和布局特征，并且通过线宽和色调的差异清晰地描绘出来。

虽然剖切视图中有一部分对象被移除，我们可以用点线、虚线或者极细的实线勾画出它的外轮廓，从而在绘图中保留它存在的痕迹。标示出被移除部分的外部形体有助于读者保持对整体对象的感知。

平行投影视图是一种利于表达三维关系的单视角绘图，同时，一系列平行投影视图还可以有效阐释时间或空间变化所带来的进度或现象。只要后一个视图依次建立在前一个视图之上，一系列循序渐进的平行投影绘图就可以说明组合的工序或者建设的步骤。

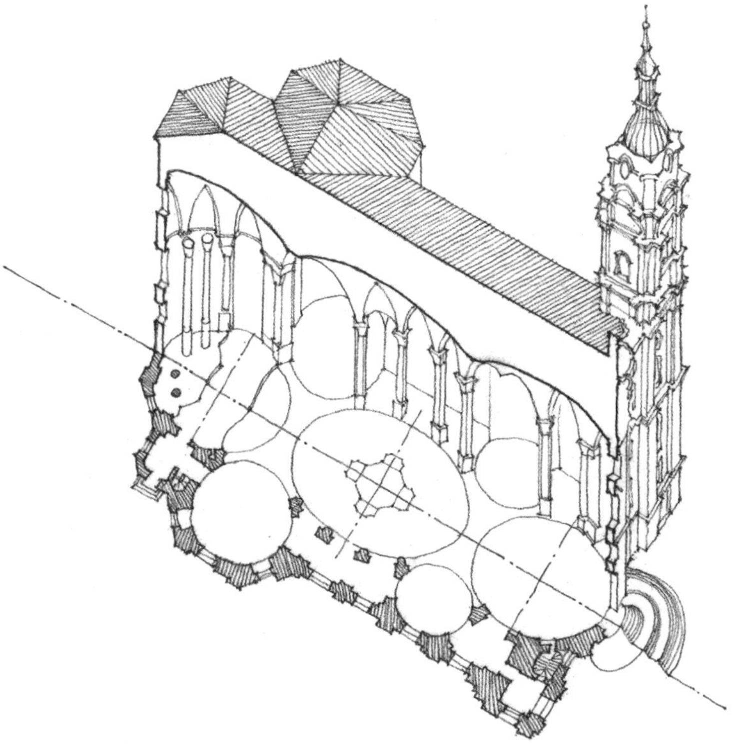

德国维森海里根的朝圣教堂（Pilgrimage Church at Vierzehnheiligen），1744—1772年，约翰·巴塔萨·纽曼（Johann Balthasar Neumann）。

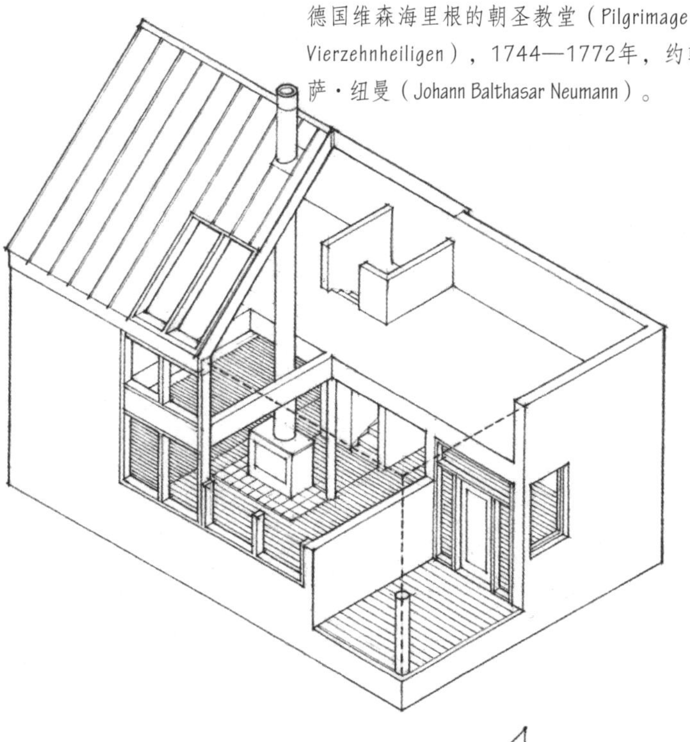

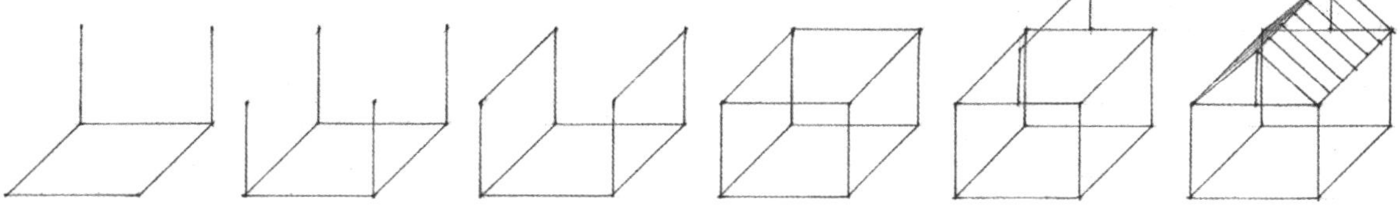

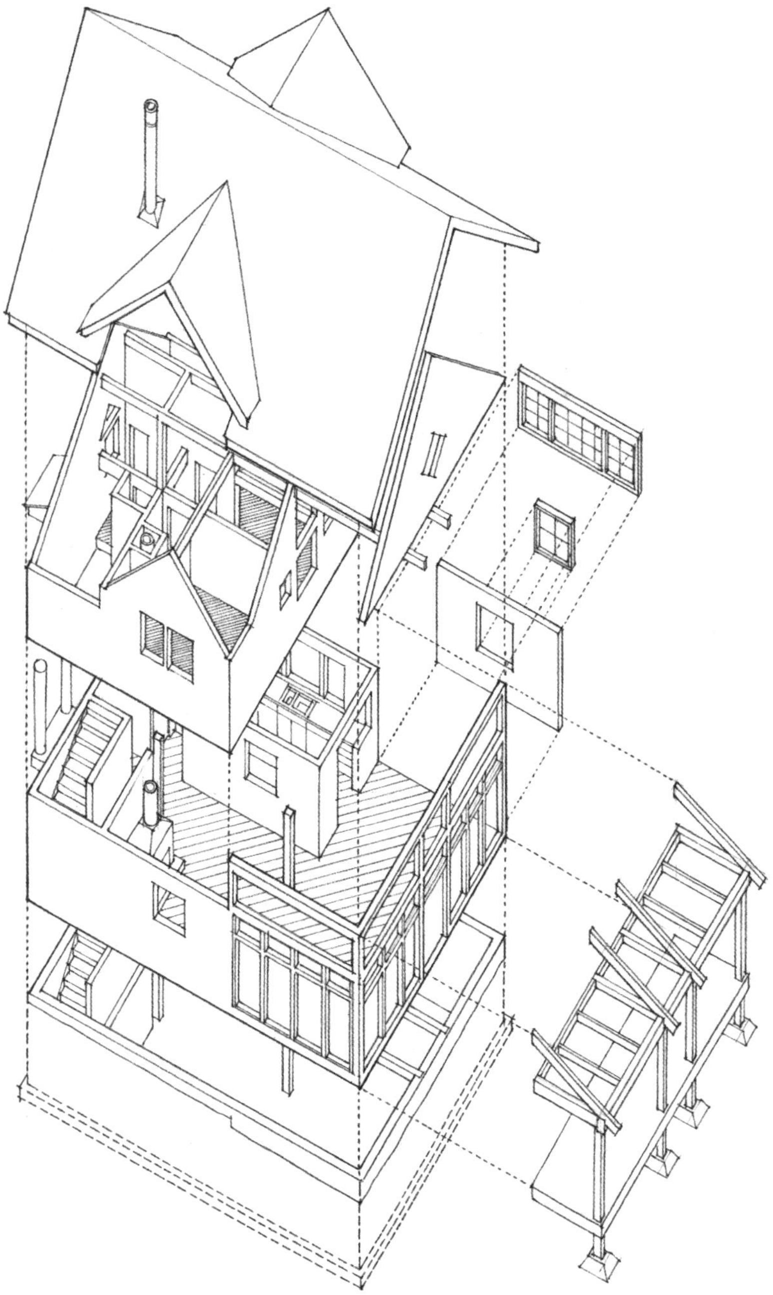

分解视图 | Expanded Views

从绘图中移除的部分也可以不被删掉，而只是移动到空间中的新位置，从而演变成另一种视图，我们称之为“分解视图”或者“爆破视图”（exploded view）。分解视图显示的是建筑或者组合结构的各部分分离的状态，但是标示出各部分之间以及部分与整体之间恰当的联系。完成的图纸看上去好像在爆破的刹那冻结了时间，这种状态下各部分之间的关系最为清晰。

各部分之间的位置关系应当和它们组合在一起时的顺序和方向相同。对于有明确轴向的构造，应当按轴向拆分，或者垂直于轴向拆分。对于方形构造，各部分应该沿着主轴或者平行于主轴方向重新排列。不论在哪种情况下，我们都要用点线、虚线或者极细的实线来标示各部分之间及部分与整体之间的关系。

分解视图在描述工程组合的细部、层叠或者序列关系时尤为有效。在较大的比例上，分解视图可以高效地同时阐释建筑的竖向关系以及水平方向各部分之间的联系。分解视图除了通过错位来清楚地阐释各部分之间的联系和组合关系之外，还可以同时结合透明视图和剖切视图的特征，揭示内在构造。

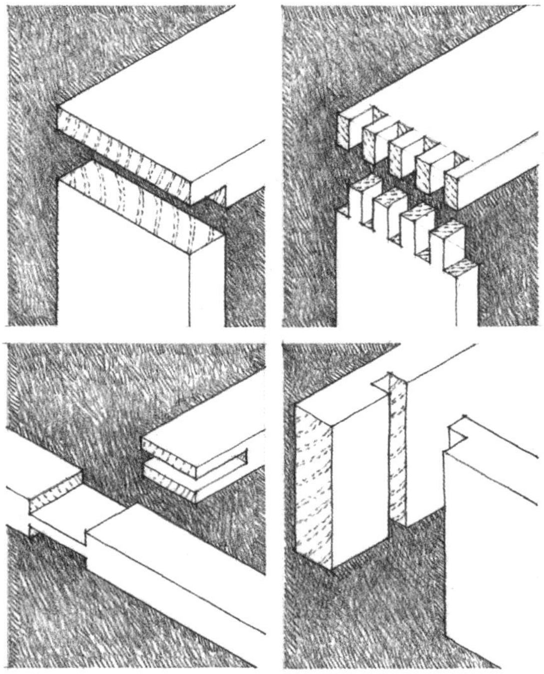

表达纵深 | Conveying Depth

即使是单纯的线图，平行投影视图也带有强大的空间感。这不仅归因于重叠的纵深线索，还因为我们习惯于把平行四边形视作空间中的长方形。我们可以通过线宽和色调对比，进一步强化平行投影绘图中的纵深感。

我们使用成梯级序列的线宽来区分悬空边缘、平面转角和表面线条。

1. 悬空边缘是形体区别于背景的边界，并且其间相隔一部分空间。
2. 平面转角是两个或多个可见平面的交会。
3. 表面线条表现色彩、色调或材质的突变，但是它们不表现形体的变化。

在空间中区分平面，明确它们的不同朝向——尤其是区分水平和竖直的平面——我们可以利用色调、肌理和图案的对比。首先需要区分的是水平和竖直平面的正交关系。在平行投影视图中，为水平面施加一种色调，不仅可以构成绘图的视觉基础，还有助于明确竖直平面的形状和朝向。

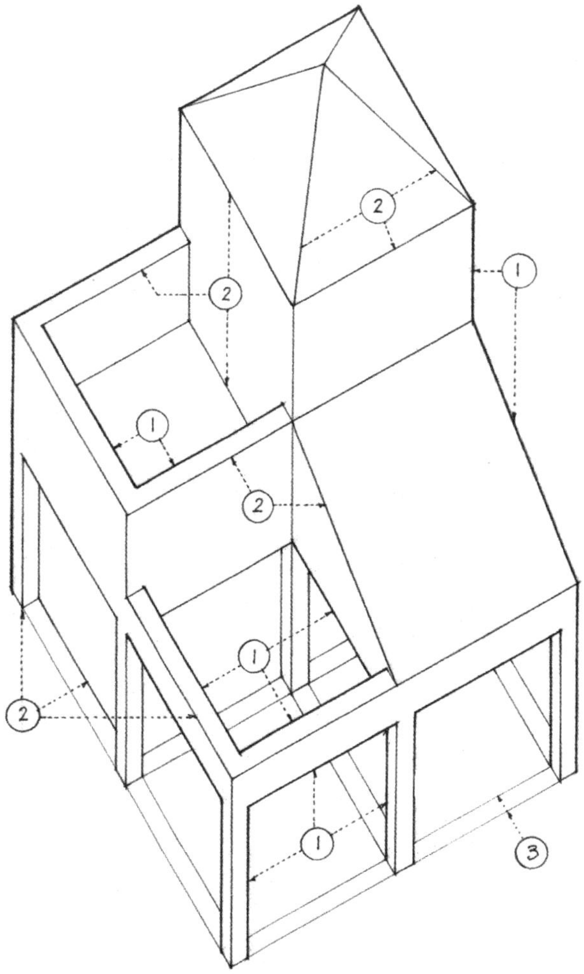

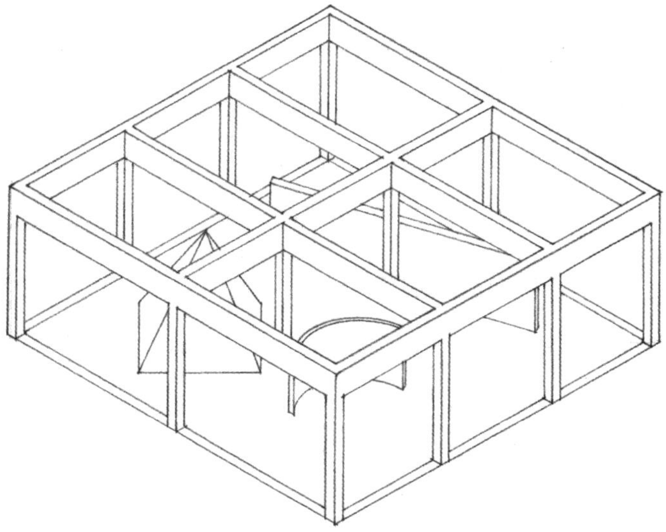

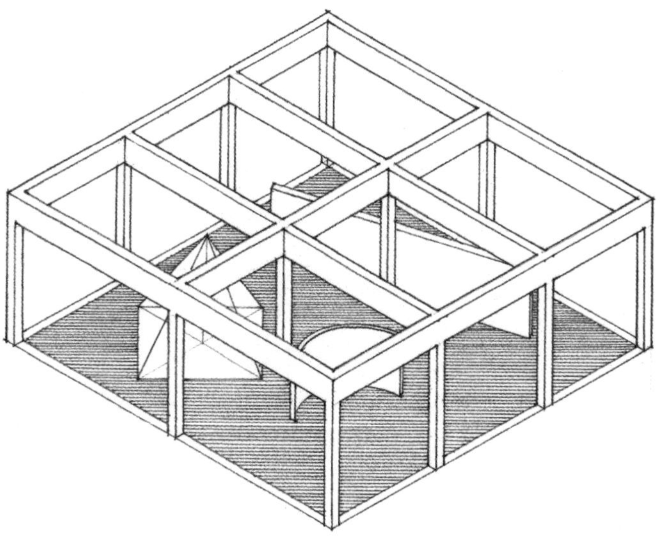

在二维和三维的绘图和建模软件中，以及计算机辅助制图软件中群组和图层的功能让我们能够更轻易地创建不同种类的平行投影视图。把三维构造中的各元素和构件分别置入不同的群组或图层，我们可以有选择性地控制它们的位置、可见性及外观，就像本页及下一页所展示的那样。

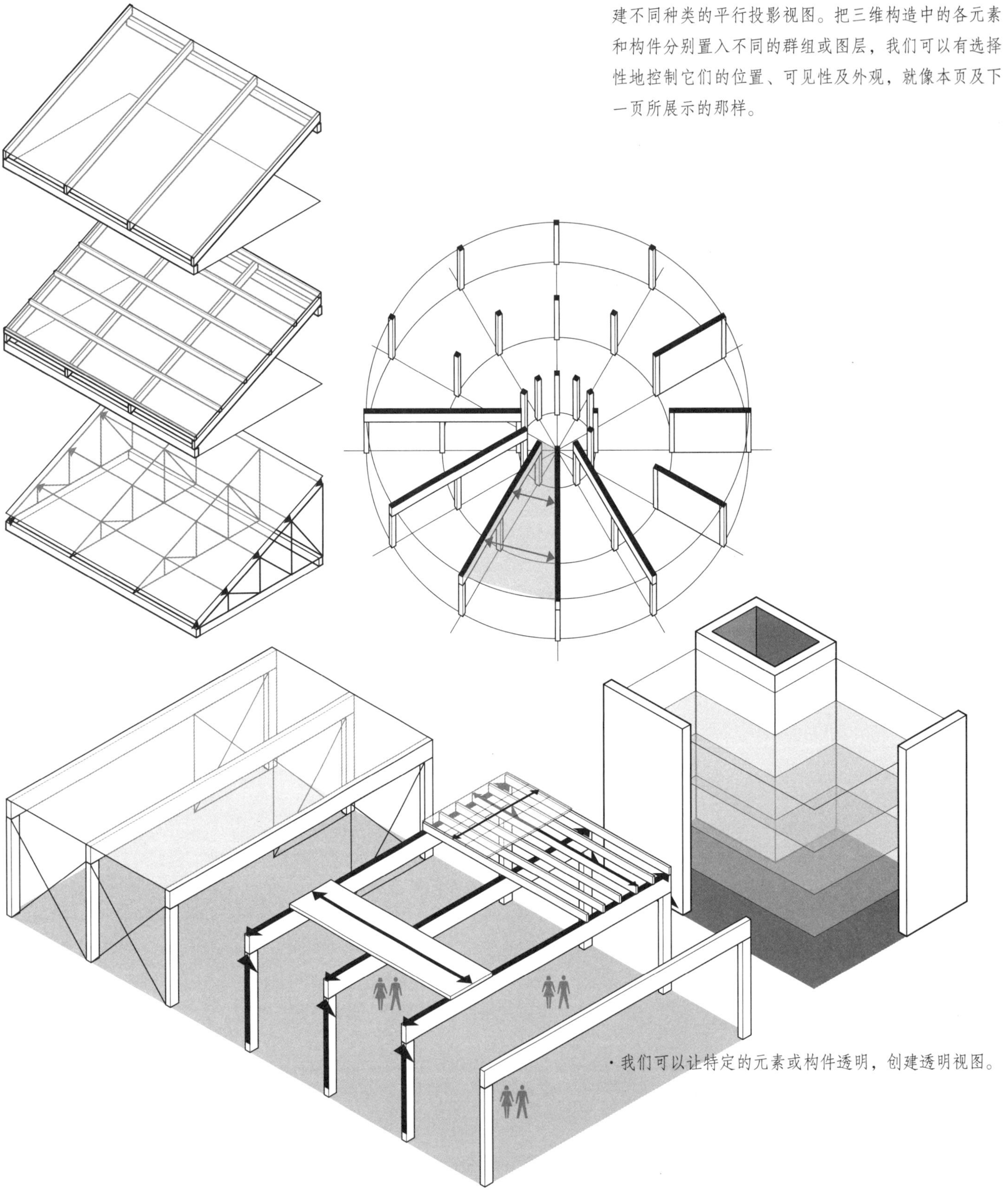

· 我们可以让特定的元素或构件透明，创建透明视图。

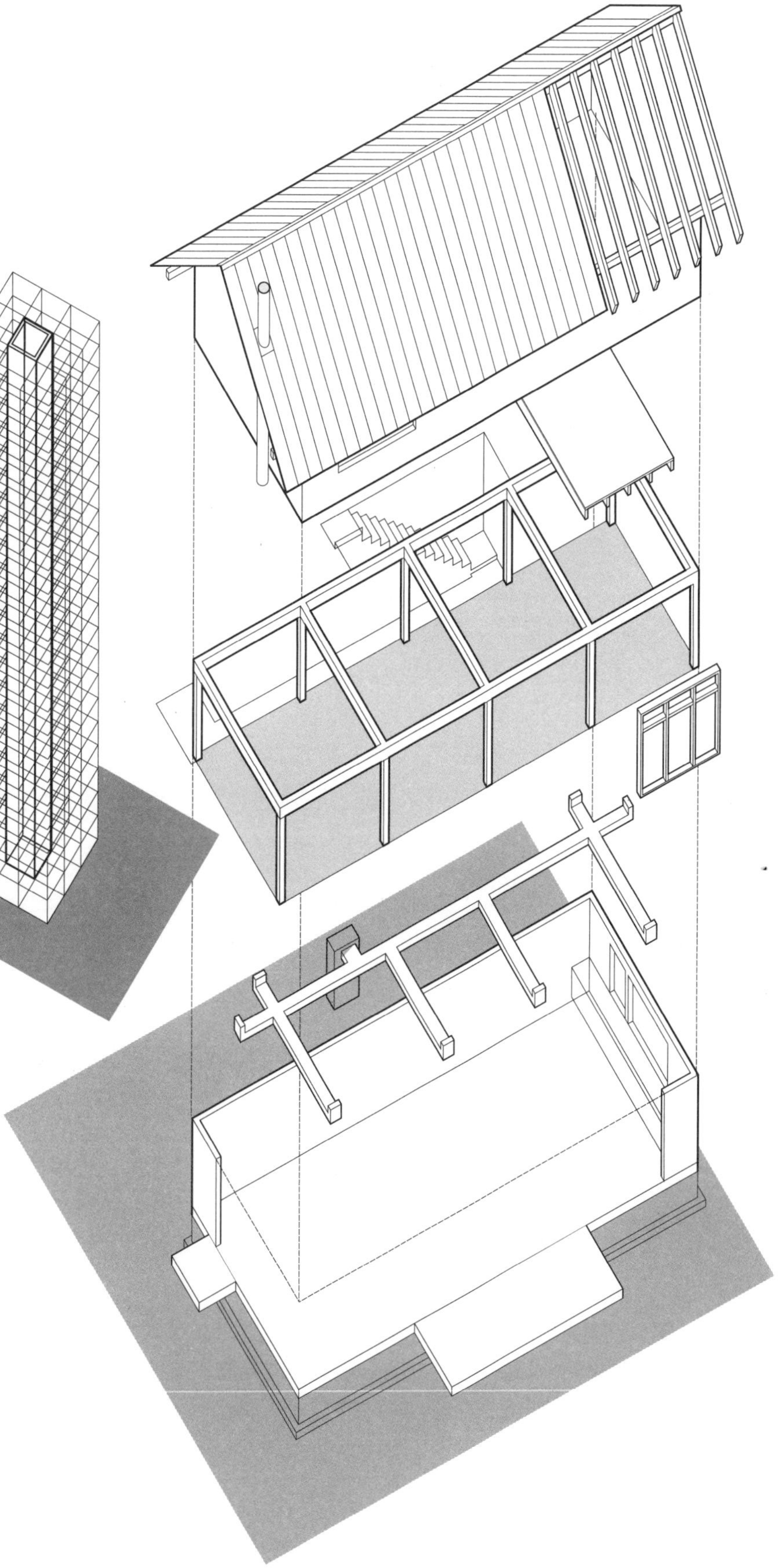

· 我们可以隐藏或者淡化特定的元素或构件，创建剖切视图。

· 我们可以沿轴线方向移动选定的元素或构件，创建分解视图。

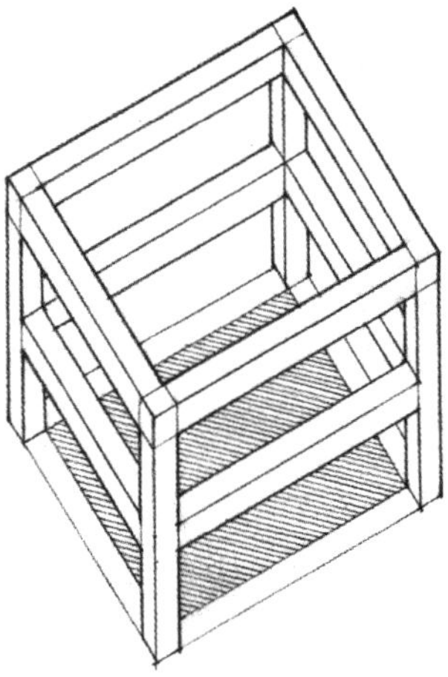

练习 7.9

图中所示的是安藤忠雄（Tadao Ando）1975年设计的平林邸（Hirabayashi Residence），位于日本山田市（Yamada[译注]）。首先以单一线宽绘制平行投影视图。然后用成梯级序列的线宽来区分悬空边缘、平面转角和表面线条。

记住，线宽不仅是简单的轻重区别，更重要的是，我们依靠线条粗细差异来区分线宽的不同等级。

练习 7.10

如果需要进一步练习勾画悬空边缘、平面转角和表面线条，可以在练习7.4～练习7.8中完成的平行投影视图中应用线宽的梯级序列。

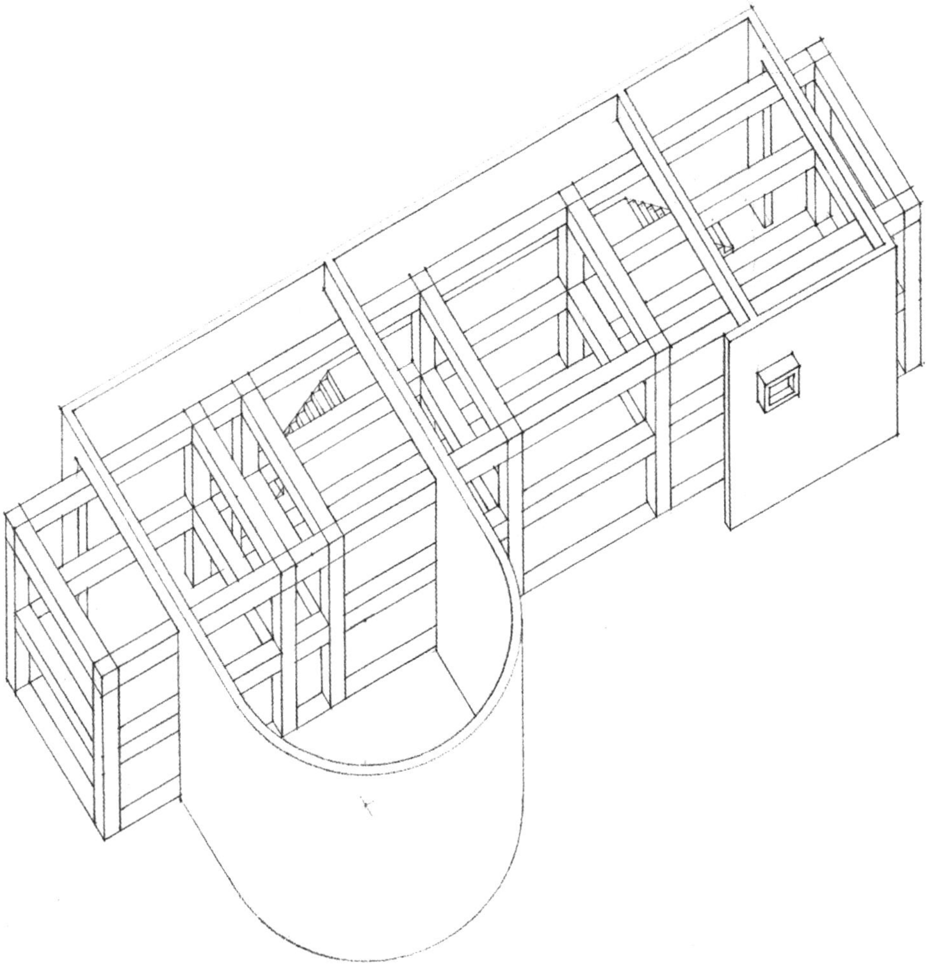

[译注] 现合并为嘉麻市。

暗面和阴影 | Shade and Shadows

在平行投影绘图中绘制暗面和阴影可以让我们更好地识别体积和质量的三维特征，并且强化它们的空间关系。此外，渲染暗面和阴影使用的色调有助于区分竖直、水平和倾斜的平面。关于暗面和阴影的基本概念和术语，参见第6章。

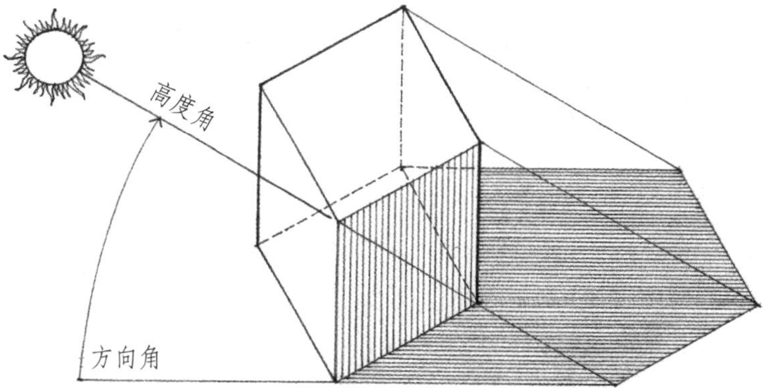

在平行投影视图中很容易表现光线、明暗交界线和阴影之间的关系，因为平行投影视图本身的画面感特性，并且能同时显示出三个主轴方向。此外，平行光和它的方向角在平行投影绘图中也保持平行。

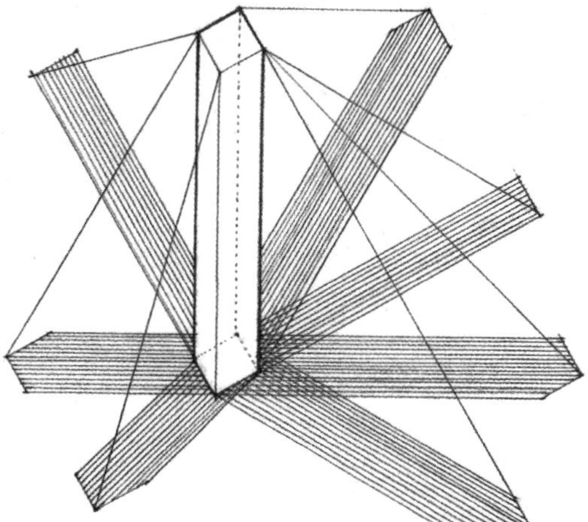

构建暗面和阴影时，必须假定一个光源和光线方向。决定光线方向既是构图问题，也是信息交流的问题。记住，阴影应当让形体和空间关系的特征更清晰，而非更含糊。光线的角度越低，阴影越长；角度越高，阴影越短。在任何情况下，阴影的形式都应该更多地揭示所描绘的形体特征，而非遮掩特征。

有时候，我们会希望确定现实中的亮面、暗面和阴影情况。比如，在研究日照和阴影关系对于热环境和节能的影响时，就有必要用一年中特定日期和时间的真实太阳角度来测算暗面和阴影。

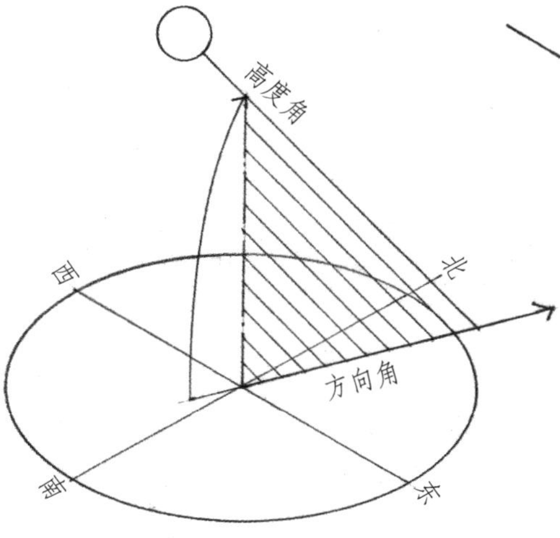

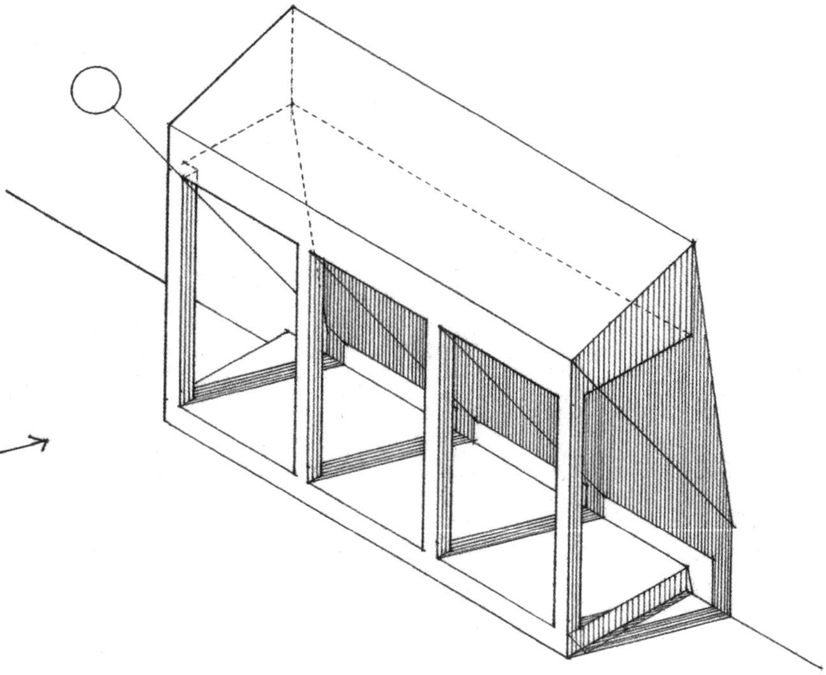

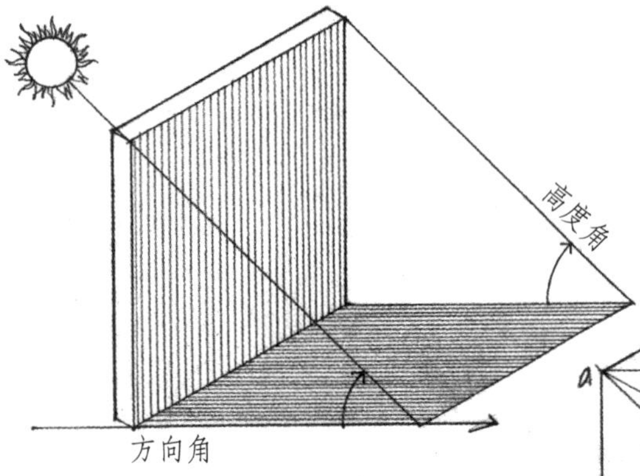

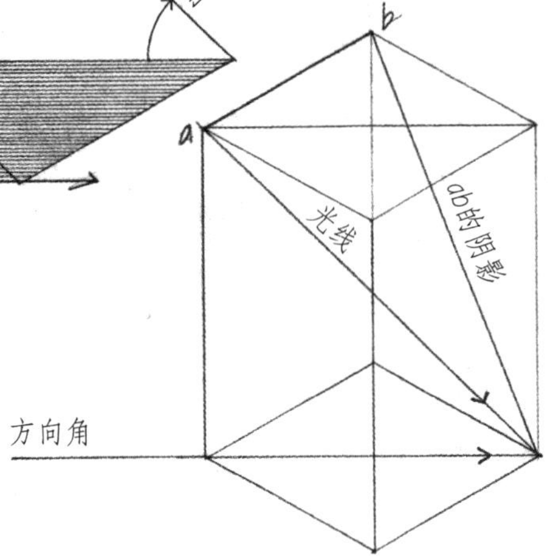

为便于绘制，光线的方向角通常被设定成平行于像平面，从观测者的左侧或右侧射入。于是，光线的高度角在绘图中表现为真实角度，而方向角保持水平。因为要根据所需的阴影长度决定光线的高度角，也考虑到为便于使用45°和30°/60°的三角板绘图，我们通常采用30°、45°或60°的高度角。

在平行投影绘图中，我们可以构建一个四棱柱来分析平行于主轴的竖直和水平线条投下阴影的方向。从投下阴影的竖直线段的端点开始，沿光线方向绘制直线，在同一水平面上与光线方向角平行的直线投下的阴影与该直线相交——交点和竖直线段的端点连结的线段恰好是四棱柱的体对角线。接下来绘制出四棱柱的其他边缘，它们分别平行于绘图中的各条主轴。

上部水平的边缘在与之垂直的竖直表面上所投下的阴影，方向恰好是竖直表面的对角线。而它们在与之平行的竖直表面上所投下的阴影，与它们自身平行。

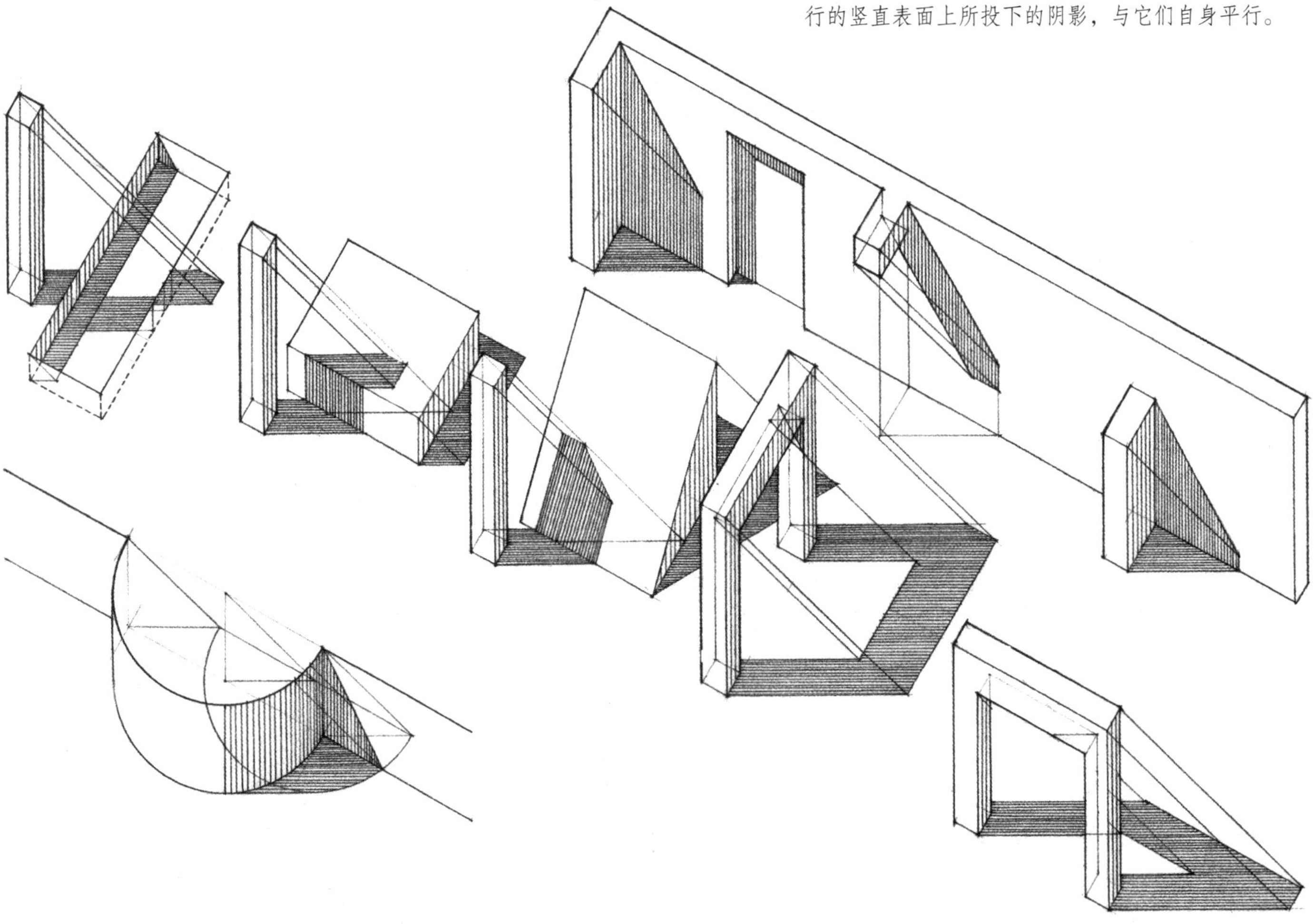

数字暗面和阴影 | Digital Shade and Shadows

三维建模软件通常可以根据一年中的日期和一天中的时间来确定日照方向，并可以自动生成平行投影视图和透视图中的暗面和阴影。这个功能在方案设计阶段尤为有效，可以研究单一建筑或者场地中建筑群的形式，或者评价规划建筑投下的阴影对临近建筑和户外区域的影响。

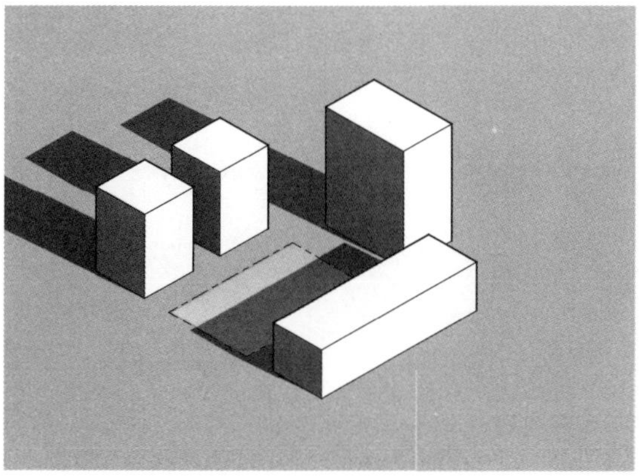

· 夏至日，上午7点

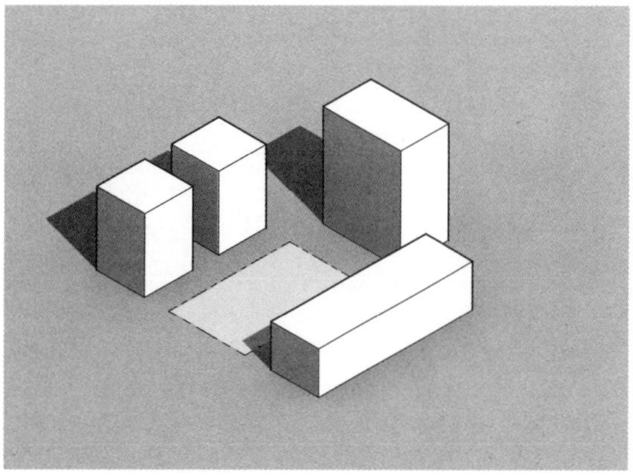

· 夏至日，上午9点

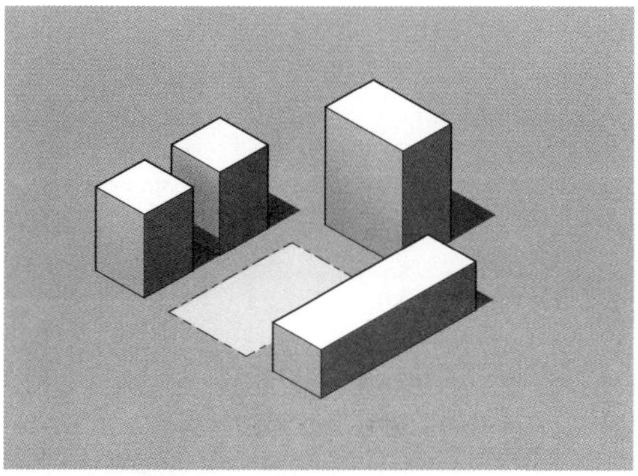

· 夏至日，正午

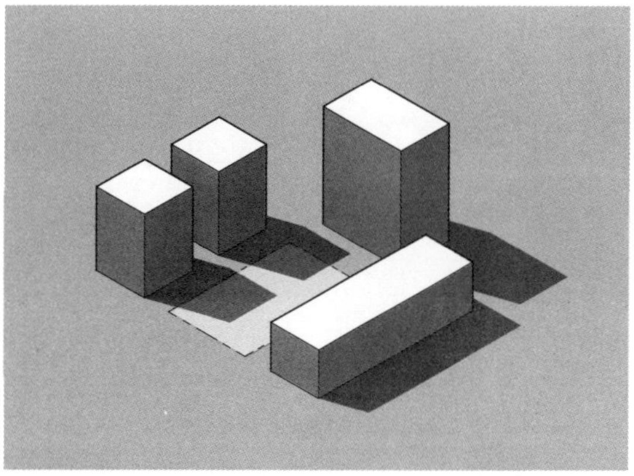

· 夏至日，下午3点

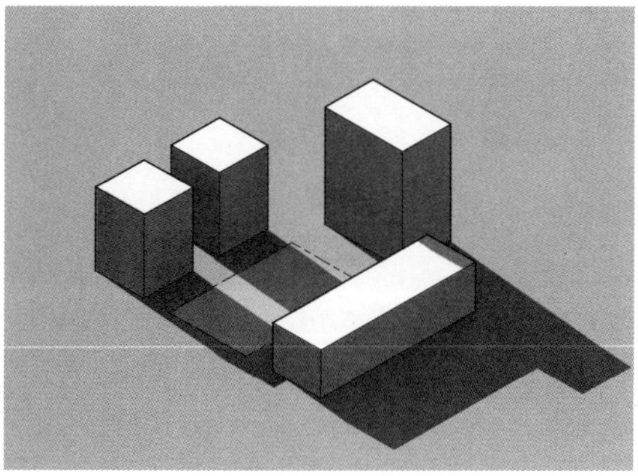

· 夏至日，下午5点

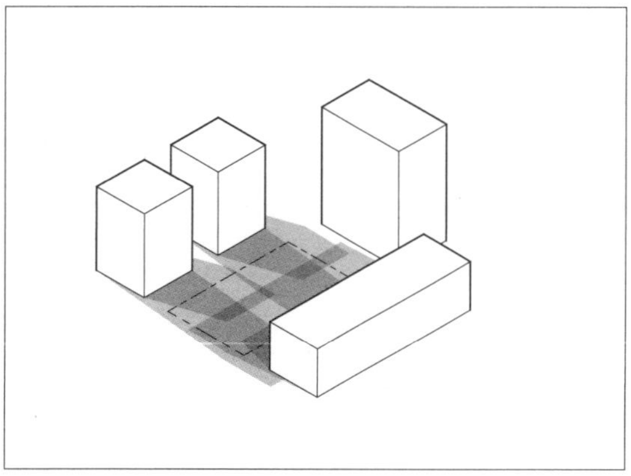

· 夏至日，上午7点至下午5点的阴影合成图

在三维影像或者场景中确定明暗表面和阴影形状的数字技术，被称作“光线投射法”（ray casting）。尽管光线投射法在设计前期的研究中高效便捷，但是它并没有考虑到光线从光源射出后被形体表面或者空间吸收、反射和折射的情况。不同的数字布光模式形成的视觉效果对比，参见第386～387页。

・夏至日，上午9点

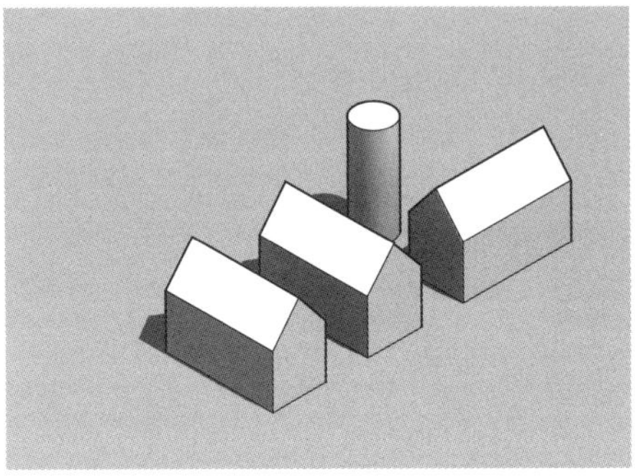
・夏至日，正午

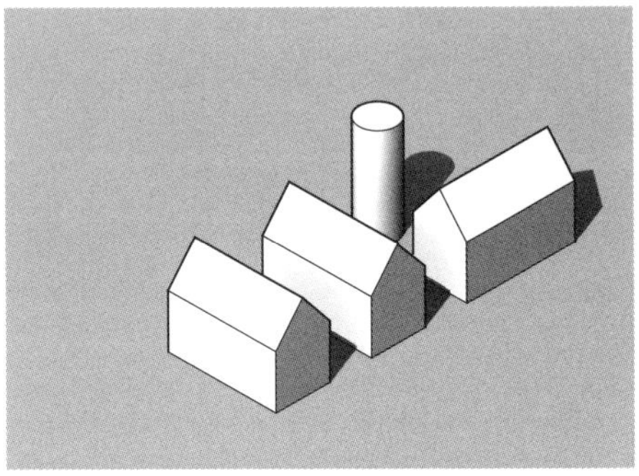
・夏至日，下午3点

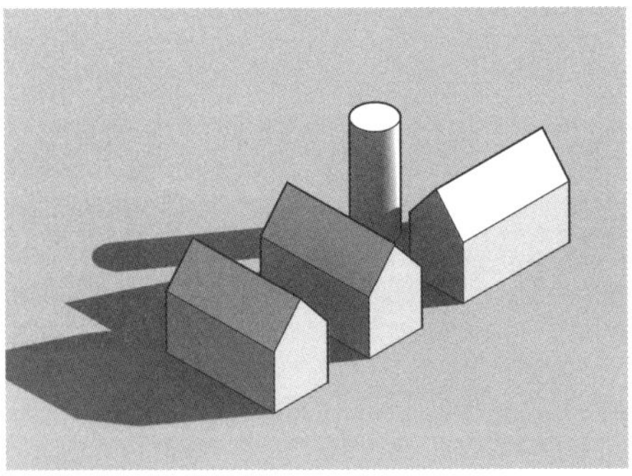
・春分或秋分，上午9点

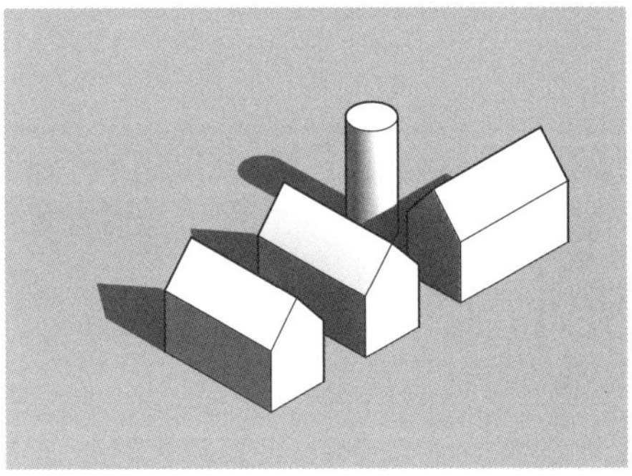
・春分或秋分，正午

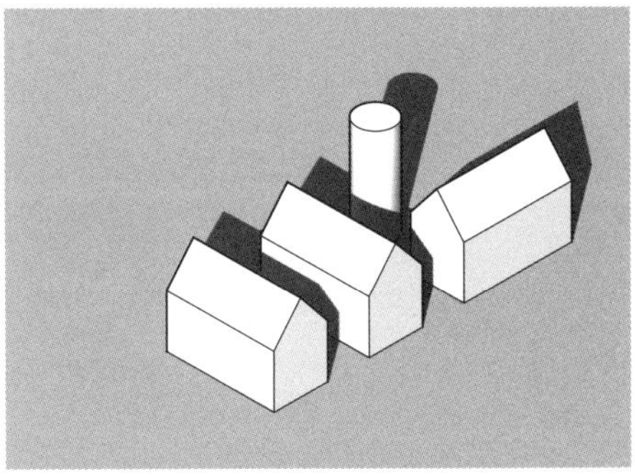
・春分或秋分，下午3点

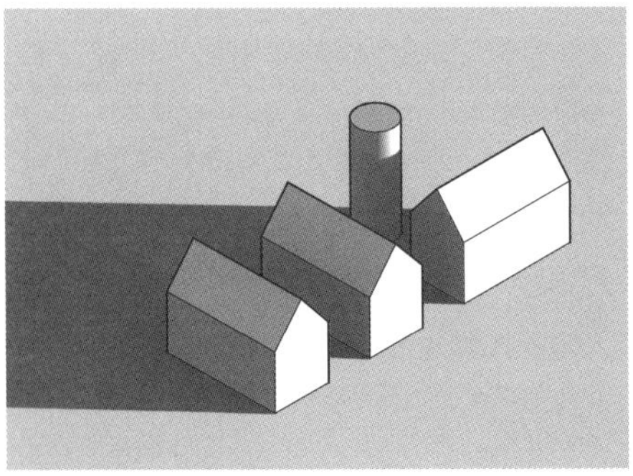
・冬至日，上午9点

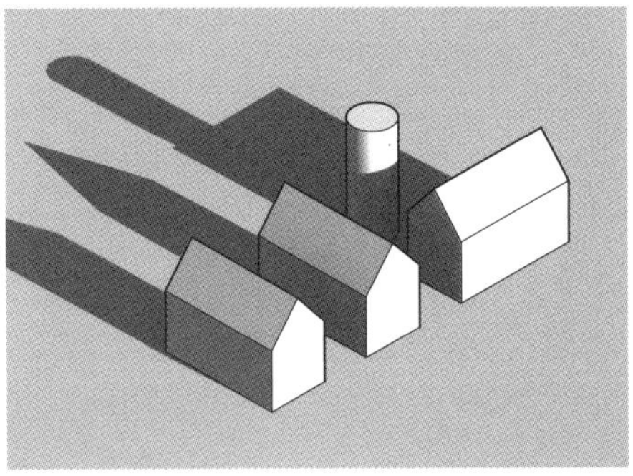
・冬至日，正午

・冬至日，下午3点

练习 7.11

为下方平行投影视图展示的建筑绘制暗面和阴影。假设日光是平行光，具有45°的高度角并且方向角平行于像平面，朝向右侧。

练习 7.12

如果需要进一步的练习，假设光线方向相同，为练习7.4中描述的建筑绘制暗面和阴影。

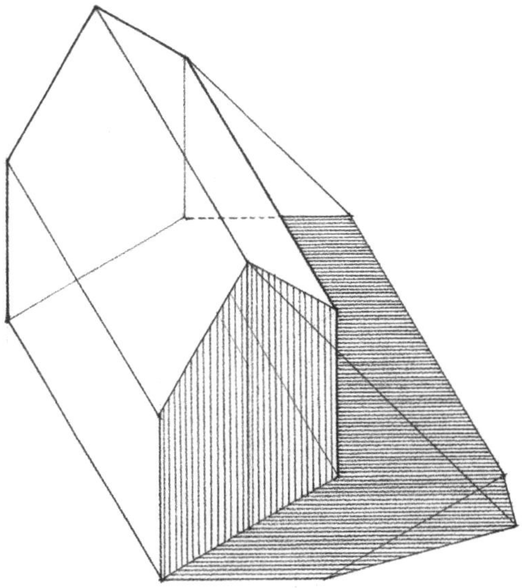

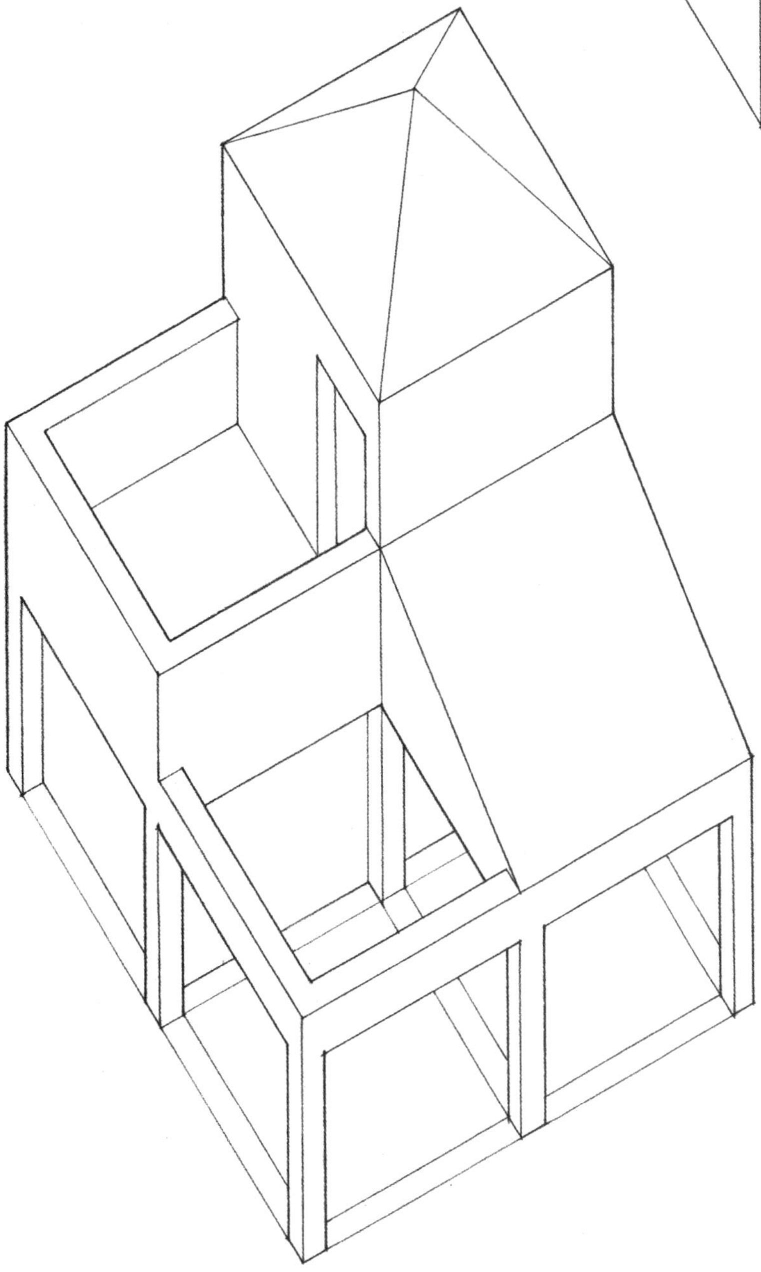

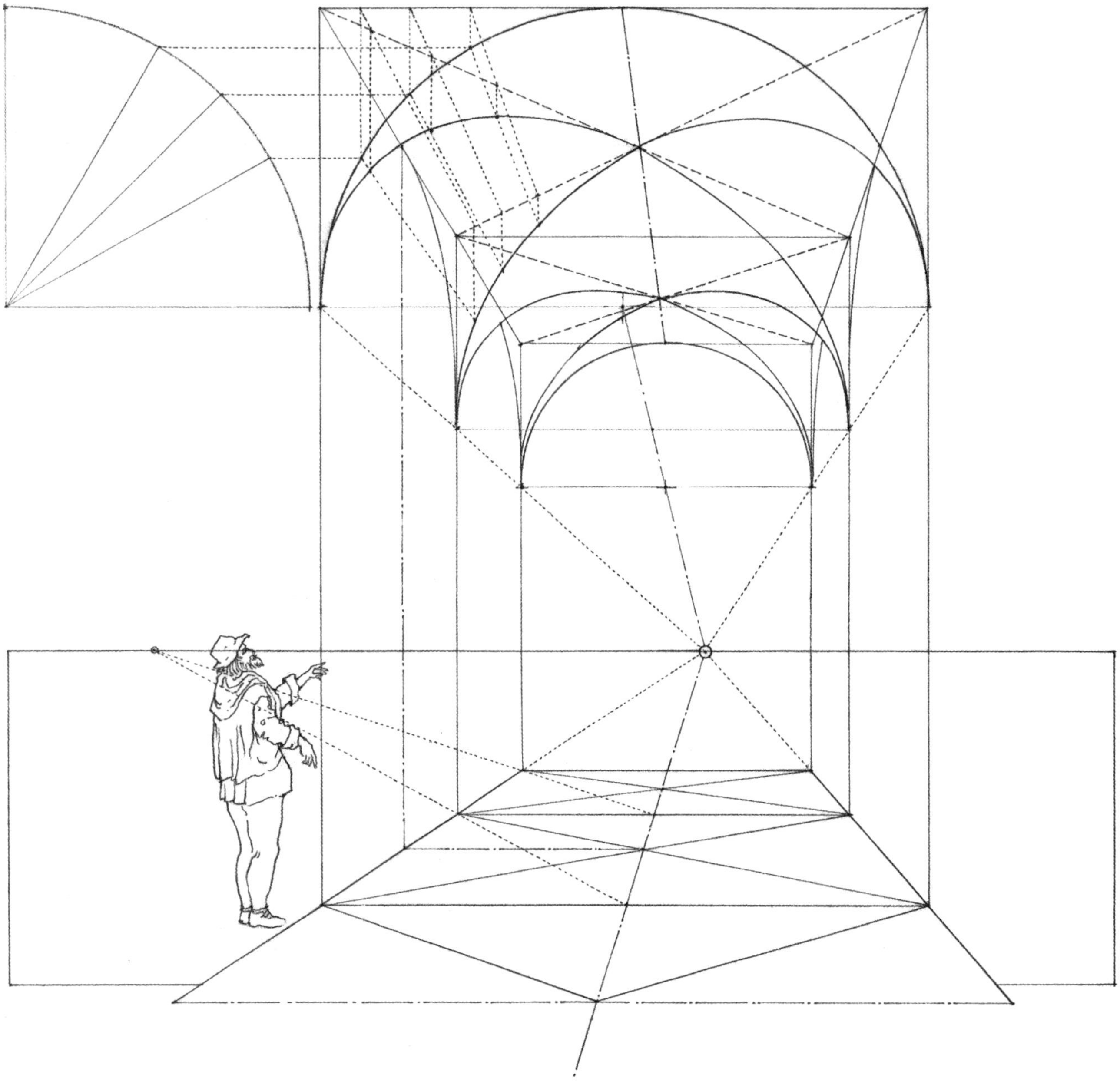

8

透视图

Perspective Drawings

“透视”本应指的是在平面上描绘体积和空间关系的各种图面技法中的任何一种，包括尺寸透视或者大气透视。然而，“透视”这个词通常让人想到的是线性透视（linear perspective），也叫“人工透视法”（artificial perspective）。

线性透视是一种在二维表面上描绘三维体积和空间关系的手段，结合了艺术与科学，表现出线条在退向图中纵深方向时的会聚效果。多视角绘图和平行投影绘图用精确而刻板的方式表现客观现实，而线性透视表现的是思维之眼中的视觉现实——一种感性的视野。线性透视表现出物体与空间在观测者处于空间中的某个有利点位并看向一个特定方向时眼中的形象。我们可以一时兴起，或者为了某个理由，在平面图或者轴测图的领域里游走，同时，我们也可以驻留在空间中的某个固定点，阅读一幅线性透视图。

线性透视只能表现出单眼视觉。透视图假定观测者使用一只眼睛观察。我们几乎不会用这种方式去看事物。即使是固定了头部的位置，我们也同时用两只眼睛观察，这让我们的视野保持动态，在物体的各方向来回移动，并兼顾周围不断变化的环境。通过这种不断的扫描，我们在思维中堆叠经验数据，从而思维利用它们塑造出我们对视觉世界的感知和理解。因此，线性透视只能近似地表现人眼复杂的实际运作方式。

尽管如此，线性透视给我们提供了一种方式，让我们在图面空间中正确地摆放三维物体，并表现它们的形体在退向图中纵深时尺寸缩减的效果。线性透视的独特之处在于它让我们找到了我们习惯的空间视野。然而，这个明显的优势同时也带来了一些困难。掌握线性透视法的挑战是如何在我们认识的事物自身属性（我们理解的客观现实）——和事物的表观样貌（我们感知的视觉现实）之间达成统一。

透视投影表现的是三维物体投影到像平面上时，投影线为直线并交会于空间中的一个固定点。这个固定点代表观测者的单眼。视线会聚的特征让透视投影区别于其他两种投影系统——正投影和斜投影，在后两者中投影线彼此平行。

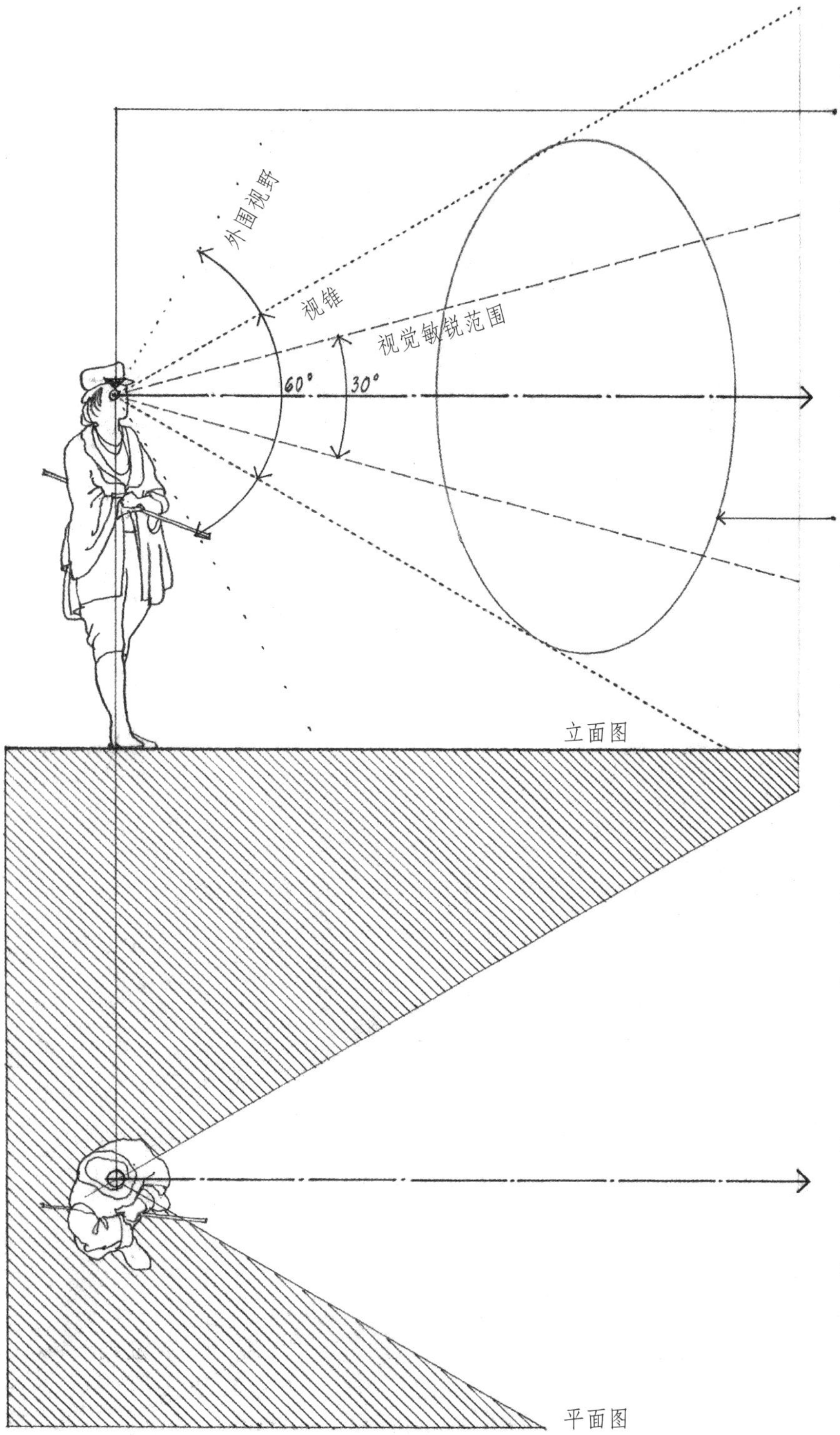

透视的基本要素 | Perspective Elements

观测点 | station point（SP）

空间中的一个固定点，代表观测者的单眼。

视线 | sightline

从任意观测点出发，连结被观测物体上不同点的投影线。物体上任意点的透视投影是连结该点的视线与像平面的交点。

视野中轴线 | central axis of vision（CAV）

以本条视线假定观测者目光朝向的方位。

视锥 | cone of vision

在线性透视中，从观测点发散出的视线与视野中轴线构成30°角的圆锥。视锥可以用来确定透视图的范围内应当包含哪些事物。60°的视锥是通常我们认为的视野范围，物体的主要特征应当出现在这个范围内。为了减小对圆和类似圆的形状的过度扭曲，它们应当出现在30°的视锥中。在90°的视锥中可以看到处于周边的外围物件。

我们应当记住，视锥是三维的，即便在正投影的平面图和立面图中它表现为三角形。近景只有一小部分落入视锥之内。只有当观测者看向远处，视锥向远方延伸时，才会扩大范围，让中景和远景更为宽阔。

在现实中，我们的视野范围更像一个棱锥，而非圆锥。大多数人的视野都在水平方向延展到180°，而竖直方向只有140°，因为一部分视野被眉毛、鼻子和脸颊挡住。

像平面 | picture plane（PP）

一个假想的透明平面，与绘图表面重合，三维物体投影到其上，也称投影面（plane of projection）。像平面插入视锥之中，并总是和视野中轴线垂直。由于视野中轴线是水平的，像平面是竖直的。当我们向左或者向右移动视线时，像平面随之移动。如果我们向上或者向下移动视线，像平面也会随之倾斜。

当我们透过窗户向外看时，可以在玻璃表面绘制我们看到的事物。玻璃窗扇就是像平面的一种具象表达。在绘制透视图时，我们把透过假想的像平面看到的事物誊抄到绘图表面上，此时绘图表面就成为像平面的具象表达。

视野中心（也称“心点”）| center of vision（CV）

视平线上的一点，也是视野中轴线与像平面的交点。

视平线 | horizon line（HL）

视平线代表通过观测点的水平面与像平面的交线。地面线与视平线的距离等于观测者的眼睛——或者观测点——比地平面高出的距离。对于一般的人眼高度透视图，视平线就在观测者站立时的眼睛高度。当观测者坐到椅子上，视平线下移；当观测者从楼梯平台或者二层窗户向外看时，视平线上移。如果观测者从山顶远眺，则视平线上升得更多。

尽管在透视图中实际看不到，还是应当轻轻地绘制出视平线，横跨绘图表面，并作为整幅构图的水准参考线。

地平面 | ground plane（GP）

在线性透视中用于测量高度的水平参考面。地平面通常，但不是永远，是观测者站立的平面。它也可以是小船航行的湖面，或者建筑坐落的地面。在室内空间透视图中，它可以是楼层地面；在静物写生中，它也可以是桌面。

地面线 | ground line（GL）

一条水平的线，表示地平面与像平面的交线。

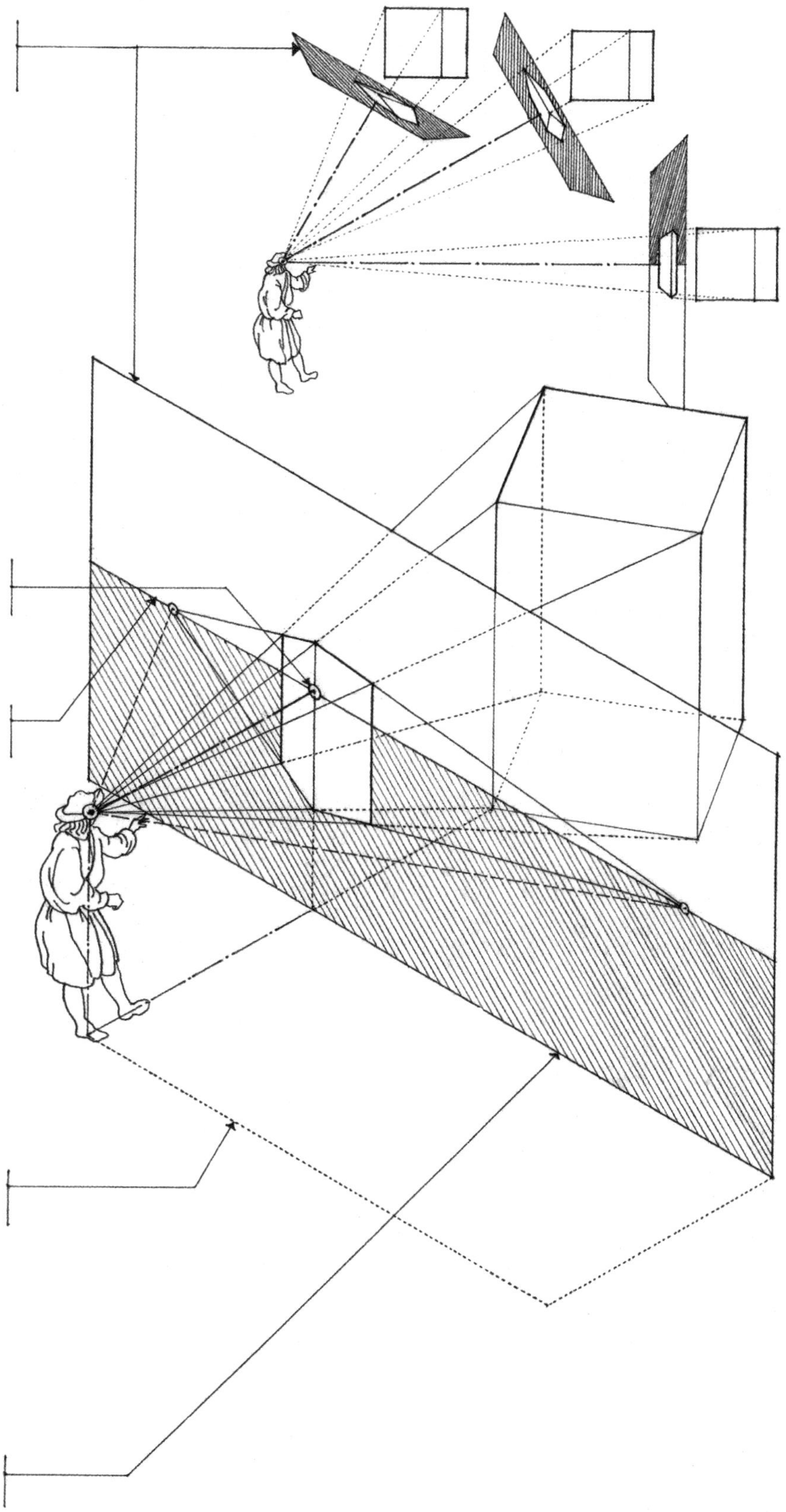

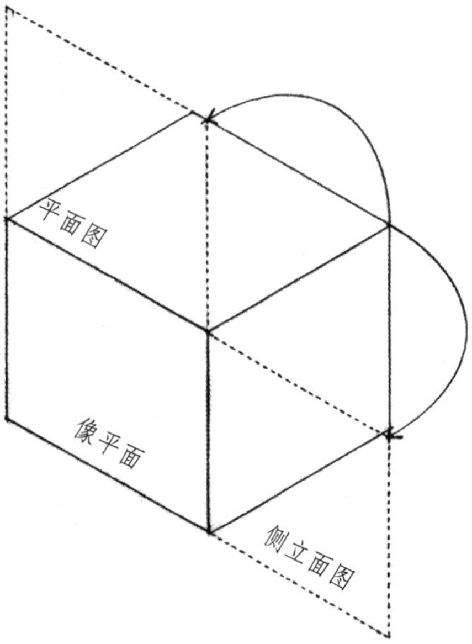

直接投影法 | Direct Projection Method

用直接投影法构建透视图，需要至少两幅正投影视图：一幅平面图和一幅侧立面图。侧立面图是垂直于像平面的正投影，但是旋转90°来与像平面共面。物体、像平面和观测点在每个视图中都要体现。

任意点的透视，都是连结观测点与该点的视线与像平面的交点。为了确定一个点的透视投影：

1.在平面图中绘制从观测点出发，连结该点的视线，与像平面相交。
2.在立面图中也如此。
3.从平面图中视线与像平面的交点向下引出辅助线。
4.从立面图中视线与像平面的交点引出水平的辅助线，与上述竖直辅助线相交。
5.获得的交点就是所求点的透视投影，恰好在像平面上。

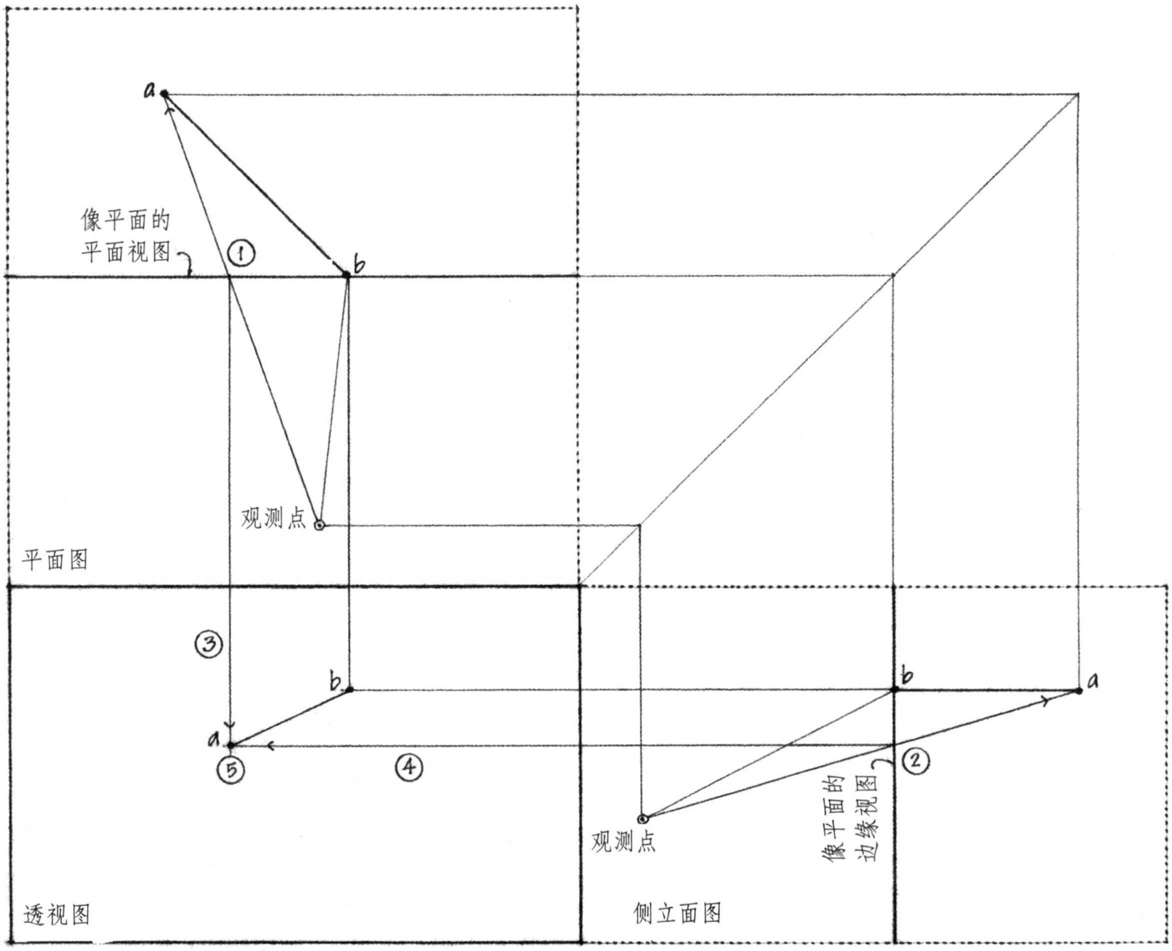

对于像平面后方的点X，从该点向观测点绘制视线，与像平面相交。如果点Y位于像平面上，直接竖直誊抄它在平面图中的位置，与立面图中的水平辅助线相遇。如果点Z位于像平面之前，从观测点绘制视线穿过该点，延长线与像平面相交。

为求出线段的透视投影，先建立它两个端点的透视投影再连线。如果我们能够如此构建点和线的透视投影，我们就可以进而求得面和体的透视投影。

理论上说，在直接投影法中不需要用到灭点。然而，确定并利用灭点可以极大地简化线性透视的绘图过程，并在确定纵深方向线条的走向时保证更高的精确度。

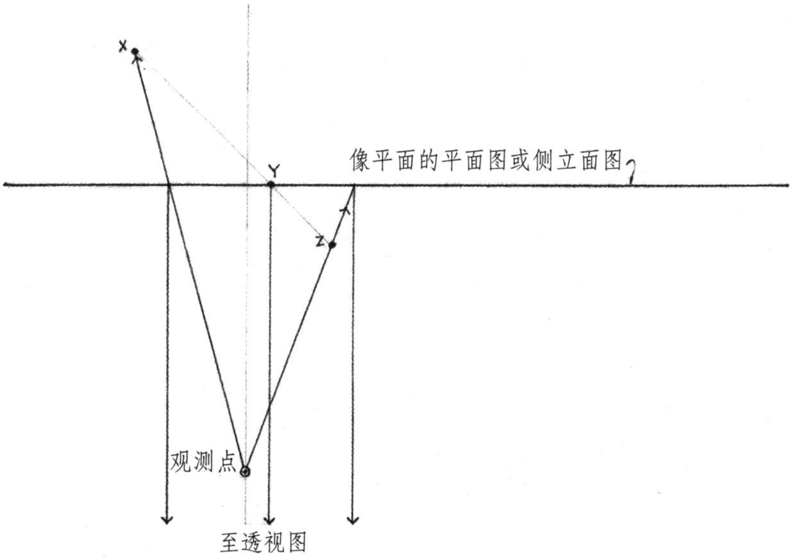

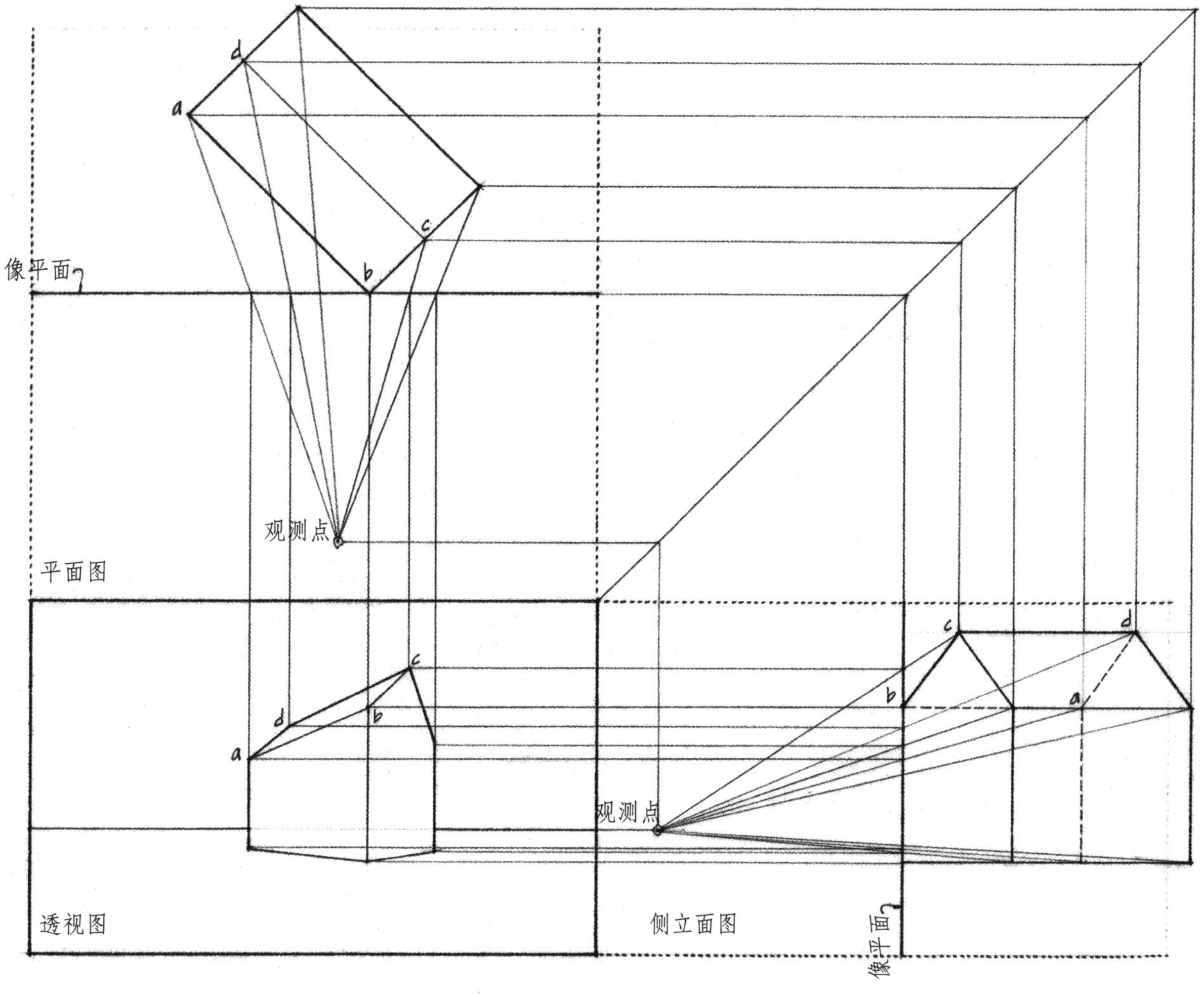

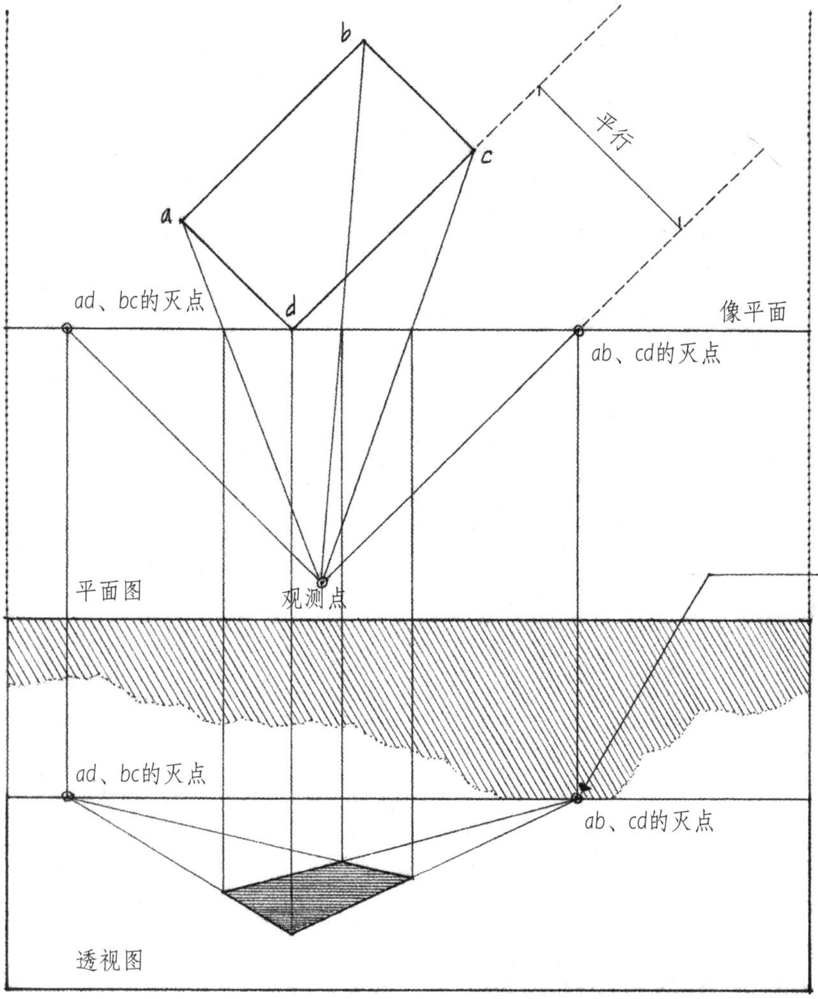

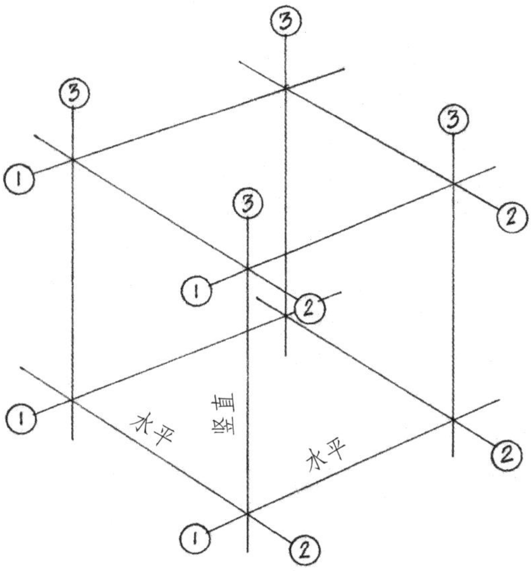

线性透视中视线会聚的特征会体现出特定的图面效果。熟悉这些图面效果会帮助我们理解线、面、体在线性透视中如何表现，以及掌握如何在透视图中正确摆放空间中的物体。

会聚 | Convergence

在线性透视中，“会聚”指平行线向纵深方向延伸时，看上去都指向同一个灭点。当两条相互平行的直线向纵深方向延伸，它们之间的空隙看上去会不断缩小。如果它们延伸向无穷远处，就会看上去交会于一点。这个点就是这一组直线——以及其他所有与它们平行的直线——的灭点。

灭点 | vanishing point（VP）

在像平面上，表示线性透视中一组纵深方向平行线会聚位置的点。一组平行线的灭点是从观测点引出平行视线与像平面的交点。

会聚的第一法则是，每一组平行线都有自己的灭点。一组平行线指的是彼此都相互平行的一组直线。如果我们拿一个立方体来举例，可以发现它的各条边缘包含了三组主要的平行线，一组竖直，平行于x轴；另外两组水平，相互垂直，分别平行于y轴和z轴。

为了绘制透视图，我们必须知道我们观察或者想象的事物中存在多少组平行线，以及每组平行线会聚的位置。下面列出的平行线会聚的法则只是基于观测者的视野中轴线与观察对象的关系。

会聚的法则 | Convergence Principles

我们可以根据线和像平面的关系，对线性透视中的线进行分类。

平行于像平面的线 | Lines parallel to the picture plane

· 如果一组平行线平行于像平面，它们会维持自身的方向并且不会会聚于灭点。尽管如此，该组中的每一条线依然会根据与观测者的距离而缩减尺寸。同理，平行于像平面的形状会维持自身形状不变，但是随着与观测者距离增加而缩小尺寸。

垂直于像平面的线 | Lines perpendicular to the picture plane

· 如果一组平行线垂直于像平面，它们看上去会聚于视野中心的视平线上。

倾斜于像平面的线 | Lines oblique to the picture plane

如果一组平行线倾斜于像平面，它们在纵深方向延伸时，会聚于共同的灭点。

· 水平的倾斜直线：如果一组水平的直线倾斜于像平面，它们的灭点在视平线上。
· 竖直方向也倾斜的直线：如果一组平行线在向纵深方向退去时向上延伸，它们的灭点位于视平线以上；如果它们后退时向下延伸，它们的灭点位于视平线以下。

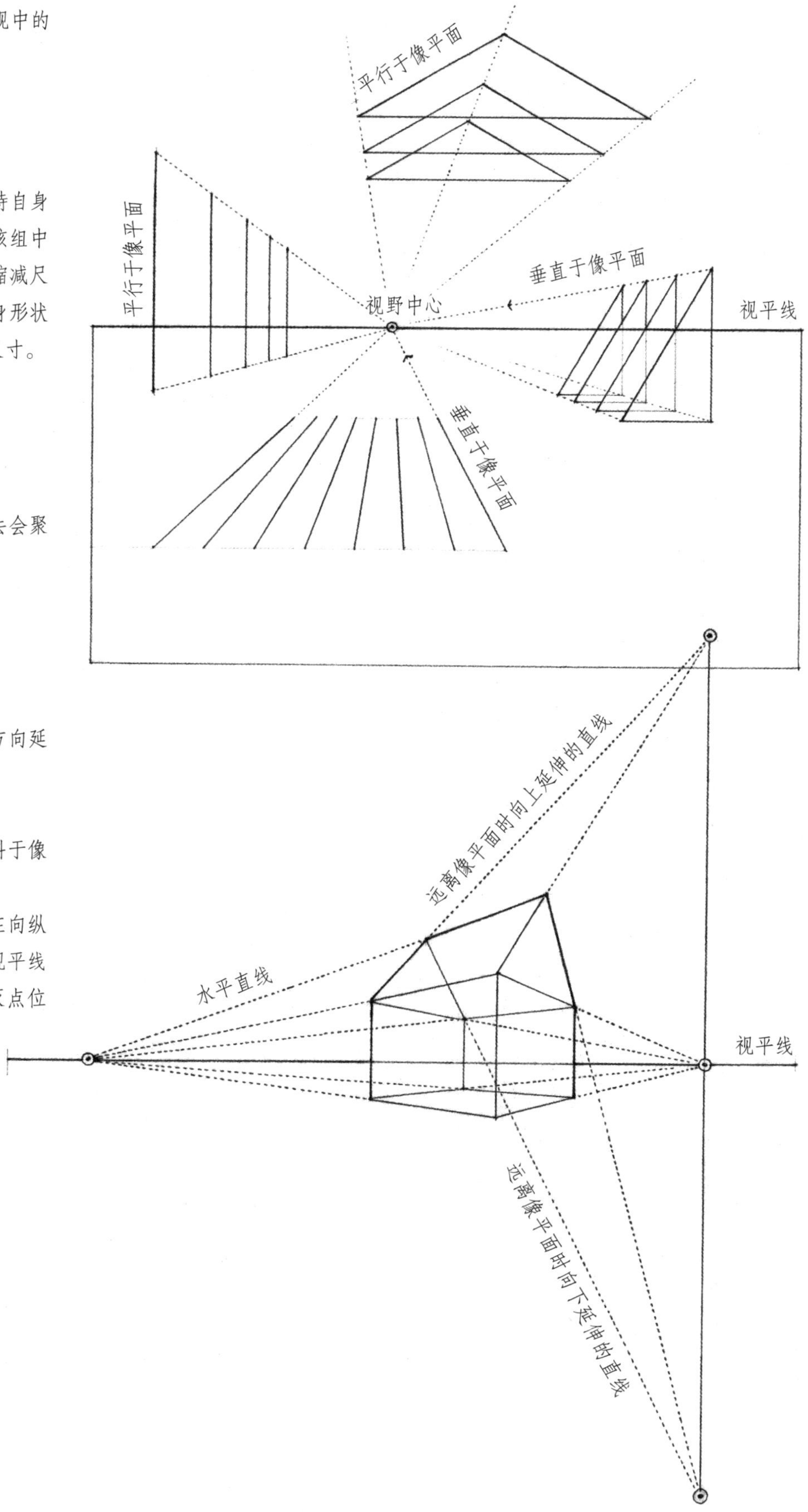

尺寸缩减 | Diminution of Size

在正投影和斜投影中，投影线彼此保持平行。因此任何元素的投影尺寸也会保持一致，无论它距离像平面多远。然而在线性透视中，投影线或者视线，会聚的特性改变了线和面的表观尺寸，让它们随着与像平面的距离变化而变大或变小。

物体距离像平面越远，指向它的视线夹角就越小，这些视线与像平面的交点间距也就越小。会聚的视线会因此缩小远处物体的表观尺寸，让它们比距离像平面更近的相同物体看上去更小。

注意，在物体持续向纵深方向退去时，指向它的视线也会迫近视平线。比如，向下看向地板的铺装图案，我们可以在前景中看到更多的铺装表面细节，但是随着远离铺装图案，相同尺寸的图案看上去更小、更扁，不断升高，接近视平线。

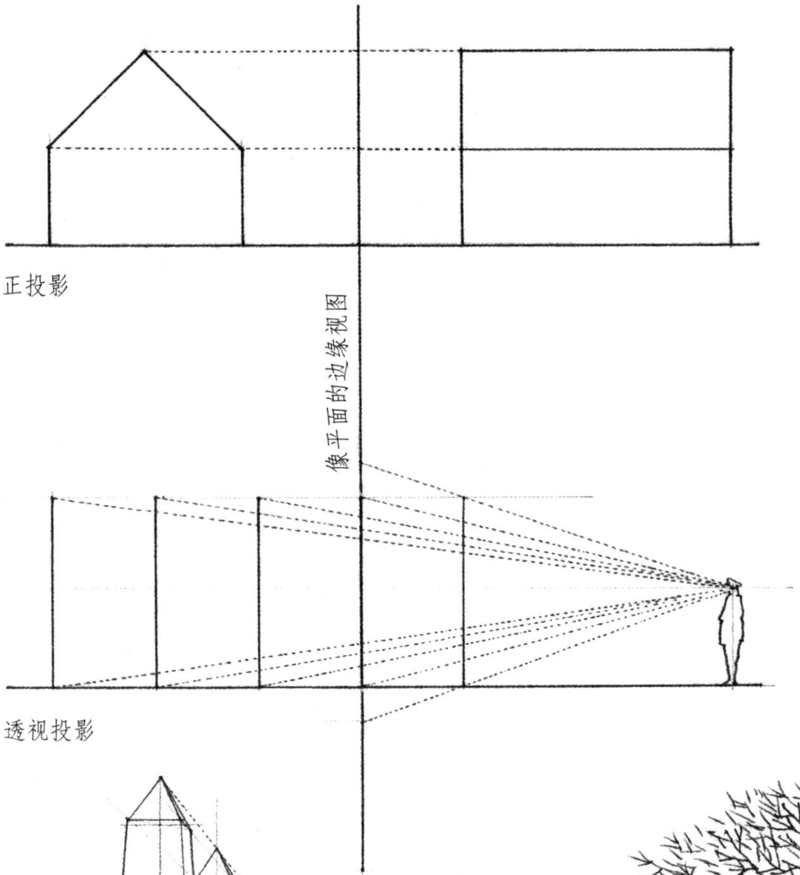

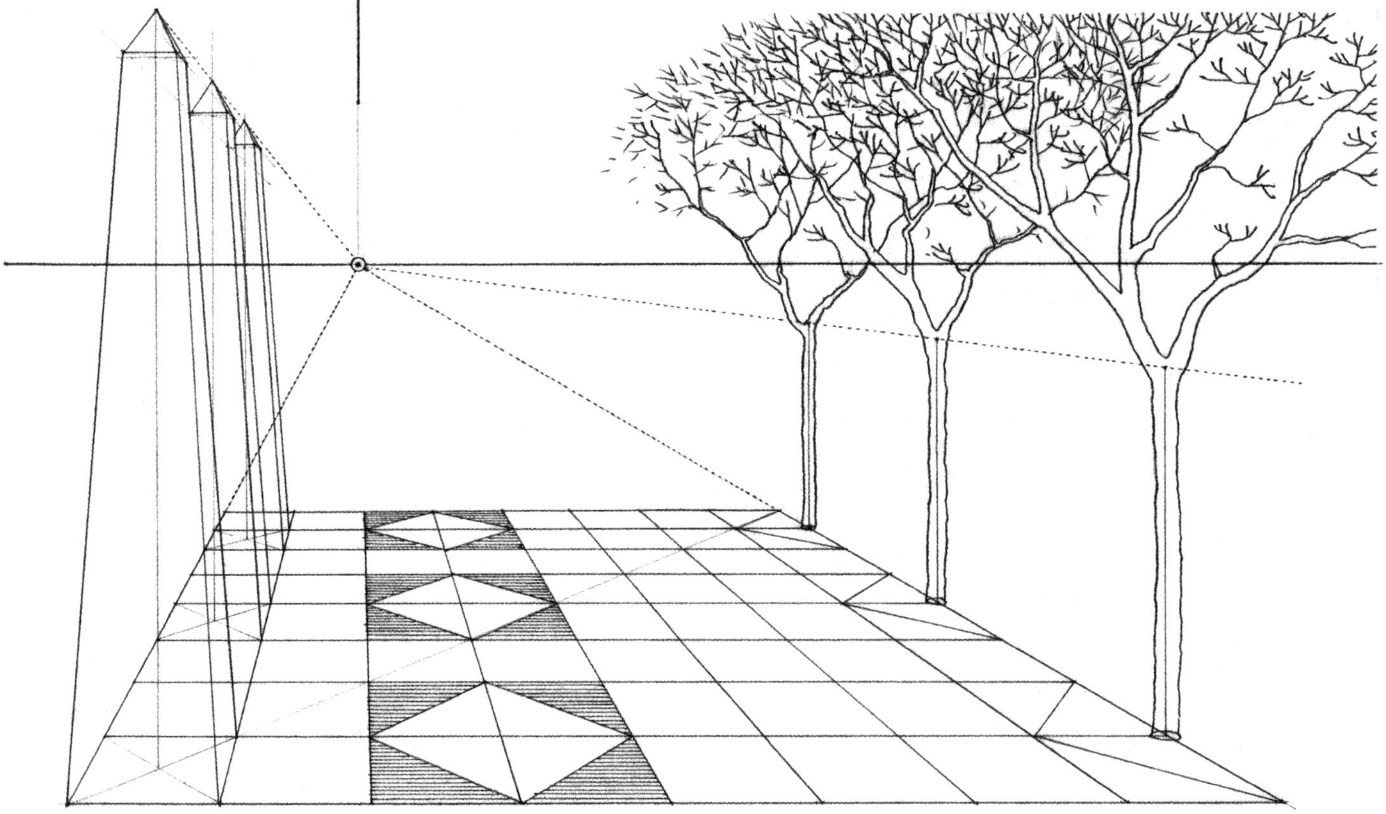

纵深缩短 | Foreshortening [译注]

纵深缩短指物体从面对像平面的方向转向别处时，表观形状产生的变化。这个现象通常被看作纵深方向的尺寸或长度被压缩，并因此产生空间延伸感，或者距离感。

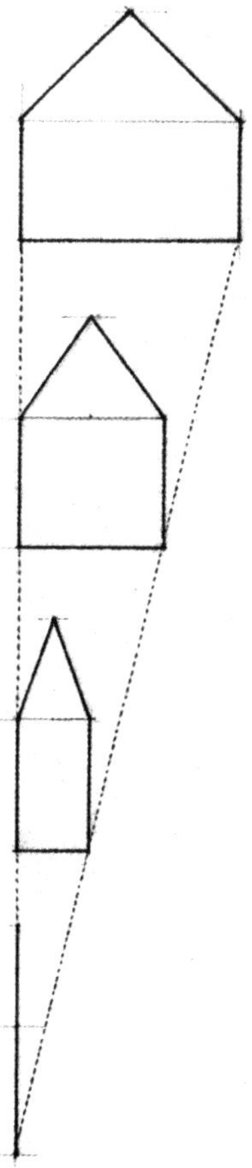

物体的任何侧面如果与像平面不平行，它的尺寸或长度在投影中就会被压缩。在透视投影，也包括正投影和斜投影中，缩短的程度取决于物体侧面和像平面的夹角。线和面与像平面的夹角越大，我们看到的长度或纵深就越小。

在线性透视中，纵向物体的表观缩短还取决于指向物体的视线与像平面的夹角。物体距离视野中心越远，指向物体（两端）的视线之间的夹角就越大，它们在像平面上的交点距离也就越大。换句话说，当物体平行于像平面横向移动时，它的表观尺寸会增加。注意，在物体向纵深退去并远离观测者时，会表现出相反的情形。在某一点处，物体的尺寸会被过度夸张，以至于形体扭曲。我们用视锥来限制线性透视的视野范围，就是为了控制这种扭曲。

会聚、尺寸缩减和纵深缩短会影响线和面的表观形状，同时它们也表现为透视图中空间关系的压缩。

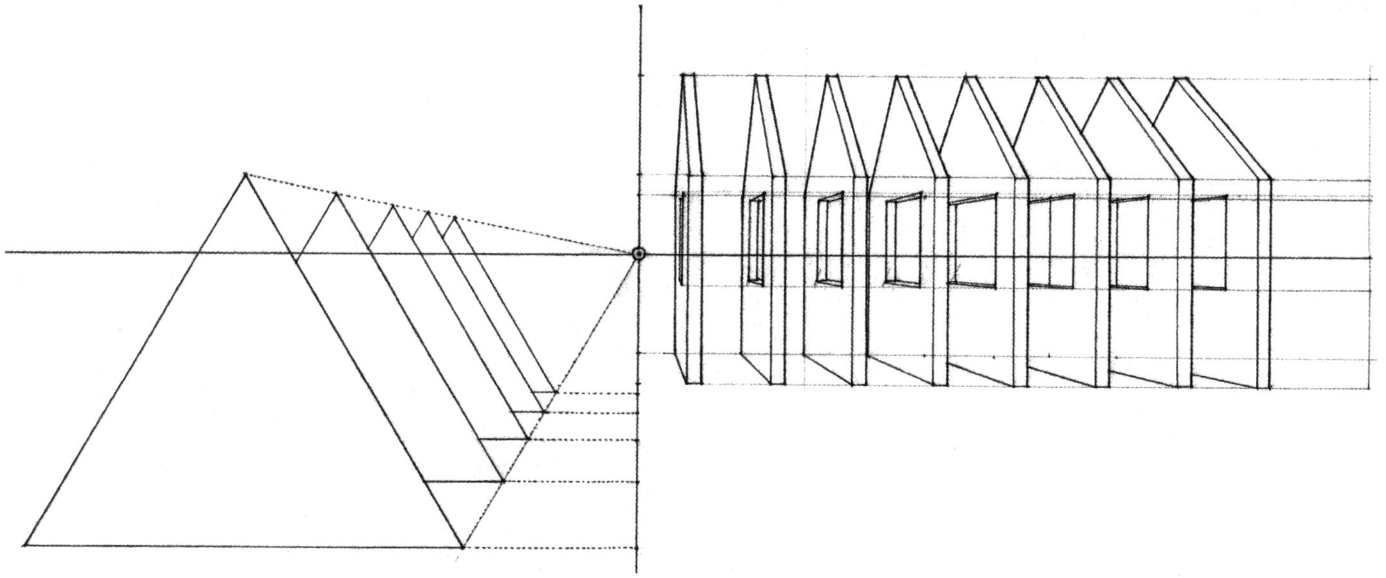

[译注] 通常情况下foreshortening译为“透视缩短”，但是在本章中，讨论围绕透视图展开，用“透视缩短”容易产生歧义，因此根据含义译为“纵深缩短”。

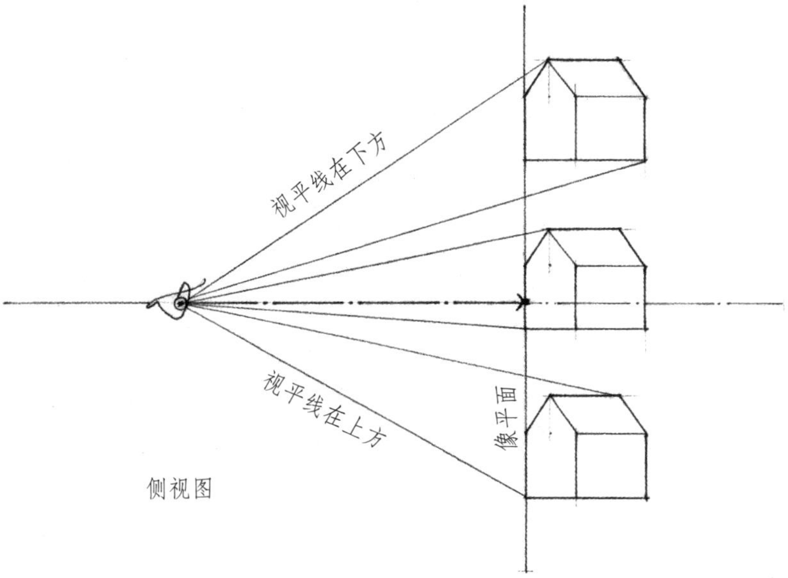

观测者的视点决定透视图的图面效果。当这个视点变化时——比如观测者上下、左右或前后移动——他/她看到的范围和重点都会随之变化。为了在透视图中表现出所需的视野，我们应该理解如何调整以下这些变量。

观测点高度 | Height of Station Point

观测点的高度决定物体被观察的方向——从上方、下方还是自身高度范围之内。假设视野中轴线保持水平，当观测点，也就是观测者的眼睛上下移动时，视平线随之上下移动。任何与观测者的眼睛高度相同的平面都被看作一条线。当水平面低于观测者眼睛高度时，我们会看到它的上表面；高于眼睛高度时，则看到下表面。

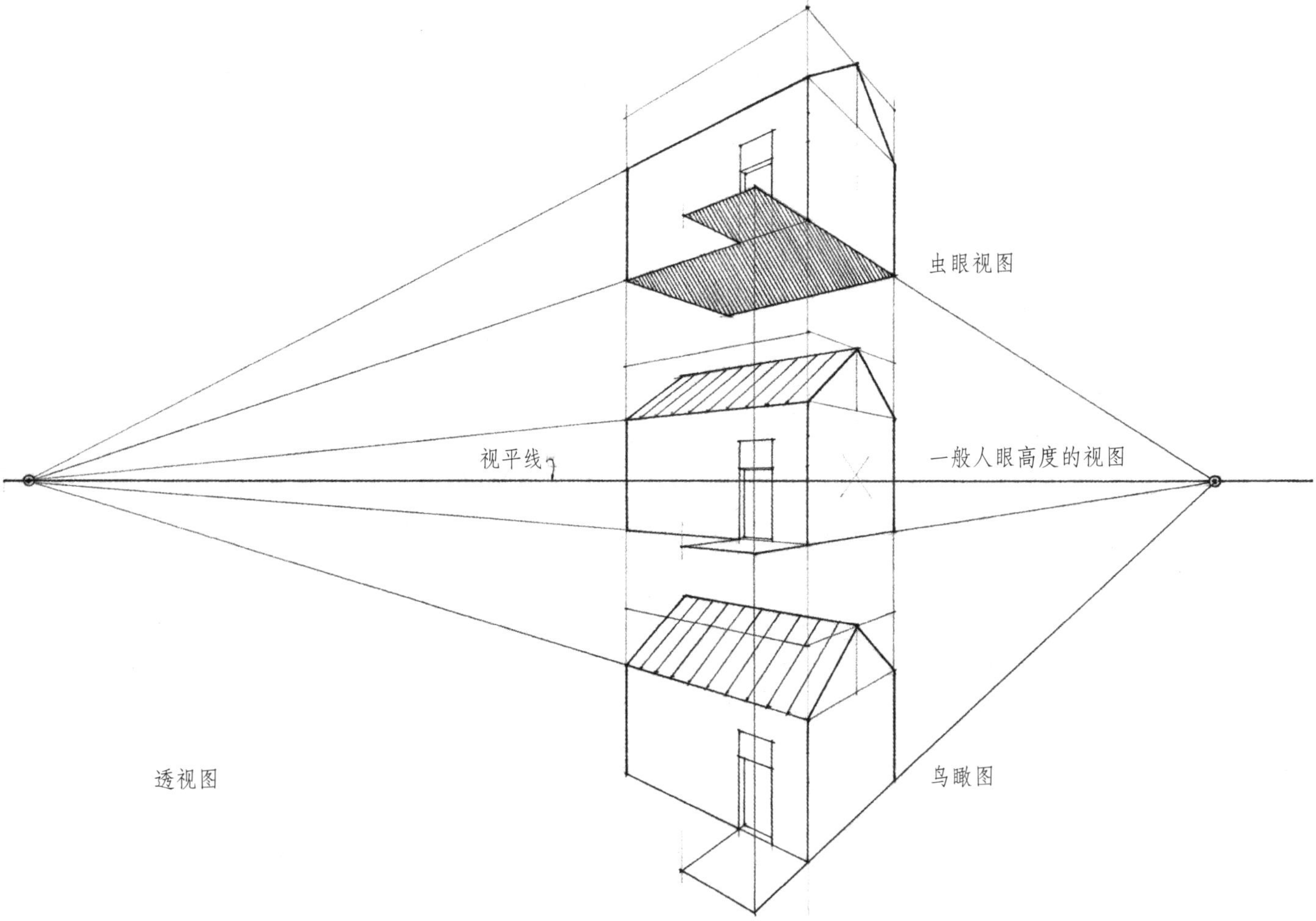

观测点与物体的距离 | Distance of Station Point to Object

观测点与物体的距离影响透视图中纵深缩短的效果。当观测者逐渐远离物体，灭点也相互远离，水平线条看上去更扁平，而透视纵深被压缩。当观测者向前移动，灭点会彼此靠近，水平线条的角度更加明显，透视纵深也更加夸张。理论上说，如果透视图要表现出物体的真实图像，必须让观察者的眼睛位于这幅透视图假设的观测点处。

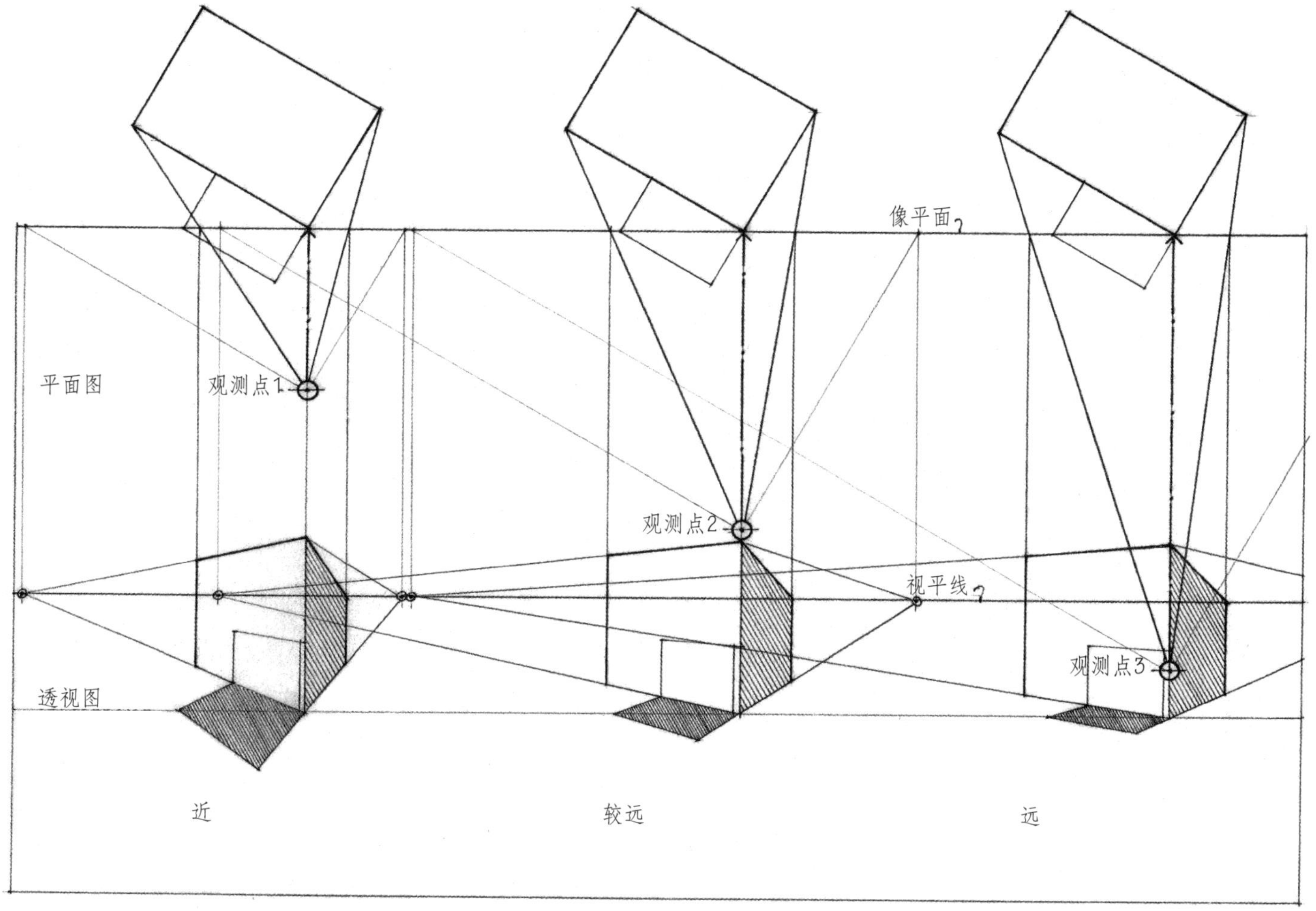

观察角度 | Angle of View

视野中轴线与物体的相对方向决定能看到物体的哪些表面，以及它们在透视图中纵深缩短的程度。平面相对于像平面的倾斜程度越大，在透视图中纵深缩短越明显；越正面面对像平面，纵深缩短越轻微。当一个平面与像平面平行时，它会显示为真实形状。

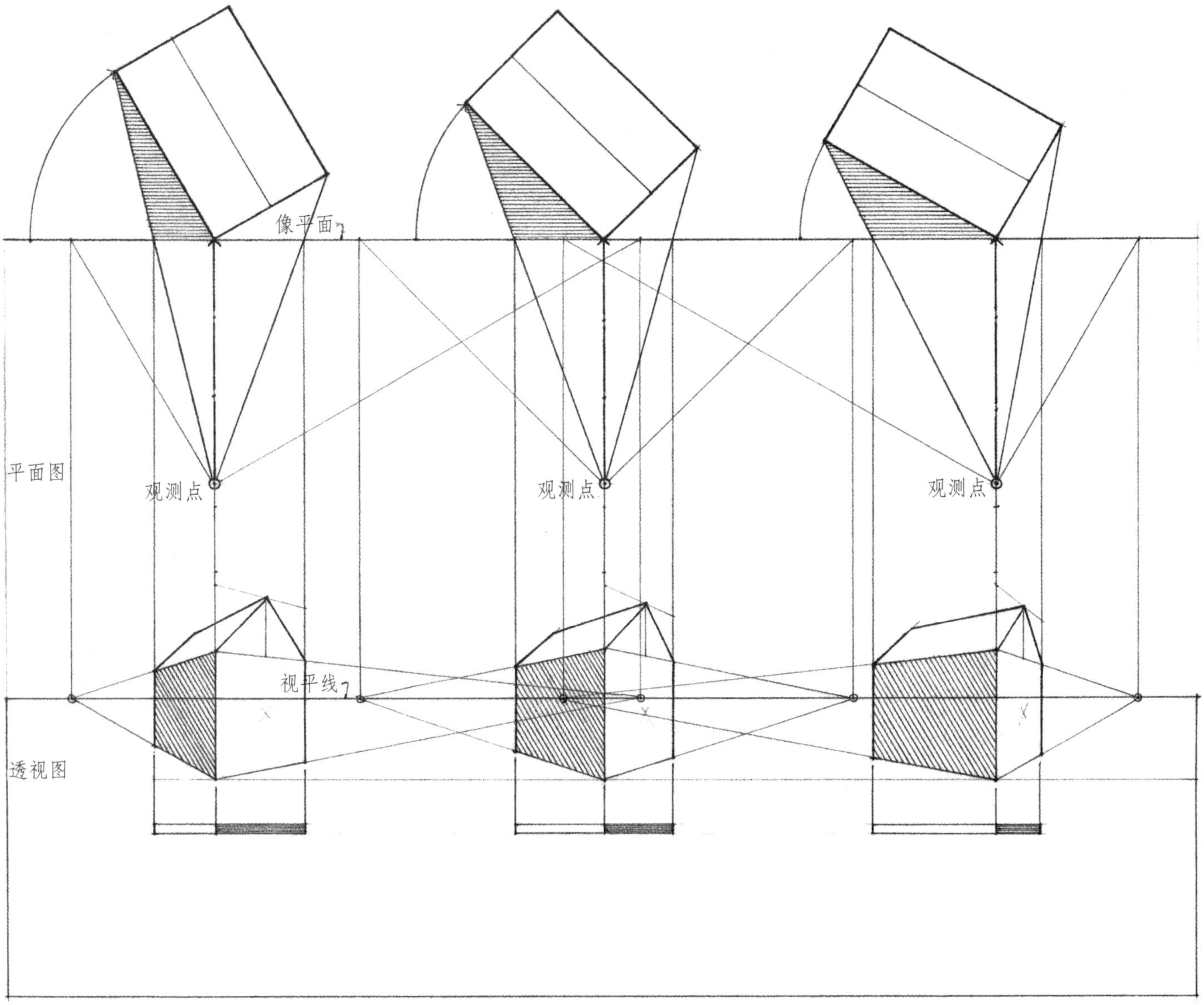

像平面位置 | Location of Picture Plane

像平面的位置只会影响透视图的尺寸。像平面距离观测点越近，透视图的尺寸越小；越远，透视图的尺寸越大。如果其他变量都保持不变，则透视图在尺寸之外的所有方面都保持一致。

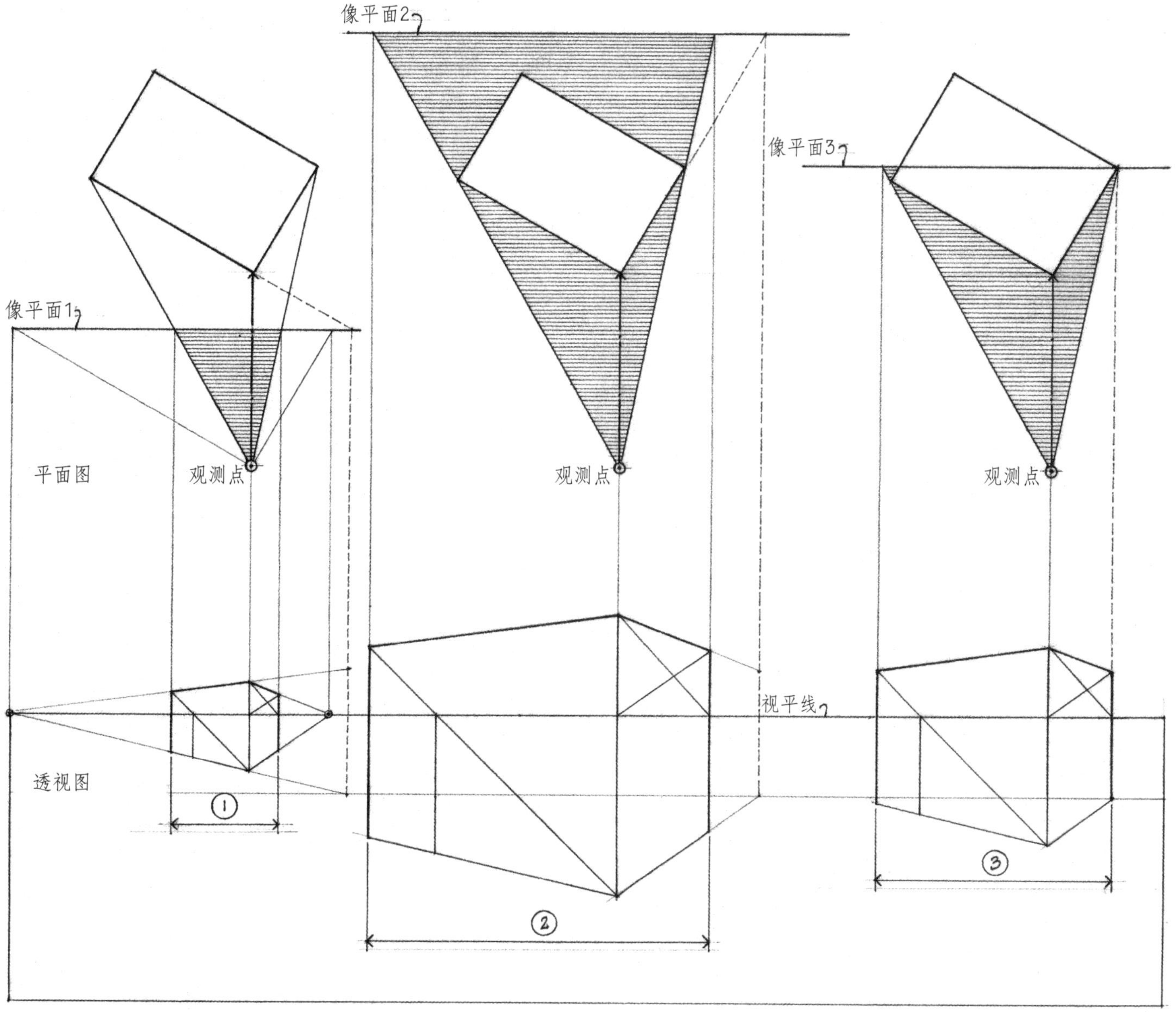

轻微向上方看

视线水平

轻微向下方看

数字视点 | Digital Viewpoints

在手绘透视图时，我们必须凭借经验设置观测点和视角，从而做出预测，得到合乎逻辑的成果。三维计算机辅助制图和建模程序有一个明显的优势，就是一旦必要的数据被输入三维模型，软件就可以让我们调整透视变量并很快生成一系列透视图，供我们审视。三维计算机辅助制图和建模程序虽然严格遵守透视的数学原则，但也很可能生成扭曲变形的透视图。评判透视图表达的内容，仍然是绘图者的责任，这无关于手绘还是用电脑绘图。

本页和下页中的实例是电脑生成的透视图，展示各种变量如何影响生成的图像。这些透视图之间的区别也许很细微，但是它们确实会影响我们对空间尺度的认识，以及我们对图像表现的空间关系的判断。

一点透视和两点透视都假定了视线是水平的。这使得竖直方向的线条保持竖直。一旦观察者的视线向上或向下倾斜，即使只有一点点，生成的图像严格来讲也是三点透视。

观测点（相机位置）和视线方向（明确一个目标物并确定视平线位置）是决定透视图品质的两个关键变量。因此，研究相机位置和视点如何才能捕捉到空间设计中最好的品质体验，在实践中是一种好习惯。

让对象或场景的中央部分保持在合理的视锥范围内，对于避免透视图的扭曲至关重要。加大视野角度，让透视图包含更广阔的空间，很容易导致形体扭曲和空间纵深被过度夸大。

期望在单独一张透视图中看到更大范围的空间，通常会诱使我们把观测点（相机位置）尽量向后移动。然而，我们应该尽量保证观察者的位置在被表现的空间中合乎逻辑。

视平线

· 通常情况下，视平线在绘图范围的竖向居中。
· 相应地，主要灭点通常默认位于视图中心。

· 把相机放置在空间的一侧，远离另一侧，通常可以创造更具动态的视野。
· 降低视平线可以表现坐下时的视角，就好比抬高视平线可以表现讲台或者室内夹层的视角。

· 我们可以通过裁剪或者扩展图幅来改变视平线竖直居中的状态。

· 同理，选择相机位置，包含一个或者多个突出的前景元素，有益于让读者置身空间之中，产生更强烈的身临其境和引人入胜的感觉。

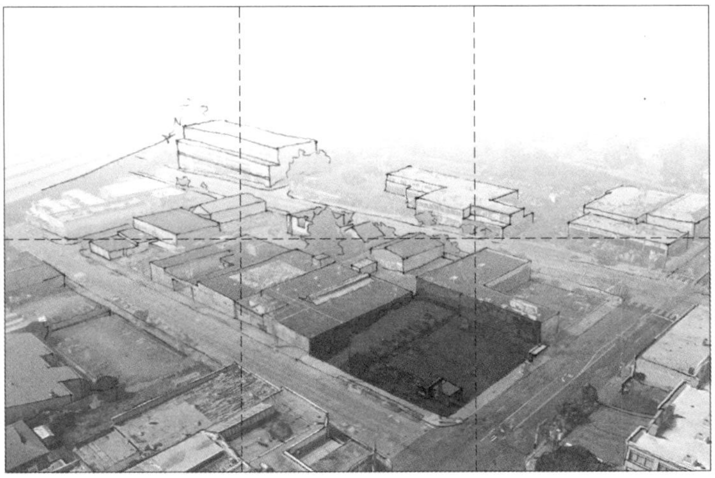

视平线位于图幅上部边界之外。

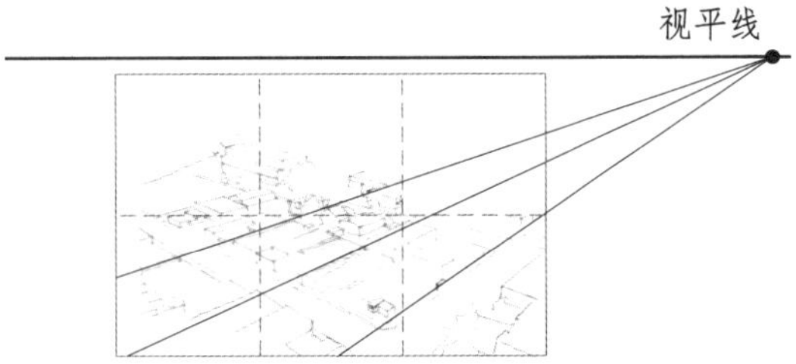

视平线略低于站立时的眼睛高度。
图幅向上方延伸，强调作为建筑背景的天空。

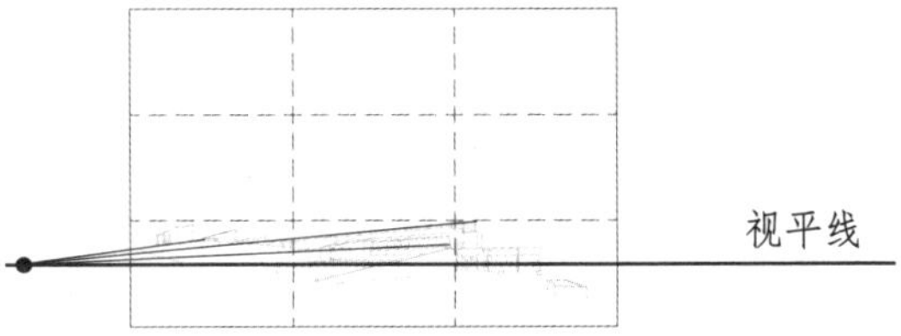

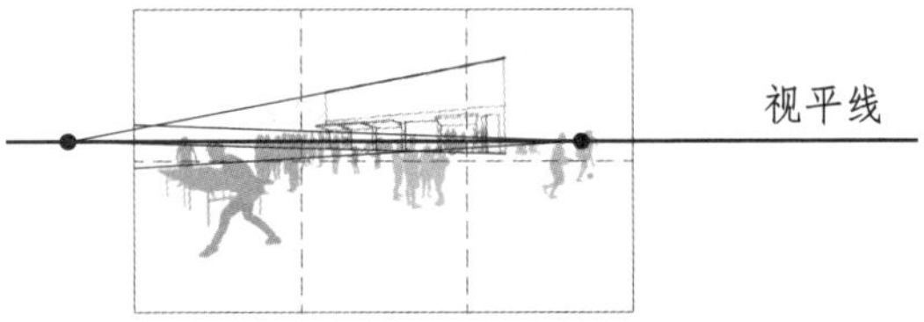

人形和家具被放置在图像的前景中。 原图作者：罗宾·维尔德（Robin Wilder）。

练习 8.1

仿照右侧的实例建立数字模型。在双倍层高的空间内，应当有一部分上层或夹层空间。分别在A、B、C位置生成数字透视图。

在每个位置尝试不同的视点和图幅（下方图中灰色标明的是位置C的一些例子）。哪些视点和图幅最能描绘空间特征，最让人有身临其境的感受？

如何调整图幅能让空间在水平方向更引人注意？又如何才能让视图的竖直方向引人关注？

练习 8.2

用练习8.1中建立的数字模型生成一幅透视剖面图。

在透视剖面图中水平、竖直地移动镜头。考虑到透视剖面图中很多前景元素不再可见，此时在观测点A、B、C处各有什么优、缺点？

当剖面图的主要灭点位于室内空间以外时，会发生什么？如果旋转模型，形成两点透视图，又会带来什么优、缺点？

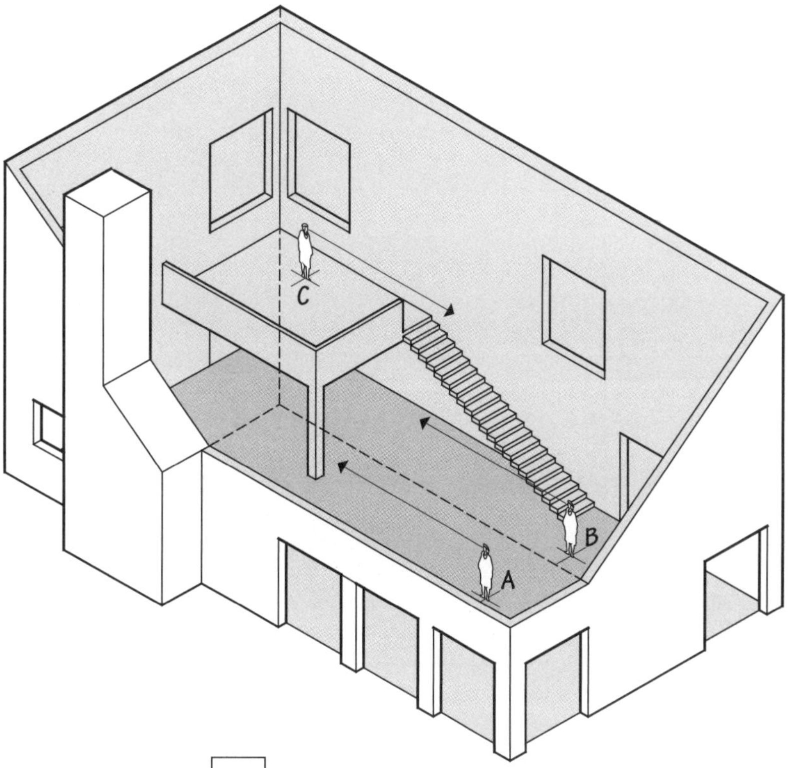

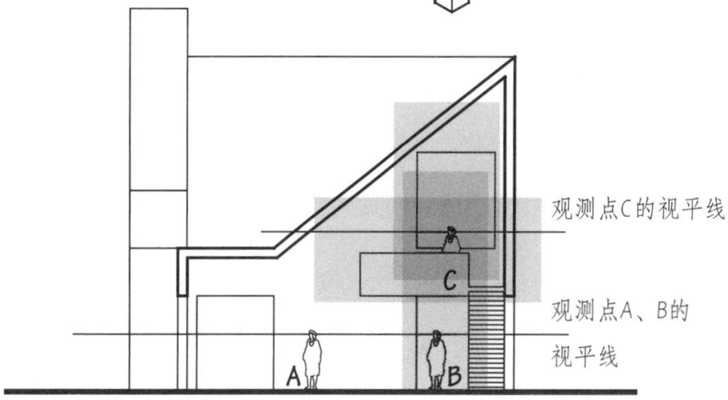

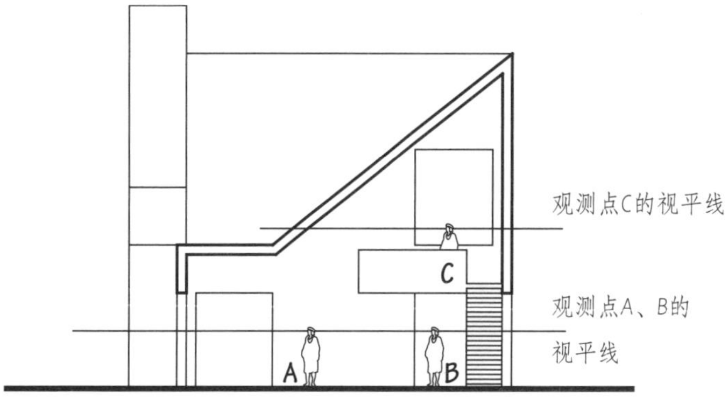

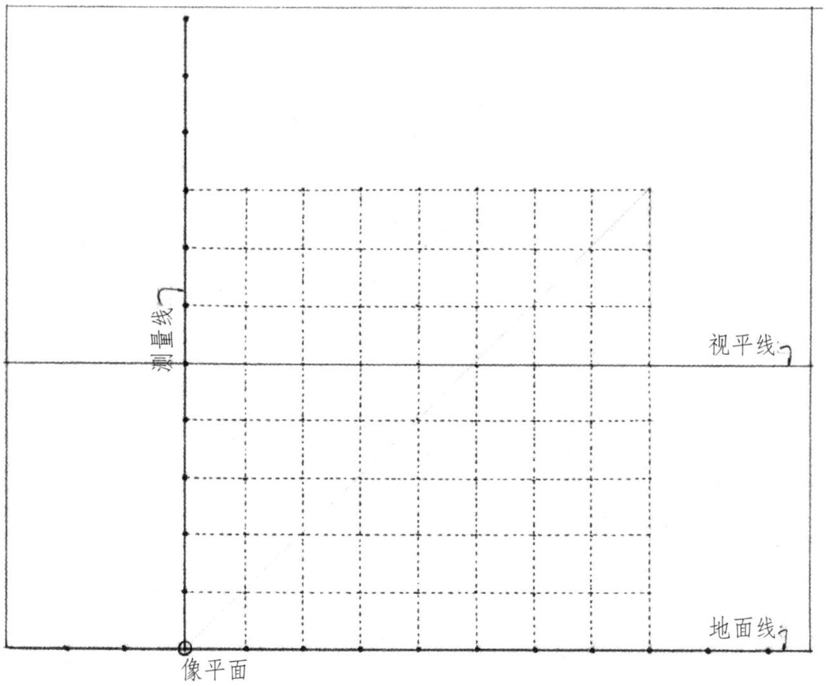

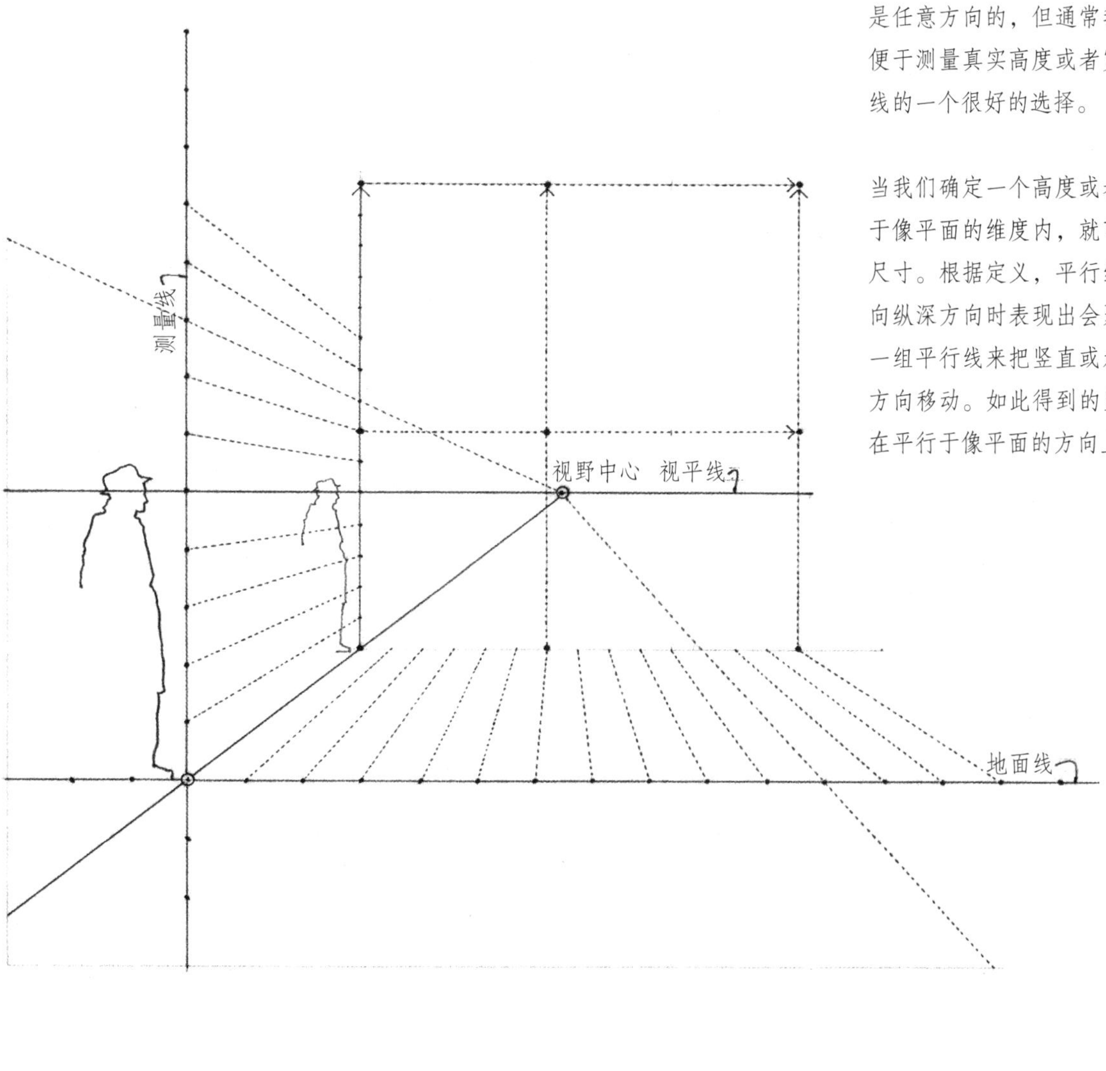

只有线和面与像平面共面时才能按照原本的尺寸绘制。线性透视中视线会聚的效果，使得远处的物体尺寸缩小，看上去比距离像平面更近的相同物体更小。视线会聚的效果还会增大像平面近前物体的表观尺寸。会聚和尺寸缩减的效果相互叠加，让线性透视图比其他绘图系统更难测量，也更难按比例绘制尺寸。但是，我们可以利用一些技法来确定透视图的图面空间中相关物体的高度、宽度和纵深。

测量高度和宽度 | Measuring Height and Width

在线性透视中，位于像平面上的任何线条都显示出它的真实方向，并以像平面的比例尺显示出真实长度。因此我们可以用这样的线条作为测量线。

测量线 | measuring line（ML）

但凡是投影绘图，我们都可以用其中的任何线条作为尺度，测量真实长度。在像平面中，测量线可以是任意方向的，但通常我们选择竖直或者水平的，便于测量真实高度或者宽度。地面线就是水平测量线的一个很好的选择。

当我们确定一个高度或者宽度后，只要保持在平行于像平面的维度内，就可以水平或竖直地移动这个尺寸。根据定义，平行线之间保持等距，但是在退向纵深方向时表现出会聚的效果。因此我们可以用一组平行线来把竖直或水平的尺寸向透视图的纵深方向移动。如此得到的竖直或者水平尺寸，又可以在平行于像平面的方向上移动。

测量纵深 | Measuring Depth

透视图中纵深的测量更加困难，并且需要相当的经验和基于直接观测的判断。构建透视图有不同的方法，它们各自也有不同的方法来确定纵深。然而，一旦我们确定了一个初始的纵深尺度，就可以用它作为基础，按比例确定后续的纵深尺寸。

比如，我们把地面到视平线之间的距离逐次减半，同时加倍纵深距离。只要我们知道地面上一点到观测者的距离，就可以根据视平线高于地面的距离，按比例求出该点在透视图中的纵深位置。

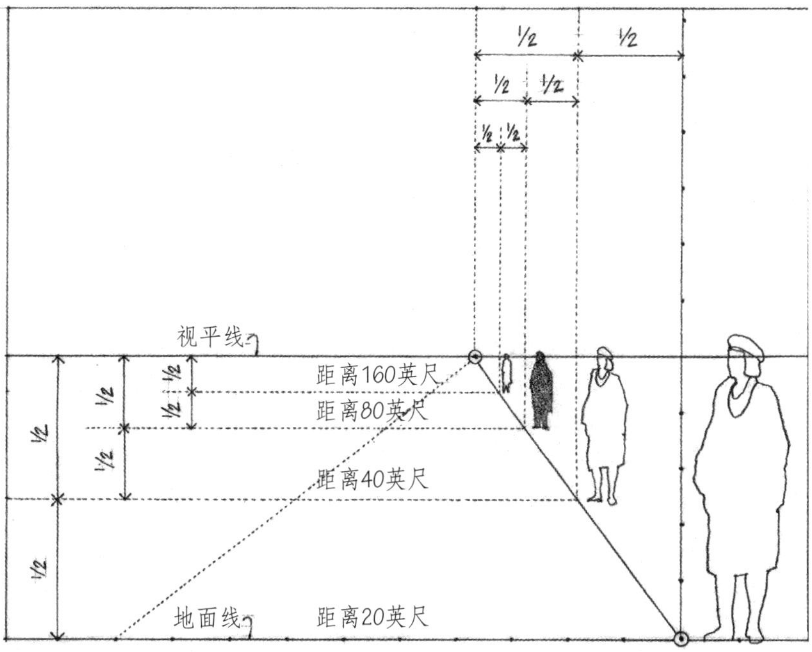

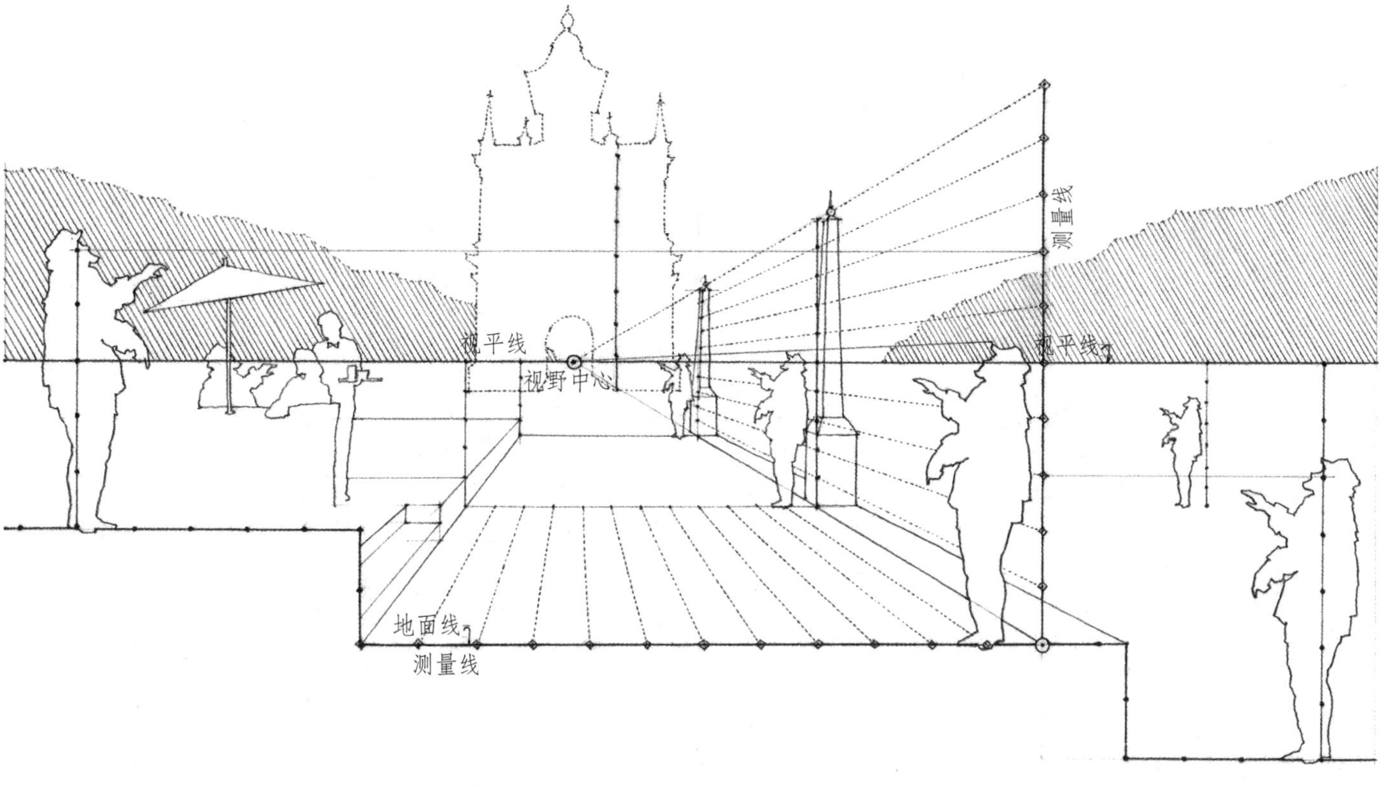

分割纵深尺寸 | Subdividing Depth Measurements

在线性透视中，有两种分割纵深尺寸的方法。

对角线法 | Method of Diagonals

在任何投影系统中，我们都可以绘制两条对角线，把矩形分割为四等分。比如，我们在透视图中的矩形平面上绘制两条对角线，它们会精确地相交于平面中心。在经过这个中心点、平行于平面的边缘绘制直线，就可以把矩形，连同纵深方向的边缘，一起等分。我们可以重复这个过程，把矩形分割成任意偶数份。

要把矩形分割成相等的奇数份，或者把它的边分割成不相等的片段，那么这个矩形最靠近我们的边缘必须平行于像平面，从而作为测量线。在最靠近我们的边缘上，标记出要在纵深方向分割的份数和比例。通过每个标记点，绘制平行线与平面的边缘会聚于一点。然后绘制一条对角线。在对角线与每一条纵深方向线条的交点上，绘制平行于靠近我们的边缘的直线。这些直线（在边上）划分出我们需要的间隔，这些间隔随着它们退向透视图的纵深方向而逐渐缩减。如果矩形是正方形，各个分段都彼此相等；如果不是，那么这些线段相互成比例但不相等。

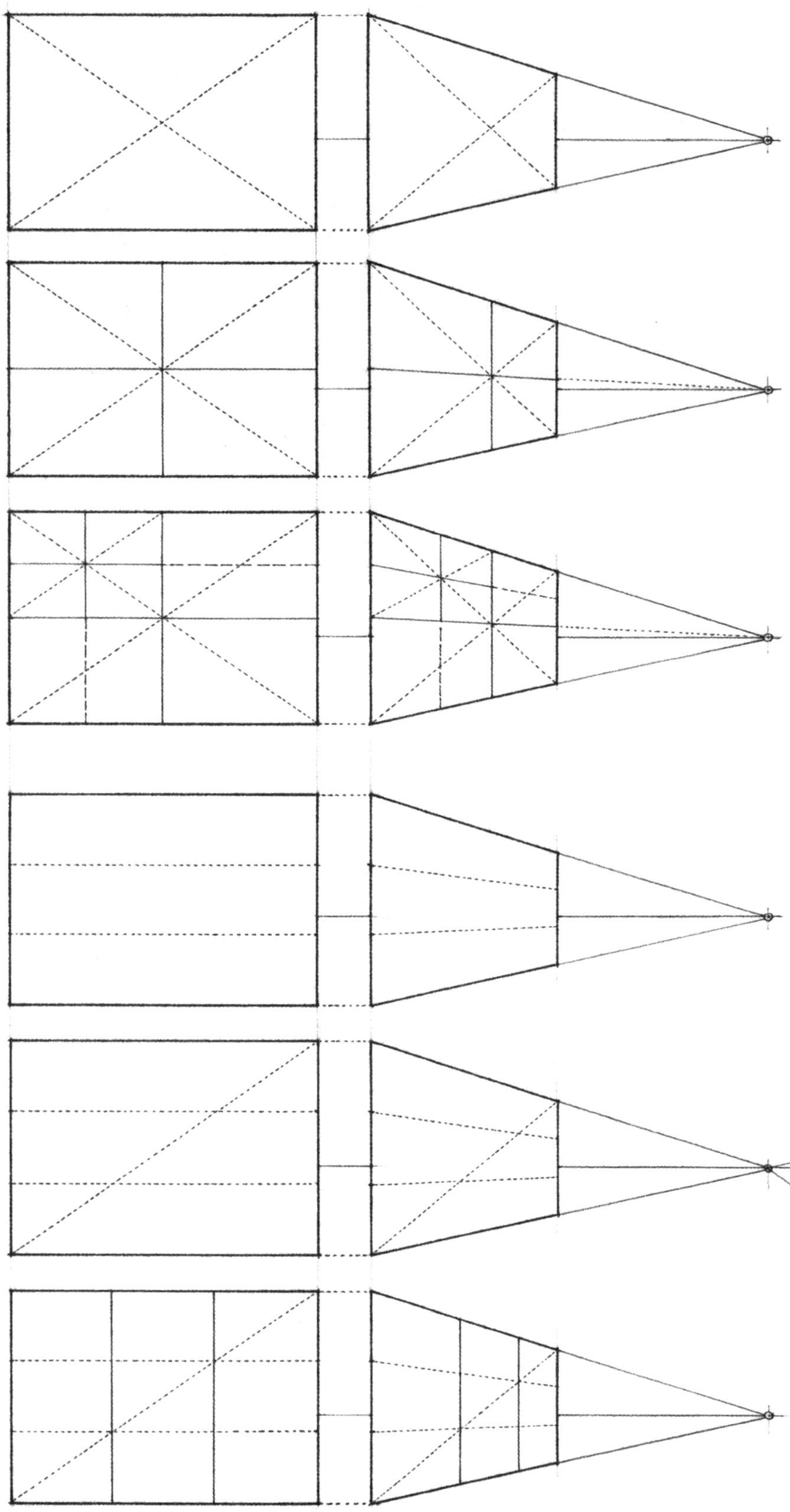

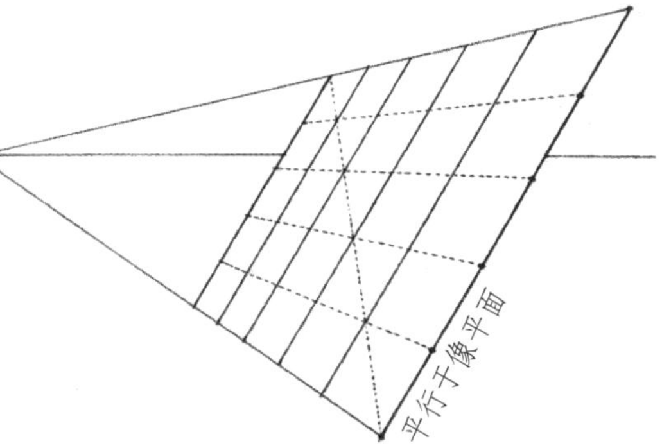

三角形法 | Method of Triangles

任何平行于像平面的线条都可以按比例分割成小段，那么我们就可以用这条线当作测量线，把任何与它相交的线分割为彼此相等或不相等的小段。首先，连结测量线和与它相邻的待分割线段的端点，确定一个三角形。然后，在测量线上按比例标记所需的分割点。从每个分割点引出平行于三角形第三边的直线，在灭点处会聚。这些平行线把待分割线段按照我们标记的比例分为小段。

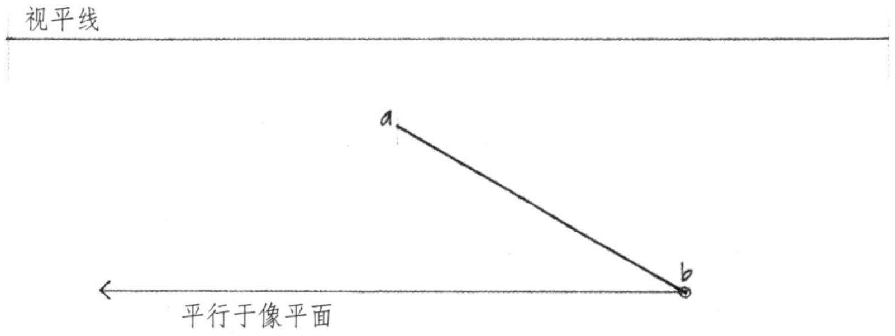

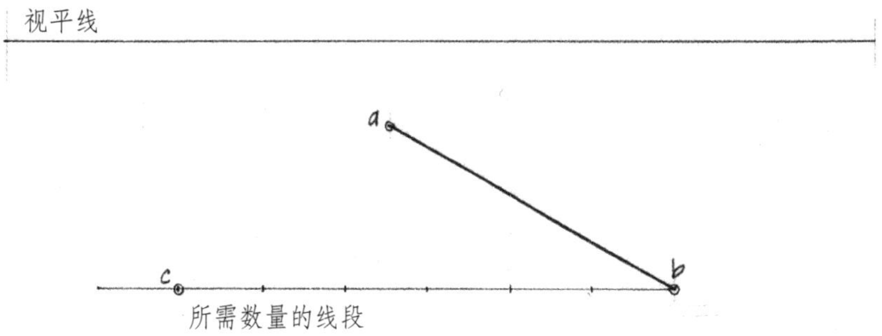

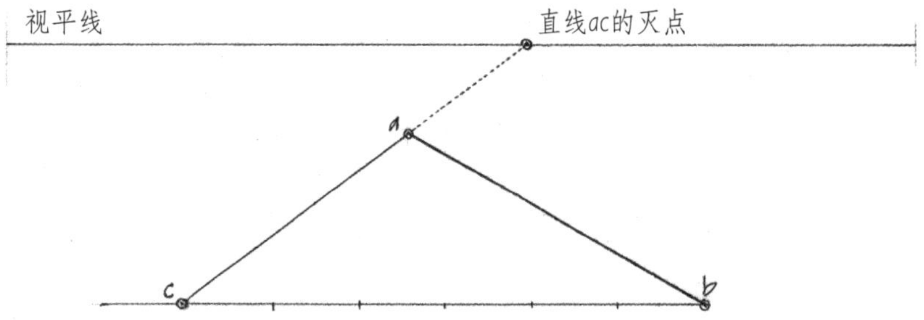

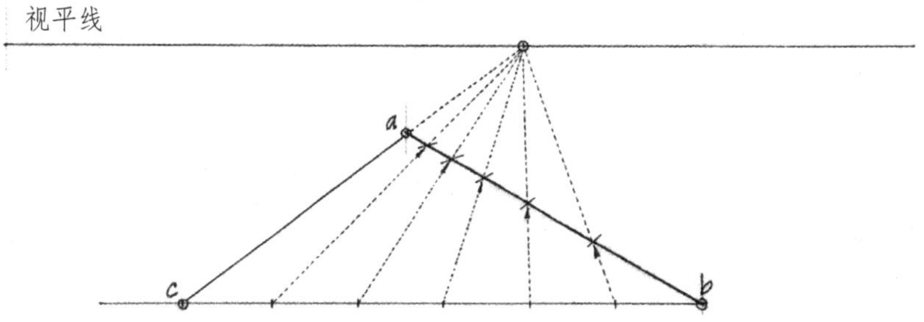

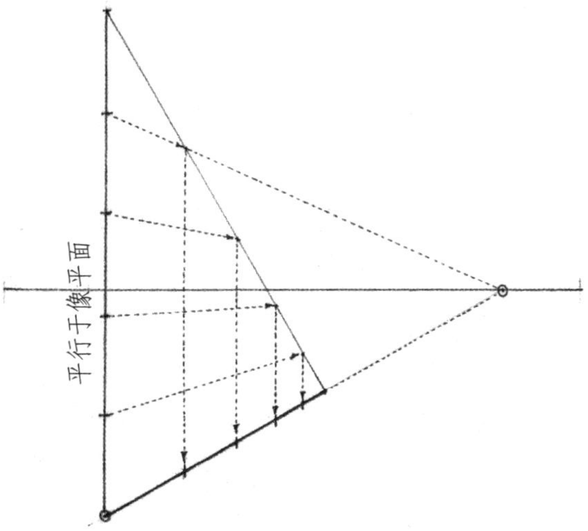

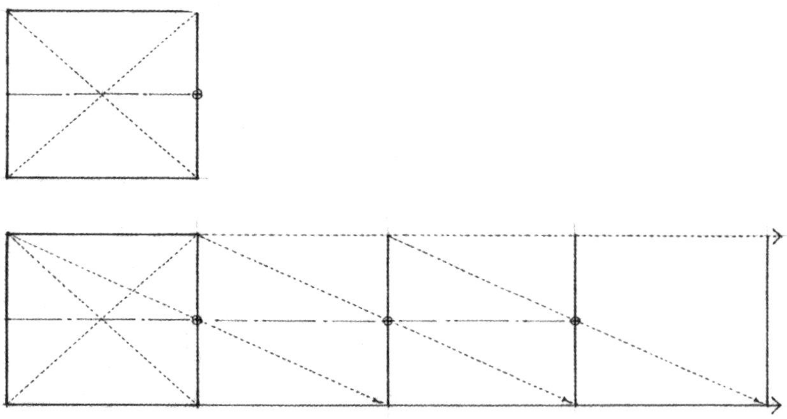

延长纵深尺寸 | Extending a Depth Measurement

如果矩形平面上靠近我们的边缘与像平面平行，我们就可以在纵深方向延长并倍增平面的尺寸。首先确定矩形远离我们的边缘的中点，与靠近我们的边缘相对。然后连结这个中点和一个靠近我们的角点，并反向延长，与矩形边缘的延长线相交。从交点绘制与靠近我们的边缘平行的直线。那么，对于平行于像平面的边缘，第一条与第二条的距离等于第二条与第三条的距离。但是在透视图中，这些相等的间距看上去逐步缩小。这个过程可以不断重复，直到我们需要的次数，从而在透视图中形成纵深方向的多个等距间隔。

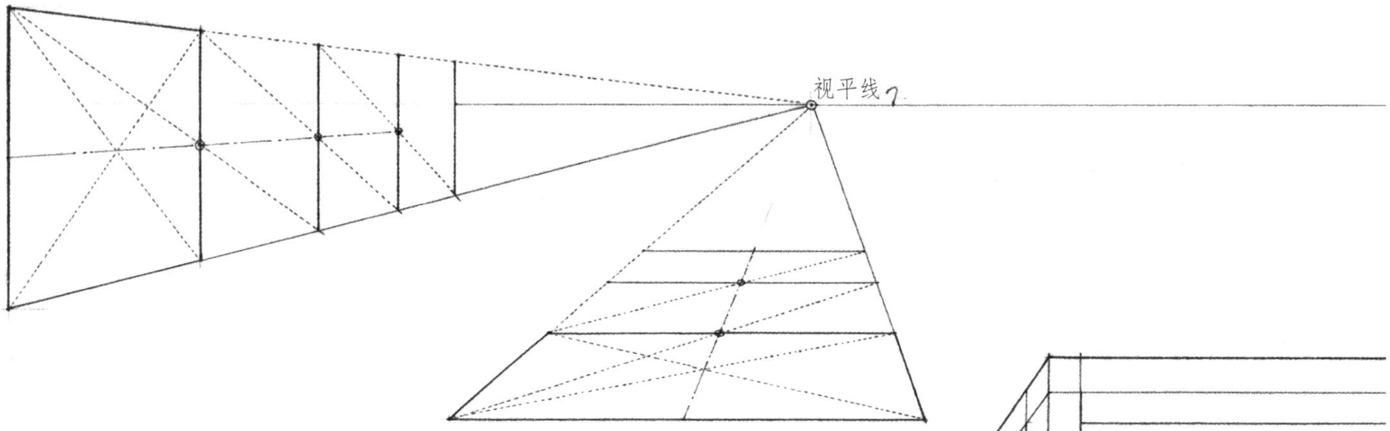

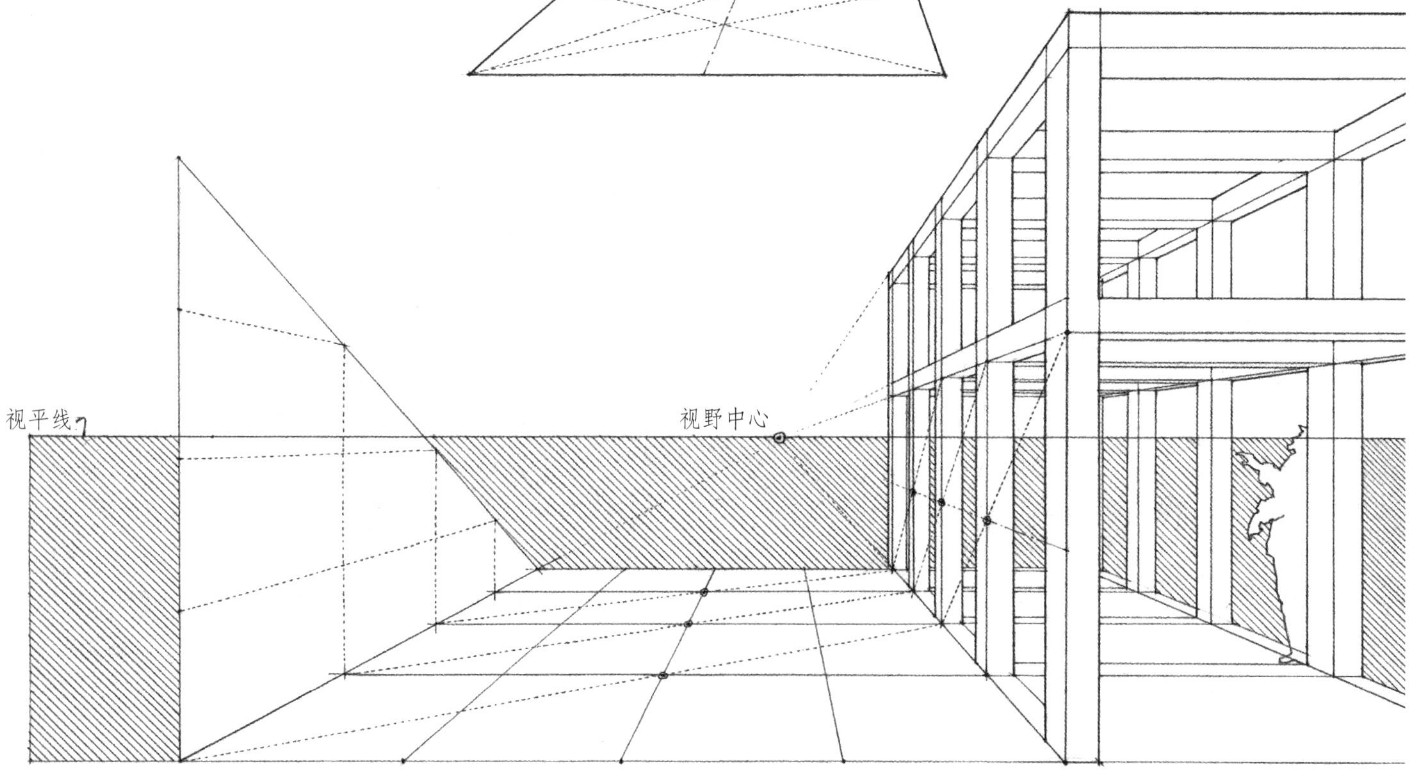

练习 8.3

下方透视图表现了空间中的4个矩形平面。假设每个平面上靠近我们的边缘都与像平面平行。把这幅透视图复制三份，在第一份中把每个平面在纵深方向分割为四等份。

练习 8.4

在第二份中，把每个平面在纵深方向分割为五等份。

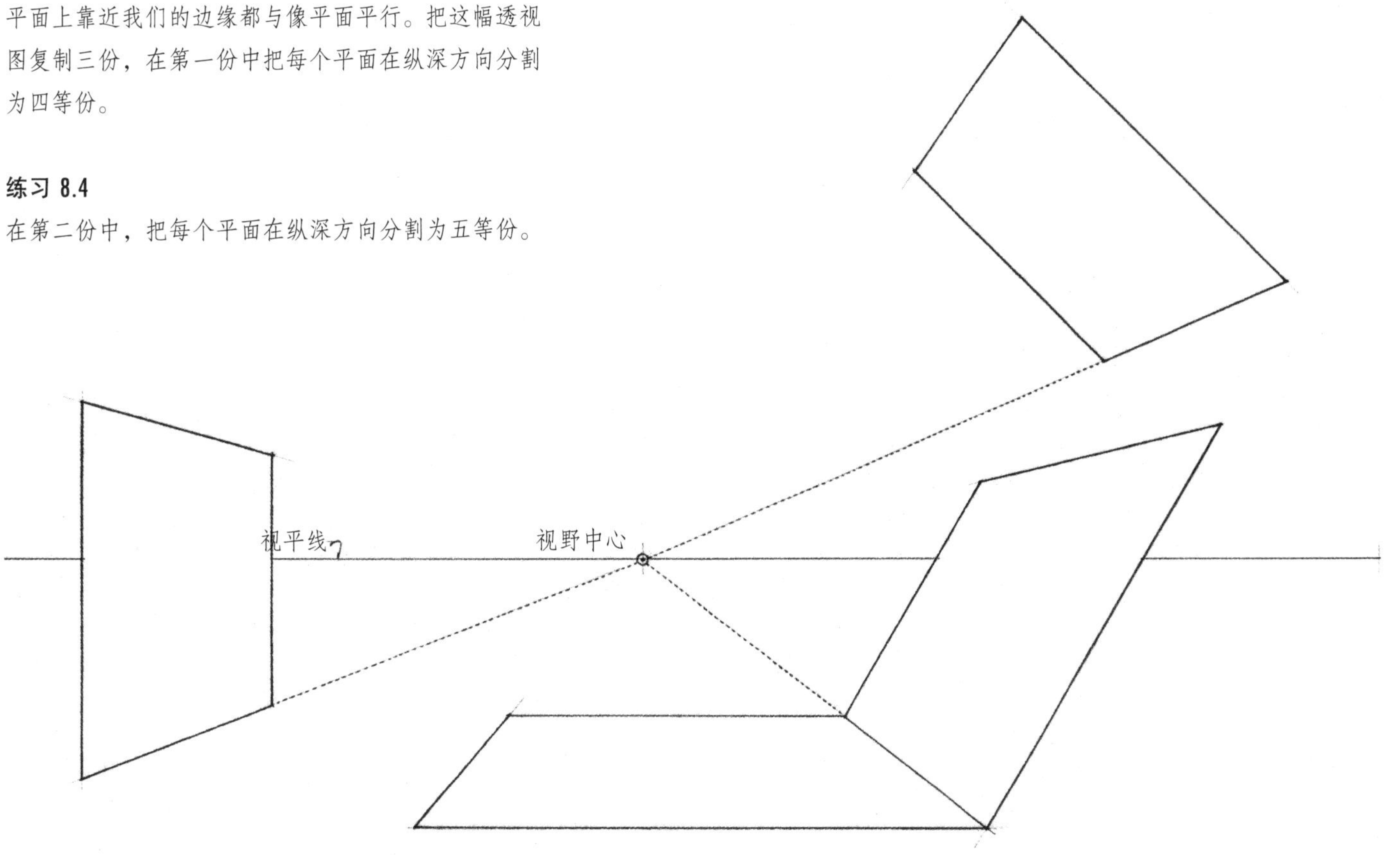

练习 8.5

在第三份中，把每个平面在纵深方向加倍。

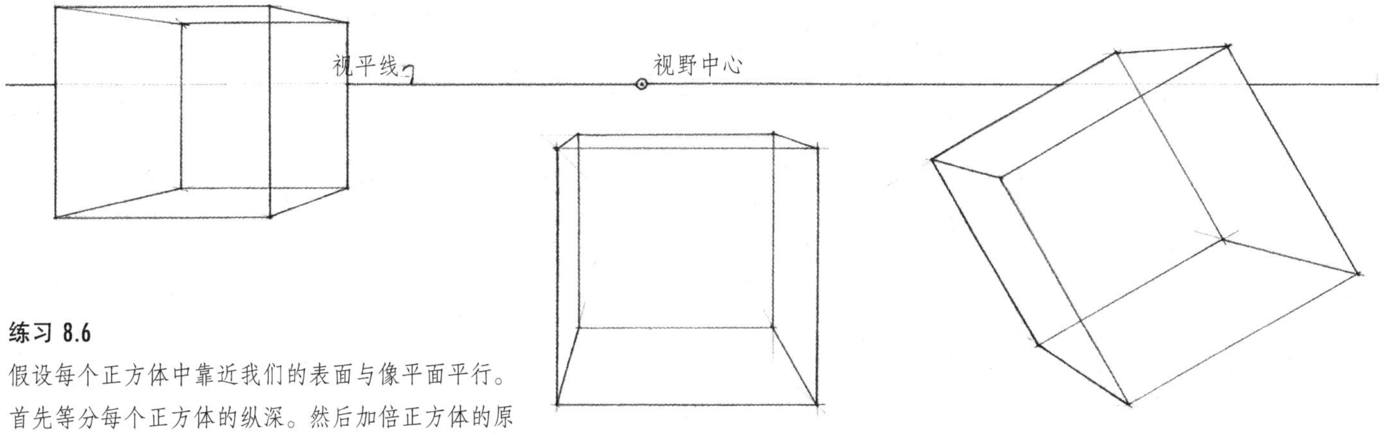

练习 8.6

假设每个正方体中靠近我们的表面与像平面平行。首先等分每个正方体的纵深。然后加倍正方体的原始纵深。

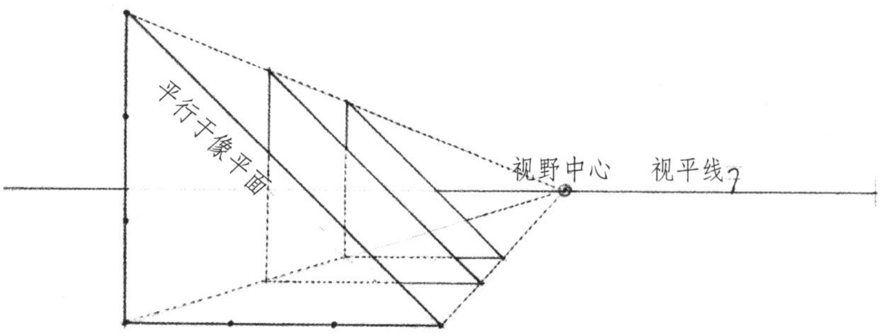

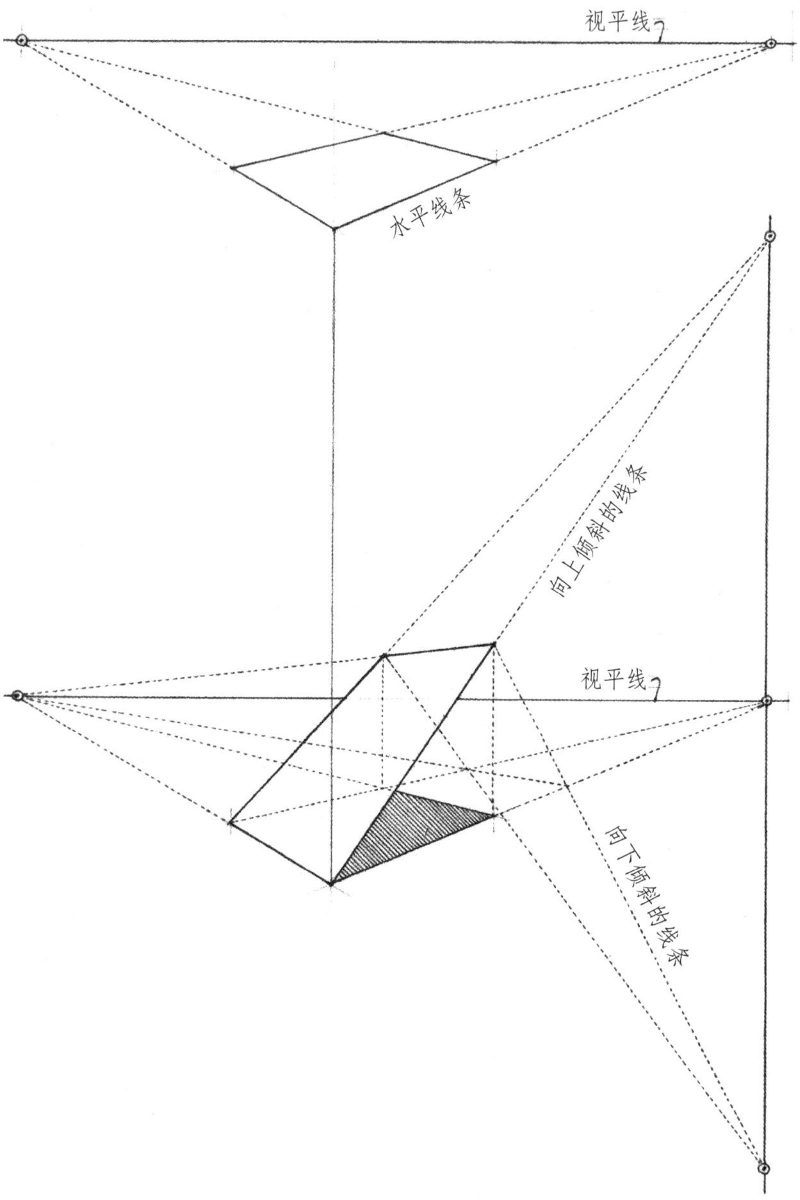

如果我们熟悉了平行于三条主轴的直线在线性透视中的会聚关系，就可以利用这种直线的几何关系作为基础，在透视图中绘制倾斜的线条和圆。

倾斜线条 | Inclined Lines

平行于像平面的倾斜线条维持方向不变，但是随着与观测者距离的增大而尺寸缩减。然而，如果一组平行线垂直或者倾斜于像平面，它们就表现为会聚于灭点——也许高于视平线，也许低于视平线。

在透视图中绘制任意斜线时，我们可以首先确定其端点的透视投影，再连结它们。这么做最简单的方法是想象这条斜线是直角三角形的斜边。既然我们可以正确绘制三角形直角边的透视图，就可以连结它们的端点，确定斜边。

如果需要绘制多条相互平行的斜线，比如坡屋顶、坡道或者楼梯，那么我们最好明确这组斜线在透视图中会聚于哪个点。倾斜的平行线并非水平，因此不会聚于视平线上。如果它们在远离我们时向上倾斜，它们的灭点位于视平线以上；如果它们在远离时向下倾斜，则会聚于视平线以下。

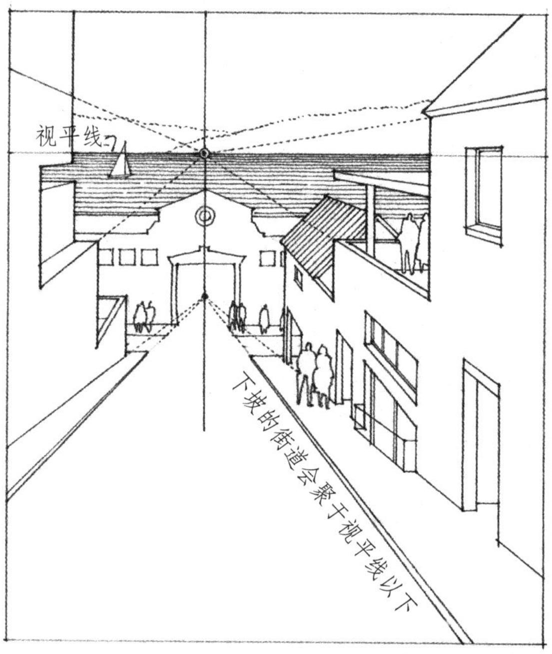

确定一组倾斜的平行线的灭点：

- 找到与其中一条斜线位于同一竖直平面内的水平线条。
- 确定这条水平线条位于视平线上的灭点。
- 通过该灭点绘制竖直直线。该直线即为上述竖直平面内以及一切与它平行的平面内的，所有平行线的灭点集合，也称一组平行平面的灭线（vanishing trace）。
- 延长其中一条斜线，直到与灭线相交。交点即是这条斜线以及任何与它平行的斜线的灭点。

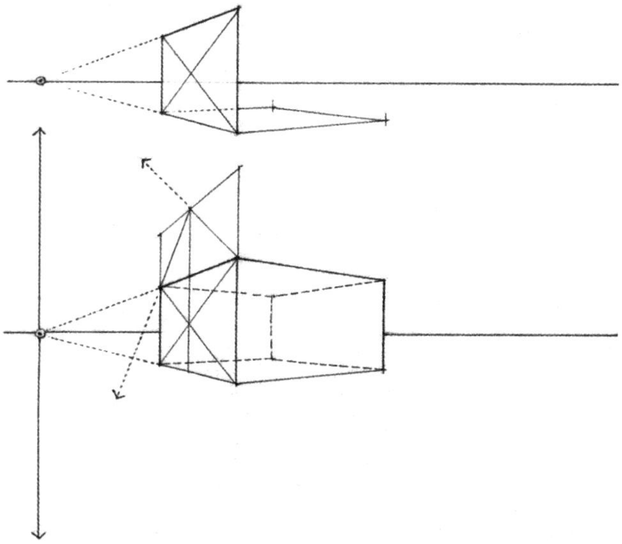

灭线 | vanishing trace（VT）

在线性透视中，一个平面内所有的直线与它们的平行线都会聚于一条直线上，即灭线。比如，视平线就是一切水平平面的灭线。

相互平行的斜线越陡，它们的灭点就位于灭线上更高或更低的位置。如果一组平行线向上倾斜，另一组向下倾斜，它们与水平方向所成的角度相同、方向相反，那么，它们各自的灭点位于视平线以上或以下的距离相等。

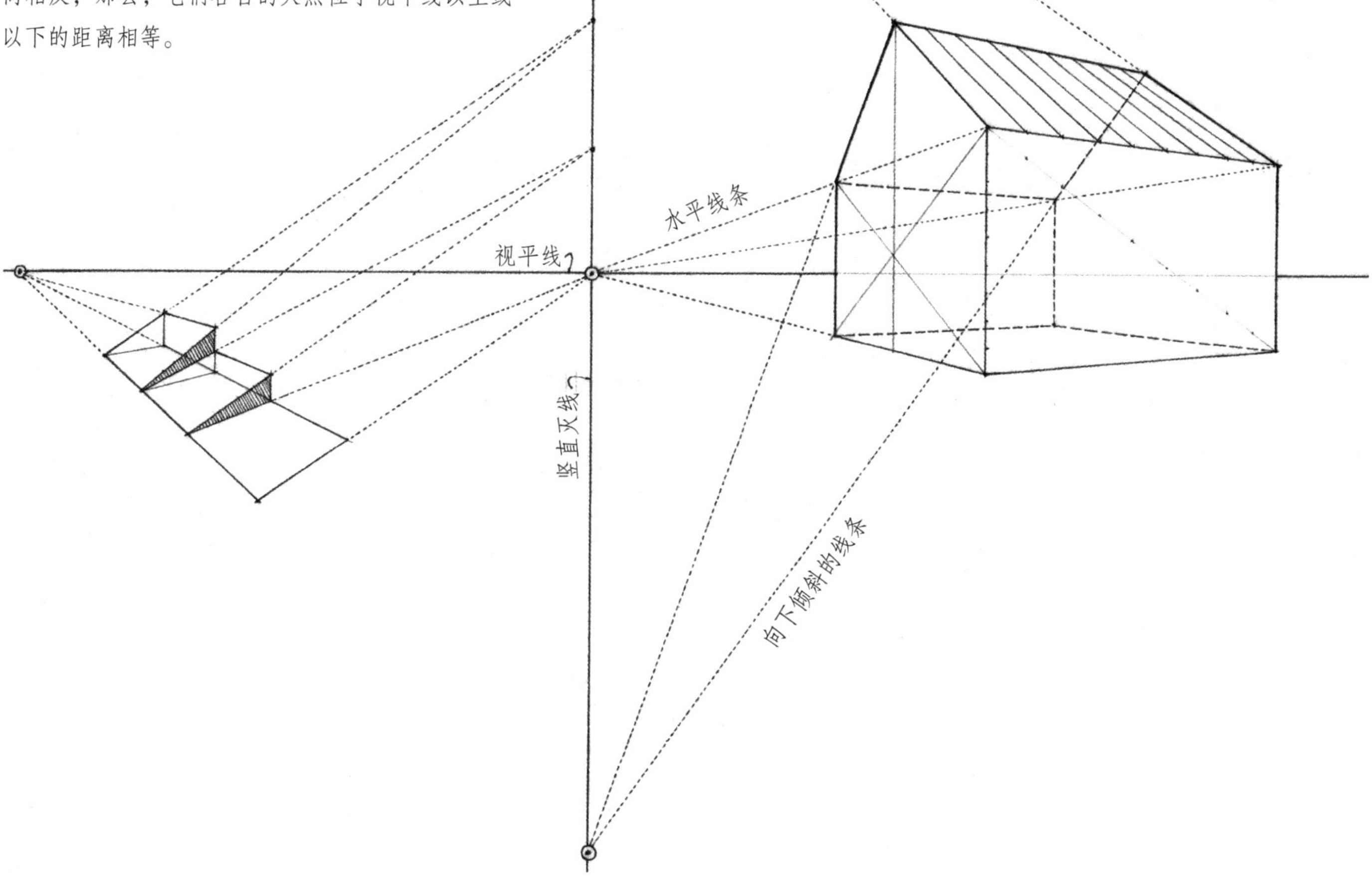

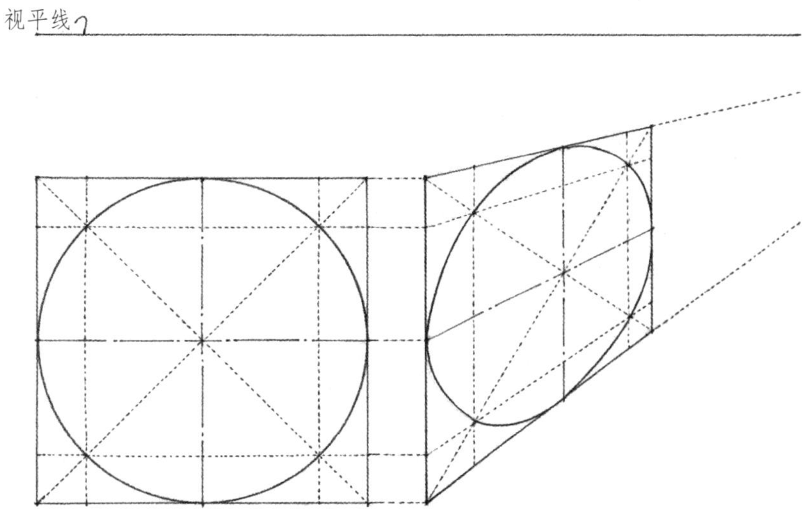

圆 | Circles

圆是一种必要的基本图形，用于绘制圆柱、拱形和其他圆形物体。圆如果平行于像平面，它的透视图依然是圆。如果从观测点射出的投影线平行于圆所在的平面，则圆的透视图是一条直线段。这种情况最常见于，圆所在的平面水平，并且与观测点等高；或者圆所在的平面竖直，并且与视野中的轴线对齐。

在其他任何情况下，圆在透视图中显示为椭圆的形状。在透视图中绘制圆形，首先绘制圆外切正方形的透视图。连结正方形的对角线，经过圆与对角线的交点做平行于正方形边线的辅助线，或者做圆的切线，以此标出这些交点。圆越大，就需要越多的分段，从而保证椭圆的形状平滑。

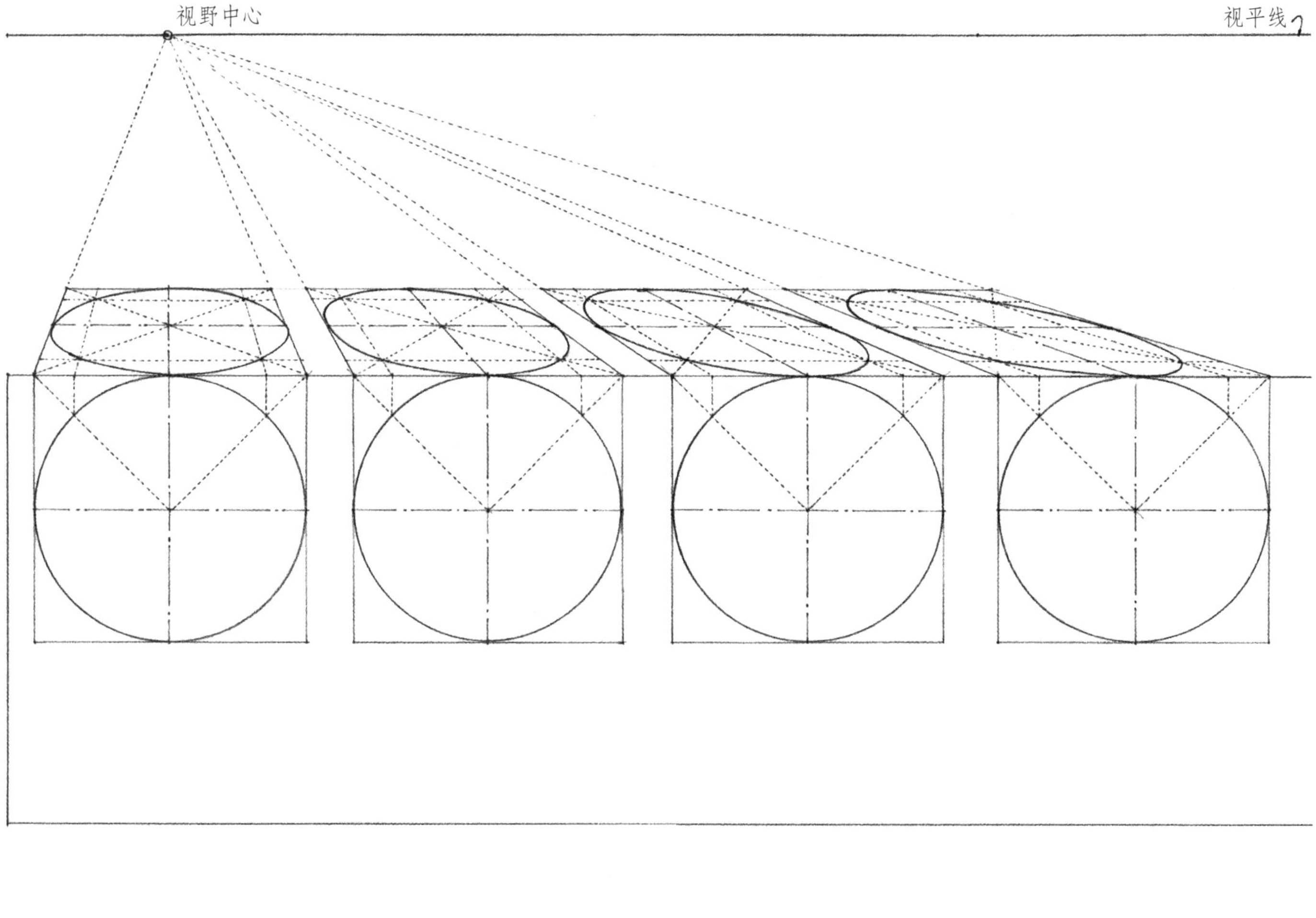

在透视场景的平面图中，从观测点射出的视线与圆周的切点，确定了透视图中圆形最宽的部位。这个宽度，即透视图中表示圆的椭圆形的长轴，和实际上圆形的直径不同。就如同透视图中正方形的近端一半比远端一半更大，透视图中圆形的近端一半也比远端一半更饱满。

我们倾向于把事物看成我们脑中相信的样子。所以尽管圆在透视图中显示为椭圆，我们会倾向于把它看成正圆，并因此夸大椭圆短轴的长度。短轴应当看上去垂直于圆所在的平面。检查椭圆形长、短轴之间的关系有助于我们确保透视图精确地表现圆形在纵深方向的透视缩短现象。

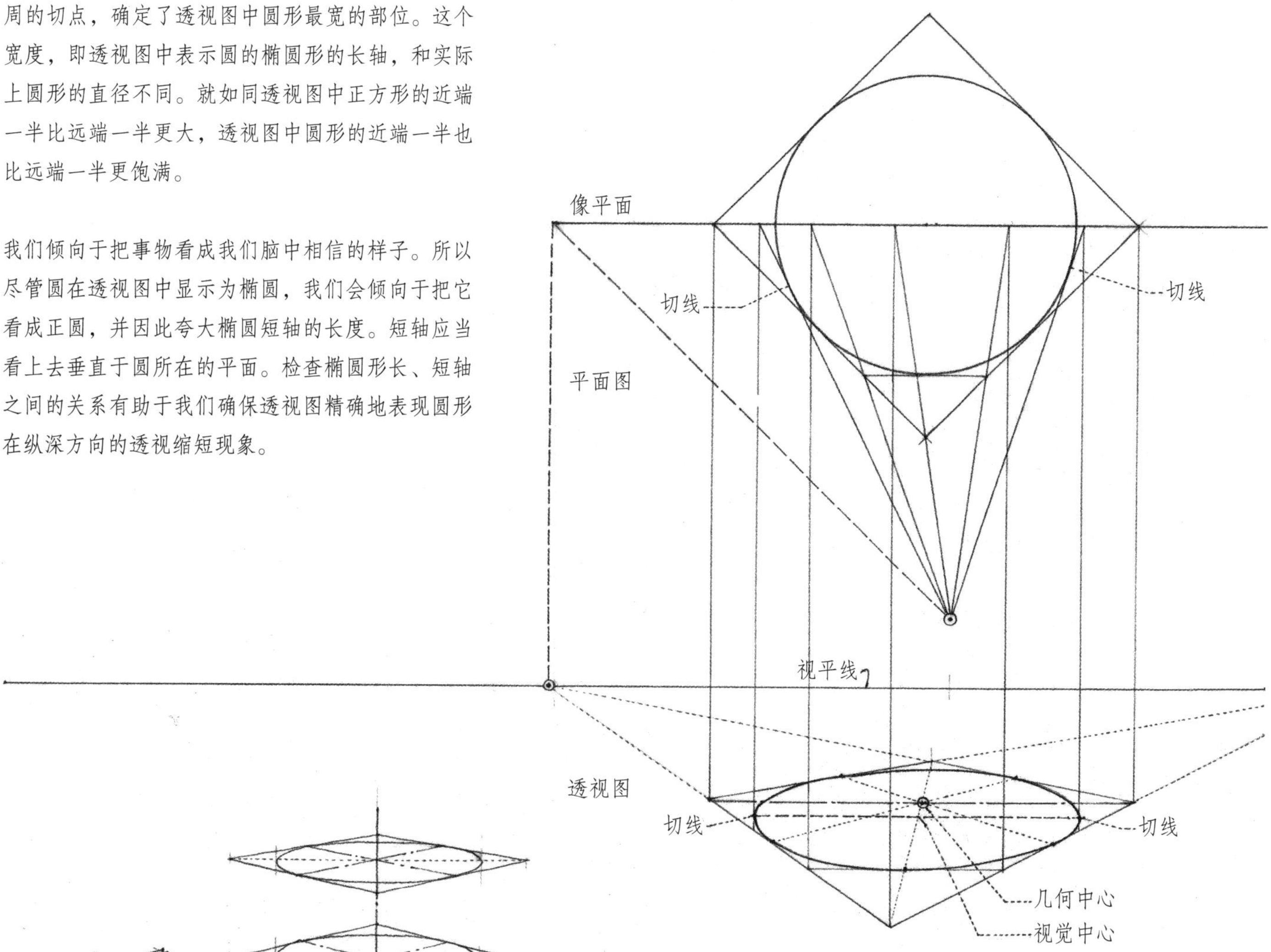

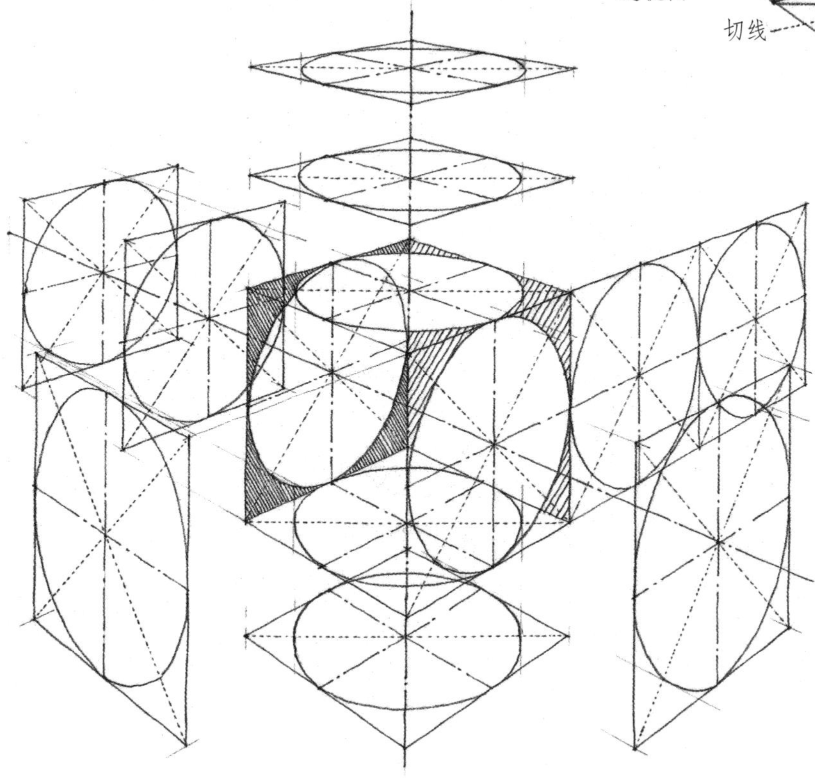

练习 8.7

在下方透视图中，利用透视几何的基本法则，构建出以下图形：

- 从A点到B点的一个坡道；
- 从C点到D点的一跑楼梯；
- 从E点到F点升起的单坡屋面；
- 从G点到H点的圆柱形高塔。

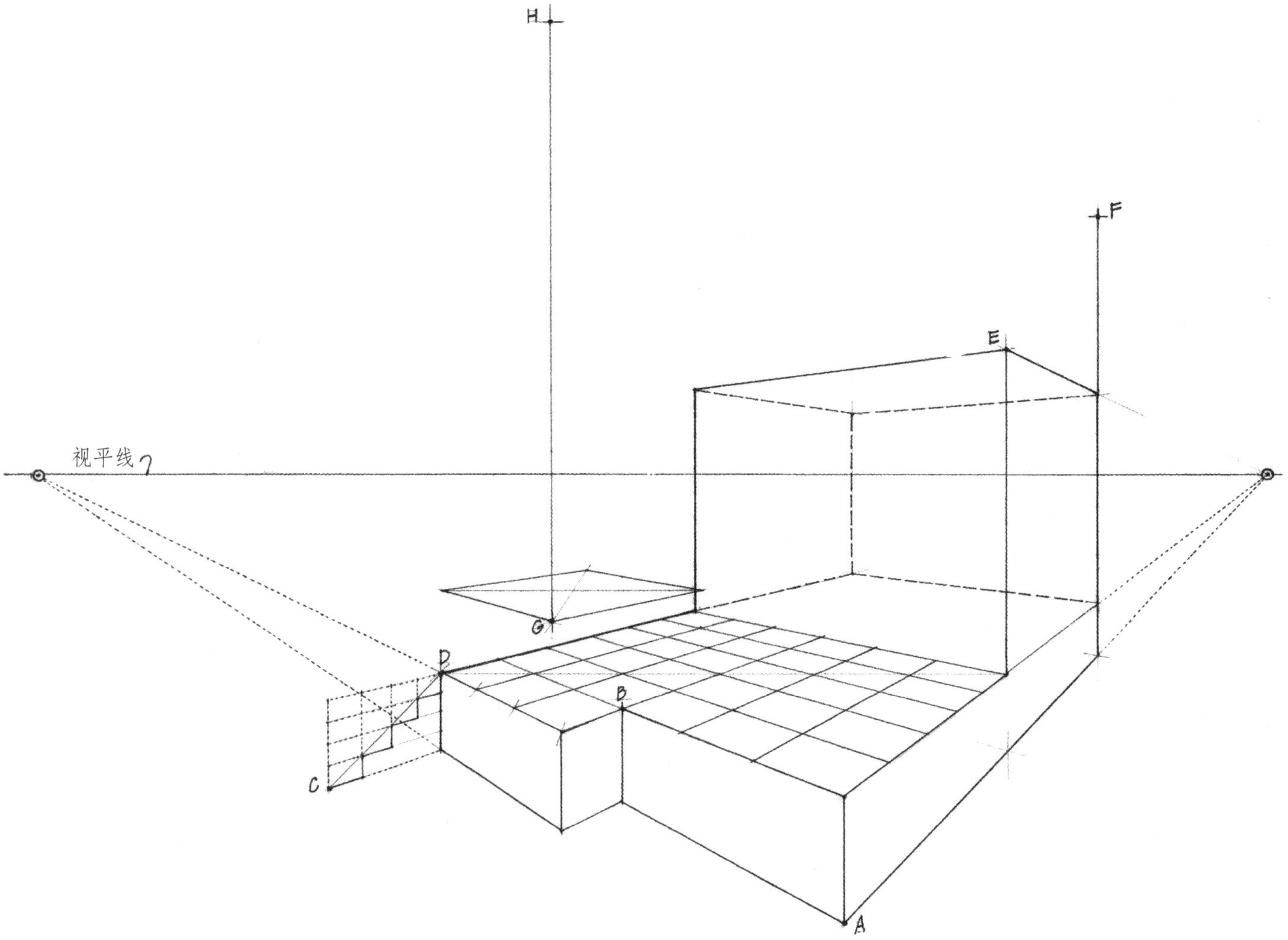

在任何矩形物体中，比如正方体，每一组主要的平行线都有各自的灭点。基于这三组主要的直线，线性透视可以被分为三个类型：一点透视、两点透视和三点透视。各类型之间的区别仅仅是观测者与对象的相对角度。对象没有变，只是我们的视角变了，并且各组平行线在线性透视中会聚的形式变了。

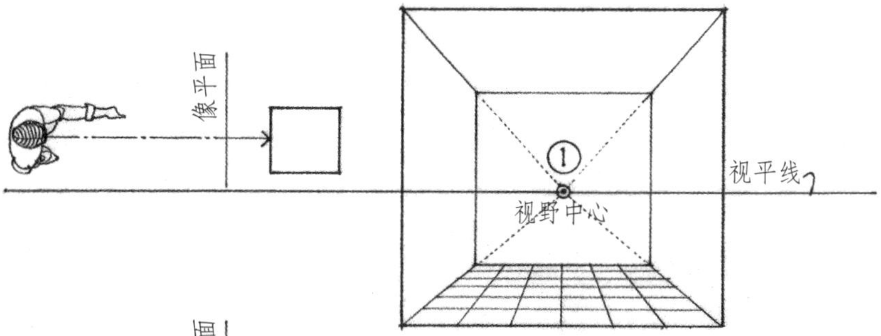

一点透视 | One-point Perspective

如果我们让视野中轴线垂直于立方体的一个表面观察它，那么正方体中的竖直线条与像平面平行，并保持竖直。平行于像平面且垂直于视野中轴线的水平线条也保持水平。然而，平行于视野中轴线的线条，会表现为在视野中心会聚——这就是一点透视中的“一点”所指。

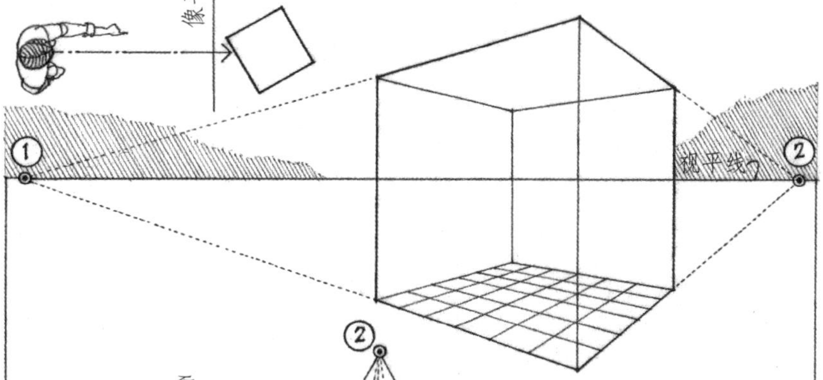

两点透视 | Two-point Perspective

如果我们变换视角，从斜向观察同样的正方体，但保持视野中轴线水平，竖直线条也会保持竖直。然而，两组水平线条现在都倾斜于像平面，并因此表现出会聚的效果。其中一组会聚于左侧，另一组会聚于右侧。它们的灭点就是两点透视中的“两点”所指。

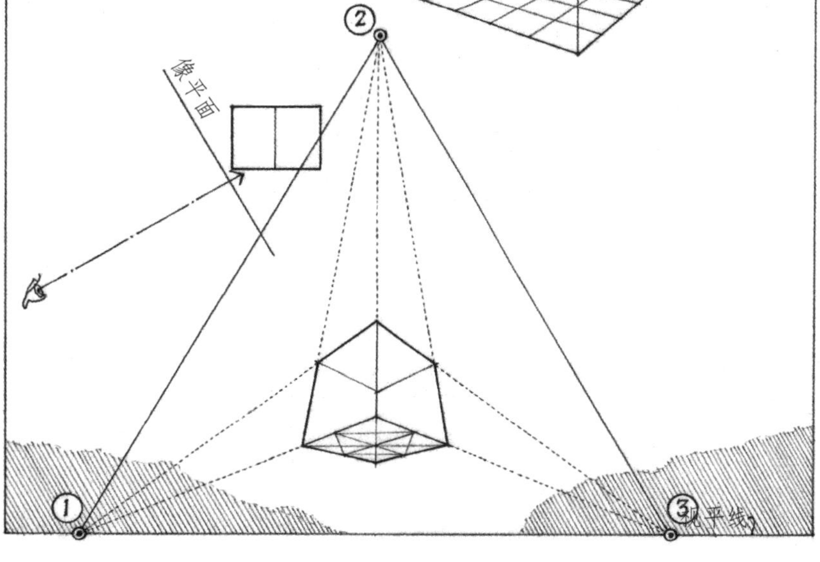

三点透视 | Three-point Perspective

如果我们抬起正方体的一侧，离开地面，或者让视野中轴线倾斜，向上或向下看这个立方体，那么它的三组主要平行线都会倾斜于像平面，并会聚于三个不同的灭点。这就是三点透视中的“三点”所指。

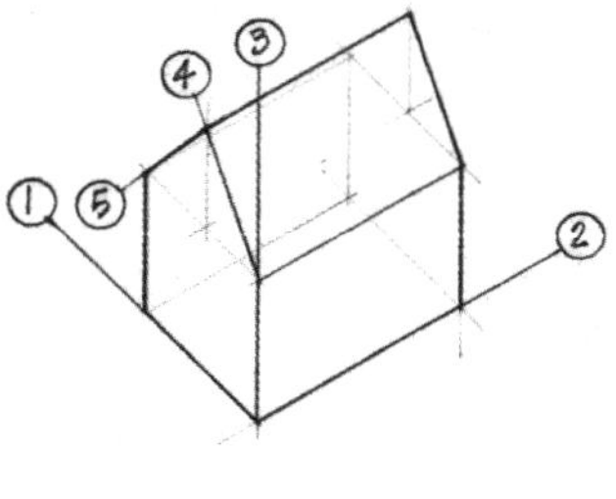

注意，每一种透视类型都不表示图中只存在一个、两个或三个灭点。实际存在的灭点数量取决于我们的视点位置，以及观察对象中存在多少组平行线。例如，如果我们观察一个双坡屋面的简单形体，可以发现其中最多可能存在5个灭点——因为我们能看到一组竖直线条、两组水平线条及两组倾斜线条。

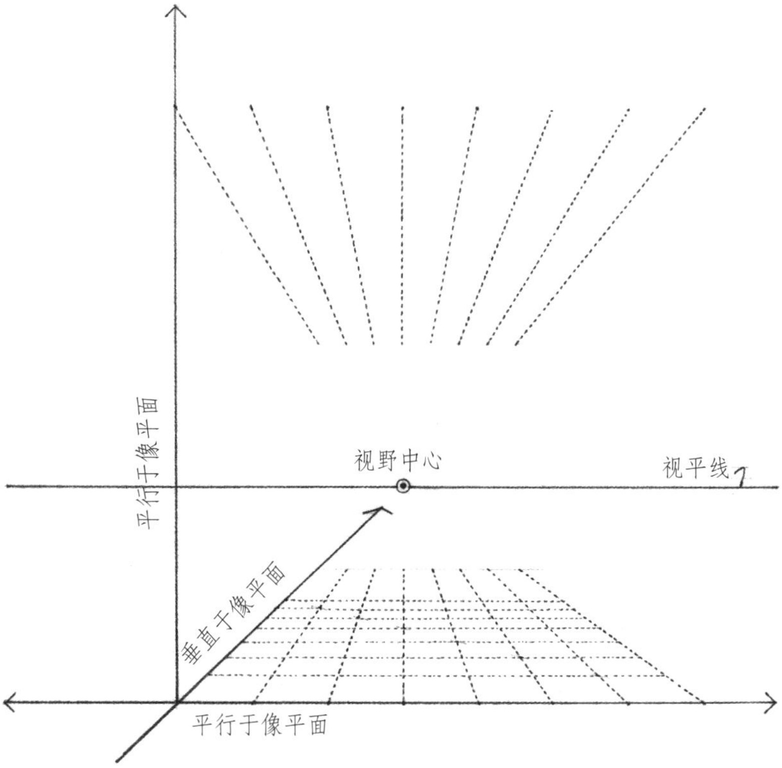

一点透视体系假设了三条主轴之中的两条——一条竖直的和一条水平的——与像平面平行。平行于这两条主轴的线也平行于像平面，并因此保持它们的真实方向，不表现会聚的效果。为此，一点透视也被称为“平行透视”（parallel perspective）。

第三条主轴方向水平，同时与像平面垂直，并且平行于视野中轴线。一切平行于这条轴线的线条在视平线上的视野中心会聚。这就是一点透视所指的特定灭点。最重要的一组平行线在这个中央灭点会聚，这就是一点透视最具标识性的视觉特征。

如果矩形物体中纵深方向的线和面在透视图中不可见，那么一点透视就可能无法有效表现物体的三维形态。然而，同时表现三个围合面，体现出清晰的空间围合感，这使得一点透视在描绘空间体积时特别有效。为此，设计师通常用一点透视表现街道场景、规则式园林、庭院、柱廊以及房间室内空间的体验视图。我们还可以利用中央灭点来吸引读者的注意，强调轴向和对称的空间布局。

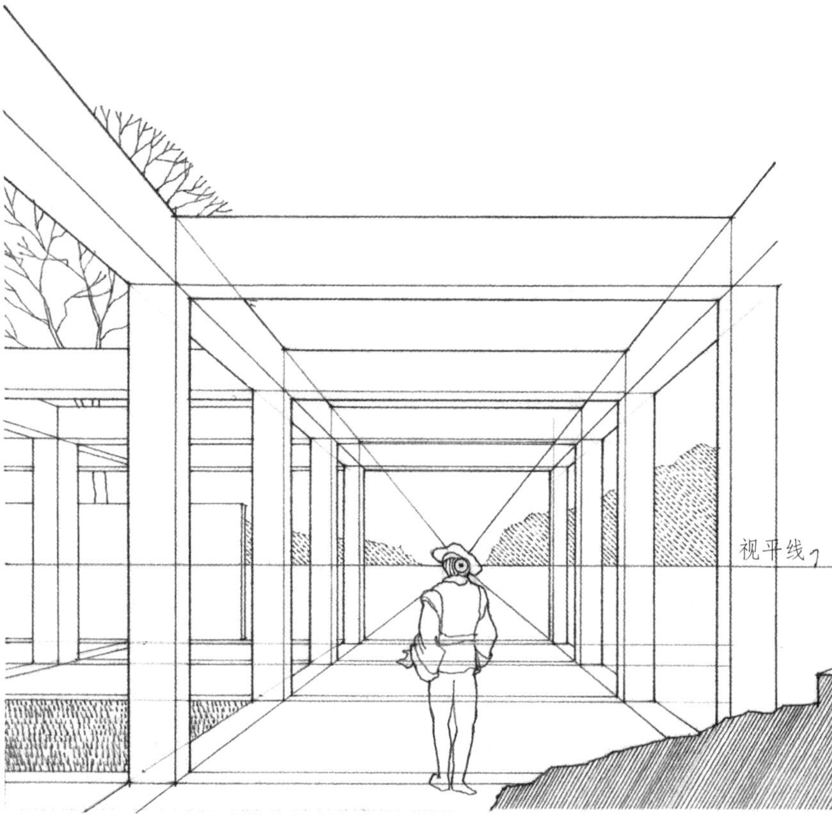

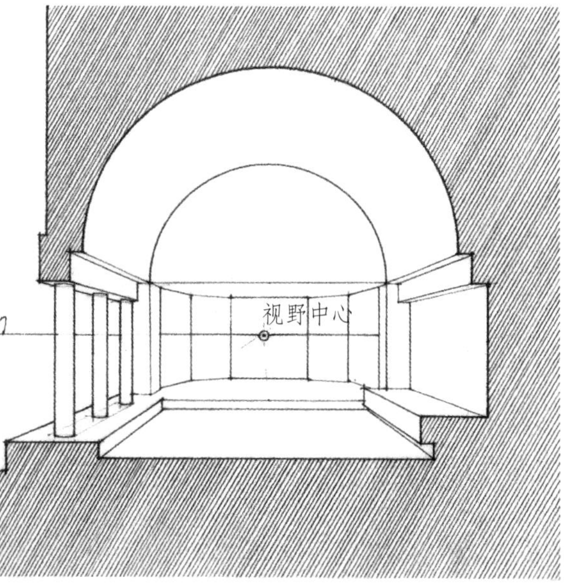

构建一点透视的对角点法，让我们可以直接在透视图中获得精确的纵深尺寸，而不需要从平面图间接投影。这种方法只需要一幅立面或剖面图，因此在构建透视剖面图时特别有效。

对角点法利用等腰直角三角形的几何特征以及会聚的法则，在透视图中测量纵深尺寸。我们知道，等腰直角三角形的两条直角边长度相等。因此，如果我们可以按比例绘制等腰直角三角形的一条直角边，那么斜边就可以在另一条直角边上截取相等的长度。

具体的做法包括，让等腰直角三角形的一条直角边位于像平面上，或者平行于像平面，从而可以作为测量线。沿着这条边，我们量出一段和所求的透视纵深相等的长度。从这个长度的一端，我们绘制直角边，会聚于视野中心。从另一端，我们绘制斜边，会聚于相应的灭点，与像平面成45°角。这条对角线在直角边上标记出所求的透视纵深，与平行于像平面的直角边长度相等。

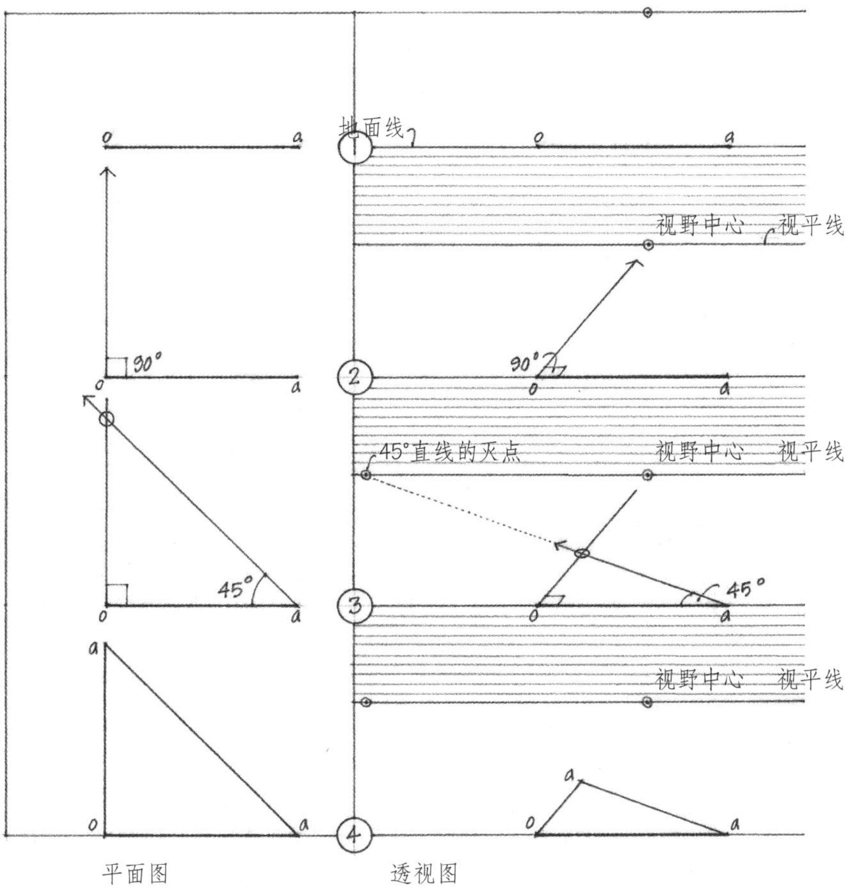

透视布局 | Perspective Setup

我们从一幅立面或剖面图开始——立面或剖面垂直于观测者视野中轴线，并与像平面重合。立面或剖面图的尺度确定了透视图的尺寸。

- 确定地面线和视平线。地面线通常就是立面图或剖面图的地面。视平线高于地面线的距离等于观测者眼睛高于地面的距离。
- 在视平线上确定观测者的视野中心。

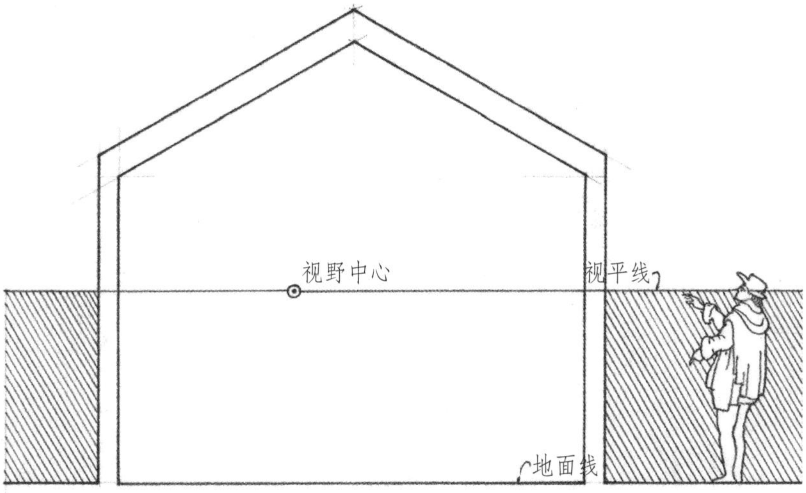

回顾关于透视变量的讨论，复习改变观测点与对象的距离，升高或降低视平线，以及移动像平面的位置会如何影响透视图的图面特征。

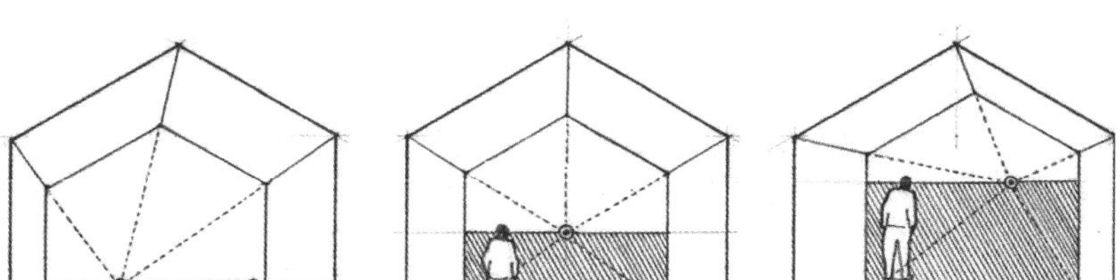

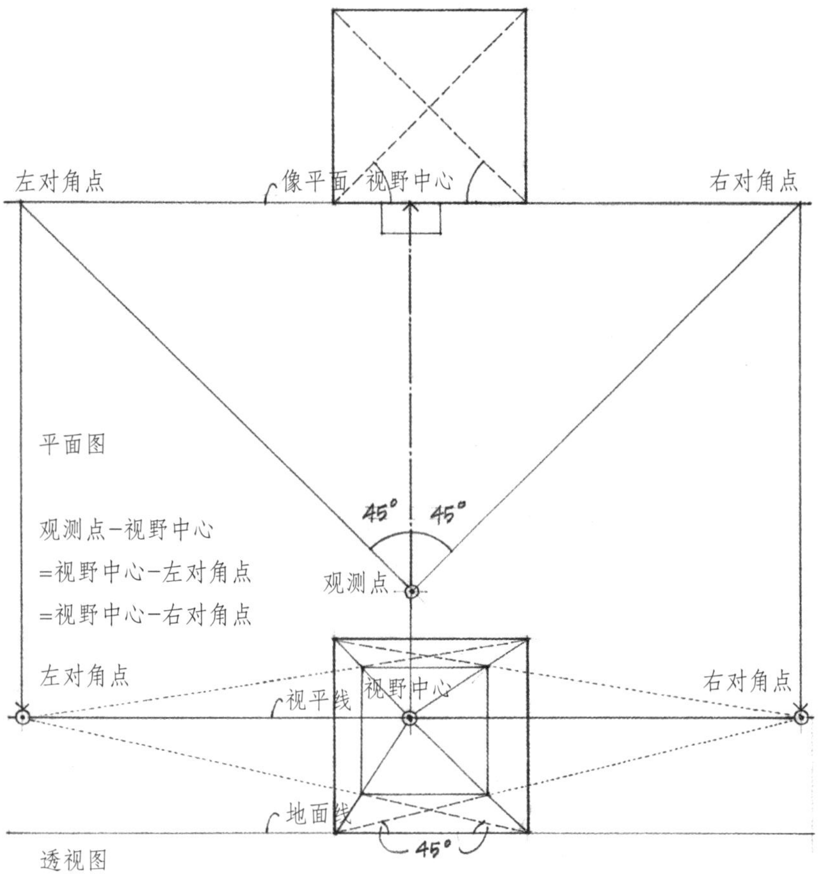

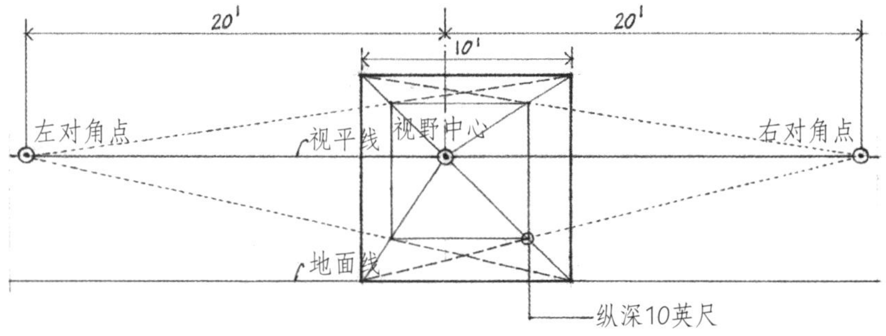

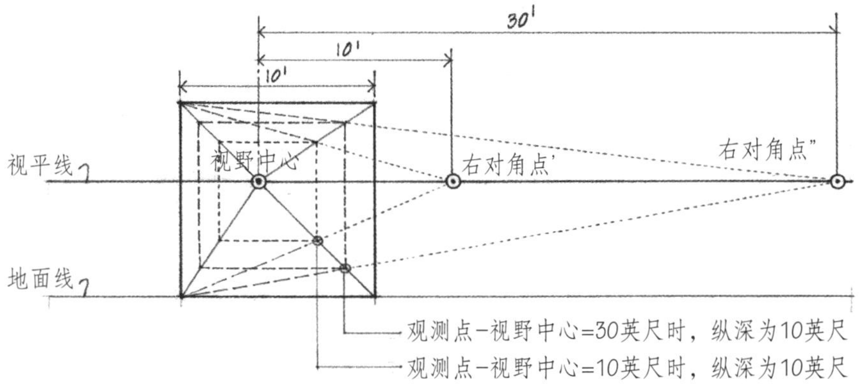

确定对角点 | Establishing Diagonal Points

为了使用对角点法，我们必须先确定与像平面成45°角的平行线的灭点。一组平行线的灭点是从观测点射出与它们平行的视线和像平面的交点。因此，我们在透视布局的平面图中，从观测点引出45°直线，与像平面相交，确定所有45°对角线的灭点。我们称这个灭点为“对角点”（diagonal point）或者“距点”（distance point）。

与像平面成45°角向左的水平直线，和与像平面成45°角向右的水平直线各有一个对角点。两个对角点均位于视平线上，与视野中心距离相等。通过等腰直角三角形的几何特征，我们还知道每个对角点与视野中心的距离，等于观测点与像平面的距离。

如果我们理解这种几何关系，就无需在透视图的正上方建立透视场景的平面图。我们可以简单地在透视图中直接定位一个或两个对角点，它们与视野中心的距离等于观测者到像平面的距离。如果使用60°的视锥，视野中心与对角点的距离就应该等于或者大于立面图或剖面图的图幅宽度。

举个例子，如果观测者站立在距离像平面20英尺的位置，视平线上的对角点就应当位于视野中心左右各20英尺远。用像平面上的比例尺量出这个距离，就可以确定向左和向右的45°角直线的灭点位置。

如果我们把对角点向视野中心移动，就等效于观测者向像平面移动，并且在看空间纵深方向的表面时能够看到更多。如果我们让对角点远离视野中心，则观测者也会远离像平面，从而空间纵深方向的表面会因透视而缩得更短。

测量纵深 | Measuring Depth

利用对角点测量纵深尺寸的基本步骤包括：

1.从视野中心绘制直线，通过立面图或剖面图的每个角点。这些直线代表对象在纵深方向的水平边缘，与视野中轴线平行，并在视野中心会聚。
2.在像平面上建立一条水平测量线。测量线通常选择地面线，但是如果地面线距离视平线很近，也可以把测量线放置在地面线以下，或者视平线以上。这么做可以让交线的夹角更大，从而保证对纵深的三角测量更加准确。
3.构建一条垂直于像平面的基线，会聚于视野中心。我们在这条基线上测量透视纵深，通常会选择某面侧墙的顶边或底边，但实际上，它可以是垂直于像平面、会聚于视野中心的任何直线。
4.在水平测量线上，按照像平面的比例尺，量出与所需纵深尺寸相等的距离。使用左对角点时，在零点右侧量取像平面背后的纵深尺寸，在零点左侧量取像平面近前的纵深尺寸。
5.利用会聚于对角点的直线，把每个测量值投射到垂直于像平面的基线上。这些对角线与垂直基线相交的纵深位置，恰好等于测量线上标注的纵深尺寸。
6.当透视图中的主要纵深尺寸确定后，我们可以绘制水平和竖直的直线，与其他指向视野中心的线或面相交，从而转移这些尺寸。

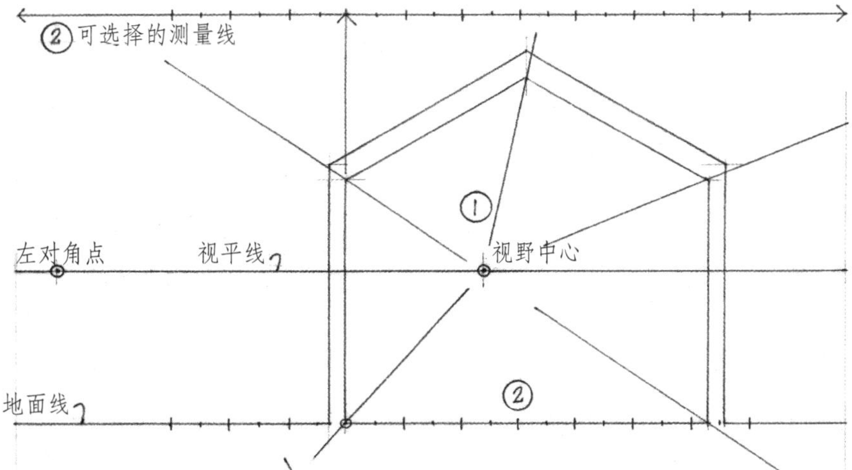

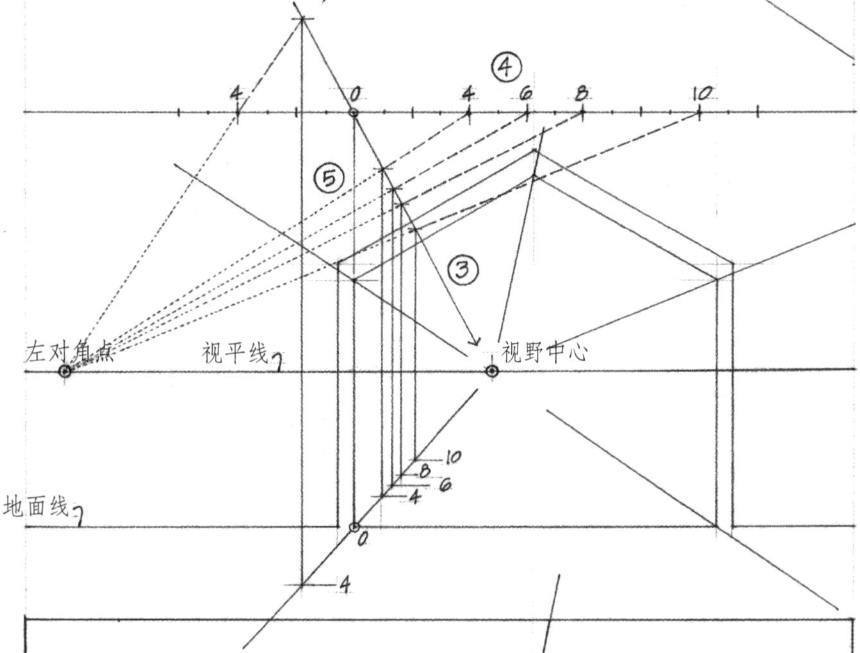

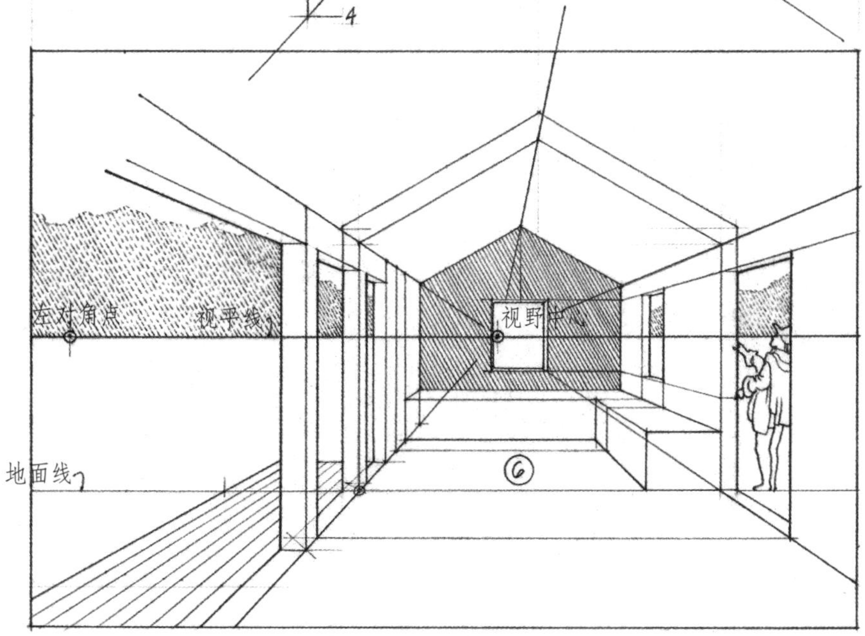

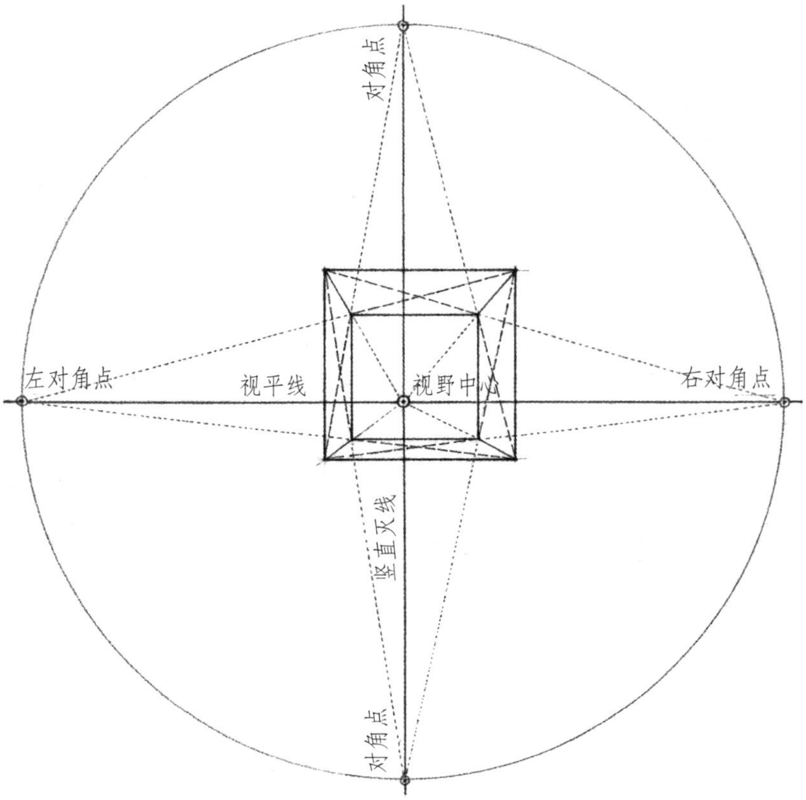

多对角点 | Multiple Diagonal Points

对于地面、地板、天花板以及任何其他水平面上的45°对角线，它们的对角点位于视平线上。而对于侧墙或者其他与像平面垂直的竖直平面，它们的对角点位于穿过视野中心的竖直灭线上。这4个对角点与视野中心距离相等，都位于以视野中心为圆心的圆周上。虽然为了测量透视纵深，我们只需要一个对角点，但是知道另外三个的存在，让我们可以在实际构建透视图时更加灵活。

分度对角点 | Fractional Diagonal Points

如果一个对角点距离视野中心太远，无法触及，我们也可以利用分度对角点来实现纵深测量。这种技巧来源于相似三角形的对应边成比例的几何原理。

确定分度对角点时，我们以2或者4为因子，等分视野中心与对角点的真实距离。使用$^1/_2$对角点时，每在平行于像平面的方向量取一个单位宽度，在基线上标示两个单位纵深；使用$^1/_4$对角点时，每在平行于像平面的方向量取一个单位宽度，在基线上标示4个单位纵深。

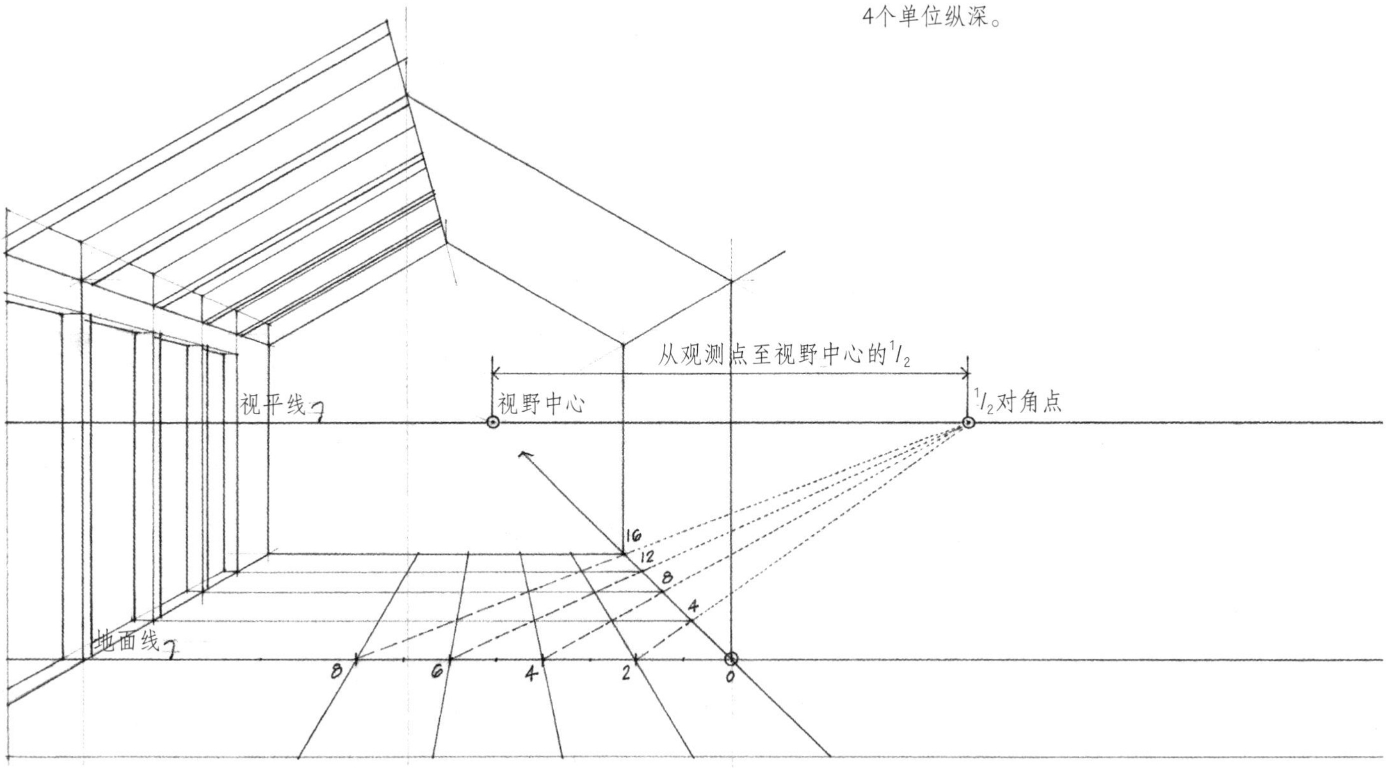

练习 8.8

假设正方体边长10英尺，观测者站立在距离其正面15英尺远的位置，并且正方体正面与像平面重合。在线性透视中确定以下各点：

- 位于直线A上，像平面后方6英尺。并将此点竖直投影到直线B上。
- 位于直线C上，像平面前方4英尺。
- 位于地面以上3英尺、直线D的正上方、像平面后方5英尺。

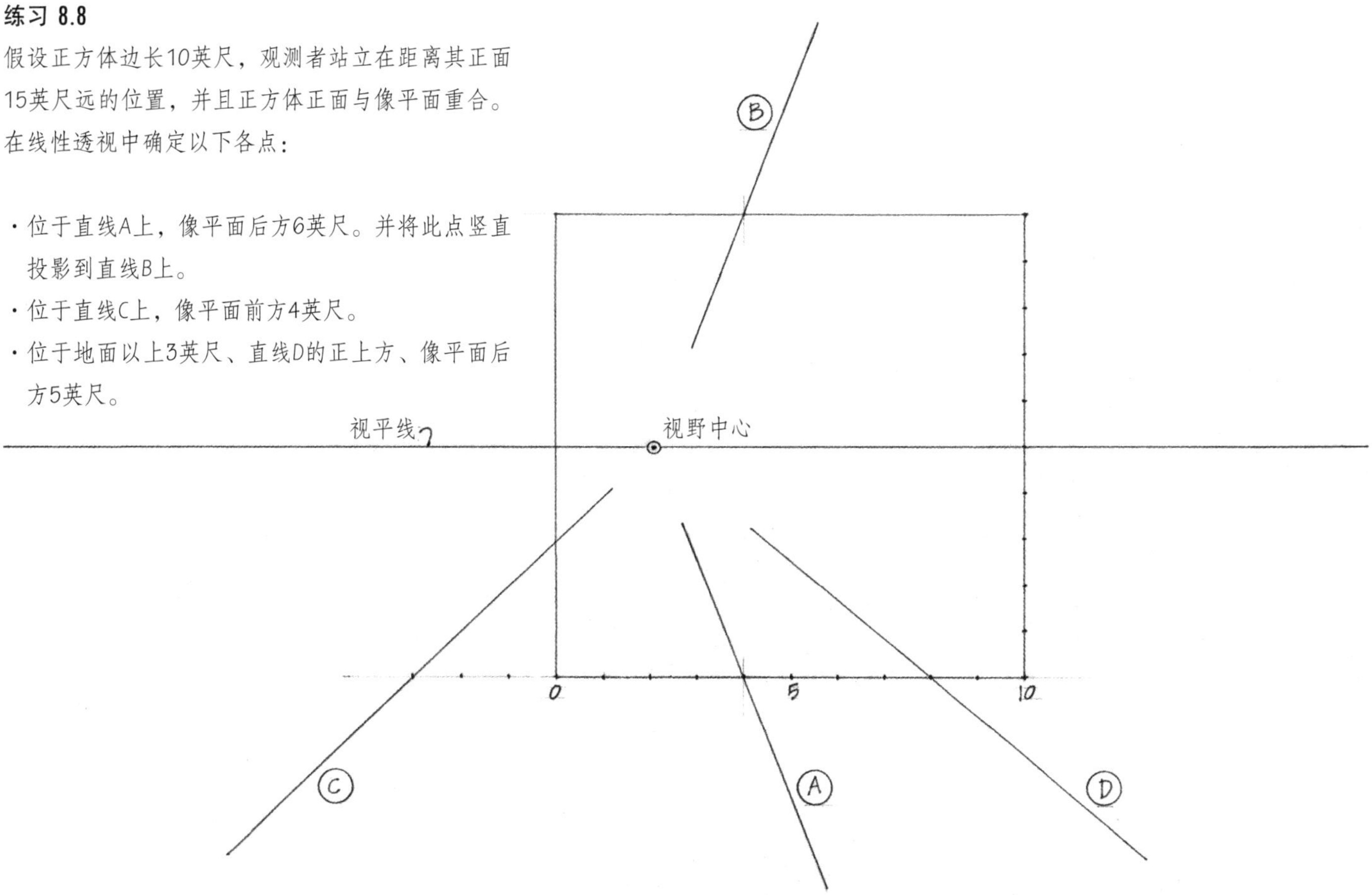

练习 8.9

假设观测者站立在距离像平面15英尺的位置，看向一面16英尺宽、12英尺高、30英尺远的墙。为这个空间构建一点透视图。在透视图中构建出：

- 后墙上3英尺×7英尺的门洞，以及其中的一面侧墙。墙体厚度均为8英寸。
- 另一面侧墙上4英尺×4英尺的窗户，窗台高3英尺，位于像平面后方6英尺。在同一面墙上，位于像平面前方2英尺处设置相同的窗户。
- 在地板上任意位置6英尺×6英尺×1英尺的平台。
- 1英尺厚的屋顶结构上6英尺×6英尺的天窗开洞，位于平台的正上方。

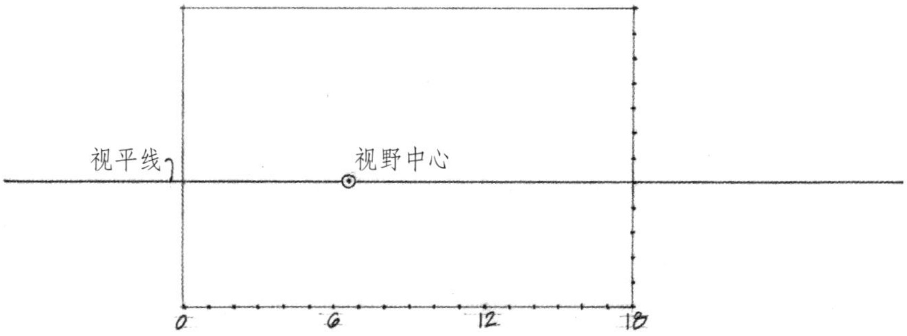

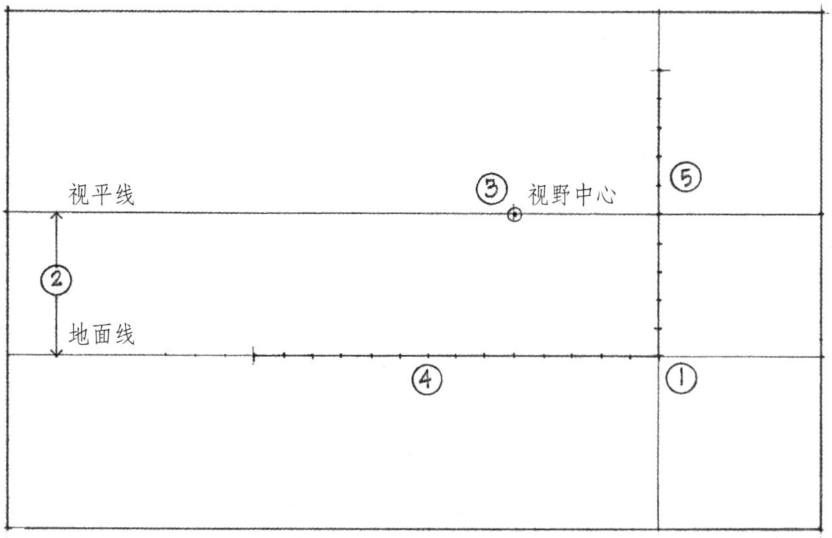

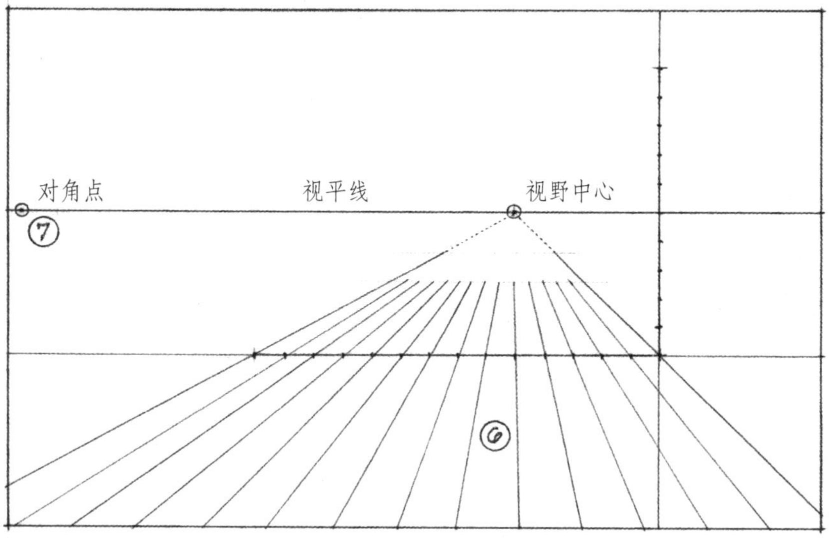

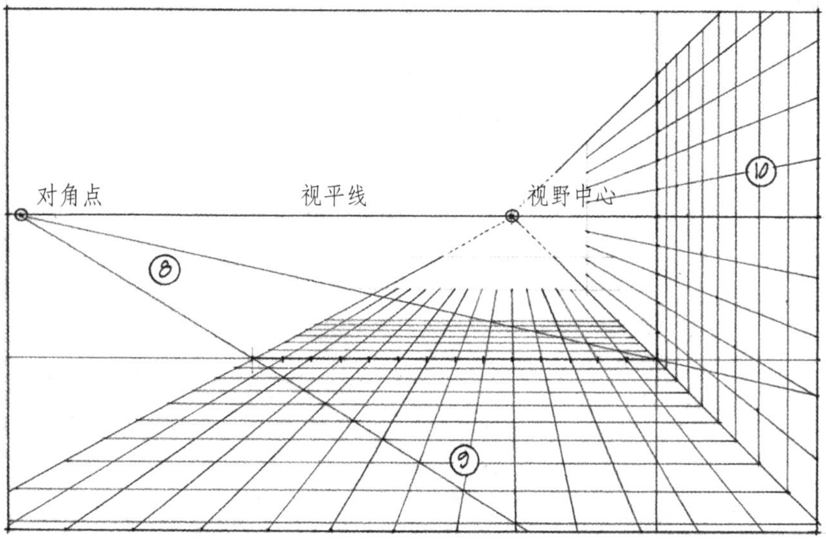

透视网格是三维坐标系统的透视图。由均匀间隔的点和线组成的三维网络让我们能正确地构建室内、外空间的形式和尺度，并规范其中物体的位置和尺寸。目前可以在市场上买到若干种不同尺度和视角的透视网格。我们也可以按照以下流程自行制作一点透视网格：

1. 确定像平面的比例尺，要同时考虑到空间的尺度和透视图所需的尺寸。
2. 按照像平面的比例尺确定地面线，以及观察者眼睛高度的视平线。
3. 在靠近视平线中央的位置确定视野中心。
4. 沿着地面线，按比例尺绘制等间距的刻度。刻度单位通常为1英尺，但我们也可以根据绘图比例尺和透视图需要包含的细节深度，采用更小或者更大的间距。
5. 在地面线的左端点或者右端点建立竖直测量线，也照此绘制刻度。
6. 分别通过地面线上每个刻度点，从视野中心引出地平面上的透视坐标线。
7. 在视野中心的左侧或者右侧，与观测点到像平面相等的距离，确定对角点。如果观测点与像平面的距离未知，则视野中心到对角点的距离应大于或等于空间宽度。
8. 从对角点向地面测量线的各端点引对角线。
9. 在对角线和会聚于视野中心的地面坐标线的每个交点，绘制水平线。结果就得到地面或者地板平面上的一幅正方形的透视坐标网。
10. 如果需要，我们可以把这些纵深刻度誊抄到侧墙上，甚至天花板或者其他头顶平面上，建立同样的坐标网格。

练习 8.10

在一张$8^1/_2$英寸×11英寸的高品质草图纸或者牛皮纸上制作一幅一点透视网格。假设像平面的比例尺为$^1/_2$英寸=1英尺，视平线比地面线高5英尺或6英尺。在完成后，我们可以复印这幅透视网格，放大或者缩小到任何所需的比例。把草图纸铺在网格上，我们就可以利用透视结构更轻易地徒手起草室内、外空间的透视图。

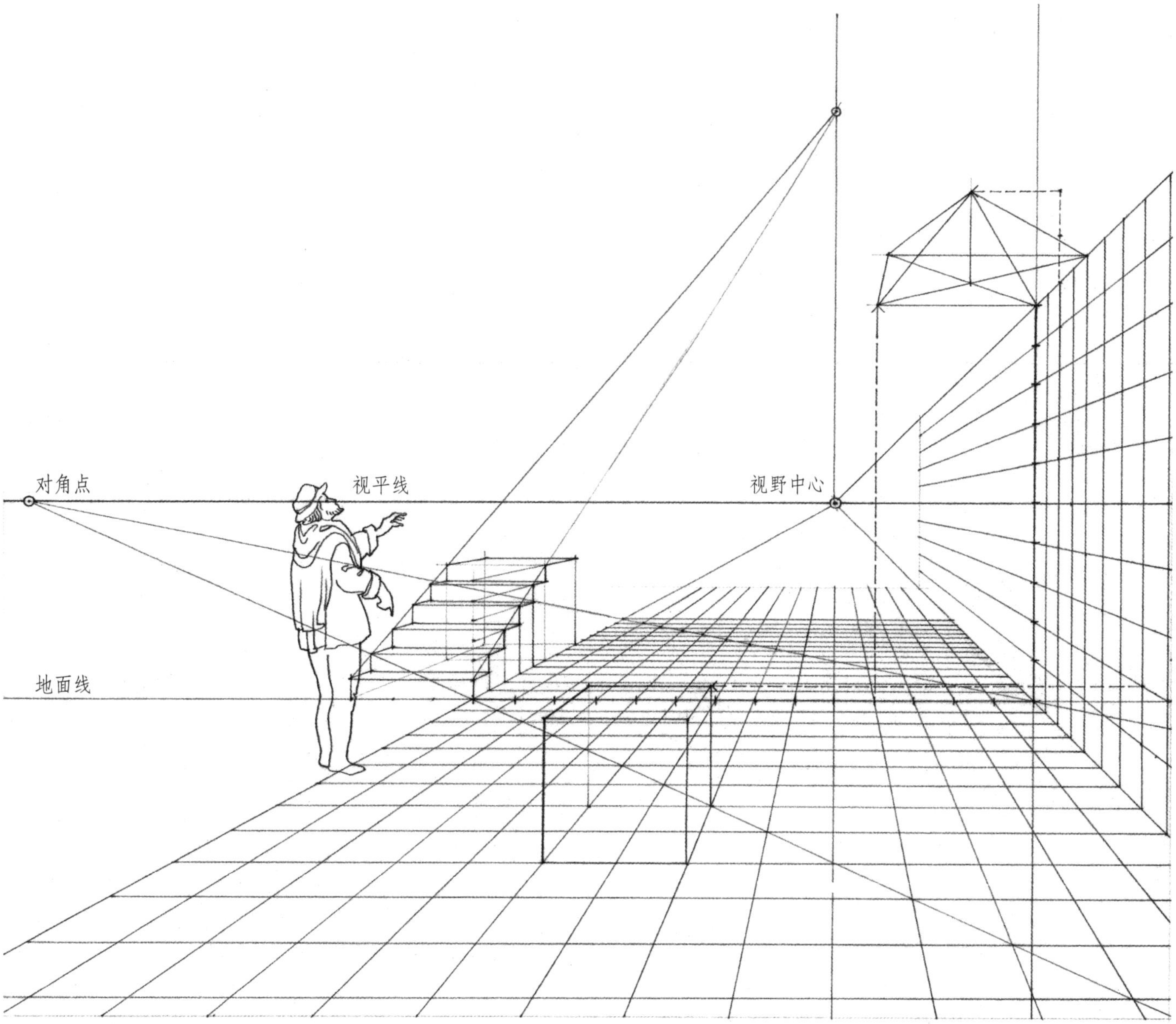

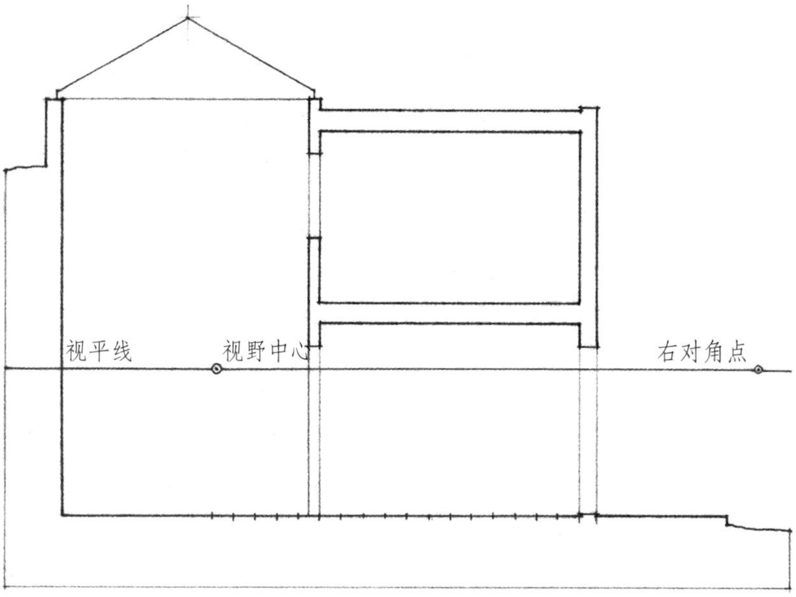

透视剖面图结合了剖面图的比例特征和透视图的具象纵深感。因此可以同时表现出设计方案的建构特征和建筑结构塑造出的空间品质。我们在构建透视剖面图时首先以适当的比例绘制建筑剖面图。假定剖切面与透视图的像平面重合，于是剖面图就可以直接当作透视图中竖直和水平方向的尺寸参照。

- 确定视平线并选取视野中心。视平线的高度和视野中心的位置会影响最终图纸的强调重点以及我们在上方、下方和左、右两侧分别看到什么。
- 在视平线上，确定左、右两个45°对角线的灭点。最重要的是，从视野中心到对角点的距离应当至少等于建筑剖面图的长、宽中较大的那个。
- 利用对角点法构建起一点透视图。

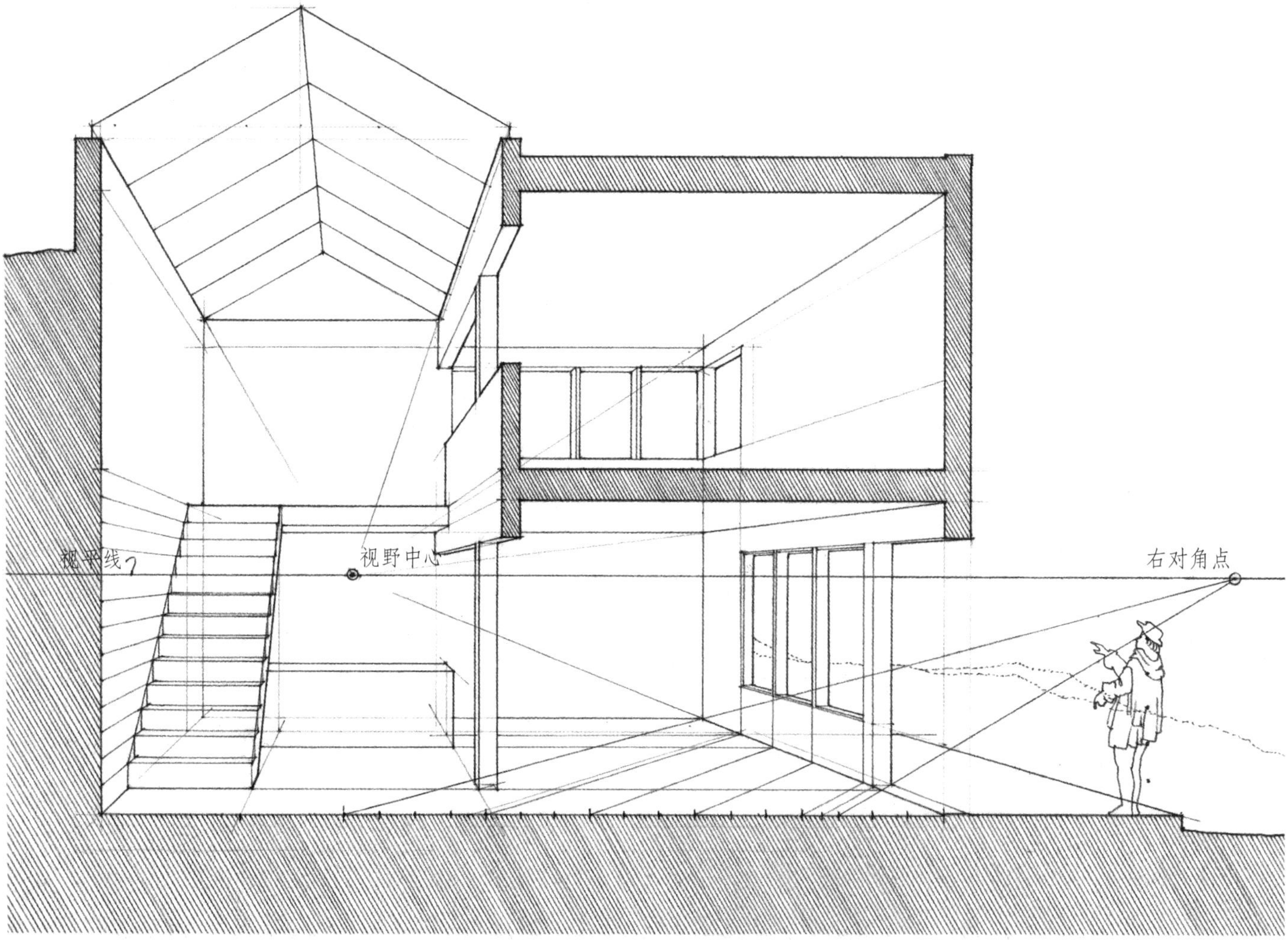

练习 8.11

下方的建筑方案剖面图是按照$^1/_4$英寸=1英尺的比例尺绘制的。根据给出的视平线、视野中心和左对角点，把这幅剖面图改为透视剖面图。

- 假设空间的后墙位于像平面后方24英尺；像平面与竖直的剖切面重合。在空间中的地板平面上，建立3英尺见方的网格。
- 在空间中的不同纵深处绘制三个人形。
- 图中表示了三步台阶通向一个平台。用这三步台阶作为基准，沿着右侧墙绘制一跑楼梯，连结平台和楼内夹层。夹层与室外场地的较高处相通。
- 在左侧墙上绘制一面玻璃幕墙，其中包括通向檐廊的对开玻璃门。幕墙竖梃中心间距为3英尺。
- 屋顶结构包括裸露的3×10椽子[译注]，中心间距为3英尺。自己假设建筑朝向，并在屋顶平面上开出天窗，让日光进入室内空间。

[译注] 原文无单位，推测为英寸。

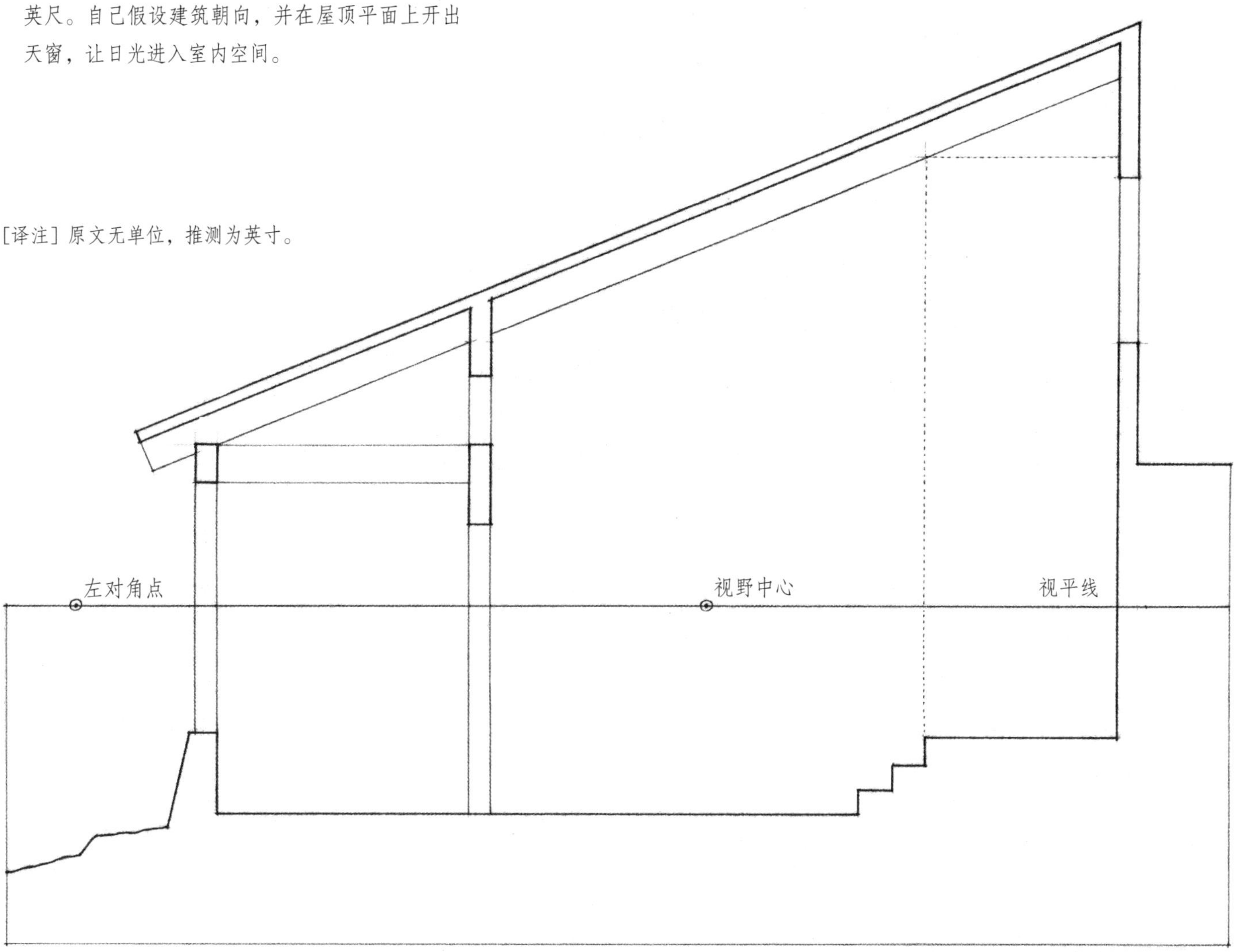

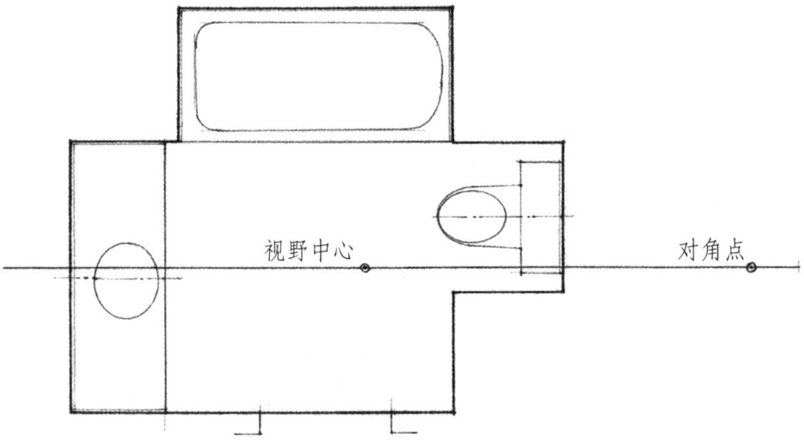

为了把二维的楼层平面图转化成三维视图，我们可以绘制透视平面图——一幅房间室内或者户外空间的，从上向下看的一点透视图。

我们假设观测者的视野中轴线竖直，像平面与穿过空间中墙体顶部的水平面重合。

- 在楼层平面图中央附近确定视野中心。
- 穿过视野中心，平行于其中一面墙构建视平线。
- 利用对角点法构建起一点透视图。观测者与像平面的距离应当至少等于平面图的图幅宽度。

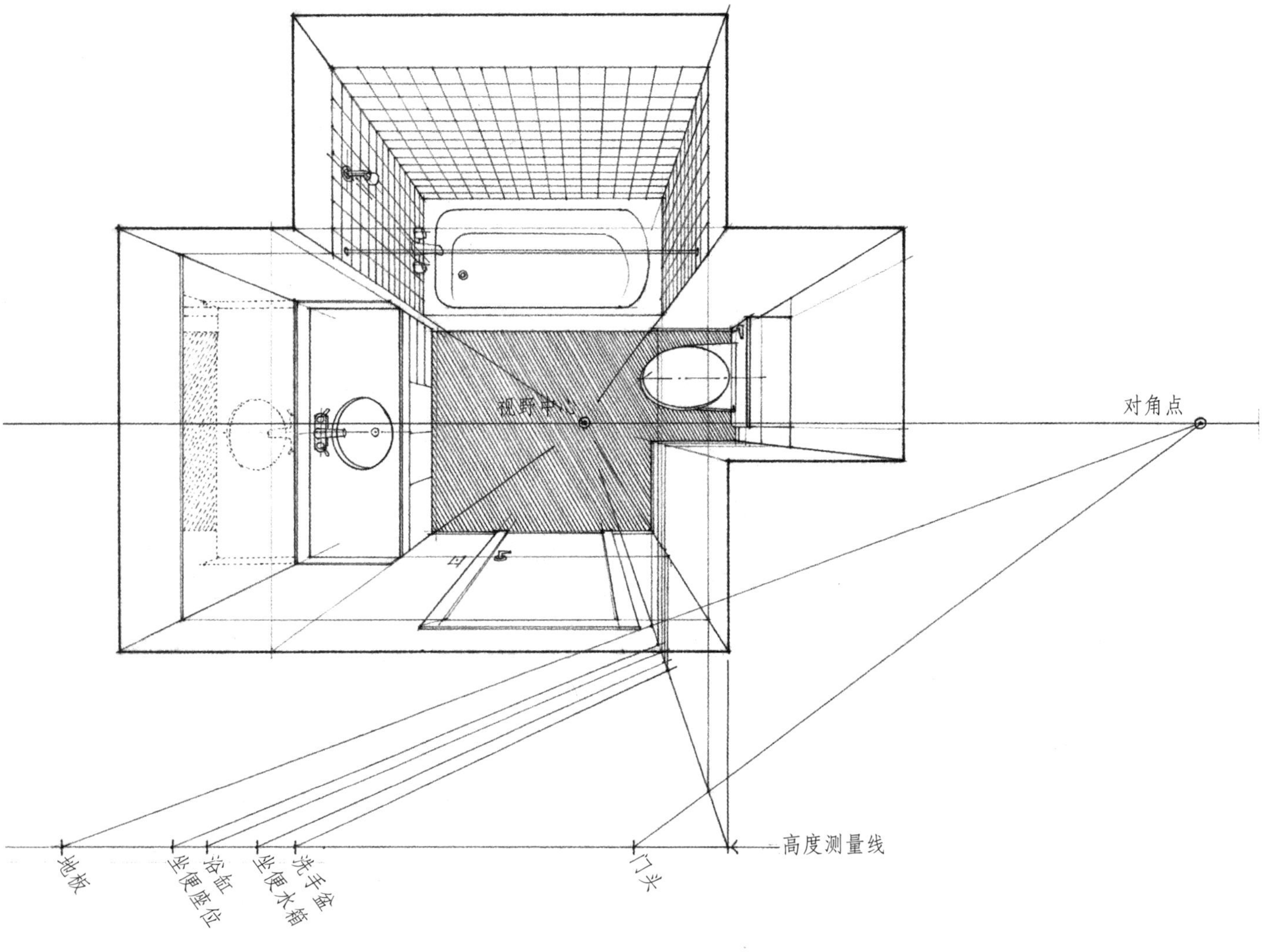

两点透视系统假定观测者的视野中轴线水平，同时像平面竖直。主要的竖直轴线平行于像平面，因此平行于它的线条在透视图中保持竖直，彼此平行。然而两条主要的水平轴线都倾斜于像平面。因此所有平行于这两条轴线的线条分别会聚于视平线上的两个灭点，一个在左侧，另一个在右侧。这两个灭点就是两点透视中的“两点”所指。

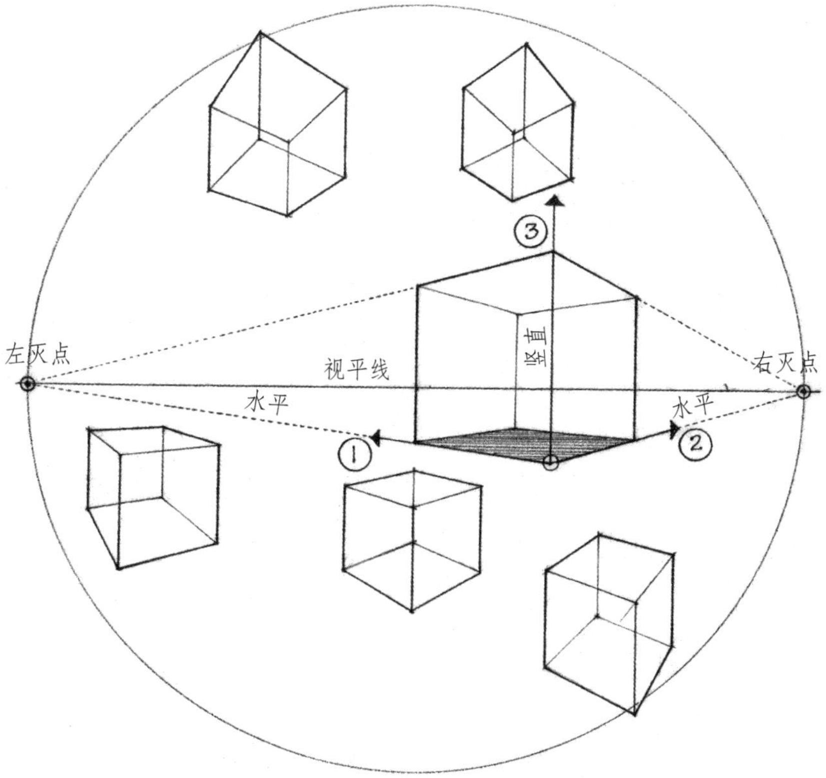

两点透视的图面效果随观测者的视角改变而改变。两条水平轴线相对于像平面的朝向决定了我们看向两组主要的竖直平面时分别能看到多大范围，也就是它们在透视图中被纵深缩短的程度。平面与像平面的角度越大，在透视图中纵深缩短得就越多；平面更接近于正对像平面，则纵深缩短得较少。

在三种线性透视中，两点透视大概是使用最广泛的一种。和一点透视不同，两点透视看上去既非对称，也非静止。两点透视图在表现物体在空间中的三维形体时，小到一把椅子，大到一栋建筑，都非常有效。

在描绘空间体积时，比如房间室内，或者户外空间如庭院、街道，两点透视最有效的角度是在它接近于一点透视的时候。透视图在同时显示空间体积的三个围合面时，可以表现出清晰的围合感。于是观测者成为空间中的一部分，而非置身事外的旁观者。

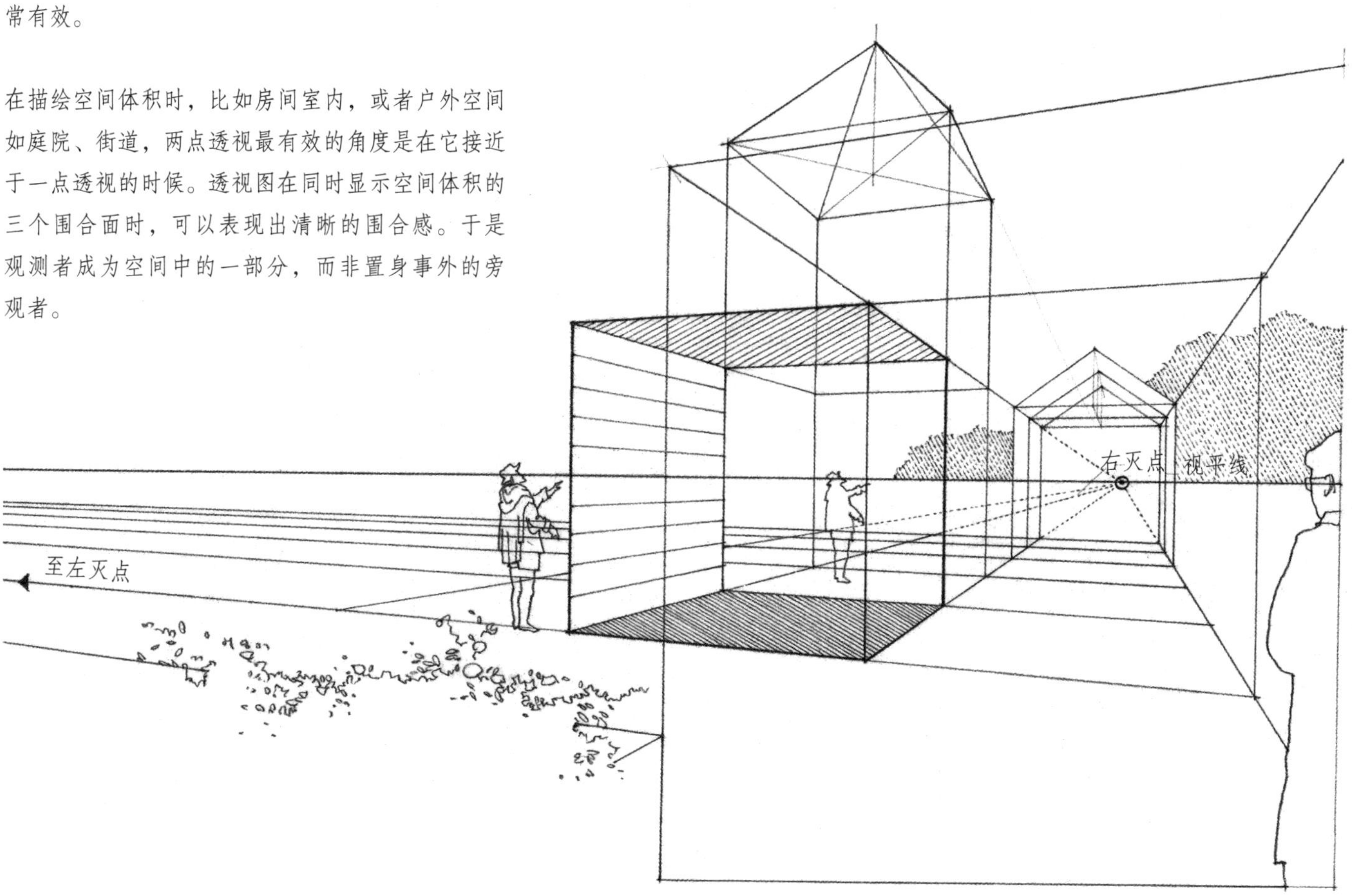

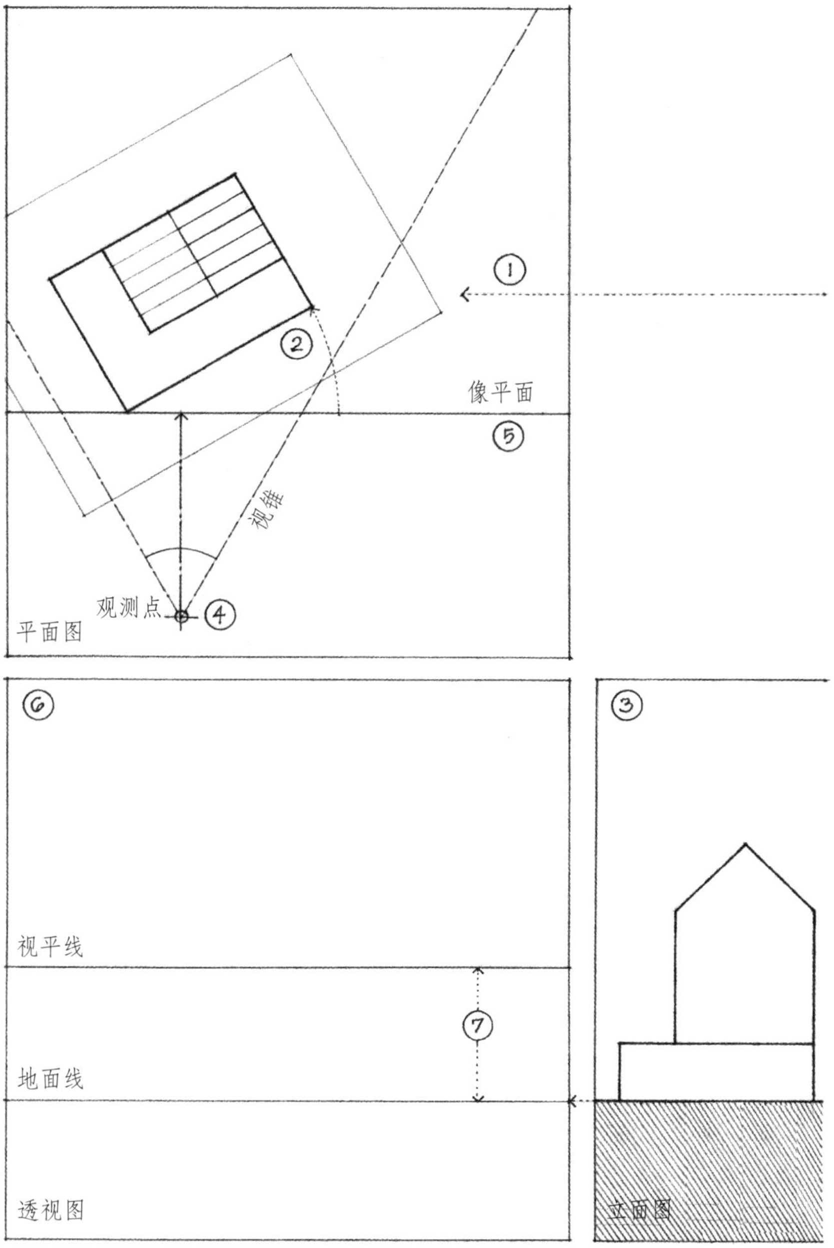

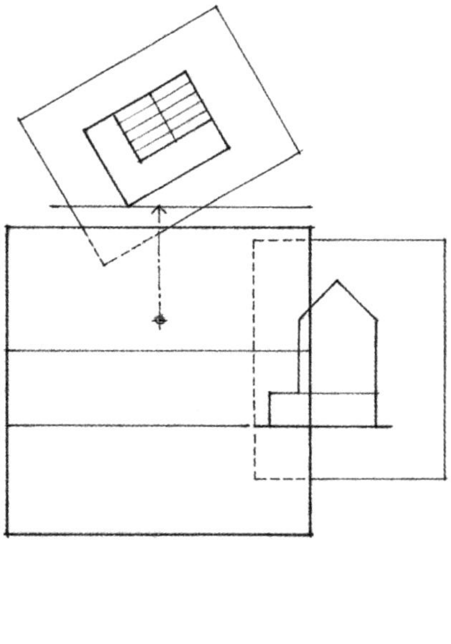

构建两点透视图的通行方法也称“办公室法”（office method）。它需要用到两幅正投影图：一幅平面图和一幅立面图。平面图和立面图的比例尺确定了透视图中像平面的比例尺。

透视布局 | Perspective Setup

1.将平面图放置在将要绘制透视图的空间的正上方。
2.调整平面图的朝向，与像平面成所需的角度。通常取30°、45°或60°角，以便用三角板绘图。但是，理论上说这个角度可以根据我们希望强调两组竖直平面的程度连续改变。
3.把立面图放置在将要绘制透视图的区域的一侧。
4.在平面图中确定观测点。复查确保对象的主体部分落入60°的视锥中，并且视野中轴线对准引人注意的区域。不要让对象上主要的竖直平面与从观测点射出的视线重合。
5.在平面图中确定像平面，与视野中轴线垂直。像平面通常确定在穿过对象上某条标识性竖直边缘的位置上，从而这条边缘可以被用作透视图中的测量线。记住，像平面的位置影响透视图的尺寸。
6.把草图纸贴在你将要绘制透视图的区域。
7.在透视图中，确定地面线和视平线。地面线通常就是立面图或者剖面图的地面线。视平线高于地面线的距离等于观测者的眼睛高于地面的距离。

当平面图、立面图和透视图之间留白较大，以求绘图清晰时，我们也可以把它们更紧凑地布置在较小的绘图区域中。这样做的时候，把平面图和立面图向使用透视图的页面靠近，或者叠在页面之下。要小心地保证三个视图之间保持适当的水平和竖直关系。

回顾关于透视变量的讨论，回顾改变观测点与对象的距离、升高或降低视平线，以及移动像平面的位置会如何影响透视图的图面特征。

灭点 | Vanishing Points

任何一组平行线的灭点都是从观测点射出的与它们平行的视线，与像平面的交点。

1.因此，在透视布局的平面图中，从观测点绘制平行于各主轴平面方向的视线，与像平面相交。注意在平面图中，竖直平面被我们看成直线。
2.从这些交点向下引出竖直的辅助线，与透视图中的视平线相交。透视图中的这些交点就是各组主要的竖直平面内水平直线的灭点。
3.对于矩形物体而言，主要的竖直平面有两组，因此这些平面内的水平直线在视平线上有两个灭点。它们就是两点透视中的两个主要灭点。

测量线 | Measuring Lines

像平面上的任何线条，都显示为像平面比例尺之下的真实长度。因此，我们可以利用任何这样的线条作为测量线。尽管测量线可以在像平面内取任意角度，我们通常使用竖直或水平方向，便于量取真实的高度或宽度。

4.主要的竖直平面与像平面相交时，形成竖直测量线。
5.如果主要的竖直平面完全位于像平面以后，我们可以延长它，直到与像平面相交。
6.把平面图中竖直测量线的位置向下投影到透视图中。

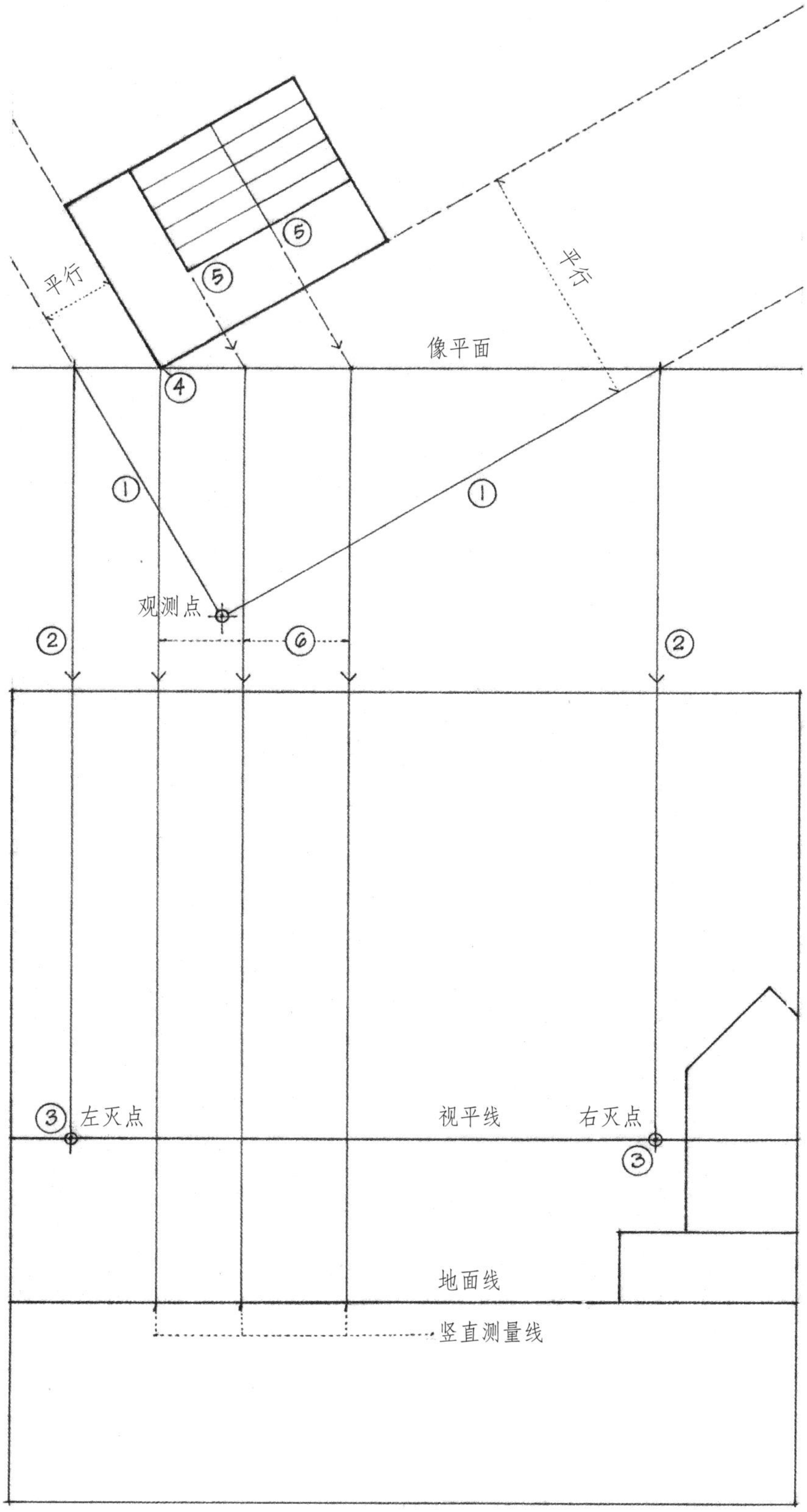

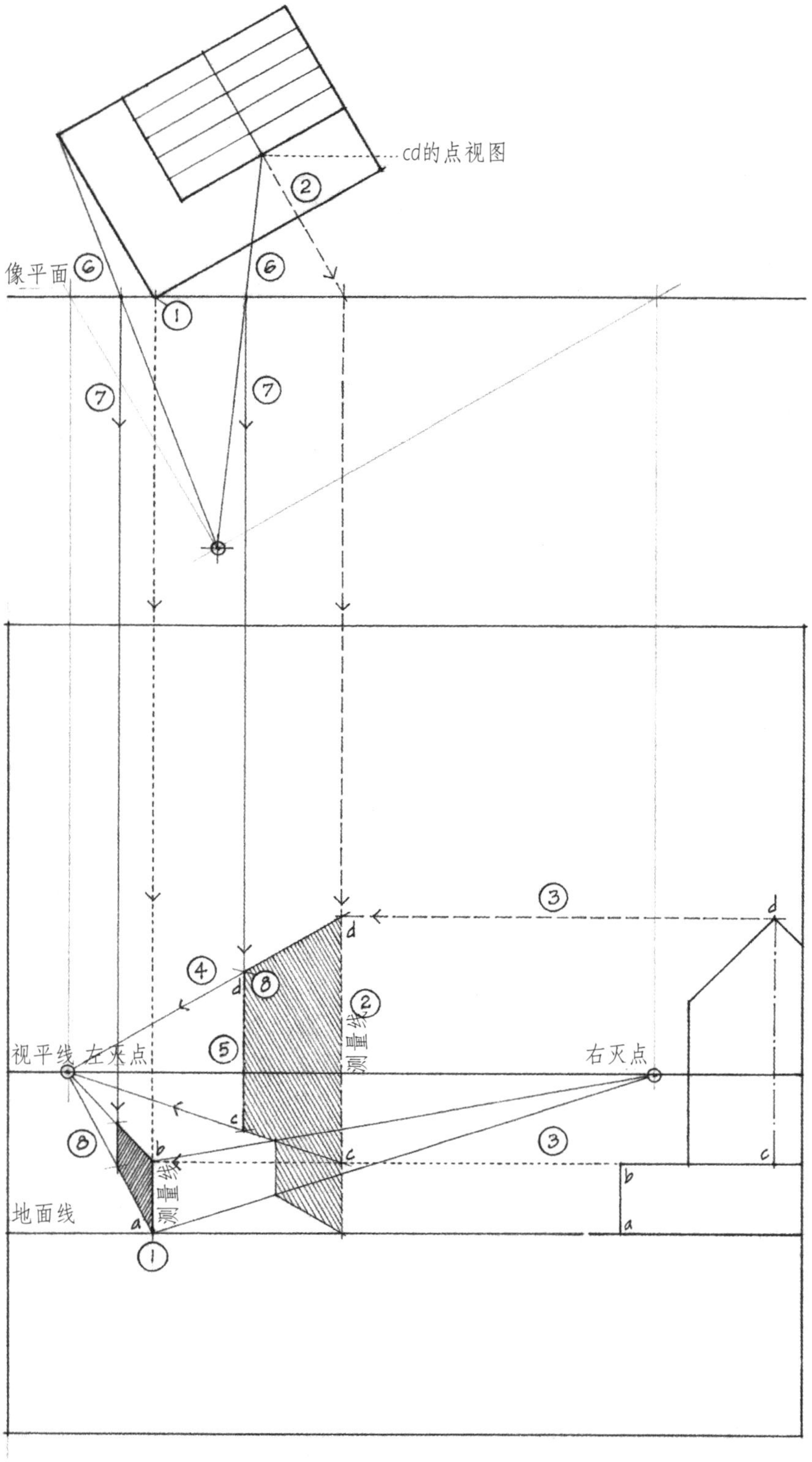

测量高度 | Measuring Heights

1.像平面内的竖直线条或边缘的高度保持真实尺寸。因此这些线条可以用作测量线。

2.为了确定透视图中其他竖直线条——位于像平面前方或后方——的高度，首先要确定这条线所在的（主要）竖直平面的测量线。

3.把立面图中的真实高度水平誊抄到透视图中的竖直测量线上。

4.利用（主要）竖直平面内会聚于灭点的水平直线，向前或向后投影这个真实高度。一般做法是，沿着指向两个主要灭点的水平直线，在纵深方向投影测量线上的真实高度。

5.因为投影线和竖直平面的底部都是水平的，相互平行，其间的竖向距离在透视图的纵深方向保持不变。

6.为了确定竖直线条或边缘在透视图中的位置，我们在平面图中绘制视线，连结观测点和该线条或边缘的点视图，并与像平面相交。对于像平面前方的竖直线条，延长该视线与像平面相交。

7.从平面图中像平面与视线的交点，向下引出竖直辅助线，与透视图中的竖直平面相交。

8.所得的交线即表示该竖直线条或边缘的透视高度和位置。

在透视图中，如果我们知道一条竖直直线与地面交点的位置，就可以用另外两种方式确定它的透视高度：

1.从竖直测量线的底部引出直线，经过图中待测量直线的位置，与视平线相交。
2.从视平线上的这个点引出另外一条直线，连结竖直测量线上所需的高度。
3.这两条辅助线会聚于视平线上，因此它们是水平的，并且彼此平行——在竖直测量线和待测线条上截取相等的长度。

第二种确定竖直线条透视高度的方式需要用到视平线高于地面的距离。如果已知这个距离，我们可以用它当作竖向尺度来测量透视图中任意纵深的竖直线条。

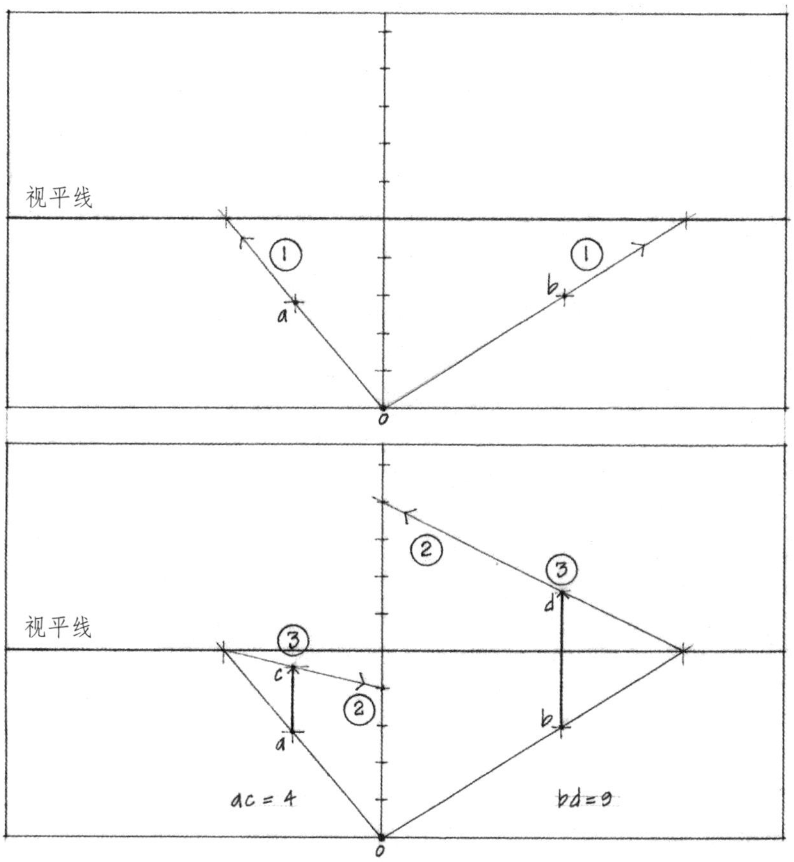

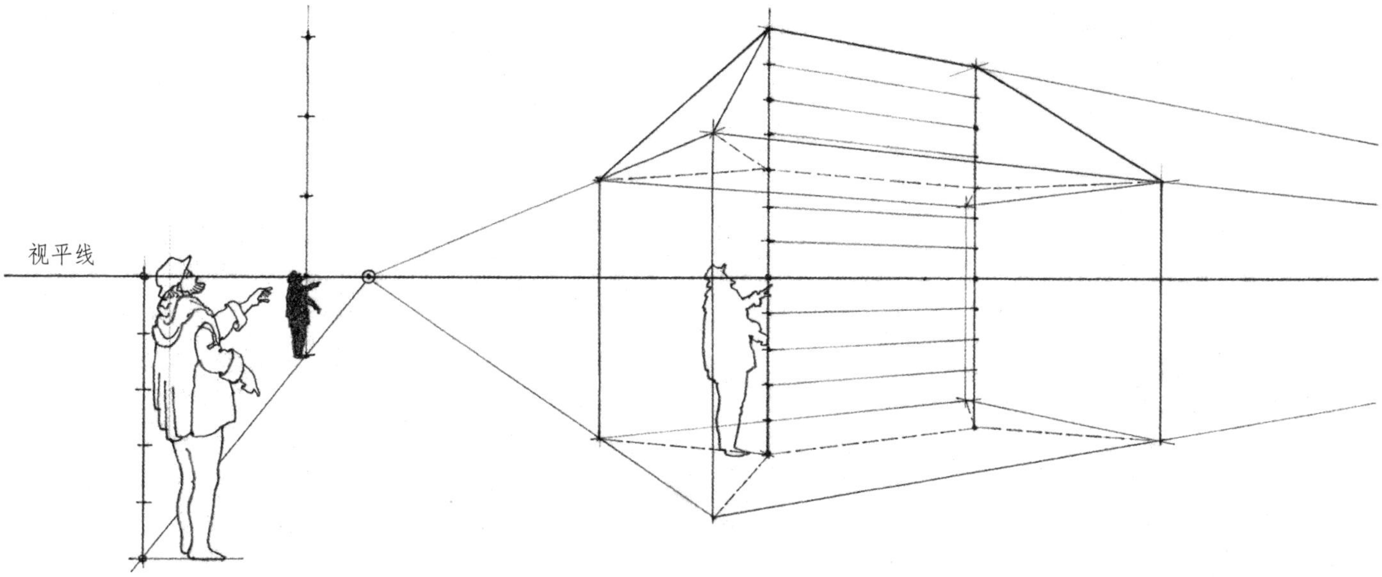

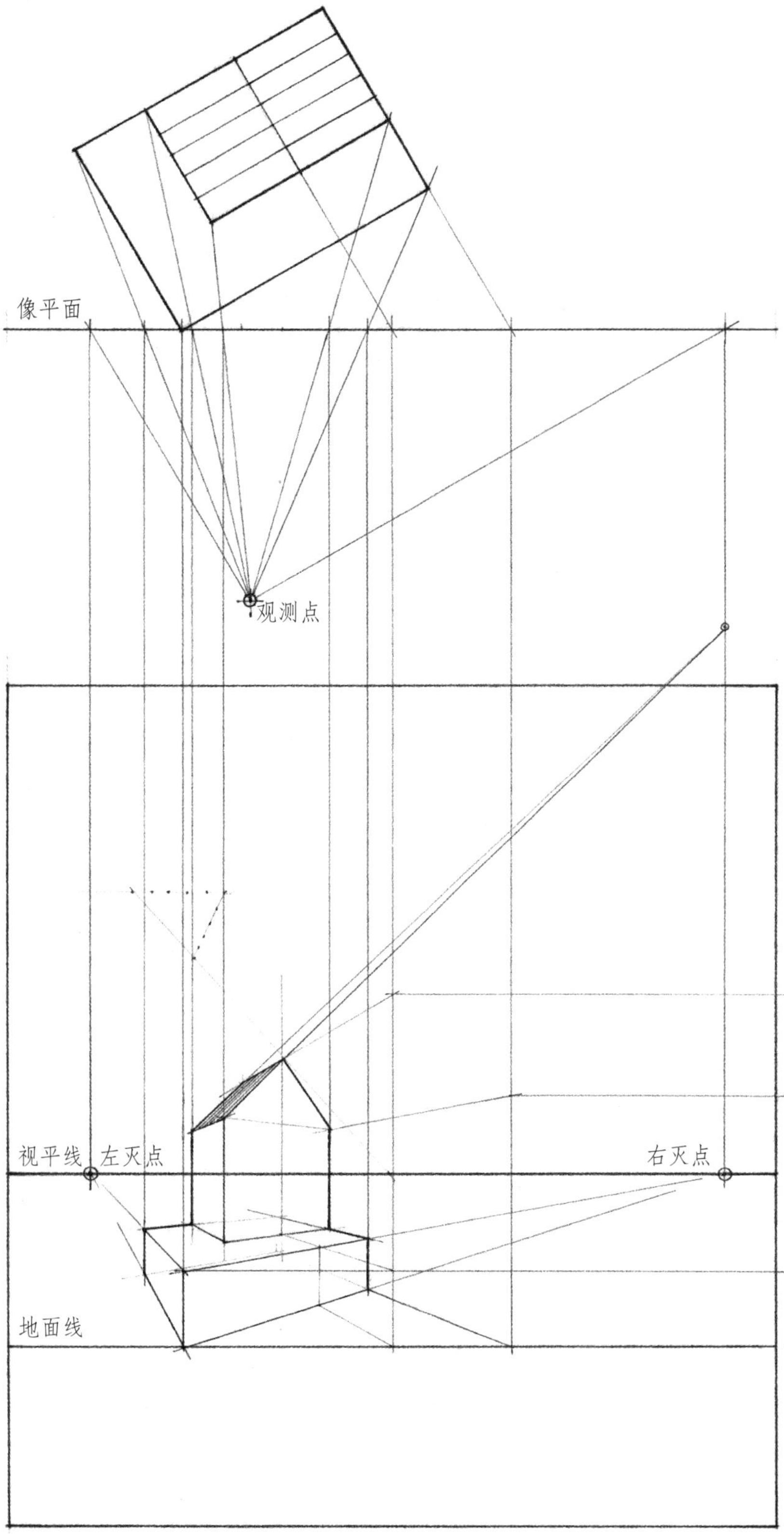

完成透视图 | Completing the Perspective

当我们确定了主要竖向线条的透视长度和位置后，就可以按照会聚的原则，绘制出这些线条所确定的平面和体积。一般做法是，从点到线，从线到面，从面到体；先确定对象的宏观形体的透视关系，再着手处理细节形体。

我们可以沿着垂直于像平面的方向建立假想的平面，其中两条平行的边会聚于视野中心点，然后就可以沿这样的平面向透视图的纵深方向转移高度和宽度尺寸。我们也可以建立平行于像平面的假想平面，在其中沿竖直、水平或者对角线方向转移纵深的尺寸。

对于斜线和圆，见“透视几何”一节提到的基本法则（第262~266页）。

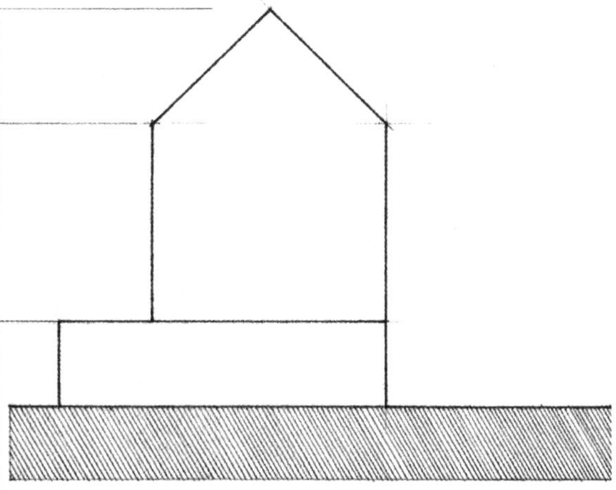

练习 8.12

为右侧透视布局图中展示的结构绘制两点透视图。

练习 8.13

你需要让像平面在平面图中移动多远，才能让透视图的尺寸加倍？

练习 8.14

让视平线的高度加倍，再为这个结构重新绘制一幅两点透视图。

练习 8.15

让观测点与图中结构的距离加倍，再为这个结构重新绘制一幅两点透视图。

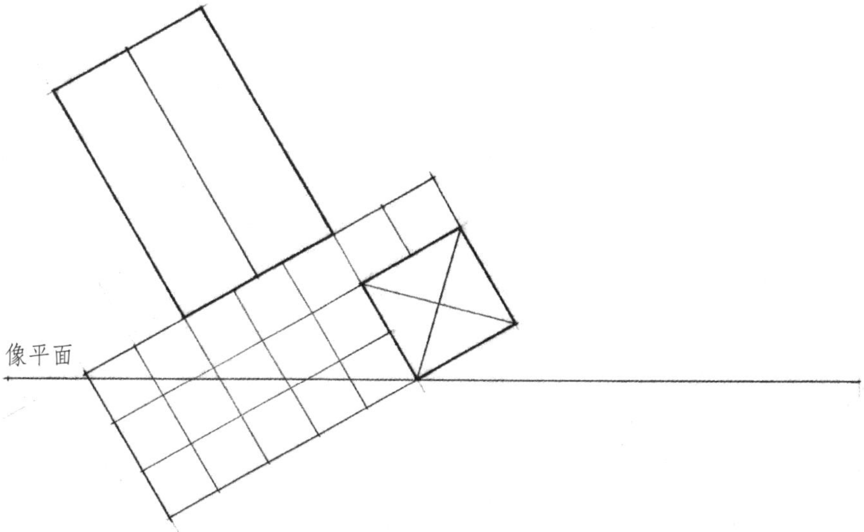

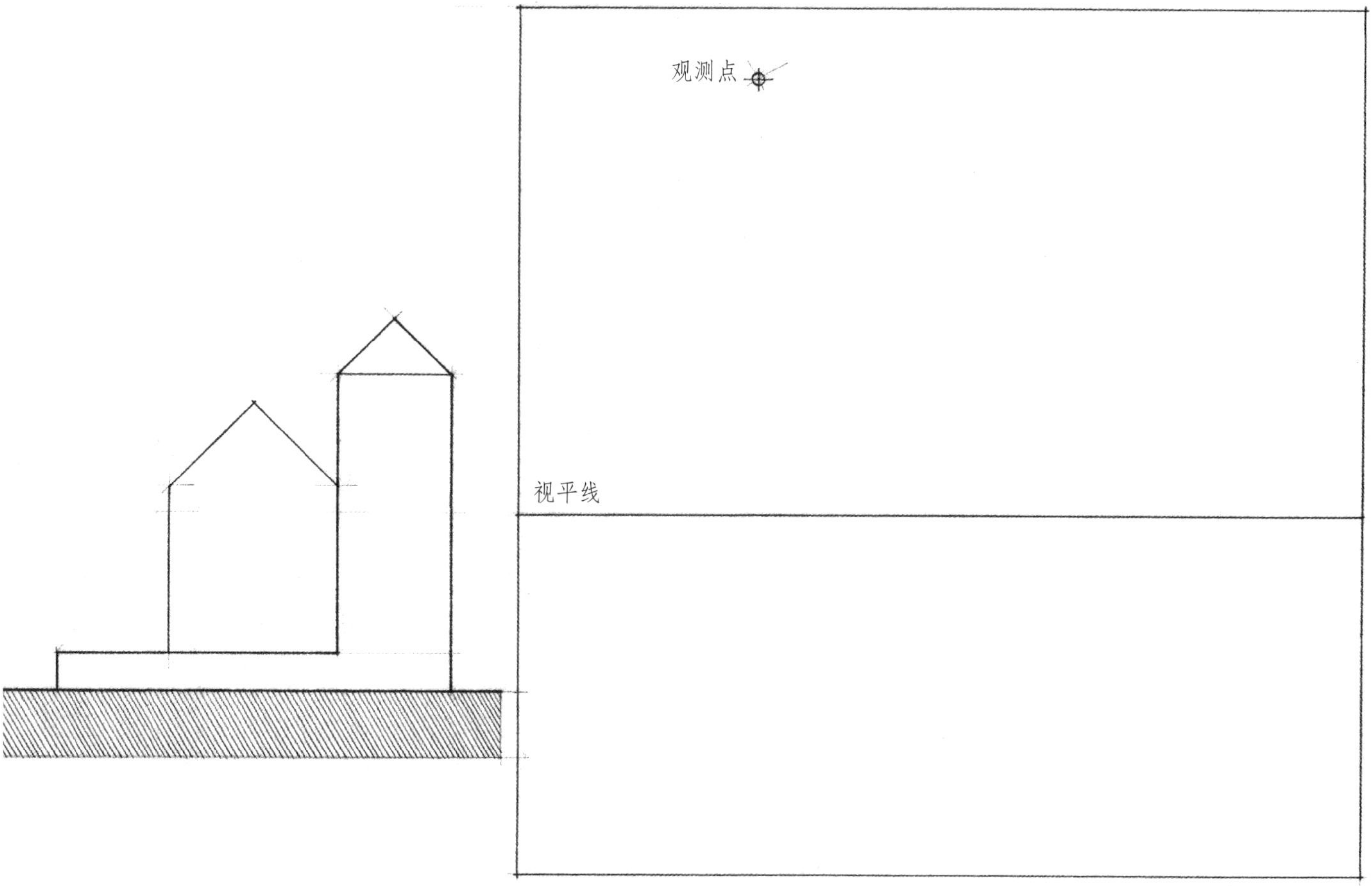

平面图透视法（Perspective Plan Method）让我们可以在透视图的像平面上完成全部测量工作，从而直接绘制出整幅透视图。这种方法不需要直接用到正投影的平面图或立面图。

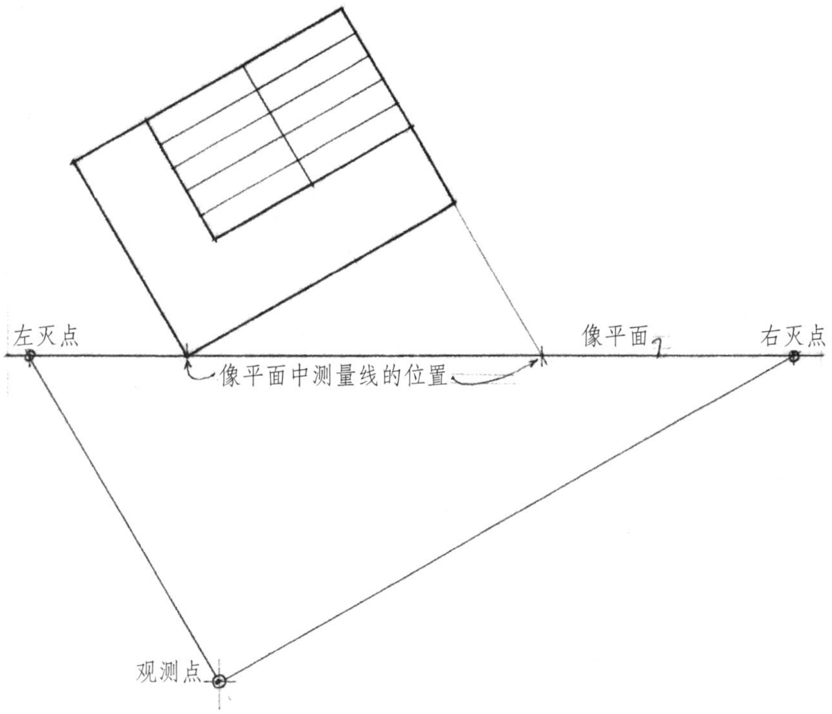

平面解析图 | Plan Diagram

按照前文所述的通行方法，为透视布局构建平面解析图。我们利用平面解析图来确定像平面、观测点、主要水平直线的灭点以及竖直测量线的位置。

测量点 | Measuring Points

我们还利用平面解析图来定位测量点。测量点是一组特殊的平行线的灭点——利用这组平行线可以把像平面上测量线的尺寸投射到透视图中的线条上。一点透视中的对角点就是其中一种测量点。

在两点透视中，存在两个测量点，可以把像平面内水平测量线上的尺寸转移到对象上。为了确定这些测量点在平面解析图中的位置：

1.以左灭点为圆心，从观测点向像平面绘制圆弧，与像平面的交点就是右测量点。
2.以右灭点为圆心，从观测点向像平面绘制圆弧，与像平面的交点就是左测量点。

注意，因为观测点与左测量点的连线和线段AB平行，所以左测量点就是AB和平行于它的所有直线的灭点。我们利用这一组平行线把像平面中地面线上的尺寸对应到对象中的基线BC上[译注]。

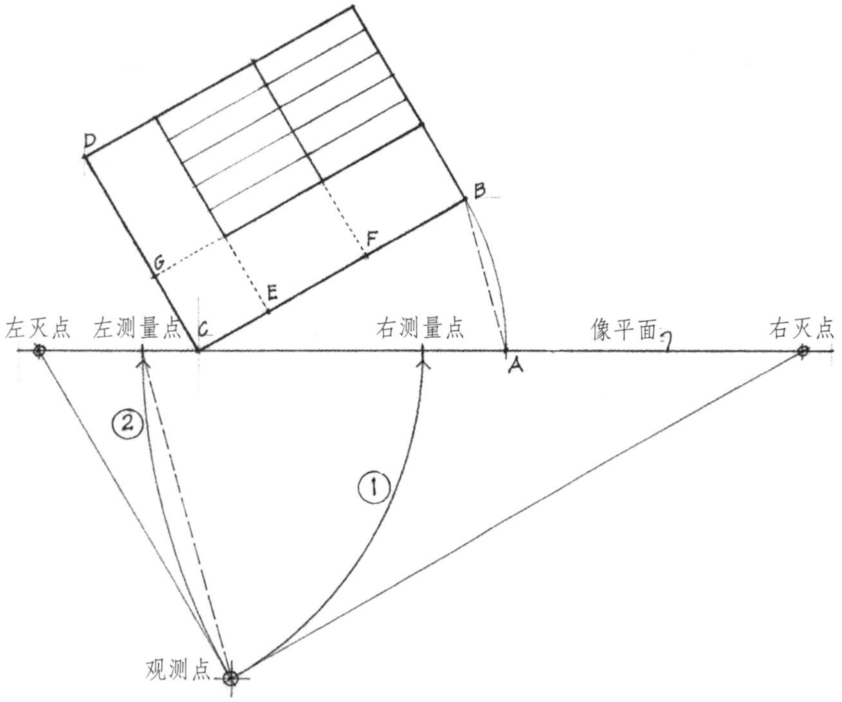

[译注] 右灭点-左测量点和右灭点-观测点距离相等，右灭点-左测量点-观测点和三角形CBA为相似的等腰三角形。

平面图的透视 | Perspective Plan

我们可以在地面或者对象中的其他水平面上构建平面图的透视。如果这个平面距离视平线太近，它的透视可能会被过度缩短，难以精确定位各线条的交点。要从像平面中的测量线向透视图中的线条转移尺寸，必须能分清这些交点。正因如此，我们通常会在透视图中，视平线的上方或者下方一定距离处构建平面图的透视。

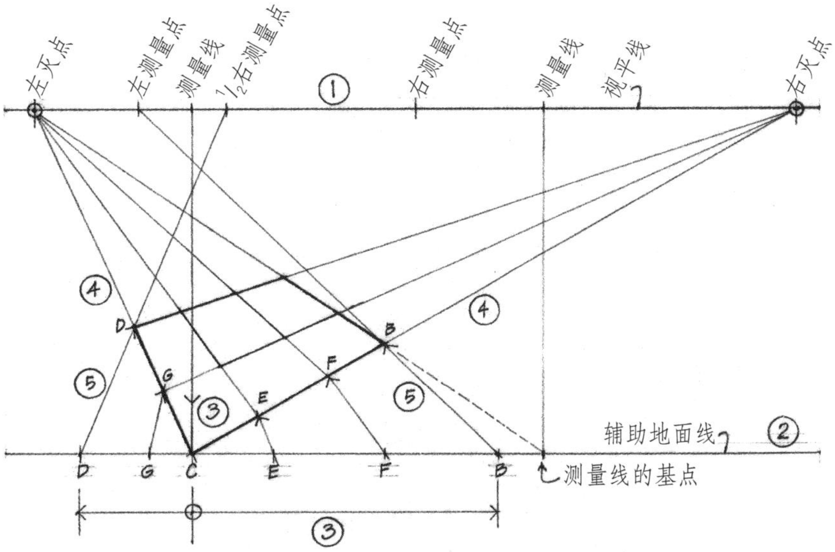

按照以下流程构建平面图的透视：

1. 在透视图中绘制视平线，并确定灭点、测量点和之前在平面解析图中已经确定的测量线。我们可以用适应透视图尺寸的任意比例确定这些点，而不需要和平面解析图的比例尺相同。
2. 在透视图中视平线的下方或上方任意距离，绘制一条辅助的地面线。
3. 把主测量线的位置投影到这条辅助地面线上。这个点将作为零点，我们从它开始在地面线上标记测量平面图的刻度值。我们在零点左侧做出对平面图左半部分的测量，在零点右侧做出对平面图右半部分的测量。
4. 从零点开始，绘制透视图的基线，会聚于左侧和右侧的主灭点。
5. 从地面线向右测量点绘制直线，把地面线上的刻度投射到左基线上。同样地，利用左测量点把刻度投射到右基线上。当我们把平面图的尺寸完全投射到左、右基线后，就可以根据会聚的原则完成平面图的透视。

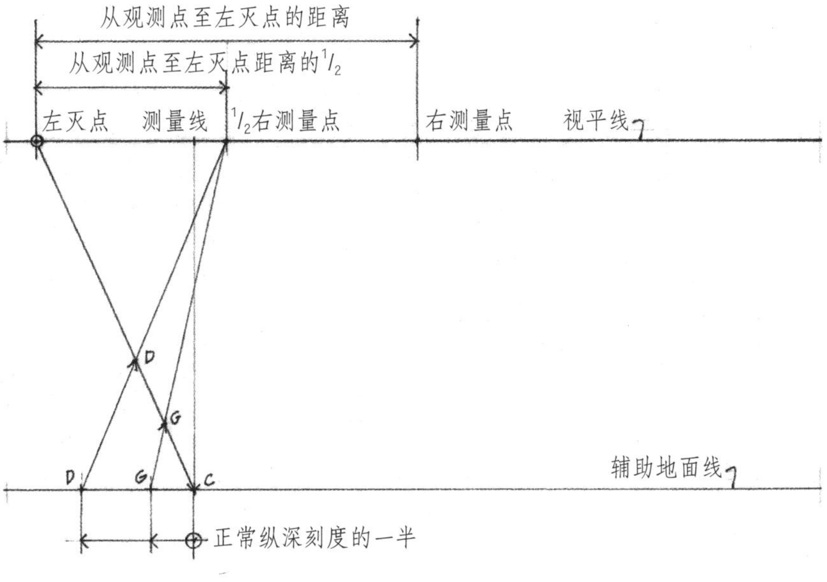

分度测量点 | Fractional Measuring Points

如果在地面线上的刻度超出了透视图的边界，我们可以使用分度测量点。确定分度测量点时，我们以2或4为因子等分灭点到测量点的正常距离。使用半测量点时需要将地面线上的正常刻度值减半；使用$^1/_4$测量点时则需要在地面线上应用$^1/_4$的刻度。

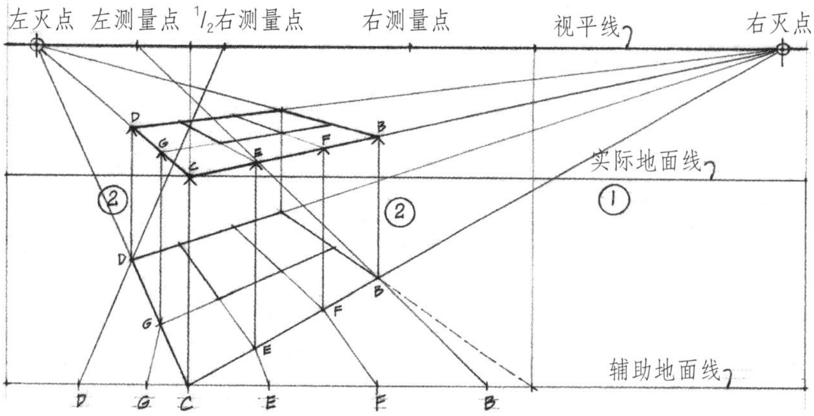

透视图 | Perspective View

一旦我们完成了平面图的透视，就可以着手构建透视图。

1.在透视图中绘制出实际的地面线。地面线与视平线的距离应当等于观测者的眼睛高于地面的距离。

2.从平面图的透视引出竖直投影线，确定各点和竖直线条的水平间隔。

3.在透视图中的竖直测量线上标出各构件的真实高度。

4.把这些真实高度投射到透视图中的正确位置上——参考构建透视图的通行方法一节所述的流程。虽然立面图并不是必需的，但它可以让绘图过程更简单。

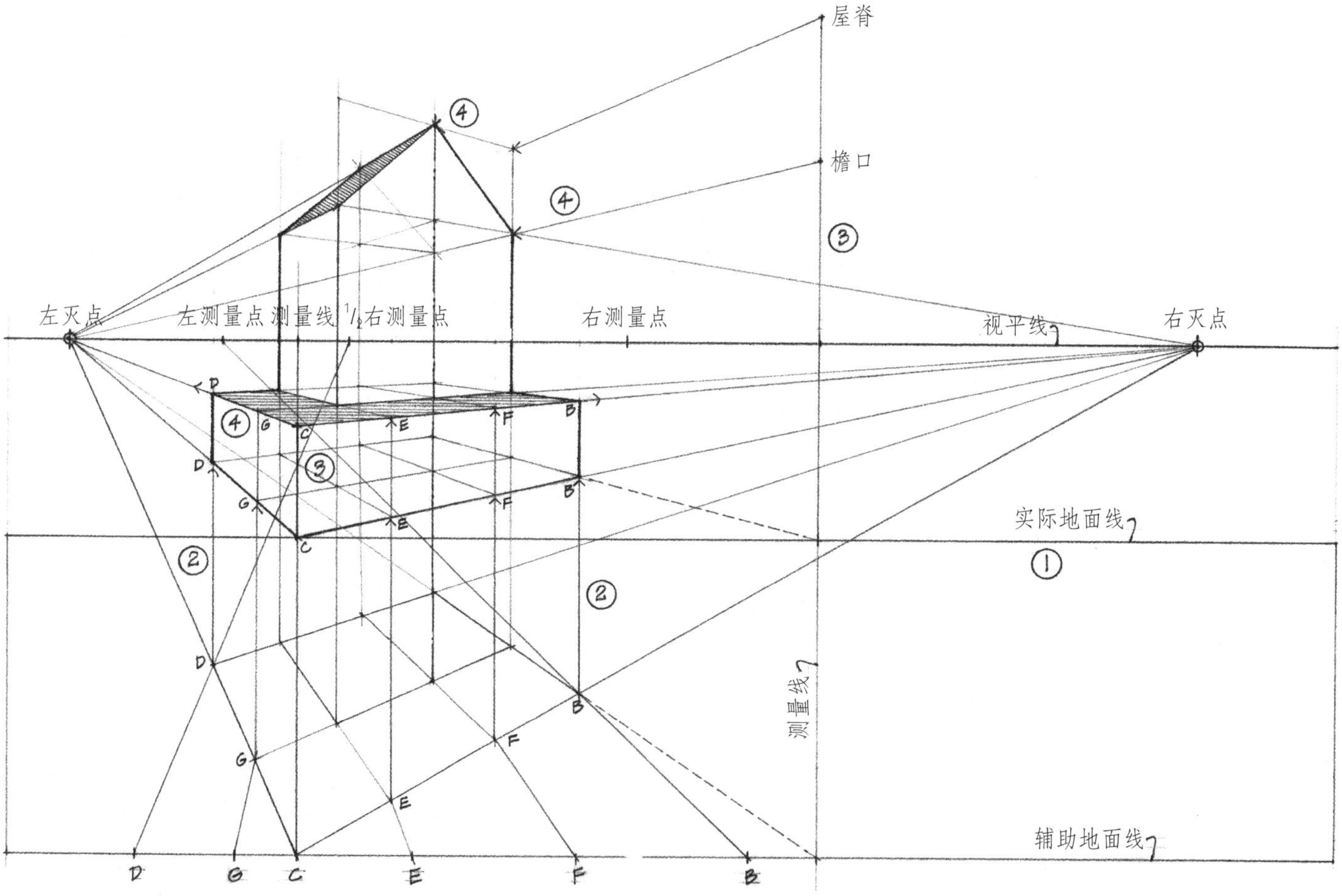

练习 8.16

用平面图透视法，为本页透视布局中展示的建筑绘制双倍尺寸的两点透视图。

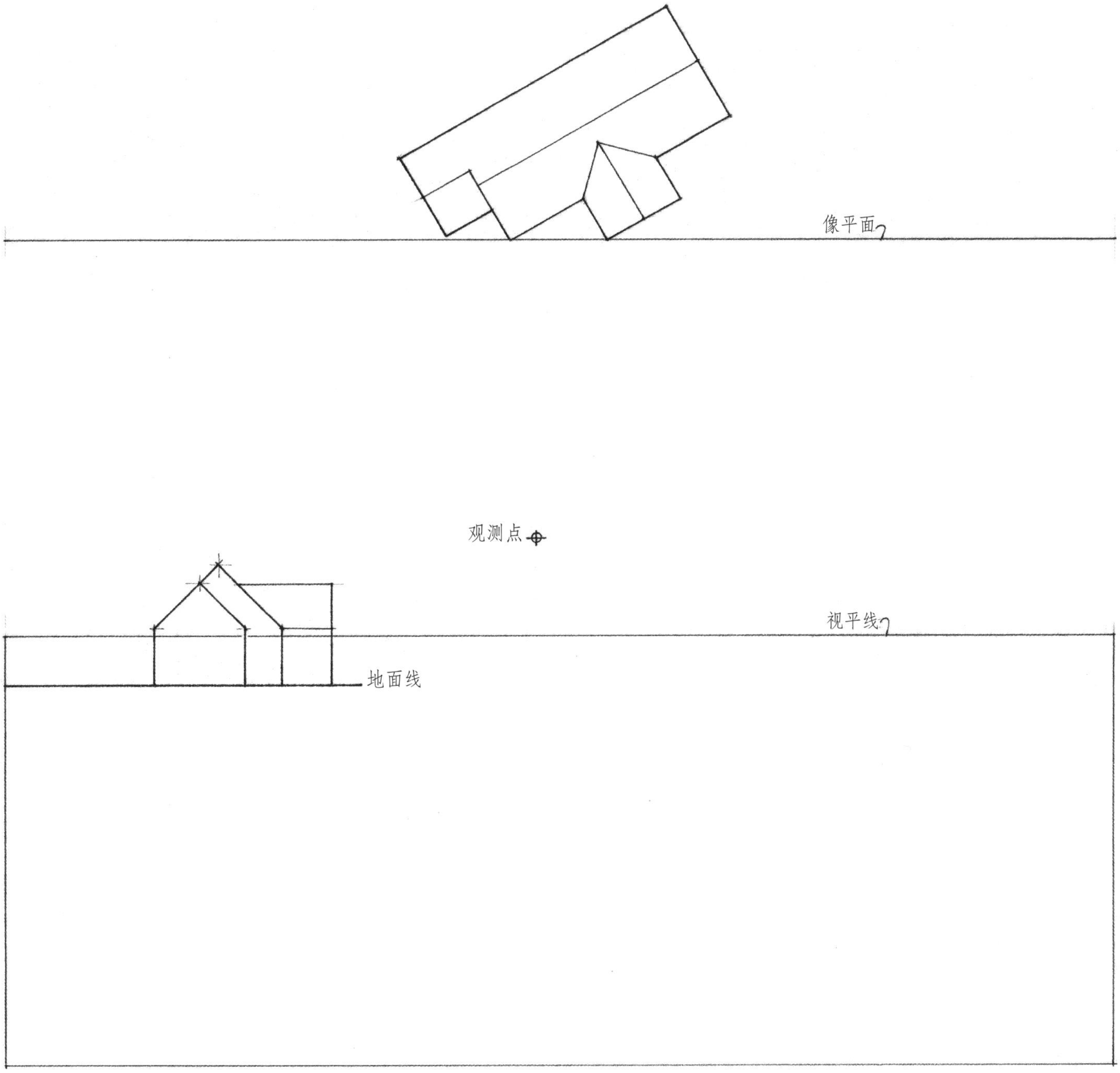

两点透视网格

透视网格是三维坐标系统的透视图。由均匀间隔的点和线组成的三维网络让我们能正确地构建室内、外空间的形式和尺度，并且规范其中物体的位置和尺寸。

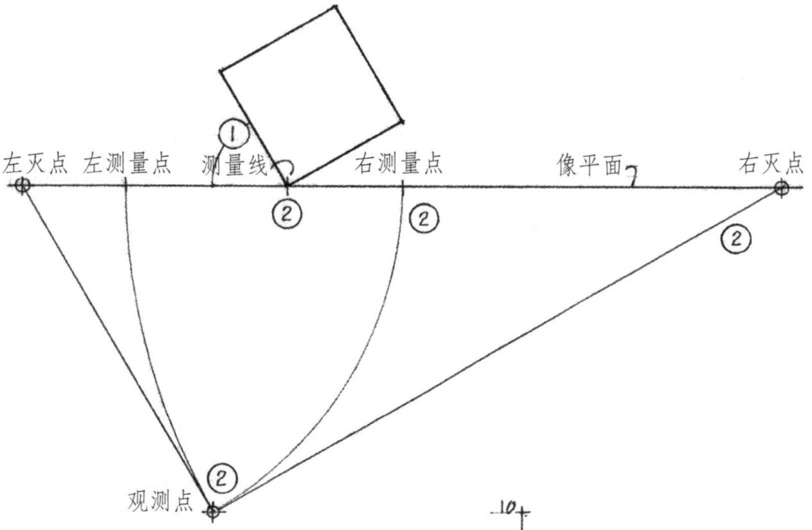

目前在市场上可以买到若干种不同尺度和视角的透视网格。我们也可以按照以下流程自行制作两点透视网格：

1.利用平面图透视法中介绍的平面解析图，确定视角。
2.确定像平面、观测点、左右灭点、左右测量点和主要竖直测量线的位置。

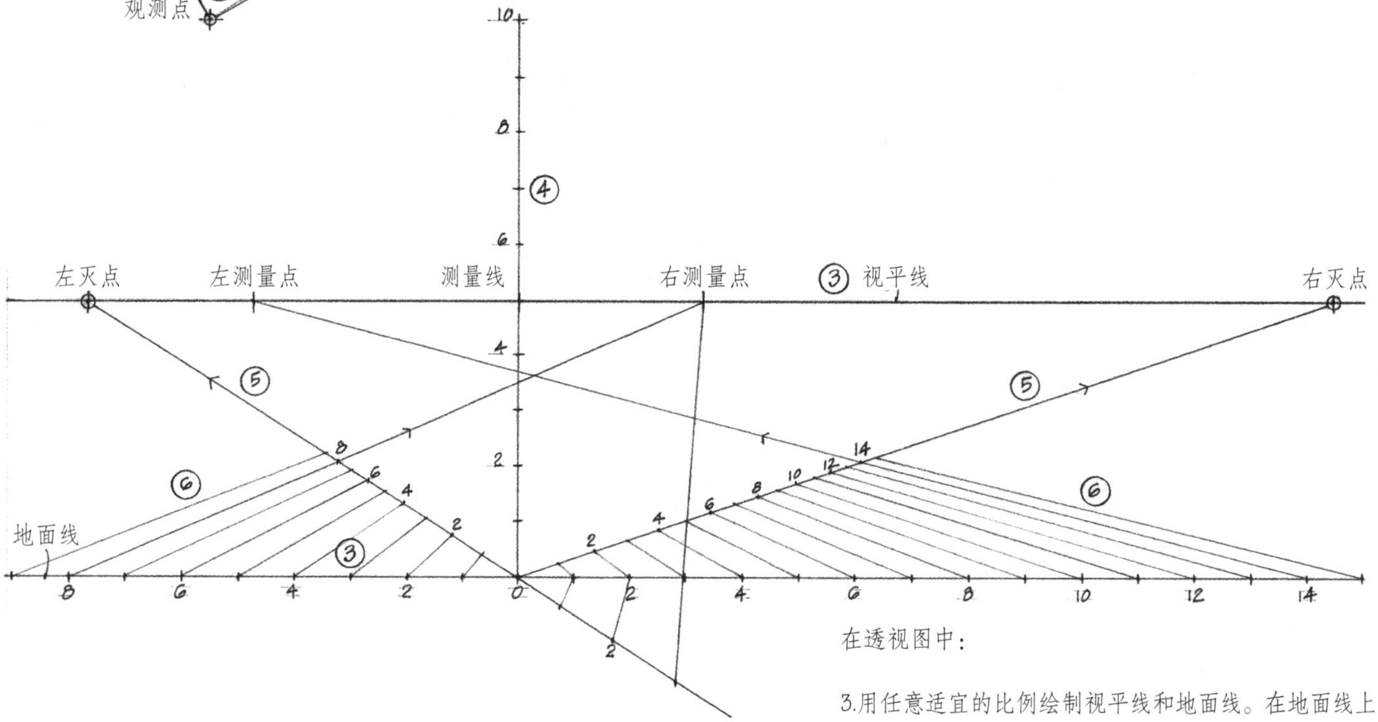

在透视图中：

3.用任意适宜的比例绘制视平线和地面线。在地面线上以等间隔标出刻度。刻度的单位通常为1英尺，但根据绘图比例尺和透视图需要展示的细节体量，我们也可以选择更小或者更大的刻度。
4.在主要竖直测量线上同样标记刻度。
5.从左、右灭点向竖直测量线与地面线的交点绘制基线。
6.从地面线向右测量点绘制直线，把地面线上的刻度投射到左基线上；从地面线向左测量点绘制直线，把地面线上的刻度投射到右基线上。

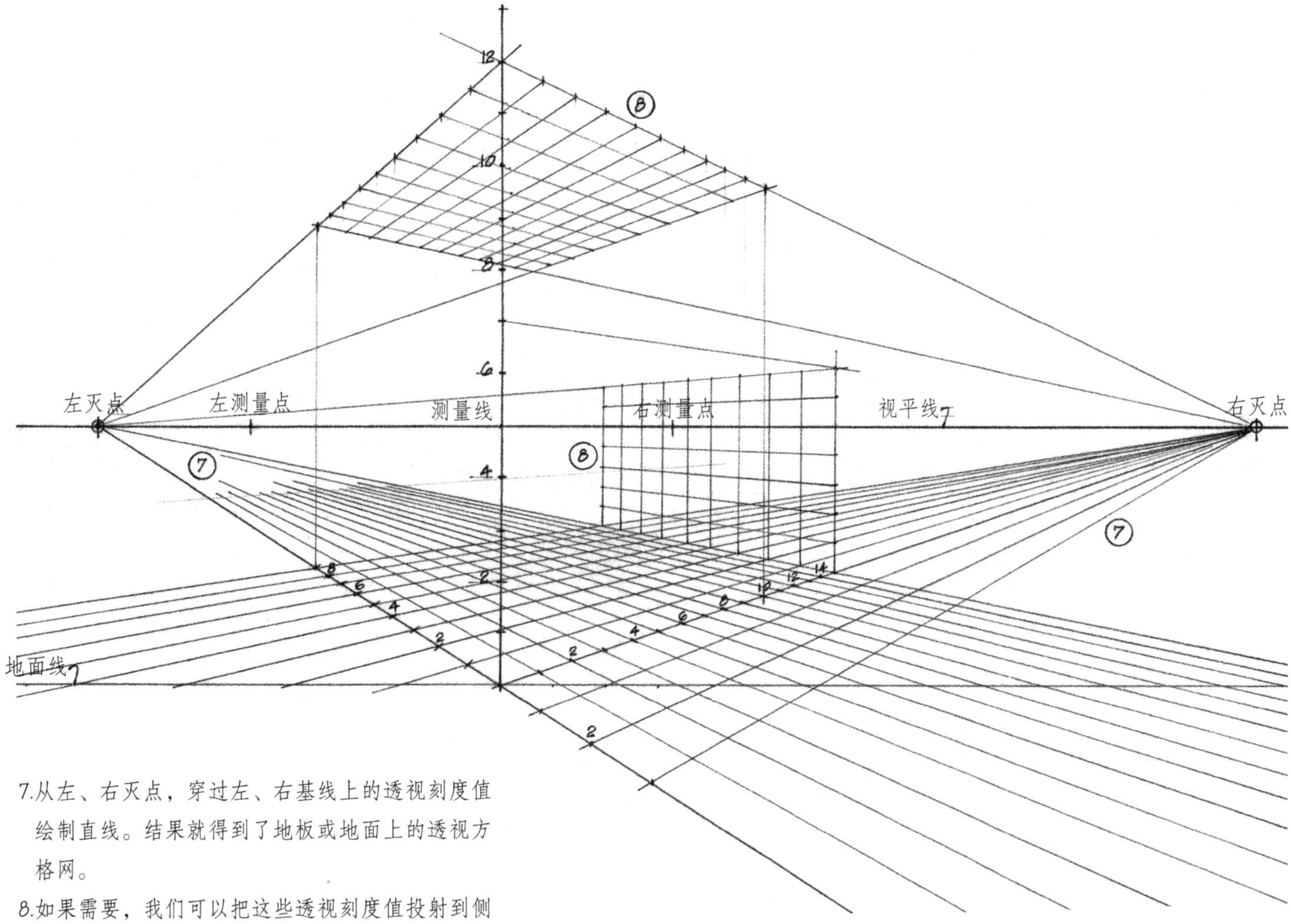

7.从左、右灭点，穿过左、右基线上的透视刻度值绘制直线。结果就得到了地板或地面上的透视方格网。

8.如果需要，我们可以把这些透视刻度值投射到侧墙上，甚至天花板或者其他头顶的平面上，建立起相似的网格。

在透视坐标网格上，我们可以铺开草图纸，徒手或用尺规绘制透视图。重要的是，把透视网格视作空间中的点和线定义的透明平面，而非实体的、不透明的墙体围合出空间。方格网不仅让我们在三维空间中确定点的位置，还可以规范物体的透视宽度、高度和纵深，以及引导我们用合适的透视关系绘制线条。

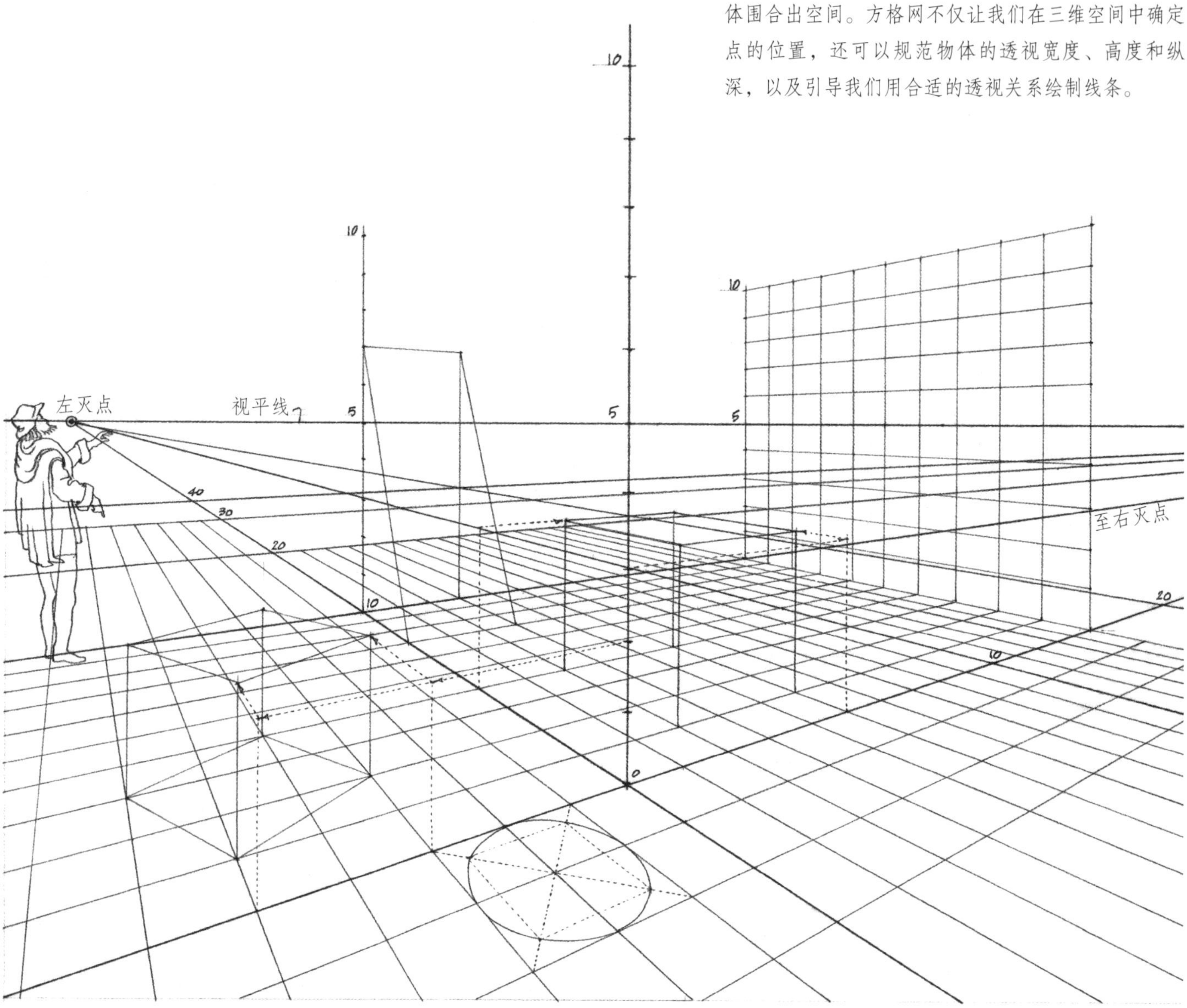

要绘制空间中的物体，首先在地面或地板的平面上绘制出它的平面图，或者基底范围。然后依次抬高每个角点，达到它们的透视高度——可以利用竖向的网格，也可以利用已知的视平线到地面的距离。最后根据会聚的原则，并用网格线指引方向，绘制上部边缘，完成对物体的绘制。我们还可以利用网格来绘制斜线和曲线。

练习 8.17

在一张高品质草图纸或牛皮纸上绘制两点透视网格。假定像平面的比例尺为$^3/_8$英寸=1英尺，视平线高于地面线5英尺或6英尺。在完成后，我们可以复印这幅透视网格，放大或者缩小到任何所需的比例。

绘制完成后，透视网格应当被妥善保存，在绘制相近尺寸和比例的室内、外透视图时重复使用。每个刻度单位可以代表1英尺、4英尺、100码，甚至是1英里。旋转或者翻转网格还可以变换视角。因此我们可以用同一幅网格绘制房间室内透视图、户外庭院透视图，甚至城市街区或者社区的鸟瞰图。

这些透视图都使用了按之前3页所述制作的透视网格。在每个案例中，观测者的高度都是为展示某个特定的视点而选定的，网格的比例尺则根据所绘制对象的尺度做出调整。

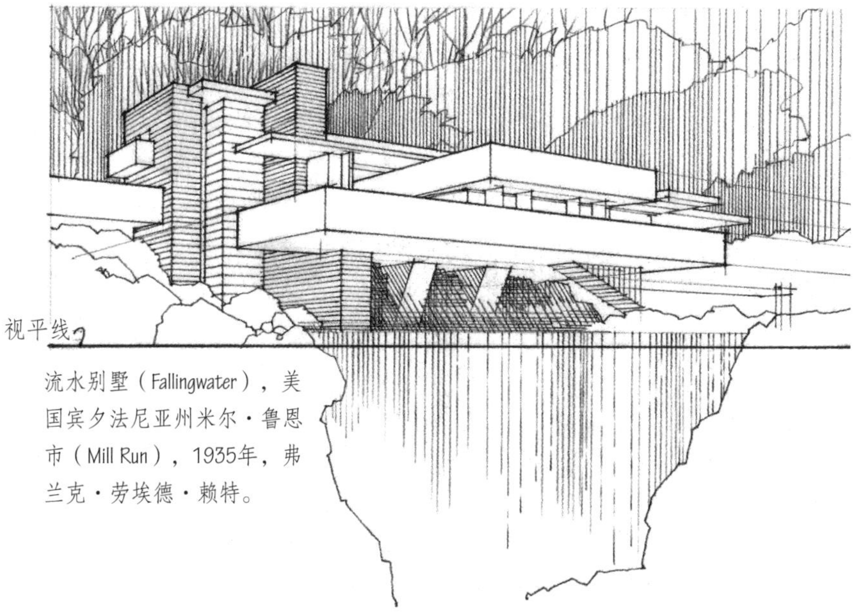

流水别墅（Fallingwater），美国宾夕法尼亚州米尔·鲁恩市（Mill Run），1935年，弗兰克·劳埃德·赖特。

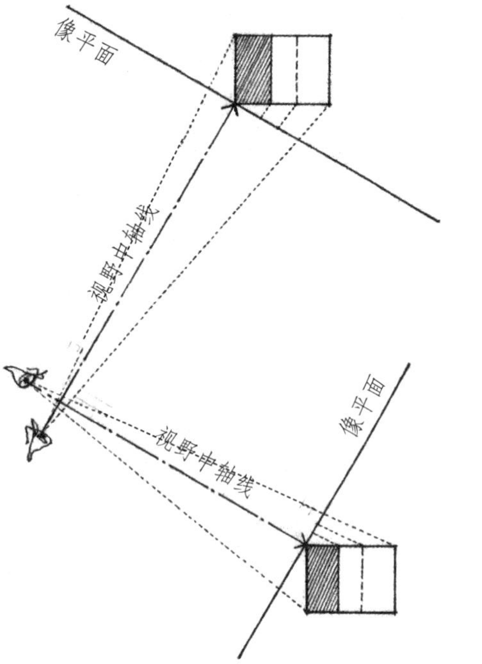

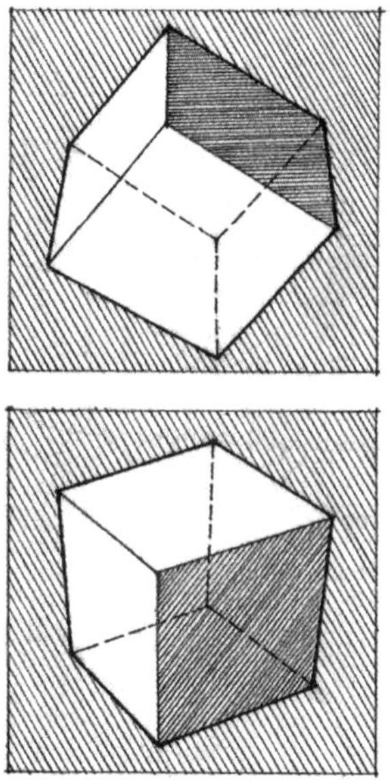

在一点透视和两点透视图中，观测者的视野中轴线都是水平的，像平面都是竖直的。而三点透视系统的假设是，要么物体倾斜于像平面，要么观测者的视野中轴线向上或向下倾斜。在后一种情况下，因为像平面总是和视野中轴线垂直，像平面就也倾斜过来。因为三条主轴都和像平面成斜角，所有平行于三条主轴的直线分别会聚在三个不同的灭点。这三个灭点就是三点透视所指的“三点”。

竖向平行线的会聚效果是三点透视最具冲击力的视觉特征。尽管使用得不很广泛，三点透视系统在描绘我们仰视高大建筑或者从二层阳台俯瞰庭院的视觉效果时非常有效。

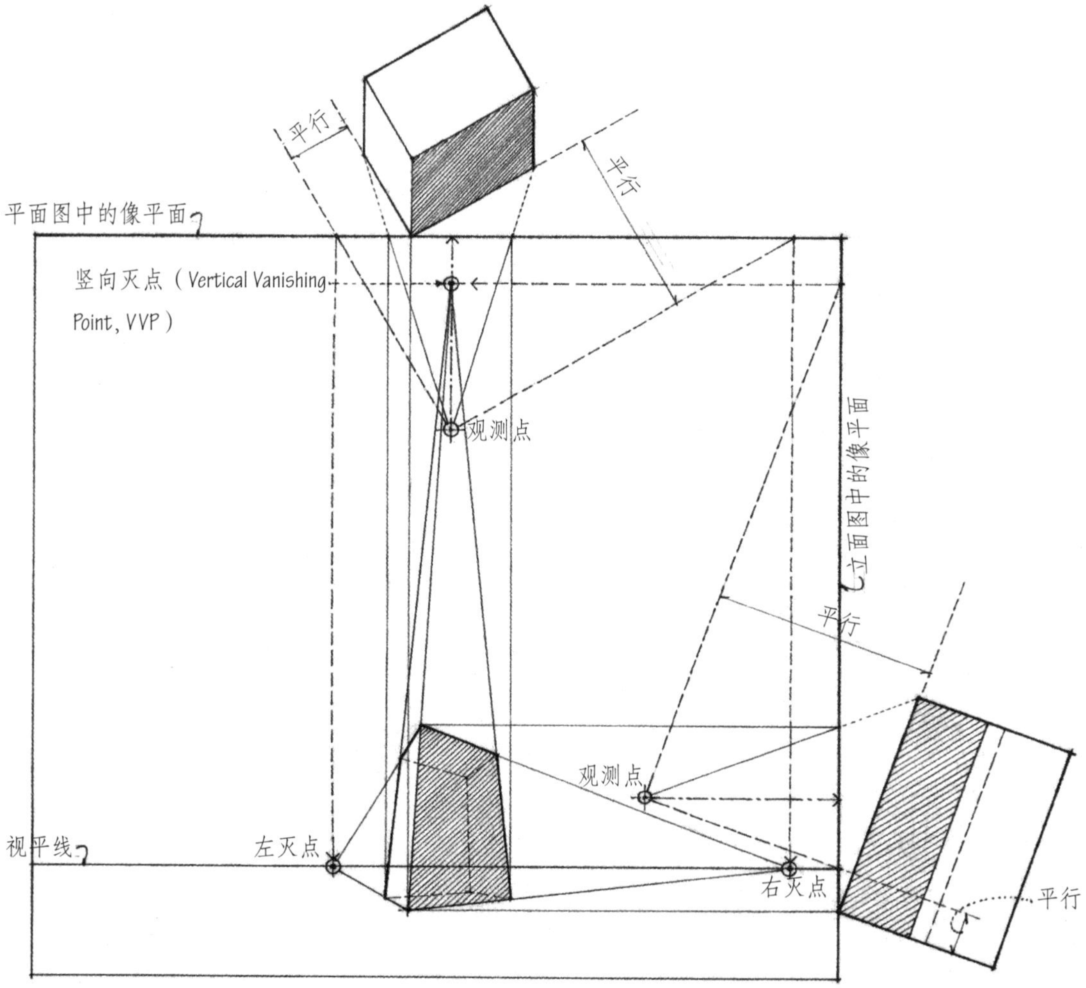

我们可以用三角形的三个顶点作为正方体在三点透视中的灭点。三角形的一条边保持水平，连结会聚水平线条的左、右两个灭点。竖向线条会聚的第三个灭点根据我们的视点不同，位于前两个灭点的上方或下方。

等边三角形代表正方体的各面和像平面成相等的角度。延伸竖向线条的灭点，逐渐远离视平线，会改变我们的视点和透视图的视觉效果。

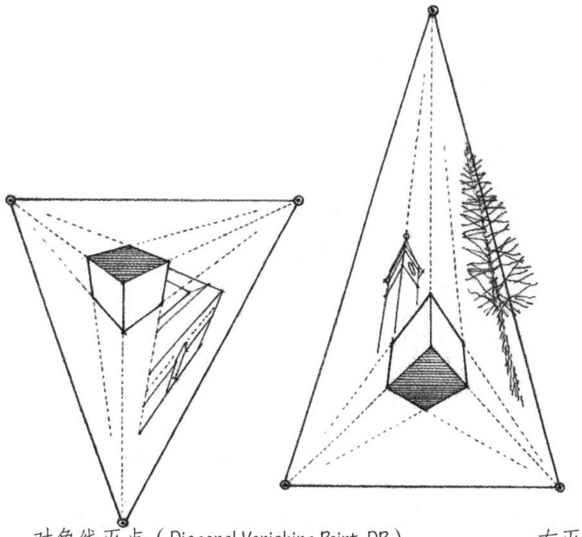

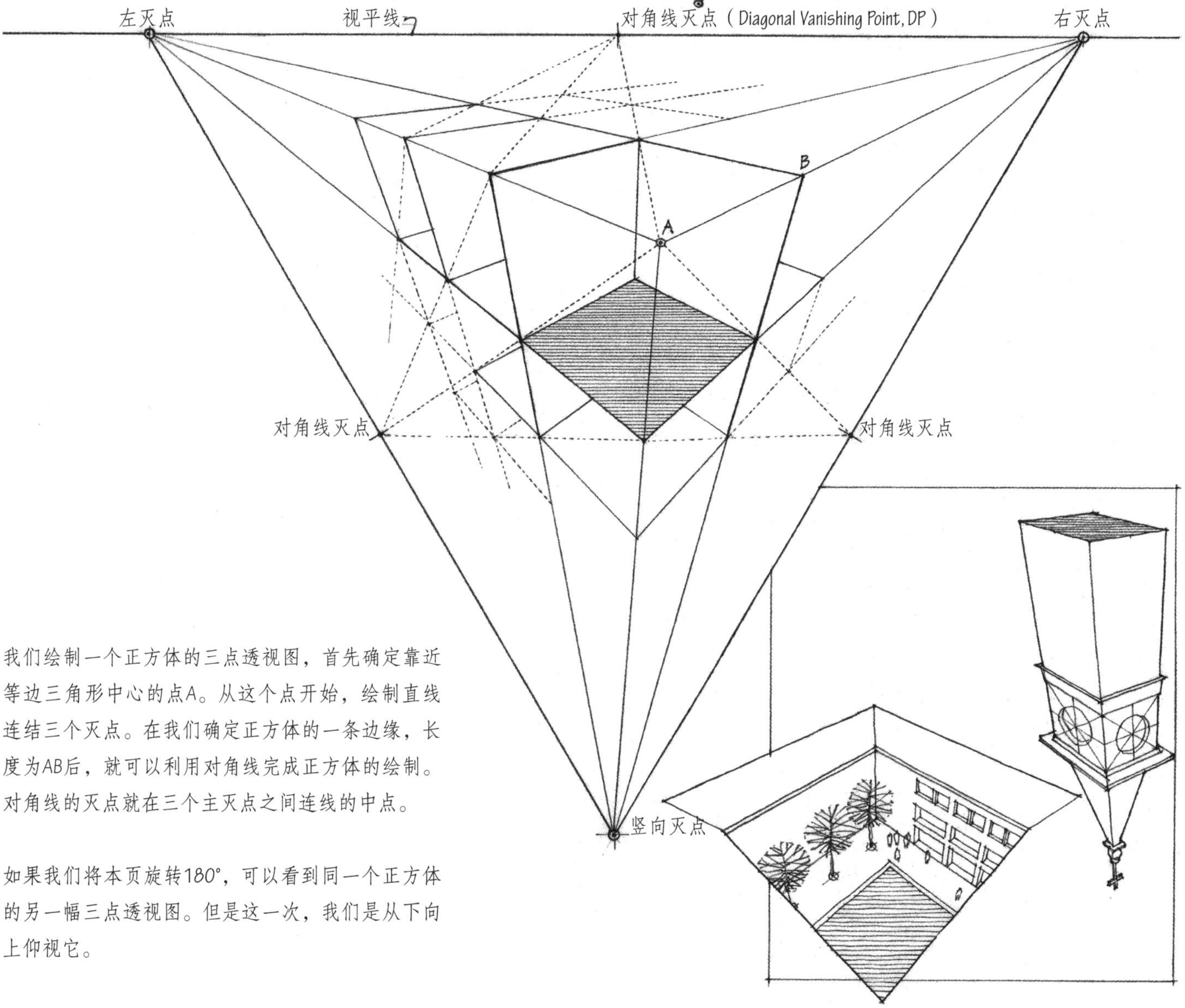

我们绘制一个正方体的三点透视图，首先确定靠近等边三角形中心的点A。从这个点开始，绘制直线连结三个灭点。在我们确定正方体的一条边缘，长度为AB后，就可以利用对角线完成正方体的绘制。对角线的灭点就在三个主灭点之间连线的中点。

如果我们将本页旋转180°，可以看到同一个正方体的另一幅三点透视图。但是这一次，我们是从下向上仰视它。

在线性透视中表现暗面和阴影，与在平行投影视图中的相近。只有表示惯例或实际光线方向的斜线，在与像平面不平行时，表现出会聚效果。我们背后的光源照亮我们看到的表面，并在远离我们的方向投下阴影，而我们前方的光源朝我们所在的方向投下阴影，并通过背光强调暗面。低角度的光源拉长阴影，高角度的光源缩短阴影。

为了确定光线的灭点，我们为透视图中竖直的投影边缘构建起三角形的影平面（shadow plane），其中的斜边确定了光线的方向，底边则指出光线的方向角。因为光线的方向角以水平线条描绘，它们的灭点位于视平线上某处。

延长斜边直到它与光线方向角的灭点所在的竖直灭线相交。所有平行的光线会聚于此点。这个灭点就代表所有光线的源头——当光源在观测者的前方时，灭点在视平线上方；当光源在观测者的后方时，灭点在视平线下方。

竖向边缘在地面上投下阴影的方向就是光线的方向，所以阴影会在光线方向角的灭点处会聚。

水平边缘与地面平行，因此会投下平行于自身的阴影。于是它投下的阴影和投影边缘自身会聚于同一个点。

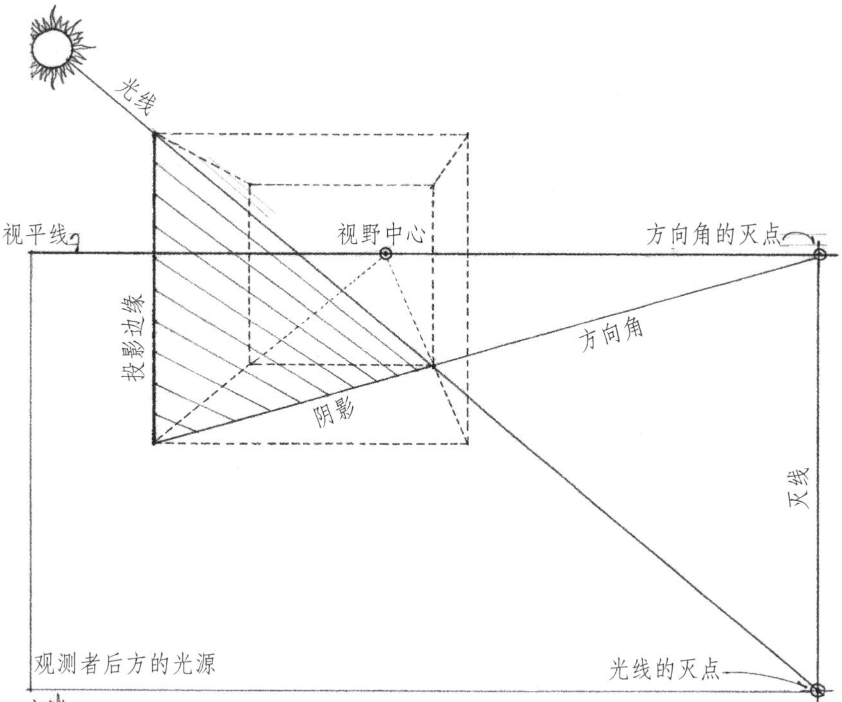

观测者后方的光源

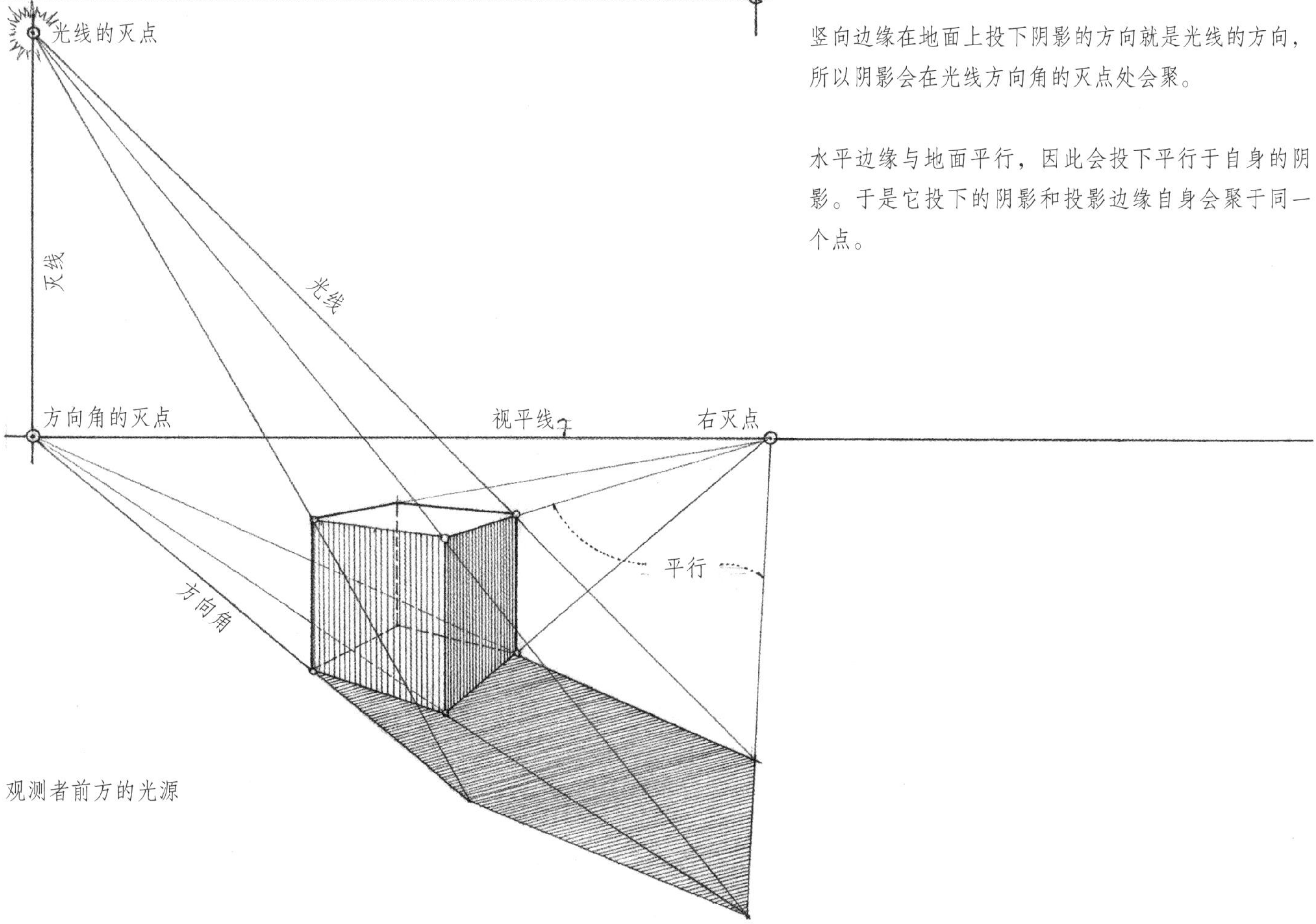

观测者前方的光源

当光线从观测者的右侧或者左侧射出，平行于像平面时，它们会在透视图中保持平行，并可以用它们在地面以上的真实角高度绘制。它们的方向角保持彼此平行，也平行于视平线，并且可以绘制为水平线条。

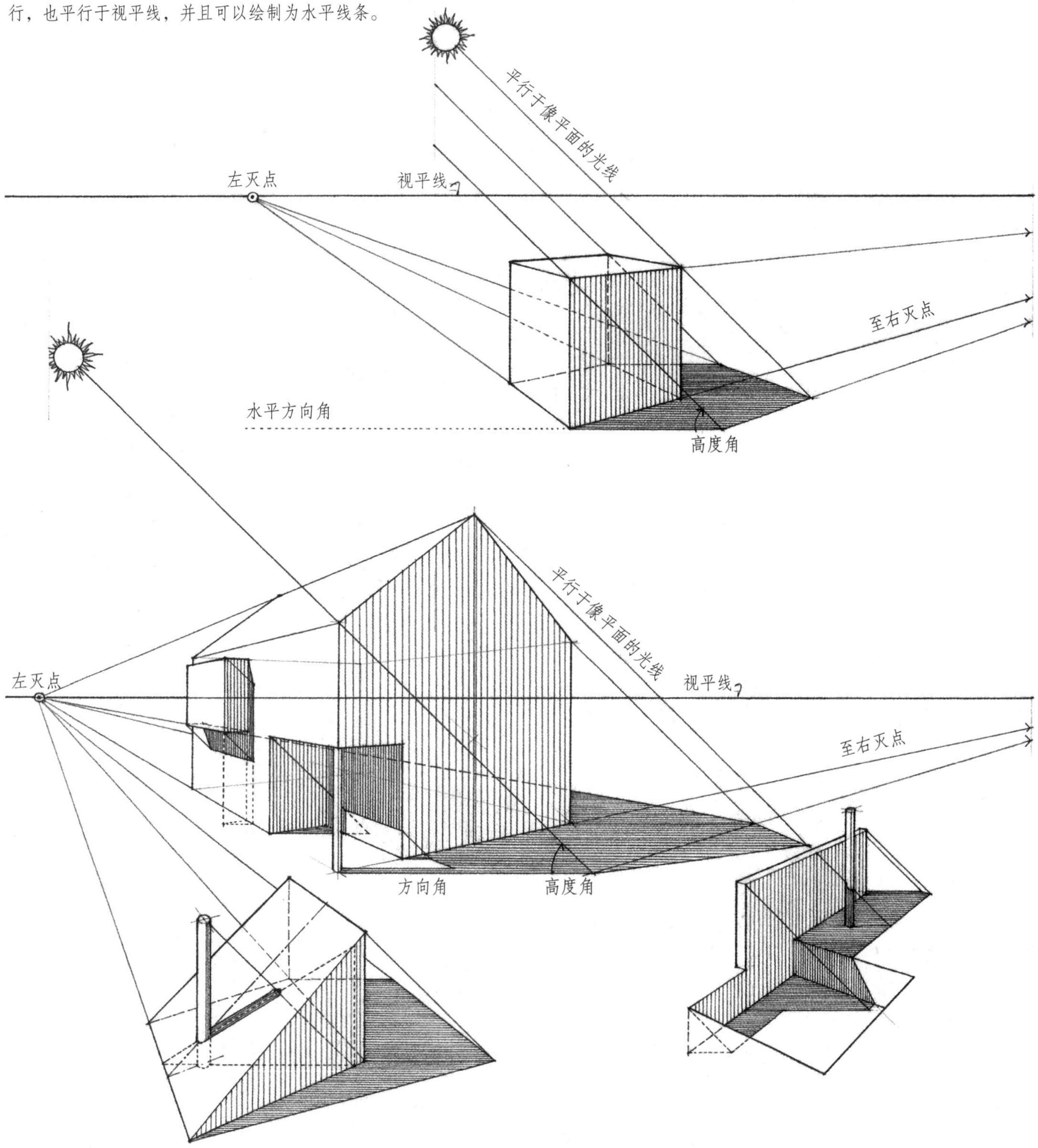

练习 8.18

根据给出的影平面ABC，为两点透视图中所示的建筑绘制暗面和阴影。

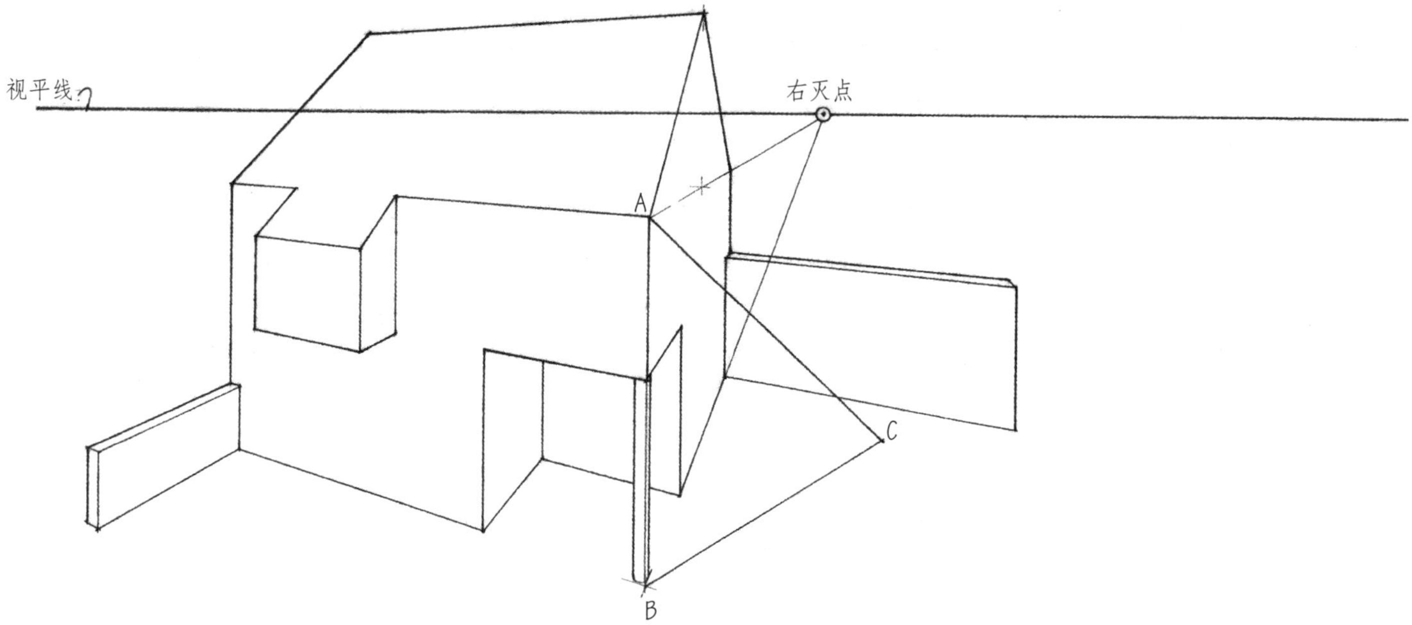

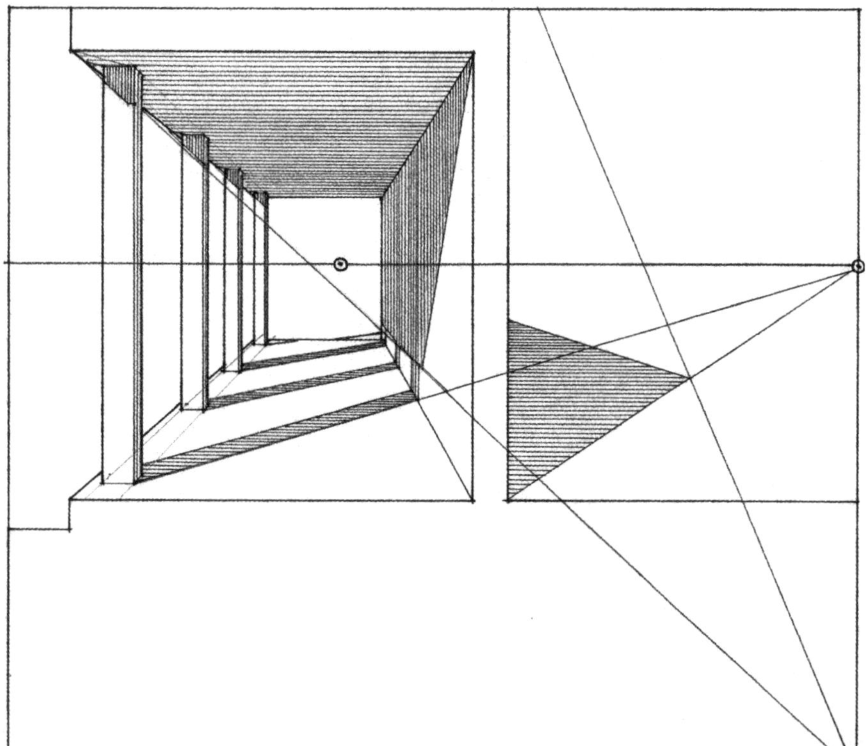

反射发生在水平的水面、镜面玻璃和抛光的地板表面上。反射面会表现出物体被反射形成的翻转的，或者说镜像的副本。任何位于反射面之前或之上的物体同时会出现在反射面之后或之下，其方向垂直于反射面。在反射面之后或之下看到的物体，和在反射面之前或之上看到的物体，与反射面的距离相等。

平行于三组主要平行线之一的反射面，会延续对象的透视坐标系。于是，镜像中的三组主要平行线，和对象上的平行线表现出相同的透视关系，依然保持平行并会聚于相应的灭点。

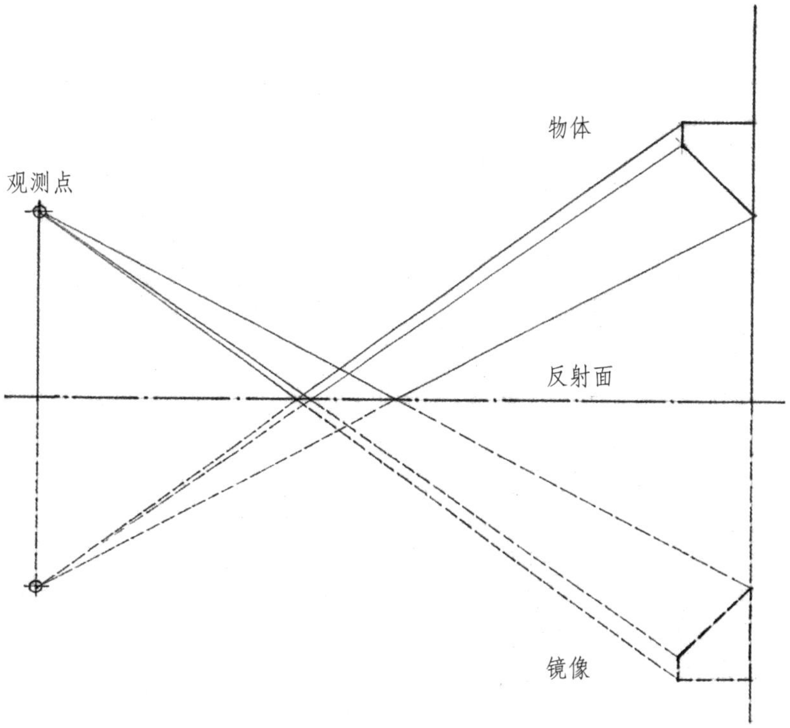

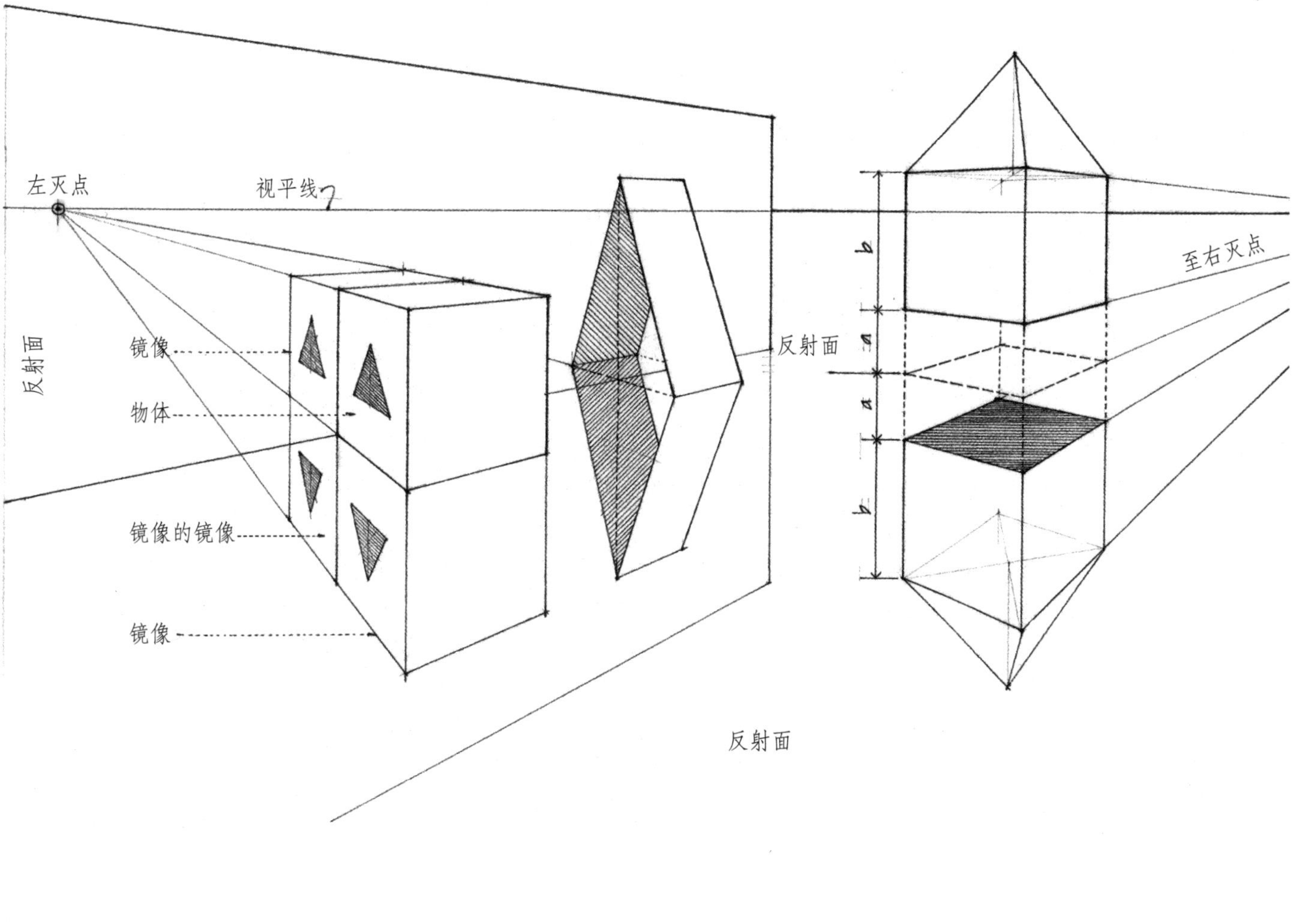

如果物体直接坐落在反射面上，反射的图像是原物体直接翻转的副本。因此，在镜像的透视图中，反射的图像遵循相同的透视系统，各条直线的走向在原图像中已经确定。如果被反射的物体与反射面有一段距离，那么镜像中会显示出物体上原先隐藏的侧面。首先映射出物体到反射面之间的距离，之后再绘制出物体的镜像图形。反射面所在的平面应当位于物体和它的反射图像的正中间。

和反射面不平行的斜线在镜像中以相等的角度、相反的方向倾斜。

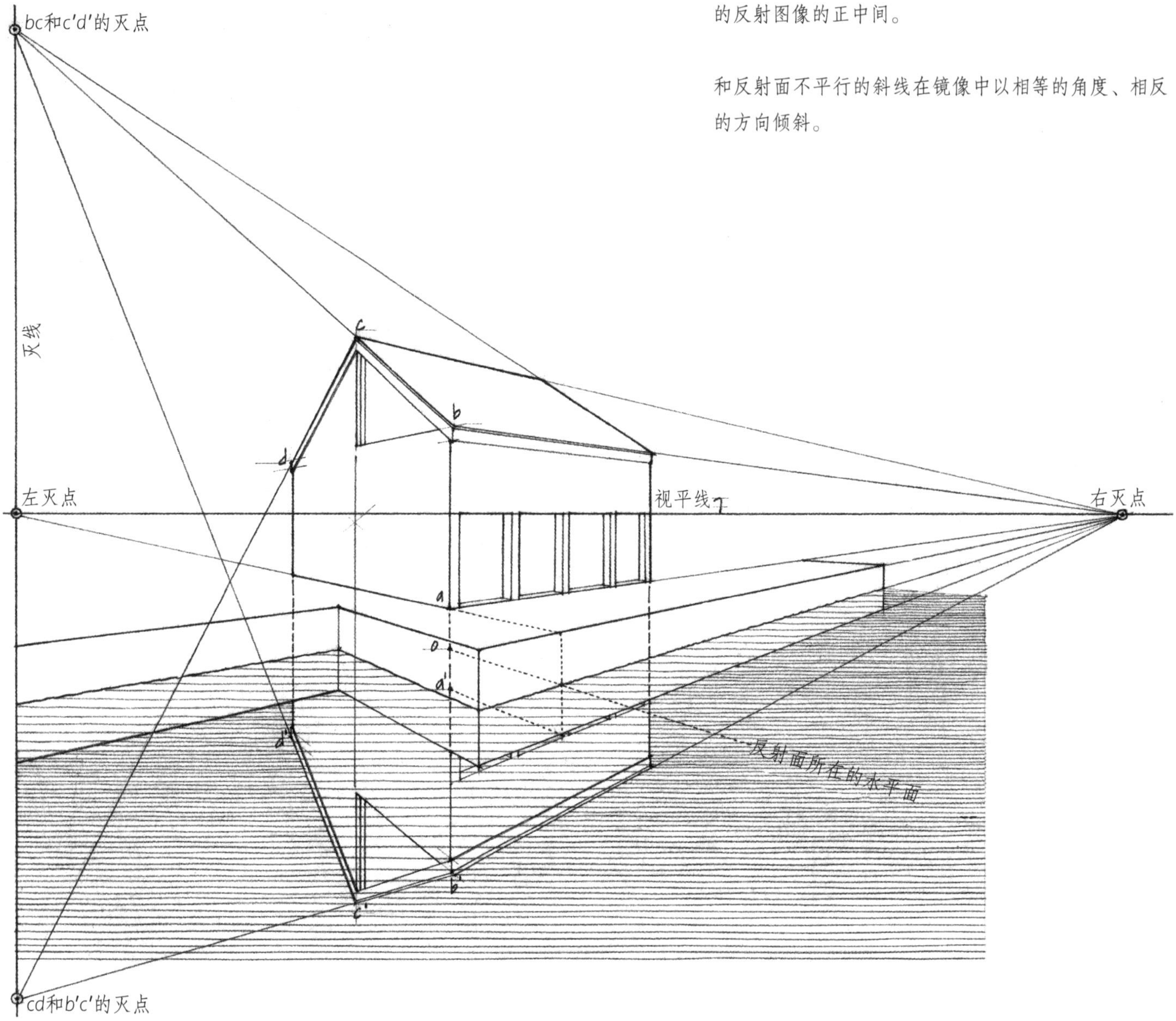

绘制室内空间的透视图时，如果空间中有一个或多个主要平面包含镜面，我们需要用之前所述的方式延续透视系统。被镜面反射的视线，其出射角与入射角相等。因此每次反射都让空间被表现出的尺度在垂直于镜面的方向上加倍。反射之后再反射，则会让空间的表观尺寸放大成4倍。

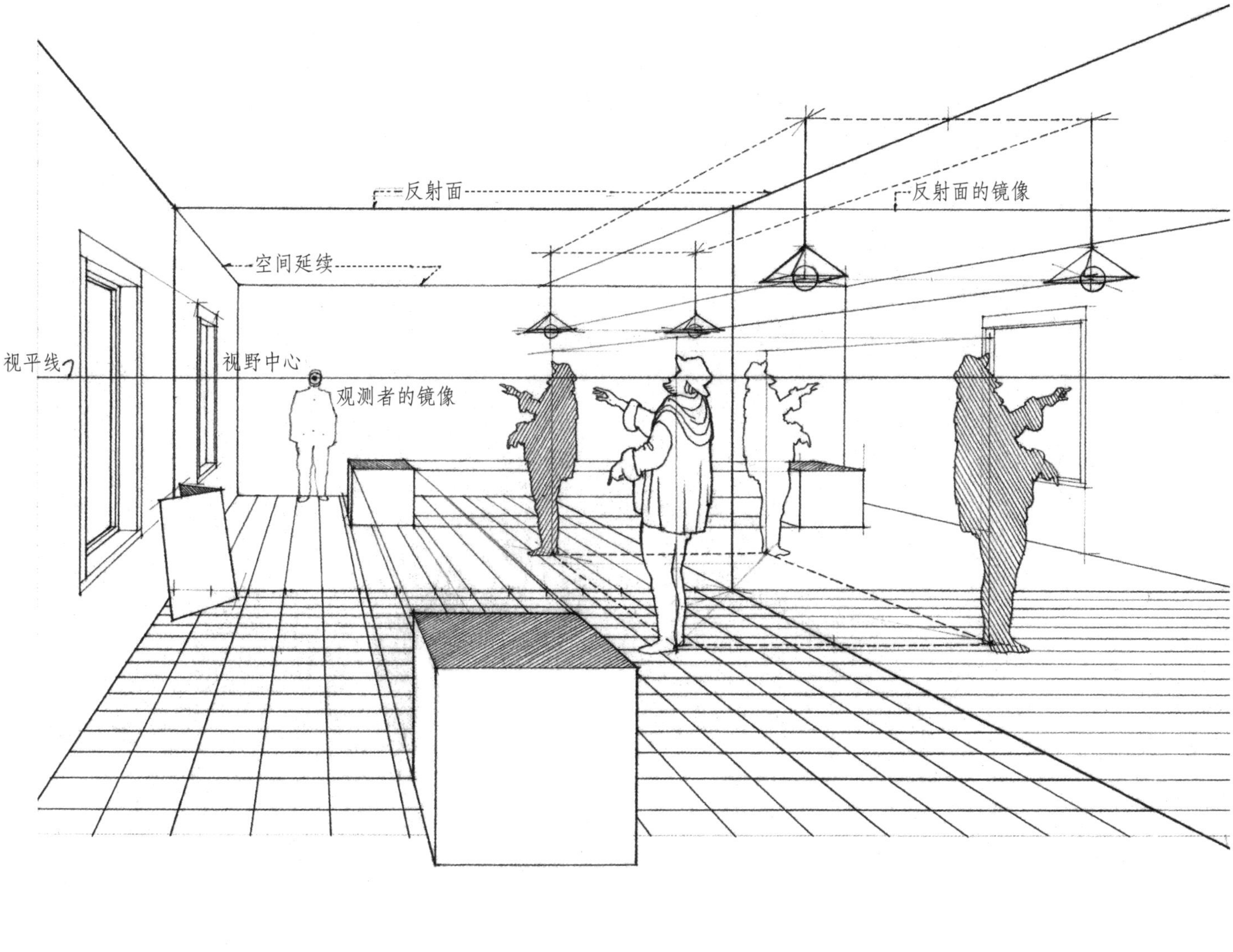

通过想象绘图

Drawing from the Imagination

去想象即去塑造，在思维中形成影像，表现现实中无从感知的事物。因此，想象力指的是凭借相关联图像的提示，重现记忆中影像的能力——即“再造想象力”；或者是重组以往的经验，创造新的影像，从而表达特定的目标或者帮助解决问题的能力——即“富有创造性的想象力”。我们在设计中利用富有创造性的想象力把各种可能性具象化、为未来制订规划，对我们行为的结果做出推测。我们绘图，是为了捕捉并具象化那些存在于思维之眼，而未曾实现的概念。

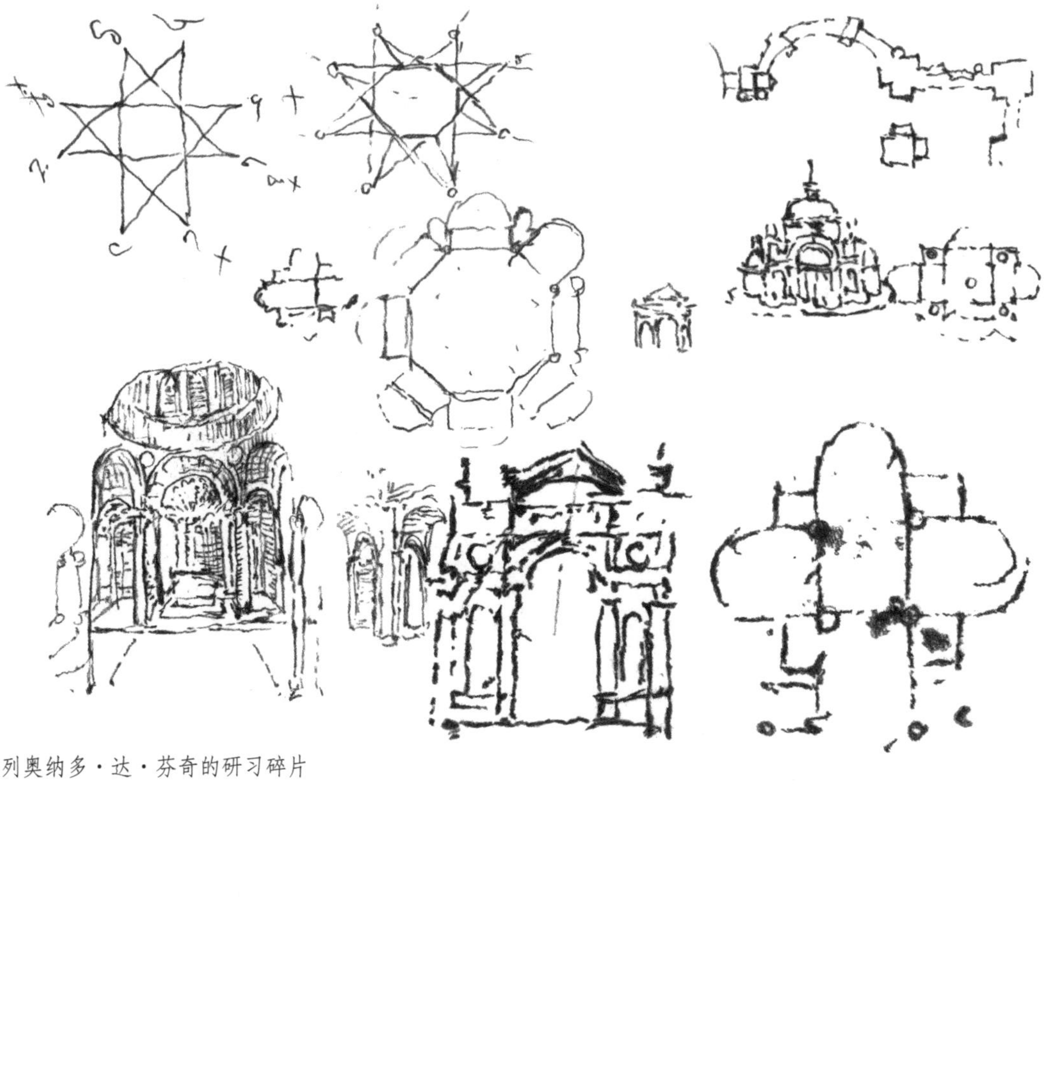

列奥纳多·达·芬奇的研习碎片

“绘图是找到自身与外物之间相对路径的方法，也是一种比雕塑更快的，实现某些尝试和意图的方法。”

——亨利·斯宾塞·摩尔（Henry Spencer Moore）

9

试探性绘图

Speculative Drawing

试探是一种思维或反射中的行动。在设计中，我们试探未来。当我们思考未来的可能性时，绘图给我们的意识以物质依存，让它们能被看到、被评价以及被掌控。从这些意识中形成的绘图，无论完成得快与慢、粗糙与精致，都势必带有试探性。我们永远不可能在最终成果出现之前就精确地做出决策。纸面上不断完善的图像逐渐获得生机，并随着在思维与纸面之间往复，指引理念的进一步开发。

复制品：赫尔辛基音乐厅与会议中心（芬兰地亚大厦）的设计研究，1967—1971年，阿尔瓦·阿尔托。

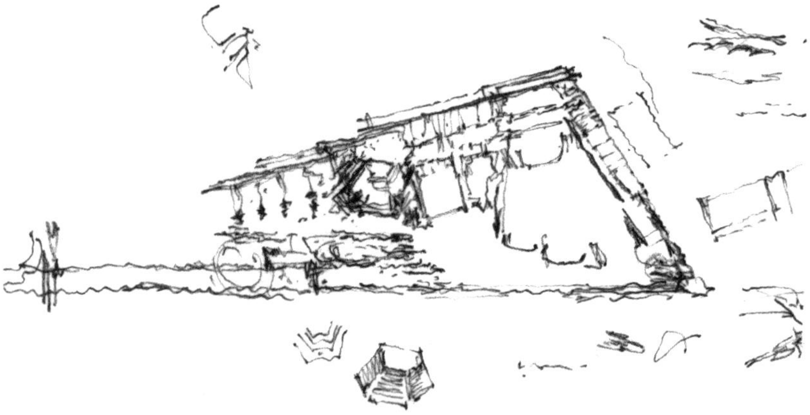

在设计过程的创造与深化阶段，绘图带有鲜明的试探性。思想会在我们看到过程图的同时迸发，并因此改变我们的认知，提出未曾想到过的可能性。纸面上逐渐出现的图像让我们发现新的通途——在绘图开始前无法预见，又在其中带出新的思路。一经完成，每一幅绘图都描绘出一个独立的现实，可以被看到，被评价，被完善，或者被改造。即使最终被丢弃，这些绘图也曾刺激过思维之眼，并启迪过新理念的形成。

因此，试探性绘图同信息明确的表现图相比，在内涵和目的上都不相同——我们用后者来精确地表现并与他人沟通已经完善的设计。尽管试探性绘图中的技法和完成度会根据问题特征和个人工作习惯变化，绘图的模式却总是开放的、随性的，并带有个人特色。尽管并非为公开展示所作，这些绘图能够为个人的创造过程带来有价值的洞见。

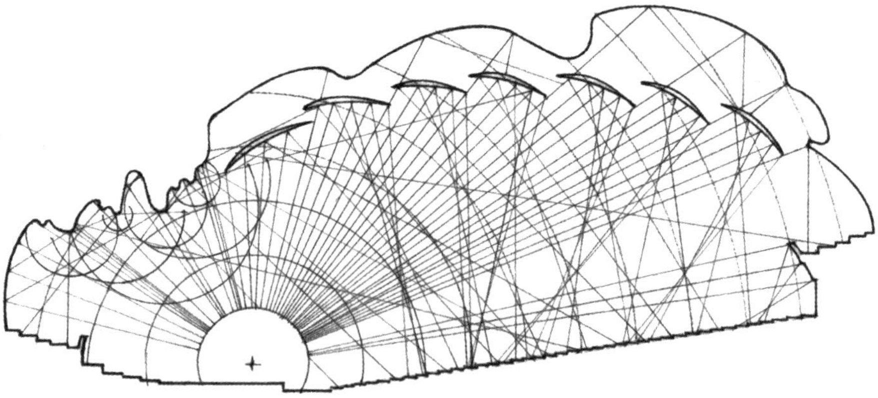

赫尔辛基音乐厅与会议中心（Concert and Convention Hall），1967—1971年，阿尔瓦·阿尔托。音乐厅的声学研究。

试探性绘图是一种创造过程。想象力触发的概念是思维之眼中一闪而过、无形又无际的影像。那个理念所形成的绘图，也是不可能成熟和完善的。思维中的影像很少能够囊括全部的细节，只等在纸上复现。这些影像随着时间不断发展，会经历一系列的改变，只因我们对它所代表的问题不断探索，并不断在思维之眼和纸面上的图像之间寻找一致。

如果我们盲目地绘图，好像是在遵守某种规例，我们就把自己限制在既定的影像之中，错过了在过程中探索的机会。预先想象出的影像对于绘图起步是必要的，但是它也可能成为一种妨碍——我们必须认识到，在绘图中逐步形成的图像也是我们可以与之互动，并不断做出修改的。当我们接受了绘图的这种试探性的特质，就让设计过程通向了机遇、灵感和创意。

复制品：马略卡大教堂（Cathedral of Mallorca）未实现的华盖的草图，安东尼奥·高迪（Antonio Gaudi）。

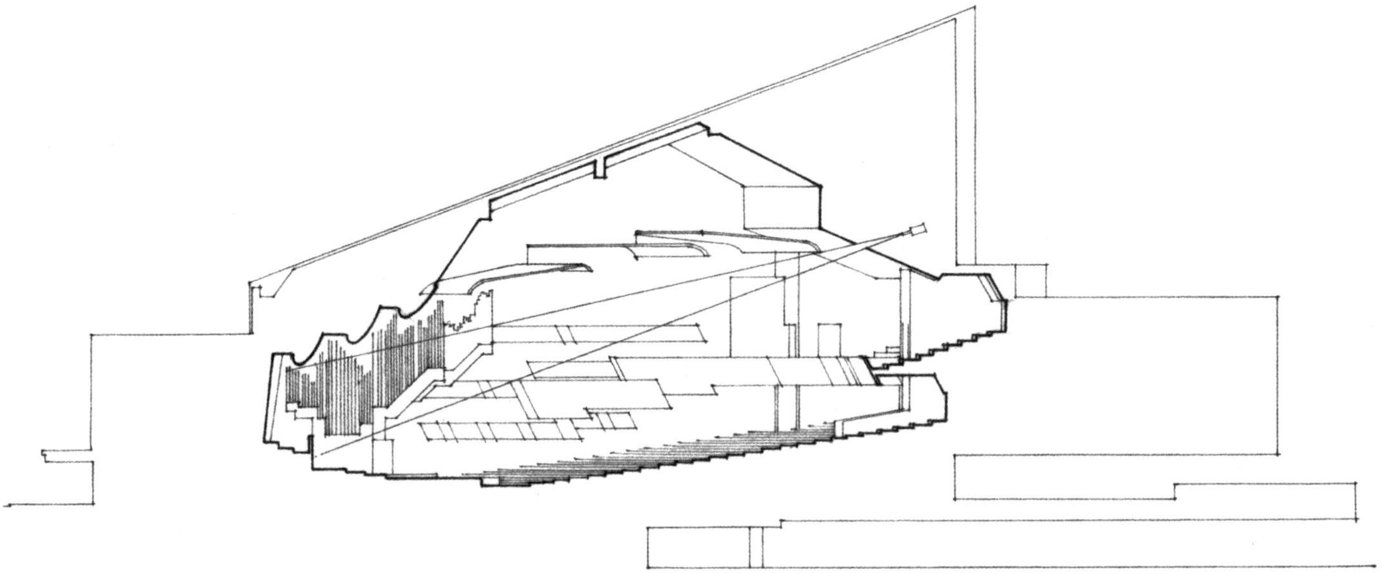

赫尔辛基音乐厅与会议中心，1967—1971年，阿尔瓦·阿尔托。音乐厅室内剖面图。

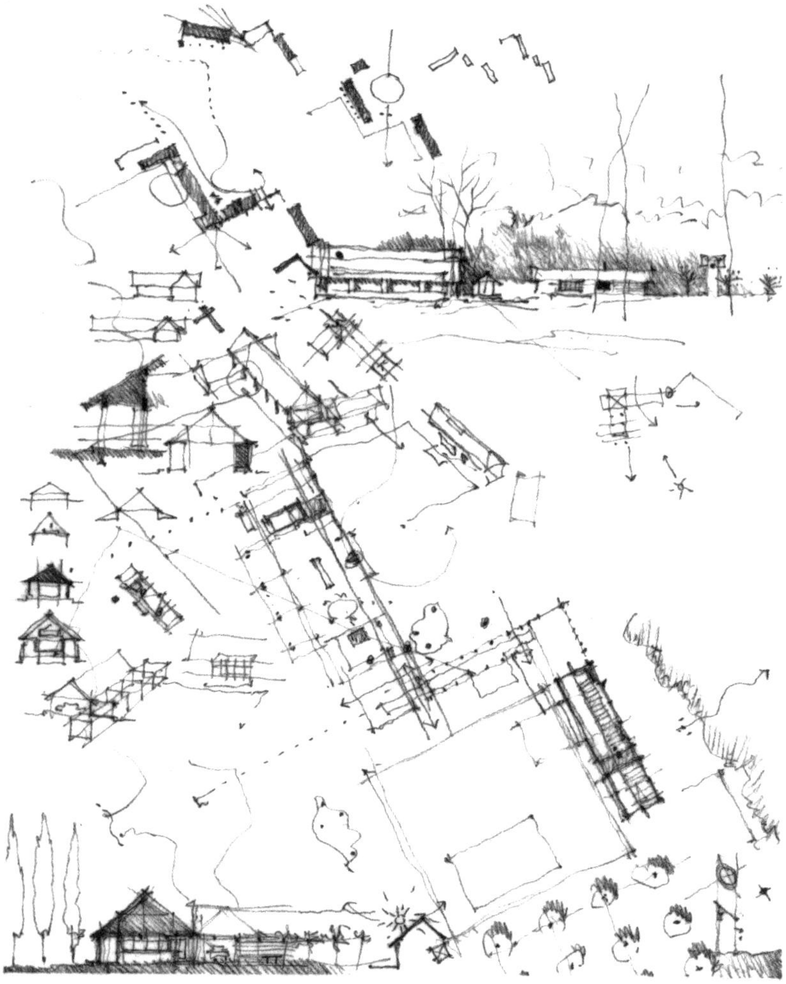

视觉思考是言语思考的必要补充，用于培育洞察力、发掘可能性，以及探索未知领域。我们在绘图时也会利用视觉元素进行思考。即便并非有意识地创造艺术作品，绘图也让思维以图形的形式工作。就像思想可以被投入词语，理念也可以穿上视觉形式的外衣，从而加以研究、分析与完善。

在思考设计问题时，思路自然地在头脑中冒出来。而这些思路通常不具有言语的形式。创造的过程难以避免地需要让可能的成果具象化，成为并不清晰、也不彻底明确的图像。在记忆中长期留存这些思路，并对它们加以明确、评价和完善，是非常困难的。为了把一个思路迅速落实到纸面上，跟上思维的速度，我们需要依靠分析图和缩略图。把可能性系统落地的过程中，这些创造性的图稿为我们领路。

绘图的尺寸越小，它表达的理念越广泛。我们从小尺寸的草图开始，因为它们能允许我们探索更大范围的可能性。有时候一种解决方案可以迅速成形。但更多时候，我们需要很多幅图才能找到最优解，甚至只找到一个探索的方向。这些草图鼓励我们用流畅和灵活的态度看待不同的策略，而不会过早地自我限制在某一种解决方式中。由于具有试探性的本质，并因此携有不同的解读方式，这些草图让我们规避了更细致的绘图所隐含的风险——对设计过程过早地下结论。

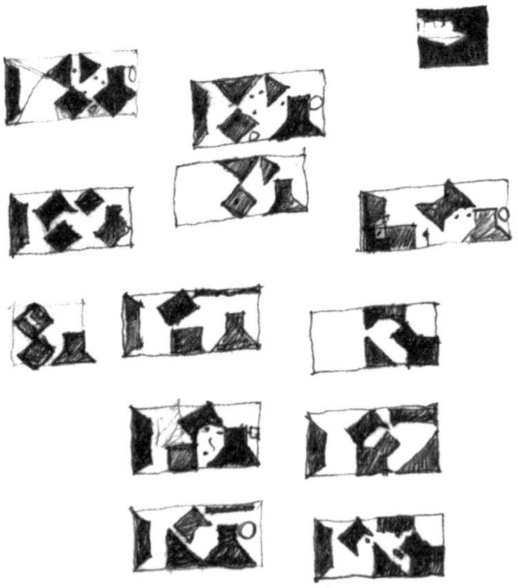

复制品：印第安纳州韦恩堡艺术中心（Fort Wayne Fine Arts Center）的平面构图，1961—1964年，路易斯·康。

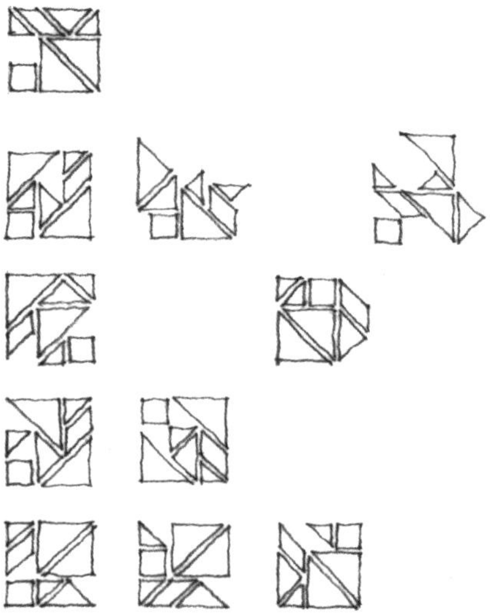

七巧板的组合形式

练习 9.1

不让笔离开纸面，绘制6条直线，连结全部16个点。这个简单的谜题同时表现了两方面的要点：解决问题需要反复迭代的试错过程，以及在解决问题的过程中拿起笔的重要性。

练习 9.2

这个正方体由3×3×3的小正方体组合而成。你能找到多少种方式把这个正方体切分成3块不同的形状，每块都具有相同的体积，即包含9个小正方体？

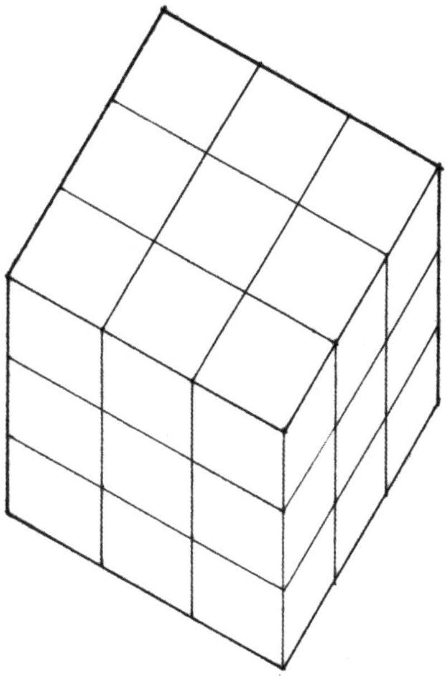

练习 9.3

在方砖上有圆形、三角形和正方形的洞。圆形的直径、三角形的底和高，以及正方形边长的尺寸都相等。想象一个三维物体，能够精确地适应，并完整地穿过每一个孔洞。你能在不绘制出各种可能性的前提下想象出这个物体吗？

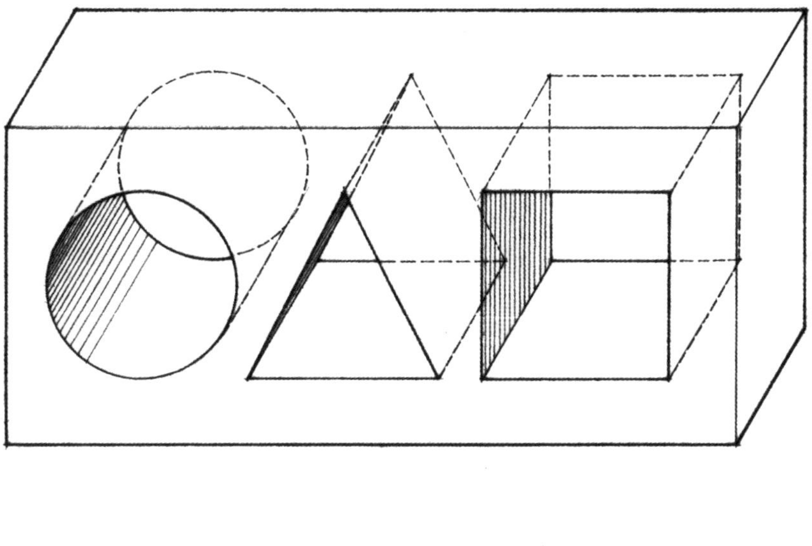

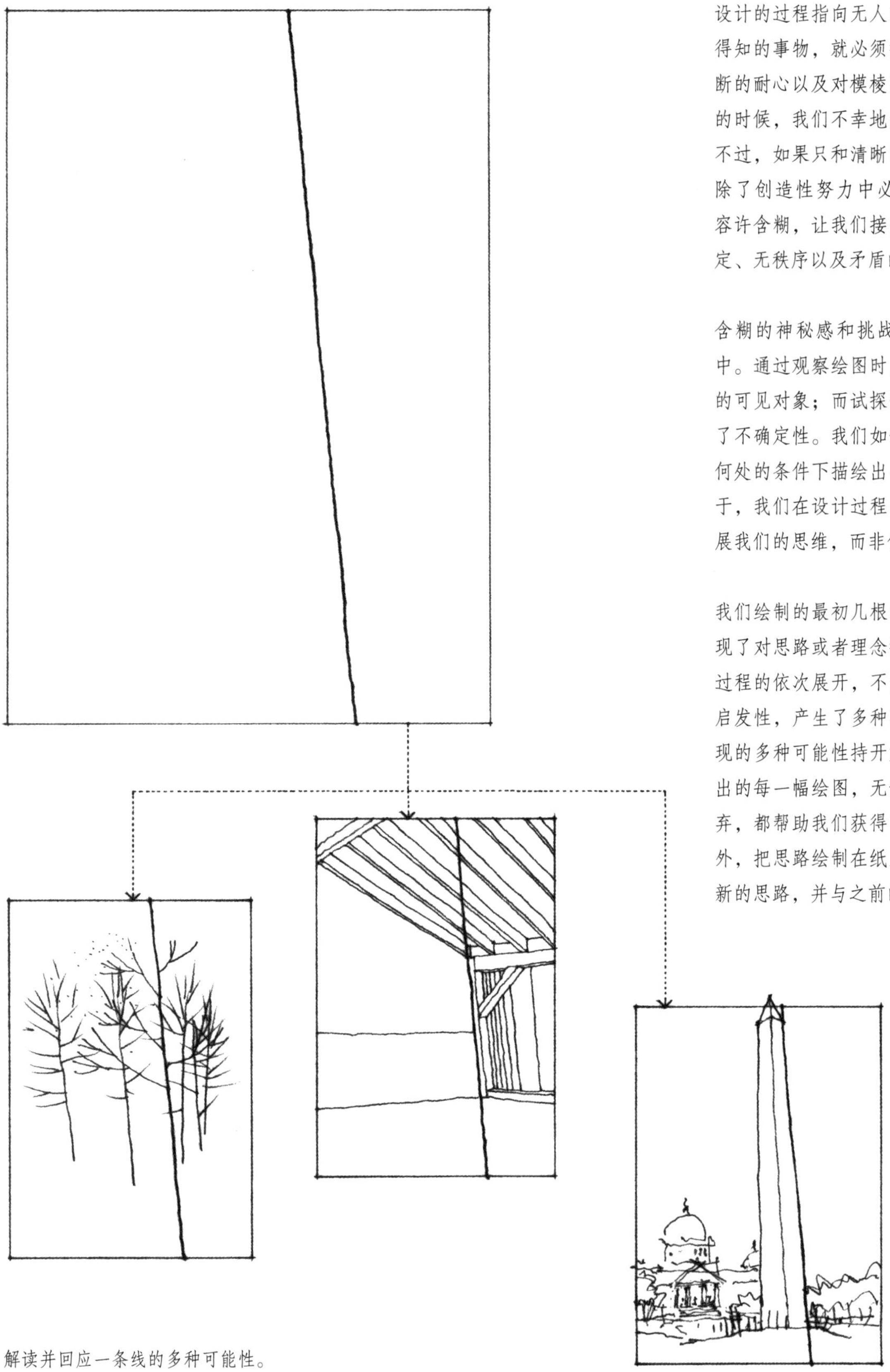

解读并回应一条线的多种可能性。

设计的过程指向无人涉足的领域。要追寻我们未曾得知的事物，就必须拥有发现奇迹的感官、延后判断的耐心以及对模棱两可的忍耐。在接受含糊事物的时候，我们不幸地失去了对熟悉事物的舒适感。不过，如果只和清晰明确的熟识事物打交道，就排除了创造性努力中必需的思想可塑性和适应性。容许含糊，让我们接受梳理自己思想过程中的不确定、无秩序以及矛盾的状态。

含糊的神秘感和挑战同时也出现在通过想象绘图中。通过观察绘图时，我们表现的是能够长期观察的可见对象；而试探性绘图不同，是开放的，充满了不确定性。我们如何能够在不清楚绘制过程通向何处的条件下描绘出一个设计思路？问题的答案在于，我们在设计过程中把绘图当作手段，刺激并延展我们的思维，而非仅仅是呈现这个过程的结果。

我们绘制的最初几根线条注定是试探性的，只是表现了对思路或者理念探索的开始。随着设计和绘图过程的依次展开，不完整的绘图和含糊的状态具有启发性，产生了多种不同解读。我们必须对绘图呈现的多种可能性持开放态度。我们在设计过程中做出的每一幅绘图，无论它表达的思路被接受还是废弃，都帮助我们获得了对问题的更多领悟。除此之外，把思路绘制在纸上的行为本身，也有可能触发新的思路，并与之前的一系列思路相辅相成。

练习 9.4

两种线条图案都可以作为基础，衍生出某个三维图像。比如，它们可以表示两面墙和地板的交会。你还可以用哪些方法解读并续写这些图案？

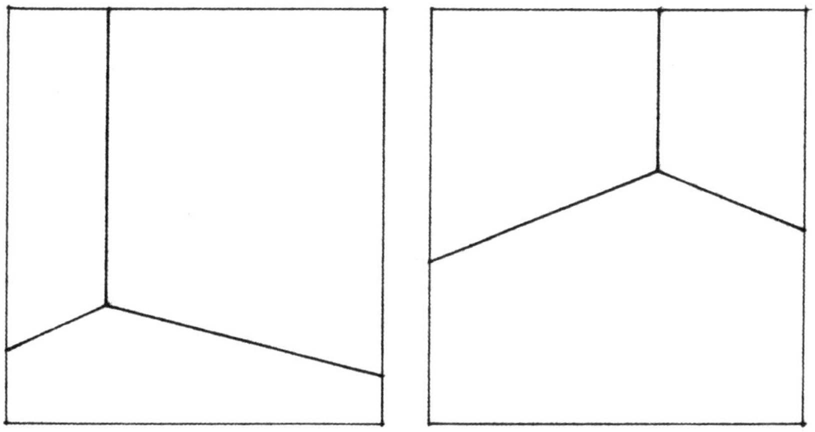

练习 9.5

在矩形平面的中间绘制一条波浪线。然后在波浪线的上、下平行地绘制线条，让它们在有些地方靠近彼此，创造密集区域。随着绘图的深化，生成的图像在你的思维之眼中引发了何种想象或者回忆？

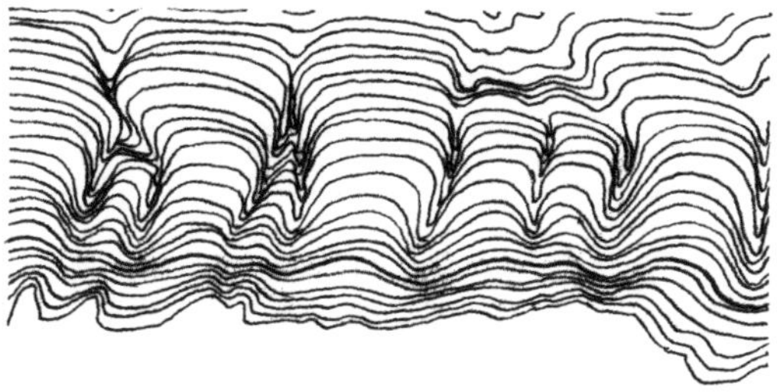

练习 9.6

想象一个人站在下面的透视图中，向右看到了什么？首先在小图框中探索一系列不同的场景，然后选择其中之一，在大图框中把它完善成一幅透视图。

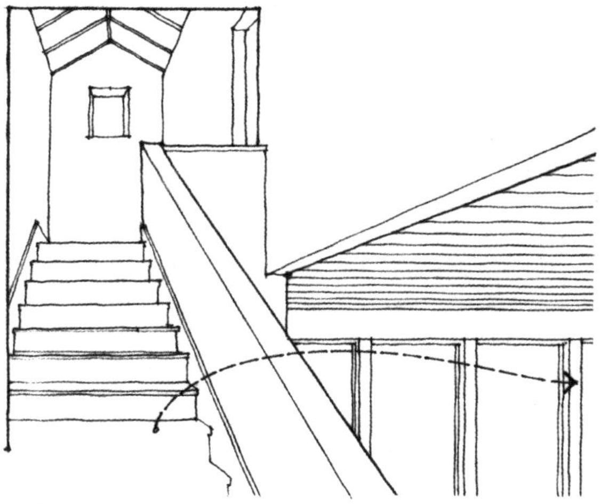

在探索可能性并描绘各种选项时，我们依靠直觉作为向导。直觉实际上是基于经验的。我们不可能绘制出自己脑海中没有的事物。我们在绘图时必须理解自己绘制的东西。比如，如果我们不理解一个形体的结构，就很难明确地绘制它。然而，试图把它绘制出来的行为本身，可以指引我们理解它，并依靠直觉探索理念。

我们绘制的最初几根线条是最难的。通常我们畏惧开始，因为脑中的思路尚未完整成形。面对一张白纸，我们首先画什么呢？我们大可以从一个特定的形体或布局的某个侧面开始，或者从一个理念或构造的某个笼统的影像入手。无论哪种情况，“我们从哪里开始”比起“我们在哪里结束”，其实没那么重要。

在设计过程的早期阶段，过于谨慎地绘图可能会让我们犹豫，并打乱我们对问题的思考。投入绘图的时间和精力会削弱我们探索其他可能性的意愿。我们应当明白，试探性绘图是一种试错过程，其中最重要的步骤是在纸上确定最初的几条线——无论它们有多么不确定。我们要开展后续的绘图过程，就必须相信自己的直觉。

“……‘如果不知道最后的结果是什么样子，我怎么开始设计？’这是一种常见的抱怨。‘如果你已经知道，为什么还需要设计？’这是我的回答。如果我们不能真心把形式视作可以操作的东西，就总会强烈地索求一个已知的形象。拥有这样一个形象并没有错，但是它并非必要条件，反而可能是一种阻碍。当我们和他人谈话时，我们也无需知道对话的结果如何。我们通过对话可以对问题有更好的认识；或者说，我们可能改变了自己的想法。当我们为‘做我们自己的事’而担心，感觉自己必须永远驾驭形式，就不可能放松并真心投入过程之中。一旦学生发现自己与形式的对话，无论喜欢与否，都会永远伴随自己个性的印记时，这种抱怨就消失不见了。”

——尼古拉斯·约翰·哈布瑞肯（Nicolaas John Habraken）《对复杂性的控制》（*The Control of Complexity*），《场所》（*Places*）第4卷第2期。

“一天，爱丽丝来到岔路口，看到柴郡猫在树上。
‘我应该走哪条路？’她问道。
他的回答是一个问句：‘你想要去哪里？’
‘我不知道，’爱丽丝回答道。
‘那么，’猫说，‘哪条路并不重要。’”

——刘易斯·卡罗尔（Lewis Carroll）
《爱丽丝梦游仙境》（*Alice in Wonderland*）

创造过程中的流畅，即是有能力创造更大范围的可能性和思路。绘图过程中的流畅，则是凭着直觉让笔和纸接触，轻松优雅地回应自己的思想。我们的思想稍纵即逝，因此必须能够跟上它的速度。

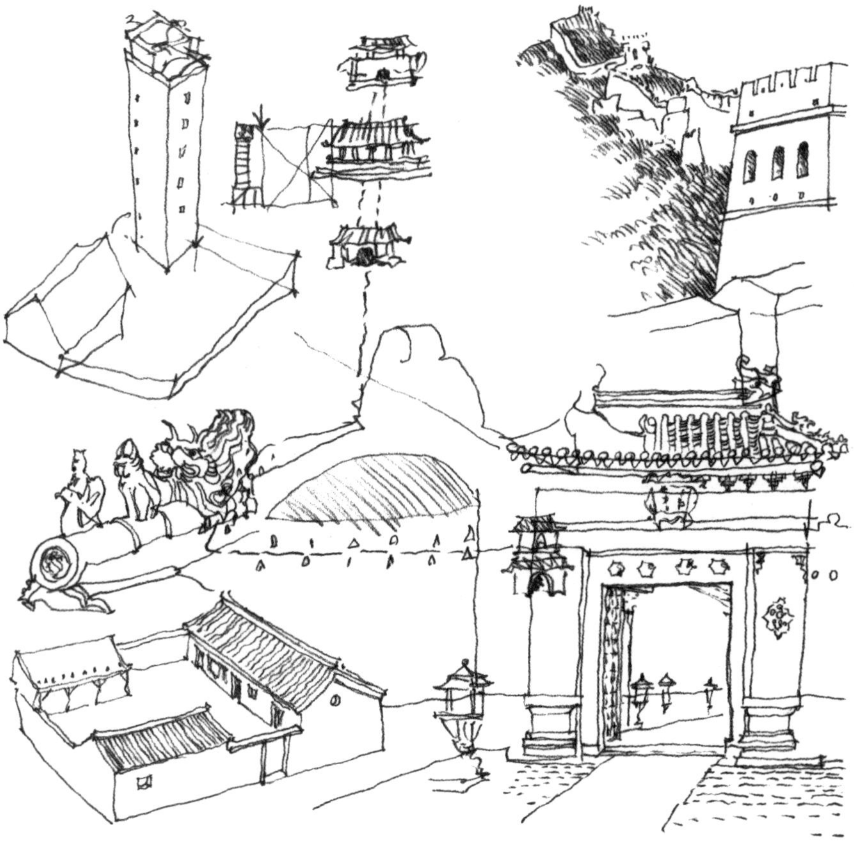

把我们的思想写出来是简单的，几乎无需费力。要在绘图时训练出同样的流畅，我们就必须不断练习，直到在纸面上绘出线条成为一种自动地反射行为，或是对我们看到或想到事物的自然反应。虽然我们可以强迫自己画得更快，但是缺少控制的速度，只会事与愿违。在绘图成为视觉思考中如臂使指的组成部分之前，我们应当先学会缓慢地、从容地、精确地绘图。

为了捕捉思想湍流中难以引导或控制的一瞬间，我们必须用到快速绘图模式。于是，绘图的流畅要求徒手技巧，尽量少地使用工具。在绘图中关注制图工具的原理机制，或者绘图软件的菜单和面板结构，都会牵扯我们的注意力，分散视觉思考过程中的时间和精力。因此，只要设计过程中对流畅和灵活的要求高于精致和准确，我们就应当徒手绘图。

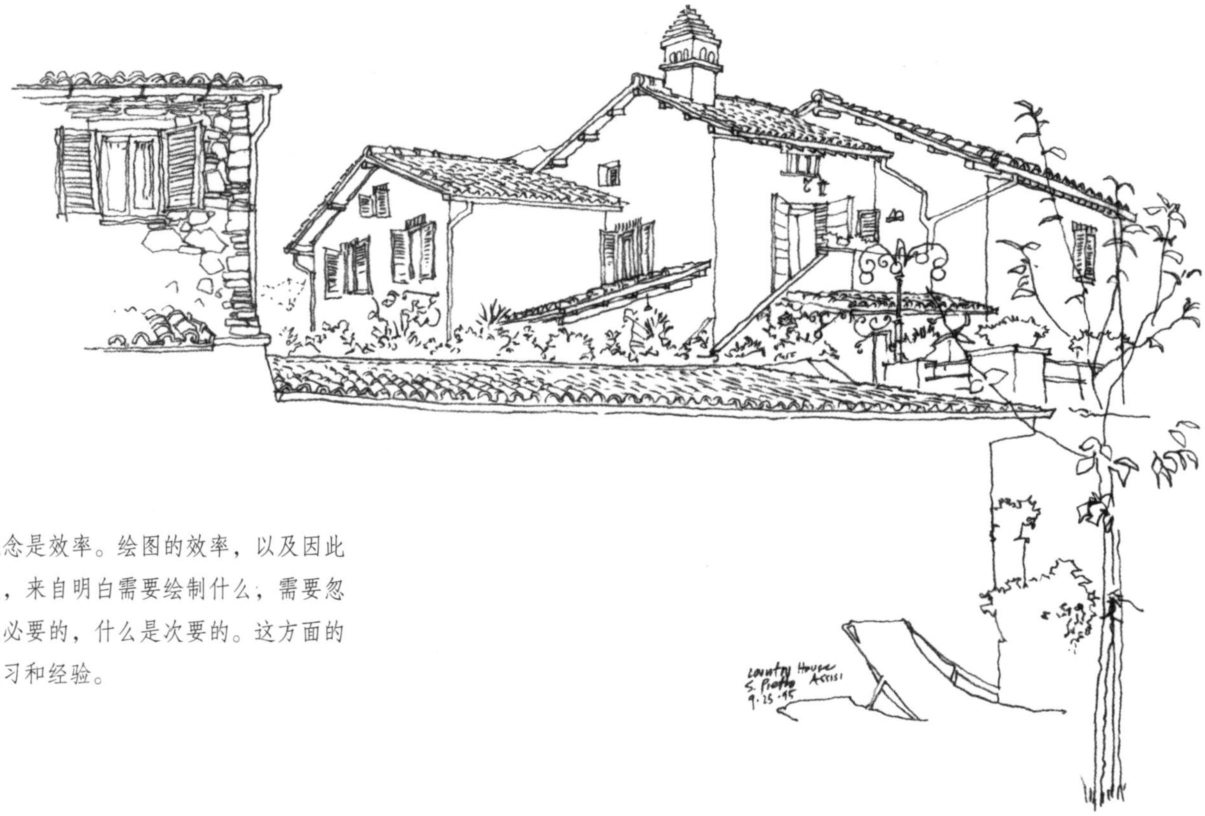

和流畅相关的概念是效率。绘图的效率，以及因此提高的绘图速度，来自明白需要绘制什么，需要忽略什么；什么是必要的，什么是次要的。这方面的知识同样来自练习和经验。

练习 9.7

训练绘图的流畅性，并不断提高绘图品质，有效的方法是保存一个草图本，并且每天在上面画半小时到一小时。有一种可以考虑的方法是，每周关注一个不同的建筑构件，比如窗户、门、墙体，或者屋顶轮廓。另一种方法是关注某些特征，比如材质肌理、阴影图案，或者不同材料彼此叠加或交会的形式。最重要的是绘制那些引起你兴趣的客观事物。

练习 9.8

在周围的图框中，用寥寥几条铅笔线条尽可能地捕捉这些图像的本质。

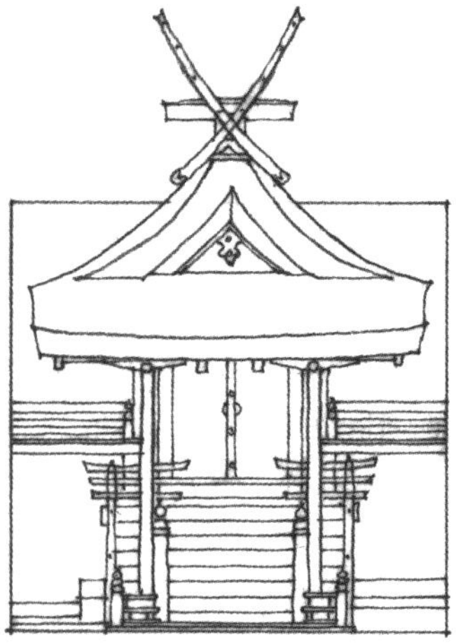

练习 9.9

在这些图像中你能发现哪些简单几何形？用钢笔或铅笔勾勒出这些基本结构的轮廓。

练习 9.10

探索你能对这些图像简化的极限，同时保持它们能被辨识。

在任何创造性过程中，我们都必须准备好借助意料之外的情形。绘图让我们能够探索新的通途，先前不能想见，而随着过程的深入不断形成新的思路。如果我们抛弃作者的身份，以旁观者的客观视角观察自己的绘图，那么它可能展现出不曾想见的可能性。这是内心视野带来的无意识的产物。当我们看到一幅绘图时，思路自然地在脑海中涌现。就好像一个视觉理念触发了其他理念，一幅绘图也引出了另一幅、另两幅。即使没有实现当下的目标，试探性绘图仍然可以作为未来的参考，从新的角度刺激视觉。通过一系列绘图，我们可以看出未曾预见的关系、从中找到联系，或者回忆起其他图样。

初始图稿

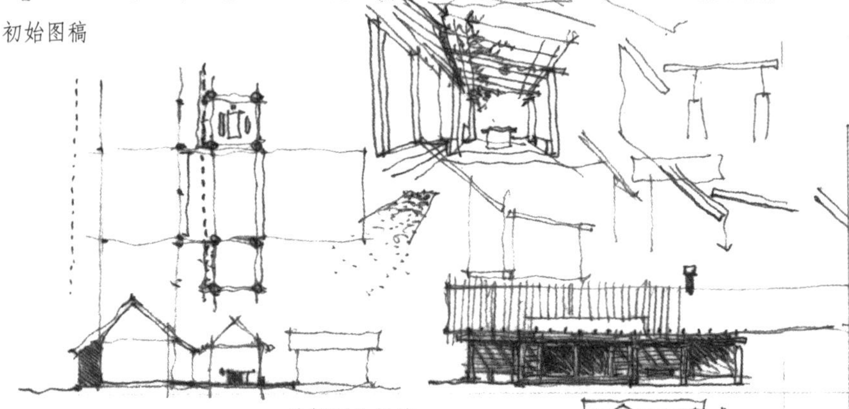

选择深化思路

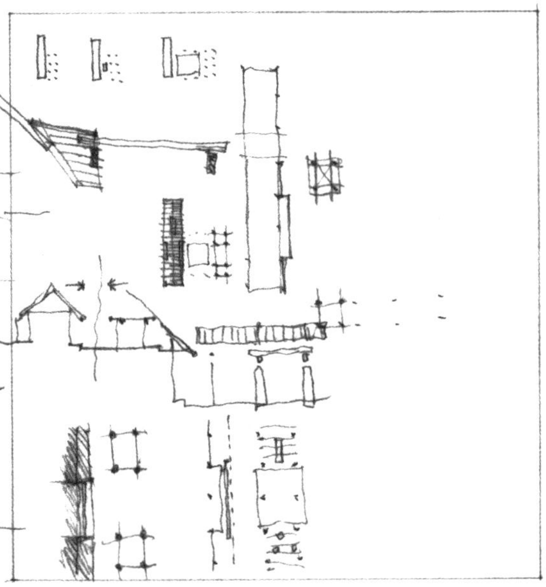

探讨其他方案

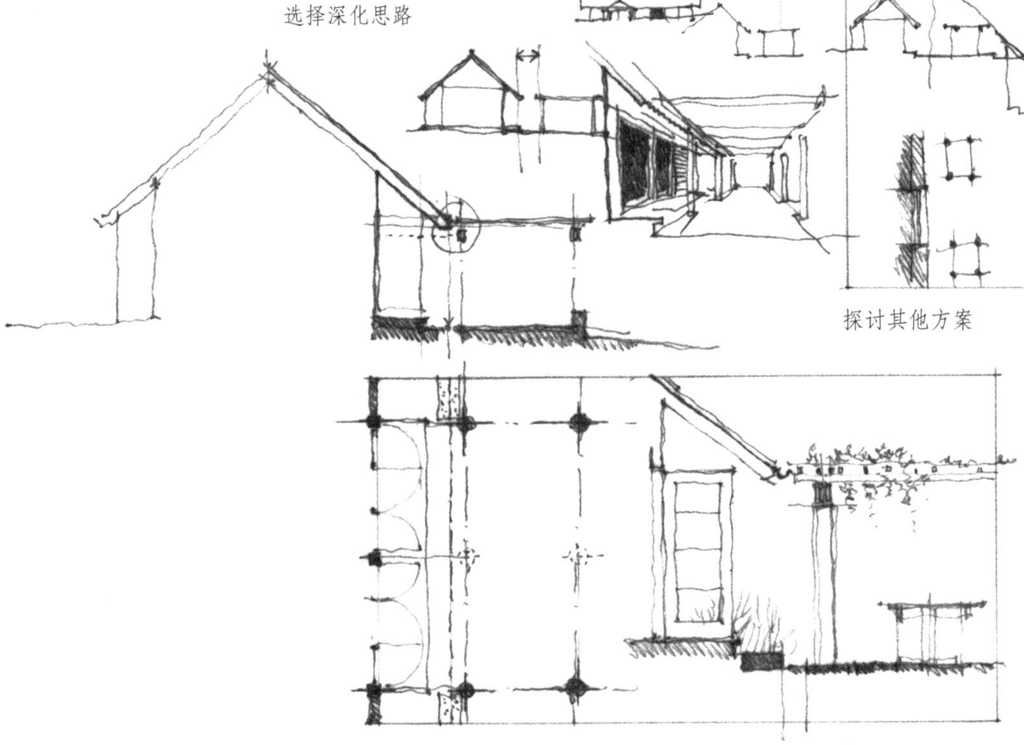

机缘巧合 | serendipity：【名词】偶然得到了意料之外又称心如意的发现。

图层叠加 | Layering

区分图层并相互叠加，这种图形模式既用于解析，又用于综合。它让我们能够迅速又灵活地既看到图案样式，又研究内在关系。就如同我们通过编辑和重写草稿来润色言语表达的思想，我们也可以在同一张纸上通过叠加图层来完善绘图。我们首先试探性地轻轻绘出图像的基底或是结构线。然后，随着对形状、比例和构图做出视觉判断，我们在逐渐显现的图像上叠加一些各不相同的步骤。这个过程可能同时包含粗略的与细致的工作，因为思维既会聚焦在一些区域，做出更仔细的勘察，同时也会保持对整体的关注。

对绘图的修改可能也用透明页面做出实体的图层叠加。草图纸让我们能在一幅图之上绘制另一幅，保留一定的元素，同时完善其他的。在不同的透明页面上，我们绘制各元素的逻辑结构、相互关联的形体和群组，以及它们之间的联系。不同的图层包含相互独立但也相互关联的流程。我们可以研究特定的区域，深入细节，或者对特定的特征侧面给予更多强调。我们还可以在相同的基础上探索不同的选项。

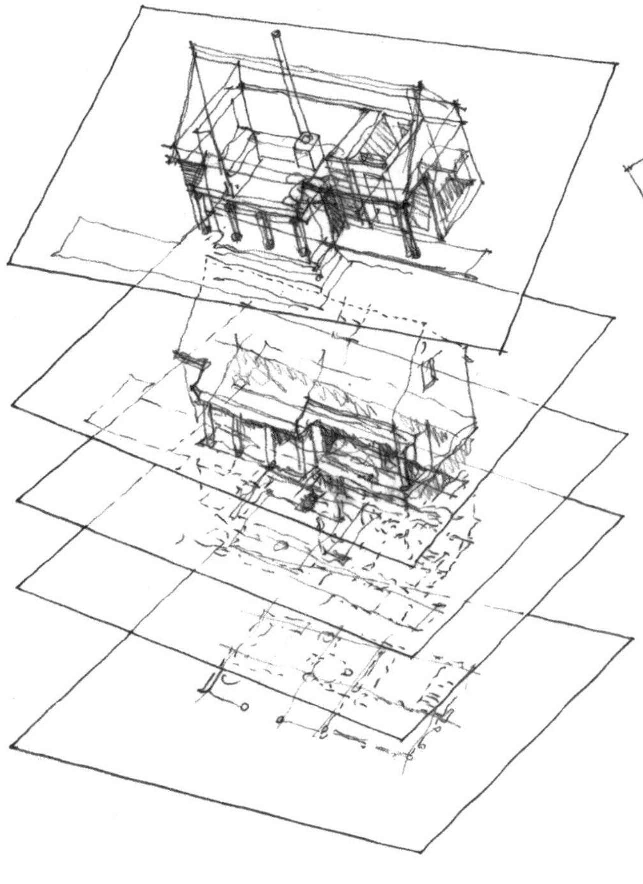

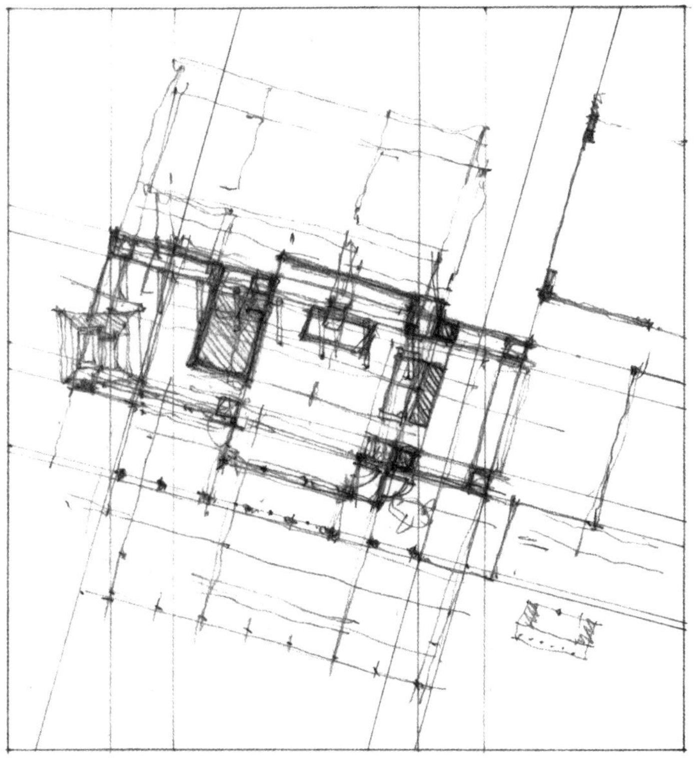

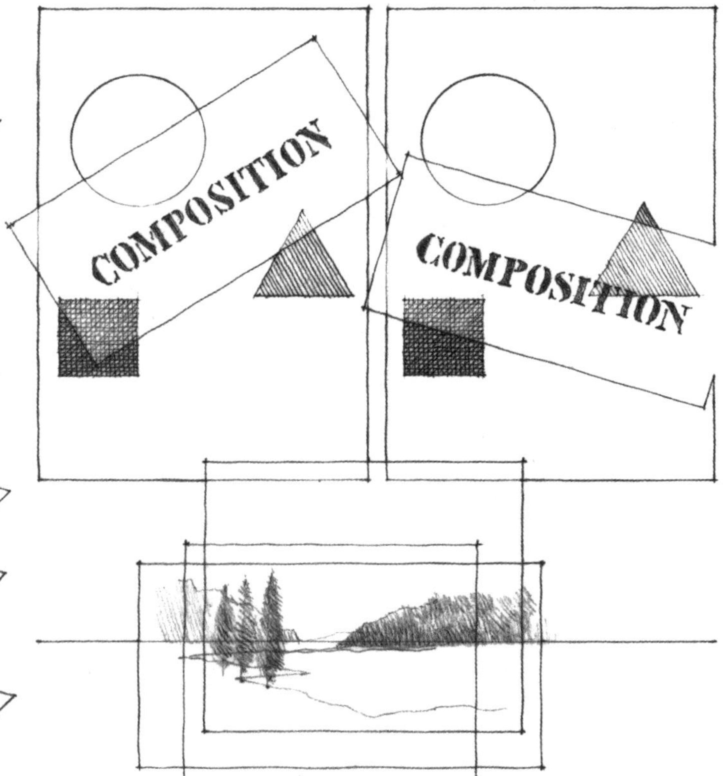

通过叠加草图纸，尝试不同的版式和构图。

重组 | Recombining

绘图给我们提供了一种方式，让我们看到现实中不可能存在的事物。通过绘图，我们可以改变信息的排列方式。我们可以把信息从通常的背景环境中解放，让它们以一种新的方式组合在一起。我们可以根据相似性或者差异性来分割、归类和组合信息。我们可以改变信息之间的现有联系，并研究重新组合的效果。

在探索一系列的设计可能性时，把形体、空间或组合中的各元素删除、移动位置或是重新组合都有裨益。这个过程可以很简单，比如切掉一部分并接续在不同的位置上；也可以延长一个构件或者形体，与另一个相交；又或者在不同的构件或体系之上加入完全不同的另一种构件或体系。

一旦记录在纸面上，我们就可以排开这些选项来做比较，或者重新排列它们，像拼贴画一样来回摆布。我们可以评价各种理念，然后进一步深化它们；或者我们可以抛弃它们，召回其他的理念重新考虑；又或者在设计过程的新阶段中加入全新的理念。

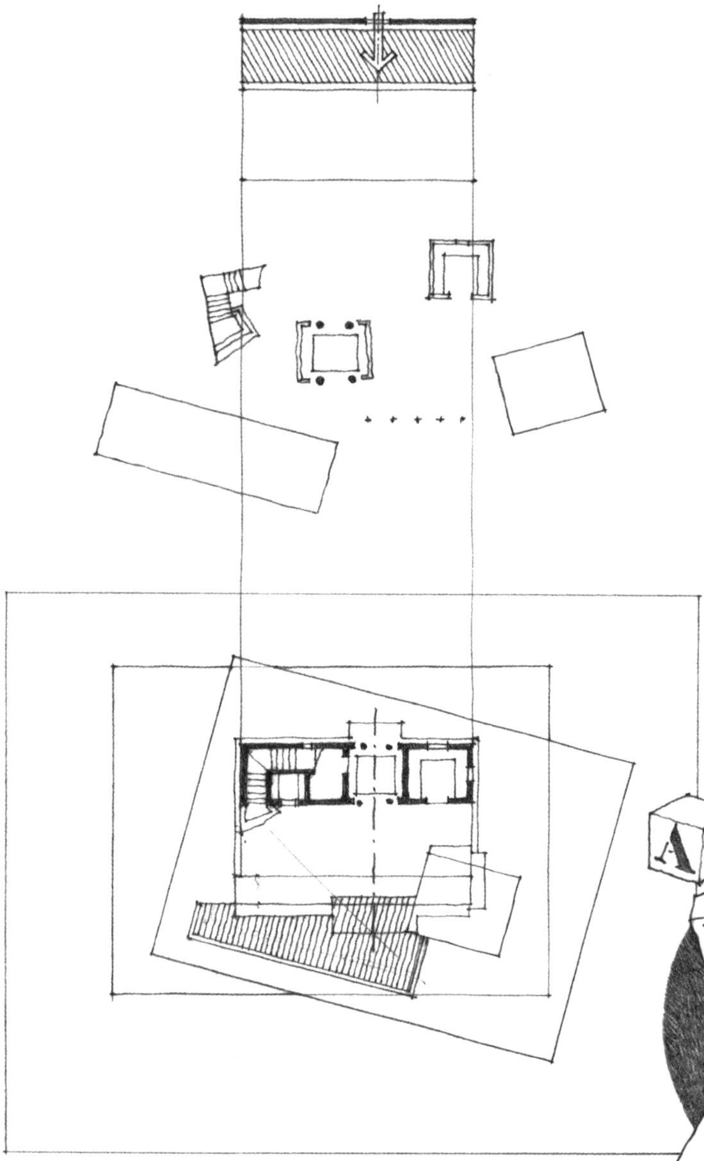

练习 9.11

用一系列绘图表达下面的操作。首先，切掉或者挖掉正方体的一部分。然后从正方体上移除这一部分。最后，把拿掉的这部分用三种不同方式重新安装在正方体上：以一点相碰触，以一条边相连，以一个面相贴。

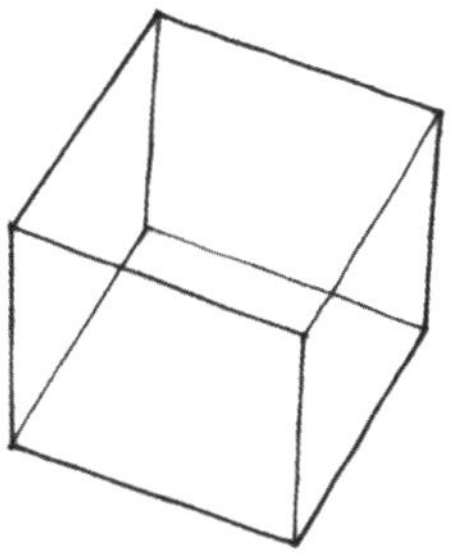

练习 9.12

组成索玛立方体（Soma cube）的7个形状表现了3个或4个正方体除了排成直线外的全部排列方式。用一系列绘图来探索组合这些形状的不同方式。你能找到的最紧凑的组合方式是什么？最高的稳定组合是什么？保持相互连结的排列方式，能包含的最大空间体积是什么？

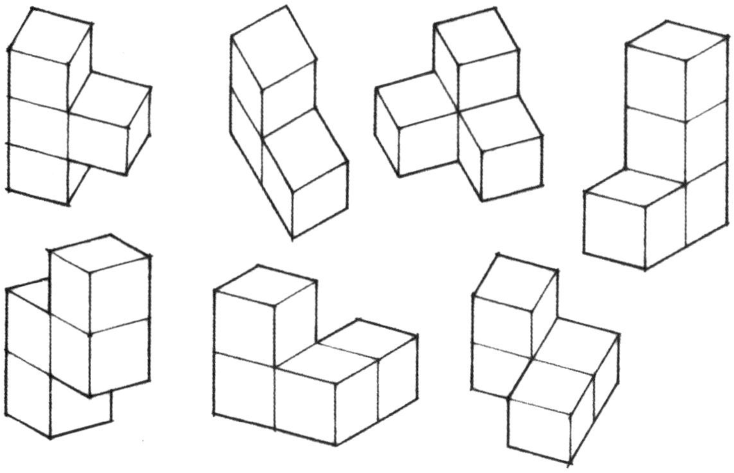

练习 9.13

将哈迪别墅和乔布森别墅的平面图誊抄到不同的草图纸上。相互叠加两幅平面图并研究用不同方式重组其中的元素和其间联系。在第三张叠加的草图纸上，用绘图的方式探索如何以其中一幅平面图来主导构图，但结合另一幅中的组成元素；或者以一幅全新的构图结合两幅平面图中各自的组成元素。你可以重复这个练习，利用其他平面图的组合，既可以有强烈的对比，也可以包含相同的特征。

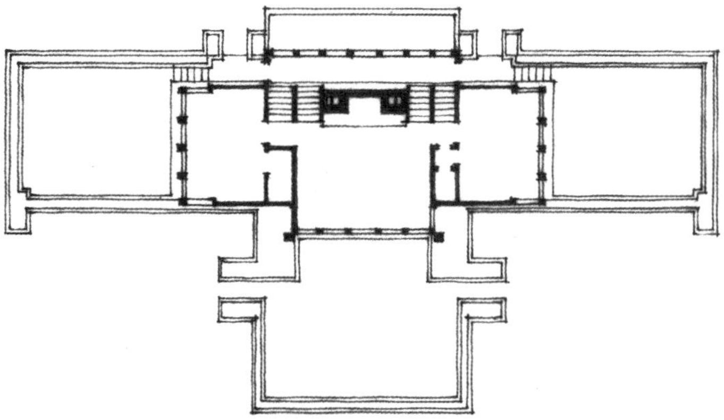

哈迪别墅（Hardy House），威斯康星州拉辛县（Racine），1905年，弗兰克·劳埃德·赖特。

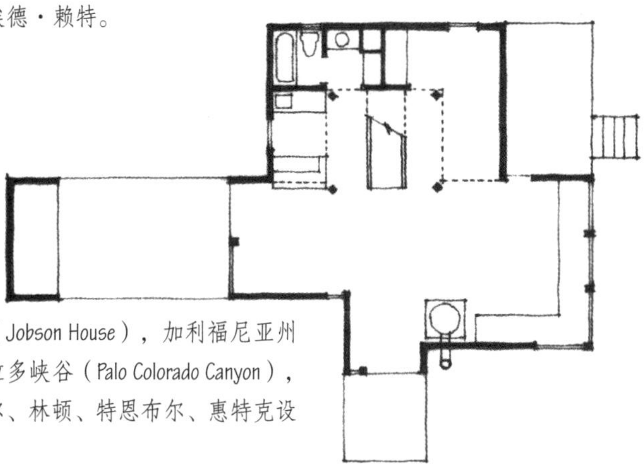

乔布森别墅（Jobson House），加利福尼亚州帕洛·科罗拉多峡谷（Palo Colorado Canyon），1960年，穆尔、林顿、特恩布尔、惠特克设计公司。

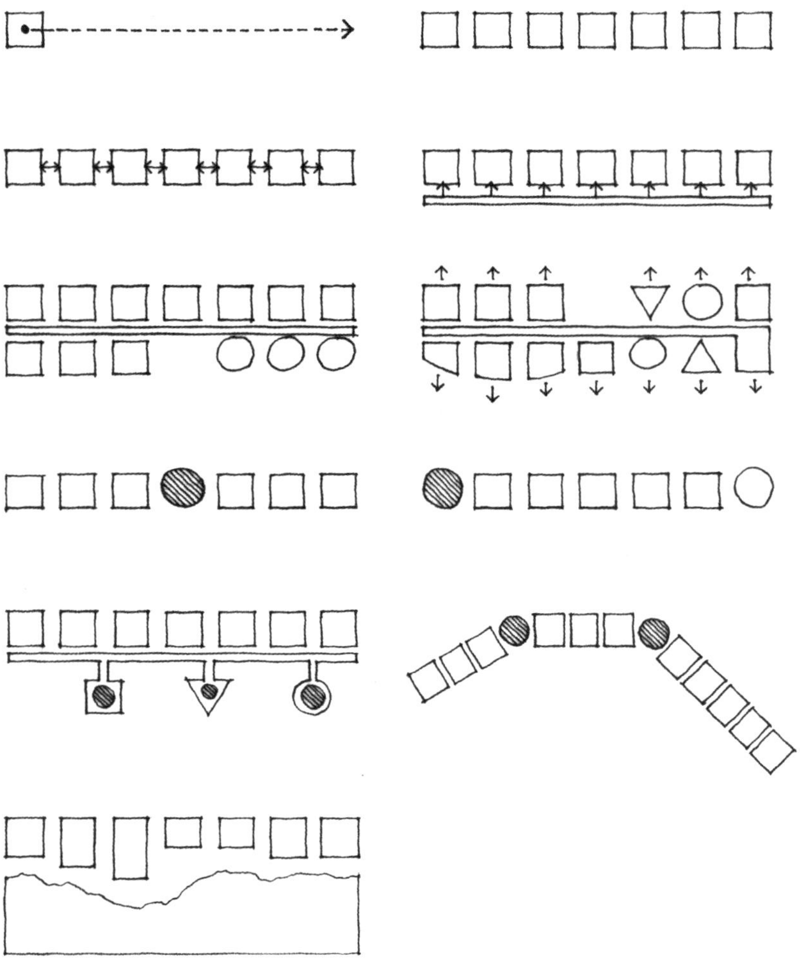

变形 | Transforming

绘图仅仅是对我们设想中事物的一种翻译。当我们把一幅图像落实到纸面上，思维之眼筛选出其中有趣和重要的部分。更重要的点将会跃出表面，而次要的点则消弭在过程之中。在绘图记录我们思想的同时，它也成为独立的对象，供我们研究、阐释，并启迪新的理念。

绘图用可以触碰的形式表达理念，因此它可以被解释、评价或者掌控。每一幅绘图都经历了一系列的变形，并随着我们回应逐渐形成的图像而蜕变。一旦绘制出来，图像便拥有了实际的存在感，并从它们被创造的过程中独立出来。它们会作为催化剂，在意识中回放，刺激我们脑中思路的进一步研究与完善。

在探索思路，并追寻出现可能性的过程中，我们完成了一系列的绘图。我们可以把这些绘图一字排开，作为不同选项来对比和评价。我们可以用全新的方式组合它们，也可以把它们变形成新的思路。变形的原则是让一个理念经历一系列相互独立的操作，或者根据特定的指令进行排列组合。为了在思维中拔高一个层次，我们把熟悉的事物变形成陌生，再把陌生变形成熟悉。

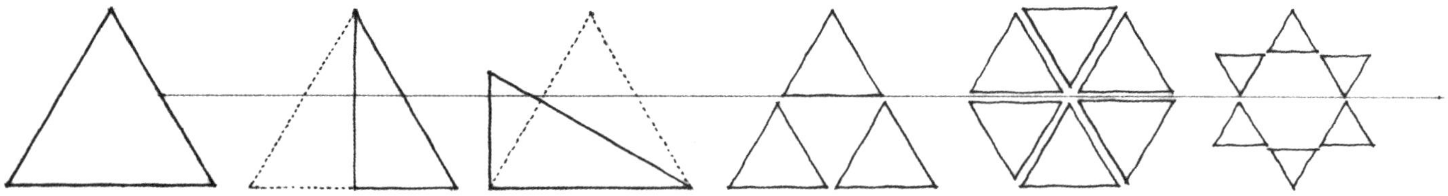

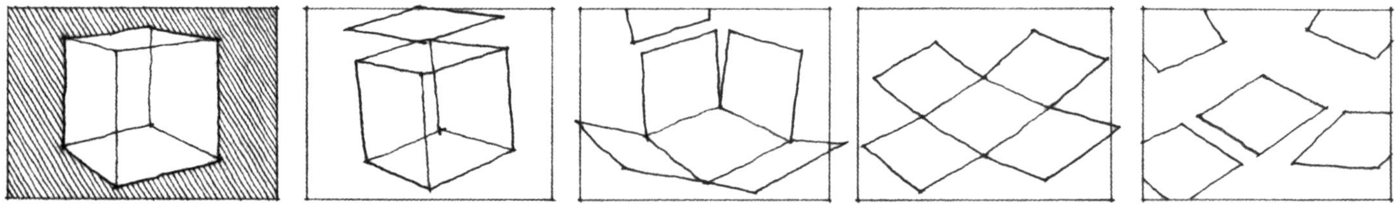

练习 9.14

通过一系列绘图，逐步把左侧的图像变形成右侧的。

练习 9.15

构建一组带有纵深感和动态的绘图序列，把每组图像联系在一起。

练习 9.16

根据第一个图框中的图像，即兴创作一组绘图序列。

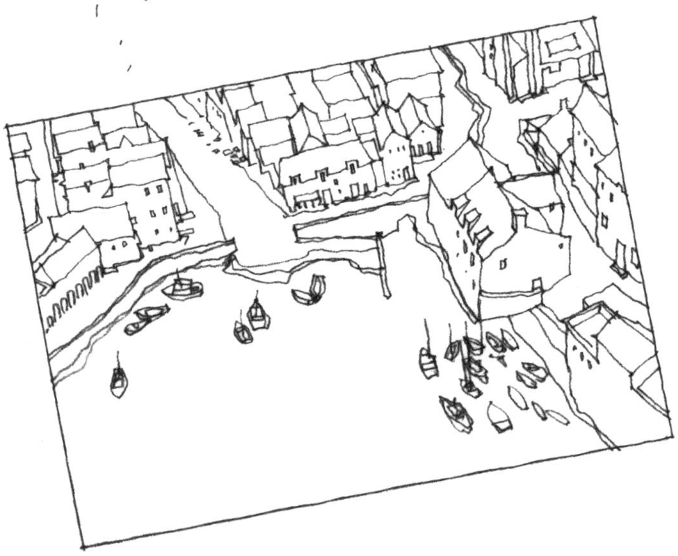

灵活，即能够在新的可能性出现时，探索各种不同的途径。灵活是重要的，因为我们的绘图方式影响我们潜意识思考的方向，以及视觉思考形成和表达的方式。如果我们只知道一种绘图方式，并为此感到舒适，就会无谓地限制自己的思想。有能力从不同角度看待一个问题，就需要我们能够从不同角度绘制视图。我们必须熟悉并熟练运用不同的绘图媒介、技巧和手法，并把它们单纯地看作可供选择的工具，根据手头工作的适应性任意取用。

有一种让绘图更加灵活的思路，是运用试错来开始探索。愿意思考“假如……？”可以引出更多值得深入研究的选项。因此，一种灵活的态度让我们能够在绘图过程中抓住机会。在开始任何创造性的工作时，流畅和灵活都非常重要，然而，它们应当伴随理性的判断和选择。我们必须做到在创造选择机会的同时，不至于迷失目标。

练习 9.17

首先用钢笔和图中展示的绘图技法完成这幅图。然后用不同的媒介和技法，重绘这个场景。改变绘图媒介对绘出的图像有什么影响？

临摹：文森特·威廉·梵·高（Vincent Williem van Gogh）的《阿尔勒的咖啡厅》（*Café in Arles*，也称《夜间的露天咖啡座》/ *Caféterras bij nacht / Cafe Terrace at Night*）。

练习 9.18

在不同的纸上，以两种不同的视角绘制费奥多尔·陀思妥耶夫斯基（Fyodor Dostoyevsky）在《罪与罚》（*Crime and Punishment*）中的这段文字所描绘的场景。用软铅笔绘制第一幅，用钢笔绘制第二幅。

> “老太婆沉默了一会儿，好像在沉思，然后退到一边，指着通房间的门，让客人走在前面，说道：
>
> ‘请进，先生。’
>
> 年轻人走进一间不大的屋子，屋里糊了黄色的壁纸，窗口摆着天竺葵，挂着薄纱窗帘。在这时候，屋子正给夕阳照得通明。
>
> ‘那时候，太阳可能也这么亮吧！……’拉斯柯尼科夫不经意地这么想着。他向屋子里的一切迅速瞥了一眼，想尽可能察看一下屋子里的摆设，并且把它们记住。可是屋子里并没有什么特别的东西。家具都很陈旧，是黄木做的，只有一张带有庞大的木头拱背的长沙发，沙发前面有一张椭圆形的桌子，两个窗户之间放了一张带镜子的梳妆台，靠墙摆着几把椅子，还有两三幅镶在黄色镜框里的不值钱的画，画的是几个手里拿着鸟的德国小姐——这就是全部的家具了。墙角里，在一幅不大的神像前燃着一盏神灯。一切都很清洁；家具和地板都擦得铝亮。一切东西都是亮晶晶的。”[译注]

[译注] 本段文字引自1982年人民文学出版社、北京出版社出版的（俄）陀思妥耶夫斯基所著《罪与罚》（朱海观、王汶译）。

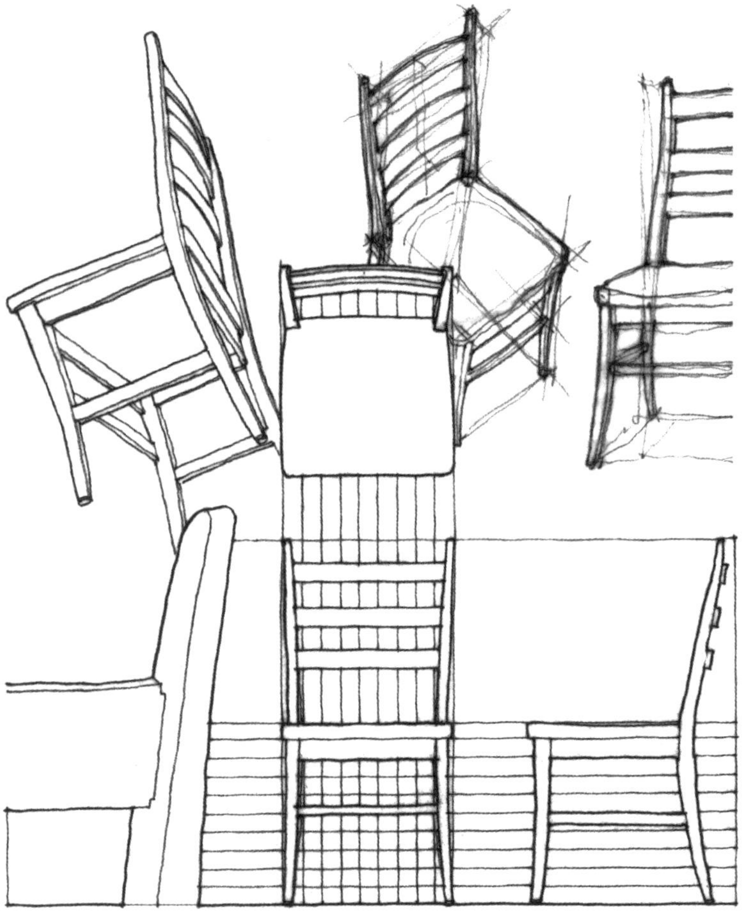

变换视点 | Shifting Viewpoints

创造性想象力是从新的视角看待旧的问题。过度依赖习惯和传统可能会妨碍设计过程中思想的流动。如果我们可以从不同角度看问题，就更容易地从不寻常的、怪异的或者矛盾的地方发现隐藏的机会。从新的角度看问题，需要对视觉表现有一种热切的愿望，以及理解绘图在表达新的可能性时所展现的灵活性。

为了用新的眼光看问题，我们可以通过镜子的反射看我们的绘图。我们还可以上下颠倒绘图，或者站在远处，研究图像的视觉要素——其中的基本元素、图案结构和相互关系。我们甚至可以透过他人的眼睛去看。为了造成视角的变换，有时候我们可以使用不同的媒介、纸张、技法或者绘图系统。

绘图可以提供不同的视角，刺激我们的思想。多视角绘图、平行投影绘图和透视的绘图系统组成一种设计交流的视觉语言。我们必须既能用这种语言书写，又能用它阅读。对这种语言的理解必须足够透彻，这样我们才能在不同的绘图系统之间切换自如。我们应当有能力把扁平的多视角绘图转换成三维的平行投影视图。看到一组多视角绘图时，我们应当能够想象自己站在平面图的某个特定位置时看到的景象，并绘制出来。

改变视角。

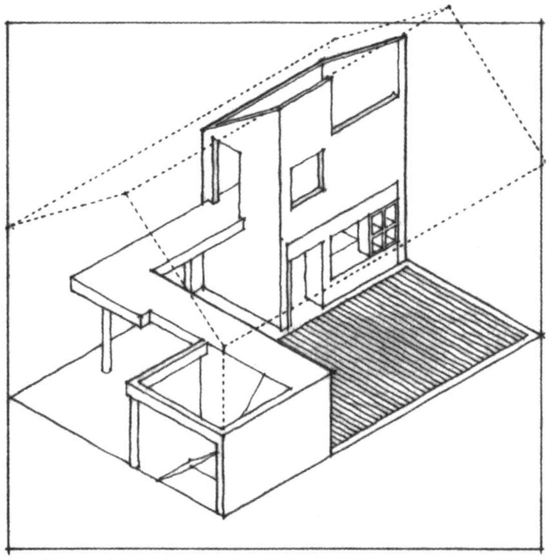

看到内部事物。

旋转 | Rotating

在我们的思维中翻转一种理念，让我们能够从不同的角度查看和研究它。同样，如果我们能够想象一个物体在空间中旋转，或者说我们自己绕着它移动时看到的不同样子，我们就可以从各个不同方向研究这个物体。如果我们能够在脑中翻转一个设计思路的同时，在纸面上做出同样的操作，就可以更全面地探索这个设计思路的各个维度。

当绘制物体在空间旋转的状态时，简单的做法是想象其中简单几何元素的变换，而非所有部分组合在一起的样子。因此，我们从构建物体的枢纽部位——把形体或组合联系在一起的部分——开始，也许是轴，也许是多边形，又或许是某种几何体。我们要分析各部分是通过何种规律联系成整体的。

然后，我们想象并绘出这个枢纽部位在旋转和移动到空间中其他位置时的样子。在到达这个新的位置后，我们重新构建起各部分与整体之间恰当的定位和联系。在构建这幅图像时，我们利用规线来塑造物体或组合的结构。在确保比例和相互关系准确后，我们为物体的框架加入厚度、纵深和细节，完成绘图。

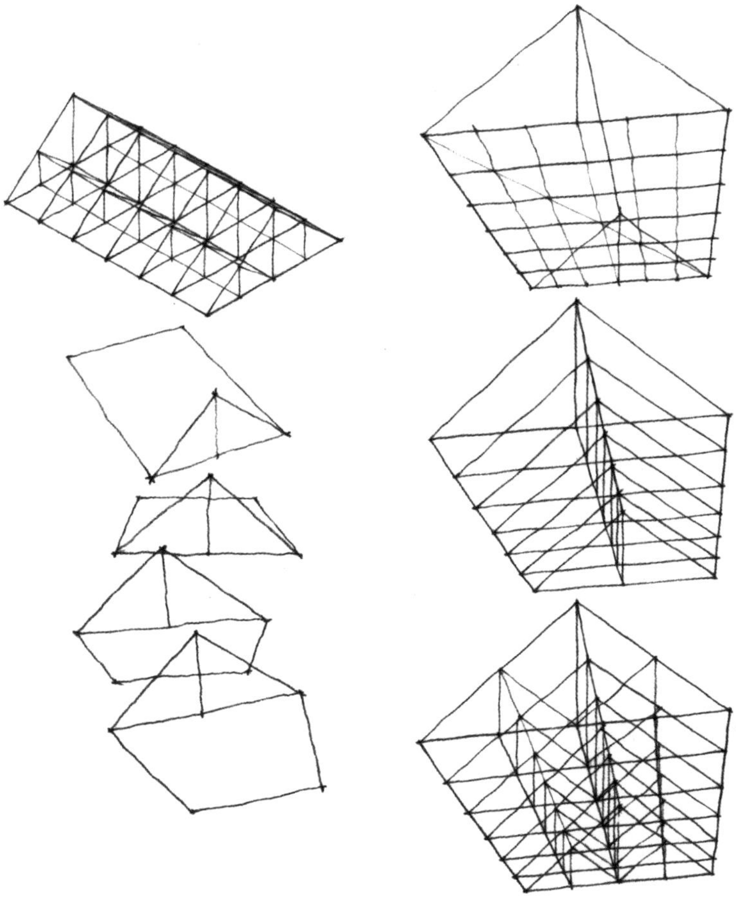

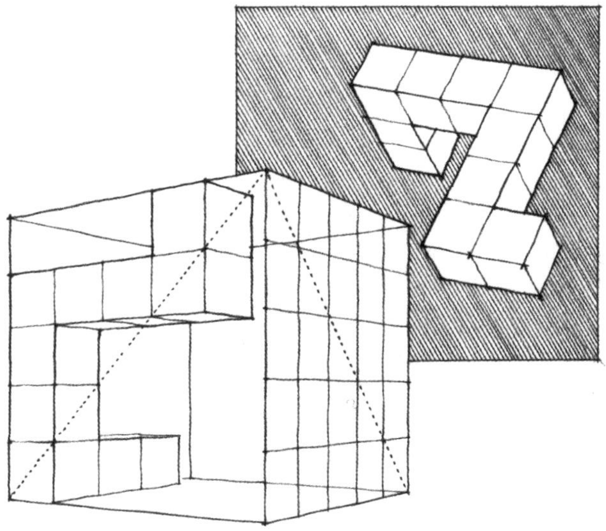

看到部分中的整体…… 以及整体中的部分。

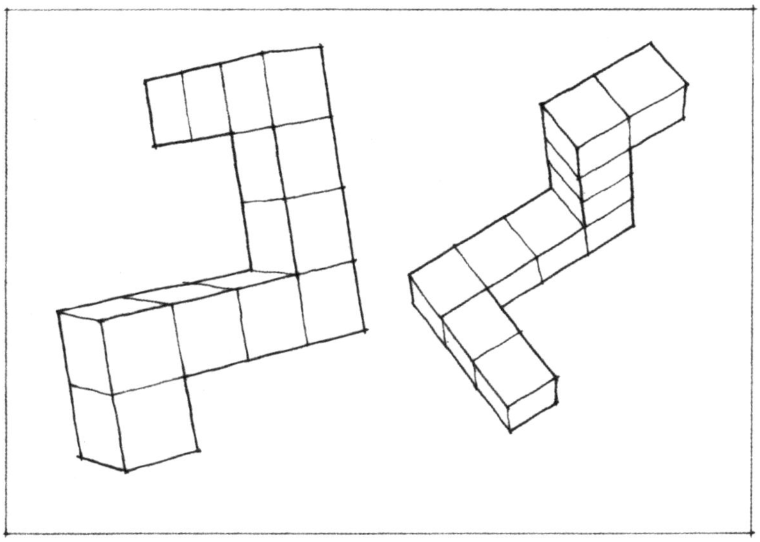

在思维中翻转一种思路。

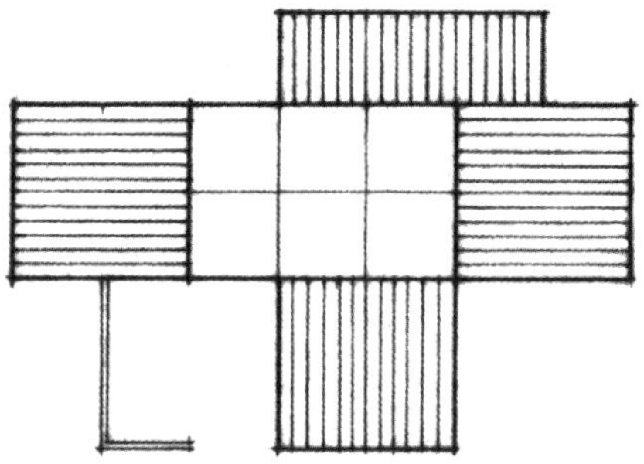

练习 9.19

为多视角绘图所描绘的建筑绘制一幅正等轴测图和一幅斜平面图。然后为同一个建筑绘制透视图，但是从相反方向的有利点观察。比较不同类型的绘图，它们分别展示和隐藏了建筑的哪些特性？

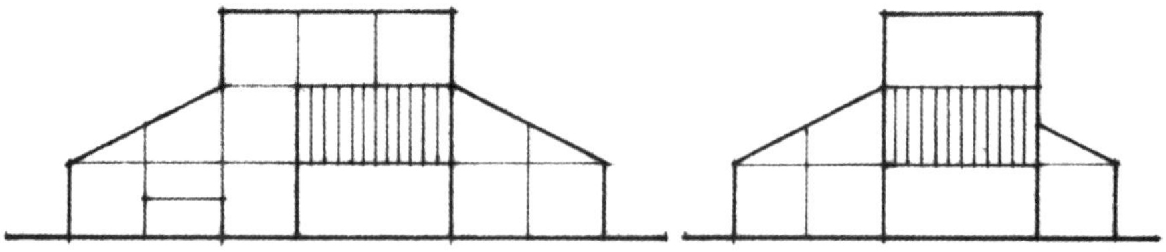

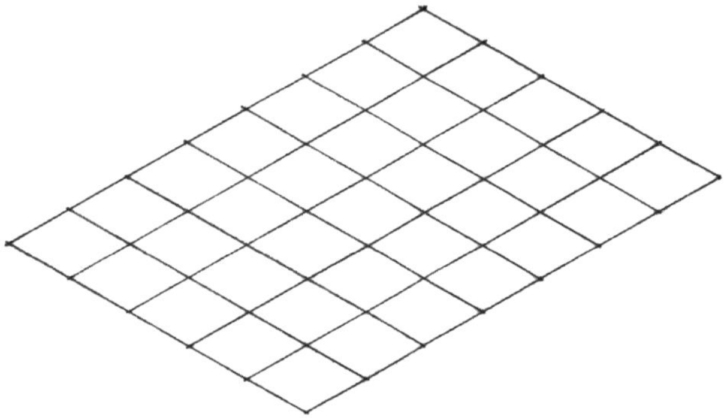

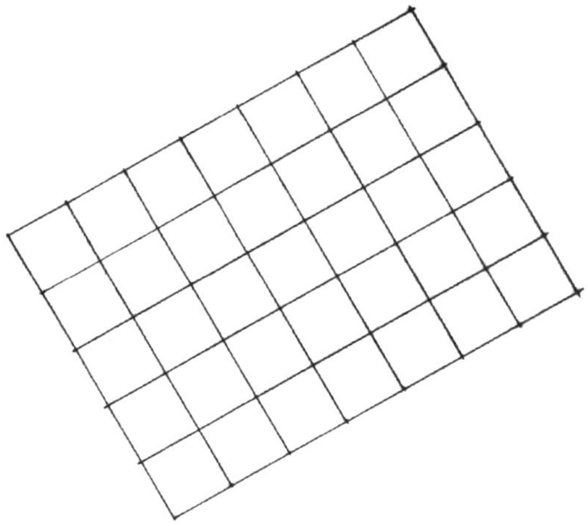

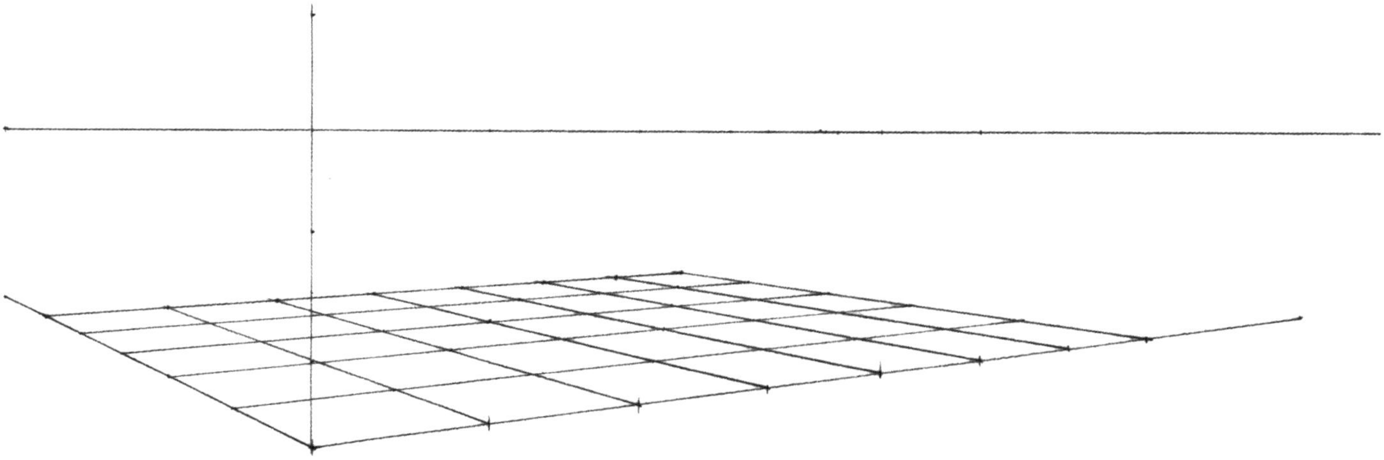

练习 9.20

想象骰子在空间中自由移动。绘制骰子从A位置到D位置之间的两个中间位置B和C。

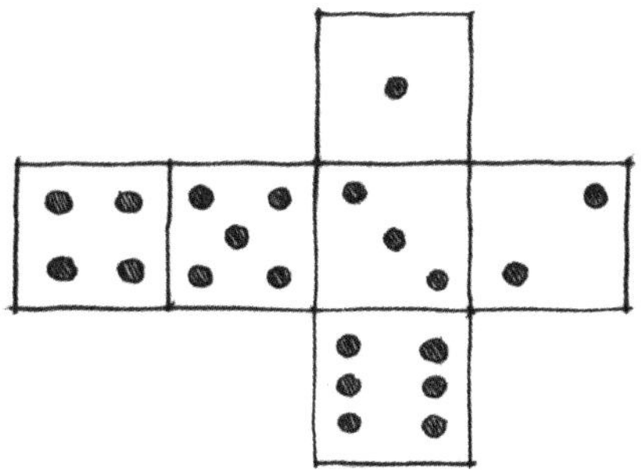

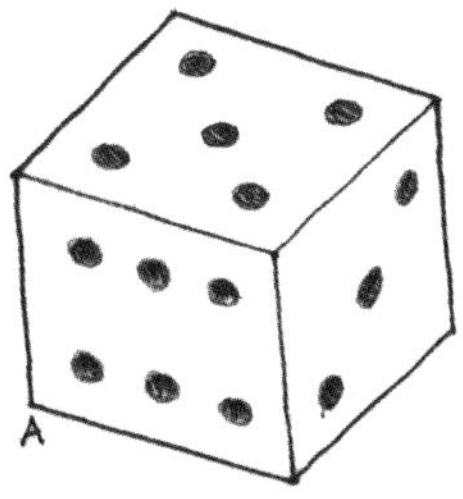

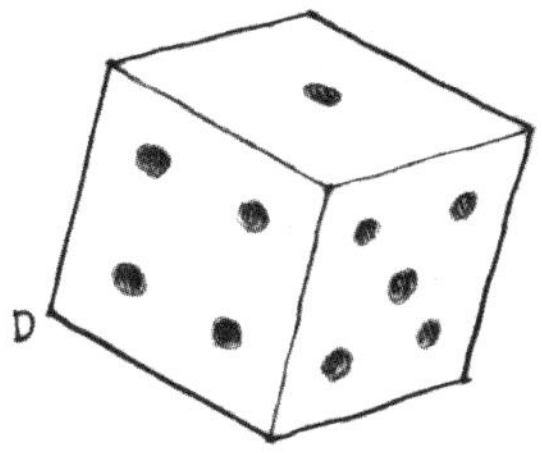

练习 9.21

想象图中构造在空间中自由移动。绘制它从A位置旋转到D位置时的两个中间位置B和C。

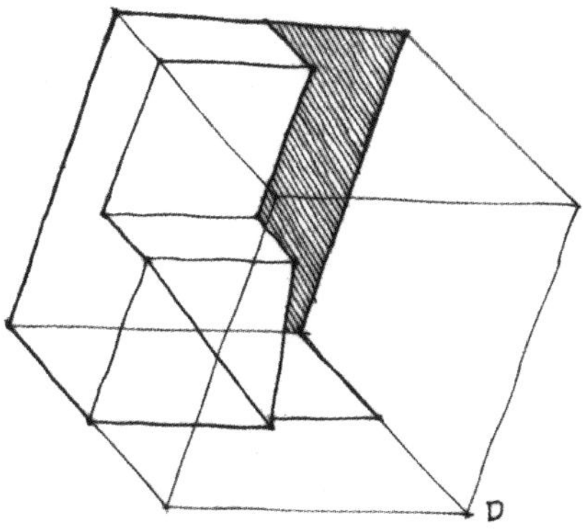

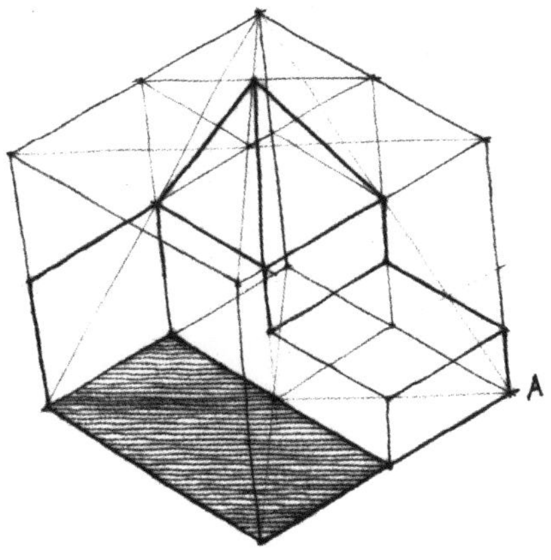

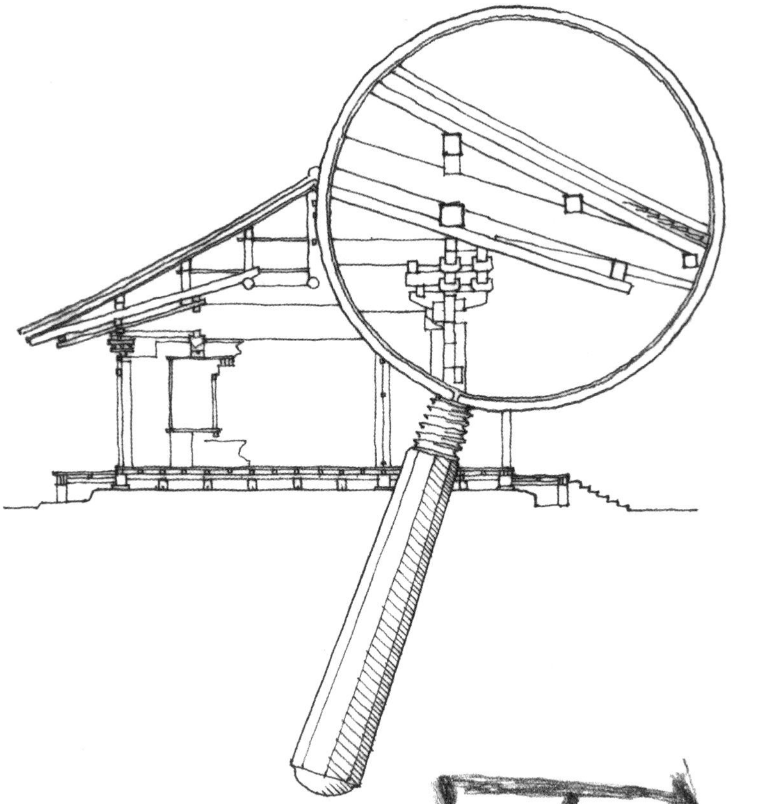

改变比例尺 | Changing Scale

在工作从整体向局部转换，从宽泛、宏观的议题转向某个细节问题的解决方案时，我们把设计逐步成形、修改完善和解释澄清的过程一字排开。和设计进度相呼应，图形技法也从粗线条的抽象分析图转换成更明确的、能表达确切思路与解决方式，并使用了由更精确的工具完成的绘图。

我们用不同的比例和抽象程度来刺激自己的设计思想。绘图比例尺确定了我们关注的，以及需要忽略的侧面或特征。比如，材质问题在使用小比例时暂时搁置，一部分原因是我们无法在这样的比例上表现材质。然而，在更大的比例上，这个问题就显现出来。除非材质问题被解决，这个比例的绘图就显得太大，并且缺少内容。在设计过程中改变绘图比例尺，让我们既可以从思路中提炼出要点，同时又拓展思路，涵盖对材质和细节的讨论。

设计方案和比例尺之间相互依存的关系，既是感受问题，也是工艺问题。我们对绘图媒介的选择取决于绘图比例尺，并决定了我们所能表现的深度，或者抽象化的程度。比如，使用细尖钢笔会让我们绘制更小的图，并关注细节；而使用宽头马克笔，则让我们能够覆盖更大的面积，从而研究图案结构和组织模式方面更宽泛的问题。

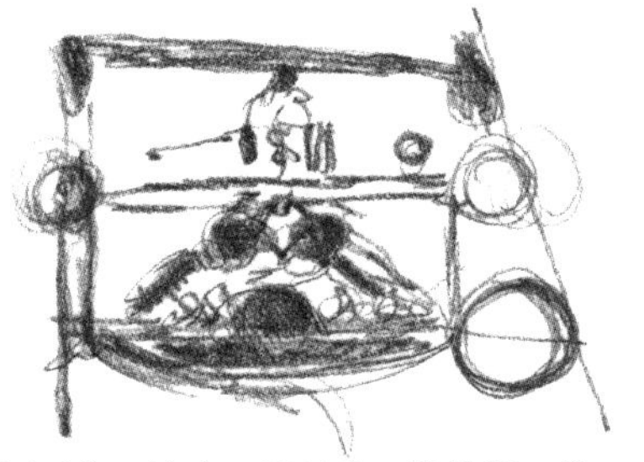

孟加拉国国民议会大厦（Capital Complex of Bangladesh），达卡，1962年，路易斯·康。一个早期的平面草图、穿过阶梯画廊的剖面图，以及组合墙体的工程细部图。

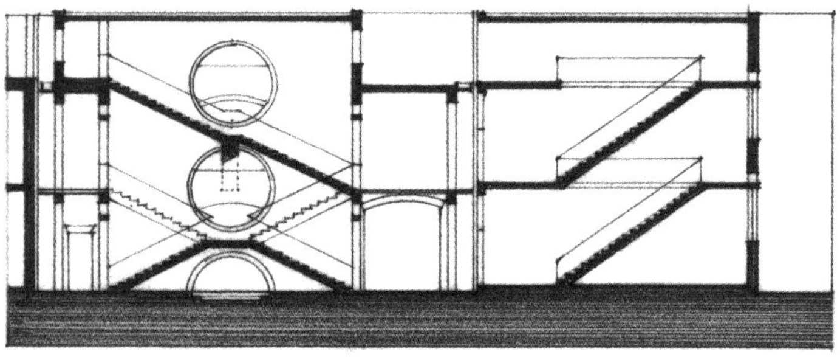

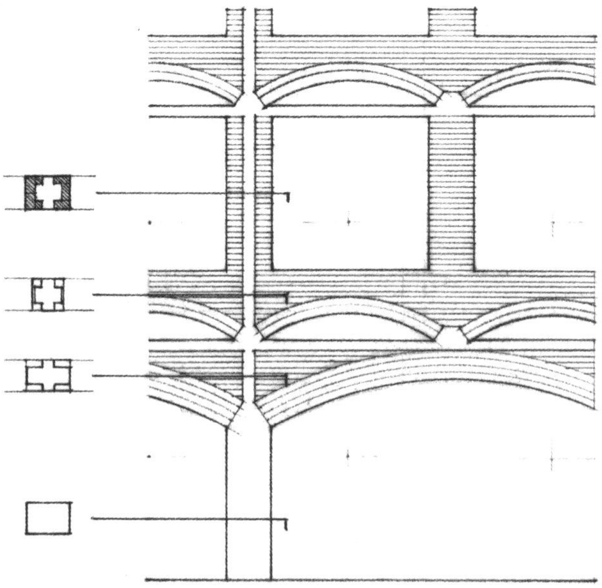

练习 9.22

在每个图框中逐次减半比例尺来绘制柱头。在每一幅图中你能减少多少细节，又不会牺牲柱头的特征？

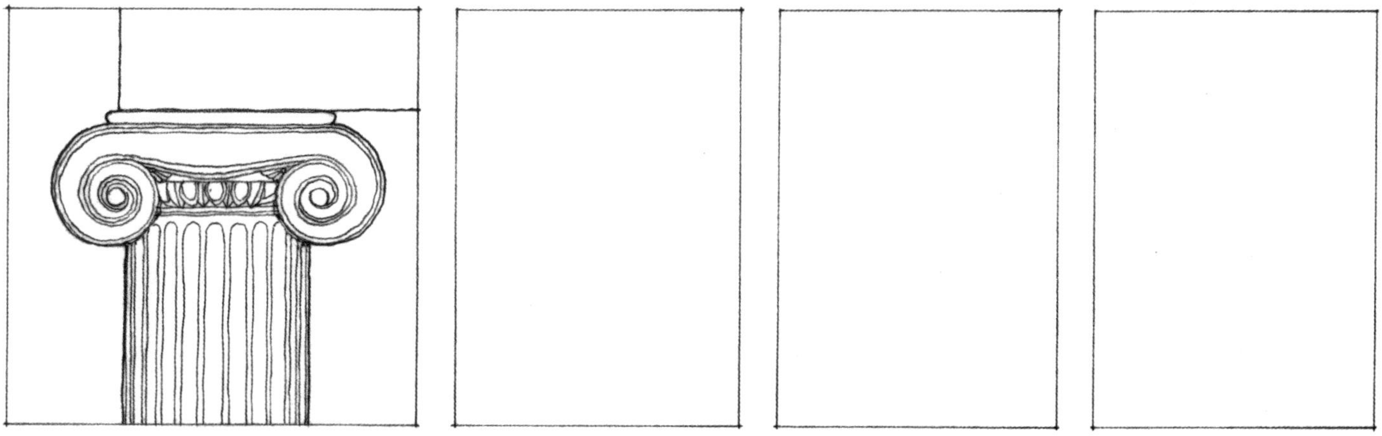

练习 9.23

找到并选择一个建筑构件，比如窗户、门，或者装饰带。依次从30英尺，然后15英尺，最后5英尺的距离绘制这个构件。在每一幅图中，扩大比例的同时增加细节。

练习 9.24

换一个建筑构件，重复上述练习。这一次颠倒流程，首先从5英尺外绘制这个构件，然后是15英尺，最后是30英尺。在每一幅图中，缩小比例的同时减少细节。

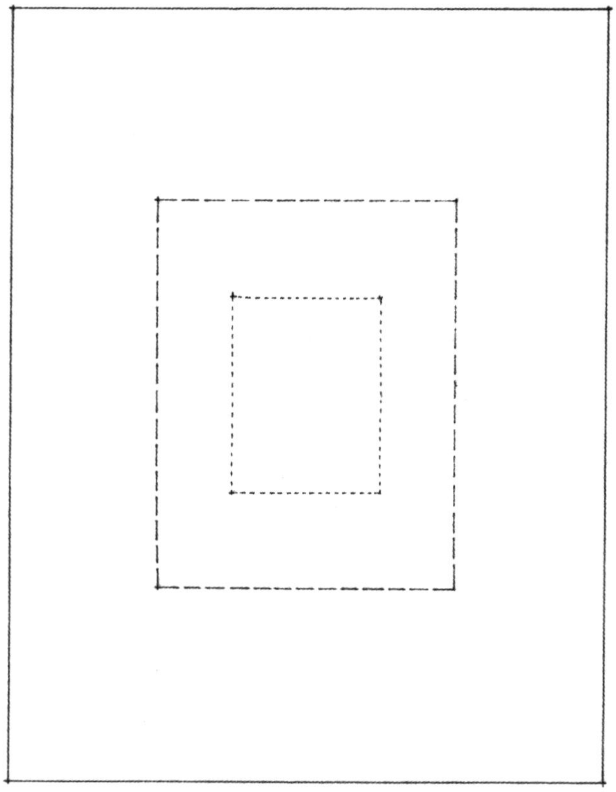

在探索设计思路的过程中，数字化思考对直觉和灵活性的依赖，与手绘是等同的。除了相信直觉和灵活性，使用数字工作环境还需要训练一定程度的流畅操作。这个能力需要通过练习使用“图层”“选择”“参考线”和“生成视图”等功能，才能获得。

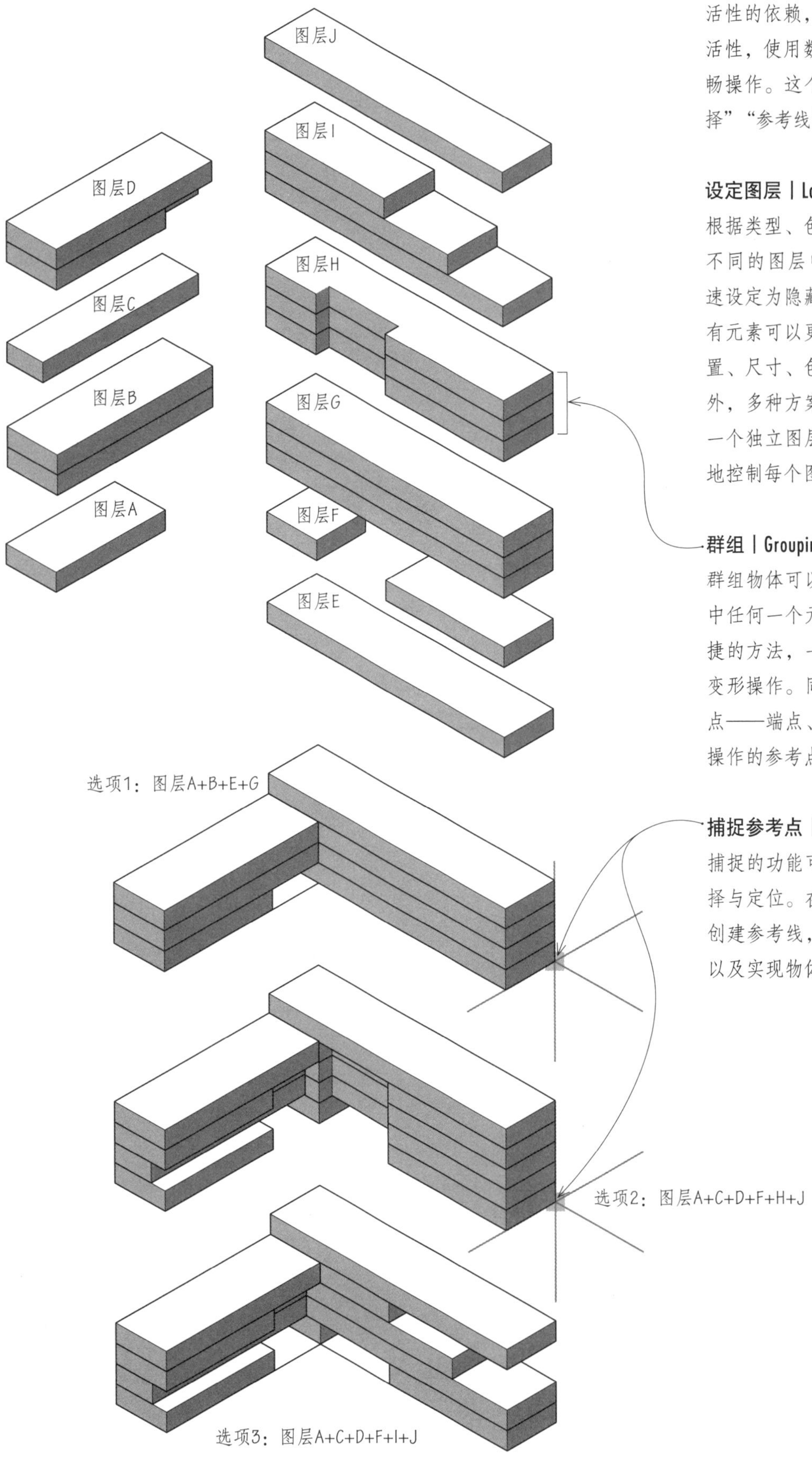

设定图层 | Layering

根据类型、色彩或者设计阶段，把数字元素分配到不同的图层中，可以让每个图层和其中的元素快速设定为隐藏或可见。同样地，同一个图层中的所有元素可以更轻易地被同时选中，以便统一改变位置、尺寸、色彩、透明度、填充材质以及笔触。此外，多种方案可以整合到同一幅图纸中，每种选择一个独立图层，并堆叠在一起。这样就可以有策略地控制每个图层的可见性。

群组 | Grouping

群组物体可以让组中的元素易于选定，只需点击其中任何一个元素就可以选择所有。它提供了一种快捷的方法，一次选择整个群组进行移动、复制或者变形操作。同样地，组中的每个物体都有多个关键点——端点、中点、中心点——可以被选定为变形操作的参考点。

捕捉参考点 | Snapping to Guides

捕捉的功能可以进一步辅助对物体或群组的精确选择与定位。在二维或三维的数字工作环境中都可以创建参考线，从而建立通用的参考平面，用于捕捉以及实现物体的快速对齐。

利用多视图 | Using Multiple Views

在单一的数字模型中，我们可以生成多个剖面图或透视图，用于设计过程中的分析和完善，而不在最终的汇报中使用。这些视图的价值在于，它们可以激发并回答设计问题，从而加深对设计思路或方案的理解，同时提出新的完善方向或者途径。

我们可以为数字透视图中的每个物体或元素指定单独的色彩，从而可以轻松地选择所有带有同一色彩的物体。然后我们可以为每个选集快速地添加色彩、材质或者色调，最后整合不同的选集，合成图纸。

为物体指定不同的色彩。

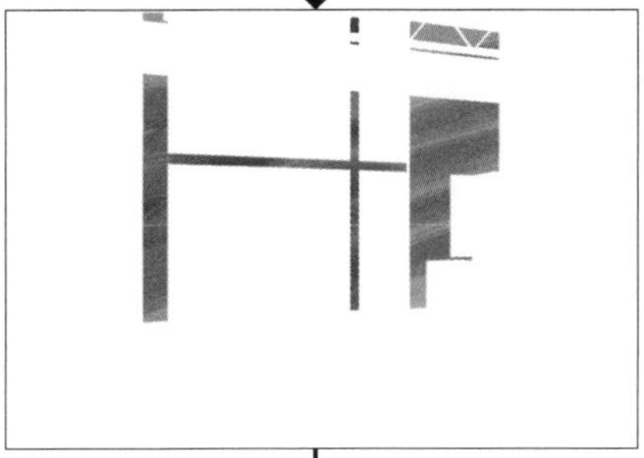

为后墙选集添加材质。

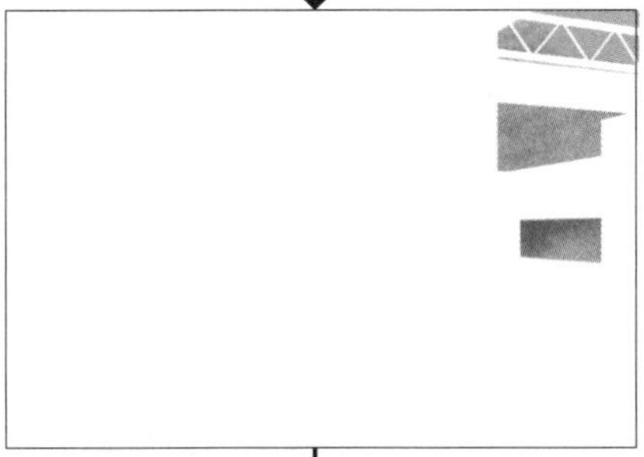

为侧墙选集添加材质。

材质合成。

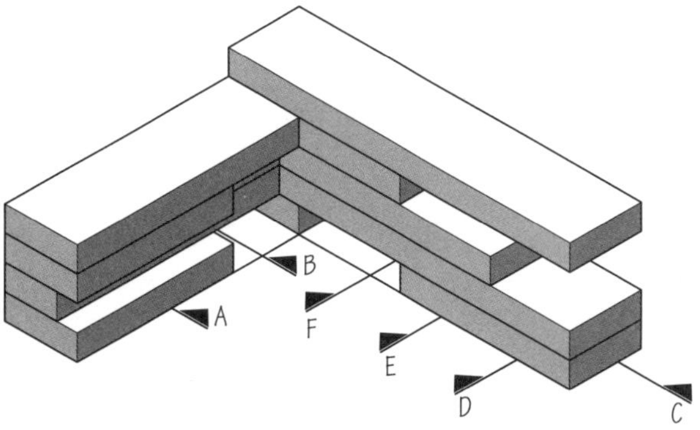

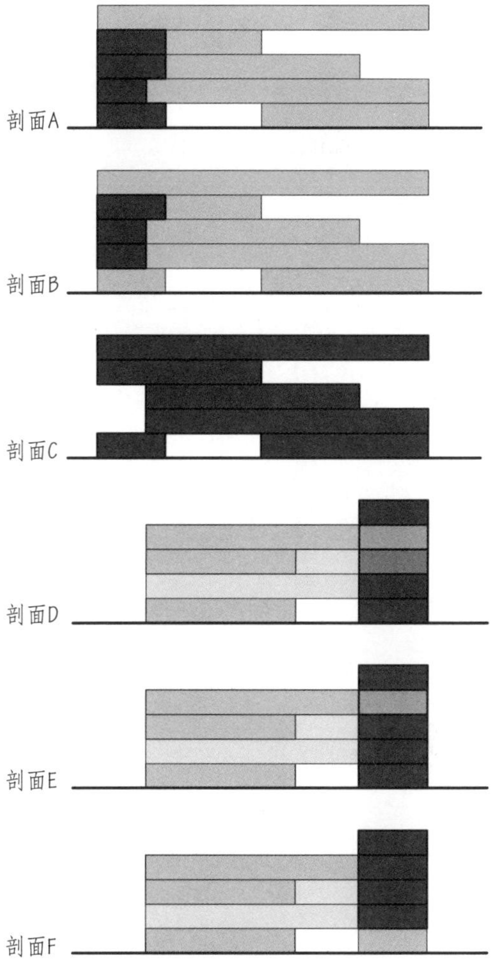

练习 9.25

在三维建模软件中创建B、C、D点处的一系列数字轮廓，并生成三维形体，表现从A点到E点轮廓之间的变形。用不同的功能测试这些轮廓方案，比如混接曲面（blending）或者放样（lofting）。

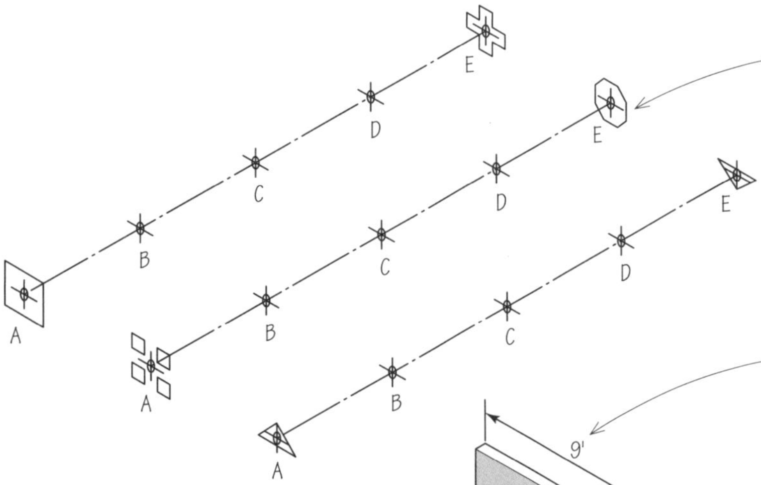

练习 9.26

利用左图中展示的部件，建立一套由线性和平面元素组成的构造体系，并创建三维空间构造。复制、镜像、阵列、旋转、移动线、面元素，然后思考各个元素如何结合在一起，并利用你自己的连结策略指导全局设计。

把空间构造的整体尺寸限制在30英尺×30英尺×60英尺。在设计过程中，利用数字视图工具旋转和移动，观察这个构造。用不同图层实现设计中的变更。

从空间构造中截切多个剖面图并为剖切面填色，便于理解你创建的空间品质（本项目由玛丽・奥尼尔・康拉德（Máire O'Neill Conrad）设计）。

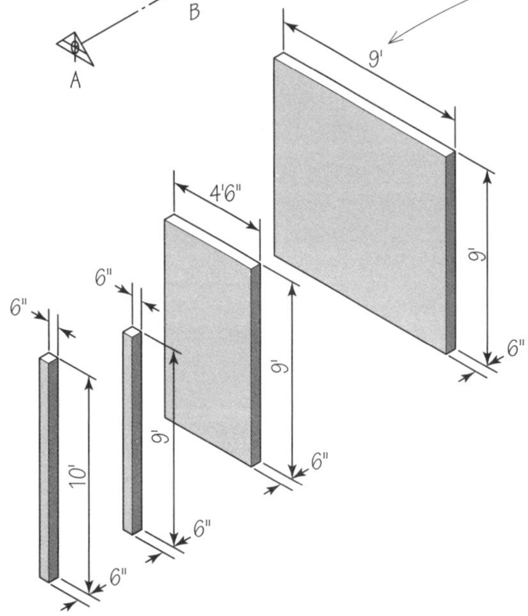

练习 9.27

创建30°-60°-90°的三角形数字模型，边长分别为5英尺和10英尺。复制、镜像、阵列、旋转并移动这些三角形平面，构建空间体量。构建一个空间，总体上是水平的，并且可以用于交通活动。再创建一个空间，总体上是竖直的。在每个场景中，你可以如何掌控日光和阴影？

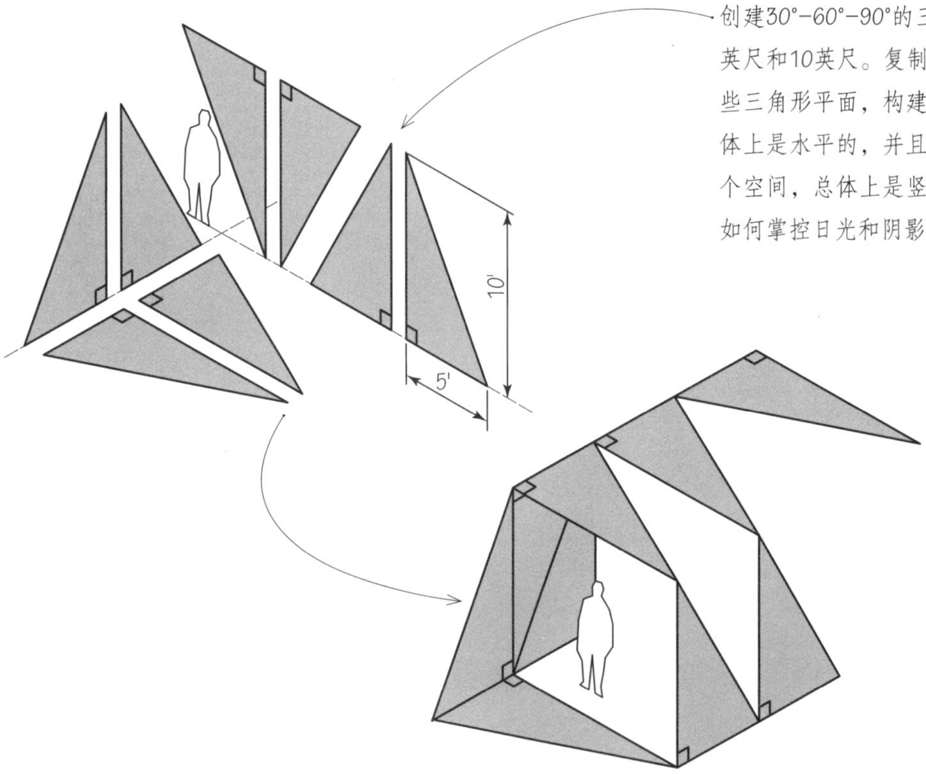

练习 9.28

用加法的建模方式，设计一组楼梯，从A点连结到B点。楼梯有12英寸的踏面深度，6英寸的踏步高度以及4英尺的最小宽度。在楼梯转换方向时提供楼梯平台，用于休息和观景空间。所有楼梯构件都应当位于20英尺×24英尺的基底范围内。

在设计过程中，利用数字视图工具旋转和移动，观察这一组楼梯。利用不同图层实现设计中的变更。在空间构造中截切多个剖面图并为剖切面填色，便于理解你创建的空间品质。在图中放置一个比例人形，用于检查必要的净空尺寸。

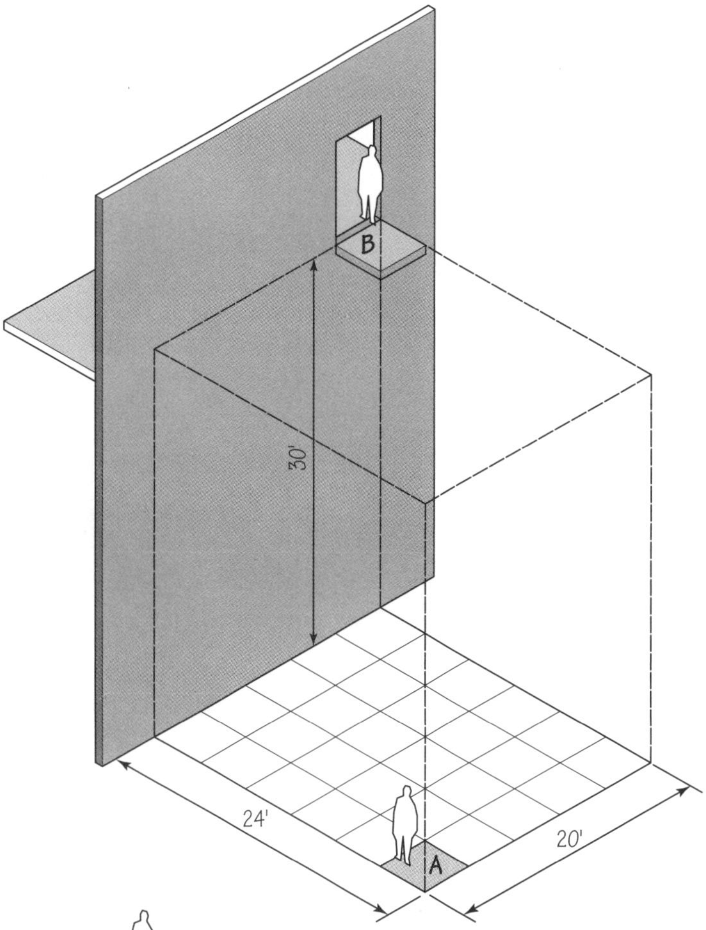

练习 9.29

用减法建模的方式，设计一组坡道，从A点连结到B点。利用布尔差值（Boolean difference）和修剪（Trim）功能，从已有的实体中切出4英尺宽的坡道构件，坡度为每12英尺的水平距离升降1英尺。在改变方向和每30英寸高差处设计休息平台。

把原始的实体复制到不同图层，以便研究和比较多种方案。

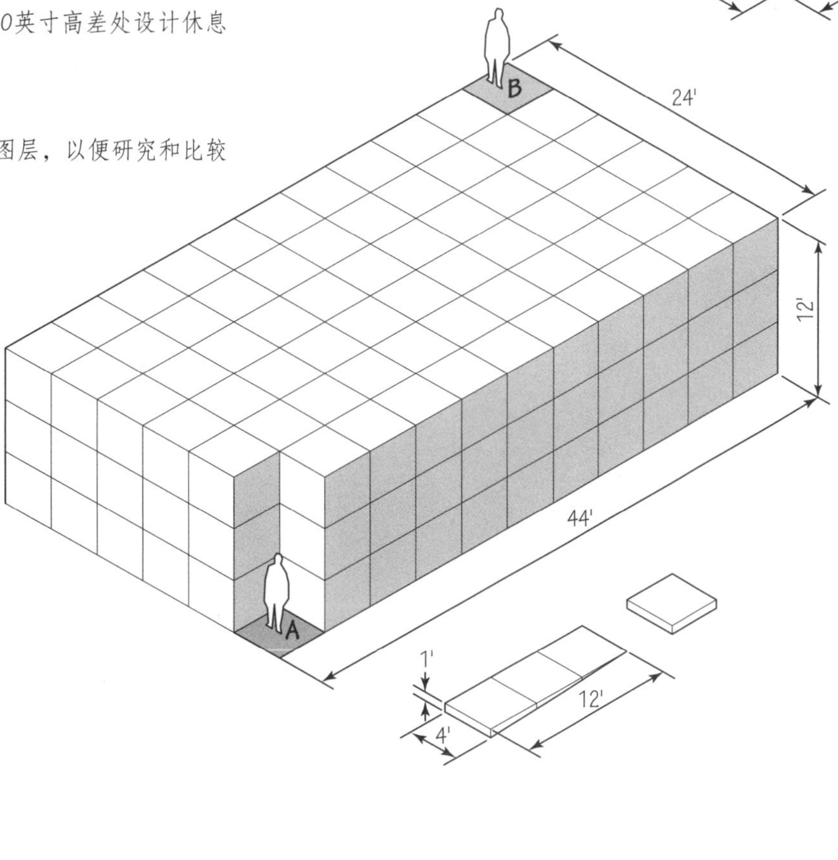

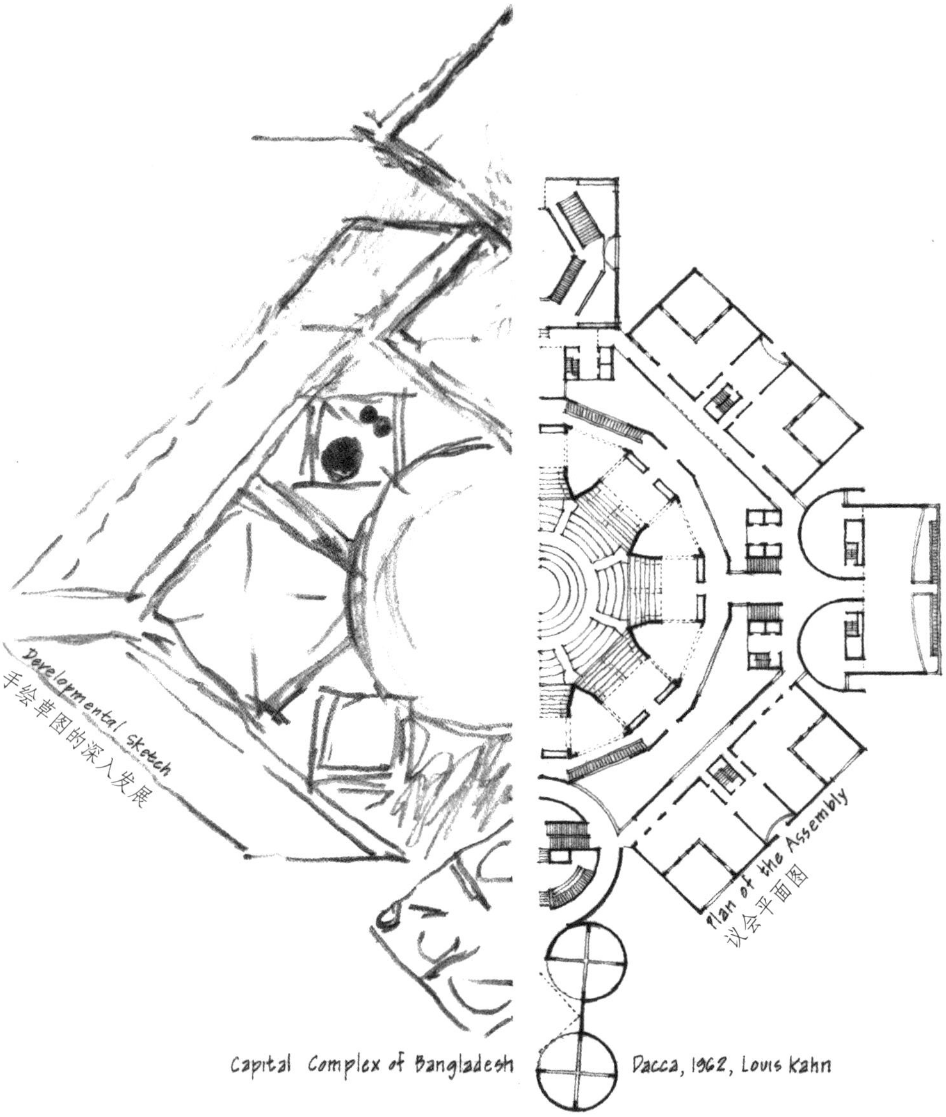

孟加拉国国民议会大厦，达卡，1962年，路易斯·康。

10
绘制分析图
Diagramming

没有哪幅绘图和它试图表现的事物完全相同。无论是感受到的现实，还是憧憬中的理念，绘图总带有一定程度的抽象化。在设计绘图中，我们要控制这种连续渐变的抽象程度——一个极端是表现图（presentation drawing），尽可能逼真地模拟设计方案中的未来现实；另一个极端是分析图，用非具象的手法也能描绘事物的特征。

分析图是用来解释或澄清事物的组成部分、排列方式或者操作方法的图纸。分析图的标志性特征是它能够通过一种删除和削减的过程，把复杂的概念简化成基础要素和关系。不同领域的专业人员都使用分析图来推进思考。数学家、物理学家，甚至音乐家和舞者，都用各自的抽象符号语言或标记来处理自己面对的复杂问题。同样，设计师也用分析图来刺激并阐释自己的视觉思考。

任何设计过程最终都会收敛为解决问题的某种手段，但是在开始阶段，设计过程应当表现为对多种可能性的探索。设计需要做出选择——如果没有选项，就谈不上选择。通过聚焦整体，弱化细节，分析图避免我们太早做出结论，并鼓励我们探索更多可能的选项。因此，绘制分析图的过程本身，成为一种便捷实用的方法，面对设计中的问题，思考如何创造一系列不同的选项。分析图的抽象属性让我们可以分析并理解设计元素的根本特征，考虑它们之间可能的关系，并寻找方法，把这些局部组合成统一的整体。

在设计过程中，设计师使用多种不同类型的分析图来启发、阐释和评判设计思路。

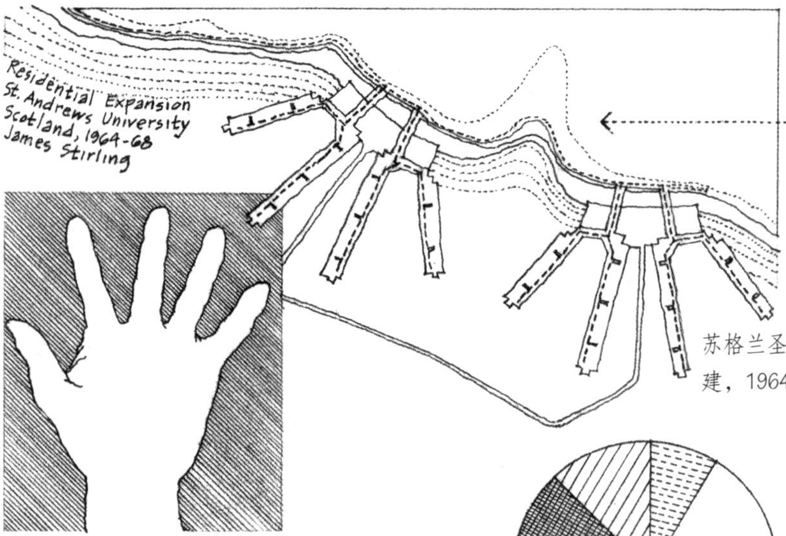

图形比喻是在设计过程的思路形成阶段，使用视觉类比，提出解决手段但不提前确定最终形式。

苏格兰圣安德鲁斯大学（St. Andrews University）居住区扩建，1964—1968年，詹姆斯·斯特林（James Stirling）。

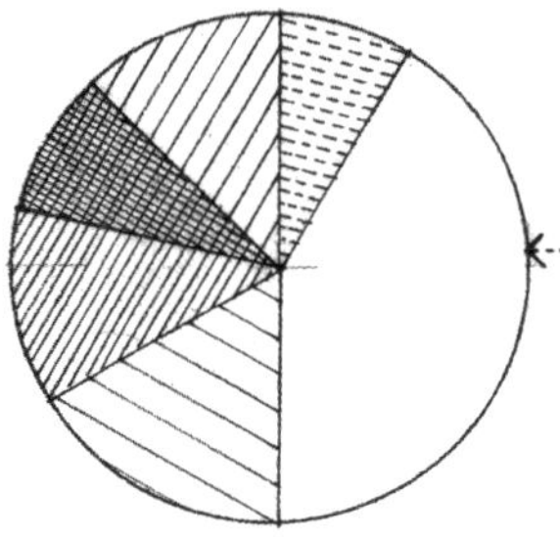

面积比率图传递了有关各不同元素的体量、程度和重要性的信息。面积比率图常见的类型包括柱状图、饼图和强度分布图。

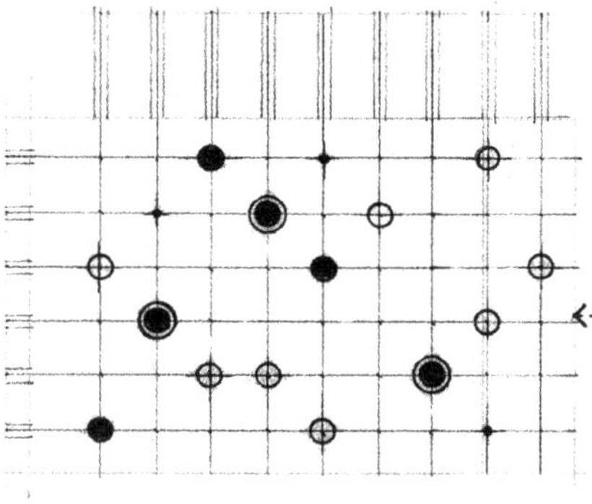

矩阵图用坐标网络量化并显示各元素间的关联性和重要性程度，在设计的项目分析阶段尤为重要。

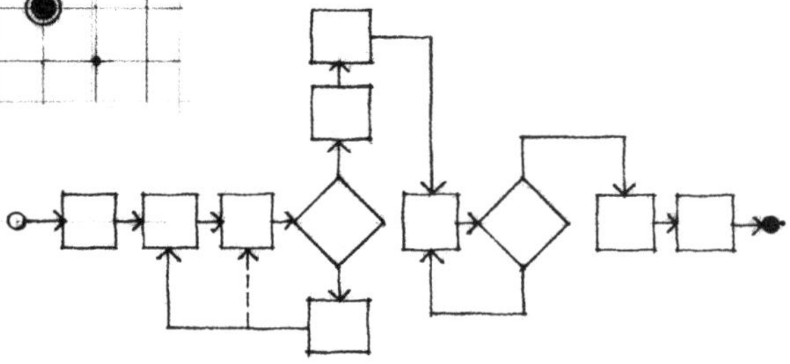

网络关系图表现某个过程、流程或者操作体系的顺序步骤。某些特定种类的网络关系图，比如流程图和树形图，通常和关键路径法相关——需要做出理性的决策来选择不同分支。

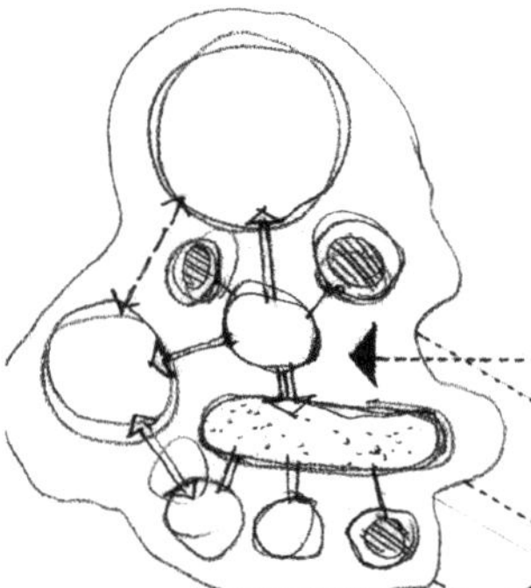

泡泡图表现不同功能和活动区域之间的相对体量和理想的空间联系，借此指出设计解决方案可能采用的几何图案。

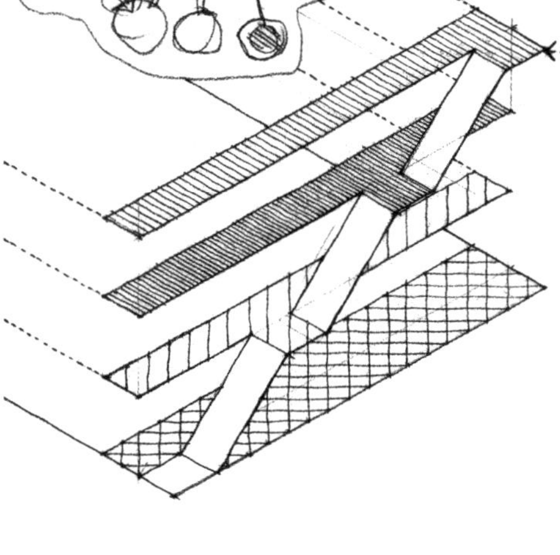

流线分析图描绘节点和人、车以及服务活动形成的图案。

电路图表现的是电气和机械设备系统的布置和协调。

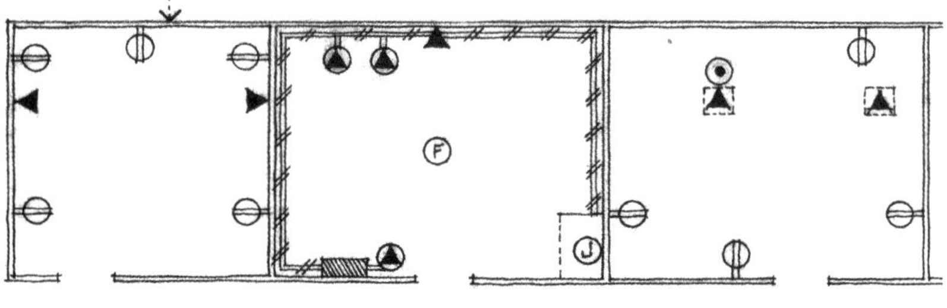

分析图探究并解释一个整体之中各部分之间的组织逻辑和相互关联。我们在设计中用到各种不同的分析图。场地分析图用于探索设计方案的选址和朝向如何应对自然环境和周边事物的影响力。功能分析用于研究设计方案如何处理功能需求。形式分析则用于探究结构模式、空间体量和围护构件之间的呼应关系。

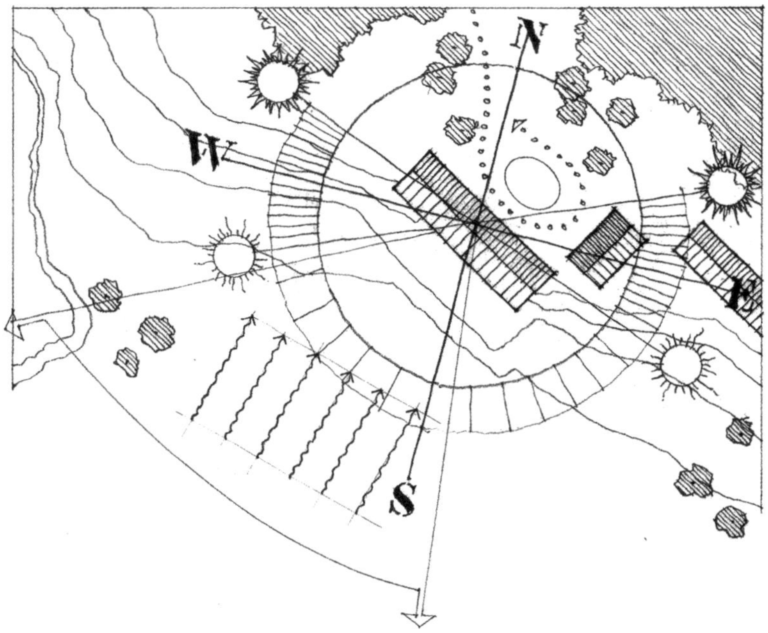

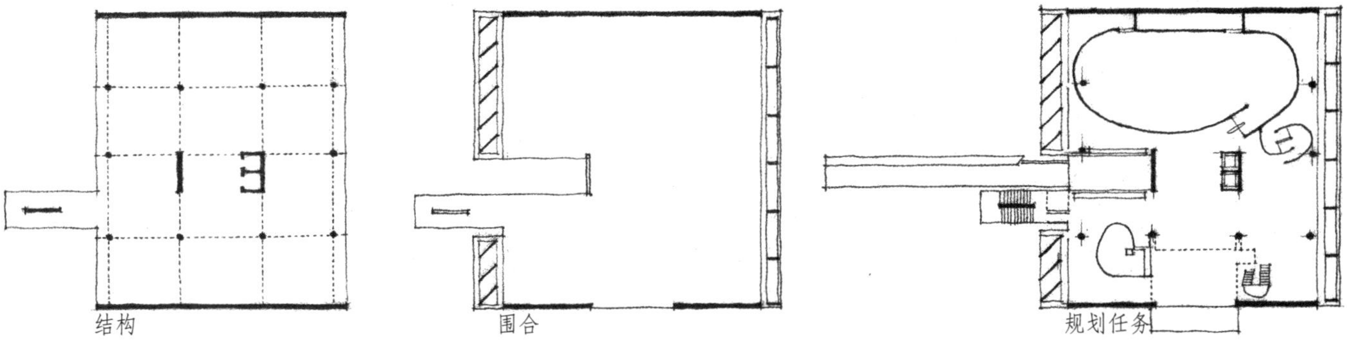

纺织业主协会大厦（Millowners' Association），印度艾哈迈达巴德（Ahmedabad），1954年，勒·柯布西耶。

我们可以用任何一种绘图系统来确定分析图的视角。当分析图聚焦于单一问题或者唯一的一组相互关系时，二维的形式通常就足够了。然而，当我们开始研究设计中复杂的空间和关系要素时，就必须用到三维绘图系统。在研究设计体量和空间尺度时，剖切、分解和透明视图都是特别有效的工具。

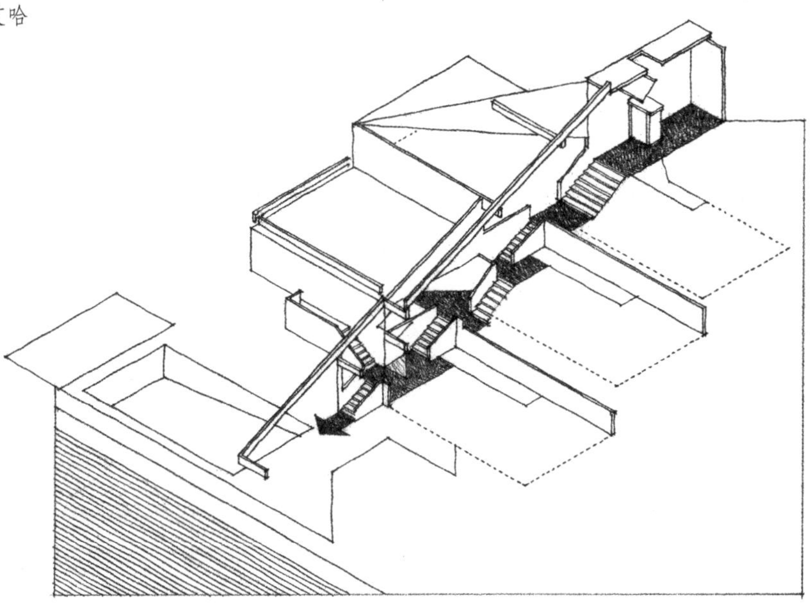

布克斯塔弗住宅（Bookstaver House），佛蒙特州威斯敏斯特市（Westminster），1972年，彼得·劳伦斯·格鲁克（Peter Lawrence Gluck）。

利用分析图研究、分析和做出设计决策，其效率源自对符号和标志的利用。这些抽象的符号取代了具象化的图像，用一种更便于编辑、操作和变化的形式，代表更复杂的物体、行为或思路。应用这些符号让我们能够适应设计过程中迅速和试探性的思维模式。

符号 | Symbol

符号是一种通过相关、相似或惯例的联系，代表其他事物的图形对象，它的意义通常来自衍生出它的结构。具象化符号是它们所代表事物的简化图形。为了在广泛的受众中具有意义，它们必须具有普遍性并且包含它们所指代事物的结构特征。反过来，高度抽象的形状有很广泛的适用性，但通常需要特定的背景环境或文字来解释其含义。当符号变得更加抽象，失去和它们所指事物之间的视觉特征的联系时，就变成了标志（Sign）。

标志 | Sign

标志是一种图形符号、形象或者记号，具有约定俗成的含义，并作为缩写形式，用于指代单词、短语或者某种操作。标志不反映任何它们所指事物的任何视觉特征。它们能被理解，仅仅是因为惯例或者共识如此。

具体事物

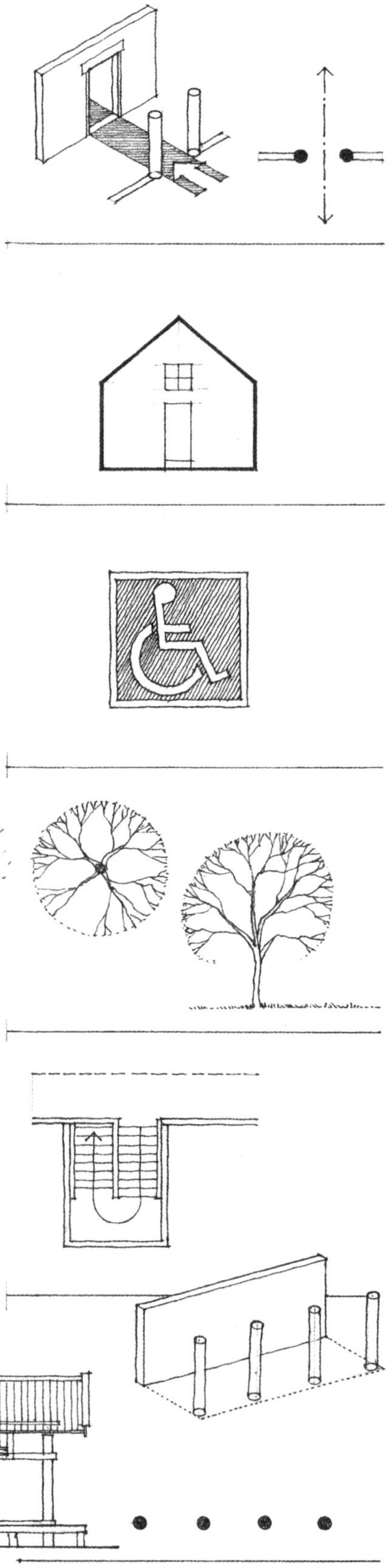

具象性符号

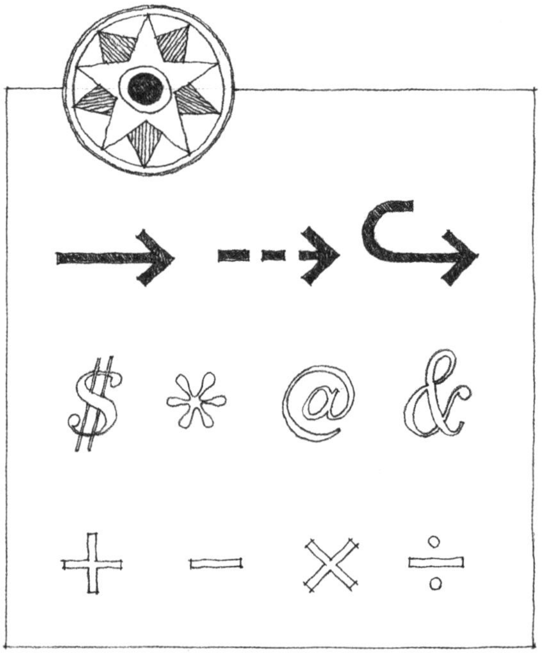

标志范例

符号和标志不如文字能够恰如其分地表现形式的细小差异或者含义的细微差别，但是它们可以有效地表达元素特征，或者行为、过程的特点。和仅使用文字时相比，这种视觉的抽象性通常可以更迅速地传达意义。不过，我们常常还是会用解释性的文字来阐明分析图中符号的含义——即便只是图标或者图例这种缩略的形式。

我们可以通过修改以下特征来改变符号或标志的图形样式，以及含义：

- 各个符号或标志的相对尺寸可以描述各元素的量化特征，并借此建立各元素之间的等级体系。
- 方格网或者其他几何排列工具，可以规范物体或对象在分析图图框内的位置和布局。
- 相互邻近的关系表示各物体间的关联程度。相互靠近的元素比分散的元素表现出更紧密的联系。
- 形状、尺寸和色调的相似或差异性，可以在选定的对象或理念之间构建起分类体系。减少元素和变量的数量，有助于把抽象性维持在合适的、可控的程度。

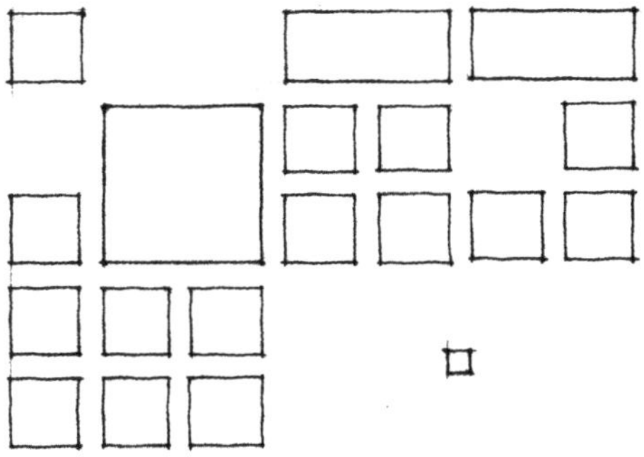

按尺寸划分等级

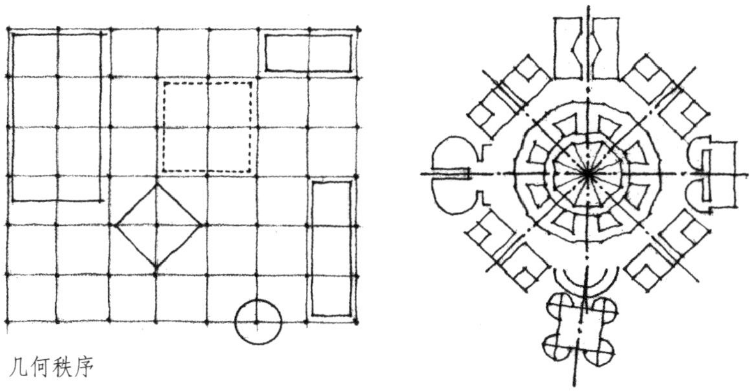

几何秩序

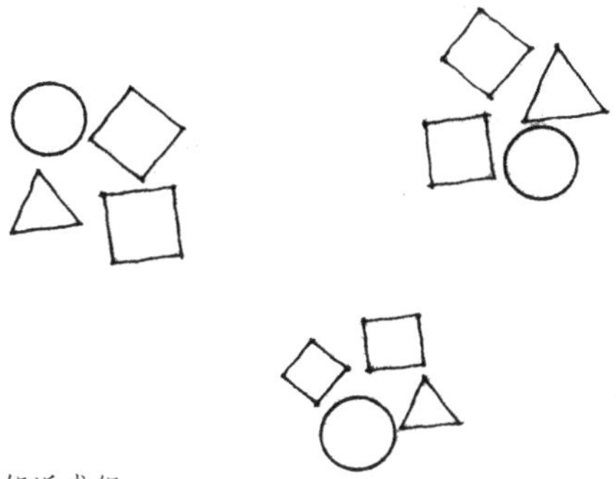

邻近成组

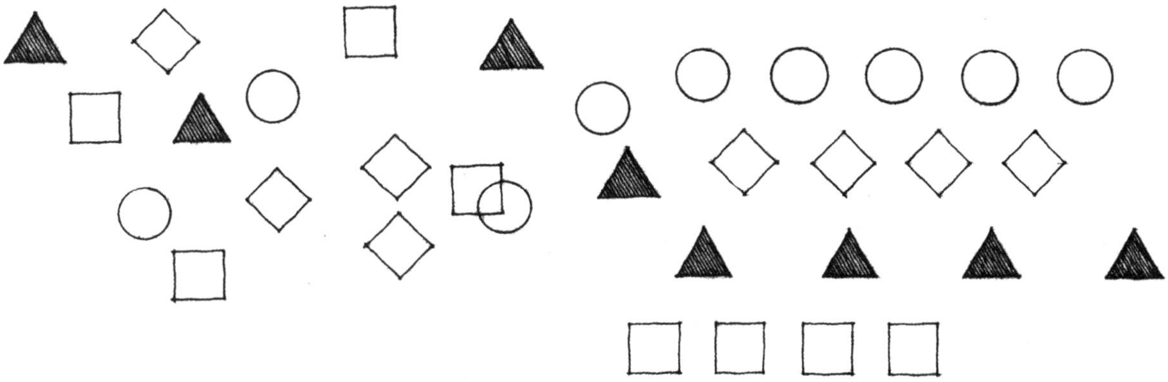

按相似或差异性分类

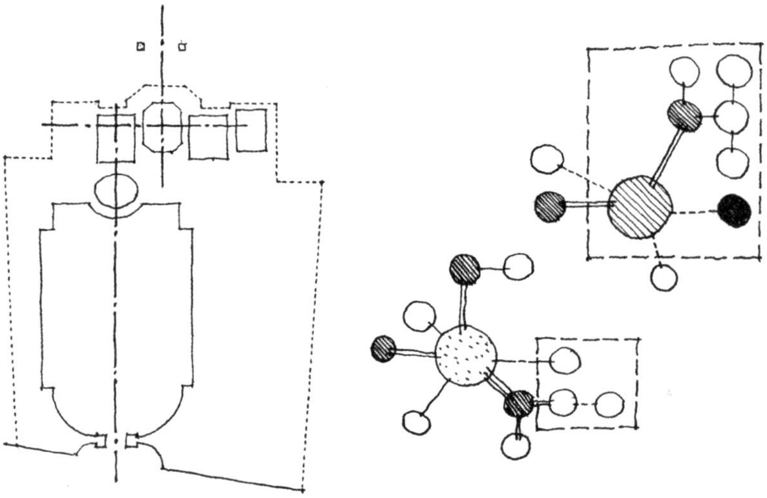

· 对称轴　　· 定义区域边界的线条　　· 表明联系的线条

要让分析图中各元素之间的联系更加明显，我们可以利用相似性、邻近性和连续性的分组原则[译注]。为了进一步解释或强调物体之间的某种联系或者某种互动特征，我们可以用到不同种类的线条和箭头。并且，通过改变这些连线元素的宽度、长度、线型和色调，我们可以描绘出联系的不同程度、等级和强度。

线条 | Lines

在分析图中，我们利用线条的组织力来定义区域边界、指出元素之间的依存关系，以及建立形式和空间的结构关联。线条用于明确分析图的组织关系和内部联系时，可以同时让抽象的和具象的概念更明显易懂。

箭头 | Arrows

箭头是一种特殊类型的连线。楔形端头可以在两个元素间指示单向或双向的运动，表示力或动作的方向，或者表示流程的阶段。为了表达清晰，我们用不同类型的箭头区分不同类型的关系，以及不同的强度和重要性。

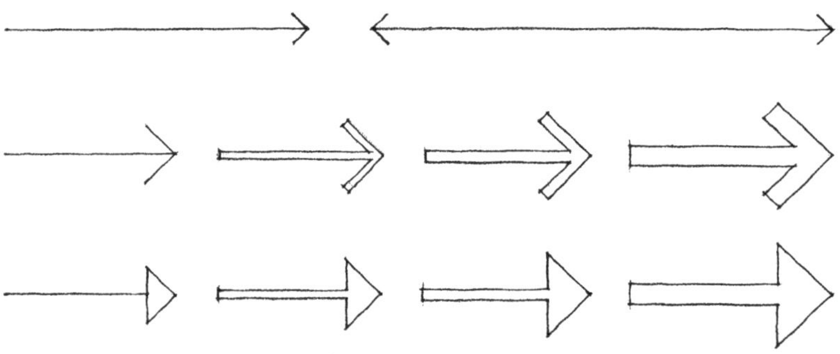

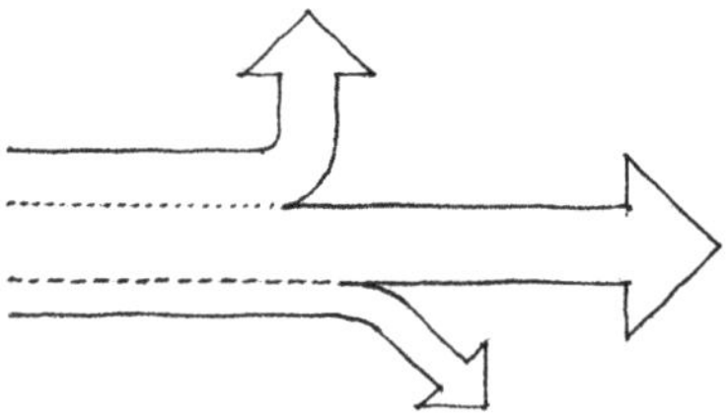

[译注] 分组原则见第34页。

练习 10.1

为下面的建筑设计绘制空间构造分析图。

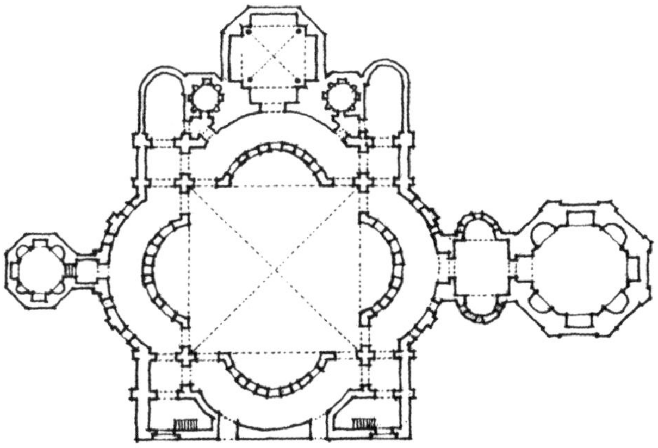

大圣洛伦佐教堂（San Lorenzo Maggiore），意大利米兰，约公元480年。

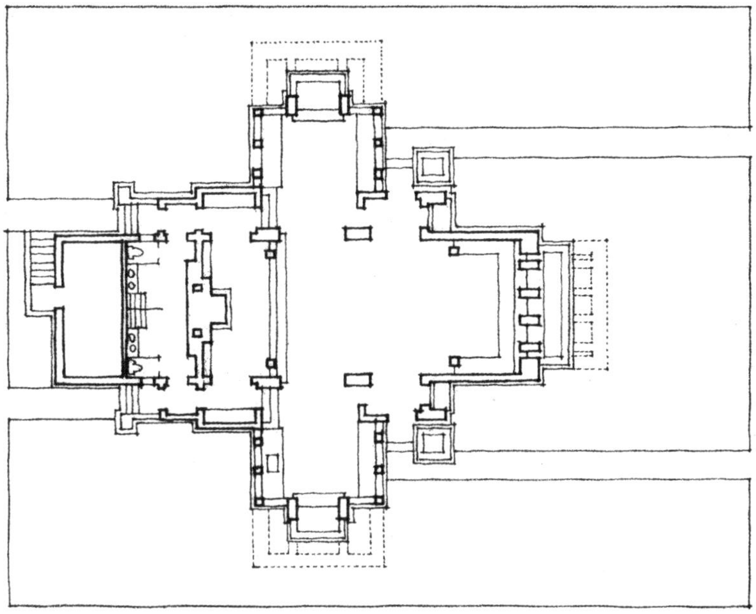

艾弗里·库恩利剧院（Avery Coonley Playhouse），伊利诺伊州河滨市（Riverside），1912年，弗兰克·劳埃德·赖特。

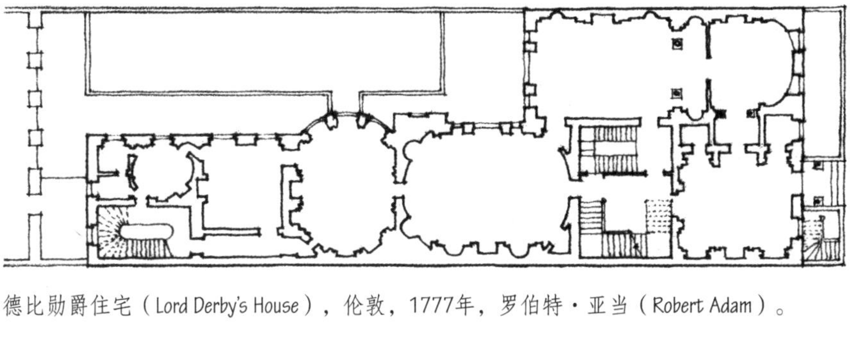

德比勋爵住宅（Lord Derby's House），伦敦，1777年，罗伯特·亚当（Robert Adam）。

在设计过程的初始阶段，我们用分析图研究现状条件，并生成、探索和解释设计理念。我们也会在设计过程的汇报展示阶段用分析图说明设计方案的理念基础。

理念 | Parti

设计理念是一种能够孕育设计方案并指导其演进的思想观点或影像。我们用“理念”一词来指代建筑设计中最根本的组织思路或设计概念。用分析图的形式绘制出设计理念，可以让设计师快速有效地探索设计方案的组织关系和整体属性。理念分析图并未关注设计可能表现出的形态，它更关注设计思路的关键结构和关系特征。

一个恰当的理念应当，或者说理所当然地，要适合并有助于解决设计问题。此外，设计理念及其在分析图中的图形描述，应当同时具备以下特征。

一幅设计理念分析图应当：

- 全面，能够覆盖设计问题中的多个论点；
- 具有视觉描述性，足够有力地指导设计深化；
- 适应性，足够灵活地接受变更；
- 持续性，可以承受设计过程中的调整与变形，而不至于丧失其标志性特征。

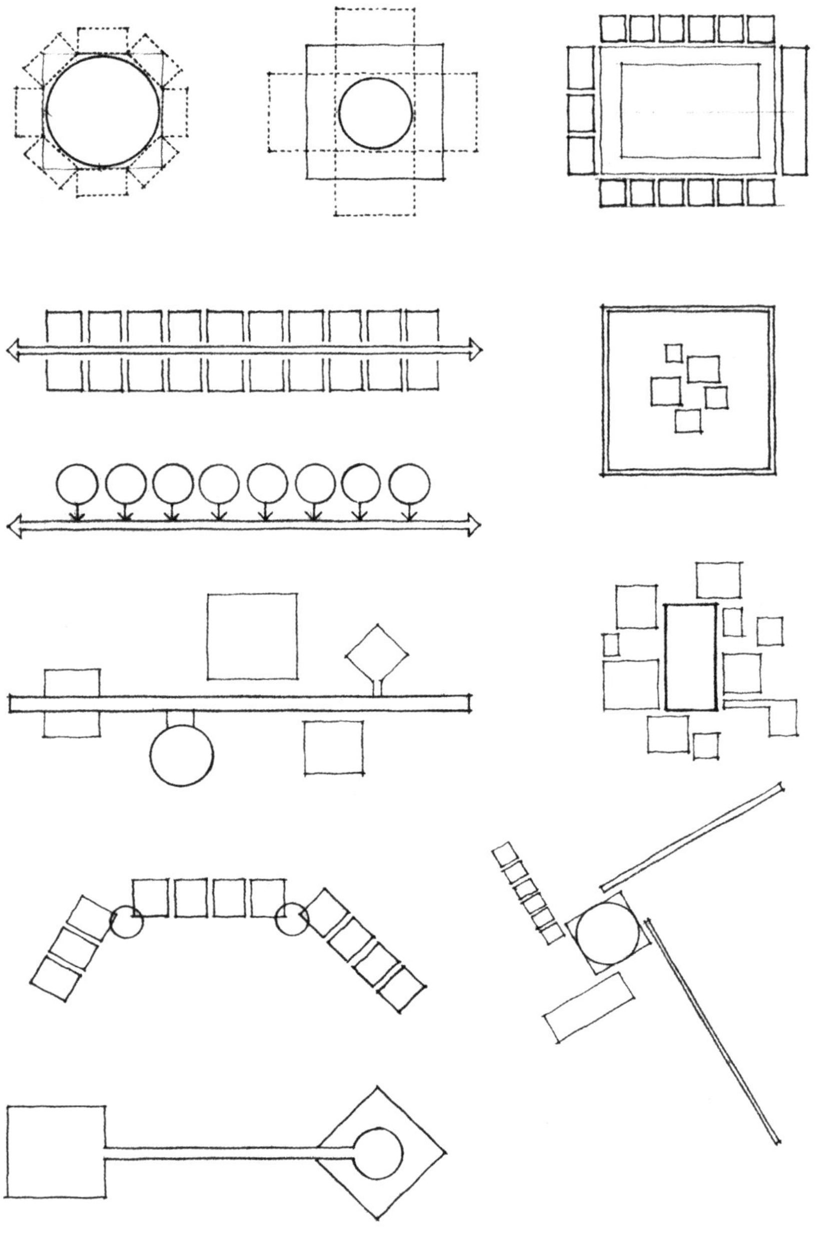

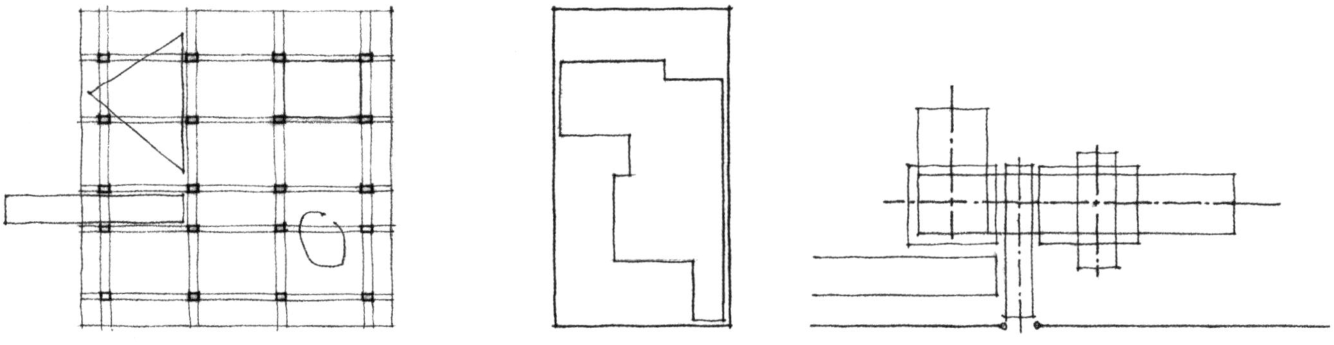

练习 10.2

在上一页中展示了一些理念分析图的实例。为下面每一幅建筑平面图，选择最接近其方案组织逻辑的一种分析图形式。修改所选的分析图，表现每一幅平面图的设计理念。

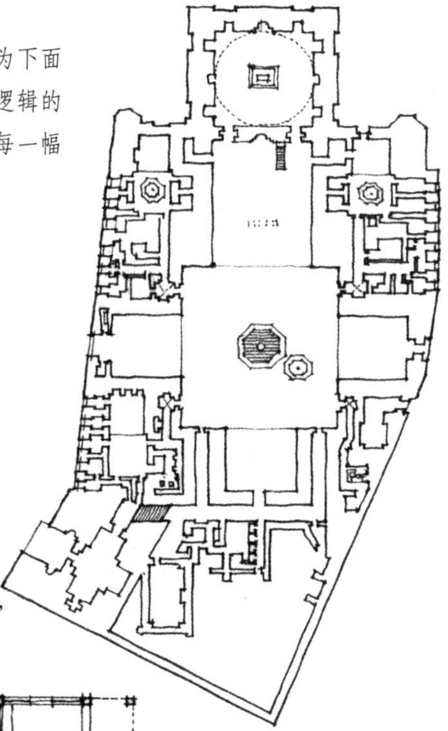

苏丹哈桑清真寺（Mosque of Sultan Hasan），埃及开罗，1356—1363年。

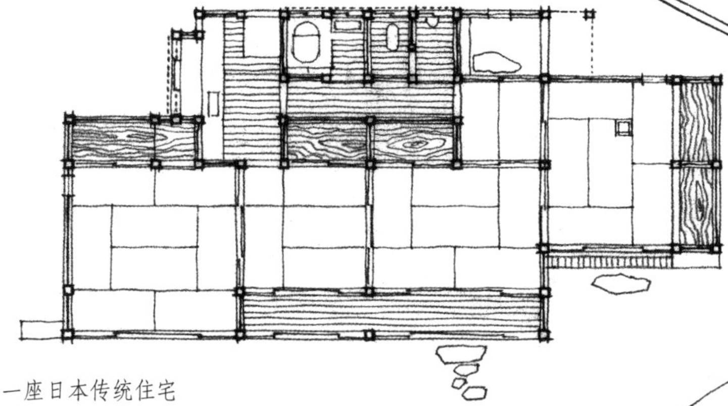

一座日本传统住宅

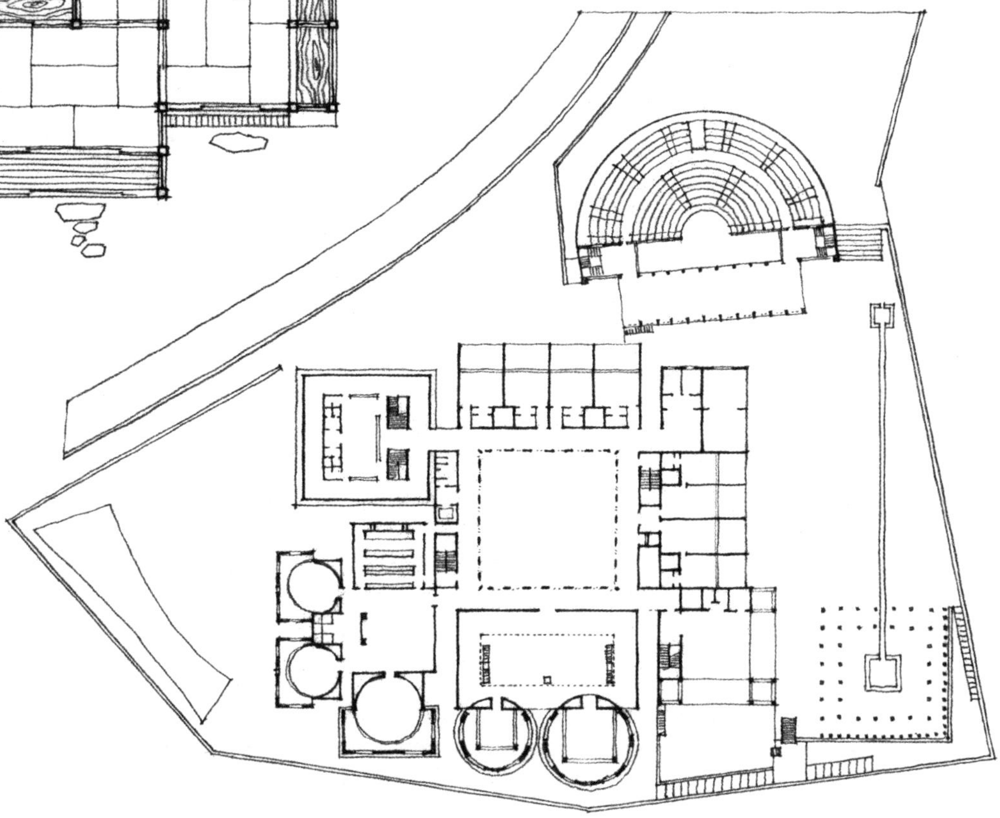

索尔克生物研究所（Salk Institute of Biological Studies）的会议中心，加利福尼亚州拉荷亚（La Jolla），1956—1965年，路易斯·康。

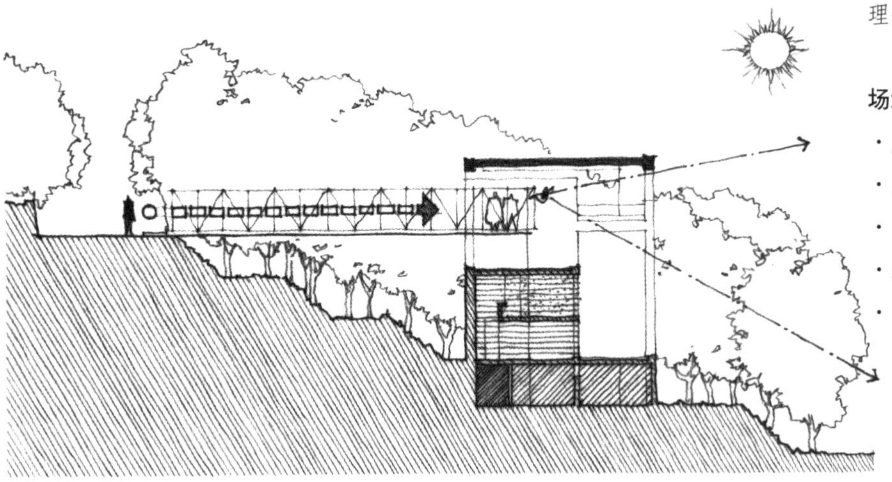

圣维塔莱河住宅（Residence at Riva San Vitale），瑞士卢加诺湖畔（Lugano Lake），1971—1973年，马里奥·博塔（Mario Botta）。

理念分析图可以有效应对的问题包括：

场地 | Site

- 周边环境的限制条件和机会
- 历史与文化的影响
- 自然环境影响，包括日照、风和降水
- 地形、地物、景观和水体
- 出入途径、出入口以及穿越场地的道路

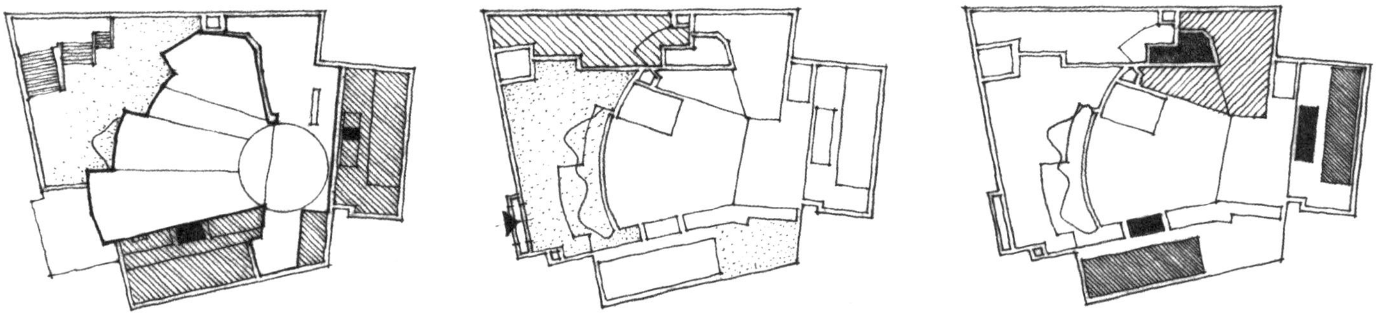

塞伊奈约基剧院（Theater in Seinäjoki），芬兰，1968—1969年，阿尔瓦·阿尔托。

功能 | Program

- 各种活动所需的空间尺度
- 功能的邻近性与关联性
- 服务与被服务空间的联系
- 公共与私密功能的分区

流线 | Circulation

- 步行、车行和后勤通道
- 出入途径、出入口、节点以及交通路径
- 水平和竖直方向的交通方式

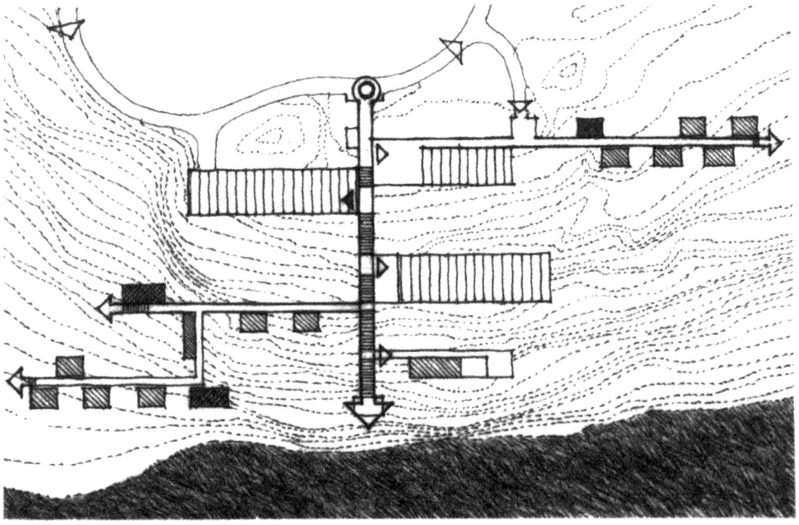

干草堆山工艺美术学校（Haystack Mountain School of Arts and Crafts），缅因州鹿岛（Deer Isle），1960年，爱德华·拉华比·巴恩斯（Edward Larabee Barnes）。

形式问题 | Formal issues

- 图底关系和虚实关系
- 排列方式，比如对称或者韵律
- 结构元素及其布局模式
- 围合元素及其布置形式
- 空间品质，比如遮蔽空间和景观视野
- 空间组织的层次结构
- 形式体量与几何关系
- 比例和尺度

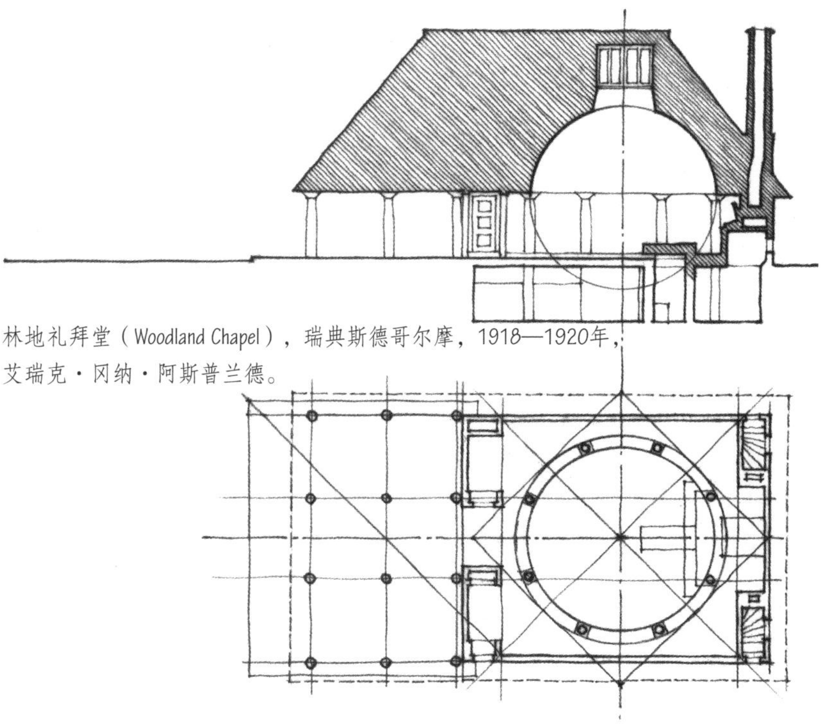

林地礼拜堂（Woodland Chapel），瑞典斯德哥尔摩，1918—1920年，艾瑞克·冈纳·阿斯普兰德。

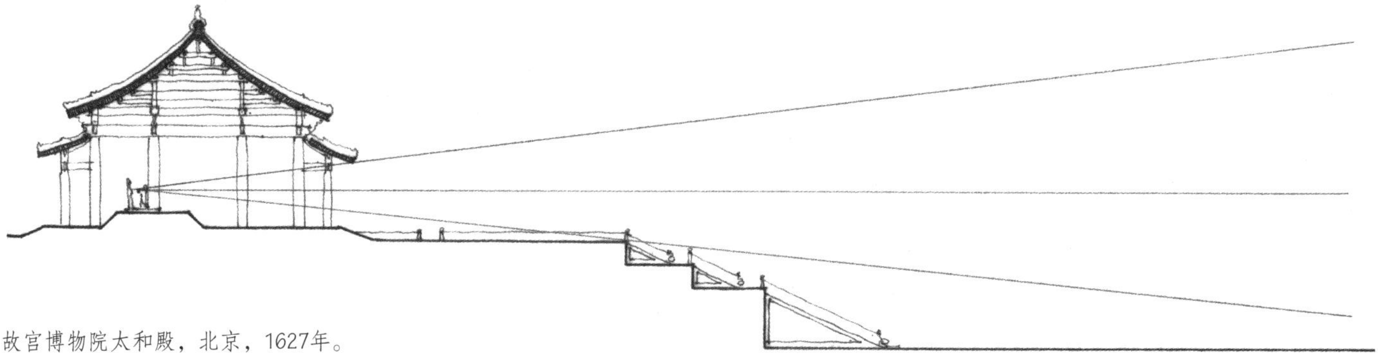

故宫博物院太和殿，北京，1627年。

系统 | Systems

- 结构、光线和环境控制系统的布局与整合

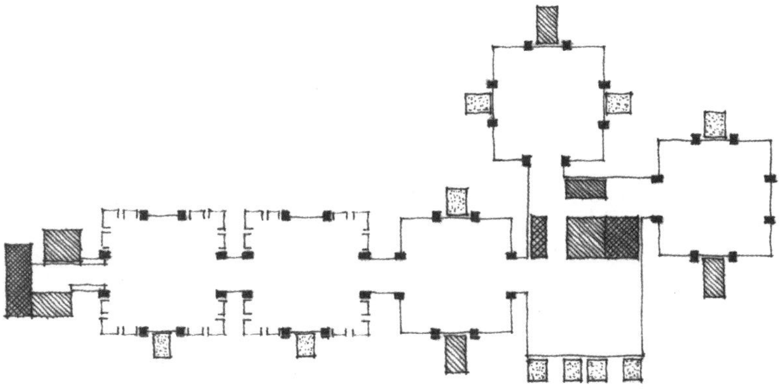

理查德医学研究所（Richards Medical Research Laboratory），宾夕法尼亚州宾夕法尼亚大学，1957—1961年，路易斯·康。

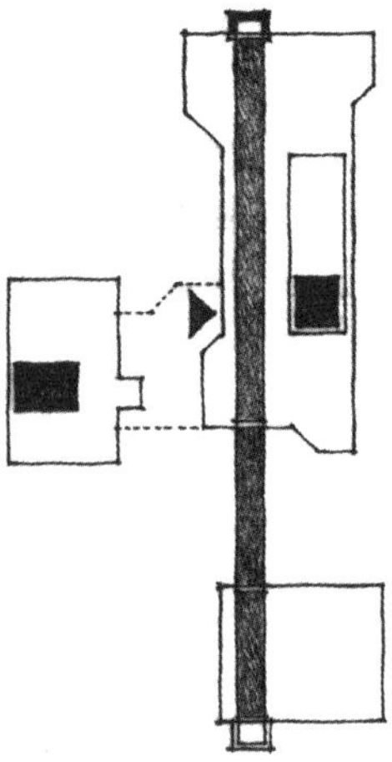

海因斯住宅（Hines House），加利福尼亚州海洋牧场，1966年，穆尔、林顿、特恩布尔、惠特克设计公司。

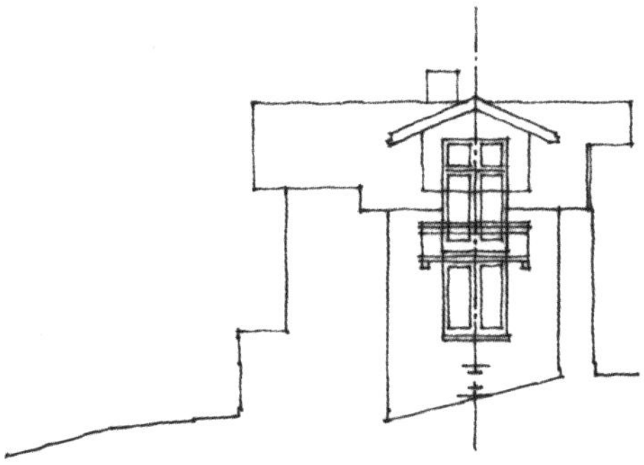

弗拉格住宅（Flagg House），加利福尼亚州伯克利，1912年，伯纳德·梅贝克（Bernard Maybeck）。

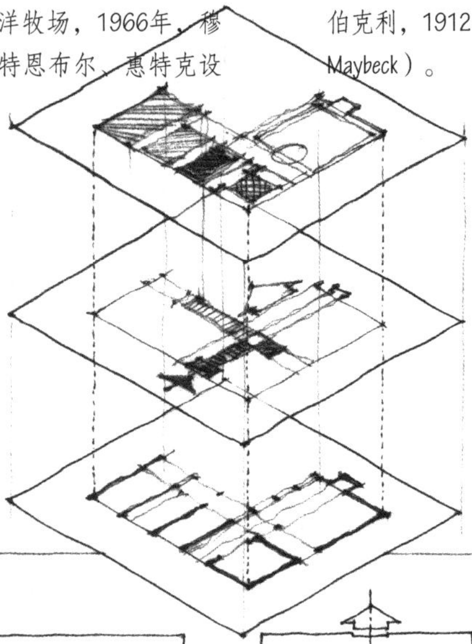

在理念分析图的生成、完善和使用的过程中，以下原则可以激励我们思考。

- 保持理念分析图简洁。绘制小图可以让信息浓度保持在可控的水平。
- 根据需要删除多余的信息，从而保持聚焦于特定议题，并提高分析图整体的明确性。
- 重叠或者并列放置一组分析图，可以看出特定的变量如何影响设计的特征；或者设计的各部分、各系统如何结合在一起，形成一个整体。
- 颠倒、旋转、重叠或者扭曲一个元素或一段连接，可以创造查看分析图的新视角，从而发现新的联系。
- 在寻找秩序时，通过改变尺寸、相邻和相似等关系要素，重新组织各元素并调整优先级。
- 在必要时添加其他相关信息，以便利用新发现的联系。

在任何情况下，分析图都应当在视觉上清晰明确，组织有条理，悦目的同时能向读者传递信息。

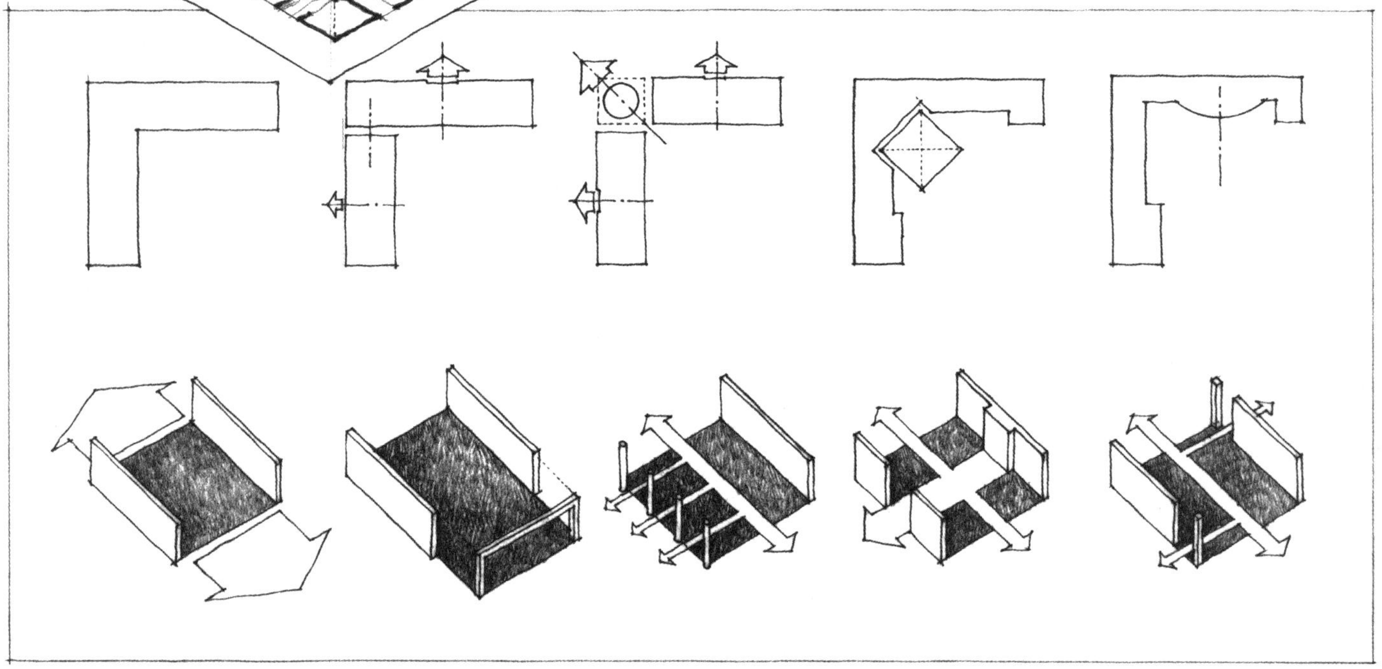

练习 10.3

分析天使山本尼迪克特学院图书馆的平面图和剖面图。绘制分析图表达以下信息：

- 结构模式
- 围合体系
- 空间组织
- 功能分区
- 流线形式

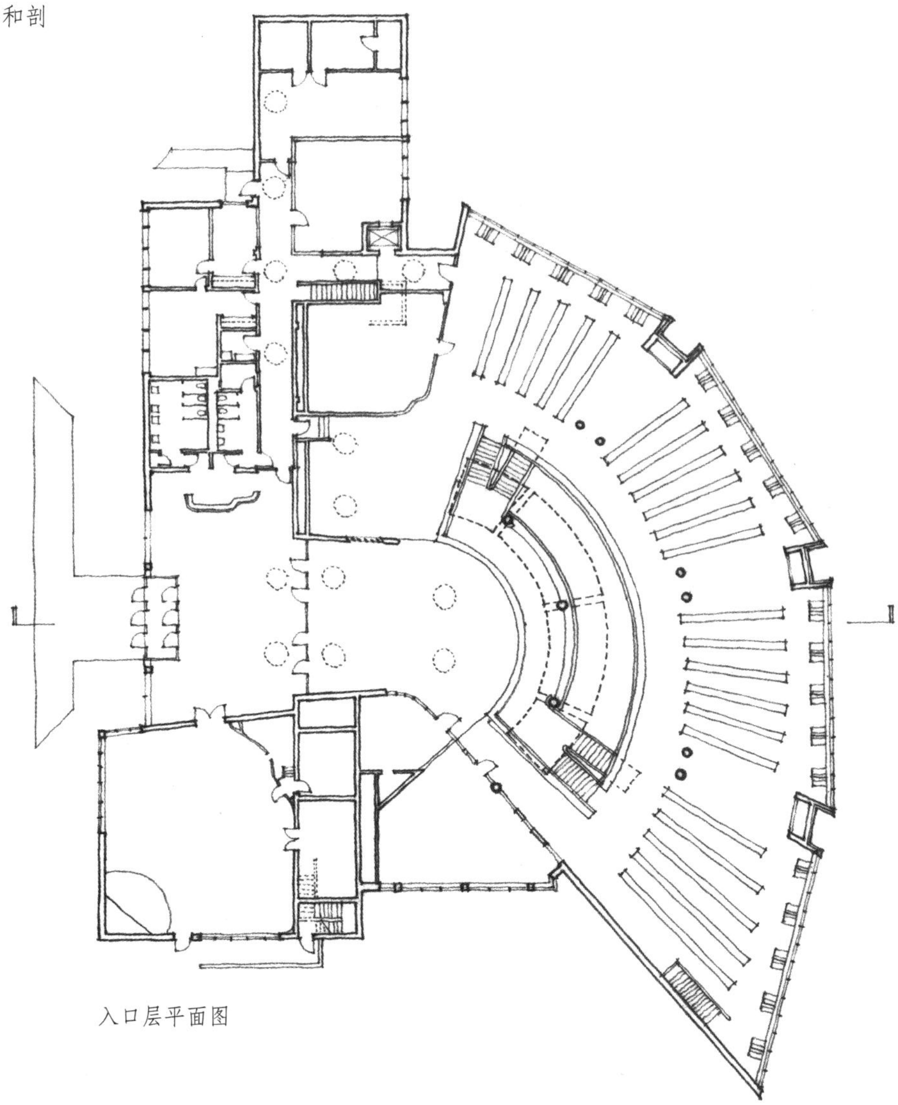

入口层平面图

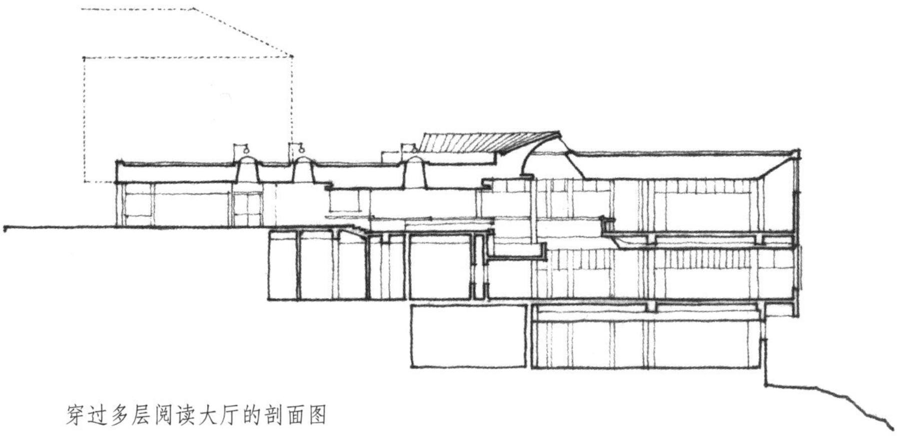

穿过多层阅读大厅的剖面图

天使山本尼迪克特学院（Mount Angel Benedictine College）图书馆，俄勒冈州天使山（Mount Angel），1965—1970年，阿尔瓦·阿尔托。

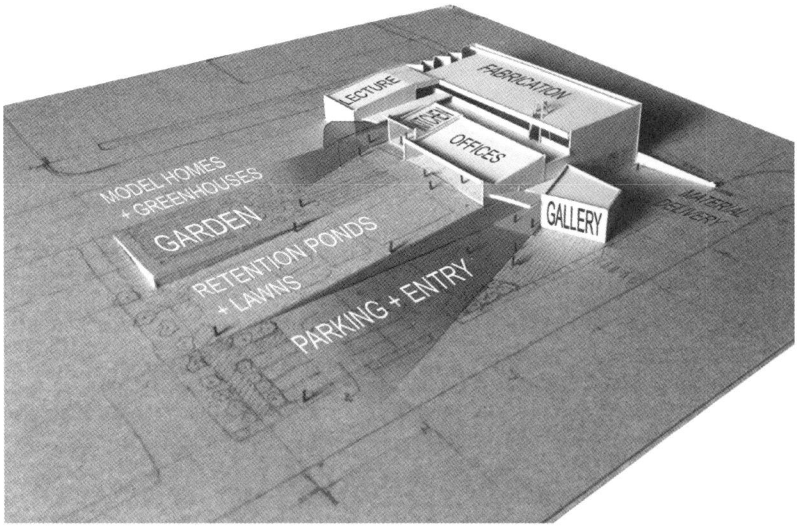

包含建筑体量、项目关联性，并把场地设计图层叠加在实体研究模型之上的复合分析图。作者：罗宾·维尔德。

数字绘图和建模程序给我们提供了实用工具，可以同时收集并展示量化和实感的信息。这些信息可以放入图表中分析，用于深化和完善设计思想。因为有的时候这些图表会包含大量且复杂的数据，以下事项就很重要：

- 提炼信息，做到清晰且要点突出；
- 重新排列或者调整数据形式，从新的视角查看信息；
- 在同一份分析图中运用多种变量，从而发现不易察觉的观点和联系。

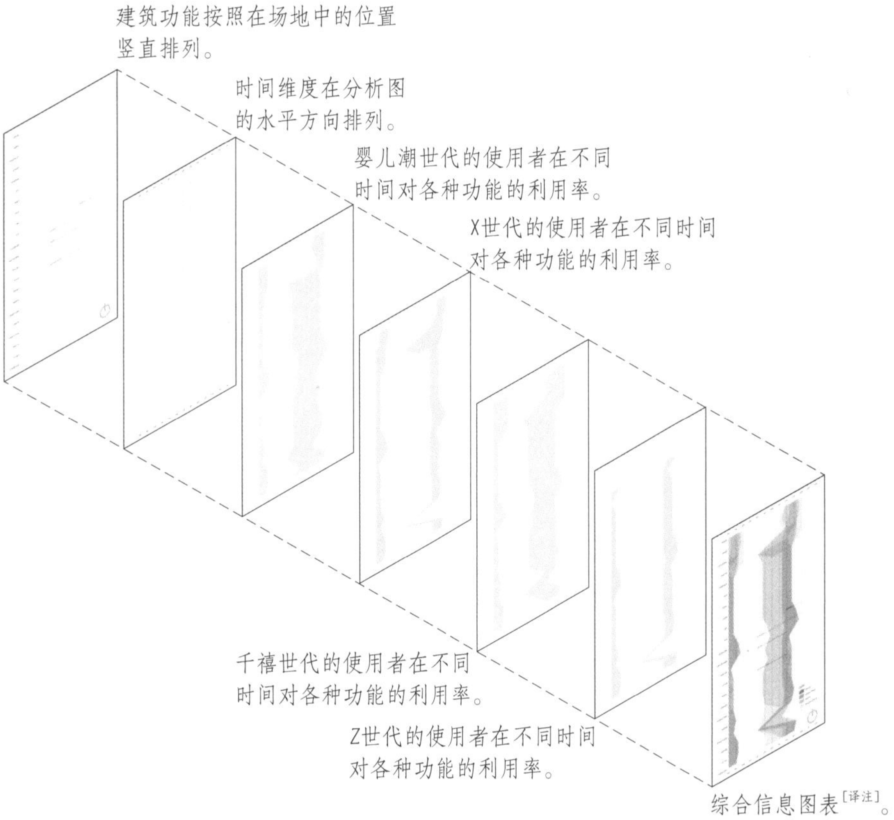

多变量分析图，包括混合用途功能、各种功能在场地的位置，以及每种功能在各时间段中被不同时代人群的使用强度，指导功能和项目的规划策略。原始图作者：妮可·斯泰恩（Nicole Stine）。

[译注] 美国人口统计的各种分类：

翻译名称	英文名称	出生年份区间
婴儿潮世代	Baby boomer generation	1946—1960
X世代	Generation X	1961—1980
千禧世代或Y世代	Millennials / Generation Y	1981—2000
Z世代	Generation Z	2001—

练习 10.4

用某个设计项目的场地航拍照片作为数字工作环境的底图。在二维绘图程序中，描摹场地上的关键元素和周边环境，比如建筑轮廓、街道和小径、树木以及其他自然景观、场地等高线和水体特征要素。这幅数字图纸的目的在于从照片中提取最关键的信息，制作成分析图，从而研究场地上的大尺度议题。

在数字场地平面图中添加不同图层，并加入分析图元素，从而研究场地内部和周边的交通流线问题——车行交通、公共交通路线、步行和自行车道。添加更多图层，描述场地中自然环境影响的信息，以及场地周边建筑使用功能的信息。还有其他什么类型的信息最适合用这种二维模式分析？

在分析图中添加更多图层，探索并绘制出理念分析图，反映你的设计思路如何应对多样化的场地影响力。

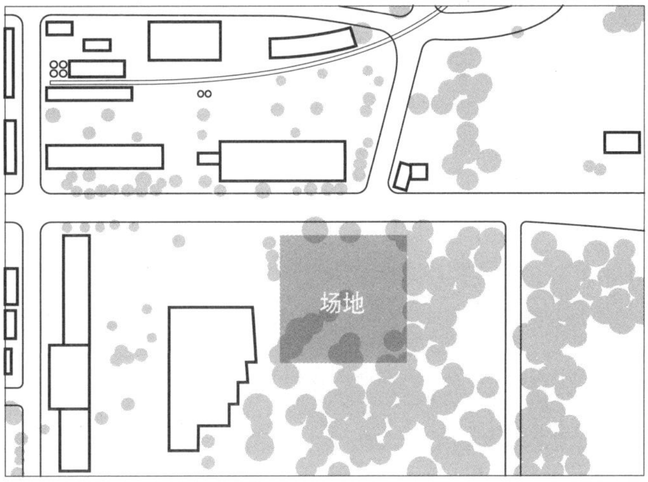

练习 10.5

在你绘制的二维场地分析图的基础上，在三维建模程序中建立现有建筑的高度和场地地形。和二维绘图一样，三维模型可以保持细节简单，继续发挥分析图的功能。用这个三维模型作为基础，绘制三维场地分析图。除了日照、阴影和视角之外，三维分析图比二维分析图更适合研究哪些元素？

练习 10.6

叠合多幅照片，或者用一幅全景照片，做出场地的实感性分析。在视图中确定地平线。标记出4个主要方位点与场地的关系。描绘冬至、春分、夏至和秋分日的太阳轨迹，并确定这四天太阳从地平线升起和落下的位置。确定希望展现的景观；遮挡不希望展现的景观。

还有哪些场地信息可以在这个实感性的分析阶段用分析图表达，从而指导你制定设计策略？

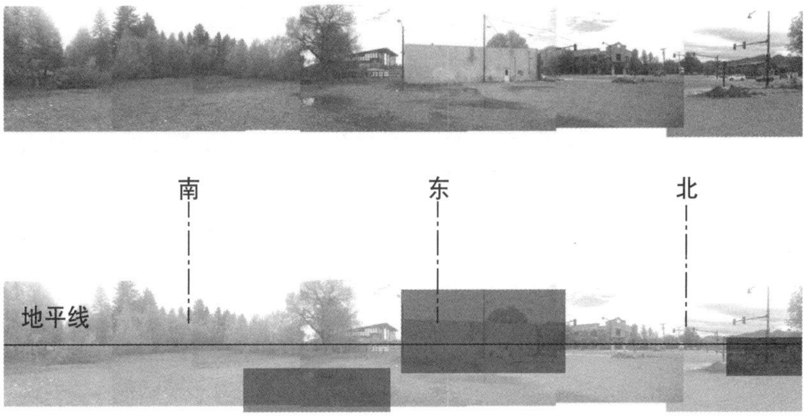

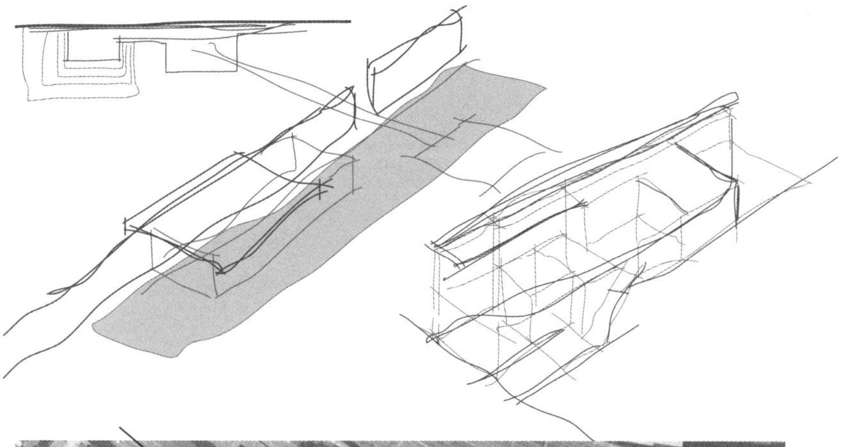

仅凭徒手和纸笔用分析图表达思路时，仍然是启发设计思想的最直接、直观和灵活的方式，但是，从我们理解设计问题，到可能的处理方法、解决途径或者改变并重新提出问题，其间的联系也可以通过数字工具显现出来。然而，我们在启发设计思路阶段利用数字工具时应当记住，本章前面几页陈述的议题和原则仍然适用。

· 二维光栅图像软件配合手写笔、数位板、触摸屏或者区区一只鼠标，就可以让我们勾画出设计思路的核心要素。

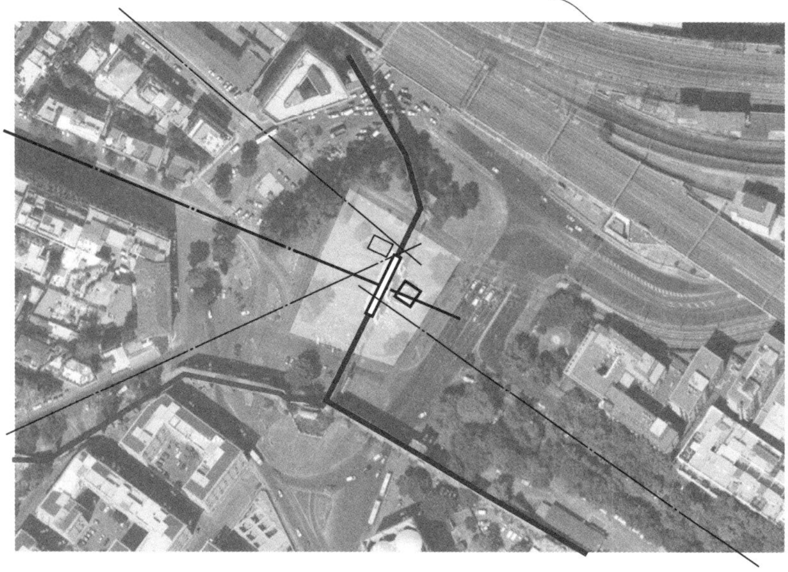

· 数字照片和绘图对于开始绘制分析图都很有用处。我们可以用航拍照片作为场地分析图的底图，也可以用现有建筑或场景的照片，从实感性的视角分析周边关系。

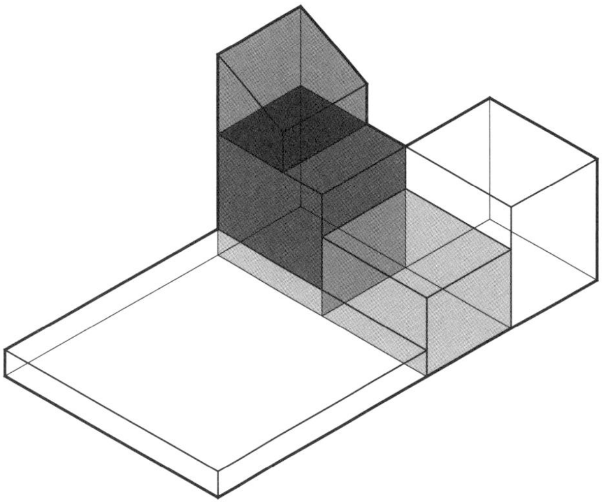

· 矢量绘图程序让我们能够创建物体，当作分析图的基本元素，并用预设的线条和箭头表现所需的联系。

· 三维建模程序为分析图元素和其间的联系加入了空间维度。在使用建模程序时，重要的是保持分析图概念性的特征，并把模型元素视作抽象对象，并不代表真实的建筑实体构件。实现这个效果的一种方式是使用线框视图，并用色彩和色调表示相应的使用功能和重要程度。形状、尺寸和比例可以相对轻易地调整，但是应当仔细考量以表现分析图元素应有的特征。

数字工具相对于手绘，有以下几个优势。

· 在绘图和图像处理软件中内置的图层功能可以让部分元素淡化甚至关闭，同时把另一些元素前置加以强调。

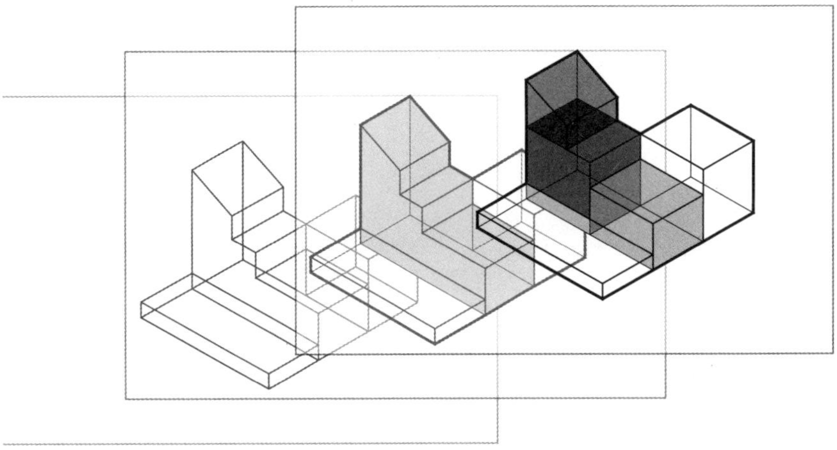

· 不同的元素可以按相似的类别分组；像实体拼贴画一样，在数字空间中相对移动；或者随意地重新排列，探索其他可能的联系。

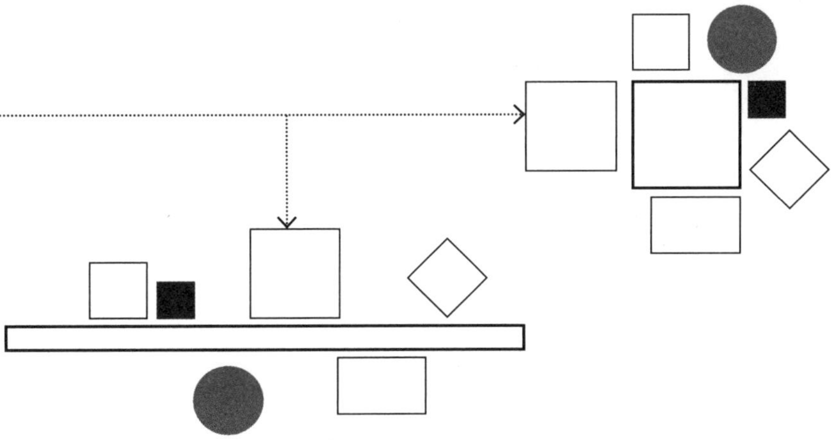

· 图形程序最强大的功能可能是在试错过程中使用撤销命令，以及保存副本。这让我们能够自由地探索各种选项，而不用担心失去先前的成果。

使用数字工具有一个特别的劣势，是在我们想象的物体和屏幕上表现出的形象之间，总隔着一层由软、硬件组合构成的抽象化过程。所以，高效使用数字媒体绘制设计理念分析图的关键，在于足够流畅地使用软件，从而可以直观地观察、思考并绘图，无需为键盘、菜单或者需要调用的面板命令分心，中断思维的流线。

另一个劣势，特别对于建模软件，是过分执着于绘图的精确度——然而在设计过程的开始阶段，其实应当采用更开放的思路。即便我们可以随意解读数字图纸所传达的信息，其默认的表现方式毕竟是完成的模型。不过，如果我们意识到这些倾向性，就可以更有效地利用数字工具来分析设计思路。

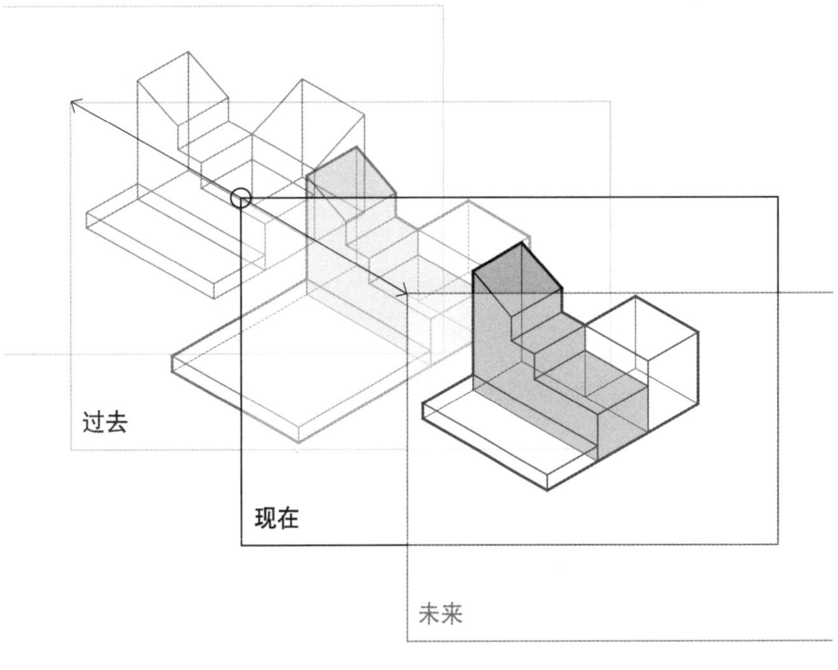

实体模型 | Physical Models

实体研究模型和过程图一样，都是迅速具象化一个设计思路的重要手段。用双手切割并组装真实的材料，我们可以通过触觉获得比单纯视觉更强的感受，并体会到空间的维度。虽然也经常被用于汇报展示，但实体模型主要还应当被视作一种研究手段。在搭建完成后，实体模型可以在我们的手中和脑中旋转、拆解或者重塑。我们可以从不同视点对它拍照，照片经过扫描后可以在数字环境中研究，或者打印出来用于绘图。

数字模型 | Digital Models

三维建模程序让我们能够为设计思路建立虚拟模型并从不同视角研究它们。只要我们把模型影像视为工作过程而非最终产品，就可以利用它们来完善设计理念。

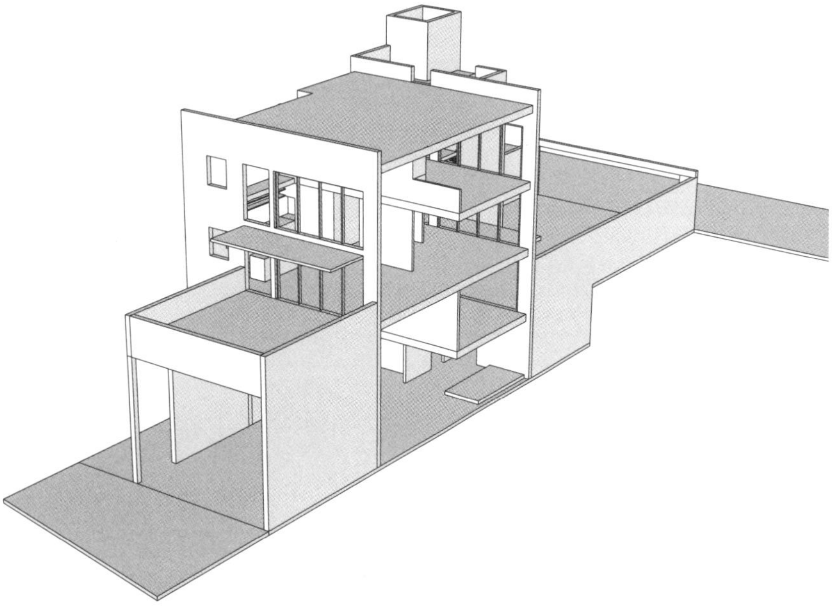

操作数字模型需要对数据的精确控制，这是创建数字模型的三维建模程序所需要的。同时，我们应当记住，数字模型是思维的工具，注定要修改和完善。因此我们不能让输入或者输出数据的具体程度限制了设计过程的开放性。

因为数字模型很大程度上依赖轴线、切点以及面和边缘的对齐关系，它们作为建模辅助系统来构建三维形体。因此，利用这些概念进行思考——就像我们搭建实体模型时一样——通常可以让建模过程更加高效。

实体模型和数字模型之间最显著的区别，大概在于我们理解材料和空间特征的方式。并且，实体模型即时可见，而数字模型显示在屏幕上的方式——就今天我们能接触到的技术而言——本质上就是一幅呈现为二维图像的一组三维数据，需要我们具备和阅读手绘图时的同等理解能力。

布尔运算 | Boolean Operations

三维建模程序中的布尔运算功能可以利用一系列基本元素——简单几何体，比如正方体、圆柱体、棱锥或圆锥——构建起更复杂的模型。下面这些运算过程都带有破坏性，在运算完成后，原始的实体会被删除。

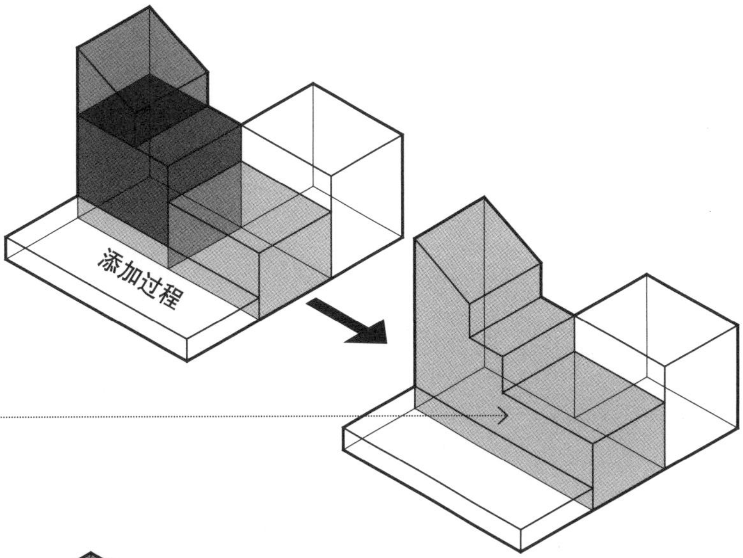

· **布尔联合**（Boolean union）是一种加法运算，把两个或者更多独立且分离的实体合并成单一的新实体。新实体包含所合并的每个实体共有和独有的体积。

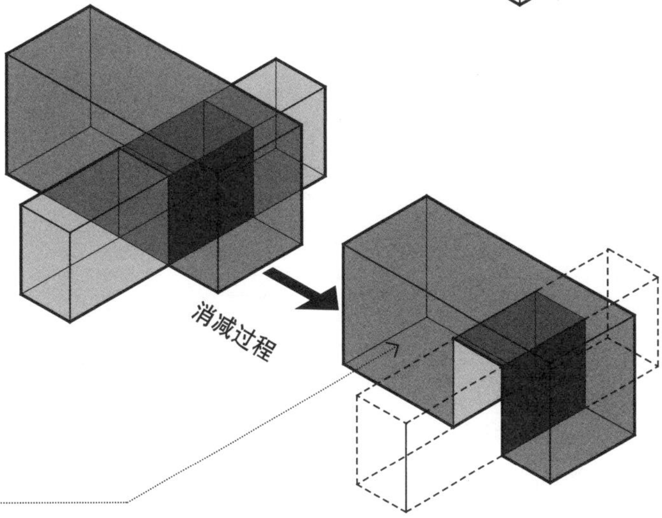

· **布尔差值**（Boolean difference）是一种减法运算，从所选实体中的某一个上移除或者切掉它们共有的体积。注意，剪切形体也可以通过直接操控原始形体上的点或面来创建。

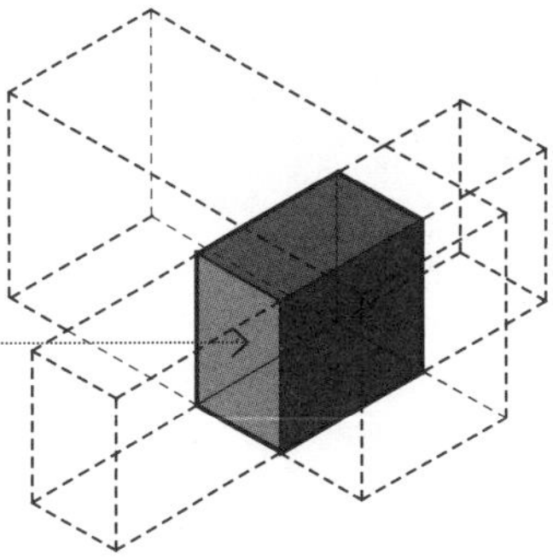

· **布尔交集**（Boolean intersection）会创建一个新的实体，仅包含两个或者更多所选择实体所共有的体积。

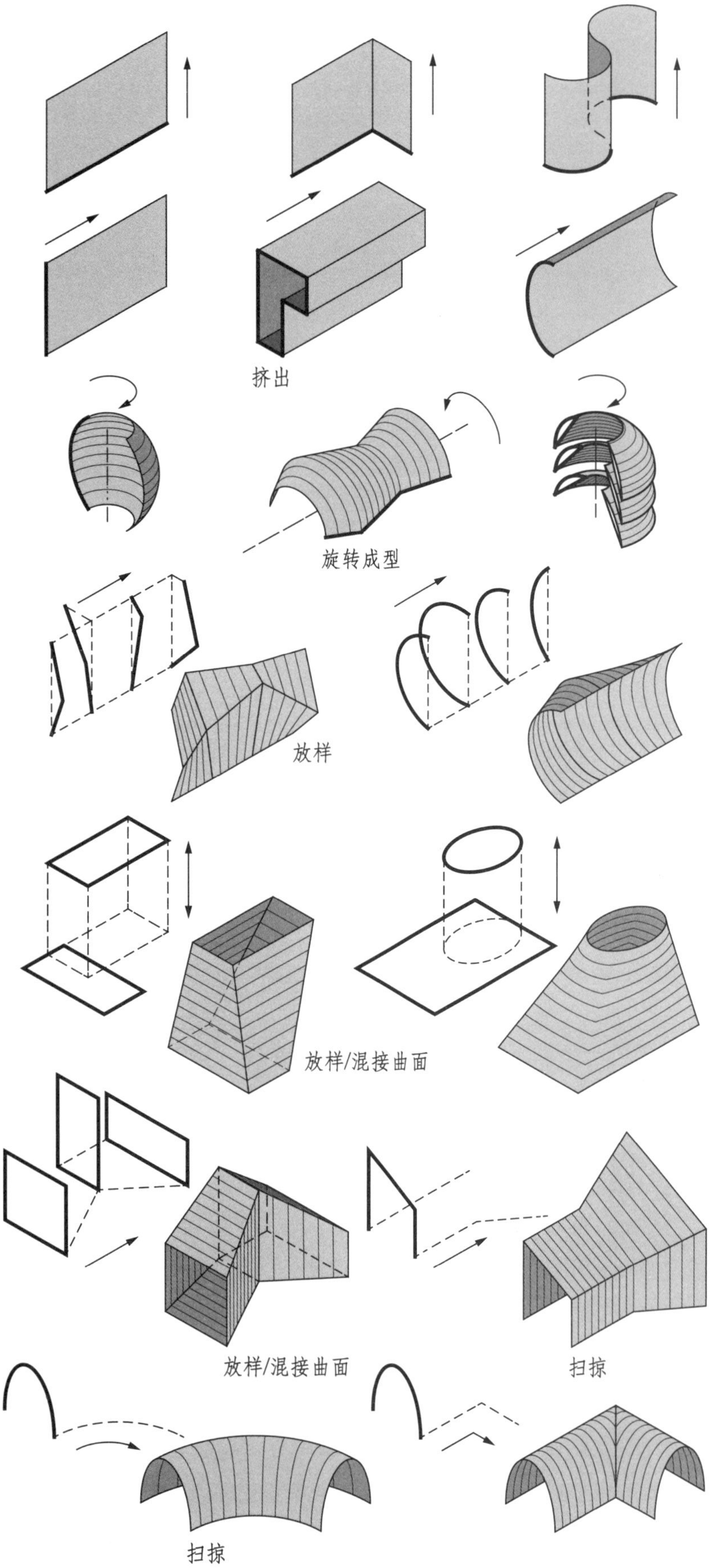

数字建模利用一系列功能把线和形状转换成曲面和实体。其中常见的建模功能包括以下几种。

挤出 | Extrude

线条和形状可以向任意方向挤出，创建出曲面和实体。其结果由原始线条或形状的轮廓、挤出的方向和挤出的距离决定。挤出方向主要基于数字工作空间中的x、y、z轴，但实际上可以是任何角度。线条只能形成曲面，而封闭的形状可以在挤出操作时选择形成管状物体或者封闭实体。

旋转成型 | Revolve

线条和形状可以沿一条轴线旋转，形成曲面或实体。轴线可以成任意角度并且不需要和所选的线条或形状相连。所选元素的旋转角度可以从0～360°变化。

放样 | Loft

在多个线条或形状之间创建曲面，可以通过放样命令——在某些软件中也被称作“混接”（blend）。这个操作会连结相邻线条或形状上对应的点，在这些元素之间拉伸出曲面。在数字工作空间中，放样命令可以选择几十个，甚至成百上千个元素来创建曲面。当相邻元素之间有显著差异，比如弧形轮廓与方形轮廓相邻时，系统会添加或者删除一些点，构成曲面的形状。

扫掠 | Sweep

扫掠命令在某些方面和挤出的操作相似，可以把线条或形状沿一条非线性的路径挤出。这条路径也被称作“轨道”（rail），它可以是曲线，也可以是折线。

在扫掠操作中可以加入第二条路径，与第一条路径不平行，甚至不共面。这时，线条或形状的轮廓会保持基本比例和形状，但在两条路径向不同方向移动时，会随之增大或缩小尺寸。

模型视图 | Modeling Views

三维建模程序让我们能够用透视图观察我们建立的模型。这对于体验式研究设计方案非常有用。然而，设计中也经常有其他方面，比如水平和竖直方向的联系，应当用正投影视图研究。如此一来，我们可以从三维数据中提取出传统的二维平面图、剖面图和立面图。理想的工作条件是在建模程序中可以通过多窗口显示多视图，并用一台足够大的显示器同时查看这些视图。这样的话，我们就可以看到在一个视图中的某项改变——比如在平面图中移动一面墙——在透视图中会如何立竿见影地影响空间品质。

我们还可以在数字模型中开、关不同图层，创建剖切视图；也可以导出并重新组合特定视图，来描述设计或工程项目的顺序——这两个都是很好的理由，让我们遵从理性和连贯性的逻辑组织数字模型的各种数据。

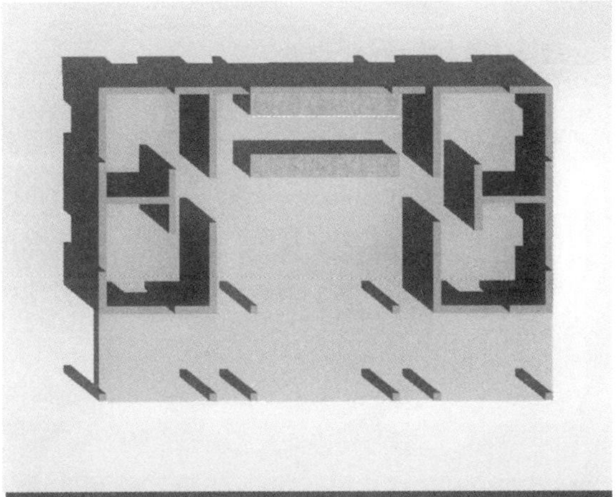

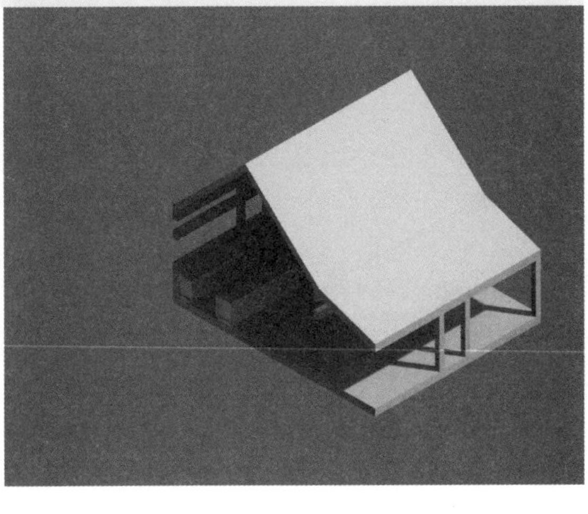

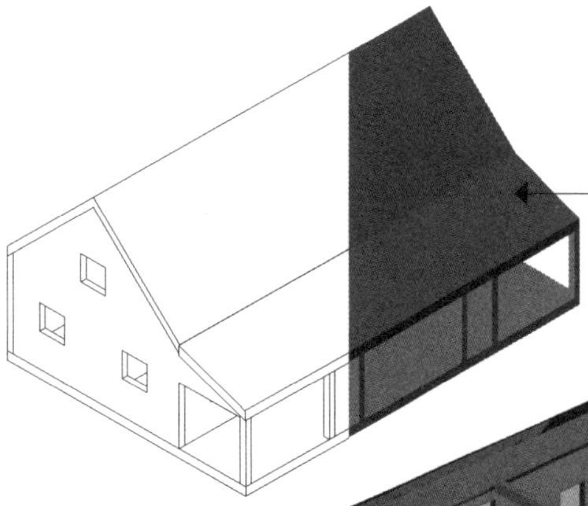

大多数建模程序都提供了一系列视图选项，分别强调我们搭建的模型的一些方面，同时弱化其他方面。

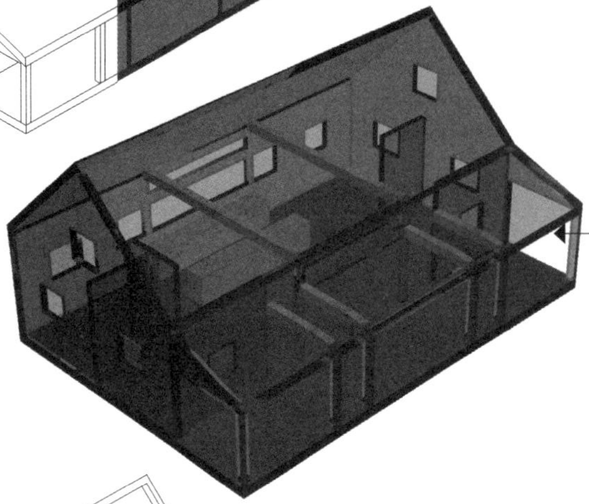

实体视图 | Solid Views

实体视图，有时称作隐藏线条视图（hidden-line views），把模型中的曲面显示为不透明元素。这对于从外部视角研究体量和组合关系非常有用。实体视图特别有助于研究建筑在城市环境中构成的户外空间。它可以定义日照光源，用于初步推敲暗面和阴影。

半透明视图 | Transparent Views

半透明视图，有时称作“幽灵视图”（ghosted views），把模型中的曲面显示为半透明，让我们可以看到物体或构造的内部，或者透过它们看到后方。半透明视图强调了数字模型的三维关系和空间品质，并且作为底图，在其上研究虚实关系时尤为有效。

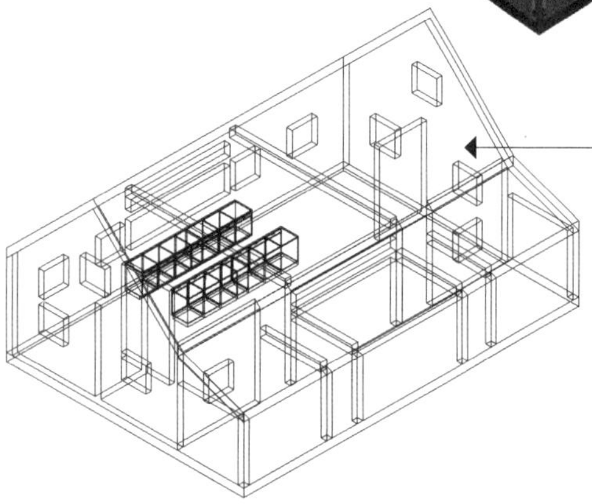

线框视图 | Wireframe Views

线框视图以完全透明的形式显示模型中的曲面，让我们看到每一条边缘——它们构成了物体或构造的各个面。线框视图的表现方式可能是含糊的，会产生歧义。然而，这种含糊也可以被视作一种优势，因为它让我们看到我们搭建模型时原本意图之外的其他可能性。

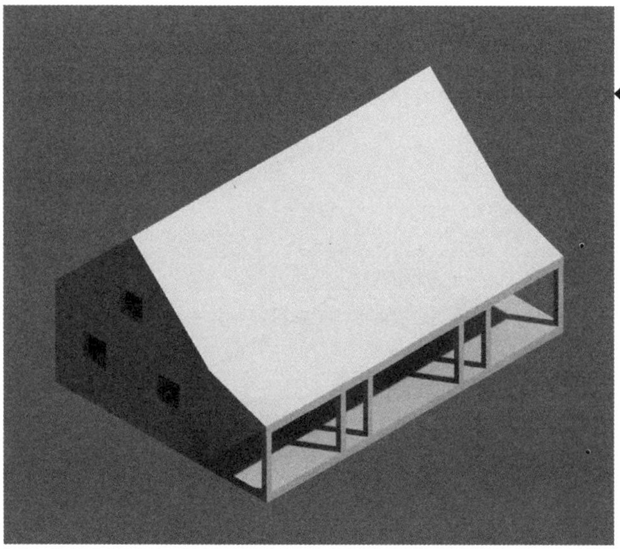

渲染视图 | Rendered Views

渲染视图在模型中的每个曲面上应用特定的材质，可以让一部分物体和表面显示为不透明，而其他保持透明。渲染数字模型在设计过程的最初阶段的作用有限，因为为了保持开放思维，我们更希望看到一定程度的抽象，同时削弱具体性。因此，对材质的渲染应当留在设计过程后面的阶段，那时模型和它表现的设计方案都更加完善。

当数字绘图和模型用于数字制造过程时，我们从数字工作环境切换回实体工作环境。数字制造在设计过程中是一种很有价值的迭代过程，应当从开头就善加利用。

激光切割、等离子切割、水刀切割 | Laser Cutting, Plasma Cutter, Waterjet Cutting

激光切割设备根据二维数字绘图确定切割路径，用激光、等离子束或者水刀切割实体材料。切下的零件随后用于组装实体模型。为了生成所需的二维图纸，我们可以拆解三维模型，获得一系列外表面。为了缩短切割时间并减少材料浪费，通常我们会描摹二维形状的轮廓并集中布置在单片材料上，然后删除重叠的线条。

另一种方式是绘制一系列二维剖面轮廓，或者叫模型的等高线，然后把这些轮廓集中布置在单个平面上。因为复杂的模型需要很多这样的平面，我们通常会为零件编号，辅助最终的组装过程。

数控铣床 | Computer Numerically Controlled (CNC) Milling

数控铣床是一种减法加工工艺，通过从实体材料上削除掉数字模型不包含的部分，显露出数字模型。通常情况下，数控模型需要一个数字表面作为铣削实体材料的边界。当边界之外的所有实体材料都被削除后，剩余的材料就是原始数字模型的形状。工作路径是根据数字模型中的曲面建立的，通常包括粗加工路径——大块地削除材料，和精加工路径——使用更精细的刀头完成曲面雕刻。

三维打印 | 3D Printing

三维打印是一种加法过程，用粉末、树脂、塑料、金属或者玻璃材料构建起数字模型。三维打印通过一层层地叠加材料，让它们融合或硬化，构建起数字模型。每一层材料的厚度都不足1毫米，这样可以形成较高的精细度和强度。

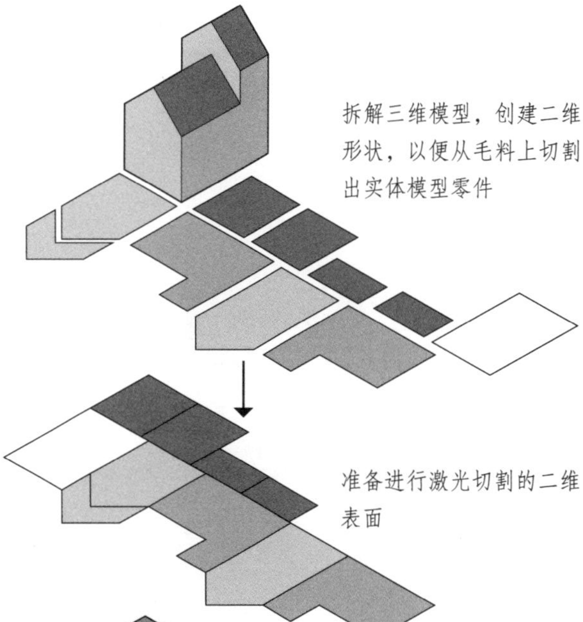

拆解三维模型，创建二维形状，以便从毛料上切割出实体模型零件

准备进行激光切割的二维表面

准备进行激光切割的二维剖面轮廓

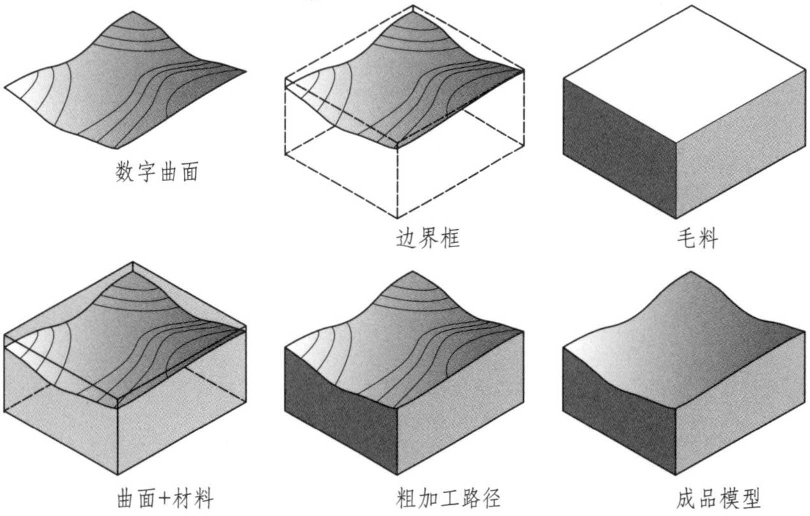

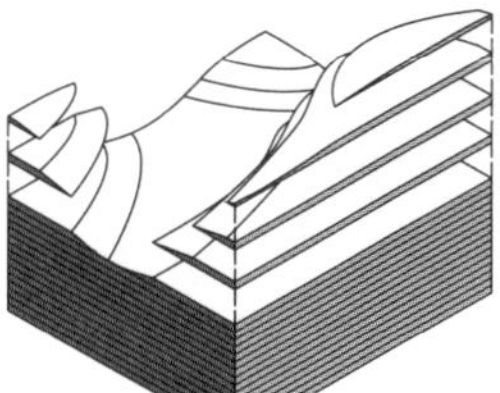

三维打印

设计过程 | Design Process

虽然设计过程通常都被描述为线性的顺序步骤，但实际上它是一个循环迭代的过程，并需要谨慎地分析可用信息、凭直觉综合各种观点，以及准确评估可能的解决方案——这是一个不断重复的过程，直到在现状和期望之间成功找到一种适合的联系。设计过程可以被压缩到短暂而紧张的时间内，也可以拉长到几个月甚至几年，这取决于设计问题的紧迫性和复杂性。设计还可能是一个凌乱的过程，混沌与清醒的瞬间相互穿插，其间还点缀着冷静反思的片段。为了穿越这个过程，让设计思路从抽象的分析走向深化和完善，我们需要依靠多种不同的表现方式。

实体模型

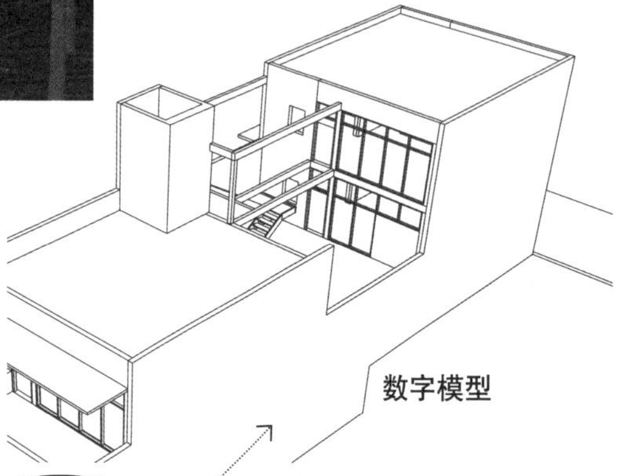

数字模型

思考并深化**设计思路**的多种方式

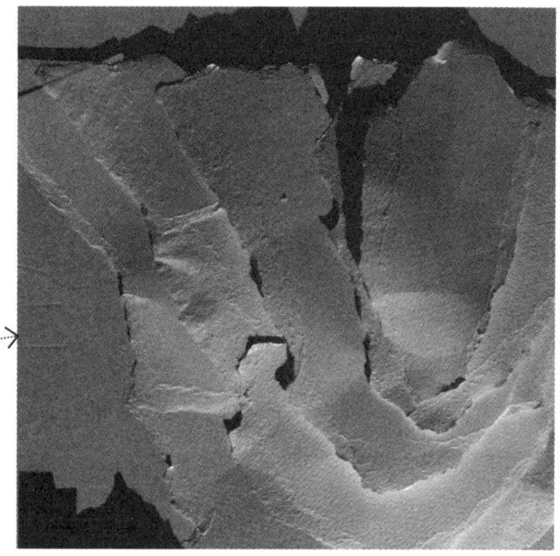

实体拼贴画

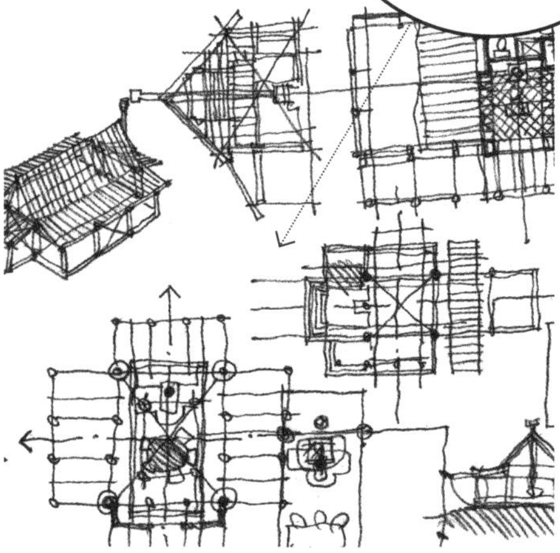

手绘图

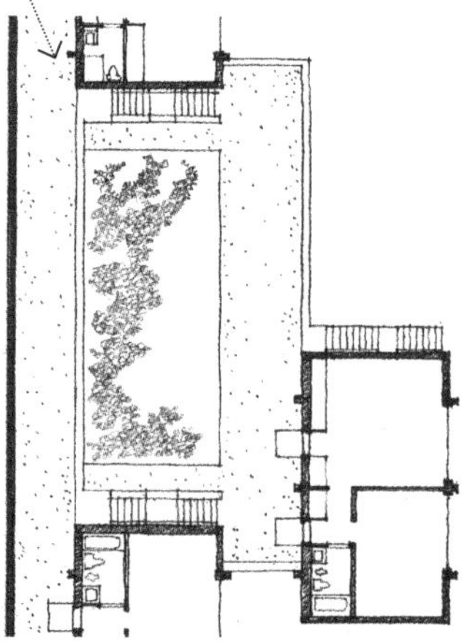

表现方式 | Modes of Representation

我们可以用多种表现方式外化我们的设计思路，赋予它形体，以便研究、分析和深化。这些表现方式不仅包括传统绘图手法，还包括照片、拼贴画、模型以及数字化的研究和模拟方式——一切我们能够为设计思路赋予生命的方式。没有哪一种表现方式可以说对于设计过程中的某个阶段最为合适；也不存在哪一种工作方法算得上设计过程的最佳实践范式。

让设计思路具象化的工具和手段有很多，每一种都有自己内在的强项与侧重。了解它们可以让你的设计更加自如。根据设计调研和探索的特质，我们可以选择：

- 叠加草图纸或者应用类似的数字手段，在航拍照片上勾画可能影响建筑选址和建筑形体的城市设计影响力。

- 利用场地和建筑剖面图研究空间尺度和竖向联系。

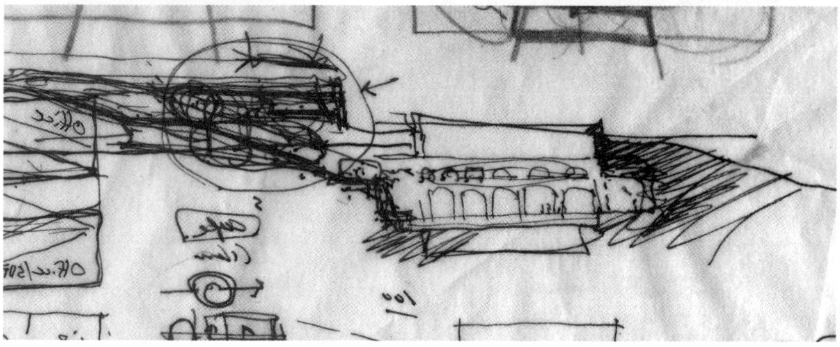

- 用实体拼贴画的材质肌理和凹凸效果呈现美学品质。

- 用实体或数字模型探索建筑形式的可能性。

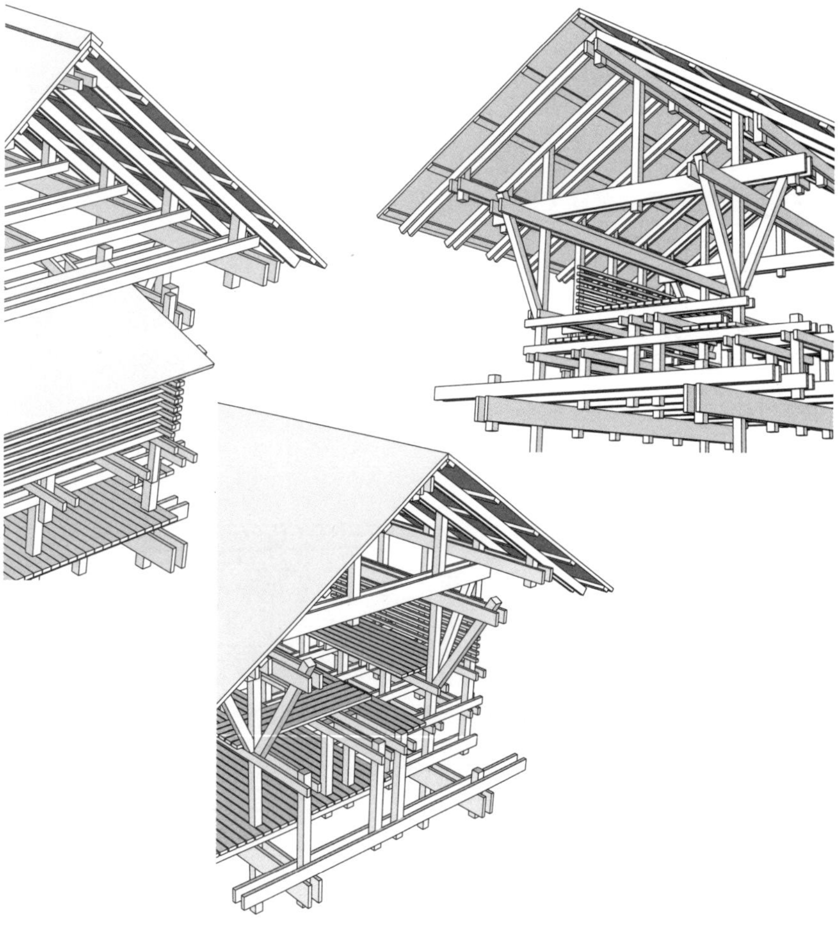

时刻记住，我们的设计思路可能会被我们的表达能力所限制——无论是手绘、数字媒体的性能，还是我们制作实体模型的技巧。我们越精于多样化的表现方式，就越能行云流水地运用这些具象化手段探索设计思路。并且，就好比从不同视角观察会让我们灵活思考，在传统和数字化的表达方式之间来回切换也能帮助我们从不同角度看待问题或观点，从而得到意想不到的新的感悟。

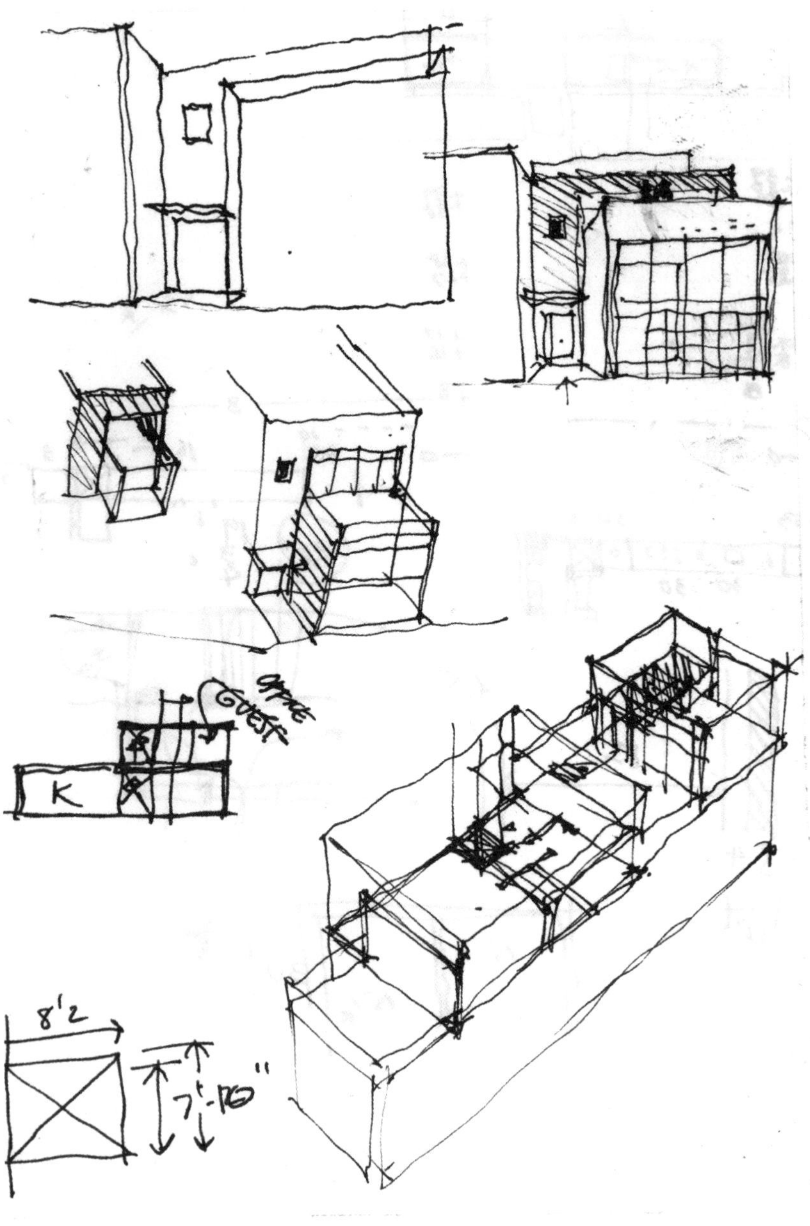

过程图 | Process Drawings

当一个合适且有前途的设计思路被确定并阐明，我们便利用过程图来推演这个思路，让它从抽象的理念演变成明确的设计方案。在我们这样做时，应当提醒自己，设计绘图是一种语言，三种主要的绘图系统——多视角、平行投影和透视图为我们提供了多种方式来思考和表达。每一个系统都代表了独特的视角，并包含一套内在的思维活动，指导我们探索相关的设计议题。在研究某个特定的设计议题时，议题的哪些侧面需要加以展示，哪些可以隐藏？我们会为此做出有意和无意的选择，确定一种绘图系统并放弃其他种类。

- 在什么时候，透视图表现的周边环境和体验性特征更为有用？
- 在什么时候，平行投影绘图表现的完整且可缩放的三维视野更合适？
- 在什么时候，平面图表现的水平关系最为有效？
- 和平面图、平行投影绘图相比，剖面图有什么优势？

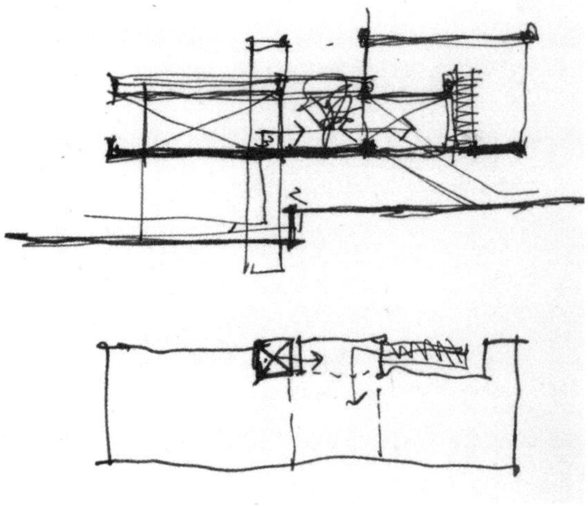

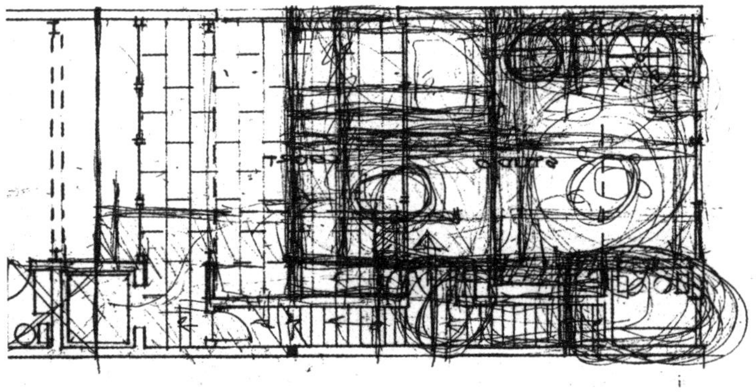

在这个阶段，利用照相机镜头的缩放功能颇为有益。我们可以放大特定区域并用大比例研究它们，看到更多细节；也可以缩小比例，关注方案的全局尺度与其中关键部分之间的联系。当一个设计理念被明确并深化时，我们用来表达设计思路的绘图也会变得更加具体和完善，直到设计方案彻底明确下来。

关键图纸 | Key Drawings

总的来说，第344~345页描述的问题对于解决设计问题都是至关重要的。然而，在任何情况下，其中某一、两个问题会凸显出来，超过其他问题成为设计思路或设计方案的核心。设计将围绕它们形成解决方案。根据这些关键问题的特点，我们可以确定相应的关键分析图和关键图纸，用最适宜和有效的方式观察和探索这些核心议题。

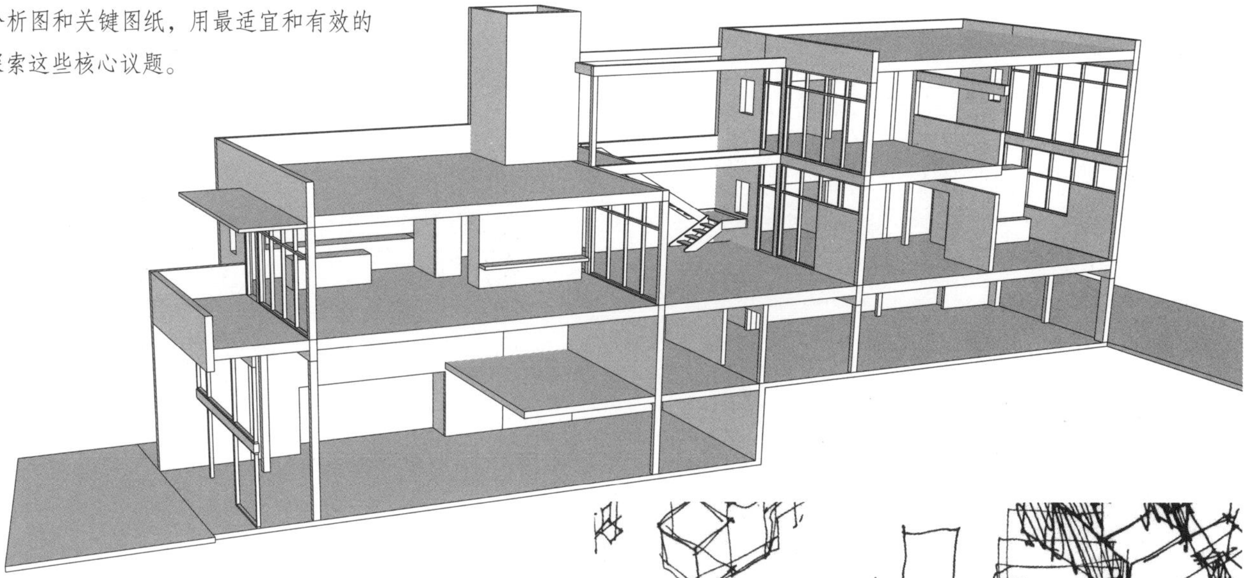

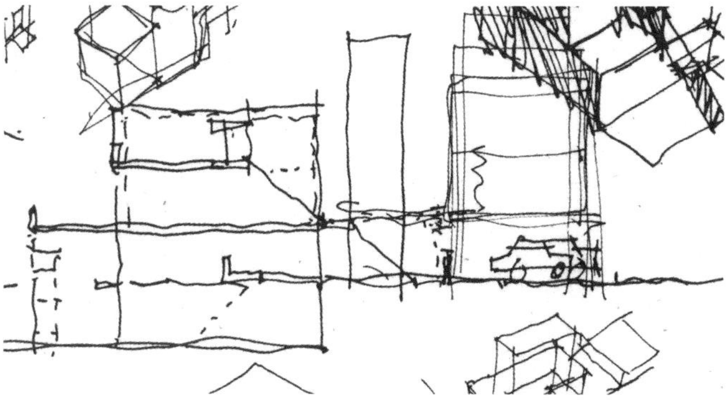

研究设计理念时使用的关键分析图，自然会导致在方案汇报中使用同一种关键图纸。从这个意义上，汇报演示不应被看作独立和不连续的阶段，而应该是设计深化过程的自然演进。

场地与周边关系 | Site and Context Matter

设计中有一些问题主要受场地和周边关系制约。研究这些问题最好的方法是利用航拍照片、场地照片和场地剖面图。特别在城市环境中，对各类问题分析和综述——比如图底关系、交通途径，节点、轴线和边缘的位置，文化遗产和文物的位置，视线和景观——需要形成一段对现状条件的汇报演示，从而展示出这些城市影响力。在地形条件有趣的场地中，研究地形对场地可达性、建筑结构和形体的影响，最好的方法是利用等高线图和场地剖面图。

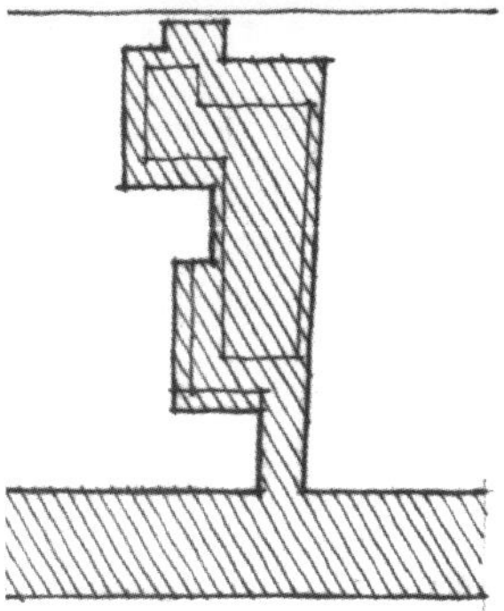

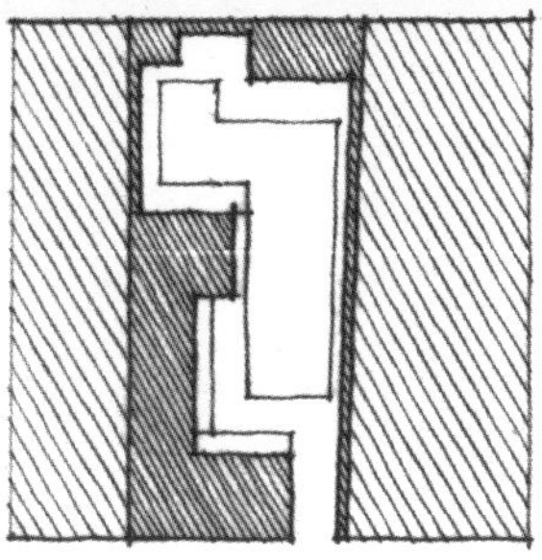

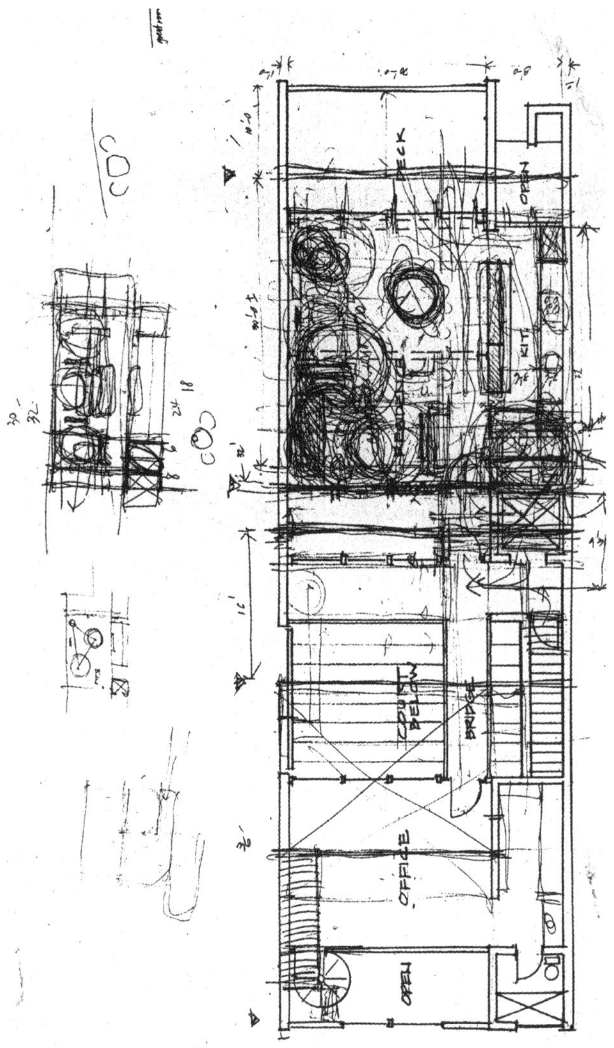

功能与项目问题 | Programmatic Issues Matter

通过描述使用者和活动的需求，功能和项目为建筑设计赋予生命。在分析功能和项目需求时，我们应当小心，不要把临时使用的泡泡图或者相关的分析图直接当作最终的建筑设计形体。从功能和项目分析继续向前推进时，我们应当在其中添加、融合或者叠加上形式与结构方面的灵感。

尺寸、尺度和比例问题 | Size, Scale, and Proportion Matter

时刻关注尺寸、尺度和比例是至关重要的。可以用多种方式满足某项功能对空间尺寸的需求。比如，一块400平方英尺的空间可以使正方形、长方形或者继续拉长成为走廊一样的空间，甚至可以是不规则的形状或者带有曲线的边界。面对各种影响因素，比如与其他空间的配合、周边环境的机遇和限制、结构材料和形式，以及相关的表现品质，我们怎么能不考虑它们，就为功能空间的形态做出决策呢？

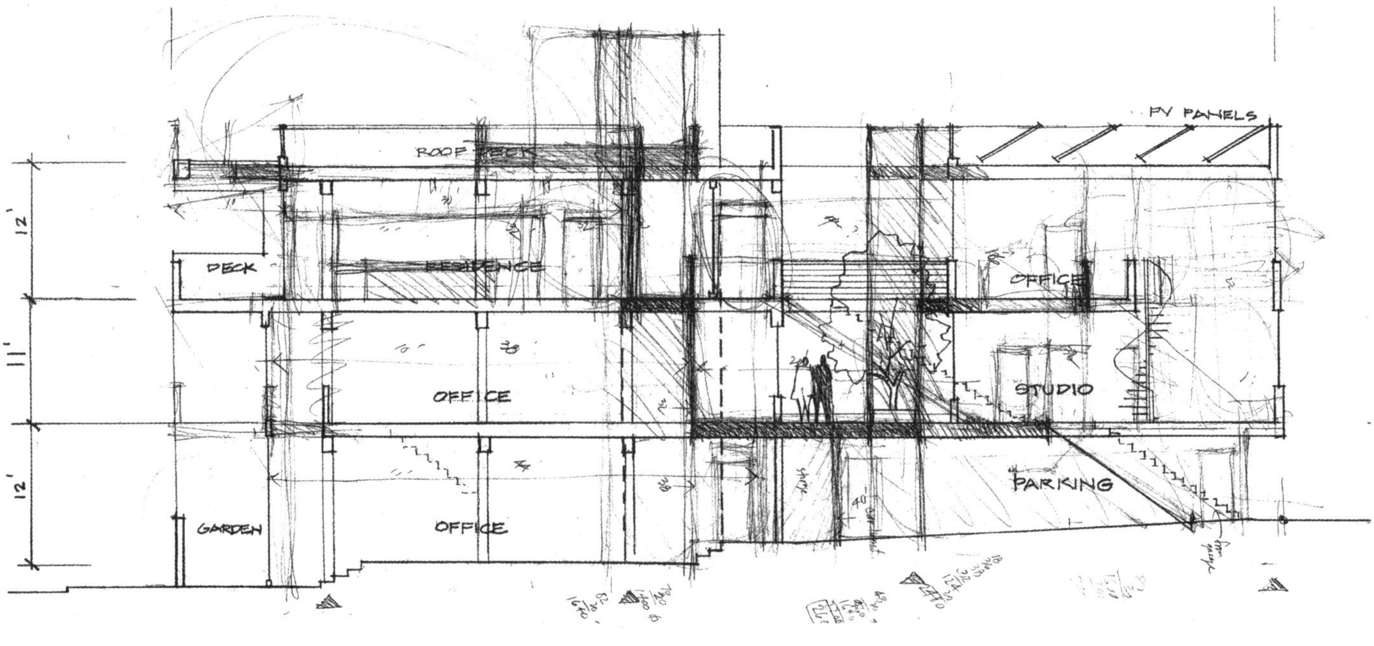

结构材料和体系问题 | Structural Materials and Systems Matter

理解结构构件和体系如何化解其上的应力和荷载，以及材料组装与建筑建构的方式，可以指导我们构建起建筑设计的形式和物质基础。通晓结构材料和体系的形体构成能力——比如木材、钢材和混凝土的框架体系，砌体墙和混凝土楼板的平面构造以及先进的网架体系能实现的空间关系——都能激发设计方案的潜能，提高特定的形式品质与表现力。

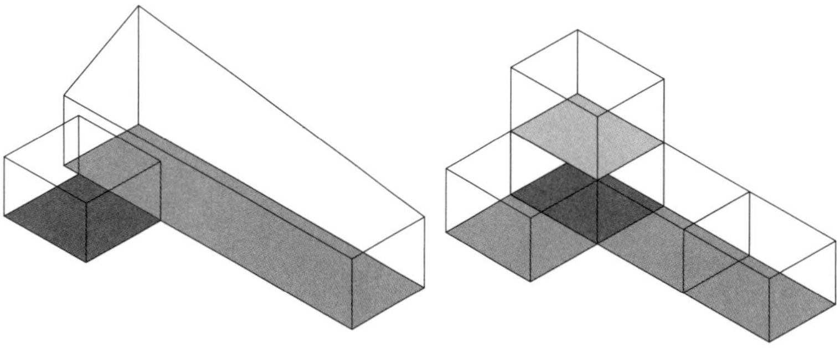

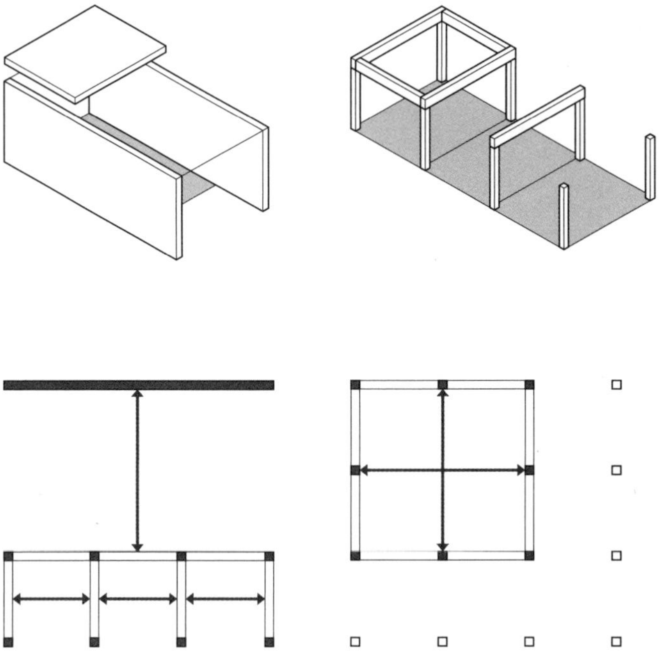

系统完整性问题 | Systems Integration Matters

成功布置建筑设计中的全部系统——从技术层面，比如结构、照明和环境控制，到空间层面，都需要我们不断思考它们在三维空间中是如何联系和统一的。为了实现这些，我们可以重叠各幅平面图和剖面图，或者更全面而直观地使用平行投影视图。

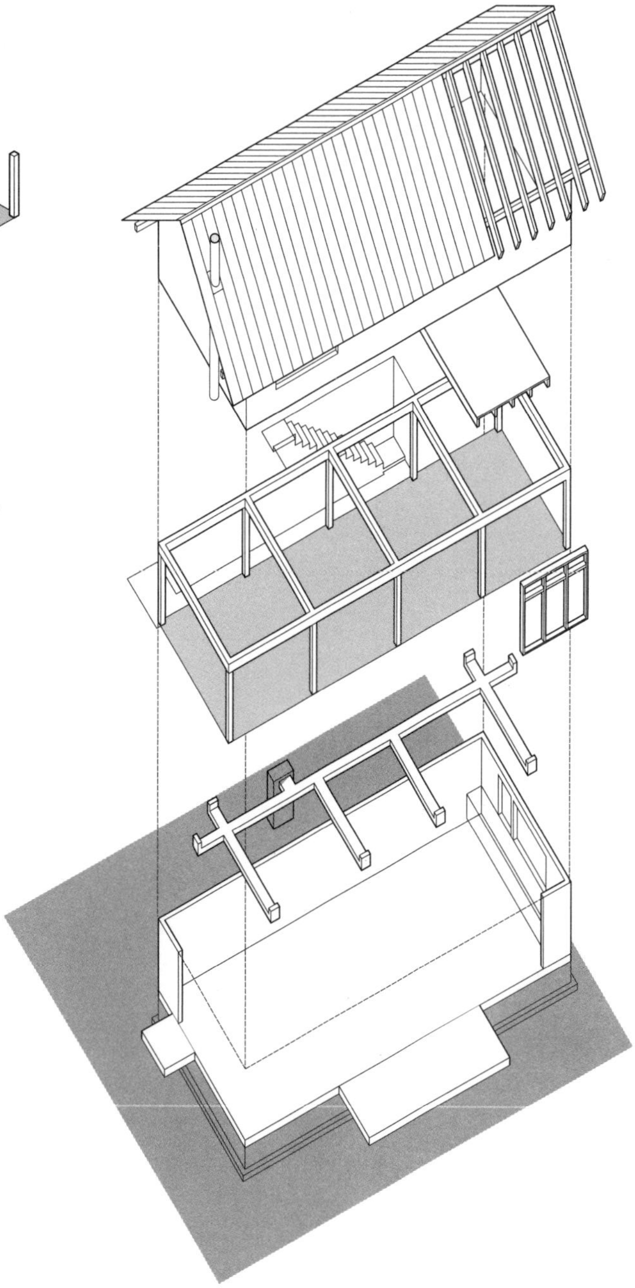

形式问题 | Formal Issues Matter

在我们分析某个设计问题中的周边关系、功能与项目、结构和构造问题时，应当记住，最终绘图的形式和品质是设计过程的自然副产品。我们无法忽视一幅分析图看上去什么样子，或者它的形式本身表达了什么内容。

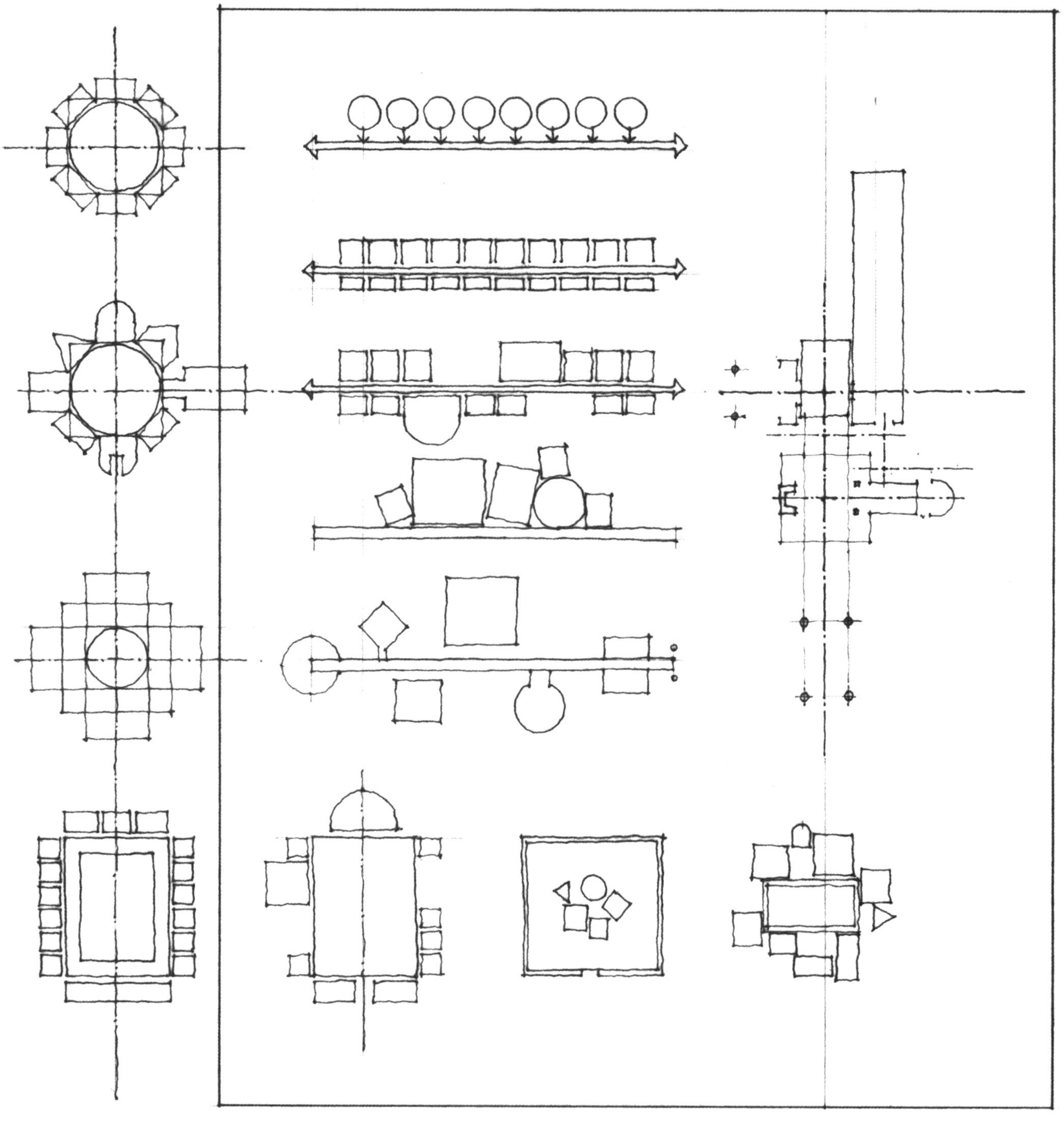

正如我们对各部分之间联系的解析会启发设计构图，我们对形式的意图也应当启发分析图的绘制。甚至在有些情况下，特定的形式特质会成为设计过程的核心驱动力，比如交通设施的线性特质、高层建筑的竖直特质，或者城郊园区的宽阔特质。因此，把周边关系、功能、结构和构造的各种可能性叠加在一起，并赋予一定的排列规则，比如重复、韵律或者对称，我们就可以对它做出必要的调整，明确设计方案的核心要素。

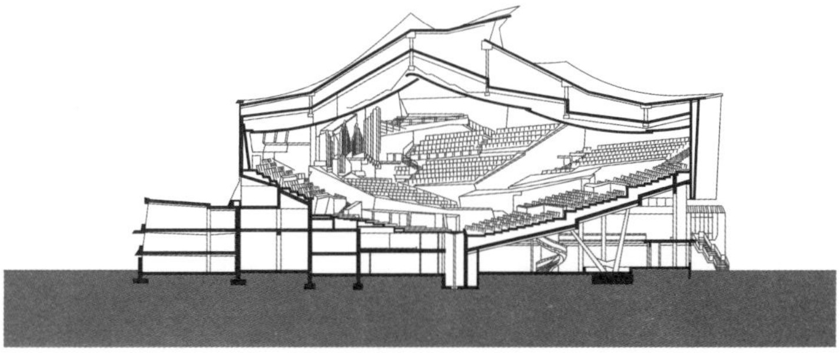

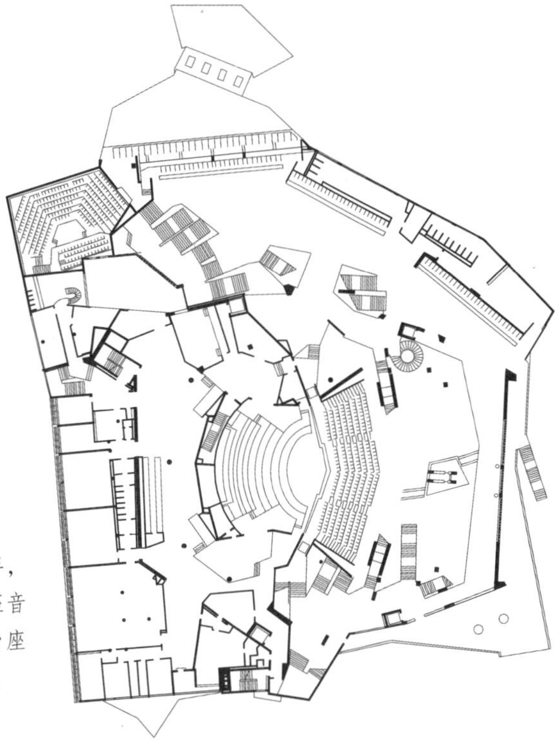

柏林爱乐音乐厅（Philharmonic Hall），德国柏林，1960—1963年，汉斯·夏隆（Hans Scharoun）。作为表现主义运动的范例，这座音乐厅有不对称的结构、如帐篷一般的混凝土屋顶，和位于梯台座位中间的舞台。它的外部形象服从于音乐厅的功能和声学需求。

悉尼歌剧院（Sydney Opera House），1973年，约翰·伍重（Jørn Utzon）。标志性的壳状结构由预制和现浇混凝土拱肋搭建而成。

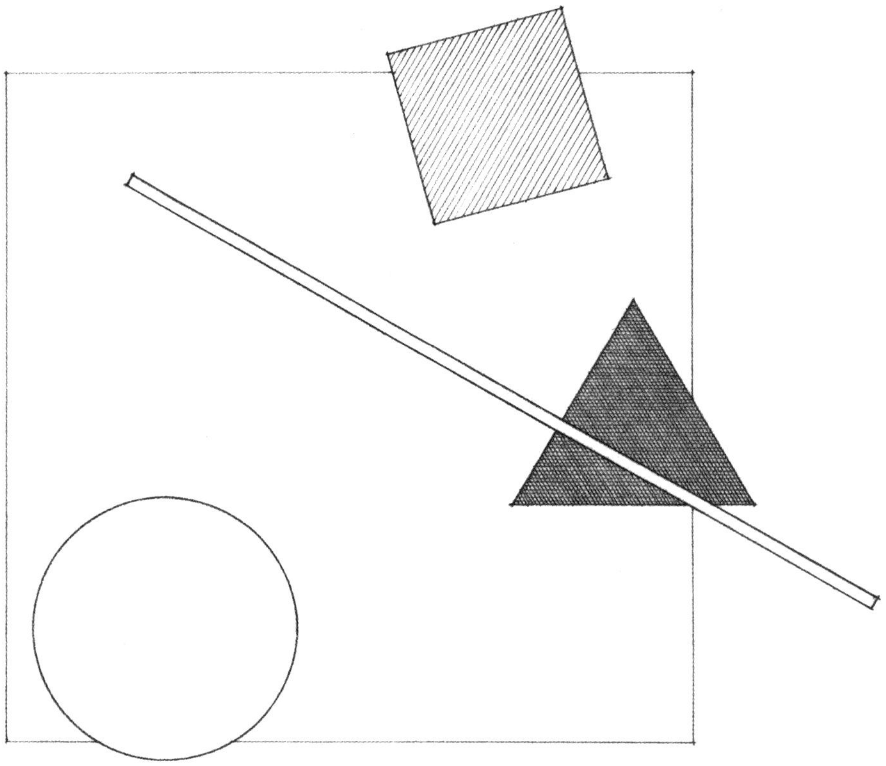

11

构图

Drawing Composition

绘图是一种需要加以设计的体系。如果不对构图进行考量，无论合适的视点选择，还是美妙的技法，都不够完善。在构图时，我们把基本图形元素，比如线条、形状和色调，组合成紧密联系的图底关系，从而传达视觉信息。通过这些元素之间的组织和联系，我们定义了绘图的内容和背景环境。因此，规划构图对于绘图表达的信息而言，是至关重要的。

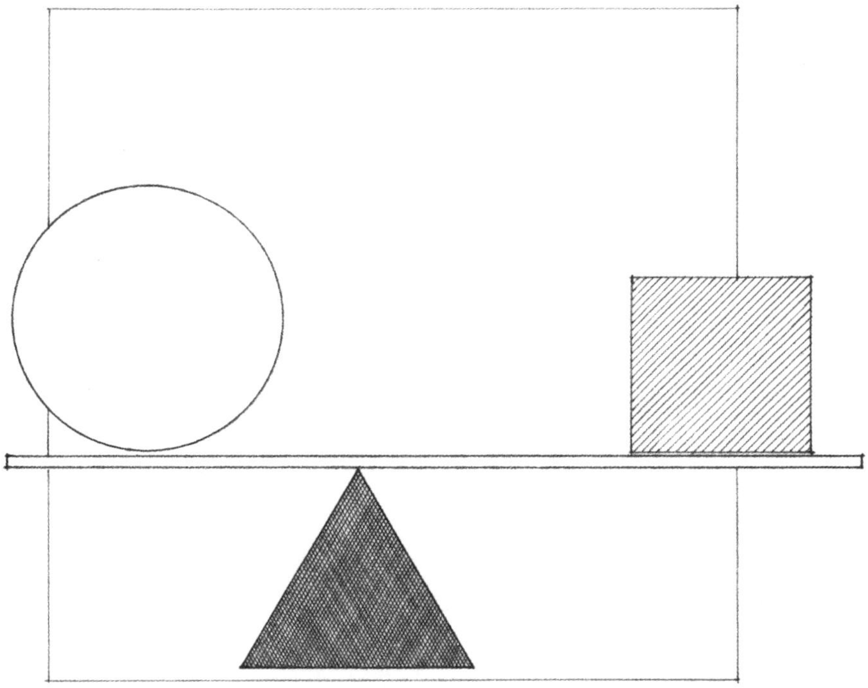

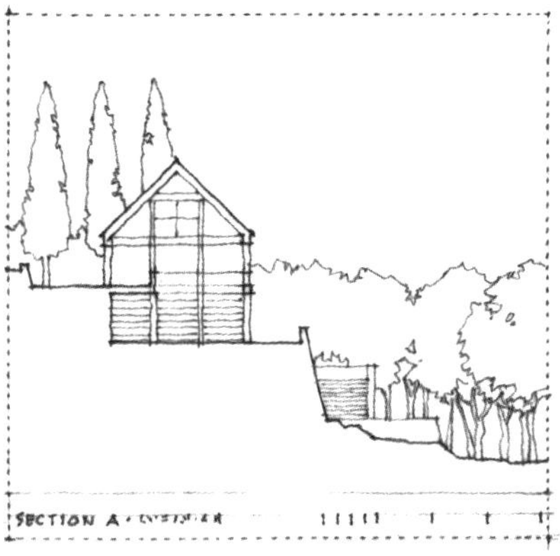

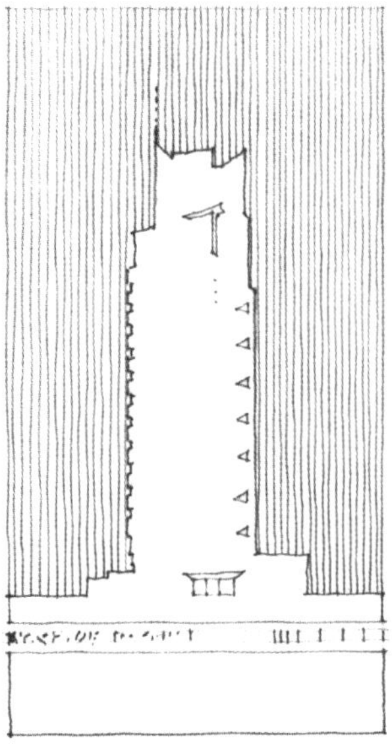

构图的第一步是确定绘图区域的形状、尺寸和比例，以及绘图区域与绘图纸或者画板的相对尺寸关系。绘图区域应该足够大，足以容纳设计所在环境的一部分，并为绘图标题、图形比例尺和相关符号标注留出空间。

绘图区域可以是正方形、长方形、圆形、椭圆形或者不规则形状。长方形区域是最常见的，有纵向布置的，也有横向布置的。无论绘图区域的形状如何，其中各元素的组织都应当遵从一些基本规则。

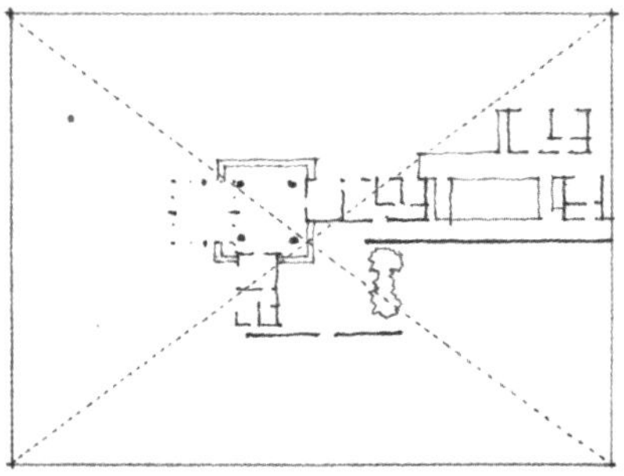

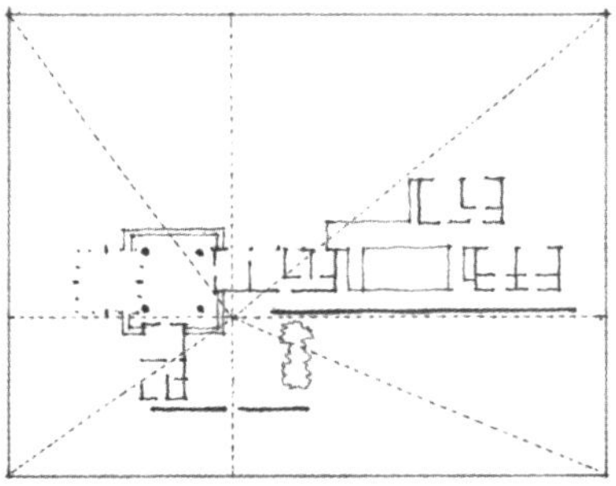

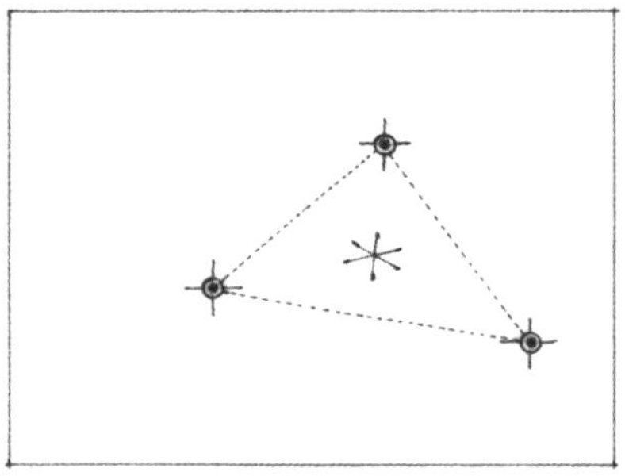

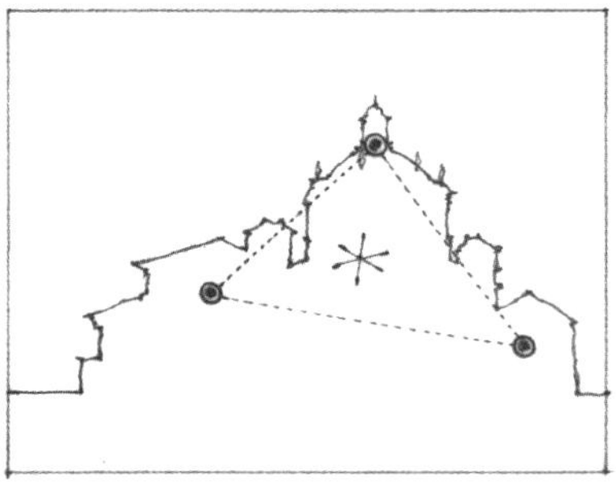

- 为了创造视觉趣味性和动态感，我们可以让绘图的焦点离开画布中心，放置在接近中间三分之一的位置，不要太靠近绘图区域的边缘。把焦点放置在绘图区域正中的话，可能让眼睛错过绘图中重要的点。
- 当多个兴趣中心引导眼光穿过并环绕绘图区域时，其间存在一个平衡点，或者叫视觉重心。这个点应当位于绘图区域的中心附近。
- 眼光会追随由各个兴趣中心形成的影响力作用线。避免对角线把眼光引向绘图区域的角落。反之，要创造如同心圆一般的影响力作用线，让眼光保持在绘图区域中。
- 避免把两个注意力中心布置在绘图区域的两条对边处，这样会在中央区域形成一片乏味的空间。

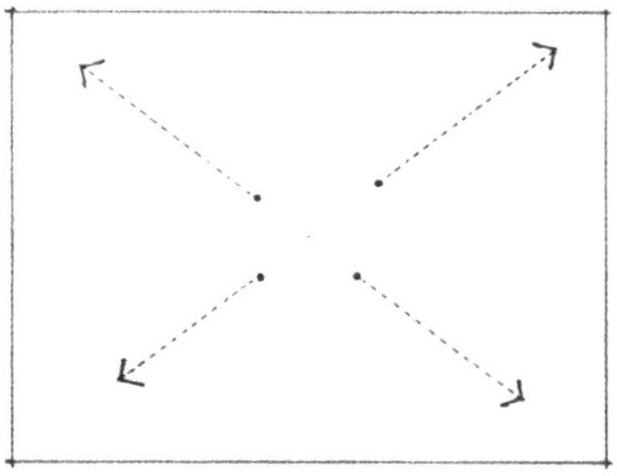

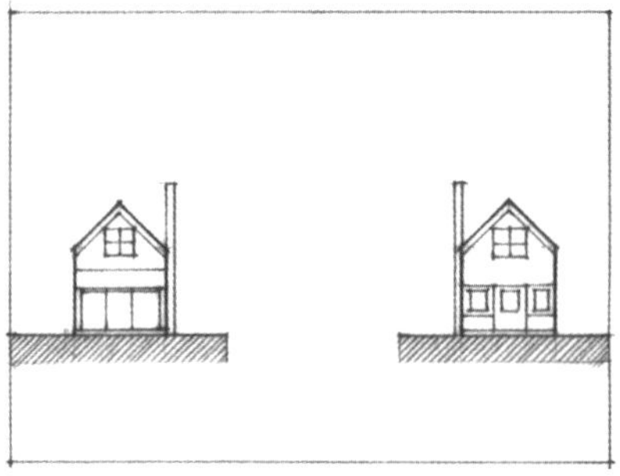

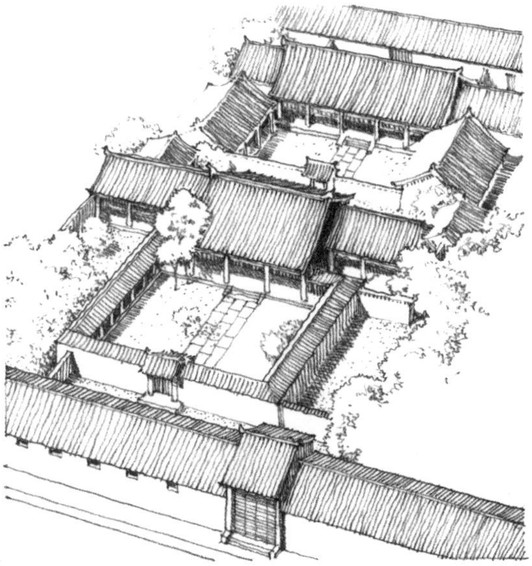

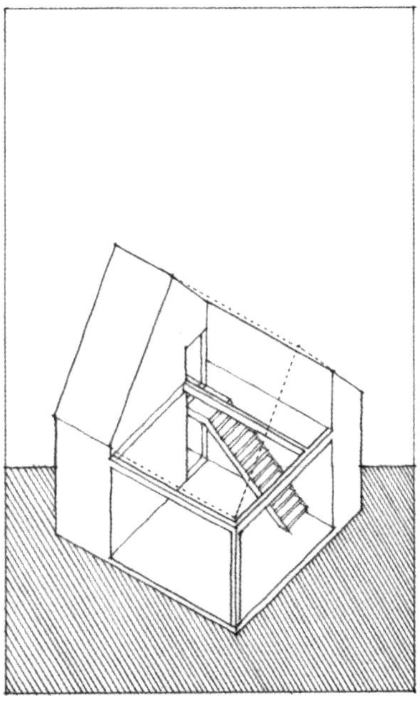

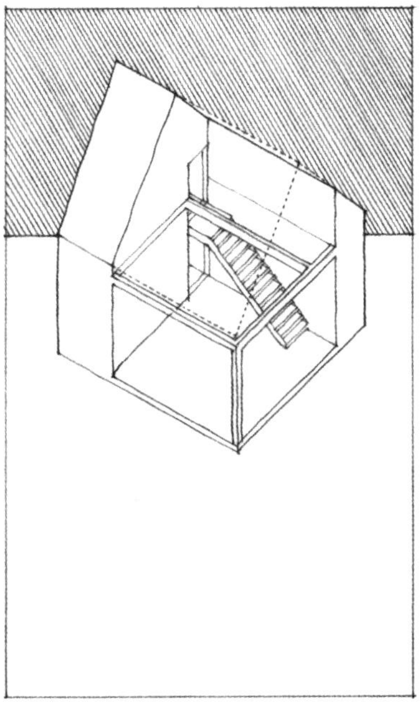

- 构图下半部分——尤其是左下部分——占主导地位时，会形成稳定且扎实的阅读感受。反之，若绘图上半部分占主导地位，会造成轻佻和失重的感受。
- 避免把绘图区域分成相等的两半。对称划分的结果是平淡乏味的构图。
- 我们从左向右阅读，因此更容易接受从页面左手边开始的信息。把信息或焦点放在绘图区域的右手边会形成张力，要求读者的眼光折返到绘图区域中。
- 让特定的图形元素突破绘图区域的边界，可以强化动感，并强调图面纵深感。

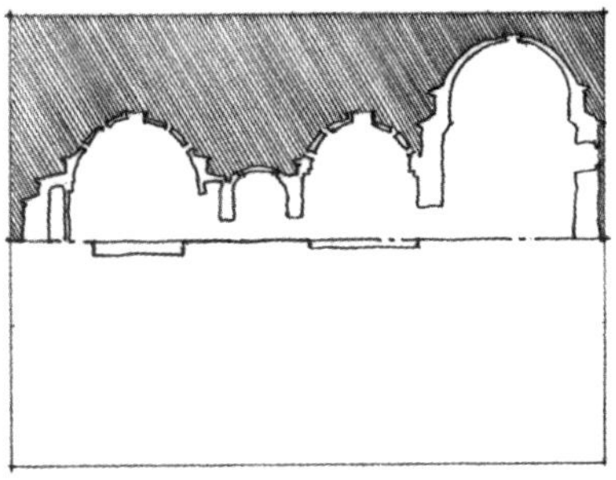

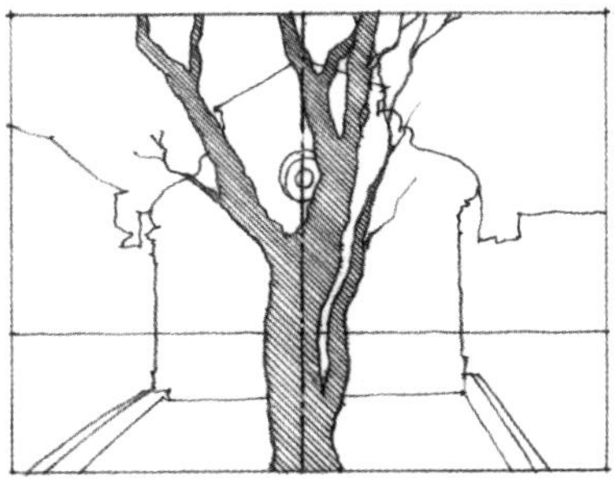

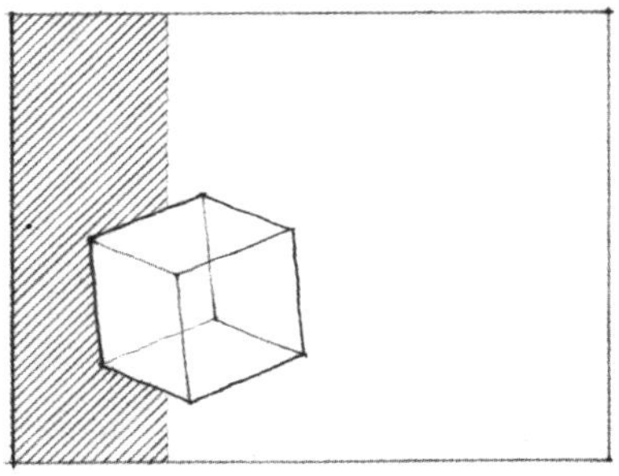

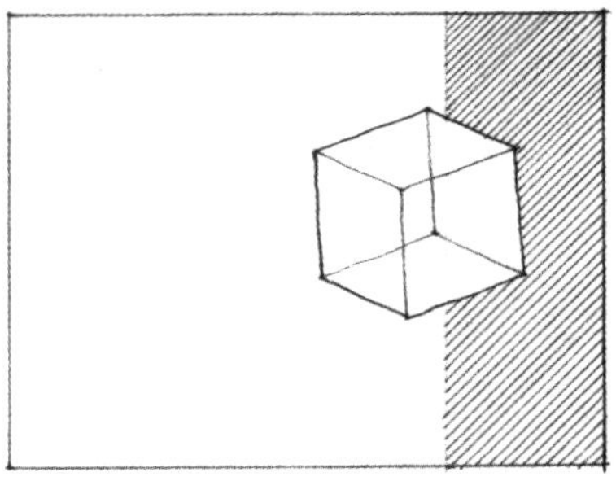

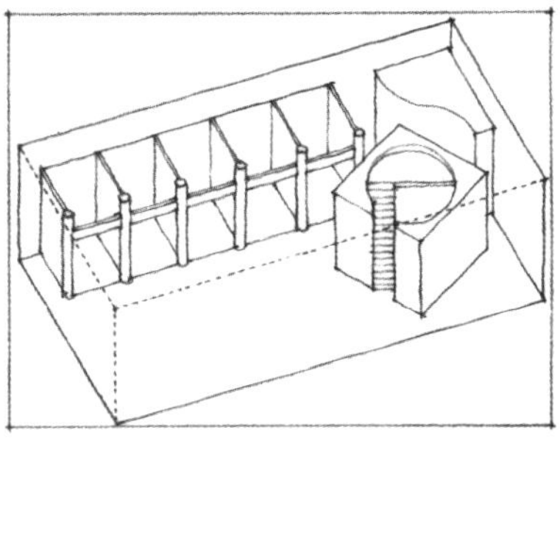

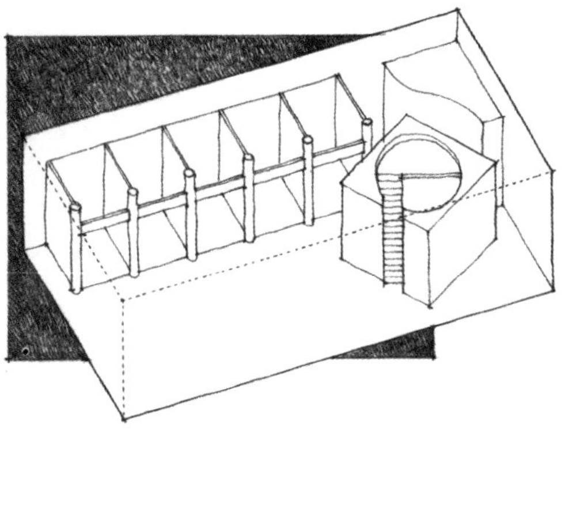

设计绘图是原始物体或工程项目的缩小版本。在选择合适的绘图比例时，我们要考虑下面这些因素。

首先，在绘图比例和绘图面的尺寸之间有着明显的联系。设计的尺度越大，它在纸面或画板上表现得越小；设计尺度越小，比例尺就可以越大。影响绘图比例的因素还有绘图在汇报演示中的布局方式。比如，当平面图、剖面图和立面图包含一系列交叉引用的信息时，它们的比例就必须能够让整套图纸放入同一个页面或展板。

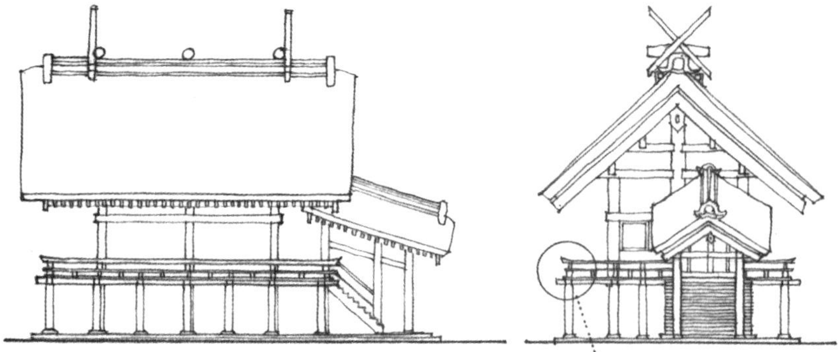

出云大社，日本岛根县，公元717年。

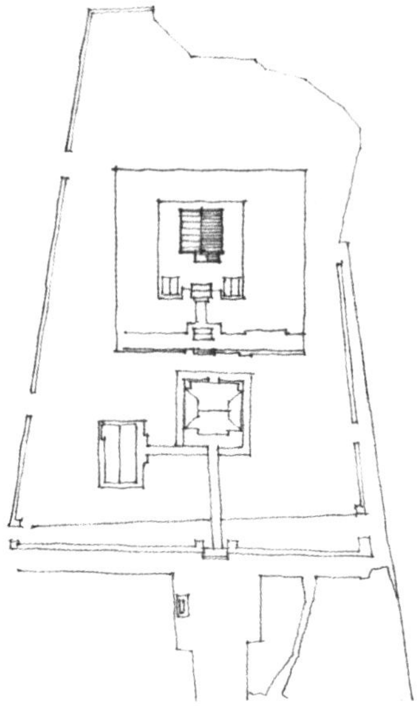

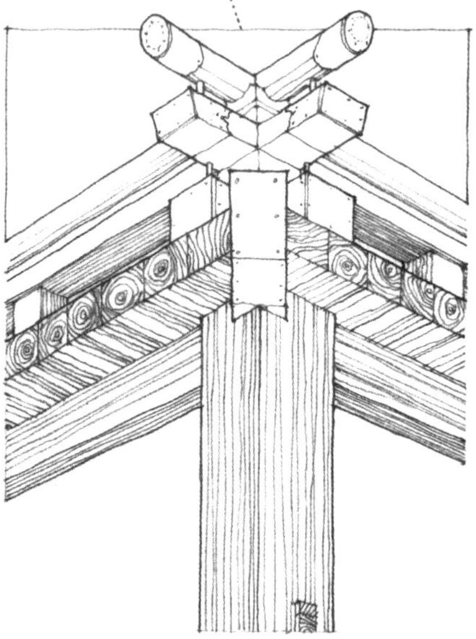

其次，绘图比例决定了读者感知到的观察距离——从他或她的思维之眼到图纸上的设计表现。近距离视角表现的是对象特征的细节。小比例绘图拉长了这种感知距离，能够迅速抓住设计思路的整体特征。同时，这些远距离的视角让其中能表现的细节量降到最低。

反过来，大比例尺绘图，就是近距离视角，使得更多的细节和复杂性被显示出来，也让大范围的色调被表现出来。当绘图比例增大时，能够满足可辨识性与可信度的细节量也会增加。在大比例尺绘图中没能包含足够的细节，会让图纸看上去空洞和简略。

最终，绘图比例尺会影响我们使用的绘图工具和技法。细尖的画具，比如钢笔或者细铅笔，使我们更愿意采用小比例尺绘图，并让我们关注细节的精致。宽尖的画具，比如彩色马克笔或者炭条，则有利于大比例尺绘图，并阻止我们研究小尺度的特征。

分辨率指的是我们的视觉系统可以分辨或者区分两个物体的能力——尺寸从屏幕上的一个像素到高速公路上行驶的卡车——尤其当它们在视野中靠得很近时。在图中，我们从线条、形状和色调对比的构成中分辨差异，对于阅读图像非常重要。说到底，这不仅取决于图像生成的过程，还取决于图像的尺寸以及我们观察图像的距离。

绘图媒介和绘图表面之间的相互作用决定了手绘图像相对的平滑度或粗糙度。其结果可以即刻用肉眼分辨，并可以看出其中的对比度和细节程度。了解对象的特征、绘图的尺寸和看图的距离，我们能够决定图像可以有多粗糙，或者应该有多平滑。比如，我们的眼睛可以在一定距离上分辨炭粉在粗糙表面上留下的肌理特征，在这个距离之外，这些深浅图案就开始模糊，并在眼中融合成平滑的色调渐变。另一方面，在小尺寸的绘图中，用细尖钢笔绘制的细节，必须要在很近的距离上细看才能欣赏。

数字分辨率 | Digital Resolution

对于手绘图的原稿而言，尺寸和分辨率不言自明。然而数字图像根据图像抓取方式和输出方式的不同，尺寸和分辨率都有可能改变。在汇报演示中使用数字图像时，尺寸、分辨率和视觉肌理的联系是一个需要理解的重要问题。根据扫描、显示或者打印的内容不同，我们用每英尺包含的样本数、像素数或点数来测量和标示。

下面一部分内容针对的是光栅图像——由一幅矩形像素网格组成，并且受分辨率控制。与之相对，矢量图形则使用基于几何学的基本单元，比如点、线、弧线和形状，组成数字图像。矢量图像不受分辨率的限制，可以更轻易地缩放，以适应输出设备的品质——显示器、投影仪或者打印机。

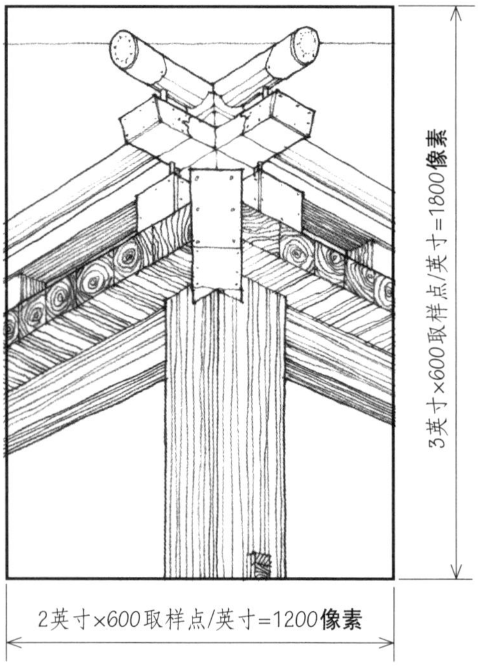

一幅3英寸×2英寸的图像用每英寸600次取样，或每英寸600点的分辨率进行扫描，生成的数字图像有1800像素高、1200像素宽。

上图表现了从200万像素到700万像素所记录图像的相对尺寸。

扫描分辨率 | Scanning Resolution

在复制一幅图像时，扫描仪使用电子耦合器件（CCD，charge-coupled device）或者其他传感器在原始图像上取样。每英寸取样数（SPI，samples per inch）越高，扫描图像的分辨率就越高，并且扫描图像越忠实于原稿。很多制造商使用每英寸点数（DPI，dots per inch）取代每英寸取样数（SPI）来说明自己生产的扫描仪在分辨率方面的能力，但从技术上讲，扫描图像中不存在“点”，只有印刷出来时才有这个概念。

在扫描一幅手绘图或一张照片时，我们应当了解最终的输出形式，从而确保采用合适的分辨率扫描。比如，适合网页贴图的扫描分辨率对于打印而言就显得品质不足。

扫描仪生成光栅图像后，其扫描分辨率可以通过图像编辑软件重新定义尺寸或者重新取样。因为大多数扫描图像都需要一定程度的图像编辑，所以用稍高一些的分辨率扫描，通常都有好处。在扫描之后消除掉不需要的分辨率，比在编辑时恢复丢失的分辨率要容易。

相机分辨率 | Camera Resolution

数码相机和扫描仪一样，利用电子传感器抓取图像。相机分辨率通常用“百万像素”来标示，也就是在单幅图像中可以记录几百万个像素点。比如，照相机抓取1600×1200像素来生成一幅图像，就等于具有1.92个“百万像素单位”，为了市场宣传，通常就取整为“二百万像素”。

- 一幅700万像素的图像分辨率为3072×2304像素，以照片品质打印，可以做到20英寸×30英寸。
- 一幅500万像素的图像分辨率为2560×1920像素，以照片品质打印，可以做到11英寸×14英寸。
- 一幅300万像素的图像分辨率为2048×1536像素，以照片品质打印，可以做到8英寸×10英寸。
- 一幅200万像素的图像分辨率为1600×1200像素，以照片品质打印，可以做到5英寸×7英寸。

更高的相机分辨率可以捕捉更多像素以供操作，便于大尺寸打印或者裁剪图像。

屏幕分辨率 | Screen Resolution

在创建屏幕显示或者网页贴图使用的图像时，我们应当用每英寸的像素数（PPI，pixels per inch）进行思考。电脑显示器通常每英寸显示72或者96像素，但是高分辨率显示器可以在每英寸中显示更多像素。创建或扫描超过显示器分辨率的图像，又不用来打印，对图像数据是一种浪费，会无谓地增加文件尺寸和下载时间。如果一幅图像要以原尺寸或者更大的尺寸打印，那么提高扫描图像的分辨率就可以得到额外的图像数据，保证输出时有很好的品质。此外还要注意，同一幅图片在低分辨率显示器上比在高分辨率显示器上看起来更大，因为同样的像素数量分布在更大的范围。

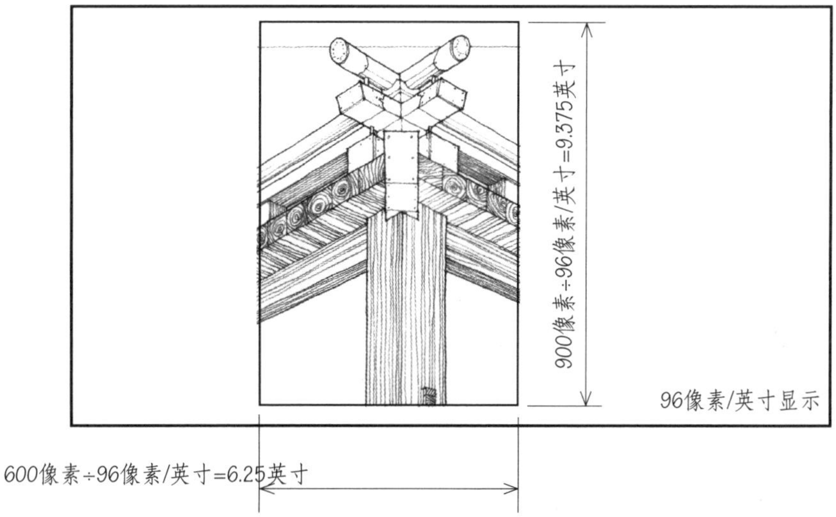

和上一页相同的图片，按每英寸300取样点扫描，则会生成600像素宽、900像素高的图像。在每英寸96像素的屏幕上查看，这幅图像会占据6.25英寸×9.375英寸的面积（600/96×900/96）。

打印分辨率 | Print Resolution

打印分辨率用每英寸的点数（DPI）衡量，指的是照排机、激光打印机或者其他设备在印刷文字和图片时，可以在1英寸中用油墨或者墨粉排布多少个点。大多数打印机在横向和纵向可以打印相同的点数。比如，一台600点/英寸的打印机可以在横向和纵向的1英寸上各打印600个细小的墨点。

总的来说，打印机能够输出的英寸点数越高，打印图像的锐度和清晰度就越高。相应地，打印机的英寸点数越低，它能够打印的细节就越少，并且它能模拟的灰度层次也越少。因为屏幕分辨率通常低于打印分辨率，所以低分辨率的图像在屏幕上看着很好，但打印出来效果不佳。

打印的输出品质不仅取决于打印机的分辨率，还取决于使用的纸张种类。有些种类的纸比其他种类更容易吸收油墨，导致墨点扩散（网点扩大）因而显著降低了图像的英寸点数。比如，因为油墨在报纸上扩散得更大，墨点之间就必须距离更远，而在有高品质涂层的纸上，就可以容纳排列更紧密的墨点。

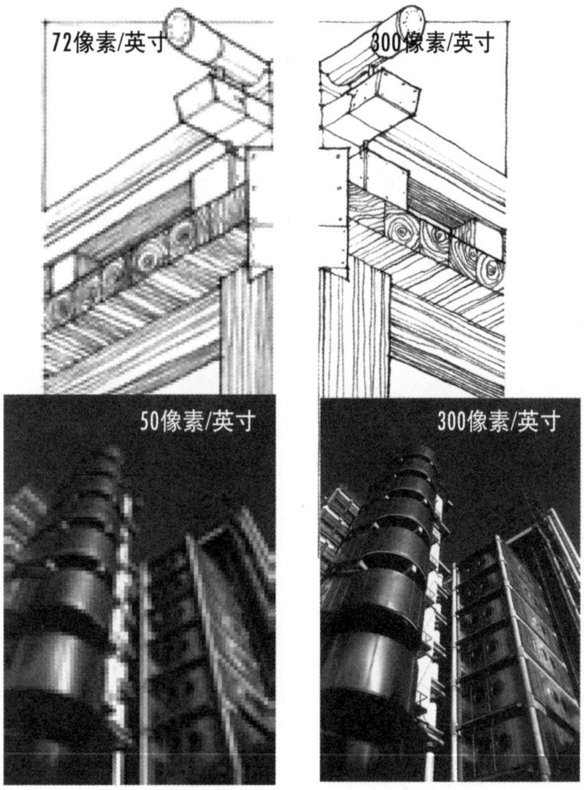

低分辨率和高分辨率图像以相同的尺寸和分辨率打印的视觉效果对比。

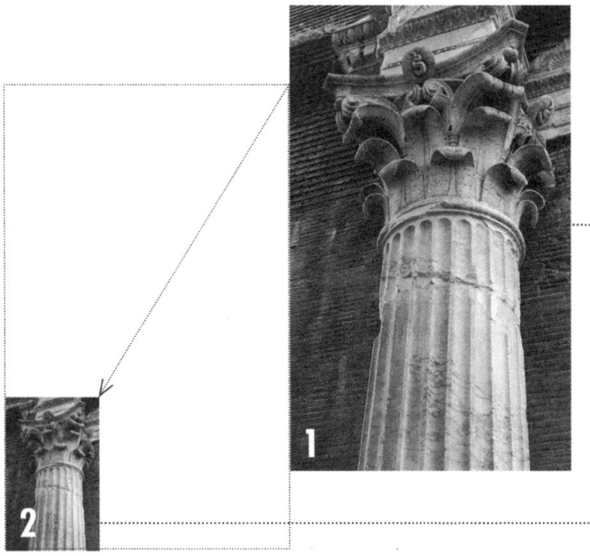

屏幕上的图像

每英寸取样数、像素数和点数之间的关系？ | How SPI, PPI and DPI Are Related？

在实际操作中，每英寸的取样数和像素数经常被交叉使用，而每英寸点数更频繁地用于取代前面两个概念。然而，每个概念——取样点、像素和墨点——在数字图像中都有不同的含义，分别表示图像是被扫描、在屏幕上查看还是被打印。在处理数字图像时，一个特有的难题是在扫描图像的尺寸和分辨率之间做出协调——这幅图像如何显示在屏幕上，并如何打印出来。

为了说明这个问题：

- 用600取样点/英寸或点/英寸（扫描分辨率），扫描一幅3英寸×5英寸（实体尺寸）的照片影像。
- 扫描得到的光栅图像尺寸是3英寸×5英寸，或者1800像素宽×3000像素高，文件大小是5.15兆字节（MB）。
- 如果要在96像素/英寸的屏幕上以原尺寸完全显示出这幅图像，屏幕的高度至少要有31.25英寸（3000像素÷96像素/英寸）。

1. 如果我们使用图像编辑软件降低采样率，把600点/英寸的图像按300像素/英寸取样，保持3英寸×5英寸的实体尺寸，图像的像素尺寸会降低到900×1500。在96像素/英寸的屏幕上显示原尺寸图像就只需要15.625英寸高度（1500像素÷96像素/英寸）。

2. 如果我们把300点/英寸的图像降低采样率到96像素/英寸，还保持3英寸×5英寸的实体尺寸，图像的像素尺寸会降低到288×480。屏幕上的图像会显得比300像素/英寸的图像更小，因为显示器以像素为单位显示，而300像素/英寸的图像包含更多像素，也就比96像素/英寸的图像占据更大的屏幕空间。

3. 如果我们不降低原始扫描图像600点/英寸的采样率，而是把它的分辨率降低到300点/英寸，那么它的实体尺寸就会增加到6英寸×10英寸，因为它的像素尺寸还保持在1800×3000［（1800×3000像素）÷300点/英寸=6英寸×10英寸］。

以300点/英寸打印时，前两幅数字图像表现为相同的3英寸×5英寸大小，但是300像素/英寸的图像看起来会比96像素/英寸的图像品质更好，因为它在每英寸之间挤下了更多的墨点。6英寸×10英寸、300点/英寸的第三幅图像把和前面图像相同数量的墨点分散在更大的面积上。这种方法可以把原始图像打印出更大的尺寸，同时维持宏观感受的品质。

以600点/英寸打印时，三幅数字图像输出的尺寸差异巨大。

1. 以600点/英寸打印时，第一幅图像形成1.5英寸×2.5英寸的图片，因为它们的像素数量相同，但是打印的密度更高。[（900×1500像素）÷600点/英寸=1.5英寸×2.5英寸]
2. 第二幅图像以600点/英寸打印时，会形成0.48英寸×0.8英寸的图片。[（288×480像素）÷600点/英寸=0.48英寸×0.8英寸]
3. 以600点/英寸打印时，第三幅图像形成3英寸×5英寸的图片，就和第一幅图像用300点/英寸时一样，因为两者包含了相同数量的像素。[（1800×3000像素）÷600点/英寸=3英寸×5英寸]

前两种情况在纸面上形成较小但是更清晰的图像。

打印出的图像

多少分辨率才算足够？ | How Much Resolution Is Enough?

在打印汇报演示的页面或展板时，分辨率介于150～300点/英寸就可以有不错甚至很高品质的输出成果。高于300点/英寸的分辨率可以提高打印质量，但是提升的幅度可能不值得继续增大文件的尺寸。反过来，低于150点/英寸的分辨率形成粗糙或者模糊的图像，缺少细节和细微的色彩、色调变化。因此150～300点/英寸是一个普遍的区间建议，根据打印尺寸和打印方式可以进一步做出调整。

如果汇报演示只在屏幕上或者网页上观看，就可以采用比打印时更低的分辨率，因为主流显示设备的像素密度都在72～150像素/英寸之间。这些显示器不能显示出比自身屏幕分辨率更多的像素信息。虽然先进的技术在不断地增加显示器的像素密度，但是100～150像素/英寸的图像分辨率通常都足够形成不错的图像质量。如果汇报演示设计为幻灯片或者动画，那么其分辨率应当适应数字投影设备的要求。

注意，数字分辨率还取决于观看的距离。一幅图像从近处看尽是像素点，但如果它足够大，从远距离看就可能具有很高的品质。

对于数字图像，我们除了调整分辨率外，还可以通过裁剪来调整它的尺寸、比例和图底关系。裁剪数字图像能保留所需的图像比例并切掉剩余部分。反之，蒙版则创建了一个窗口，让我们通过它看到图像中被选定的部分。窗洞的尺寸、形状和位置决定原始图像中我们看到和隐藏的部分。

光栅图像可以通过裁剪来改变它们的比例。

对光栅图像通常使用裁剪，而对矢量图像通常使用蒙版。一旦被裁剪，光栅图像便无法找回被切掉的部分。而被蒙版遮盖的矢量图像更灵活，因为我们可以继续调整蒙版的尺寸、形状和比例。

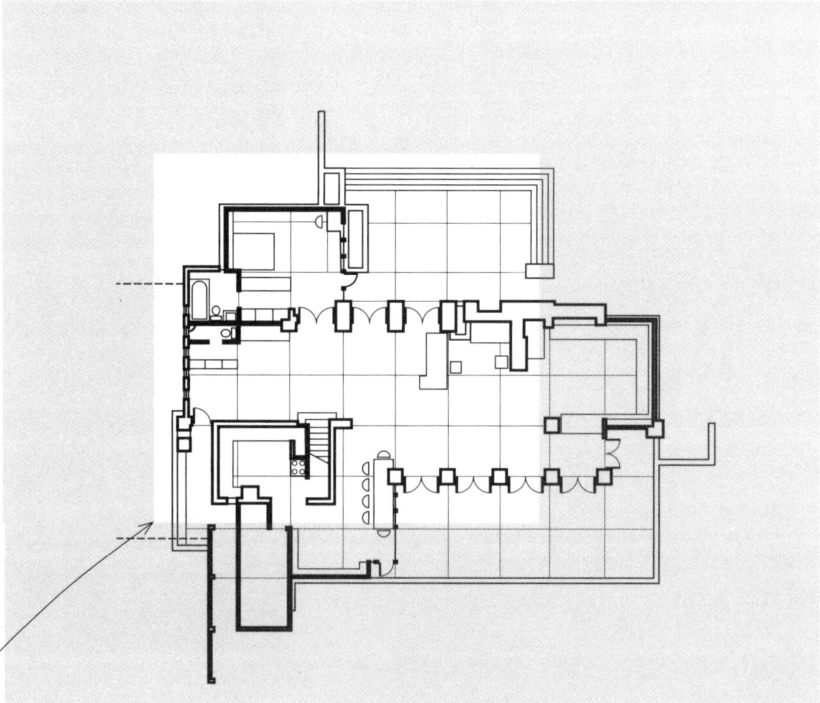

蒙版的尺寸、形状和位置决定原始图像中可以被看到的部分。

在制作复合绘图时，对每个图层使用裁剪和蒙版功能可以带来灵活性。并且，如果运用无损的编辑方式，被修改的数字信息还能恢复到初始状态。复合绘图通过使用多个图层来添加背景、裁剪建筑边缘，或者放置植物和人形。

在图层蒙版中，黑色区域遮挡图像，而白色区域让图像保持可见。在使用剪切蒙版时，我们可以绘制一个形状来决定图像的哪部分被看到。多个图层可以使用相同的剪切蒙版。

通常，复合绘图会用一幅数字渲染图作为起点。图中包含一些设计师希望删除的元素。使用选择工具描绘建筑形体的边缘，从而创建建筑的蒙版形状，并用它让建筑图像单独显示出来。

相似的流程还可用于在绘图中放置天空或者背景环境。天空图像应当和绘图其他部分相适应。天空图像如果饱和度过高，或者表现了不同的天气，又或者带有过多的细节，可能扰乱图片的主要意图。如果绘图中背景的下沿与地平线相连，天空图像与地面相接时就应当做出适当的调整。

景观元素可以被贴进绘图中，此时也可以使用剪切蒙版。用乔木或者灌木的轮廓线描绘剪切蒙版的形状，然后把蒙版应用于材质图像——包含景观图案的既有图纸、绘画或者照片。这样可以高效地在剪切蒙版形状中形成景观贴图。

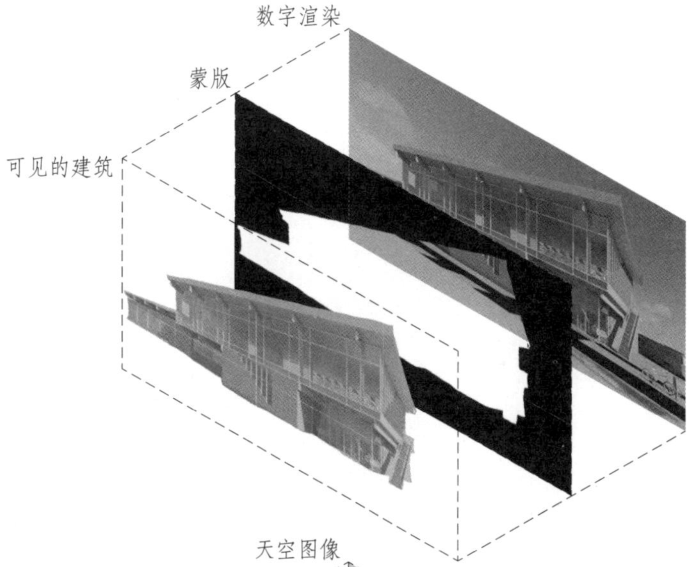

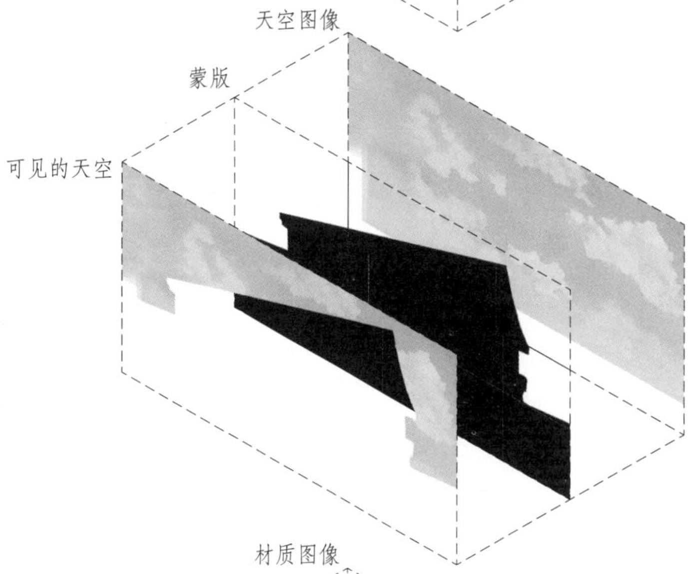

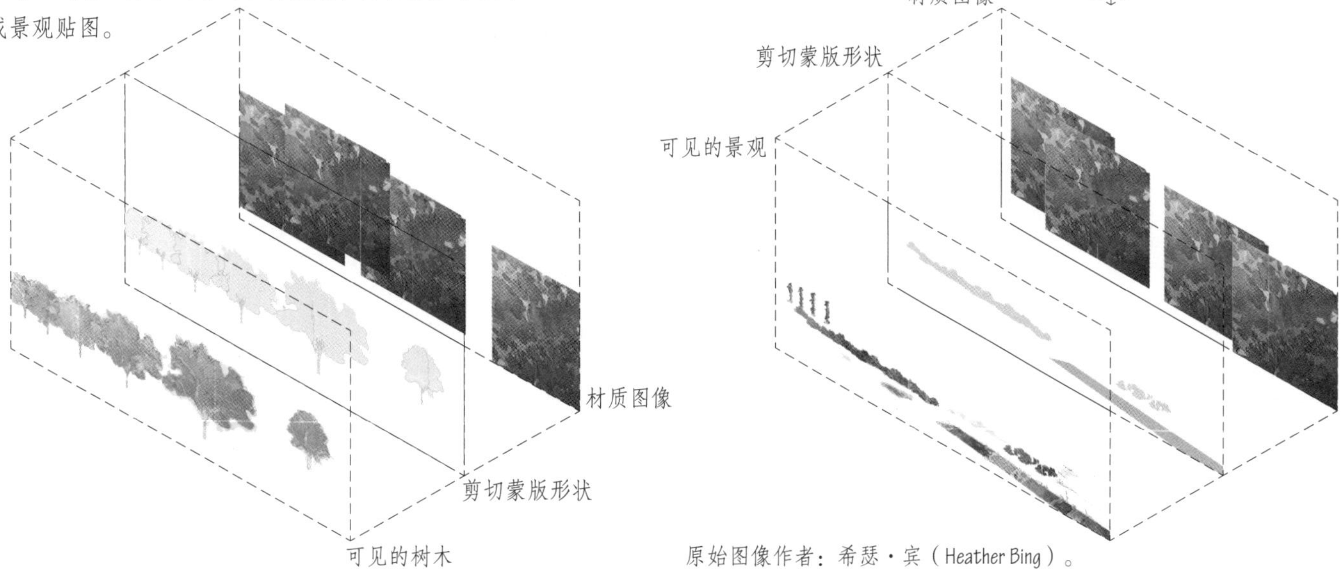

原始图像作者：希瑟·宾（Heather Bing）。

原始绘图作者：希瑟·宾。

被蒙版遮盖后，建筑、背景、植物以及其他图层合并在一起，为绘图添加更多的细节。以原始的渲染图作为底图，在其中各种元素——比如玻璃、结构、屋顶或者墙面——上添加不同的色彩或色调。可以对独立的图层上的每个元素各自做出调整，逐步调节每一种元素的色彩、色调、肌理和透明度——就像在手绘时缓慢而一步步地完善绘图。

为了提高复合绘图的视觉品质，还可以添加更多图层。比如，从数字模型中导出的线稿可以叠加到合成图像中，为图像中的笔触线条增加锐利的边缘。通过调整这个图层的透明度，可以调整它呈现的边缘是柔和或是锐利。

还有其他的方式，比如手绘描摹数字模型的线条，然后扫描并置入绘图，从而为各元素创造一种不十分精确的边缘。在有些情况下，我们也会把数字模型的线框图作为一个图层放入图中。为线框图设定较高的透明度，可以让建筑元素带有一种半隐半现的视觉效果。

要为绘图添加一种整体肌理，可以添加一个图层——通常被称作“旧化图层”（grunge layer）——在其中放入揉皱的纸或者其他表面粗糙的图像。增加透明度，调整色调，并且减淡或者加深一些区域，让这个材质图层为绘图提供一种细微但是统一的肌理——就好像绘图纸自带的肌理一样。

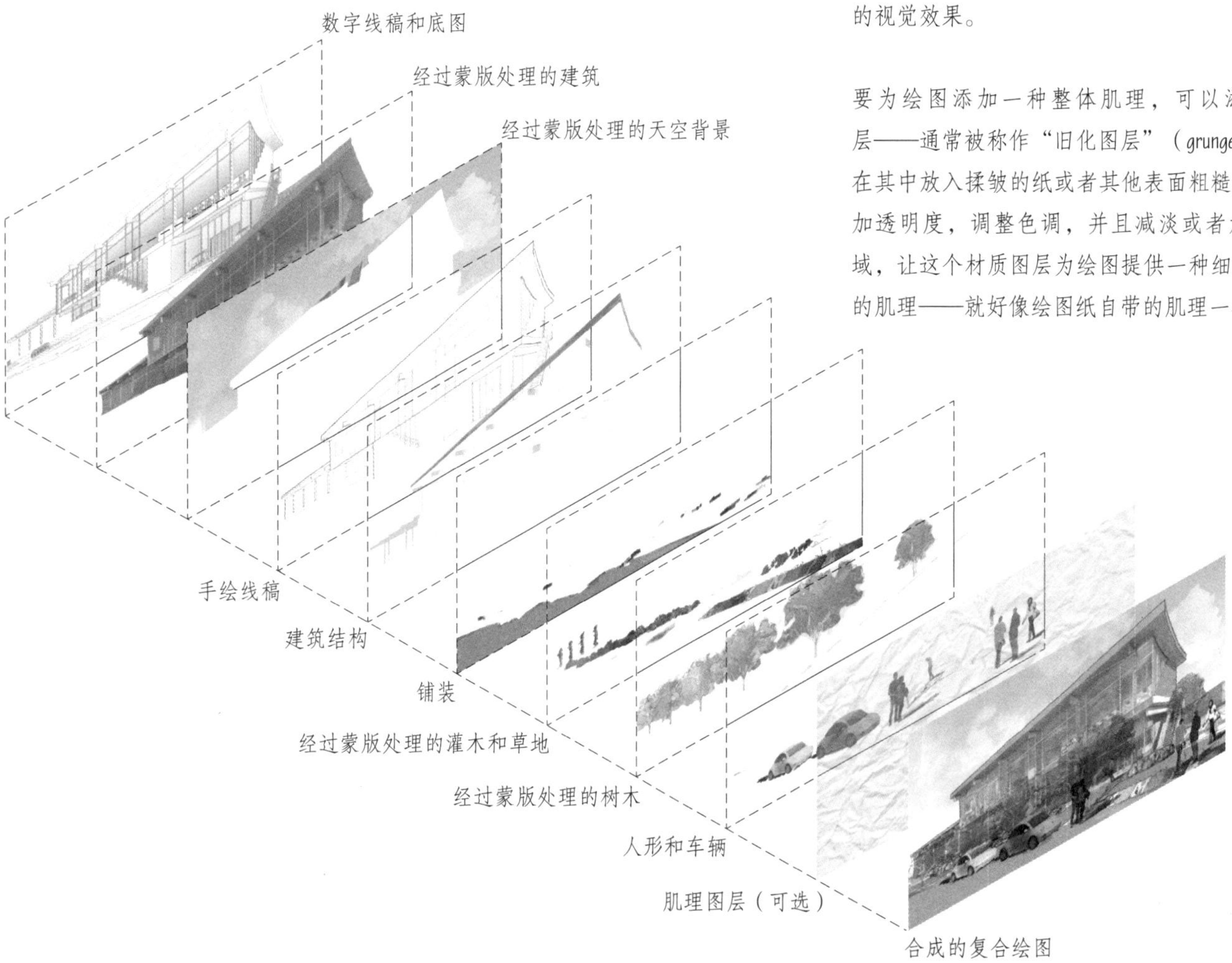

图形和绘图区域的尺寸关系决定了我们如何看待主体形象。

简洁 | Vignette

把绘图放置在较大的区域中，可以强调它的独立性。绘图和页面边缘之间的空白通常应当和绘图本身的尺寸相近，甚至更大。

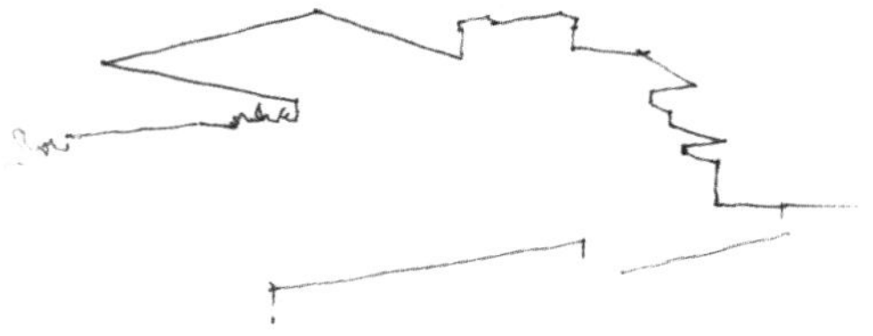

互动 | Interacting

如果我们增大绘图本身或者缩小绘图区域的尺寸，主体形象就开始在视觉上和它所处的背景相互影响。背景开始拥有可以被识别的形状或者开始具有主体形象的性质。

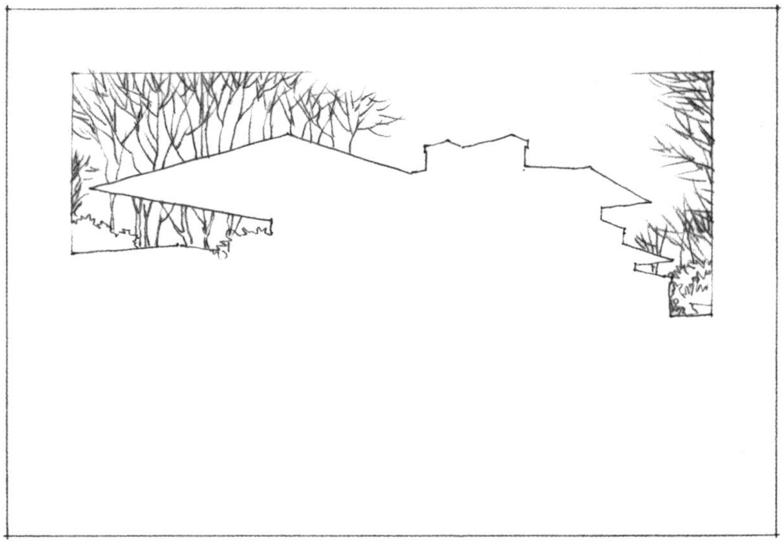

含糊 | Ambiguous

继续增大绘图本身或者缩小绘图区域的尺寸，则会形成一种含糊的图底关系，其中绘图区域本身也可以被视作主体形象。

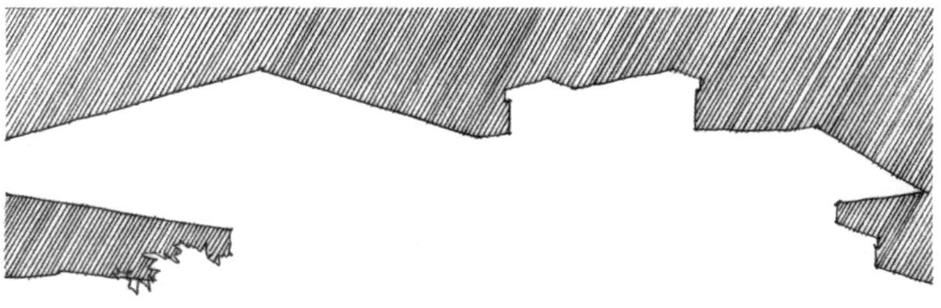

如果一幅轴测图、透视图或者其他图像具有非矩形的形状，它就好像漂浮在绘图区域中。我们可以通过添加标题框或者用色彩、色调绘制水平条带，让图像看上去稳固。

在为绘图添加画框时，避免使用双层或者三层背景。这样做会让人感觉背景本身又有另一幅背景。于是，本该集中在主体形象上的注意力就被分散到周围的画框上。

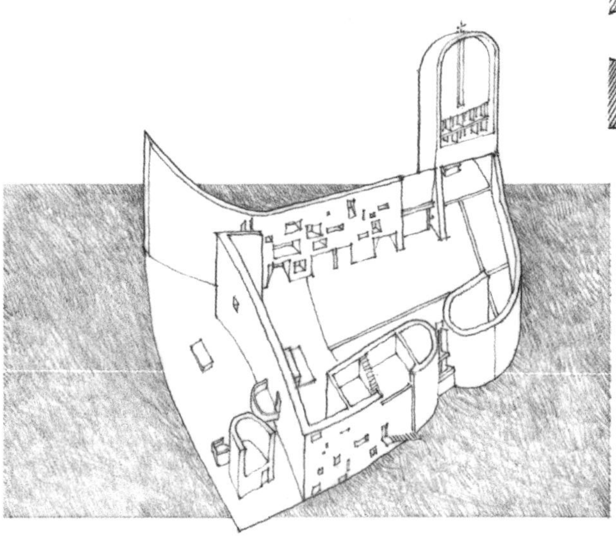

朗香教堂（Notre Dame Du Haut，高地圣母礼拜堂），法国朗香（Ronchamp），1950—1955年，勒·柯布西耶。

构图关注的是图像各部分之间的联系，而非某个特定部分的表现效果。我们可以利用视觉设计的一些特定原则，控制构图的组织方式，从而提高绘图的秩序和统一感。

统一与多样性 | Unity and Variety

以下排列法则在强化统一感的同时不会放弃对多样性和视觉趣味的追求。或者说，这些形成秩序的手段就是要让差异化的元素或特征被包容到整体图案当中。

从图像上扫过时，眼光会被特定的图形元素吸引。眼光追寻的区域具备这些特征：

- 特殊的尺寸或比例
- 强烈对比或不寻常的形状
- 锐利的色调对比
- 细致处理或精妙的细节

我们还可以通过在构图中孤立某个元素来强调它的重要性。我们利用这些兴趣点或兴趣区域来定义绘图的焦点。在每种情况下，构图的主导元素和次要方面都应当被赋予明显的反差。如果没有反差，就没有主导。

在绘图中可能存在不止一个，而是多个焦点。其中一个占据主导，而其他的则烘托出一种风格。我们必须小心，多个兴趣中心不能造成混淆。如果各中心都被强调，也就没有了主导。

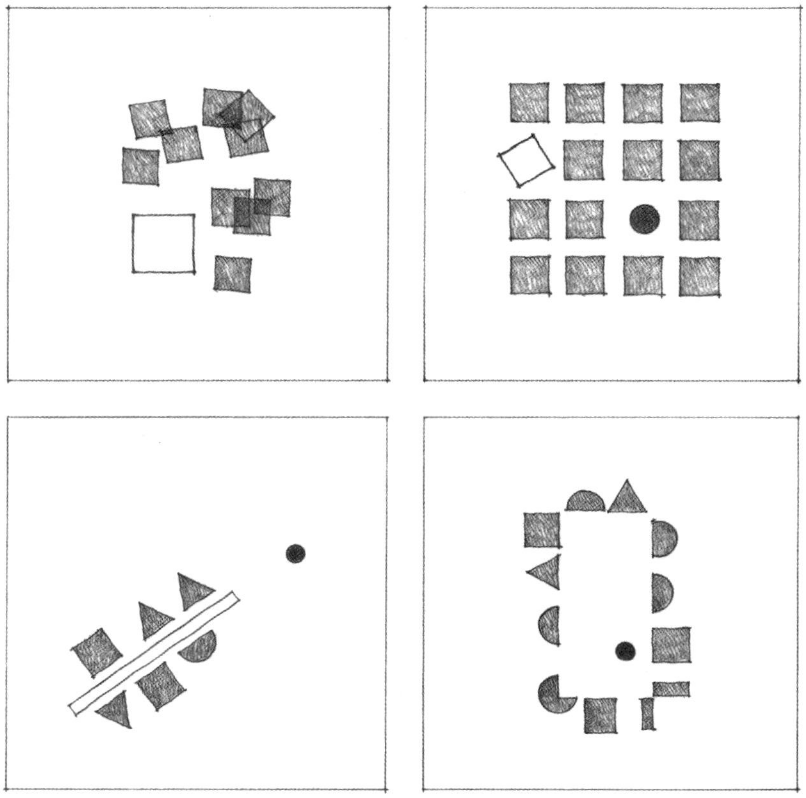

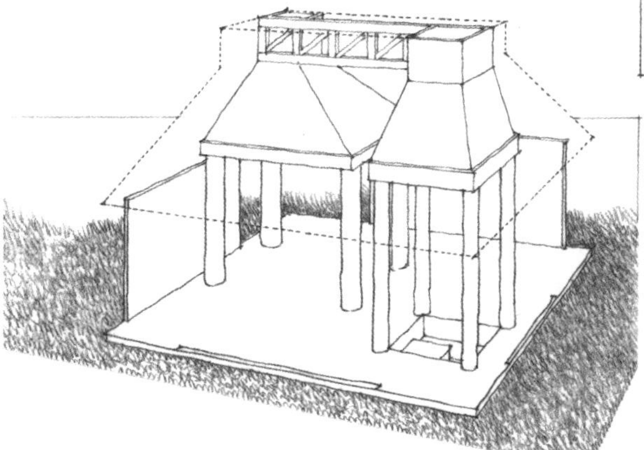

穆尔住宅（Moore House），加利福尼亚州奥林达（Orinda），1961年，查尔斯·穆尔（Charles Moore）。

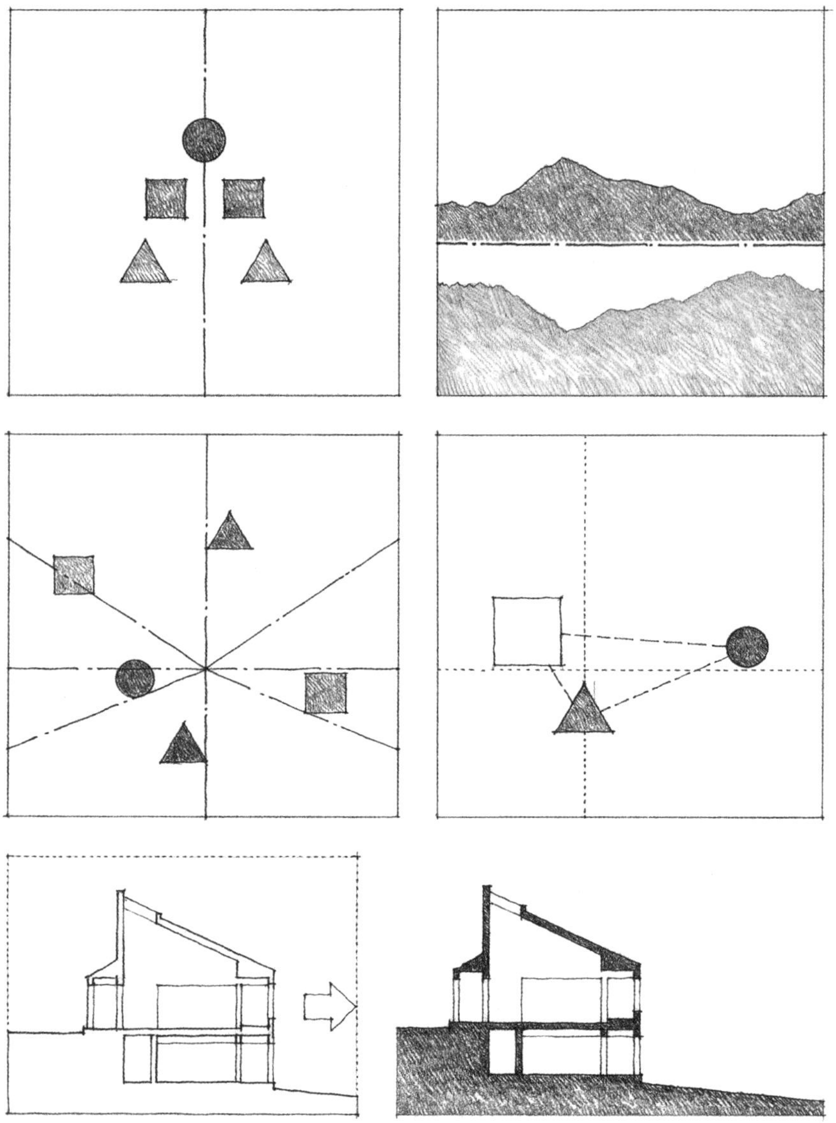

在任何绘图中，都自然有形状和色调的混合。我们组织这些元素，应当达到一种视觉上的平衡。平衡指的是在设计和构图中，各元素，或者各部分的比例布置得让人舒适而平和。平衡的原则是在绘图视觉影响力——重量、浓度、张力——之间达到均衡。

平衡主要有两种形式：对称和非对称。对称指的是各部分的尺寸、形状和排列方式，在某条分割线或对称轴的两侧形成精确的对应关系。两侧对称或轴对称，是在中轴线的两侧排列相似的部分。这种对称类型无声地把眼光吸引到中轴线上。

中心对称是在中心点或中央轴线的周围放射状排列相似的部分。这种对称类型强化了构图的中心点或者中央区域。

当构图中各元素之间缺少尺寸、形状和色调的呼应时，我们认为它是非对称的。为了形成视觉上的平衡，非对称构图必须把每个元素的视觉权重和影响力统筹考虑，在它们的布局中遵循影响力原则。视觉影响力强的元素会吸引我们的注意力，因而必须用影响力弱的元素加以平衡——后者会更大或者放置在距离构图的重心更远的位置上。

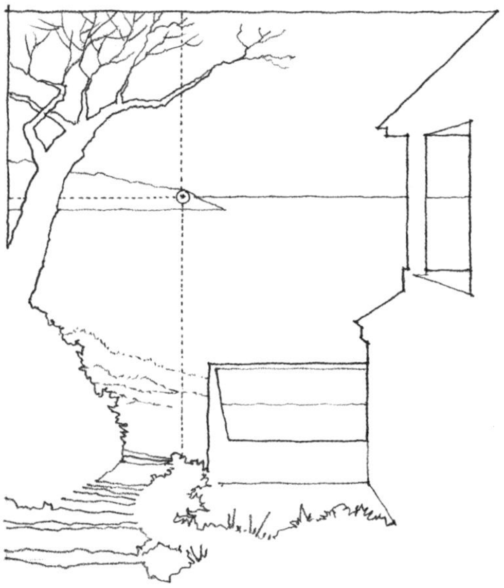

练习 11.1

探索在更大的绘图区域中布置这个西班牙小镇的图像片段。你如何构建视图才能强调城镇在山顶的位置？怎样调整构图，才能切换重点，表现它和远方山脉的关系？

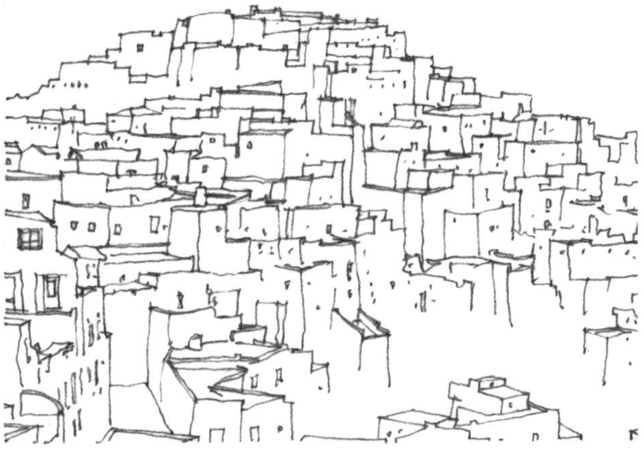

练习 11.2

探索不同的构图方式，在更大的正方形或者长方形的绘图区域中表现约翰·伍重在1956年设计的悉尼歌剧院。你会怎样布置建筑结构，从而强调屋顶扬起的形状，以及它们和背后海港的关系？

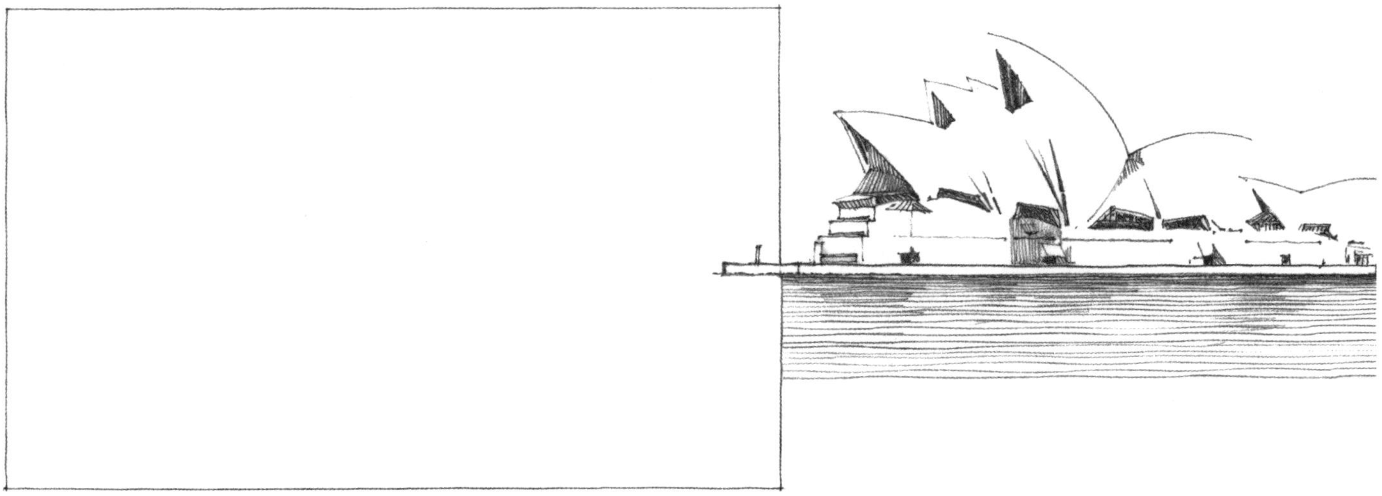

练习 11.3

图中所示的是巴基斯坦伊斯兰堡（Islamabad）的国民议会大厦（Capital Complex）的平面分析图，建筑在1965年由路易斯·康设计。研究你如何能在一个长方形绘图区域中完成平衡的构图。换成正方形的区域，你如何维持相同的平衡？如果90°旋转平面图，会如何影响构图方式？

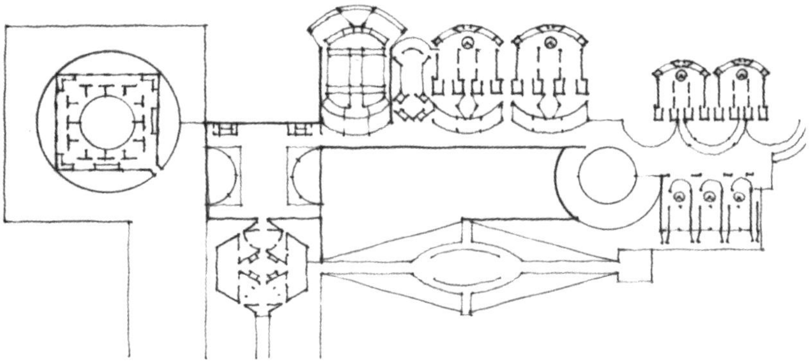

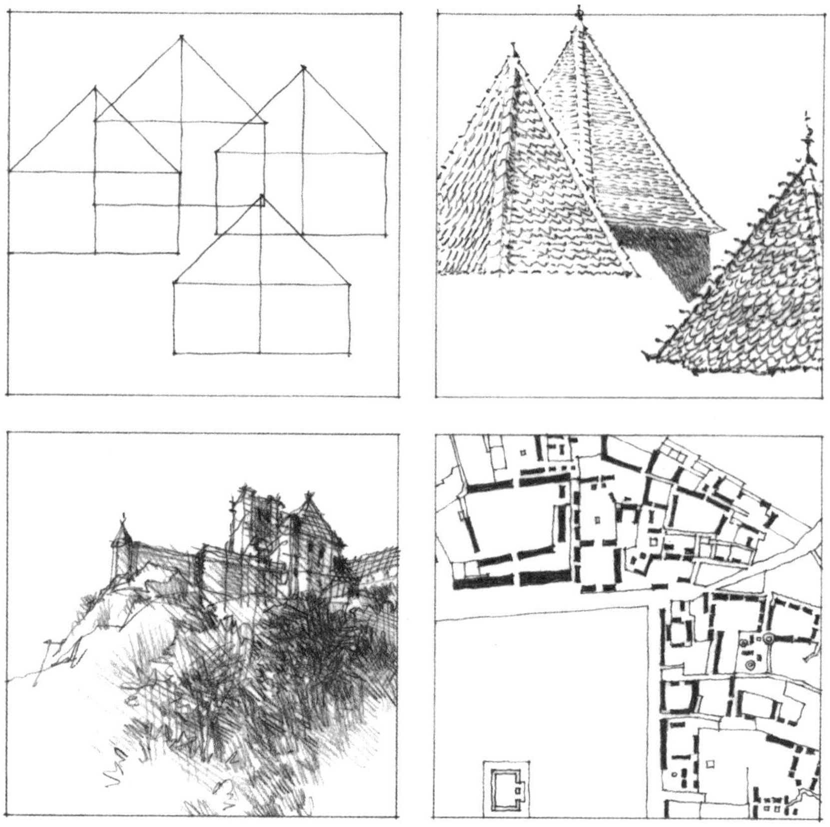

和谐指的是如和弦一般协调——设计或构图的各部分舒适地配合。平衡的法则通过小心排列相似和不相似的元素，形成统一感；而和谐需要选择具有相近特征或品质的元素：

· 相近的尺寸
· 相近的形状
· 相近的色调或色彩
· 相似的朝向
· 相似的细节特征

在绘图中创造和谐，最自然的方法大概是在整幅构图中使用同一种媒介和技法。过度强调和谐的原则可能导致构图统一但是无趣。绘图中需要多样性，从而抵消单调乏味感。然而，如果为了提高吸引力而过度追求多样性，有可能引起视觉混乱，并传递出碎片化的信息。在秩序和混沌——统一和多样性——之间谨慎而艺术地施加张力，才能带来和谐。稳定和统一来自反差的刺激和相似的结合，两者缺一不可。

有些时候，我们可能希望把手绘和数字绘图相结合，在汇报演示中形成一幅合成图像。在这样做的时候，我们应当注意控制风格、线宽和色调的对比，从而保证传统绘图和数字绘图之间形成一种和谐的关系。

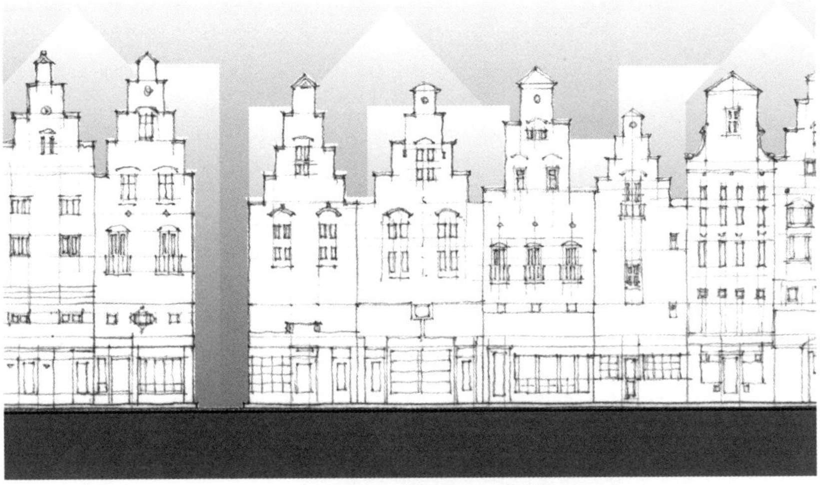

· 传统绘图和数字风格不应该形成激烈的冲突，我们可以用风格之间的细微对比来维持对绘图主题的强调，并弱化周边环境和背景。

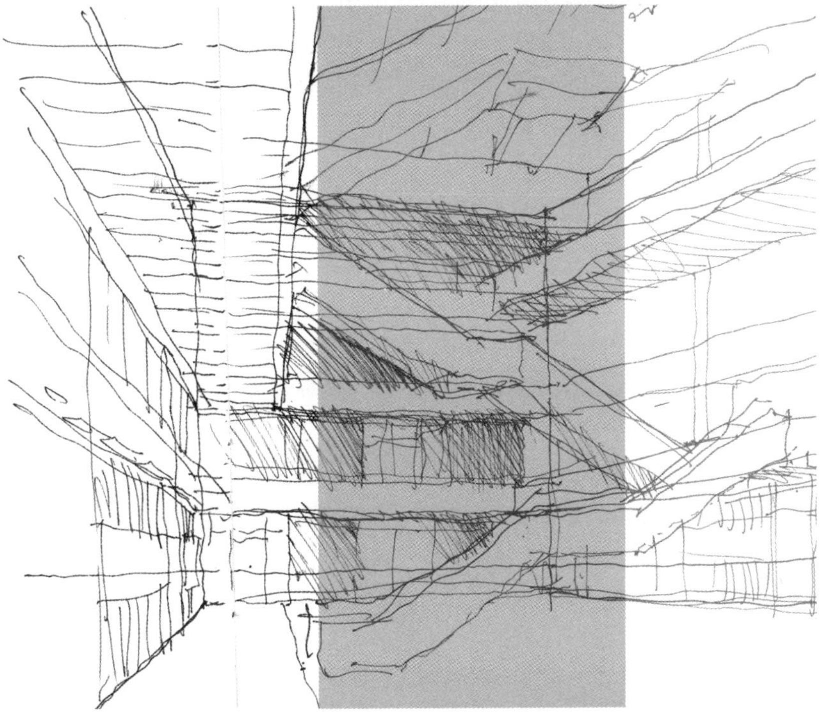

· 把手绘图扫描并导入图像处理程序让我们能够修改它的色彩和色调区间。

· 如果扫描的手绘图被放大或缩小，光栅图像中的线条会同时被放大或缩小。这可能导致丢失一些极细的线条，或者夸大粗线条的宽度。

· 然而，矢量图形在放大或缩小时，线宽可以同时缩放，也可以保持不变。

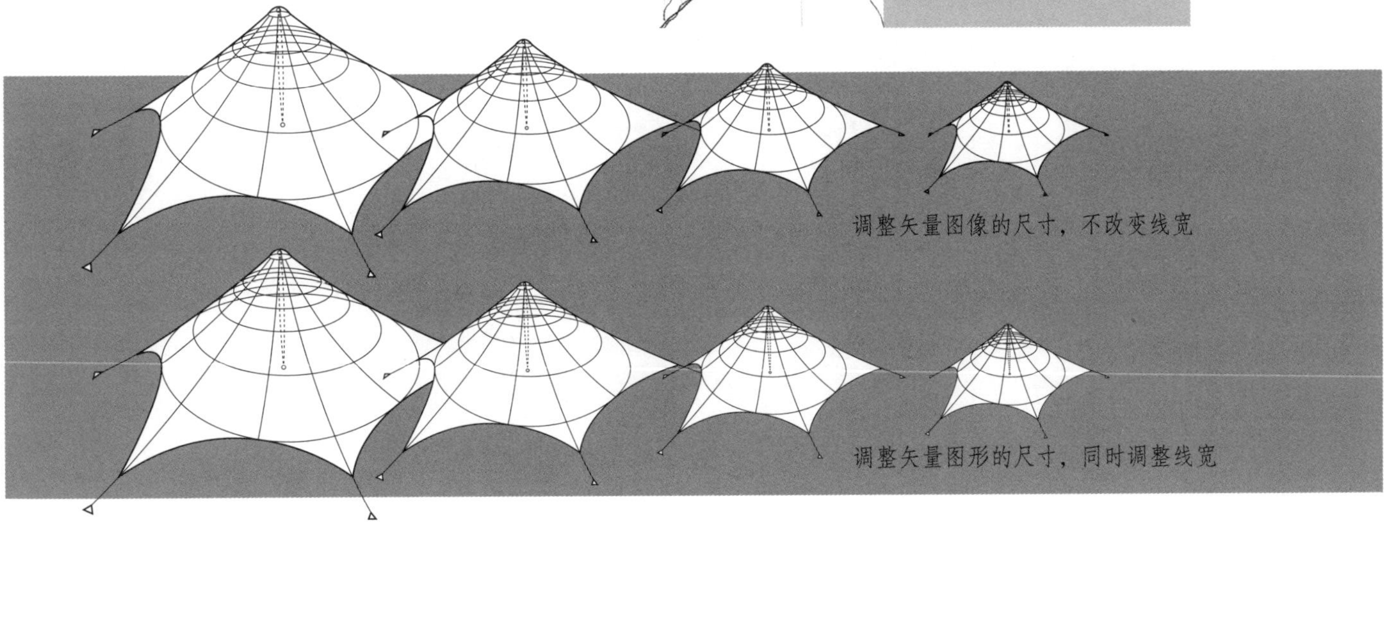

调整矢量图像的尺寸，不改变线宽

调整矢量图形的尺寸，同时调整线宽

数字布光 | Digital Lighting

有一系列数字技法，可以建模和模拟三维形体和空间中的光线。其中最简单的方法是光线投射。

光线投射 | Ray Casting

光线投射是一种分析形体三维几何特征，并根据表面和假想光源的相对朝向确定表面明暗的技术。光线投射的主要优点是速度快，通常可以实时计算并照亮三维图像或场景。这使得光线投射在设计前期成为一种有用的工具，用来研究建筑形体体量和布局的日照及阴影效果。相关实例见第235～236页。

然而，光线投射并没有考虑光线与物体表面接触后的行为轨迹。因此无法精确地渲染反射、折射以及自然阴影。为此，光线追踪是必不可少的。

未布光的基础明暗模型

直射光的光线投射模型

光线追踪 | Ray Tracing

当光线从光源射出，被物体表面阻挡时，光线可能被吸收、反射或者折射到一个或多个方向。这取决于物体表面的材质、色彩和肌理。光线追踪是一种数字技术，追踪这些路径，从而模拟出照明的视觉效果。

局部照明 | Local Illumination

局部照明是光线追踪的基础级别，仅计算直接照明和光线的镜面反射。局部照明没有考虑光线在三维空间或场景中不同表面之间的间接反射，但是有些光线追踪程序可以通过照明算法估算出这些环境光。

局部照明：追踪直射光线并估算环境光。

全局照明 | Global Illumination

全局照明可以更好地预测空间如何被多个光源照亮。全局照明技术运用精密算法，更精确地模拟空间或场景中的照明。这些算法不仅考虑从一个或多个光源直接射出光线，还追踪这些光线反射或者折射，从一个物体表面到另一个的路径，特别是空间或场景中多个表面之间的间接反射。然而，这种高级模拟方法是有代价的。计算过程需要时间并且计算量巨大。因此只有面对合适的设计任务时才会使用。

全局照明：追踪直射光线和环境光。

原始图像作者：克莱尔·佩珀（Claire Pepper）。

在设计绘图中使用色彩时，我们应当注意色相、亮度和色调的区间，以及它们在图像中分布的方式。在色彩的这些属性中，色调对于我们感受图像的构图元素和相互关系最为关键。高对比度的区域比低对比度的区域更明显地吸引我们注意。高调子图像以浅色调为主导，表现出精致、轻盈和空灵的感觉。低调子图像以深色调为主导，传递沉郁、朴实的感受。

色相的亮度应当和图像或模型的尺度成比例。就好比全尺寸的图像被缩小到页面或展板上时，模型中色彩的亮度也应当相应地调低。

数字色彩 | Digital Color

在数字环境中指定色彩时，考虑我们设计成果的输出形式也很重要。对于数字显示器和投影仪，彩色光束通过加法原则形成。对于打印输出，彩色颜料则通过减法原则形成各种色彩。

红-绿-蓝色彩模型 | RGB Color Model

红-绿-蓝（RGB，red/green/blue）是一种加法色彩模型，其中白色是通过三种基本色的光——红、绿、蓝——相互叠加形成；而黑色则是完全没有光的状态。红、绿、蓝色的光可以用不同方式叠加在一起，从而还原出我们看到的色彩光谱。RGB色彩模型的主要用途是在电子显示系统中传感、表现和显示的——比如数码相机、扫描仪、投影仪、电脑显示器和电视机。

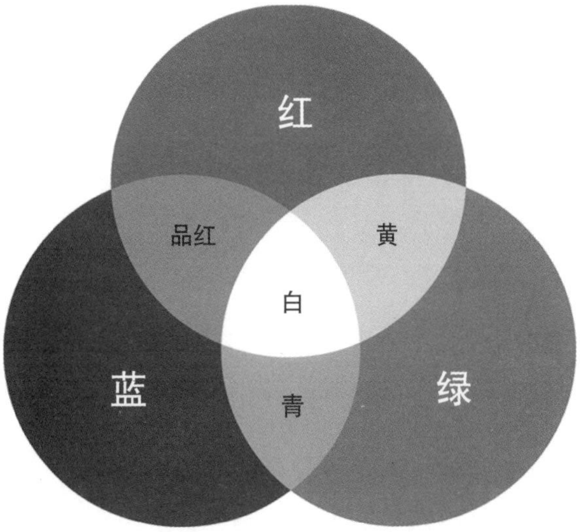

红-绿-蓝（RGB）色彩模型

当我们放大数字图像时，可以看到图像实际上是由大量的像素构成的。每个像素有自己的色彩和色调值，由亮度和三种色彩——红、绿、蓝的子像素的组合方式决定。改变三种光学基本色的亮度，可以合成我们在数字环境中使用的完整色彩范围。通常情况下，每种色彩的亮度都被划分为256个亮度等级——用0～255的范围标示。亮度为0表示没有色彩亮度，而255表示最大亮度。这样一来，RGB数值0,0,0就表示黑色（任何色彩都没有亮度），而RGB数值255,255,255表示白色（红、绿、蓝色均为最大亮度）。数字光谱中的每种色彩都被标记了一个特有的RGB数值，它表示光学三种基本色各自的亮度。

RGB是一种由设备决定的色彩空间——不同的设备对给定的RGB数值的识别和还原都不相同，因为色彩元素（比如荧光粉或染料）和设备对每个红色、绿色和蓝色级别的定义，都因制造商不同而不同，甚至在同一台设备上也会因时间而变化。因此，如果没有某种色彩管理系统，RGB数值在不同设备上就无法定义出相同的色彩。

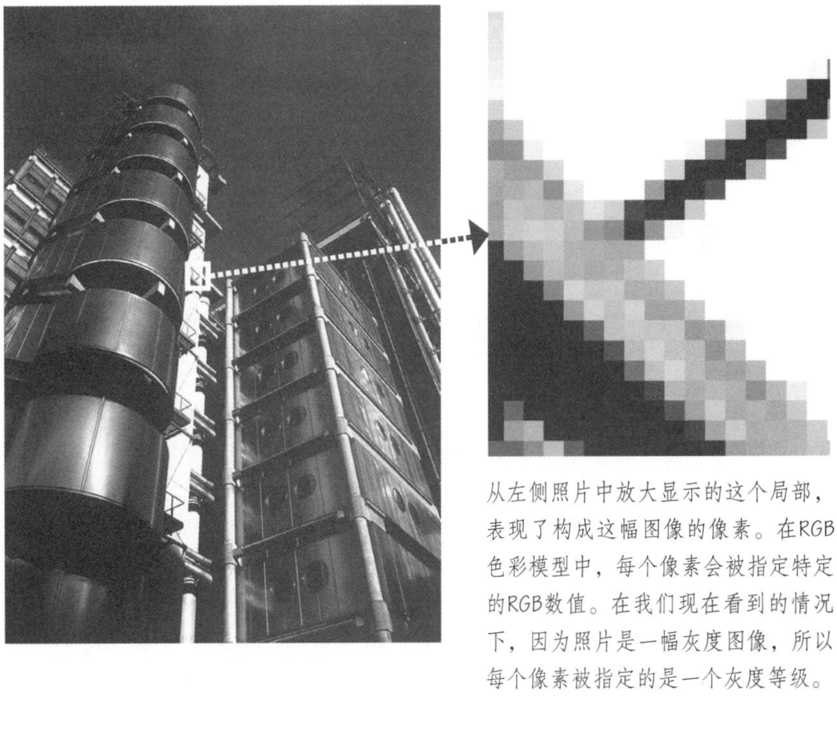

从左侧照片中放大显示的这个局部，表现了构成这幅图像的像素。在RGB色彩模型中，每个像素会被指定特定的RGB数值。在我们现在看到的情况下，因为照片是一幅灰度图像，所以每个像素被指定的是一个灰度等级。

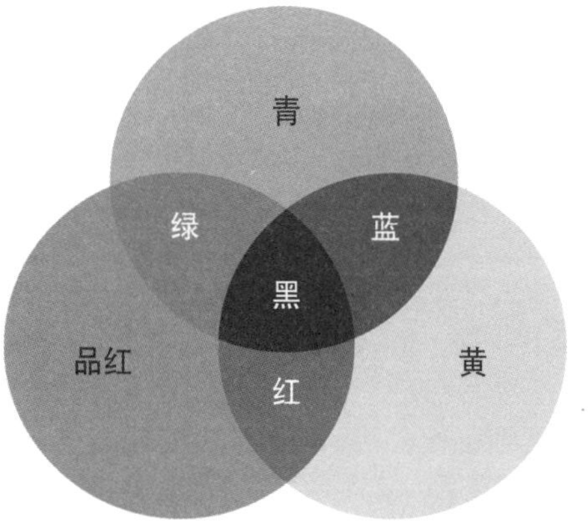

青-品红-黄-黑（CMYK）色彩模型

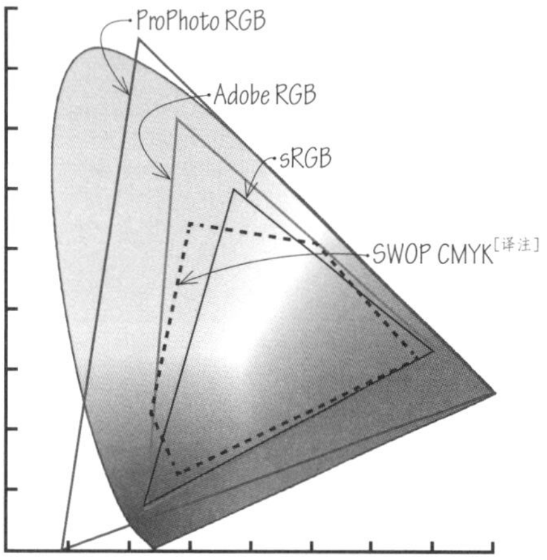

叠加在国际照明学会1931 xy色度图上的是各种不同的RGB色彩空间，用实线三角形标明了各自的范围；以及一种CMYK色彩空间——用虚线标示出的五边形范围。

青-品红-黄-黑色彩模型 | CMYK Color Model

青-品红-黄-黑（CMYK）是印刷过程中使用的四色油墨的缩写——青（cyan）、品红（magenta）、黄（yellow）和黑（black）。CMYK是一种减法色彩模型，因为这些油墨在印刷时，会在纸面底色——通常是白色——上降低亮度。叠加全部彩色油墨的结果就是黑色。每一种色彩会吸收特定波长的光线，我们看到的色彩就是没有被吸收的彩色光。通过使用各种颜色形成的中间色的墨滴，可以形成印刷色彩的整条光谱。

从RGB到CMYK的色彩空间 | RGB to CMYK Color Space

在数字工作环境中选择印刷，必须从RGB色彩空间转换到CMYK色彩空间。与人眼可见的全部色彩范围相比，两种色彩空间能够显示的色彩范围都有局限性——它们的对比由国际照明学会1931 xy色度图（CIE 1931 xy chromaticity diagram）呈现，见本页左侧。在任何意义上，RGB和CMYK色彩空间都不会完全重合，也不会包括人眼能分辨的全部色彩。这就需要在RGB和CMYK色彩空间之间做出色彩的转换，让软件做出这种转换可以得到更好的色彩表现。

灰度 | Gray Scale

在数字环境中，色调值要么用光线在显示器上通过加法法则表现，要么在打印机或绘图仪上用颜料通过减法法则表现。在屏幕上显示时，像素显示的光线亮度决定了色调值。总共有256个不同等级的光线亮度，相应地形成256种不同的灰度——用亮度等级0表示黑色，用等级255表示白色（最大光线亮度）。

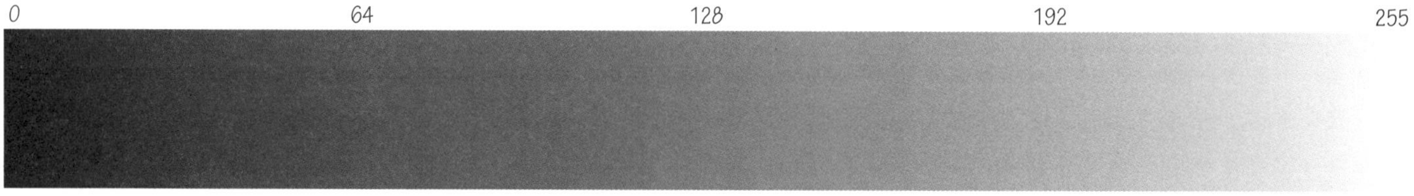

数字灰度尺，表现了256阶灰度色调

手绘的10阶灰度尺

［译注］SWOP：Specification for Web Offset Publications，卷筒纸胶印规范。

因为我们在设计和评价建筑时，必须联系它所在的环境，所以在设计方案中必须加入建筑周边环境。在几种主要的绘图系统中，我们可以延长地面线或地平面，从而包含邻近的建筑和场地特征。除了周边环境的实体特征外，我们还应当指出空间的尺度和设计用途，这就需要放入人形和家具。我们还可以尝试描绘场所的氛围，比如表现光线的品质、材料的色彩和肌理、空间的尺寸和比例或者细节积累的效果。

这些元素都是更广阔视野中的较小局部。我们赋予它们的兴趣点和关注度应当和它们在整幅构图中的重要程度成比例。因此在绘制环境元素时，应当遵循以下引导原则：

- 只选择那些表明周边关系、尺度和使用功能所必需的环境元素。
- 绘制环境元素要简单，只容纳适度的细节，并且图面风格要和汇报演示的其他部分相适应。
- 永远不要因为加入了环境元素而遮挡重要的建筑结构或者定义空间特征的元素。
- 把环境元素的形状、尺寸和色调当作重要的构图元素来考虑。

通往朗香教堂的小径，法国朗香，1950—1955年，勒·柯布西耶。

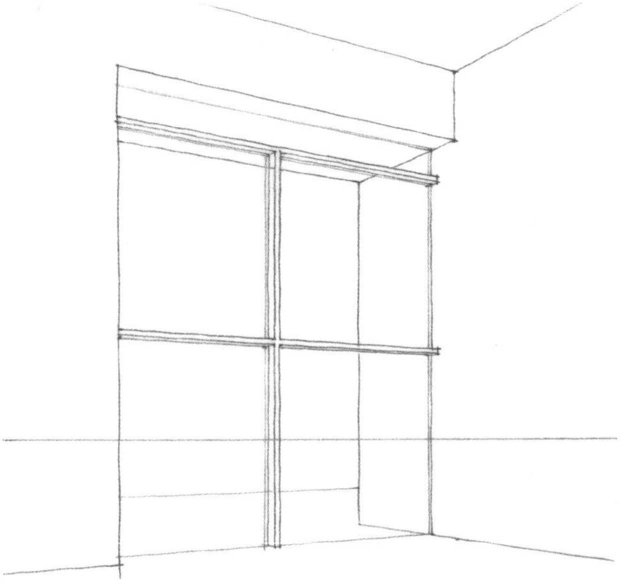

巴拉干住宅和工坊（Barrágan House and Atelier），墨西哥城塔库巴亚（Tacubaya），1947年，路易斯·巴拉干（Luis Barrágan）。

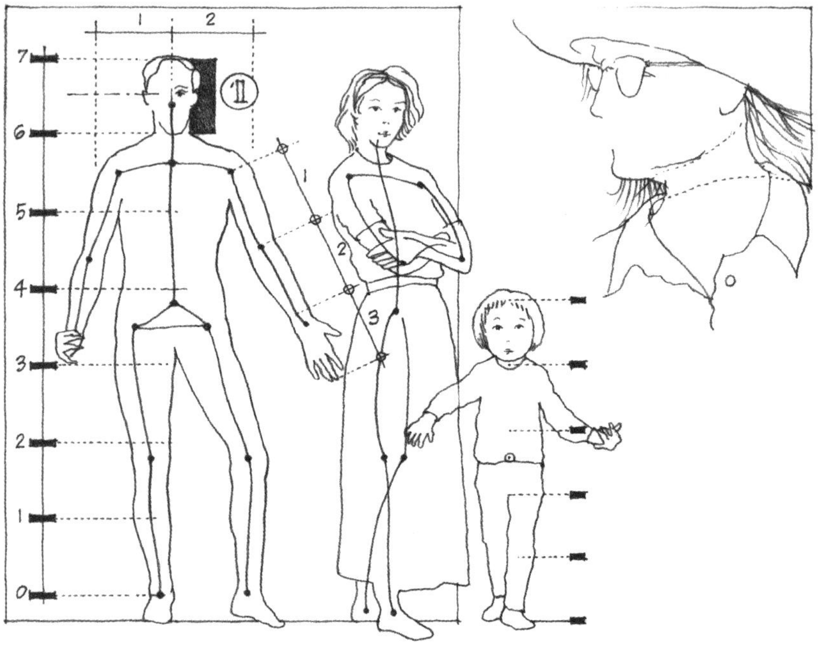

绘图的读者会与图中的人形相连，成为其中之一，从而走入场景中。因此，我们在建筑和城市空间绘图中加入人物，是为了：

- 指出空间尺度；
- 表达空间纵深和标高变化；
- 为空间注入生活和居住的迹象。

尺度 | Scale

我们在绘图中使用的人形应当与环境尺度相合。因此，我们需要以合适的尺寸和比例绘制人形。我们可以把站立的人形平均分为7段或8段，头部占据身高的$^1/_7$或$^1/_8$。

- 确定人形的身高和各部分比例，其中最关键的是头部的尺寸。
- 下颌线通向头和脊椎相连的部位。
- 脖子的后侧通常高于下颌。
- 肩部从后颈向下滑落连结手臂。
- 鼻子和耳朵的高度相等。
- 用眼镜指代眼睛。
- 不要遗漏眼睛和嘴；可以通过细微的暗面表现它们的下侧，暗示其存在。
- 在大多数建筑绘图的尺度上，手指都不必要，并且多数情况下是一种干扰。
- 双手向下延伸可以接近膝盖。

- 为人形赋予体积感，尤其在平行投影和透视图中。
- 避免绘制人物正面的轮廓线，这通常看上去好像是扁平的剪纸。
- 为人形穿上合适的服装，避免不必要的细节，那会扰乱绘图的焦点。

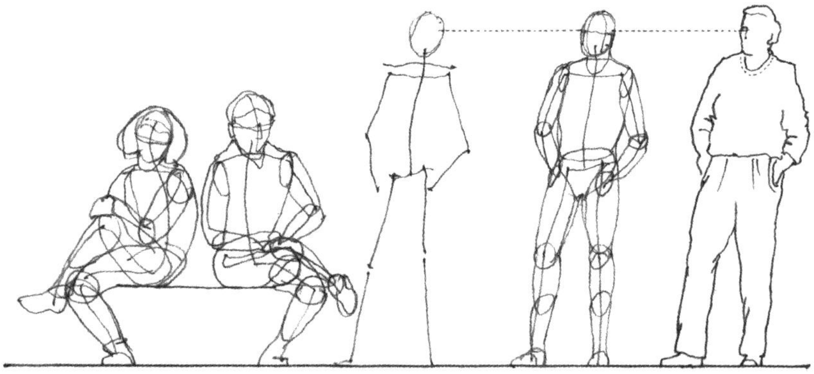

- 明确动作和姿势，特别注意脊椎的曲线以及身体的支撑点。
- 绘制不同动作和姿势时，用身体各部分的相对比例作为指导。
- 用胳膊和手表示人物的姿势。
- 用下颌和鼻子指示注意力的方向。

在正投影多视角绘图中，我们可以直接确定5英尺或6英尺的高度。记住，在正投影中，图形元素的高度和宽度保持不变，无关它们在投影视野中的纵深。在平行投影视图中我们也可以如此确定人形的高度。因为视角是俯瞰的，人形应当有一定程度的圆角，表现它们的体积。

在透视图中，放置人形表现的不仅是空间纵深，还有标高的变化。通常情况下，最简单的方法是先确定每个人物站立的位置。然后竖直延伸这个点，并在视平线上绘制出人形的头和眼。当人形的身高确定后，我们就可以运用线性透视法则左右、上下或者在透视图的纵深方向移动这个人形。绘制高于或低于观测者所在标高的人形时，应当先在相同标高上确定人形尺寸，然后按需要向上或者向下移动。在绘制坐姿人物时，通常先在座椅旁边绘制一个站立的人物，然后利用确定好的比例绘制相同人物的坐姿。

位置 | Disposition

我们使用人形来表现尺度和功能。人形同时成为构图的重要元素。但是人形不应该遮挡或者干扰绘图的焦点和关键特征。同时运用成群的和单独的人形，以及重叠的法则来表达纵深感。

行为 | Activity

我们通过人形的数量、位置、姿势和衣着来表现人物的行为。人形应当表达行为的特点，并且与场所和环境布置相适应。我们绘制人形的手法应当回应一个最基本问题：在这个房间或空间中，应当进行什么活动？

数字人形 | Digital Figures

我们可以利用图像处理软件从照片中提取数字人形，或者从互联网资源中搜集。在手绘时遵循的控制尺寸、衣着、位置和姿势的原则，也应当适用于建筑场景中人物的数字图像。

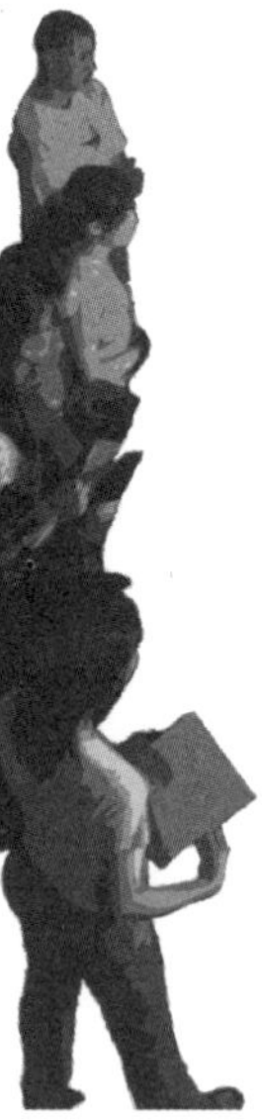

能够还原照片真实感的人物图像是有吸引力的。但是要记住，在建筑绘图中加入人物形象时，图面风格不应分散或者降低建筑主体对象的权重。人形应当具有相近的抽象程度，并且和绘图场景的图面风格相适应。

练习 11.4

带上一支钢笔、几支铅笔和一个草图本，到人群聚集的公共场所。练习绘制你看到的人物。绘制站着的和坐着的、远处的和近处的人物。从每个人物的结构、比例和姿态开始，然后构建起体积感，最终添加必要的细节。从最初阶段慢慢开始。后续阶段中逐步缩短你绘制每个人形的时间，并相应地减少细节。

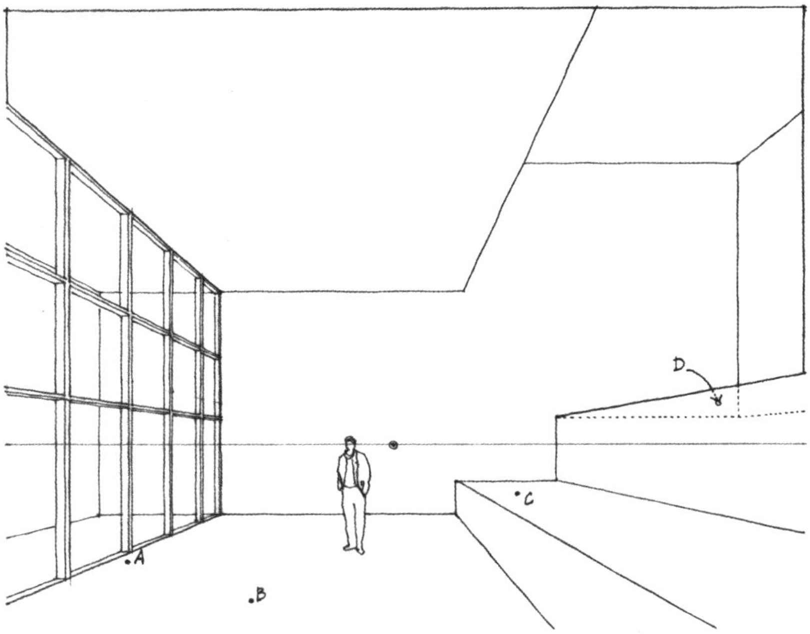

练习 11.5

在这幅线性透视图中，运用参考线和会聚的法则，把人形移动到A、B、C、D点。

放置人形

简单的笔刷线条

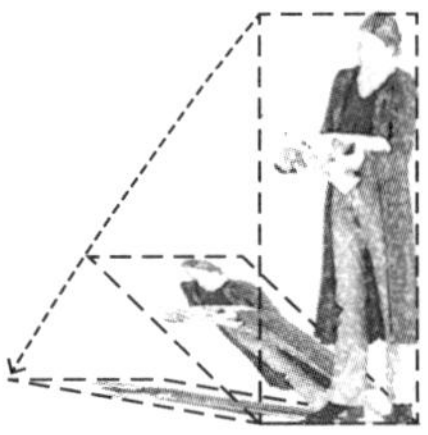

复制和变形

变形后的图像
成为阴影

把阴影改成黑色

调整色调值

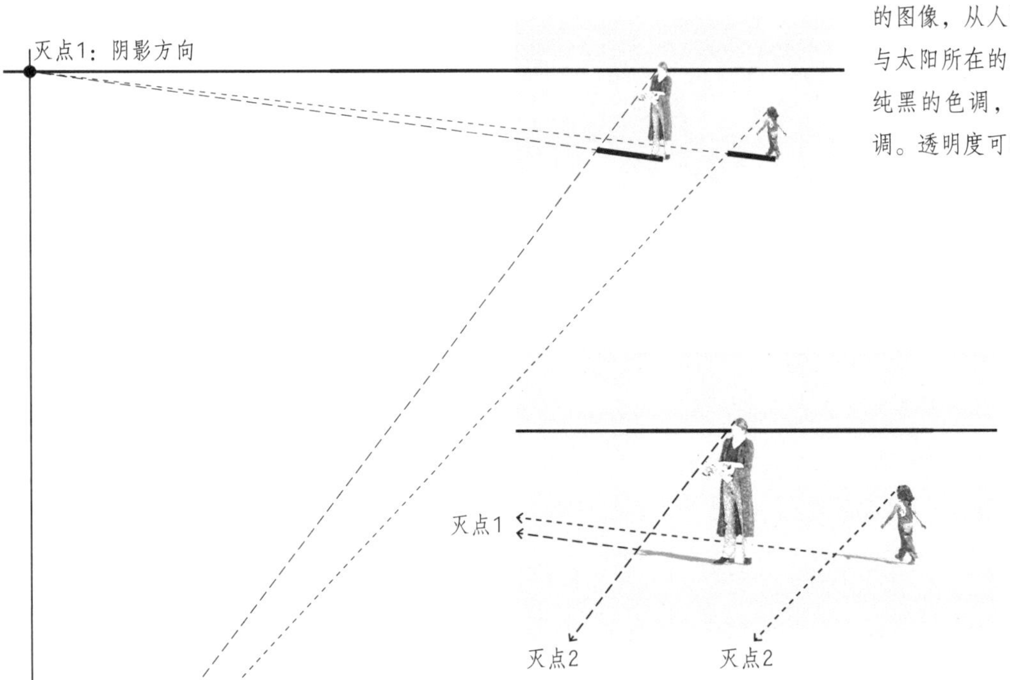

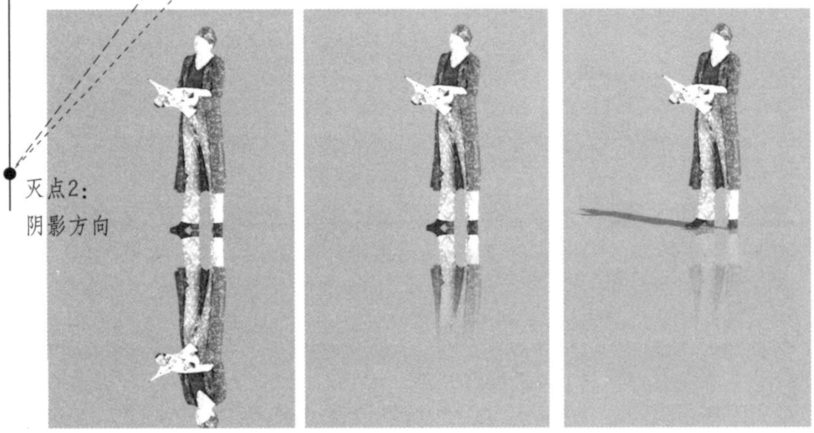

阴影和反射 | Shadows and Reflections

阴影让绘图中的人形有立足之地，而不再飘浮半空。在数字模型中放置人物时，渲染程序会根据渲染设定的日期和时间，为每个人形投下阴影。然而，通常都在渲染过程完成后才在图像中放置人物图像，所以阴影也需要在后期处理时加入。这个过程需要根据人形在图像中的位置，精确地决定每个人形的尺寸。我们可以临时添加辅助线来辅助做出调整。同样地，绘制每个人形的阴影时，也可以利用构造线以及对透视法则的清晰理解来完成。

表现阴影的一种方式，是把阴影绘制成人形脚下一块边界不清晰的范围——模拟阴天的光照条件。另一种方式，则需要复制人形并用变形功能扭曲复制的图像，从人形的脚下延伸到阴影该有的方向——与太阳所在的方向相反。之后把变形后的图片改为纯黑的色调，并调整透明度，形成所需的阴影色调。透明度可以让地面透过阴影保持可见。

多个人形的阴影会指向一个共同的灭点，位于视平线上。阴影的长度可以利用从每个人形的头部连结到另一个共同灭点的构造线来确定，灭点位于竖直灭线上，可能在阴影指向的灭点上方或者下方。

站立在光滑表面上的人形会形成不同程度的反射。反射效果可以在后期处理中，对人形进行复制和镜像，从而模拟出来。用一幅渐变蒙版隐藏并羽化反射图像。也可以设定透明度，调整反射强度，以适应表面光洁度应有的反射程度。

练习 11.6

扫描或者用电脑重建右侧的场景。参考场景中已有的柱子阴影，为人形A绘制阴影。确定视平线（HL）、阴影方向灭点（VP）和阴影长度灭点的位置。

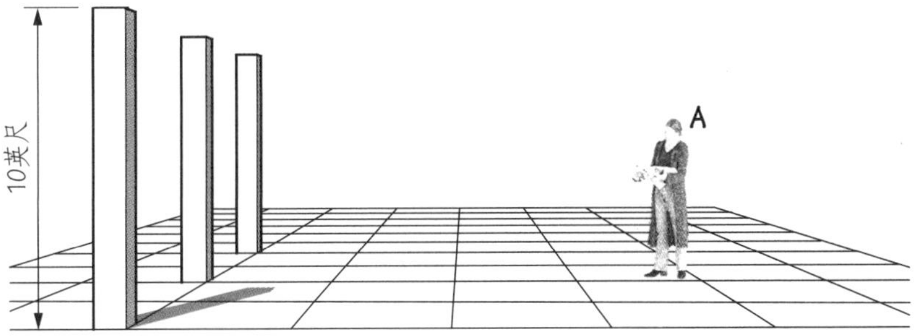

扫描本页中人形B、C、D的图像，并把它们放置在地平面网格中的不同位置。按需要裁剪图像，删除背景。根据它们在透视网格中相对于人形A的位置，调整这些人形的图像高度。参考柱子和人形A的阴影方向和长度，绘制人形B、C、D的阴影。

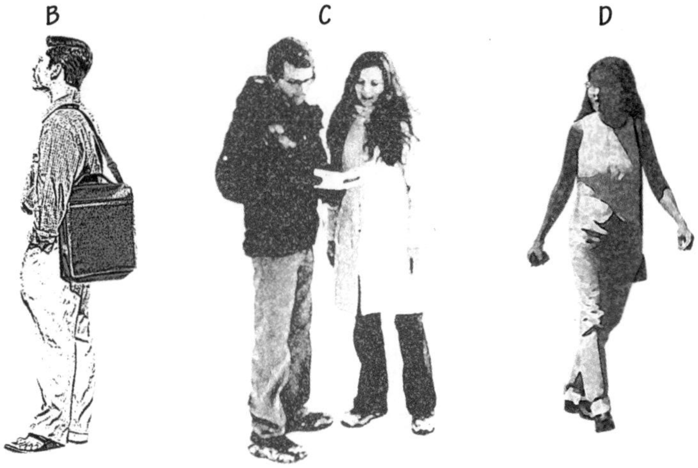

练习 11.7

扫描或者用电脑重建下方的场景。参考场景中已有的柱子阴影，为人形A绘制阴影。确定视平线（HL）、阴影方向灭点（VP）和阴影长度灭点的位置。

扫描本页中人形B、C、D的图像，并把它们放置在地平面网格中的不同位置。按需要裁剪图像，删除背景。调整这些人形的图像高度，以适应人形A的高度。记住，这是一幅鸟瞰透视图，所以每个人形在视野中的竖向位置会随着你在地平面上放置它们的位置而改变。

在地平面较低标高处放置一个人形。用裁剪或者蒙版功能隐藏视野中人形被遮挡的部分。

为人形B、C、D绘制阴影，与柱子和人形A的阴影方向和长度相匹配。

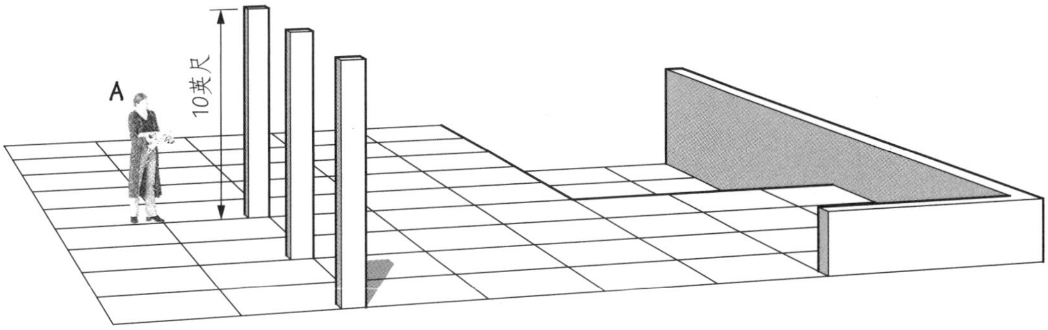

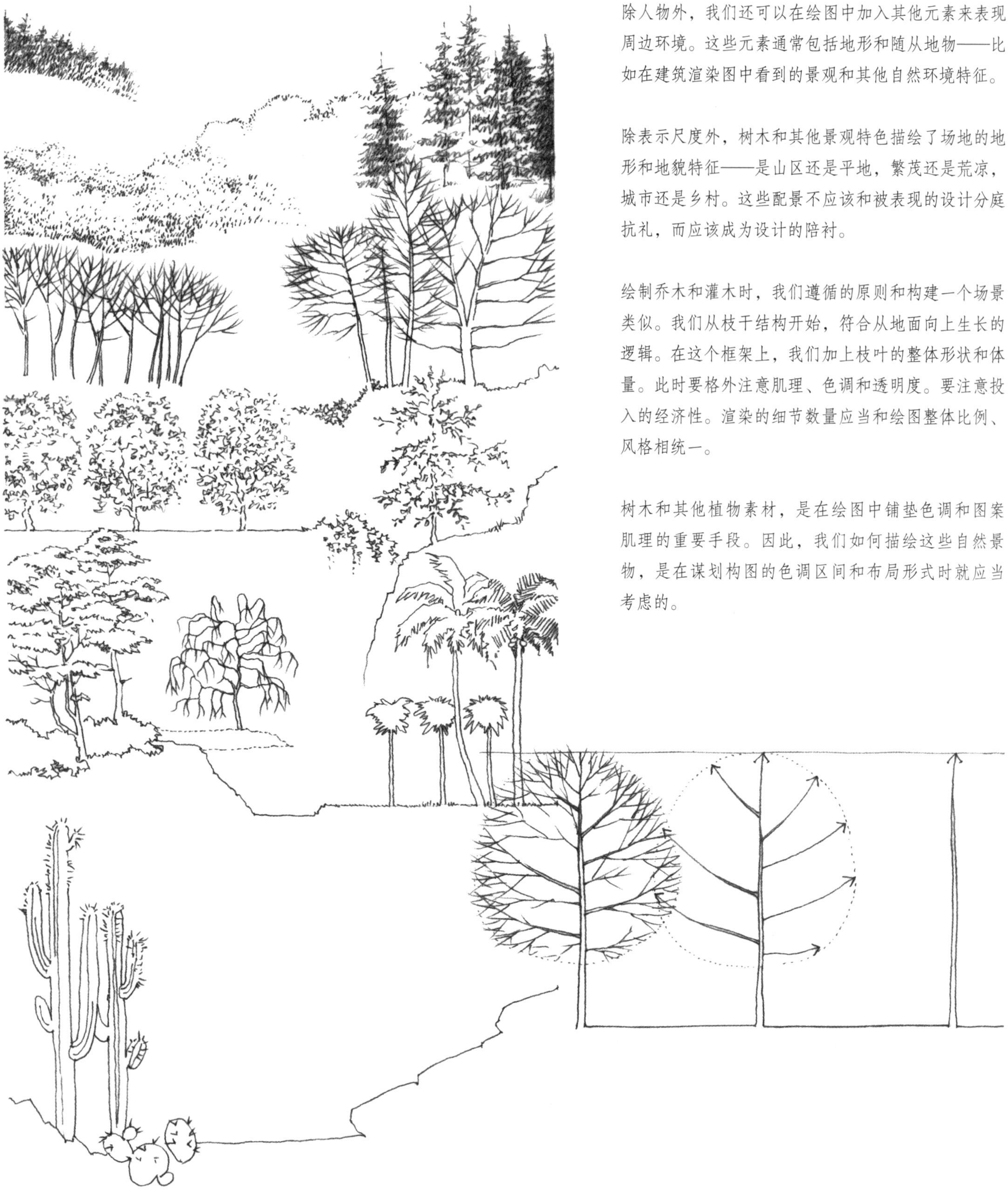

除人物外，我们还可以在绘图中加入其他元素来表现周边环境。这些元素通常包括地形和随从地物——比如在建筑渲染图中看到的景观和其他自然环境特征。

除表示尺度外，树木和其他景观特色描绘了场地的地形和地貌特征——是山区还是平地，繁茂还是荒凉，城市还是乡村。这些配景不应该和被表现的设计分庭抗礼，而应该成为设计的陪衬。

绘制乔木和灌木时，我们遵循的原则和构建一个场景类似。我们从枝干结构开始，符合从地面向上生长的逻辑。在这个框架上，我们加上枝叶的整体形状和体量。此时要格外注意肌理、色调和透明度。要注意投入的经济性。渲染的细节数量应当和绘图整体比例、风格相统一。

树木和其他植物素材，是在绘图中铺垫色调和图案肌理的重要手段。因此，我们如何描绘这些自然景物，是在谋划构图的色调区间和布局形式时就应当考虑的。

在绘制树木时，注意结构、形状、尺度和目的。

结构

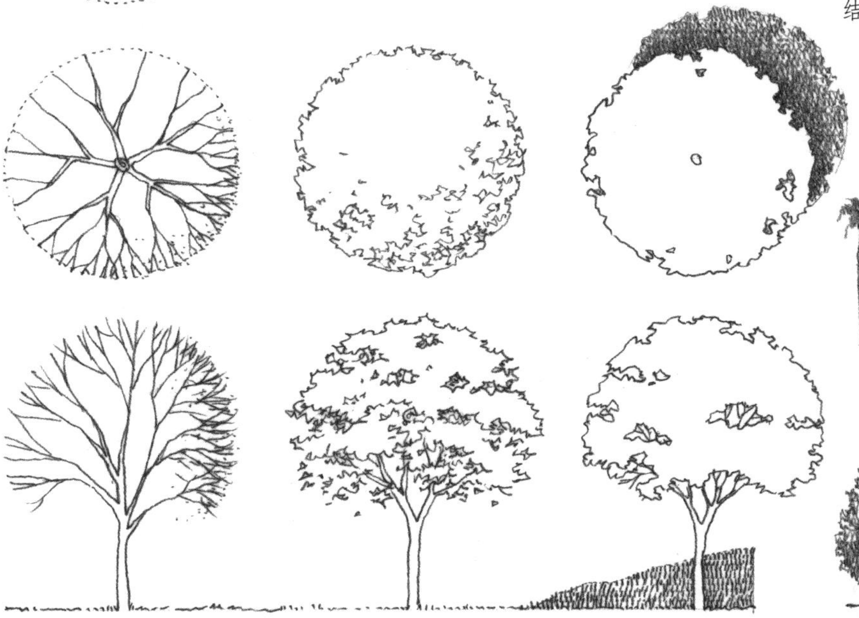

形状

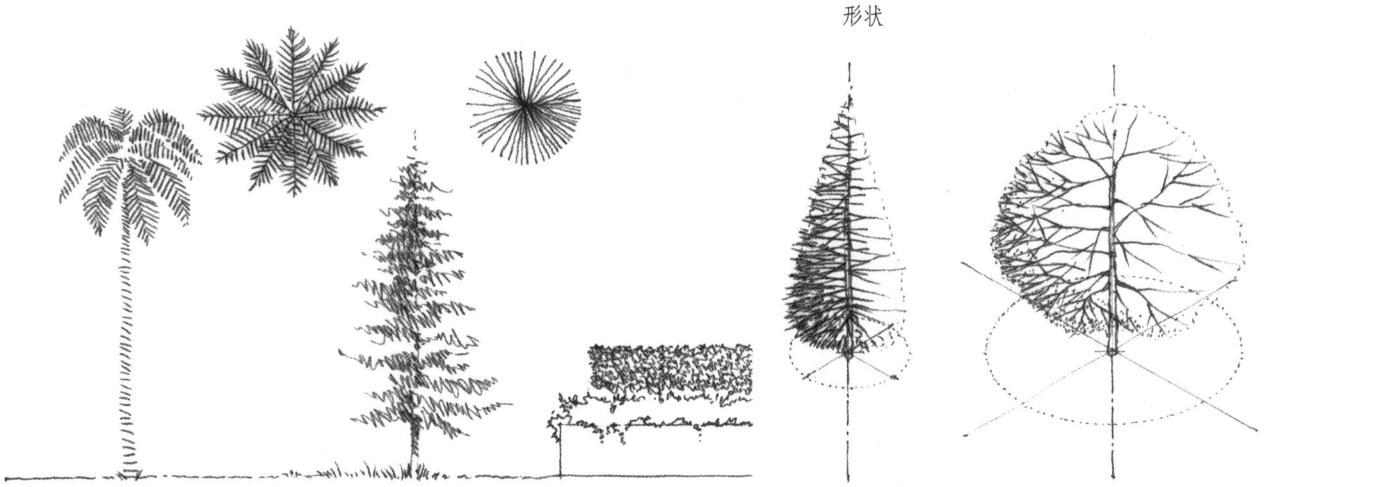

数字景观 | Digital Landscaping

图像处理软件为我们提供了修改场地现状和景观照片的手段，可以调整它们，在建筑设计中表现周边环境。

和人物的数字图像一样，能够还原照片真实感的树木和其他景观图像是吸引人的。但是要记住，场地和周边环境元素的图面风格不应该分散或者降低建筑设计对象的权重。图面表达应当具有同等的抽象程度，并且和绘图场景的图面风格相适应。这些可以通过调整图像的透明度、亮度、对比度和色彩饱和度来实现。还可以在这些组件上施加多种滤镜，弱化环境元素的细节深度，从而匹配绘图其他部分的细节程度。

在后期处理阶段添加景观元素，使得实现设计目的和完善构图更具灵活性。和其他元素一样，景观元素在真实感和草图感之间的表现程度，应当和图像的其他部分以及绘图目的相适应。

景观元素的平面图和立面图都有照片库可以使用，并且可以通过添加各种滤镜以及调整边缘来创造多样性，避免同一棵乔木或灌木单调地出现在各个位置。在经过修改的图像中可以加入树木的轮廓和阴影，从而在真实感和草图感之间找到平衡。应用剪切模版可以提取图像和材质图案，或者基于手绘图创建一系列的乔木和灌木。

在一个表面上布置草地时，考虑边缘条件很重要。如果是硬质表面——比如路侧的人行道——位于草地之前，那么分界边缘总体上应该是锐利的直线。如果人行道位于草地之后，草叶就会探出到人行道边缘之上，形成粗糙的边缘。同样的情况还出现在建筑墙体和栏杆与地面的交会处。

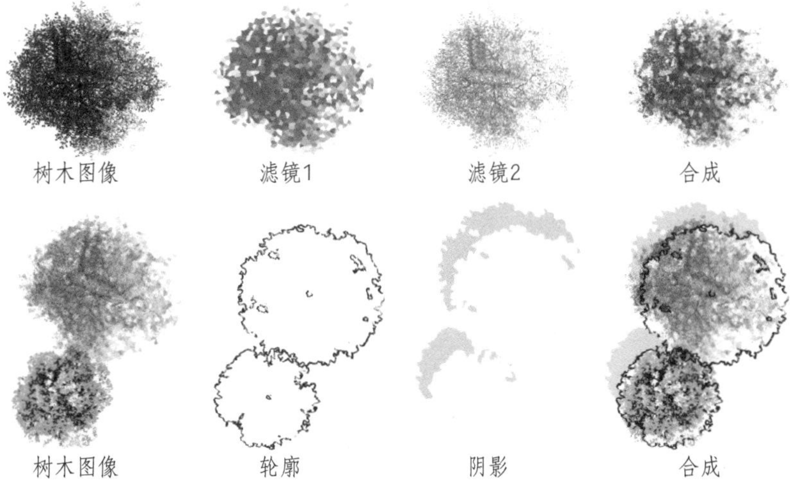

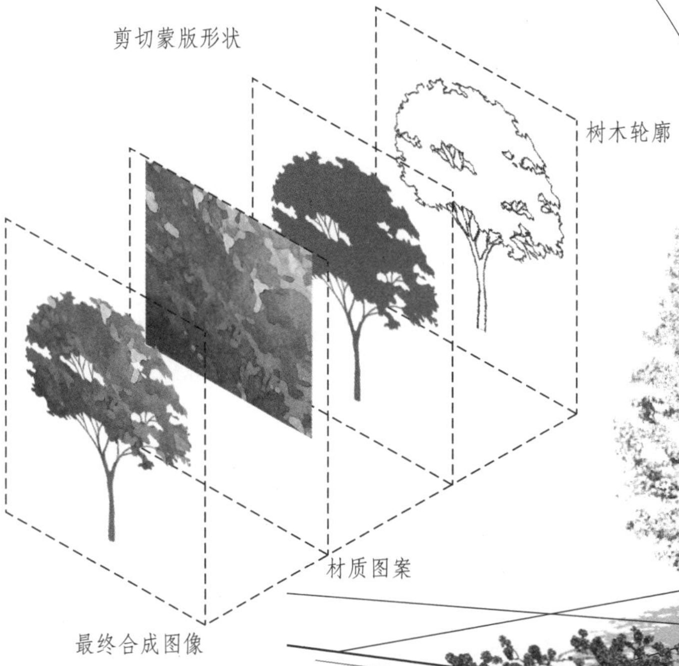

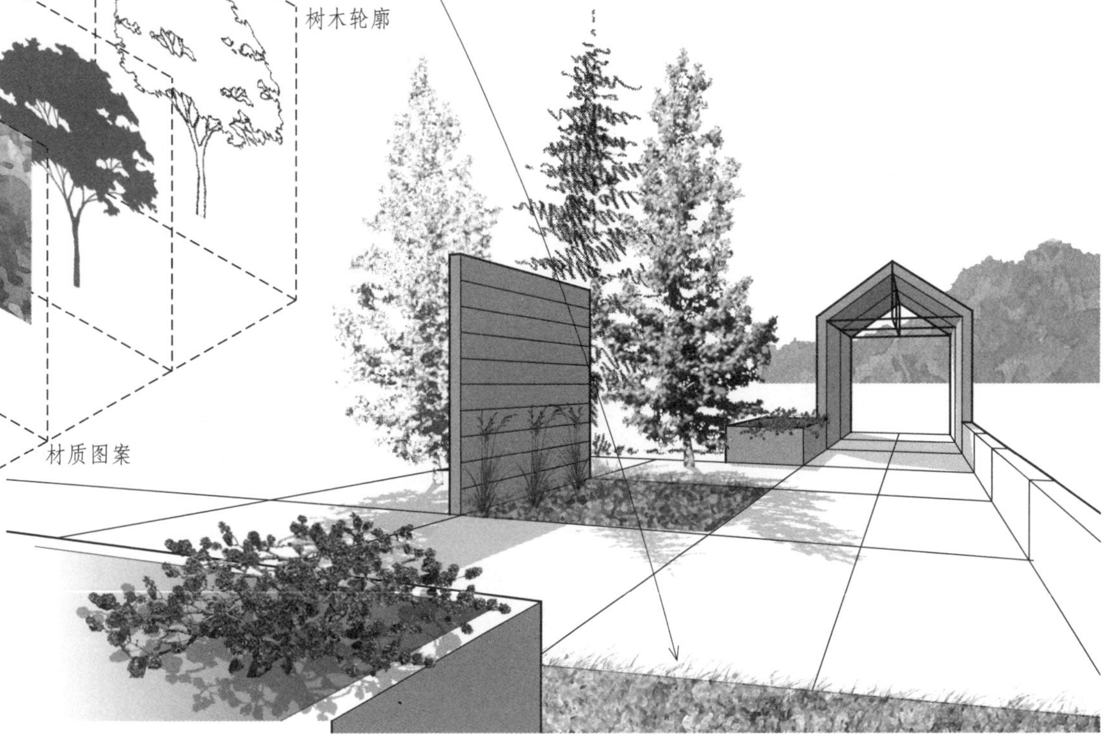

练习 11.8

带上一支钢笔、几支铅笔和一个草图本到一个开放的公园。练习绘制不同形态的树木和你看到的其他植物。绘制远处的小树，也绘制近处的树木。首先起草对象的枝干结构，在这个框架上构建起枝叶的形状、肌理、体量和色调。

练习 11.9

直接观察一棵阔叶树，完成一系列计时草图。从5分钟绘图开始，然后完成3分钟草图，最后完成1分钟草图。每次绘图都从结构开始，到形状再到色调。找一棵针叶树，然后重复这个练习。

练习 11.10

直接观察一棵阔叶树，完成一系列草图。首先从25英尺的距离绘制对象。移动到50英尺的距离，绘制同一棵树。从100英尺的距离再一次绘制这棵树。当你每次向远处移动时，注意树木的枝叶如何从图案肌理渐变为色调的形状。找一棵针叶树，然后重复这个练习。

练习 11.11

扫描或者徒手绘制右侧的立面图。扫描树木图像A、B、C，并按需要裁剪，删除背景。用适合绘图的各种滤镜修改这些树木图像。

将树木放入建筑立面图中。调整树木高度以适合建筑尺度。把部分树木图像放到建筑背后，裁剪或使用蒙版遮盖其中会被遮挡的部分。修改树木底部，反映它与地面接触的形式。复制多份树木绘图并分别修改它们，在图像中形成更多样的树木。

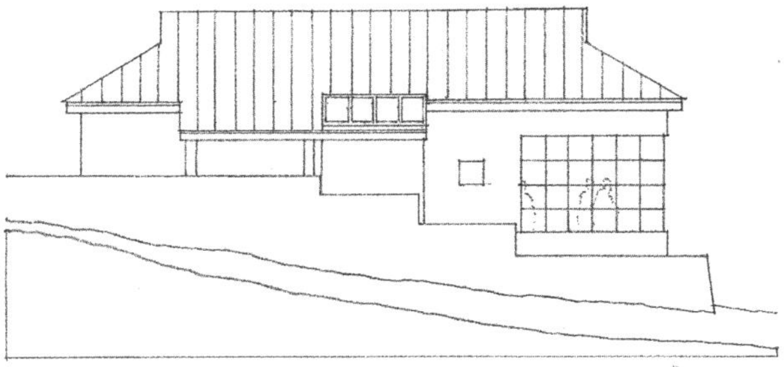

练习 11.12

徒手绘制树木平面图和立面图的轮廓。用这条轮廓建立树木形状的剪切蒙版。创建一幅水彩或彩色铅笔的材质贴图。扫描手绘轮廓和材质贴图并把它们放在数字工作空间的不同图层中。对材质贴图应用树木形状的剪切蒙版。最后把这棵树放入一幅立面图或者透视图。

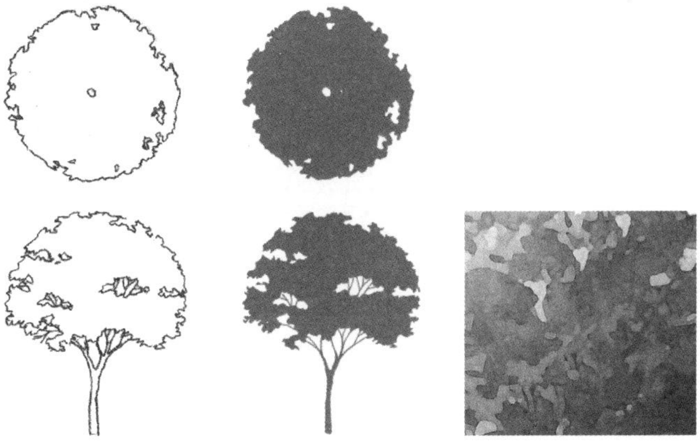

练习 11.13

把练习11.12中扫描的树木轮廓线放到一幅彩色或灰度渐变之上的图层中，如右图所示。为渐变图层创建蒙版并用白色笔刷隐藏背景色彩，这样就可以有效地绘制出这棵树并把它提到前景之中。

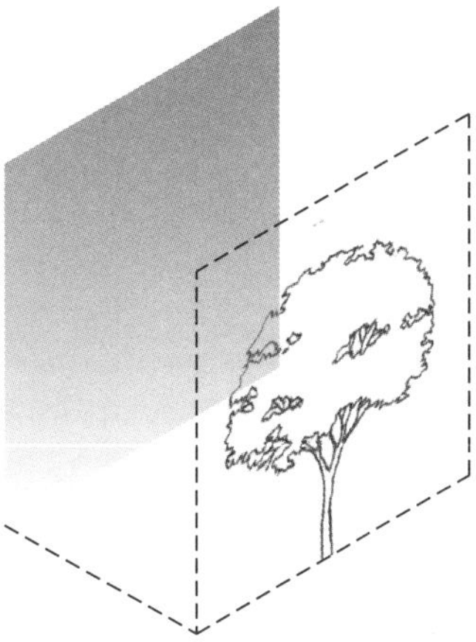

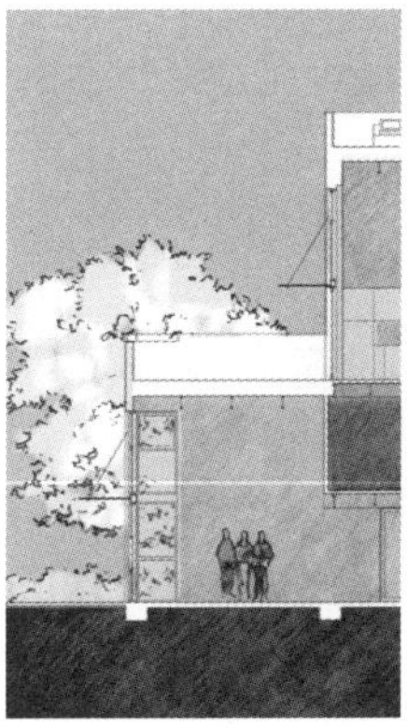

家具的种类和布置对于表现空间的使用功能和活动也很重要。家具的摆放位置提醒我们空间中应当有地方让我们坐下、倚靠、放置胳膊或脚，或者仅仅是触摸。

连同人物一起绘制家具有助于确定它们的尺度，并且在它们的各部分之间保持恰当的比例。除非家具本身就是设计对象，否则便使用真实的、经过良好设计的样例，把它们作为几何形体基础进行处理。当形体的结构框架确定后，我们可以加入材质、厚度和细节的标示。

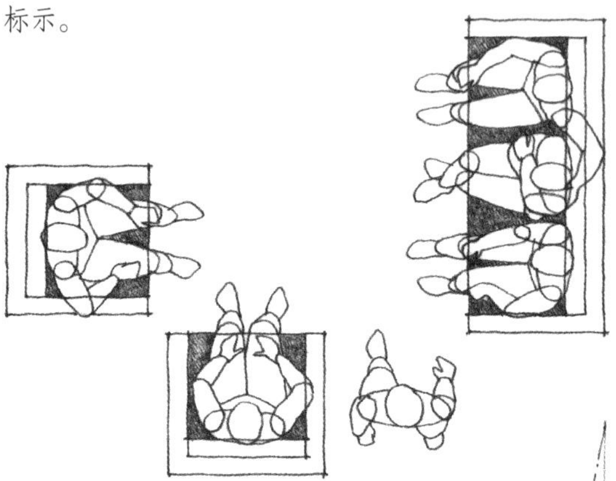

翼状靠背扶手椅/传统扶手椅（Traditional Wing Chair）

路易十六扶手椅（Louis XVI Armchair）

巴尔港藤椅（Bar Harbor Wicker）

夏克风格梯式靠背椅（Shaker Ladderback）

索奈特曲木椅（Thonet Bentwood）

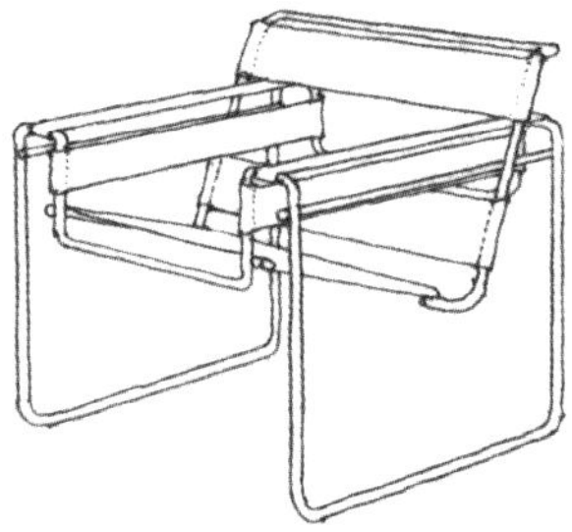

瓦西里椅（Wassily Chair）——马歇尔·拉尤斯·布劳耶（Marcel Lajos Breuer）。

制造商开发了家具、柜子和灯具的数字图形库。灯具模型在数字工作环境中模拟了各种灯具的照明特征，从而提高了数字渲染的品质。在复合绘图中，家具和柜子的模型可以为绘图添加高精度的细节，在一些情况下还可以作为底图供手绘描摹家具元素。在数字模型中放置家具，是一种高效的工作方式，只要放入几组图形元素，就能在绘图中构成强烈的前景效果。

在复合绘图中更广泛地使用数字模型时，我们可以修改家具组件，从而符合整体的绘图策略。从数字模型中可以导出线稿，并作为一个图层置入复合绘图中。也可以从数字绘图中提取出线框图并调整透明度，为渲染图加入半隐半现或者解析图的效果。

像其他环境元素一样，渲染的家具图像可以利用滤镜修改，从而在真实感和草图感之间找到平衡。把施加滤镜后的图像、线稿和明暗面视图等不同图层相互结合，可以形成一系列不同的绘图形式，能够和整体图像风格相匹配。

为家具添加阴影也是复合绘图的重要环节——是漫射光环境中柔和、弥散的阴影，还是日光从窗口倾泻而下形成的锐利阴影边缘。阴影有助于让家具模块落地，不至于看上去飘浮在半空。阴影可以在数字工作空间中渲染，并作为单独的、可调节的图层置入。另一方面，漫射的阴影也可以用数字或者手绘的若干笔触线条直接添加在家具的底部。

渲染图像

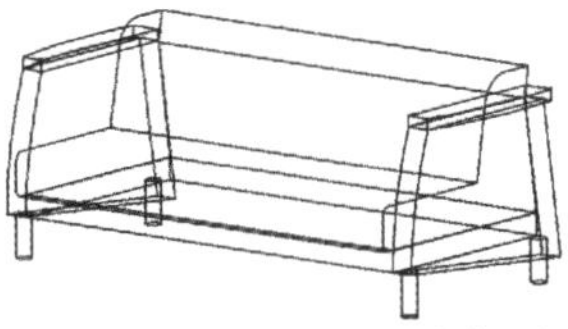
线框图

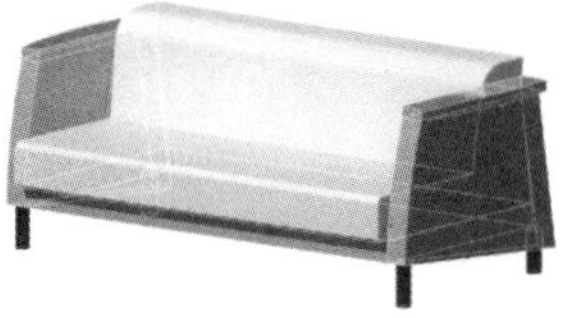
渲染+线框

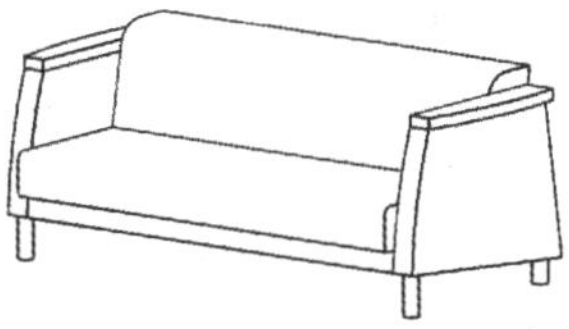
线稿

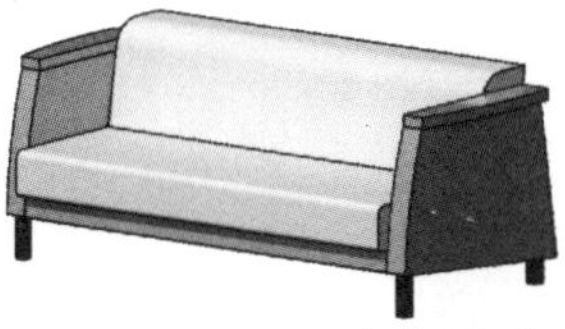
渲染+线稿

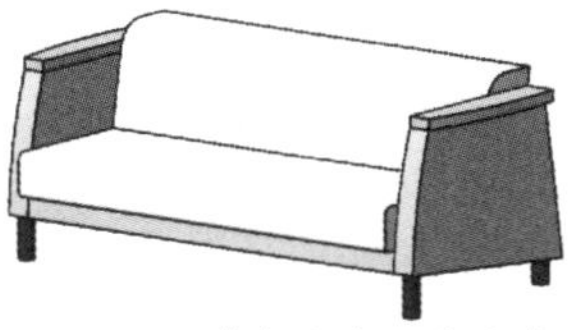
带有明暗面的线稿

渲染+明暗线稿

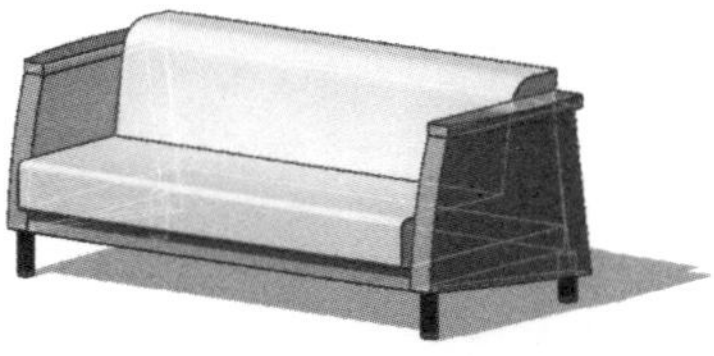
渲染+线框+线稿

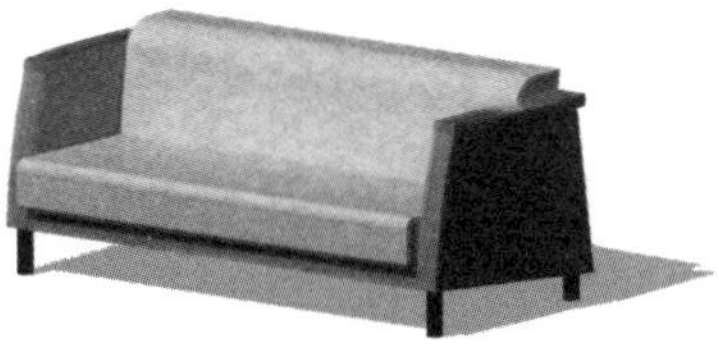
渲染图+多种滤镜

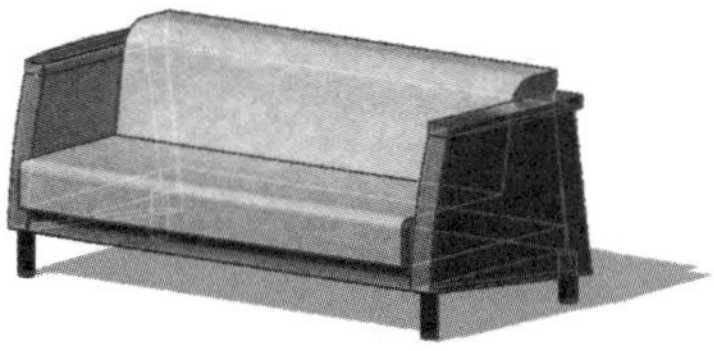
渲染图+滤镜+线框+线稿

我们使用各种车辆——轿车、卡车、公交车甚至自行车，来表示室外场景中的道路和停车场区域。它们的位置和尺度要符合现实情况。

连同人物一起绘制车辆有助于确定它们的尺度。尽量使用真实的样例，并且和绘制家具时一样，从它们的几何形体基础开始。如果我们过度描绘这些图形元素，加入过多细节，它们就很容易扰乱绘图的焦点。

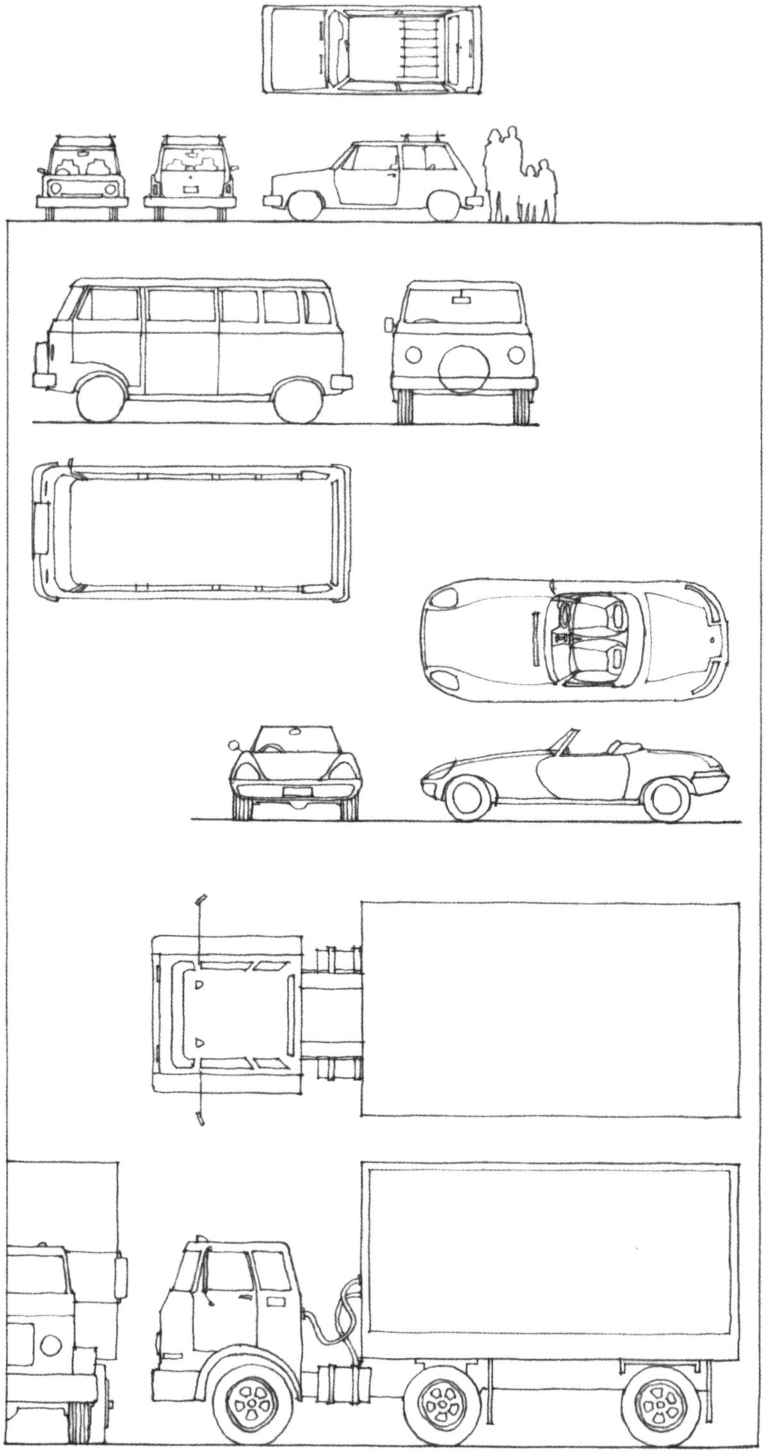

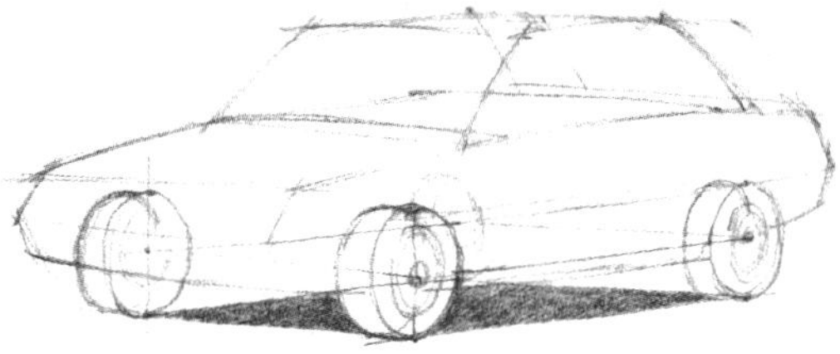

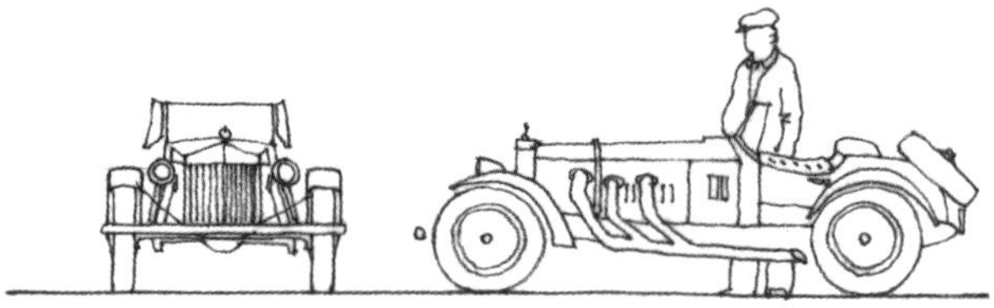

轿车、卡车和自行车的数字模型可以为复合绘图提供额外的环境元素，强化设计方案对活动的表现。它们可以被直接放入三维模型中，并且精确地缩放和定位。

数字模型的线框、隐藏线、明暗面和渲染视图可以相互叠加，从而形成与其他绘图元素相匹配的图像。如果需要，车辆的渲染和明暗面视图可以叠加各种滤镜，得到草图一般的质感。和其他环境元素一样，它们表现出的真实感的程度应当和绘图的整体风格相匹配。

除了三维模型外，车辆的二维图像也可以直接贴入绘图中。用这种方式添加车辆时，重要的是车辆图像的尺寸和透视角度要与整体图像的比例和透视角度相匹配。

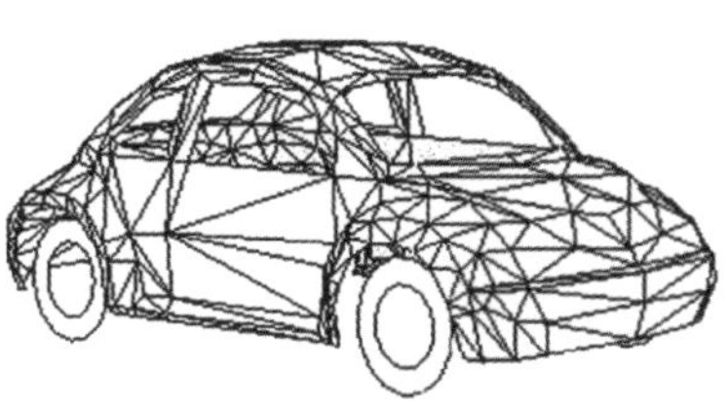
线框基础

数字渲染

在渲染图中应用多种滤镜和笔刷

阴影，无论通过渲染程序还是简单笔触，目的都是在绘图中让车辆落实到地面。

车辆作为前景元素的实例。（图像作者：希瑟·宾）。

车辆作为中景元素时，不应成为绘图的焦点。（图像作者：罗宾·维尔德）。

背景中的车辆为绘图增加纵深感。（图像作者：希瑟·宾）。

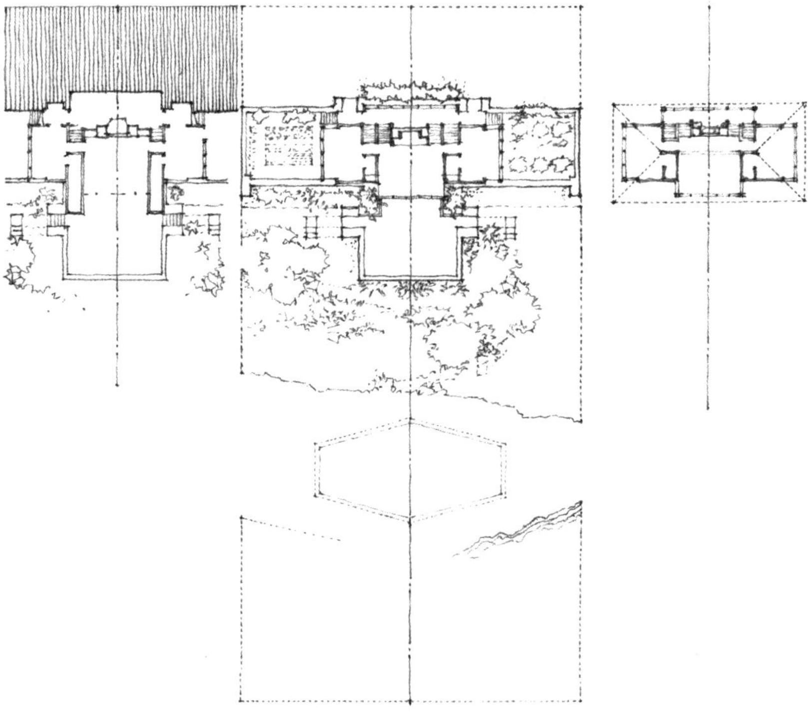

12

表现图[译注]

Presentation Drawing

当我们看到“设计绘图”（design drawing）一词时，通常想到的一类绘图就是表现图。这些绘图表现了设计方案，用图形手段向观众表达设计的价值。观众可能是客户、评委会，或者仅仅是某个来找灵感的人。无论是用来激发客户的想象力，还是用来博取评委会的认可；无论是单独会谈或是公开竞赛，表现图都应当尽可能清晰而精确地表现设计全方位的品质。尽管用于汇报演示的绘图有时是非常精彩的二维图形，值得成为一件展品，但它们仅仅是用于沟通设计思路的工具和手段，而不是目的或终点。

哈迪别墅（Hardy House），威斯康星州拉辛县（Racine），1905年，弗兰克·劳埃德·赖特。

[译注] 表现图在本书中有时也指汇报演示中使用的图纸、分析图或图表。

表现图必须易于理解并且有说服力——语汇易懂、内涵丰富——否则汇报演示就会脆弱而低效。然而，高效的汇报演示，还应当包含一些宏观特征，以提升其中每一幅绘图的可读性。

观点 | Point of View

设计意图要清晰。汇报演示应当表达设计方案的中心思想或理念。对于表达和解释设计方案的基本方面而言，分析图配合文字是行之有效的方式，尤其应当采用在视觉上更通行的图纸类型。

效率 | Efficiency

要讲“经济性”。高效的汇报演示要考虑含义的经济性——只展示表达思路所必需的信息。如果在汇报演示中，某个图形元素被过度表现，并让思路终结于此，那么整个汇报演示的目的和意义就可能被扰乱。

清晰 | Clarity

表达要清晰。至少，表现图应当清晰地说明设计方案，并且包含足够多的细节，让不熟悉这个方案的人们能够理解它。消除掉那些不必要的干扰信息，比如含糊的图底关系或者不恰当的图纸分组。在太多情况下，我们都因为已知自己想要表达的信息，而对这些瑕疵视而不见，于是我们很难客观地看待自己的成果。

精确 | Accuracy

避免曲解或者展示错误的信息。表现图应当精确地模拟现实的可能性以及未来发生行为的后果。然后，基于它所展示的信息而做出的决策才能有理有据。

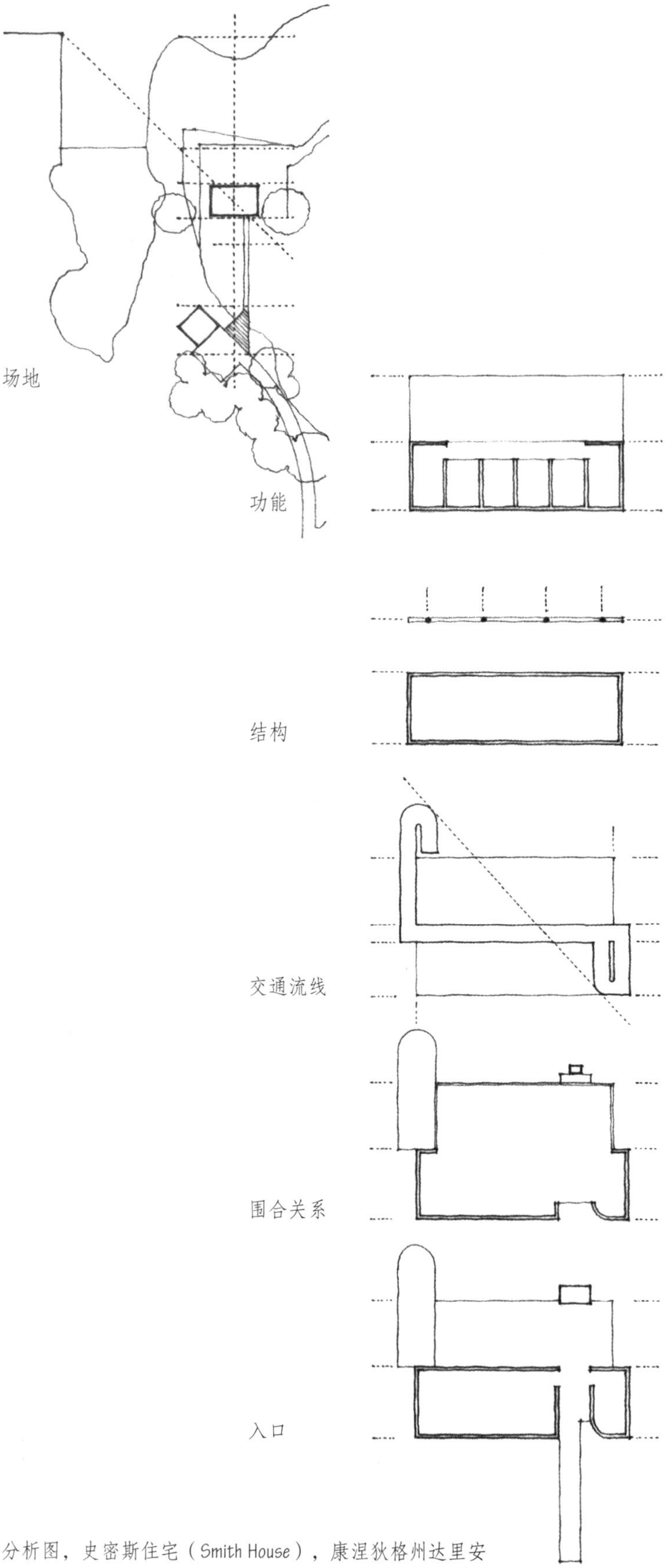

分析图，史密斯住宅（Smith House），康涅狄格州达里安（Darien），1965—1967年，理查德·迈耶（Richard Meier）。

统一 | Unity

组织要有调理。在高效的汇报演示中，不存在任何一个片段与整体不一致或者脱节。统一与均一（uniformity）相区别，需要：

- 把相互协调的图形和语言信息，合理且全面地组织起来；
- 根据汇报演示的意图，把格式、尺度、媒介和技法综合在一起，与设计、场所和听众相适宜。

连贯 | Continuity

汇报演示的每一个段落都应当和前后段落衔接，并为其他段落提供支持。

统一和连贯的原则相辅相成，哪一个都不可以独立存在。形成其中一个的因素注定会支持另一个。与此同时，我们还可以通过控制汇报演示中主要和次要的图形及语言元素，调整它们的布局和节奏，让设计的中心思想引起关注。

逆别墅（Anti-Villa），加利福尼亚州纳帕山谷（Napa Valley），1977—1978年，贝蒂和迈克设计公司（Batey & Mack）。

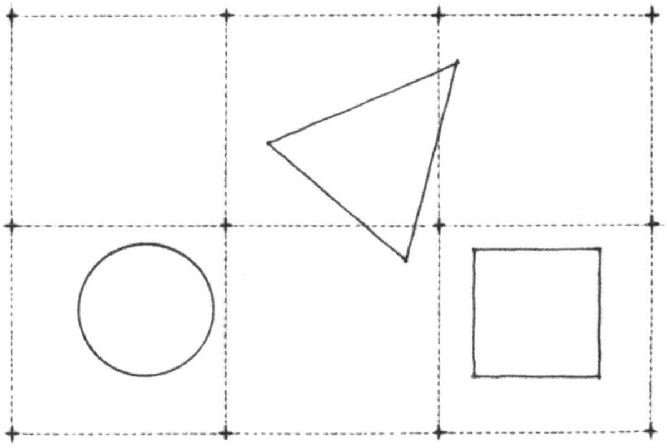

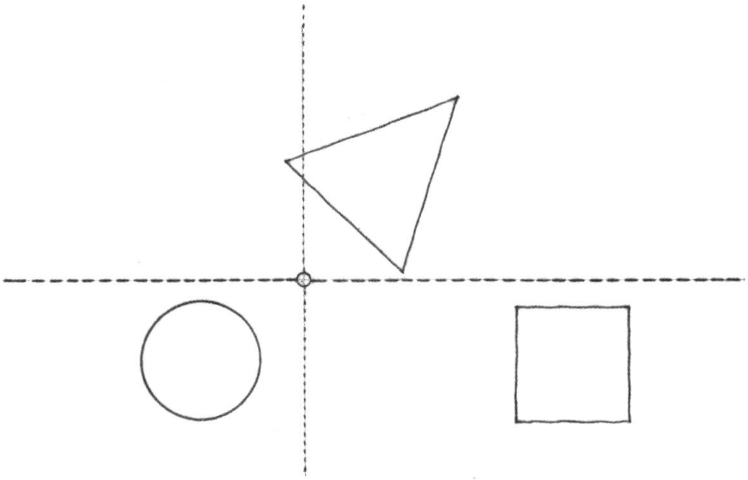

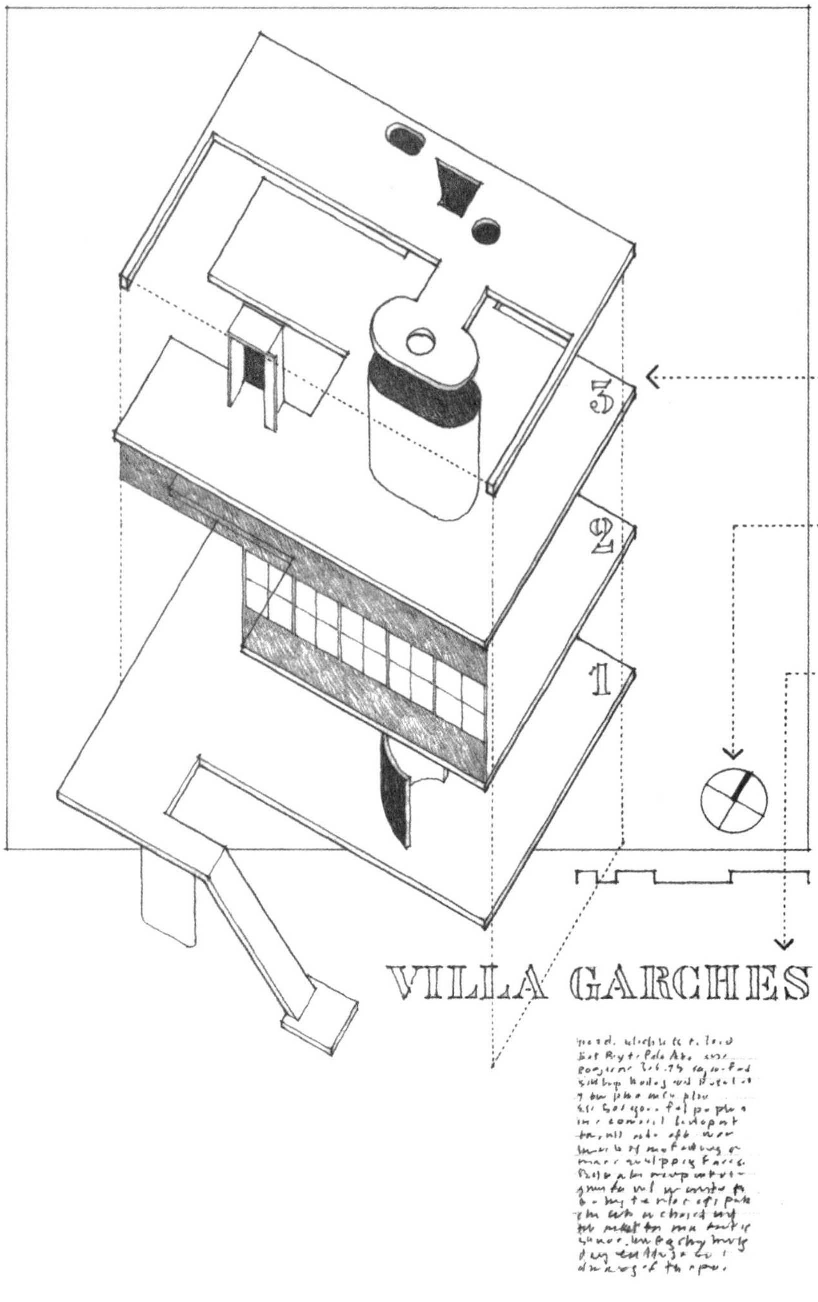

单独一幅绘图不可能全面阐述一个设计。只有通过一整套相互协调的汇报演示，利用一系列相互关联的绘图，才能让设计的三维形体和特征展现出来。然而，汇报演示所包含的不止是一系列绘图。为了解释和澄清绘图以外的要素，我们还需要分析图、图形符号、标题以及文字。因此，在设计演示中，我们应当谨慎地规划下面这些元素的次序和排列方式：

图像 | Graphic Images

绘图

图表

图形符号 | Graphic Symbols

指北针

图形比例尺

字母 | Lettering

标题

图例

文字

上面提到的全部元素都包含以下属性。如果想要汇报演示在视觉上保持均衡，应当全面考虑这些属性：

- 形状
- 尺寸
- 色调
- 位置
- 方向
- 间隔

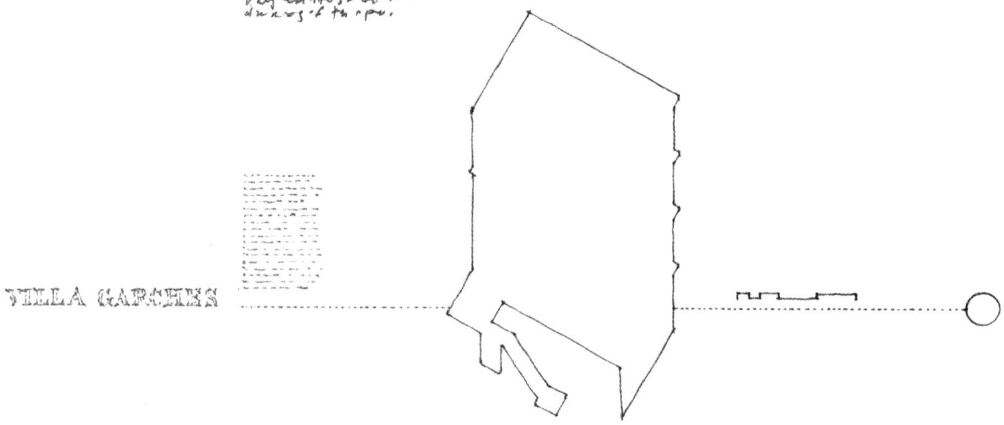

加歇别墅（Villa Garches），法国沃克雷松（Vaucresson），1926—1927年，勒·柯布西耶。

我们通常从左到右、从上到下地阅读设计演示。然而，对于幻灯片和数字化的汇报演示，还需要考虑时间顺序。无论在哪种情况下，所展示的设计对象都应当从小比例到大比例地排序，并且从整体视图或周边环境视图到细部视图。

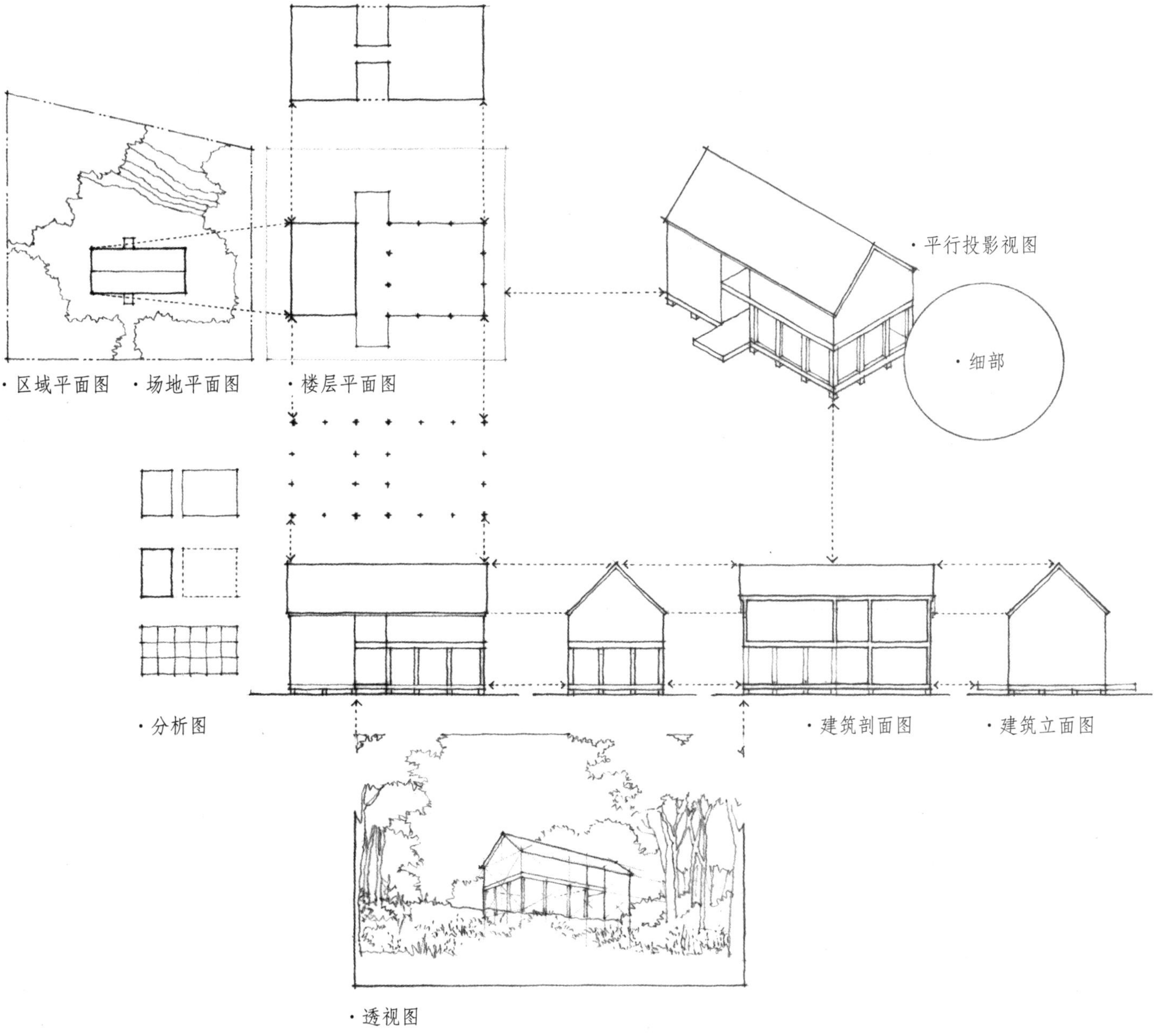

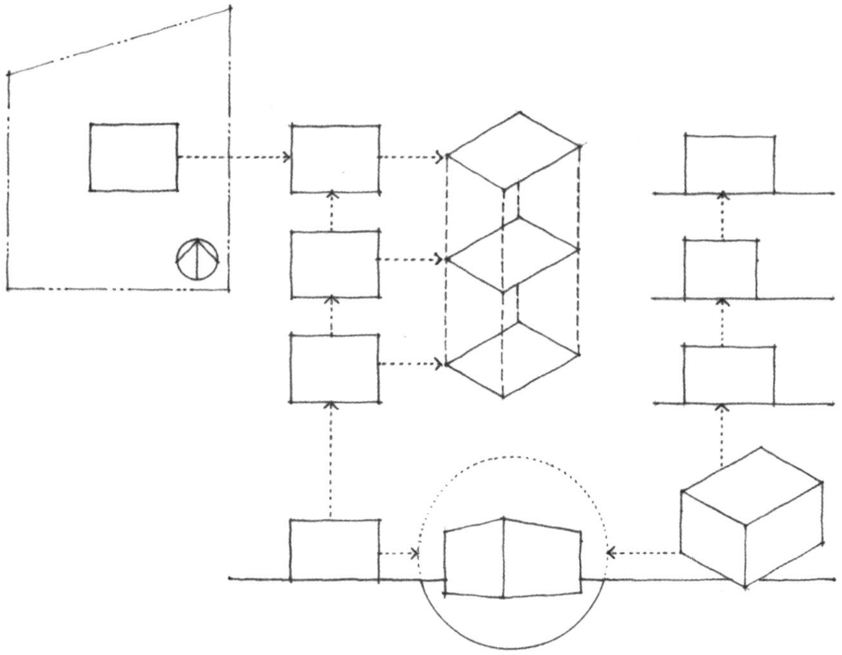

绘图的相互联系 | Drawing Relationships

设计绘图的顺序和排列方式应当强化它们投射出的相互联系。

- 用相近的朝向布置全部平面图。在可能的情况下，在页面上让平面图上北下南。
- 布置多层建筑的各层平面图时，要么竖直排列，要么水平排列，最好是沿着长边方向对齐。
- 排列建筑立面图时，要么竖直排列，要么水平排列，在可能的情况下和楼层平面图对齐。
- 同样地，竖直或者水平排列建筑剖面图，并且在可能的情况下和楼层平面图或者建筑立面图对齐。
- 把一系列相互关联的平行投影图竖直或水平排布。如果每幅绘图都依次建立在前一个视图之上，我们就可以从下向上或者从左向右排列它们。
- 让平行投影和透视图尽可能直接地和平面图相对应，从而表现它们的周边关系。
- 在所有绘图中都应当包含人物和家具，从而表现空间的尺度和用途。

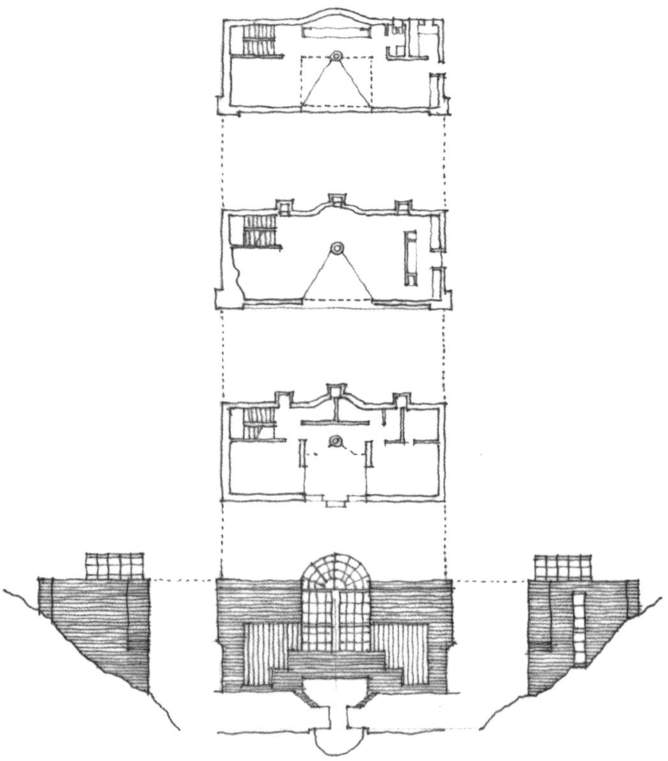

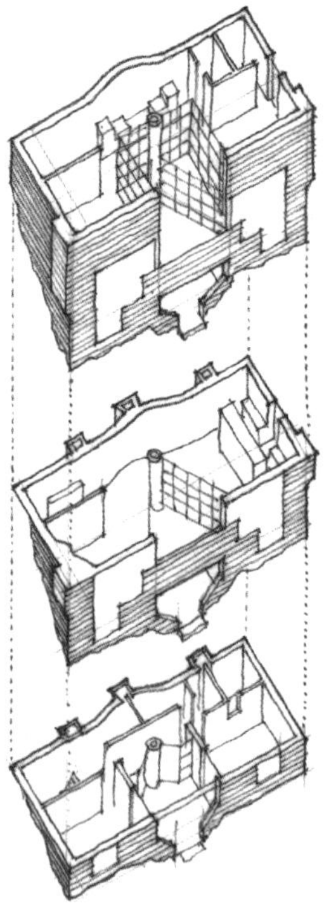

独户住宅（Single-family House），瑞士维甘内洛（Viganello），1980—1981年，马里奥·博塔。

关键顺序 | Key Sequences

除了各种绘图类型自身投射出的相互关系外，特定顺序所带来的视觉或描述性特征也可以引导我们组织汇报演示中的图纸。

时间顺序 | Sequences of time

如果一系列绘图意在表达生长、扩张或者随时间变化的理念，那么时间线可以作为这些绘图排序的基准。

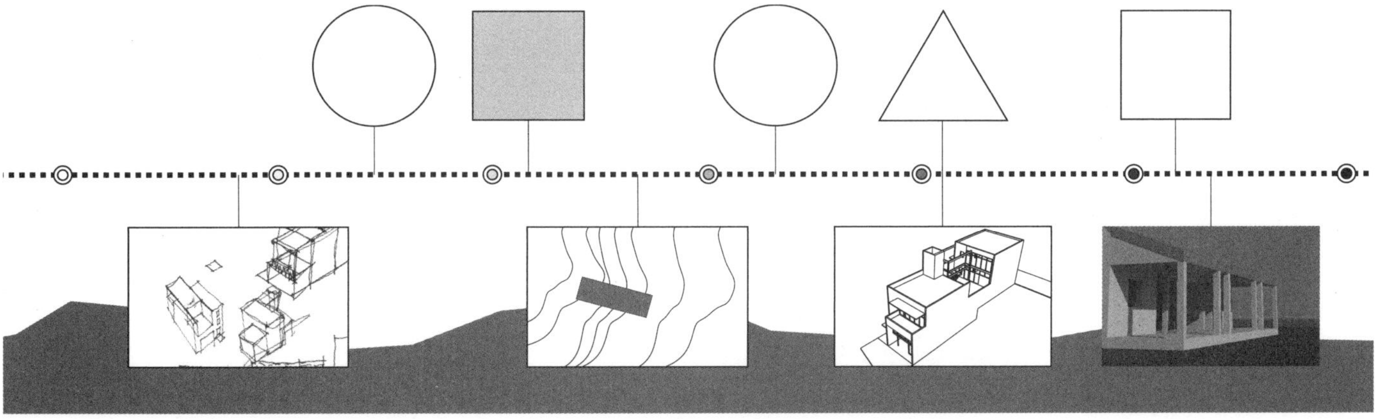

体验顺序 | Sequences of experience

沿着一条主线展开的透视图，表述人在建筑环境中移动的体验，可以作为汇报演示中其他各幅绘图的索引。

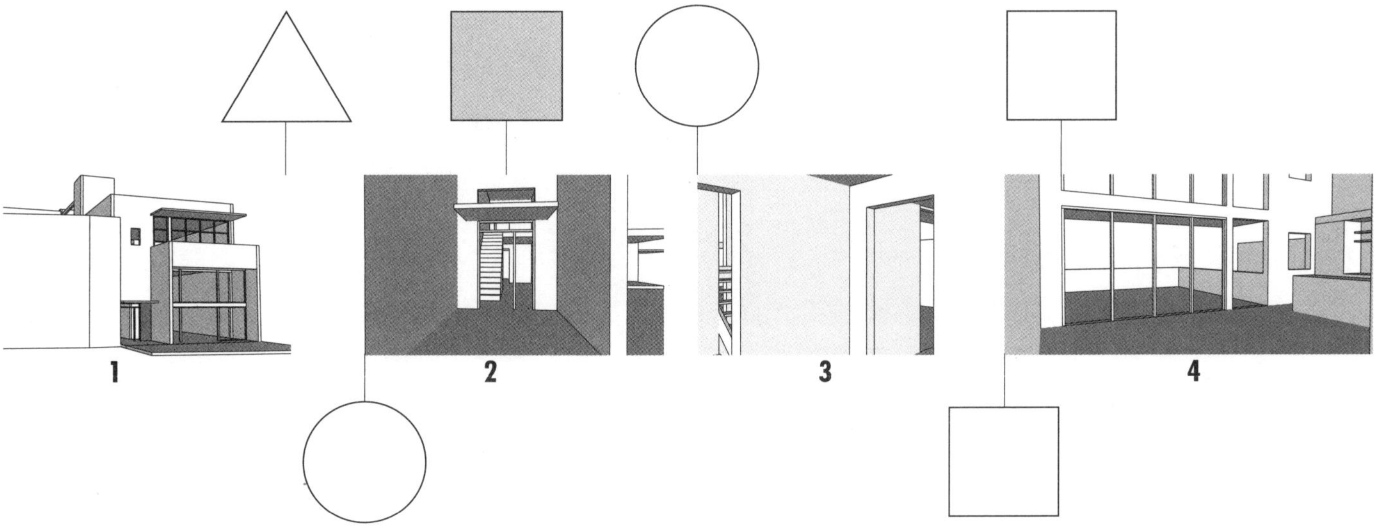

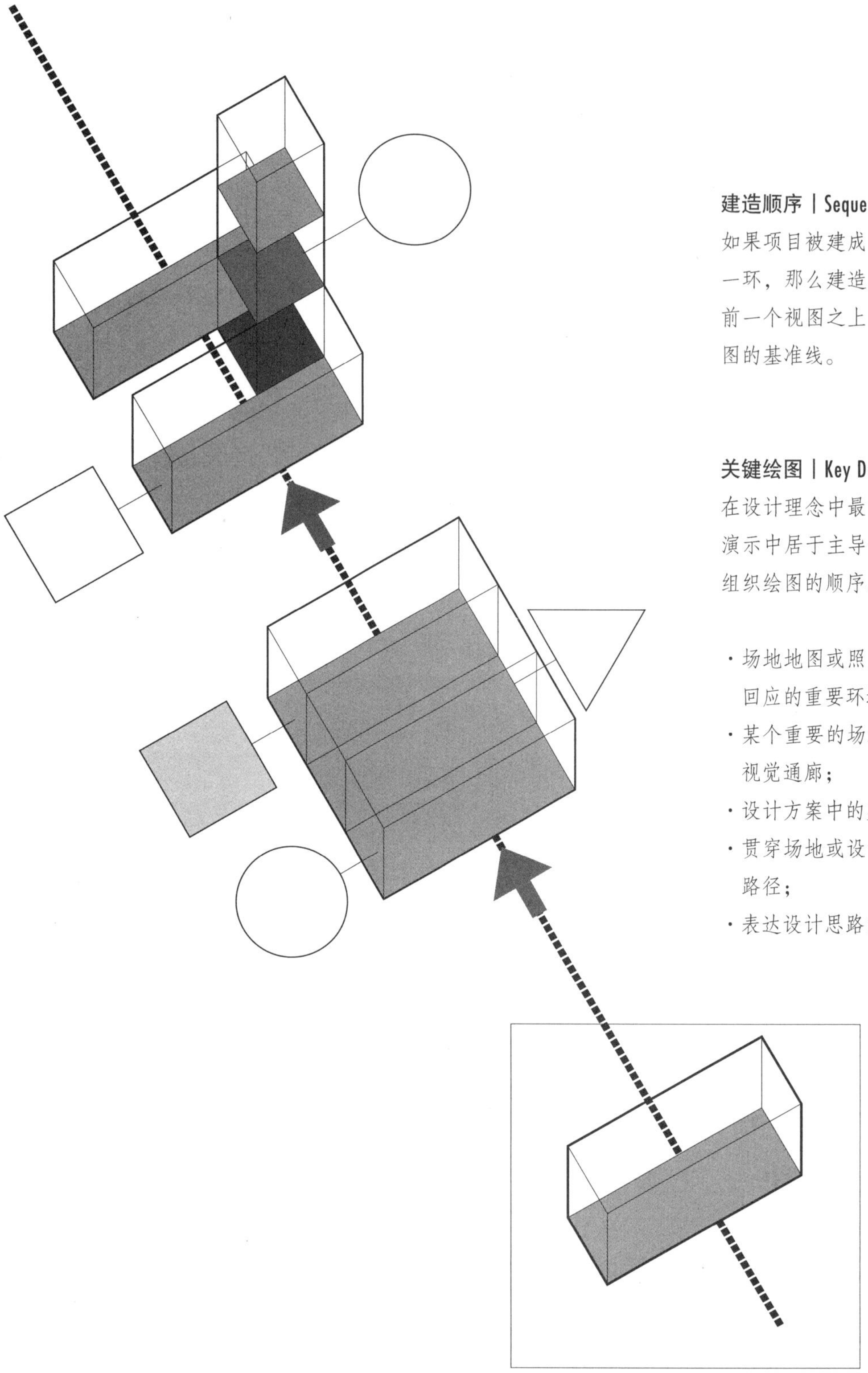

建造顺序 | Sequences of construction

如果项目被建成的方式和方法是设计理念中的关键一环，那么建造顺序——每一幅绘图都依次建立在前一个视图之上，可以作为汇报演示中布置其他绘图的基准线。

关键绘图 | Key Drawings

在设计理念中最重要或者最核心的绘图应当在汇报演示中居于主导位置，并且应当作为主要的依据来组织绘图的顺序。

- 场地地图或照片，其中展示了设计方案所考虑并回应的重要环境特征；
- 某个重要的场地特征，比如一个显著的斜坡或者视觉通廊；
- 设计方案中的某个关键纵剖面；
- 贯穿场地或设计方案的某条组织流线，或者移动路径；
- 表达设计思路的某个特殊或者独特的结构形式。

练习 12.1

为场地平面图、楼层平面图和轴测图构建两种不同的演示版面，其中一种为横向版式，另一种为竖向版式。

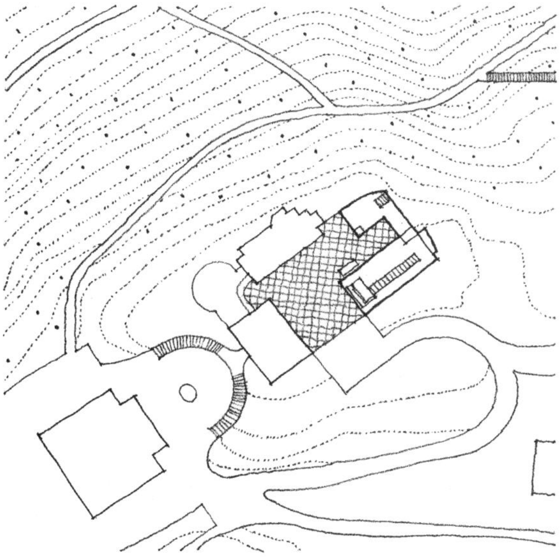

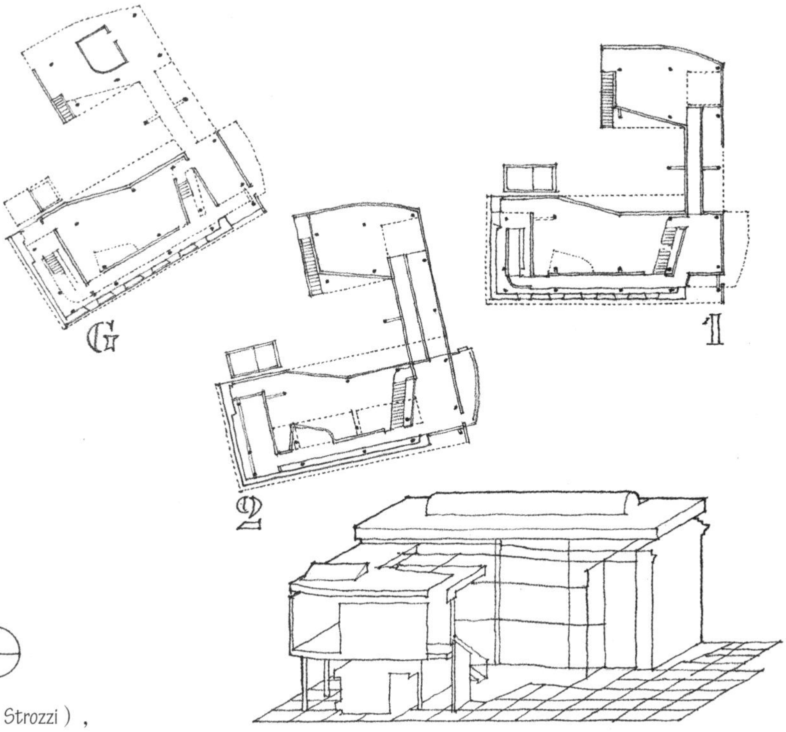

斯特罗齐别墅的现代艺术博物馆（Museum of Modern Art at the Villa Strozzi），意大利佛罗伦萨，1973年，理查德·迈耶。

练习 12.2

为平面图、剖面图和立面图构建两种不同的演示版面，其中一种为横向版式，另一种为竖向版式。

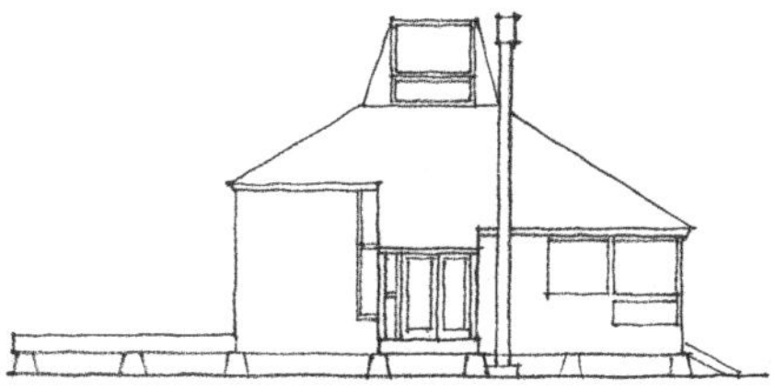

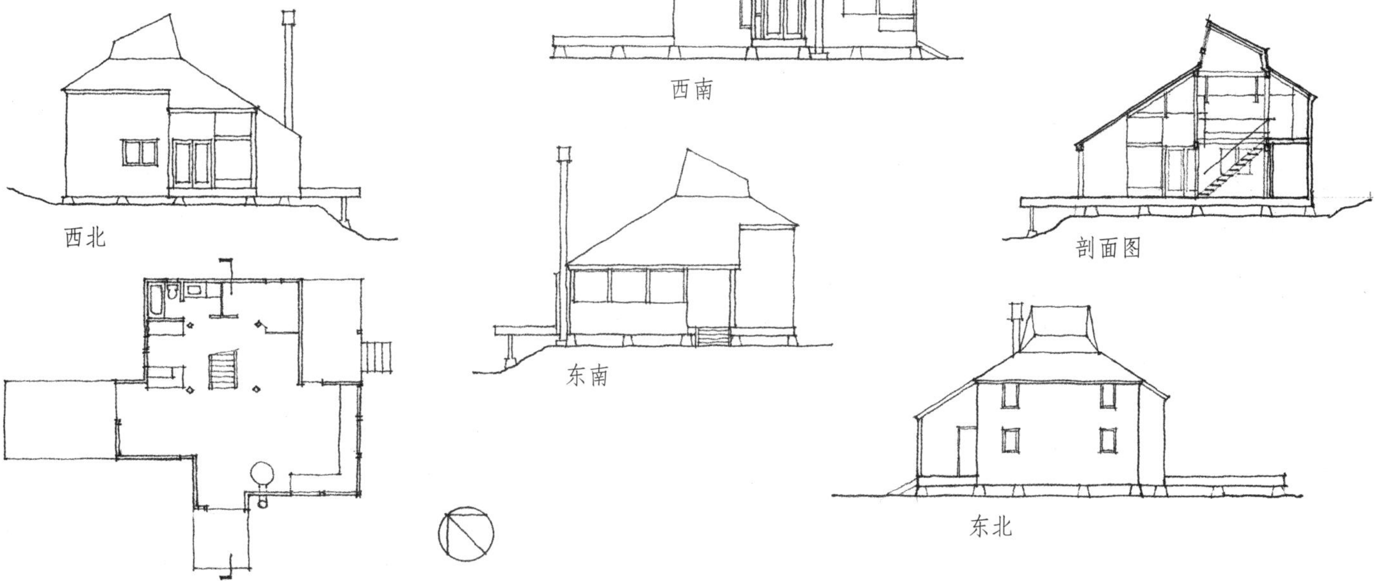

乔布森别墅（Jobson House），加利福尼亚州帕洛科罗拉多峡谷（Palo Colorado Canyon），1961年，查尔斯·穆尔。

我们展示设计绘图时，通常把它们当作相互关联的一套或者一组图形对象。典型的例子包括多层建筑的一套楼层平面图或者一系列建筑立面图。每一幅绘图之间的间隔和排列，以及形状、处理方式上的相似性，都是关键的影响因素——决定了在我们阅读这些绘图时，会把它们视作一组相互关联的信息，或者各自独立的对象。

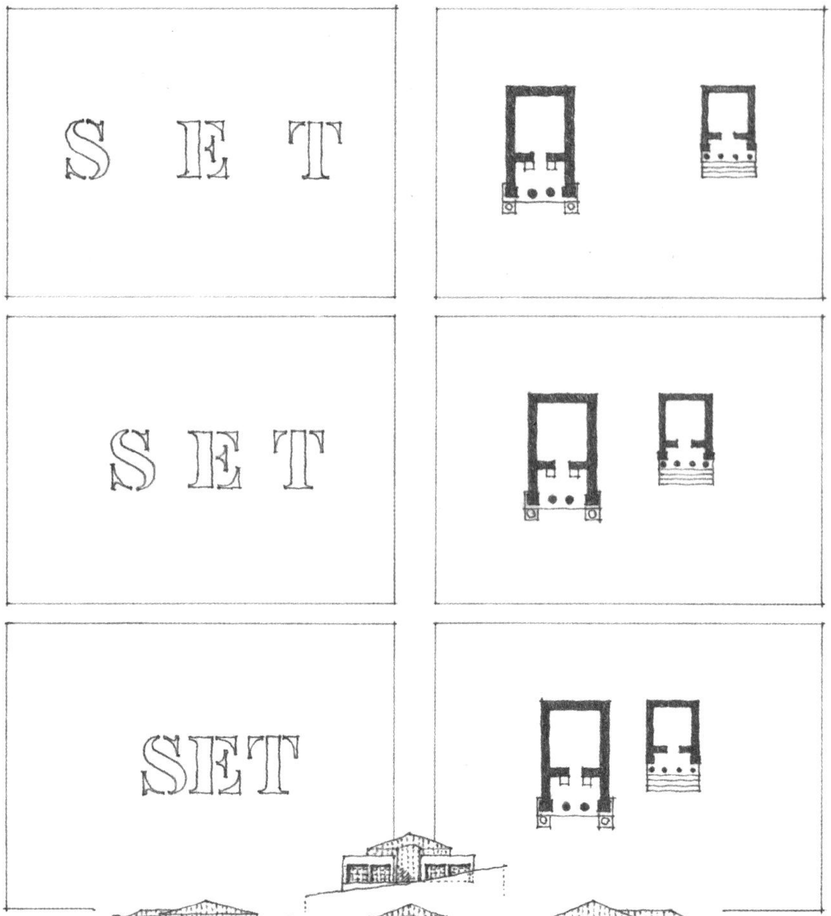

- 利用空白和排列方式来强化汇报演示中图形和语言信息的组织条理。如果没有绝对的必要，就不要填满空白的间隙。
- 如果我们希望两幅绘图被视作各自独立的对象，它们之间的空隙应当等于它们各自与最近的绘图区域边缘之间的空隙。
- 让两幅绘图靠得更近，会让它们被视作相互关联的一个群组。
- 如果我们让它们继续相互靠近，它们看上去会成为一个视图，而不是两个相互关联但是分开独立的视图。

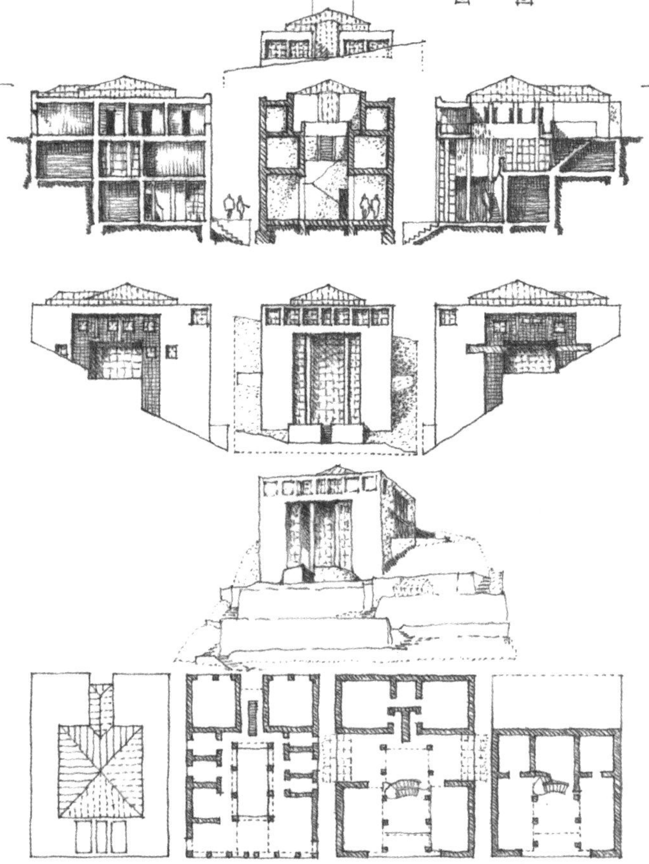

怀德曼住宅（Weidemann House）项目，德国斯图加特，1975年，罗伯·克里尔（Rob Krier）。

- 如果一组绘图恰当地相互联系，在视觉上集合为一组，那么它们自身就可以为另一幅绘图或另一组对象定义出绘图区域的边界。
- 线条可用于分隔，也可用于联合，或者给予强调，或者勾勒轮廓。然而，如果通过间隔和排列方式就能实现相同的目的，就不要使用线条。
- 方框可以在页面或图板上，或者大区域内，确定小的绘图区域。然而要知道，使用太多图框会造成图底关系的混乱。

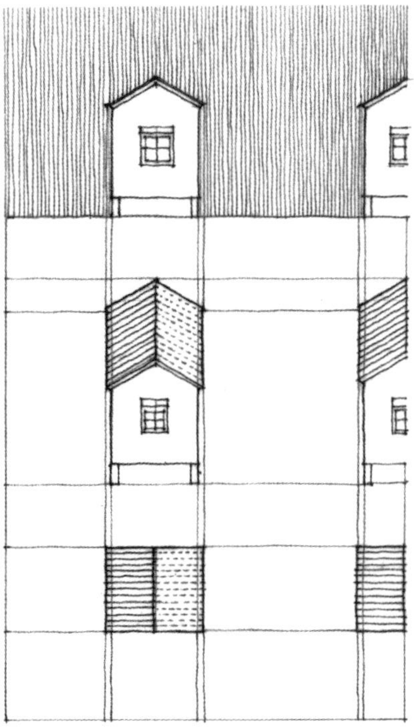

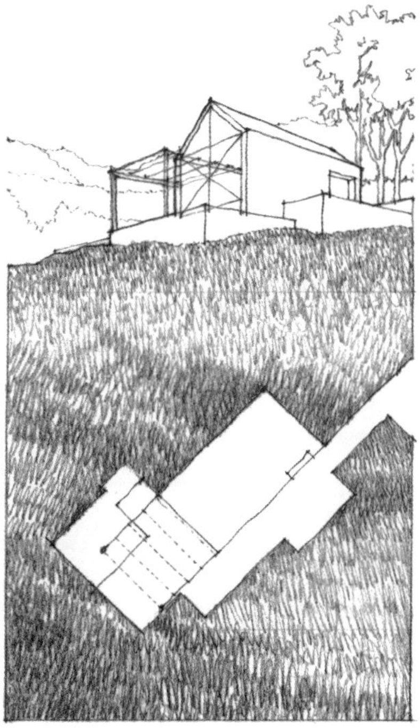

· 我们可以在较大的绘图区域中，用色调定义另一片区域。比如，立面图的深色背景可以融合到剖面图中，透视图的前景可以成为建筑平面图的背景。

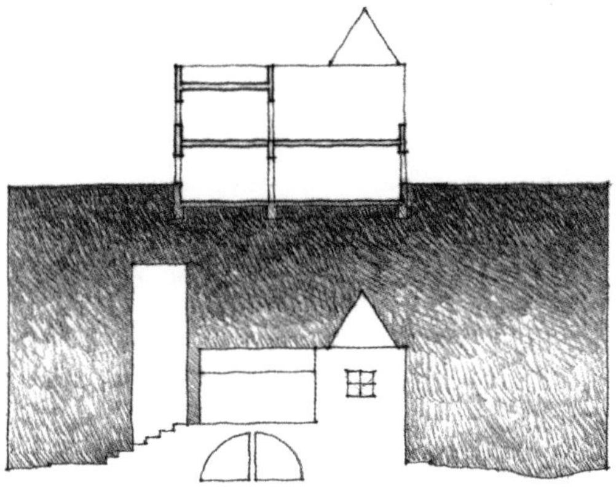

练习 12.3

为平面图、立面图和剖面图设计两种不同的布局策略，把视觉信息划分为三个分明又相互关联的群组：一组平面图、一组立面图和一组剖面图。如何使用色调背景来构成或者强化其中一些视觉群组？

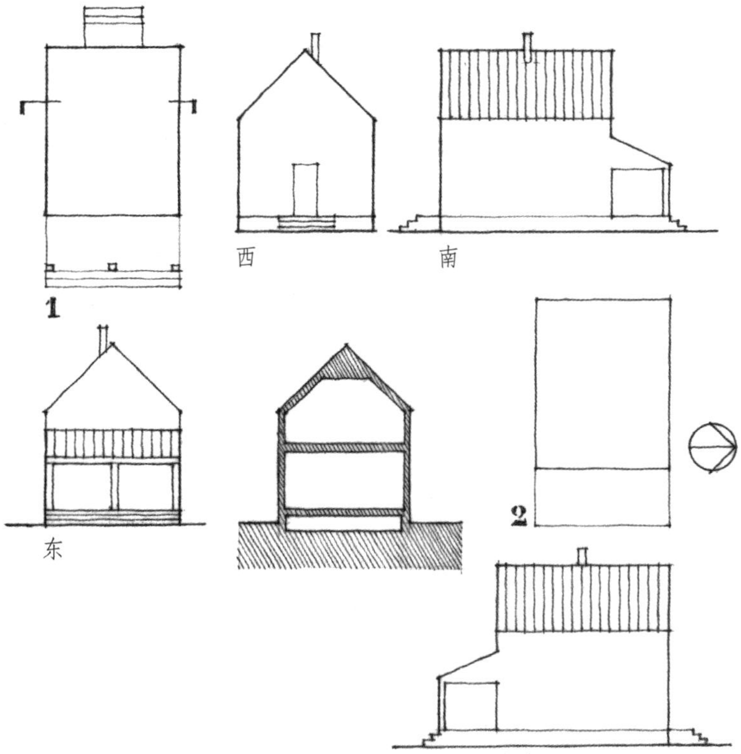

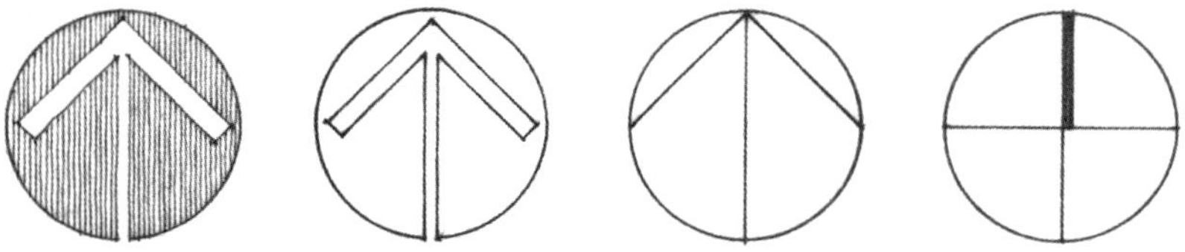

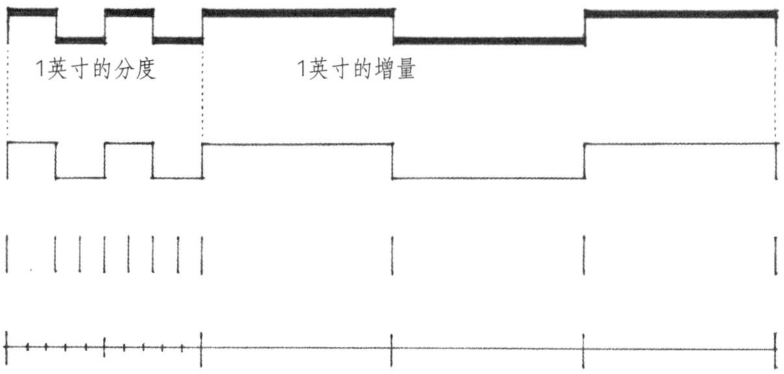

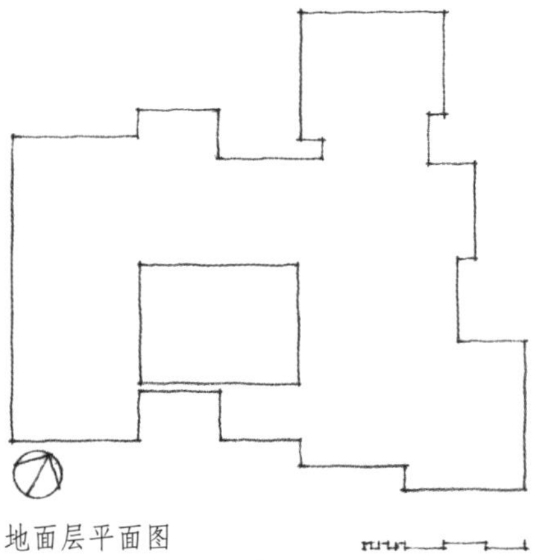

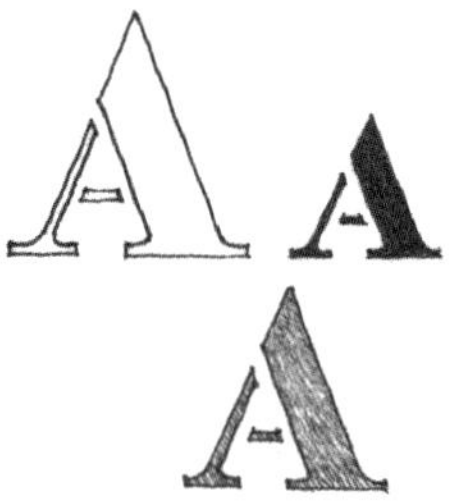

图形符号 | Graphic Symbols

图形符号帮助读者识别绘图和汇报演示中的不同形象或特征。两种基本的图形符号包括指北针和图形比例尺。

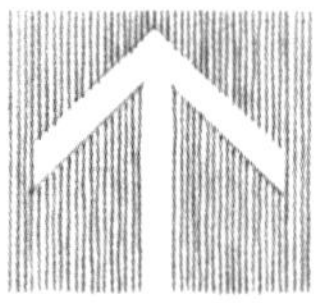

- 指北针指示了建筑平面图中的主要罗盘方位，让读者能够了解建筑和场地的朝向。

- 图形比例尺是标有刻度的线或者条块，表示比例尺寸。这种比例尺会随着绘图一起放大和缩小，保持正确比例，因此非常有用。

图形符号依靠通行的惯例来传递信息。让它们保持简洁，不包含冗余的细节和浮华的装饰，从而容易辨认和理解。为了让汇报演示更清晰、更容易理解，这种工具也应成为绘图和汇报演示整体布局中的重要组成元素。

图形符号和字母的影响力取决于它们的尺寸、视觉权重和位置。

尺寸 | Size

图形符号和字母的尺寸应当和绘图比例尺相协调，并且在预期的观看距离上适合阅读。

视觉权重 | Visual Weight

尺寸和色调决定了图形符号和字母的视觉权重。如果为了保证可读性而必须使用大符号或大字体，但又需要浅色调来平衡构图，就可以使用描边的符号或字母。

位置 | Placement

布置图形符号、标题和文字时，要靠近它们所指的绘图。在可能的情况下，控制间隔和排列方式来形成视觉信息的群组，而不要使用图框。

字母 | Lettering

字母最重要的特征是可识别性与一致性。我们所使用字体的特征应当适合我们所展示的设计，并且不脱离绘图本身。有大量设计完善的手写和数字字体都可供使用。因此，我们应当把时间花在恰当地选择和利用这些字体上，而不是努力设计新的字体。

- 我们控制字母间隔时，是通过保持字母形体的间距在视觉上相等，而非机械地量取字母端点之间的距离。数字绘图和排版程序通常包含相关功能，比如字距（kerning）——调节两个特定字母之间的距离，纠正看上去不平均的间隔；字母间距（tracking）——控制单词或文字段落中整体的字母间隙，从而影响整段文字的密度和肌理；还有行距（leading）——确定相邻两行文字之间的距离。

- 小写字母适宜在整个汇报演示中连贯使用。主体文字同时包含大、小写字母，通常比全大写字母更容易阅读，因为小写字母之间的差异更加明显、容易辨认。

- 衬线（Serif）指在字母形体的主要笔画的端点上添加细线，用于提高字母的辨识度和可读性。避免在标题和页首混合使用衬线字体和无衬线字体。

- 用辅助线控制手写字体的高度和行距是有必要的。手写字体的最大高度是$^{3}/_{16}$英寸。超过这个尺寸时，笔画所需的宽度就超过了钢笔或者铅笔所能做到的极限了。

- 要根据汇报演示中观众的阅读距离，确定字母尺寸的区间。记住我们会处于不同距离上阅读汇报演示中的不同部分——比如项目概况、分析图、细部、文字等。

按相等面积划分的正确间隔　　按字母形体划分的错误间隔

Lowercase lettering is particularly appropriate for bodies of text.
小写字母特别适合于主体文字。

Serifs enhance the recognition and readability of letterforms.
衬线字体提高了字母形体的辨识度和可读性。

TRADE GOTHIC is a very legible typeface.
TRADE GOTHIC是一种识别度很高的字体。

NARROW or CONDENSED fonts are useful when space is tight.
空间狭窄时适用瘦长或紧凑的字体。

GARAMOND is a classic example of a typeface with serifs.
GARAMOND是一种传统的衬线字体范例。

CASLON has slightly broader proportions than Garamond.
CASLON比Garamond字体的比例略微更宽。

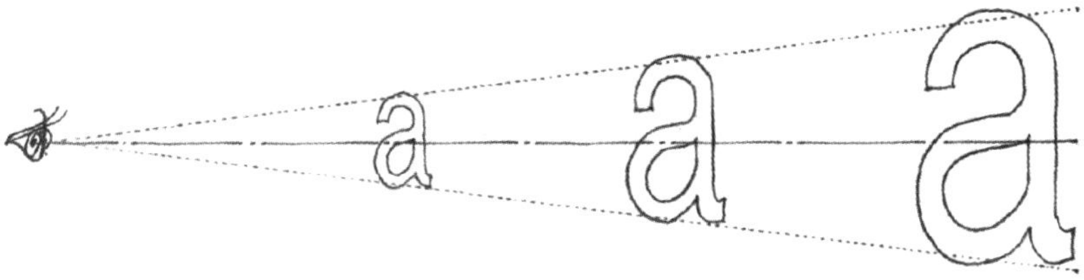

ABCDEFGHIJKLMNOPQRSTUVWXYZ 1234567890 abcdefghijklmnopqrstuvwxyz

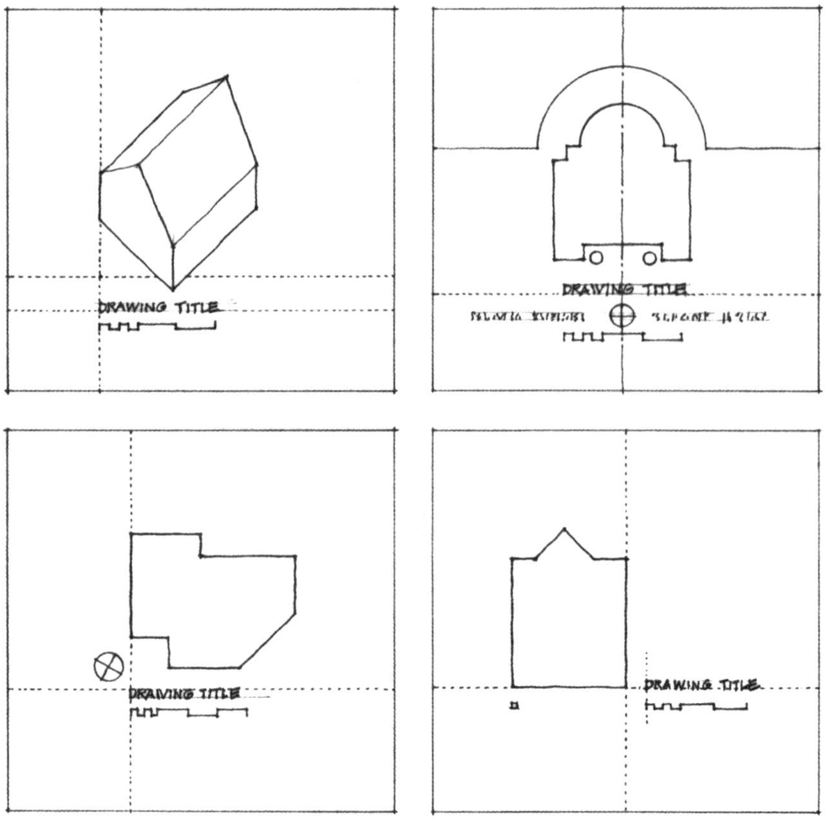

设计演示中的文字应当小心融入每个页面或图版上绘图的布局当中。

绘图标题 | Drawing Titles

定义并说明特定绘图内容的标题和图形符号，应当与绘图相对应。习惯上讲，我们总会把标题置于绘图的正下方。有时候我们也会让标题和绘图底边对齐，并靠在绘图一侧。在这些位置上，标题有助于稳固绘图区域，尤其对于那些不规则形状的绘图。当绘图和设计具有对称形式时，采用对称布局；在其他情况下，让标题和绘图——或者绘图区域竖向对齐，通常更容易一些。

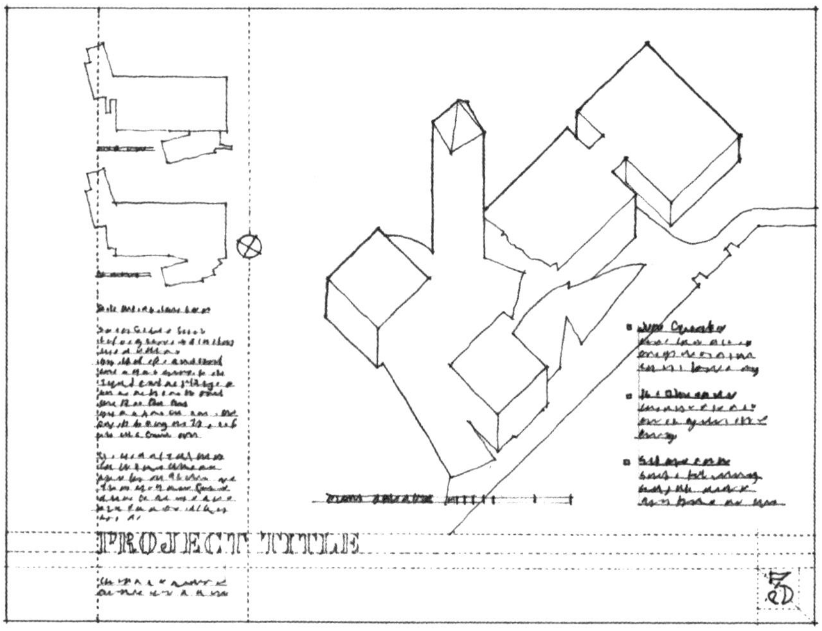

文字 | Text

把文字整合到视觉信息群组中，并让这些群组和它们所指的绘图部位直接对应。文字的行距应当介于所使用字母高度的一倍到一倍半之间。文字的段落间距应当大于或等于两行文字的高度。

项目标题 | Project Title

项目标题及相关信息应当与页面或图板的全局相对应，而不是对应版面内的某一幅绘图。

一组相互关联的绘图可以按照竖向、横向或者方格状排布。在设计汇报演示版面时，我们首先明确自己想要实现的关键流程。然后再通过分镜脚本或者小样来探索汇报演示的不同形式——包括图纸顺序、排列方式以及最终表现图被揭开之前的留白。

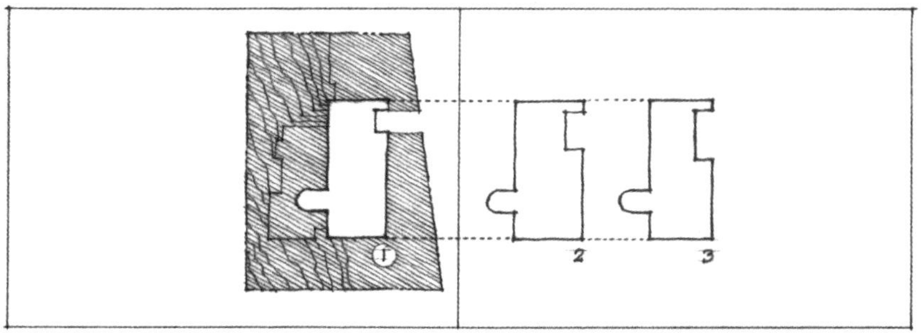

- 记住要去探索页面或展板之间各种可能的布局关系。
- 在横向排列的页面之间，通过连续的地面线或者对齐的绘图标题来保持连贯性。
- 不要添加尺寸标注或者图框、标题框。它们是工程或制造图纸的惯例。

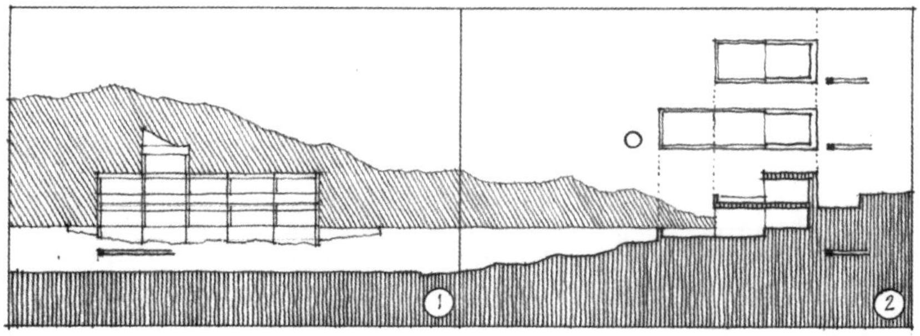

当汇报演示包含多于一个页面、图板或展板时，就要为每幅展板确定编号。这个信息应当在每幅展板的相同位置上。如果在汇报演示中，这些展板以某种特殊的形式展示，我们也可以用更加图形化的方式来标明它们的相对位置关系。

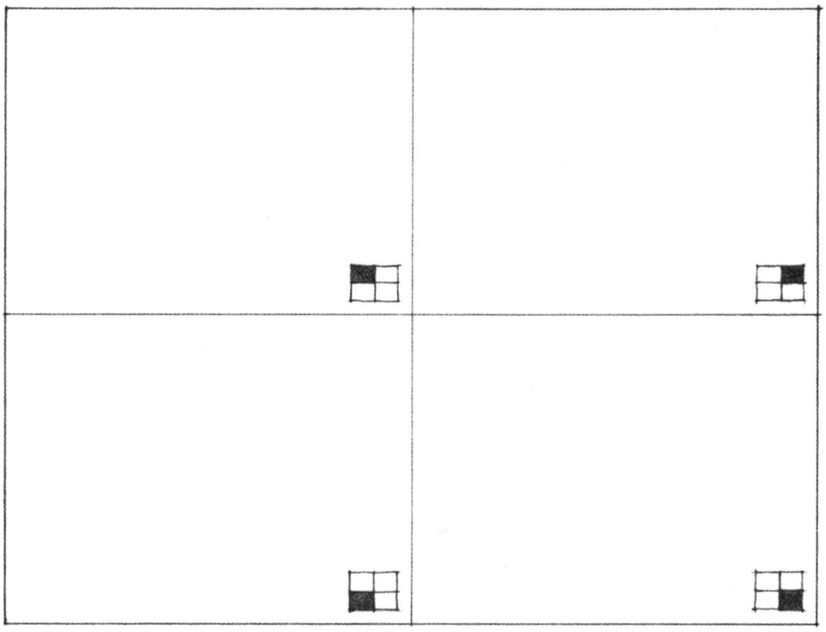

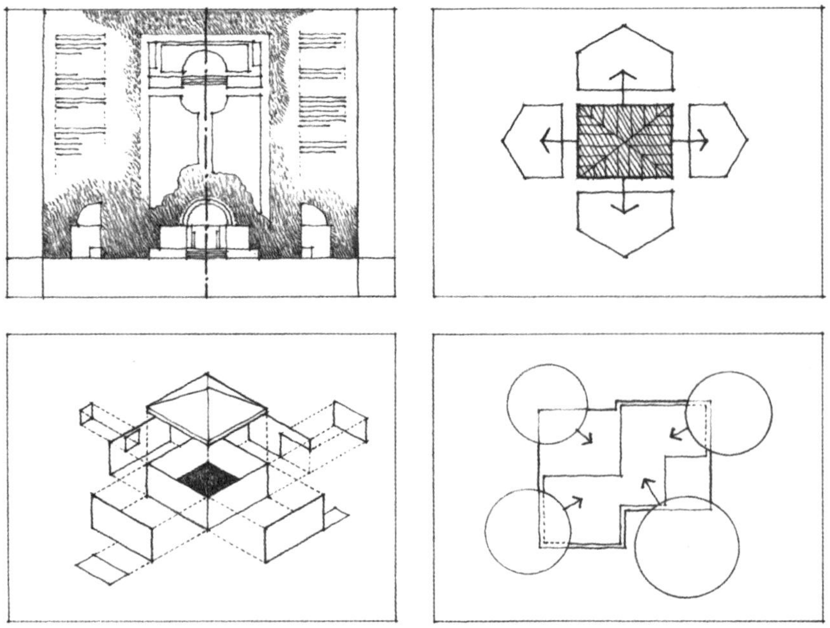

对称的布局对于展示对称的设计最为合适。

中心对齐的版式适合表现被立面图环绕的平面图、平行投影的分解视图，或者在某幅关键绘图周围分布着大比例的细部图。

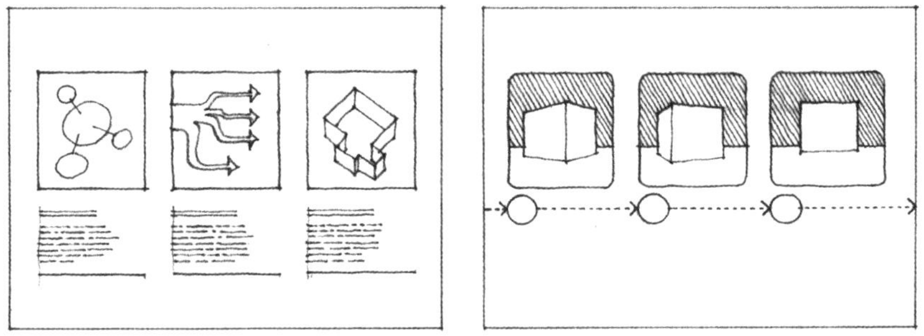

如果一系列相互关联的绘图以不同方式制作而成，或者分属不同类型，我们可以用规则的图框或方框圈住它们来实现统一。

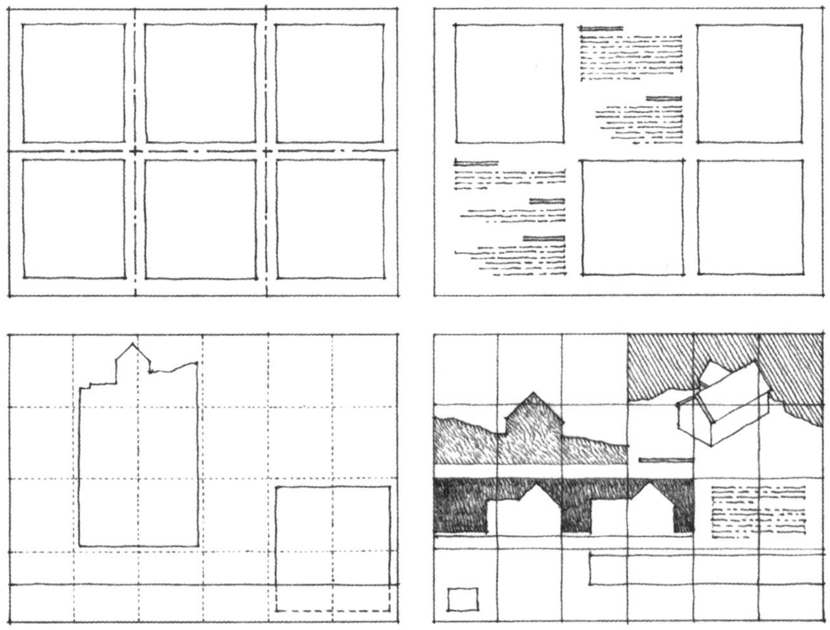

在一块展板或者一组图板上布局一系列绘图和文字信息时，方格网具有最强的灵活性，方格网内在的秩序感可以让大量多样化的信息以统一的形态呈现出来。

- 方格网可以是正方形或者长方形的。
- 我们可以在每个方格或者图框中展示绘图、图表和文字。
- 我们可以在绘图下方配以文字，并水平排列它们，形成相关联的纵列。
- 一幅重要的绘图可以占据多个方格或图框。
- 图形和文字可以自由灵活的方式结合在一起。

数字版式 | Digital Layouts

手绘制作汇报演示，直接在纸面或图板上绘图，是一个需要谨慎谋划的设计任务，不仅要在绘图之间建立恰当的联系，还要在确定版面之前通过分镜脚本探索不同的可能性。虽然这种经过实践证明的方法对预先构思有很高的要求，并且容不得些许错误，但是其成果是令人惊叹的。

用电脑软件设计汇报演示版面相比于直接在纸面或图板上绘制，具有几项优势。最主要的优势是可以在决定最终构图之前尝试不同的版式。这个过程可以通过软件的群组和图层功能实现，操控图像和其他版面元素，在决定最终版式之前随意地移动它们。在必要时，我们可以保存数字版式文件、在副本上进行修改，并且在新的尝试无法呈现满意的成果时恢复之前的版本。

光栅绘图程序适合通过裁剪、滤镜等功能修改图像，并且可以调整色调和色彩；而矢量绘图与页面排版程序使用外部链接，不在内部置入文件，这个特性让它们更适用于设计汇报演示版面。外部链接图像文件的功能让我们可以组合多样化的媒体形式——手绘图的扫描件、数字照片、矢量图形以及光栅图像，把它们放入同一个汇报演示中。使用外部链接图像文件的另一个好处是一旦原始图像被修改，可以通过重新读取修改过的原始文件来更新版面中的图像。

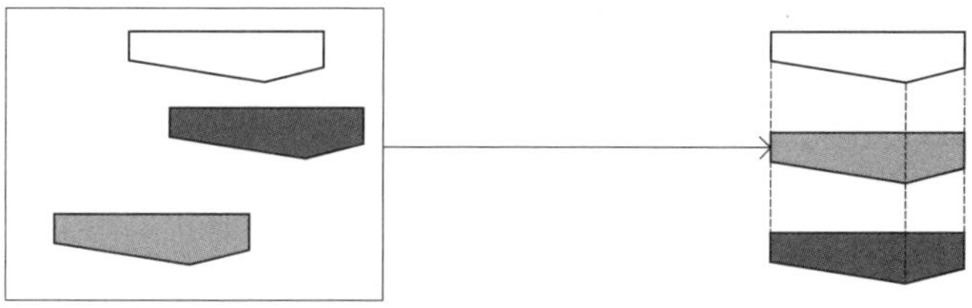

三幅数字图像可以先对齐、平均间距，然后分群组，之后链接或者置入排版程序中。

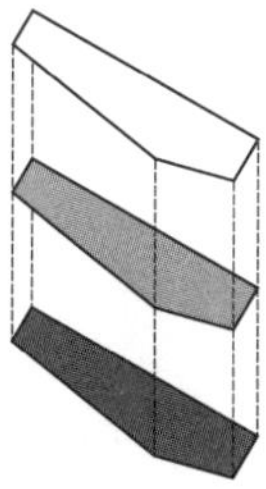

如果需要，这些图像可以先旋转，再对齐并平均间距，然后分群组。

在作为链接置入版面后，分群组的图像可以四处移动，直到获得满意的位置关系和排列方式。

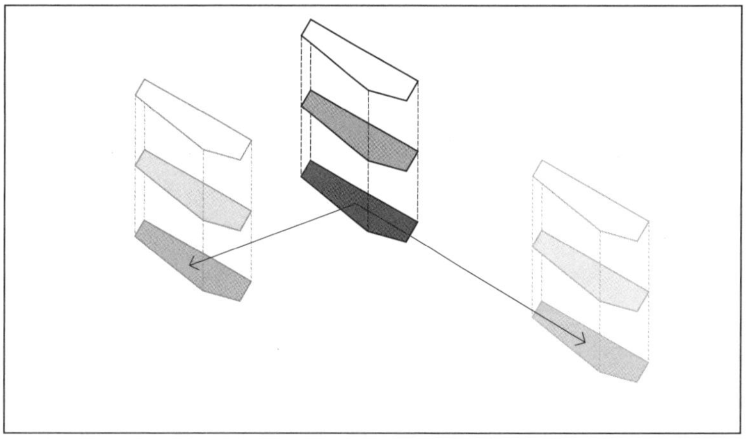

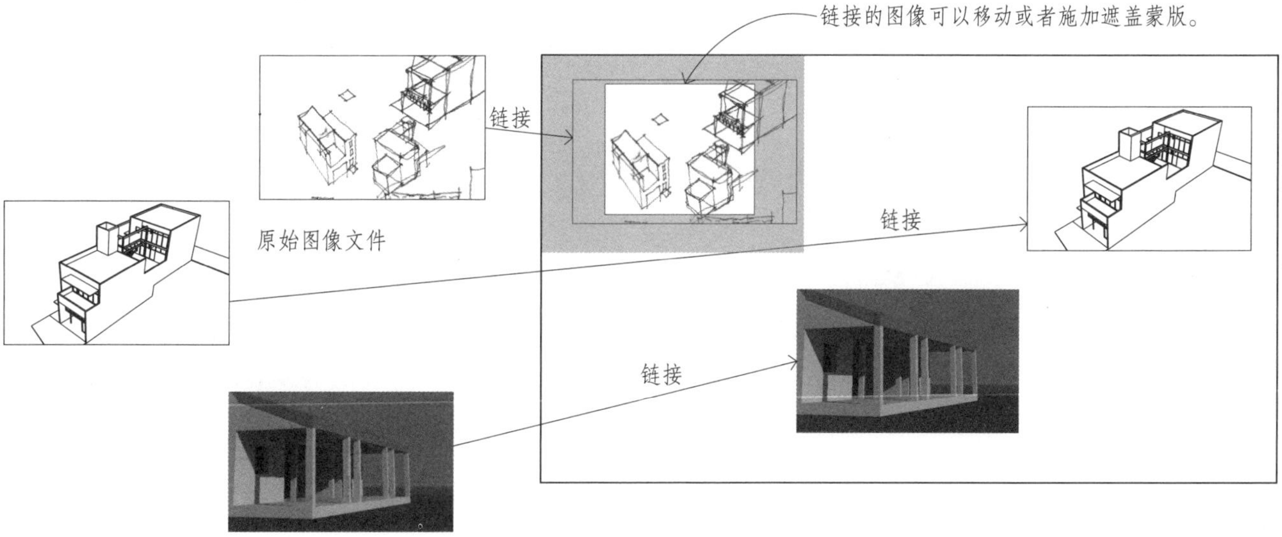

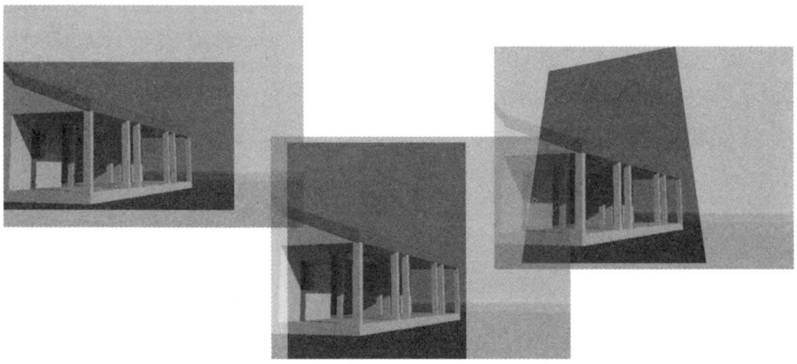

数字蒙版可以有多种尺寸和形状。

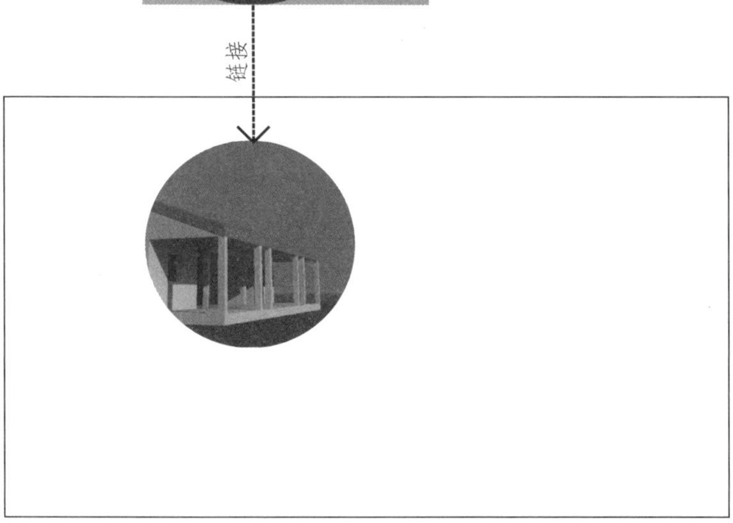

在矢量绘图和页面排版程序中，各种图形组件被放入或者链接到汇报演示中，图框是控制它们位置的工具。每个图框就好像一个窗口，我们透过它看到置入的图像。原始图像被遮盖，但不会像在光栅图像处理程序中那样被裁剪。图像中显露的部分由窗口的形状和尺寸决定，我们在绘图或者排版程序中创建这个窗口。在图像被置入或链接后，我们可以自由地移动它或者窗口，放到演示版面的不同位置。我们也可以调整图像的尺寸或者旋转图像，强化汇报演示的整体构图。

同样地，我们可以在版面中添加其他表现元素，比如线条、形状和文字，并且移动、缩放或者旋转它们，形成最适合版面构图的状态，强化它们构成的视觉信息群组。我们还可以使用不打印的参考线来辅助各视觉信息群组的排列和协调，或者维持每一个页面、图板、展板上的版面统一。

数字图形程序的图层功能让我们可以把特定的元素前置或后置。这在调整立面图、剖面图甚至平行投影绘图中的前景-背景关系时尤为有效。

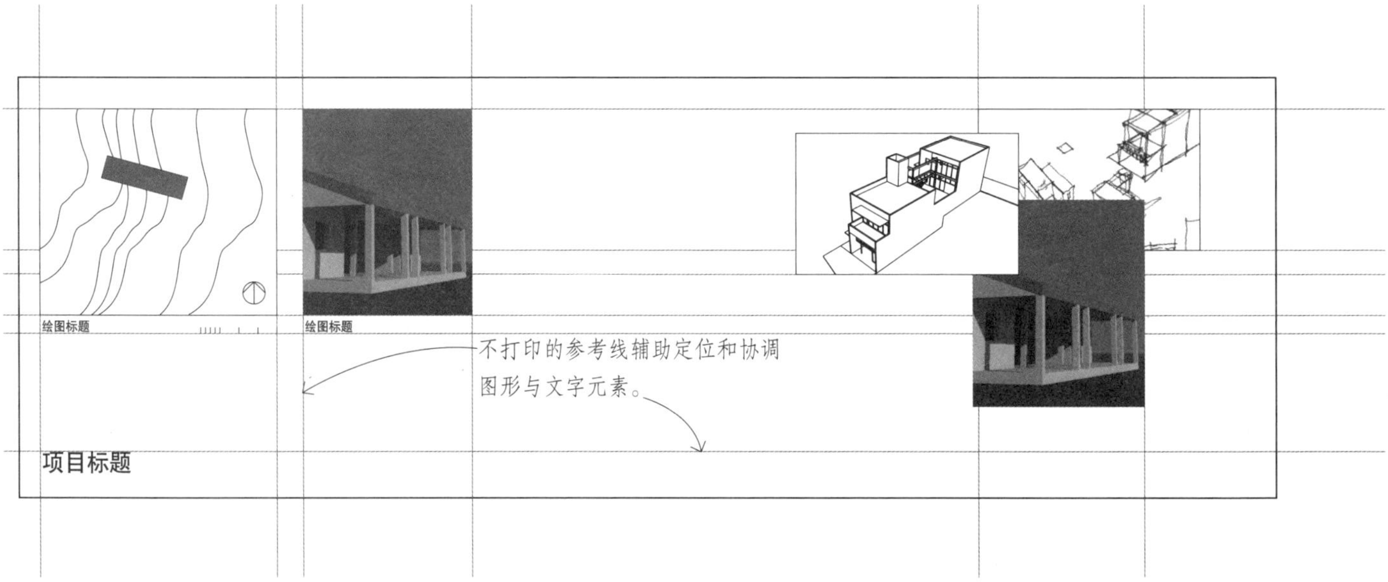

不打印的参考线辅助定位和协调图形与文字元素。

在数字工作环境中准备汇报演示时，我们应当谨慎考虑图像、字母和图形元素相对于彼此的大小，以及相对于整个版面的大小。因为我们可以轻易地放大汇报演示的某个局部，或者缩小观看整体版面——并且通常都会在电脑屏幕上用缩小的尺寸观看——所以很难确定演示的元素，尤其是文字，在打印或出图后是否太小，导致难以阅读；或者是否太大，和版面上的其他元素不协调。用实际尺寸打印或绘制出汇报演示的全部或者部分，可以在最终打印或出图前得到有价值的信息反馈。

无论哪种情况下，我们希望其他人在不同距离上观看绘图都应当是可行的。当作为整体观看时，绘图的构图应当具备强有力的图底关系；近距离观察时，则应当显现出适度的细节。

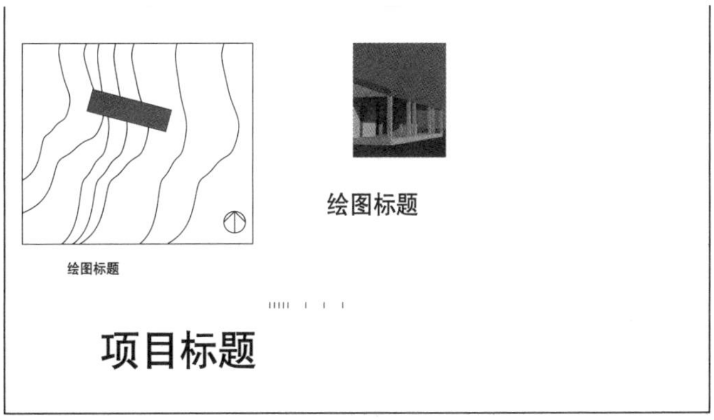

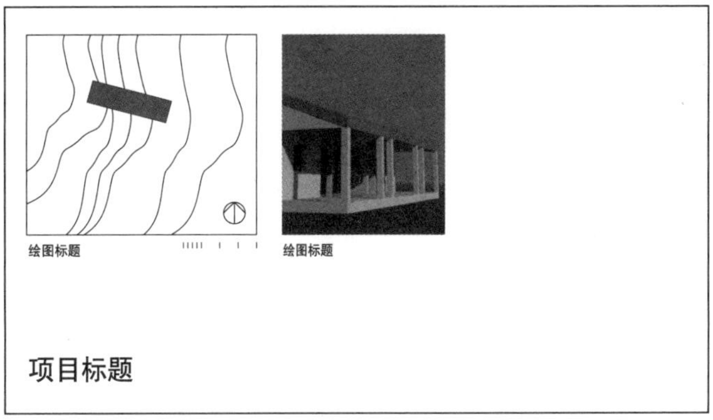

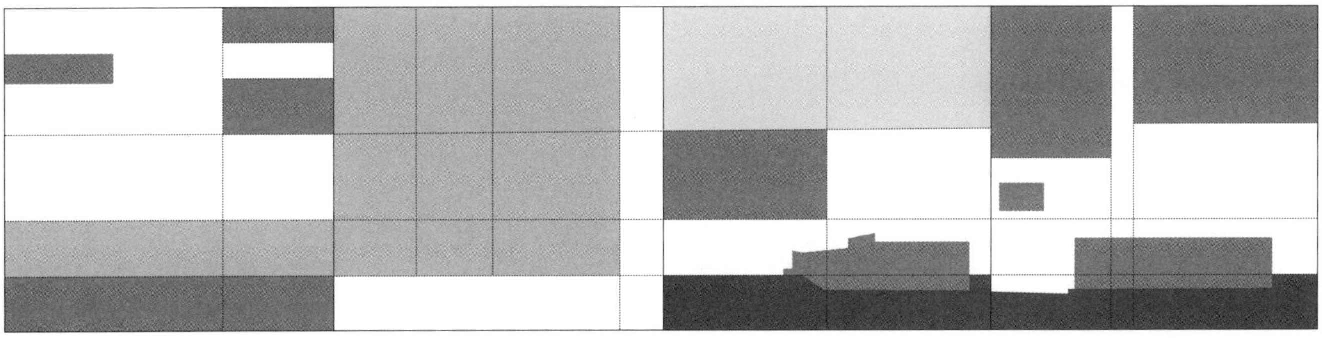

数字图板的版式网格

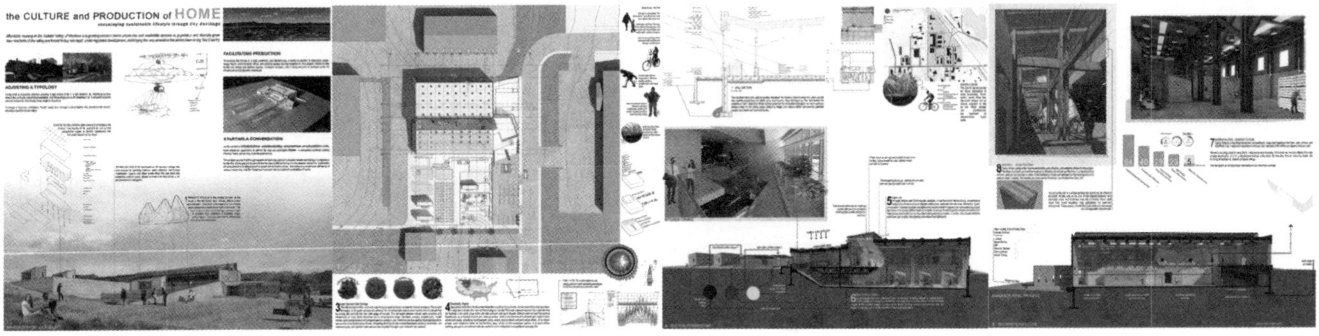

数字版式布局和图像，作者：罗宾·维尔德。

复合版式 | Hybrid Layouts

从设计理念走向复合的汇报演示，是一个迭代的过程，自由地往复于数字和手绘工作环境。最初的概念草图可以从手绘开始，然后扫描进入数字工作环境，描摹出二维矢量绘图。进入数字工作环境后，通过二维矢量绘图和三位数字模型，又可以进一步迭代出更完善的设计绘图。

在设计过程中，数字绘图可以输出到数字加工流程当中，建立实体模型，以便进一步研究和评价设计方案。数字模型可用于分析日照、能源效率、结构体系、玻璃设计方案以及材质的定位。正投影、平行投影和透视图可以通过数字模型生成，并作为依据探索设计方案。在这个过程中的任何时间点上，绘图的视野都可以被打印出来并作为底图，供我们手绘研究。快速的徒手草图通常能够为设计过程提供新的洞见。这些洞见随后会被整合到数字模型或者反映在绘图的特定视野中。

当数字模型可以被用于表现阶段时，我们从模型中导出所需的绘图视野，并用排版程序把它们组合起来。我们还需要在图中调整线宽、添加周边环境和配景，并加入文字。同时，可以通过数字加工将最终的数字模型转化成实体，并成为最终汇报演示的一部分。

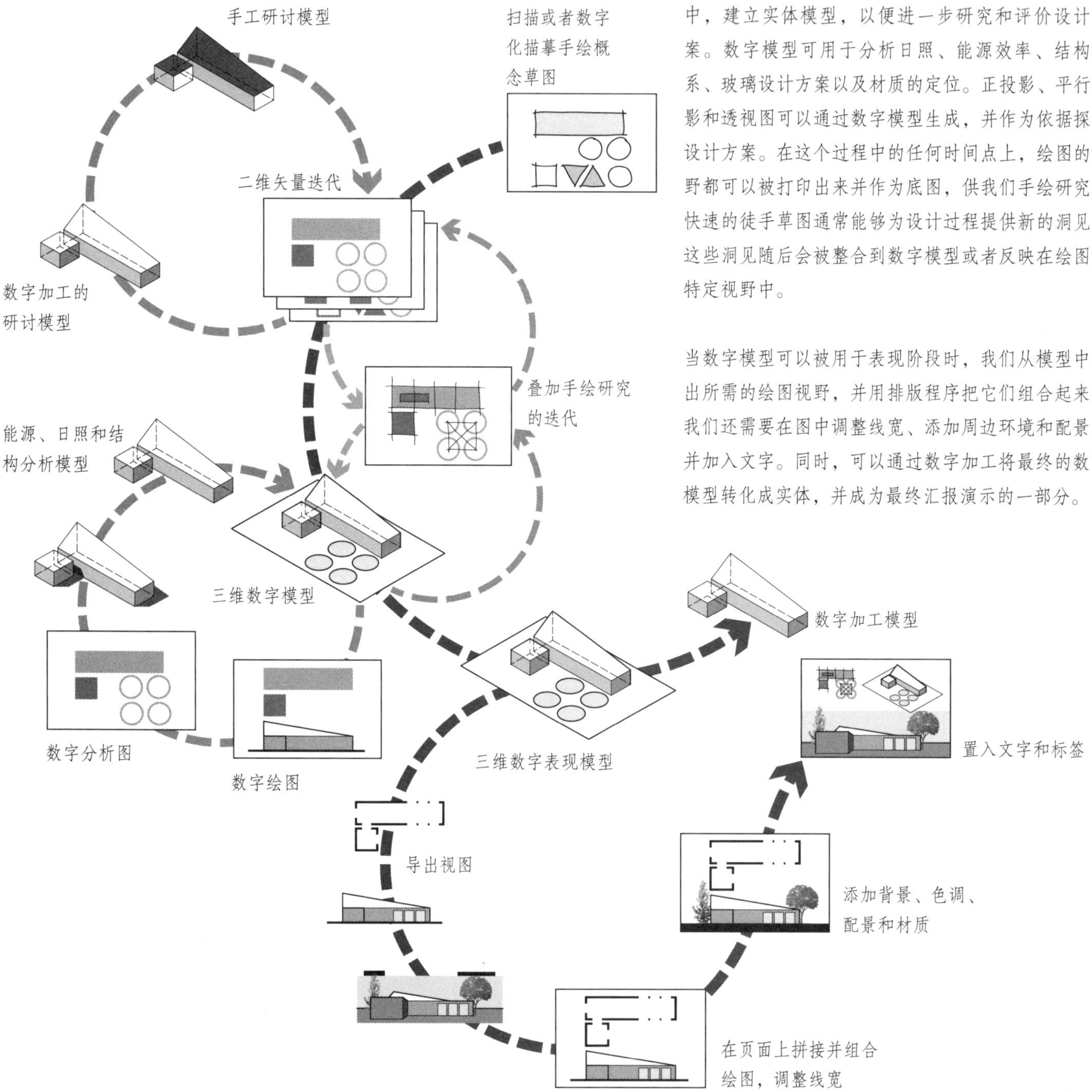

从数字工作环境转移到手绘工作环境，需要把数字绘图或图像打印出来——通常会使用最终绘图所需的比例尺。把草图纸或绘图纸覆盖在数字图像上——通常我们会使用透写台——然后手绘描摹图像。在绘图中加入或者调整不同等级的线宽，并且添加适当深度的细节。

无论是尺规制图或者徒手绘图，在完成后都可以扫描并回到数字工作环境，从而调整亮度和对比度、添加色调或色彩，以及施加其他复合的技法。在完成后，这幅数字图像可以通过排版程序链接到汇报演示图板中。

有些时候，手绘图不会被扫描并置入数字工作环境中——比如手绘描摹的绘图被进一步绘制成水彩画。

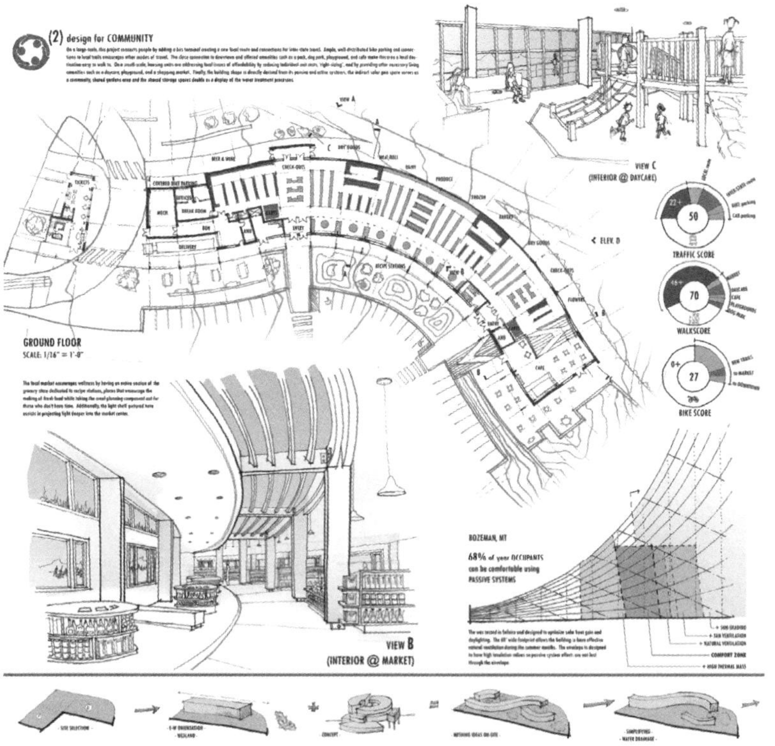

利用桌面排版或类似的排版程序，在最终的图板上组合而成的复合图像，配以其他图表和图像。标题、文字和符号通过排版程序添加。图像作者：玛丽·德姆罗。

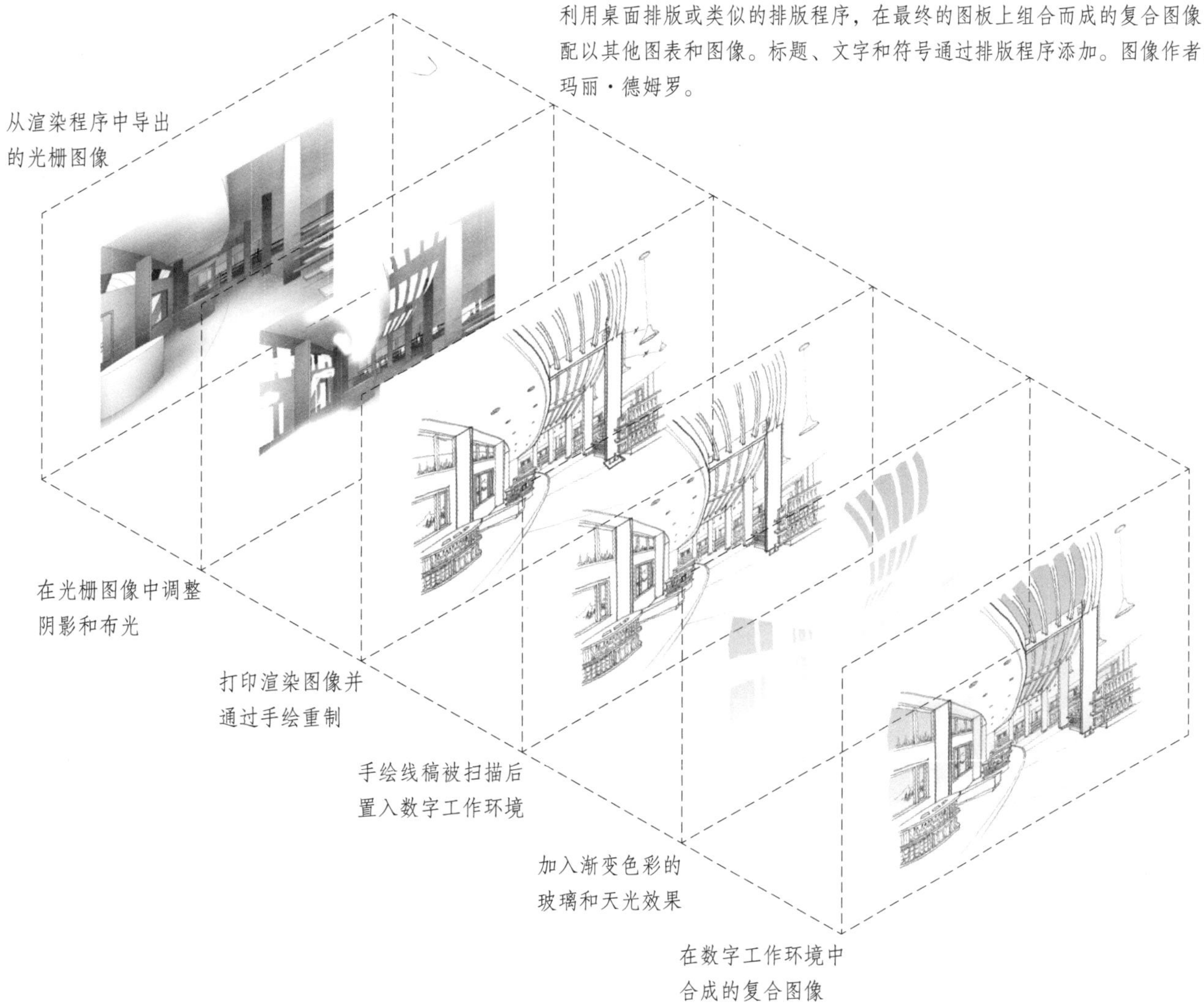

把图像和文字组合成复合版面时，和手绘或者数字版面一样，应当注意顺序、构图并表达清晰。图像和文字都应当形成尺寸和位置关系的梯级序列。充分利用排版程序在移动图像和文字方面具备的灵活性：

- 按正确的顺序排列图像；
- 明确关键绘图和关键顺序；
- 创建视觉群组，让阅读信息更简单；
- 利用隐藏的网格线组织视觉信息。

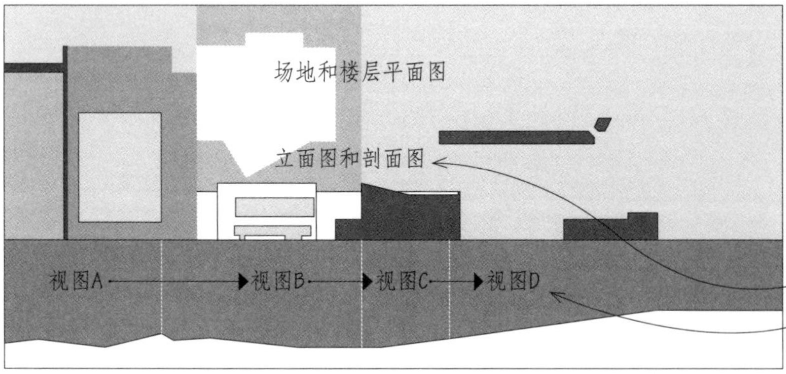

演示版面分析图。通过缩略图研究各种可能的版面布局，一般都是一种有效的方式，适用于探索各种版面选项并确定哪个选项最适合表达设计意图。

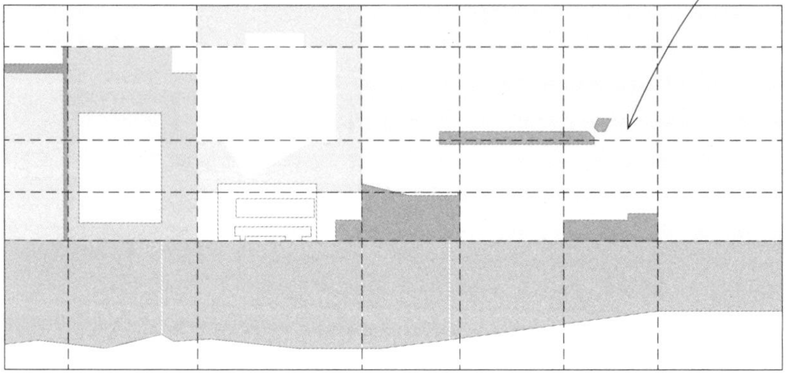

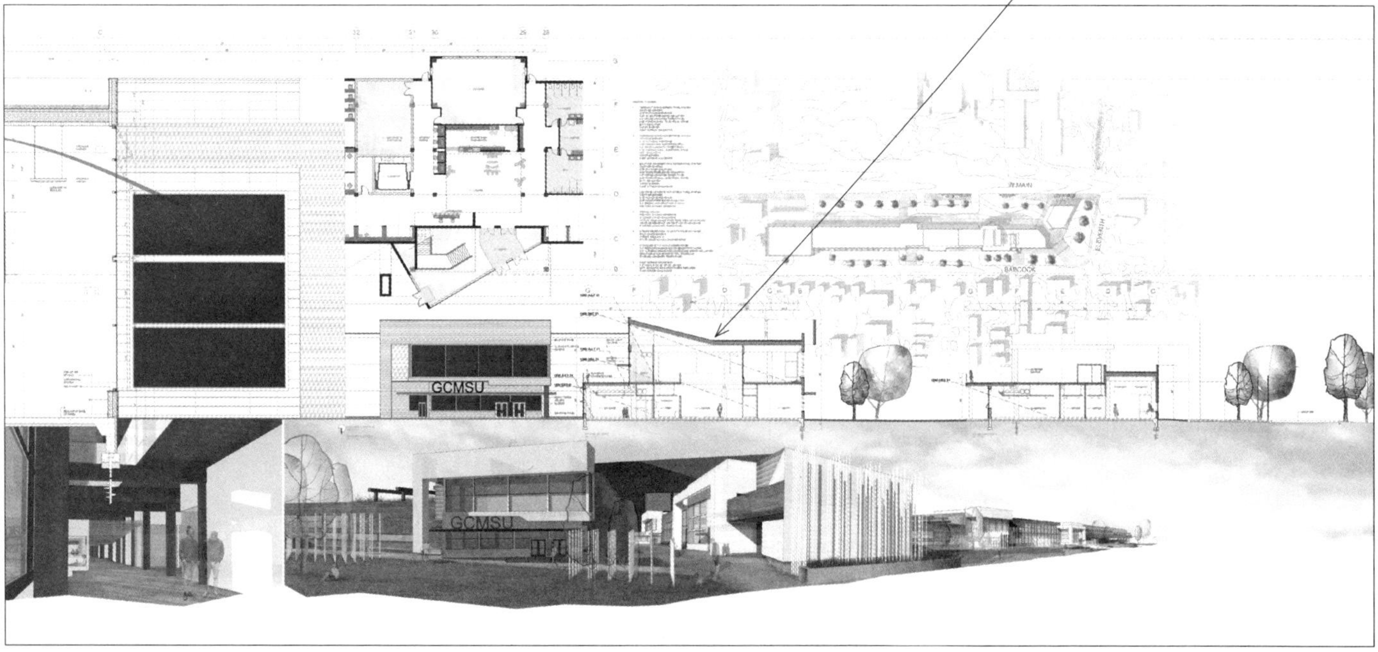

文字应当被视作演示版面中的一种强大的视觉元素。并且在与负空间配合使用时，文字可以成为联系图形元素的纽带。

汇报演示图板，作者：派珀·钮（Piper New）。

练习 12.4

用1/8英寸的字母高度和1/4英寸的行距手写以下引文。

"从六岁开始，我就热衷于绘制事物的形体。当我十五岁时，已经发表了数不清的画作，然而直到七十岁以前，我的全部画作都不值一提。在七十五岁时，我领悟了自然结构中的一些知识——包括动物、植物以及蜂、鸟、鱼、虫。于是乎，当我八十岁时，就可以取得一点进步。到九十岁时，我必然能够抵达化境，而我到达一百一十岁时，我所做的一切——即便是一点一线——都将富有生机。"

——《漫画》，葛饰北斋（Katsushika Hokusai）

练习 12.5

设计一个页面版式，使用你手写的引文副本和"癫狂诗人"的图像。

外文人名译名对照表
Chinese Translations of Foreign Names

A

Aalto，Alvar　阿尔瓦·阿尔托，1898—1976，芬兰现代建筑师

Adam，Robert　罗伯特·亚当，1728—1792，苏格兰建筑师，设计师

Ando，Tadao　安藤忠雄，1941—，日本建筑师

Asplund，Erik Gunnar　艾瑞克·冈纳·阿斯普兰德，1885—1940，瑞典建筑师

B

Barnes，Edward Larabee　爱德华·拉华比·巴恩斯，1915—2004，美国建筑师

Barrágan，Luis　路易斯·巴拉干，1902—1988，墨西哥建筑师

Barrett，Catherine　凯瑟琳·巴雷特

Batey，Andrew　安德鲁·贝蒂，1944—，美国建筑师，作家

Bézier，Pierre　皮埃尔·贝塞尔，1910—1999，法国机械和电气工程师，计算机几何建模创始人之一

Bing，Heather　希瑟·宾

Boring，Edwin Garrigues　埃德温·加里格斯·波林，1886—1968，美国心理学家

Botta，Mario　马里奥·博塔，1943—，瑞士建筑师

Breuer，Marcel Lajos　马歇尔·拉尤斯·布劳耶，1902—1981，匈牙利设计师

C

Carroll，Lewis　刘易斯·卡罗尔，1832—1898，英国作家，数学家

Conrad，Máire O'Neill　玛丽·奥尼尔·康拉德，明尼苏达州立大学建筑学教授

Corbusier，Le　勒·柯布西耶，1887—1965，法国建筑师，城市规划师，作家

D

Demro，Mary　玛丽·德姆罗，2018年“创新2030”美国建筑师协会环境委员会十佳学生设计竞赛获奖者

Dostoyevsky，Fyodor　费奥多尔·陀思妥耶夫斯基，1821—1881，俄国作家

Dürer，Albrecht　阿尔布雷特·丢勒，1471—1528，德国艺术家

E

Esselman，Cynthia　辛西娅·艾斯曼

G

Gaudi, Antonio 安东尼奥·高迪，1852—1926，西班牙建筑师

Gibson, James Jerome 詹姆斯·杰罗姆·吉布森，1904—1979，美国心理学家

Gluck, Peter Lawrence 彼得·劳伦斯·格鲁克，1939—，美国建筑师

Gogh, Vincent Willem van 文森特·威廉·梵·高，1853—1890，荷兰后印象派画家

H

Habraken, Nicolaas John 尼古拉斯·约翰·哈布瑞肯，1928—2023，荷兰建筑师

Hokusai, Katsushika 葛饰北斋，1760—1849，日本浮世绘艺术家

Holl, Steven 斯蒂文·霍尔，1947—，美国当代建筑师

J

Juroszek, Steven Paul 史蒂芬·保罗·尤洛谢克，美国建筑师，蒙大拿州立大学教授

K

Kahn, Louis 路易斯·康，1901—1974，美国建筑师

Kane, Kevin 凯文·凯恩

Klee, Paul 保罗·克利，1879—1940，瑞士艺术家

Krier, Rob 罗伯·克里尔，1938—2023，卢森堡建筑师

L

Lehmann, Anita 安妮塔·莱曼

Lyndon, Donlyn 唐林·林顿，1936—，美国后现代主义建筑师

M

Mack, Mark 马克·迈克，1949—，奥地利-美国建筑师

Mahal, Mumtaz 穆塔兹·玛哈尔，1593—1631，莫卧儿帝国第五代皇帝沙·贾汉（Shah Jahan，1592—1666）的皇后

Maskin, Alan 艾伦·马斯金

Maybeck, Bernard 伯纳德·梅贝克，1862—1957，美国德裔建筑师

Meier, Richard 理查德·迈耶，1934—，美国建筑师

Monge, Gaspard 加斯帕尔·蒙日，1746—1818，法国数学家、化学家和物理学家，创立画法几何学

Moore, Charles 查尔斯·穆尔，1925—1994，美国后现代主义建筑师

Moore, Henry Spencer 亨利·斯宾塞·摩尔，1898—1986，英国国宝级雕塑大师

N

Neumann, Johann Balthasar 约翰·巴塔萨·纽曼，1687—1753，巴洛克时期德意志建筑师

New, Piper 派珀·钮

Nicolaïdes，Kimon 基蒙·尼克莱代斯，1892—1938，美国艺术家

P

Pepper，Claire 克莱尔·佩珀

S

Scharoun，Hans 汉斯·夏隆，1893—1972，德国建筑师
Sharpe，Ben 本·夏普
Stine，Nicole 妮可·斯泰恩
Stirling，James 詹姆斯·斯特林，1926—1992，英国建筑师
Swain，Judith 朱迪丝·斯温

T

Tai，Nan-ching 戴楠青
Thomas，Carol 卡罗尔·托马斯
Turnbull，William 威廉·特恩布尔，1922—2012，美国后现代主义建筑师

U

Utzon，Jørn 约翰·伍重，1918—2008，丹麦建筑师

V

Venturi，Robert 罗伯特·文丘里，1925—2018，美国建筑师
Venturi，Vanna 梵娜·文丘里，20世纪美国社会活动家，建筑师罗伯特·文丘里的母亲
Vignola，Giacomo Barozzi da 贾科莫·巴罗兹·达·维尼奥拉，1507—1573，意大利文艺复兴晚期建筑师，建筑理论家
Vinci，Leonardo da 列奥纳多·达·芬奇，1452—1519，意大利文艺复兴时期画家，自然科学家，工程师

W

Whitaker，Richard 理查德·惠特克，1919—2021，美国后现代主义建筑师
Wiedemann，Josef 约瑟夫·维德曼，1910—2001，德国建筑师
Wilder，Robin 罗宾·维尔德
Wolfe，Mark 马克·沃尔夫
Wong，Gail 盖尔·王
Wright，Frank Lloyd 弗兰克·劳埃德·赖特，1868—1959，美国建筑师

Y

Yarbus，Alfred Lukyanovich 阿尔弗雷德·卢基扬诺维奇·雅尔布斯，1914—1986，俄罗斯心理学家